JN268957

# Oxford
## DICTIONARY OF ASTRONOMY

# オックスフォード
# 天文学辞典

岡村 定矩
［監訳］

Ian Ridpath
［編］

朝倉書店

# A Dictionary of
# Astronomy

*Edited by*
**IAN RIDPATH**

© Oxford University Press, 1997
This translation of A Dictionary of Astronomy originally published in English in 1997 is published by arrangement with Oxford University Press.

# 監訳者まえがき

　本書はオックスフォード大学出版会が刊行している辞典シリーズの一つ"Dictionary of Astronomy"を訳したものである．天文学の辞典としての本書の最大の特徴は，プロとアマを問わず天文の分野で使われているほとんどすべてといってもよいほどの用語を網羅した，4000にものぼるその見出し項目の多さにある．したがって，何か天文関連の用語を調べたいと思ったなら，まずこの辞典を引いてみれば，ほぼ確実にその語が見つかると思っていただいてよいだろう．とりあえず「これは何だろう」というのを調べるには最適の辞典である．

　各項目の記述は，学生ばかりでなく一般の読者を対象としているせいか，数式をできるだけ使わず，概念を言葉で説明しているので（そのためにかえってわかりにくいところもないではないが），いわゆる文系の人にとっても取っつきやすいであろう．その上，かなりの項目が，時にはいわゆるマニアックとも思われるほど詳しく記述されている．また，具体的なデータが大量に収集してあるので，専門家もさることながら，学生や専門家以外の方々（例えばジャーナリストなど）に有用であろう．惑星探査機，惑星，小惑星，流星群，星座，星の固有名，メシエ天体などなど，これだけ多方面のデータをそろえた辞典はあまり例をみないのではなかろうか．

　本書の翻訳は，大塚一夫，高瀬文志郎，岡村定矩の三人で行った．英文原稿からの最初の訳出を大塚が行い，次に，高瀬と岡村がそれを専門的見地から編集した．この過程で，通常の編集作業を越えて以下の作業を行った．

　まず第一に，必要な場合には項目の記述を追加した．本書の原書が出版されたのは1997年であるので，かなりの項目，特に人工衛星プロジェクトなどの記述は時代遅れとなっていた．そのような項目に対しては，出来るだけその後の進展を内容に反映させるようにした．こうして追加された記述は［　］で表示されている．第二に，ごく僅かではあるが，原著の記述が不適切あるいは舌足らずで理解しにくいと思われる所は，原著の記述の意図を汲みながらも，まったく新しい

表現に変えたり，記述を追加するなどした．そのような箇所も［　］で示してある．第三に，同じ項目に対して，日本語で異なった表現（用語）がある場合は，原著に含まれていなくても新たな相互参照項目としてそれらを追加した．したがって，日本語版の方が収録項目数が増えている．これは，「ともかくこの辞典を引けば何らかの手がかりが得られる」可能性を出来るだけ高めたかったためである．第四に，明らかに含めておくべきだと思われたごく少数の項目はまったく新たに追加した．解説文全体が［　］に入っている項目の多くがそれである．全体の監修は岡村が行ったが，惑星や隕石など惑星物理関連の項目の監修は東京大学大学院理学系研究科の杉浦直治教授に担当していただいた．

　各項目の記述中にある相互参照の前には，原則として星印をつけたが，そうすると煩雑でかえって読みにくい場合は例外とした．

　なお，「原著まえがき」の中にある見出し語の配列規則などの説明は，英文原書の辞典を使う場合しか意味のないものがあるが，全文を掲載した．

　本書が出版された年に私はたまたまケンブリッジの書店で本書を目にし，その項目数の多さに感激して一冊買い求め，以来座右において時折自分でも使っていたものであった．購入後まもなく，朝倉書店より翻訳の話があり，これも何かの縁かと思い翻訳に携わらせていただくこととした．しかしながら，上記のような大規模な編集作業を行ったので，完成までの作業は膨大であり，予想以上の時間を要した．長い年月にわたったその作業を忍耐強く待っていただいた朝倉書店編集部にお礼を申し上げる．

　2003年8月　夏らしい日のなかった夏の終わりに

岡　村　定　矩

# 原著まえがき

　本書に含まれるほぼ 4000 にものぼる項目は，太陽系にある最も近くて最も小さな天体から，宇宙における最大の天体や最遠の構造まで，天文学のすべての側面をカバーしている．ここに記述される事項や名前は，アマチュア天文家に親しまれているものから，専門の天文研究者だけにしか知られていないものまで，極めて広い範囲にわたっている．特定の項目，とくに太陽系の主要な天体と星や銀河に関する主要項目は非常に詳しく記述してある．また物理学で使われる概念も，天文学に関連するものは含められている．

　見出し項目は，最初のカンマまでにある文字ごとのアルファベット順に並べてある．この原則に従って項目の順序は，例えば，diverging lens, D layer, D lines, dMe star, Dobsonian telescope や，Hubble, Edwin Powel, Hubble classification, Hubble constant などのようになる．数字を含む見出し項目は，その数字を言葉に表記したときのアルファベットで決まる位置に置いてある．例えば，47 Tucanae は F のところに，61 Cygni は S のところにある．この原則は，文字の後に数字が続く見出し語にも適用される．例えば，H I region は ('H one' region)，H II region は ('H two' region)，そして $H_2O$ maser は ('H two O' maser) という具合である．S 0 galaxy は 'S nought' galaxy の表記に対応した位置にある．アメリカ人の読者は 'S zero' galaxy に対応する位置を見るだろうが，それに関してはお詫びしなければならない．同様に，ギリシャ文字を含む見出し語は，例えば $H\alpha$ は，'H alpha' のようにそれを書き下した表記に対応する位置にある．

　同じ項目に対していくつかの異なった言葉が使われる場合，主項目としてどの語を採用するかについては主に，Robyn Shobbrook と Robert Shobbrook が国際天文学連合のために編纂した "The Astronomy Thesaurus"（『天文語彙集』）を参照した．この辞典は，天文学の用語を標準化するのに大きな力となったこの天文語彙集の恩恵を受けた最初の辞典である．

同じ項目に対する違った用語は，読者にその主項目を指し示す相互参照をつけたうえで辞典に含めてある．例えば，microwave background radiation かあるいは cosmic microwave background を引こうとした読者は，cosmic microwave background という主項目へと導かれる．一つの項目の記述文中にある相互参照は，その項目に星印を付けて，例えば *cosmic background radiation のように表されている．それ以外の相互参照は小さな大文字で，例えば，'see BIG BANG' のように書いてある．

同じ項目に対して異なった意味がある場合は，1，2 などの番号をふってそれらを記述している．そしてそれらを相互参照する必要がある場合は，項目に番号を続けて，例えば *dispersion (1) のようにしてある．

いくつかの用語は，独立した項目としては掲げられておらず，イタリック体で印刷されている相互参照項目の記述のなかで解説されている．たとえば，plutino あるいは signal-to-noise ratio を引いた読者は，それぞれ，trans-Neptunian object と sensitivity という項目に対する相互参照を見つけるが，それらの項目中に当該用語の記述がある．

科学技術の他の分野と同様に，現代天文学では省略語がしばしば，とくに天文台，研究機関，望遠鏡などの名前として出てくる．この辞典ではそれらの名前は，主項目ではフルネームで，また省略形は主項目への相互参照を示して載せてある．例えば，Hubble Space Telescope は HST のところで，Infrared Astronomy Satellite は IRAS のところで相互参照されている．しかし，省略形が普通に使われているような場合は例外とした．例えば，MACHO, MERLIN, SIMBAD, WIMP などである．

記述中にフルネーム，国籍，生没年を書いた人物は全員その経歴を探し出そうと努力した．しかし，それが出来なかった人々が何人かある．読者の中でどなたか詳しい情報を教えていただけるとありがたい．人名の中でめったに使われない部分は括弧に入れた．とくに，その人が最もよく知られている名前が最初に来ない場合はそうしてある．例えば（Alfred Charles）Bernard Lovell という具合である．

このような辞典は執筆者なくしてはあり得ない．私は vi ページに掲げられている執筆者に心から感謝する．彼らは，担当項目を巧みに書き上げ，当時は無限

に続くと思えたに違いない編集者からの矢継ぎ早の質問に忍耐強く耐えてくれた．各地の天文台の情報を提供していただいた天文台スタッフの方々にも感謝する．人物の経歴に関する情報を調べることに惜しみない協力をいただいた方々，とくに John Woodruff, Christof Plicht, Thomas R. Williams には格別のお世話になった．いつものことだが，王立天文学会の資産はとても貴重であることがわかった．学会の司書である Peter Hingley の助力にも心から感謝する．

この出版を計画した Archie Roy 教授は，完成までずっと作業を暖かく見守って下さった．オックスフォード大学出版会の Angus Phillips は，われわれ二人の想像をともに大きく越えて長引いた編集作業を忍耐強く待ってくれた．John Woodruff の原稿編集作業のおかげで，本書全体にわたる記述の正確さと一貫性が高まった．

最後に，私が既にこの辞典と「婚約」していることを知りながら，それでも私と結婚することを決意してくれた Andrea に，これまでもこれからも感謝を捧げなければならない．

1997 年 6 月　ミドルセックス，ブレントフォードにて

Ian Ridpath

編集者
Ian Ridpath FRAS

執筆者
M. A. Barstow BA, PhD, CPhys, MInstP, FRAS
Neil Bone BSc
P. A. Charles BSc, PhD
C. J. Clarke BA, DPhil
R. J. Cohen MSc, BSc, PhD
Peter Coles MA DPhil, FRAS
Storm Dunlop FRAS
M. G. Edmunds MA, PhD, FRAS
R. M. Green MA, PhD
D. H. P. Jones MA, BSc, PhD, FRAS
A. W. Jones PhD, CPhys, MInstP
C. Kitchin BA, BSc, PhD, FRAS
John W. Mason BSc, PhD, FRAS
Andrew Murray MA
J. B. Murray MA, MPhil, PhD
Gillian Pearce BSc, PhD, BM, BCh, FRAS
Kenneth J. H. Phillips BSc, PhD
Ian Ridpath FRAS
A. E. Roy BSc, PhD, FRSE, FRAS
Robin Scagell FRAS
John Woodruff FRAS

監訳者
岡村定矩（おかむらさだのり）　東京大学大学院理学系研究科教授

訳　者
高瀬文志郎（たかせぶんしろう）

大塚一夫（おおつかかずお）

## 凡　　例

- 日本語に訳した項目はゴチック体で記し，次に欧文を付した．
- 項目は五十音順に配列し，濁音・半濁音は相当する清音として扱った．
  拗音・促音は一つの固有音として扱い，長音「ー」は配列のうえで無視した．
- → は，矢印の示す項目に解説が与えられていることを示す．
- ⇨ は，矢印の示す項目を参照することが望ましい，関連する項目である．
- 解説文において，語頭に * の付いた語は，その語が項目として存在することを示す．
- 解説文において，[　]内の文は，訳者による修正・追加であることを示す．
- 巻末に見出し語の欧文に関する索引を付した．

# ア

**IR** infrared
 赤外線の略号.

**IRTF** NASA Infrared Telescope Facility
→ NASA赤外線望遠鏡施設

**ISEE** International Sun-Earth Explorer
→国際太陽地球間探査機

**ISM** interstellar matter or interstellar medium →星間物質, *星間媒質

**INT** Isaac Newton Telescope →アイザック・ニュートン望遠鏡

**IAU** International Astronomical Union → 国際天文学連合

**IQSY** International Year of the Quiet Sun →国際静穏太陽観測年

**アイザック・ニュートングループ** Isaac Newton Group, ING
 カナリア諸島のラ・パルマにある*ローク・デ・ロス・ムチャーチョス天文台に設置された望遠鏡群.イギリスとオランダが共同で所有し,運営している.4.2m*ウィリアム・ハーシェル望遠鏡および2.5m*アイザック・ニュートン望遠鏡のほかに,この群には1984年に開設された1mヤコブス・カプタイン望遠鏡(JKT)が含まれる.このグループの本部はラ・パルマ島のサンタクルーズにある.

**アイザック・ニュートン望遠鏡** Isaac Newton Telescope, INT
 カナリア諸島のラ・パルマにある*ローク・デ・ロス・ムチャーチョス天文台に設置された2.5m反射望遠鏡.イギリスとオランダが共同で所有し,運営している.1967年から1979年までINTは英国サセックス州ハーストモンソーの*王立グリニッジ天文台に置かれていた.その後新しい反射鏡を造って取り付け,1984年ラ・パルマに移された.

**IC** Index Catalogue →インデックスカタログ

**ICE** International Cometary Explorer → 国際彗星探査機

**IGY** International Geophysical Year →国際地球観測年

**ISO** Infrared Space Observatory →赤外線宇宙天文台

**アイソクロン** isochron
 1.岩石の年代を導出できるグラフ上の直線.グラフは,同一岩石,あるいは同時に同一源から形成された数種の岩石に含まれる数種の鉱石に対する*娘同位体の存在度に対して*親同位体の存在度をプロットしたものである.点は直線(アイソクロン)上に位置し,その勾配を使って岩石の年代を計算することができる.急な勾配は岩石が古いことを意味し,それだけ少ない親同位体が残留している.⇒放射線年代測定 [2.同時刻に生まれた星団の星々がある時刻において示すH-R図上の分布線].

**アイソフォト** isophote →等輝度線

**I等級** I magnitude
 Iフィルターを通して赤外線波長で測定した星の等級.Iフィルターの波長は使用するシステムによって3種類ある.波長と帯域幅はそれぞれ*クロン-カズンRI測光系では797と149nm,*ジョンソン測光系では900と240nm,そして六色系では1030と180nmである.最初の測光系が最も広く使われ,下付き文字KCあるいはCによって示されることがある(Icなど).

**IPCS** Image Photon Counting System → 画像光子計数装置

**IUE** International Ultraviolet Explorer →国際紫外線探査衛星

**アイラス** IRAS →赤外線天文衛星

**IRAS** Infrared Astronomical Satellite → 赤外線天文衛星

**IRAS-荒木-オルコック,彗星** IRAS-Araki-Alcock, Comet (C/1983 H1)
 長周期彗星.1983年4月25日に*赤外線天文衛星(IRAS)が検出し,5月3日に日本のアマチュア天文家荒木源一(1954～)とイギリスのアマチュア天文家George Eric Alcock(1912～)が独立に発見した.以前は1983 VIIと命名されていた.1983年5月11日に地球ま

で0.031 AU（450万km）という異常に近接した点を通過した．そのとき彗星は2等に達し，北天を急速に横断した．地球に近いために彗星は大きく拡がって見え，直径は2°であった．太陽から0.99 AUの近日点は1983年5月21日であった．軌道は，周期が約1000年，離心率0.990，軌道傾斜角73.3°をもった．

## アインシュタイン，アルバート　Einstein, Albert（1879〜1955）

ドイツ-スイス-アメリカの理論物理学者．彼の相対性理論は20世紀科学の形成を促進し，天文学にとって深遠な意味をもった．*特殊相対性理論（1905年に発表された）は*エーテルの検出に失敗したことから生まれ，オランダの物理学者 Hendrik Antoon Lorentz（1853〜1928）とアイルランドの物理学者 George Franncis Fitzgerald（1851〜1901）の業績のうえに構築された．この理論は質量とエネルギーの間に $E=mc^2$ の関係があることを導き，この関係は星におけるエネルギー生成を理解する重要な鍵となった．*一般相対性理論（1915年に発表され，1916年に拡張形式で出版された）は，重力を包含しており，大規模系において大きな重要性をもち，発表は直ちに宇宙論に衝撃を与えた．天文学の観測はこれらの理論を支持する証拠を与えてきている．アインシュタインはその後は大きな重要性のある研究を生み出すことなく，重力と電磁力を結びつける理論（いわゆる*大統一理論）を模索したが成功しなかった．

## アインシュタイン衛星　Einstein Observatory

NASAの衛星 HEAO-2 の一般名．1978年11月に打ち上げられた2番目の*高エネルギー天体物理衛星．X線での画像を撮影できる最初のX線天文学ミッションであり，そのために約200 m²の受光面積をもつ*斜入射望遠鏡を用いた．アインシュタインは4台の装置を搭載し，X線撮像と分光のためそれぞれが0.1〜4 keV（0.3〜12 nm）のエネルギー領域を担当した．1981年まで作動した．

## アインシュタイン環　Einstein ring

*重力レンズによって作られる遠方の天体の円環像．理論的には，遠方の銀河あるいはクェーサーに対する視線上に質点がぴったり乗っているときにこのような像が作られる．実際には，メンバー数の多い銀河団の像において円環ではないがほぼ円形の弧が検出されてきた．またクェーサー MG 1654+1348 からの電波はこの重力レンズ効果を受けたように見える．

## アインシュタインクロス　Einstein Cross

*重力レンズの効果によって，背景にある天体が四つの像を形成するもの．最初に検出された例であるクェーサー G 2237+0305 は，前景にある銀河の像の周囲に対称的に配列した4個の明白な像を示す．銀河がレンズとして作用するのである．写し出されたクェーサーは約80億光年の距離にあり，一方その銀河はわれわれから5億光年の所に位置している．この天体はその発見者であるアメリカの天文学者 John Peter Huchra（1948〜）にちなんでハクラレンズと呼ばれることがある．後に発見された類似の天体も今日ではアインシュタインクロスと命名されている．

## アインシュタイン係数　Einstein coefficient

光子が原子あるいはイオンによって吸収あるいは放出される割合を記述する*遷移確率の三つの量の一つ．星のスペクトルを理解するときに広く使われる．

## アインシュタイン-ド・ジッターの宇宙　Einstein-de Sitter universe

物質の平均密度がちょうど臨界密度に相当している宇宙の模型．このような模型は実際には崩壊しないで，絶えず膨張速度は低下するものの永遠に膨張する．この模型は閉じた*フリードマン宇宙（崩壊する）と開いたフリードマン宇宙（崩壊しない）の境界線上にある．この模型は空間が平坦である（→時空の曲率）という点で単純であり，また数学的にも長所をもつ．*アインシュタイン（A.）と*ド・ジッター（W.）にちなんで名づけられた．

## アインシュタイン偏移　Einstein shift

*重力赤方偏移の別名．

## 青色コンパクト矮小銀河　blue compact dwarf galaxy　→コンパクト銀河

## アカマル　Acamar

エリダヌス座シータ星．A4型準巨星とA1型矮星からなる二重星．等級3.4および4.4で，距離は約90光年．

**明るいアーク** luminous arc
　ある種の*重力レンズによって起こる現象．遠方の銀河あるいはクェーサーからの光がその前面にあるレンズ効果を示す天体（通常は*銀河団）によってアーク形にゆがめられるものを指す．そのようなアークの見え方から銀河団の質量を推定できる．

**アキレス** Achilles
　小惑星588番．1906年に*ウォルフ（Max）が発見した最初の*トロヤ群小惑星．木星の前方60°に位置するL₄*ラグランジュ点にあるトロヤ群の成員．アキレスは直径116 kmのDクラス小惑星である．軌道は，長半径5.175 AU，周期11.77年，近日点4.40 AU，遠日点5.95 AU，軌道傾斜角10.3°をもつ．

**アーク** arc ➡ 明るいアーク

**AXAF** Advanced X-ray Astrophysics Facility ➡ 先進X線天体物理衛星

**アクシオン** axion
　宇宙の*暗黒物質の候補として提案された仮想の素粒子．高温ビッグバンの初期段階に豊富に生成されたと考えられている．アクシオンの質量は非常に小さい（電子質量の約$10^{-11}$）と予測されるので，*熱い暗黒物質のように見えるかもしれないが，それと放射との相互作用は非常に弱いので，実際には*冷たい暗黒物質の候補である．

**UKST** United Kingdom Schmidt Telescope ➡ 英国シュミット望遠鏡

**アークトゥルス** Arcturus
　うしかい座アルファ星．−0.04等．天の赤道の北方にある最も明るい星．すべての星のうち4番目に明るい星．K1型巨星で，距離34光年．

**悪魔の星** Demon Star
　変光星*アルゴルの俗名．ペルセウス座にあるゴルゴンのひとりメドゥーサの頭部に位置するためにこのように名づけられた．

**アグルチネート** agglutinate
　衝撃ガラスおよび鉱物あるいは岩石の断片がくっつき合って一つの凝集体（aggregate）となっている物体．アグルチネートは月のレゴリスと呼ばれる表土あるいは他の惑星表面への微小隕石の衝撃により生成される．

**アクルックス** Acrux ➡ みなみじゅうじ座アルファ星

**アクロマティズム** achromatism
　光学系における偽の色（*色収差）がないこと．現実には，レンズを含む光学系は決して色収差を0にはできないが，アクロマティズムの目的はそれを許容できる割合まで低下させることである．反射鏡は完全に色消しである．

**アゲナ** Agena
　ケンタウルス座ベータ星*ハダルの別称．

**明けの明星** morning star
　金星が朝の空に見えるときの俗称．

**アケルナル** Achernar
　エリダヌス座アルファ星．0.46等のB3型矮星で，全天で9番目に明るい．距離は約70.1光年．その名前はアラビア語に由来し，"川の終点"を意味する．

**亜恒星天体** substellar object
　水素燃焼を起こすには質量が小さすぎて，本当の星にはならない天体．*褐色矮星がその例である．［日本語としてはほとんど使われていない］．

**アシェン光** ashen light
　薄い三日月状になっているときに金星表面の光の当たっていない部分がかすかに輝く現象．おそらく金星の非常に濃密な大気中での太陽光の屈折によって引き起こされる現象であろう．アシェン光は月面の*地球照よりも弱く，金星が内合に非常に近いときにだけ見えるが，そのときでもめったに見られない．

**あすか** ASCA, Asuka
　日本のX線天文衛星．1993年2月の打上げ以前はAstro-Dと呼ばれていた．衛星は，おのおのが0.5〜12 keV（0.10〜2.5 nm）のエネルギー範囲を担当する4基の斜入射望遠鏡を備えている．ASCA（Advanced Satellite for Cosmology and Astrophysics）は*CCD分光計を用いた最初のX線ミッションである．［2001年にその寿命を終えた］．

**アスクレピウス** Asclepius
　小惑星4581番．*アポロ群のメンバーで，アメリカの天文学者Henry Edward Holt（1929〜）とNorman Gene Thomas（1930〜）

が1989年に発見した．地球軌道から0.004 AU（60万km）以内に接近することがある．直径は約0.2 km．軌道は，長半径1.023 AU，周期1.03年，近日点0.66 AU，遠日点1.39 AU，軌道傾斜角4.9°をもつ．

**アステリズム** asterism

一つ以上の星座の一部を形成する特徴的な星のパターン．例えば，北斗七星の見慣れた形状はおおぐま座内の星が作るパターンであるが，\*ペガススの四辺形および\*にせ十字は二つ以上の星座の星から形成されたパターンである．互いに関係していなくても，ひとまとまりの星団を形成するように見える星のグループをいうときにもこの用語は使われる．

**アストラエア** Astraea

小惑星5番．ドイツのアマチュア天文家 Karl Ludwig Hencke（1793～1845）が1845年に発見した5番目の小惑星．アストラエアは直径20 kmのSクラス小惑星である．軌道は，長半径2.575 AU，周期4.13年，近日点2.08 AU，遠日点3.07 AU，軌道傾斜角5.4°をもつ．

**アストレーション** astration

星間物質が，星を形成し，核反応によって重元素が豊富になり，次いで星風，惑星状星雲，あるいは超新星などにより星間空間に戻されるサイクルのことをいう．

**アストロE** Astro-E

1998年に打上げが計画されていた日本のX線天文学ミッション．このミッションは\*CCD分光計よりもエネルギー分解能が優れた\*X線熱量計を用いる最初のものである．［2000年2月の打上げ失敗により実現しなかった］．

**アストロノマー・ロイヤル** Astronomer Royal

卓越したイギリスの天文学者に与えられる名誉称号．1675年に王立天文台が設立されたとき，チャールズⅡ世王が創設した．1971年まではアストロノマー・ロイヤルは例外なく王立グリニッジ天文台の台長であったが，それ以降この二つの地位は分離された．

**アストロノマー・ロイヤル・フォー・スコットランド** Astronomer Royal for Scotland

1834年に創設された称号．もともとはエデ

#### アストロノマー・ロイヤル

| 氏　　名 | 任　期 |
|---|---|
| \*フラムスティード（1646～1719） | 1675～1719 |
| \*ハレー（1656～1742） | 1720～42 |
| \*ブラッドレー（1693～1762） | 1742～62 |
| ブリス N. Bliss（1700～1764） | 1762～64 |
| \*マスケリン（1732～1811） | 1765～1811 |
| \*ポンド（1767～1836） | 1811～35 |
| \*エアリー（1801～92） | 1835～81 |
| \*クリスティー（1845～1923） | 1881～1910 |
| \*ダイソン（1868～1939） | 1910～33 |
| \*ジョーンズ（1890～1960） | 1933～55 |
| \*ウーリー（1906～86） | 1956～71 |
| \*ライル（1918～84） | 1972～82 |
| グレアム-スミス F. Graham-Smith（1923～） | 1982～90 |
| ウォルフェンデール A. W. Wolfendale（1927～） | 1991～94 |
| リース M. J. Rees（1942～） | 1995～ |

ィンバラの王立天文台の台長に与えられたものだったが，1995年以降はその地位とは別の称号となった．

**アストロノミー・アンド・アストロフィジックス** Astronomy and Astrophysics, A & A

当時存在した数種のヨーロッパの雑誌が合体して1969年に創刊された学術雑誌．イギリスを含まない種々のヨーロッパ諸国の科学機関の共同事業である．月に3回刊行され，天文学と天体物理学のすべての範囲に関する論文が含まれる．さらに付録（Supplement）シリーズが広範なデータを含むより長い論文を掲載している．

**アストロノミカル・ジャーナル** Astronomical Journal, AJ

未発表の研究と観測を掲載する学術雑誌．1849年に\*グールド（B. A.）が創刊し，現在は月刊誌として\*アメリカ天文学会が刊行している．

**アストロフィジカル・ジャーナル** Astrophysical Journal, ApJ

\*ヘール（G. E.）と James Edward Keeler（1857～1900）が創刊した学術雑誌．現在は\*アメリカ天文学会が月に3回発行している．天文学および天体物理学の研究論文を掲載す

る．それとともに Astrophysical Journal Letters が刊行されている．これは 1958 年に創刊され，本誌より短い，そしてより話題的な論文を掲載している．1954 年に創刊された Astrophysical Journal Supplement シリーズは，月刊誌で，本誌より長くかつより技術的側面の強い論文を掲載する．

**アストロメトリ** astrometry　→天文位置測定学

**アストロラーベ** astrolabe
　*六分儀を単純化したような，星の高度を測定するための古代の装置．基本的なアストロラーベは，垂直に吊り下げた円盤からなり，選んだ星に向けられるように回転する照準（照準儀，alidade）を備えている．座標既知の星に向ければ，地方時はアストロラーベの面（タブレット）から読み取れる．異なる緯度に対しては異なるタブレットを用いることができる．星の位置の高精度測定には精巧な現代版を用いる．→ダンジョンアストロラーベ，プリズムアストロラーベ

**アスペクト** aspect
　地球から見たときの太陽系天体の太陽に対する位置．主なアスペクトは，*矩，*合，*最大離角，および*衝である．

**アセノスフェア** asthenosphere
　リソスフェア（*岩石圏）として知られる固い外部層の下にある惑星内部の軟弱層．リソスフェアよりもわずかに軟弱で，長期間にわたって変形され，地球で大陸移動を起こさせる．他の惑星や衛星ではアセノスフェアは地形をゆっくりと平坦化させるので，高地はより低くなり，盆地はより浅くなる．アセノスフェアの深さは，惑星あるいは衛星の大きさ，密度，組成，そして熱的構造によって変化する．地球ではアセノスフェアの最上部は表面下約 100 km の所にあるが，月では表面下 800 km のところ，中心部までの距離の半分より大きいところにある．

**アソシエーション（星の）** association (stellar)
　特徴的な星から構成されているという理由だけで見分けがつく若い星の非常にゆるやかな集団（おそらく，数百光年の領域内に 100 個ぐらいの星がある）．*OB アソシエーションは大部分がスペクトル型 O および B の最も質量の大きい星から構成される．*R アソシエーションは，反射星雲に囲まれた中程度の質量の星からなる．そして*T アソシエーションは，最も質量の小さい星がおうし座 T 型星として誕生する場所である．これらの三つの型のアソシエーションは一緒になっていることがあり，しばしば内部に星団がある．散開星団のように，アソシエーションはわが銀河系の渦巻腕にある星雲から生まれるが，非常に散らばっているので，1000 万年ぐらいで散逸する．

**アゾフィ** Azophi
　アル-*スーフィのラテン語名．

**アダムス，ウォルター シドニー** Adams, Walter Sydney（1876〜1956）
　シリア生まれのアメリカの分光学者．巨星および矮星のスペクトルの系統的な違いを初めて検出した．1914 年からドイツの天文学者 Arnold Kohlschutter（1883〜1969）とともに，スペクトルから星の表面温度，光度および距離を確立する方法を発展させた．1918 年に白色矮星シリウス B の密度が 50000 g/cm$^3$ であることを示した．火星と金星の大気の分光学的研究も行った．

**アダムス，ジョン カウチ** Adams, John Couch（1819〜92）
　イギリスの数理天文学者．1845 年に，天王星が予測される経路をたどらない原因を新しい未知の惑星の重力効果と考え，その惑星の軌道を計算した．イギリスでの探査が遅れたのは，主としてアストロノマー・ロイヤルの*エアリー（G.B）が気乗りしなかったためである．1846 年に*ガレ（J.C.）が，*ル・ヴェリエ（U.J.J.）による独立の計算から新惑星を見つけ，後に海王星と名づけた．アダムスとル・ヴェリエは結局は両人とも海王星の存在を予測したという名誉を与えられた．アダムスのそれ以降の研究には，月の*永年加速としし座流星群の軌道要素の計算がある．

**アダムス環** Adams Ring
　海王星の環の最外部．*アダムス（J.C.）にちなんで名づけられた．海王星の中心から 62950 km 離れており，幅は 50 km より狭い．

この環には密度が高い三つのアーク部分があり，長さはそれぞれ 4°，4°，および 10° であり，三つの間の間隔は 14° と 12° である．これらのアークの一つはその内部に，直径 10～20 km の 6 個の小さい月をもっている．

**アダーラ** Adhara

1.5 等のおおいぬ座イプシロン星．B 2 型の明るい巨星で，距離は 570 光年．7.4 等の伴星をもつ．

**熱い暗黒物質** hot dark matter

特殊な型の *非バリオン物質．ある理論によると，この非バリオン物質はビッグバンの初期段階で創出され，現在まで十分な量が生き残ったので現在の宇宙密度に重要な寄与をしている．この物質を構成する粒子は低質量であるために（光速に近い速度で）高速運動をしていることから "熱い" という用語が用いられる．そのような粒子の候補として考えられているのは 10 eV 程度の *静止質量をもつ *ニュートリノである．このニュートリノは電子の 50 万分の 1 の質量をもつ．⇒暗黒エネルギー，暗黒物質

**熱いビッグバン** hot Big Bang

標準ビッグバン理論の別名．"熱い" という語は，宇宙初期は冷たかったとするライバルの理論から自らを区別するために用いた．*宇宙背景放射の存在は，もしビッグバン理論が正しいのならば宇宙は過去において高温であったことを要請している．

**圧力線幅拡大** pressure broadening

星の大気の中でガスの圧力が高く，原子間の衝突回数が増大するために星のスペクトル線の幅が増大すること．普通，高いガス圧は強い表面重力によって生じる．白色矮星はこの効果のために非常に幅広いスペクトル線をもっている．

**アテン群** Aten group

地球の軌道を横切る小惑星群．太陽からの平均距離は地球からの距離より小さい．より多数の *アポロ群とともに地球横断小惑星 (Earth-crossing asteroids) と名づけられている．それらの遠日点は 0.983 AU（地球の近日点）より大きく，公転周期は 1 年より短い．この群は，最初に発見された (2062) アテンにちなん
でアメリカの天文学者 Eleanor Kay Helin, 旧姓 Francis が 1976 年に命名した．直径 0.9 km の S クラス小惑星である．アテンの軌道は，長半径 0.966 AU，周期 0.95 年，近日点 0.79 AU，遠日点 1.14 AU，軌道傾斜角 18.9° をもつ．アテン群のこれまで知られている最大のメンバーは直径 3 km の (3753) クリスネであり，2 番目は (2100) *ラーシャロムである．

**アドニス** Adonis

小惑星 2101 番．1936 年に地球から 0.015 AU（220 万 km）以内を通過したときにベルギーの天文学者 Eugene Joseph Delporte (1882～1955) が発見した *アポロ群の 2 番目の小惑星．それ以降 1977 年までは見えなかった．直径は約 1 km である．軌道は，長半径 1.974 AU，周期 2.57 年，近日点 0.44 AU，遠日点 3.31 AU，軌道傾斜角 1.4° をもつ．

**アトラス** atlas

天体写真集やスペクトル写真集のような図解書．

**アトラス** Atlas

土星の 2 番目に近い衛星．距離 13 万 7670 km，公転周期 0.602 年．土星 XV とも呼ばれる．1980 年に *ヴォイジャー 1 号が発見した．大きさは 40×20 km で，土星の環の空隙に位置する．そこではアトラスの重力場がその周囲の環の構造に影響を与えている．

**アドラステア** Adrastea

木星の 2 番目に近い衛星．距離 12 万 9000 km，公転周期 0.298 日．木星 XV とも呼ばれる．アドラステアは大きさが 25×20×15 km である．1979 年にヴォイジャー宇宙船が発見した．木星の雲の最上部から 1 木星半径以内のところにあり，木星環の外縁に非常に近い．おそらくアドラステアの重力が環の粒子を軌道内に保持する，いわゆる *羊飼い衛星であろう．

**アトリア** Atria

みなみのさんかく座アルファ星．1.9 等の K 2 型巨星．距離は 110 光年．

**アナクサゴラス** Anaxagoras (c. 500～c. 428 BC)

ギリシャの哲学者．現在のトルコに生まれた．彼の宇宙生成論では，原初の宇宙で渦が発達し，稠密で，湿った，暗い，そして冷たい物

質を内部に向かって落下させ,地球を形成させた一方で,希薄な,乾いた,軽い,そして熱い物質が外側に押し出された.太陽,月,そして星々は摩擦によって地球から切り離された.太陽は赤熱の石であると主張したために彼は不敬の罪で告発され,アテネから追放されたと伝えられる.彼は食の真の原因—食は太陽からの光が閉塞されて引き起こされること—を知っていたようである.

**アナクシマンドロス** Anaximander (c. 610〜c. 540 BC)

ギリシャの哲学者.現在のトルコで生まれた.宇宙は時間を超越した永遠の貯蔵所から出現し,最終的にはその中に再び吸収されるという宇宙生成論を唱えた.われわれの宇宙では回転によって重い物質が中心(地球)に,火が周辺(星)に配置された.この世界観の重要さは,すべてを内包する原理があって,それがあらゆるものを支配することである.これは,普遍的法則の最初の提示と見なすことができる.アナクシマンドロスは分点と黄道の傾斜を発見したとされているがこれは間違いである.

**アナスティグマティック** anastigmatic

*球面収差,コマ(→コマ(光学的)),および*非点収差がゼロであるレンズあるいは光学系のこと.すべての写真レンズのほか,*マクストフ望遠鏡および*シュミット–カセグレン望遠鏡のある種の設計は,アナスティグマートである.アナスティグマートは普通は少なくとも三つの光学要素,そしてしばしばもっと多くの光学要素から構成されている.

**アナレンマ** analemma

一年を通じて,正午における太陽の高度変化および,視太陽時と平均太陽時の違いを図示する曲線.アナレンマは細い8の字形をしており,その高さが太陽の高度に,幅が時間差に対応している.もともとは,日時計の示す時刻に*均時差の補正を加える工夫として考えられたものである.

**アナンケ** Ananke

木星から2120万km離れている13番目の衛星.木星XIIとも呼ばれる.アナンケは木星を逆方向に631日で公転する.直径が30kmで,アメリカの天文学者Seth Barnes Nicholson (1891〜1963) が1951年に発見した.

**アーニギト隕石** Ahnighito meteorite

*ケープヨーク隕石の別名.

**アパーチャー比** aperture ratio

レンズあるいは反射鏡の口径(直径)の焦点距離に対する比.通常は,1:8のように比の形で表す.しかしながら,*口径比と呼ぶ値の方がよく使われる.これはアパーチャー比の逆数であり,f/8の形で表される(→ f 数).

**アパッチポイント天文台** Apache Point Observatory

ニューメキシコ州サンスポット近くのサクラメント山の標高2780mにある天文台.1994年に開設された3.5m反射望遠鏡,*スローンディジタルスカイサーヴェイのため1998年に稼動を開始した2.5m反射望遠鏡,そしてニューメキシコ州立大学が所有する1m反射望遠鏡等が設置されている.天文台は宇宙物理研究コンソーシアム(ARC)が所有し,運営している.会員はシカゴ大学,プリンストン高等研究所,ジョンズ・ホプキンス大学,ニューメキシコ州立大学,プリンストン大学,ワシントン大学,およびワシントン州立大学である.

**アビオル** Avior

1.9等のりゅうこつ座イプシロン星に対して航海者が用いる名称.K3型巨星で,距離は79光年.

**ap-, apo-**

*遠日点(aphelion)や*遠地点(apogee)のように,楕円軌道において周回される天体から最も遠くに存在する点を示すときにつける接頭辞.

**アフォーカル** afocal

像が焦点に結像することなく輸送される光学系のこと.例えば,アフォーカル写真においては,無限遠に焦点を合わせたカメラを,無限遠に像を結ぶ望遠鏡の接眼鏡に向ける.像が平行光線のビームとして輸送される場合,ビームはアフォーカルビーム(afocal beam)と名づけられる.

**apse, apsis** →軌道極点

**アプラナティック** aplanatic

*球面収差もコマ(→コマ(光学的))もないレンズあるいは光学系を指すことば.アプラナ

ティック系の例には，いくつかの型の*色消しレンズや*リッチー-クレティアン式望遠鏡がある．

**アブレーション** ablation
融解，侵食，蒸発，あるいは物体が惑星大気中を高速度で運動するときの空気力学的効果に由来する他の過程によって物体の外層が消耗すること．アブレーションは，流星のような天然の物体に加えて宇宙船のような人工物に作用する場合がありうる．宇宙船を保護する熱遮蔽物のアブレーションによって，大気圏突入のときの宇宙船内部の過熱が防がれている．

**アブレーション年齢** ablation age
地球大気圏への再突入中の*アブレーションの後，テクタイトの外部ガラス層が固化してからの時間．既知のテクタイトのアブレーション年齢は約60万年から3500万年までにわたる．

**アフロディーテ大陸** Aphrodite Terra
金星の赤道付近にある大きな高地地域．10000 km以上の長さとアフリカとほぼ同じ面積をもつ．より小さい四つの高地地帯，すなわち，その西半分にあるオブダ地域およびテティス地域，そして東にあるアトラ地域およびウルフラン地域よりなる．アフロディーテには多くのトラフがあり，中心付近の*ダイアナカズマ，そして8.4 kmの高さのマアトモンスのような火山が含まれる．

**アポクロマティック** apochromatic
*色収差が非常に小さいレンズあるいは光学系を指すことば．アポクロマティックレンズ（アポクロマート，apochromat，とも呼ばれる）では，典型的な色消しレンズの場合の二つの波長に比べて，三つ以上の波長で色収差が完全に相殺される．普通，アポクロマートは異なる型のガラスから作られた少なくとも三つの光学*要素をもっている．広く使われるアポクロマート用材料としては*蛍石があり，二つの要素だけでほぼ完全な色収差補正を与えるが，相当に高価である．

**アポダイゼーション** apodization
一つの特定の目的に対して装置の性能を向上させるために，装置の正常の性能を意図的に低下させる技法．これは光学および電波望遠鏡（アンテナにテーパーをかけるという）に適用

できる．*フーリエ変換分光器では特に重要である．この分光器ではスペクトル分解能をわずかに低下させてスペクトルの偽の特徴を除去する．よく使われる例は近接連星の観測にアポダイジングスクリーン（apodizing screen）を利用することである．この場合は暗い伴星の像が*エアリー円盤を囲む*回折環の一つの上に落ちる．縁の方にいくにつれて徐々に不透明になる円形スクリーンを用いて環の輝度を低下させ伴星を見やすくする．正方形の口径をもつスクリーンは，十字形の回折パターンを示すので，うまく回転すれば伴星をはっきり見ることができる．

**アポロ群** Apollo group
地球軌道を横切る小惑星のグループ．しかしその太陽からの平均距離は地球からの平均距離より大きい．地球横断小惑星ともいう．それらの近日点は1.017 AU（地球の遠日点）かそれより小さい．大部分のアポロ小惑星は小さく（直径5 km以下），形状は非常に不規則である．それらは，1932年にドイツの天文学者Karl Reinmuth（1892～1979）が最初に発見した小惑星（1862）アポロにちなんで命名された．アポロは直径1.4 kmのQクラスの小惑星である．アポロは1932年に地球から0.07 AU（1050万 km）以内に接近したが，1973年まで消息不明であった．アポロの軌道は，長半径1.471 AU，周期1.78年，近日点0.65 AU，遠日点2.30 AU，軌道傾斜角6.4°をもつ．アポロは地球軌道の0.028 AU（420万 km）以内に接近することがあり，金星および火星にも近接接近する．いくつかのアポロ群小惑星は水星よりも太陽に近く接近する．1995 CRは最短の近日点距離0.12 AUをもつ．最大のアポロ群小惑星は（1866）シジフォスで，直径8 kmである．他の顕著なアポロ群小惑星には*ヘファイストス，*ファエトン，*トロ，そして*トウタティスがある．アポロ群小惑星はかつては消滅した彗星の中心核と考えられたが，主小惑星帯の3:1*カークウッド間隙付近から木星の摂動によってアポロ型軌道に入ってきたものかもしれない．⇒地球近傍小惑星

**アポロ計画** Apollo project
月面に人間を着陸させようとするアメリカの

宇宙計画．三人乗りのアポロ宇宙船がサターンVロケットにより月に向けて打ち上げられた．月の周回軌道において2人の宇宙飛行士がルナモジュールに乗り込み，月面に降下した．4回の有人試験飛行の後，最初の有人着地はアポロ11ミッション中の1969年7月20日にNeil Alden Armstrong（1930〜）とEdwin Eugene "Buzz" Aldrin（1930〜）が行った．後続のミッションでは宇宙飛行士は月面にもっと長く滞在し，電動月面車によってさらに遠くまで探査することができた．アポロ飛行士は総量381 kgの岩石試料を持ち帰った．アポロ宇宙船は，*スカイラブ宇宙ステーションに乗員を運ぶために，そして*アポロ-ソユーズ試験計画においても使用された．（付録の表1参照）

## アポロ-ソユーズ試験計画　Apollo-Soyuz Test Project

1975年7月にアポロ宇宙船が地球を回る軌道でソユーズ宇宙船と結合したアメリカと旧ソ連の間の国際的宇宙ミッション．このミッションの目的は，起こりうる宇宙での救出および将来の共同飛行のための技術を実習することであったが，政治的な意義の方が大きかった．

## アポロニウス（ペルゲの）　Apollonius of Perge（c. 262〜c. 190 BC）

ギリシャの数学者．現在のトルコに生まれた．楕円，放物線，そして双曲線はすべてが円錐を異なるしかたで切断する面により形成される曲線であること，すなわち，それらが円錐断面（conic section）であることを示した．重力場を移動する*摂動を受けない物体の軌道はこれら三つの曲線の一つにしたがう．これは，アポロニウスの著書Conicsを翻訳した*ハレー（E.）のような後代の天文学者によって評価されることになる．アポロニウスはまた*周転円や従円に基づいて運動の数学的概念を創出した．この概念は後に惑星運動を説明するために*ヒッパルコスや*プトレマイオスによって取り上げられた．

## 天の川　Milky Way

わが銀河系の円盤にある星と輝くガスを真横から見たもの．月光のない空に肉眼で見えるかすかな光の帯．カシオペヤ座からはくちょう座までの天の川は幅が変化し，はくちょう座といて座の間では，*グレートリフトによって二つに分裂しているように見える．カシオペヤ座からおおいぬ座まで，特におうし座の付近は暗い．いて座からりゅうこつ座までの南半球では天の川がよく目立つ．この領域では暗い領域が明るい部分と大きなコントラストをなしており，特にみなみじゅうじ座の*コールサック星雲では顕著である．*銀河系中心はいて座に位置し，そこでは天の川が特に明るく，微光星の密度が高い．わが銀河系の銀河面は天の川の中心線に沿っており，天の赤道に対して約63°傾斜している．これは太陽系の惑星の軌道面（黄道面）が銀河面に対してこの角度だけ傾いていることを意味する．

## アマルテア　Amalthea

木星の内側から3番目の衛星．18万1000 kmの距離で，公転周期は0.498日．木星Vとも呼ばれる．その自転周期は公転周期と同じである．1892年に*バーナード（E. E.）が発見した．その大きさは270×166×150 kmである．表面は多くの衝突隕石孔の痕跡があり，最大隕石孔は幅が90 kmある．表面のアルベドは非常に低く，おそらくイオの火山からの硫黄のために際立って赤い．

## 網状星雲　Veil Nebula

大きな超新星残骸である*はくちょう座ループの一部をなす美しいフィラメント状の星雲．網状星雲の最も明るい部分はNGC 6992〜6995と命名されている．西側にあるNGC 6960およびNGC 6979は同じ残骸のより暗い部分である．フィラメントは，30000年ほど前の超新星爆発で飛び散って冷却したガスである．

## アメリカ海軍天文台　US Naval Observatory, USNO

ワシントンD. C.の北西にあるアメリカ政府の天文台．1844年に設立され，アメリカ海軍の海図および装置部門の天文学に関する仕事を引き継いだ．1893年に現在の場所に移動し，アメリカ海軍の航海暦局（→天体暦）を吸収した．主要装置は1873年に開設した26インチ（0.66 m）屈折望遠鏡である．1955年以来USNOはアリゾナ州フラグスタッフの標高2315 mにある観測所を運営している．ここの装置としては，1964年に開設された1.5 m位

置天文用反射望遠鏡, そして1955年にワシントンから移動した1m反射望遠鏡がある. [これは, 1934年に完成した*リッチー-クレティアン望遠鏡の第1号機である]. 1999年には1.3m広視野望遠鏡が完成した.

**アメリカ航空宇宙局** National Aeronautics and Space Administration, NASA

民間の航空学研究および宇宙探査のために1958年に設立されたアメリカの政府機関. それ以前のアメリカ航空学諮問委員会 (NACA) にとって代った. NASAの本部はワシントンにある. NASAは以下の諸施設を運営している. *エイムズ研究センター, カリフォルニア州エドワーズのドライデン飛行研究施設 (スペースシャトルの飛行テストおよび着陸場所として使用される), *ゴダード宇宙飛行センター, *ジェット推進研究所, *ジョンソン宇宙センター, *ケネディ宇宙センター, ヴァージニア州ハンプトンのラングレー研究センター (航空学と宇宙技術の研究を行う), オハイオ州クリーヴランドのルイス研究センター (航空機とロケット推進関係の研究を行う), *マーシャル宇宙飛行センター, ルイジアナ州ニューオーリンズ付近のミショー組立施設 (スペースシャトルの外部燃料タンクを製造する), *宇宙望遠鏡科学研究所, ミシシッピー州セントルイス湾近傍のステニス宇宙センター (ロケットエンジンの試験を行う), およびヴァージニア州ワロップス島にあるワロップス飛行施設 (NASAのサウンディングロケットと科学気球計画を管理する).

**アメリカ国立宇宙科学データセンター** National Space Science Data Center, NSSDC

NASAのゴダード宇宙飛行センターの一部門. 1966年に創設された. 惑星探査機からの画像を含む, アメリカの宇宙ミッションから得られたデータの保管所である. 地上からの大規模な天空探査データもここに保管されている. ゴダードにある付属天文学データセンター (ADC) は地上観測から作成した各種天体カタログのアーカイヴを公開している.

**アメリカ国立光学天文台** National Optical Astronomy Observatories, NOAO

全米科学財団の委託により*天文学研究大学連合が運営している光学天文台のグループ. 1984年に設立され, 現在は四つの部門をもっている. チリの*セロ・トロロ・インターアメリカン天文台, アリゾナ州の*キットピーク国立天文台, キットピークとサクラメントピークに観測施設をもつ*アメリカ国立太陽天文台, *ジェミニ望遠鏡を運用するジェミニ天文台. アメリカNOAOの本部はアリゾナ州ツーソンにある.

**アメリカ国立太陽天文台** National Solar Observatory, NSO

*アメリカ国立光学天文台の一部門. 1984年に創設された. NSOは, アリゾナ州のキットピーク天文台とニューメキシコ州の*サクラメントピーク天文台の2カ所で太陽望遠鏡を運用している. *世界太陽振動ネットワークグループ (GONG) も管理している. キットピークにあるNSOの装置は, *マクマス-ピアス太陽望遠鏡と1973年に開設された高さ23mで口径0.7mの主反射鏡をもつ太陽真空望遠鏡である.

**アメリカ国立電波天文台** National Radio Astronomy Observatory, NRAO

アメリカの種々な場所にある政府所有の電波天文学研究施設に対する集合名. 全米科学財団の委託により9大学のコンソーシアムである連合大学協会が管理している. NRAOの最も古い場所は西ヴァージニア州グリーンバンクにあり, 1957年に設立された. そこの主要装置は, 1965年に開設された43mの赤道儀式架台をもつパラボラアンテナ, 2000年に初観測を迎えた100×100mの*グリーンバンク望遠鏡および宇宙超長基線干渉計用の13.7mパラボラアンテナである. このアンテナは1997年に*VSOP衛星とともに初めて使用された. NRAOはアリゾナ州キットピークに12mミリ波パラボラアンテナをもっている. これは1967年に開設され, 1983年に性能改善がなされた. *超大型電波干渉計および*超長基線電波干渉計群を運営している. 本部はヴァージニア州シャーロットヴィルに置かれている.

**アメリカ国立天文学/電離層センター** National Astronomy and Ionosphere Center, NAIC →アレシボ天文台

**アメリカ天文学会** American Astronomical Society, AAS

天文学および関連科学分野を促進するために1911年に設立された組織．本部はワシントン特別区にある．*アストロノミカル・ジャーナル，*アストロフィジカル・ジャーナル，そして季刊のBulletin（BAAS）を刊行している．

**アメリカ変光星観測者協会** American Association of Variable Star Observers, AAVSO

1911年に設立されたアマチュアの協会．マサチューセッツ州ケンブリッジに本部をおく．会員は国際的で，太陽の観測もその活動に含まれる．

**アモール群** Amor group

火星軌道を横切るが，地球軌道は横切らない小惑星群．地球接近小惑星（Earth-approaching asteroids）あるいは*地球擦過小惑星（Earth-grazing asteroids）とも呼ばれる．それらの軌道は，1.017 AU（地球の遠日点距離）から1.3 AU（火星の近日点）までの近日点をもつ．火星と地球への接近により一時的にアモールは地球横断小惑星（→アポロ群）にもなるし，逆も生じる（⇨地球傍小惑星）．この群は，ベルギーの天文学者Eugene Delporte（1882～1955）が1932年に発見した直径1 kmの（1221）アモールにちなんで名づけられた．アモールの軌道は，長半径1.921 AU，周期2.66年，近日点1.09 AU，遠日点2.76 AU，軌道傾斜角11.9°をもつ．アモール群のメンバーは，明らかに数種の起源をもつさまざまな組成型を示す．小惑星は，*主小惑星帯の3：1および5：2カークウッド間隙付近から木星によって，あるいは主小惑星帯の内縁付近から火星によって摂動を受けてアモール型軌道に入ると考えられている．この群の最大の二つのメンバーは，直径40 kmのSクラス（1036）ガニメドと*エロスである．

**アラクノイド** arachnoid

金星表面のくもの巣形の模様．アラクノイドは直径が約100 kmの中心的な火山的地形からなる．粗い円形構造で囲まれ，その背後に放射状の線形模様がある．

**アラーゴ，（ドミニク）フランソワ（ジャン）** Arago,（Dominique）François（Jean）（1786～1853）

フランスの科学者で政治家．フランスの物理学者Augustin Jean Fresnel（1788～1827）とともに光の波動理論を確立し，*偏光を研究した．1811年に光の偏光度を測定するための偏光器を発明した．この装置は固体および液体表面からの光を識別できる．アラーゴはいくつかの天文学研究にそれを用いた．一つは1842年の太陽の皆既食の広範な研究である．その研究で彼は，太陽の周縁部はガス状であることを決定し，彩層およびコロナからの偏光を調べた．

**アラン-ローラン，彗星** Arend-Roland, Comet（C/1956 R 1）

ベルギーの天文学者Silvain Arend（1902～92）とGeorge Roland（1922～91）が1956年11月に発見した長周期の彗星．当初は1957 IIIと命名された．1957年4月8日に0.32 AUの近日点に到達した．地球への最近接（0.57 AU）は4月21日であった．ピーク輝度のとき，彗星は-1等に達し，25～30°の尾を引いていた．また顕著な*アンチテイルをもっていた．彗星アラン-ローランは軌道傾斜角119.9°の双曲線軌道（離心率1.0002）をもつ．

**アリエル** Ariel

天王星の4番目に大きい衛星．直径1158 km．天王星Iとも呼ばれる．アリエルは，惑星に同じ面を向けたまま19万1020 km離れて2.52日で天王星を周回する．1851年に*ラッセル（W.）が発見した．アリエルには，隕石孔地域の間にカスマータと名づけられた多くの巨大な急斜面のトラフが刻まれている氷の面がある．滑らかな平原と山脈のある地域が存在する．この破砕された表面は，過去においてテクトニック過程が活動的であったことを示している．おそらく*潮汐力の結果であろう．

**アリエル衛星** Ariel satellites

1962年と1979年の間にNASAが打ち上げた一連のイギリスの科学衛星．イギリスの最初の衛星アリエル1号は太陽のX線と地球の外部大気圏を研究した．次の三つの衛星は大気と電波天文学の調査をした．最も長寿命のミッションはX線天文学衛星アリエル5号であり，1974年から1980年まで稼動した．最後のイギ

リスの衛星であるアリエル6号は主に宇宙線の観測を行ったが，X線装置も搭載していた．

**アリオト** Alioth
おおぐま座イプシロン星．1.8等のA0型準巨星で，スペクトル中に強いクロム線が見られる．りょうけん座アルファ²型の変光星で，5.1日の周期で数十分の1等ほどの変光を示す．距離は65光年．

**アリスタルコス（サモスの）** Aristarchus of Samos（c. 320～c. 250 BC）
ギリシャの数学者で天文学者．太陽と月の大きさと距離の計算を試み，太陽は地球よりもはるかに大きく，月よりもはるかに遠いことを明らかにした．最初の地動説はアリスタルコスに由来する．彼は太陽を地球軌道の中心に，天球に固定された星を太陽から遠い距離に置いた．*アリストテレスの天動説が非常に尊重されていただけでなく，地球が移動するという考えが好まれなかったので，彼の理論はほとんど支持されなかった．

**アリストテレス** Aristotle（382～322 BC）
ギリシャの哲学者．彼は自分の地球中心の宇宙モデルを*エウドクソスが提唱した同心球の体系（*カリポスが修正した）に基づいて構築し，すべての天体の運動を説明するために球の数を49まで増やした．恒星を運ぶ最も外側の球が他の球の運動を制御し，自身は超自然の存在によって制御されるとした．アリストテレスの世界観は，球を*周転円で置き換えた*プトレマイオスによって修正されたが，ほとんど2000年にわたって深刻な挑戦を受けることがなかった．アリストテレスは，月食中に自らが投げる影から地球が球形であることを証明し，その大きさを計算して，真の値より50％大きい結果を得た．

**アリゾナ隕石孔** Arizona meteor crater →大隕石孔

**アリダード** alidade
高度を測定するための単純な観測装置．天体に向ける棒をピボットで取り付け，垂直面内で自由に振れるようにして，その棒を天体の方に向けるようにしたもの．天体の高度は目盛から読み取ることができる．しばしば*アストロラーベのような古代の位置測定装置に組み込まれた．

**R アソシエーション** R association
多くの反射星雲（reflection nebuhe, Rはその頭文字をとった）を含む星のアソシエーション．この種のアソシエーションでは，星の年齢は100万年以下で，星が形成された星雲の中にまだ星が包み込まれている．このために星は隠されており，その光は近くにある塵から反射されて初めてわれわれに見える．

**RRs型変光星** RRs variable →たて座デルタ型星

**アルヴェーン，ハネス オロフ ゲスタ** Alfvén, Hannes Olof Gösta（1908～95）
スウェーデンの物理学者．ある条件下では磁場がプラズマに"凍結"されうるという考えに基づいて，1930年代に黒点形成の理論を発展させた．1942年に太陽の大気圏に見出される条件と同様な条件のもとでプラズマを通って波動（現在は*アルヴェーン波と呼ばれている）が伝播しうることを提案した．彼の仕事は*電磁流体力学の研究の発端となり，その業績によって1970年にノーベル物理学賞を受賞した．

**アルヴェーン波** Alfvén wave
磁場とプラズマを含む領域で発生する横波．電離しており，したがって電離して高い伝導性をもつプラズマ物質が磁場中に"凍結"され，その波動運動に関与させられている．少なくとも太陽のコロナを加熱しているエネルギーの一部は太陽の外層から伝播するアルヴェーン波により供給されると考えられている．この波は*アルヴェーン（H.O.G.）にちなんで名づけられた．⇒電磁流体力学

**アルヴェーン表面** Alfvén surface
中性子星を取り囲む領域の表面．その領域の内部では星が回転するときに電離ガスが磁場によって引きずられる．*アルヴェーン（H.O.G.）にちなんで名づけられた．

**RA** right ascension →赤経

**RAS** Royal Astronomical Society →王立天文学会

**RFT** richest-field telescope →最広角視野望遠鏡

**ROE** Royal Observatory, Edinburgh →王立エディンバラ天文台

**アルカイド** Alkaid
 おおぐま座エータ星．ベネトナシュという名でも呼ばれる．1.9等のB3型矮星で，距離は140光年．

**R型星** R star →炭素星

**r過程** r-process
 ビスマスより重い元素と鉄より重い元素の中性子に富むある種の同位体の生成を説明するために提案された核融合反応．これらの元素は超新星から放出される強い中性子線束がきっかけとなる反応により生成される．線束は非常に強いので中性子を吸収して形成される不安定な核は，崩壊する前に次々と新たに中性子を吸収するので，非常に不安定な核が関与する連鎖反応が起こりうる．

**アルギエバ** Algieba
 しし座ガンマ星．2.6等のK1型巨星と3.5等のG7型巨星からなる連星．これらの星は約600年の周期で互いに周回しあっている．距離は76.1光年．

**アルキオネ** Alcyone
 おうし座エータ星．2.9等．*プレアデス星団の最も明るいメンバー．B7型巨星．

**アルギュレ平原** Argyre Planitia
 火星の南半球にある円形の地形．地球からは白色の斑点として見え，緯度−49°，経度43°に中心がある．宇宙探査機は，それが約870kmの幅と2kmの深さをもつ火星で2番目に大きい衝突盆地であることを示した．

**Rクラス小惑星** R-class asteroid
 中程度に高いアルベド，および0.7μmより短い波長での強い吸収パターンと1μm付近でのかなり強い吸収パターンをもつ反射スペクトルで識別される，数少ない小惑星のクラス．現在，直径164kmの(349)デンボウスカだけがこのクラスを割り当てられている．

**アルゲニブ** Algenib
 ペガスス座ガンマ星．2.8等のB2型準巨星で，距離は490光年．*ミルファク(ペルセウス座アルファ星)もアルゲニブと呼ばれることがある．

**アルゲランダー，フリードリッヒ ウィルヘルム アウグスト** Argelander, Friedrich Wilhelm August (1799〜1875)
 ドイツの天文学者．現在のリトアニアに生まれた．数百個の星の固有運動に関する研究から，*ハーシェル(F.W.)が計算した太陽の*向点の位置を確定した．1852年に開始した彼の主な業績は，北半球における9等級までのすべての星の探査であった．その成果である星図とカタログは，*ボン掃天星表として1859〜62年に刊行された．後に彼は最初の*AGKの編纂を開始した．また，小数第1位までの等級の細分割，星の等級を推定するための段階法，および変光星に大文字のローマ文字を与えるやり方を導入した．

**アルゲランダーの段階法** Argelander step method
 *アルゲランダー(F.W.A.)が記述した，実視によって変光星の等級を推定する方法．この方法では，変光星を比較星と対照し，変光星と比較星の明るさの指定される差を反映する段階値を付与する．"A(3)V, V(1)B"の形の推定値が得られ，変光星(V)の等級は，*フラクショナル法の場合と同じように，比較星(AおよびB)の既知の等級から計算することができる．→ポグソンの段階法

**アルゴ座** Argo Navis
 ギリシャ人に知られていた48個の星座の一つでアルゴ船をかたどる．18世紀に*ラカイユ(N.L.de)が*りゅうこつ座，*とも座，*らしんばん座，および*ほ座に分割した．

**アルコル** Alcor
 おおぐま座80星．4.0等のA5型矮星で，距離90.1光年．*ミザールと実視二重星を形成する．

**アルゴル** Algol
 ペルセウス座ベータ星．初めて発見された*食連星．1669年にイタリアの天文学者で数学者のGeminiano Montanari(1633〜87)がアルゴルは変光することを発見したが，周期は1782〜3年に*グッドリッケ(J.)が初めて決定した．周期はわずかに変化してきたが，現在アルゴルは2.8673043日の周期で2.1等から3.4等まで変光する．変光周期が変化することおよびスペクトル中にときどき検出できる輝線は*質量移動が起きている証拠であり，この系が*半分離型連星であることを示している．食

を起こす連星は3番目のメンバー（アルゴルC）を伴っている．これは4.7等で，1.862年の公転周期をもっている．この系は弱いX線源で，電波バーストを放出する．アルゴルは約100光年の距離にある．

## アルゴル型変光星　Algol star
明確な食の間に輝度が一定の（あるいはほとんど一定の）期間がある *食連星の型．略号EA．この特徴は，この系が *分離型連星あるいは *半分離型連星であることの証拠である．2番目の極小は見えないこともある．周期は0.2から10000日で，変光範囲は数等級に達することがある．*質量移動が起これば，物質は *降着円盤を通らず高温星に直接降着する．これに対し連星間の距離がより広く，前アルゴル星かもしれないへび座W型星では質量移動は降着円盤を介して起こる．へび座W型星という用語は両方の群の星に対して使われることもある．

## アルゴン-カリウム法　argon - potassium method　→カリウム-アルゴン法

## アルゴンキン宇宙複合研究施設　Algonquin Space Complex
カナダ・オンタリオ州トラバース湖近くのアルゴンキン公園にある電波天文台．1966年に開設された45.7mアンテナの設置場所．1986年まではアルゴンキン電波天文台の名称でカナダの国立研究評議会によって運営された．1989年以降はこの場所は現在の名称でトロントのヨーク大学の宇宙・地球科学研究所とオタワのカナダ探査／地図作成センターの測地研究部によって共同運営されている．

## RGO　Royal Greenwich Observatory　→王立グリニッジ天文台

## アルシャイン　Alshain
わし座ベータ星．3.7等のG8型準矮星．距離は49光年．

## RGU 測光　RGU photometry
波長と帯域幅がそれぞれ次のような値をもつフィルターによる写真測光．U：359nmと53nm，G：466nmと50nm，R：641nmと43nm．*色超過 E（U−G）と E（G−R）が近似的に等しくなるようにフィルターと写真乳剤が選択された．RGU測光に対する標準星はない．その代わり，UBVをそれぞれU，G，およびRに変換する．この測光系は星の個数から銀河系の構造を導くために広範囲に使用されてきた．

## アル-スーフィ　al-Ṣūfī　→スーフィ

## アルタイル　Altair
わし座アルファ星．0.77等で，全天で12番目に明るい星．A7型矮星で，距離は16光年．デネブとベガとともに，いわゆる夏の大三角を形成する．

## アルデバラン　Aldebaran
おうし座アルファ星．K5型巨星．0.85等の平均輝度から0.1等級ほど不規則に変化する．*ヒヤデス星団のメンバーであるように見えるが実際には星団までの距離の約半分の60.1光年に位置する．

## アルデラミン　Alderamin
ケフェウス座アルファ星．2.4等．A7型矮星で，距離は48.1光年．

## R 等級　R magnitude
Rフィルターで測定した星の等級．使用するフィルターには数種の定義がある．*クロン-カズンRI測光におけるRフィルターの中心波長と帯域幅は638nmと138nm，*ジョンソン測光では720nmと220nm，*六色測光では719nmと180nm，そして*RGU測光では638nmと50nmである．今日最も頻繁に使用されるRはクロン-カズン系の等級である．写真測光のRGU系を除いて，普通Rは光電測光で測定する．

## アル-トゥーシ　al-Ṭūsī　→トゥーシ

## アルナイル　Al Na'ir
つる座アルファ星．1.7等．B7型矮星で，距離57光年．

## アルニタク　Alnitak
オリオン座ゼータ星．オリオンのベルトの3個の星の一つ．距離1400光年と推定される．2.0等のO9.5型の超巨星．4.2等の近接伴星をもつ．

## アルニラム　Alnilam
オリオン座イプシロン星．1.7等．オリオンのベルトの中央にある星．B0型準巨星で，距離1400光年と推定される．

**アルネブ** Arneb
うさぎ座アルファ星．1100光年の距離にあるF0型巨星．2.6等．

**アル-バッターニ** al-Battānī →バッターニ

**アルバテニウス** Albategnius
アル-*バッターニのラテン名．

**アルビレオ** Albireo
はくちょう座ベータ星．全天で最もよく知られた二重星の一つ．3.1等のK3型の明るい巨星と5.1等のB9.5型矮星からなる．二つの星はオレンジ色と青緑色の対照的な色を示す．距離は380光年．

**α** alpha
*赤経の記号．

**アルファケンタウリ** Alpha Centauri
太陽に最も近い星．リギルケンタウルスとも呼ばれる．実際には，周期80年の明るい連星と*ケンタウルス座プロキシマ星と呼ばれる2°離れた暗い赤色矮星からなる三重系である．連星は$-0.01$等のG2型矮星と1.3等のK1型矮星からなる．肉眼には，全天で3番目に明るい$-0.27$等の単一の星のように見える．この連星は太陽から4.3光年の所にあり，ケンタウルス座プロキシマ星よりも約0.1光年ほど遠い．

**アルファ粒子** alpha particle, $\alpha$-particle
ヘリウム4原子の原子核．2個の陽子と2個の中性子から構成され，正に荷電している．アルファ粒子はアルファ崩壊（alpha decay）と呼ばれる放射性崩壊の過程で原子核から放出される．

**アルファルド** Alphard
うみへび座アルファ星．2.0等のK3型巨星で，距離は110光年．

**アルフェッカ** Alphecca
かんむり座アルファ星．Alphekkaとも綴り，ゲンマの名でも呼ばれる．アルゴル型の食連星で，17.4日の周期で2.2等と2.3等の間を変光する．二つの星はスペクトル型A0およびG5の矮星である．距離は78光年．

**アルフェラッツ** Alpheratz
アンドロメダ座アルファ星．2.1等．100光年の距離にあるB9型準巨星．別名はシラー．

**アルベド** albedo
自分で光らない惑星などの天体全体，あるいは惑星表面上のある地形に，外部から入射する光の量に対する，それらから反射される光の量の割合をいう．反射率ともいう．一般に，アルベドは反射される光の量を入射する量で割った値に等しい．アルベド値は，すべての入射光を吸収する完全黒体の場合の0.0（0％）から完全な反射体の場合の1.0（100％）までにわたる．濃密な大気をもつ惑星あるいは惑星の衛星は，透過度の高い大気をもつ惑星，あるいは大気をもたない惑星よりもはるかに高いアルベドをもつ．アルベドは表面の場所によって違う値をもつ．したがって実用的には平均アルベドを使用する．自然の表面は異なる方向に異なる量の光を反射するので，アルベドは，測定が1方向でなされたのか，すべての方向に対して平均されたのかによっていくつかの違った表し方がある．→幾何学的アルベド，半球アルベド，ボンドアルベド

**アルベド地形** albedo feature
その周囲よりも顕著に暗い，あるいは明るい惑星上の地形．地形学的あるいは地質学的な特徴には必ずしも対応しない．例えば，望遠鏡で見える火星上の最も暗い地形の一つは*大シルティスであるが，宇宙船から見ても大シルティスとその周囲との間の地形や地勢に明白な違いはない．一方，月面上の海や輝点のようなアルベド地形は異なる地域に対応している．すなわち海は溶岩の平らな平原であり，輝点は若い衝突隕石孔である．

**アルヘナ** Alhena
ふたご座ガンマ星．1.9等．A1型準巨星で，距離は57光年．

**アルマク** Almach
アンドロメダ座ガンマ星．AlmaakあるいはAlmakと表記することもある．2.3等のK3型輝巨星と4.8等のB9型矮星からなる二重星である．さらにこの暗い方の星は公転周期61年をもつ近接二重星である．距離は42光年．

**アルマゲスト** Almagest
AD 150年ごろに*プトレマイオスが記述した天文学および数学に関する知識の大要．*ヒ

ッパルコスが編纂した星表を取り入れており，プトレマイオスはこの書物の他の部分にもヒッパルコスの研究を引用した可能性がある．残存する古代天文学の最も完全な論文であり，今日のわれわれの星座系の基礎となった48個のギリシャの星座が記述されている．ギリシャ語の元の書名はSyntaxisである．Almagestは，AD 820年ごろアラビア語に翻訳されたときに付けられた名称で，"最も偉大なもの"を意味する．

**アルミニウム蒸着** aluminizing
　鏡の表面を反射用アルミニウムで薄く被覆する過程．*銀メッキの後継技術である．反射鏡を真空容器内に置き，加熱によってアルミニウムを蒸着する．衝突する空気分子がないので，アルミニウムは反射鏡まで直接到達し，薄い一様な層（約100 nmの厚さ）で反射鏡を被覆する．被覆を保護するために，その後に二酸化ケイ素のような他の物質の層を同様に被覆する．大望遠鏡は天文台の建物内にアルミニウム蒸着容器を収容しているので，必要に応じてその場で何度も反射鏡にアルミニウム蒸着を施すことができる．保護膜をもつ新鮮なアルミニウム被覆の反射率は89％であるが，表面が酸化されるので1年に数％ずつ低下する．

**アルムカンター** almucantar
　地平線に平行な天球上の小円．アルムカンター上のすべての天体は同一時間には同一高度にある．

**アルリシャ** Alrescha
　うお座アルファ星．Alrischaとも綴る．特殊なスペクトルと未知の光度クラスをもつ二つのA型星からなる近接連星．約900年の周期をもち等級はそれぞれ4.2および5.2である．3.8等の一つの星のように見える．

**アレイ** array
　1. 単一装置として作動するように配列された望遠鏡あるいはアンテナ（素子）の群．→干渉計，同期アレイ　2. CCDのように微小な検出器（画素）を規則的に配列したもの．線状（一次元アレイ，one-dimensional array）あるいは面状（二次元アレイ，two-dimensional array）に配列され，画像を記録するよう設計されている．

**あれい星雲** Dumbbell Nebula
　こぎつね座にある8等級の惑星状星雲．M 27やNGC 6853とも呼ばれる．小型望遠鏡にとって最も見ばえのする惑星状星雲である．大口径望遠鏡あるいは写真で見ると，両側に砂時計のような丸い突出部があるためにこのように命名された．距離は約1000光年．

**areo-**
　火星に関する語につける接頭辞．例えば，areographyは火星表面の研究．

**アレクサンドラ族** Alexandra family
　太陽からの平均距離が2.6～2.7 AUで，軌道傾斜角が11～12°の小さい小惑星族．メンバーにさまざまな組成（クラスC，G，およびT）のものが混在しているという点でこの族は異常である．この族は，1858年にドイツの天文学者Hermann Mayer Salomon Goldschmidt（1802～66）が発見した，直径が176 kmのCクラス（54）アレクサンドラにちなんで名づけられた．アレクサンドラの軌道は，長半径2.712 AU，周期4.47年，近日点2.18 AU，遠日点3.25 AU，軌道傾斜角11.8°をもつ．

**アレクシス衛星** ALEXIS
　アメリカ国防省の小型人工衛星．軟X線および極紫外線の背景放射の全天にわたる地図を作成するために4基の望遠鏡を搭載している．ALEXIS（Array of Low-Energy X-ray Imaging Sensors）は1993年4月に打ち上げられた．

**アレゲニー天文台** Allegheny Observatory
　ピッツバーグ大学の天文台．ペンシルヴァニア州ピッツバーグの標高380 mに位置する．1860年に設立されたが，1912年に現在の場所リヴァーヴューパークに移された．主要な装置は0.76 mのソー（Thaw）屈折望遠鏡である．1914年から稼動しているが，1985年に新しい対物レンズが取り付けられた．他の装置には0.76 mのキーラー位置測定用反射望遠鏡がある．造られたのは1906年であるが，1990年に新しい反射鏡が取り付けられた．

**アレシボ天文台** Arecibo Observatory
　直径305 mの世界最大級の電波天文用パラボラアンテナの設置場所．1963年に開設され，

1974年にもともとの金網の面が固体パネルで置き換えられたときに性能が改善された．天文台はプエルトリコのアレシボの南方12kmに位置し，*アメリカ国立天文学／電離層センター（NAIC）が運営している．本部はニューヨーク州のコーネル大学にある．パラボラアンテナは，地上の天然の盆地に据えられており，地球の自転に伴って頭上の空の細長い領域を走査する．静止した反射望遠鏡の上方に吊るした可動のフィードを用いて天頂の20°以内で電波源を追跡できる．北の38°から南の1°までの赤緯をカバーできる．アレシボパラボラアンテナは天文学だけでなく大気の研究にも利用される．

**アレンデ隕石** Allende meteorite

*炭素質コンドライト型の隕石．1969年2月に北メキシコのプエブリト・デ・アレンデ付近に落下し，48×7kmの面積にわたって数千個の断片を散乱させた．母体はおそらく30t以上の重さであった．2t以上のCV3型の物質が蒐集され，最大の断片は110kgであった．この物質の形成年齢は46億年で，回収された最も古い原初の惑星物質とされる．

**アンカー** Ankaa

ほうおう座アルファ星．2.4等．K0型巨星で，距離は62光年．

**アングロ-オーストラリア天文台** Anglo-Australian Observatory, AAO

ニューサウスウェールズ州クーナバラブラン付近のサイディングスプリング山の標高1150mにある天文台．イギリスとオーストラリアが共同で運営している．その本部はニューサウスウェールズ州エッピングにある．主な装置は，3.9mの*アングロ-オーストラリア望遠鏡と1.2mの*英国シュミット望遠鏡である．

**アングロ-オーストラリア望遠鏡** Anglo-Australian Telescope, AAT

オーストラリア・ニューサウスウェールズ州の*アングロ-オーストラリア天文台で1974年に完成した3.9m反射望遠鏡．1995年，この望遠鏡に2°の視野（2dF）を与える主焦点補正レンズが装着された．光ファイバー配列により，この広い視野にわたって400個までの星あるいは銀河の同時分光が可能である．

**暗黒エネルギー** dark energy

[宇宙のエネルギー密度の約70%を占めていると考えられる未知の種類のエネルギー．ダークエネルギーともいう．アインシュタインの*宇宙定数に対応する真空のエネルギーは暗黒エネルギーの有力な候補である]．

**暗黒星雲** dark nebula

背後からの光を吸収する星間塵を多く含む星間ガス雲．したがってこの雲はそれより明るい背景に対して黒く見える．吸収された光は塵粒子を加熱し，それが赤外放射としてエネルギーの一部を再放射する．背景光の一部は吸収されず，散乱される．オリオン座の*馬頭星雲はよく知られた暗黒星雲である．もう一つは天の川南天部の*コールサックである．

**暗黒物質** dark matter

星や銀河の運動に対する効果からその存在は推測されるが，ほとんどあるいはまったく放射を出さないので直接見ることができない物質．*ミッシングマスともいう．宇宙における質量の90%は何らかの暗黒物質の形で存在すると考えられる．渦巻星雲における暗黒物質の証拠はその*回転曲線である．メンバー数の多い銀河団における暗黒物質の存在はメンバー銀河の運動から推論することができる（→ヴィリアル定理）．この暗黒物質のかなりの部分は低質量星あるいは木星程度の質量の天体として存在する可能性がある．そのような普通の物質からなる暗黒物質をバリオン的暗黒物質という．暗黒物質はまた銀河間空間に存在するかもしれず，その場合は宇宙の平均密度を現在の膨張を止めるのに必要な*臨界密度まで高めることも可能であろう．*ビッグバン理論が正しいならば，暗黒物質の大部分は非バリオン的物質，おそらくビッグバンの初期段階から残っている*アクシオン，*フォティーノ，あるいは質量をもつニュートリノとして存在しているにちがいない．［最近の観測からは，暗黒物質を含むすべての物質は宇宙の全エネルギー密度の約30%を占めるにすぎず，残りの70%は*暗黒エネルギーであることが示唆されている］．⇒熱い暗黒物質，暗黒エネルギー，冷たい暗黒物質

**アンシー** ansae

土星の両側へ環が張り出した部分．単数は

ansa. この語は"取っ手"に当たるラテン語である．この環は取っ手のように土星から突き出ているのでこう呼ばれる．

### 暗視　night vision
*暗順応の別名．

### アンシャープマスキング　unsharp masking
わずかな輝度変化しか示さない，画像の微細構造を目立たせるための写真処理および画像処理の手法．画像をわずかにピンボケにしてネガマスクを作成する．これを原画と重ね合わせて，別のフィルム（または印画紙）に焼き付ける．その結果としてコントラストをほとんど低下させることなく原画全体にわたる微小な輝度変化を見分けることができる．

### 暗順応　dark adaptation
暗いときに光に対する眼の感度が増大すること．眼の内部の化学的変化から生じ，完了するまでに少なくとも20分かかる．暗順応は眼が再び明るい光を浴びると，青色あるいは紫色光の場合は完全に，赤色の場合はごく部分的に元に戻る．眼視観測者が星図などを調べるために暗赤色灯を用いるのはこの理由による．

### アンダーサンプリング　undersampling
検出器の分解素子すなわち *画素が大きすぎて研究対象のスペクトルあるいは画像を詳細に分解できない状況．例えば，*シーイングが極めてよく，星像中のほとんどすべての光がCCDの1画素内に収まるならば，像は正方形として見える．この像はアンダーサンプルされているといい，その場合は星像の大きさやその中心位置の正確な推定値を得ることができない．⇨エイリアシング

### アンタレス　Antares
さそり座アルファ星．太陽より10000倍明るい1.5等の超巨星で，おそらく太陽の500倍以上の直径をもつ．5年の周期で0.9等と1.8等の間を変光する半不規則変光星である．距離520光年と推定される．約900年の公転周期をもつ5.4等のB2型矮星を伴っている．アンタレスの名称はギリシャ語で，その強い赤色のため普通は"火星のライバル"と訳されているが，"火星そっくり"と訳されることもある．

### アンチテイル　antitail
太陽の方向を指しているように見える彗星からの突出部．しばしばスパイクのように見える．実際には彗星の塵からなる尾の一部であり，軌道上で彗星より遅れているより大きな（mm規模）粒子からなる．アンチテイルは実際には太陽の方向を指しているのではなく，彗星をある角度から見たときの見かけの効果によって生じる．アンチテイルはめったに見られない．見える場合は，普通は，地球が彗星軌道面近くを通過するときに最も顕著である．そのときに薄いシート状に分布する彗星の塵が真横から見えるからである．

### アンテナ　antenna
電波を検出するために電波天文学で使われる装置．エリアル（aerial）とも呼ばれる．アンテナにおいては電波が伝導体中に振動する電気信号を誘導する．最も単純なアンテナは *双極子アンテナで，単純な金属棒である．*八木アンテナのようにもっと複雑なアンテナは，1個あるいはそれ以上の双極子（駆動素子，driven elements）と他の伝導体（parasitic elements）から構成される．それらの素子は電波を双極子に向け，あるいは反射して，アンテナの *指向性と *利得を増大させる．特に高い周波数での最も強力な電波望遠鏡は，電波を集め，焦点に集中させるためにパラボラアンテナを用いる．多数のアンテナを結合して配列（array）を作り，高い分解能を実現することができる．アンテナは電波を伝送するためにも使われる．

### アンテナ温度　antenna temperature
電波天文学における信号強度の尺度．もし完全に電波望遠鏡を覆い囲んでいれば，観測中の電波源と同じ信号電力を生成するような黒体の温度として定義される．アンテナ温度はアンテナ自身ではなく，電波源の性質である．一様に広がった電波源が望遠鏡のビームを満たす場合，電波源の *輝度温度に等しい．

### アンテナ銀河　Antennae
相互作用する1対の銀河，NGC 4038と4039．からす座にあり，距離6000万光年．二つの長く，細く，曲がった尾が36万光年（20′以上）も伸びているので，この名がある．この尾はおそらく渦巻銀河とレンズ状銀河の衝突により起こった重力的潮汐相互作用により銀河か

ら引きはがされた星々からできている.

**アンテナパターン** antenna pattern
 種々の方向に対する電波望遠鏡の感度および利得のグラフ.典型的なアンテナパターンは,いくつかの感度極大(ローブ,lobe)を示し,そのうちの最強の極大(主ローブ,main lobe あるいは主ビーム,main beam)が望遠鏡の最も敏感な方向を規定する.円形断面の狭い主ローブと無視できるほど弱い*サイドローブをもつアンテナパターンは鉛筆ビーム(pencil beam)と呼ばれるが,幅広い平らな主ローブは扇ビーム(fan beam)と呼ばれる.⇒極ダイアグラム

**アントニアージ, ユージーヌ ミシェル** Antoniadi, Eugène Michael (1870〜1944)
 トルコ生まれのフランスの天文学者.惑星の専門家で,当時の最も傑出した観測者の一人であった.例えば,彼の非常に詳細な図は,土星の円盤上の斑点,そしてその環にある"スポーク",木星南部の熱帯擾乱,そして水星の表面の細部を示している.しかし,彼の主要な関心は火星であった.彼は火星の運河には懐疑的で,それらが幻想であることを証明することができた.彼は,シーイングの質に対する*アントニアージ尺度を考案した.

**アントニアージ尺度** Antoniadi scale
 アマチュア天文家が使用する*シーイングの尺度.惑星の像に対する大気のゆらぎの効果がもとになっている.その尺度の種類は,
 I.完全で振動がない
 II.わずかな振れ,しかし数秒間継続する静かな期間がある
 III.中間的,時折大きな大気運動がある
 IV.悪い,像が常にゆれ動いている
 V.非常に悪く,観測が非常に困難
*アントニアージ(E. M.)が考案した.

**アンドロメダ銀河** Andromeda Galaxy
 われわれ自身の銀河系に最も近い渦巻銀河で,*局部銀河群の最大のメンバー.アンドロメダ座にあり M 31 あるいは NGC 224 とも呼ばれる.230万光年の距離にあり,肉眼には全等級 3.4 等の細長い淡い光斑として見える.この銀河は二つの腕をもち,Sb 型に分類される.総質量は 4000 億太陽質量を超え,われわれ自身の銀河系よりわずかに重い.長時間露出の写真では天空の 4°以上に広がっていることがわかる.これは約 15 万光年の直径に相当する.われわれ自身の銀河系より 2 倍多くの球状星団が含まれる.8 等の二つの小さい近接した伴銀河,すなわち楕円銀河 M 32(NGC 221)と楕円/レンズ状銀河 NGC 205(時には M 110 ともいわれる)がある.そして少なくとも 3 個の矮小楕円体銀河,アンドロメダ I, II,および III も近くにある.

**アンドロメダ座** Andromeda(略号 And.所有格 Andromedae)
 ギリシャ神話の王女アンドロメダをかたどった北の空の星座.その最も明るい星はアルファ星(*アルフェラッツ)とベータ星(*ミラク)である.アンドロメダ座には有名な二重星ガンマ星(*アルマク)と 9 等の惑星状星雲 NGC 7662 が含まれる.この星座で最もよく知られているのは*アンドロメダ銀河である.

**アンドロメダ座 Z 型星** Z Andromedae star
 不規則な変光をする*激変星の一種.高温度星(20000 K),低温度星(3000 K),および高温星の放射により励起された広がったガスの特徴を示すスペクトル型を示す.略号 ZAND.*質量移動か巨大な低温度星の*恒星風による相互作用が起こっている.現在は,さまざまな異質の天体からなるこのような型(*共生星と呼ぶことが多い)をこの分類名でまとめている.共生新星(*ぼうえんきょう座 RR 型星),およびみずがめ座 R 型星などの*降着円盤やジェットをもつ星もこの分類型に含まれる.

**アンドロメダ座流星群** Andromedid meteors
 1872 年,1885 年,1899 年,そして 1904 年に観測された流星群.ビエラ流星群とも呼ばれる.この活動は,19 世紀半ばに崩壊したと想定される*ビエラ彗星の残骸中を地球が通過したことにより生じた.1872 年 11 月 27 日に彗星軌道の交点へ地球が接近したときは,約 6000 流星/時間という*流星嵐が見られた.1885 年の回帰時はさらに壮観で,おそらくは 75000 流星/時間もの流星が見られた.重力による*摂動により流星嵐の軌道が地球軌道から引き離されたので,現在ではアンドロメダ座流星群はほとんど見られない.

**案内望遠鏡** guide telescope

　大型望遠鏡を目的天体に正しく向け，かつ長時間追尾できるようにするために用いられる小型望遠鏡．ガイドスコープとも呼ばれる．実際の追尾は，ガイド星を監視して星を精確に接眼鏡中のクロス線の中心に保持するか，あるいは*自動追尾装置を用いて行う．案内望遠鏡に代わるのは*斜入射ガイダーである．

**アンバルツミャン，ヴィクトル アマザスポビッチ** Ambartumian, Viktor Amazaspovich (1908〜96)

　アルメニアの天体物理学者．彼の主要な仕事は星の起源と進化に関するもので，この問題に対して星の物理的性質を初めて適切に考慮した．彼は星の*アソシエーションを発見し，そう命名した．電波銀河に関する重要な初期の研究を行った．また，新星および惑星状星雲からの質量放出を研究した．*ビュラカン天文台の創立に力を尽くした．

**暗　部** umbra

　太陽黒点の中心の最も黒い部分．温度が約4200 K の最も低温の部分でもある．暗部は一様に暗いのではなく，明るい暗部輝点を含んでいる．これらは小規模な光球*粒状斑であり，直径は約 300 km にすぎず，粒状斑よりやや長時間の25分まで持続する．それらは暗部に入り込んだばかりの半暗部微粒子であるように見える．

# イ

**イアペトゥス** Iapetus

　土星の3番目に大きい衛星．直径1460 km．土星 VIII とも呼ばれる．外側から2番目の衛星で，土星から 356万 1300 km の距離を公転する．79.33日で公転し，土星に同一面を向けたままである．軌道上で進行方向に向かう前方面は反対側の後方面よりもはるかに暗く，アルベドはそれぞれ約 0.05 と 0.5 である．したがって*衝のときの平均等級は 10.2 と 11.9 の間を変化する．イアペトゥスは 1671 年に*カッシーニ (G. D.) が発見した．衝突クレーターが表面を覆っている．[惑星に同一面を向けたままのいわゆる同期自転では，一つの半球が常に軌道上の進行方向を向いていることになる]．

**EVN** European VLBI Network　→ヨーロッパ VLBI ネットワーク

**イ　オ** Io

　木星の3番目に大きい衛星．直径 3630 km で，4個のガリレオ衛星の最も内部の衛星．木星 I とも呼ばれる．木星から 42万 2000 km の距離を 1.769 日で公転し，木星に同一面を向けている．幾何学的アルベドは 0.6，*衝のときの明るさは 5.0 等である．1979 年にヴォイジャーは，イオが爆発的に噴火する火山をもっていて，70〜280 km の高さに破砕物を噴出し，その物質の一部が爆発地点から 500 km の範囲に降り注いでいることを明らかにした．噴出源は火山性カルデラあるいは割れ目であり，それらが 300 以上存在する．多くの火山から巨大な溶岩流が放射状に広がり，硫黄あるいは酸化硫黄の堆積のため表面全体が黄色である．広大な平原や山岳地域はあるが，衝突クレーターはなく，表面が地質学的に若いことを示している．イオの密度が 3.57 g/cm³ であることは，直径約 1500 km の鉄-硫黄の中心核とケイ酸塩のマントルをもつことを示唆する．イオの火山活動は*潮汐力によって解放される熱の結果であ

る．イオがその軌道上で木星に近づいたり離れたりするときに潮汐力によってイオが圧縮され，その結果熱が発生するのである．

**イオン**　ion

1個かそれ以上の電子を失うか獲得した原子あるいは分子をいう．イオンは電子を失ったものは正に荷電し，電子を獲得したものは負に荷電する．イオンを表記するときは化学記号に上つき記号を付ける．例えば二価イオンの鉄は$Fe^{2+}$と表現する．あるいは化学記号に失った電子数よりも一つ多いローマ数字を付ける（例えば，二価イオンの鉄に対しては Fe III，中性鉄に対しては Fe I）．

**イオン化**　ionization　➡電離

**イオン化温度**　ionization temperature　➡電離温度

**イオン化平衡**　ionization equilibrium　➡電離平衡

**イオン化ポテンシャル**　ionization potential　➡電離ポテンシャル

**イオンの尾**　ion tail

彗星のガスの尾の別名．➡尾（彗星の）

**e 過程**　e-process

ある種の大質量星における一連の核反応を経てケイ素が鉄およびニッケルのような重元素に変換されるいわゆる平衡過程（equilibrium process）．この過程は反応速度間の平衡が重要な複雑な過程である．

**イカルス**　Icarus

小惑星1566番．*アポロ群のメンバー．地球に近接接近した1949年に*バーデ（W.）が発見した．1968年に地球の 0.040 AU 以内（600万 km）に接近したときイカルスはレーダーで観測された最初の小惑星となった．直径は約1 km，自転周期は2.27時間である．軌道は，長半径1.078 AU，周期1.12年，近日点0.19 AU（水星の軌道内部に入る），遠日点1.97 AU，軌道傾斜角22.9°をもつ．

**イギリス式架台**　English mounting

*赤道儀式架台の一形式．この架台では望遠鏡が長方形のヨークと呼ばれる枠の内部に取り付けられ，ヨーク自身は北-南に並んだ二つの柱で支持されている．ヨーク式架台とも呼ばれる．このヨークは*極軸になっており，望遠鏡

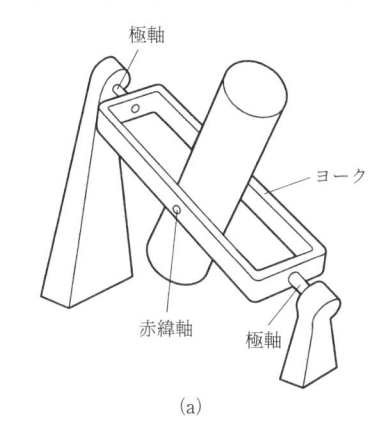

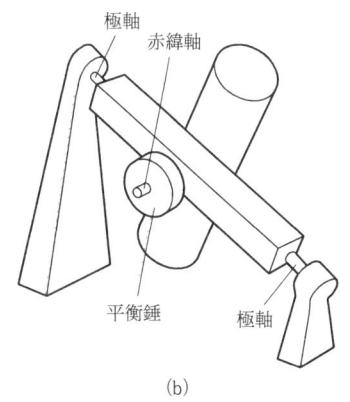

**イギリス式架台**：(a) 標準型．(b) 交叉軸架台．

は*赤緯軸の周りをこのヨーク内で回転する．変形イギリス式架台あるいは交叉軸式架台と呼ばれる別形式では，ヨークが単一の梁で置き換えられ，望遠鏡が梁の片側に，平衡錘がもう一方の側に設置される．イギリス式架台をもつ装置にはウィルソン山天文台の100インチ（2.5 m）フーカー望遠鏡などがある．

**イギリス天文協会**　British Astronomical Association, BAA

ロンドンに本拠を置くアマチュア天文家の組織．1890年に創設された．隔月刊のジャーナルと年1回のハンドブックを出版している．

**E クラス小惑星**　E-class asteroid

小惑星のまれなクラスで，そのメンバーは $0.3〜1.1\,\mu m$ の波長範囲にわたって平坦でわ

ずかに赤みがかった特徴のない反射スペクトルをもつ．Eクラス小惑星は，クラスMおよびPとスペクトル的には同一であるが，高い*アルベド（0.25～0.60）によって識別される．Eはエンスタタイトを表す．これらの小惑星は組成がエンスタタイトエイコンドライト隕石に似た表面をもつと信じられているからである（→オーブライト）．このクラスのメンバーには直径68 kmの (44) ニサ，および直径24 kmの (214) アシェラがある．

**池谷-関，彗星** Ikeya-Seki, Comet (C/1965 S 1)

1965年9月18日に日本のアマチュア天文家池谷薫 (1943～) と関勉 (1930～) が発見した長周期の彗星．以前は1965 VIIIと命名された．*クロイツサングレーザー群のメンバー．0.008 AU (120万 km) の近日点通過は1965年10月21日であった．そのとき中心核が三つの断片に分裂した．近日点で彗星は少なくとも−10等に達し，昼間でも見ることができた．その尾は10月後半に約60°に達した．軌道は，周期が約880年，離心率0.9999，軌道傾斜角141.9°をもつ．

**E 項** E-terms

地球軌道の離心率に依存する*年周光行差の成分．楕円光行差という．最大でも0.34″にしか達しない．1984年までは星表の星の位置をE項に対して補正しなかったが，それ以後星の*平均位置を定義するときにはE項を考慮するようになった．

**E コロナ** E corona

太陽の*コロナの光のうち高温ガスからの輝線に由来する部分（"E"は輝線を表す）．これらの輝線は鉄，カルシウム，および他の元素の高電離原子のいわゆる*禁制線を含んでいる．EコロナはKコロナおよび*Fコロナよりはるかに弱い．

**ESA** European Space Agency →ヨーロッパ宇宙機関

**イザル** Izar

うしかい座イプシロン星．オレンジ色に見える2.7等のK 0型巨星と青緑色に見える5.1等のA 0型矮星からなる二重星である．これらの色のために"最も美しい"を意味する別名プルケリマ（Pulcherrima）という別名が生じた．この二重星は*連星であり，それらの間隔は150光年である．

**イシュタール大陸** Ishtar Terra

金星の北半球にある高地地帯．5000 km以上の長さで600 kmの幅をもつ．大陸には高い火山性平原ラクシュミ・プラナムが含まれる．平原は2000 km以上に広がり，惑星の平均半径よりほぼ5 kmの高さまで隆起している．平原は，11 kmという金星で最も高い山頂をもつマクスウェル山脈，そして二つの大きな火山性カルデラ，コレッテ・ペテラおよびサカヤウェア・ペテラを含んでいる．ラクシュミは山脈とテッセラに囲まれている．

**異常鉄隕石** anomalous iron

他の鉄隕石が区分される主要族のどれにも似ていない化学的性質と構造をもつ*鉄隕石．

**E 線** E line

太陽および他の低温度の星のスペクトルにおける波長527 nmでの*フラウンホーファー線．鉄とカルシウムによる吸収の組み合せによって生じる．

**ESO** European Southern Observatory →ヨーロッパ南天天文台

**E 層** E layer

地球の*電離層の構成成分．110 kmの高度にある．イギリスの物理学者Oliver Heaviside (1850～1925) にちなんでヘヴィサイド層ともいう．電波通信で反射面として利用される．E層の電子密度は日周変動を示し，昼間の方が大きい．密度が高い昼間のE層による電波の吸収は通信上問題になりうる．夏の期間に同一の大気の高さに通例的に現れる散在E電離層の局所的な斑点も短波通信を阻害することがある．

**位 相** phase

**1.** 地球から見たときに月あるいは惑星が照らされて見える円盤部分の比率．**2.** 波動あるいは周期振動など，周期的に変動する量について，その周期の中のどの位置にあるかを示す値．位相は角度として測り，完全な1周期は360° (2πラジアン) の位相に等しい．あるいは0.0と1.0の間の数として測ることもある．同一周波数の二つ以上の波動は，それらの極大

と極小が同一瞬間に起こるときは位相が一致するという．そうでない場合は位相が異なる，あるいは位相差があるという．波動の位相が正確に180°異なる場合，それらの波動は反位相にあるという．

**位相回転子　phase rotator**

入射信号の位相を調節するために電波天文学で使用する装置．地球の自転によって基線がゆっくり回転するのを補償するために干渉計で使用されることが多い．

**位相角　phase angle**

太陽系の天体に対して，太陽-天体-地球を結ぶ線の間の角度．つまり天体から見た地球と太陽のなす角度．内惑星の場合，位相角0°のとき太陽と観測者は正確に同一方向にあって，観測者は完全に照明された惑星を見ることになる．位相角180°のとき太陽と観測者はその惑星の反対側に位置し，照明されてない側の観測者に面している．

**位相切替干渉計　phase-switching interferometer**

一つのアンテナからの信号に他のアンテナからの信号をかけ合わせる前に，前者の位相を周期的に逆転させるような二つのアンテナをもつ電波干渉計．出力は，二つの信号の積に比例する振幅をもつ方形波である．電波源が空を移動するにつれて，*相関受信機からの信号と同じように干渉縞が生成される．ただし，一様な背景放射は除去される．

**位相欠陥　phase defect**

黄道に対して月の軌道が傾斜しているために，月の照明されて見える円盤が満月時に完全な円にならないズレの量．度の単位で測る．

**位相差　phase difference**（記号 $\varphi$）

電磁波など，同一周波数をもつ二つの周期的運動の位相のずれを示す量．度，ラジアンあるいは秒（時間）で測る．

**イ　ダ　Ida**

小惑星243番．1884年にオーストリアの天文学者 Johann Palisa（1848～1925）が発見した．*ダクティルという衛星をもつ．イダは 55×24×20 km の大きさでSクラス小惑星に属し，最短軸の周りに4.6時間の周期で自転する．*コロニス族のメンバーである．その母天体が数個の断片に分裂したとすれば，これらの断片の一つが衛星になったのかもしれない．軌道は，長半径 2.861 AU，周期 4.84 年，近日点 2.74 AU，遠日点 2.98 AU，軌道傾斜角 1.1°をもつ．

**位置角　position angle, PA**

天球上での方位を示す角度．二重星の2個の成分の並ぶ向きや，太陽もしくは惑星の自転軸などについていう．位置角は北から東回りに度で測定するが，太陽の自転軸の傾きについては，東に向かって（＋），西へ向かって（－）で測定する．

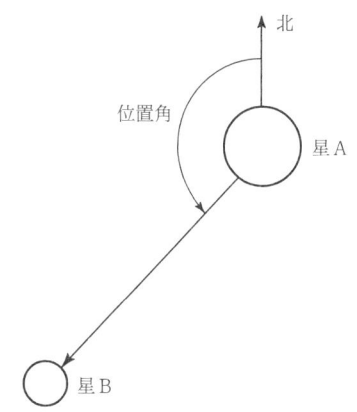

**位置角**：天球上で方位を表す角度．北から東回りに測る（天球上での東は北から反時計回りの方向である）．

**位置角効果　position-angle effect**

変光星の明るさの目測に影響を与える誤差．この誤差は，目に感じるある星の明るさが，同一視野内の他の星がどんな相対位置にあるかによって違ってくることから生じる．一般に，視野の中でより低い位置または観測者の鼻により近い位置にある星は相対的により明るく見える．この効果は網膜の場所によって感度が異なるために引き起こされるもので，*プルキニエ効果のような色の違いによって生じる変化には無関係である．

**一次宇宙線　primary cosmic ray**

極めて高いエネルギー（$10^8$～$10^{20}$ eV）をもち光速に近い速度で動く原子の粒子．地球大気圏の原子と衝突すると一次宇宙線は二次宇宙線

シャワーを生成する．これらの二次宇宙線は電子，陽電子およびニュートリノに崩壊する．大気による電子および陽電子の減速は特別の望遠鏡で地上から観測され，一次宇宙線に関する情報を与える．→チェレンコフ放射

**一次極小** primary minimum
\*食連星の\*光度曲線における最も深い極小．主星（明るい表面輝度をもつ方の星）を暗い伴星が隠すときに生じる．

**一時的月面現象** lunar transient phenomenon, LTP →月面一時的現象

**位置天文学** positional astronomy →子午線天文学，天文学

**位置天文的連星** astrometric binary
見えている星の固有運動の不規則さから，見えないかあるいは見えていても空間的に分離できない伴星の存在が推定されるような連星．同様に，既知の連星が位置天文的には二つでなく多重星であると判明する場合もある．いくつかの位置天文的連星が，後に\*スペックル干渉法によって分離して見えた．極端に低い質量をもつと計算された伴星は，暗い赤色矮星，褐色矮

見える星の運動によろめきが観測される

見えている星　　　　　　見えない伴星
　　　　　　　　　　　　（あるいは惑星）

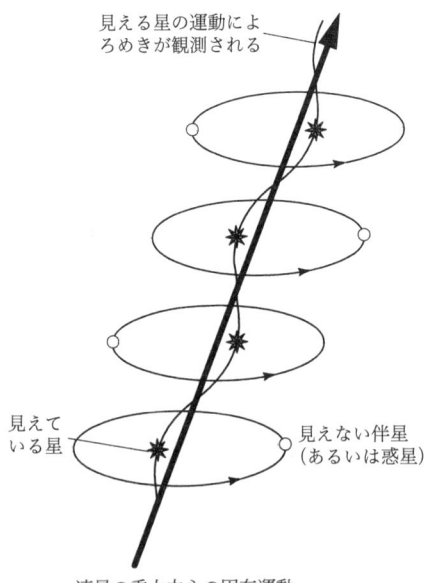

連星の重力中心の固有運動
**位置天文的連星**：見えない伴星が見えている星の空間運動を左右によろめかせる．

星，あるいは惑星である可能性もありうる．

**位置の円** position circle
ある星の真下（星と地球中心を結ぶ直線と地表の交点）に中心があり，半径がその星の天頂距離に等しい円で，観測者がその円周上の一点にいるような地球表面上の円をいう．この円の位置は，ある特定の時刻でのその星の高度（＝90°－天頂距離）を測定して計算する．実際にはその円の一部（これを位置の線という）を考え，別の観測（違う時刻での同じ星か，同じ時刻での違う星の）から第二の位置の線が見出されれば，二つの位置の線の交点として観測者の地球表面上の場所を知ることができる．［航法での位置決定に使われる］．

**位置標準星** reference star
その位置および\*固有運動がわかっている星．したがって，この星は空の同一領域にある他の星の相対位置あるいは固有運動に対する局所的\*基準系として使用できる．

**位置マイクロメーター** position micrometer
→動線マイクロメーター

**一様性** homogeneity
空間のどこでも同じであるという性質．一様性の仮定は\*宇宙原理の一部である．宇宙は厳密には一様ではないことは明らかなので，宇宙論学者は，十分に大きな体積を見ると宇宙の異なる部分は平均して同一であるといういい方で，大きな規模での一様性を定義する．

**位置レンズ** position lens
　\*収束レンズの別名．

**いっかくじゅう座** Monoceros（略号 Mon.所有格 Monocerotis）
　一角獣をかたどった天の赤道にある星座．大質量の連星である\*プラスケット星がある．最も明るい星は3.9等のアルファ星である．ベータ星は4.6等，5.4等および5.6等の壮麗な三重星である．この星座にあるM 50およびNGC 2232は散開星団，NGC 2244は\*ばら星雲にある星団，NGC 2261は\*ハッブルの変光星雲である．NGC 2264は\*コーン星雲に付随する星団で，そのメンバーには4.7等でわずかに変光する非常に明るいいっかくじゅう座S星がある．

**一般歳差** general precession
*分点歳差の別名.

**一般相対性理論** general theory of relativity
1915年に*アインシュタインが発表した理論で，空間と時間が物質の重力場によってどのように影響を受けるかを記述するもの．この理論は，重力場によって時空が湾曲することを予言する．この湾曲はいくつかの効果として観測される．第一に，光は重力場で曲げられる．この予測は，1919年の皆既日食中に太陽の*リム近くにある星の位置を写真で測定して確認された．同じ効果は，探査機からの電波信号が太陽のリムを通過して地球に届くときにその信号の遅延として現れる．また，太陽付近の空間の湾曲は水星軌道の近日点を1世紀につき43″だけ前進させる．これはニュートンの重力理論で予測される値よりも大きい（→近日点前進）．連星系を作っているパルサーの軌道では近日点の前進が1年に数度にまで達することがある．

一般相対性理論によって予測されるもう一つの効果は重力が引き起こす光の赤方偏移である．これは，太陽のスペクトルでも検出されたが，白色矮星のスペクトル中の線の赤方偏移ではっきりと証明された．一般相対性理論の他の予測としては，*重力レンズ効果，*重力波，*特異点，および*重力定数の不変性などがある．一般相対性理論は重力と慣性力の間の等価原理から発展したものである．

**ET** Ephemeris Time →暦表時

**いて座** Sagittarius（略号 Sag. 所有格 Sagittarii）
弓をもつケンタウルスをかたどった黄道十二宮の星座．一般には射手として知られている．太陽は12月の第3週から1月の第3週にかけていて座を通過するので，冬至のときはこの星座にある．最も明るいイプシロン星（*カウス・アウストラリス）である．ベータ星は，4.0等および4.3等の星からなる実視二重星である．シグマ星は*ヌンキである．いて座RY星は*かんむり座R型の変光星で，周期的に6等から14等まで変光する．この星座には銀河系の中心方向にある天の川の密度の高い部分が含まれる．正確な中心は電波源*いて座Aによって画されていると考えられる．この星座にあるM8は*干潟星雲．M17は*オメガ星雲．M20は*三裂星雲．M22は，全天で3番目に明るい5等の球状星団である．

**いて座腕** Sagittarius Arm
*オリオン腕とほぼ平行に約5000光年内側にある銀河系の渦巻腕．*りゅうこつ座腕はこの腕の延長部分かもしれない．地球から見たとき銀河系中心いて座腕の背後に位置するが，銀河系円盤に分布する塵によって可視光波長ではほとんど完璧に隠されている．このいて座腕は，われわれのオリオン腕に属する星のかなたで，へび座からたて座を通ってさそり座，いて座，ケンタウルス座，およびりゅうこつ座まで続いているのをたどることができる．いて座腕に含まれる天体には*わし星雲，*三裂星雲，*干潟星雲，*宝石箱星団，および*りゅうこつ座エータ星がある．

**いて座ウプシロン型星** Upsilon Sagittarii star
進化した*超巨星の伴星が*主系列の主星に向けて水素欠乏物質を移送させている相互作用連星．代表のいて座ウプシロン星は，138日の周期をもつ変光幅の小さい（0.1等）*こと座ベータ型星としても分類される．

**いて座A** Sagittarius A
いて座にある距離28000光年の著名な電波源で，銀河系のまさに中心核と考えられている．この極めて複雑な領域は直径が約50光年の中心核からなり，そこから銀河面に直角に交叉する長さ300光年以上のアーチ形の平行なフィラメントが出ているように見える．中心核の中心にあるコンパクト成分であるいて座A*は銀河系の物理的中心に該当していると信じられている．いて座A*は活動銀河の高エネルギー中心核を小規模化したものを想像させ，数百万太陽質量の大質量のブラックホールがあると考えられている．

**いて座WZ型星** WZ Sagittae star
*回帰新星の周期（すなわち，数十年）に匹敵する極めて長い周期をもつ*矮新星の型．いて座WZ星自体は1913年，1946年および1978年に爆発した．大爆発の間には小変光範囲の変化（0.3等より小さい）が起こり，*アルゴルに似た食がときどき見られる．その爆発

は光度曲線のスーパーハンプを示す*おおぐま座 SU 型星の爆発に似ている．観測から，物質が円盤状にこの系から噴出されていることを示唆する．

**いて座矮小銀河** Sagittarius Dwarf Galaxy
*局部銀河群にある矮小回転楕円体銀河（dSph 型）．1994 年にいて座に発見された．ろ座の矮小銀河とほぼ同じ大きさで，太陽の約 $1.3 \times 10^7$ 倍の光度をもち，直径は少なくとも 10000 光年である．銀河系中心から約 80000 光年の距離に位置し，銀河系に最も近い衛星銀河である．地球から見たとき銀河系の向こう側にあり，銀河系との重力相互作用で強い潮汐破壊によってあたかも引き裂かれているように見える．

**緯　度** latitude
何らかの基準面から北方あるいは南方へ測った角度．天文学では天球上で地球の緯度に相当するものは*赤緯と呼ばれる．⇒銀緯，黄緯，日心黄緯

**緯度変化** latitude variation
観測場所の地理学的緯度のわずかな変化．地球自転軸の*チャンドラー揺動に基づく地球の極の運動から生じる．天頂の赤緯は観測場所の緯度と等しいので，緯度変化は天頂にある星の観測から検出できる．

**糸巻型ゆがみ** pincushion distortion
光軸からの距離とともにレンズの倍率が低下するような光学的欠陥．収差の一つ．正方形の物体像が糸巻きのように凹む．→収差

**イニスフリー隕石** Innisfree meteorite
1977 年 2 月 5 日にカナダで落下が観測された隕石．カナダ隕石観測／回収プロジェクト（MORP）が撮影した写真によって落下の際の火球の軌道を決定することができ，アルバータ州イニスフリー付近の雪面上で L6 *普通コンドライトが回収された．その軌道は主小惑星帯に遠日点をもっていた．

**犬　星** Dog Star
天空で最も明るい恒星である*シリウスの俗名．おおいぬ座に位置する．

**イネス, ロバート ソーバーン エイトン** Innes, Robert Thorburn Ayton（1862～1933）
スコットランドの天文学者．研究の大部分を南アフリカで行った．デンマークの天文学者 Thorvald Nicolai Thiele（1838～1910）と共同して現在はティエレ-イネス定数と呼ばれる二重星の軌道パラメーターを導入した．星の固有運動を測定し，*ブリンクコンパレーターを導入した．それを用いて彼は 1915 年にケンタウルス座プロキシマ星を発見した．彼が刊行した南天二重星カタログ（1927 年）には彼が発見した 1600 個以上の二重星が含まれている．

**Ep 銀河** Ep galaxy
ある種の特異性が見られる楕円銀河．特異性には，数個の青色超巨星を含む塵の斑点，強い輝線を示すフィラメント状ガス，あるいは中心から外側に向かう輝度分布が非典型的であることなどがある．例えば，おとめ座にある巨大楕円銀河 M 87 は，中心核から出る長くて狭いジェットをもつので Ep 銀河である．アンドロメダ銀河の矮小な伴銀河である M 32 は，その外縁領域がアンドロメダ銀河との重力相互作用ではぎとられたように見えるために，Ep 銀河として分類される．最も近い電波銀河*ケンタウルス座 A も Ep 銀河である．

**異方性** anisotropy →非等方性

**イメージ管** image tube
電子的手段で暗い像を増幅するための装置．一端に*光電陰極をもつ真空排気した管から構成される．光が光電陰極上に像を形成するときに放出される電子は管の周囲の磁気コイルによって加速され 2 番目の蛍光面を叩き，そこでもっと明るい像を形成する．この過程を何回か反復して像を明るくする．磁気コイルは，光電陰極上の像が蛍光面に結像されるように電子を加速する．

**イメージスケール** image scale →乾板スケール

**EUV** extreme ultraviolet →極紫外線

**EUVE** Extreme Ultraviolet Explorer →極紫外線探査衛星

**イラジエーション** irradiation →光浸

**IRAM** Institut de Radio Astronomie Millimétrique →ミリ波電波天文学研究所

**入　り** setting
天体が観測者の地平線下に消える瞬間．円盤が見える天体，特に太陽と月の場合は，入りは

その*リムの上端がちょうど観測者の地平線に位置する時刻としている．*大気差のために天体は実際よりも浮き上がって見えるので，観測される*出と*入りの時刻を計算するときにはこの効果を考慮しなくてはならない．

**イリス** Iris

小惑星7番．1847年にイギリスの天文学者 John Russel Hind（1823〜95）が発見した．直径208 km のSクラス小惑星．*衝のときの平均等級は8.4である．*主帯小惑星のうちイリスより明るくなるのは*ヴェスタ，*ケレス，および*パラスだけである．軌道は，長半径2.386 AU，周期3.69年，近日点1.84 AU，遠日点2.93 AU，軌道傾斜角5.5°をもつ．

**移流** advection

水平運動による輸送．この用語は水平運動による惑星の大気の移動，そしてその結果として生じる低緯度から高緯度への熱の輸送に適用される．より最近になって，移流は，例えば惑星の岩石圏を通って上昇する高温の溶融物質による，惑星体内部における垂直な熱輸送も意味するようになった．

**いるか座** Delphinus（略号 Del，所有格 Delphini）

天の赤道領域にある小さいが形の明確な星座．海豚をかたどっている．二つの最も明るい星はアルファ星（スアロシン，Sualocin）とベータ星（ロタネフ，Rotanev）で，それぞれ3.8等と3.6等である．これらの星の名前は，自分自身にちなんでそれらを命名したイタリアの天文学者 Niccolo Cacciatore（1780〜1841）のラテン語化した名前で Nicolaus Venator の綴りを逆に書いたものである．ガンマ星は4.3等および5.1等の黄色星からなる美しい二重星である．

**いるか座デルタ型星** Delta Delphini star

晩期Aから早期Fのスペクトル型をもつ*巨星．弱い Ca II 線をもつ．これは*たて座デルタ型星かもしれない．原型であるいるか座デルタ星は公転周期が40.58日の連星であり，二星がともにたて座デルタ型星である分光連星である．主星の周期は0.158日，伴星の周期は0.134日である．

**色** colour

用語*色指数の短縮形．

**色温度** colour temperature

当該の星と同じ*色指数をもつ*黒体の温度．星は黒体ほど完全には放射しないので，色温度は，例えば B−V あるいは U−B のどの色指数を使うかによって異なる．

**色消しレンズ** achromatic lens

*色収差を補正するため二つ以上の光学成分（要素）からなるレンズを指すことば．小さい屈折望遠鏡の対物レンズとしてよく用いる色消しレンズ（あるいはアクロマート）は，1729年にイギリスの光学機器製造業者 Chester Moor Hall（1703〜71）が発明し，1758年に*ドロンド（J.）が初めて商品化した．それは*クラウンガラスからなる一つのレンズと*フリントガラスからなるもう一つのレンズをもつ．クラウンガラスの*分散（1）は，屈折能をある程度保存しながらフリントガラスの色誤差を相殺する．この二つのレンズの組み合せは色消しダブレット（achromatic doublet）と名づけられる．しかしながら，すべての波長の光に対して色収差を補正することは実際上は不可能なので，大部分のレンズは妥協案を採用し，二つの特定の波長を共通の焦点に合わせ，それにより色収差を低減させている．二つ以上の波長を補正するレンズは*アポクロマティックレンズと名づけられている．

**色−光度関係** colour−luminosity relation → 色−等級関係

**色指数** colour index

二つの異なる波長での星の見かけの等級間の差．例えばB（青）およびV（黄緑）のような異なる色のフルターを通して測定する．B−V および U−B は代表的な色指数である．*ジョンソン測光および*クロン-カズン RI 測光では，スペクトル分類 A0V（例えばヴェガ）の星に対してすべての色指数を0と決める．一般に，それより高温の星は負の色指数を，低温の星は正の色指数をもつ．今日では通常，色指数を短縮して"色"という．

**色収差** chromatic abberation

異なる波長の光が異なる量で屈折されるために生じる，屈折光学系における偽の色．最も普

青色焦点
赤色焦点

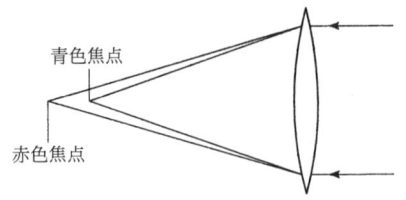

**色収差**：レンズを通ると青色光は赤色光よりもより短い焦点に収束する．

通の例は，単純なレンズによって作られる像の周囲に現れる色のついた縞模様である．赤色光は青色光より屈折が小さいので，赤色の焦点は青色の焦点よりもレンズから遠くにある．黄色光で焦点を合わせた像は赤い縞模様をもつ．レンズの口径比が大きくなるほど，レンズが示す色収差は少なくなる．この理由で初期の望遠鏡は非常に大きな口径比をもって作られた．色収差を克服するために*色消しレンズが発明された．

**色超過**　colour excess（記号 $E$）
　観測される星の色指数とその*真の色指数の間の*星間吸収による違い．星間吸収は長波長側で減少するので，その効果は常に星を本来より赤く見せることになる．そのため色超過は常に正である．色指数 B−V における色超過の記号は $E(B-V)$ であり，他の色に対しても同様である．

**色-等級関係**　colour-magnitude relation
　1. 下部主系列上にある星に対する*色指数と*絶対等級の間の相関関係．色-光度関係ともいう．太陽よりも本来的に暗い星の絶対等級を色指数に対してプロットすると，*主系列を定義するすっきりした関係が現れる．この関係の傾きは使用する色指数に依存する．B−V を色指数に使うと，この傾きは V−I を使う場合よりはるかに浅い．[2. 銀河団中の*早期型銀河に見られる色と絶対等級の関係．明るい銀河ほど赤い]．

**隕　石**　meteorite
　地球の表面に衝突する宇宙からの天然物体．他の惑星に衝突したものも隕石と呼ぶ．巨大隕石の衝突が惑星やその衛星上の大部分のクレーターを作ったと信じられている．推定 40～50 t の宇宙起源の残骸が毎日地球の大気圏に突入するが，1 t 程度しか地表には到達しない．地球の大気圏に突入する物体の運命は，主としてその質量と速度に依存する．最小の物体（*流星塵）は減速されて，ゆっくりと表面に漂積する．約 $10^{-6}$ g から 1 kg の質量をもつ物体は*流星となって燃えつきる．1 kg から 1000 t の質量をもつ物体は大気抵抗によってかなり減速されるが，大気圏に突入する．1000 t を超える物体に対しては大気は意味のある減速効果を及ぼさない．隕石として降下する到来物体の平均突入速度は約 20 km/s である．突入速度が大きいものほど大気圏で崩壊する可能性が高い．30 km/s を超える突入速度をもつ物体は 99% 以上の摩耗を受ける．しかし，残存して地上に到達するかどうかには到来物体の組成も影響を与える．

　隕石は数千年にわたって観測され，収集されているが，*ビオ（J.-B.）が 1803 年に*レーグル隕石シャワーを調査するまでは，それらの地球外起源は受け入れられなかった．隕石落下には光り輝く火球が先行し，しばしばシューという音と雷鳴のような爆轟を伴う．隕石は減速されると破砕することがあり，*散乱楕円内に断片を振りまく．隕石の質量は数 g から 60 t 以上にまでわたる．地上に衝突するのが見えた隕石は*落下隕石（fall），後に偶然発見された隕石は*発見隕石（find）と呼ばれる．両方の場合に隕石は収集された場所にちなんで命名される．発見隕石は風化の影響にさらされているので，落下隕石ほど科学的研究対象に向いていない．落下隕石は新鮮であるだけでなく，地球に衝突する隕石の型の代表的な標本となる．

　組成にしたがって分類される三つの主な隕石のクラスがある．*鉄隕石，*石質隕石，そして*石鉄隕石である．落下隕石の観測からすると，太陽系の近傍では石質隕石が鉄隕石と石鉄隕石を合わせたよりも 20 倍ほど多いように見える．しかしながら，石は鉄よりももろく（砕けやすく），大気圏中で崩壊しやすいので，真の割合はおそらくもっと高い．一方，発見隕石ではこの比率はもっと小さい．これは，石質隕石は地上では風化や崩壊を受けやすく，また地球の岩石に似ているので，鉄隕石や石鉄隕石よりも認識するのは難しいためである．

落下が観測された隕石は約1000個である．これらは到来物体総数のほんのわずかな割合にすぎず，大部分は海洋あるいは人が住んでいない地域に目撃されることなく落下した．対照的に，10000個以上の隕石が発見されてきたが，その多くは，隕石が南極の氷床の表面に保存されていることが発見された1969年以降である．南極隕石に見出された多数のそして新しい型は研究をおおいに刺激した．

隕石は45億年を経た太陽系とほぼ同じ年齢の，知られている最も古い岩石である．したがって，それらは太陽系全体および太陽系に属する天体の形成を解く鍵を担っている．大部分の隕石は小惑星あるいは小惑星規模の天体の断片と考えられているが，最近の研究は月から到来したように思える少数の隕石を同定した．別のグループである*SNC隕石は，おそらく火星に起源をもっている．これらの隕石は大規模な衝突によって月や火星から宇宙空間に放出されたものと思われる．

**隕石孔** astrobleme, meteor crater

地球上の侵食された衝突隕石孔．その地質学的構造と激しい衝撃を受けた岩石から同定できる．astrobleme は"星の傷"を意味する．約150個の地上の衝突構造が知られている．毎年約4個の新しい構造が同定されている．衝突起源の証拠には，*シャッターコーン，衝撃誘導鉱物（例えば，*コーサイトや*スティショバイト）のような，高圧衝撃波の痕跡，そして衝撃ラメラ（shock lamellae）と呼ばれる水晶中の微細な線状パターンがある．最大のものにはカナダ・オンタリオ州のサドベリー（Sudbury, 直径200 km），ロシアのポピガイ（Popigai, 直径100 km），カナダ・ケベック州のマニクアガン（Manicouagan, 直径45 km）がある．実質的にはすべての隕石孔は地上にあるが，モンタネ（Montagnais, 直径45 km）はノヴァ・スコシア沖の大陸棚にあり，Chicxulub（直径180 km）はユカタン半島からメキシコ湾にまで広がっている．最古のものは年齢が20億年に近いが，大多数（約60％）は2億年未満である．

**インターパルス** interpulse

パルサーからの主パルス間の中間にときどき出現する小パルス．これは中性子星の主パルスを発生する極と反対側の極から放出されるものと考えられている．

**インディアン座** Indus（略号Ind．所有格Indi）

先住のアメリカインディアンをかたどる南天の星座．最も明るい星はアルファ星で，3.1等である．イプシロン星は距離11.3光年のK4型矮星である．

**インテグラル衛星** Integral

計画中のESAのガンマ線天文衛星．2002年10月に打上げ予定．この名称はInternational Gamma-Ray Laboratoryの縮約形．インテグラルは15 keVから30 MeV（波長 $4\times10^{-5}$ nmから0.08 nm）のエネルギー領域をカバーする2台の主要装置を搭載することになる．撮像用には高分解能のコード化マスク望遠鏡が準備されている．分光装置はやや低分解能の*コード化マスクの背後に配置される*ゲルマニウム検出器のアレイになると思われる．X線モニターと光学バーストモニターも含まれるかもしれない．[2002年10月17日打上げ成功．観測継続中]．

**インデックスカタログ** Index Catalogue, IC

*ドライヤー（J. L. E.）が編纂した*新一般カタログ（NGC）への2冊の追加カタログ．1529個の新しく発見された非恒星状天体を含む第一インデックスカタログは1895年に，3857個の天体を含む第二のカタログ（IC II）は1908年に刊行された．両方ともNGCに対する修正を含んでいる．

**インテラムニア** Interamnia

小惑星704番．1910年にイタリアの天文学者 Vincenzo Cerulli（1859～1927）が発見した．5番目に大きい*主帯小惑星．直径338 km．Fクラス小惑星で，8.73時間の公転周期をもつ．軌道は，長半径3.061 AU，周期5.36年，近日点2.61 AU，遠日点3.52 AU，軌道傾斜角17.3°をもつ．

**インドキナイト** indochinite

タイおよびラオス，カンボジアおよびベトナムを含む旧インドシナ地域で発見されるテクタイトの型．この地域は東南アジアにおいてテクタイトが拾われたことのある多くの地域の一つ

である．

**インパクタイト** impactite
　溶けた岩石と隕石物質が融合した物質．米粒より小さい断片であることが多い．大きな隕石がクレーターを形成するに十分なエネルギーをもって地球に衝突するときに生じる．

**インブリアムベイスン** Imbrium Basin
　約1300 kmの直径をもつ月面の古い衝突*ベイスン．緯度がほぼ+33°そして西経16°に中心がある．約39億年を経ており，月面での大規模な衝突の結果である．この衝突はあやうく月を分裂させるほど大きかった．インブリアム衝突の影響は遠くにまで及び，月面の広い地域上に噴出物質をまき散らし，その内部に深い裂け目を創った．衝突に続いてこれらの裂け目を通って溶岩流が長時間流出し，インブリアム海を創り出し，インブリアムベイスンの多くとその外側の広い領域を埋没させた．

**インフレーション宇宙** inflationary universe
　ごく初期段階に膨張が急激に加速されたとする*ビッグバン理論の変形理論．この理論では，ビッグバンの約$10^{-35}$秒後のいわゆる相転移中に，ちょうど液体が凍結するときに潜熱を放出するように，エネルギーが放出される．放出されるエネルギーは*宇宙定数と同じように作用し，標準的なビッグバン理論の基となっているフリードマン模型の場合よりもはるかに速く宇宙を膨張させる．超高速膨張は宇宙初期にあった*時空の曲率の"しわ"を引き延ばして，宇宙をわれわれが観測できる規模ではほとんど滑らかつ等方的にした．この理論のもう一つの特徴は，*銀河形成の種となりうる宇宙密度の微小なゆらぎを生成することである．

# ウ

**ヴァイオレントリラクゼーション** violent relaxation → 激緩和

**ヴァイキング** Viking
　アメリカの2機の火星探査機．それぞれ周回機と着陸船から構成された．周回機は火星と衛星を研究し，着陸船は着陸地周辺の表面を撮影し，気象を記録し，そして土壌の組成を分析した．火星上の生命体の存在に特に興味があったが，生命体そのものは発見されなかった．

**ヴァイキング探査機**

| 探査機 | 打上げ日 | 結　　果 |
|---|---|---|
| バイキング1号 | 1975年8月20日 | 1976年6月19日に火星の周回軌道に入った．1976年7月20日に着陸船がクリセ平原に降下した． |
| バイキング2号 | 1975年9月9日 | 1976年8月17日に火星の周回軌道に入った．1976年9月3日に着陸船がユートピア平原に降下した |

**ヴァスティタス** vastitas
　惑星表面の広範な低地平原．複数形vastitates．"荒地"あるいは"広大さ"を意味するこの名称は地質学用語ではなく，例えば火星上のヴァスティタチス・ボレアレスのように，個々の地形の命名に使用する．

**ヴァティカン先端技術望遠鏡** Vatican Advanced Technology Telescope, VATT
　1993年に*グレアム山国際天文台に開設された1.8 m反射望遠鏡．ヴァティカン天文台が所有し，*スチュワード天文台と共同で運営されている．寄付者にちなんでレノン（Alice P. Lennon）望遠鏡と命名された．望遠鏡に隣接するやはり寄付者の名に由来するバナン（Thomas J. Bannan）施設と合わせてVATTと呼ばる．望遠鏡の反射鏡はf/1.0という異常に小さい口径比をもち，鏡筒が非常にコンパク

トになっている．像質を改善するためにグレゴリー副鏡で*波面補償光学を行っている．

**ヴァリス** vallis →峡谷

**ヴァルカン** Vulcan
水星の軌道内に位置すると想像された仮想的惑星．*水星の*近日点の前進を説明するために*ル・ヴェリエ（S.）が1845年に考え出した（後に，近日点前進は他の惑星の摂動についての*ニューカム（S.）の改良計算，および*アインシュタイン（A.）の一般相対性理論によって説明された）．現在ではヴァルカンは存在しないことがわかっている．

**ヴァルハラ** Valhalla
*カリスト上の多重環状の衝突*ベイスン．このベイスンの中心には直径600 kmの明るい領域があり，それを少なくとも15の同心円状の尾根が取り巻いている．最も外側の尾根はヴァルハラの中心から1000 km以上の距離にある．ヴァルハラの全直径は2700 kmとなり，太陽系で最大の多重環状ベイスンである．

**ヴァン・アレン，ジェームズ アルフレッド** Van Allen, James Alfred (1914〜)
アメリカの宇宙科学者．戦争で捕獲されたドイツのV2ミサイルを初めて用いて，1945年に高高度のロケット研究を始めた．彼は最初のアメリカの探査衛星シリーズに搭載した装置の責任者であり，その装置により現在*ヴァン・アレン帯と呼ばれる放射帯域が発見された．ヴァン・アレンは*パイオニア10号および11号を含む全部で24の飛行にかかわり，惑星（特に土星）の磁気圏，太陽のX線放射，および太陽風を研究した．

**ヴァン・アレン帯** Van Allen Belts
地球を取り巻く荷電粒子を含む二つの*放射線帯．内部ヴァン・アレン帯は赤道からほぼ1.5地球半径（9400 km）の高さに位置し，太陽と電離層に起源をもつ陽子と電子を含む．外部ヴァン・アレン帯は赤道から4.5地球半径（28000 km）の高さにあり，主として太陽風からの電子を含んでいる．エクスプローラー1号で得られた測定から1958年に*ヴァン・アレン（J. A.）が発見した．

**ヴァン・ビーズブレックの星** Van Biesbroeck's Star
真の光度が最も暗い星の一つ．太陽の50万分の1より低い光度（絶対等級+19.3）のM6型*矮星．わし座にあって距離は約19光年である．見かけの等級は18等である．もう一つの赤色矮星BD+4°4048の伴星であり，発見者であるベルギーの天文学者Georges Achille Van Biesbroeck（1880〜1974）にちなんで名づけられた．

**VSOP** VLBI Space Observatory Programme →VLBI宇宙天文台

**VLA** Very Large Array →超大型電波干渉計

**VLT** Very Large Telescope →超大型望遠鏡

**VLBI** very long baseline interferometry →超長基線干渉法

**VLBI宇宙天文台** VLBI Space Observatory Programme, VSOP
非常に高分解能の電波観測を行うプロジェクト．1997年2月に打ち上げられた日本の衛星*はるかに搭載した8 mアンテナが，*超長基線干渉法を用いて，地上の電波望遠鏡とともに観測を行う．このアンテナと地上の望遠鏡（アンテナ）からの信号を組み合わせて，口径が地球半径の3倍に等しい電波望遠鏡を合成する．

**VLBA** Very Long Baseline Array →超長基線電波干渉計群

**Vクラス小惑星** V-class asteroid
中程度に高いアルベドと 0.7 μm より短い波長に強い吸収パターンを示す反射スペクトルを特徴とする数少ない小惑星のクラス．近赤外線領域の 0.95 μm 付近の波長に強い吸収パターンもある．この吸収はケイ酸塩輝石の特徴である．"V"は，このクラスに割り当てられた最初の小惑星である*ヴェスタを意味する．

**V等級** V magnitude
*ジョンソン測光系に基づいた，人間の眼が敏感な波長領域の中心である黄色−緑色光による星の等級．Vフィルターは545 nmの中心波長と88 nmの帯域幅をもつ．古い*写真実視等級および*実視等級の光電等級の場合に相当する．*ジュネーヴ測光，*ヴィルニウス測光，*ワルラーヴェン測光，および*六色測光にもVフィルターがあるが，これらを用いるとき

はどの系のものかを明確にすべきである.

**ウィドマンシュテッテン模様** Widmanstätten pattern

研磨し, 酸で腐食した*オクタヘドライト型鉄隕石の表面に現れる斜交平行模様. 1804年にオーストリアの鉱物学者Aloys Joseph (Beck Edler) von Widmanstätten (1754~1849)が発見した. 宇宙空間で隕石の母天体が冷却したときに鉱物カマサイトとテーナイトの合成によって生じる.

**$V/V_{max}$ テスト** luminosity-volume test → 光度-体積テスト

**VBLUW 測光** VBLUW photometry → ワルラーヴェン測光

**ウィリアム・ハーシェル望遠鏡** William Herschel Telescope, WHT

カナリア諸島の*ローク・デ・ロス・ムチャーチョス天文台に設置されている4.2m反射望遠鏡. 1987年に開設された. イギリスとオランダが共同で所有し, 運営している.

**ヴィリアル定理** virial theorem

個々の構成メンバーの運動から星団, 銀河, 銀河団のような天体の全質量を推定するのに使われる定理. この定理は, 構成メンバーの平均重力ポテンシャルエネルギーはそれらの平均運動エネルギーの2倍であるというものである. ヴィリアル定理を用いた計算は, 銀河および銀河団が, 望遠鏡で見ることができる質量の10倍までの質量を含むことを示しており, 大量の*暗黒物質が存在することへの強い証拠を与える. 宇宙ヴィリアル定理と呼ばれるこの定理の修正版は宇宙論的規模で適用される. この定理は, 銀河運動の統計と*相関関数（銀河が宇宙空間でどのように集団を作るかを記述する）と宇宙の平均密度の間の関係を示すものである. 最初の二つの量は測定可能であるので, この関係から*密度パラメーターを推定することができる. こうして求められる値は0.2程度であり, 宇宙論的規模で暗黒物質が存在するが, *臨界密度に達するには十分ではないことを示している.

**ウィルソン, ロバート ウッドロー** Wilson, Robert Woodrow (1936~)

アメリカの物理学者. ニュージャージー州ホルムデルにあるベル研究所の高感度なホーンアンテナ（本来は衛星通信のために開発された）を用いて, 彼と*ペンジアス (A. A.) は空のすべての部分から弱い背景雑音がやってくるのを見いだした. 彼らは, *ビッグバンの名残りのエネルギーと解釈される*宇宙背景放射を発見していたのである. 1965年に発表されたこの発見によってペンジアスとウィルソンは1978年のノーベル物理学賞を授与された.

**ウィルソン効果** Wilson effect

黒点が周辺に近づくにつれて黒点の*暗部が太陽の中心方向に見かけ上移動すること. スコットランドの天文学者Alexander Wilson (1714~86)にちなんで名づけられた. 彼はこの現象を1769年に初めて発見した. この効果は, 黒点が皿の形をしたくぼみであるために起こると当初考えられた. しかしながら, この効果を示すよい例はあまりない. 時には, 太陽中心から離れるような暗部の移動が見られる（逆ウィルソン効果）. この効果は, 黒点の輪郭がまんまるであることはほとんどないことによって説明できるかもしれない.

**ウィルソン山天文台** Mount Wilson Observatory

ロサンゼルスの北西約30kmにあるサンガブリエル山脈ウィルソン山の標高1740mに設置された天文台. 太陽観測のために*ヘール (G. E.) が1904年に創設した. ワシントンのカーネギー研究所が所有し, 1991年以降はウィルソン山研究所が運営している. 主要装置は1917年に開設された100インチ (2.5m) フッカー望遠鏡である. 60インチ (1.5m) 反射望遠鏡 (1908年) もある. 高さが18mと46mの二つの塔望遠鏡は1907年と1909年に開設された. これらの望遠鏡は, 1986年以来それぞれ南カリフォルニア大学とカリフォルニア大学ロサンゼルス校が運営している. カリフォルニア大学バークレー校が運営する赤外線干渉計, および*CHARAアレイの設置場所でもある.

**ウィルソン-バップ効果** Wilson-Bappu effect

晩期型星のスペクトルにおけるカルシウムの*K線の性質とその星の光度との関係. 高分解能で強いカルシウムの吸収線が観測されると

き，吸収線の中央に弱い輝線がある例が多い．この輝線の強さは星の光度と相関していることがわかっている．この効果はアメリカの天文学者 Olin Chaddock Wilson（1909～94）とインドの天文学者（Manali Kallat）Vainu Bappu（1927～82）にちなんで名づけられた．

**ウィルソン-ハリントン，彗星107P/** Wilson-Harrington, Comet 107 P/

アメリカの天文学者 Albert George Wilson（1918～）と Robert George Harrington（1904～87）が1949年に発見したとき，周期彗星として分類された天体．しかし後に1979年に発見された小惑星4015番と同一であることが確認された．これは彗星が小惑星のような天体に進化するという最初の証拠であった．小惑星4015番は*アポロ群のメンバーで，約5 km の直径をもつ．地球軌道の0.049 AU（730万 km）以内に接近する．軌道は長半径2.643 AU，周期4.3年，近日点1.00 AU，遠日点4.29 AU，軌道傾斜角2.8°をもつ．

**ウィルト，ルパート** Wildt, Rupert (1905～76)

ドイツ-アメリカの天文学者．1930年代に，巨大惑星のスペクトルに見られる顕著な吸収帯は，その大気中にメタンとアンモニアが存在する証拠であることを証明した．また，鉄-ケイ酸塩中心核が深い氷のマントルおよび深い大気で取り囲まれているような巨大惑星のモデルを提案した．ウィルトは太陽および天体物理学に関する問題も研究した．

**ヴィルニウス測光系** Vilnius photometry

リトアニアのヴィルニウス天文台で考案された*中間帯域測光の体系．次の中心波長と帯域幅をもつ7個のフィルターを使用する．U：345 nm と40 nm，P：374 nm と26 nm，X：405 nm と22 nm，Y：466 nm と26 nm，Z：516 nm と21 nm，V：544 nm と26 nm，S：655 nm と20 nm．これらのフィルターは，温度，光度，そして組成および*星間赤化の情報を導出できるよう考案されている．ヴィルニウス測光と*ジュネーヴ測光を組み合わせて形成される7色VILGEN体系もある．この体系は元のヴィルニウス体系よりも広い帯をもつが，性質はほとんど同じである．

**ウィーンの変位則** Wien's displacement law

黒体放射のエネルギーがピークを示す波長と，黒体温度の関係を示す法則．低温では*黒体放射は主としてスペクトルの赤外線領域に閉じ込められるが，温度が高くなるにつれて放射のピークは次第に短波長側に変移する．この法則によると，ピーク放射の波長 $\lambda_{max}$ にこの物体の熱力学温度 $T$ を乗じた積は一定である．天体は完全な黒体ではないが，天体の放射が最大となるおおまかな波長を知るのにこの法則は有用である．例えば，宇宙背景放射は $T=2.7$ K, $\lambda_{max}=1$ mm．低温の赤色星は $T=3000$ K, $\lambda_{max}=1\,\mu m$（赤外線領域）．太陽は $T=6000$ K, $\lambda_{max}=500$ nm（可視光）．最も温度の高い通常の星は $T=30000$ K, $\lambda_{max}=100$ nm（紫外線）．*惑星状星雲の中心核は $T=10$ 万 K, $\lambda_{max}=30$ nm（極紫外線）．この法則はドイツの物理学者 Wilhelm Wien（1864～1928）にちなんで名づけられた．［正確には，ウィーンの変位則は，波長 $\lambda$ をミクロンで表すと $T\lambda_{max}=2897$ となる］．

**ウィンプ** WIMP

非バリオン*暗黒物質の候補と考えられている，質量をもち弱い相互作用をする仮想粒子．英語の Weakly Interacting Massive Particle の頭文字をとったことば．理論によるとWIMPは宇宙のいたるところに存在していると仮定される．アクシオンあるいはフォティーノのような*冷たい暗黒物質，もしくはニュートリノのような*熱い暗黒物質がその例である．⇨マッチョ

**ウイン望遠鏡** WIYN Telescope

ウィスコンシン大学，インディアナ大学，エール大学，および国立光学天文台（WIYNはそれらの頭文字を並べたもの）が共同して運営している3.5 m反射望遠鏡．*キットピーク国立天文台にあり，1994年に観測を開始した．この望遠鏡は広視野分光観測用に設計されている．

**ヴェガ** Vega

こと座アルファ星．0.03等で，全天で5番目に明るい恒星である．距離25光年のA0型矮星である．赤外線天文衛星（IRAS）は，塵とガスの円盤によってこの星が囲まれているこ

とを発見した．その円盤では惑星系が形成されつつあるかもしれない．

**ヴェガ探査機** Vega probes

1984年12月に旧ソ連が打ち上げた2台の同じ宇宙探査機．それぞれが金星着陸船とハレー彗星接近飛行探査機から構成されていた．"Vega"はロシア語のVenera（金星）およびGallei（ハレー）の短縮語である．1985年6月にこの宇宙船は，ハレー彗星に向けて飛行する前に，金星の大気圏に気球を，そしてその表面に着陸船を発射し，1986年3月にハレー彗星に到達した．探査機はハレー彗星の中心核からそれぞれ8900 kmと8000 kmのところを通過し，中心核を撮影して，彗星の塵とガスを分析した．

**ヴェスタ** Vesta

小惑星4番．1807年に*オルバース（H.W.M.）が発見した4番目の小惑星．平均直径は576 km，3番目に大きい*主帯小惑星．ヴェスタの質量は $2.76 \times 10^{20}$ kg，平均密度は3.3 g/$cm^3$ である．軌道は，長半径2.362 AU，周期3.63年，近日点2.15 AU，遠日点2.57 AU，軌道傾斜角7.1°をもつ．ヴェスタの色は5.34時間周期の自転に伴ってわずかに変化し，表面の組成が均一でないことを示している．*ハッブル宇宙望遠鏡はヴェスタの表面上に直径80 kmほどの明るい地形と暗い地形があることを示した．これは露出したマントル，古代の溶岩流，衝突でできた盆地などが存在する地質学的に多様な地形であることを示唆している．平均アルベドは0.38．ヴェスタのスペクトルの特徴は溶岩流に共通な鉱物の輝石である．ヴェスタは*ユークライト隕石や他の小さい小惑星の母天体であるかもしれない．他の小惑星とは非常に異なるので特殊なクラスVが割り当てられる（VはVestaを意味する）．*衝のときの見かけの平均等級は6.5であるが，特に好条件の衝では5.7等に達するので，肉眼で見える唯一の小惑星である．

**ウェスターボルク電波天文台** Westerbork Radio Observatory

オランダのグロニンゲン南方約40 kmのウェスターボルクにある電波天文台．オランダ天文学研究財団が所有し，運営している．ウェスターボルク合成電波望遠鏡（WSRT）がある．これは，直径がそれぞれ25 mの10基が固定で4基が可動のパラボラアンテナから構成される開口合成望遠鏡である．固定アンテナは1.2 kmの東西方向の線上にあり，その東端にある長さ300 mの線路上に2基の可動アンテナがある．このアレイは1970年に開設された．1980年にさらに2基の可動アンテナを備えた新しい200 m路線が1.5 km東に開設され，それにより最大基線は3 kmに増大した．

**ウェスト，彗星** West, Comet (C/1975 V 1)

デンマークの天文学者Richard Martin West（1941〜）が1975年11月に発見した長周期彗星．以前には1976 V 1と命名された．彗星ウェストは1976年2月25日に近日点（0.20 AU）に達した．0.8 AUと太陽に最接近した3月初旬に彗星は最大光度−1等に達した．幅広い扇形の塵の尾は30〜35°の長さであった．近日点通過の数日後に中心核は四つの断片に分裂した．彗星の軌道は，周期約50万年，離心率0.99997，軌道傾斜角43.1°をもつ．

**ウェズン** Wezen

1.84等のおおいぬ座デルタ星．距離2600光年のF 8型超巨星である．

**ヴェネラ** Venera

旧ソ連が打ち上げた金星への宇宙探査機シリーズ．ヴェネラ4〜6号は，強い圧力によって押しつぶされる前に，金星の大気に関する情報を送信するカプセルを放出した．ヴェネラ7号は金星に初めて軟着陸することに成功した．ヴェネラ9号着陸船は金星表面の最初の写真を撮影した．またそのオービター部分は金星を周回する最初の宇宙船であった．ヴェネラ13号は金星の土壌を初めて分析した．（表参照）

**ウェーバー** weber（記号 Wb）

磁束の単位．ドイツの物理学者Wilhelm Eduard Weber（1804〜91）にちなんで名づけられた．

**ヴェール星雲** Veil Nebula →網状星雲

**ウェルナー線** Werner lines

水素分子によって生じる吸収線と輝線の系列．スペクトルは100〜123 nm領域の紫外線波長域に存在する．水素原子の*ライマン系列と同じスペクトル領域である．その発見者であ

成功したヴェネラ探査機[a]

| 探査機 | 打上げ日 | 結　　果 |
| --- | --- | --- |
| ヴェネラ4号 | 1967年 6月12日 | 10月18日に金星の大気圏にカプセルを放出した |
| ヴェネラ5号 | 1969年 1月 5日 | 5月16日に金星の大気圏にカプセルを放出した |
| ヴェネラ6号 | 1969年 1月10日 | 5月17日に金星の大気圏にカプセルを放出した |
| ヴェネラ7号 | 1970年 8月17日 | 放出したカプセルは12月15日に金星に着陸した |
| ヴェネラ8号 | 1972年 3月27日 | 放出したカプセルは7月22日に金星に着陸した |
| ヴェネラ9号 | 1975年 6月 8日 | オービターと着陸船の結合体．10月22日に金星に到着した |
| ヴェネラ10号 | 1975年 6月14日 | オービターと着陸船の結合体．10月25日に金星に到着した |
| ヴェネラ11号 | 1978年 9月 9日 | 放出した着陸船は12月25日に金星表面に到達した |
| ヴェネラ12号 | 1978年 9月14日 | 放出した着陸船は12月21日に金星表面に到達した |
| ヴェネラ13号 | 1981年10月30日 | 放出した着陸船は1982年3月1日に金星表面に到達した |
| ヴェネラ14号 | 1981年11月 4日 | 放出した着陸船は1982年3月5日に金星表面に到達した |
| ヴェネラ15号 | 1983年 6月 2日 | 10月10日に火星を回る軌道に入り，レーダーで表面の地図を作成した |
| ヴェネラ16号 | 1983年 6月 7日 | 10月14日に金星を回る軌道に入り，レーダーで表面の地図を作成した |

[a] ヴェネラ1〜3は失敗であった．

るデンマークの物理学者 Sven Theodor Werner（1898〜1984）にちなんで名づけられた．

**ヴォイジャー　Voyager**

外惑星へ向けたアメリカの2機の探査機．ヴォイジャー1号は，打上げは2号より後であったが，軌道の特性で2号を途中で追い越した．1号は2号より先に木星と土星を訪れ，土星最大の衛星であるティタンの近くを通過した．しかしヴォイジャー1号の軌道は土星との遭遇によって黄道軌道からはじき出されたために，外惑星に到達できなかった．ヴォイジャー2号は天王星と海王星まで到達するコースをとり，これらはるか遠方の惑星，それらの衛星，さらに惑星の環の精細な姿を伝えてきた．両ヴォイジャーは現在太陽系外に向かう軌道上にある．その途中で，*太陽風が吹く領域の境界である*太陽圏界面の位置を決定することが期待されている．

**ヴォイド　void**

平均銀河数よりもはるかに少ない銀河しか含まない，あるいはまったく銀河を含まない宇宙空間の領域．宇宙ヴォイドとも呼ばれる．2億光年までの大きさで宇宙の平均密度の10分の1以下の密度をもつヴォイドが大規模探査で発見されている．ヴォイドは近似的に球状であることが多い（しかし必ずというわけではない）．1981年にうしかい座で最初のヴォイドが発見された．このヴォイドの半径は約1億8000万光年で，中心は銀河系からほぼ5億光年の所にある．非常に大きな規模で*銀河団や*超銀河団が存在することを考えれば，大きなヴォイドが存在しても驚くことはない．

**うお座　Pisces（略号 Psc．所有格 Piscium）**

1対の魚をかたどった黄道十二宮の星座．太

ヴォイジャー探査機

| 探査機 | 打上げ日 | 結　果（フライバイは天体をかすめることをいう） |
| --- | --- | --- |
| ヴォイジャー1号 | 1977年9月5日 | 1979年3月5日に木星フライバイ<br>1980年11月12日に土星フライバイ |
| ヴォイジャー2号 | 1977年8月20日 | 1979年7月9日に木星フライバイ<br>1981年8月26日に土星フライバイ<br>1986年1月24日に天王星フライバイ<br>1989年8月25日に海王星フライバイ |

陽は3月中旬から4月の第3週にかけてうお座を通過するので,春分の日にはこの星座に位置する.星座の最も明るい星は3.6等のエータ星である.*アルリシャ(アルファ星)は近接二重星である.TX星(うお座19番星とも呼ばれる)は4.8等と5.2等の間を不規則に変化する*赤色巨星である.この星座にあるM74は正面向きの9等の*渦巻銀河である.

### うお座流星群　Piscid meteors

黄道付近の多重放射点から9月と10月中に出現する流星群.あまり活発ではない(*ZHR 10).極大期は,多分,9月8日(*放射点は赤経0h36m,赤緯-30°),9月21日(放射点は赤経0h24m,赤緯00°),および10月13日(放射点は赤経1h44m,赤緯+14°)ごろに起こる.うお座流星群は典型的に速度が遅く,時には比較的長時間続く.

### ヴォストーク　Vostok

旧ソ連が打ち上げた球形の一人乗り宇宙船.Yuri Alekseyevich Gagarin (1934～68) がヴォストークで世界最初の有人宇宙飛行を行った.彼は1961年4月12日に地球を1周した.2回目以降ヴォストークの飛行日数は5日間にまで延びた.6回目の最後のヴォストーク飛行には1963年5月16～19日 Valentina Vladimirovna Tereshkova (1937～) が乗り込み,彼女は宇宙空間に出た最初の女性となった.

### ヴォスホート　Voskhod

旧ソ連が打ち上げた複数人乗りの宇宙船.一人乗りのヴォストークの改良型である.ヴォスホートの飛行は2回だけであった.1964年10月2日に打ち上げられたヴォスホート1号は3人の飛行士を乗せて1日間飛行を続けた.1965年3月18日に打ち上げられたヴォスホート2号には2人が乗り,飛行中に Alexei Arkhipovich Leonov (1934～) が世界最初の宇宙遊泳を行った.

### 魚の口　Fish Mouth

明るい星雲 M42 (*オリオン星雲) を同じ星雲の一部である M43 から分離している *暗黒星雲.魚の口はオリオン星雲の *トラペジウムの星のすぐ北に暗い凹みの形に見える.

### ウォラストンプリズム　Wollaston prism

偏光を作り出すために使用する装置.いくつかの型の *偏光計で使用される.接着した水晶か方解石の二つのプリズムから構成される.ウォラストンプリズムは入射光を互いに垂直な偏光面をもつ二つの直線偏光のビームに分割する.イギリスの科学者 William Hyde Wollaston (1766～1828) にちなんで名づけられた.

### ウォルター望遠鏡　Wolter telescope

ドイツの物理学者 Hans Karl Herman Wolter (1911～78) が設計した *斜入射望遠鏡で,二つの型がある.広い視野にわたって像を得るためには,光子が放物面-双曲面あるいは放物面-楕円面の組み合せから2回の連続した反射を受ける必要がある.撮像用に普通に使われる型はウォルター I 型望遠鏡である.視野は狭いが非常に高い空間分解能が要求される分光のためにはウォルター II 型望遠鏡が適切である.

### ウォルフ,マキシミリアン フランツ ヨーゼフ コルネリウス　Wolf, Maximilian ("Max") Franz Joseph Cornelius (1863～1932)

ドイツの天文学者.1891年に小惑星を発見するために広視野写真撮影の計画を始めた.小惑星は現像した乾板上で星々の間に軌跡として現れた.このようにして発見した最初の小惑星が1891年の (323) ブルシアであった.ウォルフは全部で200個以上の小惑星を発見した.その中には1906年に発見された最初の *トロヤ群小惑星である *アキレスが含まれる.*バーナード (E. E.) とは独立に,彼は天の川の中の暗い部分が *暗黒星雲であると提案した.彼はまた *北アメリカ星雲 (彼がこの名称を与えた),彗星 14P/Wolf (1884年),および *かみのけ座銀河団を含む種々の銀河団を発見した.

### ウォルフ,(ヨハン) ルドルフ　Wolf, (Johann) Rudolf (1816～93)

スイスの天文学者.*シュワーベ (S. H.) による太陽周期の発見に続いて,ウォルフは太陽黒点数のデータの収集にとりかかった.彼は1610年にさかのぼって,黒点数が最大値,最小値になった日を確定し,太陽周期の長さが11.1年であると計算した.彼は,黒点数を数

えることによって太陽活動を測定する体系を確立した（→相対黒点数）．ウォルフは，地磁気の変動とオーロラ活動が太陽周期の反映であることに注目した天文学者の一人である．

**ウォルフ黒点数**　Wolf sunspot number
＊相対黒点数をいう古い名前．［日本ではまだ広く使われている］．

**ウォルフ359**　Wolf 359
太陽から3番目に近い星．しし座にあって距離は7.8光年である．13.5等のM6.5型矮星で，太陽の1/50000より光度が低い．フレア星で，しし座CN型星という変光星名をもつ．

**ウォルフ図**　Wolf diagram
種々の見かけの等級ごとに数えた星数を見かけの等級の関数として示したグラフ．この図から＊暗黒星雲による吸収量を決定することができる．ウォルフ（Max）は同一グラフの上に暗黒星雲の場所での星数と比較星野での星数をプロットし，暗黒星雲による吸収によって2本のグラフがずれ始める等級やグラフの傾きなどから吸収量を求める手法を考察した．

**ウォルフ−ルントマルク−メロット系**　Wolf-Lundmark-Melotte system, WLM system
11等のマゼラン雲型矮小不規則銀河．局部銀河群のメンバーでDDO 221とも呼ばれる．1909年に＊ウォルフ（Max）が発見し，後に＊ルントマルク（K. E.）とイギリスの天文学者Philibert Jacques Melotte（1880～1961）が再発見した．くじら座の約300万光年の距離に位置する．

**ウォルフ−レイエ星**　Wolf-Rayet star, WR star
スペクトル型Oの星の進化において晩期のヘリウム燃焼段階にあると信じられている非常に明るい星の型．10太陽質量を超える質量をもち，表面温度は20000～40000 Kである．連星系にもよくある水素外層を失ったO型星と考えられ，IbおよびIc型超新星の親星と信じられている．連星系をなしていなくても2000 km/sに達する強い＊恒星風によって外部層を失うこともある．ウォルフ−レイエ星のスペクトルは強い輝線を示し，炭素線あるいは窒素線がより顕著であるかどうかに応じてWC型星かWN星に分類される．1867年にこの種の星を発見したフランスの天文学者Charles Joseph Étienne Wolf（1827～1918）とGeorges Antoine Pons Rayet（1839～1906）にちなんで名づけられた．

**うさぎ座**　Lepus（略号Lep．所有格Leporis）
兎をかたどる南天の星座．最も明るい星はアルファ星（＊アルネブ）である．うさぎ座R星は，深紅色の変光星で＊ハインドの深紅色星（クリムゾン星）と呼ばれている．この星座にあるM 79は球状星団である．NGC 2017は小さな散開星団—実際には中規模の望遠鏡で見える5個のメンバーをもつ複雑な多重星—である．

**うしかい座**　Boötes（略号Boo．所有格Boötis）
牛飼いをかたどった北天の星座．天の赤道の北で最も明るい星である＊アークトゥルス（うしかい座アルファ星）はこの星座にある．イプシロン星（＊イザルあるいはプルケリマ）はオレンジ色と青色の成分をもつ＊二重星である．毎年1月にうしかい座の北方から＊しぶんぎ座流星群が出現する．

**うしかい座ラムダ型星**　Lambda Boötis star
異常に弱い金属線をもち，自転の遅いA型星．金属が少ない原因は不明である．この星は空間速度が低く，＊種族Iのサブグループを構成する．

**渦巻腕**　spiral arm
渦巻銀河（およびいくつかの不規則銀河）の＊ディスクで，若い星，星団，星雲（＊HII領域），および塵が集中して作る渦巻状の構造．ある銀河は明確な二つの腕をもつ渦巻模様をもつが，別の銀河では腕の数は三つあるいは四つのものもあり，時には断片的な腕をもつ銀河もある．渦巻腕は，そこで明るく大質量の短寿命の星が最近形成されたためによく目立つ．この星形成活動はディスク内を伝播する＊密度波の動きに対応して周期的に起こる．

**渦巻腕種族**　arm population
銀河の渦巻腕に集中している若い星．それらは＊極端な種族I型星とも呼ばれる．それらが若いことは，高い重元素含有量，それらを形成するガスや塵が近くに存在すること，そして短寿命の大質量星がその中に存在することによっ

てわかる．それらはゆるい散開星団あるいはアソシエーションに見いだされる．

**渦巻銀河　spiral galaxy**
　中心部から渦巻状に広がる星，ガスおよび塵を含む明るい腕をもつ銀河．ハッブル型S．通常は，二つの腕が銀河の周りを1周以上して完全に取り巻いているが，四本腕のものや三本腕の例さえも知られている．腕はまた多くの短い部分に分解できる．渦巻銀河の中央には*種族IIの古い星からなる回転楕円体状のふくらみ(*バルジ)がある．このバルジは固く巻いた腕をもつSa型銀河では大きいが，その腕がゆるく巻いているScおよびSd型でははるかに小さく，目立たない．平均して，SaおよびSb型はScおよびSd型より明るく質量が大きい．
　渦巻腕は活発な星形成の場所であり，その外見を支配するのは*種族Iの明るく青い大質量の若い星およびガス状の*HII領域である．渦巻銀河の質量は約$10^9$から$5×10^{11}$太陽質量の範囲にあり，直径は約1万光年から30万光年にまでわたる．渦巻構造は明らかにある大きさ以上の渦巻銀河だけに存在するらしい．多くの*不規則銀河および矮小楕円銀河のような小質量銀河には渦巻は見られない．渦巻銀河はメンバー数の多い銀河団以外にある明るい銀河の80％を占めている．*局部銀河群の最も明るい三つの銀河は渦巻銀河である．
　渦巻銀河の中心領域を横切ってほとんど長方形あるいは葉巻状に星が集中している種類は*棒渦巻銀河と呼ばれる．明るい渦巻銀河のほぼ半分は明らかに棒を示すが，弱い棒状構造は渦巻銀河のおそらく大部分にあるだろう．

**宇　宙　Universe**
　空間，時間および物質を含めた存在するすべてを指すことば．宇宙の研究は*宇宙論と呼ばれる．宇宙論学者は，空間とそのすべての内容を意味する大文字"U"をもつ宇宙(Universe)と，物理理論から導出される数学的モデルである小文字"u"をもつ宇宙(universe)を区別して使う．現実の宇宙はほとんどが空虚に見える空間からなり，物質は星とガスからなる銀河に集中している．宇宙は膨張しているので，銀河間の距離は次第に広がりつつあり，遠方の天体からの光に*宇宙論的赤方偏移を引き起こす．空間は見えない*暗黒物質で満たされているという証拠が次第に増えており，暗黒物質は目に見える銀河の総質量の何倍にもなる可能性がある．宇宙の起源に関する最も広く受け入れられている概念は*ビッグバン宇宙論であり，この理論によると，宇宙は約100～200億年前に高温で高密度な火球の形で発生した．[2003年にWMAPという人工衛星による*宇宙背景放射の観測結果から，宇宙年齢は$137±2$億年と発表された]．→インフレーション宇宙

**宇宙化学　cosmochemistry**
　宇宙で自然に起こる化学反応の研究．宇宙では分子は非常な低温(例えば20K)と地球上の実験室では得られないような低圧で形成される．多くの宇宙化学的反応にはガスだけが関与する．重要な反応の種類はイオンと分子の間のものである．ある場合には塵粒子が，原子，イオンおよび分子が付着し反応できる表面を提供することで重要な役割を演じる．塵はまた遮蔽物として作用し，星の光が分子を再び解体させることを妨げる．地球上で不安定な多くの化学種が宇宙では存在でき，電波，赤外，可視および紫外波長におけるスペクトルによって検出できる．

**宇宙監視計画　Spacewatch Program**
　小惑星と彗星を発見する計画．アリゾナ州の*スチュワード天文台の0.9m反射望遠鏡(宇宙監視望遠鏡)によって1980年に開始された．CCDカメラで空を*走査して，22等までの天体を検出する．宇宙監視計画は毎年約26000個の天体を検出している．大部分は*主帯小惑星であるが，約40個の*地球近傍小惑星と*ケンタウルス群の小惑星も含まれる．探索を拡大するために1997年に新しい1.8m宇宙監視望遠鏡が開設された．

**宇宙距離尺度　cosmological distance scale**
　銀河系外天体間の相対距離測定に目盛を入れること(較正)．*ケフェイドのような個々の較正用の星は遠距離では見ることができないので銀河の距離を直接測定するのは困難である．他方，銀河の相対距離は*タリー–フィッシャー関係あるいは*フェーバー–ジャクソン関係のような相関関係によって測定できる．相対距離

は，ある銀河が例えば他の銀河より2倍遠くにあることは示すが，少なくとも1個の銀河までの真の距離がわからなければ正確な距離を与えることはできない．距離尺度が確立されれば，*ハッブル定数を正確に決定することができる．

**宇宙検閲仮説** cosmic censorship →裸の特異点

**宇宙原理** cosmological principle

われわれは特別な場所にいるのではなく，宇宙はすべての観測者にとって居場所に関係なく同じように見えるという考え方．科学的にいえば，これは宇宙は一様で等方的でなくてはならないことを意味する．宇宙は小さな規模では明らかに不規則であるからこの考え方は厳密には真ではない．しかしながら，非常に大きな規模では宇宙は結構むらがなく規則的であるという十分な証拠がある．宇宙原理の一つの帰結は，宇宙の*時空の幾何学は*ロバートソン-ウォーカー計量で記述されなければならないということである．このことによって一般相対性理論に矛盾しない宇宙模型の数は大幅に制限される．
⇨完全宇宙原理

**宇宙尺度因子** cosmic scale factor

宇宙が膨張するときの2点間の距離の変化を記述する数学量．時間に依存する拡大比率と考えられる．膨張する宇宙では2点間の距離は，ある特定の時刻における規則的格子がより以前の同じ格子の引き伸ばされた形になるように，一様に増大する．対称性は保存されるので，ある時刻の格子から過去の格子を明らかにするためには格子が膨張した比率だけを知ればよい．同様に，現在のデータから過去の物理的条件の描像を得るためには宇宙尺度因子だけを知ればよい．

**宇宙塵** cosmic dust →塵，微粒子（星間の），微粒子（惑星間の）

**宇宙進化論** cosmogony

宇宙における特定の天体および天体系の起源と進化の研究．銀河および星の形成に使われることもあるが，普通は特に太陽系起源論をいうことが多い．[この語はあまり使われない]．

**宇宙赤外線望遠鏡** Space Infrared Telescope Facility, SIRTF

赤外線天文学用のNASAの宇宙船．2002年に打上げが予定されている*グレートオブザヴァトリーズの最後のものである．この望遠鏡は0.85 m反射鏡を用いて，赤外線で天体の画像やスペクトルを撮影する．地球から放射される熱を避けるような軌道をとる．SIRTIFは*赤外線天文衛星（IRAS）より少なくとも1000倍の感度をもち，3年間稼動するよう設計されている．[打上げ予定は2003年に延期された]．

**宇宙線** cosmic rays

光速に近い速度で宇宙を伝わる原子あるいはそれより小さい粒子．陽子（水素原子核）が宇宙線の約90%を，残りの大部分をアルファ粒子（ヘリウム原子核）が占める．これより重い原子核は非常にまれである．少数の電子，陽電子，反陽子，ニュートリノ，およびガンマ線も存在する．宇宙線は1912年に*ヘス（V.F.）が気球を飛揚中に初めて発見し，この用語は1925年にアメリカの物理学者 Robert Andrews Millikan（1868～1953）が造語した．

宇宙線は$10^8$から$10^{20}$ eVまでの極めて高いエネルギーをもつが，これはその速度と質量の積である．絶えず地球にぶつかっているが，これらの一次宇宙線は，地球大気中の原子と衝突するのでめったに地上に到達することはない．衝突は二次宇宙線を生成し，崩壊して*宇宙線シャワーを形成する．

宇宙線の起源はまだはっきりしていない．最も軽い一次原子核の大部分は，それより重い原子核が発生源から伝わるときに相互間の衝突によって生じると考えられている．超新星は宇宙線に見られる低および中程度エネルギーを説明することができる．最も高いエネルギーの起源はクェーサーとセイファート銀河が候補と考えられるが，よくわかってはいない．

**宇宙線シャワー** cosmic-ray shower

一次宇宙線が地球大気に突入し，空気分子と衝突するときに発生する二次粒子および光子のカスケード．*空気シャワーまたは*オージェシャワーとも呼ばれる．二次宇宙線は最初は*パイオンである．中性パイオンはガンマ線に崩壊（壊変）し，次いで*対生成により電子と陽電子を発生させる．大気による電子および陽電子の減速は*制動放射によってもっと多くの光子を生成する．荷電パイオンはミューオンに

崩壊し，ミューオン自身は崩壊して電子とニュートリノに変わる．一次宇宙線と二次宇宙線の多くはさらに衝突を繰り返して，もっと多くの粒子を生み出す．その結果として生じるシャワーは，シャワーを生み出す粒子のエネルギーに依存して，地上で幅数kmの地域を覆うことがありうる．

**宇宙線照射年代** cosmic-ray exposure age
→照射年代

**宇宙存在量** cosmic abundance → 元素（存在量）

**宇宙探査機** space probe
　天体あるいは宇宙空間の状態を調べるために地球から遠くに送られる宇宙船．最初の宇宙探査機は1959年1月2日にソ連が打ち上げた*ルナ1号であった．

**宇宙定数** cosmological constant（記号 $\Lambda$）
　*静止宇宙に対応する解を得るために*アインシュタイン（A.）が一般相対性理論の方程式に導入した数学項．この項は空間自身が及ぼす一種の圧力あるいは（反対の記号をもつならば）張力を記述する．これは物質が存在しなくても宇宙を膨張あるいは収縮させることができる．宇宙の膨張が発見されたとき，アインシュタインはこの項の導入が誤りだったと見なした．それにもかかわらず，多くの宇宙研究者はいぜんとして宇宙定数の存在を主張しており，この定数は*インフレーション宇宙における加速膨張の原因として再登場した．[宇宙定数の再登場はアインシュタインが自らの誤りを認めたこととは何ら関係ない]．

**宇宙テクスチャー** cosmic texture
　初期宇宙のいくつかの模型で生成される*時空の構造の仮想的なねじれ．*磁気単極子，*宇宙ひも，そして*ドメインウォールの三次元類似体であるが，可視化することは極めて困難である．存在するとすれば，宇宙テクスチャーは宇宙における*大規模構造の起源に関与しているかもしれない．

**宇宙年** cosmic year → 銀河年

**宇宙の熱死** heat death of the universe
　すべての物質は究極には同一温度に達するという熱力学の法則にしたがう宇宙のはるか未来の運命．この状態ではもはや宇宙には何らの仕事をするためのエネルギーもなく，宇宙の*エントロピーは極大状態にある．この結末はエントロピーの概念を導入したドイツの物理学者Rudolf Julius Emmanuel Clausius（1822～88）が予言した．

**宇宙背景放射** cosmic background radiation, CBR
　空のあらゆる方向からくる微弱な広がった放射．波長1mm周辺で最も強い．マイクロ波背景放射あるいは宇宙マイクロ波背景放射ともいう．その存在はビッグバン理論から予測され，1965年に*ペンジアス（A. A.）と*ウィルソン（R. W.）が発見した．CBRは宇宙年齢が30万歳[WMAP衛星による最新の観測によると37万歳]で，ほぼ3000Kのプラズマから構成されていたときに存在した放射である．それ以降の宇宙の膨張はCBR光子を約3Kの見かけの温度まで赤方偏移させた．*宇宙背景放射探査衛星（COBE）による測定はCBRが2.73Kの温度をもつ黒体スペクトルであることを示した．COBEは$10^5$分の1（10$\mu$K）程度のランダムな温度ゆらぎを検出した．CBRは*ビッグバン宇宙論にとって最も重要な三つの証拠の一つである．他の二つは銀河の後退とヘリウムの宇宙存在量である．

**宇宙背景放射探査衛星** Cosmic Background Explorer, COBE
　*宇宙背景放射（CBR）の分布図を作成するために1989年11月に打ち上げられたNASAの衛星．3組の装置を搭載していた．それらはCBRの不規則さを探索するための3基の差分マイクロ波放射計，CBRのスペクトルを測定するための遠赤外絶対分光計，および形成中の銀河からの赤外線放射を探索するための拡散赤外線背景放射実験（DIRBE）である．COBEの最も重要な成果は，$10^5$分の1のレベルでのCBRの温度ゆらぎの発見とCBRのスペクトルが2.73Kの温度をもつ黒体のものであることの確認であった．

**宇宙ひも** cosmic string
　初期宇宙のいくつかの模型で生成される*時空の構造における仮想的な一次元の（線的な）欠陥．*大統一理論にしたがって生成されると，そのようなひもは約$10^{-31}$mの厚さで，1光年

当たり約 $10^7$ 太陽質量をもつことになる．宇宙ひもの強い重力効果は宇宙における銀河および*大規模構造の形成を助けたかもしれない．しかしながら，まだそれらが存在するという証拠はない．⇒宇宙テクスチャー，ドメインウォール，モノポール

**宇宙物理学** astrophysics

宇宙とその中の天体，特に星，銀河の物理的性質と星間空間の組成の研究．宇宙物理学は，19世紀に天体の研究に分光学を応用したことにその起源をもつ．宇宙物理学は，天体の位置と運動にかかわる天文学，*天文位置測定学および*天体力学という伝統的な分野を補っている．観測宇宙物理学は天体が放出する電磁波を解釈する．理論宇宙物理学はそれらの電磁波の放射に関与する過程を説明しようと試みる．それによって地球上では実現することのない条件下での物質の挙動を新しく理解できるようになる．例えば，核物理学の発展によって星内部でのエネルギー生成を理解できたし，白色矮星や中性子星のような天体の研究は，極端な圧力や強い重力場のもとでの物質の挙動に関する予測を確認するのに役立った．また宇宙物理学は星間の極めて希薄なガスを調べることができる．そこでは複雑な分子が形成され，宇宙線と呼ばれる高エネルギー粒子が光速に近い速度で運動している．宇宙物理学では宇宙の起源という究極の問題にも取り組み，宇宙創生直後の条件や化学元素の起源も扱われる．もっと身近なところでは，宇宙物理学は，惑星の環境や気象の短期的変化や気候の長期的変化の一因ともなる*太陽風の効果などの問題を扱う．分光学，プラズマ物理学，原子物理学，相対性理論を含む物理学の多くの領域が宇宙物理学に関与する．近年，宇宙物理学の進歩は大気圏外での人工衛星による観測からもたらされた．これらの観測によって天文学者は電波から $\gamma$ 線までの全波長で宇宙を研究することができるようになった．

**宇宙望遠鏡科学研究所** Space Telescope Science Institute, STScI

ハッブル宇宙望遠鏡による研究を統制するNASAの施設．メリーランド州ボルティモアのジョンズホプキンス大学に1981年に創設され，*天文学研究大学連合がNASAのために管理している．研究所はハッブル宇宙望遠鏡のための計画を立案し，得られるデータを受信し，解析し，保管する．

**宇宙マイクロ波背景放射** cosmic microwave background, CMB ➡宇宙背景放射

**宇宙論** cosmology

宇宙の構造と進化の研究．観測宇宙論 (observational cosmology) は，その化学組成，密度，膨張速度，および銀河と銀河団の分布というような宇宙の物理的性質を取り扱う．物理的宇宙論は物理学と天体物理学の既知の法則を適用してこれらの性質を理解しようと試みる．理論的宇宙論は，この物理的理解に基づいて観測される宇宙の性質の数学的記述を与える模型の作成にかかわる．宇宙論は，なぜ宇宙は観測されるような性質を示すのかを理解しようとする点で哲学的あるいは神学的でさえある側面をもっている．宇宙論における活発な研究分野を列挙すると，*赤方偏移－距離関係にしたがって宇宙論的規模で物質の分布図を作成するために大規模な銀河の探査を行う分野，*宇宙背景放射の温度のゆらぎや銀河形成の理論に対するその意味を研究する分野，遠くの銀河の観測を用いて宇宙論的距離尺度を構成する分野，および*暗黒物質を探索し，その本質を同定する分野などがある．

理論的宇宙論はアインシュタインの重力理論である*一般相対性理論に基づいている．自然のすべての力のうち重力は大規模構造に最も強い効果を与え，宇宙の全体的な振舞いを支配する．一般相対性理論によって宇宙論者は*時空と宇宙の物質内容との間の関係を記述する数学的模型を作ることができる．すべての宇宙論の理論は，宇宙はすべての場所からほとんど同じに見えるという*宇宙原理の上に立脚している．標準的な宇宙論の理論は*ビッグバン理論と呼ばれ，*フリードマン宇宙と呼ばれる一般相対性理論の方程式の特殊解に基づいている．ビッグバン理論は非常に多くの観測上の証拠に支持され，大部分の宇宙論者に受け入れられている．[物理的宇宙論という分野の分け方は日本では一般的でない]．

**宇宙論的赤方偏移** cosmological redshift

銀河系外天体からの光のスペクトルに見られる*赤方偏移.宇宙の膨張によって引き起こされる.観測者に対する天体の運動に起因する単なる*ドップラー偏移と見なされることが多いが,厳密にいえば,光源と観測者との間の空間の膨張により光の波長が延びることによる.個々の銀河の赤方偏移は,銀河の不規則運動の速度が*ハッブル流の速度よりはるかに小さくなるほど十分遠方の銀河に対してのみ真に宇宙論的な赤方偏移といえるであろう.

**うなりケフェイド** beat Cepheid

基本および第一倍音*脈動モードで振動するケフェイド.周期が相互作用してより長いうなり周期(beat period)を生成する.そのような星は,二重モードケフェイド(double-mode Cepheid)と呼ばれるが,周期2~4日の周期をもつケフェイドのうちのほぼ半分を占める.

**ウフル** Uhuru

1970年12月にケニア沖のサンマルコと呼ばれる発射台から打ち上げられた*SAS-1衛星.自由を意味するスワヒリ語に因んでUhuruと名づけられた.エクスプローラー42号とも呼ばれる.空のX線探査を初めて行った.1973年4月に活動を停止するまでに全部で339個のX線源を発見した.X線連星と銀河団から広がった放射に関する新しい情報も得られた.

**海** mare

惑星表面の大きな暗いあるいは低い地域.複数形maria."海"を意味するこの名前は地質学的用語ではない.この用語は,月の暗い平原が水であると考えられた17世紀に初めて使われ,後に19世紀になって火星における暗い斑点に適用された.月の海は,39億年前の*後期重衝撃期の終わりから約20億年前までの期間に噴出した暗い滑らかな溶岩の低地平原である.アポロミッションと無人月着陸機によって海の試料が持ち帰られた.海は玄武岩の溶岩からなる.溶岩は,化学的にも鉱物学的にも高地とは異なり,鉄とチタンに富み,輝石も含まれている.月の海の溶岩は地球の溶岩とは違い,非常に流動的で,自動車オイルに似た粘性をもつので,大きな距離にわたって流れる.火星の海は,特定の地形的な特徴や地質学的地形区にはいっさい対応せず,大部分の場合は暗い表面塵からなるように見える.

**うみへび座** Hydra(略号Hya.所有格Hydrae)

海蛇をかたどった全天で最大の星座.うみへび座は天の赤道から天の南半球の中まで広がっており,100°以上の長さをもつ.最も明るい星は*アルファルド(うみへび座アルファ星)である.うみへび座R星は390日ごとに3等から11等まで変光する*ミラ型変光星であり,うみへび座U星は4.3等から6.5等まで変光する半規則的な変光星である.この星座にあるM48は双眼鏡で見える6等の*散開星団,M83は8等の*渦巻銀河である.NGC 3242は*木星のゴーストと呼ばれる*惑星状星雲である.

**ウラノメトリア** Uranometria

全天を扱った最初の星図.1603年に*バイエル(J.)が刊行した.一つの星座が一ページに描かれている.星の位置は*プトレマイオスおよびティコ・*ブラーエの星表からとられた.例外はヨーロッパからは見えない12個の新しい南の星座で,それらは一つのページにまとめて記載されている.この星図は星座中の明るい星の順をバイエル文字と呼ばれるギリシャ文字で表す体系を導入した.

**ウーリー,リチャード ヴァン デア ライエット** Woolley, Richard van der Riet (1906~86)

イギリスの天文学者.彼の仕事は太陽の研究,*球状星団,および恒星系力学の分野にわたった.非常に多数の星の*視線速度および*固有運動に関する彼の解析は*銀河系の構造を明らかにし,進化の異なる段階で形成される星の集団を同定した.この研究によって,銀河系のような銀河は,崩壊するガス雲から生まれ,次第に平坦化して円盤になり,最も古い星は周囲を取り巻くハローの中に,そして最も若い星は円盤の中にあるという現代の銀河観が導かれた.彼は第11代の*アストロノマー・ロイヤル(1956~71)であった.

**閏年** leap year

通常の1年に比べて余分の1日(2月29日)

をもつ．したがって366日の長さをもつ年．この日は春分点を3月21日の付近に保つために挿入する．*ユリウス暦では4年目ごとに閏年となった．*グレゴリオ暦では400で割り切れなければ世紀年（100の倍数の年）は閏年ではない．したがって400年間に三つが省かれ，100回ではなく97回の閏年がある．

**閏秒** leap second

\*協定世界時（UTC）と \*世界時（UT）との差が0.9秒以内におさまるように時折UTCに挿入される秒．普通，これは年に1回，時には2回必要である．閏秒は，12月31日か6月30日にその日の最後の1分を1秒延長して61秒とする．必要ならば3月と9月の末にも閏秒を挿入することができる．

**ウルカ過程** Urca process

電子が原子核に吸収され，後にニュートリノ-反ニュートリノ対の発生を伴って$\beta$粒子（高速電子）として再放出される核反応のサイクル．この過程は原子核の組成には変化を起こさないが，原子核からニュートリノ-反ニュートリノの形態でエネルギーを抜き去る．通常の星では無視できるが，*超新星を生じさせるような非常に高い密度と温度では重要である．この過程はリオデジャネイロにあるウルカカジノにちなんで名づけられた．このカジノでは金銭が星からのエネルギーと同じように急速に消え失せるといわれた．

**ウルグ・ベグ** Ulugh Beg

モンゴルの支配者で天文学者であったムハマド・タラギ（1394～1449）が得た肩書き．彼は現代のイランに生まれた．1420年に現代のウズベキスタンのサマルカンドに天文台を設立し，天文台に巨大な（半径40 m）石製の六分儀を備えた．この六分儀によって数秒角までの精度の観測が可能になった．その結果，*プトレマイオスおよびアル-*スーフィの星表以来初めての星表が作成され，精度はそれらを凌駕した．

**運河（火星の）** canals (Martian)

地球から望遠鏡を通して見える火星表面にあると想定された暗い直線．1877年に \*スキャパレリ（G. V.）が最初にそれを見，その後多くの研究者によって報告された．20世紀初頭に

\*ローウェル（P.）らは，この運河は先進的な火星文明の証拠であると考えた．1960年代に入って，\*マリナー探査機からの火星の拡大写真はそれが幻想であることを証明した．

**ウンデ** undae

惑星表面の砂丘．複数形で使用する．単数形unda．"波"を意味するこの名前は地質学用語ではなく，例えば金星のニンガル・ウンデや火星のヒパボレー・ウンデのように個々の地形の命名に使用する．

**ウンディナ族** Undina family

\*主帯小惑星の外側部分にある小惑星族．太陽から約3.2 AUの平均距離にある．最大のメンバーは直径190 kmの(94)アウロラである．この族は，1867年にデンマーク-アメリカの天文学者 Christian Henry Frederick Peters (1813～90) が発見した，直径184 kmのMクラス (92)ウンディナにちなんで名づけられた．その軌道は，長半径3.196 AU，周期5.71年，近日点2.92 AU，遠日点3.47 AU，軌道傾斜角9.9°をもつ．

**運動エネルギー** kinetic energy

空間を運動するために物体がもつエネルギー．運動する物体を停止させるため必要な仕事と等価である．運動エネルギーは$(1/2)mv^2$に等しい．$m$は物体の質量，$v$はその速度である．回転する物体は運動エネルギー$(1/2)I\omega^2$をもつ．$I$は慣性能率，そして$\omega$は角速度である．

**運動温度** kinetic temperature

粒子の平均速度で定義されるガスの温度．粒子が速く運動すればするほど，温度は高くなる．\*熱平衡にある物体では運動温度は\*有効温度のような他の温度の尺度と同じである．熱平衡にない状況では種々の温度が非常にちがった値をもつことがある．例えば，太陽コロナでは電子の運動温度は100万から200万Kであるが，有効温度は約100 Kである．

**運動視差** kinematic parallax

星の固有運動を観測し，その値を既知のまたは仮定した速度と比較して導かれる天体距離の推定値．⇒運動星団

**運動星団** moving cluster

ヒヤデスのように，空間での共通運動をする

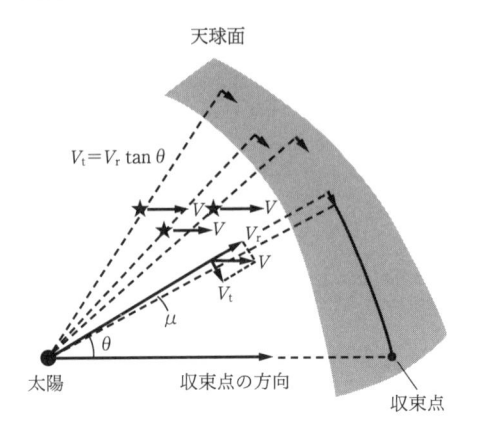

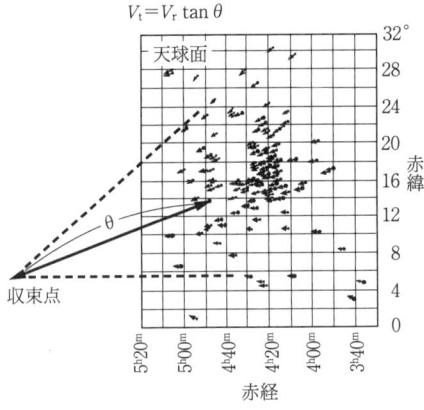

**運動星団**：遠近法の効果で，われわれから遠ざかるような共通運動をもつ星の集団は収束点に向かっているように見える．(H.G. van Bueren, 1952)

物理的に関連した星の集団．遠近法効果で，固有運動が収束点と呼ばれる空の一点に集中するように見える．分光観測から星の視線速度がわかれば，固有運動と合わせて星の距離が推定できる．この手法は*運動視差と呼ばれる．

**ウンブリエル** Umbriel

天王星の3番目に大きい衛星．直径1172 km．天王星IIとも呼ばれる．26万6300 kmの距離のところを4.144日で公転する．自転周期は公転周期と同じである．1851年に*ラッセル (W.) が発見した．表面は衝突クレーターで覆われている．

# エ

**エアリー，ジョージ ビデル** Airy, George Biddell (1801～92)

イギリスの天文行政官ならびに地球物理学者．7代目の*アストロノマー・ロイヤルとしての任期中にグリニッジの王立天文台は位置天文学を極めて効率的に進めるモデル天文台となった．しかしながら，彼は純粋研究を軽視し，これが海王星の探究を阻害し (→アダムス (J. C.))，分光学と天体物理学の分野でグリニッジが遅れをとる原因となった．1851年に彼がグリニッジに設置した*子午儀は現在地球上の経度0°の位置を規定している．エアリーの唯一の天文学上重要な発見は金星および地球軌道の不規則性であった．1854年に，鉱山の縦坑の最上部と底部で重力測定を行い，地球の質量を推定した．

**エアリー円盤** Airy disk

望遠鏡により形成される星像の中心にある見かけの円盤．*回折のため，完全な光学系でも星の像は決して点状ではなく，中心にあるエアリー円盤とそれを取り巻く数本の微細な*回折環から構成される．すべての望遠鏡は口径が同じならばエアリー円盤の大きさは同じであり，口径が増すとともに小さくなる．エアリー円盤の大きさはラジアンで近似的に $1.22\lambda/D$ で与えられる．$\lambda$ は光の波長，$D$ は口径．約100 mmより大きい口径ではエアリー円盤は*シーイングが引き起こす円盤よりは小さいことが多いが，口径の小さい望遠鏡ではエアリー円盤の大きさが望遠鏡の分解能を規定する．*エアリー (G. B.) にちなんで名づけられた．

**エアロゾル** aerosol

大気中に浮遊する固体または液体の微小粒子層．エアロゾルは*大気減光を引き起こす．

**Ae型星** Ae star

輝線を示すスペクトル型Aの星．通常は線幅の狭い水素輝線が，普通のA型星スペクトルと重なっている．これらの線は，星の周囲に

ある膨張する物質の殻あるいは円盤中から生じる．Ae 型星はまだ形成過程にある若い星である．

**盈　月**（えいげつ）waxing　→ワクシング

**英国シュミット望遠鏡**　United Kingdom Schmidt Telescope, UKST

オーストラリアのニューサウスウェールズ州サイディングスプリングにある 1.2 m *シュミットカメラ．1973 年に開設された．イギリスとオーストラリアが共同所有し，*アングロ-オーストラリア天文台の一部である．1988 年以前は *王立エディンバラ天文台が所有し，運営していた．

**英国赤外線望遠鏡**　United Kingdom Infrared Telescope, UKIRT

標高 4200 m のハワイ州 *マウナケア天文台で 1979 年に開設された 3.8 m 赤外線望遠鏡．イギリスが所有し，ハワイの *共同天文学センターが運営している．この望遠鏡は波長 1〜35 $\mu$m の近赤外線で観測する．軽量でコンパクトな仕様を実現するために薄い反射主鏡を用いた最初の大型望遠鏡であった．

**エイコンドライト**　achondrite

通常は（常にではないが）*コンドライトに見いだされるコンドリュールとして知られる小さな丸いインクルージョンが欠けている石質隕石のクラス．エイコンドライトは全落下隕石の約 9% である．それらは主として鉱物斜長石，輝石，およびかんらん石の一つ以上の鉱石からなる．エイコンドライトとコンドライトの主な違いは，エイコンドライトが異なる存在量のカルシウムおよび同様の元素を含み，金属あるいは硫化物をほとんど含まないことである．エイコンドライトは地球の岩石と同様にマグマから晶出したと考えられる．

エイコンドライトは五つの主なクラスに分けられる．カルシウムが豊富な二つの主なクラス（5% 以上のカルシウムを含む）は，ピジョナイト-斜長石エイコンドライト（*ユークライト）と斜長石-紫蘇輝石エイコンドライト（*ハワーダイト）である．カルシウムに乏しい三つの主なクラス（通常は 1% 以下のカルシウム）がある．紫蘇輝石エイコンドライト（*ダイオジェナイト），かんらん石-ピジョナイトエイコンドライト（*ユーレイライト）およびエンスタタイトエイコンドライト（*オーブライト）である．ユークライト，ハワーダイト，そしてダイオジェナイトは，しばしばまとめて *玄武岩エイコンドライトと呼ばれる．ピジョナイト-マスケリナイトエイコンドライト（*シャゴッタイト），オージャイト-かんらん石エイコンドライト（*ナクライト）およびかんらん石エイコンドライト（*シャシナイト）は希少なもので *SNC 隕石と呼ばれる．非常に珍しいクラスのオージャイトエイコンドライト，アングライトも存在する．アングライトは，1869 年にブラジルに落下した Angra dos Reis 隕石にちなんで名づけられた．

**衛　星**　satellite

より大きな天体の周りを公転する小天体．特に惑星の天然の衛星をいう．天然の衛星は非公式には月とも呼ばれる．水星と金星を除くすべての惑星は少なくとも 1 個の衛星をもつ．地球あるいは他の天体を回る軌道に送られる宇宙船は人工衛星と呼ぶ．(→付録の表 2 参照)

**エイタクサイト**　ataxite

12% 以上のニッケルを含む，ニッケルが豊富な鉄隕石のクラス．テーナイト（50% までのニッケル）により縁どられた不連続な小柱状のカマサイト（ニッケルが乏しい鉄-ニッケル合金）を含み，八面体配列を形成する（→オクタヘドライト）．プレサイトと呼ばれるカマサイトとテーナイトの混合物が小柱間の空隙を埋めている．エイタクサイト隕石は明白な *ウィドマンシュテッテン模様を示さないし，*ノイマン線として知られる微細な縞模様も見られない．*ホバウェスト隕石はエイタクサイトである．

**エイトケン，ロバート　グラント**　Aitken, Robert Grant（1864〜1951）

アメリカの天文学者．リック天文台で最初は William Joseph Hussey（1862〜1926）とともに，二重星の膨大な探査を行い，1923 年の *ミラの暗い伴星のほか 3100 個以上の連星を発見した．彼の New General Catalogue of Double Stars は 1932 年に刊行された（→エイトケン二重星カタログ）．

**エイトケン二重星カタログ**　Aitken Double Star Catalogue, ADS

1932年に刊行された*エイトケンによる New General Catalogue of Double Stars Within 120° of the North Pole の一般名. 17180個の*二重星の測定値を含んでいる. アメリカの観測家 Sherburne Wesley Burnham (1838～1921) が1906年に刊行した General Catalogue of Double Stars を引き継いだ. 二重星はエイトケンカタログに掲載されているADS番号で呼ばれることが多い.

**永年**　secular

長い時間にわたって起こることをいうときにつける接頭辞. 永年変化というような使い方をする. 例えば, 位置あるいは明るさの永年変化はそれがわかるようになるまでに数世紀かかるかもしれないような変化である.

**永年加速**　secular acceleration

時間の2乗に比例して蓄積されていく天体の軌道運動への*摂動. 地球を回る月の軌道でもこの効果が存在し, その結果月は地球からゆっくりと遠ざかっていく.

**永年視差**　secular parallax

1年間に太陽が移動する距離をある星から見込む角度. *局所静止基準を定義する星々のように, 太陽に対して共通の運動を示す星々の平均距離を推定するために利用できる. *こと座RR型星のような異なる運動速度および方向をもつの星々をごちゃまぜにしないように注意しなくてはならない. [*太陽運動の大きさがわかっているので, 統計的な処理により星々の平均距離が求まる].

**永年摂動**　secular perturbation

軌道要素を増大あるいは減少させる天体の軌道への蓄積的な*摂動. 惑星相互間の引力は, 周期的な摂動を引き起こすだけでなく, *昇交点の経度, *近日点の経度, および*近日点通過の時刻の永年変化を生じさせる.

**永年変化**　secular change　→永年

**永年変光星**　secular variable

数百あるいは数千年の時間規模で明るさが増大あるいは減少すると想像される変光星. その候補となりうる変光星の数は近年増大したが, 大昔の等級推定の質が悪いために, なかなか確認できない.

**エイベルカタログ**　Abell Catalogue

*パロマースカイサーヴェイの写真を調査してアメリカの天文学者 George Ogden Abell (1927～83) が1958年に刊行した2712個のメンバー数の多い銀河団のカタログ. カタログは銀河団を選択するための明確に定義された基準をもっていた (→エイベル銀河団). 後の南天への拡張 (1989年に刊行された) は, オーストラリアにある*英国シュミット望遠鏡によって撮影された写真に基づいている.

**エイベル銀河団**　Abell cluster

*エイベルカタログに記載されている銀河団. カタログに掲載されるためには, 銀河団は, 50以上の銀河を含み, 面密度が高いなどの選択基準を満たしなくてはならない. 銀河団は見かけの形状によって規則銀河団 (R) あるいは不規則銀河団 (I) として分類され, メンバー数の少ないものから多いものへと1から5まで, そして距離の近いものから遠いものへと1から6まで分類される. エイベル銀河団の空間密度は約 $2.4 \times 10^5$ 立方メガパーセク当たり1個である.

**エイベル半径**　Abell radius

銀河団が*エイベル銀河団の資格をもつために, その内部に特定の範囲の明るさをもつ少なくとも50個の銀河が見いだされなくてはならない半径 (約2メガパーセク).

**エイムズ研究センター**　Ames Research Center

カリフォルニア州マウンテンヴューにあるNASAの科学・工学施設. 宇宙飛行研究のために1939年に設立され, 1958年にNASAの一部となった. 宇宙飛行だけでなく, 宇宙生命科学, 太陽系探査および赤外天文学を含む天文学のさまざまな部門を専門に研究している.

**エイリアシング**　aliasing

ディジタル化された信号が実在しない偽の低周波成分を含むように見える現象. 元の信号中に存在する最も高い周波数を記録するのに不十分な割合でその信号をサンプリングする場合に起こる. →アンダーサンプリング

**エヴァーシェッド効果**　Evershed effect

黒点中心から外側へのガスの流れ. 暗部から

半暗部まで，時にはそれを少し超えて進行する．この効果は，特に太陽周縁付近の黒点の場合は分光的に観測できるが，直接像においても外側に広がってゆく白斑点として見ることができる．外向きの流れの最大速度は約2 km/sである．光球より高い高度の彩層では逆エヴァーシェッド流があり，そこでの流れ（20 km/sまで）は外部から黒点の内部と下方に向いている．この名称はその発見者であるイギリスの天文学者 John Evershed（1864～1956）にちなんで名づけられた．

**エウドクソス（クニドスの）** Eudoxus of Cnidus（c. 400～c. 350 BC）

ギリシャの数学者で天文学者．現代のトルコに生まれた．太陽，月および惑星は地球を中心とする27個の球面に乗って地球の周りを運行し，これらの球は方向の異なる軸をもち，異なる速度で回転するという惑星運動の模型を作った．この天球模型は，最初は*カリポスが，最後には*プトレマイオスが修正し，2000年間正統的宇宙観として残った．エウドクソスはエジプトから星座の体系を導入したことでも有名である．

**エウノミア族** Eunomia family

*小惑星帯の中心領域にある小さい小惑星族．平均距離2.6～2.7 AUにあり，約12°の平均軌道傾斜角をもつ．最大のメンバーは直径が260 kmのSクラス(15)エウノミアであるが，次に大きな二つのメンバー(85)ローおよび(141)ルーメンはCクラスに属する．エウノミアは1851年にイタリアの天文学者 Annibale de Gasparis（1819～92）が発見した．軌道は，長半径2.644 AU，周期4.30年，近日点2.15 AU，遠日点3.13 AU，軌道傾斜角11.8°をもつ．

**エウロパ** Europa

木星の4番目に大きい衛星．4個のガリレオ衛星のうち木星から2番目にある．木星IIとも呼ばれる．67万1000 kmの距離を3.551日で公転する．自転周期は公転周期と同じである．直径は3138 kmで，地球の月よりわずかに小さい．2.97 g/cm³というエウロパの密度は，エウロパが主として，少なくとも5%の水と混合したケイ酸塩岩石からなることを示している．アルベド0.64の明るい氷の表面をもつ．表面は暗い直線状のひび割れで網状に覆われ，長さが1000 kmを超えるひび割れもある．同定されている衝突クレーターの数は12個以下で，これは表面が非常に若く，まだ地質学的な活動期にあることを示している．

**AAVSO** American Association of Variable Star Observers →アメリカ変光星観測者協会

**AAS** American Astronomical Society →アメリカ天文学会

**AAO** Anglo-Australian Observatory →アングロ-オーストラリア天文台

**ASP** Astronomical Society of the Pacific →太平洋天文学会

**AAT** Anglo-Australian Telescope →アングロ-オーストラリア望遠鏡

**ANS** Astronomical Netherlands Satellite →ネーデルランド天文衛星

**Am型星** Am star

スペクトル型がAで，そのスペクトルに，F型に典型的に見られる非常に強い金属線が重なっている星．通常は近接連星系のメンバーである．正常なA型星よりもゆっくりと回転しているので，その大気中をある元素が沈降し，別の元素は上昇することが可能になる．このために観測される存在量の異常が生じる．シリウスはAm型星である．

**エオス族** Eos family

太陽からの平均距離が3.01 AUの*小惑星帯の外部領域にある小惑星の*平山族の一つ．エオス族メンバーの大部分はS型とC型のほぼ中間的な表面性質をもっている．特にアルベドに関してはS型寄りである．この族は(221)エオスにちなんで名づけられた．エオスは直径112 kmのSクラス小惑星で，1882年にオーストリアの天文学者 Johann Palisa（1848～1925）が発見した．軌道は，長半径3.014 AU，周期5.23年，近日点2.72 AU，遠日点3.3 AU，軌道傾斜角10.9°をもつ．

**エオン** aeon, eon（米）

$10^9$年（つまり，10億年）の期間．

**A型星** A star

スペクトル型Aの星．そのスペクトルは水素の吸収線（*バルマー系列）が支配的である．

A型星の水素吸収線は普通の星のなかではどの型のものより強い．A型星は青-白色に見える．*主系列のA型星の温度は7200〜9500Kの範囲にあり，太陽より7〜50倍明るく，1.5〜3太陽質量をもつ．天空で最も明るい星のシリウスはスペクトル型A1に属し，ヴェガはA0型である．デネブのようなA型*超巨星は主系列から離れて進化したより大質量（16太陽質量まで）の星であり，9700Kまでの温度と太陽の3500倍以上の光度をもつ．A型星には多くの特殊なグループがある．特に，*Ae型星，*Am型星，および*Ap型星がそうである．また，主要な*脈動変光星型の二つ（*こと座RR星型と*たて座デルタ星型）は，その表面温度がA型星の領域にある進化した星である．

**A型特異星**　peculiar A star　→Ap型星

**エカント**　equant

惑星運動の*プトレマイオス体系で，図のように*導円の中心に対して地球の反対側にあり，その点から見ると*周転円の中心が一様な角運動を示すように設定された点．

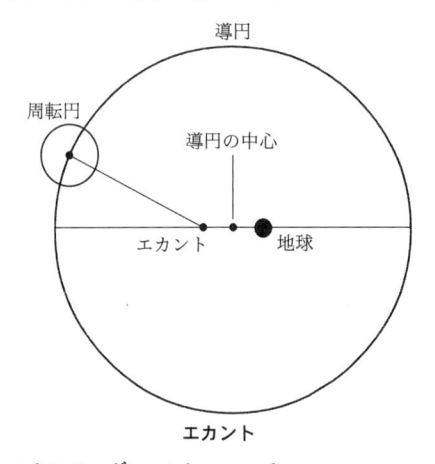

**エクステンダー**　tele-extender

天体写真用望遠鏡の*有効焦点距離を延ばす接眼鏡を取り付けるために望遠鏡鏡筒にはめ込む円筒をいう．エクステンダーを使えば一眼レフのカメラを取り付けることができる．接眼鏡をもつエクステンダーは惑星のような小さく明るい天体の像を大きくする．

**エクスプローラー**　Explorer　→探査衛星

**エクソサット衛星**　Exosat

1983年5月に打ち上げられたESAのX線衛星．次の3台の装置を搭載していた．0.05〜2keV（波長0.6〜25nm）で作動する撮像望遠鏡，比例計数管のアレイ，そしてガスシンチレーション比例計数管アレイ．これらの装置の観測範囲は全体で1〜50keV（波長0.025〜1.24nm）にわたっていた．エクソサットは周期96時間の楕円率の高い軌道に置かれ，変光するX線源の広範な観測を行った．1986年まで作動した．

**Aクラス小惑星**　A-class asteroid

中程度に高いアルベド（0.13〜0.35）と0.7μmより短い波長で極端に赤いスペクトルをもつ珍しい小惑星のクラス．近赤外における強い吸収はかんらん石鉱物の存在を示すと解釈される．このクラスには直径70kmの（246）アスポリーナと直径52kmの（446）エテルニタスがある．

**AJ**　Astronomical Journal　→アストロノミカル・ジャーナル

**AGN**　active galactic nucleus　→活動銀河核

**エシェル格子**　echelle grating

比較的広い間隔の刻線（典型的には1mm当たり50〜100本）をもつ*回折格子．刻線数が少ないため，この格子は多くの重複スペクトルを生成するので，検出器に到達する前に分離しなくてはならない．エシェル格子は，多数の刻線をもつ格子よりは製作しやすいが，分離のためにより複雑な分光器の設計が必要である（→エシェル分光器）．

**エシェル分光器**　echelle spectrograph

*エシェル格子を用いる分光器で，非常に高いスペクトル分解能と広い波長範囲を達成する．格子によって生じる重なったスペクトルは検出器に到達する前に分離しなくてはならない．普通この分離はプリズムあるいは*グリズム（クロス分散器と呼ばれることがある）によって行い，区分け［次数分離］されたスペクトルを分散方向と直角に並べる．CCDのような敏感な検出器と組み合わせたエシェル分光器は高分解能分光のために天文学でますます重要になってきている．

**AGK**　Astronomischen Gesellschaft Katalog
　星の精密位置に関するカタログのシリーズ．AGK 1 は空の大部分をカバーしており世界中の子午環によって観測されて 1890 年と 1954 年の間に刊行された．AGK 2（1951～8 年）は AGK 1 の反復であるが，1930 年ごろにハンブルグとボンで写真で観察された北極から赤緯 −2°までの星が付加された．AGK 2 は 18 万 1581 個の星の位置を掲載しているが，大部分が約 9 等までの星で，より暗い若干の星も含んでいる．AGK 2 A（1943 年刊行）は AGK 2 のもとになった 13747 個の基準星の位置を含んでいる．大部分は 8 および 9 等の星からなり，ドイツとロシアのプルコヴォで行われた子午環観測から得られた．AGK 3（1975 年刊行）は AGK 2 の再観測である．AGK 3 は天文学会の後援では刊行されなかったが，AGK という接頭辞は残された．AGK 3 R は AGK 3 のもとになった 21499 個の基準星の位置を含んでいる．これらの星は国際的計画のもとに約 12 の天文台で観測された．⇨南天位置基準星

**AGB 星**　AGB star　➡漸近巨星分枝星

**SiO メーザー**　SiO maser
　一酸化ケイ素（SiO）分子がメーザー作用を生じるまでに励起されたメーザー源．SiO メーザーは，43 MHz，86 MHz，129 MHz などの周波数で群生する多くのメーザー線をもつ．このメーザーは，*質量放出が起こる赤色巨星の表面に近い星周外層に共通に見いだされる．星が形成されている領域でもときどき発見される．

**SI 単位**　SI units
　国際単位系（Systeme International d' Unites）．科学および技術測定用に一般に認められている単位系．SI 系は，メートル（m），キログラム（kg），秒（s），アンペア（A），ケルビン（K），モル（mol）およびカンデラ（cd）の七つの単位を基本としている．速度を表す m/s のような他の単位はこれらの基本単位から導かれる組立単位であ．

**SAA**　South Atlantic Anomaly　➡南大西洋異常域

**SAAO**　South African Astronomical Observatory　➡南アフリカ天文台

**SAO**　Smithsonian Astrophysical Observatory　➡スミソニアン天文台

**SAO 星表**　SAO Catalog
　*スミソニアン天文台星表の略号．

**SS 433**
　わし座にある距離が約 17000 光年の X 線連星．通常の星である主星と，中性子星かブラックホールであるコンパクトな伴星からなる．SS 433 は，W 50 と命名された古い *超新星残骸の中に位置する．その超新星残骸はおそらくコンパクト天体を生み出した超新星爆発の名残りである．この連星は 13 日の軌道周期をもち，光学的には，14 等のわし座 V 1343 という変光星である．コンパクト天体の周囲にある *降着円盤からの光が強いので主星のスペクトル型を同定するのは難しいが，おそらくは数太陽質量の星であろう．SS 433 は，二つのガスジェットが連星系の降着円盤の表面から 78000 km/s（光速の約 4 分の 1）で噴出していることで有名である．降着円盤の歳差のため円盤面に垂直な頂角 40°の円錐面をジェットが掃く．ジェットは電波，可視光，および X 線で見ることができる．

**SNR**　supernova remnant　➡超新星残骸

**SNC 隕石**　SNC meteorites
　三つの種類 *シャゴッタイト，*ナクライト，および *シャシナイトからなる希少で変わった隕石のグループ（この 3 種類の名前の頭文字をとって SNC と名づけた）．SNC 隕石は，親天体（おそらく火星）の表面付近の冷却するマグマから固化した火成岩である．一つ以外は比較的若い（13 億年より若い）．今日までに発見された唯一の古い SNS 隕石は約 45 億年前に形成された．一つのシャゴッタイトに捕獲された貴ガスの割合および同位体比は，*ヴァイキング着陸船が分析した火星大気の組成に似ていた．SNC 隕石はおそらく衝突によって火星から放出され，太陽を回る軌道に入り地球に落下したものであろう．

**SMM**　Solar Maximum Mission　➡太陽活動極大期観測衛星

**SMC**　Small Magellanic Cloud　➡小マゼラン雲

## S型星　S star

スペクトル型 M に似た*赤色巨星であるが、スペクトル中の支配的な分子帯が、酸化チタンではなく酸化ジルコニウム（ZrO）である。したがって、時にはジルコニウム星あるいは重金属星とも呼ばれる。通常のスカンジウムやバナジウムの代わりにランタン、イットリウムおよびバリウムの酸化物も見いだされる。これらの元素は進化段階の後期に星の中心部で*元素合成によって創出されたにちがいない。S 型星の大多数は不規則あるいは*長周期変光星である。関連するサブタイプは MS 型星（スペクトル中に酸化ジルコニウムをもつ*M 型星）と SC 型星（S 型星と*炭素星の間の中間型）である。

## s過程　s-process

スズ、カドミウム、およびアンチモンを含むある種の重元素の、安定で中性子に富む同位体の形成を説明するために提案された核反応。この過程には鉄などの元素による中性子の捕獲が含まれるが、この捕獲は（*r 過程と対照的に）十分に遅いので生じる同位体は、たとえ不安定でも、他の中性子を捕獲する前に安定な同位体に崩壊するだけの時間をもっている。この過程は、*赤色巨星内部の燃焼殻の間のような比較的中性子の密度が低いところで起きる。

## エスキモー星雲　Eskimo Nebula

ふたご座にある 8 等の*惑星状星雲 NGS 2392。もう一つの名称は道化師顔星雲である。この星雲にはエスキモーの頭巾のような顔を取り巻くふさ飾りがある。そのためにこの名がある。距離は約 3000 光年。

## S クラス小惑星　S-class asteroid

内部小惑星帯では比較的普通の小惑星の型。中程度のアルベド（0.10～0.28）、0.7 μm より短い波長では赤みがかったスペクトル、そしてそれより長い波長ではわずかな吸収を示す。吸収は見えないこともある。S クラス小惑星の割合は*小惑星帯を外側にいくほど減少する。それらの組成はかんらん石および輝石のようなケイ酸塩物質を含むと考えられる、S は siliceous（シリカを含む）を意味する。*石鉄隕石の親天体であるらしい。このクラスのメンバーには直径 260 km の（15）エウノミア、および直径 219 km の（29）アムピトリテが含まれる。

## SC型星　SC star　→ S型星

**SCT**　Schmidt-Cassegrain telescope　→ シュミット-カセグレン望遠鏡

**S0型銀河**　S0 galaxy　→ レンズ状銀河

**ST**　standard time　→ 標準時

**STScI**　Space Telescope Science Institute　→ 宇宙望遠鏡科学研究所

## エタロン　etalon

光を 2 枚の平行なガラス板の間で多数回反射させてから送り出すようにしたもの。*干渉フィルターの場合のように、干渉の効果によって限られた波長範囲だけからなる光線束を作り出す。*ファブリ-ペロー干渉計では異なる波長を選択するためにガラス板の間隙が変えられるエタロンを使用する。

**XMM**　X-ray Multi-Mirror Mission　→ X線マルチミラーミッション衛星

## X線　X-rays

紫外線とガンマ線の間の、約 0.01～10 nm の波長をもつ電磁波。このような短い波長では波長よりも光子エネルギーを使うのがより普通である。X 線のエネルギー領域は近似的に 0.1～100 keV である。

## X線一時的現象　X-ray transient

最大強度にまで上昇した後検出できなくなるまでに弱まる X 線放射のバースト。一次的にしか観測できないのでこの名がある。新星、超新星、激変星、および恒星フレアなどがその例である。元は一時的現象として検出された X 線源が、後に弱い静穏 X 線源であることがわかった例が多い。

## X線輝点　X-ray bright point

太陽コロナの X 線像で見える小さな明るい領域。一時に約 40 個を見ることができる。太陽全体に分布しているが、低緯度付近の方が多い。それらは*光球に足場をもつ小さな*コロナループであり、非常に高温な（約 300 万 K）ガスで満たされている。単一の輝点は 1 日または 1 日弱持続し、一般には直径は数千 km しかない。黒点群には関係していない。

## X線計時衛星　X-ray Timing Explorer, XTE　→ ロッシ X 線計時衛星

**X線源**　X-ray source

　検出できるX線放射を生じる天体．コンパクト天体への降着，*超新星からの衝撃波，*恒星風，あるいは恒星コロナ中の高温ガスなどの高エネルギー過程がX線を発生させる．最初に発見されたX線源は大部分が*X線連星のような天体であった．後に，*超新星残骸，*活動銀河核，そして高温の*白色矮星もX線源であることがわかった．*ローサットのようなX線源検出精度の高い衛星は，大部分の天体が何らかのレベルではX線源であることを明らかにした．現在，60000個以上のX線源が知られており，その大部分はローサットが発見した．

**X線新星**　X-ray nova

　X線波長での新星のような爆発を示す星．可視光波長で見える場合もある．光学的新星との主な違いは，X線新星の場合，コンパクトな天体が白色矮星ではなく中性子星またはブラックホールであることである．⇨ X線一時的現象

**X線天文学**　X-ray astronomy

　天体からのX線放射の観測と研究の分野．宇宙での激しい高エネルギー過程の研究に関連する．この分野は，ロケットで行われた実験によって太陽からのX線が発見された1949年に誕生した．太陽以外の最初の天体X線源である*さそり座X-1も観測用ロケットによって1962年に検出された．1960年代のロケットと高高度気球は，他の個々のX線源，広がった*X線背景放射，およびいくつかの天体のX線強度変化を明らかにした．

　最初の専門的なX線天文衛星は1970年に打ち上げられた*ウフルであり，ウフルは空の最初のX線探索を行った．X線装置を搭載した他の衛星には*コペルニクス衛星および*ネーデルランド天文衛星があった．この期間中は気球およびロケット実験も継続された．1974年と1975年に打ち上げられたイギリスのアリエル5号とアメリカのSAS-3衛星は既知のX線源のカタログを拡大し，それらの強度変化を監視した．

　1977年にNASAは，それ以前のミッションよりはかなり大規模な*高エネルギー天体物理衛星（HEAO）の第1号であるHEAO-1を打ち上げ，0.1 keVから10 MeVまでの広いエネルギー領域にわたって従来なかった感度で空を探査した．後に*アインシュタイン衛星と改名されたHEAO-2は*斜入射望遠鏡を搭載した最初の衛星であり，空のX線像を記録した．この撮像能力は，暗いX線源を研究する能力とあいまって，X線天文学に革命をもたらし，X線天文学を他の波長での天文学と対等の立場に置いたのである．

　ヨーロッパ，日本そしてロシアの衛星打上げとともに進歩は続いた．ESAの*エクソサット衛星は1983年に特異な96時間楕円軌道で撮像実験と非撮像実験を行った．これはX線源の途切れることのない長時間にわたる観測を可能にした．1979年に始まり，日本は*はくちょう，*てんま，および*ぎんがの三つの衛星を打ち上げ，実験の規模が次第に大きくなっていった．特に，ぎんがにおける大規模な*比例計数管アレイはX線源のスペクトル研究を改善した．1987年にレントゲン天文台がミール宇宙ステーションにドッキングされた．それに1989年の*グラナト衛星が続いた．

　1990年代はX線天文学にとって成果が多かった．1990年に打ち上げられた*ローサットは最初の撮像による全天探査を行い，60000個以上のX線源を検出した．これは以前のカタログに記載された個数を大幅に増大させた．1990年のスペースシャトルに搭載した広帯域X線望遠鏡アストロ1号の飛行，そして4番目の日本の衛星*あすかはCCD検出器を用いてスペクトル分解能を改善した．*ベッポサックス衛星は1996年に打ち上げられ，*スペクトラムX-ガンマ衛星は1990年代後期に打ち上げられる予定である．1990年代末には二つの大きなミッションである高分解能の撮像と分光に的を絞ったAXAF（*先進X線天体物理衛星）と大集光力を生かした分光を行うXMM（*X線マルチミラーミッション衛星）が計画されている．これらの二つの衛星は10年間以上稼動する計画である．［スペクトラムX-ガンマ衛星，AXAF，XMMの打ち上げ実施年については各項目の注記を参照のこと］．

**X線トランジェント**　X-ray transient　→ X線一時的現象

**X線熱量計**　X-ray calorimeter
　X線光子から吸収したエネルギーを熱に変換してX線を検出するために使用する装置．1個またはそれ以上の熱検出器（サーミスター）と結合した，非常に低い温度（約0.1 K）にまで冷却した吸収体から構成され，エネルギー分解能がよい．1998年に打ち上げられる日本のアストロE衛星に最初のX線熱量計が搭載される予定である．［アストロEの打上げは2000年に行われたが失敗に終った］．

**X線背景放射**　X-ray background
　既知の個々の*X線源に付随しない広がったX線放射．少なくともこの放射の一部は，特に軟X線エネルギーで銀河系内部の高温ガスから生じる．しかしながら，そのより高いエネルギー成分の起源はまだ確かではない．まだ分解されていない点源の集団かもしれないし，実際に広がった熱背景である可能性もありうる．

**X線バースト**　X-ray burst
　X線連星からのX線放射の急激な増光．バーストは短期間で，典型的には1分以下である．いわゆるI型バーストは*中性子星の表面に降着した物質の熱核融合の結果である．II型バーストは急速バースターと呼ばれる一つの天体（MXB 1730-335）だけに見いだされており，突然の降着によって引き起こされる．

**X線パルサー**　X-ray pulsar
　規則的にX線パルスを放射するX線連星．そのパルスは磁場をもつ中性子星であるコンパクト伴星の自転周期に連動している．周期は数秒から数分の範囲にある．これらのパルスは，降着ガスを星の極の方向に向ける磁場の作用によって"ホットスポット"ができ，星が自転するにつれそれが視界に入ったり出たりすることで引き起こされると考えられている．このような系の例は*ヘルクレス座X-1である．

**X線望遠鏡**　X-ray telescope
　X線での撮像をするために使用する望遠鏡．大部分のX線望遠鏡は1940年代と1950年代に初めて開発された技術に基づいた*斜入射望遠鏡である．互いの内部に同心円状に設置された多くの反射鏡を結合して使う．最も普通に使用される型は*ウォルター望遠鏡である．1980年代半ば以降，通常の反射鏡面に施した多層膜コーティングの反射特性を利用した正常入射のX線望遠鏡が開発された．しかしながら，それらは，使用する特定のコーティングによって決まる非常に狭い波長領域でしか使えない．

**X線マルチミラーミッション衛星**　X-ray Multi-Mirror Mission, XMM
　*ヨーロッパ宇宙機関ESAのX線天文衛星．映像および分光観測のためのCCDカメラと格子分光計を備えた*斜入射望遠鏡を搭載する．XMMはX線源の連続観測ができる24時間軌道に置かれ，0.3 m光学望遠鏡で可視光の変光性を調べる．XMMは1999年の打上げが予定されている．［XMMは1999年12月10日に打ち上げられ，XMM-Newtonと改名された］．

**X線連星**　X-ray binary
　*中性子星（あるいは場合は少ないがブラックホール）と通常の星である伴星からなるX線を放出する連星系．伴星の質量によって二つの群に分けられる．低質量X線連星（LMXB），例えば*さそり座X-1では，伴星は約2太陽質量より小さい．一方，はくちょう座X-1のような高質量連星（HMXB）では約10太陽質量より大きい．中間質量の伴星をもつ連星は非常にまれである．X線放射は伴星から中性子星へ物質が降着する結果である．

**XTE**　Rossi X-ray Timing Explorer　→ロッシX線計時衛星

**XUV**　extreme ultraviolet　→極紫外線

**エッジワース-カイパーベルト**　Edgeworth-Kuiper Belt　→カイパーベルト

**HI線**　HI line　→ 21センチメートル線

**HR図**　HR diagram
　*ヘルツシュプルング-ラッセル図の略号．

**HR番号**　HR number
　*ハーヴァード修正測光星表における星の番号．*エール輝星カタログでも同じ番号を使用する．

**H$\alpha$線**　H$\alpha$ line
　*バルマー系列において最も顕著な水素のスペクトル線．波長波656.3 nmでスペクトルの赤色部分にある．

**HA** hour angle →時角
**HST** Hubble Space Telescope →ハッブル宇宙望遠鏡
**HH 天体** HH object
*ハービッグ-ハロ天体の略号.
**H/K 線** H and K line
カルシウムの一価イオン (Ca II) によるスペクトルの紫外線部分の2本の*フラウンホーファー線. 波長はそれぞれ 396.8 nm および 393.4 nm. これらの吸収線は太陽のようなG型星およびそれより温度の低い星のスペクトルで顕著である. H 線および K 線が輝線として見られるのは, 強い磁気活動がある星である (例えば, *フレア星や*りょうけん座 RS 型星).
**HZ 43**
ほぼ 50000 K の表面温度をもつかみのけ座にある高温の*白色矮星. SAS-3 衛星はこの星が強い軟 X 線を輻射していることを発見し, またこの星は初めて発見された宇宙の極紫外線 (EUV) 源であった. 単純でよく知られたスペクトルのため, EUV 天文学の測定を較正するための標準として使用される.
**H$_2$O メーザー** H$_2$O maser
水 ($H_2O$) 分子が*メーザー作用を起こすまで励起されているメーザー源. すべての宇宙メーザーのうち最も広く分布している. 多くの異なる H$_2$O メーザー線がある. 1969 年に最初に発見されたのはオリオン座の*クラインマン-ロー星雲における 22.2 GHz (13.5 mm) の強力な線であった. 地球大気中の水蒸気によって強く吸収されるので, 地上の電波望遠鏡でこれより高い周波数のほかの H$_2$O 線を観測するのは困難である. 水メーザーは, 星が形成される領域, 星周外層, および彗星で見られる. いくつかの活動的銀河の中心核では強力な*メガメーザーの形で存在する.
**H II 領域** H II region
水素が電離している星間空間の領域. H II の表記は水素原子 (H) が電離している (H I は中性で電離していない水素) ということを表している. 電離した1個の水素原子はガスに二つの粒子, すなわち陽子と電子を寄与する. H II 領域は高温で, 10000 K の温度をもち, H I 領域よりも10倍から10万倍ほど密度が高い. 通常は大質量の若い O 型および B 型の星の周囲にあり, これらの星からの強い紫外線がガスを電離して輝かせる. *オリオン星雲は有名な H II 領域である. H II 領域は強い電波および赤外線放射を出すのでより銀河系全体で検出できる. 電波放射は電離したガスからの*制動放射であり, 赤外線は塵からの*熱放射である.
**HD カタログ** HD Catalogue
*ヘンリー・ドレーパーカタログの略号.
**H 等級** H magnitude
*ジョンソン測光系の赤外線 H バンドでの等級. H バンドフィルターは 1630 nm の有効波長と 307 nm の帯域幅をもつ. H バンドの重要性は, それが H$^-$ イオンの*不透明度の極小に一致していることである. H$^-$ イオンは低温度星の大気における重要な不透明度源である. [H という名前もこのことに由来する].
**HPBW** half-power beamwidth
半値ビーム幅の略号. →ビーム幅
**H I 領域** H I region
中性で電離していない水素がある星間空間の領域. H I という表記は水素原子 (H) が電離していないという事実を表している (H II は電離した水素). 一つの中性水素原子がガスに寄与する粒子は1個だけである. H I 領域の密度は低すぎて水素分子は形成されず, 仮に分子が形成されても星の光が解離してしまうので, ガスは原子のままである. 中性水素は質量と体積で全星間物質の約半分を占め, 平均密度は1原子/cm$^3$ である. H I 領域は低温 (約 100 K) で, 可視光を放射しないが, 波長 21 cm の重要な輝線を電波領域で放射する.
**ADS** Aitken Double Star Catalogue →エイトケン二重星カタログ
**ADS** Astrophysics Data System
[アメリカの*NASA が運用する天文学, 天体物理学関連の研究論文のデータベース].
**ADC** Astronomical Data Center →天文データセンター
**ATNF** Australia Telescope National Facility →オーストラリア電波望遠鏡国立施設
**エディントン, アーサー スタンレー** Eddington, Arthur Stanley (1882~1944)

イギリスの天体物理学者．彼は1917年から星の構造を研究したが，その手段として原子物理学における発見を放射圧の理解のために適用し，星におけるエネルギー生成を説明するために*アインシュタイン（A.）による質量-エネルギー等価の発見を用いた．1919年の皆既日食中に太陽の*リム近くに見える星の位置のわずかな変化を測定して，一般相対性理論が予測したように，重力が光を曲げることの観測的証拠を得た．彼のこの結果の精度はずっと疑問視されてきたが，この発表は一般相対性理論が人々に受け容れられるのに影響を及ぼした．1924年に星の*質量-光度関係を導いた．彼の業績は著書「星の内部構造」(The Internal Constitution of the Stars, 1926)にまとめられている．

**エディントン限界** Eddington limit
与えられた質量をもつ星の光度の理論的上限．この上限では星の表面における放射の外向きの圧力が内向きの重力とちょうど釣り合っている．これより大きな光度をもつ星は自身の放射によって吹き飛ばされるであろう．太陽のエディントン限界はその実際の光度の3000倍である．エディントン限界によって決まる星の最大質量は約120太陽質量である．*エディントン (A. S.) にちなんで名づけられた．

**エディンバラ天文台** Edinbargh Observatory
→王立エディンバラ天文台

**エーテル** ether
かつて全空間に浸透していると考えられた仮想的な媒質．*電磁波はその中を伝わると想像された．以前には aether と表記した．この仮定に基づくと，地球はエーテルに対して運動するはずで，光速は異なる方向で測定すると変化するだろうと予測された．19世紀における実験（例えば，*マイケルソン-モーレイの実験）ではそのような速度変化は検出できなかった．電磁波は真空を伝播できることが認識されているので，現在ではエーテルの存在は否定されている．

**エニフ** Enif
ペガスス座エプシロン星．2.4等．距離470光年のK2型巨星．1972年9月のある1晩の間に0.7等まで輝きを増したという報告がある．8.4等の離れた伴星をもつ*二重星だが連星ではない．

**NRAL** Nuffield Radio Astronomy Laboratories →ナフィールド電波天文学研究所

**NRAO** National Radio Astronomy Observatory →アメリカ国立電波天文台

**NEA** near-Earth asteroid →地球近傍小惑星

**NaI 検出器** NaI detector
高エネルギーX線およびガンマ線を検出する装置．結晶状ヨウ化ナトリウム (NaI) がX線あるいはガンマ線を可視光のパルスに変換し，その輝度は入射光子のエネルギーに比例する．可視光パルスを光電子増倍管で検出する．像を得るためには光電子増倍管を2次元に配列したものを使用する．

**NS** New Style date →新暦日

**NSSDC** National Space Science Data Center →アメリカ国立宇宙科学データセンター

**NSO** National Solar Observatory →アメリカ国立太陽天文台

**nm** nanometre
*ナノメートルの記号．

**NLC** noctilucent clouds →夜光雲

**NOAO** National Optical Astronomy Observatories →アメリカ国立光学天文台

**N 銀河** N galaxy
強い輝線スペクトルをもつ明るい恒星状の中心核をもつ銀河．中心核の周辺は淡い．N銀河は*活動銀河核をもち，光度の低いクェーサーの変種かもしれない．N銀河という命名は*モーガン分類に由来する．

**NGC** New General Catalogue →新一般カタログ

**N 星** N star →炭素星

***n* 体問題** *n*-body problem
任意の個数 $n$ の天体が相互の重力下で運動しているときに，任意の時刻における各天体の速度と位置を見いだす数学的問題．多体問題ともいう．例えば，太陽系のメンバーや星団のメンバーに適用される．*三体問題の場合と同じように，すべての時刻に対して成り立つ一般的な数学解は見いだされていないが，任意の個数の天体に対して成り立つ一般的結果が知られ

ている．すなわち，天体系の質量中心は一定速度で運動する，系の全エネルギーは一定である，そして系の全角運動量は変化しない．現代のコンピューターを使えば，天体の速度と位置を，過去と未来に対する有限の時間内で，高い精度で計算できるが，丸め誤差（大量の計算を行うときにわずかな初期誤差から蓄積する誤差）のような理由と問題のカオス的性質のために，精度は時間の増加とともに低化する．[銀河どうしの衝突合体の場合のように，$n$が極めて大きい場合も，現代のコンピューターでも十分な精度で計算ができない]．→カオス的軌道

**NTT** New Technology Telescope →新技術望遠鏡

**N 等級** N magnitude
＊ジョンソン測光系の赤外線 N フィルターを通して測定したときの星の等級．有効波長 10.4 $\mu m$，帯域幅 5.3 $\mu m$ である．

**NPD** north polar distance →北極距離

**エネルギー準位** energy level
原子核の周囲の軌道を回る電子の，原子核からの距離に対応するエネルギー．電子は原子核から不連続な距離にあるエネルギー準位だけを占めることができる．電子は一つの準位から他の準位へ移ることができる．最低の準位を原子の＊基底状態と呼ぶ．低いエネルギー状態（原子核に近いエネルギー準位）から高いエネルギー準位（原子核からより遠い）に電子が遷移するためにはエネルギーを必要とする．そのとき原子は励起されたという．エネルギー準位は量子数（記号 $n$）で定義される．基底状態の場合は $n=1$，それより高いエネルギー準位は原子核から外側に向かって 2, 3, … と番号がつけられる．電子が上の準位から下の準位に落ち込むとき原子は＊光子を放出する．そのエネルギーは二つの準位間のエネルギー差に等しい．

**エパクト** epact
イースターの期日を計算するために教会の月の表で使われる用語．毎年の年初における月齢（新月からの日数）を与える．

**A バンド** A band
太陽スペクトル中に見られる 760 nm 近傍の幅広い＊フラウンホーファー線．地球大気の酸素による吸収に由来する．酸素が分子の状態にあるため，A バンドは，実際には 759～768 nm 領域の間にある密で規則的な間隔をもつスペクトル線の集合であり，低分解能では分解されない．

**Ap 型星** Ap star
マンガン，水銀，ケイ素，クロム，ストロンチウム，およびユウロピウムのような元素の強い吸収線を示すスペクトル型 A の特殊な星．A 型特異星（peculiar A star）ともいう．このような星は，太陽の典型的な表面磁場の数千倍もの異常に強い磁場をもっている．この強磁場が，ある種の元素を太陽の黒点に似た斑点に局在させる．したがって，星が自転するとスペクトルの特徴も変化する．Ap 型星のより高温な変種およびより低温の変種が，それぞれ Bp 型星と Fp 型星である．

**エーピク，エルンスト ユリウス** Öpik, Ernst Julius（1893～1985）
エストニアの天文学者．隕石が地球の大気圏に突入するときに摩耗する（溶けて蒸発する）過程を明らかにした．彗星の軌道および＊摂動の研究から，1932 年に太陽系の彗星は 60000 AU の半径まで広がる雲の中に存在することを予測した．この考えは後に＊オールト（J. H.）が復活させた．＊流星物質の大きさ分布の測定を開拓し，アポロ小惑星が"燃えつきた"彗星であることを示唆した．

**ApJ** Astrophysical Journal →アストロフィジカル・ジャーナル

**エピメテウス** Epimetheus
土星の F 環と G 環の間の＊ヤヌスと同じ軌道を共有する土星の衛星．15 万 1422 km の距離にある．土星 XI とも呼ばれる．公転周期は 0.694 日で自転周期と同じである．大きさは 140×120×100 km．1980 年に＊ヴォイジャー 1 号が発見した．

**エフェルスベルク電波天文台** Effelsberg Radio Observatory
ドイツのボンの南方 40 km のアイフェル山脈中にある，マックス-プランク電波天文学研究所の天文台．1971 年に開設された 100 m の可動型パラボラアンテナの設置場所である．100×110 m の＊グリーンバンク望遠鏡が開設されるまで世界最大の可動型パラボラアンテナ

であった．

**F型星** F star
スペクトル型Fの星．太陽よりわずかに高温で質量が大きく，白色である．*主系列上でF型星は6100〜7200 Kの温度をもつが，*超巨星はそれより数百度低温である．質量は1.2〜1.6太陽質量で，主系列上で光度は太陽光度の2〜6.5倍であるが，F型*超巨星は12太陽質量までの質量をもち，太陽光度の32000倍の光度を示す．スペクトル型F0からF9にかけて水素の*バルマー系列は劇的に減少するが，カルシウムの*H線およびK線は強度を増し，多くの他の金属線が見え始める．北極星およびプロキオンはF型星である．⇒ビーム幅

**Fクラス小惑星** F-class asteroid
*Cクラス小惑星のサブクラス．そのメンバーは，低い*アルベド (0.03〜0.07) と波長領域0.3〜1.1 μmにわたる平坦でわずかに青みがかったのっぺりとした反射光スペクトルをもつ．Fクラス小惑星は紫外線吸収が弱いかあるいは存在しないことでCクラスから識別できる．このクラスのメンバーには直径52 km の(142)ポラーナと直径104 km の(213)リラエアなどがある．

**FK** Fundamentalkatalog
基本星表の略号．ドイツで刊行された基準星の位置と固有運動を掲げる星表シリーズの一つ．最初のものは1879年に刊行され，*AGKのための準拠位置を与えることを意図していた．2番目のFK (NFK) は1907年に出版された．1937〜8年にはFK 3が続いた．いちばん最近のものはFK 4 (1963年に出版) およびFK 5 (1988年) で，両方とも実視等級が約7.5等より明るい1535個の星を含んでいる．FK 4，FK 5およびさらに9.5等までの3117個の星を含むFK 5の増補版 (1991年) はハイデルベルクの天文計算研究所が刊行してきた．

**f黒点** f-spot
黒点対の後ろ側にある方の黒点．

**Fコロナ** F corona
太陽コロナの外側の部分．固体の塵粒子によって散乱あるいは反射された太陽光で照らされている．これと同じ現象で太陽からずっと遠くに*黄道光が生じる．塵の粒子は直径が数 μmで，太陽表面から約1太陽半径 (75万 km) のあたりから外側に広がる円盤を作っている．*Kコロナに関与する電子とは異なり，塵の粒子は比較的ゆっくり運動している．したがって塵から散乱された光は光球と同じスペクトルをもち，フラウンホーファー線を含んでいる（したがって文字"F"をつける）．Fコロナは太陽表面から1.5太陽半径より遠いコロナの最も明るい部分である．

**f数** f/number
レンズあるいは反射鏡の*焦点距離をその口径で割って得られる数．*口径比と同じ．

**F層** F layer
地球の*電離層の最も高い部分．二つの領域に分かれている．高度170 km付近の下部にあるF1層と250 kmの上部にあるF2層である．F2層は夜間には消滅し，ときどきは昼間にも存在しないことがる．

**FWHM** full width at half maximum →半値全幅

**FTS** Fourier transform spectrometer →フーリエ変換分光器

**Fバンド** F band
太陽スペクトル中の波長486.1 nmの*フラウンホーファー線．水素の吸収によって生じる．*バルマー系列ではHβ線とも呼ばれる．

**Fp型星** Fp star
スペクトル型Fの特殊な星．*Ap型星の特殊性がより低温のスペクトル型F2あたりまで拡張したもの．

**エマルジョン（写真の）** emulsion (photographic) →写真乳剤

**m**
*見かけ等級の記号．

**M**
*絶対等級の記号．

**M**
*メシエカタログに掲載されている天体に付す接頭辞．

**MRAO** Mullard Radio Astronomy Observatory →マラード電波天文台

**Me型星** Me star
水素の輝線を示すスペクトル型Mの星．Me

型星は*ミラ型星であることが多いが，そのような輝線はM型矮星（*dMe型星）でも頻繁に見出される．

**MHD** magnetohydrodynamics →電磁流体力学

**MMT** Multiple Mirror Telescope →マルチミラー望遠鏡

**M型星** M star

スペクトル型Mの星．非常に低い（3900Kより低い）温度をもち，赤みがかって見え，放射のほとんどを赤外線で放出する．*赤色矮星と呼ばれるM型矮星は*主系列の下端に位置する．質量は0.5太陽質量よりも小さく，光度は太陽光度の0.08までで，最も近い*ケンタウルス座プロキシマ星や*バーナード星でも非常に暗いので肉眼では見えない．それらは宇宙の年齢よりも長い寿命をもっている．多くは*フレア星である．一方，*赤色巨星に属するM型巨星は，1.2～1.3太陽質量の質量と太陽光度の300倍以上の光度をもつ．ベテルギウスやアンタレスのようなM型*超巨星は13～25太陽質量と太陽光度の4万～50万倍の光度をもつ．M型超巨星は，太陽系にたとえると木星軌道までを埋めつくすほどの巨大な大きさであり，それほどふくれてしまったために温度が低くなった．赤色超巨星の大きさと光度は変動する傾向がある．M型星のスペクトルは幅広い分子吸収帯，特に酸化チタン（TiO）の吸収帯が顕著であるが，中性金属線も存在する．⇒ Me型星，dMe型星

**Mクラス小惑星** M-class asteroid

*小惑星帯でかなり一般的な小惑星のクラス．0.3から1.1 $\mu$mの波長にわたって平坦ないしはわずかに赤みがかった特徴のない反射スペクトルを示す．Mクラス小惑星は，中程度のアルベド（0.10～0.18）をもつことで，スペクトルが同一の*Eクラス小惑星および*Pクラス小惑星と識別される．Mクラス小惑星は金属（ニッケル-鉄）成分を含むと信じられている（"M"は金属を表す）．このクラスのメンバーには，直径248 kmの（16）プシケ，および直径108 kmの（21）ルテティアが含まれる．

**MKK分類** MKK classification →モーガン-キーナン分類

**MK分類** MK classification

*モーガン-キーナン分類の略号．

**MJD** Modified Julian Date →修正ユリウス日

**M等級** M magnitude

*ジョンソン測光系の赤外線Mフィルターを通して測定した星の等級．4750 nmの有効波長と460 nmの帯域幅をもつ．

**M領域** M region

活動領域以外に*地磁気騒乱の原因となる領域が太陽面上にあると考えられた時期に，それにつけられた名称．"M"は"磁気的に有効"を意味する．1970年代初頭のスカイラブ宇宙ステーションからのデータによって，M領域は太陽の低緯度における*コロナホールであることが明らかになった．

**AU** astronomical unit

*天文単位の記号．

**エラトステネス** Eratosthenes (c. 276～c. 194 BC)

多くの事柄について論じたギリシャの著述家．現在のリビアに生まれた．科学的に完全な方法に基づいて，地球の円周の最初の値を計算した．伝統にしたがって，彼は夏至のときにアレクサンドリアから見た太陽の高度を測定して計算した．夏至のとき1000 kmあまり南方のシエネで太陽が頭上にくることを知っていたのである．しかしながら，実際にはもっと簡単な方法を用いたかもしれない可能性がある．それは，灯台のような高い点から見たときに天頂から地平線までの角度が90°を超える分の量を測定することである．大気差の効果によって真の値より15%大きい結果が得られるが，これが彼が得た値であった．彼はまた*黄道傾斜角も測定した．

**エラーマン爆弾** Ellerman bomb

太陽の活動領域における，小さくて非常に明るい点．H$\alpha$線の*スペクトル線翼部の波長に合わせた*フィルターを通して撮影した画像で見ることができる．エラーマン爆弾はアーチ形フィラメントの立上り点で，大きな活動領域が発達する初期段階で生じることが多い．中心部が暗くその両側に輝線の翼部があるというH$\alpha$線の見え方から口髭（moustache）という別名

でも呼ばれる。アメリカの天文学者Ferdinand Ellerman (1869~1940) にちなんで名づけられた。

### エララ　Elara
木星からの距離の順序で12番目の衛星。木星VIIとも呼ばれる。*リシテアの軌道に近い1173万7000 kmのところを259.7日で公転する。直径76 km。1905年にアメリカの天文学者Charles Dillon Perrine (1867~1951) が発見した。

### エリシウム平原　Elysium Planitia
ほぼ4000 kmの直径をもつ火星の広大な平原。緯度+14°, 経度241°付近に中心がある。標高11 kmの火山であるエリシウム山が東に、それより小さい火山であるアポリナリス・パテラが南西部に位置している。この火山は火星のクレーターのある南の高地と接している。

### エリダヌス座　Eridanus (略号Eri. 所有格Eridani)
6番目に大きい広範囲の星座。天の赤道からはるか南方の空に流れ込んでいる河をかたどっている。最も明るい星は*アケルナル (アルファ星) である。3.7等のイプシロン星は10.7光年の距離しか離れていないK2型矮星である。エリダヌス座40番星とも呼ばれるオミクロン2星は、4.4等で、9.5等の*白色矮星を伴っている。この星は最も容易に観測できる白色矮星である。シータ星 (*アカマル) は、エリダヌス座32番星と同じように、4.8等と6.1等の美しい*連星である。

### エリダヌス座ラムダ型星　Lambda Eridani star
0.4~2日の周期で明るさとスペクトルの両方が変化するBe型星。周期ははっきりしており、1周期中に2回の最小光度を示すこともある。変化の原因は不明であるが、表面の明るさが不均質なためか、あるいはある種の脈動によるものであろう。

**LSR**　local standard of rest　→局所静止基準
**LST**　local sidereal time　→地方恒星時
**LHA**　local hour angle　→地方時角
**LMC**　Large Magellanic Cloud　→大マゼラン雲

### エール輝星カタログ　Yale Bright Star Catalogue
*輝星星表の別名。

### エルゴ球　ergosphere
自転するブラックホール (すなわち、*カーブラックホール) の*事象の地平線のすぐ外側の領域。エルゴ球内部では観測者はブラックホールとともに自転せざるをえず、外の宇宙に対して静止していることはできない。エルゴ球の外側の境界は*静的限界である。非自転の*シュワルツシルドブラックホールでは、事象の地平線と静的限界は一致する。エルゴ球という名称は、*ペンローズ過程を介してこの領域のブラックホールからエネルギーが取り出せるという事実に由来する (接頭語 "ergo" は仕事を意味する)。

### エルタニン　Eltanin
りゅう座ガンマ星。2.2等。距離100光年のK5型巨星。

**LTP**　lunar transient phenomenon　→月面一時的現象

### L等級　L magnitude
*ジョンソン測光系の赤外線Lフィルターで測定したときの星の等級。Lフィルターは有効波長3450 nmおよび帯域幅472 nmをもつ。最近の観測者は、地球大気による最もやっかいな吸収帯を回避するためにLフィルターを定義しなおした。新しいフィルターは3800 nmというもっと長い中心波長をもち、L'と呼ぶ。*ワルラーヴェン測光におけるL等級もあるが、これを使用するときは区別できるよう明確にすべきである。

### エルナト　Elnath
おうし座ベータ星。1.65等。距離140光年のB7型巨星。Alnathとも綴る。

**LBV**　luminous blue variable　→高光度青色変光星

### エルフレ接眼鏡　Erfle eyepiece
3個のレンズ構成をもつ広角視野型接眼鏡。レンズのうちの2個は*二枚玉レンズでもよい。65~70°の視野が得られる。視野はわずかに湾曲しており、視野の端の像は*非点収差と*色収差を受けるが、エルフレは他の多くの広角視野型接眼鏡よりも安価に製造できる。最初

の広角接眼鏡で，1917年にドイツの光学機器製造業者Heinrich Valentin Erfle (1884〜1923) が設計した．ケーニッヒ接眼鏡はエルフレ型を焦点距離がもっと短いものに適合させたものである．発明者であるドイツの光学機器製造業者Albert König (1871〜1946) にちなんで名づけられた．

**ly**　light year　→光年

**eV**　electronvolt　→電子ボルト

**エロス**　Eros
　小惑星433番．1898年にドイツの天文学者Gusutav Witt (1866〜1946) が，そして同じ日にフランス人Auguste Charlois (1864〜1910) が独立に発見した．火星の軌道内に入り込む軌道をもつ小惑星であることがわかった第1号で，*アモール群のメンバーである．レーダー観測により，エロスは36×15×13 kmの大きさをもつ非常に細長い形であることがわかった．Sクラスに属し，自転周期は5.27時間である．軌道は，長半径1.458 AU，周期1.76年，近日点1.13 AU，遠日点1.78 AU，軌道傾斜角10.8°をもつ．

**エンケ，ヨハン フランツ**　Encke, Johann Franz (1791〜1865)
　ドイツの数学者で天文学者．1819年に彼は，*ポン (J. L.) が発見していた彗星 (後にエンケ彗星と命名された) の軌道を計算し，周期が4年より短く，知られている最も短い周期の軌道であることを見いだした．1837年に土星のA環における空隙を最初に観測し，それ以来この空隙は*エンケの間隙と呼ばれている．1761年と1769年の金星の太陽面通過を観測して太陽の距離を計算した．

**エンケ，彗星2P/**　Encke, Comet 2 P/
　3.3年という最も短い周期の彗星．他の彗星よりも多く回帰することが観測されている．また，知られているどの彗星よりも遠日点 (4.1 AU) が小さく，その軌道全体にわたって追跡することができる．1786年にフランスの天文学者Pierre Francois Andre Méchain (1744〜1804) が最初に観測し，1795年に*ハーシェル (C. L.) が再び観測した．1805年と1818年に*ポン (J. L.) が2度にわたり再発見した．1819年に*エンケ (J. F.) がこの四つの彗星が同じものであることを明らかにしたので，今日では彼にちなんでこの名がつけられている．エンケ彗星はおそらく数千年間にわたって現在の軌道を周回しており，この間に多くのガスと塵を失った．回帰のたびにほとんどの場合前より少し暗くなっている．この彗星は*おうし座流星群および*おうし座ベータ流星群を出現させる複雑な塵の流れの源である．エンケ彗星は大昔に分裂した1個の大型天体の最大の断片が生き残ったものであると示唆されてきた．軌道は，近日点0.33 AU，離心率0.85，軌道傾斜角11.9°である．

**エンケの間隙**　Encke Division
　約325 kmの幅をもつ土星の環における空隙．A環の外端に近く，惑星の中心から13万3500 kmのところに中心がある．*カッシーニの間隙の後に発見された最初の間隙であり，*エンケ (J. F.) にちなんで名づけられた．

**エンケラドゥス**　Enceladus
　土星の8番目に近い衛星．距離23万8020 km．公転周期1.370日．土星Ⅱとも呼ばれる．自転周期は公転周期と同じである．1789年に*ハーシェル (F. W.) が発見した．直径は500 km．衝突クレーターが表面の一部を覆っているが，半分以上の表面はほとんどクレーターのない滑らかな平原からなり，エンケラドゥスが現在も地質学的に活動的であるかもしれないことを示唆している．これらの平原は長い曲がりくねった山脈によってクレーター地域から分離されている．表面には溝，褶曲，断層，および大規模破砕の徴候がある．*アルベドはほぼ1.0で，入射する太陽光のほとんどすべてを反射することを意味する．したがって，ほとんど熱を吸収することができず，表面温度は−201 ℃である．土星のぼんやり光るE環内部に位置し，この環の粒子の供給源であるかもしれない．

**遠紫外線**　far ultraviolet
　91.2 nm (*ライマン限界) からほぼ200 nmまでの波長範囲の電磁波．大気がこの波長の放射線を吸収するため遠紫外線は地面に到達しない．*国際紫外線探査衛星と*ハッブル宇宙望遠鏡にはこの波長領域で作動する望遠鏡が搭載されている．遠紫外線より短波長の電磁波は

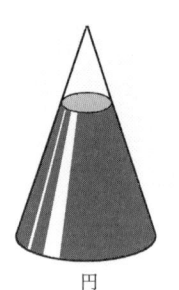

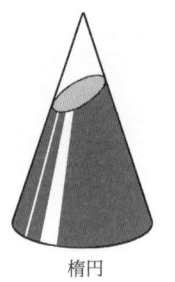

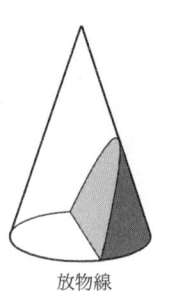

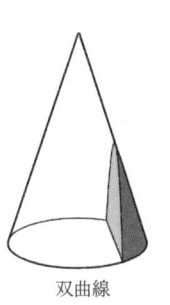

円　　　　楕円　　　　放物線　　　双曲線
**円錐曲線 A**

*極紫外線と呼ばれる．
**遠紫外線分光探査衛星**　Far Ultraviolet Spectroscopic Explorer, FUSE

主として 90～125 nm の波長で観測することを予定している NASA で計画中の紫外線天文衛星．FUSE は，この波長をカバーする最後のミッションである*コペルニクス衛星よりもはるかに感度がよい．[1999 年 6 月に打ち上げられた]．

**エンシスハイム隕石**　Ensisheim meteorite

確実に落下の日付を特定できる最古の隕石．1492 年 11 月 16 日にバッテンハイム上空で火の玉が観測され，激しい爆発後にアルザスのエンシスハイム村に 127 kg の石質隕石が落下した．LL 6 型の*普通コンドライトである．

**遠日点**　aphelion

太陽の周りの楕円軌道において太陽から最も遠い点．

**円周速度**　circular velocity

惑星あるいは他の天体の周囲の円軌道を運動する天体の速度．周回する天体と中心の天体の質量を $m$ および $M$，$r$ を軌道半径とすれば，円周速度 $V$ は，$V = \sqrt{G(M+m)/r}$ で与えられる．$G$ は重力定数．

**遠心点**　apocentre

楕円軌道において，連星あるいは惑星とその衛星のような周回する系の質量中心から最も遠くに位置する点．

**遠心力**　centrifugal force

周回する物体をその軌道中心から遠ざけようとする見かけの力．円軌道では遠心力は，真の力である*向心力と大きさが等しく，方向が反

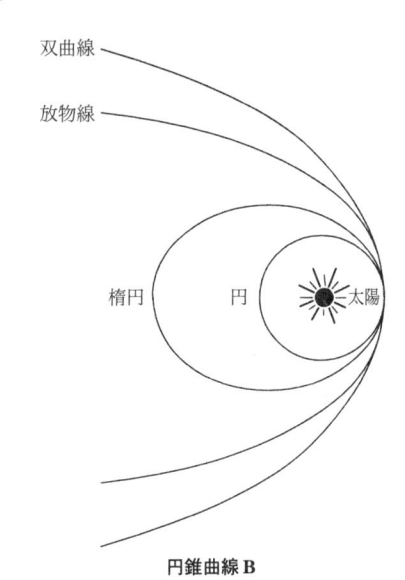

双曲線
放物線
楕円　円　太陽

**円錐曲線 B**

対であるように見える．遠心力は慣性の結果であり，慣性は物体に作用する向心力がなくなればその物体を直線状に動かし続けさせようとする．

**円錐曲線**　conic section

円錐を切ることにより得られる図形．四つの異なる円錐曲線がある．円錐をその軸に垂直に切ると，生じる図形は円である．切断が軸に垂直ではないが閉じた曲線を作るならば，曲線は楕円である．円錐を斜面の一つに平行に切ると，生じる曲線は放物線で，閉じていない．切断角をさらに傾けた場合に得られる開いた図形は双曲線である．楕円は 1 より小さい*離心率をもつ．円は楕円の特別な場合であり，離心率

0 である．放物線は1に等しい離心率をもつ．双曲線の離心率は1より大きい．天体の軌道はどれかの円錐曲線である．（図参照）

**エンスタタイトコンドライト**　enstatite chondrite

三つの主要クラスのコンドライト隕石のうち最もまれで，一般に最も原始的でない隕石．普通コンドライトよりはるかに酸化されていない．金属状態にある鉄は質量の15～25%で，主要なケイ酸塩はエンスタタイトとして知られるほとんど鉄を含まない輝石である．エンスタタイト隕石は隕石中の鉄とケイ素の比が高い（EH族）か低い（EL族）かによって二つのグループに分けられる．EHおよびEL族はおそらく別個の母体から生じたものだろう．大部分のエンスタタイトコンドライトは角礫石である．化学的には*オーブライト（エンスタタイトエイコンドライト）と似ており，同一の母体から生じたのかもしれない．

**遠星点**　apastron

星の周りを回る楕円軌道においてその星の中心から最も遠い点．

**遠赤外サブミリ波宇宙望遠鏡**　Far Infrared and Submillimetre Space Telescope, FIRST

85 μm から 900 μm までの波長で天体を観測するための3 m 望遠鏡を搭載するESAの衛星．2007年に打上げの予定．[3.5 m 望遠鏡に変更され，名前もハーシェル宇宙望遠鏡（Herschel Space Observatory）と改名された］．

**遠赤外線**　far infrared

電磁波の赤外線部分の長波長範囲．きちんと定義されてはいないが，遠赤外線は一般に地球の大気に吸収される約35～300 μm の波長域を指すと見なされる．高山の天文台から観測できる 300 μm から 1 mm の範囲は，現在ではサブミリ波帯と呼ばれることが多い．

**遠地点**　apogee

地球を回る楕円軌道における地球中心から最も遠い点．

**エントレインメント**　entrainment

ジェットが伝播する媒質がジェット自身の中に引き込まれる現象．その一例は太陽風中に中性子が存在することである．中性子は太陽風の陽子および電子成分を生成すると考えられる過程では加速されるはずはないから，太陽の外層から宇宙線の中に引き込まれたにちがいない．電波銀河からのジェットも銀河から引き込んだ物質を含んでいる可能性がある．

**エントロピー**　entropy（記号 $S$）

系における無秩序さの程度を示す尺度．エントロピーが高いほど，無秩序さは大きい．閉じた系ではエントロピーが増大するとエネルギーの利用可能性は低下する．宇宙自身は閉じた系と見なすことができるので，エントロピーは増大しつつあり，その利用可能なエネルギーは減少している．⇒宇宙の熱死

**円盤**　disk

渦巻銀河，レンズ状銀河，およびいくつかの不規則銀河の主要な構成成分．銀河円盤ということもある．星とガスおよび塵を含み，銀河中心の周りを回転している．[ただしレンズ状銀河の円盤はガスと塵をほとんど含まない]．円盤の厚さは直径に対して小さい．銀河系では円盤は銀河系中心から約80000光年ほど広がっているが，厚さは，古い星の分布で測定したときは約1500光年であり，若い星，ガスおよび塵に対して測定したときは600光年にすぎない．

**円盤銀河**　disk galaxy

中心の周りのほぼ円形軌道をとる星からなる薄い円盤を有し，またその面輝度が半径とともに指数関数的に低下するような種類の銀河．この用語は，*楕円銀河，*矮小回転楕円体銀河，およびいくつかの特異銀河以外のすべての型の銀河に適用される．*レンズ状銀河（S0型）の円盤はほとんど星間物質を含まないが，渦巻銀河および不規則銀河の円盤は星のほかに相当な量のガスと塵を含んでいる．[不規則銀河は普通は円盤銀河に分類しない]．

**円盤種族**　disk population

太陽のように，われわれの銀河系の円盤の中に位置し，銀河系中心の周りのほぼ円形の軌道を運動する星．これらの星は0歳から円盤の年齢までのすべての年齢をもつ*種族Iの星であるが，一般には*銀河ハローの中の星よりは若い．太陽近傍にある円盤種族の星は太陽と同じような速度で銀河系を周回しており，そのため太陽に対しては小さな相対速度を示す．⇒ハロ

一種族

**掩 蔽**(えんぺい) occultation
　一つの天体が他の天体の前面を通過すること．普通は月による星の隠蔽をいう．厳密にいうと，月が太陽の前面を通過するときの日食は掩蔽の特殊な形態である．月による星の掩蔽の精密な時間測定は月の軌道に関する知識を精密化するのに役立つ．星は小惑星あるいは惑星の衛星によって掩蔽されることもあり，これは隠蔽する天体の直径の値を測定するのに役立つ．多分，最もよく観測されたこの種の現象は，1989年の土星の衛星ティタンによるいて座28番星の掩蔽であった．木星のガリレオ衛星は木星によって規則的に掩蔽される．木星の衛星は，地球がそれらの軌道面近くに位置するとき，互いに掩蔽し合うことがある．

**掩蔽円盤** occulting disk
　暗い天体が見やすくなるように明るい天体を隠すために接眼鏡の視野中心あるいは望遠鏡の焦点面に置く小さな円盤．

**掩蔽棒** occulting bar
　暗い天体が見やすくなるように明るい天体を隠すために接眼鏡の視野に置く小さな棒．

# オ

**尾（彗星の）** tail (cometary)
　彗星の頭部から放出された塵とガスを含む彗星の一部分．多くの彗星は尾を発達させることができないが，尾が存在するときは，尾は常に太陽と反対の方向を向いている．したがって彗星は近日点通過後は尾を先にして運動する．彗星が太陽の約2 AU以内に入るまでは通常尾は発達せず，近日点直後に尾が最も発達する．彗星の尾は，I型あるいはガスの尾（イオンの尾，またはプラズマの尾ともいう），およびII型あるいは塵の尾という二つの成分をもっている．ガスの尾は太陽風によってコマから運び出された電離ガスからなり，ほぼまっすぐで，長さが $10^8$ km以上に達することもある．ガスの尾は青，もしくは緑がかって見え，太陽の紫外線により励起されて生じる，波長 420 nmの一価イオンの一酸化炭素（$CO^+$）からの放射が支配的である．ガスの尾は*分離現象を示すことがある．これと対照的に，塵の尾は，反射された太陽光によって輝くので黄色がかって見え，際立って湾曲していることが多い．塵の尾は普通はガスの尾よりも短いが，それでも $10^7$ kmに達することがある．太陽の*放射圧によって彗星の頭部から放物線の軌跡上に押し出される $1\mu$m程度の大きさの固体粒子からなる．一方，彗星が振り落とすもっと大きな塵粒子（mmからcm規模）は*ダストトレールと呼ばれ，*流星群を生じさせる．⇒アンチテイル

**ORM** Observatorio del Roque de los Muchachos
　*ローク・デ・ロス・ムチャーチョス天文台のスペイン語の頭文字をとった省略形．

**Oef型星** Oef star
　*Of型星に似ているが，波長468.6 nmのH II輝線が二重ピークをもつ星．

**Oe型星** Oe star
　スペクトル型Oであるが水素の輝線をもつ星．高速自転をしており，*Be型星のより高温

な型である.

**オイラー，レオンハルト** Euler, Leonhard (1707~83)

スイスの数学者．月の運動の数学理論を精密化し，木星と土星の改良された軌道を計算した．彼の月の理論は，ドイツの地図作成者で天文学者の Tobias Mayer (1723~62) が非常に精確な月表を作成するのに役立った．その真価は1世紀以上も後になって*ヒル (G. W.) が認識することになる．光学系に関するオイラーの研究は望遠鏡の技術的発達に強い影響を与えた．彼はまた惑星の*摂動，彗星の軌道，および*潮汐についても研究した．

**OVV クェーサー** OVV quasar

光学的に激しい変光を見せるクェーサーの略号．→ブレーザー

**オーウェンスヴァレー電波天文台** Owens Valley Radio Observatory, OVRO

カリフォルニア工科大学（Caltech）の電波天文台．カリフォルニア州ビッグパインの標高1235 m に位置し，1956年に創設された．天文台は，1959年に開設され，現在ほとんど太陽観測に使用している2基の27.4 m のパラボラアンテナ，および1968年に開設された39.6 m パラボラアンテナをもっている．T字形に配列した腕に沿って移動可能な6基の10.4 m パラボラアンテナがミリ波干渉計（カルテクミリ波アレイ）を形成している．これは1985年に3基のパラボラアンテナで開設され，1994年に拡張されたものである．

**おうし座** Taurus（略号 Tau．所有格 Tauri）

雄牛をかたどった黄道十二宮の星座．太陽は5月中旬から6月の第3週にかけておうし座を通過する．最も明るい星は*アルデバラン（アルファ星）であり，ベータ星は*エルナトである．この星座は*ヒヤデスおよび*プレアデスという二つの大きな明るい*散開星団を含んでいる．シータ星はヒヤデスにある3.4等と3.8等の間隔の広い二重星である．*ハインドの変光星雲内には若い変光星のクラスの原型である*おうし座T型星が位置する．この星座にある M1 は有名な超新星残骸*かに星雲である．*おうし座流星群は毎年10月下旬から11月末にかけてこの星座の放射点から出現する．

**おうし座 RV 型星** RV Tauri star

非常に明るい黄色い超巨星の*脈動変光星．略号 RV．スペクトルは極大のとき F~K 型で，極小のとき K~M 型である．光度曲線の全変光幅は3~4等である．光度曲線はすべて二つの極大（通常は変光幅がわずかに異なる）およびその中間に二次極小をもつ．極大と二次極小の変光幅は変化し，二次極小は一次極小と同じ程度に深くなり，一次極小に置き換わることもある．公式的な周期は一つの深い極小から次の深い極小までの二重間隔をいい，一般には30~150日の範囲にある．RVA のサブタイプでは平均変光幅は時間とともに一定である．RVB サブタイプは重なった二次変動を示し，2等以下の変光幅と600~1500日の周期をもつ．

**おうし座運動星団** Taurus Moving Cluster

おうし座全体に散在する星々からなる大きな星団．その中心部を形成するヒヤデス星団と共通の空間運動をしている．

**おうし座 A** Taurus A

おうし座にある強い電波源．可視光で見える*かに星雲と同じものである．星雲からの電波および可視光放射は*シンクロトロン放射である．星雲の中心には*かにパルサーが存在するが，これは星雲自身よりはるかに弱い電波源である．

**おうし座 X-1** Taurus X-1

1963年の探査ロケット飛行中に発見された2番目のX線源で，光学的に同定された最初のX線源である．超新星残骸*かに星雲と同じものである．

**おうし座 T 型星** T Tauri star

太陽質量とほぼ同じかやや小さい質量をもつ生まれて1000万年程度しか経っていない非常に若い星．おうし座T型星は太陽の数倍の直径をもち，現在も収縮している．ヘルツシュプルング-ラッセル図では*主系列の上部の*林トラックに位置する．そのスペクトルにしたがって古典的，弱輝線型および裸型に分類される．古典的おうし座T型星は強い輝線をもち，同じ温度の他の星よりも赤外線領域ではるかに明るい．これらの特徴は，*原始太陽系星雲に類

似した，周囲を取り巻く高温の塵の円盤によると考えられている．弱輝線型では周囲円盤を取り巻く物質があるという証拠は古典的な場合より少なく，裸型のおうし座T型星はまったくそれを示さない．数分の時間スケールの紫外線フレアから数日，数カ月，あるいは数年の時間スケールの可視光の変光など不規則な変光特性を示す．原型であるおうし座T星は*ハインドの変光星雲の内部に位置し，8等と13等の間を不規則に変光する．

**おうし座T星風** T Tauri wind

1年に太陽質量の約 $10^{-8}$ の割合で*おうし座T型星から流出する強力なガス流．この風はいくつかの若い星の付近で観測される大規模な分子流（*双極流）を駆動していると信じられている．

**おうし座分子雲** Taurus Molecular Clouds

おうし座にある距離400光年のガスと塵の雲の大きな集団．雲の集団は全体として30000太陽質量ほどの物質を含んでいる．おうし座分子雲1（TMC-1）と呼ばれる，この分子雲の中の一つの特殊な雲は1太陽質量の物質しか含まないが，知られている最も低温の雲の一つで，温度は10Kでしかない．まだ同定されていない最も複雑な星間分子のいくつかが含まれている．この分子雲は星を形成することなく長年にわたって安定であったために複雑な化学反応が進行していると考えられている．

**おうし座ベータ流星群** Beta Taurid meteors

*エンケ彗星に似た軌道をもつ昼間の流星群．6月5日と7月18日の間に発現する．レーダーで検出される最盛期の活動は6月末ごろに起きる．*放射点が太陽近くにあるので流星は肉眼では見えない．1908年の*ツングースカ事件はおうし座ベータ流星群からの巨大隕石のためとされてきた．

**おうし座流星群** Taurid meteors

10月中旬から11月を通じて二つの主要な*放射点から定常的な活動を見せる中程度の*流星群．親天体は*エンケ彗星である．11月の第一週の間に極大活動が続く．北のおうし座放射点はプレアデス星団に近い赤経3h44m，赤緯+22°にあるが，南の放射点は赤緯3h44m，赤緯+14°にある．典型的なピーク活動は

*ZHR 10程度に達する．流星群が長い継続時間をもち，活動度が比較的低いことは，流星物質が古く，よく分散していることを示している．おうし座流星群の地心速度は遅い（30 km/s）．ほどよい割合で負等級の明るい流星が出現し，しかも長い継続時間をもつものもしばしば現れたので，この流星群には火球が多いと言われているが，それはおそらく間違いである．⇒おうし座ベータ流星群

**横断時間** crossing time

星団あるいは銀河団の直径を，星や銀河が運動している典型的なランダム速度で横断するのに要する時間．これは，星団や銀河団の形状の変化や集団成員間のエネルギー交換のような，重要な力学現象が起こりうる最短の時間尺度である．球状星団の場合，横断時間はほぼ10万年であり，メンバー数の多い銀河団の場合は約10億年である．

**王立エディンバラ天文台** Royal Observatory, Edinburgh, ROE

エディンバラのブラックフォード丘にある天文台．イギリス素粒子物理学および天文学研究評議会が所有し，運営している．ROEは1818年にエディンバラのカルトン丘に創設されたが，1894～6年に現在の場所に移った．1973年から1988年までオーストラリアで*英国シュミット望遠鏡を稼働させ，今でもその写真乾板保存庫を有している．[2002年現在ROEは，英国天文学技術センター，エディンバラ大学天文研究所，および見学者センターという三つの組織からなっている]．

**王立グリニッジ天文台** Royal Greenwich Observatory, RGO

イギリス素粒子物理学および天文学研究評議会が所有し，運営している．1675年に南東ロンドンのグリニッジに創設された天文台．第二次大戦後にサセックス州ハーストモンソー城に移転した．その地で天文台は1967年から1979年まで*アイザック・ニュートン望遠鏡を稼動させた．グリニッジにある元の建物は現在は博物館として維持されている．1990年にRGOは再び，今度はケンブリッジに移動したが，以前グリニッジ平均時を維持し，報知していた時間部門は1990年のケンブリッジ移転を前に閉鎖

された．[その後 1998 年に至って RGO は全面的に閉鎖された．なお RGO で航海暦 The Nautical Almanac を編集してきた部門の業務はこの全面閉鎖後，英国航海暦局 Her Majesty's Nautical Almanac Office に引き継がれている]．→天体暦

**王立天文学会** Royal Astronomical Society, RAS

天文学と地球物理学を普及させるための組織．1820 年にロンドン天文学会として創設された．1831 年に王立天文学会になった．本部はロンドンにある．RAS は，*王立天文学会月報，天文学と地球物理学（Astronomy & Geophysics）および国際地球物理学雑誌（Geophysical Journal International）を出版している．

**王立天文学会月報** Monthly Notices of the Royal Astronomical Society

イギリス*王立天文学会が刊行する学術雑誌．1827 年に創刊され，月に 2 回刊行されている．天文学および天体物理学のさまざまな部門における未発表研究を報告する論文を掲載している．[1997 年より月 3 回刊行されている]．

**OAO** Orbiting Astronomical Observatory →軌道天文台衛星

**OS** Old Style date →旧暦日

**OH-IR 源** OH-IR source

進化の最終段階にある星で，自分自身が噴出した厚い繭状のガスと塵によって隠されている．星からのエネルギーの大部分は塵によって吸収され，赤外線（IR）波長で再放射される．ガスは水酸基（OH）が豊富で，水酸基は赤外線により励起され強力な*メーザーを生成する．

**OH 線** OH line

水酸分子（OH）によって生じる輝線あるいは吸収線．最も重要な線は 1700 MHz（波長約 18 cm）近傍の 4 本の線である．

**OHP** Haute-Provence Observatory →オート-プロヴァンス天文台（フランス語）．

**OH メーザー** OH maser

水酸分子（OH）がメーザー作用を起こすまでに励起されたメーザー源．周波数 1612, 1665, 1667 および 1720 MHz（約 18 cm の波長）に四つの OH スペクトル線がある．もっと高い周波数で他の OH スペクトル線もメーザーとして検出されることがある．OH メーザーは，星形成領域，星周外層および彗星や活動銀河中心核で*メガメーザーの形で観測される．

**Of 型星** Of star

O 型星に普通見られる吸収線スペクトルのほかに 464.4 nm で二価イオン窒素（N III）および 468.6 nm で一価イオンヘリウムによる輝線を示す特別な O 型星．それらは，相当な質量放出（1 年に約 $10^{-5}$ 太陽質量）のために進化に影響が及び，*ウォルフ-レイエ星になっていく O 型星であると考えられている．これらの輝線の特徴は，Of 星全体のスペクトルと同じように，変動する．O5 型より初期のすべての O 型星は，非常な高温の結果質量放出が起こるので，実際は Of 型である．この型の最も明るい例は，O5 型のとも座ゼータ星である．

**おおいぬ座** Canis Major（略号 CMa．所有格 Canis Majoris）

南天の星座．大きな犬としてよく知られている．この星座は天空で最も明るい星の*シリウス（おおいぬ座アルファ星）で名高い．おおいぬ座の他の明るい星はベータ星（*ミルザム），デルタ星（*ウェズン）およびイプシロン星（*アダーラ）である．4.5 等の有名な*散開星団 M 41 はこの星座にある．

**おおいぬ座 R 型星** R Canis Majoris star

大幅に異なる質量とやや不明瞭なスペクトル特徴をもつ二つの星からなる*連星．代表であるおおいぬ座 R 星は*半分離型連星の*アルゴル型変光星であり，晩期 A 型の主星（1.5 太陽質量）と非常に低質量（約 0.1 太陽質量）の G 型*準巨星からなり，星周物質をもつ証拠を示す．このグループの星の変光周期は 1 日程度であるが一定ではなく変動する．このことは*質量移動あるいは*質量放出があることを示唆している．

**おおいぬ座ベータ型星** Beta Canis Majoris star →ケフェウス座ベータ型星

**大型双眼望遠鏡** Large Binocular Telescope, LBT

*グレアム山国際天文台に建設が予定されて

いる共通架台に載せた2台の同一の8.4m反射鏡から構成される望遠鏡．第一反射鏡は2003年に最初の観測を行う予定で，2004年に完成したとき望遠鏡は単独の11.8m反射望遠鏡に等しい集光面積をもつことになる．二つの反射鏡の中心は14.4m離れている．

LBTは，アリゾナの*スチュワード天文台，イタリアのアルチェトリ天文台，およびツーソンにある大学連合組織である研究機構が共同で所有している．[後にオハイオ州立大学とドイツの研究機関も加わった]．

**おおかみ座** Lupus (記号Lup. 所有格Lupi)
狼をかたどった南天の星座．最も明るい星は2.3等のアルファ星である．星座には多様な*二重星，特にイプシロン，エータ，カッパ，カイ，そしてパイ星が含まれる．この星座にあるNGC 5822は6等の*散開星団，NGC 5986は7等の*球状星団である．

**おおぐま座** Ursa Major (略号UMa. 所有格 Ursae Majoris)
北天に位置する3番目に大きい星座．大熊としてよく知られているが，その7個の目立つ星が*すきあるいは*大びしゃくのなじみ深い形状を形づくっている．[日本では北斗七星またはひしゃくと呼ばれている]．最も明るい2個の星は*ドゥベー（アルファ星）と*アリオト（ウプシロン星）で1.8等である．*ミザール（ゼータ星）は有名な実視二重星である．カイ星は，等級が4.3および4.8で周期60年の*連星である．これは軌道が計算された最初の連星である．*ラランド21185は太陽に4番目に近い星である．この星座にあるM 81とM 101は7等および8等の*渦巻銀河である．M 82は8等の特異銀河で，塵の雲と遭遇している横向きの渦巻銀河と現在考えられている．M 97は*ふくろう星雲である．

**おおぐま座運動星団** Ursa Major Moving Cluster
約14km/sの同じ空間速度をもつ広範囲に広がった星の群．北斗七星の7個のメンバーのうち5個（おおぐま座ベータ，ガンマ，デルタ，イプシロン，およびゼータの各星）が含まれている．われわれに最も近い星団で，*ヒヤデス星団の距離の半分である．*シリウスを含

む，はるかに広い空の領域にわたる星々がこの星団の中心部の星々と同じような運動をしているという証拠がある．

**おおぐま座SU型星** SU Ursae Majoris star
ときおり超極大を示す*ふたご座U型星の一種．連星系である．超極大は，通常の極大よりも約2等明るく，5倍ほど長期にわたる爆発である．略号UGSU．通常の極大の間隔と性質は*はくちょう座SS型星と似ており，超極大の3倍から4倍の頻度で起こる．超極大は他のすべての*矮新星の爆発と違って，明白な周期性を示す．超極大中は光度曲線にスーパーハンプと呼ばれる特徴が見える．スーパーハンプは約0.2～0.3等の変光幅をもち連星の公転周期（0.1日以下）よりも数パーセント長い周期をもつ．

**おおぐま座W型星** W Ursae Majoris star
1日以下の周期をもつ*食連星の型．略号EW．この系は，楕円体の星を一つの成分にもつスペクトル型F～G（あるいはもっと晩期型）の*接触連星である．軌道運動の全周期を通じて連続的に変光するので，食の始まりと終わりを規定することができない．*一次極小期と*二次極小期は普通同様な変光幅であり，通常は0.8等より小さい．この星は*共通外層連星に進化すると考えられている．

**おおぐま座UX型星** UX Ursae Majoris star
永久に*休止の状態にある*きりん座Z型星であるとも見なせる新星に似た変光星．*爆発後新星なのかもしれない．これらの星の中には，ときどき短時間極小を示すので例外的に長い休止状態を示すきりん座Z型星と見なせるのかもしれないグループがある．それらの光度曲線は*矮新星の光度曲線の反転した型のように見えるので，このグループは時には反転矮新星と呼ばれる．

**大　潮** spring tide
満月あるいは新月のときに地球の海洋で起こる満潮．このとき月と太陽は地球と一直線上に並んで起潮力が加算され，大潮の振幅（すなわち満潮と干潮の水位の差）は1カ月の潮汐周期中で最大となる．

**大びしゃく** Big Dipper →北斗七星

**O型星** O star
　スペクトル型Oの星．水素を燃焼する通常の*主系列星のうちで最も明るい，最も高温な，最も大質量の星で，青色に見え，そのエネルギーの大部分を紫外線波長で放出する．温度は 30000 K から 50000 K 以上の範囲にあり，太陽光度の 10 万倍から 100 万倍の光度をもつ．20～100 太陽質量あるいはそれより大きい質量をもつので，O型星は驚くべき速度で核燃料を燃焼し，3～6 百万年の寿命しかもたない．高温のためにスペクトル中の水素線は弱く，優勢な線は一価イオンヘリウムの線（*ピッカリング系列）である．O型星は数が少なく，一握りのO3型およびO4型星が知られているにすぎない（O0～O2型と分類される星はない）．肉眼で見える最も明るい星はオリオン座デルタ星およびゼータ星で，両方ともO9.5型の*超巨星である．O型星は*OBアソシエーションにおいてB型星とともに見いだされることが多い．⇨ Oe型星，Oef型星，Of型星

**オキュラー** ocular
　*接眼鏡の別名．

**オクタヘドライト** octahedrite
　6～12% のニッケルを含む鉄隕石の最も普通の型．*大隕石孔を形成した隕石はオクタヘドライトである．*ヘクサヘドライトより高いニッケル含有量をもつことに加え，オクタヘドライトは，ニッケルに富むテーナイトも含んでいる．オクタヘドライト隕石は面に平行で，その間がテーナイトで満たされているカマサイトという鉱物の板からなる構造を示す．二つの鉱物のこの配列が*ウィドマンシュテッテン模様を形成する．
　オクタヘドライトはカマサイト板の厚さ（帯幅）にしたがって分類される．粗オクタヘドライトは 1.5～3 mm の帯幅をもつ．中間オクタヘドライトは 0.5～1.5 mm の帯幅をもつ．微細オクタヘドライトは 0.2 mm の帯幅をもつ．0.2 mm の帯幅より下では三つの異なる型の八面体構造が明らかである．最微細オクタヘドライトは 0.2 mm 以下の帯幅をもつ．*エイタクサイトは，交叉するが重なり合わないテーナイトで縁どりされたカマサイトの紡錘模様をもつ．プレシチックオクタヘドライト（plessitic octahedrite）は最微細オクタヘドライトとエイタクサイトの間の中間形態である．

**オーグメンテーション** augmentation
　地球中心から見たとした場合の見かけの直径に比べて，地球表面から見たときに天体の見かけの直径が大きくなること．

**オージェシャワー** Auger shower
　*宇宙線シャワーの別名．フランスの物理学者オージェ（Pierre Victor Auger）(1899～1993) にちなんで名づけられた．

**オースターホフ群** Oosterhoff group
　*球状星団をそれらの金属量に基づいて I 群と II 群に分ける分類．I 群は II 群よりも高い金属量をもち，II 群より明るい*水平分枝星を含み，それらの*こと座 RR 型変光星の周期はわずかに短い（II 群の 0.65 日に対して I 群では 0.55 日）．*オメガケンタウリ星団はオースターホフ群 II の星団で，その星の鉄の組成は太陽の値の数 % にすぎない．オランダの天文学者 Pieter Theodorous Oosterhoff (1904～78) にちなんで名づけられた．

**オーストラライト** australite
　タスマニアを含む南オーストラリア全体を覆う世界最大の散乱テクタイト場から出土したテクタイト．オーストラライトの*アブレーション年齢は 60～75 万年の範囲である．西タスマニアにある 1 km のダーウィン山隕石孔は同じ年代（73 万年）であるが，これだけ広くテクタイトを散乱させたものにしては小さすぎる．

**オーストラリア電波望遠鏡国立施設** Australia Telescope National Facility, ATNF
　オーストラリアのニューサウスウェールズ州の 3 カ所の天文台に設置されている 8 基の電波アンテナ群の集合名．オーストラリア連邦科学・産業研究機関（CSIRO）が所有し，運営している．アンテナは長基線干渉計として個別的に，あるいは種々に組み合わせて使用できる．ATNF の中心は，カルグーラの*ポールワイルド天文台のコンパクトアレイである．これは 6 km の長さの直線に配列された直径 22 m の 6 基のパラボラアンテナから構成されている．最大の単独の装置はコンパクトアレイの南方 300 km の*パークス天文台にある 64 m のパラボラアンテナである．これらの二つの天

文台の間，クーナバラブラン町の近くの*モプラ天文台にもう一つのパラボラアンテナが存在する．*オーストラリア電波望遠鏡国立施設は1988年に稼動し始めた．本部はニューサウスウェールズ州のエッピングに置かれている．

**OSO** Orbiting Solar Observatory →軌道太陽観測衛星

**オゾン圏** ozonosphere
かなりの量のオゾン（$O_3$）が見いだされる10~50 kmの高度にある*成層圏の層．最高濃度はオゾン層の20~25 kmの間で生じる．成層圏のオゾンは酸素分子を単一の原子に分裂させる太陽光の作用で発生する．原子酸素（O）は分子酸素（$O_2$）と結合して高い反応性をもつ三原子形態のオゾン（$O_3$）を形成することができる．オゾン層は230~320 nmの波長にある太陽からの紫外線を吸収する重要な役目をしている．

**オータカムンド電波天文学センター** Ootacamund Radio Astronomy Centre
南インドのタミールナドゥ州にある電波天文台．1968年に設立され，インドの国立電波天文学センターが所有し，運営している．通称はオーティ（Ooty）と簡略化される．主要装置は1970年に開設されたオーティ電波望遠鏡である．これは，長さ530 mで幅30 mの巨大な放物面アンテナという独特の形をしているが，その長軸は観測所の緯度（北緯約11度）に等しい傾斜をもつ丘で南北に向けられている．その長軸に沿ってアンテナを回転させて電波源を追尾する．

**オッペンハイマー-ヴォルコフ限界** Oppenheimer-Volkoff limit
中性子星が自身の重力によってつぶれてしまわずに維持できる最大質量．正確な数字は確かではないが，計算によるとこの限界は1.6太陽質量と2太陽質量の間にある．これより大きい質量をもつ中性子星はさらにブラックホールに崩壊すると予想される．アメリカの物理学者（Julius）Robert Oppenheimer（1904~67）とロシア生まれのカナダ人George Michael Volkoff（1914~）にちなんで名づけられた．

**OT** Teide Observatory →テイデ天文台

**O等級** O magnitude
中心波長11.5 $\mu$m，帯域幅2 $\mu$mのフィルターで測定した星の等級．このフィルターより多くの光を透過させる*ジョンソン測光系のNフィルターに近い波長をもつのでこの赤外線等級は現在ではほとんど使われない．

**オート-プロヴァンス天文台** Haute-Provence Observatory, OHP
南フランスのオート-プロヴァンスアルプスにあるフォルカルキエ付近のサン・ミッシェルの標高660 m地点にある天文台．1936年に設立され，国立科学研究センター（CNRS）が所有し，運営している．主な望遠鏡は1958年に開設された1.9 m反射望遠鏡，1967年に開設された1.5 m反射望遠鏡，1943年に開設された1.2 m反射望遠鏡，およびもと1932年にパリ天文台によってフォルカルキエに開設され，1945年にOHPに移された0.8 m反射望遠鏡である．

**おとめ座** Virgo（略号Vir．所有格Virginis）
正義の女神をかたどった黄道十二宮最大の星座．全星座のうち2番目に大きい．天の赤道に位置する．太陽は9月の第3週から10月の終わりにかけてこの星座の中を通過するので，秋分のときはこの星座内に位置する．最も明るい星は*スピカ（アルファ星）である．ガンマ星は*ポリマと呼ばれる*二重星である．この星座は*おとめ座銀河団の多くのメンバー銀河を含んでいる．ただし*ソンブレロ銀河M 104はこの銀河団の一部ではない．おとめ座には約20億光年の距離にある12.9等の最も明るい*クェーサー3C 273も含まれる．

**おとめ座A** Virgo A
おとめ座にある強い電波源．約5000万光年の距離にある*おとめ座銀河団の中心付近に位置する9等の巨大楕円銀河M 87（NGC 4486とも呼ばれる）と同定されている．電波強度地図で二つの*ローブ（1）をもつ古典的な電波銀河であり，明るい方のローブは，可視光でも見える4000光年の長さをもつ顕著なジェットに対応している．

**おとめ座銀河団** Virgo Cluster
銀河系に最も近い大きな銀河団．*局部超銀

河団の中心である．2000個以上の銀河からなる不規則でほぼ楕円形の集団であり，そのうち明るい銀河はアマチュア望遠鏡で見ることができる．その距離は5000万光年ほどであり，直径は900万光年である．この銀河団は空の12°に広がり，北の方ではおとめ座の境界を超えてかみのけ座の中に入り込んでいる．したがって時には*かみのけ座-おとめ座銀河団とも呼ばれる．しかし，はるかに遠くにある別個の*かみのけ座銀河団と混同してはならない．おとめ座銀河団には比較的高い割合の*渦巻銀河と多くの*矮小銀河がある．質量は $2 \sim 5 \times 10^{14}$ 太陽質量である．4個の最も明るい銀河である，M 49（NGC 4472），M 87（NGC 4486，中心核から放射するジェットをもつ巨大な*楕円銀河），M 60（NGC 4649）および M 86（NGC 4406）はすべてが楕円銀河である．渦巻銀河と楕円銀河の間で赤方偏移にわずかな違いが見られるという証拠があり，このことはこの銀河団が実際には視線方向に重なり合った二つの銀河団であることを示唆している．[重なり合ったというよりは，現在では，楕円銀河は中心に比較的よくまとまっているが，渦巻銀河は視線に沿って奥行方向に細長く分布していると考えられている]．

**おとめ座 GW 型星** GW Virginis star →くじら座 ZZ 型星

**おとめ座 W 型星** W Virginis star
種族 II の*ケフェイド．略号 CW．*基本モードで*動径脈動をする巨星で，0.8〜35 日の周期および 0.3〜1.2 等の変光幅をもつ．その光度曲線は，3〜10 日の周期をもつ場合は*古典的ケフェイドに類似しているが，この範囲外では曲線は異なる変光幅あるいは形状をもつ．古典的ケフェイドと比べて低い質量（0.4〜0.6 太陽質量）をもち，さらに，0.7〜2 等だけ暗い絶対等級をもつ異なる*周期-光度関係にしたがう．8 日以上の周期をもつ CWA と 8 日より短い周期をもつ CWB という，二つのサブタイプがある．後者はヘルクレス座 BL 型星と呼ばれることもある．

**おとめ座超銀河団** Virgo Supercluster
*局部超銀河団の別名．

**おとめ座流星群** Virginid meteors
3月と4月を通しておとめ座の黄道周辺の種々の放射点から低い活動度（5程度の*ZHR）で出現する流星群．赤経 14 h 04 m，赤緯 $-9°$（おとめ座のボウルの東）および赤経 13 h 36 m，赤緯 $-11°$（*スピカの近く）の放射点から数回の極大出現が起こり，おそらく主要な極大期は 4 月 12 日付近である．おとめ座流星群は速度が遅く，長く伸びるものが多く，時には明るいものが現れる．この流星群は黄道周辺に現れる一連の流星群のうち春に出現する一部で，その続きは 5 月と 6 月に出現する*へびつかい座流星群および*さそり座アルファ流星群にまで広がると見なされている．

**オーバーサンプリング** oversampling
検出器が研究対象の天体あるいはスペクトルの最も細かな構造を調べるのに必要である以上の分解要素（例えば，画素）をもつ状況．例えば，星の像を $1''$ の観測条件で撮影しているが，CCD 検出器が 1 画素（ピクセル）当たり $0.1''$ のサイズをもつならば，その像はオーバーサンプリングをされているという．[この場合，CCD の 1 画素が $1''$ であればよいというわけではない．微細な構造を復元するのに最適な分解要素の大きさはナイキスト周波数という量で決まる]．→アンダーサンプリング

**OB アソシエーション** OB association
スペクトル型 O および B の若く，大質量で高温の星が数十個集まって作る集団．銀河の渦巻腕に存在する OB アソシエーションは直径が数十あるいは数百光年である．アソシエーションの星々は毎秒数 km で飛散しつつあるので，3000 万年以内に背景の星の中に分散してしまう．有名な例は，*オリオンアソシエーションと*さそり-ケンタウルスアソシエーションである．

**おひつじ座** Aries（略号 Ari．所有格 Arietis）
羊をかたどった黄道十二宮の星座．太陽は 4 月の最後の 10 日間と 5 月中旬までおひつじ座に位置する．最も明るい星はアルファ星（*ハマル）である．ガンマ星は等級が 4.6 および 4.7 の白色の星二つからなる．

**おひつじ座SX型星** SX Arietis star
B0p～B9p型スペクトルをもち変光幅が小さい（0.1等以下）*主系列の*外因性変光星。HeIおよびSiIIIのスペクトル線は強度が変化する。明るさ，スペクトルおよび磁場の変動は，周期が約1日の星の自転によって引き起こされる。多くの特徴は*りょうけん座アルファ$^2$型星に似ているが，スペクトルはより早期型で変光周期はより短い。

**おひつじ座第一点** first point of Aries（記号 $\Upsilon$）
天の赤道上，*赤経を測る基準となる点。*春分点のこと。この点は赤経および*赤緯が0である。太陽が天の赤道を南から北に通過する点として定義され，毎年3月21日頃に起こる。*歳差のために春分点は星を背景にして固定した点ではなく，1年にほぼ50″の割合で黄道の周りを退行する。したがって，その名前にもかかわらず，もはやおひつじ座にはなく，現在では隣接するうお座に位置している。

**オフェーリア** Ophelia
天王星の2番目に近い衛星。53790 kmの距離にあり，公転周期は0.376日。天王星IIとも呼ばれる。直径は30 km。1986年にヴォイジャー2号が発見した。

**オーブライト** aubrite
カルシウムが乏しいエイコンドライト隕石のクラス。エンスタタイトエイコンドライトとしても知られる。ほとんど完全にケイ酸塩鉱物エンスタタイトからなる。*エンスタタイトコンドライトに似ており，おそらくそれに類縁関係がある。オーブライトは大きな結晶粒サイズ（時には数cmを超える）をもつ。これはそれが冷却しつつあるマグマ内部で形成されたことを示唆している。あるいは，原始太陽系星雲中で起こった過程を経て生じたのかもしれない。ほとんどすべての既知のオーブライトは角礫岩である。1836年9月14日にフランスのオーブルに落下した隕石にちなんで名づけられた。

**オベロン** Oberon
天王星の最も外側の衛星。距離58万3520 km。公転周期13.436日。天王星IVとも呼ばれる。直径1524 kmの2番目に大きい衛星で，同一面を惑星に向け続ける。オベロンは，天王星自体の発見直後に*ハーシェル（F. W.）が1787年に発見した。ヴォイジャー2号が撮影した表面の大部分は衝突クレーターに覆われている。

**オメガケンタウリ星団** Omega Centauri
視等級3.7，広がりが0.6°の全天で最も明るい球状星団。NGC 5139とも呼ばれる。形状は明らかに楕円で，短軸は長軸の長さの80％しかない。実際の直径は約180光年で，絶対等級－10.3の最も明るい球状星団である。17000光年の距離にあってわれわれに最も近い球状星団の一つである。

**オメガ星雲** Omega Nebula
いて座にある散光星雲M 17。NGC 6618とも呼ばれる。馬蹄星雲および白鳥星雲という別名もある。オメガ星雲は最も広いところで幅1/4°であり，ギリシャ文字オメガ，馬蹄，白鳥，あるいは数字の2のような形状などさまざまに記述される。距離は約5000光年である。

**親同位体** parent isotope
放射性崩壊を起こす同位体。その原子核は自然に崩壊し，*娘同位体（異なる元素の場合も多い）を形成する。例えば，ルビジウム87はストロンチウム87の親同位体であり，ルビジウム87は$4.88\times10^{10}$年の半減期でストロンチウム87に崩壊する。試料中の親同位体の量は時間とともに減少するが，娘同位体の量は増加する。これら二つの同位体の割合を用いて試料の年代を導くことができる（→放射線年代測定）。

**AURA** Association of Universities for Research in Astronomy →天文学研究大学連合

**オリアト** Oljato
小惑星2201番。*アポロ群のメンバーで，1947年にアメリカの天文学者Henry Lee Giclas（1910～）が発見したが，1979年まで見失われていた。直径は2.8 km。オリアトの非常に偏平な楕円軌道は混沌としており，オリアトが地球と金星に何度も近距離接近するために長半径が激しく変化する。現在の長半径は2.176 AU，周期3.20年，近日点0.63 AU，遠日点3.72 AU，軌道傾斜角2.5°をもつ。オリアトは，知られている他のどの小惑星，隕石，あるいは彗星のスペクトルにも似ていない

特異な反射スペクトルをもっている．それは休眠中か完全に活動を停止した彗星中心核であるかもしれない．オリアトはいくつかの流星物質流に関連している．

**オリエンタルベイスン** Orientale Basin

月面の大きな衝突ベイスン．直径が930 kmで，緯度-19°，西経93°に中心がある．中央部分はオレエンタル海として知られる．最もよく保存され，おそらく最も若い巨大な月のベイスンで，38~39億年前に形成された．その内部に少なくとも三つの同心円状の山脈が見られる．衝突のときの噴出物によって生じた長い鎖状の二次クレーターが1000 km以上の距離にまで広がっている．火山性溶岩と小さな盾状火山がベイスン内部の一部を覆っている．

**オリオンアソシエーション** Orion Association

スペクトル型OおよびBの非常に若い星の大きな*アソシエーション．*オリオン星雲に中心があり，距離は1500光年である．直径が約400光年で，ベテルギウスを除いて，オリオン座の主な星をすべて含んでいる．この領域は，星を形成し続けているガスに今でもなかば包まれている．

**オリオン腕** Orion Arm

太陽を含む銀河系の渦巻腕．太陽はその内端付近，すなわち銀河系中心の側に位置する．肉眼で見える主な星は，すべてオリオン座自身の星を含むオリオン腕の一部である．この腕は，はくちょう座の方向と，それと反対のとも座，および，ほ座の方向に伸びている．オリオン腕の見ものとしては，*ガム星雲，*オリオン星雲，*北アメリカ星雲，*はくちょう座ループ，および*グレートリフトなどがある．かつてオリオン腕はわが銀河系にある大きな構造の間を結ぶと考えられたので，時には*オリオンスパーとも呼ばれる．

**オリオン座** Orion（記号Ori．所有格Orionis）

ギリシャ神話の偉丈夫な狩人をかたどる天の赤道上にある壮大な星座．顕著な星*ベテルギウス（アルファ星），*リゲル（ベータ星，星座で最も明るい星），*ベラトリックス（ガンマ星），そして*サイフ（カッパ星）が星座の輪郭をかたどっている．*アルニラム（イプシロン星），*アルニタク（ゼータ星），および*ミンタカ（デルタ星）の直線状の三つの星がオリオンのベルトを形成する．有名な*オリオン星雲M 42は*トラペジウムと呼ばれる多重星を含んでいる．オリオン星雲の南端には2.8等および6.9等のオリオン座イオタ二重星がある．オリオン星雲の北にはもう一つの明るい星雲NGC 1977があり，さらに北にまた5等の散開星団NGC 1981が位置する．この星雲と星団の複合体がオリオンの剣を形成し，オリオンのベルトからぶら下がっている．シグマ星は3.8等，6.6等，6.7等，および8.8等の印象的な多重星である．エータ星は3.8等および4.8等の近接二重星である．暗い*馬頭星雲は，アルニタクの南にある星雲IC 434の微光領域に向かって突き出している．*オリオン座流星群は毎年10月にこの星座から放射される．

**オリオン座FU型星** FU Orionis star

極端に若い*爆発型変光星．略号FU．FU型星は数か月にわたって6等までゆっくりした増光を示し，質量噴出を伴う．その後は一定にとどまるか，数年にわたってわずかな減光を示す．確認された例は三つだけである．この現象は*おうし座T型星の進化の一段階と考えられている．

**オリオン座流星群** Orionid meteors

10月15日と11月2日の間に中程度の活動を示す流星群．活動パターンは複雑で，数回の山と谷をもつ．これはおそらく*ハレー彗星の数回の近日点回帰のときに残された*流星物質流のフィラメント的性質を反映している．10月21日付近の数日間に赤経6h 24m，赤緯+15°（ベテルギウスとふたご座ガンマ星の間）の*放射点から，*ZHRが30に達する長続きする極大期が見られる．オリオン座流星群は非常に速く（地心速度66 km/s），流星のかなり多くが持続する尾を残すが，大部分は暗い．

**オリオン座YY型星** YY Orionis star

不規則な*オリオン変光星の一種．*おうし座T型星に関係がある．略号IN（YY）．そのスペクトルは輝線の長波長側での吸収を示し，物質が星に落下していること示唆している．

**オリオンスパー** Orion Spur
わが銀河系の*オリオン腕に対する別名．それが*ペルセウス腕の一つの分枝と考えられていたときに与えられた名称．

**オリオン星雲** Orion Nebula
オリオン座にある距離1500光年の大きな明るい星雲．M 42 あるいは NGC 1976 とも呼ばれる．星雲は天の 1°×1° 以上を覆っており，*トラペジウムとも呼ばれるオリオン座シータ$^1$ 多重星付近のぼんやりした斑紋として肉眼でもかすかに見える．トラペジウムからの紫外線が星雲を電離している．オリオン星雲は直径が20光年以上で，数百太陽質量の電離ガスを含んでいる．オリオン星雲は大質量の*オリオン分子雲の手前にある高温の火ぶくれにたとえられよう．

**オリオンの剣** Sword of Orion
オリオン座の*オリオン星雲周辺の領域．オリオンの剣はオリオン星雲やその内部の星々だけでなく，散開星団 NGC 1981，散光星雲 NGC 1977，および*二重星のオリオン座イオタ星を含んでいる．

**オリオンのベルト** Belt of Orion
オリオン座における三つの明るい星，*アルニラム，*アルニタク，および*ミンタカの連なりが狩人のベルトを表す．

**オリオン分子雲** Orion Molecular Clouds
距離 1500 光年にあるオリオン座のガスと塵からなる分子雲の集合体．*巨大分子雲の最も近距離の例である．各分子雲は直径が 100 光年以上で，10 万太陽質量以上のガスを含んでいる．ガスの大部分は水素分子である．オリオン座の若い星は過去 1000 万年以内にこれらの分子雲から形成された．新しい星が今もなお分子雲内部の高密度の芯の部分において形成されつつある．これらの芯は塵によって視界から隠されているが，赤外線および分子放射の源として検出できる．最も有名な芯は OMC-1 および OMC-2 と名づけられている．

**オリオン変光星** Orion variable
微光領域に見られる種々の型の爆発型変光星をいう．*星雲型変光星とも呼ばれる．大多数は*不規則変光星の種々の IN サブタイプ（おうし座 T 型星を含む）であるが，*オリオン座 FU 型星および*フレア星の UVN サブタイプも含まれる．

**折り曲げ双極子アンテナ** folded dipole
二つの要素が折り返され，結合されて狭い長方形のループを形成している双極子アンテナ．

**オリンポス山** Olympus Mons
太陽系で最大の火山．火星の緯度+18°，経度133°に位置する．地球からは，以前はニクスオリンピカとして知られた白色の斑点として見える．オリンポス山の頂上は火星の平均表面水準から 27 km であり，直径 80 km のカルデラがある．カルデラから数筋の溶岩流が火山を取り囲む約 4 km の高さの断崖まで流出している．断崖でのオリンポス山の直径は約 620 km である．断崖の周囲には多くの古代の地滑りが見られる．これらの地滑りは太陽系で最大のものであり，その一部はさらに 600 km 以上も広がる残骸の堆積層を生成している．火山と断崖を合わせたこの複合地域はところによっては直径 1600 km になる．オリンポス山は比較的若いと考えられており，おそらく最近の 10 億年以内に活動していた．

**オルゲイユ隕石** Orgueil meteorite
炭素質コンドライト型の隕石．1864 年 5 月 14 日に南フランスのモントーバン付近のオルゲイユに落下した．全部で 11 kg になる 20 個の断片が収集され，CI 1 型と同定された．CI 炭素質コンドライトは化学的に最も始源的な隕石で珍しい．オルゲイユ隕石はかなりの有機化合物を含むことが見いだされた．→コンドライト

**オルソ接眼鏡** orthoscopic eyepiece
接着した三枚重ねの*視野レンズと平凸接眼レンズから構成される接眼鏡．この組み合わせによって適切な費用で*色収差，*球面収差，コマ（→コマ（光学的））そして*ゆがみに対する良好な補正が得られる．35～50°の視野と優れた*瞳距離をもっている．この設計は 1880 年にドイツの物理学者 Ernst Karl Abbe (1840～1905) が導入した．

**オールト，ヤン ヘンドリック** Oort, Jan Hendrik (1900～1992)
オランダの天文学者．*カプタイン (J. C.) と一緒に研究し，カプタインの*星流に関する

研究を継続し、他の星々に対する太陽の運動を見いだした。1927 年彼は *高速度星は銀河系中心の周りを回転しているように見えることを示し、さらに銀河系中心からの太陽の距離、銀河系の直径および質量を推定した。また彼は銀河系には *ミッシングマスがあることを示唆した。1950 年代に彼ら（*ボーク（B. J.）や *フルスト（H. van de）を含む）は星間水素の 21 センチメートル線を用いて銀河系の地図を作成し、その渦巻構造を明らかにした。1950 年に彗星が現在 *オールト雲と呼ばれる領域に起源をもつことを示唆した。［1927 年にオールトは銀河系が回転していることを示したが、それは高速度星というよりむしろ太陽近傍の *低速度星のデータに基づくものであった］。

**オールト雲** Oort Cloud

太陽を囲み外側へ多分 10 万 AU（最も近い星までの距離の 3 分の 1 以上）まではほぼ球状に広がっている彗星中心核のハロー。新しい彗星がさまざまな傾斜角で高い偏心率の楕円軌道上を太陽に接近するという事実を説明するために 1950 年に *オールト（J. H.）がその存在を提案した。そのような遠くにある不活性の彗星を検出することはできないので、オールト雲はまだ理論的仮説にとどまっている。この雲は、太陽系の形成から取り残された $10^{12}$ 個の彗星を含んでいると推定される。最も遠いメンバーに対する太陽重力の束縛はかなりゆるい。太陽から 10000〜20000 AU の距離の黄道面の比較的近くにさらに多くの彗星が集中しておりそれが内側で *カイパーベルトに結びついている。オールト雲からくる彗星は、オールト雲の近くを通過する星の重力の影響を受け、内部太陽系に向かう軌道に入ることがある。

**オールト定数** Oort's constants

太陽付近におけるわが銀河系の *差動回転の主な特徴を記述するために *オールト（Y. H.）が定義した二つの定数。二つのパラメーターは記号 $A$ および $B$ で表され、$A$ から $B$ を引いた値は銀河系中心の周りの *局所静止基準の回転角速度である。この値から銀河回転周期を求めると約 2 億年となる。$A$, $B$ は普通 km/s/kpc という単位で表される。

**オルバース, ハインリッヒ ヴィルヘルム マトイス** Olbers Heinrich Wilhelm Matthäus (1758〜1840)

ドイツの物理学者でアマチュア天文家。1796 年に自分が発見した彗星（現在は C/1796 F 1 と命名されている）の軌道を計算するために彼が開発した方法が 19 世紀には標準手法となった。後に彼は彗星の"尾"が太陽の作用により何らかの方法でその頭部から放出されることを示唆し、それによって *放射圧を予想した。小惑星 *ケレスが発見されてから 1 年後の 1802 年にオルバースは、*ガウス（C. F.）が予想した位置にケレスを再発見した。オルバースは後に *パラス（1802 年）および *ヴェスタ（1807 年）を発見した。1823 年に後に *オルバースの逆説と呼ばれるものを最初に指摘した。

**オルバースの逆説** Olbers' paradox

夜空は暗いという単純な観測事実と、もし宇宙が無限に広がっていて、星と銀河によってほぼ一様に満たされているならば、夜空は星の表面と同じ明るさを示すはずであるという理論的予想との間の見かけの矛盾。この逆説に関する最初の正しい議論は 1744 年にスイスの天文学者（Jean）Philippe Loys de Chéseaux（1718〜51）が発表している。*オルバース（H. W. M.）は 1826 年にこれに関する議論を発表した。この逆説はその仮定が正しいかどうか調べることで解決できる。仮定はさまざまな点で正しくないが、最も重要な点は、ビッグバン理論が示すように、宇宙は無限でなく、150 億年前に誕生して有限の広がりをもっていることである。重要さがやや低いもう一つの点は、宇宙の膨張によって遠い銀河からの光が弱まることであるが、これだけでは逆説を十分には説明できない。［これら二つの点のどちらの効果がより大きな影響をもつかについては最近でもときどき議論がある］。

**折れ曲り点** turnoff point ➔ 転向点

**オーロラ** aurora

地球の高い大気圏からの光の放出。主として磁気圏内部で加速される電子によって励起される酸素原子あるいは窒素分子によって引き起こされる。眼に見えるオーロラでは、100 km の高度で起きる酸素の緑色光（557.7 nm）と 400

kmより上方で起きる同じく酸素の赤色光(630 nm),そして約95 kmにおける窒素の赤色光(661~686 nm)が優勢である.1000 kmの高度において太陽に照らされたオーロラの最上層部分では,ときどき窒素が放出する青紫色の光が見られる.

北極光(あるいは南半球では南極光)の通称で知られているオーロラは多くの特徴的な形態をとる.その形態はいろいろあり,北の地平線上方の低いところの輝き(そこからaurora borealis—"北の夜明け"という名前がつけられた)や,一様かまたは垂直光線を示す弧状および帯状のものなどがある.オーロラ光の孤立した光線や光斑も見られる.最も壮観なのはコロナ状オーロラである.これは特に強いオーロラ嵐の最中に,透視効果によって,ほぼ天頂の一点に光が収斂するように見えるものである.強い活動期には光線や形状の構造が移動して,"カーテン効果"を引き起こし,輝度の急速な変化が起こることがある.南半球からも南天オーロラとして見えるが,これは地球の反対側半球の空に同時に出現する活動の鏡像である.

オーロラ活動は磁気緯度の高い*オーロラオーバルの付近では多少とも連続的に存在している.ブリテン島,アメリカ南部,あるいはオーストラレーシア(オーストラリア,ニュージーランドと近海諸島)のような低い緯度の観測者にオーロラ活動が見えるのは,太陽における激しい出来事によって磁気圏が擾乱されるときに限られる.中緯度でのオーロラは,普通は太陽フレアあるいはコロナ物質の放出によって触発され,高い黒点活動の時期に最も起こりやすい.オーロラは木星,土星,天王星,および海王星でも起こっている.

**オーロラオーバル** auroral oval

地磁気緯度の高い地域に多少とも常在するオーロラ環.静穏な地磁気的条件下では地磁気極を取り巻く2000~2500 kmの距離にある.両半球に一つずつ二つのオーバルがあり,互いに鏡像関係にある.それらは,昼側の縁が夜側のものよりも極により近くなるよう移動している.擾乱された地磁気条件下ではオーロラオーバルは輝きや幅が広くなり,特に夜側では低緯度方向に広がる.したがってより低い緯度でもオーロラが見えるようになる.地球は回転するが,オーロラオーバル上方の空間ではとんど動かない.

**オーロラ小嵐** auroral substorm →小嵐

**Å** angstrom
*オングストロームの記号.

**オングストローム** angstrom(記号Å)
$10^{-10}$ mに等しい長さの単位.*オングストローム(A. J.)にちなんで名づけられた.主として電磁波の波長を特定するために用いたが,最近は*ナノメートル(nm)の方がよく用いられる.1オングストロームは0.1 nmである.

**オングストローム,アンデルス ヨナス** Ångström Anders Jonas(1814~74)
スウェーデンの物理学者で天文学者.太陽スペクトル中の暗い*フラウンホーファー線輪郭が輝線スペクトルの強度を反転したように見えることに注目した.1861年に太陽スペクトルの集中的な研究を始め,太陽に水素が存在することを確認した.1868年に太陽スペクトルの図解とその中の1000本以上のスペクトル線の波長測定の結果を刊行した.これらの測定値は$10^{-7}$ mmの単位で表されており,この単位は後に彼にちなんで*オングストロームと命名された.

**音叉図** tuning-fork diagram
*ハッブル分類におけるいろいろな型の銀河を示す図.その形状が音叉に似ているのでこのように名づけられた."取っ手"は楕円銀河(偏平度が増大する順)からなり,その後にレンズ状銀河が続く.フォークの二つの平行な"叉"に沿ってa型(取っ手の近く)からc型(叉の先端)まで,それぞれ渦巻銀河と棒渦巻銀河がある.[音叉図は初期には誤って進化系列を表す(左から右へと銀河が進化する)と考えられていた.現在はそう考えられてはいないが,この音叉図で左にあるほど早期型,右にあるほど晩期型という用語は今日でも広く用いられている.ハッブルのもともとの図には不規則銀河は含まれていなかった].(図参照)

**オンサラ天文台** Onsala Space Observatory
スウェーデンのオンサラにある電波天文台.ゴーテンブルグの南方40 kmに位置し,1955

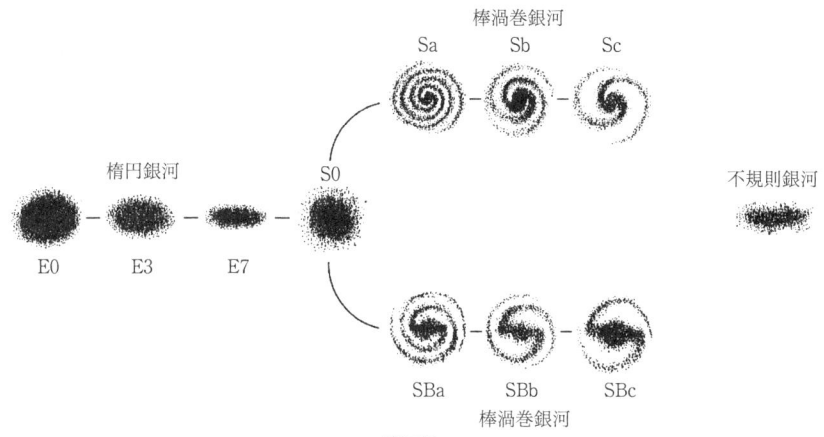

```
                        棒渦巻銀河
                      Sa   Sb   Sc


     楕円銀河          S0                          不規則銀河



    E0    E3    E7

                          SBa  SBb  SBc
                           棒渦巻銀河
                            音叉図
```

年に創設された．オンサラのチャルマース工科大学が運営している．主要装置は 1964 年に開設された 25.6 m アンテナ，および 1976 年に開設されたレドーム（保護ドーム）に入った 20 m ミリ波望遠鏡である．この天文台はチリにある *ヨーロッパ南天天文台でスウェーデン-ESO サブミリメートル望遠鏡（SEST）を共同で運営している．

**温室効果**　greenhouse effect

大気中のガスによる長波長（赤外）放射線の吸収によって生じる惑星表面温度の上昇．例えば，地球大気中の二酸化炭素，メタン，クロロフルオロカーボン，および水蒸気はすべて入射する短波長の太陽光には透明であるが，出ていく赤外線を吸収する．大気がかりに外部へ出ていく赤外線に完全に透明であったとした場合よりも，地球は平均して約 35 K 温暖である．金星では温室効果が表面温度を約 500 K から 730 K 程度上昇させる．

**温　度**　temperature

物体がもつ熱エネルギーの一つの尺度．温度は種々のしかたで測定できる．例えば，放出される全エネルギー（*有効温度），色（*色温度），粒子の平均速度（*運動温度），原子中の電子の励起準位（*励起温度），あるいは電離度（*電離温度）など．熱平衡状態では温度のどの測定値も同一結果となるが，他の条件下では測定値はまったく異なる．科学的な温度測定には *ケルヴィン目盛を使用する．

**温度極小域**　temperature minimum

太陽大気中で光球と彩層の間の境界をなす領域．光球の基底より約 550 km 上部に位置し，そこでは温度が約 4400 K という極小値に達する．温度極小域より上部では温度は連続的に上昇し，約 1000 km の高度で約 6000 K に達し，それより上ではもっと急速に高くなる．

# カ

**外因性変光星** extrinsic variable

脈動のような内因的過程とは異なる，自転，軌道運動，あるいは掩蔽のような外的理由のために変光が生じる変光星．⇨おひつじ座SX型星，回転変光星，かみのけ座FK型星，磁変星，食連星，楕円体状変光星，内因性変光星，りゅう座BY型星，りょうけん座アルファ²型星

**海王星** Neptune（記号 ♆ あるいは ♆）

太陽から8番目の惑星．その大気圏のメタンによって赤色光が吸収されるためにきれいな青色に見える．*衝の平均等級は＋7.8で，肉眼で見るには暗すぎる．海王星は，その位置を*アダムス（J. C.）と*ル・ヴェリエ（U. J. J.）が数学的に予言した後に，1846年に*ガレ（J. G.）が発見した．形状は明確に楕円体（赤道直径49528 km，極直径48682 km）である．可視表面の回転周期は，極付近で約16時間，赤道付近で20時間であるが，電波バーストは，中心核が16時間7分で回転していることを示している．

海王星は，85％の水素と15％のヘリウム

### 海王星

物理的データ

| 直径<br>(赤道) | 偏平率 | 軌道に対する<br>赤道の傾斜角 | 自転周期<br>(対恒星) |
|---|---|---|---|
| 49528 km | 0.07 | 28.31° | 16.11 時間 |

| 平均<br>密度 | 質量<br>(地球＝1) | 体積<br>(地球＝1) | 平均アルベド<br>(幾何学的) | 脱出<br>速度 |
|---|---|---|---|---|
| 1.76<br>g/cm³ | 17.20 | 54 | 0.41 | 24.6<br>km/s |

軌道データ

| 太陽からの平均距離 | | 軌道の<br>離心率 | 黄道に対<br>する軌道<br>の傾斜角 | 公転周期<br>(対恒星) |
|---|---|---|---|---|
| 10⁶ km | AU | | | |
| 4496.637 | 30.058 | 0.009 | 1.8° | 164.793 年 |

（分子百分率）そして微量のメタン，エタン，およびアセチレンからなる厚い大気圏をもつ．大気圏最上部の温度はおよそ－220℃．内部には高温の小さな岩石中心核があり，凍結した物質で囲まれ，その上には水素とヘリウムの層があると考えられている．内部熱は，より密度の高い物質が分離されて中心核に沈殿したとき，分化によって解放されたと思われる．地球磁場より弱い磁場をもっている．天王星と同様に，磁軸は惑星の中心核を通らずに，中心と表面の中間を通り，惑星の自転軸に対して47°傾斜している．

大気圏は暗い帯が見られその間に明るい帯がある．木星や土星の帯に似ているが，個数はもっと少なく，それほど顕著ではない．暗い斑点と明るい斑点が生じる．最も顕著な斑点は1989年にヴォイジャー2号が発見した*大黒斑である．木星の大赤斑に似ているが，それほど長寿命ではない．海王星の雲の最上部より50～100 km 高いところに，地球上のシラス雲に類似した氷メタンの明るい雲片が存在する．ヴォイジャー2号が撮影した南半球のその雲の一つは他の雲よりも速い速度をもち，スクーターというニックネームがつけられた．

海王星は5個の環をもつ．そのうちの三つは海王星の発見に関与した人々にちなんで*アダムス環，*ル・ヴェリエ環そして*ガレ環と名づけられた．5800 km の幅をもつ塵の薄い層であるプラトー環はル・ヴェリエ環から外側に伸びている．最も外側のアダムス環ではその物質の大部分が*環アークとして知られる三つの明るい箇所に集中している．海王星には8個の天然衛星が知られている．

**海王星外天体** trans-Neptunian object, TNO

海王星軌道より遠方で太陽を公転する小さな氷の天体．海王星の軌道（30 AU）から外側に広がっている環状の帯域に直径が100 kmを超えるおそらく数万個のそのような天体が存在する．それらには*カイパーベルト天体や海王星と軌道共鳴する天体が含まれる．今までに発見されたそれらの天体の約40％は海王星と3：2共鳴にあり，海王星が太陽を3回公転する間に2回公転する．冥王星（pluto）も同じ3：2の共鳴状態にある．この理由のために，3：2共

鳴にある海王星外天体はプルティーノス (plutinos) と名づけられた.

**皆既 totality**

皆既日食において,太陽円盤が月によって完全に隠されている期間.あるいは皆既月食において,月が地球の*本影に完全に埋没している期間.日食のときの皆既は,地球からの月の距離によって,数秒から7m31sという理論的な最大まで持続しうる.近地点のとき月は最も大きく見えるので,最も長い時間をかけて太陽円盤を横切る.月食のときの皆既は,地球からの月の距離そして本影を通る経路によって,1h47mまで持続することがある.

**外気圏 exosphere**

地球大気圏の最も外側の部分.500 km以上の高度に位置し,外側で惑星間空間に溶け込んでいる.この高さでは大気粒子の密度は極端に低い.1000 kmの高度における密度は(海面での$2.5 \times 10^{19}$粒子/cm$^3$に比べて)$7.3 \times 10^5$粒子/cm$^3$でしかないと推定される.このような条件下では粒子間の衝突はまれである.

**皆既食 total eclipse**

月が太陽円盤を完全に覆うときの日食.あるいは月が地球の本影内に完全に埋まるときの月食. ⇒皆既

**回帰新星 recurrent nova**

新星で爆発を反復して起こす*激変連星.5個か6個の星がこのクラスに所属するが,*かんむり座T星 (*火炎星) とへびつかい座RS星の二つだけは,巨星の伴星と長い公転周期(それぞれ227.6および230日)をもつという共通性を示す.この二つの星は*ぼうえんきょう座RR型星あるいは共生新星に似ているように見える. ⇒共生星

**回帰線 tropic**

毎年夏至と冬至に太陽が真上にさしかかる地球上の二つの緯度.回帰線は北緯および南緯約23.5°に位置する.これは地球の軸の傾きによって決まる角度である. ⇒北回帰線,南回帰線

**回帰年 tropical year**

太陽が*平均分点を通過してから次に通過するまでの時間間隔*太陽年ともいう.分点自身が歳差のために絶えず移動しているので,この間隔は太陽を回る地球の公転周期(*恒星年)とはわずかに異なる.回帰年の長さは365.24219日である.これは季節が繰り返す正確な周期なので,太陽暦が対応しなくてはならない1年の長さである.

**貝銀河 Seashell Galaxy**

ケンタウルス座にある距離約2億8000万光年の異常な形の銀河.銀河NGC 5291との相互作用が見られる.貝銀河はそれ自身のNGC番号はもたない.両銀河は,その最も明るいメンバーがIC 4329である銀河団の一部である.

**外合 superior conjunction**

内惑星(すなわち,水星と金星)が地球から見てちょうど太陽の背後に位置する瞬間. ⇒合

**開口合成法 aperture synthesis**

高い角度分解能を得るために電波天文学で使われる技法.多数の望遠鏡の配列を用いて単一

可動パラボラアンテナ
固定パラボラアンテナ  固定パラボラアンテナ Day 1 Day 2 Day 3
対2
対1

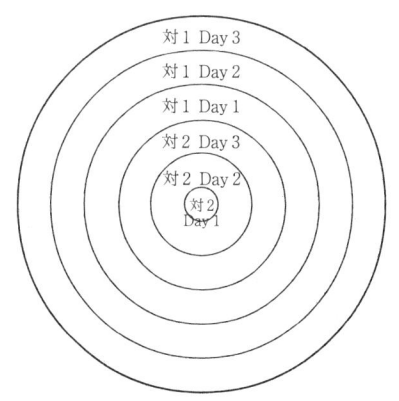

対1 Day 3
対1 Day 2
対1 Day 1
対2 Day 3
対2 Day 2
対2 Day 1

**開口合成法**:開口合成望遠鏡は対で結合したパラボラアンテナの配列からなる.地球が自転するとき,各対は,その対の最大距離に等しい口径のはるかに大きい仮想的パラボラアンテナの一つの環上を動く.パラボラアンテナには可動のものもあり,対の最大距離をより大きくすることもできる.

の大口径望遠鏡を模擬する（図参照）．原理的には，望む口径内の可能なすべての点を占めるように二つの*干渉計アンテナを移動させることで任意の大きさの口径が合成できる．実際にはすべての合成望遠鏡は，12時間の間に地球の自転によって合成された口径の半環を走査するようにアンテナが動くという事実を利用する（超合成，supersynthesis あるいは地球自転合成，Earth-rotation synthesis）．他の半環は最初の半分の観測から導くことができる．次いで連続する環を走査するためにこれらの要素を移動させる必要がある．実際，合成開口望遠鏡のなかには観測時間を短縮するために数個の可動パラボラアンテナを採用するものがあり，他の望遠鏡ではパラボラアンテナは固定されている（この場合満たされない口径，unfilled aperture という）．開口合成法は複雑なデータ処理技術と強力な計算機を必要とする．合成開口望遠鏡の例は，*マーリン，*ライル望遠鏡，*超大型電波干渉計（VLA），ウェスターボルク合成電波望遠鏡などがある（→ウェスターボルク電波天文台）．

**会合周期** synodic period

地球から見たときある惑星が，例えば*衝から次の衝までのように，太陽に対して同じ相対位置に回帰するまでに要する平均時間．あるいは公転している惑星から見たときある衛星が，例えば満月から次の満月までのように，太陽に対して同じ相対位置に回帰するまでに要する平均時間．

**回　折** diffraction

光がその経路上にある障害物の端の周りにわずかに曲がること．光が波の性質をもつことの結果である．星の像は，望遠鏡のレンズあるいは反射鏡の端での回折によって生じるいくつかの回折環で囲まれた*エアリー円盤から構成される．一つ以上の腕で支持された副鏡をもつ反射望遠鏡では腕周辺での回折によって星の像にスパイクが生じる．電波のような他の波長でも回折は起こる．例えば，月により遮蔽される点電波源は，突然見えなくなるのではなく，明るさを変化させながら見えたり見えなかったりする時間がある．これは*回折像を電波望遠鏡が走査していくためである．回折像の大きさは関与する電磁波の波長とともに増大する．

**回折環** diffraction ring

望遠鏡を通して見た星の像の*エアリー円盤の周囲に現れる弱い環．それらは回折の結果である．エアリー円盤自身が実際には最初の環（ゼロ環）である．第一環はゼロ環の1.7%ほどの強度でしかない．回折環は小口径の装置で最も顕著である．その大きさは口径が増すにつれて減少する．

**回折限界的** diffraction-limited

*レイリー基準に適合していることを示す光学系の質の定義．口径のすべての部分から焦点に到達する波面の間に光の波長の4分の1以下の差しかないときこの基準が満足される．

**回折格子** diffraction grating

非常に細かく刻まれた等間隔の直線の溝がある表面をいい，回折によって光をスペクトルに分解する．天文学用の回折格子は普通は*反射格子で，反射光束の両側に対称的に配列された数組あるいは数次のスペクトルを作る．それらのスペクトルは中央の線束から離れるにつれて次第に弱く疎らになる．刻線の間隔が細かくなればなるほど，生成されるスペクトルは幅広くなる．典型的な回折格子は6000本/cmの線をもつ．鋸の歯のように溝を非対称的に刻むと多くの回折光が一つの次数のスペクトルに送られ効率が上がる．これはブレーズされた格子といわれる．

**回折格子分光計** grating spectrometer

光をスペクトルに分散させるために*回折格子を用いる分光装置．格子は望遠鏡の焦点に置くことができるし（焦点面分光計），望遠鏡の前面に置くこともできる（対物分光計）．回折格子分光計は紫外線から X 線までの短い波長での分光に用いる．[回折格子は可視光の分光装置には極めて広く用いられているので，可視光の分光器では，回折格子を使用していても，あえて回折光子分光器などとはいわない．紫外線や X 線では，他にも分光する方法があるので，それらと区別がつくように，このような呼び方をする]．

**回折像** diffraction pattern

*回折の結果として光学系で生成される像．望遠鏡の副鏡を支持する腕によって作られる星

の像におけるスパイクは回折像の一例である．望遠鏡を通して見える星の像に現れる*エアリー円盤および*回折環もその例である．

**外層** envelope

星あるいは他の天体を取り巻いているガスと塵からなる雲．星の外層には多くの型がある．高温の若い星は，周囲のガスを電離するか高温物質を噴出するかして高温の輝く外層を生成する．進化した星はその外層を噴き出して，塵と分子が多い冷たい星周外層を生成する．その後星の高温中心核が露出されると，外層は電離され，例えば*惑星状星雲のような輝線星雲として検出できる．

**階層的宇宙論** hierarchical cosmology

宇宙は個々の銀河から銀河団，超銀河団までとさまざまな規模の構造を階層的にもつという宇宙論的理論．階層の各レベルはそれより小さな規模の階層の拡大のように見えると考えられる．階層構造が極めて大きな規模まで存在すれば，宇宙は一様とはいえず*宇宙原理とは一致しない．観測からは，われわれの宇宙は多分1億光年までの規模ではほぼ階層的であるが，それより大きなスケールでは一様になることが示唆されている．

**解像力** resolving power

光学装置が識別できる最も微細な構造．望遠鏡の場合は分離していることが識別できる二つの天体間の最小角距離．この基準は天体を観測するために使用する方法，および天体の性質によって違う．実際には二つの星が等しい明るさをもつ*二重星をテスト天体とする．一つの基準は，一方の星の*エアリー円盤の中心がもう一方の星の*回折環の第一暗環に一致するときである．これは*回折限界的な光学系によって与えられる分解能である．小口径（50 cm以下）の望遠鏡では実際には観測者はこれよりも近接した二重星を分離することができ，*ドーズ限界と呼ばれる基準がある．分光器の場合，解像力は二つの隣接する明るいスペクトル線を識別できる能力である．

**ガイダー** guider

写真撮影中に望遠鏡がガイド星を追尾することを可能にする装置．望遠鏡および架台の小さな機械的誤差，および大気差の変化を補償するためにガイドが必要となる．ガイド星を監視し，望遠鏡の動きあるいはカメラの位置に対して小さな補正を行う手段がなくてはならない．ガイドは*案内望遠鏡あるいは*斜入射ガイダーを用いて眼によるか*自動追尾装置により行う．

**回転曲線** rotation curve

銀河中心からの距離によって，星や星間物質の回転速度が変化する様子を示す曲線．曲線は可視，赤外，ミリ波，あるいは電波波長でスペクトル線のドップラー偏移を測定して決定する．多くの*渦巻銀河において*ディスクの広い範囲で観測される回転曲線の"平坦さ"は，銀河に大量の見えない*暗黒物質が存在することを示唆している．

**回転効果** rotation effect

*ロシター効果の別名．

**回転楕円体** spheroid

楕円をその長軸あるいは短軸の周りに回転させるときに得られる物体，前者を偏長回転楕円体，後者を偏平回転楕円体という．両方とも*楕円体の特別な場合である．地球の形状は偏平回転楕円体の形状に非常に近い．赤道半径は極半径より21 km長いが，赤道の円からのずれは1 km以下である．

**回転変光星** rotating variable

楕円体形状あるいは非一様な表面輝度のために自転とともに輝度が変化する星．不規則な表面輝度は，*磁変星あるいは*斜回転星の場合のように磁気効果から，あるいは*恒星黒点が存在するために生じる．⇒おひつじ座SX型星，かみのけ座FK型星，楕円体状変光星，りゅう座BY型星，りょうけん座アルファ[2]型星

**回転量度** rotation measure

*ファラデー効果による電磁波の偏光方向の変化の尺度．電波源までの視線に沿った，銀河磁場の視線と垂直な方向の成分と電子密度の積に比例する．通常は電波源の*分散量度から電子密度がわかるので，回転量度から磁場の平均値を推定できる．

**ガイド星** guide star

望遠鏡を標的天体に対して照準を外さないように保つための基準として用いる星．

**カイパー，ジェラード ピーター** Kuiper, Gerard Peter (1905~73)

オランダ-アメリカの天文学者．惑星の新しい衛星の探索でミランダ(1948年，天王星の衛星)とネレイド(1949年，海王星の衛星)を発見した．分光学研究によって，天王星と海王星の大気中にメタンがあることを明らかにした．また，ティタンのスペクトル中にメタンのバンドを見いだし，この衛星が大気をもつことを証明した．彼は，短周期彗星の源として*カイパーベルトの存在を示唆した．アメリカの多くの月および惑星ミッションの顧問であり，高高度を飛行する航空機に赤外線望遠鏡を搭載して観測するという考えを提案して，*カイパー空中天文台が実現した．

**カイパー空中天文台** Kuiper Airborne Observatory, KAO

赤外線天文学用の0.91mカセグレン式反射望遠鏡を搭載するよう改良したNASAのロッキードC-141輸送機．KAOは1975年から1995年まで稼動し，13.7kmまでの高度を飛行した．その後継機が*成層圏赤外線天文台(SOFIA)である．KAOは*カイパー(G. P.)にちなんで名づけられた．

**カイパーベルト** Kuiper Belt

推定 $10^7$~$10^9$ 個の氷の微惑星，すなわち彗星の中心核を含む外部太陽系の領域．エッジワース-カイパーベルトとも呼ぶ．カイパーベルトは*オールト雲の内側が平らになった形のものである．惑星の軌道面とほぼ同じ面に位置し，ほぼ30AU(海王星の軌道)からおそらく1000AUまで外側に広がっている．海王星の先にあるこのような巨大な彗星の貯蔵所の存在は1951年*カイパー(G. P.)が最初に提案した．1992年にイギリス生まれのアメリカの天文学者David Clifford Jewitt(1958~)とベトナム生まれのアメリカの天文学者Jane Luu(1963~)が最初のカイパーベルト天体1992 QBを発見した．この天体は直径が約200km，軌道は，長半径44.0AU，公転周期約296年，近日点40.9AU，遠日点47.1AU，軌道傾斜角2.2°をもっている．それ以降さらに数十個の天体が発見された．カイパーベルトは大部分の*周期彗星の源であると考えられる．*キロンや*フォルスなどの異常天体はカイパーベルトで生じたのかもしれない．⇒海王星外天体

**外惑星** superior planet

地球の軌道よりも半径が大きい(したがって太陽から遠い)軌道をもつ惑星．すなわち，*火星，*木星，*土星，*天王星，*海王星，および*冥王星．

**ガウス，カルル フリードリッヒ** Gauss, Carl Friedrich (1777~1855)

ドイツの数学者．観測された三つの位置から天体の軌道を計算する方法を創案した．その方法によって天文学者は，1801年の*ピアッジ(G.)の発見後に太陽の向う側で行方不明になった小惑星*ケレスを再発見することができた．ガウスは天体力学を詳細に研究し，摂動理論(後に*アダムス(J. C.)と*ル・ヴェリエ(U. J. J)が海王星の位置を計算するために用いた)を発展させ，彗星および惑星の軌道を決定するために適用した．彼はまた観測誤差を補正するときに使用するための最小二乗法を発明した．

**カウス・アウストラリス** Kaus Australis

いて座イプシロン星．1.85等，距離76光年，スペクトル型A0の明るい*巨星．[南の島という意味]．

**ガウス重力定数** Gaussian gravitational constant (記号 $k$)

ケプラーの第三法則を精密に書き表した式に現れる定数．その値を*ガウス(G. F.)が計算し，0.01720209895であることを見いだした．現在の測定値はこれとはわずかに異なっているが，*天文単位を計算するときはガウスの値を今でも用いている．

**カウンターグロー** counterglow *対日照の別名．

**火炎星** Blaze star

*かんむり座T星の俗称．

**カオス** chaos

惑星表面に見られる独特な崩壊した地形の領域．この名前は地質学的用語ではなく，例えば火星状のイアニ・カオスのように個々の地形の命名に使われる．

**カオス的軌道** chaotic orbit

変化のしかたがほとんど予測不能であるような軌道，または公転している天体の位置と速度の両方かあるいは片方がわずかに変化するだけで，その軌道が大きく変化するような軌道．例えば，彗星あるいは小惑星などの小天体が木星のような大質量の星と近接遭遇を行うと，近接距離が数百 km 変化するだけで，遭遇後のその経路は数百万 km も違ってしまう．このような遭遇の結果は本質的に予測不能である．土星と天王星の *摂動を受ける天体 *キロンの軌道もカオス的である．

**カオス的地形** chaotic terrain

惑星表面における崩壊したあるいは混乱した地形．1969 年にマリナー 6 号および 7 号探査機が初めて発見し，惑星内部の内的活動の始まりを表していると考えられる．火星のクリーゼの南にあるヒドラオテスカオスはその例である．

**化学圏** chemosphere

高度が 40 km と 80 km の間にあって，太陽光による化学反応が活発に起こる上部大気圏の領域．化学圏は上部 *成層圏および中間圏と重なっている．この高さで起こる化学過程には，酸素に対する太陽光の作用によるオゾンの形成，窒素の酸化物を含む種々な反応が含まれる．

**化学元素** chemical element →元素（化学）

**がか座** Pictor（略号 Pic, 所有格 Pictoris）

画家の画架をかたどった南天の星座．最も明るい星のアルファ星は 3.3 等である．*がか座ベータ星は形成途上にある惑星系とも考えられる円盤に囲まれている．がか座には視線速度の大きい *カプタイン星がある．

**がか座ベータ星** Beta Pictoris

3.8 等の A 3 型矮星．距離 59 光年．1983 年に赤外線天文衛星（IRAS）が，がか座ベータ星は太陽系より大きい塵とガスからなる円盤によって囲まれていることを発見した．そこから惑星が形成されつつあると考えられている．

**鍵穴星雲** Keyhole Nebula

*りゅうこつ座エータ星雲の最も明るい部分にある暗黒星雲．それが鍵穴の形をしていることから *ハーシェル（J. F. W.）が名づけた．りゅうこつ座エータ星の隣りに位置する．鍵穴星雲という名称はりゅうこつ座エータ星雲全体に適用されることもある．

**火 球** fireball

見かけの等級が金星の等級（-5 等あるいはもっと明るい）を凌駕する流星．火球は比較的まれであり，おそらく流星 1000 個当たり 1 個より少ない．毎年出現する *ペルセウス座流星群あるいは *ふたご座流星群のような大きな流星群の出現中にかなりの数の火球が見られることがある．火球は大きな隕石物体が大気圏に突入する際に発生するものであり，その物体が隕石として落下する可能性がある．爆発する火球は *爆音火球（ボライド，bolide）と呼ばれる．

**カークウッド，ダニエル** Kirkwood, Daniel (1814～95)

アメリカの天文学者．*カークウッド間隙の発見（1866 年に発表）で最も有名である．彼はまた，土星の環における *カッシーニの間隙および *エンケの間隙が土星の大型衛星との軌道共鳴から生じたことを説明した．ある種の小惑星群が，木星の周期の 3 分の 2 の周期をもつ (153) ヒルダなどの小惑星と非常に似た軌道要素を共有することを指摘した（→平山族）．またカークウッドは 1880 年，太陽をかすめる彗星群の存在を最初に示唆した．→クロイツサングレーザー，サングレーザー

**カークウッド間隙** Kirkwood gaps

*小惑星帯内部において，木星による重力摂動の結果として生じた，ほとんど天体が見いだされない数個の狭い間隙をいう．これらの間隙は *尽数関係にある位置で起こる．これらの間隙では小惑星は木星の公転周期の単純な分数となる周期で太陽の周りを軌道運動をする．これらの尽数関係は一般には比の形で，例えば，木星の軌道周期のちょうど 3 分の 2 の周期で公転する天体の場合は 3 : 2 と書く．尽数関係の帯域には安定な軌道に小惑星が孤立して集中しているところもわずかにあるが，大部分の帯域では事実上小惑星が存在しない．それらの例は，2 : 1, 5 : 2 および 3 : 1 の尽数関係（太陽からの平均距離が 3.28, 2.82 および 2.50 AU の場所）をもつ間隙である．このような間隙は

1857年に*カークウッド（D.）が最初に注目した．

**角運動量** angular momentum
　回転のために物体がもつ運動量．惑星は2種類の角運動量をもつ．一つは太陽の周囲を回る公転軌道運動から生じ，もう一つはそれ自身の軸の周りの自転から生じる．軌道の角運動量はその天体の質量と軌道の*角速度および太陽からの距離との積で表される．自転の角運動量はその物体の個々の部分の質量およびその中心からの距離（*慣性モーメント）と自転の角速度との積で与えられる．角運動量保存（conservation of angular momentum）の結果として，ガス雲が収縮して星を形成するときのように，天体は小さくなるにつれてますます速く自転するようになる．

**角加速度** angular acceleration
　回転物体の*角速度，あるいは他の天体の周りを回転する天体の角速度の変化の割合．

**角距離** angular distance, angular separation, separation
　角度の度，分，あるいは秒で表される二つの天体間の見かけの距離．

**核　子** nucleon
　原子核に存在する陽子あるいは中性子をいう．

**核時間尺度** nuclear time-scale
　星が特定の核燃料を使いつくすのに要する時間．核時間尺度は，一部の大質量星の酸素燃焼段階の場合のように1年以下と非常に短いことも，低質量星の水素燃焼段階の場合のように非常に長く，場合によっては宇宙年齢よりも長いこともある．太陽での水素燃焼に対する核時間尺度は約70億年である．大質量星は核燃料の量も多いが，燃焼率はそれを上回って増加するので，核時間尺度は星の質量が増すとともに短くなる．

**角速度** angular velocity（記号 $\omega$）
　それ自身の軸の周り，あるいは別の物体の周りを回転する物体の回転速度．例えば，地球はその極軸の周りをある角速度で自転するが，また同時に太陽の周りをある角速度で公転している．

**角直径** angular diameter
　度，分あるいは秒で表される天体の見かけの大きさ．惑星の直径などに対して用いられる．

**角度の度** degree of arc（記号 °）
　円弧の1/360に等しい角度の単位．

**角度の秒** second of arc, arcsec（記号 ″）
　角度の分の60分の1あるいは1度の1/3600に等しい非常に小さい角度の単位．望遠鏡の解像力，*二重星の間隔，および天体の*視直径は普通角度の秒で測られる．

**角度の分** minute of arc, arcmin（記号 ′）
　1度の60分の1に相当する角度の単位．

**角度分解能** angular resolution
　望遠鏡のような光学系によって分離できる最も近接する二つの天体間の*角距離．⇨解像力

**殻燃焼** shell burning
　星の中心核自身の燃料が燃えつきた後起こる中心核周辺のガス殻における核反応．中心核における燃料である水素かヘリウムが次第に消費されるにつれて，ガス殻は外側に移動する．

**角半径** semidiameter
　太陽，月あるいは惑星などの天体の見かけの赤道半径を角度で表した値．

**核反応** nuclear reaction
　1個以上の原子核が関与し，原子核に変化が生じる反応．多くの核反応は膨大な量のエネルギーを発生する．*元素合成，*核分裂，*核融合，そして放射性崩壊がその例である．しかしながら，*r過程や*s過程のように鉄より重い元素を作り出す核反応では，エネルギーを投入することが必要となる．

**核分裂** fission
　重い原子がそれより軽い原子核に分裂する過程．この過程には大量のエネルギー放出が伴う．核分裂は自然発生的に，あるいは中性子と原子核の衝突の結果として起こる．

**核融合** nuclear fusion
　低原子番号の二つの原子核が融合してより高い原子番号の原子核を形成すること．鉄の質量以下の質量をもつ原子核の場合，この過程は大量のエネルギー（*結合エネルギー）を放出する．（例えば，水素からヘリウムへ）．原子核は正に荷電しているので，相互の反発力に打ちかつためには高い運動エネルギーを必要とする．

これは $10^8$ K 程度の温度に相当する．核融合は星の内部で起こり，星を輝かせるエネルギーが放出される過程である．⇨三重アルファ過程，炭素-窒素サイクル，陽子-陽子反応

**確率誤差**　probable error
　ある値が一連の測定データからどの程度の精度で得られたかを示す尺度．例えば，ある星の視差 $\pi$ が $\pi=0.096''\pm0.003''$ と与えられたとしよう．この場合は $0.096''$ が値で，$0.003''$ が確率誤差である．これは，$\pi$ の真の値が $0.093''$ と $0.099''$ の範囲内にある確率と真の値が $0.093''$ から $0.099''$ の範囲外にある確率とが等しいことを意味している．[$\pm0.003$ のように±の後につける数字で誤差を表すが，その数字が常に確率誤差とは限らない．真の値がその範囲内にある確率が 68% である平均二乗誤差もよく使われる]．

**ガクルックス**　Gacrux　→みなみじゅうじ座ガンマ星

**角礫岩**　breccia
　散乱され，粉砕され，(場合によっては) 一度融解した岩石片が，マトリックスと呼ばれる細粒の物質によって接合されている複雑な型の岩石．これは惑星表面における衝突過程の普通の結果である．ゲノミクト (genomict) は，その成分が系統的に関連した岩石中に生成された角礫岩である．モノミクト (monomict) は一つの岩石の成分からなる角礫岩である．ポリミクト (polymict) は，その成分が二つ以上の異なる組成の岩石中に生成された角礫岩である．

**影の通過**　shadow transit
　惑星表面を横切って衛星の影が通過すること．木星のガリレオ衛星や土星のティタンの影はほとんどの望遠鏡で見えるほどの大きさをもつ影であるが，レア，そしてテティス，ディオネ，およびイアペトゥスの影の通過は良好な条件下で大型望遠鏡でしか見えない．

**下弦**　last quarter, third quarter
　満月から新月へと欠けてゆく月の半分が照射されている位相．第3四半分 (third quarter) ともいう．下弦のとき月は太陽の西 90° に位置する．

**風車銀河**　Pinwheel Galaxy
　さんかく座またはおおぐま座のSc型渦巻銀河である M 33 (NGC 598) または M 101 (NGC 5457) のどちらかを呼ぶのにときどき使われる名前．

**飾り輪**　Circlet
　うお座にある4等および5等の七つの星の並び．うお座ガンマ星，カッパ星，ラムダ星，TX (あるいは19番) 星，イオタ星，シータ星，およびうお座7番星が輪を形成している．この輪はペガスス座の四辺形の真南に存在する．

**カシオペヤ座**　Cassiopeia (略号 Cas. 所有格 Cassiopeiae)
　ギリシャ神話のカシオペヤ女王をかたどった北天の星座．最も明るい星はアルファ星 (*シェダル) およびベータ星 (*カフ) である．ガンマ星は，約 3.0 等と 1.6 等の間を予測不能に変光する *ガス殻星である．M 52 は顕著な *散開星団で，その付近に強力な電波源 *カシオペヤ座 A が存在する．*ティコの星として知られている超新星は 1572 年にカシオペヤ座カッパ星の近傍で輝いた．

**カシオペヤ座 A**　Cassiopeia A
　カシオペア座の顕著な電波源．電波源としては太陽を除いて天空で最も明るい．環状の構造をもち，1万光年の距離にある超新星残骸の膨張殻であると考えられる．星雲状物質のかすかな痕跡が可視光でも見える．膨張速度の測定によると，超新星は 1700 年ごろに現れたにちがいないが，それが目撃されたという記録はない．

**カシオペヤ座ガンマ星型星**　Gamma Cassiopeiae star
　Be III-V スペクトルをもち高速回転をする不規則な爆発型変光星の型．略号 GCAS. 赤道地帯からガス殻が突発的かつ間欠的に噴出される．噴出される物質は変光星 *Be 型星環，あるいは (*ガス殻星の場合は) 星を取り巻く殻を形成し，最大 1.5 等の光度低下を伴う．カシオペヤ座ガンマ星とプレイオネ (おうし座 BU 星) が有名な例である．

**カシオペヤ座ロー星**　Rho Cassiopeiae star
　数少ない黄色で低温の *超々巨星である *脈

動変光星の代表例．この星は低速度で噴出されるガス殻とそれによる減光を繰り返し起こした半規則型変光星（サブタイプの SRD）である．このグループの星は 60～400 日の変光周期をもち，すべてが*非動径脈動を示すように見える．これらの星の質量は 40 太陽質量よりわずかに低い．

**かじき座** Dorado（略号 Dor．所有格 Doradus）

金魚あるいは旗魚（めかじき）をかたどった南天の星座．最も明るい星はアルファ星で 3.3 等．ベータ星は 9.83 時間の周期で 3.5 等と 4.1 等の間を変光する最も明るい*ケフェイドの一つである．かじき座は*タランチュラ星雲および*超新星 1987 A の出現場所を含む*大マゼラン雲の大部分を含んでいる．

**かじき座 S 型星** S Doradus star

物質の殻を噴出する極めて明るい爆発型変光星．略号 SDOR．これらの星には最も質量が大きく（30 太陽質量以上），最も明るい（約 $10^6$ 太陽光度）星が含まれている．それらのスペクトルは Opeq-Fpeq 型（→スペクトル分類）である．変光は一般に数十年の規模で不規則で，最大 10 等級の変光幅をもつ．別名は*ハッブル-サンデージ変光星，および*高光度青色変光星である．昔はこれらの星は，はくちょう座 P 型星と呼ばれていたが，この呼び名は現在では，膨張する殻からの輝線を示す*はくちょう座 P 星型線輪郭をもつスペクトル線を示す星すべてに対して用いられる．

**かじき座 30 番星** 30 Doradus →タランチュラ星雲

**可視分光器** spectroscope

眼視観測のためにスペクトルを作り出す光学機器．スペクトルを記録するためにカメラあるいは*CCD を用いる場合，その装置は*分光器と呼ばれる．現代の天文学では，眼視的な観測を行わないのですべての可視分光器は実際には分光器である．

**過剰接触連星** overcontact binary

二つの星が*ロッシュローブを満たし，それをはるかに超えて広がっているような近接連星系．したがって，この系は亜鈴形の共通の対流外層によって二つの星の中心核が包まれた形である．このような系は*おおぐま座 W 型星タイプの*食連星であることが多い．⇒共通外層連星

**ガス殻星** shell star

スペクトル（通常は B 型に属する）の中にその星を囲む物質のガス殻で生じる顕著な吸収線が見える星．変光星ならば，*カシオペヤ座ガンマ星型星として分類される．この種の変光星はガス殻が噴出するとき一時的に光が弱くなる．

**ガスシンチレーション比例計数管** gas scintillation proportional counter

アルゴンやキセノンのような*希ガス（すなわち非反応性のガス）を満たしたチェンバーからなる X 線検出器．X 線光子によりガスが電離され，電子なだれが発生する．このなだれで励起されたガスの原子は紫外線光子を放出し，閃光が発生するが，その強度は X 線エネルギーに比例する．通常の*比例計数管に比べてエネルギー分解能が高い．

**カスタリア** Castalia

小惑星 4769 番．*アポロ群のメンバーで，1989 年にアメリカの天文学者 Eleanor Kay Helin（旧姓 Francis）が発見した．レーダー観測によると，カスタリアは見かけは接触している 2 個の km 規模の破片からなり，最大長は約 1.8 km である．地球の 0.023 AU（340 万 km）内まで接近する．軌道は，長半径 1.063 AU，周期 1.10 年，近日点 0.55 AU，遠日点 1.58 AU，軌道傾斜角 8.9° をもつ．

**カストル** Castor

ふたご座アルファ星．肉眼には 1.6 等に見えるが，実際には複雑な多重星である．小さい望遠鏡で見るとカストルは 1.9 等および 2.9 等の二つの星に分かれる．両方とも A 型矮星で，470 年の周期で互いに公転し合っている．しかもおのおのは*分光連星である．カストル C あるいはふたご座 YY 型星という名の 3 番目の星は，0.8 日の周期で 9.2 等から 9.6 等まで変光する M 1 矮星で*食連星の対である．この 6 星システムは距離 49 光年にある．

**ガスの尾** gas tail →尾（彗星の）

**カスプ** cusp

地球から見た三日月，あるいは三日月状に見

える金星や水星の尖った"角"付近をさす言葉．この用語は宇宙探査機から三日月に見える他の天体についても使える．

**カスプ冠** cusp cap

三日月位相にある惑星あるいは衛星のカスプにおける明るい領域．この用語は通常は金星に対して使われる．金星では1極あるいは両極で明るいカスプがしばしば観測され，時には暗いカスプ襟（cusp collar）が接している．"冠"という用語は地球と火星の氷の極冠との類推で使われる．

**ガスプラ** Gaspra

小惑星951番．1916年にロシアの天文学者 Grigorii Nikolaevich Neujmin (1886〜1946) が発見した．1991年にガリレオ探査機が1600 kmという近くを飛行したとき初めて詳細に観測された．Sクラス小惑星であるガスプラは大きさが $18.2 \times 10.5 \times 8.9$ km の不規則な形状をもつ．おそらくはずっと大きかった天体の断片である．クレーターのほかに，ガスプラの表面には火星の衛星フォボス上の溝に似た直線状の溝がある．軌道は，長半径2.210 AU，周期3.28年，近日点1.83 AU，遠日点2.59 AU，軌道傾斜角4.1°をもつ．

**カズマ** chasma

惑星表面の渓谷あるいは深い直線的なトラフ．複数形 chasmata．この名前は地質学的用語ではなく，個々の地形の命名に使われる．例えば，火星上のチトニウム・カズマ，あるいはテシス上のイサカ・カズマなど．

**火 星** Mars（記号 ♂）

太陽から4番目の惑星．肉眼には明確に赤みがかって見える．その*衝の平均等級は$-2.0$であるが，近日点の衝のときは$-2.8$等に達し，金星と木星を除くすべての惑星よりも明るい．形状はわずかに回転楕円体である（赤道直径が6794 km，極直径が6750 km）．

火星は薄い大気をもち，大気は約95%の二酸化炭素，2.7%の窒素，1.6%のアルゴン，0.1%の酸素，0.1%の一酸化炭素，微量の水蒸気から構成される．表面の大気圧は約6ミリバール．表面温度は約0℃と$-125$℃の間を変化し，平均温度は約$-50$℃である．特に明暗境界線付近および極緯度では，凝縮した水蒸気あるいは二酸化炭素の白雲が見られる．両極には溶けることがない二つの氷冠がある．冬にはそれらは薄い凍結した二酸化炭素のキャップで覆われ直径が60°まで広がる．*近日点通過直後のことが多いが，ときどき塵嵐が起こり，黄色い煙霧が惑星全体を覆い，見慣れた表面の模様を隠してしまう．

火星の表面は鉄含有量が高い火山性玄武岩である．この鉄の酸化によって火星は錆赤色をしている．望遠鏡で暗い斑点と明るい斑点が見えるが，これらは必ずしも地形的特徴や地勢型には対応しない．暗い斑点は表面の塵が単に暗いところであるように見える．これらの斑点は塵が風に運ばれるにつれて数年にわたりゆっくりと変化する．最も顕著な暗い斑点である*大シルティスは1°以下の勾配をもつ平凡な束に面したゆるい傾斜面である．多くの砂丘地域がある．最大のものは極冠を取り囲んでおり，太陽系で最大の砂丘原を作っている．

火星では広範な火山活動が起こってきた．*タルシス山は最大の火山領域で，北東に*オリンポス山が，北方にアルバパテラの崩壊した構造がある．あわせて，これらの火山地域は大小すべて合わせると惑星表面のほぼ10%を占める．現在，火星では火山は活発ではないが，過去において火山は数百kmにわたって広がる溶岩の平原を生み出した．

## 火 星

物理的データ

| 直径<br>（赤道） | 偏平率 | 軌道に対する赤道の傾斜角 | 自転周期<br>（対恒星） |
|---|---|---|---|
| 6794 km | 0.0065 | 25.19° | 24.623 時間 |

| 平均密度 | 質量<br>（地球=1） | 体積<br>（地球=1） | 平均アルベド<br>（幾何学的） | 脱出速度 |
|---|---|---|---|---|
| 3.94 g/cm³ | 0.11 | 0.15 | 0.15 | 5.02 km/s |

軌道データ

| 太陽からの平均距離 | | 軌道の離心率 | 黄道に対する軌道の傾斜角 | 公転周期<br>（対恒星） |
|---|---|---|---|---|
| $10^6$ km | AU | | | |
| 227.941 | 1.524 | 0.093 | 1.9° | 686.980日 |

衝突クレーターは火星全体で見いだされる。月の高地に類似した、ほとんど連続的なクレーターがある高地が主に南半球にあり、このような高地は惑星表面の約半分を占めている。*ランパートクレーターとして知られるより新鮮なクレーターの多くはそれらの噴出被覆の周縁で急傾斜をもち、衝突物体がぶつかったとき表面が湿っていたか泥状であったことを示唆している。最もよく保存されている大型の衝突ベイスンはアルギュレとヘラスである（→アルギュレ平原、ヘラス平原）。現在は表面には液体の水はないが、かつて大気が現在よりも濃く、温暖で、湿気が多かったときは川や湖が存在したという痕跡がある。干上がった水の溝の例として約200 kmの長さで数 kmの幅をもつマーディン峡谷がある。

火星はおそらく内部に数百 kmの厚さの岩石圏、岩石状アセノスフェア、そして火星直径の約半分の金属中心核をもっている。火星には目立つ磁場はない。二つの衛星*フォボスと*デイモスがある。

**火星サーヴェイヤー** Mars Surveyor

26カ月ごとの*衝のときに合わせて打ち上げる予定のNASAの火星探査機シリーズ。最初の探査機は、1996年の*火星全域サーヴェイヤーと*火星パスファインダーであった。以降の宇宙船は次の10年間に打ち上げられる。火星上の気象変化を監視するために1998年12月に火星気象オービターが送られる予定であり、1999年1月に打上げが計画されている火星極着陸船は惑星の南極冠付近に着陸するだろう。[この二つのミッションはいずれも失敗した。2003年に二つの探査機の打上げが予定され、2005年以降も計画は続く予定である]。

**火星全域サーヴェイヤー** Mars Global Surveyor, MGS

火星の地図を作成し、その大気圏を研究するためのNASAの宇宙探査機。1993年に打ち上げられたが失敗したマースオブザーバーの代わりである。MGSは1996年11月に打ち上げられた。1997年9月に火星を回る軌道に入り、1998年3月に惑星の地図作成を開始した。[2003年現在も活動中である]。

**火成の** igneous

惑星の表面下あるいは表面でマグマ（溶融岩）が冷却あるいは固化して形成される岩石に適用される語。火成岩（igneous rock）は惑星表面で固化する場合は噴出岩（extrusive）、殻の下の深部で固化する場合は深成岩（intrusive）という。

**火星パスファインダー** Mars Pathfinder, MPF

NASAの宇宙探査機。1996年12月に打ち上げられ、1997年7月に火星の低地アレス峡谷に着陸した。探査機はソジャナーと呼ばれる超小型探査車を展開させた。探査車は火星表面を動き回り、火星岩石の組成を分析した。

**カセグレン式望遠鏡** Cassegrain telescope

凸面の副鏡が主鏡の孔を通して焦点に光を反射させるような反射望遠鏡。*グレゴリー式望遠鏡の一つの翻案である。凸面の副鏡は双曲面の断面をもつが、主鏡は放物面である。主鏡はそこを通して光をカセグレン焦点に導く中心孔をもつ（カセグレン焦点という用語は、*リッチー-クレティアン式望遠鏡の場合のように、反射鏡の背後に位置するどんな焦点にも適用される）。カセグレン式反射望遠鏡は同じ焦点距離のニュートン式望遠鏡よりもコンパクトである。また、重い装置やかさばる装置をカセグレン焦点に設置するのは、主焦点やニュートン焦点に設置するよりも容易である。この設計は17世紀にCassegrainという名前の、無名のフランス人が案出した。彼について信頼できることは何もわかっていない。⇒ニュートン-カセグレン式望遠鏡、シュミット-カセグレン望遠鏡

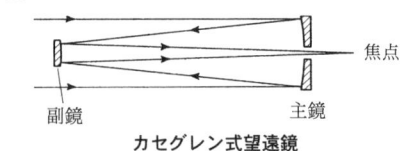

カセグレン式望遠鏡

**画素** pixel

例えば、*CCD（電荷結合素子）で得られるような電子画像を構成するアレイにおける個々の分解要素。検出器における画素の大きさが分解能を決定する。この語は"picture element"の短縮形である。

**画像光子計数装置** Image Photon Counting System, IPCS
　暗い画像を記録するための電子装置．4段からなる*イメージ管を使用する．イメージ管の蛍光面を高感度なテレビカメラで見て，その画像をディジタル化して足し合わせる．IPCSは光電陰極に入射する光子を*量子効率20%で記録できる．この装置は，天文観測にもっと一般的に使用される*CCDよりも感度は劣り，複雑であるが，本物の光子を雑音から識別し，1個ずつ数えることができるという重要な利点をもっている．

**仮想粒子** virtual particle
　無から発生し，次いでエネルギーを放出することなく急速に消滅する粒子-反粒子対．多数の仮想粒子が空間全体に存在するが，直接観測することはできない．質量とエネルギーの変化が検出できないほど急速に仮想粒子が出現したり，消滅したりすると仮定すれば，質量とエネルギーの保存則は破れない．しかしながら，仮想粒子対のメンバーが再結合できないほど遠くに移動する場合は，ブラックホールからの*ホーキング放射で起こるように，真の粒子になる可能性がある．これらの粒子を真の粒子にするためのエネルギーはブラックホールから取り出される．仮想粒子の寿命は，関与する質量あるいはエネルギーが減少すると増大する．例えば電子と陽電子は約 $4\times10^{-21}$ s 程度しか存在できないが，30万kmの波長をもつ電波光子の対ならば1秒ほど持続できるであろう．

**架　台** mounting
　望遠鏡を支持し，選択した空の方向に望遠鏡を指向させる構造．架台は望遠鏡をしっかりと保持し，地球の自転につれて空を動いていく天体を追尾できるよう望遠鏡を移動させなくてはならない．これはモーター駆動によって行われる．望遠鏡の架台は，*経緯儀式架台と*赤道儀式架台の二つの主要な種別に分類される．

**カタディオプトリック系** catadioptric system
　反射鏡とレンズが光を焦点に導く光学系．その最もよく知られた設計は*シュミット-カセグレン望遠鏡と*マクストフ望遠鏡である．この両方とも入射ビームは透明な*補正板を通過する．サンプソンカタディオプトリック (Sampson catadioptric) のような別の設計は，集束ビームの途中に小さなレンズを用いて，収差の一部を補正するものである．

**カッシーニ** Cassini
　4世代にわたって天文学者，地図作成者，および測地学者を輩出したイタリア出身のフランスの一族．天文学で最も重要なのは，*カッシーニ（ジョヴァンニ・ドメニコ，カッシーニI世とも呼ばれる）および彼の息子の*カッシーニ（ジャック，カッシーニII世）である．ジャックの息子セザール・フランソワ（César François）・カッシーニ（カッシーニIII世，イタリア名は Cesare Francesco，1714～84）はフランスの地勢図を手がけ，その息子のジャック・ドミニク（Jacques Dominique）・カッシーニ（カッシーニIV世，1748～1845）がこれを完成させた．4人のカッシーニは連続してパリ天文台の台長を務めた．

**カッシーニ，ジャック** Cassini, Jacques (1677～1756)
　フランスの天文学者で測地学者．*カッシーニ (G.D.) の息子．ジャコモ・カッシーニ（Giacomo Cassini）とも呼ばれる．フランスを通過する子午線の弧の長さを精確に決定して，地球は極方向に偏平な回転楕円体面であることを示した．この仕事は後に彼の息子セザール・フランソワ（César François））が拡張した．彼は土星の惑星の運動に関する最初の表を編纂し，1738年には星の*固有運動の最初の明確な決定の一つとなる測定を，*アークトゥルスについて行った．

**カッシーニ，ジョヴァンニ ドメニコ** Cassini, Giovanni Domenico (1625～1712)
　イタリア生まれのフランス天文学者．彼は1669年にパリに移住した．ジャン・ドミニク・カッシーニ（Jean dominique Cassini）とも呼ばれる．火星と木星の自転周期を測定し，4個の土星の衛星を発見した．1675年には土星の環の中に間隙（現在カッシーニの間隙と呼ばれている）を観測した．1672年同地方人 Jean Richer (1630～96) に観測の助けを借り，三角測量により火星までの距離を測定して，太陽系の大きさを精密化し，現在値よりわずか7%

だけ短い *天文単位の値を得た．カッシーニは木星の衛星に関する改良した表を作成し，その表は *レーマー (O. C.) が光速度を決定するうえで一定の役割を果たした．

**カッシーニ探査機**　Cassini probe

NASA，ESA およびイタリア宇宙局が共同で製作した土星への宇宙探査機．カッシーニ周回機と土星最大の衛星タイタンの大気中に投下される *ホイヘンス探査機の二つの部分から構成される．カッシーニ周回機は土星の大気，衛星，および環を研究し，ホイヘンス探査機はその降下中にタイタンの大気および表面条件を測定する予定である．1997 年 10 月に打ち上げられたカッシーニ探査機は，2004 年 6 月に土星に到達する予定である．その飛行中に金星による 2 回の重力アシストおよび地球と木星の 1 回ずつの重力アシストを受ける．

**カッシーニの間隙**　Cassini Division

土星の環における最も幅広くかつ最も顕著な間隙．約 4700 km の幅で，A 環と B 環を分離している．1675 年に *カッシーニ (G. D.) が発見した．その内端は土星の中心から 11 万 7500 km である．ヴォイジャー探査機からの画像によると，間隙は空虚ではなく，その内部に数個の薄い環が存在している．この間隙は，直径 10～30 km の衛星が環の粒子を一掃したために生じたと説明できるが，ヴォイジャーの画像にはそのような衛星は見られなかった．

**褐色矮星**　brown dwarf

質量が小さい (0.08 太陽質量より小さい) ために中心核で水素融合を開始するほど十分な高温には決してならない天体．したがって星ではなく，準恒星と考えられている．このように褐色矮星は光度が非常に低いので，検出が困難であり，銀河内の *暗黒物質の有力候補である．確実に同定された最初の褐色矮星は，1995 年にハッブル宇宙望遠鏡が撮影した近距離の赤色矮星グリーゼ 229 の伴星である．[この星が褐色矮星であることを示したのはパロマー天文台の研究者グループである]．約 0.01 太陽質量 (約 10 木星質量) より低い天体は惑星と見なされる．

**GUT**　grand unified theory　→大統一理論

**活動銀河核**　active galactic nucleus, AGN

通常の星から出るエネルギー以外に相当なエネルギーが生成されている銀河の中心領域．活動銀河核は典型的には可視および紫外領域で連続スペクトルと輝線スペクトルを示し，赤外線源，電波源，あるいは X 線源であることが多い．このエネルギーは，銀河の中心の数光年以内に存在する $10^8$ 太陽質量のブラックホールへの物質の降着から生じていると考えられている．⇒セイファート銀河，ブレーザー，ライナー

**活動紅炎**　active prominence

非常な高速運動 (2000 km/s までの) をする太陽の紅炎．しばしばフレアに伴って発生する．活動紅炎は太陽の低緯度に局在し，そこでは通常は黒点と活動領域が見いだされる．主なものには，*ループ紅炎，*コロナ雨，*噴出紅炎，*スプレイ状紅炎，およびアーチ状 *フィラメントがある．

**活動領域**　active region

光球を通って彩層およびコロナ中に磁場が出現する太陽の領域．光球上の活動領域には *黒点と *白斑がある．より高い彩層における活動領域は *羊斑，暗い *すじ模様および *フィラメントである．コロナ中の活動領域は，密度と温度が周囲より高い *コロナ凝縮と呼ばれる領域である．活動領域の他の例としては，黒点が消滅した光球上の領域，そしてコロナ中の *X 線輝点がある．*フレア (太陽の) は活動領域で起こる．

**カッパ機構**　kappa mechanism

*ケフェイド変光星および *こと座 RR 型星など多くの型の変光星が脈動を起こす原因となる機構．恒星物質の吸収係数 (あるいは *不透明度) に対する記号であるギリシャ文字カッパ ($\kappa$) から命名された．星内部の電離領域の密度が何らかの原因でわずかに上昇すると，不透明度が増し，したがって星内部からのエネルギーの吸収が増大する．これはこの層の加熱と膨張を引き起こし，元の位置を越えて外側にふくらんで，その結果，圧力，密度，および温度 (および不透明度) が低下する．次いでこの効果は逆転し，振動を起こし，星の外層が脈動す

るようになる．

**ガーディアンズ** Guardians
　こぐま座のベータ星およびガンマ星（*コカブおよび*フェルカド）．こぐま座のこびしゃくの枡の前端に位置する．［この名前は極の番人という意味である］．

**カテナ** catena
　クレーターの線．通常は重なり合っており，クレーター鎖とも呼ばれる．複数形 catenae．この名前は地質学用語ではなく，惑星や衛星の個々の地形の命名で使われる．火星のティトニエ・カテナおよびカリストのギパル・カテナがその例である．

**カトプトリック系** catoptric system
　光を集束するのに反射鏡だけを用いる光学系．伝統的なニュートン式反射望遠鏡はその一例．

**カナダ-フランス-ハワイ望遠鏡** Canada-France-Hawaii Telescope
　ハワイのマウナケアの標高 4200 m にある 3.6 m 反射望遠鏡．1979 年に開設された．望遠鏡は，ハワイのカムエラに本部を置くカナダ-フランス-ハワイ望遠鏡公社を通してカナダ，フランスおよびハワイ大学が共同で所有し，運営している．

**かに座** Cancer（略号 Cnc，所有格 Cancri）
　黄道十二宮の最も暗い星座．太陽は 7 月末から 8 月中旬まで 3 週間の間ここに位置する．かに座は蟹をかたどっている．最も明るい星であるベータ星は 3.5 等である．ゼータ星は 5.1 等および 6.2 等の 4 *二重星である．この星座の主な見ものは *散開星団 M 44 *プレセペ星団である．またそれより小さな 0.5° の広がりをもつ 7 等の星団 M 67 も存在する．

**かに星雲** Crab Nebula
　おうし座にある距離約 6500 光年の *超新星残骸．M 1 あるいは NGC 1952，またおうし座 A 電波源とも呼ばれる．1054 年に *超新星として爆発したことが観測された星の残骸で，視極大等級は $-6$ 等に達した．望遠鏡で見ると 8 等の楕円星雲のように見える．その真の大きさは $6 \times 4.1$ 光年．光学的に見ると星雲は，赤みがかったねじれた水素ガスのフィラメントからなる外部領域と，スペクトル的特徴を示さない内部の白色中心核という二つの成分をもつ．中心核からの光は *かにパルサーからの高速電子が引き起こす *シンクロトロン放射である．光は高度に偏光しており，ガンマ線から電波までのすべての波長で連続的である．外部フィラメントの膨張速度は約 1000 km/s である．膨張はパルサーからの放射により駆動されて加速しているという証拠がある．

**かにパルサー** Crab Pulsar
　かに星雲の中心にあるパルサー．PSR 0531+21（以前は NP 0532）としても知られる．33.3 ms の周期をもち，1 日に 36.4 ns ずつ遅くなっている．パルサーが失う回転エネルギーは周囲の星雲から発する *シンクロトロン放射に変換される．自転減速から求めた年齢は，かに星雲を生じさせた 1054 年の超新星爆発に伴ってパルサーが誕生したとする年齢と一致しており，知られている最も若いパルサーの一つとなっている．1969 年に光学的に閃光することが見られた最初のパルサーになった．その後同一周波数でのパルスが X 線およびガンマ線波長で検出された．可視光では 16 等の星として見える．

**ガニメデ** Ganymede
　木星の最大衛星．太陽系で最大の衛星であり，直径は 5262 km である．木星 III とも呼ばれる．ガニメデは木星から 107 万 km の距離の軌道を 7.155 日で公転する．自転周期は公転周期と同じである．ガリレオ衛星のなかで最も明るく，*衝のとき 4.6 等に達する．密度は 1.94 g/cm³．高 *アルベド領域と低アルベド領域がはっきりと分かれ，複雑な溝模様で覆われた氷の表面をもつ．この溝ははるか昔に数回の地殻活動の時期があったことを示している．表面にある大きな衝突クレーターのいくつかは，ゆっくりとした氷河のような氷の流れによって *パリンプセストになっている．

**カーネギー天文台** Carnegie Observatories
　ワシントンのカーネギー研究所の天文学部門．カリフォルニアのパサデナに本部がある．双子の *マゼラン望遠鏡をもつチリの *ラスカンパナス天文台を運営している．

**ガーネット星** Garnet Star
　その顕著な赤色のために *ハーシェル（F.

W.) がケフェウス座ミュー星に与えた名称．赤色超巨星で，SRC型の*半規則型変光星である．変光幅は3.4等から5.1等まで，周期は約2年である．

**カノープス** Canopus
−0.72等のりゅうこつ座アルファ星．天空で2番目に明るい星．A9型の明るい巨星で，距離は74光年．

**カバス** cavus
惑星表面の中空のあるいは不規則な凹地．複数形cavi．この名前は地質学用語ではなく，例えば火星のシシフス・カバスのように，個々の地形の命名に使われる．

**カフ** Caph
カシオペヤ座ベータ星．2.3等のF2型巨星で，距離45光年．たて座デルタ星型の変光星であるが，その変光幅は0.1等より小さい．

**カプタイン，ヤコブス コルネリウス** Kapteyn, Jacobus Cornelius (1851〜1922)
オランダの天文学者．膨大な量の観測データを統計的基礎にしたがって整約し，処理する数学的方法を開発した．彼はギル（D.）が南アフリカで撮影した写真から，南天恒星のカタログである*ケープ写真星表を編纂した．彼は星の*固有運動の測定プログラムにより，1897年には*カプタイン星を発見し，また星の運動に二つの方向への流れ（*星流，これは銀河回転の結果として生じる）があることを明らかにした．1906年，天球上に規則的に分布している206の領域（*カプタインの選択天域）における星の位置と光度を測定する計画を開始した．同国人のPieter Johannes van Rhijn（1886〜1960）とともにカプタインは，銀河系の大きさと形状を推定しようと試みた．しかしながら，太陽は銀河系の中心近くに位置するとの誤った結論を出したので，銀河系の真の大きさの推定に影響する星間吸収の効果を正確に測ることはできなかった．

**カプタイン星** Kapteyn's Star
9等の*赤色矮星．がか座にあり距離は12.7光年である．8.72″という知られているうちで2番目に大きい*固有運動をもつ星である．1897年にその速い固有運動を発見した*カプタイン（J. C.）にちなんで名づけられた．

**カプタインの選択天域** Kapteyn Selected Areas
1906年に銀河系の構造を研究するために*カプタイン（J. C.）が選んだほぼ1°×1°平方の空の206カ所の領域．この206の天域が全天にわたり約15°の間隔で一様に配置されている．さらに，銀河極領域など，銀河系で特別な重要性をもつ46の領域が追加選択された．国際的な協力によって，各天域で星の等級，色，スペクトル型，および固有運動ができるだけ暗い等級に至るまで測定された．

**カーブラックホール** Kerr black hole
自転していない*シュワルツシルトブラックホールと違って，自転するブラックホールのことをいう．実際ブラックホールは，それらのもととなった星が自転していたと思われるので，急速に自転していると期待される．すなわち現実のブラックホールはすべてカーブラックホールである．ブラックホールが自転することで自転しない場合とは異なるいくつかの結果が導かれる．第一に，*事象の地平線は楕円形になり，表面の面積が同一質量の自転しないブラックホールの表面積より小さくなる．ブラックホールが十分に速く自転していると，事象の地平線の面積は0にまで低減し，中心の*特異点が外部から見えるようになる（*裸の特異点）．第二に，自転するブラックホールの周りには*エルゴ球という領域があり，そこでは物体がブラックホールとともに自転せざるをえない．エルゴ球の外縁は*静的限界である．第三に，新しい事象の地平線が内部に形成され，この第二の事象の地平線を通ってブラックホールを通り抜け，新しい宇宙あるいは多分われわれ自身の宇宙の別の部分に現れることが可能になる．自転するブラックホールはニュージーランドの数学者Roy Patric Kerr（1934〜）にちなんで名づけられた．彼は1963年に回転ブラックホールの性質を最初に記述した．電荷をもつ自転ブラックホールはカー−ニューマンブラックホールと呼ばれるが，実際にはブラックホールが意味のある電荷をもつ可能性は少ない．

**壁平原** walled plain
平らな地面をもつ大きな月のクレーターに対する名前．現在ではほとんど使われなくなっ

た.

**カペラ** Capella

ぎょしゃ座アルファ星.0.08等で,天空で6番目に明るい.実際には104日の周期で互いを周回するG6型とG2型巨星からなる*分光連星である.距離は41光年.

**下方通過** lower culmination

周極天体が観測者の子午線上の低い方を通過することをいう.このときその天体の高度は最も低い.→子午線通過

**ガポシュキン,セルゲイ イラリオノヴィッチ** Gaposchkin, Sergei Illarionovich →ペイン-ガポシュキン

**かみのけ座** Coma Berenices（略号Com.所有格 Comae Berenices）

エジプトの女王ベレニケの髪をかたどった北天の暗いけれども特色のある星座.*かみのけ座星団を形づくる暗い星のちらばりで有名である.最も明るい星はアルファ星（ディアデム）およびベータ星である.両方とも4.3等.かみのけ座には,*おとめ座銀河団のメンバーである多くの銀河,もっと遠くの銀河団である*かみのけ座銀河団が含まれている.この星座で最も有名な銀河M64（*ブラックアイ銀河）と10等の横向き渦巻銀河NGC4565は,二つとも距離約2000万光年で,どちらの銀河団よりもわれわれに近い.

**かみのけ座FK型星** FK Comae Berenices star

巨大で急速に回転する*外因性変光星の型.一様でない表面輝度をもち,スペクトル型G~K.略号FKCOM.自転周期と変光周期が同一で,典型的には数日である.変光幅は0.5等程度である.これらの星は中心核が融合した*共通外層連星の進化の後期段階を表している可能性がある.

**かみのけ座-おとめ座銀河団** Coma-Virgo Cluster →おとめ座銀河団

**かみのけ座銀河団** Coma Cluster

3000以上の銀河からなる巨大な整った形の銀河団.かみのけ座に位置し距離は2億800万光年.エイベル1656とも呼ばれる.空の4°以上を覆い,真の直径は少なくとも2000万光年である.明るいメンバーの大部分は楕円銀河かレンズ状銀河である.二つの非常に明るい巨大楕円銀河NGC4874およびNGC4889は中心をはさんで向かい合っている.これらの銀河は約$10^{11}$太陽光度をもつ.銀河団の総質量は$2×10^{15}$太陽質量と推定されている.

**かみのけ座星団** Coma Star Cluster

かみのけ座にある散開星団メロット111.約50個の星からなり,最も明るい星は4等と5等である.空の数度にわたって分散している.距離は約260光年.

**ガム星雲** Gum Nebula

ほ座およびとも座にあるほとんど円形の大きな*輝線星雲.オーストラリアの天文学者Colin Stanley Gum（1924~60）が発見した.天空上で36°の広がりをもち,距離は1300光年と推定される.これから約800光年という真の直径が見積もられる.20km/sで膨張しており,100万年以上前の超新星爆発によって形成されたと考えられる.ほ座のOB2アソシエーションが含まれ,その中の高温星が星雲を輝かせているらしい.*ほ座超新星残骸と*ほ座パルサーがガム星雲の中に埋まっているが,それらはこの星雲よりはるかに若い.

**カメレオン座** Chamaeleon（略号Cha.所有格 Chamaeleontis）

カメレオンをかたどった天の南極付近の暗い小星座.最も明るい星アルファ星とベータ星は,ともに4.1等である.

**ガモフ,ジョージ** Gamow, George（1904~68）

ロシア-アメリカの物理学者,ウクライナで生まれた（元はGeorgy Anthonovich Gamov）.初めに学んだ核物理学の知識を天体物理学と宇宙論に適用した.彼は自分のビッグバン理論を1940年代にアメリカの物理学者Ralph Asher Alpher（1921~）およびRobert Herman（1914~）とともに発展させた.彼の理論は,宇宙は放射で充満した高温で高密度な状態から急速な膨張を経て,陽子と中性子からさまざまな元素の原子核を創生したことを主張した.理論は水素が4分の3,ヘリウムが4分の1を占める宇宙を予言したが,これは現在の測定値にほぼ一致する.アルファーとハーマンは,冷却した現在の宇宙は約5Kの温度をも

つ*宇宙背景放射で満たされていることを示唆した。彼らの示唆は1965年にこの放射が検出されるまで注目されなかった。

**カラーアルト天文台** Calar Alto Observatory
スペインのアンダルシア、ロスフィラブレス山の標高2170mのカラーアルトに位置するドイツ-スペインの天文学センター。1972年に創立され、ハイデルベルクのマックス-プランク天文学研究所が運営している。最大の装置は1985年に開設された3.5m反射望遠鏡であり、1979年に開設された2.2m反射望遠鏡と1975年に開設された1.23m反射望遠鏡もある。1955年以来ハンブルクで使用されていた0.8mの*シュミットカメラがカラーアルトに移された。1985年以降マドリード天文台もここで1.5m反射望遠鏡を稼働させている。

**からす座** Corvus（略号 Crv，所有格 Corvi）
烏をかたどった南天の小星座。最も明るい星はガンマ星で2.6等である。デルタ星は3.0等と9.2等の二重星である。

**ガラテア** Galatea
海王星の4番目に近い衛星。61950kmの所を0.429日でプラトー環とアダムス環の間を周回する。海王星Ⅵともいう。直径は158km。*ヴォイジャー2号が1989年に発見した。

**カリウム-アルゴン法** potassium-argon method
天然に存在する唯一のカリウムの放射性同位体であるカリウム40の弱い放射性崩壊を利用して岩石の年代を決定する手法。同位体カリウム40は13億年の半減期でアルゴン40に崩壊する。この方法は隕石のような試料の年代を決定するのに重要である。

**カリスト** Callisto
木星の2番目に大きい衛星。4個のガリレオ衛星の最も外側の衛星である。木星Ⅳとも呼ばれる。木星からの距離188万3000kmの軌道を惑星に同じ面を向けて16.689日で公転する。カリストは直径が4800kmであるが、5.7等で、0.2という低いアルベドのためにガリレオ衛星のなかでは最も暗い。密度は1.86g/cm³。衝突隕石孔で一様に覆われた氷の表面をもち、他のガリレオ衛星に見られる地殻構造活

動の様相はほとんどない。いくつかの多重環型盆地があり、そのうちの最大の二つは*ヴァルハラ（直径4000km，太陽系で最大である）とアスガード（直径約1700km）で、15個にも達する同心円環で囲まれている。

**カリフォルニア星雲** California Nebula
ペルセウス座の散光星雲NGC1499。その形はアメリカのカリフォルニア州に似ており、2.5°の長さと2/3°の最大幅をもつ。暗い星雲で、長時間露光の写真で最もよく見える。4.0等で高温のO7型ペルセウス座クシー星で照らされている。

**カリプソ** Calypso
*テレストおよび*テティスと同じ軌道を共有する土星の衛星。土星ⅩⅣとも呼ばれる。その距離は29万4660km、公転周期は1.888日である。カリプソの大きさは34×22×22kmであり、*ヴォイジャー1号が1980年に発見した。

**カリポス** Callippus（c. 370～c. 300 BC）
ギリシャの天文学者で数学者。*エウドクソスの地球中心球図式を修正し、太陽、月、および惑星のいくつかに対して余分の球を付け加え、総数を34まで増やした。カリポスのモデルは*アリストテレスによってさらに細密化された。カリポスは、*至点と*分点との間隔を測って、季節の精確な長さを計算した。

**狩人月** hunter's Moon
*収穫月に続く満月。通常は10月に見られる。収穫月のときと同様に、この満月は北の中緯度あるいは高緯度の地域では数夜連続して日没時ごろに昇る。

**ガリレオ衛星** Galilean satellites
木星の四つの最も大きい衛星。すなわち、イオ、エウロパ、ガニメデおよびカリスト。1610年に*ガリレオ・ガリレイが発見した。この四つの衛星は双眼鏡や小型望遠鏡で容易に見ることができ、木星の光にじゃまされなければ肉眼で見えるほど明るい。光学機器を使わなくても肉眼で見えると主張する眼のよい人もいる。

**ガリレオ・ガリレイ** Galileo Galilei (1564～1642)
イタリアの天文学者、物理学者そして数学者。1609年に望遠鏡が最近発明されたと聞き、

自分で望遠鏡を作製し始めた．50 mm 口径までの数台の望遠鏡を作り，最高の倍率は約 30 倍であった．1610 年に Siderius nuncius（星界の報告）を出版し，その中で彼の初期の望遠鏡による発見の概略を述べた．その発見には，月面の山，木星の 4 個の衛星（*ガリレオ衛星と呼ばれる），および天の川の無数の星が含まれる．また 1610 年に金星の位相を観測し，望遠鏡で見える土星の異常な外見に注目した．ただし環の本質は認識していなかった．ガリレオの諸発見は，当時なお広く信じられていた *アリストテレスの世界観に対する彼の不満をつのらせ，特に著書「天文対話」(Dialogue on the two chief world systems of Ptolemy and Copernicus, 1632) において *コペルニクス体系を弁護した．教会との対立が生じ，異端者として裁かれた．彼は残りの人生を軟禁されて過ごした．

**ガリレオ国立望遠鏡** Galileo National Telescope, TNG

*ロック・デ・ロス・ムチャーチョス天文台に［1998 年に開設された］3.58 m 反射望遠鏡．イタリア政府の天文学研究協議会が所有し，パドゥア天文台が運営する．この望遠鏡は，*能動光学と *波面補償光学を利用した *新技術望遠鏡のものに似た薄い反射鏡を用いている．

**ガリレオ探査機** Galileo probe

NASA の木星探査機．1989 年 10 月に打ち上げられた．1 回の金星接近飛行と 2 回の地球接近飛行による *重力アシスト軌道を用いた．1995 年 12 月に木星に到達する以前に，1991 年 10 月に *ガスプラ，また 1993 年 8 月に *イダの二つの小惑星に遭遇した．本体から切り離された大気圏突入機は木星の雲を通って落下傘降下し，58 分間データを送信した．一方，本体は木星周回軌道に入って 2 年間にわたり木星の気象パターンと衛星を探査した．

**ガリレオ望遠鏡** Galilean telescope

対物レンズとして *収束レンズ，接眼鏡として *発散レンズをもつ屈折望遠鏡．この型の望遠鏡を用いた *ガリレオ・ガリレイにちなんで名づけられた．この望遠鏡は正立像という利点をもつが，視野が狭いという欠点があり，また非常に低い倍率以外では *瞳距離が不十分である．オペラグラスや双眼鏡は普通はこの型である．

**ガリレオ領域** Galileo Regio

木星の衛星ガニメデ表面にある 3000 km 以上の直径をもつ大きな暗黒領域．緯度 +36°，経度 138° に中心がある．古代のうね状の溝がこの領域を平行に横切っており，地上の大型望遠鏡で見えるほど顕著である．

**カルテクサブミリメートル天文台** Caltech Submillimeter Observatory, CSO

*ミリ波および *サブミリ波天文学用の 10.4 m パラボラアンテナを備えた天文台．ハワイのマウナケアの標高 4070 m のところに 1987 年に開設された．カリフォルニア工科大学 (Caltech) が所有し，運営している．

**カルデラ** caldera

巨大な火山の凹地．普通は直径数 km で，主として崩壊により形成される．カルデラにはより小さなクレーター，火山円錐丘，および他の型の火口が含まれることが多い．直径が 1 km 以下の小さな崩壊クレーターは崩壊穴 (collapse pits) と呼ばれる．カルデラは円形でないことが多い．月面にある小数の火山クレーターの多くはカルデラのように見える．そのいくつかは *波状リルの頭部にある．火星の巨大火山の多くの頂上にも巨大カルデラがある．*オリンポス山には直径 60 km 以上の頂上カルデラの複合体があるが，これは明らかに数回の崩壊現象の結果である．金星の火山にも同様な地形が見いだされる．

**カルト・デュ・シエル** Carte du Ciel　→国際写真天図

**カルメ** Carme

木星の衛星．2260 万 km の距離にある，惑星から 14 番目の衛星．木星 XI とも呼ばれる．逆行方向に 692 日で公転する．カルメは直径が 40 km で，1938 年にアメリカの天文学者 Seth Barnes Nicholson (1891〜1963) が発見した．

**ガレ，ヨハン　ゴットフリート** Galle, Johann Gottfried (1812〜1910)

ドイツの天文学者．1846 年 9 月 23 日にベルリン天文台でドイツの天文学者 Heinrich Ludwig d' Arrest (1822〜75) との観測中に初めて海王星の位置をつきとめた．このとき彼は

自分の探査を *ル・ヴェリエ（U. J. J.）が与えた位置から始めた．*ボンド（W. C.）および *ボンド（G. P.）より10年以上も前の1838年に土星の暗い"クレープ環"（C環）を観測した．太陽視差が小惑星の視差から確定できることを提案し，その目的のために1873年に（8）フローラを観測した．この方法は後に特に*ギル（D.）と*ジョーンズ（H. S.）が用いて成功した．彼の彗星軌道計算は彗星と流星群の関係を確立するもととなった．

### ガレ環　Galle Ring

海王星の最も内部のぼんやりした環．*ガレ（J. G.）にちなんで命名された．幅が約2000 kmで，惑星中心から41900 kmのところに位置する．

### カロリスベイスン　Caloris Basin

水星で最大の衝突ベイスン．直径は1300 km．その内部の多くはまとめてカロリス平原と呼ばれる滑らかな平原で満たされている．しわが寄った多くの山脈と割目があり，放射状のものと同心円状のものがある．後者には二つあるいは三つの環があるように見える．多分，カロリスは，約40億年前のすべての惑星に影響を与えた後期の激しい衝撃期間中に形成された．

### カロン　Charon

冥王星の唯一の衛星．距離は19600 kmで，公転周期は6.378日である．公転周期と自転は冥王星自身の公転周期と同じなので，カロンは一つの面を永久に冥王星に向けているだけでなく，冥王星から見てもいつも一点に静止している．直径は1186 kmで，惑星の直径との比でいえば太陽系で群を抜いて最大の衛星である．質量は冥王星のほぼ10分の1なので，このペアは二重惑星と見なすことができる．カロンの密度は約1.3 g/cm³であり，岩と氷からなることを示唆している．1978年にアメリカの天文学者James Walter Christy（1938～）が発見した．

### 環（惑星の）　ring (planetary)

惑星を囲む物質の円盤．軌道にある多数の粒子からなり，大きさは塵微粒子程度のものから直径が数十mの天体まである．土星だけが十分に明るい環をもち，地球から可視光の波長で見ることができる．環は主として氷から構成される．1979年にヴォイジャー探査機は木星の周囲に環を検出した．星の隠蔽の観測から天王星と海王星の周囲で環が見いだされており，ヴォイジャー2号がそれらに近づいたときに確認された．種々の惑星環があり，氷と塵の割合や粒子サイズの分布は異なる．惑星の環は惑星の衛星が衝突で壊された残骸からなるのかもしれない．

### 環アーク　ring arcs

かなり暗いか，あるいはその全周の一部で不連続な惑星の環．土星のF環は，*ヴォイジャーが発見したA環の外側にある非常に薄い環であるが，その内部により明るい領域をもっている．海王星のある場所だけで星が暗くなるという掩蔽観測の結果としてこの惑星の周囲にも環アークが存在するのではないかと考えられている．ヴォイジャー2号は，海王星の外環（*アダムス環）における大部分の物質は三つの明るい環アークに集中していることを発見した．

### 換算固有運動　reduced proper motion

観測された*固有運動に，標準的距離における*接線速度に換算するためのあるスケールファクターを乗じて得られる値．例えば，*ケフェイドからなるサンプルの星々の相対的距離は測光から求めることができる．それらについては，観測された個々の星の固有運動から相対的な接線速度を求めることができる．こうして星の空間速度を推定するためのスケールモデルができる．

### 干渉　interference

1. 2組以上の電磁波が結合してある点で振幅を増大させる（構成的干渉）か減少させて（破壊的干渉）*干渉縞を形成する現象．干渉が起こるためには電磁波は可干渉的でなければならない（すなわち，波の山と谷が互いにそろっていなくてはならない）．構成的干渉は頂上が互いに一致するとき，破壊的干渉は頂上と谷が一致するときに起こる．2. 電波望遠鏡が受信する，自然現象というよりは人間活動に起源がある不必要な信号．

### 干渉計　interferometer

二つ以上の望遠鏡あるいはアンテナを結合し

て単一装置として稼動させて高い角度分解能を実現するように設計された装置．[干渉計を構成する個々の望遠鏡やアンテナは素子と呼ばれる]．各素子からの信号を組み合わせて*干渉縞を形成させる．干渉計の最大分解能は個々の素子の大きさではなく，それらの最大距離間隔によって決定される．干渉計は電波天文学，そして赤外線天文学および光学天文学でも広く利用される．可視光および赤外線波長では，入射光束はいったん分割され，次いで自身と再結合され干渉縞を形成する．これによって，*ファブリ-ペロー干渉計の場合のように，高いスペクトル分解能が得られる．[最近は可視光や赤外線でも複数の素子を使うことがある]．

**干渉縞** interference pattern

二つまたはそれ以上の光線の干渉によって生じる明るい帯と暗い帯が交互する模様．フリンジともいう．電波干渉計の二つまたはそれ以上のアンテナが受信する電波信号の干渉をいう場合にも拡張して，この用語が使われる．

**環状星雲** Ring Nebula

こと座にある距離約 2000 光年の 9 等の惑星状星雲．M 57 あるいは NGC 6720 とも呼ばれる．高温の 15 等の中心星を直径が 4 分の 3 光年ほどの光り輝くガスと塵の殻が取り巻いている．小型望遠鏡では，この殻は直径が $70''\times 150''$ である楕円形の煙の環のように見える．この環は 19 km/s で膨張している．

**干渉フィルター** interference filter

透過する波長を制限するために光の干渉効果を利用するフィルターの型．通常のフィルターは着色しているが，干渉フィルターは，ガラスに交互にコーティングした高屈折率と低屈折率（例えば，二酸化ジルコニウムとフッ化マグネシウム）の非常に薄い多層膜から構成される．入射光は層の間で前方および後方に反射されて自身と干渉する．厚さを適当に選ぶことでフィルターが透過する波長領域（透過帯域）を調節できる．カメラレンズや双眼鏡レンズなどの反射防止コーティングは簡単な干渉フイルターである．

**緩新星** slow nova

*急新星あるいは超緩新星と異なり，特徴的に遅い増光と減光を示す新星の型（→ぼうえんきょう座 RR 型星）．略号 NB．この星は極大期から 3 等だけ暗くなるのに 150 日以上かかる．初期の増光も遅く（2〜3 日），極大期前の停止に続く最後の増光までに数週間かかることもある．

**慣性基準系** inertial reference frame →慣性系

**慣性系** inertial reference frame

初めに静止している物体はいつまでも静止状態にとどまり，あるいは運動している物体はいつまでも一定速度の直線運動をするような基準系．いいかえると，慣性系にはいかなる慣性力も存在しない．ニュートンの運動法則が厳密に適用される基準系としても定義できる．地球表面に対して固定した基準系は，地球の自転に由来する力があるため，慣性系ではない．慣性系の概念は特殊相対性理論で特に有用である．特殊相対性理論では二つの異なる慣性系は一定の相対速度をもつが，相対加速度はもたない．しかしながら，一般相対性理論では慣性系は存在しない．自由落下する系は局所的には慣性系に見えるが，重力効果のために大局的に見ると慣性系ではない．*天文位置測定学では，慣性系は星々あるいは他の遠い天体の位置と*固有運動によって定義される座標系である．最終的な慣性系は銀河系外天体の位置によって定義される系である．銀河系外天体は非常に遠くにあるので，地球から見たとき相対運動は無視できるからである．

**慣性座標系** inertial coordinate system

特殊相対性理論において*慣性系として使用する座標系．三つの空間座標は通常*直交座標 $(x, y, z)$ であり，時間座標は座標系に対して静止した観測者が測定する時間である．*天文位置測定学では慣性座標系は，*基本カタログ中の星の位置や*固有運動によって定義される基準系である．

**慣性質量** inertial mass

速度の変化に対する物体の抵抗の大きさ．慣性は物体の質量の直接的な性質である．質量が大きいほど，その慣性は大きい．質量は正式にはその慣性によって定義されるが，普通は重力によって測定される．⇒重力質量

**慣性中心** centre of inertia
*質量中心の別名.

**慣性モーメント** moment of inertia（記号 $I$）
数個の物体からなる系の場合，各物体の質量に系の中心からの距離の2乗を乗じた量の和をいう．単一物体の場合，慣性モーメントはその物体中の各粒子の質量にその物体の自転軸からの距離の2乗を乗じた量の和である．例えば，月の形状は三つの異なる軸をもつ楕円体で，最長軸が地球の方向を指している．これらの3軸の周りの月の慣性モーメントはわずかに異なり，それが月を回る人工衛星の軌道に測定可能な程度の効果を生じる．慣性モーメントは，静止状態あるいは角速度の変化に対する物体の抵抗能力の尺度である．

**岩石圏** lithosphere
惑星の外側の固い殻．地殻と上部マントルの一部が含まれる．地球では，その下方にあるずっと弱い変形しやすい部分である*アセノスフェアとは区別される．地殻と上部マントルを含む地球の岩石圏は，大陸下で約150kmの深さに，海洋の下で80kmの深さに達する．

**完全宇宙原理** perfect cosmological principle
宇宙はすべての場所およびすべての方向だけでなくすべての時間についても同一であることを主張する*宇宙原理の拡張．この原理は*定常宇宙論の基礎であるが，宇宙が時間とともに進化していることを示す観測とは矛盾している．

**カンタロープ地形** cantaloupe terrain
海王星の衛星トリトン上の地形の型．大部分が直径5kmあるいは25kmで一連の重なり合う山脈で分離されているほぼ円形の小くぼみからなる．このような地形の起源は不明確であるが，小くぼみは，内部爆発による起源か，氷の表面の溶解および崩壊の結果かもしれない．カンタロープメロンの皮に似ているためにこのように命名された．

**カント，イマヌエル** Kant, Immanuel (1724〜1804)
ドイツの哲学者．太陽系は原始物質から凝縮した円盤を経て形成されたという宇宙生成論を提案し，1755年に発表した．太陽系は（現在銀河と呼ばれている）もっと大きい系の一部で，天文学者が見ている星雲の多くは実際には他の銀河であると考え，彼はそれらを島宇宙（island universe）と命名した．カントは*ニュートン（I.）の理論およびイギリスの哲学者であるダーラムの Thomas Wright（1711〜86）の影響を受けた．

**感度** sensitivity
検出システムによって検出可能な最も弱い信号の強度．信号の強度と雑音の大きさの比は信号対雑音比と呼ばれる．信号が検出されたと見なされるには1：1という最低の信号対雑音比が要求される．電波および赤外線領域では，積分，チョッピング，安定な実験室での放射源との比較，そして位相感度のよい検出などの手法を使用することによって，システムの感度を数桁程度改善することができる．［1：1という信号対雑音比は大部分の目的には十分でなく，信号が明白に検出されたと見なされるには，3：1あるいは5：1が必要とされている］．→チョッパー，チョッピング副鏡

**乾板スケール** plate scale
写真乾板上の長さを天球上の角度に変換するためのスケール．望遠鏡の焦点距離の逆数に比例する．［望遠鏡の焦点距離を $f(\mathrm{m})$ とすると角度秒/mmの単位で表した乾板スケール $S$ は
$$S = 206/f$$
と近似できる．最近では写真乾板はあまり使われなくなったので，乾板スケールの代りにイメージスケールという語がよく用いられる］．

**乾板測定装置** plate-measuring machine
写真乾板上の位置と黒み，すなわち写真画像を精確に測定するための装置．装置の最も単純なものでは，単一のマイクロメーターねじで乾板を一方向にだけ駆動し，測定値を手で記録する．現在では大型の高速自動装置が写真画像のディジタル記録用に使用されている．

**乾板定数** plate constants
写真乾板上の直交座標の測定値を天体座標に変換するための係数．最も単純な形は乾板中心，乾板スケール，そして方位角の三つである．

**ガンマ線** gamma rays, $\gamma$-rays
ほぼ0.01nmより短い波長の電磁波．ガンマ線は電磁スペクトル中で最も高いエネルギー

の光子である．そのエネルギーは 100 keV から 100 GeV までにわたる．

**ガンマ線天文学**　gamma-ray astronomy

宇宙からくる最も短い波長と最も高い光子エネルギーをもつ電磁波であるガンマ線を研究する分野．ガンマ線は極めて高い温度，密度，そして磁場の領域で，つまり宇宙における最も激しい現象の起こっている場所で生成される．

数十個の個々のガンマ線源のほかに全体的な *ガンマ線背景放射が知られている［現在では 300 個ちかいガンマ線源が見つかっている］．初期の実験では気球を使用して大気によるガンマ線の吸収が少ない高度まで装置を運んだ．1960 年代にレンジャーおよびアポロミッションを含む宇宙船によって予備的観測が行われた．最初の全天探査は 1972 年と 1974 年に打ち上げられた衛星 SAS-2（→小型天文衛星）と *COS-B が行った．1970 年代の後半に 2 基の *高エネルギー天体物理衛星（HEAO-1 および HEAO-3）がガンマ線観測装置を搭載した．1990 年に *グラナト衛星が，1991 年に *コンプトンガンマ線観測衛星が打ち上げられた．計画中の将来のミッションには *スペクトル X-ガンマ衛星および *インテグラル衛星がある．

エネルギー領域が広いため数種の観測技術が必要になる．最も高いエネルギー（100 GeV より高い）だけしか地球の大気圏を透過できないので，大部分の観測は宇宙空間から行う．最も低いエネルギー（100 keV から 10 MeV）ではガンマ線望遠鏡は，*コンプトン効果，*コリメーション，あるいは *コード化マスクを用いて像を作る．20 MeV と 30 GeV の間では *スパークチェンバーと *NaI 検出器を用いて電子対を生成させてガンマ線を検出する．100 GeV より上ではガンマ線の強度が弱いために衛星には搭載できない大規模な装置が必要になる．このエネルギー領域では地球大気を検出器として使い，一次ガンマ線光子によって大気中に生成される二次電子からの *チェレンコフ放射を光学望遠鏡で観測する．

**ガンマ線背景放射**　gamma-ray background

少なくとも 200 MeV のエネルギーまでをもつ，全空にに広がったガンマ線放射．大局的に見るとガンマ線背景放射は一様に分布している（等方的な）ように見え，われわれの銀河系外に起源をもつことを示している．その強度が低いことは *定常宇宙論の可能性を排除している．この放射の原因として，物質と反物質の消滅，活動銀河，および原始的ブラックホールの爆発の三つの可能性があげられている．

**ガンマ線バースト**　gamma-ray burst

未知の天体源からのガンマ線の強力なバースト．数十ミリ秒から数百秒継続する．最初は 1970 年代に核爆発を監視するために設計されたアメリカのヴェラ衛星によって検出され，最近では *コンプトンガンマ線観測衛星によって詳細に研究された．バーストは全天にわたって一様に分布している．このガンマ線源は銀河系内の近傍領域か銀河系ハローにある可能性もあるが遠い銀河にあるかもしれない．比較的近くに起源をもつバースト源は中性子星かもしれない．線源の距離が遠いものほど，バーストのエネルギーは高いにちがいない．［1997 年にガンマ線バーストの源は銀河系内ではなく遠い銀河中にあることが確定した］．

**ガンマ線望遠鏡**　gamma-ray telescope

天体からのガンマ線を記録する装置．低エネルギー（100 keV から 10 MeV）のガンマ線の検出には *コード化マスク，あるいは *NaI 検出器か *比例計数管のような固体あるいはガスを満たした検出器をもつ *コリメーターを利用する．20 MeV から 30 GeV までは *スパークチェンバーと NaI 検出器を用いる．これより高いエネルギーでは，ガンマ線が大気に衝突して生成される二次電子が放出する *チェレンコフ放射を介してガンマ線を間接的に検出する．

**緩脈動源**　slow pulsator

数秒という典型的な周期ではなく，数分の周期で X 線強度が脈動する連星 X 線源．

**かんむり座**　Corona Borealis（略号 CrB，所有格 Coronae Borealis）

小さいが特徴的な北天の星座．目立つ星の円弧が特徴で，最も明るい星はアルファ星（*アルフェッカあるいはゲンマ）である．明るさが突然減少するグループの原型であるかんむり座 R 星（→かんむり座 R 型星）と *火炎星とも呼ばれる反復新星のかんむり座 T 星という二つの目立つ変光星が含まれる．

**かんむり座R型星** R Coronae Borealis star
ときどき減光を起こしその減光幅が変化する爆発型変光星の一つの型．減光は突然に始まり，概してゆっくりと復帰するが，大きなゆらぎを示すことが多い．略号RCB．その減光は1～9等の深さをもち，数カ月から数年間続く．その開始，深さおよび継続時間は予測できない．最外側の大気層における炭素粒子の雲が観測者の方向に噴出され，その下に横たわる光球からの光を吸収するときにこの減光が起こる．光球の光が遮られると，この星は光球上を厚く蔽っている彩層からわずかに光が生じる彩層期の段階に入る．これらの星はスペクトル型B～MおよびRの高光度超巨星で，水素が欠乏し，ヘリウムと炭素に富んでいる．大部分の星は数十分の1等以下の変光範囲と30～100日の周期をもつ*脈動変光星でもある．少数(約24個が知られている)しか見つかっていないが，かんむり座R型星は星の進化の研究にとって重要であり，連星が合体したものかもしれないと考えられている．

**かんむり座T星** T Coronae Bolealis
*回帰新星．1866年および1946年に二つの大きなバーストが観測された．そのとき星は2.0等に達し，1カ月以内に急速に9等程度にまで光が弱まり，それ以後は10.8という安定した等級に達した．他に紫外線波長域でもっと小さい爆発が記録されている．この星は*分光連星であり，相手の星は227.6日の周期をもつ*赤色巨星である．火炎星とも呼ばれる．

**緩和時間** relaxation time
星団あるいは銀河の中の星の軌道が他の星々の重力*摂動によって一定の変化を受けることが予想される時間．$N$個の星からなる星団の場合，この時間は典型的な星が星団を横断するのに要する時間(*横断時間)の約$0.1N$倍である．球状星団の年齢はそれらの緩和時間よりはるかに古いので，球状星団は緩和されているといういい方をする．これに対して，銀河系の場合は緩和時間は宇宙の年齢より長いので，銀河系は緩和されていない．

# キ

**ギエナー** Gienah
はくちょう座イプシロン星．2.5等で，距離57光年のK0型巨星．

**幾何学的アルベド** geometrical albedo
表面，特に惑星，衛星，あるいは小惑星のような太陽系天体表面の反射率の尺度．物理的アルベドとも呼ぶ．幾何学的アルベドは，太陽の方向(すなわち，*位相角がゼロ)から見たときに天体から反射される光と，白色で完全に乱反射する仮想的な球(すなわち，アルベド1.0をもつ)によって反射される光との強度比．この仮想的な球は現実の天体と同じ見かけの大きさをもち，同じ距離にあると想定する．幾何学的アルベドは，それを適用する波長あるいは波長範囲を規定しなくてはならない．全放射幾何学的アルベド(bolometric geometrical albedo)はすべての波長にわたる反射率を指す．

**幾何学的秤動** geometrical libration
*光学的秤動の別名．

**希ガス** rare gas, noble gas
ヘリウム，ネオン，アルゴン，クリプトン，およびラドンの不活性ガス．貴ガス(noble gas)と呼ばれることもある．各ガスは原子内に安定した電子配置をもち，その配置がガスを不活発にしている．アルゴンを別にして，地球の大気圏には微量の希ガスしか存在しない．

**貴ガス** noble gas →希ガス

**虧　月** (きげつ) waning →ワニング

**基準系** frame of reference, reference frame
例えば，天球上の座標系のように任意の瞬間における空間の物体あるいは点の位置を規定できる1組の軸．

**キーストーン** Keystone
ヘルクレス座のイプシロン星，ゼータ星，エータ星，およびパイ星によって形成される四辺形の星のグループ．

**輝星星表** Bright Star Catalogue
約6.5等より明るい星のカタログ．エール大

学天文台が刊行しているので，エール輝星星表（Yale Bright Star Catalogue）とも呼ばれる．*ハーヴァード修正測光星表にある9096個の星に対する位置，等級，スペクトル型ほかのデータを掲載している．この星表の初版は1930年に登場し，第4版が1982年に刊行された．第5版は電子形式で1991年に発行された．7.1等までのさらに2603個の星を含む別冊が1983年に出版されている．

**季　節**　season

1年を四分割した各期間．すなわち，春，夏，秋，および冬．これらの季節は地軸が傾いているために，緯度が異なる地点では地球が太陽を公転する1年の間に受ける太陽光の量が違ってくることから生じる．天文学的にいうと，季節は *分点（春分および秋分）と*至点（夏至および冬至）に始まるとされる．気象学者は季節を3暦月ずつのグループと見なしている．北半球では春は3月，4月と5月，等々．南半球では季節は逆になり，南半球の秋は北半球の春に対応する，等々である．（図参照）

**基　線**　baseline

*干渉計の二つのアンテナ間の距離．ある観測周波数に対して，干渉計の分解能はアンテナアレイの最大基線長に比例して高くなる．

**輝　線**　emission line

高温あるいは励起された原子が放出する特定の波長をもつスペクトル中の明るい線．星の周囲の高温ガスによって生じる場合のように，吸収スペクトルに重なって輝線が現れることもあるし，近くの高温星からの放射で励起された星雲のスペクトルの場合のように，輝線だけが現れることもある．輝線から放射ガスの組成を決定することができる．

**輝線スペクトル**　emission spectrum

明るい輝線が支配的な，あるいは輝線だけからなるスペクトル．輝線スペクトルは，非常に高温な星の場合のように，高温ガスとエネルギー源が存在することを示している（→放射）．輝線スペクトルをもつ天体の例には*ウォルフーレイエ星，*惑星状星雲，*HII領域，*クェーサーなどがある．

**輝線星雲**　emission nebula

自分自身の光で輝いているガスおよび塵からなる明るい雲．光は主に以下の三つの原因で発生する．通常，ガスは紫外線放射源に暴露されて輝く．中心の星によって電離される*HII領域と*惑星状星雲がその例である．ガスはまた，他のガス雲との激しい衝突のときに電離されて光を出すこともある．*ハービッグ-ハロ天体の場合がそうである．最後に，かに星雲などの*超新星残骸からの光の一部は荷電粒子が星間磁場の周囲をらせん状に動く*シンクロトロン放射の過程で生成される．

**北アメリカ星雲**　North America Nebula

はくちょう座の散光星雲．NGC 7000とも呼

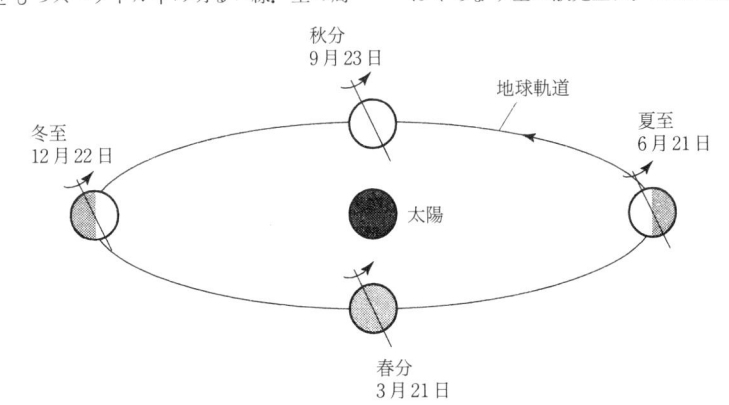

**季節**：季節は地軸の傾斜によって生じる．夏至のとき北極は太陽の方向に最大限傾斜している．北半球が最大量の日光を，南半球は最少量の日光を受ける．6カ月後の冬至のときは状況が逆になる．中間の春分と秋分のとき北半球と南半球は等量の日光を受ける．

ばれる．北アメリカ大陸のような形状をしている．大きさは2°×1.25°，距離は1500光年で，明るい星*デネブの距離と同じであるが，それを照明している星はデネブではなく，星雲内部にある6等の高温な青色星 HR 8023 であると考えられている．北アメリカ星雲の隣りに*ペリカン星雲があるが，どちらも実際には100光年にわたって伸びている同じ巨大な雲の一部である．

**北回帰線** Tropic of Cancer
夏至の正午に太陽が頭上にさしかかる地球上の緯度．このとき太陽はその最も北の赤緯に到達する．北回帰線は北緯約23.5°に位置する．

**北銀河スパー** North Galactic Spur
天の川から北銀極（銀河座標の北極）の方向に突き出ている長さ約80°の電波放射アーク．北極スパーとも呼ばれる．太陽から数百光年離れた昔の*超新星残骸の膨張殻の一部であると信じられている．

**北コールサック** Northern Coalsack
*グレートリフトと呼ばれる暗黒星雲の一部の別名．

**北十字** Northern Cross
星座*はくちょう座の俗名．

**北の星** North Star
*北極星の別名．

**キットピーク国立天文台** Kitt Peak National Observatory, KPNO
アリゾナ州ツーソンの南西90kmのキンラン山地にある標高2120mのキットピークに位置する天文台．1958年に創設され*アメリカ国立光学天文台の一部である．最大の望遠鏡は1973年に開設された4m*メイヨール望遠鏡である．3.5mの*ウイン（WIYN）望遠鏡は1994年に開設された．KPNOの他の装置は，1964年に開設された可視光および赤外線観測用の2.1m反射望遠鏡，1969年に開設された赤外線研究用の1.3m反射望遠鏡，そして1960年に開設された0.9m反射望遠鏡である．またキットピークには1984年に別組織になった*アメリカ国立太陽天文台の2台の望遠鏡，*マクマス-ピアス太陽望遠鏡および太陽真空塔がある．他の研究所が所有する望遠鏡もキットピークに設置されている．それらは1.3mマグロウーヒル望遠鏡（1969年にミシガン州デクスターで開設され，1975年にキットピークに移された）および2.4mヒルトナー望遠鏡（1986年に開設された）などである．両方ともミシガン大学，ダートマス大学およびマサチューセッツ工科大学（MDM天文学コンソーシアム）が共同で運営している．そのほかに，オハイオ州のケースウェスタンリザーヴ大学の0.5mバレルシュミット（もともとは1946年に開設され，1979年にキットピークに移された）や*アメリカ国立電波天文台の12mミリ波望遠鏡もある．アリゾナ大学の*スチュワード天文台もキットピークに望遠鏡をもっているが，それらはKPNOの所属ではない．

**吉林隕石** Jilin meteorite
記録されている最大の落下石質隕石．この落下は中国北東部の満州の吉林付近で1976年3月8日に起こった．約4tのH5コンドライト隕石の断片が採集された．1.77tの重さをもつ断片はかつて回収された石質隕石のうち最大の単一断片である．

**基底状態** ground state
原子あるいはイオン内で電子が占有できる最低の*エネルギー準位．水素とヘリウムの場合，これは原子核に最も近い軌道のエネルギー準位である．しかし，このエネルギー準位は2個の電子しか保持できないので，次に重い元素で3個の電子をもつリチウムの場合は，基底状態の中で最低のエネルギーの第一準位に2個の電子を，第二準位に1個の電子を保持する．第二準位は最大8個の電子を，また第三準位は最大18個の電子を含むことができる（第$n$準位に$2n^2$個の電子を含むことができる）．したがって，もっと重い元素に対する基底状態では，その電子の一部はかなり高いエネルギー準位に保持できる．

**軌道** orbit
ある天体が他の天体を回る経路．太陽の周りを動く惑星，また惑星の周りを動く大型衛星は，*ケプラーの法則で支配される近似的に楕円である軌道をたどる．他の可能な軌道の形は放物線か双曲線である．軌道の大きさと形は*軌道要素で規定される．他天体の重力効果などの*摂動による，軌道要素の時間変化は*天

体力学によって予測できる.

**軌道遠点** apoapsis

楕円軌道において，周回される天体の中心から最も遠くに位置する点.

**軌道極点** apsides

楕円軌道において，周回される天体の中心の最も近く，あるいは中心から最も遠くに位置する2点. 単数は apsis あるいは apse. 最近接点は近点（periapsis あるいは periapse）で，最遠点は遠点（apoapsis あるいは apoapse）である. これらの2点を結ぶ直線が軌道極点線（line of apsides）であり，軌道の主軸と同じである. 太陽周囲の地球軌道の場合は，軌道極点は近日点と遠日点である.

**軌道傾斜角** inclination →傾斜角 (1)

**軌道速度** orbital velocity

軌道上のある点で天体が示す速度. 軌道が円形でなければ，天体の速度はケプラーの第二法則（→ケプラーの法則）にしたがって連続的に変化する. 天体の速度は速さだけでなく方向も規定する. 円軌道にある天体の*円周速度は半径ベクトルに常に直角である. 円周速度よりも速く移動する天体は楕円軌道に入る. *脱出速度をもつ天体は放物線軌道に入るので，その天体は周回する天体から離れて決して戻ることはない（→放物線速度）. *双曲線速度は脱出速度より大きい速度である.

**軌道太陽観測衛星** Orbiting Solar Observatory, OSO

太陽活動のサイクル全般にわたって太陽からの紫外線，X線およびガンマ線を研究したNASAの衛星シリーズ. 1962年から1975年まで8台が打ち上げられた. 太陽フレアからのガンマ線，硬X線バースト，およびフレアが最も明るく輝く段階における紫外線放出などをいずれも最初に観測した.

**軌道天文台衛星** Orbiting Astronomical Observatory, OAO

主として紫外線領域での観測を行う NASA の天文衛星シリーズ. 最初に成功したミッション（OAO-2）は，1966年の初期の失敗後1968年12月に打ち上げられた. 0.32 m望遠鏡4台の集合であるセレスコープ，および紫外線観測用の数台の他の望遠鏡を搭載していた. 1970年の3番目の衛星は軌道に入ることに失敗した. シリーズ最後のOAO-3 は1972年に打ち上げられ，後に*コペルニクス衛星と命名された.

**軌道要素** orbital elements

軌道の大きさ，形状，および方位を記述する6個の量. 任意のある時刻における軌道上の天体の位置を計算するのに使用する. 太陽を周回する惑星の場合，*黄道と*春分点（おひつじ座の第一点）をそれぞれ準拠面および準拠方向として用いる（図参照）. その場合の軌道要素は，*昇交点黄経 $\Omega$，*軌道傾斜角 $i$，近日点引数 $\omega$，*長半径 $a$，*離心率 $e$，およびある時刻（あるいは元期）における軌道上の惑星の位置を与える6番目の数. これは*近日点通過時刻 $T$（あるいは $\tau$）でもよいし，元期における*黄経 $L$ でもよい. 離心率が高い軌道をもつ彗星の場合，長半径は通常は近日点距離 $q$ で置き換える.

周回天体が月ならば，軌道要素は一部改変される. 近日点引数を近地点引数で，近日点通過時刻を近地点通過時刻で置き換える. さらに，周回天体が地球の人工衛星の場合は準拠面として黄道を赤道で，昇交点黄経を昇交点赤経 $\alpha$ で置き換える.

木星や土星など衛星をもつ他の天体の場合，準拠面は，衛星が惑星に近ければ惑星の赤道面に，衛星が太陽から強い*摂動を受けるならば惑星の軌道面になる.

軌道が無視できない摂動を受けるときは，そ

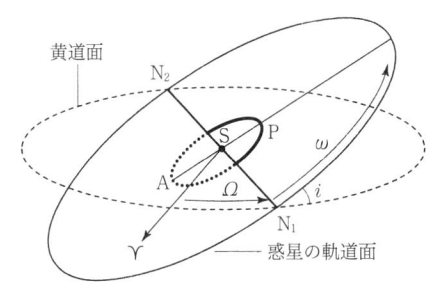

**軌道要素**：太陽の周りの惑星軌道の要素. A：遠日点，P：近日点，$N_1$：昇交点，$N_2$：降交点，S：太陽，♈：春分点，$\Omega$：昇交点黄経，$i$：軌道傾斜角，$\omega$：近日点引数.

の軌道要素は特定の時刻に対して与えられる。これらは*接触軌道要素という名で呼ばれる。

**輝度温度** brightness temperature（記号 $T_B$ あるいは $T_b$）

天体が黒体放射体であるという仮定のもとに計算したその天体の見かけの温度。薄いプラズマの場合，輝度温度は常にその源の真の温度より低い。非熱的放射源の場合は輝度温度は真の温度と大きく異なることがある。例えば*メーザーや*シンクロトロン放射源は非常に高い輝度温度をもつことがありうる。

**ギバス** gibbous

月あるいは惑星の，半分が光っているとき（半月）と全体が光っているとき（満月）の間の位相の呼び名。

**揮発性物質** volatile

比較的低温で融解するか沸騰する（蒸発する）元素あるいは化合物を指すことば。別のいい方をすると低温でガスから凝縮する元素あるいは化合物ともいえる。水素，ヘリウム，二酸化炭素，および水がその例である。揮発性物質の反対語は*難揮発性物質である。地球型惑星および隕石では約1000 K以下で揮発性のある広い範囲の元素が枯渇している。しかしながら，これらの揮発性元素は太陽から4 AUの彼方にある外部太陽系には広くゆきわたっている。

**キベレ群** Cybele group

太陽からの平均距離が3.4 AUの*小惑星帯の外側部分に位置し，しばしばキベレ族とも呼ばれる小惑星のグループで，2 : 1木星共鳴と5 : 3木星共鳴の間にある。*トロヤ群，*ヒルダ群，および小惑星*チューレと同様に，キベレ群もそれぞれの距離にあった原始天体の残骸であると考えられている。この群は，1861年にドイツの天文学者Ernst Wilhelm Lebrecht Tempel（1821〜89）が発見した直径308 kmのPクラス小惑星（65）キベレの名とって命名された。キベレの軌道は，長半径軸3.434 AU，周期6.36年，近日点3.07 AU，遠日点3.79 AU，軌道傾斜角3.5°をもつ。

**基本カタログ** fundamental catalogue

一般にほぼ9等より明るい星の位置と固有運動を示すカタログ。大部分のデータは数十年にわたって行われた子午線観測から導出され，正確な星の位置基準系を定義する。ドイツのシリーズ（→ FK）とは別に，アメリカで作成された他の基本カタログとして，Preliminary General Catalogue（PGC；6188個の星；L. Boss, 1910），General Catalogue（GC；33342個の星；B. Boss, 1910），およびN 30（5268個の星；H. R. Morgan, 1952）がある。⇨ボスの総合カタログ

**基本元期** fundamental epoch →標準元期

**基本星** fundamental star

位置と固有運動が極めて精確にわかっているので基本カタログに含められている星。

**基本モード** fundamental mode

振動の中の最低の振動数，あるいは複雑な振動を構成する最低振動数の成分。基本振動数の整数倍は上音（overtone）あるいは倍音（harmonics）と呼ばれ，多くの型の脈動変光星に存在する。

**逆コンプトン効果** inverse Compton effect

高速運動する電子が光子に衝突するときに光子が電子からエネルギーを得ること。逆コンプトン散乱とも呼ばれる。電子はそのエネルギーの一部を光子に伝達し，光子のエネルギーが増加して波長が減少する。電子は多数の衝突を経て，そのエネルギーの相当な部分を喪失する。*コンプトン効果の逆である。

**逆コンプトン散乱** inverse Compton scattering →逆コンプトン効果

**客星** guest star

古代中国の記録で彗星，新星あるいは超新星のような一時的に見える天体をいうときの名称。

**逆たたみ込み** deconvolution →デコンボリューション

**逆転線** line of inversion →磁気逆転線

**逆二乗則** inverse-square law

力の強さ（例えば，重力）あるいはエネルギー流（例えば，光）が源からの距離の逆2乗にしたがって弱くなることを示す法則。逆二乗則によると，ある量の大きさはその源からの距離の2乗に反比例する。例えば，対象の距離が2倍になると，そこからの光あるいは重力の強さは4倍減少する。距離が3倍になると，その光

外惑星の軌道

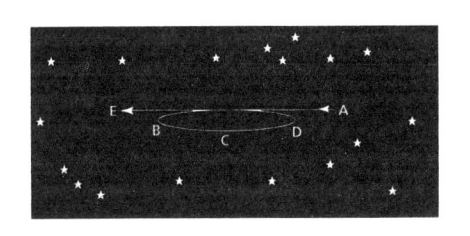

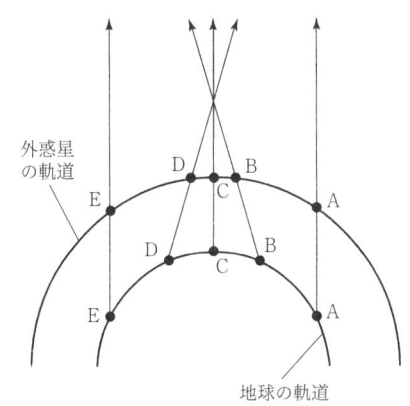

地球の軌道

**逆行**：地球が外惑星に追いつき，追い越すとき，その外惑星は逆行運動するように見える．
A：順行する惑星，B：静止点（留），C：逆行ループの真中にある惑星，D：静止点（留），E：惑星は順行運動にもどる

あるいは重力の強さは9倍小さくなる．
**逆はくちょう座P星型線輪郭** inverse P Cygni profile →はくちょう座P星型線輪郭
**逆　行** retrograde motion
　惑星，彗星などの天体が天球上を東から西へ移動すること．すなわち太陽の北極の上から見た時，時計回りの方向へ天体が公転すること．これと反対方向の運動は*順行と呼ばれる．逆行運動を示す天体は90°より大きい軌道傾斜角をもつ．外惑星は，地球がそれらに追いつき，また追い越すときに一時的に逆行するように見え，その間外惑星は逆行ループを描くという．太陽の北極の上から見たときに天体がその軸上を時計回りの方向に自転することも逆行という．この場合自転傾斜角は90°より大きい．
**キャノン，アニー　ジャンプ** Cannon, Annie Jump（1863～1941）

アメリカの天文学者．1896年に彼女はハーヴァード大学天文台で*ピッカリング（E.C.）のもとで研究を始めた．そこで彼女は星のスペクトルの分類に着手した．それは*フレミング（W.P.）のアルファベット順系列（A, B, C, など）を洗練したもので，いくつかの種類を除き，連続的なスペクトル型系列を与えるよう，高温のO型およびB型星からA, FおよびGを経て低温のKおよびM型星までに再配列した．22万5000個を超える星のスペクトルに関するキャノン分類は*ヘンリー・ドレイパー星表に発表された．
**キャリントン，リチャード　クリストファー** Carrington, Richard Christopher（1826～75）
　イギリスの天文学者．1853年に私設の天文台を建設し，3735個の周極星カタログ（1857年刊行）のための夜間観測と平行して，太陽黒点の日面位置を日中に測定するプログラムを開始し，1861年まで続けた．結果は1863年に刊行されたが，それには太陽の自転軸の位置をかつてない精度で計算した値，および黒点の分布と自転周期を日面緯度の関数とした測定値が含まれていた．彼は*キャリントン自転のシステムを創始した．
**キャリントン自転** Carrington rotation
　太陽の毎回の自転を同定するためのシステム．太陽の平均自転周期を25.38日とする．自転no.1のゼロ日面経度は，1854年1月1日の12.00 UTに太陽の中央子午線を横切ったと定義し，以後連続的な自転回数を測る．このシステムは*キャリントン（R.C.）が創始した．
**キャンベル，ウイリアム　ウォーレス** Campbell, William Wallace（1862～1938）
　アメリカの天文学者で数学者．1892年にぎょしゃ座新星のスペクトル変化を研究した．1896年に星の視線速度の長い一連の測定を始め，1928年に3000の視線速度のカタログを刊行した．この研究は銀河系内の太陽の運動，および銀河回転に関する知識を改善した．キャンベルは日食のための数回の遠征隊を引率した．1922年の食のとき彼は，アインシュタインの一般相対性理論が予測した星の光の屈折を検出し，*ダイソン（F.W.）と*エディントン（A.S.）の以前の結果を確認し改善した．

**休　止**　standstill
　*矮新星の一種である*きりん座Z型星がほとんど一定の明るさにとどまり、通常の爆発的増光がない期間のこと。休止がいつ起こり、どれくらい続くかは予測できないが、普通は減光しているときに始まる。

**吸　収**　absorption
　光子から原子あるいは分子へエネルギーが輸送される現象。光子エネルギーがある*エネルギー準位から別のエネルギー準位へ電子を励起するために必要なエネルギーに等しければ、特定の波長の*吸収線が生じる。さまざまな波長での吸収は連続吸収（continuous absorption）と呼ばれる。光が、例えば星の外層、地球大気、星雲、あるいは星間空間におけるプラズマを横切るときには必ず吸収が起こる（→星間吸収）。

**吸収係数**　absorption coefficient
　放射が媒質を通過するときにその強度が減少する（吸収される）割合の尺度。放射強度を元の値の$1/e$まで低減させるのに必要な距離の逆数である（$e=2.718$）。

**吸収スペクトル**　absorption spectrum
　暗い*吸収線だけが見られるスペクトル。高温の物質から放たれた光がより低い温度の物質中を通過するときに生じる。太陽のような通常の冷たい星のスペクトルはこの範疇に入る。

**吸収星雲**　absorption nebula　→暗黒星雲

**吸収線**　absorption line
　星のスペクトルに見られる暗い線。内部のより熱いガスが放出する放射を星の外層（*光球）中のより冷えたガスが吸収することによって形成される。太陽スペクトル中の*フラウンホーファー線が最もよく知られた例である。吸収線は、元素あるいは分子に固有の特徴であり、吸収線によって星の化学組成を決定することができる。⇒バンド

**吸収端**　absorption edge
　単一の元素（例えば水素）の吸収線系列の端のこと。元素が電離される波長を表す。水素の*バルマー系列では、364.6 nmの系列限界に達すると吸収線は密集して、その波長で吸収端を形成する（→バルマー端）。

**球状星団**　globular cluster
　銀河のハローにある、老齢な星々がほぼ球状に集まった星団。数万から数百万個の星を含み、直径は100〜300光年である。大部分の星が集中している星団の中心部では、密度は1立方光年当たり250個以上である。われわれの銀河系には約140個の球状星団が知られ、銀河系中心の周りの非常に細長い楕円軌道上を運動している。球状星団は約$10^{10}$年という非常に老齢の星団で、銀河系の歴史の初期に形成された。球状星団にある星は種族IIのメンバーで、重元素の含有量は低い（太陽の値の数％にすぎない）。ただし太陽に近い値を示す星団もある。球状星団の*ヘルツシュプルング-ラッセル図で*主系列と*巨星分枝は準巨星分枝を介して滑らかに結合されている。また、*漸近巨星分枝星、そして*こと座RR型変光星を含む不安定帯で区切られた*水平分枝も目立っている。球状星団はすべての大規模銀河の周囲に存在するが、巨大な楕円銀河の周りに最もたくさんある。いくつかの銀河、特に最近合体した銀河は多数の"若い"球状星団を含んでいる。

**急新星**　fast nova
　100日たらずで極大値から3等級も低下する新星の型。略号NA。極大値から2等級だけ低下するのに要する時間に基づいてさらに分類することもある。すなわち、10日以下は非常に速い、11〜25日は速い、26〜80日は中程度に速い、81〜150日は遅い、151〜250日は非常に遅い、と分類される。

**球面アルベド**　spherical albedo
　*ボンドアルベドの別名。

**球面座標**　spherical coordinates
　天球あるいは惑星表面のような球面上の角度によって位置を特定するための座標系。天文学で用いる大部分の座標系は球面座標である。*黄道座標、*赤道座標、および*銀河座標がその例である。

**球面三角形**　spherical triangle　→天文三角形

**球面収差**　spherical aberration
　反射鏡およびレンズの*収差の一つで、光軸に平行であるが光軸から離れた光線束が軸に近い光線束とは異なる焦点に集められる現象。球

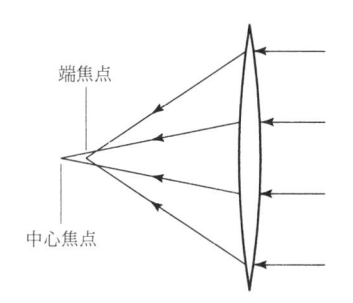

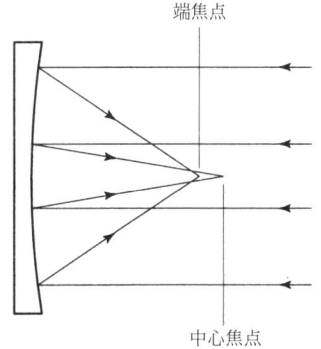

**球面収差**：レンズ（左）あるいは球面反射鏡（右）の端に入射する光は，中心近くに入射する光とは異なる焦点に集まる．

面収差は球面反射鏡，およびある種のレンズや接眼鏡が形成する像で見られる．球面収差を受ける星の像は唯一の焦点をもたず，その代わり像が最小になる最小錯乱円をもつ．最小錯乱円の位置の外側では像は円盤に囲まれた明るい斑点である．その点の内側では像は中央に向かって暗くなる環である．反射鏡あるいはレンズの周縁からの光線束がその中心からの光線束よりも近い焦点に集まる場合，収差は過小補正，反対の場合は過剰補正と呼ばれる．

**球面天文学** spherical astronomy
天球上の座標を用いて天体の位置および角度変位を記述する天文学の分野．天文学の最も古い分野の一つで，現在では人工衛星および宇宙探査機の追尾にも関係がある．

**旧暦日** Old Style date, OS
現代のグレゴリオ暦に対して，*ユリウス暦による歴史的あるいは天文学的できごとの日付．したがって，1917年のロシア革命の記念日はグレゴリオ暦では11月7日であるが，ロシアでは10月革命と呼ばれる．当時ロシアはユリウス暦を用いており，その旧暦日は1917年10月25日だからである．

**QSS** quasi-stellar radio source ➡準恒星状電波源

**QSO** quasi-stellar object ➡準恒星状天体

**Qクラス小惑星** Q-class asteroid
中程度に高いアルベド，および$0.7\,\mu m$より短波長での強い吸収パターンと$1\,\mu m$付近でのあまり目立たない吸収パターンを示す反射スペクトルを特徴とする小惑星のまれなクラス．スペクトルは*普通コンドライト隕石に似ていると解釈されている．現在では，(1862) アポロと他の数個の*地球近傍小惑星だけがこのクラスに属することが明らかにされている．

**Q指数** Q index
光学的等級 U，B，V を次のように組み合わせて作られる指数．*色指数の一種である．
$$Q = (U-B) - 0.72(B-U)$$
これは星間赤化（➡星間吸収）の影響を受けない指数で，主系列上部のスペクトル型と強く相関している．

**キュテレアン** Cytherean
金星のことをいう．この用語はアフロディテ（ヴィーナスに当たるギリシャの女神）の神話上の生誕地であるキュテラに由来する．

**Q等級** Q magnitude
有効波長$21.0\,\mu m$および帯域幅$5.5\,\mu m$をもつ赤外線等級．

**キュンティアン** Cynthian
月のことをいう．この用語はデロス島のキュントス山で生まれたと想像されている月の女神をアポロの双子兄妹であるアルテミスと見なすことに由来している．

**境界層** boundary layer
地表と直接接触している地球大気圏の高度．ここでは地表と空気の間の摩擦が大気の運動を決定するのに重要な役割を演じる．境界層は*対流圏の最下部に位置し，安定した条件下での数百mから対流が強い場合の1～2kmまで深さが変化する．

**共回転** co-rotation

天体が他の天体を公転する場合に，一方あるいは両方の天体が，公転する天体の公転周期と同じ自転周期をもつ現象．共回転天体は，地球に面する月の場合のように，他方の物体に同一面を永久に向け続ける．冥王星とその衛星カロンの場合，両天体は共回転状態にあるので，互いが同一面を他方に向け続ける．⇒スピン–軌道結合，同期自転

**鏡金** speculum metal

19世紀後半まで望遠鏡の反射鏡として使われたスズと銅の合金．その反射率はほぼ66%にすぎず，変色すると研磨し直す必要があった．その後，銀メッキしたガラスの反射鏡に代わった．

**峡谷** vallis

惑星表面の峡谷．複数形valles．この名称は地質学用語ではなく，例えば*火星のマリナー峡谷，あるいはアリエル上のレプレカウン峡谷のように，特に長いあるいは大きい峡谷の命名に用いる．この用語は17世紀に月面の地形に対して初めて使われた．

**共生星** symbiotic star

晩期型*赤色巨星あるいは*超巨星（3000 K），とB型矮星（20000 K）のような，非常に対照的な温度のスペクトル線を示す星（多くの場合は*激変星）．このような特性はこの星が*相互作用連星であることを示している．共生星にはさまざまな異なった種類のものがある．比較的特性が明確なものとして，*アンドロメダ座Z型星，共生新星すなわち*ぼうえんきょう座RR型星，および*降着円盤と円盤面にほぼ垂直に現れるジェットをもつみずがめ座R星のような天体がある．*質量移動は物質の流れによるか主星からの*恒星風として起こる．

**狭帯域測光** narrow-band photometry

3〜10 nmの帯域幅をもつフィルターを用いる測光．3 nmより狭い帯域幅のフィルターを作るのは困難なので，そのような場合は*分光測光計を用いなくてはならない．個々のスペクトル線あるいは分子バンドを分離することが必要なときに狭帯域系を用いる．［スペクトル線やバンドを詳しく調べるには，狭帯域測光よりスペクトル分解能が高い分光観測をする必要がある］．

**共通外層連星** common envelope binary

二つの星の核が極めて大きい共通のガス外層で囲まれた巨大な星の一形態．星の進化の研究によれば，*おおぐま座W型星の連星の一方が赤色巨星に膨張するときに共通外層連星が生じるはずと予言される．しかしながら，そのような星が確実に同定されたことはない．*白色矮星あるいは*中性子星のようなコンパクト天体を含む*激変連星もまた共通外層段階を通過したと想定されている．⇒かみのけ座FK型星

**共通軌道の** co-orbital

惑星の衛星などで，同一あるいは類似の軌道を共有する二つまたはそれ以上の天体を記述することば．これは二つの場合に起こりうる．一つは，同一軌道で天体が経度60°だけ離れる場合で，それらの天体は接近することがない．土星の衛星テティスとそれより小さな二つの共通軌道衛星カリプソおよびテレストの場合がそうである．この場合，小さい方の両衛星はテティスの軌道の*ラグランジュ点に位置する．もう一つの場合は，いくつかの共通軌道天体はわずかに異なる周期をもつ隣接した軌道に位置するので，互いに近接通過し合うことができる．軌道がわずか50 kmしか離れていない土星の衛星ヤヌスとエピメテウスの場合がそうである．この両衛星は，外側の衛星よりも速く移動する内側の衛星が外側の衛星に追いついて，追い越す際に両者が実際に軌道を交換する．

**共通固有運動** common proper motion, c. p. m.

二つ以上の星が空間をともに運動する状況．すなわち，それらは同じ*固有運動をもつ．これは，軌道運動が検出できなくてもそれらが真の*連星あるいは多重星を形成している可能性があることの兆候である．

**協定世界時** Coordinated Universal Time, UTC

放送の時間信号で与えられる時間で，常用計時の基礎である．日常生活の標準的な時間としての自然な選択は*世界時（UT）であろうが，これは地球の自転速度の変化によって生じる予測できない不規則さを含んでいる．したがっ

て，UTCは*国際原子時（TAI）と結びつけられる．しかしUTCを常にUTの0.9秒以内に保つためにはオフセットを導入する．これは随時に*閏秒を導入して行う．

**強　度** intensity（記号$I_\nu$あるいは$I_\lambda$）

単位周波数あるいは単位波長当たりで単位立体角内の単位面積を通過する放射エネルギーの尺度．強度は広がった放射源の単位立体角から受ける*流束密度に等しい（表面輝度とも呼ばれることがある）．強度は放射源の特性であり，距離には依存しない．［距離の2乗に反比例して減少するのは*流束である］．特定の観測波長においては，強度は*輝度温度に比例する．単位は1 Hz当たり1ステラジアン当たりW/$m^2$あるいはJy/srである．赤外線天文学では1 $\mu m$当たり1ステラジアン当たりW/$m^2$を使用することが多い．

**共同天文学センター** Joint Astronomy Centre, JAC

ハワイ州ヒロにある施設．イギリスが所有し，*英国赤外線望遠鏡および*ジェイムズ・クラーク・マクスウェル望遠鏡を運用している．後者はカナダおよびオランダとの共同運営である．ジェミニ北望遠鏡を運営する予定である．JACは元は英国赤外線望遠鏡の本部として1978年に創設されたが，1988年にその役割が拡張され，改名された．［南北二つのジェミニ望遠鏡はジェミニ天文台という組織が運用することになった］．

**強度干渉計** intensity interferometer

明るい星の角直径を測定するための光学干渉計．強度干渉計はオーストラリアのニューサウスウェールズのナラブライで1965年から1972年まで稼動し，直径188 mの円形のレールトラック上の二つの6.5 m集光器からなっていた．

**共　鳴** resonance

天体の軌道における公転周期の*尽数関係に由来する効果．天体の公転周期の比が1/2，1/3，2/3あるいは3/4のような小さな分数に近い場合は，それらの天体は共鳴軌道にあるという．このために，これらの天体の相互摂動は軌道のほぼ同じ点で繰り返され，その結果強め合って大きな振動を生成するか，時には天体の一つを別の軌道に押しやりさえする．*小惑星帯にある*カークウッド間隙は，小惑星が木星と共鳴する場所である．木星の衛星系ではイオ，エウロパ，およびガニメデは互いに共鳴状態にあるので，これらの三つの衛星が木星の同じ側で一列になることはありえない．他に土星の衛星である*ミマスと*テティス，*ディオネと*エンケラドゥス，および*ティタンと*ヒペリオンなどの対は共鳴しており，その効果としてそれらの軌道は安定化し，軌道に大きな振幅と長い周期の振動が生じている．

**共鳴線** resonance line

原子あるいは分子において基底状態と第一エネルギー準位の間を遷移する電子が引き起こすスペクトル線．たいていの場合，大多数の電子は基底状態にあり，第一準位に達するために必要なのは最小エネルギーだけなので，共鳴線はスペクトル中で最も強い線である．共鳴線は基底状態への，あるいは基底状態からの遷移によって生じる最も長波長の線である．

**極** pole

地球の赤道面あるいは黄道面などの面に直角な方向．回転する天体の場合，極はその天体の自転軸の両端に位置する．⇒銀極，黄道の極，天の極

**極運動** polar motion

地球内での自転軸の移動．主要な成分は年周項と*チャンドラー揺動として知られる14カ月項である．最大移動量は約0.1″で，地球表面では10 mに相当する．

**極　冠** polar cap

惑星の極を囲む氷あるいは同様な物質の明るい表面層．普通，その大きさは1年を通じて変化する．地球では極冠は水の氷から構成されているが，火星では極冠は大部分は二酸化炭素からなり，水の氷が中心部分に存在する．火星の極冠は，冬には緯度60°まで拡大するが，夏の盛りには緯度85～87°まで後退し，水の氷の極冠だけになる．太陽系の他の天体のうちトリトンだけがはっきりした極冠をもち，窒素から構成されているように見え，季節変動もあるかもしれない．

**極軌道** polar orbit

惑星の極の真上あるいはほとんど真上を通過

する90°に近い傾斜角をもつ衛星軌道．極軌道にある衛星は，惑星が自転するにつれて惑星表面上のすべての点を通過することになる．

**極距離** polar distance
天の極からある天体までの角距離．天の赤道に対して垂直な線（*時圏）に沿って測定する．それは90°から天体の*赤緯を引いた値であり，ときには赤緯の代わりに座標として用いることがある．

**極紫外線** extreme ultraviolet, EUV
紫外線領域とX線領域の間のスペクトル領域．10～100 nmの波長域にわたる．最初のEUV源は1975年にアポロ-ソユーズミッションの望遠鏡によって検出された．EUVでの最初の天空探索は1990/1991年に*ローサットで行われた．*極紫外線探査衛星はこの波長帯で天文観測を続行した．

**極紫外線探査衛星** Extreme Ultraviolet Explorer, EUVE
極紫外線波長で空を探査するNASAの衛星．1992年6月に打ち上げられた．最初は6～70 nmの波長をカバーする3基の*斜入射望遠鏡を用いて6カ月間空を探査した．他の望遠鏡に対し直角方向に向けられた4番目の望遠鏡は他より深い露出で限られた空の領域を探査した．この望遠鏡は分光計を装備しており，分光計は初期の探査観測後は主要装置として使われた．

**極軸** polar axis
*赤道儀式架台の軸の一つ．極軸は地軸に平行に設置されており，したがって天の極の方向を指している．

**局所静止基準** local standard of rest, LSR
太陽の近傍における星々の運動の平均で定義される点．局所静止基準では，星の*空間速度は平均すると0になる．LSRは約220 km/sの速度で銀河系の中心の周りを円運動しており，したがってほぼ2億年に1度銀河系を1周する．

**局所熱力学平衡** local thermodynamic equilibrium, LTE
高温ガスの中で成り立つ平衡状態．そこでは放出される放射はガスの温度および密度の局所的な値によって決定される．LTEは，空間へ

の放射損失のために厳密な熱力学平衡が成立しない星の大気にも適用できると仮定される．

**極 星** pole star
天の北極あるいは南極に最も近い肉眼星．現在の北の極星は*北極星であり，南の極星は*はちぶんぎ座シグマ星である．しかしながら，天の極（したがって極星）の位置は，*歳差の効果によって時間とともに変化する．

**極ダイアグラム** polar diagram
電波アンテナの感度が方向によって変動する様子を示すグラフ．一般には送信機として使用したときに同じアンテナが放射するエネルギーパターン（→アンテナパターン）と同じでもある．多くのアンテナの場合，このパターンは三次元で変化するので，完全な変動を示すためには直角方向の二つの極ダイアグラムが必要である．アンテナ配列の場合の極ダイアグラムは，普通はその中心に沿って感度が最も高い主ローブを示すが，アンテナがその中心軸から広い角度離れた方向でも感度をもつことを示す側面ローブもある．

**極端な種族 I 型星** extreme Population I star
最も若い種族に属する星．例えば，*おうし座T型星，*ゼロ歳主系列に新しく到達した星，あるいは*H II領域に囲まれた大質量のOB型星．このような星は高い金属の存在量（太陽での存在量と同じかそれよりも大きい）をもつ．それらは銀河円盤の局所的な領域，特にごく最近に星の形成が起こった渦巻腕に見いだされる．

**極超新星** hypernova
［通常の超新星の10倍以上の爆発エネルギーを出す極めて強力な*超新星］．

**極頂対角** parallactic angle
天球上で天体と天の極を通過する大円と，天体と天頂を通過する大円がなす角度．

**極標準星** polar sequence →北極系列星

**局部腕** local arm
太陽が位置する銀河系の渦巻腕である*オリオン腕の別名．

**局部銀河群** Local Group
銀河系から直径約300万光年以内にある銀河からなる銀河群．局部銀河群には確認された31のメンバーがある（付録の表7参照）．最も

近い他の顕著な銀河群（ちょうこくしつ座群およびM81群）は900万光年の距離にある．局部銀河群の総質量は$(3～5)×10^{12}$太陽質量である．最も明るいメンバーは三つの渦巻銀河，すなわち*アンドロメダ銀河，わが銀河系およびM33である．まだ発見されていない数個の*矮小楕円体銀河メンバーが存在するかもしれない．

### 局部超銀河団　local supercluster
*局部銀河群を含む*超銀河団．局部銀河群はこの超銀河団の端近くに位置する．*おとめ座銀河団に中心があるのでおとめ座超銀河団とも呼ばれる．偏平な形状をもち，おそらく直径は約1億光年である．多分，少なくとも10000個の銀河を含む．

### 局部バブル　local bubble
太陽系を含む星間空間中の低密度（ほぼ$0.07$原子$/cm^3$）な領域．バブルは約100パーセクの広がりをもち，太陽のすぐ近傍の星々まで広がっている．太陽系はバブル周縁から約10～20パーセクの地点に位置しているように見える．局部バブル中のガス密度が低いのは，この領域を古代の*超新星からの衝撃波が進んでいったためかもしれない．

### 極偏平度　polar flattening
*偏平率の別名．

### 曲率半径　radius of curvature
凹面反射鏡の基本曲線を形成する回転楕円面の半径．反射鏡の*焦点距離は曲率半径の半分である．

### きょしちょう座　Tucana（略号Tuc．所有格Tucanae）
巨嘴鳥をかたどった南天の星座．最も明るい星は2.9等のアルファ星である．ベータ星は4.4等，4.5等，および5.1等の光学的三重星である．*きょしちょう座47番星は大きな*球状星団である．この星座の他の著名な天体は*小マゼラン雲である．

### きょしちょう座47番星　47 Tucanae
全天で2番目に明るい*球状星団．見かけの等級は4等，月と同じ*視直径をもつ．きょしちょう座にあり距離は約15000光年．NGC 104とも呼ばれる．真の直径は150光年で，質量は約$10^6$太陽質量である．その中心における

星の密度（立方光年当たり約1000個）は，知られている最も星密度の高い値である．

### ぎょしゃ座　Auriga（略号Aur．所有格Aurigae）
馭者をかたどった北の空の星座．最も明るい星は*カペラ（アルファ星）である．三つの6等級の散開星団M36，M37，およびM38を含んでいる．*ぎょしゃ座イプシロン星は長周期の*食連星である．ゼータ星はもう一つの食連星で，972日の周期で3.7等と4.0等の間を変光する．これは*ぎょしゃ座ゼータ星型変光星の原型である．

### ぎょしゃ座RW型星　RW Aurigae star
若い*不規則型変光星に対して，昔広く使われたが，現在ではすたれた用語．光度曲線の形態にのみ基づいて命名とそのサブグループが作られた．これに対して現在の変光星の分類体系では星雲状物質の存在，変光の速さ，そしてスペクトル型も考慮している．現在，ぎょしゃ座RW星自身は，速い変光と*おうし座T型星のスペクトルをもつIsT型に分類されている．

### ぎょしゃ座イプシロン星　Epsilon Aurigae
非常に長い公転周期（9892日）と多くの異常な特性をもつ*食連星．非常に明るいF2型超巨星（絶対等級$-8$）がさらに大きな見えない天体によってほぼ610日間食される．この天体の性質はまだわかっていない．伴星であるB型主系列星を囲んでいる円盤，環あるいは殻かもしれない．しかし二つの白色矮星の周りを包む曲がった円盤によって説明できそうな特徴も示している．食の間，見かけの等級は2.9から3.8まで低下する．イプシロン星は約2000光年の距離にある．最後の食は1983/4年であった．次の食は2009年に始まる予定である．

### ぎょしゃ座ゼータ星　Zeta Aurigae star
複合スペクトルをもつ*食連星（→複合スペクトル連星）．この連星は晩期型の明るい巨星あるいは超巨星と早期型星からなる．主星の食の直前と直後に伴星の最外層を通して高温の主星が見える．このような連星系で，スペクトルがM型超巨星の存在，すなわち輝線あるいは*質量移動を示す特徴をもつならば（必ずしも食が起こる必要はない）その星はケフェウス座VV型星と呼ばれることもある．ぎょしゃ座ゼ

一タ星とケフェウス座 VV 星では公転周期はそれぞれ 972 日と 7430 日である．ケフェウス座 VV 星の伴星は太陽の 1600 倍の直径をもつと推定され，知られている最大の星の一つである．

**巨　星**　giant star

中心核ですべての水素をヘリウムに変換してしまい，生涯の終わり近くにさしかかって大きく膨張した星．このような星は＊ヘルツシュプルング-ラッセル図の主系列の上部の＊巨星分枝に位置する．巨星は同じ質量の主系列星に比べて明るく，大きく，そして低温である．巨星の直径は太陽の 5〜25 倍，そして光度は太陽の数十から数百倍である．＊光度階級 II あるいは III に属する．⇨青色巨星，赤色巨星

**巨星分枝**　giant branch

ヘルツシュプルング-ラッセル図において主系列の右上方に斜めに伸びる細い領域で，＊巨星がそこに分布する．巨星分枝は，太陽と似た表面温度をもつが光度は 30 倍ほど大きい星から，温度はもっと低いが光度はもっと大きい星までの範囲にわたる．太陽より質量がずっと大きい巨星と主系列の間には＊ヘルツシュプルングの間隙がある．それより質量が小さい巨星は主系列からさほど離れていない準巨星分枝内に分布する．

**巨大ガス惑星**　gas giant

＊巨大惑星の別名．

**巨大分子雲**　giant molecular cloud, GMC

主として分子からなる星間ガスおよび塵の大質量の雲．典型的な直径は 100 光年で，質量は数十万から 1000 万太陽質量の範囲にある．GMC は大部分が水素分子（$H_2$，質量で 73％）で，ヘリウム原子（He, 25％），塵粒子（1％），中性水素原子（HI，1％より少ない），および多様な星間分子の混合物（0.1％より少ない）を含む．われわれの銀河系には 3000 以上の GMC が存在し，そのうち最も質量が大きいものは銀河系中心の電波源いて座 B 2 の付近にある．これらの GMC は銀河系の体積の 1％ほどを占めるにすぎないが，すべての星間物質の半分を含む．平均ガス密度は 1 cm³ 当たり分子数千個である．GMC は主として円盤銀河の渦巻腕にあり，そこで大質量星が生まれる．GMC は 3000 万年の間存在するが，その間にそれらの質量のほんのわずかな割合が新しい星に変換されるにすぎない．最も近い GMC はオリオン座にあり，オリオン星雲に付随している．

**巨大メートル波電波望遠鏡**　Giant Metrewave Radio Telescope, GMRT

西インドのプネ北方約 80 km のマハラシュトラ州コダードにある電波干渉計．インド国立電波天体物理学センターが所有し，運営する．この干渉計はそれぞれが 45 m の直径をもつ 30 基の可動パラボラアンテナから構成される．[1999 年に稼働が開始された]．

**巨大乱流**　macroturbulence

[スペクトル線幅を広げる原因となる星の表面の乱れ．星の表面には（太陽に見られるように）さまざまな規模の乱流運動があるが，星は遠いためそれらを識別することはできず，乱流によるドップラー偏移によってスペクトル線幅が広がることだけが観測される]．

**巨大惑星**　giant planet

地球よりも質量と直径がはるかに大きく，特に大部分がガスからなる惑星．巨大ガス惑星とも呼ばれる．太陽系では巨大惑星は木星，土星，天王星，そして海王星であるが，他の星の周囲に同様の天体が存在するという証拠が増えつつある．[2002 年時点で 100 個ちかくの太陽系外の惑星が見つかっている]．

**距離指数**　distance modulus

＊星間吸収を補正した天体の見かけの等級 $m$ とその絶対等級 $M$ との差．この差はパーセクで表した距離 $r$ に次の公式で直接関係づけられる．

$$m - M = 5 \log r - 5$$

したがって，もし距離指数がわかれば，パーセク単位の距離は

$$r = 10^{0.2(m-M+5)}$$

から求められる．距離指数は，遠すぎて＊視差が測定不可能な天体までの距離を求めるために使用する．銀河系外天体の距離はパーセクや光年ではなく距離指数で示されることが多い．

**キーラーの間隙**　Keeler Gap

土星の環における空隙．A 環の外部縁辺のすぐ近くにある．土星の中心から 13 万 6530

kmの距離に位置し，35 kmの幅をもっている．その存在はヴォイジャー探査機により確認された．1888年にそれを観測したアメリカの天文学者James Edward Keeler（1857～1900）にちなんで命名された．

**キーリン隕石**　Kirin meteorite　→吉林隕石

**きりん座**　Camelopardalis（略号 Cam．所有格 Camelopardalis）

麒麟をかたどった北天の暗い星座．最も明るい星は4等のベータ星である．

**きりん座Z型星**　Z Camelopardalis star

極大と極小の間でときどき*休止を示すが，それ以外では*はくちょう座SS型星のように振る舞う*ふたご座U型星の型．略号UGZ．通常，休止は爆発後に光度が減少するときに始まり，数日間あるいは数年間持続することがある．この状態の間，連星の2成分間で*質量移動が増大する．正常な爆発の変光幅はUGSS型の変光幅（2～5等）に似ているが，平均間隔はもっと短くなる傾向（10～40日）がある．

**ギル，デヴィッド**　Gill, David (1843～1914)

スコットランドの天文学者．ケープ天文台（現在の南アフリカ）にいたとき，3個の小惑星の観測から8.8″という*太陽視差を導いた．この値は1941年まで標準値となっていた．ギルが撮影した1882年の*大9月彗星の写真には非常に多くの星が写っていたので，彼は写真に基づいて星表を作成できることに気がついた．その結果が，ギルの写真乾板から*カプタイン（J. C.）が編纂した*ケープ写真星表となった．さらにこの結果は巨大な*国際写真天図の計画に発展した．

**キルヒホフ，グスタフ ロベルト**　Kirchhoff, Gustav Robert (1824～87)

ドイツの物理学者．化学者のRobert Wilhelm Bunsen (1811～99) とともにスペクトル分析の原理を確立した．1859年に彼は，太陽スペクトル中の*フラウンホーファー線は光球からの光が太陽の大気によりこれらの波長で吸収されていることを示していると推論した．さらに，フラウンホーファーD線は太陽大気中のナトリウムによるものであり，したがって，他のフラウンホーファー線から太陽中に存在する元素がわかることを明らかにした．それ以来，天体分光学はイタリアの*セッキ（P. A.）やイギリスの*ハギンス（W.）らの他の人々の手で急速に発展した．

**キルヒホフの法則**　Kirchhoff's laws

1859年，ドイツの物理学者*キルヒホフ（G. R.）が述べたスペクトルに関する以下の三つの法則．

1．高圧下の固体，液体あるいはガスは，白熱状態にまで加熱すると，連続スペクトルを生成する．

2．低圧下にあるが十分に高い温度のガスは明るい輝線スペクトルを生成する．

3．低圧（で低温）下にあるガスは，高温の連続スペクトル源と観測者の間に位置するときは，吸収線スペクトル，すなわち連続スペクトルに重なった多くの暗線を生成する．

**キロン**　Chiron

小惑星2060番．太陽系外辺部にある異常な天体．1977年にアメリカの天文学者Charles Thomas Kowal（1940～）が発見した．95 P/キロンとも命名された．キロンは*小惑星帯のずっと先に位置し，土星軌道の内側から天王星軌道の外側にまで移動する．*ケンタウルス群で最初に発見された小惑星である．直径が200～300 kmであると推定されており，どちらかというと暗色の岩石あるいは塵からなる表面をもつ．1989年にキロンは彗星に似た微光のコマを発達させ始めた．その結果として周期的彗星の名称が与えられた．軌道は，長半径13.70 AU，周期50.7年，近日点8.45 AU，遠日点18.94 AU，軌道傾斜角6.9°をもつ．自転周期は5.92時間．

**銀　緯**　galactic latitude（記号 $b$）

銀河座標系での緯度．銀河赤道での0°から銀極での90°まで度で測る．

**ぎんが**　Ginga

日本のX線天文衛星．1987年2月の打上げの前はアストロCと呼ばれていた．イギリスから供給された例外的に大きな比例計数管のアレイ（$0.4 m^2$）を搭載し，1.5～37 keV（0.034～0.83 nm）のエネルギー領域をカバーしていた．X線全天モニターおよびアメリカのガンマ線バースト検出器も搭載され，1990年末まで稼動した．

銀 河　galaxy
　星が重力で結びつけられて構成する系．星間ガスおよび塵を含むものも多い．銀河は宇宙の中で目に見える主要な構造である．100万個より少ない星を含む矮小銀河から$10^{12}$個以上の星を含む超巨大銀河まであり，また直径も数百光年から60万光年以上にわたる．銀河は孤立しているものもあるかもしれないが，普通は*局部銀河群のような小群，あるいは*おとめ座銀河団のような大規模銀河団に含まれる．
　普通，銀河は見かけの形によって分類する（→ハッブル分類）．(腕をもつ) 渦巻銀河と (腕のない) 楕円銀河という二つの主要な型に分けられる．*楕円銀河（Eと命名される）は滑らかで中央に集中した星の分布が見られ，星間ガスおよび塵はほとんど含まない．*渦巻銀河は通常の渦巻銀河（S）と*棒渦巻銀河（SB）に分けられる．両方の型とも星だけでなく星間物質を含む円盤をもっている．*レンズ状銀河（S0）は明白な円盤をもつが，渦巻腕は見られない．
　*不規則銀河（Irr）は不定形といった方がよい不規則な構造をもち，時には渦巻腕あるいは棒の存在を示す．一部の銀河は上記の主要な型のどれにも似ていないので，特異銀河（pあるいは pec）として分類される．特異銀河の多くはおそらく銀河対あるいは小銀河群の相互作用か合体の結果である．最も多い銀河の型は，小さくて形状がほぼ楕円形の比較的暗い矮小楕円体銀河（→矮小銀河）であるのかもしれない．
　銀河は，ビッグバン後の*再結合期の後に，ガスが重力によって蓄積して形成されたと考えられている．ガス雲が，おそらく相互衝突の結果，星を形成し始めたのであろう．銀河の型はガスが星になる速度に依存したと考えられる．楕円銀河はガスが急速に星になった場合に形成され，渦巻銀河は，星の形成が十分に遅くガス円盤がかなりの程度まで成長する時間があった場合に形成されたのであろう．銀河は残余ガスを次第に星に変換しながら進化するが，異なる*ハッブル分類の間での大きな進化はおそらく起こらない．しかし，いくつかの楕円銀河は渦巻銀河との合体により創成されたのかもしれない．

　異なる型の銀河の相対数は，それらの輝度と銀河が属する銀河群あるいは銀河団の型に密接に関係している．数百から数千の銀河を含む高密度の銀河団では，明るい銀河の多数を占めるのが楕円銀河とレンズ状銀河であり，渦巻銀河は少ない（5～10％）．しかし，過去においては渦巻銀河の割合はもっと高かったが，渦巻銀河からガスがはぎとられて現在はレンズ状銀河になったのかもしれないし，あるいは他の渦巻銀河や不規則銀河と合体して楕円銀河になったのかもしれない．銀河団以外でも，大部分の銀河は数個から数十のメンバーを含む群に属しており，孤立した銀河はまれである．銀河団以外の低密度領域では渦巻銀河が明るい銀河の80％を占め，したがって楕円およびレンズ状銀河の割合は小さい．低光度の渦巻銀河はなく，低光度なのは不規則銀河，矮小楕円銀河，および矮小楕円体銀河だけである．
　*セイファート銀河あるいは*N銀河のように中心核が異常な活動を示す銀河もある．*電波銀河は強い電波を放射する．

**銀河円盤**　galactic disk　→円盤

**銀河回転**　galactic rotation
　星と*星間物質の銀河中心の周りの系統的な回転をいう．回転は渦巻およびレンズ状銀河で最も明白であり，いくつかの（すべてではない）楕円および不規則銀河でも見られる．回転によって銀河は重力崩壊しないようその構造が維持されている．銀河は，1回転に要する時間が中心からの距離とともに増大する*差動回転を示す．太陽は220 km/sの速度で約2.2億年に1回わが銀河系の中心を周回する．⇒回転曲線

**銀河合体**　galaxy merger
　ほぼ同じ大きさの二つ以上の銀河が合体して単一のもっと大きな銀河が形成されること．例えば，特殊な楕円銀河で強い電波源である*ケンタウルス座Aは，*楕円銀河とガスが豊富でやや小さな*渦巻銀河の合体で生じたと考えられている．

**銀河カニバリズム**　galaxy cannibalism
　カニバリズムとは共食いの意．小さい銀河がはるかに大きい銀河に飲み込まれること．二つの銀河がほぼ同じ大きさである*銀河合体とは

対照的である．巨大および超巨大楕円銀河の外縁部に広がる星々はカニバリズムから生じたと信じられている．カニバリズムは銀河団の中心では結構頻繁に起こる可能性がある．平均的な大きさをもつ大部分の銀河は現在の大きさの約10分の1以下の一つ以上の小さい銀河を飲み込んでいるかもしれない．*いて座矮小銀河はわが銀河系によって飲み込まれつつある．

**銀河間吸収** interglactic absorption

銀河間の空間における光の吸収．わが銀河系と隣接銀河との間といった短距離では弱すぎて検出できない．しかしながら，高赤方偏移の(したがって遠方の)クェーサーは親クェーサーのライマン$\alpha$線より短い波長(小さい赤方偏移)で多くのライマン$\alpha$吸収線を示すことが多い．これはいわゆる*ライマン$\alpha$の森であり，銀河間空間に介在する雲による吸収から生じる．

**銀河間磁場** intergalactic magnetic field

銀河間空間に存在すると信じられている$10^{-12}$テスラ以下の弱い磁場．この銀河間磁場はごく初期の宇宙において自発的に発生したのかもしれないし，あるいは宇宙電波源からの粒子磁場の効果から生じたのかもしれない．銀河団の中での銀河間磁場は10倍も強い可能性がある．

**銀河間物質** intergalactic matter

[銀河と銀河の間の銀河間空間に分布する希薄な物質．銀河団内にはX線を放射する高温のガスが銀河間空間に存在する．最近では銀河間空間に星もあることが知られてきたが，その量や起源については定かでない]．

**銀河系** Galaxy

太陽と夜眼に肉眼で見えるすべての星を含む*渦巻銀河．他の銀河と区別するために大文字Gで書き銀河系と呼ぶ．その円盤は天を一周する弱い光の帯である天の川として肉眼で見える．したがって銀河系自身も英語では天の川(Milky Way)と呼ばれることもある．

われわれの銀河系は三つの主な成分をもつ．一つは約$6\times10^{10}$太陽質量の回転する*円盤である．円盤は比較的若い星(種族I)，*散開星団，ガスおよび*塵から構成され，若い星と星間物質は渦巻腕にある程度集中している．円盤は10万光年以上の直径に比べると非常に薄く厚さが約1000光年である．円盤中の，特に*巨大分子雲では活発な星の形成が続いている．第二の主要成分はほぼ球状の暗いハロー(→銀河ハロー)で，おそらく円盤質量の15〜30%を占める．ハローはその数%が*球状星団にある年老いた星(種族II)と少量の高温ガスからなり，同じく種族IIの星からなる中央のバルジと一体化している．3番目の主な成分は，少なくとも総質量が$4\times10^{11}$太陽質量に達する*暗黒物質の見えないハローである．銀河系には多分約$2\times10^{11}$個の星があり，その大部分は太陽より小さい質量をもつ．銀河系の年齢はやや不明確であるが，円盤は少なくとも100億年，一方，球状星団やハロー星の大部分は120〜140億年の年齢をもつ．

太陽は中心から約26000光年のところ，*オリオン腕に位置する．*銀河系中心はいて座に位置する．天の川はおそらくハッブル型Sbc(すなわちSb型とSc型の中間型)の*渦巻銀河であるが，その構造や個々の渦巻腕の規模を測定しようという試みは，円盤にある塵の減光作用によって，また距離推定の困難さによって妨げられている．バルジに棒状構造が存在する若干の証拠があるので，銀河系は棒渦巻銀河である可能性がある．

**銀河系外星雲** extragalactic nebula

*銀河の旧名．

**銀河形成** galaxy formation

銀河を生成させる過程．ビッグバン理論では初期の宇宙は極めて滑らかだったので，物質が集合して星で満ちた銀河が生じる何らかの原因がなければならない．*再結合期には小さな密度のゆらぎが存在したと考えられる．これらの密度のゆらぎが重力作用で増幅され，最終的に銀河規模の天体が形成される．計算によると，この過程は*暗黒物質，特に*冷たい暗黒物質の存在によって助長される．銀河内部での星の形成も含めて銀河形成を説明できる完全な理論はまだない．

**銀河系中心** galactic centre

銀河系の中心領域あるいは中心核．いて座にあり26000光年の距離にある．座標は赤経17h 46m，赤緯$-28°56'$．中心から約5〜15光年

のところに分子を多く含むガスと塵からなるぶつぶつの環がある．この内部には明るい電波源*いて座Aの周囲に稠密な星団が存在する．この電波源は銀河系のまさに中心をなしていると信じられており，数百万太陽質量のブラックホールが含まれているかもしれない．塵による吸収で光ではほとんど見えないが，銀河系中心は赤外線，電波，X線，そしてガンマ線波長で詳細に研究されてきた．

**銀河系反中心** galactic anticentre

地球から見たとき銀河系中心に対して反対方向に位置する領域．そのだいたいの座標は南のぎょしゃ座にあり赤経5h 46m，赤緯$+28°56'$である．

**銀河座標** galactic coordinates

*銀河系の赤道に対して天体の位置を特定する座標系．位置は*銀経と*銀緯で与えられる．

**銀河磁場** galactic magnetic field

銀河の円盤における星間空間の磁場．渦巻銀河の円盤では$10^{-9}$から$10^{-10}$テスラの磁場強度が見られ，全体のパターンは渦巻構造を示す．楕円銀河における磁場は推定するのがはるかに困難であるが，*電波銀河である楕円銀河では磁場は$10^{-7}$テスラに達するように見える．

**銀河進化** galaxy evolution

時間とともに個々の銀河の性質が変化すること．光が遠くの銀河からわれわれまで到達するのに数十億年かかるので，もし時間とともに銀河が何らかの物理的変化を経るとすれば，高い*赤方偏移をもつ銀河は，近くの銀河とは違って見えると予想される．光度進化は時間とともに本来の光度が変化することである（すなわち，生れてから時間が経過すると銀河は系統的に暗くなる．→光度-体積テスト）．個数の進化は時間とともに銀河の個数密度が変化することを表すもので，銀河が形成されているか合体しているかを示す．いろいろな赤方偏移をもつ銀河の計数は両方の進化が起こっていることを示している．

**銀河星団** galactic cluster

*散開星団の古い名称．

**銀河赤道** galactic equator

天の川に沿った天球上の大円で，*銀河面を示す．したがって*銀河座標の準拠面である．

銀河赤道は*天の赤道に対して約63°傾いている．これは銀河系の中で地球の赤道面がたまたまこのような方位をとる結果である．

**銀河遭遇** galaxy encounter

無視できない重力相互作用が起こる程度にまで二つの銀河が接近したときの銀河間の相互作用．例えば，*アンテナ銀河で起こっているような相互作用．遭遇の方位と速度によっては，一方あるいは両方の銀河の構造が大幅に変わることがある．銀河遭遇においては，星は重力的に相互作用を行っているが，星どうしの物理的衝突は星間距離が大きいためまれである．星間ガスは物理的にも衝突する．

**銀河団** cluster of galaxies

銀河の集団．重力によって結びつけられていることもあり，そうでない場合もある．例えば，われわれの銀河系である天の川銀河は*局部銀河群のメンバーである．局部銀河群は小さい銀河の集団で，ほかの唯一の大きなメンバーはアンドロメダ銀河である．大きい集団には，直径わずか数百万光年の領域に数百あるいは数千にのぼる銀河を含む*エイベル銀河団がある．顕著な近くの例は*おとめ座銀河団および*かみのけ座銀河団である．小さいものから大きいものまで銀河はさまざまな密度をもつ集団を作っているように見える．最も稠密なクラスのエイベル銀河団は自身の重力によってまとまっている．このようなメンバー数の豊富な銀河団は，$10^8$Kにも達する温度をもちX線を放射するガスで満たされ，そしてその中心に巨大な楕円銀河をもつ傾向がある．メンバー数がそれほどでなく，広がりがもっと大きい系は重力により結合されていないかもしれない．⇒大規模構造

**銀河中心核** galactic nucleus

銀河の最も中心にある領域．銀河中心核は内部の数光年以内に稠密な星団を含む複雑な構造をもち，かなり活動的な場所であることが多い．通常の星では説明しきれないような放射が放出されるほど活動が激しい場合は，*活動銀河核という分類が与えられる．

**銀河年** galactic year, cosmic year

銀河系中心の周りを太陽が1回周回するのに要する時間．約2億2000万年に等しい．宇宙

年ともいう．

**銀河のバルジ** galactic bulge
渦巻銀河およびレンズ状銀河の中心部を形成するふくらんだ星の分布．晩期型渦巻銀河である Sc 型および Sd 型では*円盤に対してバルジはほとんど目立たない．

**銀河の窓** galactic window
他の場所より星間塵による減光が少なく，そのためかなり遠くまで覗くことができる銀河面の領域．いて座の*バーデの窓やコンパス座における窓などがその例である．

**銀河ハロー** galactic halo
銀河の周囲にほぼ球状に分布しており，可視光で見える領域の先にまで広がっている物質．この語は，*球状星団を含む古い（種族 II の）星の種族を指すこともあれば，銀河の周囲の希薄な高度に電離した高温ガス（$10^6$ K），あるいは見えない*暗黒物質の広がった分布を指すこともある．

**銀河面** galactic plane
天の川の帯として見えているわが銀河系の中心面．銀河極の位置を特定することで定義される．⇨銀河赤道

**金環食** annular eclipse
月が遠地点付近にあって，その見かけの直径が太陽の直径より小さくなるときに起こる日食．そのために食中心のときに地球上の狭い帯状領域に沿って太陽円盤の環，すなわち金環（annulus）が見える．金環食の最大継続時間は 12 分 30 秒である．

**銀 極** galactic pole
銀河赤道の北および南の緯度 90°に位置する天球上の 2 点．銀河北極はかみのけ座に，銀河南極はちょうこくしつ座に位置する．

**銀 経** galactic longitude（記号 $l$）
銀河座標系での経度．いて座にある*銀河系中心の方向を指す点から銀河赤道に沿って時計回りに度で測る．

**近紫外線** near ultraviolet
可視光帯域に隣接する紫外線スペクトルの部分．ほぼ 200 nm から 350 nm の波長範囲にわたる．

**均時差** equation of time
*視太陽時と*平均太陽時の差．専門的にいえば，真太陽の*時角と仮想の*平均太陽の時角との差である．定義により平均太陽は天の赤道上を一様に進行するが，真の太陽は地球軌道の離心率のために予期された位置より数分進んだり遅れたりする．さらに，真の太陽は天の赤道ではなく黄道に沿って運動するので，これが均時差にさらに寄与する．この差は 11 月初旬と 2 月中旬に極大値に達する．11 月には視太陽時は平均太陽時より 16 分以上進み，2 月には 14 分以上遅れる．均時差は 1 年に 4 回，すなわち，4 月 15 日，6 月 14 日，9 月 1 日，および 12 月 25 日に 0 になる．

**近日点** perihelion
太陽を回る楕円軌道上の太陽の中心に最も近い点．

**近日点黄経** longitude of perihelion（記号 $\varpi$）
黄道に沿って春分点から東方向に惑星軌道の昇交点まで測った角度と，次いで継続して軌道面に沿って近日点まで測定した角度の和．[軌道要素の項に示された図で $\Omega + \omega$]．

**近日点前進** advance of perihelion
天体が軌道上を運動するとき運動方向と同じ方向に軌道の主軸が徐々に回転すること．*近点運動（apsidal motion）ともいう．近日点前進は，軌道の近日点の*経度が増大することを意味する．太陽系ではこの効果は大部分が惑星の重力による引力により生じる．連星の軌道においても類似の効果である近心点前進（advance of pericentre）が見られるが，これは星自身が完全な球でないことによって引き起こされる．水星の近日点は 1 世紀につき約 43″前進するが，19 世紀にはその原因が水星軌道内にある未発見の惑星（→ヴァルカン）とされた．今日では，この効果は，一般相対性理論で予測されるように，太陽付近の空間の湾曲により引き起こされることがわかっている．

**近日点通過（時刻）** perihelion passage (time of)（記号 $T$ あるいは $\tau$）
太陽を公転する天体が太陽に最も近い近日点を通過する時刻．⇨軌道要素

**近日点引数** argument of perihelion（記号 $\omega$）
太陽を公転する軌道の主軸方向を定義する角

度．軌道の昇交点と近日点の間の角度で，軌道面において軌道運動の方向に測定する．→軌道要素

**近心点** pericentre

連星あるいは惑星と衛星のような周回系の質量中心に最も近い楕円軌道上の点．

**金　星** Venus（記号♀）

太陽から2番目の惑星．すべての惑星のうち最も円形に近い軌道をもつ．その平均 *幾何学的アルベド 0.65 は全惑星のうち最も高い．白い雲が隙間なく覆っているためである．最も明るいとき金星は −4.7 等に達し，他のどの惑星よりも明るい．自転軸は直立方向に対してほぼ 180°傾斜しているので，自転は *逆行である．243 日の周期で自転する．金星のこの長い自転周期は公転周期（224 日）とほぼ同じで，この組み合せによって，金星と地球が最も接近するたびに金星は地球に同一面を見せる．

金星は，（体積で）約 96.5％ の二酸化炭素および 3.5％ の窒素，そして微量の二酸化硫黄，水蒸気，アルゴン，水素，および一酸化炭素から構成される濃密な大気をもつ．表面における気圧は約 92 バール（すなわち，地球の海水面圧力の 92 倍）である．表面温度は金星の大気における *温室効果のために平均して約 460℃ である．稲光が非常に頻繁に起こる．標高 45〜65 km に硫酸と水滴からなる厚い雲の層があり，表面を永久におおい隠している．光学望遠鏡で見ると金星は特徴がないように見えるが，紫外線波長で見ると雲の流れが直接赤道から両極の方に広がっているのを見ることができ，各半球に直接赤道から両極の方向に熱い空気を運ぶ単一の *ハドレー循環のセルが存在することを示している．その結果として，両極は赤道より温度が約 10°低いだけである．赤道における全大気は逆方向にわずか 4 地球日で回転している．超回転（super-rotation）として知られる現象である．これは，風速が約 100 m/s 以上である上部大気圏でのみ起こる．表面では風速は 1 m/s 程度でしかない．

地球からと宇宙探査機の両方から表面のレーダー地図が作成されている．レーダー地図は高原地域と広範囲のなだらかな起伏のある平原が存在することを示している．1990 年代の初期

## 金　星

物理的データ

| 直径（赤道） | 偏平率 | 軌道に対する赤道の傾斜角 | 自転周期（対恒星） |
|---|---|---|---|
| 12104 km | 0.0 | 177.36° | 243.02 日 |

| 平均密度 | 質量（地球=1） | 体積（地球=1） | 平均アルベド（幾何学的） | 脱出速度 |
|---|---|---|---|---|
| 5.24 g/cm³ | 0.82 | 0.86 | 0.65 | 10.36 km/s |

軌道データ

| 太陽からの平均距離 | | 軌道の離心率 | 黄道に対する軌道の傾斜角 | 公転周期（対恒星） |
|---|---|---|---|---|
| 10⁶ km | AU | | | |
| 108.209 | 0.723 | 0.007 | 3.4° | 224.701 日 |

に宇宙船 *マゼランが金星の多くの部分が集中的に破砕され，地殻の膨張と収縮を示唆する *地溝と *リンクルリッジの巨大な集合体が存在することを明らかにした．火山活動は重要な表面過程であり，現在でも噴火が起こっているかもしれない．*コロナ（2）と呼ばれる直径が数百 km の多くの円形構造があり，隆起，断層活動そしてデグラデーション（低均作用）を経た超火山であるように見える．急傾斜の円形火山ドーム，火山円錐，巨大な盾状火山，カルデラ，そして溶岩流のような，地球上の火山地形によく似た地形も見いだされる．低粘性の溶岩による巨大な平原や多くの曲がりくねった *リルなど，月の火山地形によく似た地形も存在する．それらのリルの一つである 6000 km の長さのバルティス峡谷は太陽系において最も長い溶岩溝である．

濃密な大気が保護しているので，地球上よりは頻度が多いが，水星や火星に比較すると衝突クレーターは少ない．大気のために，よほど大きな隕石以外は表面に到達できないのである．これまで 1〜300 km の直径をもつ約 1000 個の衝突クレーターが金星上で同定されている．多くは中央ピークあるいは内部環をもち著しく若く見えるが，大部分は後から生じた溶岩でいっぱいになるか部分的に覆われている．溶岩で覆われていないクレーターは，火星上の *ランパートクレーターにある噴出物流出に似た流出物

をもっているが，流れはもっと長く，時には溶岩のようにクレーターから数百kmまで曲がりくねって流出している．火星より温度が高いために，衝突溶融物がより多くでき，また大気が濃密なので土石流も起こったことがその遠い原因かもしれない．

内部を見ると，金星はおそらく地球に似ており，多分厚さが50 kmの薄い岩石圏，岩石質の*アセノスフェア，そして惑星直径の約半分の金属中心核がある．金星には磁場はなく，また衛星もない．

**禁制線** forbidden line

低密度ガスによってのみ放出されるスペクトル中の輝線．星雲や活動銀河中心核の中のある領域で見られる．ガスの密度が濃い地球上の条件下では発生しないので，このような線を禁制線という．禁制線は，電子が長期間滞留できる高いエネルギー準位から低い準位に落下するときに生成される．このような遷移は非常に低い遷移確率をもつ．地球上では励起原子は，このような遷移が起こるずっと以前に他の原子と衝突して，この衝突により（光子を生成することなく）エネルギーを失う．しかしながら，低密度の星間空間や熱い星の周囲の領域では衝突が非常にまれで，自然発生的遷移が起こるだけの時間がある．禁制線は，二重電離酸素の［OIII］線のように，ブラケットで表示する．禁制線はある臨界密度（約$10^8$原子/cm³）を超えると消滅するので，その存在は星間ガスの密度の指標である．CIII］のように片方だけのブラケットで表示する半禁制線は，遷移確率が禁制線の場合より約1000倍高いところで起こる．

**近星点** periastron

ある星の周りをめぐる楕円軌道上で，最もその星に近い点のこと．

**近星点効果** periastron effect

高い離心率の軌道をもつ連星の輝度が，二つの連星間の距離が最短になる時に増大すること．一方の星が他方の星を照射することによって生じる．*反射効果がこのときに強くなるために起こる．

**近赤外線** near infrared

赤外線の短い側の波長をカバーする電磁スペクトルの部分．しかしその波長端が明確に決まっているわけではない．おおよそ，可視スペクトルの赤色端（近似的に波長$0.7\,\mu m$，すなわち700 nm）から約$35\,\mu m$までの範囲にある．実際には，この用語は地球大気の$1\,\mu m$から$5\,\mu m$までの*赤外線の窓を透過する赤外線をいうのにしばしば使われる．波長$0.7\sim1.0$ $\mu m$の領域は写真赤外線域と呼ぶことがある．

**近　接** appulse

惑星が他の惑星あるいは星を通過するように見えるときなど，一つの天体が他の天体と同一の視線に入ってくるときの二つの天体の見かけ上の接近を指すことば．

**金　属** metal

天文学用語では，水素とヘリウムより重い元素のことをいう．天体中のそのような*重元素の存在比率は*金属量と呼ばれる．

**金属欠乏星** metal-poor star

*重元素の割合が多分1％以下と太陽よりもはるかに小さい星．*種族IIの星であり，普通は銀河系のハローあるいは球状星団に見出される．非常に古い星で，最初の世代の*超新星爆発によって銀河系が諸種の元素を含むようになる以前に形成された．→金属

**金属水素** metallic hydrogen

大質量のガス状惑星である木星や土星の内部のように，強い圧力で高度に圧縮された水素の形態．このような条件下では水素は液体金属のように振る舞い，電気を通すことができ，磁場を生成する．

**金属度** metallicity →金属量

**金属量** metal abundance

［天体中の*金属の*存在度．金属度（metallicity）ともいう］．

**近地点** perigee

地球を回る楕円軌道上で地球の中心に最も近い点．

**近地点黄経** longitude of perigee

月あるいは人工衛星に対して，天の赤道に沿って春分点の方向から東方向に衛星軌道の昇交点まで測った角度と，次いで継続して軌道面に沿って衛星の近地点まで測定した角度の和．［軌道要素の項に示されている図を月や人工衛星の場合に置き換えてみると考えやすい］．

**近　点**　periapsis
ある天体をめぐる楕円軌道上で，その天体の中心に最も近い点．

**近点運動**　apsidal motion
軌道の主軸（すなわち*軌道極点線）の向きが少しずつ変化すること．*近日点の前進ともいう．いくつかの可能な原因があり，その原因には，他の天体からの*摂動，連星系における星間の質量移動，*近接連星における星の楕円形状，そして大質量天体の周りの空間の湾曲が含まれる．

**近点角**　anomaly
楕円軌道上においてある時刻での天体の位置を記述する角度．*離心近点角，*平均近点角，および*真近点角の三つの近点角がある．すべての近点角は天体運動の方向に測定され，出発点としてその天体の近点（すなわち，その天体が周回する天体に最も近い点）をとる．

**近点月**　anomalistic month
地球に最も近接した点（近地点）を月が通過してから次に通過するまでの平均の時間間隔．27.55464日に等しい．月の軌道は空間に固定しておらず，主として太陽からの*摂動によってゆっくりと回転する楕円と見なせる．したがって，近地点は軌道の周囲をゆっくりと前進し，8.85年で1周回を完了する．その結果，近点月は*恒星月より約5.5時間長い．

**近点軸**　line of apsides
軌道の長軸の別名．⇨軌道極点

**近点年**　anomalistic year
地球がその軌道の近日点を通過してから次に通過するまでの時間間隔．365.2596日に等しい．他の惑星からの摂動のため，地球の軌道は固定した楕円ではなく，ゆっくりと前進回転する楕円である．その結果，近点年は地球の公転周期（*恒星年）より約5分長い．

**銀メッキ**　silvering
反射用の銀の層で反射鏡を被覆する過程．普通は，金属銀が溶液から析出する化学過程である．銀は完全に清浄なメッキ面に固着する．このようにして生成されたメッキ面をさらに研磨すると，約93％の反射率が得られる．かつては銀メッキがガラス鏡を被覆するための唯一の方法であったが，現在は費用と便宜のためにはとんど完全にアルミメッキ（→アルミニウム蒸着）に置き換えられた．［メッキということばが使われているが，最近では化学過程ではなく，真空槽の中にガラスを入れて，表面に蒸着膜を形成する方法が用いられる］．

# ク

**矩** quadrature
太陽系の天体が太陽の東あるいは西に 90°の角距離，すなわち *離角をもつ時刻．

**空間運動** space motion
［宇宙空間を動く星の運動．それを表現するために三つの座標軸に沿った速度成分を用いる］．どのような三つの軸を選択してもよいが，最も普通にはこれらの軸は銀河系中心の方向，銀河回転の方向，および銀河北極の方向に向いている．あるいは，基準分点と天の北極の方向に基づいた座標軸を用いることもできる．

**空間速度** space velocity
空間を運動する星の速度．その星の *視線速度と *接線速度の測定から決定できる．

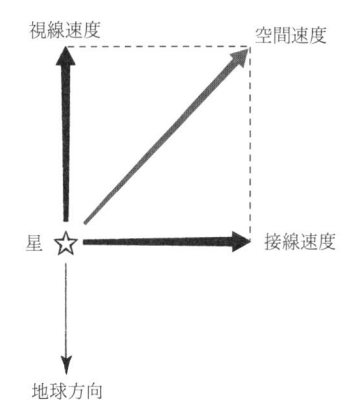

**空間速度**：星の空間速度は，視線速度および接線速度という二つの成分をもつ．

**空間の曲率** curvature of space →時空の曲率

**空気関数** airmass
星の光が地表に届くまでに通過する地球大気の経路長．天頂での値を 1 として表す．空気関数は 60°の高度ではほぼ 2 である．天頂距離を $z$ とすると空気関数はほぼ $\sec z$ で表されるが，星が地平線に近づくにつれて $\sec z$ よりゆっくりと増加し，高度 17°（$z=73°$）で $\sec z$ より 1％少なくなる．

**空気シャワー** airshower
*宇宙線シャワーの別名．

**空中制動** aerobraking
宇宙船の軌道を修正するために惑星の大気抵抗を利用し，推進燃料を節約する技法．1993年に地球以外の惑星でアメリカの金星探査機マゼランが初めて使用した．空中制動は金星上のマゼランの軌道の最高点を 8500 から 600 km まで下げ，公転周期を 195 から 94 分まで短縮した．空中制動は，宇宙探査機が惑星周回軌道に入るのを助けるためにも使える．1997年の火星全域サーヴェイヤーの場合がそうであった．

**クェーサー** quasar
高い *赤方偏移を示す天体で，星のように見えるが，遠方の銀河の非常に明るい *活動銀河核である．この名称は，その恒星状の外見から名づけられた準恒星状（quasi-stellar）の短縮形である．最初に発見されたクェーサーは強い電波源（準恒星状電波源，quasi-stellar radio sources, QSS）であったが，現在では電波活動が比較的静かな（quasi-stellar objects, QSO）クェーサーの方が数多く知られている．赤方偏移から計算される距離をもとにすると，その中心核は通常の銀河全体よりも 100 倍以上も明るいにちがいない．しかしあるクェーサーは数週間の時間規模で明るさが変化し，この膨大な放射量が数光週の直径しかない体積で生じることを示している．したがって，その源は $10^7$ あるいは $10^8$ 太陽質量をもつブラックホール周辺の *降着円盤であると考えられている．変光しないクェーサーもあるが，大部分のクェーサーは変光を示す．例えば，3 C 279 は 4 カ月間にほぼ 500 倍も変化した．クェーサーの像は星に似ているが，弱い光あるいはジェットが伴っている例が結構多く，これはクェーサーが銀河の中にあることの証拠である．

1963年に同定された最初のクェーサーは赤方偏移 0.158 の電波源 3 C 273 であったが，このクェーサーは 13 等で，地球から観測される可視光で最も明るいクェーサーである．それ以来，数千個のクェーサーが発見されてきた．赤

方偏移が 4.9 というクェーサーもあり，われわれは宇宙が現在の約 6 分の 1 の年齢であったときの状態でそれらを見ていることを示唆している．クェーサーの赤方偏移したスペクトルは連続放射だけでなく，しばしば幅広い強い輝線を示す．紫外線領域（高い赤方偏移のクェーサーでは可視光領域に偏移している）で豊富な吸収スペクトルも見られるが，このスペクトルはクェーサーと地球の間にある銀河中の星間ガスあるいは星間物質からなる雲によって生じる．この雲にある水素に由来する多数の吸収線はまとめて *ライマン $\alpha$ の森と呼ばれている．

クェーサーまでの距離が遠く，中心領域からの光が優勢であるために，それを含む銀河を観測するのは困難である．クェーサーは渦巻銀河の中心核に存在し，そして付近の銀河との相互作用によって大質量のブラックホールにガスあるいは星が落ち込み，それが最終的にはクェーサー爆発の燃料となるという証拠がある．この爆発の継続時間（そしてクェーサーとしての寿命）については多くの議論があるが，クェーサーが今日の宇宙よりは赤方偏移 2 の時期にはるかにたくさんあったことに疑いはない．見かけは正常な銀河で，その中心核にクェーサー活動の残骸を含むものがいくつかあり，*セイファート銀河や *マルカリアン銀河の中には真の光度がいくつかのクェーサーと同程度に明るい中心核をもつものがある．明るさが激しくかつ大幅に変化するクェーサーは，光学的激変天体 (optically violent variable, OVV) と呼ばれ，関連をもっている *とかげ座 BL 型天体とともに *ブレーザーとして分類される．[2003 年の時点で 1 万 1000 個以上のクェーサーが見つかっており，最も大きな赤方偏移は 6.4 である］．

**クォーク** quark

*ハドロンを構成すると信じられている基本粒子．電子の電荷の $+2/3$ あるいは $-1/3$ の電荷をもち，結合して素粒子を形成する．バリオンは 3 個のクォークから，中間子は 2 個のクォークから構成される．例えば，陽子は $+2/3+2/3-1/3=1$ の電荷をもつクォークから，中性子は $+2/3-1/3-1/3=0$ の電荷をもつ 3 個のクォークからなる．種々の性質をもつ 18 個の異なるクォークが対応する同数の反クォークとともに存在すると考えられている．

**クォーク星** quark star

密度が中性子星とブラックホールの中間にある仮想的な星．そのような星は自由クォークから構成されると考えられる．クォーク間の力は重力と均衡している．クォーク星は現実には存在するようには見えないが，中性子星の中心核に対するいくつかのモデルは，中性子（および陽子も）が分解されクォークのスープ状になっていることを示唆している．

**くじゃく** Peacock

くじゃく座アルファ星．1.9 等の B2 型準巨星．距離は 360 光年．［ピーコックともいう］．

**くじゃく座** Pavo（略号 Pav．所有格 Pavonis)

孔雀をかたどった南天の星座．最も明るいアルファ星は *くじゃく（ピーコック）と呼ばれる．カッパ星は，9.1 日の周期で 3.9 等と 4.8 等の範囲にある明るい *ケフェイドである．この星座にある NGC 6752 は 5 等の *球状星団である．

**くじら座** Cetus（略号 Cet．所有格 Ceti)

天の赤道にまたがる 4 番目に大きい星座．くじら座は海の怪獣すなわち鯨をかたどっている．最も明るい星はベータ星 (*ディフダ，あるいはデネブカイトス）である．アルファ星は *メンカルと呼ばれる．この星座で最も著名な星は *赤色巨星で変光星の *ミラ（オミクロン星）である．3.5 等のタウ星は太陽に似た星で，距離 11.7 光年．9 等級の渦巻銀河 M 77 は最も明るい *セイファート銀河である．

**くじら座 ZZ 型星** ZZ Ceti star

*非動径脈動をする変光白色矮星の一種．星の大きさの変化は非常に小さいが，温度変化は大きい．略号 ZZ．周期は 30 秒から 25 分の範囲で，一般にいくつかの周期が同時に存在する．変光幅は $0.001 \sim 0.2$ 等級である．水素の吸収による DA スペクトルをもつ ZZA，ヘリウムの吸収による DB スペクトルをもつ ZZB，および非常に高温の D0 スペクトルをもち，おとめ座 GW 型星と呼ばれることもある ZZ0，の三つのサブタイプがある．くじら座 ZZ 型星にはフレアを示すものもあり，伴星の *くじら座 UV 型星によってフレアが引き起

こされると考えられている。→白色矮星

**くじら座 UV 型星**　UV Ceti star

突然のフレアを示す*爆発型変光星の一つ（*フレア星とも呼ばれる）。フレアの立ち上り時間は数秒から数十秒，減衰時間は数分から数十分である。略号UV．6等までの変光幅が記録されている。ときどき光学的フレアと同期してX線および電波フレアも生じる。これらの星は非常に強い磁場をもつK-M輝線矮星であり，*アソシエーションにある星は高速自転する若い星である。連星系の潮汐効果がくじら座UV型星の強い磁場を創り出しているのかもしれない。フレア活動は太陽と同規模であるが，これらの低温赤色矮星は本来の明るさが暗いのでより目立って見える。⇒りゅう座 BY 型星

**屈曲柱架台**　bent-pillar mounting

観測者の緯度に等しい角度だけ屈曲した柱を特徴とする*ドイツ式架台の形式。この屈曲柱は極軸をもつ。その形状のため，ひざ型赤道儀式架台あるいはひざ型台座とも呼ばれる。この設計は長焦点屈折望遠鏡用にドイツの企業カールツァイス社が開発した。

**クック，トーマス**　Cooke, Thomas (1807～68)

イギリスの光学機器製造業者。彼の最大の望遠鏡は，イギリスの金持ちのアマチュア天文家 Robert Stirling Newall (1812～89) のために1868年に製造した25インチ (0.64 m) Newall 屈折望遠鏡で，当時は世界最大であった。1890年に Newall はこの望遠鏡をケンブリッジ大学に委ねた。大学は1957年にそれをギリシャのアテネの国立天文台に寄付した。1922年にクックの会社はトロートン (Edward Troughton, 1753～1835) およびシムス (William Simms, 1793～1860) が設立した機器会社と合併した。

**屈折光学系**　dioptric system

光を収束するためにレンズだけを用いる光学系。屈折望遠鏡がその例である。

**屈折望遠鏡**　refracting telescope

レンズを用い，その屈折によって像を作る望遠鏡。反射望遠鏡に対する屈折望遠鏡の利点は，光路中の遮蔽がまったくないので，最高のコントラストと輝度をもつ像を生じさせることである。コーティングされたレンズの光の透過率は90％より高く，約0.4mまでの口径の場合は反射望遠鏡の効率よりも優れている。屈折望遠鏡は，惑星上の模様など細かい低コントラスト部分の詳細を観測するのに理想的である。その欠陥は，*色収差を克服するために各レンズが数個の光学*要素をもたなくてはならず，大型レンズの重量を支えるのが難しいことである。さらに，約f/8より小さい口径比のレンズを製作する場合要求されるレンズの曲線が大曲率であり制作が困難なので，大口径の装置では円筒が非常に長くなることも欠点である。

屈折望遠鏡は17世紀の初期に発明された最初の望遠鏡の型である。*ガリレオ・ガリレイが本格的な天文学のために望遠鏡を初めて使用したが，望遠鏡の発明は，普通はオランダの光学機器製造業者 Hans Lippershey (c.1570～c.1619) に帰される。屈折望遠鏡の実際的な上限を示しているのは*ヤーキス天文台にある40インチ (1 m) のf/19屈折望遠鏡である。実際にすべての大型屈折望遠鏡は19世紀末以前に製作された。しかしながら，口径50～100 mmの小型屈折望遠鏡は今でもアマチュアに人気があり使われている。

**屈折率**　refractive index（記号 $n$）

ガラスなど透明な媒質の屈折能の尺度。数学的には，屈折率は，光が媒質を通過するときの入射角および屈折角の正弦の比である。これらの角度は法線（媒質境界面に直角な直線）から測定する。光が媒質に入射する角度の入射角は，光が媒質中を進む屈折角よりも大きい。ガラスの典型的な屈折率は約1.5である。

**グッドリッケ，ジョン**　Goodricke, John (1764～86)

オランダで生まれたイギリスのアマチュア天文家。生まれたときから耳が聞こえず話しができなかったが，17歳のときに隣人の天文学者 Edward Pigott (1753～1825) に勧められて明るい変光星の観測を始めた。1782年に彼は*アルゴルの変光は規則的であると発表し，アルゴルが周期的に暗くなるのはそれを周回する暗い天体のためであることを示唆した。彼はさらに他の同様な*食連星を観測した。1784年にこと座ベータ星と*ケフェウス座デルタ星の明るさ

が周期的に変化することを発見したが，それら
の変光が異なる原因によることは認識しなかっ
た．1786年，ケフェウス座デルタ星を観測中
に肺炎にかかり，21歳で死去した．

**クーデ焦点**　coudé focus

赤道儀式望遠鏡においてその極軸の延長上に
位置する焦点．カセグレン式望遠鏡では鏡筒の
中心にある平面反射鏡が収束する光束を極軸に
沿って下方へ反射する．屈折望遠鏡の場合の他
の変型は，対物レンズと同じ大きさの二つの大
きな平面反射鏡をもつ．一つは光を極軸に沿っ
て導くため，もう一つの鏡は空の選択した部分
を見るためである．クーデは"肘"に当たるフ
ランス語で，光の経路を90°曲げることを意味
している．クーデ焦点は不動点なので，大きい
あるいは重い装置をそこに設置することができ
る．離れたクーデ室を設けることが多い．分光
観測によく使われる．

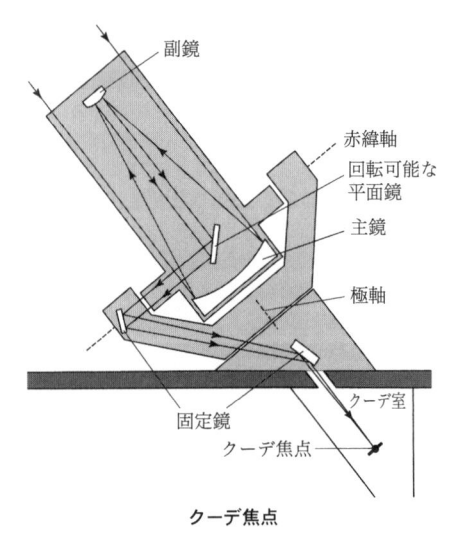

[図：クーデ焦点　副鏡，赤緯軸，回転可能な平面鏡，主鏡，極軸，固定鏡，クーデ室，クーデ焦点]

**クーデ焦点**

**クーデル望遠鏡**　Couder telescope

*非球面の凹面主鏡と凹面楕円体副鏡を備え
た*リッチー‐クレティアン式望遠鏡．口径比
は短く，コマ，球面収差，そして非点収差のな
い広い視野をもつが，視野は湾曲して望遠鏡内
に位置するので，眼視観測には適しない．ただ
しこの設計の望遠鏡はほとんどない．フランス
の光学機器製造業者André Couder
(1898～1979) にちなんで名づけられた．

**駆動装置**　drive

地球が自転するにつれて天体が空を横切る動
きを追尾するために望遠鏡の架台を回転させる
装置．時計駆動装置とも呼ばれる．望遠鏡を駆
動するためには電気式あるいは時計仕掛けモー
ターを使っており，古い望遠鏡ではゆっくりと
落下するおもりを用いた．電子工学による装置
はモーターの速度を制御し，望遠鏡の架台の機
械的誤差および*大気差の効果を補償するため
に速度補正を行うことができる．

**クライオスタット**　cryostat

熱雑音を低減するために赤外線検出器を超低
温に保持するための装置．デュワーともいう．
クライオスタットは真空排気された容器で，そ
の中で検出器が液体窒素温度（77 K）あるい
は液体ヘリウム温度（4 K）まで冷却される．
普通は検出器のほかに，光学部品，フィルタ
ー，およびプリアンプが含まれている．

**暗い星**　low-luminosity star

*赤色矮星，*準矮星，*白色矮星，および
*褐色矮星を含むあいまいな用語．暗い星を検
出することは困難であり，それらの総数は不確
かである．しかしながら，これら暗い星は銀河
系の総質量のかなりの割合を占めている可能性
がある．[定義があいまいなので特定の種類の
星を示すような使い方はしない]．

**クラインマン‐ロー星雲**　Kleinmann-Low
Nebula, KL Nebula

オリオン星雲の背後にある強力な赤外線放射
源．広がりも大きい．1967年にアメリカの天
文学者Douglas Erwin Kleinmann（1942～）
とFrank James Low（1933～）が発見した．
全光度は太陽の10万倍である．KL星雲を含
む領域は，おそらくは若い星である赤外線源の
集団からなる．最も強力なのは，IRc 2と命名
された高速の物質噴出を示す天体である．

**グラヴィトン**　graviton

一般相対性理論によって予測される仮想的な
粒子で，重力エネルギーを担う量子．グラヴィ
トンはまだ観測されていないが，光速で伝わ
り，ゼロの*静止質量と電荷をもつと予測され
る．グラヴィトンは光の光子に相当する重力の
量子である．→量子

**グラウケ**　Glauke

　小惑星288番．1890年にドイツの天文学者Karl Theodor Robert Luther（1822～1900）が発見した．直径30kmのSクラスの小惑星である．3.15年の自転周期をもち，知られているうちで最も自転の遅い小惑星である．軌道は，長半径2.757AU，周期4.58年，近日点2.18AU，遠日点3.33AU，軌道傾斜角4.3°をもつ．

**クラウンガラス**　crown glass

　ナトリウムとカルシウムを高い割合で含む基本的な種類の光学ガラス．約1.5の*屈折率をもち，他の主要な基本的光学ガラスである*フリントガラスより平均して低い光の分散を示す．クラウンガラスはフリントガラスより，密度は低いが，耐久性は高い．

**クラーク，オルヴァン**　Clark, Alvan（1804～87）

　アメリカの光学機器製造業者．マサチューセッツ州のケンブリッジにある彼の会社は，世界の二つの最も大きい屈折望遠鏡用のレンズを製造した．一つは*リック天文台の36インチ（0.91m）望遠鏡，もう一つは*ヤーキス天文台の40インチ（1.01m）望遠鏡である．1862年に彼の息子Alvan Graham Clark（1832～97）は，18.5インチ（0.47m）クラーク屈折望遠鏡の試験中に最初の*白色矮星であるシリウスの伴星を発見した．

**クラーク マクスウェル，ジェイムズ**　Clerk Maxwell, James　→マクスウェル，ジェイムズ クラーク

**グラティキュール**　graticule

　*レティクルの別名．

**クラドニ，エルンスト フローレンス フリードリッヒ**　Chladoni, Ernst Florens Friedrich（1756～1827）

　ハンガリー系のドイツ人物理学者．1794年に，隕石は破壊した惑星の断片であると推論した．隕石が地球外起源であることは1803年に*ビオ（J.-B.）が確認した．クラドニは1819年に流星と彗星の間には関係がありそうだと示唆した．

**グラナト衛星**　Granat

　X線およびガンマ線天文学用のソ連の人工衛星．1989年12月に打ち上げられた．国際協力で作られた7基のX線およびガンマ線観測装置を搭載していた．ART-SおよびART-P高圧比例計数管は3～150keVのエネルギー範囲をカバーし，フランスのシグマ*コード化マスク望遠鏡は30～1300keVのエネルギー範囲をカバーした．デンマークはWATCH全天モニターを供給した．

**グラニュール**　granule　→粒状斑

**グラブ，ハワード**　Grubb, Howard（1844～1931）

　アイルランドの光学機器製造業者．1865年に彼は父のThomas Grubb（1800～1878）が創立した光学機器企業に加わり，1867年に完成したオーストラリアのメルボルン向けの48インチ（1.2m）反射望遠鏡の製作を手伝った．彼の支配のもとで会社は高品質の大型望遠鏡製造で名声を得るようになった．1914年にグラブは事業をイギリスに移し，1925年に合併してSir Howard Grubb, Parsons & Companyとなった．

**クラマース不透明度**　Kramers opacity

　約$10^4$～$10^6$Kの温度をもつガスの放射エネルギー流に対する主な吸収源．クラマースの不透明度は主として自由電子のエネルギー遷移に由来し，温度が増すにつれて低下する．これは約1太陽質量までの星の内部における主な不透明度源である．太陽よりもはるかに大質量の星ではクラマースの不透明度は表面層でのみ優勢で，それより深いレベルでは*電子散乱不透明度の方が重要である．オランダの物理学者Hendrik Anthony Kramers（1894～1952）を記念して命名された．

**クリスティー，ウィリアム ヘンリー マホーニー**　Christie, William Henry Mahoney（1845～1922）

　イギリスの天文学者．8代目のアストロノマー・ロイヤルとして，*王立グリニッジ天文台の活動を天体写真術および分光学の分野にまで拡張し，新しい改良された望遠鏡を導入した．*マウンダー（E.W.）とともに毎日の太陽写真のグリニッジシリーズを始めた．

**グリズム**　grism

　分光観測に使用される．*回折格子と*プリ

ズムを結合したもの。薄いプリズムに刻線を刻んだ格子からなる。回折スペクトルの次数が重複せず、また分解能が高いために広く用いられる。*対物プリズムとしても用いられることも多い。

**クリセ平原** Chryse Planitia

火星上に見られる直径が約1500 km、深さが5 kmの巨大なほぼ円形の凹地。おそらく古代の衝突盆地で、緯度+27°、経度36°に中心がある。かつて水を含んでいた多くの古代の水路がクリセに流入している。したがって生命を探すのに最も適した場所の一つと考えられ、1976年の*ヴァイキング1号の着陸場所となったが、生命の微候は見つけられなかった。

**グリッグ-スケレラップ、彗星26P/** Grigg-Skjellerup, Comet 26 P/

周期彗星。1902年にニュージーランドのアマチュア天文家John Grigg (1838~1920) が、またそれと独立に1922年オーストラリアのアマチュア天文家John Francis ("Frank") Skjellerup (1875~1952) が発見した。軌道は木星の*摂動を受け、そのために1922年以降近日点が0.89から0.99 AUまで増大した。公転周期は5.1年。1992年に宇宙探査機*ジオットがこの彗星に接近した。*塵の生成が予期したよりはるかに少ないことが見出され、ガスの生成は1986年の近日点通過のときのハレー彗星に比べて約1%にすぎなかった。グリッグ-スケレラップ彗星からの破片は周期的なとも座パイ流星群を生じさせ、4月23日ごろに見られるが、彗星が近日点に近いときだけに限られる。彗星の軌道は離心率0.66、軌道傾斜角21.1°をもつ。

**グリッチ** glitch

パルサーからの規則的なパルス列が突然乱れる現象。パルサー周期と*スピンダウン速度の突然の変化として現れる。グリッチはその自転速度が急速に遅くなっている若いパルサー、特に*かにパルサーおよびほ座パルサーで起こる傾向がある。グリッチは、パルサーの表面殻で、あるいは表面殻とその内部の超流動部分の間で応力エネルギーが突然解放されるために生じると考えられている。表面殻でのエネルギー解放は星震を引き起こす。

**グリニッジ恒星時** Greenwich Sidereal Time, GST

グリニッジ子午線上の恒星時。春分点のグリニッジ時角と同じものである。春分点が*平均分点か*真の分点かによって、恒星時は、平均恒星時か視恒星時と呼ばれる。

**グリニッジ恒星日** Greenwich sidereal date

ある開始日付からグリニッジで経過した恒星日の日数。*ユリウス日 (JD) に類似しており、JD 0.0の日に進行中であった恒星日の始まりを初期元期として選ぶ。グリニッジ恒星日の整数部分はそのときから経過した恒星日の日数 (グリニッジ恒星日数, Greenwich Sidereal Day Number) で、小数部分は恒星日の端数として表した時刻である。

**グリニッジ時角** Greenwich hour angle, GHA

*グリニッジ子午線上の観測者が見た天体の*時角。GHAは全世界的な標準である。他の観測者に対する時角はλを観測者の地理上の東経とするとき、GHA+λで表される。ある星のグリニッジ時角はグリニッジ恒星時からその星の*赤経を引くことで求めることができる。

**グリニッジ子午線** Greenwich meridian

ロンドンのグリニッジにある旧*王立グリニッジ天文台を通過する経度0°の線。1884年に*本初子午線として採用され、現在も世界の時刻および航行システムの準拠点となっている。

**グリニッジ天文台** Greenwich Observatory
→王立グリニッジ天文台

**グリニッジ平均恒星時** Greenwich Mean Sidereal Time, GMST

*グリニッジ子午線上の平均恒星時。平均春分点のグリニッジ時角。グリニッジ平均恒星時は世界各地で行われる星の子午線観測をグリニッジ子午線に引き直して求める。GMSTと*世界時 (UT) の間には厳密な関係式があるので、実際にはUTはグリニッジ平均恒星時から求める。

**グリニッジ平均時** Greenwich Mean Time, GMT

グリニッジ子午線上の平均太陽時。天文学では*世界時 (UT) という名称の方が一般的で

ある．平均太陽のグリニッジ時角＋12時間で定義され，1日が真夜中から始まる．

**グリニッジ平均天文時** Greenwich Mean Astronomical Time, GMAT

グリニッジ平均時の古い形．今は使われていないグリニッジ子午線上の平均太陽時であるが，1日が真夜中ではなく正午から始まる．したがって，平均太陽の*グリニッジ時角である．夜中に日付を変更しなくてすますために1925年以前に天文学者が用いていた．

**クリープ** KREEP

月の高地から採取された，カリウム（化学記号K），希土類元素（略号REE）およびリン（化学記号P）に富む結晶状岩石．KREEP岩石の存在は，月の内部で化学的分離が起こったことを示唆している．普通それらは，放射性で熱を生成する高い濃度のウランとトリウムを含むので，KREEP岩石は月の内部進化にとって重要である．

**クリミア天文台** Crimean Astrophysical Observatory, CrAO

ウクライナのナウチヌイの標高600 mにある天文台．ウクライナ国立科学・技術委員会が所有し，運営している．その主要装置はシャイン2.6 m反射望遠鏡である．1961年に開設され，元台長のGrigorii Abramovich Shajn (1892～1956) にちなんで命名された．ほかに，2基の1.25 m望遠鏡（1955年と1981年に開設された），1 m太陽塔望遠鏡（1955年），およびガンマ線望遠鏡（1989年）がある．シメイス付近のコシュカ山の標高346 mで数基のもっと小型の光学装置を運営している．コシュカ山麓に1966年に開設された22 m電波望遠鏡が設置されている．この天文台はプルコヴォ天文台の支部として1912年にシメイスで発足したが，第二次世界大戦で破壊された．後に再建され，現在の名称となって，主要場所がナウチヌイに移転した．1991年までCrAOはソ連科学アカデミーが運営していた．

**CLEAN**

電波強度図の画質を高めるために電波天文学で広く使用する技法．望ましくない*サイドローブが引き起こすゆがみ効果を同定し除去するための一連の段階からなる．普通，このゆがみ（すなわち，サイドローブパターン）は特定の望遠鏡あるいは干渉計に対して計算または測定することができる．この技法は，全開口の一部分だけが合成された開口合成観測から良好な強度図を作製するのに特に有用である．未処理の強度図はサイドローブによって生じた多くの偽りの特徴を含んでいる．CLEAN技法は真の特徴を認識し，それをサイドローブパターンから分離する．

**グリーンバンク** Green Bank

*アメリカ国立電波天文台の電波望遠鏡が置かれている合衆国ウェストヴァージニア州の地名．

**グリーンバンク望遠鏡** Green Bank Telescope, GBT

ウェストヴァージニア州グリーンバンクの*アメリカ国立電波天文台に設置されている，100×110 mの楕円形パラボラアンテナをもつ可動式電波望遠鏡．その鏡面形状は能動光学的に制御され，望遠鏡の口径がさえぎられないようにパラボラアンテナの外側に斜入射副望遠鏡が取り付けられている［GBTは2000年に初観測が行われた］．

**グリーンフラッシュ** green flash

日没あるいは日の出の瞬間の好条件下で，太陽円盤最上部の小部分が光の選択屈折のために短時間濃い緑色に見える現象．グリーンフラッシュは極めてまれな現象で，これを見るためには特別な大気条件と平坦で澄明な地平線が必要である．海の水平線が理想的と考えられている．

**クルスカル図** Kruskal diagram

ブラックホール付近の時空での物体の軌道をプロットするために使用する図．クルスカル座標と呼ばれる垂直および水平座標は，時間とブラックホールからの距離との複雑な二つの関数である．一定時間の線が図の原点から四方に走り，傾斜が急勾配なものほど後の時間に対応するものとなっている．光子は常に垂直線に対して±45°の対角線に沿って走行する．ブラックホールに落下する物体の軌道は，垂直線に対して45°より小さい角度で図上を上に延びる曲線として示される．この図はアメリカの物理学者Martin David Kruskal (1925～) にちなんで

名づけられた.

**グールド, ベンジャミン アプソープ** Gould, Benjamin Apthorp (1824～96)

アメリカの天文学者. 1849 年に Astronomical Journal 誌を創刊した. 1870 年にアルゼンチンに移住し, コルドバに国立天文台を創設し, *コルドバ掃天星表の作製を開始した. これは北天の星に対して *アルゲランダー (F. W. A.) が作製した *ボン掃天星表の南天版に相当する. *グールドベルトは彼にちなんで命名された.

**グールドベルト** Gould's Belt

高温で明るい星 (O 型と B 型) が多数含まれる全天を一周する帯状領域 (ベルト). このベルトは, 銀河面に約 16° 傾斜した若い星と星間物質からなる太陽に比較的近い構造を表す. このベルトの最も顕著な部分はオリオン座, おおいぬ座, とも座, りゅうこつ座, ケンタウルス座, およびさそり座の明るい星々からなり, *さそり-ケンタウルスアソシエーションも含まれる. 直径は約 3000 光年 (銀河系の半径の約 10 分の 1) で, 太陽はその内部に位置する. 地球から見ると, グールドベルトは (星座を擬人化した) オリオンの腕の下端から銀河面の上下方向に延びている. このベルトは年齢約 5000 万年と推定されるが, その起源はわかっていない. 1879 年にその存在を明らかにした *グールド (B. A.) にちなんで命名された.

**グレアム山国際天文台** Mount Graham International Observatory, MGIO

ツーソン北東 125 km のアリゾナ州サフォード付近に位置するピナレノ山脈グレアム山の標高 3260 m にある天文台. 1988 年に創設された. アリゾナ大学の *スチュワード天文台が所有し, 運営する. また他の種々の研究所からの望遠鏡を受け入れている. 最大の装置は *大型双眼望遠鏡である. *ヴァティカン先端技術望遠鏡および *サブミリ波望遠鏡天文台の設置場所でもある.

**グレゴリー, ジェイムス** Gregory, James (1638～75)

スコットランドの数学者. *グレゴリー (D.) の伯父. 自著 Optica Promota (光学の奨め) (1663) で色収差を除去する手段として二つの反射鏡を有する望遠鏡 (*グレゴリー式望遠鏡) の最初の設計を示した. ロンドンの光学機器製造業者である Richard Reeves はグレゴリーの設計にしたがって望遠鏡を製作しようとして失敗している. 1668 年にグレゴリーは星の明るさに対する *逆二乗則を述べ, シリウスと太陽がほぼ同等の光度をもつと仮定してシリウスの距離を推定するためにそれを用いた (彼の結果は真の値よりはるかに小さかった).

**グレゴリー, デイヴィッド** Gregory, David (1661～1708)

スコットランドの数学者. *グレゴリー (J.) の甥. *ニュートン (I.) がプリンキピアで定式化した理論を普及させ, 後にニュートン力学と古い天文学上の考えを調和させようとした. 異なる組成の二つの材料から製作したレンズを用いることで *色収差を克服できるという 1695 年に発表した彼の提案は, もともとは, ニュートンによるものであったと思われる.

**グレゴリオ暦** Gregorian calendar

現在はほとんど世界中で実用されている暦. ドイツのイエズス会士である数学の教師 Christopher Clavius (1537～1612) の援助を得て創案され, 1582 年ローマ法王グレゴリー XIII 世が導入して, 季節とずれてしまった *ユリウス暦をこれに置き換えた. この年は 10 日間が省かれ, 10 月 4 日の木曜日のすぐ後に 10 月 15 日の金曜日が続いた. この変更は 3 月 21 日を春分の日として再決定するために行われた. イギリスとアメリカは 1752 年までグレゴリオ暦を採用しなかったので, そのときまでは 11 日間を省かなくてはならなかった. グレゴリオ暦では, ユリウス暦と同様に, 4 年ごとに閏年を導入する. しかし, ユリウス暦とは違って西暦年数が 100 で割り切れる年は閏年としないが, 100 で割り切れ, かつ 400 で割り切れる年は閏年とする. そこで 1700 年, 1800 年, および 1900 年は閏年ではなく, 1600 年と 2000 年は閏年である. 400 年ごとに 97 回の閏年があり, その結果 1 年の平均の長さが 365.2425 日になる. この長さは *太陽年 (365.2422 日) に非常に近く, 暦と季節がずれないように工夫されている.

### グレゴリー式望遠鏡　Gregorian telescope

凹面の放物面主鏡と凹面の楕円面副鏡をもつ反射望遠鏡．副鏡が主鏡の背後にある焦点に向けて光を反射する．したがって主鏡には孔がなくてはならない．＊カセグレン式望遠鏡と比べてこの系の利点は，像が正立していることである．しかし，欠点は鏡筒が長いことである．1663年に＊グレゴリーが提案したこの望遠鏡は18世紀には人気があったが，現在ではほとんど見られない．

### クレシダ　Cressida

天王星の4番目に近い衛星．距離は61780km，公転周期は0.464日，天王星IXとも呼ばれる．直径は62km，1986年に＊ヴォイジャー2号が発見した．

### クレーター　crater

惑星表面のお碗形の窪地．通常，クレーターは衝突か火山起源である．しかし，外惑星の衛星上のクレーターのいくつかは内部加熱が氷を融解して蒸発させガス爆発と水流を引き起こす氷爆発活動（ice volcanism）の結果であるかもしれない．火山クレーターは衝突クレーターほど円形にならない傾向があり，爆発か崩壊によって形成される．純粋な爆発起源の火山クレーターは通常は直径が1kmより小さく，普通は円錐形の噴出堆積物の頂上に見出される．崩壊クレーターは直径が100kmより大きく，外側の傾斜面をまったくもたないことがある．＊衝突クレーターは，木星の火山衛星イオを除いて，宇宙探査機で撮影された太陽系のすべての天体に見いだされているが，一方で火山クレーターは，小さい太陽系天体には存在しないように見える．

### クレーター計数　crater counting

惑星の年齢を決定するために，惑星表面の一定面積またはある地質学的単位内でいろいろな大きさの衝突クレーターを計数すること．ある地形が古いほど，惑星表面にそれだけ多くの衝突があったことになる．例えば月面では，クレーターが密集している高地はクレーターがまばらな海よりもはるかに古い．

### クレーター鎖　crater chain

ほぼ線状のクレーター列．それらは重なっているか，接触しているか，互いに離れている．普通は二次的な衝突か火山に起因する．通常，二次的衝突クレーターははるかに大きな衝突クレーターの周囲に多少とも放射状に配列している．火山クレーター鎖は，同一の火山亀裂に沿っていくつかの噴気孔が活発なときに生じる．主に一連のカルデラあるいは崩壊孔が一列に形成されるときの崩壊か，亀裂に沿って数カ所で爆発活動が起こるとき形成されるかもしれない．火星上のいくつかのクレーター鎖は火山活動が関与せずに亀裂に沿う崩壊によって形成されたように見える．

### グレーティング　grating　→回折格子

### グレートアトラクター　Great Attractor

うみへび座とケンタウルス座の方向にあり，われわれの銀河系を含めた周囲の銀河を引き付けている可能性があるといわれている物質の巨大集中場所．約$5 \times 10^{16}$太陽質量をもち，われわれの銀河系から約1億5000万光年の距離に位置すると計算されている．最初その存在は＊ハッブル流についての銀河運動の研究から推定された．グレートアトラクターが位置すると想定される場所には確かに銀河が集中しているが，より最近の研究によると，観測される銀河の大規模な運動はおそらくより遠方にある数個の銀河団の引力に由来するという．

### グレートウォール　Great Wall

壁のような薄い銀河の集合体．少なくとも2億光年×6億光年の広がりをもつが，厚さは2000万光年以下である．数千の銀河を含み，少なくとも$10^{16}$太陽質量の質量をもつ．天球上で120°以上に（赤経8〜16h）広がり，約2億5000万光年の距離にある．このような構造と多くのフィラメント状構造の特徴をあわせて考えてみると，宇宙の＊大規模構造は本質的に細胞膜状で，複数のグレートウォールが細胞の面を形成し，これらの面が交わる場所に銀河のフィラメントが形成されることが示唆される．

### グレートオブザーバトリーズ　Great Observatories

異なるスペクトル領域をカバーするNASAの四つの天文衛星ミッションシリーズをいう．それらは，＊ハッブル宇宙望遠鏡，＊コンプトンガンマ線観測衛星，＊先進X線天体物理衛星および＊宇宙赤外線望遠鏡である．

**グレートリフト** Great Rift

わが銀河系の太陽系を含む渦巻腕に沿って存在する暗黒星雲。リフトは裂け目の意味で、天の川を分断している。はくちょう座に始まり（はくちょう座の裂け目あるいは北の石炭袋と呼ばれている）、わし座を通ってへびつかい座までたどることができる。そこでグレートリフトは広がってぼやける。ほぼ2200光年の距離にあり、太陽のほぼ100万倍以上の質量をもつ分子雲の大グループからなる。ガスと*塵の雲は1000光年にわたって広がっている。

**クレープ環** crêpe ring

土星のC環の別名。B環内部に位置し、望遠鏡ではかすかにしか見えない。17500 kmの幅をもち、その内端は土星の中心から74500 kmの所に位置する。

**クレメンタイン** Clementine

もともとはミサイルの感知・追跡用に弾道ミサイル防衛機関が開発したセンサーを試験するためにアメリカ海軍研究所が製作した宇宙探査機。1994年1月に打ち上げられ、月の周回軌道に入り、4基のカメラセットによって種々の波長で表面の地図を作製した。次いで太陽を回る軌道に入ったが、宇宙船が誤って制御ガスを消費してしまったので小惑星*ゲオグラフォスとの予定のランデブーは断念された。

**クレロー，アレクシス クロード** Clairaut, Alexis Claude（1713～65）

フランスの数学者で物理学者。1736年に緯度1°の長さを測量するためのラップランドへの遠征に参加した。その結果は地球が偏平な回転楕円体であることを証明した。翌年、彼は星の光の*光行差の厳密な理論的説明を与えた。これは*ブラッドレー（J.）が説明できなかったことである。彼は*三体問題に関する自身の解を用いて1758～9年に回帰したときのハレー彗星の*近日点通過の日時を精確に予測した。

**クロイツサングレーザー** Kreutz sungrazer

近日点距離が非常に小さい（0.01 AUより小さい）長周期彗星のなかで互いに明らかに関連があると思われるグループ。ドイツの天文学者 Heinrich Carl Friedrich Kreutz（1854～1907）にちなんで名づけられた。彼は1888年にそれらの彗星を研究した。*サングレーザー（太陽をかすめる彗星という意味）の軌道要素は、約500～1000年の長周期で逆行軌道を走行する二つの部分群に分類される。したがって、これらの彗星は、まず単一の大きな先祖（おそらくは*キロンに類似した）がいくつかに分裂し、後に2個かそれ以上のその断片が回帰したときにさらに細かく崩壊してできたように見える。著名なサングレーザーには1882年の*大9月彗星や1965年の*池谷-関彗星などがある。宇宙船に搭載したコロナグラフによって多くのサングレーザーが発見されている。

**クロゴケグモパルサー** Black Widow Pulsar
→連星パルサー

**グロトリアン図** Grotrian diagram

ある原子あるいはイオンに対するエネルギー準位の図。異なるエネルギー準位間で許容される遷移、したがってその結果生じるスペクトル線の特徴を示す。この図は、多数のエネルギー準位と非常に複雑なスペクトルをもつ鉄のような元素の線を理解し、同定するためには不可欠である。ドイツの物理学者 Walter Robert Wilhelm Grotrian（1890～1954）を記念して命名された。

**グロビュール** globule

*塵とガスからなる小さい高密度の星間雲。通常は丸い形状をしている。明るい星雲あるいは星野を背景にしたシルエットで見ると暗黒に見える。グロビュールは*暗黒星雲のうち最も小さく、普通は直径が1光年以下である。最小のものは直径が数光日にすぎず、質量は1太陽質量より小さい。*ボーク（B. J.）にちなんでボークグロビュールと呼ばれることが多い。ボークはグロビュールに注目し、それらが*原始星である可能性をを示唆した。⇒彗星状グロビュール

**クロムリン，アンドリュー クロード ドラ シェロワ** Crommelin, Andrew Claude de la Cherois（1865～1939）

フランス系のアイルランドの天文学者。彗星軌道の計算が専門で、しばしば*コーウェル（P. H.）と共同で研究した。2人で1910年のハレー彗星回帰の日時を予測し、紀元前3世紀までさかのぼって彗星の以前の出現を計算した。1929年に（1818年、1873年、および1928

年に出現した)三つの彗星は同一の彗星であることを発見した.この彗星は後に彗星 27 P/Crommelin と再命名され,彼が予測したように 1956 年に戻ってきた.

**クロン-カズン RI 測光**　Kron-Cousins RI photometry

R および I と呼ばれる二つのフィルターをもつ最も普通に使用される赤色帯(すなわち,600〜1100 nm)の測光系.これらのフィルターはそれぞれ 638 nm と 138 nm,797 nm と 149 nm の有効波長とバンド幅をもっている.低温度星に対しては,B および V の透過帯域に多数の吸収線と分子バンドがあるために,B−V よりも R−V の方が温度に敏感である.この測光はアメリカの天文学者 Gerald Edward Kron (1913〜) が考案し,南アフリカの Alan William James Cousins (1903〜) が修正した.

# ケ

**K**　Kelvin

\*熱力学的温度目盛での温度の単位ケルヴィンの記号.ケルヴィン温度の 1 度は大きさが摂氏温度の 1 度に等しい.\*ケルヴィン卿にちなんで命名された.[ケルヴィン温度の 0 度(\*絶対零度)は摂氏−273.16 度である].

**経緯儀式架台**　altazimuth mounting

望遠鏡を水平軸の周りに上下(高度変化)するよう,そしてそれに垂直な軸の周りに水平に回転(方位角変化)できるように保持する架台形式.経緯台ともいう.天球上で天体を追尾するためには,二つの軸を同時に駆動することが要求される.さらに,追尾中に,視野中で天体の方向が回転する.そのために,大望遠鏡では長い間\*赤道儀式架台が好まれたが,軸の非定速駆動および視野の回転補償を可能とする計算機制御の登場とともに,構造が単純な経緯儀式架台が採用されるようになった.

**蛍　光**　fluorescence

高温星などの高エネルギー放射源によって励起されたガスから放出される光.ガスの原子が高エネルギーの光子,特に紫外線波長の光子を吸収すると,まず高い側のエネルギー準位に励起される.次いで,電子が低い側のエネルギー準位に滝のように落ち込み,通常は可視光あるいは赤外線波長で一連の低エネルギー光子としてそのエネルギーを再放出する.星雲は蛍光現象の結果として輝く.

**傾斜角**　inclination

1.天体の軌道面と,その天体が公転する主天体の準拠面との間の角度.太陽系惑星の場合,普通は軌道の傾斜角は地球の軌道面,すなわち黄道面に対して測る.惑星を公転する天体の場合,傾斜角はその惑星の赤道面に対して測るのが普通である.これらの場合には傾斜角は\*軌道要素の一つである.\*連星の場合は,傾斜角はその軌道面と視線のなす角度であり物理的意味はない.2.惑星あるいは衛星の自転軸が

何らかの準拠面への垂線に対して傾斜している角度.普通,準拠面はその天体の軌道面である.

**傾斜反射鏡望遠鏡** schiefspiegler telescope
二つの凹反射鏡を用いる軸外しの反射望遠鏡.副鏡は,主鏡の光軸から外れたところに置かれ,光を主鏡に隣接する焦点に導く.この型は,普通は副鏡によって生じる光路の遮蔽がない反射系となる.しかし,この系の口径比は大きく,高倍率で視野が狭い.収差のために口径は約100mmに制約される.三傾斜反射鏡(trischiefspiegler)望遠鏡と呼ばれる型は副鏡をもう1枚増やしてより大きな口径にも使用できるようになっている.この名称は"傾斜反射鏡"という意味のドイツ語からとられた.

**ケイ素星** silicon star
ケイ素の存在量が高い*Ap型星の型.

**ケイ素燃焼** silicon burning
大質量星の中心核でケイ素が鉄およびニッケルなどの重い元素に変換される一連の核反応.

**経帯時** zone time
地球の表面は24の時間帯に分割されているが,その各時間帯の内部で使われる常用時をいう.世界時(UT)とは整数時間だけ異なっており,グリニッジの東側の時間帯ではUTより進んでおり,西側の時間帯では遅れている.

**経度** longitude
採用した出発点からある基準面の周りに沿って測った角度.天文学では地球上の経度に相当する天球上の経度は*赤経である.⇒銀経,日心黄経

**ゲオグラフォス** Geographos
小惑星1620番.*アポロ群のメンバーでSクラス.1951年に*ミンコフスキー(R. L. B)とアメリカの天文学者Albert George Wilson(1918~)が発見したが,1969年までは再観測がされなかった.レーダー観測によると,ゲオグラフォスは太陽系で最も細長い天体の一つ.大きさは5.1×1.8kmで,おそらくより大きな天体の破片である.軌道は,長半径1.246 AU,周期1.39年,近日点0.83 AU,遠日点1.66 AU,軌道傾斜角13.3°をもつ.

**K型星** K star
スペクトル型Kの星.太陽よりやや低温でオレンジ色に見える.主系列上のK型星は表面温度が3900~5200 Kの範囲にあるが,K型巨星は100~400 Kほど低温で,K型超巨星はさらに数百度低い.K型主系列星の質量は0.5~0.8太陽質量であり,光度は太陽光度の0.1~0.4倍である.K型巨星は1.1~1.2太陽質量をもち,光度は太陽光度の60~300倍である.一方,K型超巨星は13太陽質量のものまであり,太陽光度の40000倍もの光度をもつことがある.K型星の支配的なスペクトル特徴は鉄およびチタンの中性金属線であり,カルシウム(Ca I およびCa II)が特に強い.シアノゲン(CN)と酸化チタン(TiO)による分子バンドはK0型からK9型にかけてかなり強くなる.この型で最も有名な星はK1型巨星である*アークトゥルス,およびK5型巨星の*アルデバランである.

**激緩和** violent relaxation
平衡状態から大きくはずれた状態で形成される星団あるいは銀河がその形成初期に見せる急速な進化.激緩和中は,系の重力ポテンシャルが変化するために,個々の星の軌道は劇的に変化する.最初の数十億年間に*楕円銀河を作るのに重要な役割を果たすと考えられている.

**激変星** cataclysmic variable
1. 突然の爆発を示す変光星.一般にこの爆発は降着による重力エネルギーの放出,あるいは熱核反応から生じる.熱核反応は星の表面または内部で起こる.激変星グループは多くの異なる型の変光星を含み,その大部分は*質量移動が行われている*近接連星である.単一の星からなると信じられるものも含めて,すべての*超新星はこの範疇に入る.→共生星,新星,新星状変光星,超新星,矮新星 2. *激変連星の別名.

**激変連星** cataclysmic binary
爆発を伴う近接した*相互作用連星.この用語は普通は*矮新星,*新星および*新星状変光星の*激変星,に限られ,超新星である連星,共生星,あるいはX線連星は除外される.

**K項** K term → K補正

**Kコロナ** K corona
太陽コロナの明るい内側の部分.電子によって散乱される太陽光によって生じる.塵粒子に

より散乱される光からなる*Fコロナとちがって，真のコロナである．自由電子の速度が極めて大きい（200万Kのコロナ温度に対して平均して約10000 km/s）ために光球スペクトルのフラウンホーファー線は幅が広がり不鮮明になるので，Kコロナのスペクトルはほとんど純粋な連続スペクトルである（Kはドイツ語のKontinuumを意味する）．Kコロナは太陽から1.5太陽半径に至るまでFコロナよりも明るい．

**夏　至**　summer solstice　→至点

**K　線**　K line　→ H/K線

**月角差**　parallactic inequality

太陽の重力によって生じる月の公転運動の変動．太陽の引力による結果として，月は上弦では予測軌道位置より約2′進み，下弦では同じ値だけ遅れる．

**ケック天文台**　Keck Observatory　→ W. M. ケック天文台

**ケック望遠鏡**　Keck Telescopes

ハワイ島マウナケアの*W. M.ケック天文台にある，六角形の分割鏡を合成した合成口径が10 mの反射望遠鏡．同じ構造の望遠鏡が2台ある．

**結合エネルギー**　binding energy

陽子と中性子が結合して原子核を形成するときに解放されるエネルギー，あるいはその原子核を分裂させるために必要なエネルギー．陽子あるいは中性子1個当たりの結合エネルギーは質量数が50～60の範囲（*鉄ピーク）にある原子の場合が最大である．生成物が鉄よりも重くなければ，軽い原子が結合して重い原子を形成するとき（星の内部での*元素合成のように）エネルギーが解放される．逆に，生成物が鉄より重いままであれば，重い原子が分裂して軽い原子（例えば核分裂反応）を形成するときにもエネルギーが解放される．結合エネルギーは*質量欠損と等価である．

**月　差**　lunar inequality

月の軌道運動がケプラーの法則にしたがう運動からずれること．月差は，太陽および惑星の*摂動によるだけではなく，*潮汐力や地球と月の形状が球状ではないためにも生じる．*月運動論は，数千年にわたる月の過去，現在そして未来の地心位置および速度を数学的に記述するためにこれらすべての要因を考慮する．その数式には，月の楕円軌道を記述する項だけでなく，上述の他の要因に由来する数百個の周期項—*差—が含まれる．これらの要因の中には*出差，*二均差および*年差がある．

**月質学**　lunar geology

月の地質の研究分野．英語のselenologyという用語は現在は廃れた．

**月　食**　lunar eclipse

地球の影の中を月が通過すること．*半影食では暗さがほとんど検出されないが，月が地球の*本影に入るときには非常に暗くなる．月食は，月が地球を回る軌道と黄道の交点近くで満月になるときにだけ起こる．月が交点の北か南にわずかにそれると，月は本影の中央を通過しないので，*部分食になる．本影食の間，月面の明るさは微妙に変わる（→ダンジョン尺度）が，その程度は主として地球大気の清澄さで決まる．地球大気を通過するときに屈折した太陽光が食になっている月面に当たって銅色あるいは赤みがかった色に見える場合があるが，もっと暗い食の場合は鉄灰色に見える．部分食の間，本影の周縁付近で着色した縞模様が見えることがある．月食は，月が地平線の上部にある地球の全半球で見ることができる．皆既月食の最大継続時間は，月が本影の中心を通過するときで，1時間47分である．

**月面一時的現象**　lunar transient phenomenon, LTP

月の表面で観測される一過的現象．局所的に異常に明るくなったり暗くなったり，あるいは色が変化したりする．一時的月面現象とも呼ばれる．そのような事例は，*ハーシェル（F. W.）の時代から多くの肉眼観測者により報告されてきており，月面における火山活動あるいはガス噴出の証拠として受け取られてきた．しかしながら，そのような現象の確固とした写真あるいは測光の記録はなく，その真実性を疑問視する専門家もいる．

**ゲーデル宇宙**　Gödel universe

宇宙論において回転する宇宙を示すいっぷう変わった模型．この模型は，その内部で時間旅行を可能にするという事実を含めて，多くの奇

妙な数学的特徴をもつ。オーストリア-アメリカの数学者 Kurt Gödel (1906〜78) が発表したもの.

**K 等級** K magnitude
*ジョンソン測光系の赤外線 K フィルターを通して測定したときの星の等級. K フィルターは 2190 nm の有効波長と 390 nm の帯域幅をもつ.

**ケーニッヒ接眼鏡** König eyepiece
*エルフレ接眼鏡を一部修正したもの.

**ケネディ宇宙センター** Kennedy Space Center, KSC
フロリダ州ケープカナヴェラルのメリット島にある NASA の施設で、有人宇宙船および無人宇宙船の打上げを担当している. アポロ月ミッション用に建設された打上げ施設は、スペースシャトル用に改造された. KSC にはスペースシャトル用の着陸滑走路もある. 無人ロケット発射台が置かれているケープカナヴェラル空軍基地に隣接している. ケープカナヴェラルは 1950 年にミサイル試験センターとして運用を始めた. KSC は 1965 年に現在の場所に開設された.

**KPNO** Kitt Peak National Observatory
➡ キットピーク国立天文台

**ケープ RI 測光** Cape RI photometry ➡ クロン-カズン RI 測光

**ケフェイド** Cepheid variable
黄色の巨星あるいは超巨星の *脈動変光星の重要な群の一つ (ケフェイド変光星あるいはセファイドということもある). 原型であるケフェウス座デルタ星にちなんで名づけられた. この一般名は複数のタイプ特に *古典的ケフェイド (ケフェウス座デルタ星型と呼ばれることもある), そして光度が低い *おとめ座 W 型星に適用される.
ケフェイドの重要性は, *リーヴィット (H. S.) がその周期が絶対等級に直接関係していることを発見したときに明らかになった. その結果として得られる *周期-光度関係を用いて距離が決定できる. それ以後の研究は、本質的に平行な周期-光度関係をもつ二つの明確な型が存在することを明らかにした. 古典的ケフェイドは種族 I の天体で, 種族 II のおとめ座 W 型

星に比べて絶対等級が 0.7〜2 等明るいだけでなく, 質量および金属量も大きい. 両方の型ともに *基本モードで *動径脈動をしている. ケフェイドは最大サイズのとき最小サイズよりも 7〜15% 大きいのが普通である.
かつては他のタイプ, 特に矮小ケフェイド (*ほ座 AI 型星および *たて座デルタ型星) および短周期ケフェイド (*こと座 RR 型星) と呼ばれるタイプもケフェイドの一形態と見なされていた. ⇨うなりケフェイド, 古典的ケフェイド, 二重モード変光星, バンプケフェイド

**ケフェイド不安定帯** Cepheid instability strip
*ヘルツシュプルング-ラッセル図 (HR 図) 上で数種の型の *脈動変光星が占める帯状の領域. この変光星にはケフェイド, 古典的ケフェイド, たて座デルタ型星, *こと座 RR 型星, および *おとめ座 W 型星が含まれる. 不安定帯は, HR 図上で絶対等級 2 等の付近で *主系列から斜めに上向きあるいは右方向に走り, その最上部には極めて明るい *超巨星を含んでいる. ここでこの不安定帯は, おうし座 RV 型星, 赤色半規則変光星, そして長周期 (ミラ型) 変光星が占めるより広い変光星領域と融合するように見える. こと座 RR 型星は, 不安定帯が球状星団中の *水平分枝と交叉する場所に位置する. 一方古典的ケフェイドおよびおとめ座 W 型星は, それぞれ金属が豊富な星および乏しい星における超巨星分枝と不安定帯との交点に位置する.

**ケフェイド変光星** Cepheid variable ➡ ケフェイド

**ケフェウス座** Cepheus (略号 Cep. 所有格 Cephei)
ギリシャ神話のケフェウス王をかたどった空の北極領域の星座. 最も明るい星はアルファ星 (*アルデラミン) であるが, 最も有名な星は *二重星のデルタ星である. その明るい方の星は 5.37 日の周期で 3.5〜4.4 等にわたる *ケフェイドである. ベータ星 (アルフィルク) は光学二重星である. 二星の明るさは 3.2 等および 7.9 等であり, 明るい方はわずかに変光する (➡ ケフェウス座ベータ型星). ミュー星は *ガーネット星の名で知られる赤色の超巨大変光星

**ケフェウス座VV型星**　VV Cephei star　→ぎょしゃ座ゼータ星

**ケフェウス座デルタ星**　Delta Cephei star　→ケフェイド，古典的ケフェイド

**ケフェウス座ベータ型星**　Beta Cephei star
　早期スペクトル型（O 8-B 6）の*脈動変光星の型．主系列の真上にある．略号BCEP．おおいぬ座ベータ型星とも呼ばれる．等級の変動は0.01～0.3で，0.1～0.6日の周期をもつ．この変動に対する一般に公認されている説明はないが，*動径脈動と*非動径脈動の両方が関与しているように思える．⇒ペルセウス座53番星

**ケフェウス座ミュー型星**　Mu Cephei star
　最初は晩期型スペクトルと不規則な変動を示す変光星に与えられた古い用語．現在ではこの種類の星は*半規則型変光星あるいは脈動*不規則変光星と分類される．

**ケープカナヴェラル**　Cape Canaveral
　アメリカのフロリダ州東海岸にある*ケネディ宇宙センターの所在地．NASAの主要な打上げ基地である．1963年から1973年までケープケネディの名で知られていた．

**ケープ写真星表**　Cape Photographic Durchmusterung
　空の写真を測定して作成された最初の星表．写真は1885～90年に*ギル（D.）が南アフリカのケープ天文台で撮影し，それらの写真をオランダで*カプタイン（J. C.）が測定した．その結果は1896～1900年に3巻の星表として刊行された．赤緯-18°から南極までにある10等までの星45万4875個を含んでいる．

**ケープ測光**　Cape photometry
　南アフリカ天文台でなされた測光観測．観測の大部分はケープタウンにある天文台（以前の王立喜望峰天文台）で行われた．これらの観測は*ジョンソン測光のUBVシステムを南半球に拡張するように企図された．いくつかのU等級は，屈折望遠鏡で測定されたため対物レンズが透過する紫外線量を大幅に低減させた．これらの観測は記号$U_c$で区別されている．

**ケープヨーク隕石**　Cape York meteorite
　30.9 tの最も重い鉄隕石．現在はニューヨークのハイデンプラネタリウムに陳列されている．中程度の*オクタヘドライトである．1897年にグリーンランドのケープヨークで発見され，「テント」（現地語で"Ahnighito"アーニギト）というあだ名がつけられた．この隕石は同時に同じ場所で見出されたほかの二つの大きな鉄隕石とともにニューヨークに運ばれた．二つの鉄隕石のうち一つは約3 tの重さをもち「女性」と呼ばれ，他の一つは約400 kgの重さで「犬」と呼ばれる．これら三つの隕石はアメリカ自然誌博物館が所有している．

**ケプラー，ヨハネス**（あるいは**ヨハン**）　Kepler, Johannes (or Johann)（1571～1630）
　ドイツの数学者で天文学者．1600年にプラハでティコ・*ブラーエの助手になり，ティコが始めた惑星運動の表を完成させることにとりかかった．ケプラーは初めて火星の軌道を計算した．ティコが行った惑星の精確な観測値を何とか円軌道で表そうと多くの時間を費やしたが，1609年に刊行されたAstronomia nova（新天文学）で，火星は円軌道ではなく楕円軌道を運動すると結論した．このようにして彼の惑星運動法則の第一法則を確立した（→ケプラーの法則）．太陽は磁力により惑星を制御しているという理論から，彼は第二および第三法則を導いた．これらの法則は，理論天文学に関する彼の論文Epitome astronomiae Copernicanae（コペルニクスの天文学大要，1618～21）の一部として発表された．彼が完成した惑星運動のルドルフ表（ティコの援護者である神聖ローマ帝国皇帝ルドルフII世にちなんで名づけられた）は1627年に刊行され，18世紀においても使用された．ケプラーは，1604年の超新星（*ケプラーの星）についてDe stella nova（新星）を，そして光学と望遠鏡の理論についてDioptrice（屈折光学，1611年）を著した．

**ケプラー式望遠鏡**　Keplerian telescope
　対物レンズと接眼鏡の両方に単純な凸レンズを用いた基本的な屈折望遠鏡．1615年に*ケプラー（J.）が考案した．*色収差が生じるが，これは*口径比を増すことで軽減できる．このために初期の望遠鏡は非常に長く作られていた．*色消しレンズが発明される以前の屈折望

遠鏡の主要な形式であった．

**ケプラーの法則** Kepler's laws

*ケプラー（J.）が発見した惑星の軌道運動を支配する三つの法則．第一法則は，惑星の軌道は太陽を一つの*焦点とする楕円形であることを述べる．第二法則は，惑星と太陽を結ぶ*動径ベクトルは等しい時間に等しい面積を掃くことを述べる．第三法則は，年で表した各惑星の公転周期の2乗は惑星軌道の長半径の3乗に比例することを述べる．第一法則は惑星軌道の形状を与え，第二法則は，惑星がその軌道を動く速度が連続的に変わっていく様子を記述する．近日点では最も速く，遠日点では最も遅く運動する．第三法則は，惑星の太陽からの平均距離と公転周期の間の関係を与える．

*ニュートン（I.）は，彼の万有引力の法則と三つの運動法則から，ケプラーの第一法則を一般化し，第二法則を証明し，また第三法則が次の形式に変えるべきことを示した．

$$4\pi^2 a^3/T^2 = G(m+m_p)$$

$T$ および $a$ は質量 $m_p$ をもつ惑星の公転周期と長半径，$m$ は太陽の質量，$G$ は*重力定数である．

**ケプラーの星** Kepler's Star

へびつかい座の*超新星．1604年に*ケプラー（J.）が初めて観測し，彼の著書 De stella nova（新星）で報告した．ヨーロッパと朝鮮からの観測によると，この超新星は10月後半に見かけの等級が－3という極大値に達した．この星はほとんど1年間見え続けた．光度曲線は Ia 型超新星の特徴を示す．可視光で見える*超新星残骸は，ほぼ30000光年の距離にあって少数の暗いフィラメントと明るいこぶからなる．それは電波源3C 358でもある．

**ケプラー方程式** Kepler's equation

楕円軌道にある天体の*離心近点角と*平均近点角の関係を示す方程式．その式は

$$E - e \sin E = M$$

$E$ は離心近点角，$M$ は平均近点角，そして $e$ は軌道の離心率．これは，任意の時刻に対しその軌道要素から太陽の周りの惑星の位置，あるいは惑星の周りの衛星の位置を計算できる数学的関係の一つとして重要である．

**K補正** K-correction

遠方の銀河の測光等級および色に対してなされる補正．*K項とも呼ばれる．この補正は銀河のスペクトルに対する赤方偏移を考慮したものである．［測光バンドに入るスペクトル範囲が赤方偏移によって異なる，すなわち，スペクトルの異なる波長範囲を見ることになる効果を補正する］．

**ゲミンガ** Geminga

ふたご座に位置する最も明るいガンマ線源の一つ．この名称は"ゲミニガンマ線源（ふたご座のガンマ線源）"の短縮形である．1972年に衛星SAS-2が検出したが，25等の暗い光学的対応天体はようやく1988年に見つかった．それ以降ゲミンガは0.237秒ごとにX線とガンマ線で脈動していることが発見され，それが回転している中性子星（*パルサー）であることが示唆された．ガンマ線，X線，および光学的性質において*ほ座パルサーに似ている（ほ座パルサーは電波を放出してはいないが）．距離500光年の最も近いパルサーであり，おそらく*局部バブルを形成した*超新星の残骸である．

**ケルヴィン卿** Kelvin, Lord（William Thomson）（1824～1907）

スコットランドの物理学者．アイルランドで生まれた．*熱力学的温度目盛を考案し，宇宙におけるエネルギー散逸の重要さを考察した．物質の冷却速度に基づいて地球の年齢を科学的に推定する初めての試みの一つを行ったが，彼の結果（2000万年から4億年）は若すぎた．彼は*太陽定数も計算した．

**ケルヴィン-ヘルムホルツ収縮** Kelvin-Helmholtz contraction → ヘルムホルツ-ケルヴィン収縮

**ケルヴィン目盛** kelvin scale

零点が－273.16℃に等しいと定義する温度目盛．この零点を*絶対零度という．*熱力学的温度はケルヴィン目盛で表され，記号はKである．

**ケルナー接眼鏡** Kellner eyepiece

実質的には*ラムスデン接眼鏡の色消し版である接眼鏡．したがって色消しラムスデンということもある．平凸型の視野レンズと平面が眼

の側に向かう色消しの接眼レンズをもつ．視野は 45～50° とかなり大きく，*収差はない．このためケルナー接眼鏡は双眼鏡に使われることが多い．優れた汎用接眼鏡であり，内部反射によって引き起こされるゴースト像をこうむりやすいが，低 f 数の場合でもまずまずの結果が得られる．1849 年にドイツの光学機器製造業者 Carl Kellner（1826～55）が発明した．

**ゲルマニウム検出器** germanium detector
高エネルギー X 線およびガンマ線分光用の固体電子検出器．高純度ゲルマニウム結晶あるいは微量のリチウムを含むゲルマニウム結晶から製作する．*NaI 検出器に比べて優れたスペクトル分解能をもつが，大きな集光面積をもつものを製作するのは困難である．

**ケレス** Ceres
1801 年 1 月 1 日に*ピアッジ（G.）が発見した最初の*小惑星．したがって番号 1 が与えられた．ケレスは群を抜いて最大の小惑星であり，直径 940 km，質量 $1.17 \times 10^{21}$ kg，平均密度 2.7 g/cm³．自転周期は 9.075 時間である．全小惑星帯の質量の約 3 分の 1 をもつ．衝のときの平均等級は 7.4．*ヴェスタだけがもっと明るくなることがある．軌道は，長半径 2.767 AU，周期 4.60 年，近日点 2.55 AU，遠日点 2.98 AU，軌道傾斜角 10.6° をもつ．
　ケレスは G クラスに属し，*炭素質コンドライト隕石に類似した組成を示唆する反射率スペクトルを示す．太陽からの平均距離は 2.76～2.80 AU で，9～11° の軌道傾斜角をもつ小さな小惑星族の最大のメンバーである．他のケレス族のメンバーには (39) レチチア，(264) リブッサ，(374) ブルグンディア（すべて S クラス），および (446) エテルニタス（A クラス）がある．

**限界等級** limiting magnitude
1. 一般的な条件下で，ある装置で検出できる最も暗い天体の等級．2. 天体カタログに含まれる天体の最も暗い等級．

**圏界面** tropopause
*成層圏と境界をなす*対流圏の上限．圏界面の正確な高度は緯度に依存し，温帯領域では約 10 km，赤道では 15 km に近い．季節変動もあり，圏界面の高度は夏の方が高い．対流圏の温度は圏界面で最小値に達し，典型的には −40℃ 付近である．

**元　期** epoch
1. [時刻を測る原点となる時刻]．*歳差と*章動のため天の座標は時間とともに変化するので，天体の位置もある日付の座標に準拠しなくてはならない．天体暦と星表で現在普通に用いている標準元期は 2000 年 1 月 1 日の 12 時である（J 2000.0 と書く）．→ベッセル元期，ユリウス元期　2. 天文観測が行われた日と時刻，あるいは天体の位置および軌道要素が計算された日付．

**元期黄経** longitude at the epoch（記号 $L$）
元期 (2) において惑星が示す黄経．黄道に沿って春分点から東方向に昇交点まで（すなわち，昇交点黄経），続いて軌道面に沿って東方向にその時刻の惑星の位置まで測定した角度である．図では，元期黄経は角度∠ϒSN と角度∠NSP′ の和である．⇒軌道要素

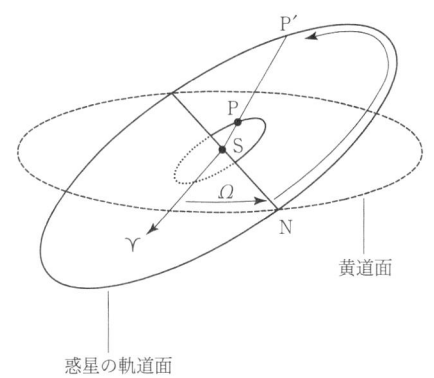

元期黄経：
N：昇交点，P：惑星，S：太陽，ϒ：春分点，Ω：昇交点黄経

**幻　月** parselene
巻雲中の氷結晶内部で起こる月光の屈折と反射から生じる光学現象（mock Moon ということもある）．*幻日の月の場合に相当する．幻月は月から両側に 22° 離れたところの地平線上方の月と同じ高度に出現する．月が明るいとき，典型的には満月の 5 日以内にしか生じない．幻日よりも暗く，普通は無色である．

**減光（大気の）** extinction (atmospheric)
→大気減光

**減光（星間の）** extinction (interstellar)
*星間吸収の別名．

**原　子** atom
化学反応に関与しうる化学元素の最小の部分．原子は，陽子と中性子からなる原子核と，それを取り囲む異なる*エネルギー準位で周回する電子からなる．特定の元素の原子の原子核中の陽子数をその元素あるいは原子の原子数という．陽子と中性子の総量が質量数である．中性原子では陽子数は電子数に等しい．

**原始火球** primordial fireball
ビッグバン理論における*放射優勢期の別名．この期間には宇宙は高温高密度で，放射のエネルギーに支配された．このような時期の存在は*宇宙背景放射の諸特性によって強く示唆される．

**原子核** atomic nucleus
原子の質量の大部分を含む中心核．原子核は正に荷電しており，1個またはそれ以上の陽子および中性子から構成される．核中の陽子数がその元素の原子番号である．最も単純な原子核は，1個の陽子だけからなる水素の最も軽い同位体の原子核である．他のすべての原子核は1個またはそれ以上の中性子を含む．中性子は原子核の質量に寄与するが電荷には寄与しない．自然状態で生じる最も重い原子核は $^{238}U$ であり，92個の陽子と146個の中性子を含んでいる．

**原始銀河** primordial galaxy, protogalaxy
ビッグバン理論では，銀河は自己重力で崩壊する大きなガス雲から形成されたと考えられている．原始銀河はちょうど崩壊し始めたそのような雲である．現在までの天文観測では，原始銀河は確実には同定されておらず，これは宇宙史のごく初期の，非常に高い*赤方偏移の時期に銀河形成が起こったことを示唆している．現在の銀河に見かけは似ていて赤方偏移が3より大きい銀河が発見されてはいるが，これらの天体がわれわれの近傍で観測される銀河の仲間とどう関係しているかは，まだ明白ではない．[2003年現在で発見されている最も遠い銀河の赤方偏移は6.6である]．

**原子時** atomic time
常用時を含めて，すべての精確な計時に用いる時間尺度．原子振動数に基づき，今日では最も正確かつ一貫性が高い．基本的単位はSI *秒であり，セシウム133原子の特定のスペクトル線によって定義される．マイクロ波帯にあるこの線の振動数を精確に9192631770 Hzとして採用する．

SI秒は国際原子時（International Atomic Time, TAI）のための基礎である．TAIは1972年1月に国際協定により正式に導入されたが，1955年から存在していた．TAIが公式に導入されたときは，SI秒の長さは，天文学で当時使われていた*暦表時の秒の長さと同じであった．二つの時間尺度は固定した量（ET＝TAI＋32.184 s）だけゼロ点がずれていた．しかしながら，厳密にいって，秒の二つの定義は概念上異なっていた．1984年に地球力学時（現在では単に*地球時と呼ばれている）が導入され，暦表時が廃止されたときに，この違いは除かれた．地球時はSI秒をその基本的単位としてもち，TAIとは上記の一定のオフセット値だけ異なっている．

TAIは天文学的時間尺度だけでなく，常用計時の基礎でもある．放送時間信号は*協定世界時を用いている．これは整数秒のオフセット値をもつTAIである．このオフセット値は*閏秒を挿入してときどき調整する必要がある．

**原始星** protostar
ガスと塵の雲から凝縮したばかりで，核燃焼がまだ開始されてない生まれたばかりの星．周囲の雲から物質がその星に落下するので約10万年にわたって質量が増える．原始星は落下する物質が星を隠すために可視光では見えないが，赤外線波長では明るく見える．

**原始太陽** protosun
約50億年前の形成途上にある太陽．原始太陽は今日の太陽より質量は小さかったが大きさはずっと大きく，その半径は内惑星の軌道半径に匹敵した．原始太陽の質量は，約100万年にわたって周囲の，*原始太陽系星雲からのガスが降着して増大したが，この増大した質量のため現在の大きさの数倍程度にまで収縮した．

**原始太陽系星雲** solar nebula

約50億年前に太陽系が形成されるもととなったガスと*塵の雲．この雲は偏平な円盤の形状をしており，太陽が生まれた直後に若い太陽からの*おうし座T型星風によって吹き飛ばされたと考えられている．彗星，小惑星，および隕石が原始太陽系星雲の組成を知る手がかりとなる．ガスと塵からなる同様の円盤がいくつかの星の周辺で検出されている．有名例としては*がか座ベータ星がある．

**幻日** parhelion

巻雲中の氷結晶内部で起こる太陽光の屈折と反射から生じる光学現象（mock Sunやsun-dogといういい方もある）．幻日は太陽の両側22°の離れた位置の地平線上方の太陽と同じ高度に出現するが，太陽高度が60°を超えると消滅する．赤色光は幻日の太陽に近い側に，青色光は遠い側に屈折される．幻日はしばしば大気の*ハローに伴って起こる．

**原子時計** atomic clock

ある基本的な原子共鳴振動に固定された精確に知られた振動数で信号を発生する装置．*秒はセシウム原子の性質によって定義される（→原子時）ので，セシウムに基づいた振動数標準が最も基本的である．原子時計は約$10^{14}$分の1の精度を達成する．これは300万年に1秒の狂いと等価である．短期間に限れば，*21センチメートル電波線に対応する振動数で信号を供給する水素メーザー装置によってこれよりわずかに高い精度が実現できる．

**原始惑星** protoplanet

太陽系史の初期に形成され，それから惑星が成長したと想定される天体．原始惑星は*微惑星が凝集して形成されたと信じられている．それらは，自分の軌道を横切る他の天体を掃き集める降着過程によって最終的に巨大惑星となった．

**原始惑星系円盤** protoplanetary disk

［原始星をとり巻く円盤．その物質から惑星が形成されると考えられる］．

**原始惑星系星雲** protoplanetary nebula

*原始太陽系星雲のように，新しく誕生した星の周りに惑星が形成される雲．

**原始惑星状星雲** protoplanetary nebula

*惑星状星雲形成の初期段階．この時期には中心星はその外層を吹き払って，高温の中心核が露出する．中心核からの紫外線が周囲のガスと塵の雲を電離し，短期間の間星周外層には星近傍の高温の電離物質だけでなく，低温の分子物質も含まれる．

**減 衰** attenuation

通過する媒体中で吸収あるいは散乱により電磁波の強度が低減すること．例えば，星間塵による星の光の減光などがある．

**元素（化学）** element (chemical)

同じ型の原子からなり，化学的にそれ以上単純な物質に分割できない物質．自然に生じた元素は92個である．他の元素は合成されたもので，既知のものの合計は100個より多い．元素は原子番号で特性づけられる．原子番号は各原子の核に存在する陽子の総数である．水素の原子番号は1，ヘリウムは2，等々．性質の類似性を示すように配列した元素の完全なリストは周期表と呼ばれる．元素は原子核中にある中性子の数が異なる*同位体をもつことがある．例えば，重水素（1陽子，1中性子）と三重水素（1陽子，2中性子）は水素の同位体である．天文学ではヘリウムより重いすべての元素をまとめて*金属と呼ぶことが多い．

**元素（存在量）** elements (abundance of)

惑星，恒星あるいは銀河のような諸天体に存

**元素（存在量）**：主な元素の宇宙存在量

| 元　素 | 質量による組成百分率 | 原子数による組成百分率 |
| --- | --- | --- |
| 水　　　素 | 73.5 | 92.1 |
| ヘ リ ウ ム | 24.9 | 7.8 |
| 酸　　　素 | 0.73 | 0.061 |
| 炭　　　素 | 0.29 | 0.030 |
| 鉄 | 0.16 | 0.004 |
| ネ　オ　ン | 0.12 | 0.08 |
| 窒　　　素 | 0.10 | 0.008 |
| ケ　イ　素 | 0.07 | 0.003 |
| マグネシウム | 0.05 | 0.02 |
| 硫　　　黄 | 0.04 | 0.001 |
| ア ル ゴ ン | 0.02 | 0.001 |
| ニ ッ ケ ル | 0.01 | 0.0002 |

在する各元素あるいは同位体の相対量．宇宙存在量（cosmic abundance）は宇宙全体における割合をいう．ある元素の量は原子数あるいは質量の割合で表すことができる．標準的な宇宙存在量は，太陽のスペクトルおよび隕石残骸の解析から決定された太陽系の元素組成に基づいている．宇宙存在量は水素が圧倒的で，ヘリウムが質量で約25%，残りのすべての元素は合計2%以下にしかならない．

**減速パラメーター** deceleration parameter（記号 $q$）

宇宙膨張の減速を記述する数値．*フリードマン宇宙では減速パラメーターは単純に*密度パラメーター $\Omega$ の半分である．0.5より大きい $q$ の値は，宇宙が最終的には収縮することを示す．0.5より小さい値は膨張が永遠に続くことを示す．*宇宙定数をもつ模型では $q$ は負になることができ，*インフレーション宇宙の場合のような加速された膨張を示す．［宇宙誕生の最初期を除けば，インフレーション宇宙がすべて加速膨張を示すというわけではない］．

**元素合成** nucleosynthesis

核反応によって元素を創る過程．ヘリウムの大部分はビッグバンに続く数分間で生成された．残りのヘリウムおよびそれより重い元素は星の内部での元素合成によって創られる．まず，水素が*陽子－陽子反応あるいは*炭素-窒素サイクルによってヘリウムに変換される．水素-ヘリウム段階が終わると，*三重アルファ過程がこれに続く．その後，各元素が次々に前の反応の生成物を利用して，鉄までの重元素が連続して合成される．星が*超新星爆発を起こすと，最も重いものまですべての元素が形成されて星間空間に噴出される．*重元素が豊富になった星間物質から形成される新世代の星は古い星より高い重元素含有量をもつ．［ビッグバンに続く数分間で合成される元素は，水素，ヘリウム，リチウム，およびベリリウムである］．
⇒ r 過程，s 過程

**ケンタウルス群** Centaur group

太陽系外周部における異常天体の一群．おそらく巨大な氷の*微惑星か彗星核である．群のメンバーは，ほぼ海王星の軌道と土星の軌道との間に位置する軌道と，50～150年の公転周期をもつ．最初に発見されたのは1977年の*キロン，そして1992年の*フォルスである．既知のケンタウルス群のうち，1993 HA$_2$ は37.6 AUという最大の遠日点距離をもつが，1995 GOは最大の軌道離心率0.622と最小の近日点距離6.9 AUをもつ．これらのケンタウルス天体の直径は50～300 kmの範囲にあるが，未発見の多くのもっと小さいメンバーがあるかもしれない．ケンタウルス天体は*木星彗星族あるいはハレー型彗星の軌道にとらえられることもありうる．

**ケンタウルス座** Centaurus（略号 Cen. 所有格 Centauri）

ケンタウルスをかたどった巨大で目立つ南の星座．この星座で最も明るい星のアルファ星（Rigil Kentaurus あるいは Toliman）は三重星であり，その一つのメンバー*ケンタウルス座プロキシマ星は太陽に最も近い星である．ベータ星（*ハダルあるいはアゲナ）はもう一つの明るい星である．*オメガケンタウリ星団は天空において最も顕著な球状星団であり，NGC 5128 は*ケンタウルス座 A の名で知られる特異な電波銀河である．NGC 3918 は*青色惑星状星雲と命名された*惑星状星雲である．

**ケンタウルス座 A** Centaurus A

ケンタウルス座にある強い電波およびX線源．7等の巨大な楕円銀河 NGC 5128 と同定された．2対の電波放射ローブをもつ古典的な電波銀河であり，最大ローブは150万光年にわたって広がり，1万光年の長さのジェットをもつ．距離は1500光年で，太陽に最も近い電波銀河である．母銀河は楕円銀河に分類されるが，表面を横切る*塵の帯をもち，*楕円銀河と*渦巻銀河が合体したものと信じられている．

**ケンタウルス座プロキシマ星** Proxima Centauri

4.2光年の距離にある太陽に最も近い星．*ケンタウルス座アルファ星系（三重連星）の第三のメンバー．11.2等のM5.5型矮星である．この星はフレア星でもあって，突然約1等程度の増光が数分間続くことがある．本来，太陽より20000倍も暗い．0.1光年離れたケンタウルス座アルファ星の他の二つのメンバーに重

力によって束縛されていると考えられる．これらの星々を回るプロクシマ星の軌道周期は100万年以上であるにちがいない．

**けんびきょう座** Microscopium（略号 Mic. 所有格 Microscopii）

顕微鏡をかたどる南天の目立たない星座．最も明るい星はガンマ星およびイプシロン星で，両方とも4.7等である．

**玄武岩** basalt

ケイ酸塩の含有量が低い黒色の細粒の火成岩．主としてカルシウムに富んだ斜長石（50%以上）と輝石からなる．玄武岩は最も普通の噴出火成岩であり，地球，月および他の惑星の溶融マグマあるいは表面に噴出される火山断片から固化する．月の*海の領域は玄武岩で覆われている．

**玄武岩エイコンドライト** basaltic achondrite

最も豊富なエイコンドライト隕石の集合名．*ユークライト，*ハワーダイト，そして*ダイオジェナイトがしばしばそう呼ばれている．*メソシデライト（明らかにハワーダイトと類縁関係がある）とともに，これらの隕石型はユークライトアソシエーション（eucrite association）と呼ばれる．ユークライト，ダイオジェナイトおよびハワーダイト間の組成が似ていることは，それらが単一の小惑星に起源をもつことを示唆している．*ヴェスタがこの母天体の第一候補である．なぜなら，ヴェスタは一方の半球でユークライトの反射スペクトルを，そして他の半球でダイオジェナイトのスペクトルを示すからである．

**ケンブリッジ光学開口合成望遠鏡** Cambridge Optical Aperture Synthesis Telescope, COAST

イギリスのケンブリッジにある*開口合成法を用いた光学干渉計．4個の0.4m反射鏡からの光を結合して高分解能像を達成する目的で最初は電波天文学者が開発した．1995年に稼動を始めた．

**ゲンマ** Gemma

*アルフェッカ（かんむり座アルファ星）の別名．

# コ

**弧** arc

円周の一部．その大きさは角度の単位で与えられる．→角度の度，角度の秒，角度の分，ラジアン

**こいぬ座** Canis Minor（略号CMi. 所有格 Canis Minoris）

天の赤道領域の星座．小さな犬としてよく知られている．明るい星*プロキオン（こいぬ座アルファ星）を含むが，ほかに注目すべき星はない．

**合** conjunction

地球から見たとき太陽系の二つの天体が同一の*黄経をもつ場合．2天体は，惑星と太陽，二つの惑星，月と惑星のどれでもよい．外惑星（すなわち地球軌道の外側に軌道をもつ惑星）は，地球から見て太陽のちょうど背後に位置するときが合である．太陽に近い水星と金星は二つの合をもつ．すなわち，それらが地球と太陽の間に位置するときの内合（inferior conjunction）と，太陽の向こう側に位置するときの外合（superior conjunction）である．→衝

**光圧** light pressure →放射圧

**黄緯** ecliptic latitude, celestial latitude（記号 $\beta$）

地球から見たときの黄道の北あるいは南の天体の角度位置を与える座標．黄道上での0°から黄道極での90°まで度で測定される．⇒黄道座標

**硬X線** hard X-rays

X線スペクトルで高い方のエネルギー範囲である3から10 keV（0.4〜0.0124 nm）のエネルギーをもつX線．

**高エネルギー天体物理衛星** High Energy Astrophysical Observatory, HEAO

NASAのX線およびガンマ線天文衛星の3機のシリーズ．1977年8月に打ち上げられたHEAO-1は個々のX線源に対して0.2〜60 keVのX線エネルギー領域（0.02〜6.2 nm）

で空を探査し，X線背景放射を研究した．この衛星は約10MeVまでの低エネルギーガンマ線も研究した．*アインシュタイン衛星とも呼ばれるHEAO-2は1978年11月に打ち上げられ，0.1～4keV（0.3～12.4nm）領域で観測を行った．1979年9月に打ち上げられたHEAO-3はガンマ線天文学専用であった．

**高エネルギー天体物理学** high-energy astrophysics

宇宙からやってくるX線，ガンマ線，および宇宙線の研究．高エネルギー放射のエネルギーは普通は電子ボルト（eV）で表されるが，X線とガンマ線は100eVから50万eVまでの範囲にある．X線とガンマ線のスペクトル領域の境界ははっきり決まっていない．宇宙線は光速に近い速度で空間を移動する原子サイズおよび原子より小さいサイズの粒子であり，そのエネルギーは$10^8$から$10^{20}$eVまでにわたる．
⇨宇宙線，X線天文学，ガンマ線天文学

**コーウェル，フィリップ ハーバート** Cowell, Philip Herbert（1870～1949）

イギリスの天体力学者．インドに生まれた．特に月軌道の交点の運動とその*永年加速に関心をもった．彼と*クロムリン（A.C.C.）は，重力相互作用する天体の運動を計算するためのコーウェル法を用いて1910年のハレー彗星の回帰を正確に算定した．

**紅炎** prominence

太陽コロナ中にある特に*Hα光でよく見える炎状のガス体．コロナよりは低温で高密度である．太陽の彩層に特有な約10000Kの温度と，コロナよりも100倍高い密度をもつ．皆既日食のときにしばしば太陽の*リム付近に見える．Hα光では太陽円盤内でもその輪郭を見ることができ，それらは*フィラメントと命名される．その振る舞いにしたがって紅炎は*静穏紅炎と*活動紅炎に分類される．活動紅炎は急速な動きを示し，数日しか持続しない．これに対して静穏紅炎は少なくとも1ヵ月（1太陽自転）は継続する．比較的低温の紅炎物質と高温コロナの間には温度が15000から60000Kにわたる遷移領域すなわちシース（sheath）が存在する．紅炎は*磁気逆転線に密接に追随する．このため磁場によって支えられていると考えられる．太陽活動周期の上昇期で最も頻繁に発生する．

**光円錐** light cone

時空における事象の過去と未来を図示する手段．三次元の時空図は，慣習的には時間を垂直軸として描き，他の二つの軸が空間次元を表現する．軸の目盛は，時間軸に沿う1単位が1秒，空間軸に沿う1単位が30万km（光速は近似的に30万km/sであるから）となるようにする．そのような図では原点で起こった事象からの光線の経路は，垂直軸方向に開く頂角45°の円錐である．これが事象の未来の光円錐である．最初の事象後に起こり，その最初の事象によって何らかの影響を受けるはずのすべての事象はこの未来の光円錐内部に存在しなくてはならない．円錐の外側の事象は，もしそれらが最初の事象によって影響されるためには光より速く伝わる必要があるからである．逆に，問題の事象に影響を与えることができるそれより以前の事象は，原点を頂点とする下向きの45°円錐の内部に含まれなくてはならない．これが過去の光円錐である．

**紅炎分光器** prominence spectroscope

太陽の*紅炎を観測する*分光器．太陽の*リムに存在する紅炎の*Hα線を観測する．

**光害** light pollution

過剰な照明による天文観測に有害な影響．都市近郊の天文学者にとって人工の光源は重要な問題である．大気中に浮遊する粒子あるいは水蒸気によって町や都市から上方および横方向に反射される人工光のとばりは，光源からかなりの距離があっても障害になることがあり，写真乳剤にかぶりを生じさせたり，検出器の検出限界を悪くしたりする．都市部では，場所によっては最も明るい星しか見えない．エネルギー浪費についての意識が増大し，照明の設計が改良されたために，光害はある程度抑制されるようになった．自然の光害源も存在する．それには薄明やオーロラ（両方とも特に高緯度地域で），月光および大気光などがある．

**航海薄明** nautical twilight

日の出前および日没後太陽円盤の中心が地平線下6°と12°の間にある期間．最も明るい星が見え始めるときに始まる．天体を観測する場合

に水平線がまだ見えている時間帯である．

**光解離**　photodissociation

　紫外光によって分子が基やイオンなどに解離（分裂）すること．基やイオンは非常に反応性が高く，豊かで複雑な化学物質を生成する．この過程は，星からの光が低温の*分子雲に射し込むときに起こる．雲が低密度な場合は，光によってすべての分子が解離されうる．普通は分子雲は非常に高密度なので，紫外光は短い距離しか進まないうちに吸収されてしまう．

**光解離領域**　photodissociation region

　*光解離が起こっている*分子雲の領域．紫外光は，分子雲の外にある星あるいは星雲などからくることもあり，分子雲内部の若い星などからくることもある．［光解離領域は，前者の場合には分子雲の表層近くに，後者の場合は，若い星の周りの*H II領域の後ろ側にできる］．

**航海暦**　Nautical Almanac　→天体暦

**光学ガラス**　optical glass

　全体に一様な*屈折率をもつように製作し，レンズに適するようにゆっくりと*焼なましをしたガラス．

**光学干渉計**　optical interferometer

　同一天体からくる光を二つの光線束として受けそれらを結合して干渉パターンを作る装置．星の直径を測定するための*恒星干渉計もその一例である．⇒スペックル干渉法，ファブリーペロー干渉計

**光学くさび**　optical wedge

　長方形のガラスまたは他の材料に，一端から他端にかけて，コーティングの厚さを一様に変化させて，透過光量を変えるようにしたもの．コーティングの代わりに，フィルム上で写真の黒みを一様に変化させたものを使ってもよい．接眼鏡視野内のある星の明るさを，光学くさびを用いて他のもっと暗い星と同じに見えるまで減少させることで，両星の等級差を測定することができる．［透過光量の変化がくさびを連想させるのでこの名前がついた］．

**光学的厚さ**　optical thickness　→光学的深さ

**光学的秤動**　optical libration

　ある天体から他の天体を観測するとき，両天体の間の幾何学的関係の変化によって生じる天体運動の見かけのゆらぎ．幾何学的章動ともいう．月の秤動は光学的秤動である．

**光学的深さ**　optical depth　（記号 $\tau$）

　光が吸収あるいは散乱されるまでに，星や惑星大気などのある程度透明な媒体をどこまで伝達するかの尺度．完全に透明な媒体は0の光学的深さをもつ．低い光学的深さをもつ媒体は光学的に薄い，高い光学的深さをもつ媒体は光学的に厚いという．吸収と散乱は波長λとともに変化するので，通常は光学的深さは特定の波長を特定し，$\tau_\lambda$ と書く．

**光学パルサー**　optical pulsar

　電波だけでなく，可視光でも脈動を示すパルサー．1969年に光学脈動が発見された最初のパルサーは*かにパルサーで，1977年には*ほ座パルサーの発見がこれに続いた．

**光学平面**　optical flat

　高精度で平坦な面をもつガラス材．他の平面鏡をテストするために使用する．

**後期重衝撃期**　late heavy bombardment

　太陽系形成の初期，今から約40億年前に，惑星がその形成から取り残された断片による激しい衝撃をこうむった期間．断片が惑星との衝突によって吹き払われるにつれて断片の数は減少し，約39億年前に後期重衝撃期は終わった．惑星および衛星への衝突はその後も起こり続けたが，割合ははるかに少なかった．

**光　球**　photosphere

　見えている星の表面．星のエネルギーの大部分は光球から可視光および赤外線放射のとして放出される．この名前は"光の球"を意味する．太陽の光球は約500 kmの厚みをもつ薄い層である．温度はその基底での約6400 Kから*温度極小域での4400 Kまで連続的に減少し，そこで上部の*彩層と融合している．このように光球内で高さとともに温度が低下するため*周辺減光が起こる．太陽の光球には高温ガスの上昇する対流セルによって生じる*粒状斑模様と呼ばれる米粒状の集合組織が存在する．光球にはそのほかに*黒点，*白斑，および*微小輝点などが含まれ，すべてが強い磁場に付随している．太陽の可視光スペクトルのほとんどすべての特徴は，暗いフラウンホーファー線も含めて，光球で作られる．

**高金属星** metal-rich star
カルシウム，鉄，およびチタンのような*重元素の割合が高い星．*種族Iのメンバーで，わが銀河系の*円盤および渦巻腕に見いだされる．→金属

**口　径** aperture
望遠鏡の主レンズあるいは反射鏡の直径．電波天文学では集光パラボラアンテナの直径．しかし，*シュミットカメラでは*補正板の直径をいう．

**黄　経** ecliptic longitude, celestial longitude
（記号 λ）
地球から見たときの黄道面の周りの天体の角度位置を与える座標．春分点から出発し，黄道に沿って 0°から 360°まで時計まわりに度で測定される．⇒黄道座標

**口径効率** aperture efficiency
電波望遠鏡が電波を集めることができる効率の尺度．有効面積を実際の幾何学的面積で割った値で表される．単純なパラボラアンテナの場合，口径効率は 65％を超えることはほどんどない．それは，パラボラアンテナのすべての点から反射される電波に等しく敏感になるように第一フィードを設計することが困難なためである．

**口径比** focal ratio
レンズあるいは反射鏡の*焦点距離と口径の比．通常は数値，すなわち*f数として表す．口径比が小さいほど，一定口径に対する像のスケールは小さくなり，像は明るくなる．約 f/6 より小さい口径比は明るい（fast）といい，一方約 f/8 より大きい口径比を暗い（slow）というが，これは写真業界の用語である．

**後　行** following
*二重星や太陽の黒点群のように，空や自転する天体の面上を対で動いていく天体または天体群のメンバーで，後を追いかけていく側のことをいう．ほかに惑星地形の後行側，惑星周縁の後行側，あるいは望遠鏡視野の後行側などの言い方がある．先に進む側は先行（preceding）という．

**光行差** aberration
観測される星の方向と真の方向の間の小さな見かけ上の差．この差は，入射する星の光に対する観測者の運動と光速が有限であることの複合効果に由来する．実際の変位量とその方向は観測者の速度と運動方向に依存する．地球の公転運動から生じる光行差は*年周光行差と名づけられる．地球の自転から生じるはるかに小さい効果は*日周光行差である．*惑星光行差は，観測者の運動と光が太陽系の天体から観測者まで届くのに要する時間の複合効果である．

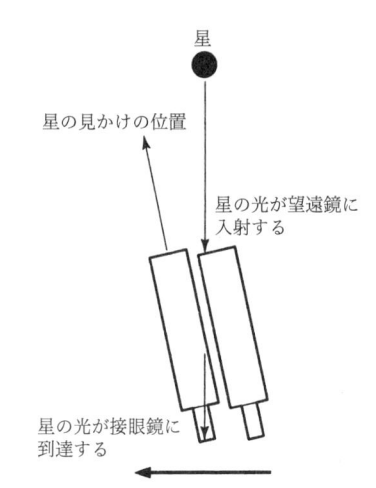

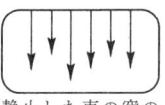

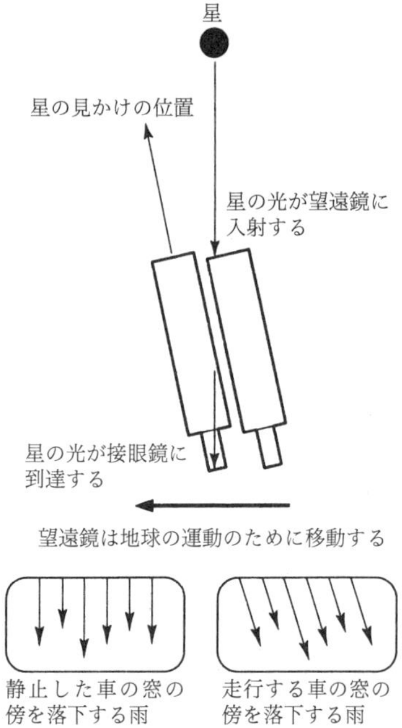

**光行差定数** constant of aberration →年周光行差

**降交点** descending node
天体が黄道面あるいは天の赤道面のような準拠面を横切って北から南に移動する軌道上の点．⇒交点

**高光度青色変光星** luminous blue variable, LBV
極端に大きい質量と光度をもち変光する青色の*超々巨星．ヘルツシュプルング-ラッセル

図の最上部に位置する．*ハッブル-サンデージ変光星と呼ばれることもあり，そのような天体は現在は*かじき座S型星として分類される．この型には知られている最も大質量の星（例えば，りゅうこつ座エータ星）が含まれる．LBV段階で質量を失った後でこれらの星は結局*ウォルフ-レイエ星に進化する．

**光　差**　equation of light

光が地球の軌道を横切るのに時間がかかることを考慮するため必要な補正．1天文単位の距離を光が伝播するにはほとんど精確に499秒かかるので，例えば掩蔽のような現象に対して記録された時間は，地球が軌道のどこにあるかによって最大1000秒ほど変化することになる．太陽系内部では，惑星の衛星の食を計時するような場合は，地球の位置だけでなく，惑星の位置および衛星の位置も考慮する必要がある．太陽系外の現象に対しては太陽から観測されたとして計時を記録するのが普通である（日心時間，heliocentric time）．

**交叉軸架台**　cross-axis mounting

*イギリス式架台の一形式．この形式では望遠鏡を極軸の一方の側に設置し，反対側の平衡錘で重さが釣り合うようにする．

**光　子**　photon

電磁波の粒子．光子はゼロの*静止質量とゼロの電荷をもち，光速で伝播する．光子のエネルギー $E$ は，公式 $E=h\nu$ によって周波数 $\nu$ に関係づけられる．$h$ は*プランク定数．このように光子のエネルギーは周波数に比例するので，電波の光子はガンマ線光子に比べてエネルギーがはるかに低い．

**光子球**　photon sphere

ブラックホールを中心として，その表面では光がブラックホールの周りでの円軌道をたどる球．光子球の内部では光はブラックホールの方向にらせんを描いて落ち込む．球の外側では，光子は光路を曲げられながらも宇宙に再び脱出することができる．

**光　軸**　optical axis

光学系を通過する線で，すべての像形成特質がその周りでは対称的である線．普通，光軸は主要な光学成分（レンズあるいは反射鏡）に直角であり，それらの中心を通る．

**広視野赤外線探査衛星**　Wide-Field Infrared Explorer, WIRE

0.3 m 赤外線望遠鏡を搭載し，12～25 $\mu$m の波長幅で*スターバースト銀河や明るい*原始銀河を探索する NASA の衛星．[WIRE は1999年3月4日に打ち上げられたが，その4日後に観測装置を冷却するための冷凍水素が漏れ出して失われ，ミッションは失敗した]．

**光条（クレーターの）**　rays (crater)

若い衝突クレーターから四方に広がっている明るい筋．月のクレーターで顕著である．光条は衝突によって投げ出された破砕された表面岩石からなるように見える．光条の内部にはしばしば二次衝突クレーター群が見出される．大規模な月のクレーターであるティコやコペルニクスのような光条系は数百 km にわたって延びている．水星，衛星ガニメデ，カリスト，およびオベロン上にも同様な光条が見いだされる．

**広視野補正光学系**　wide-field corrector
→写野補正光学系

**光　浸**　irradiation

1. 暗い背景の前の明るい天体が実際よりも大きく見える光学的コントラスト効果．[2. 天体写真で，乳剤中の粒子による散乱で，明るい星の像が大きくなる効果]．

**向心力**　centripetal force

周回する物体をその軌道中心の方向に引張ろうとする力．この力は実際には重力による力と同一である．重力は物体を引き付け，重力のない場合物体がたどる直線から，その経路を曲げる原因となる．

**恒　星**　star

[太陽のように自ら光を出す星．恒星は水素をヘリウムに変換する核融合によってエネルギーを生成して輝くガス球である．この用語は，現在水素を燃焼している太陽のような星だけでなく，まだ水素燃焼が始まるほど高温ではない*原始星，水素以外の核燃料を燃焼している*巨星や*超巨星のような種々の進化した星，あるいは燃えつきた核燃料からなる*白色矮星および*中性子星も含んでいる．

恒星の最大質量は約120太陽質量であり，それを超えると自身の放射によって吹き飛ばされるであろう．最小質量は0.08太陽質量であり，

これより小さいと天体は中心核で水素の燃焼が始まるほど高温に達することはない．そのような天体は*褐色矮星と呼ばれる．恒星の光度は，最も高温の恒星の場合のほぼ50万太陽光度から最も暗い矮星の場合の数千分の1太陽光度以下まで極めて広い範囲にわたる．肉眼で見える顕著な恒星は太陽よりも明るいが，大部分の恒星は実際は太陽よりも暗く，肉眼では見えない．

恒星は核反応を通じて質量をエネルギーに変換することによって輝いているが，そのうちで水素が関与する核反応が最も重要である．このようにして燃焼される1kgの水素に対して約7gの質量がエネルギーに変換される．有名な公式 $E=mc^2$ によると，この7gは $6.3\times10^{14}$ J（ジュール）のエネルギーを発生する．核反応は恒星の熱と光を供給するだけでなく，水素およびヘリウムより重い元素も生成する．これらの*重元素は*超新星爆発によって，あるいは*惑星状星雲や*恒星風を通じて星間空間にまき散らされる．

恒星には多くの分類法がある．一つの方法は，その進化段階によって前主系列星，主系列星，巨星，超巨星，白色矮星，あるいは中性子星に分類することである．別の分類は，表面温度を示す恒星のスペクトルを用いる（→モーガン-キーナン分類）．もう一つの方法は種族I，種族II，および種族IIIに分けることである．この順で重元素量が低く，年齢が大きい．［種族IIIは重元素をまったく含まない天体として定義されるが，まだ見つかっていない］．→星の進化，付録の表4および表5

**恒星干渉計** stellar interferometer

*マイケルソン（A. A.）が考案した装置．最近のものは，有効口径を増すためにウィルソン山天文台の100インチ（2.5m）フーカー望遠鏡の最上部に口径よりも長い腕木を渡し，その腕木の上に2対の平面反射鏡を取り付けた装置である．この装置で得られた干渉模様から星の直径を推定することができた．最近のものは集光器として何mも離した望遠鏡を用いる．望遠鏡の光は中心点に集められ，そこで電波天文学における*開口合成法に似た手法を用いて星の精細な特徴を調べる．

**恒星月** sidereal month

地球を回る月が恒星に対して1公転をする平均周期．27.32166日に等しい．

**恒星黒点** starspot

星の表面にある黒点．磁場の強さが大きく，表面輝度が低い領域．恒星黒点の存在を考えると，例えば*りゅう座BY型星あるいは*りょうけん座RS型星で起こるような変光の性質を説明することができる．

**恒星時** sidereal time

恒星を基準にして測定する時間．専門的には，春分点の*時角．恒星時は観測者の子午線上に現在位置する恒星の*赤経と同じである．もっと一般的にいえば，恒星時は任意の天体の赤経と時角の和であり，したがってこれらの二つの座標を結びつける．基準点として*真の分点を使うか*平均分点を使うかによって，得られる恒星時は，それぞれ*視恒星時あるいは*平均恒星時と呼ばれる．その違いは，ほとんど1秒を超えないが，分点差と呼ばれる．⇒グリニッジ恒星時，地方恒星時

**恒星日** sidereal day

平均*分点が，観測地点の子牛線を通過してから次に通過するまでの時間間隔．23h56m04sに等しい．分点の*歳差のため平均分点は恒星に対して完全に固定した点ではない．その結果，恒星日は恒星に対する地球の自転周期よりも0.0084秒短い．

**恒星直下点** substellar point

ある時刻に特定の星が真上にくる地球あるいは他の天体上の地点．

**構成的干渉** constructive interference →干渉

**合成等級** combined magnitude

肉眼には一つに見える近接した星の対など2個（あるいはそれ以上）の天体の全光度．等級は対数尺度であるから，合成等級 $m$ は個々の等級 $m_1$ と $m_2$ の単なる和ではなく，次の公式
$$m=m_1-2.5\log\{1+10^{-0.4(m_2-m_1)}\}$$
から求めなくてはならない．例えば，それぞれが1等の二つの星の合成等級は0.25等である．

**恒星年** sidereal year

地球が恒星に対して1公転する周期．その長さは365.25636日である．

**恒星風** stellar wind

星の表面からのガスの流出．太陽は*太陽風を通して毎年その質量の約 $10^{-14}$ を失っているにすぎないが，恒星風は前主系列星（例えば，*おうし座 T 型星）や，*巨星および*超巨星ではるかに重要な役割を果たす．*X 線連星では極端に強い恒星風が見いだされ，スペクトル型 O あるいは B の主星はコンパクトな伴星（*中性子星か*ブラックホール）に向かって毎年太陽質量の約 $10^{-6}$ もの質量を放出している．

**高速オーロラ撮影探査衛星** Fast Auroral Snapshot Explorer, FAST

オーロラの原因となる過程を研究するための NASA の衛星．1996 年 8 月に打ち上げられた．

**光速度** light velocity（記号 $c$）

真空中の光の速度は 29 万 9792.5 km/s である．他の媒体中での速度はこれより小さい．電磁波はすべて真空中ではこの速度で伝播する．

**高速度雲** high-velocity cloud, HVC

銀河系円盤内で回転しているとは考えられないほど大きい速度で動いている中性水素の雲．いくつかの高速度雲はわれわれの銀河系と近くのマゼラン雲との間の潮汐相互作用によってできた残骸である．最も顕著な例は*マゼラン雲流である．マゼラン雲流は空の半分ほどにまで広がっているが，電波望遠鏡でしか見えない．他の高速度雲の距離と起源はまだわかっていない．

**高速度星** high-velocity star

太陽の近傍星の平均速度（*局所静止基準）に対して 65 km/s より速い速度で運動する星．高速度星は銀河系ハローのメンバーで，銀河系中心周りの細長い楕円形軌道上を運動している．高速度星は銀河円盤を通り抜けつつあり，銀河系中心の周りを回る太陽および近隣の星と大きな相対速度が生じる．このような星は銀河系史の初期に形成されたのかもしれないし，あるいはわが銀河系と合体した小さな銀河の名残りなのかもしれない．

**広帯域測光** broad-band photometry

30～100 nm 帯域幅をもつフィルターを通して行う測光をいう一般用語．典型的な例は*ジョンソン測光，*クロン-カズン RI 測光，*RGU 測光，および*六色測光などである．広帯域測光が中間帯域あるいは狭帯域測光に優る点は，フィルターの波長幅が広いほど通過する光量が多いので，暗い星まで観測できることである．

**高地（月の）** highlands（lunar）

凹凸に富み多くのクレーターがある月面上の明るい地域．高地は暗い低地の*海の領域より一般に 1～2 km 高い．高地は海より古く，約 40 億年より前の惑星形成の最終段階にできた．高地の古い衝突衝撃を受けた岩石は海とは化学的に異なり，カルシウムとアルミニウムに富んでいる．鉱物学的に見ると高地は大部分が長石からなる．

**降着** accretion

ガスが降り積もるか，あるいは小さな固体が衝突してくっつく形で物質が蓄積して，その天体の質量が増大する過程．太陽系の天体は降着により成長したと考えられる．*降着円盤で囲まれている星もある．

**降着円盤** accretion disk

コンパクト天体（例えば，*白色矮星，*中性子星，あるいは*ブラックホール）に向かって物質が流れるときに，その天体の周囲に形成される構造．降着円盤は相互作用する連星で見いだされ，*活動銀河核および*クェーサーにも存在すると想定されている．連星では伴星から失われる質量が主星であるコンパクト天体の周囲にガスの円盤を形成する．物質流が円盤の外縁に衝突している所には*ホットスポット（1）があることもある．物質は円盤の内縁から境界層（円盤自身と同じ程度のエネルギーを放射することがある）を通ってコンパクト天体に供給される．*ヘルクレス座 AM 星におけるように，コンパクト天体が極めて強い磁場をもつときは，物質は円盤ではなく二つの磁極上に降着柱（accretion column）を形成するかもしれない．降着によって解放される重力エネルギーは，紫外線あるいは X 線となって放射されたり，円盤から物質ジェットを非常な高速度にまで加速することがある．

**向　点** apex　➡太陽向点

**交　点** node

黄道面あるいは天の赤道面などの基準面を軌

道が横切る二つの点．これらの点を結ぶ直線を交点線という．周回天体が基準面の南から北へ移動する点を昇交点，北から南へ移動する点を降交点という．⇒交点の逆行

**公　転**　revolution

地球を回る月の1カ月ごとの公転，あるいは太陽を回る地球の1年ごとの公転など，一つの天体が他の天体（厳密には両者の共通質量中心）を回る運動をいう．人工衛星の場合，公転は惑星表面のある点に対して数える．地球は西から東に自転するので，西から東への軌道にある衛星が，空間における固定点に対して周回を完了する時間に比べて，地球を1公転し終わるには少し長い時間がかかる．したがってスペースシャトルのような宇宙船は，地球を16周回しても，15回しか公転していないことになる．

**光電陰極**　photocathode

*光電子増倍管あるいは*イメージ管の感光面．真空にした管の透明な窓の内側にセシウム，ルビジウム，あるいはカリウムなどの物質をコーティングしたものである．

**交点月**　nodical month

軌道上の昇交点を月が通過してから次に通過するまでの平均間隔．昇交点は月が黄道の南から北に向かって通過する点である．竜月（draconic month）ともいう．月の軌道は黄道に対して約5°傾斜しているが，空間に固定されてはいない．18.61年周期で，黄道との二つの交点は黄道上をゆっくり逆行する．その結果，交点月（27.2122日）は*恒星月よりも約2.5時間短い．

**光電子増倍管**　photomultiplier

光を測定可能な電流に変換する真空電子管．*光電陰極に入射する光は電子を放出し，電子は電場で加速され，最初のダイノード（正電極）に引きつけられる．そこで電子はより多くの電子を放出してそれらの電子が2番目のダイノードに引きつけられる．これを繰り返して電子数を増幅する．天文学で使用される普通の型の光電子増倍管は10個のダイノードをもち，各ダイノードには次第に正電位が増倍される．最後の陽極に達する電子流は光電陰極に入射した光量に比例する．光電子増倍管は，変光星などの天文学での測光測定に広く使用されている．[最近では光電子増倍管よりも*CCD（電荷結合素子）が用いられることが多くなっている]．

**光電セル**　photocell　→光電池

**光電測光器**　photoelectric photometer

星の光が感光面に入射するときに発生する電流（光電効果）によってその星の明るさを測定する装置．望遠鏡で集められた光はフィルターを通って*光電陰極と呼ぶ光に敏感な表面に達する．光電陰極は電子を放出し，その電子が*光電子増倍管内部で増倍され信号が容易に測定できるようになる．光電陰極に当たった各光子はパルスを発生し，1秒当たりのパルス数は星の明るさに正比例する．このパルスの数を数えて明るさを測る方法はパルス計数測光と呼ばれる．高速測光ではパルスは1秒よりはるかに短い間隔で計数される．最良の測光計では0.001等までの精度で等級を与えることができる．

**光電池**　photoelectric cell

光に反応して電気出力を発生させる装置．光電セル（photocell）とも呼ばれる．光電池には光起電力（photovoltaic）セル（この場合は光が電流を発生する），*光伝導セル，それに*光電子増倍管があるが，天文学で使用するのに十分な感度をもっているのは後の二つだけである．[普通は光電子増倍管は光電池には分類しない]．

**光電等級**　photoelectric magnitude

*光電測光器で測定した星あるいは他の天体の明るさ．この測定には*大気消光に対する補正と少なくとも1個の測光*標準星との比較が必要である．等級は，*ジョンソン測光系あるいは*ストレームグレン測光系などの体系で表される．

**光伝導セル**　photoconductive cell

入射する光の量とともに電気伝導率が変化する電子素子．入射光の強度にしたがって電圧や電流を発生させることができる．硫化カドミウムあるいはゲルマニウムのような半導体物質を用いた装置はフォトダイオードと呼ばれ，変光星の輝度を測定する目的で使用するのに十分な感度をもっている．

**交点の逆行** regression of nodes

他の天体，特に太陽の重力によって，太陽系天体の軌道交点が西方向へ動くこと．例えば，月の平均軌道の交点は黄道の周りを 18.6 年の周期で逆行する．

**高度** altitude（記号は $h$ あるいは $a$）

観測者の地平線より上方あるいは下方に向けて測った天体の角距離．高度は地平線で $0°$，天頂で $90°$ である．⇒天頂距離

**光度** luminosity（記号 $L$）

星が放出する放射の全量で，*星間吸収に対する補正をした値で示す．単位としては W（ワット）あるいは $3.9 \times 10^{26}$ W の太陽光度（記号 $L_\odot$）を用いる．その星の光度を $L$，絶対放射等級（→絶対等級）を $M_{bol}$ とすると，

$$M_{bol} - 4.76 = -2.5 \log(L/L_\odot)$$

の関係がある．星の光度は，最も明るい超巨星の $10^5 L_\odot$ 以上から暗い赤色矮星の $10^{-5} L_\odot$ 以下までの範囲にある．X線源の場合は全放射量ではなく特定の波長域での放射量で定義するのが普通である．[可視においても，特定の観測波長帯（バンド）での放射量からそのバンドでの光度を定義することはよくある]．

**黄道** ecliptic

1年をかけて太陽が星を背景として通過する天球上の見かけの経路．黄道に沿う太陽の運動は実際には地球が太陽の周りの軌道を公転する結果である．したがって，実際には黄道は天球に投影された地球軌道の面である．地球の軸が傾いているため，黄道は天の赤道に対して約 $23°$ 傾斜している．これは*黄道傾斜角と呼ばれている角度である．黄道は二つの *分点で天の赤道と交叉する．ecliptic の名前は月が黄道面に近いときに食（eclipse）が起きるという事実に由来する．

**黄道傾斜角** obliquity of the ecliptic（記号 $\varepsilon$）

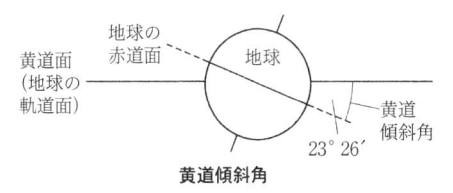

地球の赤道と黄道の間の角度．地軸の傾斜と同じである．平均赤道に対応する平均傾斜角は現在は $23°26'$ より少し大きいが，地球軌道に与える惑星の*摂動のために1世紀当たり約 $47''$ の割合でゆっくりと減少しつつある．任意の時刻における真の黄道傾斜角は平均傾斜角と黄道傾斜の章動の和である（→章動）．

**黄道光** zodiacal light

黄道面にある*黄道塵の粒子が太陽光を反射して生じる弱い広がった光．その明るさは天の川の暗い部分と同程度である．温帯の緯度からは，黄道光は春の夕方では日没の約90分後，秋には日の出の約90分前に最もよく見える．これらの時刻では，黄道が地平線に対して急角度で立って見えるからであり，その黄道に沿って光が約 $60°$ ないし $90°$ の範囲に広がるように見える．光害のない夜空の暗いところでないと見えない．黄道光の明るさは*太陽周期とともに変化する．惑星間太陽風が*コロナホールから高速で流出する粒子流によって支配される黒点の極小期ごろが最も明るい．

**黄道座標** ecliptic coordinates

地球軌道の面である黄道に準拠して太陽系天体の位置を与える座標系．地球の中心から見たときの天体の黄道座標（すなわち，地心黄道座標 = *黄緯と*黄経（天の緯度および天の経度ともいう）で与えられる．太陽の中心から見た場合の天体の黄道座標（すなわち，日心黄道座標 = *日心黄緯と*日心黄経で与えられる．

**黄道十二宮** zodiac →黄道帯

**黄道塵** zodiacal dust

太陽から約5 AU 外側の黄道面付近に分布する彗星および小惑星起源の微粒子（$1 \sim 300$ $\mu$m）の集団．*パイオニアおよび*ヴォイジャーからの測定により，木星軌道から先では塵の濃度ははるかに低いことが示された．黄道塵の分布は主として木星の重力の影響によって制御されている．黄道塵からの太陽光の反射は*対日照および*黄道光を生じさせる．黄道塵の総質量は平均的な彗星中心核の質量と同程度と推定される．

**黄道帯** zodiac

黄道の両側 $8°$ までの空の帯域をいう．それを背景に太陽，月，および主な惑星が移動して

いるように見える．この帯はそれぞれが30°の長さの12個の黄道十二宮に分割される．これらの宮は，2000年ほど前に同じ位置を占めていた黄道十二宮の星座にちなんで古代ギリシャ人により名づけられた．*歳差のために星座は現在は30°以上も東に移動してしまい，もはやこれらの宮とは一致しない．

**黄道帯星表** Zodiacal Catalogue, ZC

1940年にアメリカ海軍天文台の天体暦部が出版した「黄道帯3539星の星表」の一般的呼び名．黄道から8°以内にある8.5等級より明るい星の位置，明るさ，スペクトル型，および固有運動が1950年分点で示してある．月によって掩蔽される星を調べるために用いられる．

**黄道の極** ecliptic pole

黄道面の北および南90°に位置する天球上の2点．黄道の北極はりゅう座に，南極はかじき座に位置する．黄道の極は25800年を周期として天の極が移動していく歳差円の中心に位置する．

**光度階級** luminosity class

光度による星の分類．同じ*スペクトル型の星でも光度が大きく違うものがある．光度階級は，例えば，星が超巨星か，巨星か，あるいは矮星であるかを示す．階級の割当ては，星のスペクトルを調べて，光度によって敏感に変化する*スペクトル線輪郭や強度比を見ながら決める．一般に使用される光度階級は以下のとおりである．

| | |
|---|---|
| Ia-0 | 極めて明るい超巨星（超々巨星） |
| Ia | 明るい超巨星 |
| Iab | 通常の超巨星（IaとIbの中間） |
| Ib | それほど明るくない超巨星 |
| II | 輝巨星 |
| III | 巨星 |
| IV | 準巨星 |
| V | 矮星（主系列星） |

図は*ヘルツシュプルング-ラッセル図における光度階級を示している．⇒スペクトル分類

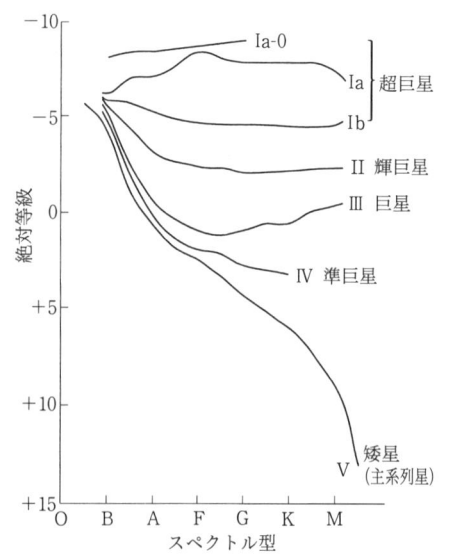

**光度関数** luminosity function

ある決まった空間体積内にある，異なる光度別に数えた天体の個数分布（図参照）．光度関数は，星ばかりでなく銀河やその他さまざまな種類の天体に対して定義できる．星団の光度関数は，星団内のすべての星がほぼ同一距離に位置するので，*見かけの等級別に星の個数を計数して求めることができる．

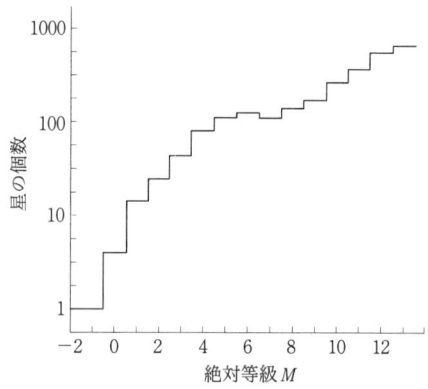

**光度階級**：異なる光度階級について星の絶対等級をそのスペクトル型に対してプロットした図．

**光度関数**：太陽から20パーセク内にある星に対する光度関数，すなわち星の絶対等級に対してプロットしたその個数．$M=0$より明るい星はまれなことがわかる．極めて暗い星の個数は検出が困難なので，実際の数はここに示されたものよりかなり多い．

**光度曲線** light-curve

光度が変化する天体，特に変光星あるいは自転する小惑星の光度の変動を時間に対してプロットしたグラフ．

**光度進化** luminosity evolution ➡銀河進化

**光度-体積テスト** luminosity-volume test

銀河が時間とともに進化しているかどうかをテストする方法．まず地球を中心とし，サンプルに含まれる一つの銀河あるいはクェーサーまでの距離を半径とする球の体積を計算する．次いで，計算されたこの体積を，その天体がちょうど検出できなくなる限界（そのサンプルを作ったときの限界等級）までの距離を半径とする球の体積で除する．サンプル中のすべての銀河あるいはクェーサーに対してこの計算を繰り返す．もし天体の性質に進化が見られなければ，サンプルに対するこの比の平均値は 0.5 となるはずである．クェーサーサンプルは約 0.7 の値を与えるが，これは進化がない場合よりも多くのクェーサーが高い赤方偏移にあることを示している．$V/V_{max}$ テストとも呼ばれる．[$V/V_{max}$ テストは，この目的以外にもサンプルに統計的な偏りがないかどうかを調べるために天文学で広く用いられる．]

**光 年** light year（記号 l. y.）

空間を1太陽年に光あるいは他の電磁波が伝播する距離．1光年は $9.4607 \times 10^{12}$ km，別の単位では 63240 天文単位，あるいは 0.3066 パーセクに等しい．

**後方散乱** backscattering

放射線がほとんど入射と反対の方向へ散乱される現象．*レイリー散乱と*トムソン散乱は同じ量の前方散乱と後方散乱を生じる．後方散乱の特殊な例は，虹および草の上の露から観測者の影の頭の周囲にハローとして現れる後光 (heilingenschein) である．⇒前方散乱

**こうま座** Equuleus（略号 Equ. 所有格 Equulei）

子馬をかたどった天空で2番目に小さい星座．注目すべきものがほとんどない．3.9等のアルファ星（キタルファ）が最も明るい星である．

**光路長** optical pathlength

光が通過した距離にその媒質の屈折率を掛けた量．一つ以上の媒質を通過する場合には，それぞれの媒質に対する光路長を加算する．

**小型衛星プログラム** Small Explorer Program, SMEX

NASA が打ち上げる小型で安価な科学衛星のシリーズ．このシリーズは 1992 年に*粒子探査衛星（SAMPEX）から始まった．[現在も継続中である]．

**小型天文衛星** Small Astronomy Satellite

X線およびガンマ線天文学専用の NASA による三つの小型衛星シリーズ．エクスプローラー 42 号とも呼ばれる SAS-1 号は 1970 年の打ち上げ後に*ウフルと改名された．最初のX線衛星であり，初めてのX線による天空探査を行った．エクスプローラー 48 号とも呼ばれる SAS-2 号はガンマ線衛星で，1972 年 11 月に打ち上げられた．シリーズの最後である SAS-3 号，あるいはエクスプローラー 53 号は個別のX線源を研究するために 1975 年 5 月に打ち上げられた．

**コカブ** Kochab

こぐま座ベータ星．2.1等，距離83光年のK4型巨星．*フェルカドとともにいわゆる極の番人を形成する．

**こぎつね座** Vulpecula（略号 Vul. 所有格 Vulpeculae）

狐をかたどった北天の暗い星座．最も明るい星のアルファ星は 4.4 等である．一般に*コートハンガーの名で知られる目立つ星団を含んでいる．M 27 は，大きな*惑星状星雲の*あれい星雲である．最初の*パルサーはこの星座で発見された．

**こぎつね座S型星** S Vulpeculae star

黄色の*巨星あるいは*超巨星の半規則型変光星（SRD型）の一種．それなりの周期性をもって変光するが，ときどき予測できない不規則な変光を示す．⇒ヘルクレス座 UU 型星

**国際宇宙ステーション** International Space Station, ISS

地球の周りの軌道に宇宙ステーションを建設するための NASA，ロシア，ESA，カナダおよび日本の共同事業．最初の部分である機能制御ブロック（FCB）を 1998 年 11 月にロシアが打ち上げ，[次いで同年 12 月に最初のアメリ

カの分担である結合構造ユニットが打ち上げられた．2000年11月には最初の居住者3名が乗り込み約4カ月半の居住ミッションに成功した．宇宙ステーションを拡張するためのさらに多くの部分の打上げは2006年まで継続される予定］．

**国際原子時** International Atomic Time, TAI

1972年以来国際協定によって使用してきた時刻系．国際原子時は根本的には天文学的原理ではなく，原子振動に基づいており，今日では最も正確な時刻系である．基本単位はSI *秒で，セシウム原子の性質によって定義される（→原子時）．TAIは*協定世界時（UTC）とある整数の秒数だけ異なる．なぜなら地球の自転速度が変化していくのに合わせるためにUTCには*閏秒が導入されているからである．TAIは1958年1月1日に世界時（UT1）と一致するように定義された．

**国際紫外線探査衛星** International Ultraviolet Explorer, IUE

NASA-ESA-イギリス共同の紫外線探査衛星．1978年に打ち上げられた．衛星は，低分解能と高分解能で115～200nmおよび190～320nmの波長領域をカバーする2台の分光計を装備した0.45m望遠鏡を搭載した．衛星は*地球同期軌道で，太陽系天体から明るい星さらに21等程度の暗い銀河系外天体に至るまでの標的を観測した．IUEは18年後の1996年9月にスイッチを切られたが，最も寿命の長い探査衛星になった．

**国際写真天図** Carte du Ciel

*標準天体写真儀で撮影した写真乾板から得た星図のシリーズ．これらの乾板には，それをもとに作られた*写真星表に掲載されている星よりも暗い等級の星まで写っていた．星図には近似的に写真等級14までの星が写っている．

**国際彗星探査機** International Cometary Explorer, ICE

以前は*国際太陽地球間探査機3（ISEE-3）と呼ばれたNASAの宇宙船．彗星に向けて送られた最初の宇宙船になった．ISEE-3は太陽風を研究するために1978年8月に打ち上げられたが，1983年12月に目標を彗星*ジャコビニ－チンナーに設定し直し，国際彗星探査機と改名された．1985年9月に中心核から7800km離れた彗星ジャコビニ－チンナーの尾を通過した．1986年3月にはICEはハレー彗星から2800万kmの地点を通過した．

**国際静穏太陽観測年** International Years of the Quiet Sun, IQSY

*太陽活動極小期に近い1964年1月1日から1965年12月31日までの期間．*太陽-地球関係の理解を進めるために，世界中の天文台と宇宙船によって太陽および地球物理的現象が研究された．

**国際太陽地球間探査機** International Sun-Earth Explorer, ISEE

地球の磁気圏とそれに対する太陽の影響を研究するためのNASA-ESA共同の探査機シリーズ．ISEE-1とISEE-2は1977年10月にともに磁気圏に入る軌道に打ち上げられた．搭載された装置には磁力計と粒子検出器などがある．ISEE-3は，地球の影響をまったく受けない*太陽風を研究するため，1978年8月完全に磁気圏を外れた軌道に打ち上げられた．ISEE-3は後に彗星*ジャコビニ－チンナーを捕えるために送られ，*国際彗星探査機（ICE）と改名された．

**国際地球観測年** International Geophysical Year, IGY

太陽フレア，地球磁気の騒乱，ラジオのフェードアウトおよび太陽からの粒子放出の間の関係を研究するために世界規模で共同観測が行われた1957年7月から1958年末までの18カ月の期間．IGYは黒点活動の極大期に一致するよう設定された．この黒点活動は望遠鏡の発明以来記録された最大のものであったことがわかる．*太陽-地球関係の描像が大幅に改善されることになった．最初の人工衛星であるスプートニク1号はIGY中にソ連によって打ち上げられた．

**国際天文学連合** International Astronomical Union, IAU

天文学の世界的な統轄機関．天文学研究の国際的協力を進めるために1919年に創設された．IAUは本部をパリに置き，3年ごとに世界の各地で総会を開催する．天文学の種々の部門に

ついての委員会を任命する．委員会の検討項目には天体および天体上の地形の命名も含まれる，国際協定や標準化に関する問題を検討する．IAU は *天文電報中央局および *小惑星センターを組織している．

**国際日付変更線** International Date Line
太平洋を通って北極から南極に伸びている地球表面の仮想的な線．1884 年の国際協定によって決められた 1 日の始まりと終わりを画する線である．線はほぼ経度 180°の子午線に沿って走り，陸地を横断することを避ける必要がある場所では曲がっている．線の東側では日付は西側より 1 日遅れる．西方向にこの線を横断するときは日付を 1 日進めなくてはならず，東方向に横断するときは日付を 1 日戻さなければならない．

**黒色矮星** black dwarf
もはや見えなくなるまで冷却してしまった *縮退星．

**黒 体** black body
すべての波長における放射を完全に吸収する（しかも完全に放出する）仮想物体．黒体の放射がピークを示す波長は温度だけに依存する．

**黒体放射** black-body radiation
*黒体が放出する熱放射．黒体放射は *プランクの法則で記述される特徴的なスペクトルをもつ．すなわち，黒体温度が上昇するにつれて放射のピークは短波長側に移動する（→ウィーンの変位則）．*宇宙背景放射は黒体放射であ

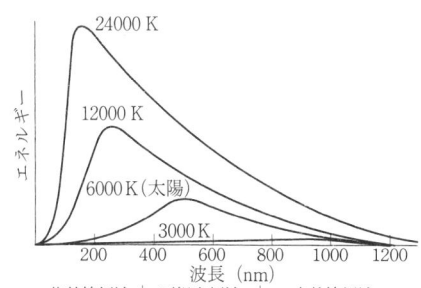

り，星も可視部分で黒体放射に似たスペクトルを示すことが多い．

**黒 点** sunspot
太陽光球上の周囲より温度が低い暗い領域．非常に強い磁場（0.4 テスラ）に付随する．普通，黒点は対または群の形で出現し，*先行する黒点と *後行する黒点は反対の磁気極性をもつ．黒点の大きさは，直径が約 300 km の小さいものから 10 万 km 以上に広がるものまである．最大の黒点は最も長く持続し，6 カ月にも達する．1 時間も持続しない小黒点もある．黒点の大部分は赤道の両側，緯度にして約 5～40°の帯域に限られ，*黒点周期の開始時には高い緯度に現れ，時間が経つにつれて太陽の赤道に向かって移動する．よく発達した黒点は光球よりも約 1600 K 低温であり，暗い内部（*暗部 (2)）と明るい外側（*半暗部 (2)）をもつ．半暗部は黒点領域の 70% に達し，光球よりも約 500 K 低温である．すべての黒点の発生初期はごく小さくて暗い孔であるが，対をなして並ぶ半暗部のない小さな斑点に発達することがある．発育のよい黒点群では黒点はずっと大きくなり，最初の 2 日で相互間隔がさらに大きくなり，10 日目までに面積と複雑さが最大に達する．黒点群はさまざまな型に分類される．以前に使用されたチューリッヒ体系に取って代わったマッキントッシュ体系では，3 文字の符号が黒点群のクラス（単一，対，複合），最大黒点の半暗部の発達の程度，および群のコンパクトさの程度を記述する．磁気構造を記述するためにはウィルソン山体系が使用さる．これは単純な分類（双極的，単極的）の下にさらに複雑な細分類をする．*フレアを生じさせる黒点は外見と磁場構造が非常に複雑である傾向をもつ．低高度では黒点からガスが外側に流出し（*エヴァーシェッド効果），高高度のコロナでは内部に流入する．

**黒点周期** sunspot cycle
黒点数や他の形態の太陽活動の変動に見られる約 11 年の平均周期．太陽周期と呼ぶこともある．連続する各周期では太陽の磁場極性の北極と南極が逆転するので，磁気周期は 22 年となる．*相対黒点数の月平均は黒点活動極小期の年では約 6 個，黒点活動極大期では 116 個で

**黒体放射**：黒体の温度が高いほど，放射のピークは短波長側に移動する．高温星は紫外線領域にピークをもつが，低温星は赤外線領域にピークをもつ．太陽型の星はスペクトルの可視光領域にピークをもつ．

ある．黒点数だけでなく，*活動領域と*フレアの個数，さらにそのような領域に付随する紫外線，電波，その他の放射強度も変化する．11年の周期性は*太陽ダイナモの作用によって生じると考えられている．*マウンダー極小期の存在が示唆するように，黒点周期は，現在観測されている形態を常に保ってきたとはかぎらないかもしれない．

**黒点数** sunspot number →相対黒点数

**黒斑** macula
惑星表面の暗黒斑紋．複数形はmaculae．この名称は地質学的用語ではなく，例えばエウロパ上のティレ黒斑のように個々の地形の命名に使用する．

**こぐま座** Ursa Minor（略号UMi．所有格Ursae Minoris）
北極星を含む星座．小熊としてよく知られている．最も明るい星は*北極星ポラリス（アルファ星）である．*コカブ（ベータ星）と*フェルカド（ガンマ星）は*ガーディアンズ（極の番人）としてよく知られている．星座自体が時には小びしゃくと称されることがある．

**こぐま座流星群** Ursid meteors
12月23日の極大期付近でもそれほど多くなく（ピークの*ZHR 5〜10）あまりよく観測されていない流星群．赤経14h28m赤緯+78°の放射点は北の温帯緯度から見ると北極の周囲にいつも見え，こぐま座の*ガーディアンズ（極の番人）付近に位置する．1945年，1982年および1986年のように，ときおり高い活動（ZHRが多分50程度）が報告されている．親彗星は8P/Tuttleである．こぐま座流星はかなり速度が速く，明るい流星は黄色に見える．

**コクーン星雲** Cocoon Nebula
はくちょう座の散光星雲IC 5146．10等の星をもつまばらな星団を取り囲む光と暗黒星雲からなる複合体．

**コーサイト** coesite
隕石からの衝撃波が水晶を含む岩石中を通過するときに生成されるまれな鉱石．450〜800℃の温度および38000 barの圧力で生成されるケイ酸塩の一形態．巨大クレーター近傍で見出されるコーサイトを含む砂岩断片は，そのクレーターが隕石起源であることの証拠である．

**小潮** neap tide
月が上弦あるいは下弦の位相にあるとき，地球の海洋で上昇する潮．小潮の振幅（すなわち，満潮時と干潮時の海面水位の差）は毎月の潮汐周期の中で最小である．これは太陽の引力と月の引力が直角方向に働くからである．

**こじし座** Leo Minor（略号LMi．所有格Leonis Minoris）
子ライオンをかたどる北天の目立たない星座．興味ある天体はほとんど含まれていない．最も明るい星であるこじし座46番星は3.8等である．

**個人差** personal equation
測定を行うときの観測者の系統的かたより．例えば，月の掩蔽の時刻を測るとき，現象を見ることとその時刻を読み取ることの間には常にある遅れがある．この遅れは人ごとに異なる．変光星の観測で，観測者によってはいつも明るい星を一定量だけ過少評価するような場合もある．個人差は個々の観測者に対して計算し，その観測者による測定に対する補正値として取り扱う．

**COAST** Cambridge Optical Aperture Synthesis Telescope →ケンブリッジ光学開口合成望遠鏡

**ゴーストクレーター** ghost crater
ひどく侵食され埋没した惑星表面のクレーター．月面にも例がある．ランベルト尾根では，クレーターの最も高い頂上だけがクレーターをほどんど埋没させた溶岩の覆いの上に突き出ている．静かな海のラモントでは，元のクレーターは完全に覆われているが，後に沈降が起こり，古いクレーター周縁の跡が*リンクルリッジとして見えている．

**COSPAR** Committee on Space Research
1958年に国際科学連合協議会が設立した機関．*国際地球観測年中に開始された宇宙科学における協同研究計画を続行し，得られた成果を交換することを目的としている．本部はパリにあり，2年ごとに科学的会合を開催する．COSPARは宇宙研究委員会（Committee on Space Research）の頭字語である．

**COS-B**
ヨーロッパ宇宙機関のガンマ線衛星．1975

年8月に打ち上げられ，1982年まで作動した．スパークチェンバー検出器で70〜5000 MeV ($2.5×10^{-7}$ から $2×10^{-5}$ nm) のエネルギー範囲で空のガンマ線地図を作製した．また，ほ座およびかにパルサー，そしてクェーサー3C 273を含む個々の電波源も検出した．

**コスモス** cosmos

天文学者が物理理論を適用して理解しようとしている全体としての宇宙．

**コスモス衛星** Cosmos satellites

旧ソ連が開始し，ロシアがひきついで進行中の地球衛星シリーズ．名称はKosmosとも表記する．コスモス衛星は*スプートニクシリーズの後継機である．科学衛星，軍事衛星，そして失敗した他のミッションにもすべてコスモス何号という名称が与えられている．最初のコスモスは1962年3月に打ち上げられた．

**固体シュミット望遠鏡** solid Schmidt telescope

ガラスの固体円筒の一端が補正板，他端が反射鏡として機能するシュミットカメラ．フィルムを置くために補正板側の端から焦点位置まで孔を掘る必要がある．この系では，ガラスを用いるとf/0.35の口径比が，ダイヤモンドを用いるとf/0.2の口径比さえもが理論的に可能である．しかしながら，この設計は小口径の場合だけに実際的であり，*色収差が入ってくるので，狭い波長帯での使用にだけ適している．

**ゴダード宇宙飛行センター** Goddard Space Flight Center, GSFC

1959年に設立されたNASAの施設で，メリーランド州グリーンベルトにあり，宇宙科学の研究と人工衛星の追跡を行っている．ゴダード宇宙飛行センターは，探査機シリーズの諸衛星を含む多くの科学衛星を設計・建設し，ハッブル宇宙望遠鏡を含むいくつかの天文衛星を管理している．*アメリカ国立宇宙科学データセンター（NSSDC）と*天文学データセンター（ADC）もここにある．ゴダード宇宙飛行センターは，ヴァージニア州のワロップ島にあるワロップ飛行施設も運用しており，この施設はNASAの宇宙探測ロケットと科学気球計画も担当している．

**コップ座** Crater (略号Crt. 所有格Crateris)

コップあるいはお碗をかたどった南天の星座．最も明るい星であるデルタ星は3.6等である．

**固定星** fixed stars

恒星に対する古い表現．さまよう星（wandering stars）として知られた惑星からそれ以外の星を区別して使われた．今日使うときは，この用語は検出可能な*固有運動を示さない星を指す．[今日ではほとんど使われない]．

**コーデリア** Cordelia

天王星の最も内部にある衛星．距離は49700 km．公転周期は0.335日．天王星VIとも呼ばれる．直径が26 kmで，1986年に*ヴォイジャー2号が発見した．

**古典的ケフェイド** classical Cepheid

種族Iのケフェイド．ケフェウス座デルタ型星とも呼ばれる．略号DCEP．外面的には同じような種族IIの*おとめ座W型星とは対照的に，古典的ケフェイドは大質量（5〜15太陽質量）で，もっぱら銀河の*円盤種族で見出される若い輝巨星か超巨星である（⇒光度階級）．それらは散開星団のメンバーであることも多い．周期は1〜135日で，0.5〜2等の変光範囲をもつ．これらの星は，銀河系外天体の距離を決定するために広く使われる方法の基礎である明確な*周期-光度関係および*周期-光度-色関係を示す．

**コード化マスク** coded mask

反射望遠鏡が使えないX線およびガンマ線エネルギー領域で天体像を記録する方法．クロスワード格子に似た模様をつけたマスクを用いて天体のX線あるいはガンマ線放射の影を検出器に投影する．この影から*デコンボリューションにより計算機で像が再構成できる．

**こと座** Lyra (略号Lyr. 所有格Lyrae)

琴をかたどった北天の著名な星座．最も明るい星は*ヴェガである．こと座ベータ星（シェリアク）は食連星で，*こと座ベータ型星の原型である．ベータ星は12.9日の周期で3.3等と4.3等の間を変化する．この星はさらに7.2等の暗い相手をもつ*二重星でもある．デルタ星は4.2等および5.6等の広間隔の二重星であ

るが，イプシロン星は有名な四重星，すなわち*二重二重星である．ゼータ星も4.4等および5.7等の二重星である．こと座 RR 星は脈動変光星の重要なクラス，*こと座 RR 型星の原型である．この星座にある M 57 は有名な*惑星状星雲の*環状星雲である．*こと座流星群は毎年4月にこの星座から放射される．

**こと座 RR 型星**　RR Lyrae star

0.2～1.2 日の周期と 0.2～2.0 等の変光幅をもつ黄色い*巨星の脈動変光星．略号 RR．これらの星は種族 II に属し，*銀河ハローと*球状星団中に存在する（これから星団型変光星という以前の名前が生じた）．現在二つサブタイプが認められる．すなわち，基本モードで脈動している RRAB，および第一オーバートーンで脈動している RRC である．RRAB 型は急勾配の上昇とゆるやかな減少を示す非対称な光度曲線を示すが，RRC 型の光度曲線は近似的に正弦形で，変光幅は 0.8 等より小さい．周期と変光幅の周期的な変動（*ブラチコ効果）が見られる．RRAB 型はすべて近似的に同一の絶対等級（+0.5）をもち，そのためにこれらの星は貴重な距離指標となっている．RRAB の光度曲線が*ケフェイドのそれに似ているので，短周期ケフェイドという呼び名もあったが今では使われていない．

**こと座ベータ型星**　Beta Lyrae star

公転周期を通じて連続的な変動を示す光度曲線をもつ*食連星の型．公転周期は普通 1 日かそれ以上である．略号 EB．二次極小が常に観測され，通常は一次極小値よりはるかに浅い．一次極小は普通は 2 等級より小さい変光幅をもっている．大部分は*分光連星である．こと座ベータ型星はかつて近似的に回転楕円体の成分をもつ*接触連星と考えられた．しかしながら，大部分は，小さい方の成分へ向けて*質量移動が行われる*半分離型連星であるらしい．こと座ベータ星自身において明るい*巨星の伴星が*主系列の主星と思われる天体に向かって急速に質量を失いつつある．この主星は厚い*降着円盤によって隠されている．物質流入からのエネルギーは，両星を取り巻いている物質の殻からの高温放射によって，連星系から失われている．

**こと座流星群**　Lyrid meteors

4月19日から25日にかけて活動し，4月21日に極大期をもつ流星群．ヴェガの南西の赤経18h 08m，赤緯 +32° に放射点がある．通常の年ではあまり多くの流星は出現せず，ピークの *ZHR は 10～15 である．1922年と1982年には短期間の大出現が見られた．こと座流星群は速く（地心速度 49 km/s），かなり明るい流星が多く，持続的な飛跡を残すものも多い．この流星群は彗星サッチャー（C/1861 G 1）を母彗星としている．

**コートハンガー**　Coathanger

こぎつね座にある星団．*ブロッキ星団あるいはコリンダー 399 の名でも知られる．コートハンガーのような形状を形成する 5 等，6 等，および 7 等の 10 個の星の群からなる．すべての星が同じ距離にあるのか，あるいはいくつかの星が偶然に同一視線上に位置するか明白でない．

**COBE**　Cosmic Background Explorer　→宇宙背景放射探査衛星

**小びしゃく**　Little Dipper

こぐま座の主な 7 個の星が作る形に対する俗称．おおぐま座の 7 個の星が形成する大びしゃくあるいはすきに似ているが規模が小さい．

**こびと星雲**　Homunculus Nebula

*りゅうこつ座エータ星をおおい隠しているガスと*塵の雲．初期の観測者は小さな人間に似た形と見ていた．大きさは約 17″×12″．この雲の物質は 1843 年にエータ星から噴出され，現在でも約 500 km/s で膨張している．星雲はこの星を視界から隠し，吸収したエネルギーの多くを赤外線波長で再放出している．

**コヒーレンス**　coherence

電磁波が互いにどの程度まで位相がそろっているかを示す尺度．天体の中では，*メーザー源が最も注目に値するコヒーレンスの高い放射の放射源である．

**コヒーレンス帯域幅**　coherence bandwidth

ある源からの電磁波が互いに位相がそろっている（すなわち，コヒーレントである）ような周波数範囲．狭いコヒーレンス帯域幅をもつ波は，広いコヒーレンス帯域幅をもつ波よりも長時間そして長距離にわたって位相がそろう．

**コプラテス** Coprates

火星表面の暗く細長い*アルベド地形．地球から望遠鏡で見ることができ，緯度$-15°$，経度$65°$に中心がある．*マリナー峡谷山系に対応している．この地形は以前はアガトダエモンと呼ばれていた．

**コペルニクス，ニコラウス** Copernicus, Nicolaus（1473～1543）

ドイツ系の両親をもつポーランドの聖職者で天文学者（ポーランド語では Mikolaj Kopernigk）．学生のときに彼は地球が太陽の周りを回転しており，その逆ではないことを認識していた．そのような見解は異教的であると考えられており，教会は*プトレマイオスの地球中心の世界観が教義に一致すると見なしていた．コペルニクスは1510年に著書コメンタリオルスに自分の基本的考えを書きとめている．この書物は匿名で流布された．1512～29年に，聖職者と地方行政官の義務を遂行しながら，彼は自分の説の正しさを示すために必要な観測を行った．1539年に Rheticus の名で知られるオーストリアの数学者 Georg Joachim von Lauchen（1514～74）がコペルニクスの弟子となり，彼の考えを広め始めた．*コペルニクス体系は1543年に著書「天体の回転について」（De revolutionibus orbium coelestium）で発表された．しかしながら，太陽中心の太陽系という現実は*ガリレオと*ケプラー（J.）の研究後に初めて受け入れられるようになった．

**コペルニクス衛星** Copernicus satellite

アメリカの天文衛星．OAO-3とも呼ばれる．70～300 nm の波長領域で高温星の紫外線分光を行うための 0.81 m 望遠鏡を搭載していた．また3個の小さなX線検出器も搭載されていた．コペルニクスは1972年8月に打ち上げられ，1980年まで作動した．星のスペクトルに重なって現れる星間ガスからの吸収線を主として観測して，星間物質を研究した．この名前は1973年にニコラウス・コペルニクス生誕500年を記念してつけられた．

**コペルニクス体系** Copernican system

*コペルニクス（N.）が提案した太陽系の模型．この模型では太陽が中心に位置し，惑星がその周囲を回っている．恒星は惑星から莫大な距離のところに位置する．この模型は*プトレマイオス体系の円形軌道と*周転円を残していたが，コペルニクス自身の観測を組み入れていた．また，アラブの天文学者アル-*トゥーシおよびイブン・アル-シャティール（1304～75）が提案したプトレマイオス体系とは異なる要素も含んでいたが，コペルニクスはその差異を知っていたらしい．コペルニクス模型では空の運動は地球の自転から生じる．まだ楕円軌道の概念が導入されてはいなかったので，コペルニクス体系が再現する惑星運動はプトレマイオス体系に比べてあまりよくはなかった．しかしながら，地球を宇宙の中心から除いた点では重要な意味をもっていた．

**コホーテク，彗星** Kohoutek, Comet（C/1973 E 1）

長周期の彗星．1973年3月18日にチェコの天文学者 Lubos Kohoutek（1935～）が発見した．以前には 1973 XII と命名されていた．この彗星は発見時に木星軌道の外側にあり，このように遠い天体にしては異常に明るかった．そのために1973年12月28日に近日点 0.14 AU の近くで示すであろう彗星の明るさが過大評価されて予報された．スカイラブ宇宙ステーションに搭乗した宇宙飛行士は，その近日点通過中にコロナグラフによって$-3$等の彗星を観測した．コホーテク彗星は1974年1月の初めに夕方の空に出現した．$25°$に達する長さの尾と*アンチテイルをもち4等であったが，初めに予期されたよりもずっと暗かった．軌道は$14.3°$の軌道傾斜角をもつ双曲線（離心率が1より大きい）であると計算されている．

**コマ（光学的）** coma（optical）

光軸から離れるにつれて星の像が少しずつ扇形に広がっていくような，光学要素あるいは光学系の欠陥（*収差）．形状が彗星の頭部に似ているのでこの名前がある．正のコマでは，光学系の外側のリングを通過する光は点像ではなく円盤像を形成する．この円盤の大きさと位置は各リングのレンズの中心からの距離に依存するので，異なるリングからの像が重なり合って視野の中心に向いた扇を形成する．負のコマの場合は，扇は視野の中心から離れる方向を向いている．コマ収差は通常は*非点収差や*色収差

のような他の収差と組み合わさり、扇の形状はゆがんでいる．

**コマ（彗星の）** coma (cometary)

活動的な彗星の固体核を取り巻くガスと*塵からなる外層（→中心核（彗星の））．コマは涙の一滴ように見えることが多く，主に彗星の周囲を流れる*太陽風によって形成される．近日点付近でコマは 10 万 km の幅をもつことがある．普通，彗星が太陽の 3～4 AU 以内に入るまでコマは形成されない．しかしながら，11 AU 以上にある*キロンからのコマの生成が記録されている．

**コマ収差** Coma →コマ（光学的）

**子持ち銀河** Whirlpool Galaxy

りょうけん座にある 8 等の銀河 M 51．NGC 5194 と 5195 からなる．NGC 5194 はほぼ正面向きの Sc 銀河であり，*ロス卿が最初に渦巻構造をはっきりと認めた最初の銀河である．この銀河は小さな不規則銀河 NGC 5195 と相互作用している．NGC 5195 は NGC 5194 の渦巻腕の一端に位置するように見えるが，実際にはわずか遠方にある．この銀河は約 2500 万光年の距離にある．[英語名 whirlpool galaxy は渦巻きの銀河という意味で，「子持ち銀河」の名称は，NGC 5195 を伴った銀河という見かけの姿による日本での俗称である]．

**コモン，アンドリュー エインスリー** Common, Andrew Ainslie (1841~1903)

イギリスの望遠鏡製作者で天体写真家．彼は数台の大型反射望遠鏡を製作した．そのなかには後にリック天文台が取得した 36 インチ（0.91 m）クロスリー反射望遠鏡などがある．1880 年から写真用の別の 36 インチ装置を用いて，現在は C/1881 K 1 と命名されている彗星の最初の良好な写真を撮影し，またオリオン星雲の最初の写真を撮ってそのフィラメント構造を記録した．このときおよび別の折に行われた木星や土星などの天体の長時間露光は，彼が望遠鏡に取り付けた正確な駆動機構によって可能になった．

**子やぎ** Kids (the)

ぎょしゃ座のゼータ星およびエータ星に対する俗称（ラテン語で Haedi）．これらの星は，明るい星カペラにより擬人化される雌やぎの子供である 2 匹の子やぎを表す．3 匹のやぎは御者によって運ばれているような絵柄になっている．

**固有運動** proper motion （記号 $\mu$）

太陽に相対的な星の運動によって生じる星の天球面上の位置の変化．絶対固有運動は銀河系外天体によって定義される*慣性基準系に対する位置の変化である．相対固有運動は基準星に対して異なる*元期で星の位置を測って得られる．これらの基準星の平均絶対固有運動は，相対固有運動から絶対固有運動への換算因子と呼ばれている．相対固有運動は同一視線上にある*散在星から星団のメンバーを分離するために使用できる．固有運動は星表では普通 1 年あるいは 1 世紀当たりの赤経および赤緯の変化として与えられている．最大の固有運動をもつ星は*バーナード星である．⇒換算固有運動，共通固有運動

**固有時** proper time

観測者が自分の位置にありかつ静止している時計で測定する時間．相対性理論では，時間は各観測者に固有であるという．時間のこの相対性は特殊相対性理論の本質的な特徴であり，運動する時計は遅れて動くように見える（→時間の遅れ）．一つの運動する時計を見る複数の観測者は，運動する時計を自分自身の固有時と比較しているので，それは観測者ごとに異なる速度で時を刻むように見える．すべての観測者がいくぶんは同意できる時間は，その運動する時計自身の固有時である．一般相対性理論では，重力場も時計を遅らせる．一般および特殊相対性理論の両方では，二つの事象間の固有時の間隔は，その両方の事象を見た 1 人の観測者が測定する時間として定義される．*天体暦で使用される時刻系である*地球時は，地表面の観測者に対する固有時である．

**暦** calendar

時間のいろいろな周期—日，週，月，年—を組み立て，それらを数え，あるいは名づける方式．多種類の暦が使用されているが，*グレゴリオ暦だけが世界的に認知されている．[「グレゴリオ暦だけが」という表現はいく分キリスト教中心的である]．普通，暦は天文的周期，特に月の位相および 1 年の長さを表そうと試みる

が，暦は必ずしもそれらに密接にしたがうわけではない．例えば，グレゴリオ暦の1カ月は現実の月の位相には関係なく，年を任意に小分割したものにすぎない．グレゴリオ暦は，日付をできるだけ精密に1年の季節周期に関係づけるよう工夫された太陽暦である．1年は通常には365日であるが，季節との一致を維持するために周期的に補助の日を挿入する（つまり閏日として暦に入れる）．こうすれば春分は常に3月21日かその1日以内に起こることになる．

他方，ユダヤ暦は太陰太陽暦といわれる種類である．その1カ月は，月の周期に密接に結びついており，29日か30日である．通常は1年に12のそのような月がある．しかし，季節との密接な一致がすぐには失われないように，補助月を挿入した閏年を設ける．ユダヤ暦は235カ月を含む19年の*メトン周期に基づいている．そのためこの周期の19年のうち7年は閏年になる．

イスラム暦は完全な太陰暦で，1年は常に12太陰月である．奇数月は30日，偶数月は29日である．したがって通常年は354日となり，そのためにイスラム月は季節と少しずつずれて約33年周期で元に返る．この周期はイスラム暦では重要性をもたない．30年を一区切りとして，そのうちの11年は最初の月に余分な1日を付け加えて閏年とする．このようにして，30000年に1日という正確さで天文学的な月の周期との非常に密接な一致が維持される．→ユリウス暦

### コリオリカ　Coriolis force
惑星や恒星のような自転する天体の表面上を移動する物体あるいは流体の運動を偏向させる見かけの力．例えば，地球の北半球では物体はその走行方向の右側に，南半球では左側に偏向される．この効果は風，水，そしてロケット打上げにも当てはまる．フランスの物理学者Gustave Gaspard Coriolis (1792~1843) にちなんで名づけられた．

### コリス　colles
惑星表面の小丘あるいは円丘（複数形でだけ使われる．単数はcollis）．地質学用語ではなく，例えば火星上のオキシア・コリスのように，個々の地形の命名で使われる．

### コリメーション　collimation
レンズや鏡（*コリメーター）を適切に配置して平行な光線束を作ること，あるいは光学系，特に望遠鏡の構成要素を正しく整列させること．高エネルギー天体物理学（X線天文学およびガンマ線天文学）では，線源の位置の確度を改善し，他の源からの放射の混入を低減させるためにしばしばコリメーションを用いて検出器の視野を制限する．その場合コリメーターはガラスやステンレス鋼のような，対象とする放射線に不透明な材料から作る．

### コリメーター　collimator
平行な光線束を作るための装置．普通はレンズ．*分光計ではコリメーション用レンズがその焦点に置いたスリットからの光を集めて，それを平行線束としてプリズムあるいは回折格子の幅全体に向けて通過させる．あるいはコリメーターは装置の試験用に平行光線束を作るために使われる．[反射鏡によるコリメーターも広く使われている]．

### コルカロリ　Cor Caroli
りょうけん座アルファ星．距離130光年．間隔の広い*二重星である．明るい方の星は2.9等のA0型の輝巨星．りょうけん座アルファ$^2$型変光星の原型（変動スペクトルをもつ磁気星）であり，5.5日の周期で約0.1等のゆらぎを示す．暗い方の伴星は5.6等のF0型矮星である．

### コールサック　Coalsack
みなみじゅうじ座の顕著な*暗黒星雲．明るい天の川を背景にして黒い斑点として肉眼でも容易に見える．距離は約600光年，空のほぼ$7°×5°$を覆っている．真の直径は約60光年で，質量は約3500太陽質量である．散開星団の*宝石箱がコールサックの隣りに見えるが，距離はもっと遠くにある．北コールサックは*グレートリフトの一部に対する別名である．

### ゴールド，トーマス　Gold, Thomas (1920~)
オーストリア-アメリカの天文学者．1948年に*ボンディ（H.）および*ホイル（F.）と共同で，物質が絶えず創出されているという*定常宇宙論を提案した．また彼は1960年代の終りごろに，当時発見されたパルサーからの信号

は高速回転をする*中性子星から出た*シンクロトロン放射がビームとなって放射されたものであると説明した.

**ゴールドストーン** Goldstone
カリフォルニア州モハベ砂漠にある地名. NASAが作る世界規模の*ディープスペースネットワークを構成する三つの深宇宙通信施設の一つが設置されている.

**コルドバ掃天星表** Córdoba Durchmusterung, CoD
−22°から南極にかけての10等までの61万4000個の星のカタログ. アルゼンチンのコルドバ天文台で作成された. *ボン掃天星表の南天版である. John Macon Thome (1843～1908) による最初の4巻は1892～1914年に刊行され, Charles Dillon Perrine (1867～1951) による第5巻は1932年に刊行された.

**コロナ** corona
1. 太陽を取り巻く極めて高温(約200万K)で高電離度のガス. ある種の恒星もコロナをもっている. 太陽のコロナは皆既食のときに流線, 羽毛および泡あるいはループなどの形をとる数太陽半径まで広がった白色の領域として見える. *白色光コロナの放射は輝線(*Eコロナ), および電子による散乱(*Kコロナ)と塵粒子による散乱(*Fコロナ)の三つの成分をもつ. コロナが外部へ広がっていくものが*太陽風である.

太陽コロナのX線像は, 黒点群の近傍やより小さな*X線輝点の近傍では複雑なループ構造を示す. X線放射および高電離原子に由来する輝線(*コロナ輝線)は, コロナの温度が約200万Kであることを示している. *コロナ凝縮ではさらに高い400万K以上の温度であることがわかる. 約$10^{-3}$テスラの強度の磁場がコロナの形状を支配している. 活動的な領域と静かなコロナ(すなわち非活動的な領域)の大部分では磁場は閉じたループを形成するが, *コロナホールでは磁力線は開かれて空間に広がり, 太陽には戻ってこない. コロナがどのように加熱されるかは未知であるが, 磁場に関係していることは確かである.

太陽周期の間にコロナの外見は変化する. 太陽活動極大期にはコロナは多くの活動領域のループおよび光球円盤周囲の流線からなるが, 極小期には両極の巨大なコロナホールと赤道方向に伸びた構造が支配的である.

スペクトル型F0より低温の主系列星は, 活動領域をもつコロナを有するものが多いことが, X線放射から示されている. 特にM型矮星の*フレア星の場合顕著である. *りょうけん座RS型星のような相互作用する連星系にもコロナが存在する.

2. 同心円状の隆起線に囲まれた惑星表面上の巨大な円形あるいは伸びた地形. 複数形coronae. "王冠"あるいは"環"を意味するこの名称は地質学用語ではなく, 例えば金星のナイチンゲール・コロナ, あるいは天王星の衛星ミランダ上のアーデン・コロナのように, 個々の地形の命名に使われる.

3. 銀河系のような渦巻銀河において銀河面のずっと外側に広がっている希薄で非常に高温なガスの領域. 銀河コロナとも呼ばれる.

**コロナ雨** coronal rain
Hα光で見える曲線状の経路に沿って*彩層にまで降下しているガスの小滴. それらは太陽周縁での巨大フレアにより生成される*ループ紅炎の発達の最終段階である. フレアが発生してから数時間後に紅炎は断片に分裂し, もはや見えないループの輪郭に沿ってコロナ雨として降下する.

**コロナ輝線** coronal lines
太陽コロナのスペクトルにおける高電離原子によって生じる輝線. $Fe^{9+}$ (9個の電子を欠いた鉄) および $Fe^{13+}$ (13個の電子を欠いた鉄) などのイオンはそれぞれ637.5および580.3 nmの波長でいわゆる赤と緑のコロナ輝線を生じさせる. これらの*禁制線(高電離原子で非常に低い確率の遷移によって生じる)はかつては未知の元素に由来すると考えられ, "コロニウム"と命名された. 紫外およびX線のコロナ線(高電離原子で赤と緑の線より少し高い確率の遷移によって生じる)は, 太陽に似たフレア様の活動を示す, 例えばdMe型星(活動的M型矮星)のような星でも検出できる.

**コロナ凝縮** coronal condensation
ガスの密度および温度が周囲よりも高い*コ

ロナの部分．コロナ凝縮は黒点群上方にあるものが太陽周縁にきたときに見える．X線像および白色光コロナグラフの像によると，そのような凝縮はコロナ磁場の形を表すループ構造からなることが示される．

**コロナグラフ** coronagraph

皆既食時でないときに太陽コロナを観測できる装置．1930年に*リオ(B.)が発明した．屈折望遠鏡の一形態で，対物レンズを薄い油層によって塵と静電気が付着しないように保つこともある．人工的な食を形成するために主焦点に*掩蔽円盤を配置する．掩蔽円盤のすぐ背後のレンズがダイアフラム上に対物レンズの像を形成し，それによって対物レンズからの迷光の大部分を排除する．実際にはダイアフラム背後の3番目のレンズがフィルム上あるいは検出器上にコロナ像を形成する．極めて清浄な大気条件をもつ高い標高に位置する天文台だけがコロナグラフに適した場所である．その場合でも，*Kコロナは偏光分析器を用いて観測できるが，*Eコロナは内側の部分だけしか観測できない．宇宙船搭載のコロナグラフは，写真の代わりに電子的な撮像技術を用いてコロナを数太陽半径まで観測できる．SOHO宇宙船のLASCO (Large Angle Spectroscopic Coronagraph, 広角分光コロナグラフ) は30太陽半径までコロナを観測している．

**コロナ質量噴出** coronal mass ejection, CME

10〜1000 km/sの速度で太陽コロナから物質が大規模に噴出すること．この現象で放出される質量は約$10^{13}$ kgである．宇宙船のコロナグラフによると，典型的なCMEの様態は，コロナ中にループあるいは泡を形成する明るいガスが暗い空洞の前方にあるというものである．H$\alpha$光で見ると噴出する紅炎がこの暗い空洞内を外側に移動する．1対の明るい脚（以前はそこで太陽に結合されていた）が1日かそれ以上継続することがある．時にはCME直後にフレアが触発されるように見えるが，CMEとフレアの関係は明白ではない．CMEは衝撃波に先導される擾乱を太陽風中に発生させる．このような擾乱に遭遇した惑星間探査機は，太陽風の風速および密度の増大と磁場の急速な変化があ

ったことを記録している．これらの惑星間擾乱が地球に到達すると，*磁気嵐を発生させる．

**コロナプリューム** coronal plume

太陽の*白色光コロナ中の弱い放射状のパターン．太陽の極で*コロナホールの内部に見られる．コロナプリュームは太陽活動極小期に最もよく見える．それらは36.8 nmでの高電離マグネシウム線のような紫外線で撮影した太陽像においても明白である．

**コロナホール** coronal hole

非常に密度が低い太陽コロナの領域．活発なコロナ領域の密度の約100分の1である．コロナホールはX線像で，あるいは周縁にあるときにはコロナグラフ像で，放射の弱い明白な空間として現れる．太陽の両極には常に大きなコロナホールが存在する．低緯度のホールは太陽活動極小期の直前に出現し，数カ月にわたって大きさが増大し，ときにはどちらかの極にあるホールと融合する．他のホールは収縮して消滅することがある．コロナホールの磁場は空間に広がる開いた磁力線の形態をとり，それに沿ってプラズマが流出して*太陽風の中に高速流を生み出す．

**コロナループ** coronal loop

X線，紫外線あるいは白色光の像に見られる太陽コロナ中の構造．光球から上方に広がっているおそらく10000 kmの高さのアーチからなる．大きな暗いコロナループは静穏コロナ（すなわち，活動領域から離れたコロナ）に付随しているが，もっと短い明るいコロナループは活動領域で発生し，*コロナ凝縮あるいは*X線輝点を形成する．足点(footpoints)と呼ばれるループの両端は互いに反対の磁場極性をもつ光球の領域に位置している．このことはコロナループが高温プラズマで満たされた磁束管であることを示唆する．

**コロニス族** Koronis family

*小惑星帯の外部領域で太陽から2.87 AUの平均距離にある小惑星の*平山族の一つ．メンバーは，非常によく似た色，スペクトル，およびアルベドをもつ主にSクラスの小惑星である．それらは，おそらくSクラスの極めて均一な母天体が破壊してできたものと信じられている．最大のメンバーは，直径48 kmの

(208)ラクリモサと直径44kmの (167)ウルダである。*イダもメンバーである。この族は、1876年にドイツの天文学者 Victor Carl Knorre (1840〜1919) が発見した直径36kmのSクラス小惑星である(158)コロニスの名をとって命名された。コロニスの軌道は、長半径2.871 AU, 周期4.86年, 近日点2.72 AU, 遠日点3.02 AU, 軌道傾斜角1.0°をもつ。

**コロンボ間隙** Colombo Gap
　土星のC環（クレープ環）の内端付近の間隙。1981年に*ヴォイジャー2号からの画像で発見された。イタリアの天文学者 Giuseppe Colombo (1920〜84) にちなんで名づけられた。

**GONG** Global Oscillation Network Group
→世界太陽振動ネットワークグループ

**混合比** mixing ratio
　星の内部の対流によってどのくらい有効にエネルギーが輸送されるかを示す数値。対流中の渦の大きさを、ガス圧が有意に変動する距離で割った値として定義される。

**コンコルディア族** Concordia family
　*小惑星帯にある小惑星の小さいが明確な*平山族。太陽からの平均距離は2.70〜2.75 AU。そのメンバーは4〜6°の軌道傾斜角をもつ。族の三つの最大のメンバー(58)コンコルディア, (128)ネメシスおよび(210)イサベラのC-クラススペクトルの間にはわずかな違いしかないが、平山族に帰属させられているもう一つのメンバーの(340)エドゥアルダはS-クラスのスペクトルをもち、族の真のメンバーではないかもしれない。直径が104kmのコンコルディア自身は1860年にドイツの天文学者(Karl Theodor) Robert Luther (1822〜1900) が発見した。コンコルディアの軌道は、長半径2.703 AU, 周期4.44年, 近日点2.59 AU, 遠日点2.82 AU, 軌道傾斜角5.1°をもつ。

**コーン星雲** Cone Nebula
　いっかくじゅう座の散開星団NGC 2264を取り巻く星雲の一部である長く伸びた*暗黒星雲。

**コンティニウム** continuum
　吸収線や輝線のない波長域のスペクトルを指す。→連続スペクトル

**渾天儀** armillary sphere
　天空の運動を実演し、観測するために古代から使われた装置。子午線、地平線、天の赤道、そして黄道のような天の大円を表す多くの円環（armillaries）から構成され、これらの円環が天球の骨格を形成するよう配列されている。今日の赤道儀式日時計も渾天儀の一種であり、天の赤道を表す円環に時間が刻まれる。渾天儀という名称は、"環"あるいは"ブレスレット"を意味するラテン語 armilla に由来する。

**コンドライト** chondrite
　石質隕石の型。大部分（すべてではないが）は*コンドリュールと名づけられた小球体を含んでいるのでこのように命名された。最も豊富に存在する隕石のクラスであり、落下隕石の約86%を占める。主として鉄およびマグネシウムを含むケイ酸塩鉱物からなる。最も揮発性の高い元素を除いて、その化学組成は太陽、そしておそらくは太陽星雲の組成に類似している。コンドライトはまずその化学的性質に基づいて三つのクラスに分けられる。*エンスタタイトコンドライトあるいはE-コンドライトのクラスは最も難揮発性元素を含み、高度に還元されている。*炭素質コンドライトあるいはC-コンドライトは約3%の炭素を含み、最も高い割合の揮発性物質をもち、最も酸化されている。最も普通の型である*普通コンドライトは揮発性元素の存在度と酸化状態が両者の中間的である。三つの主要なコンドライトのクラスのおのおのは組成に基づいて数個の小群に分けられ、各小群はその集合組織と鉱物的性質に基づいてさらに数個の型に分けられる。

**コンドリュール** chondrule
　*コンドライトに含まれる小球状の物体。典型的には0.2〜3.8 mmの大きさであるが、0.5〜1.5 mmが普通である。炭素質コンドライトのCI小群を除いてすべてのコンドライト隕石に見出される。コンドリュールの組成はさまざまに異なり、何種類ものケイ酸塩鉱物とガラスから構成されることがある。コンドリュールは隕石に組み込まれる以前には明らかに独立に存在していたが、正確な起源はまだ不明である。その起源は何であれ、コンドリュールは明

らかに太陽系における最も原始的な物質である.

**コンパクト銀河** compact galaxy
シュミットカメラで撮影した写真乾板上でかろうじて星から区別できる銀河の型. 2~5″の視直径, そして明るい中心核または活動的な星形成に由来する高い表面輝度領域をもっている. *パロマースカイサーヴェイから*ツヴィッキー (F.) が2000 あまりのコンパクト銀河カタログを作成した.

**コンパクト天体** compact object
*白色矮星, *中性子星, あるいは*ブラックホールなど, 星の進化の終りに生成される小さい高密度の天体の総称. →縮退星

**コンパクト電波源** compact source
角度サイズの小さい銀河系外電波源のクラスをいう. 広がりのある構造を示さず, 短波長側で最も明るいという傾向がある. ⇒広がった放射源 (2)

**コンパス座** Circinus (略号 Cir, 所有格 Circini)
1 対の製図用のコンパスをかたどった南天の小さい微々たる星座. 最も明るい星はアルファ星で 3.2 等である.

**コンパレーター** comparator
異なる時刻に撮影した天の同一部分の二つの像を比較することによって, 明るさが変化したかまたは移動した天体を探索するための装置. 主な型は*ブリンクコンパレーターと*立体コンパレーターである.

**コンプトンガンマ線観測衛星** Compton Gamma Ray Observatory, GRO
天体からのガンマ線を観測するために 1991 年 4 月に打ち上げられた NASA の衛星. *グレートオブザーヴァトリーズ計画シリーズの 2 番目であった. 衛星は 10 keV から 30 GeV ($4 \times 10^{-8}$ から 0.124 nm) のエネルギー領域を担当する 4 基の装置を搭載している. BTSE (Burst and Transient Source Experiment) 装置はガンマ線バーストを研究し, OSSE (Oriented Scintillation Spectrometer Experiment), Comptel (Imaging Compton Telescope), および EGRET (Energetic Gamma Ray Experiment Telescope) がそれぞれ 0.1~10 MeV ($1.2 \times 10^{-4}$ から 0.012 nm), 1~30 MeV ($4 \times 10^{-5}$ から $1.24 \times 10^{-3}$ nm), および 0.02~30 GeV ($4 \times 10^{-8}$ から $6 \times 10^{-5}$ nm) 領域で天空のガンマ線像を記録する. この衛星はアメリカの物理学者 Arthur Holly Compton (1892~1962) にちなんで命名された.

**コンプトン効果** Compton effect
X 線あるいはガンマ線の光子が粒子, 通常は電子に衝突したときに生じる波長および方向の変化. コンプトン散乱ともいう. 光子エネルギーの一部が粒子に輸送され光子が衝突前より長い波長で再放出される. この効果は, 光子をより低いエネルギーの光子に変換して, 例えば*比例計数管でもっと容易にガンマ線を検出するために使われる. この効果は 1923 年にアメリカの物理学者 Arthur Holly Compton (1892~1962) が発見した. ⇒逆コンプトン効果

**コンプトン散乱** Compton scattering
*コンプトン効果の別名.

**コンフュージョン** confusion
空のある領域にある源の数が非常に多いために個々の天体を分解するのが困難な現象. 分解できる最も暗い源の輝度が, 装置の特性で決まるのではなく, より暗い源からのコンフュージョンによって決まる場合, その観測はコンフュージョン限界 (confusion-limited) という.

**コンボリューション** convolution →たたみ込み

# サ

**差** inequality

ある天体の周りを回る天体の運動に見られるそれらの2天体相互の重力だけでは説明できない変動．普通これは，系にある1個またはそれ以上の大質量天体からの*摂動により生じる．例えば，太陽を回る木星および土星の軌道運動に見られるいわゆる大差（great inequality）は，それらの日心経度の900年程度の周期をもつ振動である．この振動は木星と土星の相互摂動，そしてまたそれらの平均運動のほぼ2:5の*共鳴によって引き起こされる．⇨月差

**サイクロトロン放射** cyclotron radiation

光速よりかなり遅い速度で磁場を周回する荷電粒子が放出する電磁放射．この放射が最初に観測された粒子加速器の型（サイクロトロン）にちなんで名づけられた．放射は円偏光しており，粒子の速度には無関係な単一の周波数，ジャイロ周波数をもつ．サイクロトロン放射は外惑星の磁圏から検出されている．⇨ジャイロシンクロトロン放射

**サイクロトロンメーザー** cyclotron maser

*サイクロトロン放射に基づくメーザー源．ある種の惑星の磁圏および太陽大気圏の活動領域で観測される．

**再結合** recombination

電子が正のイオンと結合する過程．このようにして形成される中性原子は普通は励起されており，引き続いて光子の形でエネルギーを放出して*再結合線を生成する．再結合は*電離の逆課程である．*HⅡ領域ではこの二つの過程が平衡状態にある．⇨二電子再結合

**再結合期** recombination epoch

ビッグバン後に初めて電子と陽子が再結合する時期．ビッグバン後約40万年である．このとき宇宙は約3000度の温度まで冷却され，電子と陽子が結合して水素原子を形成することが可能になっている．再結合によって物質と放射が*脱結合するので，*宇宙背景放射の観測はほぼこの時代における宇宙を研究する手段を提供する．[宇宙背景放射の温度ゆらぎの大きさやパターンに，この時期の物質の状態を示す情報が刷り込まれている]．

**再結合線** recombination line

自由電子とイオンの*再結合から生じるスペクトル中の輝線．この電子が原子のエネルギー準位間を低い準位に向かって落ち込むとき，原子は準位間のエネルギー差に相当する波長で再結合線を放出する．水素の場合，これらの波長は電波線（外側の最も低い準位間の遷移によって生じる）から赤外線を経て（準位2への落下によって生じる）可視光線までにわたる．準位1（基底状態）への再結合は，さらに電離を引き起こす紫外線光子を生成する．再結合線から，電離された星雲のガス温度および密度を推定することができる．

**最広角視野望遠鏡** richest-field telescope, RFT

使用可能な最大の*射出瞳と可能なかぎり最も広い視野とを合わせもつ望遠鏡．その倍率は，射出瞳が観測者の暗順応時の最大の瞳サイズと同じになるように低く抑えてある．この瞳サイズを7.5 mmにとれば，倍率はmmで表した口径のほぼ13倍となる．通常，この倍率は小口径比で広視野の接眼鏡をもつ望遠鏡で与えられ，特に天の川，広がりのある遠距離の天体，および彗星を観測するのに適している．代表的なRFTは，口径100〜180 mm，口径比f/4，および視野2〜5°である．

**歳差** precession

回転軸が次第に円錐形を描くようになるこまやジャイロスコープの揺動運動．自転する地球は太陽，月，および惑星の総合的な重力のためにゆっくりした歳差を受ける．地球の極は約25800年かかって天球上で完全な円を描く．この円はほぼ23.5°，つまり地球自転軸の傾斜角に等しい半径をもつ．*分点は同じ年数で*黄道を1周する．歳差の結果，星の*赤経および*赤緯は時間とともに変化するので，これらの座標が適用される日付すなわち*元期を必ず示さなくてはならない．➡日月歳差，分点歳差，惑星歳差

**歳差定数** precession constant
 *分点歳差の1年当たりの割合．それは元期2000.0において50.29″の値をもつが，この定数は，ゆっくり変化する地球軌道の離心率に依存するので，完全に一定というわけではない．

**最終接触** last contact
 食のときの第四接触の別名．

**最小錯乱円** least circle of confusion →球面収差，非点収差

**砕屑片** clast
 他の岩石内に含まれる岩石あるいは鉱石の断片．*角礫岩は微粒石基に埋め込まれた角張った破砕岩石の砕屑片からなる．

**彩　層** chromosphere
 光球の上層にある星の大気の領域．太陽の彩層は，光球底部の500 km上方にある*温度極小域から外側に向かって*コロナに融合する9000 kmの所まで広がっている．最初の1500 kmまで彩層は程度の差はあるが連続的であるが，それより上方ではぎざぎざの*スピキュールに分裂する．彩層の温度は500 kmでの4400 Kから1000〜2000 kmでの約6000 Kまで上昇する．約2500 kmの高度（*遷移領域）ではコロナ温度へ急速に上昇するが，この正確な高さは局所的な磁場の強さに依存する．彩層の最上部では密度は底部における値の100万分の1である．皆既日食の直前直後には彩層は*Hα放射により赤色の色彩をもつ三日月環あるいはダイヤモンド環として見える．彩層の名前（"色彩球"を意味する）はこのHα放射からつけられた．食以外では，彩層はHα線およびカルシウムK線の*フィルター画像で，また宇宙空間からは紫外輝線で見ることができる．太陽近傍の低温度矮星にも彩層が存在することは同様の放射から推論される．

**彩層網状構造** chromospheric network
 太陽彩層の大域的パターン．*Hα光あるいはカルシウムの*HおよびK線で見える明と暗の*斑点模様から形成される．彩層網は強い磁場の領域を示しており，下方の光球における*超粒状斑の境界に一致する．粗い明るい斑点がこの網の輪郭をかたどっている．暗と明の微細な斑点は房状に並び，その底部は粗い斑点に根ざしている．これらの小斑点はおそらく太陽円盤を背景にして見える*スピキュールである．

**最大エントロピー法** maximum‑entropy method
 雑音の混じった不完全なデータから信頼できる情報を抽出するために画像処理で用いる数学的手法．これは，最終画像（電波地図のような）が正しい可能性を最大にする手法である．点源を含まない広がりのある天体の画像に対して特に有用である．

**最大輝度** greatest brilliancy
 いろいろな見え方をする金星の最大視等級．金星の距離および位相に依存する．金星は見かけの大きさが大幅に変化する．外合のときは円盤の全面が照明されるが，直径は10″でしかない．これに対して内合のときは直径が60″を超えるが，非常に細い三日月である．その明るさは外合から遠ざかるにつれて増大する．これは照明される見かけの面積が増すためである．しかし，視直径の増大に対抗して三日月が急速に細くなっていくので，等級は再び低下し始める．結局最大輝度は内合の約36日前と後に起こる．このとき金星は全天で太陽と月に次いで最も明るく，−4.7等に達する．

**最大離角** greatest elongation
 水星と金星が太陽から最大の角距離に達する場合をいう．東方最大離角は夕方の空で，西方最大離角は朝の空で起こる．水星の最大離角は，水星が近日点付近にあるか遠日点付近にあるかによって約18°から28°の範囲で変わる．金星の場合は45°から47°である．

**さいだん座** Ara（略号 Ara．所有格 Arae）
 祭壇をかたどる南天の小星座．最も明るい星はベータ星で，2.9等である．さいだん座には散開星団NGC 6193と球状星団NGC 6397がある．

**サイディングスプリング天文台** Siding Spring Observatory
 オーストラリアのニューサウスウェールズ州クーナバラブラン付近のワランバングル山地の標高1150 mにある天文台．オーストラリア国立大学が所有し，運営している．ストロムロ山天文台の支所として1962年に設立された．当時の最大の望遠鏡は1 m反射望遠鏡であった．

[1974年に3.6mの*アングロ-オーストラリア望遠鏡が開設された]．1981年にスウェーデンのウプサラ天文台がその0.5mシュミット望遠鏡をストロムロ山からサイディングスプリングに移動した．オーストラリア国立大学の2.3m先端技術望遠鏡は1984年に開設された．⇨アングロ-オーストラリア天文台，ストロムロ山およびサイディングスプリング天文台

**サイドローブ** side lobe

電波望遠鏡の*アンテナパターンの*主ビームの両側に見られる数個の小さなビームをいう．光学望遠鏡の*回折環に似ている．サイドローブは電波源の位置を決定するときに不定性を増すので，望ましい存在ではない．

**サイナス** sinus

惑星表面の高地の端にあるへこみ．複数形sinus．"湾"を意味するこの名前は地質学的用語ではなく，例えば月面のサイナス・イリドゥムのような個々の地形の命名に使用する．例えば，火星のサイナス・メリディアーニのように，*アルベド地形の命名において暗い領域からの突出部に対しても用いる．

**サイフ** Saiph

[オリオン座カッパ星．2.1等級のB0.5型の超巨星．距離は約1400光年]．⇨オリオン座

**サーヴェイヤー** Surveyor

月に軟着陸し，アポロ有人着陸のための先導機の役目を果たしたNASAの探査機シリーズ．すべての探査機はTVカメラを搭載していた．さらに，サーヴェイヤー3号および7号

**成功したサーヴェイヤー探査機**[a]

| 探査機 | 打上げ日 | 結果 |
|---|---|---|
| サーヴェイヤー1号 | 1966年5月30日 | 6月2日に嵐の海に着陸 |
| サーヴェイヤー3号 | 1967年4月17日 | 4月20日に嵐の海に着陸 |
| サーヴェイヤー5号 | 1967年9月8日 | 9月11日に静かの海に着陸 |
| サーヴェイヤー6号 | 1967年11月7日 | 11月10日に中央の入り江に着陸 |
| サーヴェイヤー7号 | 1968年1月7日 | 1月10日にティコクレーター付近に着陸 |

[a] サーヴェイヤー2号は着陸時に衝突．サーヴェイヤー4号との通信は着陸直前に途絶えた．

は土壌の強度を試験するための機械的シャベルを備えており，5号，6号および7号は表面組成を分析する装置を搭載していた．

**さきがけ** Sakigake

日本のハレー彗星探査機．1985年に打ち上げられた．この日本語の名前は"先駆者"を意味し，日本の最初の惑星間宇宙船である．さきがけは1986年3月に彗星中心核の太陽側から700万kmの地点を通過した．⇨すいせい

**朔望月** synodic month

例えば，新月から新月のように，月のある位相から次の同じ位相までの平均周期．*太陰月ともいう．地球が太陽を公転しているために，朔望月は月の公転周期(*恒星月)よりも2日以上長い．1年における朔望月の数(1年を朔望月で割った数)は，月の年間公転回数(1年を恒星月で割った数)よりも正確に1日少ない．朔望月の平均の長さは29.53059日である．

**サクラメントピーク天文台** Sacramento Peak Observatory

ニューメキシコ州アラモゴルドの南東20kmにあるサクラメント山の標高2810mにある太陽天文台．1949年にアメリカ空軍ケンブリッジ研究所が創設し，1976年まで運営した．この年に天文台は天文学研究大学連合(AURA)が引き継いだ．1984年に国立太陽天文台が創設されたときその一部となった．その主要装置は，1953年に開設された0.4mコロナグラフ(ジョンW.エヴァンス施設)，1963年に開設された太陽監視カメラをもつヒルトップドーム，および1969年に開設された，0.76mの入射窓と1.6mの主反射鏡をもつ高さ41mの真空塔望遠鏡である．

**SAS** Small Astronomy Satellite ➔小型天文衛星

**さそり-ケンタウルスアソシエーション** Sco-Cen Association

ほぼ500光年の距離にある最も近い*OBアソシエーション．長さが約600光年で，さそり座からケンタウルス座およびみなみじゅうじ座まで伸びている．スペクトル型Oおよび早期Bの約40個の星を含み，約6000太陽質量という推定総質量をもつ．

## さそり座　Scorpius（略号 Sco．所有格 Scorpii）

さそりをかたどった黄道十二宮の星座．太陽は11月末に1週間ほどさそり座を通過する．最も明るい星は*アンタレスである．ベータ星（アークラブあるいはグラフィアス）は2.6等および4.9等の見かけの*二重星である．もう一つの肉眼で見える二重星は3.6等および4.7等のゼータ星である．ニュー星は著名な四重星．この星座にあるほぼ1/2°の広がりをもつ6等の*球状星団M4は，距離6800光年でわれわれに最も近い球状星団の一つである．M6は1/4°の広がりをもつ4等の*散開星団，M7は直径が1°より大きい3等の散開星団である．*さそり座X-1は全天で最も明るいX線源である．

## さそり座アルファ流星群　Alpha Scorpiid meteors

4月20日から5月19日にかけて活動的な流星群．活動度はあまり高くない（極大期の*ZHRは10）．その母体となっている流星流は黄道の近くに位置し，惑星の*摂動によって少なくとも二つの枝に分裂している．極大期は，4月28日に赤経16h32m，赤緯-24°の放射点から，そして5月13日に赤経16h04m，赤緯-24°における放射点から起こる．

## さそり座X-1　Scorpius X-1

全天で最も明るいX線源．太陽以外では最初に知られたX線を出す天体．1962年に地球上層大気探査用ロケットの飛行中に発見された．さそり座X-1は18.9時間の周期をもつ低質量X線連星である．光学対応天体は距離が2000光年のさそり座V818と呼ばれる13等の青い星である．X線は，この星から*降着円盤を介して伴星である*中性子星へ流れ込む物質から生じる．

## ザックス-ウォルフェ効果　Sachs-Wolfe effect

初期宇宙における質量分布の不規則さが*宇宙背景放射に局所的な温度変化を生じさせる現象．物質の密度が平均より高い領域によって光子が重力的に赤方偏移するために起こる．1992年に*宇宙背景放射探査衛星（COBE）が検出した背景放射のゆらぎはこの効果の現れであると考えられている．これはアメリカの天体物理学者 Rainer Kurt Sachs（1932～）と Authur Michael Wolfe（1939～）にちなんで名づけられた．

## 撮像測光器　imaging photometer

*二次元測光器の別名．

## 差動回転　differential rotation

異なる部分が異なる速度で回転する非固体物体の回転．星や惑星の大気は差動回転する．例えば，太陽の赤道領域は極領域よりも約25%速く回転し，木星の回転はシステムI（赤道領域）とシステムII（それ以外の領域）に分けられる．土星の環，星の周囲の*降着円盤，および*円盤銀河のような円盤状システムもまた差動回転する．それらはおのおのが別の軌道をもつ個々の要素から構成されているからである．

## SIRTF　Space Infrared Telescope Facility

→宇宙赤外線望遠鏡

## サハの電離式　Saha ionization equation

星の大気中の電離した原子の割合を，ガスの温度と電子密度（すなわち，大気の単位体積当たりの自由電子数）に関係づける公式．星のスペクトルに見られる諸種の原子およびイオンのスペクトル線の相対的な強さを理解する手がかりを与え，それらのスペクトル型から星の温度を導くことを可能にする．この式はインドの天体物理学者で核物理学者 Meghnad Saha（1894～1956）が導いた．

## サビク　Sabik

へびつかい座エータ星．肉眼には2.4等星に見えるが，実際は85年の周期で周回する3.0等と3.5等の2個のA型矮星からなる連星である．距離は63光年．

## 座標系　coordinate systems　→天球座標

## 座標時　coordinate time

重力の相対性理論，最も普通には*一般相対性理論において時間を表す座標．この座標は事象を標識する普遍的な方法になる．各事象は空間が三つそして時間が一つの四つの座標をもつ．座標時間はその全体的定義のために有用であるが，物理的時間には対応しない．座標時間は異なる観測者にとっては異なっている．彼らが測定するのは自身の*固有時であるからであ

る.厳密には,座標時が,座標系の選択に依存するので一意的には定義されない.しかしながら,実際にはこの用語は標準座標系における時間の座標を意味するのに一般的に使われる.

**サブパルス** sub-pulse

パルサーからの一つのパルスに含まれる数個の明確なより幅の狭いパルス.サブパルス自身も多くのさらに幅の狭いマイクロパルスから構成され,そのマイクロパルスがパルス放射の基本成分であると信じられている.ときおり,サブパルスはパルスの中で徐々に位置を変えて,移動する(→ドリフティングサブパルス)が,その原因はよく理解されていない.

**サブミリ波天文衛星** Submillimeter Wave Astronomy Satellite, SWAS

高密度の分子雲からの540 $\mu$m から635 $\mu$m までのスペクトル線を研究する目的の0.5 m 反射鏡を搭載するアメリカの衛星.1997年に打ち上げる予定である.[SWASはNASAの*小型衛星プログラムの一つで,1998年12月に打ち上げられた.反射鏡は55×71 cm の楕円型である].

**サブミリ波天文学** submillimetre astronomy

1 mm より短い電波波長,特に0.3~1.0 mm で天体を研究する分野.*ミリ波天文学の場合と同じように,スペクトルのこの部分は星間分子が放出するスペクトル線が豊富である.この領域は以前には遠赤外線の一部と考えられたが,今日では電波スペクトルの拡張と見なされている.というのは,この部分を研究するための観測装置の製造技術が赤外線天文学よりも電波天文学と多くの共通点をもつからである.大型のサブミリ波望遠鏡には15 m*ジェイムズ・クラーク・マクスウェル望遠鏡およびラ・シーヤの15 m スウェーデン-ESO サブミリ波望遠鏡(SEST)が含まれる.

**サブミリ波望遠鏡天文台** Submillimeter Telescope Observatory, SMTO

アリゾナ州グレアム山の標高3180 m にある天文台.ドイツのボンにあるマックス・プランク電波天文学研究所とアリゾナ州ツーソンのスチュワード天文台が共同で所有し,運営している.本部はスチュワード天文台にある.1994年に開設した10 m ハインリッヒ・ヘルツ望遠鏡(HHT)が設置されている.

**ZAMS** zero-age main sequence →ゼロ歳主系列

**SAMPEX** Solar, Anomalous, and Magnetospheric Particle Explorer →粒子探査衛星

**サリュート** Salyut

旧ソ連が打ち上げた一連の宇宙ステーション.形状は円筒形で,プロトン打上げロケットの最上段を改造したものであり,アメリカの*スカイラブの約4分の1の容積をもっていた.1971年4月に打ち上げられたサリュート1号は地球周回軌道に入った最初の宇宙ステーションである.サリュート1号の搭乗員は,その連絡船のソユーズ11号が地球大気への再突入中に圧力が低下したために死亡した.サリュート3号および5号は主目的が軍事偵察飛行であったと考えられている.1977年9月と1982年4月に打ち上げられたサリュート6号および7号は改良型であった.サリュート7号以後は*ミールによって引き継がれた.

**サルピーター過程** Salpeter process

*三重アルファ過程の別名.

**サルピーター関数** Salpeter function →初期質量関数

**サロス周期** Saros

223*朔望月に相当する18年11.3日(あるいは,間に入る閏年の数によっては10.3日)の間隔をいう.この周期ごとに太陽,月および地球がほとんど一直線に並ぶ.同一状況の日食は1サロス周期ごとに繰り返すが,異なる地理的位置で起こる.1サロスの期間はほとんど19*食年に等しい.このわずかな食い違いにより,ある特定のサロス系列の食は次第に北あるいは南の地域で起こるようになり,ついに70サロス(1262年)後には,その系列の食の経路はもはや地球表面からはずれてしまう.

**散開星団** open cluster

銀河の渦巻腕の中で一緒に形成される星の集団.銀河星団と呼ばれることもある.普通は形状が不規則で,直径が50光年以下の体積中に数十から数百個の比較的若い星を含んでいる.*ヒヤデス星団や*プレアデス星団が有名な例である.散開星団は*トランプラー分類にした

がって種々な型に分けられる．*球状星団に比べて星の詰まり方はゆるいが，その中心部での星の密度は，太陽付近の密度の10000倍までになる．銀河系内に1000個以上の散開星団が知られており，すべては銀河*円盤にある．それらの年齢は数百万年から数十億年にまでわたり，最も若い星団はそれらを形成した星雲の名残りに囲まれている．密度が低い星団は銀河系の他の部分との重力相互作用によって次第に壊されてばらばらになる．

**さんかく座** Triangulum (略号 Tri. 所有格 Trianguli)

三角形をかたどった小さいが特徴的な北天の星座．最も明るい星は3.0等のベータ星である．さんかく座にはM33，すなわち*局部銀河群のメンバーである*さんかく座銀河がある．

**さんかく座銀河** Triangulum Galaxy

さんかく座にある銀河M33 (NGC 598)．局部銀河群のメンバー．ほぼ正面向きのSc型渦巻銀河で，1°に達する広がりと6等の明るさをもつ．距離は290万光年，真の直径は52000光年である．

**三角視差** trigonometric parallax

星が地球軌道の半径である1天文単位の距離を見込む角度．普通は秒角で表す．三角視差の逆数はパーセクで表した星の距離である．[年周視差と同じである]．⇒年周視差

**酸化チタンバンド** TiO bands

酸化チタン分子によって生じる吸収帯．K型星およびM型星のスペクトルで顕著である．このような低温星でのみTiOなどの分子は存在できる．

**三キロパーセク腕** three-kiloparsec arm

銀河系において銀河中心から約3キロパーセク（約9000光年，太陽の軌道半径の約3分の1）のところにある渦巻腕．星間水素ガスからの*21センチメートル線によって検出される．三キロパーセク腕は銀河系の中心を周回するだけでなく，約50 km/sの速さで外側に向かって広がっているように見える．

**サングレーザー** sungrazer →クロイツサングレーザー

**三傾斜反射鏡望遠鏡** trischiefspiegler →傾斜反射鏡望遠鏡

**散光星雲** diffuse nebula

付近の星からの紫外線の影響を受けて輝く星間ガスおよび*塵からなる雲．今日では*H II 領域という用語の方が好まれる．"散光"ということばは，星雲がその見え方にしたがって定義されていた時代にさかのぼる．大型望遠鏡で見たとき，星にまで分解できる星雲に対して，ぼんやりとしか見えない星雲を散光星雲と名づけた．

**残　差** residuals

軌道上の惑星あるいは彗星の位置などについての観測値と計算値との差．残差は観測誤差および計算に含まれていない*摂動から生じる．彗星の場合，そのような摂動には*非重力的力が含まれる．天王星の軌道の残差に関する研究から当時は未知の惑星であった海王星の存在が計算された．[残差という用語は，軌道ばかりでなく，モデル（理論）の予想値と実際の観測値の差を指すときに広く用いられる]．

**散在星** field star

星団と同じ視野に見えるが，その星団のメンバーではなく，その星団よりわれわれに近いか星団より遠くにある星．同様に，散在銀河（field galaxy）は銀河群と同じ視線上に位置するが，その群のメンバーではない銀河をいう．[必ずしも同じ視線上になくても，星団や銀河団に属していない星や銀河一般に対しても用いる]．

**散在流星** sporadic meteor

いかなる流星群にも関連せずに無秩序に出現する流星．散在流星は夜空が晴れてさえいれば見ることができ，その1時間当たりの出現割合は春の3〜4個から秋の8〜10個まで変化する．この季節変動のほかに，時間による変動もあり，夕方よりも夜明け前の方が出現の割合が高い．散在流星は*流星物質流の進化がその末期を迎えたこと，すなわちその流れの中の流星物質があまりにも分散してもはや流星群が検出できなくなったことを表している．散在流星は出現がランダムなので，流星群研究における有用な比較参照データと見なされることが多い．

**三重アルファ過程** triple-alpha process
　3個のヘリウム核（アルファ粒子）の融合によって星の内部で炭素が合成される一連の核反応．アメリカの天体物理学者 Edwin Ernest Salpeter（1924〜）にちなんでサルピーター過程ともいう．この過程が起こるには少なくとも1億Kの温度を必要とし，0.4太陽質量以上の星の中心核で水素がすべてヘリウムに変換されたときに起こる．*赤色巨星における主要なエネルギー生成源である．

**三色写真術** three-colour photography → 天体写真術

**三色測光** three-colour photometry → ジョンソン測光

**ザンストラの理論** Zanstra's theory
　*惑星状星雲の中心星の温度を推定するのに使える理論．［星雲のHα線強度と星の赤色波長帯での等級を用いる］．基本的に，星雲は電離を起こす原因となった星からの紫外線をすべて吸収すると仮定する．吸収された1個の紫外線光子に対して，電離した水素が後に電子と再結合するときに1個のHα光子が放出される．このようにしてHα線の強度が星の紫外線等級に関連づけられる．Hα線と同じ波長域にある赤色の連続スペクトルから広帯域の赤色等級が求まる．これと紫外線等級から星の色温度がわかる．Hα線強度と赤色等級を同一波長で効果的に測定するので，この方法は*星間吸収によって影響されない．オランダの天体物理学者 Herman Zanstra（1894〜1972）にちなんで名づけられた．

**酸素燃焼** oxygen burning
　酸素をケイ素などそれより重い元素に変換する星内部における1組の核反応．星の中心核において $2\times10^9$ K 以上の温度で起こるが，その少しあと中心核で酸素が燃えつきたときには，中心核のすぐ外側の殻の中で起こる．

**三体問題** three-body problem
　三つの質点からなる系の運動を調べる問題．数学的には，三つの*質点の位置および速度を，それらのある時間での位置，質量および速度が与えられたとき，過去あるいは未来の任意の時刻に対して求める問題ということになる．数学的な一般解は見いだされていないが，ある種の一般的結果，すなわち，系の質量中心は一定の速度で運動すること，系の全エネルギーは一定であること，および系の全角運動量も変化しないことがわかっている．⇒$n$体問題，制限三体問題

**サンデージ，アラン レックス** Sandage, Allan Rex（1926〜）
　アメリカの天文学者．1950年に*ハッブル（E.P.）の助手となり，銀河の距離を測定し，*ハッブル定数を改良するハッブルの研究を引き継いで，約 50 km/s/Mpc という値を見いだした．彼は*減速パラメーターの初期の値も計算した．1960年に彼とカナダの天文学者 Thomas Arnold Matthews（1927〜）は，後にクェーサーであることが判明することになる電波源（3C 48）を初めて光学的に同定した．1965年にサンデージは電波を出さないクェーサーの第1号を発見し，さらに多くのクェーサーをそれらの高い赤方偏移によって発見し続けた．

**サンドッグ** sundog
　*幻日の俗名．

**散　乱** scattering
　光子がエネルギー変化なしにある粒子によって進行方向を曲げられること．散乱の型は関与する粒子によって違う．粒子が電子のときは，光子は*トムソン散乱を受ける．*コンプトン効果も同じ現象であるが，こちらは非常に高いエネルギーの光子すなわちX線およびガンマ線の場合である．粒子が波長に比べて小さい場合は光子は*レイリー散乱を受ける．もし粒子が大きいと，光子は*ミー散乱を受ける．波長とともに散乱がどのように変るか，また光子の*前方散乱の量は散乱の型によって異なる．

**散乱楕円** scatter ellipse
　その内部に落下隕石の断片が散乱している地上の楕円形の地域．楕円の長軸は隕石の走行方向に平行である．断片の大きさは楕円の直軸方向に沿って増大する．空気抵抗によって小さい断片の方が地上に速く落下するからである．

**三裂星雲** Trifid Nebula
　いて座にある星雲 M 20．NGC 6514 でもある．輝線星雲と反射星雲の組み合せであり，ほぼ1/2°に広がっている．三裂という名前は星

雲を三分している三つの暗い塵の吸収帯に由来する．星雲の中心に多重星 HN 40 があり，その最も明るいメンバーが星雲を照明している．距離は 5200 光年である．

# シ

***g***
　*自由落下加速度に対する記号．
***G***
　*重力定数に対する記号．
**GRS**　Great Red Spot　→大赤斑
**GRO**　Compton Gamma Ray Observatory →コンプトンガンマ線観測衛星

**視位置**　apparent place
　特定の日時における真の赤道および分点に準拠した，地球の中心から見た星の座標．それは，歳差，章動，光行差，固有運動，年周視差，および重力による光の屈折のために，星表に記述されている太陽中心から見た位置とはずれている．

**シーイング**　seeing
　地球大気の擾乱により望遠鏡で見た星の像が動いたりゆがんだりすること．光の経路にある空気層間の温度のむらにより生じると考えられている．温度が一定であるひとかたまりの空気がシーイングのセル（胞）である．このセルは典型的には標高 0 で直径が 100〜150 mm，それより高い標高ではもっと大きくなる．小型望遠鏡では，これらの個々のセルを通して星の光を見ることになり，星像は鮮明だが，異なるセルが次々と通過するために星像がゆれ動く．一方，大型望遠鏡は同時に数個のセルを通して見ることになるので，星像がぼやける．月あるいは太陽の*リムで見られる"泡立ち"は悪いシーイングの別の現れである．シーイングを評価するためにアマチュア天文家は*アントニアージ尺度を広く用いている．［天文学者はシーイングを星像の直径（普通角度秒で測る）で表す］．

**シェアト**　Scheat
　ペガスス座ベータ星．2.3 等と 2.7 等の間を不規則に変化する距離 220 光年の M 2 型巨星である．

**ジェイムズ・クラーク・マクスウェル望遠鏡**　James Clerk Maxwell Telescope, JCMT
ハワイ州の*マウナケア天文台の標高4090 m の地に1987年に開設された15 m 電波望遠鏡。イギリス、カナダ、およびオランダが所有し、ハワイの*共同天文学センターが運営している。ミリメートル、およびサブミリメートル波長で作動するよう設計されている。*マクスウェル（J. C.）にちなんで命名された。

**GST**　Greenwich Sidereal Time　→グリニッジ恒星時

**シェダル**　Schedar
カシオペア座アルファ星。2.2等で、距離110光年のK0型巨星。

**GHA**　Greenwich hour angle　→グリニッジ時角

**CH 型星**　CH star
スペクトル中にCH、CN（シアノゲン）および$C_2$分子による特別に強い帯域をもつ赤色巨星の*炭素星。種族IIの天体であり、銀河ハローおよび球状星団に見いだされる。

**ジェット**　jet
いくつかの型の天体に付随して見える細くて明るい特徴。ジェットは主として電波で見えるが、時には他の波長でも見える。活動銀河の中心核から噴出し、数百キロパーセクにわたって広がることがある。*電波銀河のようにジェットが一般に中心核の両側で見られる（双方向ジェット）ものもあるが、クェーサーのように一つのジェットしか見えない（一方向ジェット）ものもある。ある種のジェットは*超光速運動を示す。可視光で見える恒星ジェットは*おうし座T型星や*オリオン座FU型星などの若い星から出現しているのが見られ、*ハービッグ-ハロ天体に付随している。*X線連星系SS 433は2つのジェットをもっている。

**ジェット推進研究所**　Jet Propulsion Laboratory, JPL
カリフォルニア州パサデナにあるNASAの施設。1944年にミサイル開発のために創設されたが、1958年にNASAの一部になった。実際にはカリフォルニア工科大学（Caltech）がNASAのために運営している。JPLは新しいミッションを開発するだけでなく、宇宙探査機の追尾や制御にも当たっている。モハーヴェ砂漠のゴールドストーンにある同所のアンテナを含んで構成される世界規模の*ディープスペースネットワークを管理している。JPLはまたカリフォルニア州テーブル山の標高2290 mにあって、1.2 m 反射望遠鏡および小型の望遠鏡を装備した天文台も運営している。

**JD**　Julian Date　→ユリウス日

**J 等級**　J magnitude
*ジョンソン測光系で赤外線Jフィルターを通して測定したときの星の等級。Jフィルターの有効波長は1220 nm、帯域幅は213 nmである。

**CNO サイクル**　CNO cycle
炭素-窒素-酸素サイクルの略称（→炭素-窒素サイクル）。

**CN サイクル**　CN cycle
*炭素-窒素サイクルの略称。

**CN 星**　CN star
スペクトル中に異常に強いシアノゲン（CN）吸収帯をもつ、スペクトル型GあるいはKの巨星。

**CN バンド**　CN band
星のスペクトル中のシアノゲン分子CNによる吸収構造。通常低温の後期型の星、特に*赤色巨星に見られる。

**JPL**　Jet Propulsion Laboratory　→ジェット推進研究所

**CfA**　Harvard‐Smithsonian Center for Astrophysics　→ハーヴァード-スミソニアン天体物理学センター

**ジェミニ計画**　Gemini project
2人乗りジェミニ宇宙船によるアメリカ有人宇宙ミッションのシリーズ。宇宙飛行士は、後のアポロ月飛行に必要であろうと思われた宇宙船のランデヴーやドッキング技術、および宇宙服を着た船外活動を行った。最初の有人ジェミニ飛行は1965年3月のジェミニ3号であった。このシリーズは1966年11月にジェミニ12号で終了した。

**ジェミニ望遠鏡**　Gemini Telescope
アメリカ、イギリス、カナダ、チリ、オーストラリア、ブラジル、およびアルゼンチンが共同で建設した光学および赤外観測用の同型2基

の 8 m 望遠鏡．ハワイ州マウナケア山頂の標高 4200 m にあるジェミニ北は 1999 年に完成した．2001 年に完成したジェミニ南は標高 2715 m のチリのセロ・パチョンにある．ジェミニ望遠鏡は *天文学研究大学連合（AURA）が管理している．

**CME** coronal mass ejection ➡ コロナ質量噴出

**GMST** Greenwich Mean Sidereal Time ➡ グリニッジ平均恒星時

**GMAT** Greenwich Mean Astronomical Time ➡ グリニッジ平均天文時

**CM 関係** CM relation
*色-等級関係の略称．

**GMC** giant molecular cloud ➡ 巨大分子雲

**GMT** Greenwich Mean Time ➡ グリニッジ平均時

**シェル銀河** shell galaxy
星からなる微光の円弧あるいは殻のようなもので囲まれた *楕円銀河．ほぼ同心円状であるが一つ一つは不完全な弧の形をした，1 個から 20 個の殻が見えることがある．半径の異なる殻が普通は銀河の両側で一つずつ交互に見られる．明るい楕円銀河の約 10% が殻を示し，それらの大部分は銀河があまり密集していない領域にある．一方そのような殻構造をもつ渦巻銀河は知られていない．シェル銀河は，巨大楕円銀河が低質量の伴銀河と合体同化した結果かもしれない．

**シェルバーニング** shell burning ➡ 殻燃焼

**シェーンベルク-チャンドラセカール限界** Schönberg–Chandrasekhar limit ➡ チャンドラセカール-シェーンベルク限界

**ジオイド** geoid
平均海面の高さで地球を完全に水で覆った場合に地球が示すと思われる姿．ジオイドは近似的に楕円体であるが，地球内部の密度の違いだけでなく山の重力から生じる楕円体からのずれがある．ジオイドの概念は他の惑星にも適用されている．その場合，海面の代わりに適当な高度，普通は惑星の平均半径を用いる．

**ジオット** Giotto
ヨーロッパ宇宙機関の最初の宇宙探査機．1985 年 7 月にハレー彗星に向けて打ち上げられた．1986 年 3 月 14 日に彗星中心核の太陽側を 600 km 以内という至近距離で飛行して，近接画像を撮影し，彗星のガスと *塵を解析した．彗星からの塵がたくさん当たったが，ジオットは生き残り，1990 年 7 月に地球を *重力アシストに利用した最初の宇宙船となり，改めて彗星 *グリッグ-スケレラップを目標とする軌道に乗り 1992 年 7 月にこの彗星の中心核から 200 km の距離を通過した．

**CoD** Córdoba Durchmusterung
*コルドバ掃天星表の略号．

**紫外線** ultraviolet radiation
91.2 nm の *ライマン端から 350 nm までの波長範囲にわたる電磁スペクトルの領域．紫外線は短波長側の遠紫外線と長波長側の近紫外線に分割でき，二つの紫外線の境界は 200 nm 付近に位置する．10〜100 nm にわたる *極紫外線は遠紫外線と波長帯がわずかに重なっている．

**紫外線天文学** ultraviolet astronomy
波長がほぼ 91.2〜350 nm の電磁スペクトルの紫外線領域における宇宙の研究．これらの波長は大部分が地球大気で吸収されるので，観測は第二次大戦後のロケットの使用とともに初めて可能になった．気球も使用されたが，気球が到達できる高度では波長 200 nm より長い近紫外線でしか観測できなかった．
1968 年に紫外線ミッションの *軌道天文台衛星シリーズが開始され，最初に OAO-2 が成功した．1972 年に *コペルニクス衛星とも呼ばれた OAO-3 がこれに続き，星間物質の詳細な構造の一部，特にそのむらになっている様子を明らかにした．ヨーロッパの衛星である TD-1 A は 135〜290 nm 領域で 1972 年から 1874 年まで紫外線探査を行った．*ネーデルランド天文衛星の ANS も 1970 年代に波長 155〜330 nm 領域で多くの星の測光観測を行った．スカイラブ宇宙ステーションと *ヴォイジャーからも紫外線観測が遂行され，後者は波長 50〜170 nm の領域をカバーした．
紫外線天文学は，1978 年に *国際紫外線探査衛星（IUE）の打上げとともに新時代に入った．IUE は多様な天体の数万個のスペクトルを得た．ハイライトとしては，銀河系および他

の多くの銀河を取り巻くガスからなる高温ハローの発見，多くのさまざまな型の星の恒星風による*質量放出の監視，そして新星およびX線連星で起こっている過程の研究などがある．IUEはハレー彗星も観測し，超新星1987Aの理解に大きく寄与した．[IUEは1996年まで18年間も稼動した]．

*ハッブル宇宙望遠鏡（HST）はIUEの研究を拡張して，さらに高いスペクトル分解能をもち，非常に暗い天体を観測した．また，スペースシャトルの貨物室を使って種々の紫外線望遠鏡が軌道に投入された．紫外線天文学は*ローサットおよび*極紫外線探査衛星（EUVE）によって*極紫外線にまで拡大された．

**紫外測光** ultraviolet photometry

地球大気が完全に不透明である300 nmより短い波長での測光．したがって観測は宇宙空間から行う必要がある．今日までの最も精確な紫外線測光は*ネーデルランド天文衛星によって行われた．この衛星は3573個の天体を観測した．大部分は星である．*国際紫外線探査衛星は多くの紫外線*分光測光の観測を行った．ハッブル宇宙望遠鏡は測光に非常に適した紫外線フィルターを備え，以前の衛星よりもはるかに暗い天体をとらえることができる．*激変星における*降着円盤のように，高温の星は大部分の放射を300 nmより短い波長で行う．⇒U等級

**紫外超過** ultraviolet excess

[同種類の通常の天体のスペクトルと比較して，紫外線の強度が異常に強いこと．紫外超過を利用して特異な天体を探すのは，よく使われる手法である]．

**紫外超過銀河** ultraviolet excess galaxies

[*紫外超過を示す銀河．活発な星形成活動をしている銀河や活動銀河核などが含まれる．またクェーサーも紫外超過を示すことが多い]．

**紫外超過星** ultraviolet excess star

*紫外超過を示す星．紫外超過を利用して，高温のO型星およびB型星，白色矮星，および中性子星やブラックホールのような*降着円盤で囲まれた天体を探すことができる．

**時　角** hour angle, HA

観測者の*子午線と天体の*時圏の間の角度．天の赤道に沿って西回りに測定する．したがって観測者の子午線（天の極と天頂を結ぶ大円）上にある天体の時角はゼロである．天体の時角は地球が自転するにつれて増大するので，360°を24時間に等しいとすることで時間として表現できる．例えば，天体が子午線を横切った1時間後その時角は1hである等々．時角は*赤経の代わりに座標として使用することもある．⇒グリニッジ時角

**C型星** C star

*モーガン-キーナン分類で*炭素星に割り当てられたスペクトル型．以前に*ハーヴァード分類ではR型およびN型星の名が与えられていた．

**G型星** G star

太陽も含むスペクトル型Gの星．*主系列上のG型星は5300〜6000 Kの温度をもち，黄色に見える．G型巨星は主系列星よりも約100〜500 K低温である．G型超巨星の温度は約4500〜5000 Kである．太陽（G2型）のスペクトルは一価イオンのカルシウム（主に*H線およびK線）と中性金属の吸収線が支配的である．もっと温度が低いG型星ではCHおよびCNの分子吸収帯が見えるようになる．主系列G型星とカペラのような巨星は0.8〜1.1太陽質量の質量をもつが，超巨星は10〜12太陽質量である．G型巨星の光度は太陽光度の約30〜60倍であり，超巨星の場合は太陽光度の1万〜30万倍である．

**時間帯** time zone　→標準時時間帯

**時間の遅れ** time dilation

特殊相対性理論が予測する物体の速さが光速に近づくときに起こる時間の遅れ．観測者に対して運動する時計は，$\sqrt{1-(v^2/c^2)}$倍だけ遅れるように見える．$v$は相対速度，$c$は光速度．地球上でのような日常的な速さではこの効果は目立たないが，$v$が$c$に近づくにつれて遅れは急速に大きくなる．時計だけでなくすべての過程が遅れるので，高速飛行中の飛行士は地球にとどまった人に比べてずっと年をとるのがゆっくりのように見えることになる．

**時間の延び** time dilation　→時間の遅れ

**磁気嵐** geomagnetic storm, magnetic storm

*フレアや*コロナ質量噴出のような太陽上

の激しい活動に続いて起こる地球磁場の大きな（時には地球磁場全体の）擾乱．24～36時間続く．磁気嵐の開始後に磁場の強さの急速なゆらぎが起こり，2～3日かかってゆっくりと正常状態に戻る．磁気嵐のときはしばしば*オーロラが活発に出現し，通常よりも低い緯度まで見られる．磁気嵐中に地表に誘導される電流が電力網システムに被害を与えることがある．磁気嵐に伴うオーロラ効果は短波のラジオ通信を混乱させ，また電離層を流れる電流は人工衛星に損傷を与えることがある．

**磁気逆転線** magnetic inversion line
太陽における反対の磁極の地域を区分する線（中性線，neutral line と呼ばれることもある）．磁気逆転線では，しばしば活動領域では*フィラメント，静かな太陽領域では静止フィラメントが見られる．

**磁気圏** magnetosphere
その内部では惑星の磁場が外部磁場より優勢であるような惑星を取り囲む空間．水星，地球，木星，土星，天王星，および海王星にはかなりの磁気圏が存在する．*太陽風は惑星の磁気圏を風上で（太陽側で）圧縮し，風下に向かって長くたなびく*磁気圏尾の中に引き込んでいる．惑星の磁気圏は太陽風中に涙のしずくの形をした空間を形成する．

**磁気圏界面** magnetopause
惑星の磁気圏と太陽風の外部磁場の間の境界．普通，風上側の磁気圏界面は*頭部衝撃波の下方に位置し，その惑星からの距離は太陽風の強度と磁場の方向に依存する．地球の磁気圏界面は通常は約64000km（10地球半径）風上に位置しているが，*フレアあるいは*コロナ質量噴出の後で太陽風に擾乱が起きるともっと近くまで吹き寄せられることがある．

**磁気圏境界領域** magnetosheath
かなりのプラズマ循環が起こっている*磁気圏界面に近い惑星の*磁気圏の領域．

**磁気圏尾** magnetotail
*太陽風の方向（すなわち，太陽から離れる方向）に長く伸びている惑星の*磁気圏の一部．地球の磁気圏尾（geotail）は月の軌道の背後まで，木星のそれは土星の軌道の背後まで広がっている．地球の磁気圏尾において，擾乱により磁力線の再結合が起こると，電子が加速されて上層大気に入り，時には広範囲に*オーロラが見られる．

**磁気星** magnetic star
スペクトル線が*ゼーマン分裂を示すような強い磁場をもつ星．顕著な例は，磁場の強さが変化する特異なA型星（*Ap型星）である．最近になって，"磁気星"の用語は*ヘルクレス座AM型星に適用されるようになった．この型の星は，極めて強力な磁場（約100テスラ）をもつ*白色矮星からなる*激変星である．

**磁気制動放射** magnetobremsstrahlung
荷電粒子（普通は電子）が磁場に沿ってらせん運動し，それによって電磁波としてエネルギーを放射するような放射機構をいう．この名前は"磁気による制動放射"を意味する．粒子の速度が光速よりはるかに小さい場合は，放射は*サイクロトロン放射と呼ばれる．粒子の速度が光速にかなり近い場合は，*ジャイロシンクロトロン放射と呼ばれる．光速に非常に近い速度の場合は*シンクロトロン放射と名づけられる．用例によっては磁気制動放射はシンクロトロン放射と同義語と見なされる場合もある．

**磁気単極子** magnetic monopole
初期宇宙に関するいくつかの理論に現れる，*時空の構造における点状の欠陥．それらは磁石の分離したN極あるいはS極のように振る舞うと思われるのでこのように名づけられた．磁気単極子は，*宇宙ひも，*ドメインウォール，および*宇宙テクスチャーの一次元版である．これらの欠陥と同様，磁気単極子はいくつかの形式の*大統一理論（GUT）の一つの帰結である．しかし磁気単極子はまだ検出されていない．

**指極星** Pointers
おおぐま座のアルファ星とベータ星（*ドウベーと*メラク）．メラクとドウベーを結ぶ線は北極の星，すなわち北極星の方向を指す．

**軸（回転）** axis (rotation)
その周囲を天体が自転する想像上の線．自転軸は天体の北極および南極を結んでいる．

**軸（光学的）** axis (optical) →光軸

**時空** space-time
物体の位置を三つの空間座標と一つの時間座

標によって特定する宇宙の四次元的記述．特殊相対性理論によると，観測者から独立に測定できる絶対時間はなく，したがってある観測者から見ると同時である事象が，異なる場所から見るときは異なる時刻に起こる．したがって，時間は，三次元（ユークリッド）空間における位置と同じように，相対的なしかたで測定しなくてはならないし，これは時空の概念によって達成される．時空における物体の軌跡は*世界線と呼ばれる．一般相対性理論は*時空の曲率を物体の位置と運動に関連づける．

**時空の曲率** curvature of space-time

普通の幾何学の法則がもはや適用されないような重力場が強い領域での*時空の性質．一般相対性理論では時空の幾何学は物質の分布と密接に結びついている．平らなゴムシートのような二次元だけの空間では，シート上の三角形の内角の和が180°になるユークリッド幾何学が適用される．ゴムシート上に大質量の物体を置くと，シートがゆがんでシート上を移動する物体の経路は湾曲する．要するに，これが一般相対性理論で起こることである．

*フリードマン宇宙に基づく最も単純な宇宙論模型では，時空の曲率は単に*平均物質密度に関係するだけで，*ロバートソン-ウォーカー計量と呼ばれる数学関数で記述される．宇宙が*臨界密度よりも大きい密度をもつ場合は，正の曲率をもつといわれ，球の表面のように自身の内側に湾曲することを意味する．球の上に描いた三角形の内角の和は180°より大きい．このような宇宙は有限の大きさ，そしてまた有限の寿命をもつ．それは閉じた宇宙である．臨界密度より小さい密度の宇宙は，負の曲率をもつといわれ，馬の鞍の表面のように，その上では三角形の内角の和は180°より小さい．そのような宇宙は無限で，永久に膨張する．それは開いた宇宙である．*アインシュタイン-ド・ジッターの宇宙は臨界密度をもつので，空間は平坦であり（ユークリッド的），空間および時間はともに無限である．

**Cクラス小惑星** C-class asteroid

外部*小惑星帯にある最も普通の小惑星のクラス．Cクラス小惑星は低いアルベド（0.03～0.08）と0.4μmより長い波長で平らな反射率のスペクトルをもつ．"C"は炭素質を意味する．これらの小惑星は組成が*炭素質コンドライト隕石に似た表面をもっていると信じられているからである．そのスペクトルは0.4μmより短い波長で*水和水に由来すると考えられる紫外線吸収の特徴を示す．*ヒギエアや*ダヴィーダがこのクラスに含まれる．B, F, およびGクラスはCクラスのサブクラスである．

**Gクラス小惑星** G-class asteroid

Cクラス小惑星のサブクラス．そのメンバーは低い*アルベド（0.05～0.09）をもち，表面物質中の*水和水によって生じる0.4μmより短い波長での非常に強い紫外線吸収パターンをもつのでCクラスと区別される．最大の小惑星*ケレスは現在ではGクラスに分類される．他のメンバーには直径130 kmの（176）イドゥナ，および直径52 kmの（640）ブランビラがある．

**時圏** hour circle

天体と天の北極，天の南極を通過する天球上の大円．時角の子午線ともいう．天の赤道に垂直である．

**指向性** directivity

アンテナの最大感度と平均感度との比．指向性はアンテナの有効口径に比例し，波長の2乗に反比例する．アンテナに損失がない場合は，指向性は等方性アンテナ全体の*利得に等しい．

**視恒星時** apparent sidereal time

星の直接観測から知られる時間．厳密には，真の*春分点の時角．春分点（おひつじ座の第一点）は恒星に対して完全に固定した方向ではなく，一般歳差と章動のために変動する．章動は周期的な変動で，*恒星時に約1秒の不規則さを与える．この変動の主要周期は18.6年であり，これは黄道と月の平均軌道の交点が黄道上を後退する周期である．この効果を補正した視恒星時が平均恒星時である．

**子午環** meridian circle

東西の水平軸の周りに子午面内で高度方向だけ回転するよう作られた望遠鏡で，精確に較正された目盛円環をもつ．観測時に望遠鏡の向いている高度が，4台あるいは6台の固定した顕

微鏡で円環の目盛を測定することによって求める．⇨子午儀

**子午儀** transit instrument
東西方向に設置した水平軸の周りを子午面内だけ回転するような望遠鏡．星の\*子午線通過の時刻を測定し，時計の誤差あるいは経度を測定するために使用する．[子午儀は目盛環のない簡略な子午環と考えてよい]．

**自己吸収** self-absorption
\*シンクロトロン放射が，それが放射される領域から脱出する以前に受ける吸収をいう．これは低周波数で放射強度を低下させる．そのときスペクトルは低周波でターンオーバーするという．[この用語は一般に，高温気体からの放射強度が\*光学的厚さに比例して強くならないことを指す場合もある．光学的厚さが1程度のところまでしか見通せないので，それ以上放射強度は強くならない]．

**子午線（地球の）** meridian (terrestrial)
地球の両極を通る面と地表の交線．地球表面の経度を定義する．⇨本初子午線

**子午線（天の）** meridian (celestial)
観測者の地平線上の北と南の点を結ぶ大円で，天球上で天頂と天の極を通過する天体が観測者の子午線を横切るときを，\*子午線通過という．

**子午線角** meridian angle
\*時角の別名．ほとんど使用されない．

**子午線通過** culmination, meridian passage, meridian transit, transit
天体が観測者の\*子午線（天の）上に位置する瞬間．\*上方通過と\*下方通過は，\*周極天体がそれぞれ最大高度と最小高度に達するときをいう．上方通過のとき天体は$0^h$の時角をもち，下方通過のときは天体は極と地平線の間を通過し，$12^h$の時角をもつ．非周極天体に対する下方通過は地平線の下で起こるので観測できず，上方通過のみが観測される．限定なしで使う場合，子午線通過は上方通過を意味する．[日本語の「南中」はこの上方通過に相当する]．

**子午線天文学** meridian astronomy
天体の子午線通過の時刻とその時刻での天頂距離の観測に基づいてそれらの天体の位置を測定する分野．目的は空の広い領域にわたって精密な星の位置を得ることであるが，装置の熱的および機械的不安定さと大気差の計算における不定性が精度の限界を決める．[この用語は現在ではほとんど使われず，天文学のこの分野は最近は位置天文学（position astronomy）と呼ばれている]．⇨子午環，子午儀

**子午線望遠鏡** meridian telescope　→子午環，子午儀

**自己相関** autocorrelation
信号処理で使われる数学操作，特に電波源のスペクトルを求める第一段階でよく用いられる．信号の自己相関関数は連続する信号の断片が互いにどの程度似ているかを示す尺度である．→自己相関器

**自己相関器** autocorrelator
電波信号の自己相関をとって電波源のスペクトルを作るために電波天文学で使われるディジタル装置．

**視　差** parallax（記号 $\pi$）
[天体を異なる2点から見たときの方向の違い．角度で測る．これはその天体から2点間の距離を見込む角度でもある．ある天体から，太陽を公転する地球軌道の半径（1 AU）を見込む角度が\*年周視差であり角度秒の単位で測る]．拡張して，視差という用語は，どのよう

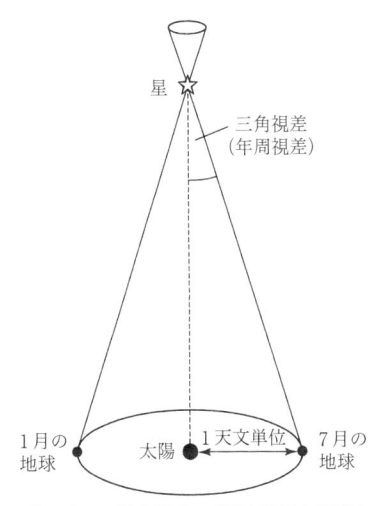

視差：星から地球軌道の半径を見込む角度を\*三角視差あるいは年周視差という．

な方法であれ、星の距離を決める基になる量の意味で使うこともある。⇒運動視差, 永年視差, 三角視差, 視差楕円, 測光視差, 太陰視差, 太陽視差, 地心視差, 地平視差, 統計視差, 年周視差, 分光視差, 力学視差

**視差運動**　parallactic motion
＊局所静止基準に対する＊太陽運動の効果によって生じる星の見かけの運動。[固有運動（接線速度）のほかに視線速度も含む]。

**視差楕円**　parallactic ellipse
太陽を回る地球の年周運動によって、地球から見た星の見かけの位置が移動して描く天球面上の経路。視差楕円の形状は、黄道の極にある星の場合は円形で、黄道に近づくにつれ次第に偏平度が増し、黄道上の星の場合は直線となる。楕円の大きさは星の距離によって変わり、距離が遠くなるとともに小さくなる。

**GCVS**　General Catalogue of Variable Stars
→変光星総合カタログ

**しし座**　Leo（略号 Leo. 所有格 Leonis）
ライオンをかたどる黄道十二宮の星座。太陽は8月の第2週から9月の第3週にかけてしし座を通過する。最も明るい星は＊レグルス（しし座アルファ星）であり、ベータ星は＊デネボラである。ガンマ星（＊アルギエバ）は美しい＊二重星である。しし座R星は真紅の＊ミラ型星で、約10カ月の周期をもち6等から10等の幅で変光する。しし座には小型の望遠鏡で見える2対の渦巻銀河が含まれる。M65とM66の対およびM95とM96の対である。毎年11月に＊しし座流星群がしし座ガンマ星付近から四方に放射される。しし座には距離7.8光年で、太陽に3番目に近い＊ウォルフ359星と呼ばれるM6型矮星が含まれ、13.5等である。

**しし座流星群**　Leonid meteors
ほとんど毎年、弱い活動（極大＊ZHR 15）を示す流星群。母彗星＊テンペル-タットルがほぼ33年の間隔で近日点に回帰すると、時には＊流星嵐が出現することがある。流星嵐は1799年、1833年、1866年、および1966年に見られた。1966年11月15日から20日にかけての流星嵐の間にそのZHRは40分間に10万にも達したとされている。通常、この嵐の前と後の数年間にわたり流星群は結構活発である。流星群は11月15日から20日にかけて見られる。極大活動期は11月17日で、このとき放射点は赤経10h 08m、赤緯+22°の＊ししの大鎌に位置する。この流星群は、70 km/sという流星群のうちで最も高い対地心速度をもち、長続きする流星痕を残すものが多い。[1998〜2002年にかけてもしし座流星嵐が出現した。特に2001年の流星嵐はピーク時の＊ZHRが数千を超える歴史的なものであった]。

**CCD**　charge-coupled device
電荷結合素子の略号。
光に敏感なダイオードを配列したシリコンチップで、撮像用に使用される。光が入射すると、行と列の配列に配置された光ダイオードは荷電するようになる。荷電量は時間をかけて集めた光の量に依存する。これらの電荷は列ごとに読み出され、配列上の像のアナログ信号が得られる。次いでディジタル信号に変換され計算機で表示・蓄積される。CCDは、写真乳剤よりも光に敏感であり、配列に入射する光の量にほとんど常に比例した（すなわち線形応答）出力を与え、＊相反則不軌がないので、天文学者やアマチュア天文家に広く使われている。画像は露光終了のほとんど直後に表示できる。像を増強するために画像処理が利用できる。しかしながら、その検出面積は、写真乾板あるいはフィルムに比べてずっと小さい。[最近は多数のCCDを並べるモザイクCCDの技術が進歩し、写真乾板に匹敵する検出面積をもつモザイクCCDカメラが登場している]。

**CCD分光計**　CCD spectrometer
X線波長で作動するように改良した＊CCDを利用した装置。入射した1つの光子がそのエネルギーに正比例してCCD中に電子を発生させる。入射した1つ1つの光子の位置を記録して画像を構成することができ、同時にX線スペクトルも得ることができる。CCD分光計は＊ブラッグ結晶分光計あるいは＊回折格子分光計よりもはるかに効率的であるが、エネルギー分解能は劣る。日本の衛星＊あすかはX線検出にCCDを用いる最初の衛星であった。

**ししの大鎌**　Sickle
しし座のイプシロン星、ミュー星、ゼータ星、ガンマ星、エータ星、およびアルファ星が

形成する星群に対する俗名．大鎌はしし（ライオン）の頭部と胸部を形づくっている．

**四重極**　quadrupole

四重になっている系．例えば，電気四重極は一方が他方に対して反転している二つの*双極子である．原子における電子間の四重極相互作用は，星雲スペクトル中のいくつかの*禁制線を生じさせる．*重力波は一般相対性理論では四重極の性質をもつと予測される．もし重力波が正方形の各頂点に四つの質量をもつ系を通過するとすれば，二つの質量は一つの対角線に沿って互いの方向に近づくが，他の二つの質量は遠ざかる．*宇宙背景放射は，ほとんど等方的であるが，空間内の地球の運動による非常に小さい四重極変動を示す．

**視準誤差**　collimation error

望遠鏡の*光軸と赤道儀架台の赤緯軸の間の整列誤差．望遠鏡が精密に星を追跡するためには二つの軸は精確に垂直でなくてはならない．[望遠鏡の目盛が示す方向と光軸が実際に向いている方向の差を一般に視準誤差という]．

**視正午**　apparent noon

太陽が観測者の子午線を横切る，したがって地平線上の最大の高度に達する時間．*均時差のために，視正午は地方平均太陽時による平均正午とは数分異なることがある．

**事象の地平線**　event horizon

ブラックホールの表面．非自転ブラックホールの場合は*シュワルツシルト半径の球面であり，ここでは脱出速度が光速度に等しいので，その内部で起こる事象は外部からは見ることができない．しかしながら，ブラックホールの強力な重力場の効果は事象の地平線の外部でもいぜんとして感じられる．自転ブラックホールの場合は事象の地平線は楕円形である（→カーブラックホール）．

**静かな太陽**　quiet sun

11年周期で起こる極小活動期にあるか，またはそれに近く，黒点数および活動領域が最低であるときの太陽．このようなときでも活動は存在しており，小さな*X線輝点，*紅炎，そしていくつかのコロナパターンが見られる．

**シズィジー**　syzygy

惑星あるいは月の黄経が太陽と同じであるか，または180°異なるような配置をいう．その場合，黄道面の上から見ると，地球，太陽，および第三の天体は一直線上に並ぶ．したがってこれは，月の場合，新月か満月のときであり，惑星の場合は合か衝のときである．[日本語ではこの言葉に"朔望"という訳語が当てられることがある]．

**システムⅠおよびⅡ**　Systems I and II

木星の上層の二つの回転周期．システムⅠは主として赤道領域の，システムⅡは惑星の残りの部分の回転を指す．システムⅠの周期は9 h 50 m 30.003 s，システムⅡの周期は9 h 55 m 40.632 sである．これらの数字は24時間に877.90°と870.27°という回転角から導出され，後者は1890〜91年における大赤斑の運動から求められた．これらのシステムは，特に眼に見える表面模様の地図を描くときに基準として使用する．電波観測から新しいシステムⅢが見つかった．これは木星内部の固体表面の回転を表している．その周期は9 h 55 m 29.711 sである．

**シスルナー**　cislunar

「地球と月の間の」を意味する形容詞．

**C線**　C line

太陽スペクトル中の 656.3 nm の*フラウンホーファー線．水素による吸収に由来する．*バルマー系列のHα線としての方がよく知られている．

**視線速度**　radial velocity

観測者への視線に沿った天体の速度成分をいう．視線速度は，天体のスペクトル線の波長をそれらの実験室での値と比較して決定する．その違いは*ドップラー偏移によって生じる．普通は太陽を回る地球の公転運動に対して補正を行う．定義によって，観測者から遠ざかる速度（赤方偏移）は正，観測者の方向への速度（青方偏移）は負である．⇒赤方偏移

**視線速度分光計**　radial velocity spectrometer

既知のスペクトル型をもつ星の視線速度を決定する装置．その一つの型は，星の吸収線の位置に溝孔があるマスク上に星のスペクトルを結像させる分光計である．そのマスクで反射あるいは透過した光を測定器で集める．その光量

最小あるいは最大になるまでマスクを移動する．最小あるいは最大光量は標的のスペクトルとの重なりが完全であることを示している．そしてマスクの移動量が視線速度を与える．あるいは，普通に記録したスペクトルの上にマスクをディジタル的に（計算機を用いて）重ね合わせ，観測された吸収線と一致させて視線速度を決定する方法もある．もう一つの型では，光を分散させる前にヨウ素ガス中を封入した容器（ヨードセル）を通過させる．ヨウ素ガスは，視線速度を測定するための非常に精確なマーカーの役目をする数本の鮮鋭な吸収線をスペクトルの赤色部分に作り出す．

**紫蘇輝石エイコンドライト** hypersthene achondrite

\*ダイオジェナイトの別名．

**磁束管** flux tube

強磁場をもつ細長い領域．磁束管は，\*差動回転が太陽磁場を巻き込むときに太陽内部で作られると考えられる．そのような磁束管が太陽表面と交わるとき\*黒点が生成される．イオと木星周囲の磁束管との相互作用は波長数十 m の電波を放出する．

**視太陽時** apparent solar time

天空上の太陽の日周運動によって与えられる時間．厳密には，太陽の\*時角に 12 時間を加えた時間．この 12 時間は太陽日が真夜中に始まるように加えられる値である．視太陽時は日時計で示される時間である．太陽の時角は地球の自転のために増大するが，太陽は星に対しても運動するので，その時間は星の時角より少しゆっくりと増大する．しかしながら，この運動は完全に一様ではなく，したがって視太陽時は\*平均太陽時よりも最大で 15 分進むか，遅れることがありうる．視太陽時と平均太陽時の差を\*均時差という．

**七人姉妹** Seven Sisters

おうし座にある\*プレアデス星団の俗称．

**視直径** apparent diameter

観測者が天球上で見る天体などの大きさ．角度で表される．角直径と同じものである．

**日月歳差** lunisolar precession

地球の赤道部分のふくらみに対する太陽と月による引力の影響．この効果によって，地球の極が黄道の極の周りに円を描く．同時に，\*分点の位置は黄道に沿って西方に運動する．⇒ 歳差，章動

**実視等級** visual magnitude（記号 $m_v$）

人間の眼で推定される星の見かけの等級．眼は星を明るさの順に並べたり，二つの星，あるいは星と人工光源の明るさが等しいことを認識できる．写真で実視等級を測る技術や光電測光が登場するまでは肉眼による方法が実視等級を測定する唯一のものであった．現在は等級は測光器によって精確に測定されるので，見かけの\*V 等級を使用するのが普通である．

**実視連星** visual binary

二つの星が十分に離れているので眼視あるいは写真によって個々の星が検出できる\*連星．明るい方の星を主星（primary），暗い方の星を伴星（secondary, companion, または comes）と呼ぶ．公転運動が極めて遅いときでも，実視連星はその 2 成分の\*共通固有運動から同定できることがある．

**質点** point mass

［質量をもつが大きさのない仮想的な物体．天体が大きさをもつことによるさまざまな\*摂動を無視することができる．天体力学で使われる概念］．

**質量** mass

物体がもつ物質量の尺度．質量は物体の慣性，すなわち運動状態あるいは静止状態の変化に対する抵抗，を生じさせる．これは\*慣性質量と呼ばれる．質量はまた\*重力を生じさせる．質量は正式にはその慣性によって定義されるが，普通はその重力の効果で測定される．物体の重さは，物体が地球に引きつけられる力である．地上では用語"質量"と"重さ"が互換的に使われることが多いが，宇宙では物体は重さがなくてもいぜんとして慣性は保持している，すなわち，その運動を変化させるためには力を必要とする．特殊相対性理論によると，物体の質量は速度が光速度に近づくにつれて増大する．光速では質量は無限大になる．

**質量移動** mass transfer

連星系における星と星の間のガスの移動．失う方のメンバーは，その\*ロッシュローブを満たすまで進化した星である場合もあり（この場

合の系は*半分離型連星と呼ばれる)，あるいは強い*恒星風が吹いている星の場合もある．ガスを獲得する方のメンバーは，恒星風あるいはガス流から直接的に，あるいは*降着円盤を通して間接的にガスを降着させる．移動するガスは，ガスを失う方の星の外層にあったもので一般には水素に富んでいる．

**質量関数** mass function

1. 分光連星をなす二つの星の質量と軌道傾斜角の間の数学的関係．1個の星のスペクトルしか見えないときに導出できる質量に関する唯一の情報である．その星の質量が $m_1$（太陽単位）であれば，質量関数は $(m_2 \sin i)^3/(m_1+m_2)^2$ で与えられる．$m_2$ は見えない星の質量，$i$ は軌道傾斜角である．[2. 宇宙の単位体積中に存在する天体の数を質量の関数として表したもの．星，銀河，銀河団などさまざまな天体に対して用いられる]．→初期質量関数

**質量欠損** mass defect

原子核の質量と，その原子核を構成する陽子と中性子がばらばらで個別に存在しているときの質量和との差．質量欠損は，陽子と中性子が結合して原子核を形成するときにエネルギーが棄てられるために生じる．質量欠損と等価なエネルギーは*結合エネルギーと呼ばれる．

**質量-光度関係** mass-luminosity relation

*主系列上にある星の光度とその質量の間の関係．その星における支配的なエネルギー輸送過程が放射なのか，対流なのかが関係し，もし前者であれば，放射に対する*不透明度がどのようなものかも関与する．完全に対流的な 0.4 太陽質量より小さい星の場合，光度は質量の 2 乗に比例して変化する．太陽と同じかわずかに小さい質量の星の場合，光度は近似的に質量の 5 乗に比例する（例えば，2 倍の質量をもつ星は 32 倍の光度をもつ）．もっと質量が大きい星の場合は光度は近似的に質量の 3 乗に比例する（例えば，2 倍の質量をもつ星は約 8 倍の光度をもつ）．

**質量-光度比** mass-to-light ratio

天体の質量のその全光度に対する比．質量と光度は普通は太陽質量と太陽光度を単位として表す．したがって太陽の質量-光度比は 1 である．大部分の銀河系外天体は 1 より大きい質量-光度比をもつ．銀河および銀河団に対して推定される大きな質量-光度比の値（最大値 30 および 300）はかなりの量の*暗黒物質が存在することを示唆する．

**質量中心** centre of mass

すべての質量がそこに集中しているかのように力が作用する物体中あるいは物体系中における点．慣性中心ともいう．二つの質量をもつ物体間の重力による力はそれらの質量中心を結ぶ線に沿って作用する．一様な密度の球の場合，あるいはその密度が中心から動径方向に変化する球の場合，質量中心は球の中心にある．一様な重力場では，物体の質量中心は*重心に一致する．

**質量-半径関係** mass-radius relation

*主系列星の半径とその質量の間の関係．半径は質量の 0.7 乗に比例する．16 太陽質量のスペクトル型 B の星は太陽質量の約 7 倍の半径をもつが，0.1 太陽質量の赤色矮星は太陽の 5 分の 1 の半径をもつ．

**質量比** mass ratio

*連星メンバーの双方のスペクトルが見えるとき，両者間の相対質量を表す式．両メンバーの視線*速度曲線から導かれ，$M_2/M_1 = a_1/a_2$ と書ける．$M_1$ および $M_2$ はメンバーの質量，$a_1$ および $a_2$ はそれぞれのスペクトルから得られる速度曲線の振幅．(*食連星の場合のように) 軌道傾斜角 $i$ を決定できれば，質量関数 (1) と合わせてメンバーの実際の質量，そして星の大きさおよび軌道を求めることができる．
→質量関数 (1)

**質量不一致** mass discrepancy

天体で直接観測される光やその他の電磁波を出す物質の量とその天体の回転速度あるいは運動から力学的に推測される質量との違い．銀河から超銀河団に至るまで，多くの天体にはかなりの質量不一致が見られ，普通これは*暗黒物質が存在する証拠とされている．

**質量放出** mass loss

星から物質が失われること．これはいろいろな進化段階で，また種々の過程で起こりうる．原始星は*双極流によって質量放出を行う．*おうし座 T 型星，*巨星，あるいは*超巨星は活発な*恒星風のために質量を失うことが起

こりうる. 恒星風で噴出された物質は*Be型星の周囲では円盤を, あるいはカシオペヤ座ガンマ星 (*ガス殻星) の周囲ではガス殻を創り出す. 星の進化の晩期段階では噴出物質は*惑星状星雲を生じさせることがある. *新星あるいは*超新星爆発では激しい噴出が起こる. 質量放出は, *接触連星, あるいは*過剰接触連星系において外部*ラグランジュ点を介しても起こりうる.

**CTIO** Cerro Tololo Inter-American Observatory →セロ・トロロ・インターアメリカン天文台

**CDS** Centre de Données astronomiques de Strasbourg →ストラスブール天文データセンター

**CDM** cold dark matter →冷たい暗黒物質

**cD 銀河** cD galaxy
いくつかの銀河団の中心に見出される超巨大な*楕円銀河. *D銀河の極端な型である. それらの表面輝度は大部分の楕円銀河に比べて, 半径とともにゆっくりと低下し, 微かに広がった星のハローをもつ. 最も明るい種類の銀河に属し, 太陽の約$2\times10^{12}$倍にも達する光度をもつ. 二重あるいは多重の中心核をもつ場合がある. cD銀河の進化には銀河団からのガス降着および*銀河カニバリズムが関与しているかもしれない.

**シデライト** siderite
*鉄隕石の別名.

**シデロスタット** siderostat
日周運動をする天体からの光を固定した望遠鏡に向ける目的で, *赤道儀式架台に設置して駆動する平面反射鏡. 第二反射鏡を用いない場合は, 望遠鏡は地球自転軸に平行にそして反射鏡に向くように方向を調整する. シデロスタットを用いると, 視野は観測中に回転する.

**シデロフィレ** siderophyre
ブロンザイト(斜方輝石)とトリディマイト(石英)鉱物を閉じ込めたニッケル-鉄からなる非常にまれな型の*石鉄隕石. 最初に知られたシデロフィレは1724年に発見されたシュタインバッハ隕石である.

**至 点** solstice
黄道上で太陽が毎年天の赤道の北あるいは南で最大の赤緯に達するときの二つの点, あるいは, これが起こる期日をいう. 6月21日かその付近(北半球では夏至, 南半球では冬至)および12月23日かその付近(北半球では冬至, 南半球では夏至)である.

**自 転** rotation
地球の自転のように物体が自分自身の軸の周りに回転すること. 太陽系天体の自転周期は普通背景の星々に対して測定し, 対恒星自転周期と命名される.

**自動追尾装置** autoguider
望遠鏡の駆動系に制御信号を供給して望遠鏡が自動的にガイド星を追跡するようにする*追尾装置. 回転マスクの中心を通して星を見る光電子増倍管, あるいはガイド星の位置を監視するソフトウェアをもつ*CCD(電荷結合素子)などを用いる. 追跡・蓄積システムをもつCCDもある. このシステムでは数回の短時間露光からソフトウェアが追尾不良による像のずれを計算する. 自動追尾装置は*案内望遠鏡あるいは*斜入射追尾装置に装着できる.

**シノペ** Sinope
木星の最も外側の衛星. 木星からの距離は2370万km. 木星IXとも呼ばれる. 逆行方向に木星を758日で公転する. 直径は36km. 1914年にアメリカの天文学者 Seth Barnes Nicholson (1891~1953) が発見した.

**Gバンド** G band
太陽スペクトルの波長430nmに見られる幅広い*フラウンホーファー線. CH分子の吸収線と中性鉄によって生じる間隔のつまった吸収線群によって作られる. 他の星々, 最も顕著にはスペクトル型がFからKまでの星でも見られる.

**c. p. m.** common proper motion →共通固有運動

**四分儀** quadrant
角度を測定するために使われた昔の航海用装置. 目盛付きの4分の1円弧に腕をつけ, 円の中心から吊るされた鉛直線を備えたもの. 一つの腕を星の方向へ向け, その高度を鉛直線に対する角度から読み取った.

**しぶんぎ座流星群** Quadrantid meteors
1月1日から6日の間に出現する流星群. し

かし顕著な活動は，主として1月3/4日付近の12時間に限られている．極大期のとき放射点は赤経15h 28m，赤緯+50°に位置する．これは今では存在しないかつての星座である「かべしぶんぎ座」にあった現在のヘルクレス座タウ星，ファイ星，およびニュー星の数度北西にあたる．極大期の*ZHRは120と高く，例年の三つの最も活発な定期的流星群の一つである．しぶんぎ座流星群の速度は中程度に速く，対地心速度は41km/sである．流星群の軌道はここ数世紀にわたり黄道に対して上下に振動している．その結果としてこの流星群は紀元2200年ころ以後には地球と遭遇することがなくなるであろう．この流星群は彗星96P/Machholz 1との関連が示唆されてはいるが，親彗星の同定はその速い軌道変動のために不確かである．

**磁変星** magnetic variable

りょうけん座アルファ²型星あるいは*おひつじ座SX型星の別名．これらの星は振幅の小さい可視光の変動と変化する磁場を示す変光星の型である．この用語は，磁場が関与するすべての型の変光星，例えば，*ヘルクレス座AM型星（別名ポーラー），*りょうけん座RS型星，およびある種の*こと座RR型星など，に対して使われることがあるがこれは誤った用法である．

**シホーテ-アリン隕石** Sikhote-Alin meteorite

1947年2月12日の朝に南東シベリアにあるシホーテ-アリン山脈の西部に落下した大きな鉄隕石群．1.6km²にわたって広がった総計383カ所の衝突場所が見いだされた．最大のクレーターは直径27mであった．親天体は高度約5kmで分裂し，*ヘクサヘドライトおよび*オクタヘドライト物質を含む，約70tの金属断片を生成した．最大の単一断片の重量は1.7tを超えた．火球の経路を示す黒い塵の飛跡が数時間にわたり空中に残っていた．

**市民薄明** civil twilight →常用薄明

**SIMBAD** Set of Identification, Measurements, and Bibliography for Astronomical Data

*ストラスブール天文データセンター(CDS)が作成し，保管しているデータベース．太陽系外の天体に対する基本データ，天体名による相互参照同定，観測測定値，および参考文献をまとめている．約120万個の天体に関する情報を参照し，電子的に検索できる．1981年に初めてオンライン化された．

**視野** field of view

望遠鏡などの焦点面で一度に観測可能な広さ（普通は1°程度またはそれ以下）．接眼鏡を通して見たときの*視野絞りの見かけの大きさを指すこともある．この見かけの大きさは接眼鏡の設計によって違うが，約20°と90°の間にある．

**シャイナー，クリストフ** Scheiner, Christoph (1573〜1650)

ドイツの天文学者．自分が製作した望遠鏡を用いて，1611年に太陽黒点を発見した．当時このようにして独立に黒点を発見した人は数人いた（シャイナーが優先権を主張しているとして不当に非難した*ガリレオ・ガリレイも含まれる）．彼は，黒点は太陽を回る軌道上にある小天体と考えて，*黄道に対する黒点の"軌道傾斜角"を7°30′と計算した．太陽自転軸の傾斜角に対する今日の値は7°15′である．

**ジャイロシンクロトロン放射** gyrosynchrotron radiation

光速の数分の1程度で磁場中を運動する荷電粒子が放出する電磁放射．相対論的効果によりジャイロ振動数ではなくその高い倍振動数で大部分のエネルギーを放出する以外は，*サイクロトロン放射と似ている．太陽の活動領域からくるゆっくりと変化する電波放射はジャイロシンクロトロン放射によるものかもしれない．黒点群上部の磁場で発生する太陽フレアから発生する強力な電波放射にはジャイロシンクロトロン放射が関与していると考えられている．

**ジャイロ振動数** gyrofrequency

光速よりはるかに低い速度で磁場を旋回する荷電粒子の1秒当たりの回転数．サイクロトロン振動数とも呼ばれる．粒子の速度には依存しないが，その質量と電荷，および磁束密度に依存する．

**シャウラ** Shaula

さそり座ラムダ星．1.6等で，距離330光年

のB1.5準巨星．変光する*ケフェウス座ベータ型星で，5.1時間の周期で約0.05等変化する．

**斜回転星** oblique rotator

磁気軸が自転軸と一致せず，自転軸に対してある角度だけ傾斜している星．したがって，磁場の強さが，星が自転するにつれて変動するように見える．*りょうけん座アルファ$^2$型星の場合のように，磁場のゆらぎは小さな輝度変化を伴うことがある．ある種の*こと座RR型星における*ブラチコ効果は，それらの星が傾斜回転体であるために生じると考えられている．

**斜 鏡** diagonal

光線束を90°反射させる平面鏡あるいはプリズム．例えば，ニュートン反射望遠鏡の副鏡がそうである．屈折望遠鏡では接眼鏡を取り付けた短筒からなる斜鏡を使って楽に観測できるようにする．太陽を見るための斜鏡は，光の強さを低下させるために銀でメッキしてない鏡を使う．これらの斜鏡は横方向に反転した像を生じさせるという欠点がある．

**尺度高** scale height

大気において圧力が$e$（すなわち，2.718）倍だけ低下する垂直距離．例えば，地球の*対流圏における尺度高は8.5 kmである．[尺度高は大気ばかりでなく，一般に密度分布が指数法則にしたがうような分布に対して広く使われる．高さに関係しない場合は尺度長（スケール長）と呼ばれる．$e$は自然対数の底である]．

**シャゴッタイト** shergottite

非常にまれな型のエイコンドライト隕石．1865年にインドのシャゴッティに落下した隕石（最初に知られたこの型の落下隕石）にちなんで命名された．シャゴッタイトは，玄武岩または輝石-斜長石シャゴッタイトおよびレルゾライトまたはかんらん石-輝石シャゴッタイトの二つのサブタイプに分けられる．玄武岩シャゴッタイトは，主として輝石（ピジオン輝石およびオージャイト），そしてマスケリナイト（衝撃変成作用によって形成される斜長石ガラス）および微量のかんらん石からなる．この玄武岩シャゴッタイトのうち最も初期に記録されたシャゴッタイト落下隕石，シャゴティ（1865年）およびザガミ（1962年）が二つの例である

る．レルゾライトシャゴタッイトでは玄武岩シャゴッタイトより輝石とマスケリナイトの含有量は少ないが，かんらん石ははるかに多い．南極の発見隕石ALHA 77005がレルゾライトの最初の例である．大部分のシャゴッタイトは1億7000万年という形成年齢と約300万年の*照射年代を共有している．

**ジャコビニ-チンナー，彗星21P/** Giacobini-Zinner, Comet 21 P/

1900年にフランスの天文学者Michel Giacobini（1873～1938）が発見した周期彗星．後に1913年にドイツの天文学者Ernst Zinner（1886～1970）が2回の回帰を再発見した．軌道周期は6.6年．好調な出現と不調な出現が交替で起こり，好調な回帰のときは6等ほどの明るさをもつ．この彗星は*ジャコビニ流星群の母体である．1985年*国際彗星探査機が接近し，探査機が接近した最初の彗星になった．軌道は，近日点1.03 AU，離心率0.71，軌道傾斜角31.8°をもつ．

**ジャコビニ流星群** Giacobinid meteors

彗星*ジャコビニ-チンナーに付随する周期的な流星群．りゅう座流星群の名でも知られる．*放射点はりゅう座ベータ星付近の赤経17h 23m，赤緯+57°に位置する．彗星21P/ジャコビニ-チンナー自身が軌道の降交点近くにあり，地球がそこを横切る年にだけ活動が見られる．普通は10月6～10日ごろである．1933年10月9日に4～5時間にわたりジャコビニ流星群の大出現（1時間当たり50～450個）が注目された．1946年と1985年にはかなりの活動が再び記録された．ジャコビニ流星群の地心速度は著しく遅い（20 km/s）が，多くの流星は持続する流星痕を示す．これはおそらく，流星が彗星の中心核から比較的最近に放出された揮発性物質を今でも含んでいるからである．

**シャシナイト** chassignite

非常に珍しい型のエイコンドライト隕石．1815年にフランスのシャシニーに落下した4 kgの隕石にちなんで命名された．この型では知られている唯一の落下隕石．シャシナイト（かんらん石エイコンドライトとも呼ばれる）はかんらん石が豊富な岩石である．集合組織と一般的な鉱物組成が月および地球のダナイトに

郵便はがき

恐縮ですが切手を貼付して下さい

162-8707

東京都新宿区新小川町6-29

## 株式会社 朝倉書店

愛読者カード係 行

---

●本書をご購入ありがとうございます。今後の出版企画・編集案内などに活用させていただきますので,本書のご感想また小社出版物へのご意見などご記入下さい。

| フリガナ<br>お名前 | | | | 男・女 | 年齢 | 歳 |

〒　　　　　　　　　電話
ご自宅

E-mailアドレス

ご勤務先
学 校 名　　　　　　　　　　　　　　（所属部署・学部）

同上所在地

ご所属の学会・協会名

ご購読　・朝日　・毎日　・読売　　　ご購読（　　　　　　）
新聞　　・日経　・その他（　　　）　雑誌（　　　　　　）

**書名**

## 本書を何によりお知りになりましたか

1. 広告をみて（新聞・雑誌名　　　　　　　　　　　　　）
2. 弊社のご案内
   （●図書目録●内容見本●宣伝はがき●E-mail●インターネット●他）
3. 書評・紹介記事（　　　　　　　　　　　　　　　）
4. 知人の紹介
5. 書店でみて

**お買い求めの書店名**　（　　　　　　　市・区　　　　　　　書店）
　　　　　　　　　　　　　　　　　　　町・村

## 本書についてのご意見

## 今後希望される企画・出版テーマについて

**図書目録，案内等の送付を希望されますか？**　　　・要　・不要
　　　　・図書目録を希望する

**ご送付先**　・ご自宅　・勤務先

**E-mailでの新刊ご案内を希望されますか？**
　　　　・希望する　・希望しない　・登録済み

ご協力ありがとうございま〔す〕

似ているが，鉄含有量がより高いかんらん石を含んでいる．シャシニー隕石は92％のかんらん石を含んでいる．その形成年代は13億年，*照射年代は約1200万年である．*SNC隕石のクラスに属する．

**視野絞り** field stop
*接眼鏡にはめこんで視野を制限する円形の孔．

**射出瞳** exit pupil
接眼鏡を通過するすべての光線が最小の断面積に集まる位置およびその面積を指す．完全で最も明るい視野を得るためには観測者の眼は射出瞳になくてはならない．射出瞳の直径は接眼鏡の*焦点距離を望遠鏡の*口径比で割った値である．そこで18mmの接眼鏡はf/6の望遠鏡で3mmの射出瞳をもつ．双眼鏡に対して射出瞳の直径を求める簡単な方法は，口径を倍率で割ることである．7×50の双眼鏡の場合，射出瞳の大きさは7mmより少し大きい．射出瞳が暗順応した眼の直径（平均して7mm）より大きければ，光の一部は眼には入らず，無駄になる．

**写真実視等級** photovisual magnitude（記号 $m_{pv}$）
眼の波長応答に合わせるために黄色フィルターを通して露光した（黄色に敏感な）パンクロ写真乾板上で測定した星の明るさ．この等級は，それほど精確ではないが，光電*V等級に類似している．この用語は現在ではほとんど使われていない．しかし多くの天文学者はこの等級をV等級とほぼ等しいとして使っている．

**写真星表** Astrographic Catalogue
全天をカバーする星表のシリーズ．約1890年と1950年の間に多くの天文台で*標準天体写真儀により撮影された写真の測定から得られた．21のセクションに分けて刊行され，各セクションは1902年から1963年にかけて特定の天文台で測定されたある赤緯領域をカバーしている．一般的な限界写真等級は約11等であるが，これより暗い星を測定した天文台もある．

**写真増幅** photographic amplification
写真乳剤に記録された極めて淡い部分を高コントラスト乳剤に複写して，その細部がより容易に見えるようにする手法．天体の情報を最も多く含む元の乳剤の最も表面に近い層だけを選択的に複写するように，弱い散乱光を用いて元の写真を密着プリントする．このようにして，元の写真では見えない淡い特徴を複写した写真上で見えるようにできる．

**写真天頂筒** photographic zenith tube, PZT
対物レンズを垂直上方に向けて固定した望遠鏡．星が天頂を通過するとき，PZTは星に対して瞬間的な垂直線の方向を測定するよう設計されており，したがって天文台の経度と緯度を正確に決定することができる．[対物レンズの下方に水銀皿があり，その表面で反射した光が，対物レンズのすぐ下に，膜面を下方に向けてセットされた写真乾板上に星像を作る．天頂付近を通過する星に対して，天頂通過の前後にそれぞれ2回，乾板を180°ずつ回転させて露光する]．

**写真等級** photographic magnitude（記号 $m_{pg}$）
青色に敏感な（整色性，orthochromatic）写真乾板で測定した星の明るさ．この等級はあまりきちんとは定義されていない．屈折レンズを用いるかアルミメッキした反射鏡を用いるかによって異なる量の紫外光が含まれるからである．現在ではこの等級はあまり用いられなくなったが，おおざっぱに $B \approx m_{pg} + 0.11$ という近似式で写真等級はB等級に関係づけられる．

**写真乳剤** photographic emulsion
写真材料に塗る光に敏感な乳剤．乳剤は，ガラスあるいはフィルムの下地に塗ったゼラチン中に懸濁したハロゲン化銀の結晶（普通は粒子と呼ぶ）からなる．乳剤の光に対する感度は粒子の大きさに依存し，最も高感度の（最も速い）乳剤は最も大きい粒子をもつ．基本的乳剤は紫外線と青色光にしか敏感ではないが，有機染料を添加することで粒子は他の色にも敏感になる．露光すると，粒子の表面に金属銀の微小な斑点が生成される．乳剤を現像液に入れるとこれらの斑点が引き金となり粒子全体を銀に変換して粒子が黒化する．

**斜長岩** anorthosite
中程度ないし粗い粒子をもつ火成岩．色は灰色から白である．主成分は，最も普通の岩を形成する物質の一つであるカルシウムが豊富な斜

長石 (95%) であり，少量の輝石 (4%)，かんらん石，そして酸化鉄を含む．斜長石はかなりの割合の月の地殻を形成していると考えられ，アポロとルナのすべての着陸場所に存在する．宇宙船が持ち帰った最古の月の岩に44億〜45億年の斜長岩の試料が含まれていた．

**シャッターコーン** shatter cone

大きな隕石の衝突から生じる強い衝撃波がある種の岩石中を通過するときに生成される隆起した円錐形の岩．衝撃波は衝撃方向から四方に広がる弱化した帯域を創り出してシャッターコーンを生じさせる．シャッターコーンは後に衝撃を受けた層が侵食によって露出されるときに現れる．

**シャドーバンド** shadow bands

皆既日食が始まるころに束の間に見える光学的現象．淡い色の地表面で見え，多分わずか数cm幅の低コントラストの明暗の波動がゆっくりと地面を移動していく．シャドーバンドは，皆既日食帯上空の冷えていく上層大気によって，皆既直前の最後まで残った一片の太陽光が非一様な屈折を起こすことで生じると想像されている．

**斜入射ガイダー** off-axis guider

望遠鏡の視野のすぐ外にあるガイド星を追尾する装置．焦点面近くで視野をさえぎらない光路中に小さな反射鏡かプリズムを置き，ガイド星の光を*レチクルで照明された接眼鏡の方に反射する．案内望遠鏡に比べての斜入射ガイダーの長所は，案内望遠鏡と主望遠鏡の間のたわみによるずれがないこと，軽いこと，そして普通は主望遠鏡の口径が大きいためにより暗いガイド星が利用できることである．[反射鏡あるいはプリズムは可動であり，適当なガイド星を探してその位置にもっていけるようになっている]．

**斜入射望遠鏡** grazing-incidence telescope

極紫外線およびX線の観測に使われる望遠鏡．この波長では普通の反射鏡は光子を吸収するので非常に効率が悪い．斜入射望遠鏡では入射光は非常に浅い角度で反射鏡表面から反射される．人工衛星では平面，放物面，および双曲面からなる反射面を組み合わせた数種の斜入射望遠鏡を使用する．集光面積を増すために多くの反射鏡を互いに入れ子にすることが多い．

**シャプレイ, ハーロウ** Shapley, Harlow (1885〜1972)

アメリカの天文学者．1911年から変光星を研究して，*食連星と*ケフェイドの違いを見つけ，ケフェイドの変光が脈動によることを示した．後に*球状星団の中にケフェイドを発見し，*リーヴィット (H. S.) が発見した*周期-光度関係と自身が考案した統計的方法を用いてその距離と分布を推定することができた．彼の結果は，銀河系は当時考えられていたよりはるかに大きく（シャプレイは当初は過大評価したが），太陽はその中心からかなり離れていることを示した．初めシャプレイは，オランダ-アメリカの天文学者 Adriaan Van Maanen (1884〜1946) の主張に沿って，当時"渦巻星雲"と呼ばれていた天体は比較的小さく近くにあると信じていた．1920年にシャプレイは，渦巻星雲は別個の銀河であると（正しく）主張したアメリカの天文学者 Heber Doust Curtis (1872〜1942) とのいわゆる大論争でこの見解を表明した．1932年に助手の Adelaide Ames (1900〜32) と共同で著した1249個の銀河を含むシャプレイ-エイムズカタログは，銀河の分布の不規則さと銀河団の存在を明らかにした．

**シャプレイ超銀河団** Shapley Concentration
→超銀河団

**写野平坦化光学系** field flattener

望遠鏡の対物レンズと*焦点面の間に設置され，*像面湾曲 (→収差 (光学的)) を補正するよう光学的に成形された1枚あるいは複数のガラス板（レンズ）．

**写野補正光学系** field corrector

[*写野平坦化光学系が*像面湾曲を補正するのに対し，像面湾曲を含むさまざまな*収差を補正し広い視野にわたってシャープな像を作るための複数レンズからなる光学系]．大望遠鏡の場合には，*主焦点で写野補正光学系が特に重要である．広視野補正光学系ともいう．

**車輪銀河** Cartwheel Galaxy

ちょうこくしつ座にある距離5億光年の車輪状銀河．矮小銀河がより大きな渦巻銀河を通り抜けるときに生成された．車輪の縁は直径が17万光年で，ガスと若い星から構成される．

中枢部と弱い放射状のスポークは古い星からなる.

**視野レンズ** field lens
*接眼鏡のレンズで,観測者の眼から最も遠いもの.

**ジャンスキー** jansky（記号 Jy）
電波および赤外線天文学で使用する*流束密度の単位.以前は流束単位（flux unit）と呼ばれていた.1ジャンスキーは1Hz当たり $10^{-26}$ W/m² に等しい.*ジャンスキー（K. G.）にちなんで命名された.

**ジャンスキー,カール グーテ** Jansky, Karl Guthe（1905～50）
アメリカの電波研究技師.1931年に遠距離通信の邪魔をする大気の"空電"を研究し始めた.1932年末までにいつも現れる1個の信号以外はすべての空電を解明し,この信号は銀河系中心に当たるいて座方向の太陽系外からやってくると結論した.ジャンスキー自身は自分の発見をそれ以上追究しなかったが,この発見によって電波天文学が誕生した.電波天文学では流束密度の単位が彼にちなんで*ジャンスキーと命名されている.

**ジャンセン,（ピエール）ジュール セザール** Janssen,(Pierre) Jules César（1824～1907）
フランスの分光学者.1862年太陽スペクトル中に地球の大気に起源をもつ線を発見して*テルリック線と名づけ,惑星のスペクトルにおける同様の線は惑星大気の組成を明らかにするであろうと悟った.1868年には,*ロッキヤー（J. N.）とは独立に,皆既日食時の太陽の*紅炎のスペクトルを観測し,さらに進んで*スペクトロヘリオスコープを発明した.彼は太陽スペクトル中に新しい線を見いだし,ロッキヤー（J. N.）はそれを,後にヘリウムと命名された新元素によるものと考えた.フランスとプロシアの戦争中の1870年の有名な冒険で,ジャンセンは包囲されたパリから気球で脱出し,日食を観測するために大西洋岸まで飛行した.

**収穫月** harvest Moon
秋分の日に最も近い満月.このとき月は数夜連続して日没時刻ごろに昇る.これは中緯度あるいは高緯度地帯においては,黄道,したがって月の軌道が,月の出時刻に地平線に対して最小角度になるからである.収穫月は,夕方に月の光が収穫期の労働者の助けとなるので,そのように名づけられた.⇒遅延（月の）

**周期（軌道の）** period（orbital）（記号 $P$）
ある天体が他の天体を1公転するのに要する時間.太陽系の惑星の場合,近日点から次の近日点までの時間を近点周期という.惑星が360°回転するのに要する時間を恒星周期という.軌道が他の天体によって*摂動を受ける場合はこれら二つの周期の長さは異なる.

**周期-色関係** period-colour relation
*脈動変光星の平均の色とその周期の間の統計的関係.この関係は,脈動周期が星の質量,半径,密度および温度を含む種々な要因に依存し,温度は直接に色に影響を与えるという事実を反映する.

**周期軌道** periodic orbit
周回天体が同一軌道を繰り返してたどる閉じた軌道.楕円軌道は周期軌道である.惑星の*摂動により軌道が厳密に周期的であることはないが,太陽を回る惑星および惑星を回る巨大衛星の軌道はほとんど周期軌道といってよい.

**周期-光度-色関係** period-luminosity-colour relation, PLC relation
*脈動変光星の周期と光度および色の間の関係.*周期-光度関係の拡張として色（すなわち,温度）の違いを考慮するものである.

**周期-光度関係** period-luminosity relation, PL relation
*脈動変光星の周期と光度の間の統計的関係.古典的な*ケフェイド*とおとめ座W型星の場合,この関係はほぼ線形である.すなわち,周期が長いほど光度は大きい.*古典的ケフェイドは色依存性が大きいので,*周期-光度-色関係を用いるのが望ましい.*ミラ型星は非線形な周期-光度関係をもつが,この関係はよく確立されており,銀河系内の距離を決定するのに有用である.ケフェイドの周期-光度関係は,近隣銀河までの距離を決定する伝統的方法で,かつ最も信頼度の高いものである.

**周期-質量関係** period-mass relation
*脈動変光星の質量とその周期の間の関係.近似的には,星の質量が大きいほど,その半径

は大きく，平均密度は低い．したがって脈動周期は長くなる（→周期-密度関係）．

**周期彗星** periodic comet
200年より短い公転周期をもつ彗星．短周期彗星ともいう．彗星の周期は，その彗星が再出現するまでは信頼性をもって確定できず，歴史的理由によって選ばれた200年という上限値は，それほどはっきりしたものではない．大部分の周期彗星は30°より小さい軌道傾斜角の軌道をもっている．典型的な短周期彗星は7年の周期，1.5AUの近日点，そして13°の軌道傾斜角をもつ．周期彗星の名称にはP/（あるいは彗星が分解するか消滅していればD/）の接頭辞を付し，その前に軌道が確立された順序を示す数字がくる（例えば，1P/Halley，2P/Encke，3D/Biela，109P/Swift-Tuttle）．確立された周期が最長の155年である周期彗星は*ハーシェル-リゴレ彗星である．大部分の周期彗星は*カイパーベルトからくると考えられている．

**周期-スペクトル関係** period-spectrum relation
*脈動変光星の平均スペクトル型と周期の間の近似的関係．一般的に，スペクトル型が晩期型であるほど周期は長い．星が大きいほど表面温度は低く，脈動するのにより長い時間を要する．周期-スペクトル関係は*ケフェイドと*ミラ型星で見出される．ミラ型星では周期-スペクトル-光度関係を確立することができる．

**周期摂動** periodic perturbation
一定の周期と振幅をもつ天体軌道の擾乱の原因となる*摂動．そのような摂動は6個の*軌道要素すべてに対して生じ，普通は周期が天体の公転周期よりずっと長いか，同程度であるかによって長周期摂動あるいは短周期摂動と命名される．

**周期-年齢関係** period-age relation
ケフェイドの推定進化年齢とその周期の間の関係．高質量の星ほど急速に進化し，したがってそれらの星が*ケフェイド不安定帯に入ったときの年齢は高質量星ほど若い．同時に高質量星ほど脈動周期が長いという対応がある．

**周期-半径関係** period-radius relation
*脈動変光星の周期と平均半径の間の関係．精確な関係式は変光星の型に依存する．

**周期-密度関係** period-density relation
*脈動変光星の周期とその平均密度の間の関係．密度が低いほど，周期は長くなる．

**周極天体** circumpolar object
ある場所から見たとき地平線に対して昇ったり没したりせずに，天の極を回る天体．[一晩中見ることができる]．周極天体の*極距離は観測者の緯度より小さい．地球の極では地平線上のすべての天体は周極天体であるが，赤道ではどの天体も周極天体ではない．

**重金属星** heavy-metal star
スペクトル中に重元素による吸収線を異常に多くもつ巨星．*バリウム星や*S型星などがある．

**重元素** heavy element
水素とヘリウムより重い元素．天文学では重元素のことを*金属と呼ぶことが多い．

**集光器** flux collector
大きな集光面積をもつ反射望遠鏡．結像させるというよりは測定のために焦点に最大限の光量をもたらすよう設計されている．*光バケツとも呼ばれる．一般的にいって，集光器の表面精度は通常の望遠鏡よりも精度が低く，通常は赤外線およびサブミリ波長で使用するようになっている．

**収差（光学的）** aberration（optical）
レンズ，反射鏡，あるいは光学系によって作られる像の不完全さ，あるいはゆがみ．六つの型の収差がある．*色収差，*球面収差，コマ（→コマ（光学的）），*像面湾曲，*ゆがみ，および*非点収差．色収差は反射鏡によって形成される像には存在しない．すべての収差は適切な光学設計によって程度の差はあるが補正することができる．

**十字線マイクロメーター** cross-wire micrometer
簡単な形式のマイクロメーター．接眼鏡の視野に2本の針金，くもの糸あるいは棒を，普通は十字形に張って構成する．接眼鏡は十字線が視野を対角的に横切るような方向に向けて，地球の自転につれて星が十字線を横切る時刻を記録する．一つの星が十字線と交叉してから別の星が交叉するまでの時間間隔は二つの星の位置

に依存する．一つの星の位置がわかっていればもう一つの星の位置をその時間間隔から計算できる．

**自由-自由遷移**　free-free transition
電子が*イオンの傍を通過するとき，加速されるか減速されるかしてエネルギーが変化すること．この過程で電子は光子を吸収（加速時）するか放出（減速時）する．この現象が起こる前後でともに，電子がイオンに束縛されていない自由電子であるため自由-自由と呼ばれる．光子は任意の波長をとりうるので，このようにして放出される放射は*連続スペクトルをもつ．典型的には高温のプラズマによって放出される*熱放射の一種であり，自由-自由放射，*熱制動放射とも呼ばれる．これは多くの*輝線星雲に見られる．

**自由-自由放射**　free-free-radiation　➡自由-自由遷移

**重　心**　centre of gravity, barycentre
1. すべての外力がそこに作用すると見なせる物体中の点．一様な重力場ではこれは物体の*質量中心と同じである．2. 複数の物体からなる力学系の質量中心も重心という．このような系は重心の周りを回転する．等質量の二つの物体からなる系では重心はそれらの真中にある．質量が等しくない場合は，重心は大きい質量物体の近くにある．一方の質量が他方よりもはるかに大きいときは，重心は実際には質量が大きい物体の内部にあることも起こる．地球-月系の重心の場合がその例で，重心は地球表面下約1600 kmの所にある．太陽系の重心は太陽表面のわずか外側にあるので，現実には太陽はその点の周りに複雑な軌道運動を行う．

**重心座標**　barycentric coordinates
太陽系の質量中心に原点をもつ座標系．通常，準拠面は黄道面である．➡日心座標

**重水素**　deuterium
原子核が1個の陽子と1個の中性子からなる水素の*同位体．重水素はヘリウムを生成する核反応の副産物としてビッグバンで生成されたと考えられている．そのため重水素はビッグバンモデルのテストとして重要である．なぜなら，重水素は星では容易には作られることはなく，今日観測されるかなりの量の重水素がビッグバンでできたと想定されているからである．

**修正ユリウス日**　Modified Julian Date, MJD
*ユリウス日を使いやすくした形式．修正ユリウス日＝ユリウス日－2400000.5日で定義される．この形式ではゼロ点は1858年11月17.0である．修正ユリウス日では1日は真夜中に始まる．地球の人工衛星の軌道データは修正ユリウス日数で表すことが多い．

**収束点**　convergent point
*運動星団中の星の*固有運動が収束するように見える空の一点．

**自由-束縛遷移**　free-bound transition
自由電子（原子から離れた電子）が*イオンに捕獲される遷移．このとき光（自由-束縛放射）放射するので放射性再結合とも呼ばれる．*基底状態に捕獲（再結合）されることがあり，この場合はイオンあるいは原子の*電離ポテンシャルよりも大きいエネルギーをもつ光子が放出され，連続光のバンド（連続スペクトル）が生じる．また，励起エネルギー準位に再結合されて光子を放出することがある．光子放出後に電子が励起状態を経て基底状態に大量に落下して，そのイオンあるいは原子に特有の輝線を生成する．⇒再結合線

**自由-束縛放射**　free-bound radiation　➡自由-束縛遷移

**収束レンズ**　converging lens
周辺よりも中心が厚いレンズ．したがってこのレンズを通過する平行光は焦点に収束する．正レンズともいう．虫めがねはその一例である．収束レンズは実像―スクリーン上で見ることができる像―を生成する．⇒発散レンズ

**周転円**　epicycle
惑星運動の*プトレマイオス体系で，地球を中心とする大きな円（*導円）の円周に沿って運動する仮想的な小円．天では円運動だけが許容されるというギリシャの教義にしたがって，周転円を組み合わせて観測される惑星の運動を再現しようとした．（図参照）

**自由度**　degree of freedom
軌道運動をする天体グループなどの運動系における独立変数の個数．*n体問題では，重力を及ぼし合う天体の個数とともに自由度の個数が増大し，問題の複雑さを大幅に増やす．

周転円

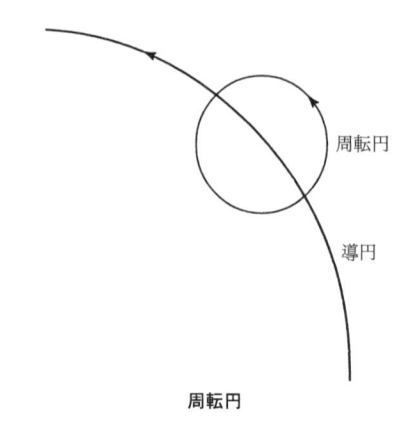

**周波数** frequency（記号 $f$ あるいは $\nu$）
1秒当たりの波（あるいは他の規則的に反復する現象）の数．ヘルツ（Hz）で表す．*電磁波の場合，周波数は波の速度 $c$ を波長 $\lambda$ で割った値に等しい．⇒電磁スペクトル

**周波数解析** frequency analysis
*フーリエ解析の別名．

**秋分点** autumnal equinox →分点

**周辺減光** limb darkening
*リムに向かって天体の輝度が減少する現象．太陽の場合可視光で最も顕著である．可視光では太陽円盤の中心で周辺よりも太陽内部の深い，熱い（したがって明るい）層が見られる．ある種の*食連星の光度曲線に見られる特徴的な形はこれらの星で周辺減光が存在することを証明している．ガス状の巨大惑星でも周辺減光が認められる．

**周辺増光** limb brightening
天体が*リムの方向に向かって明るくなるように見える現象．周辺増光は，太陽コロナのように高温であるが希薄なガスで囲まれた天体の場合にある波長で観測できる．紫外線波長で特に顕著で，またセンチ波およびミリ波でもある程度見られる．

**自由落下加速度** acceleration of free fall（記号 $g$）
重力場を自由に落下する物体が受ける加速度．*重力加速度ともいう．地表面での平均値は $9.807$ m/s$^2$．地球は完全な球ではないので，この値は緯度とともにわずかに変化する．任意の物体に対して重力加速度は公式 $g=GM/R^2$ から求めることができる．$M$ は物体の質量，$R$ は半径，$G$ は万有の*重力定数である．

**重力** gravitation, gravitational force, gravity
すべての物体間に作用する引力．万有引力とも呼ばれる．記号 $F$．どの二つの物体をとっても，この力は両者の質量の積に比例し，両者間の距離の2乗に逆比例する．この比例定数は万有引力定数 $G$ である．数式で表すと
$$F = Gm_1m_2/d^2$$
となる．$m_1$, $m_2$ は二つの物体の質量，$d$ は両者間の距離である．重力は*逆二乗則にしたがって距離の2乗で減少する．重力は自然における四つの基本的な力のうち最も弱い．*ニュートンは重力による引力の法則を定式化し，物体が重力的にはそのすべての質量が*重心に集中しているかのように振る舞うことを示した．したがって，重力は二つの物体の重心を結ぶ線に沿って作用する．*一般相対性理論では重力は空間のゆがみとして解釈される．重力は星，惑星，および衛星のような大きな質量の間で重要であり，宇宙を構成するこれら主要メンバーを互いに結びつけているのは，すべて重力である．しかし，原子的規模では重力は電磁気の引力よりも格段に（ほぼ $10^{40}$ 倍も）弱い．

**重力アシスト** gravity assist
惑星の重力場と公転速度を利用して人工衛星の軌道と速度を変える方法．重力パチンコとも呼ばれている．人工衛星が惑星へ近づくと，その飛行方向は変更され，惑星の公転速度から速度の分け前を得て加速される．この方法はマリーナ10号が初めて使用し，1974年に水星への途上で金星の近傍を通過して重力アシストを受けた．2機のヴォイジャー探査機は木星で重力アシストを受け，土星に到達するために要する時間を大幅に短縮した．ヴォイジャー2号は後に天王星に達するために土星と冥王星の重力アシストを利用した．重力アシストを利用した他の探査機にはジオット，ガリレオ，およびユリシーズがある．

**重力エネルギー** gravitational energy
重力場を落下する物体が解放するエネルギー．ポテンシャルエネルギーの一つの形態であ

る．星間ガス雲が崩壊して*原始星を形成するとき，解放される重力エネルギーは核反応が始まりうる温度にまで星の中心部を加熱する．また重力エネルギーは*白色矮星に凝縮する星においてもエネルギーを供給し，*超新星内部で進行する過程で主要な役割を演じる．ブラックホールの周りの*降着円盤中に落下する物質は大量の重力エネルギーを解放し，*クェーサー，*セイファート銀河，および他の*活動銀河中心核の活動エネルギーのもととなる．

**重力加速度** gravitational acceleration →自由落下加速度

**重力勾配** gravity gradient

重力場内部のある点における重力場の方向．星や惑星のような大質量天体の付近では重力勾配は天体の中心の方に向いている．そのような天体Aを周回する軌道にある細長い天体はその長軸を中心天体に向けて公転する．例えば，月はその長軸を地球中心に向けて公転する．人工衛星は重力勾配を利用して軌道上で向きを定めることができる．

**重力質量** gravitational mass

物体中の物質量の尺度．kgで測る．物体が及ぼす重力の強さによって重力質量が決まる．
→慣性質量

**重力赤方偏移** gravitational redshift

強い重力場によって生じる光あるいは他の電磁波の赤方偏移．アインシュタイン偏移という名でも知られる．この偏移は，放射体の重力場から放射線が抜け出るときにエネルギーを失うために生じる．その結果，放射線の周波数が減少し，波長がスペクトルの赤色端の方に偏移する．波長λでの赤方偏移は $Gm\lambda/c^2 r$ で与えられる．$m$ は物体の質量，$r$ は質量中心から放射領域までの距離，$c$ は光速，$G$ は万有引力定数．重力赤方偏移はいくつかの*白色矮星からの光で観測されている．形成過程にあるブラックホールは，重力赤方偏移が強くなるにつれ，急速に外部から見えなくなってしまうだろう．

**重力定数** gravitational constant （記号 $G$）

ニュートンの重力法則に現れる定数．それは単位距離にある単位質量の二つの物体間の引力である．距離をm，質量をkgで表すとき $G$ の値は $6.672 \times 10^{-11}$ Nm$^2$/kg$^2$．$G$ は通常定数として考えられているが，ある宇宙模型では $G$ が宇宙の膨張とともに減少する（→ブランス-ディッケ理論）．ただし，その証拠はない．

**重力でない力** non-gravitational force →非重力的力

**重力波** gravitational wave

波動に似た重力場の運動．質量が加速されたり消滅したりするとき生成される．重力波は時空を光速で伝播し，その振幅は重力波を発生する物体の加速の度合に比例する．最も強い重力波源は最も強い重力場をもつ源であるが，それでも重力波は非常に弱い．重力波はまだ直接観測されていない．しかし，*連星パルサー PSR 1913+16 の公転周期が次第に短くなっていくのは重力波によるエネルギー喪失によるものと考えられ，重力波が存在する証拠とされている．重力波のパルスが*超新星や*ブラックホールの中に落下する天体から発生すると期待されているが，まだ検出されていない．

**重力場** gravitational field

ある物体の重力が感じられるその物体周囲の空間領域．この領域内で他の物体はその物体からの距離の2乗とともに減少する重力を受ける．

**重力不安定性** gravitational instability

内部ガス圧，磁気圧，あるいは物質強度がそれ自身の重量を支えきれないために天体が崩壊する現象．ガスの場合，ある領域の質量が，臨界値である*ジーンズ質量より高くなるとき重力的に不安定となる［ジーンズ質量はガスの温度と密度で決まる］．*分子雲ではジーンズ質量が星や惑星の質量程度になるような物理状態が実現されることがある．初期宇宙では重力不安定性によって銀河や銀河団のような大質量の天体ができたかもしれない．地球のような惑星では重力不安定性がより重い元素を下方に沈降させて中心核を形成する．

**重力偏向** gravitational deflection

天体の重力場によって光線あるいは他の電磁波が曲げられること．偏向の量は天体の質量，および光線がどのくらい天体の近くを通過するかに依存する．この効果は1919年5月の皆既日食のときに太陽の*リム近くにある星に対し

て初めて測定された．太陽のリムでの偏向角は太陽から離れる動径方向に 1.75″ である．視線上に位置する大質量の天体による重力偏向は，背景にある遠くの天体のゆがんだ像を生じさせる（→重力レンズ）．

**重力崩壊** gravitational collapse
　自身の重力に対して自分を支えきれない天体の崩壊．ガス状天体は，もしそのガス圧が重力と均衡するのに十分なほど高温でなければ，このような崩壊にいたる．崩壊は星形成の初期段階に，あるいは星の中心核で核燃焼が停止したときに起こる．この崩壊に要する時間は密度の増大とともに急速に減少し，新しい星が誕生する場合は約 10 万年であるが，*中性子星が形成される場合はわずか 1 秒以下である．星団では，それを構成する星のランダム運動が重力と均衡するのに不十分ならば，その形成中（→激緩和）あるいは進化の進んだ段階（→中心核崩壊（2））で同様な崩壊が起こる．

**重力放射** gravitational radiation
　*重力波の別名．ただしほとんど用いられていない．→重力波

**重力レンズ** gravitational lens
　銀河あるいはブラックホールのような大質量天体の重力場によって光線が曲げられる効果．太陽もわずかな重力レンズ効果を生じさせる（→重力偏向）．宇宙の規模ではこの効果は，前面にある天体（銀河や銀河団）によって背景にある遠い銀河あるいはクェーサーの二重あるいは多重像が形成されることに見られる（例えば，*アインシュタインクロスの場合のように）．*アインシュタイン環，*明るいアーク，および*マイクロレンズ現象などのもっと複雑な重力レンズ効果も起こる．

**主　鏡** primary mirror
　反射望遠鏡の光を集める主要な反射鏡．入射光を集めて，焦点に収束させる．

**縮　退** degeneracy
　原子を構成する粒子が 1 m³ 当たり数千 t の密度で物理的に可能なかぎり密に充填されるときに達成される物質状態．互いに非常に近接した粒子はパウリの排他律によって同一のエネルギーをもつことができないので，粒子は互いに反発する．これは，熱による圧力とは違って密度にのみ依存し，温度には依存しない縮退圧（degeneracy pressure）を引き起こす．この圧力が*白色矮星（電子縮退）および*中性子星（中性子縮退）において重力に対抗する主な支えとなっている．縮退物質は，中心の水素を燃焼しつくした低質量の星の中心核，*褐色矮星，および巨大惑星の中心領域にも存在する．

**縮退星** degenerate star
　*縮退による圧力で自分自身の重力を支えている高密度に重力崩壊した星．縮退状態をつくり出す重力崩壊は，*白色矮星や*中性子星の場合のように核燃料が燃えつきた後か，質量が不十分なため中心核の温度が水素を燃焼させるにいたらない*褐色矮星において起こる．

**主系列** main sequence
　*ヘルツシュプルング-ラッセル図における左上から右下にかけての対角線状の細長い帯．星がその中心核で水素をヘリウムに変換して輝いているとき，その星はその一生の段階で主系列上にある．主系列上の星の位置はその質量に依存し，最も質量が大きい星は左上に，最も質量が小さい星は右下に位置する．平均的な星である太陽は主系列上のほぼ中間に位置する．その質量にかかわらず，主系列上の星は*矮星と命名される．星は生涯の大部分を主系列上で過し，ほぼ一定の温度と光度を保つが，そこで過す時間は質量に依存する．非常に大質量の星の場合，主系列段階は約 100 万年にすぎないが，最も質量が小さい星の場合は宇宙の年齢よりも長い時間主系列にとどまる．⇒光度階級，ゼロ歳主系列

**主系列星** main sequence star
　[*主系列にある星．中心核で水素をヘリウムに変換することで輝いている]．⇒矮星

**主焦点** prime focus
　望遠鏡の主鏡あるいは対物レンズの焦点．反射望遠鏡では主焦点は鏡筒中心の最上端に位置する．

**主小惑星帯** main belt
　　→小惑星帯

**受信機** receiver
　アンテナがとらえた電波信号を検出し増幅する電子装置．電波天文学で用いる受信機は，雑音を低減することが極めて重要であるが，原理

的には家庭用ラジオのような他の目的に使われる受信機とほぼ似ている．電波望遠鏡では*スーパーヘテロダイン受信機が広く使われる．この受信機では入射する信号が局所発振器からの信号と混合されてより低い中間周波数を生成する．電波望遠鏡の受信機は二つの主な型に分けられる．一つは，スペクトル線の観測に使用される線受信機で，高い安定性および近接した周波数を走査する能力が要求される．他の一つは連続波受信機で，ここでは作動の安定性は線受信機ほど重要ではない．⇒相関受信機，ディッケ放射計

**主星** primary
[*二重星や*連星の明るい方のメンバー]．

**種族（星の）** population (stellar)
銀河系における位置，銀河系を周回する軌道の型，および*重元素含有量などの，物理的特性に基づく星の分類．これらのそれぞれの性質は各種族の星が形成されたときの銀河系の年齢に依存すると信じられている．*種族Iは若く，*種族IIは古い．*種族IIIは最も古い仮説的な星である．

**種族I** Population I
太陽のようにわが銀河系の円盤上に位置し，銀河系中心を回るほぼ円形の軌道をたどる星．これらの星は，高い*重元素含有量をもち，おそらく種族IIの星の*超新星爆発により重元素が増したガスから作られた．種類Iの星は円盤の生涯を通じて絶えず形成されている．⇒円盤種族，極端な種族I型星

**種族II** Population II
銀河系の*ハローおよび*バルジに存在する星．*球状星団を含めて銀河ハローにある星は，銀河系中心を回る高度に偏平な楕円形の軌道を描く．種族IIのメンバーは種族Iの星よりも*重元素の含有量がかなり低い．種族IIの星は，銀河円盤が形成される以前に，銀河系誕生の最初の数十億年間に形成されたと考えられる．⇒ハロー種族

**種族III** Population III
まだ観測されていない宇宙で最初にできたと考えられている仮想的な世代の星．*重元素をまったく含まない．種族IIの星より前に形成されたと考えられる．種族IIの星でも観測される重元素を供給するために種類IIIの星の*超新星が必要であったと考えられている．そのような超新星によって生成された*中性子星あるいは*ブラックホールが銀河ハローにおける*暗黒物質の候補であってもおかしくはない．

**主帯小惑星** main-belt asteroid
*小惑星帯の中の軌道を周回する小惑星．

**シュタルク線幅拡大** Stark broadening
電子と電離原子が電場の影響を受けてスペクトル線が広がったり分裂したりすること．シュタルク効果ともいう．この効果は巨星よりも主系列星において極めて顕著である．*主系列星の大気中ではイオンや電子の密度が*赤色巨星の希薄な大気中より高く，それらの衝突頻度が高いからである．水素線はシュタルク線幅拡大に敏感であり，その線幅を用いてA型星の光度階級を決めることができる．ドイツの物理学者 Johannes Stark（1874～1957）にちなんで名づけられた．

**出現** emersion
月による*掩蔽後に星が再び見えること．出現は月の後（西）縁で起こる．

**出現期** apparition
金星の宵の出現や周期的な彗星の出現のように，地球から太陽系の天体が見える期間．普通この用語は，太陽あるいは恒星のように規則的に見える天体には使わない．

**出差** evection
太陽の引力で月軌道の離心率が変化することによって生じる月の位置の周期的な変動．経度で最大76′に達し，31.8日の周期をもつ．

**シュテファンの法則** Stefan's law
*シュテファン-ボルツマンの法則の別名．

**シュテファン-ボルツマン定数** Stefan-Boltzmann constant （記号 $\sigma$）
黒体の放射エネルギーとケルヴィンで表したその熱力学温度の関係を示す*シュテファン-ボルツマンの法則に現れる定数．その値は $5.67051 \times 10^{-8}$ W/m²/K⁴．シュテファン定数ともいう．

**シュテファン-ボルツマンの法則** Stefan-Boltzmann law
黒体から放射される全エネルギーとその温度

の関係を示す法則．シュテファンの法則とも呼ばれる．この法則によると，放射される全エネルギー（1 m² 当たりの W 数）はケルヴィンで表した熱力学温度の4乗に比例する．したがって温度が2倍になるとエネルギー出力は16倍になる．数学的に表現すると $E=\sigma T^4$ である．$\sigma$ は*シュテファン-ボルツマン定数．1 m² 当たりの全パワーは，マイクロ波背景放射の場合の 3 $\mu$W から太陽の場合の 75 MW，そして*白色矮星などの高温星の場合の数千 GW までの極めて広い範囲にわたる．この法則は Joseph Stefan（1835~93）が発見し，Ludwig Edward Boltzmann（1844~1906）が理論的に導出した．

**ジュネーヴ測光** Geneva photometry

スイスのジュネーヴ天文台で開発された*中間帯域測光．これは下記の波長に中心をもつ7種のガラスフィルターを用いる．U：346 nm，$B_1$：402 nm，B：425 nm，$B_2$：448 nm，$V_1$：541 nm，V：551 nm，G：581 nm．それらの色は*星間吸収，星の温度，重力，および化学組成を測定するために使われる．

**主ビーム** main beam

電波望遠鏡が最も敏感な方向．主ローブとも呼ばれる．専門的には，それは*アンテナパターンの中央にあるローブ（ふくらみ）である．

**シュペーラー，グスタフ フリードリッヒ ヴィルヘルム** Spörer, Gustav Friedrich Wilhelm（1822~95）

ドイツの天文学者．*キャリントン（R. C.）とは独立に，黒点の観測を利用して太陽の赤道の位置（およびそれから太陽の自転軸の傾斜角）を決定し，太陽が*差動回転を示すことを明らかにした．黒点の平均緯度は太陽の活動周期中に変化するという彼の発見は*シュペーラーの法則として知られている．彼はまた，1645~1715 年の期間に黒点が存在しなかったことに初めて注目した．この期間は現在は*マウンダー極小期と呼ばれている．それ以前の低太陽活動の期間 1450~1550 年は，シュペーラーが発見したのではないが，*シュペーラー極小期の名で呼ばれる．

**シュペーラー極小期** Spörer minimum

太陽面の活動が異常に低かったように思われる 1450 年ごろから 1550 年ごろまでの期間．これは黒点やオーロラの肉眼による観測の歴史的記録，および樹木の年輪における炭素14の測定から判断された．シュペーラー極小期および同様の*マウンダー極小期は，小氷河期と呼ばれる地球の低温度期間に対応する．この極小期はアメリカの太陽物理学者 John Allen Eddy（1931~）が発見し，*シュペーラー（G. F. W.）にちなんで命名した．

**シュペーラーの法則** Spörer's law

11 年の黒点周期中に黒点の平均緯度が太陽の赤道方向に移動することをいう．新しい周期の黒点は北緯あるいは南緯 30~40°に位置するが，*蝶形図が証明するように，この周期の間に平均緯度は 5~10°まで低下する．この "法則" は*シュペーラーにちなんで名づけられたが，実際には*キャリントン（R. C.）が最初に注目した．

**シュミット，マールテン** Schmidt, Maarten（1929~）

オランダ-アメリカの天文学者．1963 年に電波源 3 C 273 のスペクトルを撮影した．そのスペクトル中に一見恒星状の天体にしては前例のない程度にまで*赤方偏移した水素のスペクトル線を同定し，この天体が宇宙の遠いかなたに位置することを示した．これが最初の*クェーサーであった．シュミットはクェーサーの研究を続け，その個数が距離とともに増大することを見いだした．これは定常宇宙論ではなく，ビッグバン理論に適合する事実である．

**シュミット-カセグレン望遠鏡** Schmidt-Cassegrain telescope, SCT

*シュミットカメラを眼視に適するようにした望遠鏡．凹面の球面主鏡と補正板のほかに，凸面の副鏡があり，主鏡の孔を通して収束光線束をカセグレン焦点に向けて反射する．そのた

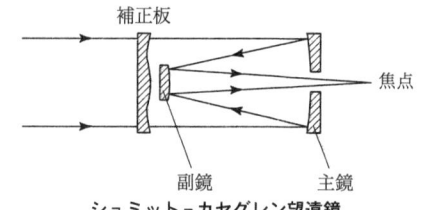

シュミット-カセグレン望遠鏡

めにアマチュアに非常に人気のあるコンパクトな装置である．ただし設計が折衷的であり，また副鏡により中央が比較的大きく遮蔽されてコントラストが低下するために，その光学的性能は*ニュートン式望遠鏡や通常の*カセグレン式望遠鏡ほどはよくない．

**シュミットカメラ** Schmidt camera

1930年にエストニアの光学機器製造業者Bernhard Voldemar Schmidt (1879~1935) が初めて製作した広視野望遠カメラ．シュミット望遠鏡あるいは単にシュミットとも呼ばれる．シュミットカメラは，球面の主反射鏡の曲率中心に，*球面収差を除去する薄い*補正板を配置した光学系で，*焦点面は湾曲しており，鏡筒内の主鏡と補正板の真中に位置する．このことは写真乾板あるいはフィルムをそれに合わせて湾曲させなくてはならないことを意味する．シュミットカメラは，*非点収差，*ゆがみ，およびコマ（→コマ（光学的））のない非常に広い視野をもっている．空を探査するためには大型シュミットカメラを用いる．シュミットカメラの公称口径は補正板の口径である．反射鏡は常に補正板より大きい．

**シュミット望遠鏡** Schmidt telescope →シュミットカメラ

**シューメーカー-レヴィ9, 彗星** Shoemaker-Levy 9, Comet (D/1993 F 2)

1993年3月にアメリカの天文学者Eugene Merle Shoemaker (1928~97), 彼の妻Carolyn (Jean) Shoemaker, 旧姓Spellmann (1929~) およびDavid Howard Levy (1948~) が発見した彗星．以前は1994 Xと命名された．彗星は木星を回る周期2年の軌道にあり，1929年かそれ以前木星に捕獲された．1992年7月に木星に近接接近（21000 km）したために中心核は少なくとも21個の断片に破壊された．これらの断片は1994年7月16~22日の1週間にわたって木星に衝突した．この衝突は木星の南緯44°の地点に経度方向に分布した顕著な暗い斑点を生成し，小型のアマチュア望遠鏡でも見えた．暗い斑点は後に合体して暗い帯になり，18カ月の間続いた．

**ジュリエット** Juliet

天王星の6番目に近い衛星．距離64350 km, 公転周期0.493日．天王星XIとも呼ばれる．直径は84 km. 1986年に*ヴォイジャー2号が発見した．

**ジュール** joule（記号J）

仕事およびエネルギーの単位．1ニュートンの力が力の方向に1mの距離を移動したときになされる仕事と定義される．イギリスの物理学者James Prescott Joule (1818~89) にちなんで名づけられた．

**シュレーター効果** Schröter effect

金星の観測される位相が予測される位相より小さく見える現象．その結果，最大離角よりも早い夕空と遅い朝空で*半月（半位相）が起こる．計算される半月（最大離角時）と観測される半月の間の時間差は約1週間である．この効果はドイツの天文学者Johann Hieronymus Schröter (1745~1816) が発見した．原因は，照らされた円盤の明暗境界線付近が少し暗いからと考えられる．

**主ローブ** main lobe

*主ビームの別名．

**シュワスマン-ワッハマン1, 彗星29P/** Schwassmann-Wachmann 1, Comet 29 P/

木星軌道の外側の例外的に円に近い軌道にある周期彗星．1927年にドイツの天文学者(Friedrich Carl) Arnold Schwassmann (1870~1964) とArthur Arno Wachmann (1902~90) が発見した．通常は16~17等で暗

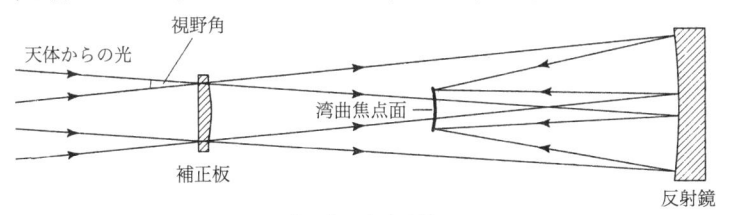

いが，数日間にわたって5等（100倍）以上も爆発的に明るくなることがある．その理由はわかっていない．その軌道は最初に発見されて以来やや変化し，現在は周期15年，近日点5.8AU，離心率0.04，軌道傾斜角9.4°である．

**シュワーベ，（ザムエル）ハインリッヒ** Schwabe, (Samuel) Heinrich (1789～1875)

ドイツの薬剤師でアマチュア天文家．1826年から，水星より太陽に近い惑星が太陽円盤を横切るのを検出しようとして，眼に見える黒点数を毎日記録して，1843年に黒点数が約10年の周期で変化すると発表した．シュワーベの発見は，1851年にドイツの博物学者 Friedrich Wilhelm Heinrich Alexander von Humboldt (1769～1859) が公表するまでほとんど注目されなかった．*ウォルフ (J. R.) が黒点のデータを整理して，1857年に11年強の周期を発表し，それによってシュワーベが正当に認められることになった．

**シュワルツシルト，カルル** Schwarzschild, Karl (1873～1916)

ドイツの天文学者．星の*色指数を得るためにその実視等級と写真等級を比較して写真から星の明るさを決定する方法を確立した．1905年に日食の紫外線写真を撮影した．さらに太陽におけるエネルギーの移送を研究し，太陽の外部領域は層構造をもつと推論した．1916年に，一般相対性理論では，物質の球（星を近似）が自身の重力場でその*シュワルツシルト半径を超えて崩壊すると，エネルギーを放射しなくなる（すなわち，ブラックホールになる）ことを証明した．彼の息子 Martin Schwarzschild (1912～97) はアメリカに帰化し，星の進化を研究した．

**シュワルツシルト式望遠鏡** Schwarzschild telescope

鏡筒内部に広視野の平坦な*焦点面を作る2個の凹面反射鏡をもつ望遠鏡―眼視には適さないのでもっぱらカメラとして使う．両反射鏡は非球面であり，*球面収差と*コマ収差が除去されるが，めったに使われることはない．*シュワルツシルト (K.) が発明した．

**シュワルツシルト半径** Schwarzschild radius

*ブラックホールの*事象の地平線の半径．シュワルツシルト半径では脱出速度が光速に等しくなる．ブラックホールの質量が大きくなると，シュワルツシルト半径も大きくなる．質量$M$の天体に対してシュワルツシルト半径は$2GM/c^2$である．$G$は*重力定数，$c$は光速である．1916年に*シュワルツシルト (K.) が初めて計算した．

**シュワルツシルトブラックホール** Schwarzschild black hole

電荷をもたず回転もしていないブラックホール．1916年に*シュワルツシルト (K.) が予測したブラックホールの最も単純なモデルであるが，現実に存在する可能性はない．最もありそうなブラックホールは自転する*カーブラックホールである．

**準安定状態** metastable state

原子，イオン，あるいは分子における励起エネルギー準位のうちでかなり安定なもの．その状態よりさらに低エネルギーの準位への遷移が"禁制されている"といわれている．そのような遷移すなわち禁制遷移は非常に確率が低いので，実験室条件下では観測されない．しかしながら，星間空間や星雲の低密度条件下では，電子は衝突による励起によって準安定状態から高い準位へと脱出できないので，準安定状態は高度に過密状態になることがあり，禁制遷移が起こって輝線（禁制線）が出る．星雲のスペクトルでは禁制遷移からの輝線が最も強い線になることが起こりうる．⇒禁制線

**準巨星** subgiant

中心で水素を燃焼しつくし，*巨星に進化しつつある星．*光度階級IVに属する．われわれが見る準巨星は普通は太陽より低質量である．もっと大質量の星はこの段階を非常に速く通過して巨星になるからである．低質量の星は巨星になるまでに数十億年かかるので，低質量の準巨星は非常に老齢である．ヘルツシュプルング-ラッセル図上で*主系列を*巨星分枝に結びつける準巨星分枝は，*球状星団のような老齢の星団にだけ見いだされる．

**準原子粒子** subatomic particle

*素粒子の別名．［日本語ではほとんど使われない］．

**順　行**　direct motion, prograde motion

　惑星などの天体が天球上を西から東へ運動すること．すなわち太陽の北極の上から見たとき反時計方向へ天体が公転あるいは自転すること．直接運動ともいわれる順行は，太陽系における天体の公転運動および自転運動の通常の方向である．逆方向の運動は*逆行である．順行する天体の軌道傾斜角あるいは自転軸傾斜角は90°より小さい．

**準恒星状天体**　quasi-stellar object, QSO

　多くの光学的性質が*準恒星状電波源に似ているが，電波活動が比較的静かな*クェーサー．QSOの数は電波活動の強いクェーサーに比べて100倍ほども多い．

**準恒星状電波源**　quasi-stellar radio source, QSS

　強い電波源である*クェーサー．最初に発見されたクェーサーの型．真の光度の最も明るいクェーサーが強い電波源である可能性が最も高いが，光度がもっと低いクェーサーでも数%は強い電波活動を示すことが見いだされている．

**春分点**　vernal equinox（記号 ♈）

　毎年太陽が天の赤道を南から北へ通過する天球上の点．春の分点（spring equinox）あるいは*おひつじ座第一点とも呼ばれる．3月21日あるいはその付近に起こる．春分の日は，6カ月後の秋分の日と同じように，世界中で夜と昼の長さが等しい．*赤経は春分点から測定する．春分点では定義によって赤経と赤緯が0である．

**準矮星**　subdwarf

　*ヘルツシュプルング–ラッセル図上で*主系列の下方部分にあり，同じ光度の主系列星よりも少し青い側に別の系列を作る星．準矮星は種族IIに属し，銀河ハローからやってきてたまたま太陽の近傍を通過している星である．重元素の組成が低い点で通常の*矮星と異なる．〔最近では太陽から少し離れたハロー中にある暗い準矮星も観測できるようになった〕．

**衝**　opposition

　太陽系の天体が地球から見て太陽の反対側に位置し，したがって180°の*黄経をもつ場合．衝のとき天体は夜中に真南に位置し，一晩中見える．外惑星を観測する最良のときである．というのは，このとき外惑星は地球に最も近いからである．内惑星の水星と金星は衝の位置にくることはない．

**小　嵐**　substorm

　比較的小規模の地磁気擾乱から生じる，高緯度の*オーロラオーバルに沿ったオーロラ活動の高まり．小嵐は初めはオーバルの夜側で明るい円弧を作り，次いで極方向と西方向に広がって消滅する．小嵐に伴う地面での磁気変化は敏感な磁力計で検出できる．1日に5回ほどの小嵐があり，それぞれ1～3時間続くことがある．

**小あれい**　Little Dumbbell

　ペルセウス座の*惑星状星雲．M 76あるいはNGC 650-1の名でも知られる．こぎつね座にある*あれい星雲に比べて小型で暗い星雲であり，12等の，最も暗い*メシエ天体である．距離は約3500光年．→蝶形星雲，メシエカタログ

**小　円**　small circle

　球の中心を通らない平面と球面の交線である円．天球面上の赤緯の線は，*大円である天の赤道を除いてすべて小円である．

**じょうぎ座**　Norma（略号 Nor．所有格 Normae)

　測量士の水準器をかたどる南天の星座．最も明るい星のガンマ$^2$星は4.0等で，5.0等のガンマ$^1$星と力学的関係のない*二重星を形成する．NGC 6087は5等の散開星団である．

**衝撃変性作用**　shock metamorphism

　高速度衝撃が岩石にもたらすさまざまな効果．隕石衝突の極めて高い温度と圧力は，破砕および角礫化，超高圧でのみ安定な鉱物の形成，そして物質の加熱あるいは広範な融解を含む，広い範囲の効果をもたらす．そのような効果は，母天体に衝突が起こった結果として隕石において，そして多くの月の岩石において見られる．地球岩石に見られる衝撃変性作用は隕石が衝突したことの証拠と見なされている．地球上では，衝撃効果の共通の形態には*シャターコーンおよび*コーサイトや*スティショバイトのような，衝撃が誘起した鉱物の形成が含まれる．

**上弦** first quarter
満ちていく過程で,新月と満月の中間の,月の半分が照明されるときの位相.上弦のとき月は太陽の90°東に位置する.

**昇交点** ascending node
黄道面あるいは天の赤道面のような基準面を南から北へ天体が横切る軌道上の点.昇交点の\*経度は天体の軌道要素の一つである.→軌道要素,交点

**昇交点黄経** longitude of the ascending node (記号 $\Omega$)
黄道に沿って春分点から東方向に惑星軌道の昇交点まで測定した角度.天体の軌道が地球軌道の面と交わる点を規定する.⇒軌道要素

**照射** irradiation
いろいろな形態の電磁波あるいは原子的粒子にさらされること.

**照射年代** exposure age
流星物質(隕石)が空間で宇宙放射にさらされていた期間.宇宙線照射年代あるいは放射年代とも呼ばれる.普通,これは流星物質が母体(小惑星のような)を離れてから地球に到達するまでの時間である.空間で流星物質が宇宙線に照射されると同位体(ヘリウム3,ネオン21,およびアルゴン38のような)が生成される,あるいは\*フィッショントラックのような現象が生じる.フィッショントラックの発生数は照射年代を推定するために使用できる.典型的な照射年代は数百万年から数億年の範囲にある.

**焦点** focal point, focus
遠方の物体からの平行光がレンズあるいは反射鏡によって収束される点.遠方の物体の最も鮮明な像の位置である.レンズあるいは反射鏡から焦点までの距離が\*焦点距離である.

**焦点(軌道の)** focus (orbital)
その間の距離から楕円の離心率が決まる楕円内部にある2点の一つ.複数形 foci.二つの焦点は楕円の長軸上で中心から両側に等距離のところに位置する.楕円軌道では周回される天体が一つの焦点を占める.もう一方の焦点を空焦点(empty focus)という.軌道が放物線あるいは双曲線である場合は,焦点は一つしかなく周回される天体がそこを占める.

**焦点(光学的)** focus (optical) →焦点

**焦点距離** focal length, focal distance (記号 $f$)
レンズあるいは反射鏡とその焦点との間の距離.口径とともに焦点距離はレンズあるいは反射鏡の主要な性質.焦点距離が長いほど,像のスケールは大きい.⇒乾板スケール

**焦点面** focal plane
\*焦点を含むレンズあるいは反射鏡の光軸に対して直角な平面.\*像面湾曲のために像が平面内ではなく湾曲面に結ばれる場合は,像は焦点曲面(focal surface)あるいはペツヴァル面(Petzval surface)上に形成されるという.

**照度** illuminance (記号 $E_v$)
ある時間内にある表面に入射する可視光線のエネルギー.ルックス(lux)(1 m² 当たりのルーメン)で測定する.可視光だけでないすべての波長で入射するエネルギーは\*放射照度と名づけられる.

**章動** nutation
地球の極が天球上でその平均位置の周りを周期的に振動すること.地球の赤道部のふくらみに対する太陽と月の引力によって生じる.章動は星の位置の小さな周期的変動を引き起こし,これよりはるかに大きい\*歳差の効果に上乗せされる.主振動は約±9″の振幅および18.6年の周期をもつ.この周期は月の交点が黄道の周りを回転する周期に等しい.さらに,多くのもっと小さい振動があり,そのいくつかは数日という短い周期をもつ.便宜的に章動はそれぞれ黄道に平行な黄経の章動と黄道に垂直な黄道傾斜の章動に分解される.

**衝突クレーター** impact crater
隕石,小惑星あるいは彗星との高速度衝突によって引き起こされる固体表面の陥没.月面およびすべての地球型惑星,そしてイオを除く衛星上に見いだされる.大きさは数 $\mu$m の小さい穴[顕微鏡などを用いないと見えないもので,マイクロクレーターと呼ばれる]から幅が数千kmの巨大な衝突\*ベイスンにまでわたる.若い衝突クレーターは,\*噴出物被覆,二次クレーター,および明るい放射状構造だけでなく,円い形状,急峻な内壁,および浅い外部の傾斜によって火口と区別できる.大規模な衝

突クレーターは内部壁に*段丘構造があり，平坦な床面，および*中央丘をもつ．古い衝突クレーターは次第に風化して，これらの目立った特徴の一部を喪失する．部分的に沈降するものもあり，溶岩流あるいは堆積物で充たされているものもある(⇨ゴーストクレーター)．

**上方通過** upper culmination

天体の高度が最大になる観測者の子午線上の点を星が通過すること．[*周極天体の場合には，子午線通過が極の上方と下方で2度起こるが，そのうち上方で起こる子午線通過のこと]．
→子午線通過

**小マゼラン雲** Small Magellanic Cloud, SMC

わが*銀河系に伴う二つの不規則銀河のうち小さい方．小ヌベクラ(片雲)とも呼ばれる．直径が約9000光年で，距離は19万光年である．肉眼にはきょしちょう座にある直径が約3°の霞のような斑点として見える．質量は，われわれの銀河系の2％以下であり，*大マゼラン雲(LMC)と比べて相対的にガスが多く塵が少ない．しかし星団と星雲の数は少ない．その構造は視線に沿って地球の方向に伸びている可能性がある．LMCと同様に，SMCはその歴史の初期に星が形成され，その後に中休みがあり，そしてもっと最近に爆発的な星の形成が起こったという証拠を示している．SMCの星と星間物質における*重元素組成は，銀河系の太陽近傍にある星よりも低い(4分の1から10分の1)．

**常用時** civil time

民間政府によって日常目的のために定義される時間．国あるいは地域の経度に依存するが(→経帯時)，最終的には*協定世界時から導く．

**常用年** civil year →グレゴリオ暦，暦年

**常用薄明** civil twilight

太陽円盤の中心が地平線下6°以内にある日の出直前および日没直後の期間．その間はスポーツのような野外活動が人工照明を必要とせずに行える時間と見なされる．⇨薄明

**擾乱(大気の)** turbulence (atmospheric)

地球大気の非静穏性．地表の場所ごとに違う加熱などによって，空気流内の空気密度したがって温度が非一様になる結果である．擾乱によって天体観測の妨げとなる*シーイングと星のまたたきが起こる．

**小惑星** asteroid, minor planet

岩石あるいは金属からなる多くの太陽系小天体．大部分は火星軌道と木星軌道の間の帯域(*小惑星帯)に位置する．小惑星の大きさは*ケレス(1801年に発見された最初の小惑星)のほぼ1000 kmから今までに検出された最小の小惑星の10 m以下までにわたる．全小惑星の総質量は $4\times10^{21}$ kgで，月の質量の約20分の1である．

小惑星が発見された当初は，発見年とその後にくる2文字からなる仮の名称が与えられた．最初の文字は，その間に小惑星が発見された半月を，2番目の文字はその半月内の発見の順序を指示する．精確な軌道が決定されたときに初めて永久番号が付与される．発見者がそれに命名する権利をもつ．1996年末までに，7200個以上の小惑星の軌道がわかっていた．ハワイのハレアカラ山の地球近傍小惑星追跡(NEAT)システム，および*宇宙監視計画のような専用の探査装置によりますます多くの小惑星が発見されつつある．全部で少なくとも100万個の小惑星があると考えられており，その90〜95％は小惑星帯に位置する．

大部分の小惑星の軌道は主要な惑星よりも高い離心率と軌道傾斜角をもつ．小惑星帯内では軌道の離心率の平均は約0.15，軌道傾斜角の平均は約10°である．しかし時にはそれぞれ0.5および30°を超えるような短周期彗星の軌道に特有な値をとるものもある．実際，小惑星として分類されるいくつかの天体は消滅した彗星の中心核かもしれない．小惑星の自転周期は数時間から数週間にわたるが，6〜24時間が典型的である．大きい小惑星はおおざっぱに球形であるが，150 kmより小さなものは一般には細長いか不規則である．少数の小惑星のレーダーによる研究は，亜鈴形あるいはもしかすると連星になっている小惑星があることを明らかにした．これらの小惑星には*カスタリアと*トータティスが含まれる．小惑星*イダはガリレオ宇宙探査機で撮影された小衛星をもっている．

小惑星帯のいくつかの小惑星は同様な軌道特

性（長半径，軌道離心率および軌道傾斜角）をもつ群，例えば，*キベレ，*ヒルダ，*フォカエア，そして*フンガリアなどの群を形成する．これらの群が単一の親天体の分裂から発生したように見える場合は，*平山族と呼ばれる．小惑星帯の外部を公転している小惑星もわずかだが存在する．*アモール群の小惑星は火星軌道を横切り，*アポロ群および*アテン群小惑星は地球軌道を横切る．これら三つの群はまとめて*地球近傍小惑星と名づけられる．小惑星帯より遠くでは*トロヤ群小惑星が木星の距離で公転している．

小惑星は組成の違いに対応する反射率にしたがって種々のクラスに分けられる．異なる小惑星クラスの割合は太陽からの距離が増すにつれて著しく変化する．*Sクラス（ケイ酸塩質の）小惑星の大多数は小惑星帯の内側（2.4 AU 以内にある）にある．*Cクラス（炭素質の）小惑星は小惑星帯の中ほどおよび外部領域に多く存在し，3 AU 付近にピークをもつ．小惑星帯の外縁付近の暗い小惑星は赤い色合いを示し，有機物成分に富んでいる可能性がある．それらは*Pクラス小惑星である．さらに遠くにあるトロヤ群小惑星の多くはもっと赤い．それらは*Dクラス小惑星と名づけられる．小惑星帯の中ほど，2.5〜3.0 AU 付近には*Mクラス（金属質の）小惑星が集中しているように見える．

小惑星はメートル規模の物体の降着によって形成されたと考えられる．しかしすでに形成されていた木星の重力効果のために惑星にまで凝集することが妨げられた．さらに，木星の形成から取り残された*微惑星のいくつかは小惑星帯の中にばらまかれたかもしれない．最大規模の小惑星は内部の放射性同位体の崩壊により加熱された．それらは融解し，分化された結果，マントルと殻で覆われた金属の中心核を得た．そうして引き続く衝突によって細分化された．ほとんどすべての小惑星はおそらくかつてはもっと大きかった天体の断片である．また大部分の隕石は小惑星の小片であると信じられている．

**小惑星センター** Minor Planet Center
　小惑星に対する位置測定値と軌道データを収集し，普及させるための組織．1947年シンシナティー天文台に*国際天文学連合によって設立され，1978年*スミソニアン天文台に移された．小惑星センターは，新発見に予備的な呼称を与え，満足すべき軌道が決定されたときに永久番号を与える．この情報は Minor Planet Circulars（小惑星サーキュラー）を通して公表される．小惑星センターは，ロシアのサンクトペテルブルグにある理論天文学研究所が行っている業務，すなわち番号を付された小惑星の1年分の天体暦の刊行を補助している．

**小惑星帯** asteroid belt
　太陽系の火星軌道と木星軌道の間にあり大部分の小惑星が存在する領域．メインベルトとも呼ばれる．これは，3.15〜6.0年の公転周期に対応する，太陽から2.15〜3.3 AU の距離まで広がっている．小惑星は小惑星帯中に一様に分布してはいない．同様の軌道要素をもつ群および*平山族を形成する小惑星の集中場所がある一方，*カークウッドの間隙として知られる，小惑星がまばらにしか存在しない領域がある．種々の小惑星クラスの比率は小惑星帯中で半径によって顕著に変化する．→小惑星

**初期質量関数** initial mass function, IMF
　星が生まれるときの質量分布を示す関数．アメリカの天体物理学者 Edwin Ernest Salpeter (1924〜) にちなんで*サルピーター関数とも呼ばれる．大質量の星は軽い星よりも数が少ない．太陽より質量の大きい星の頻度は質量の逆2乗よりもわずかに急勾配で減少する．太陽質量以下の星の頻度はその質量の逆2乗よりゆるい勾配で減少する．[太陽近傍でサルピーターが観測的に求めた初期質量関数をサルピータ関数と呼ぶが，銀河系内の他の場所，あるいは他のさまざまな銀河内での初期質量関数はまだよくわかっていない].

**食** eclipse
　一つの天体の影が他の天体の表面を通過すること．1年間に地球から見える日食と月食の最大回数は7回である．最小回数は2回で，この場合両方とも日食に限られる．食は対で起こることが多く，月食があると，その2週間ほど前か後に，月軌道の反対側の交点で日食が起こる．

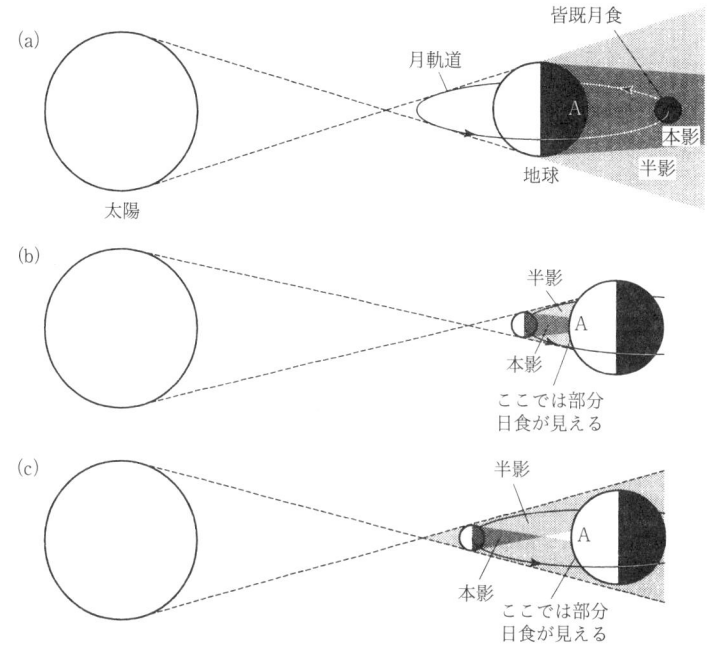

**食**：(a) 皆既月食ではA点から見た月は地球の大気を通して反射される太陽光によってかすかに照らされる．(b) 皆既日食ではA点の観測者には，月で完全にかくされた太陽の円盤の外側に太陽コロナが見えるようになる．(c) 太陽の金環食ではA点の観測者には太陽の輪郭によって縁どりされた月が見える．(b) と (c) では太陽の半影内部にいる観測者には部分日食が見える．

日食は，新月が軌道の交点近くにあって太陽と同じ経度に位置するときに起こる．月が投じる円錐形の影が地球表面に落ちる場所を連ねる，比較的限られた地上の帯域から見たとき，月は太陽の円盤の少なくとも一部を隠蔽する．この中心経路に沿って皆既食を見ることができる．月の遠地点の近くで起こる食は*金環食となることがある．皆既食あるいは金環食の狭い中心経路（270 kmより広くない）の両側では部分食が見える．皆既食は約3200 km/時で東方に駆け抜ける．皆既食のとき月は太陽の円盤を1時間ほどかけて横切り，最後に太陽は完全に覆われ，コロナが見えるようになる．偶然にも太陽と月はほとんど同じ*視直径（約0.5°）をもつ．地球上の特定の場で皆既食が見えることはまれなので，天文学者は皆既食を見るために長距離を移動しなくてはならないのが常である．日食は第一接触から第四接触まで3時間ほど続くことがある．皆既食は理論的には最大7分31秒続くが，通常はずっと短い．月食は，月が観測者の地平線の上方にあるときはいつでも地球から見ることができ，満月が地球の影を通過するときに起こる．皆既月食は，月が地球の影の暗い中心本影を通過するときに起こる．部分月食も見られるが，ほとんど気づかない*半影食の場合も多い．地球の影の範囲は月自体よりもはるかに広いので，月食は第一接触から第四接触まで4時間も続くことがある．皆既月食は最長で1時間47分続く．

惑星の衛星もその主星の影により食を起こす．木星のガリレオ衛星の食は容易に観測できる．

**食限界** ecliptic limits

太陽が月軌道との*交点からこれ以上離れる

と食にはならないという最大の角距離．部分日食の場合，日食限界 (solar ecliptic limit，すなわち新月時の月軌道の交点からの太陽の最大距離) は 18.5°である．皆既日食の場合は 11.6°，部分月食の場合の月食限界 (lunar ecliptic limit，すなわち満月時の月軌道の交点からの太陽の最大距離) は 12.3°，皆既月食の場合は 4.6°である．

**食 年** eclipse year
　太陽が食が起こりうる位置，すなわち月の軌道との交点を通過してから次に通過するまでの時間間隔．346.62 日であり，これが二つの*食の季節の訪れる周期，すなわち食年である．月軌道との交点は黄道の周りに 1 年に約 19°だけ西方に退行するので食年は恒星年よりも短い．1 *サロス周期にはほとんど正確に 19 食年がある．→食の季節

**食の季節** eclipse season
　太陽が月軌道との両交点のどちらかの十分近くにあって食が起こりうる期間をいう．食の季節は日食の場合は約 37 日間，月食の場合は約 24 日間続く．食の季節が訪れる周期は 173.311 日でこれを食期という．2 食期は 1 *食年に等しい．

**食 分** magnitude of an eclipse
　食の程度をいう尺度．日食での食分は月で覆われる太陽の直径の割合である．食が皆既である場合は，食分は月と太陽の視直径の比で置き換えられる．この比は皆既日食中は常に 1.00 以上である．月食の食分は地球の本影で覆われる月の直径の割合である．地球の影は月よりもはるかに大きいから，皆既月食のときはこの割合は 1.00 よりはるかに大きくなる．食分は小数か百分率として表す．部分食の食分は，例えば 0.59 あるいは 59％と表記される．

**食連星** eclipsing binary
　その軌道面がわれわれの視線に十分近いため，少なくとも一方の成分の部分食あるいは皆既食が起こりうる*連星．質量とは無関係に表面光度が高い方の星を主星と呼ぶ．暗い方の伴星によって食が起きるときに*一次極小が生じる．光度曲線に基づいて食連星は*アルゴル型変光星，*こと座ベータ型星および*おおいぬ座 W 型星の三つの型に分けられる．矮小新星，新星，共生星，および関連する型など種々の*激変星においても食が起こることがある．

**ジョージアアイト** georgiaite
　アメリカのジョージア州で発見された*テクタイトの型．ジョージアアイトの*アブレーション年齢は 3300～3500 万年である．これは*ベディアサイトとマーサぶどう園テクタイトについて求めた年代と非常に似ている．これら三つのテクタイトは最も古いテクタイト族を構成する．

**ジョドレルバンク** Jodrell Bank
　イギリスのチェシャーにある*ナフィールド電波天文学研究所のある場所．

**ジョーンズ，ハロルド スペンサー** Jones, Harold Spencer (1890～1960)
　イギリスの天文学者．1930/31 年，*衝のときの小惑星*エロスに関する 1000 回以上の観測から，彼は*太陽視差の 8.790″という値を計算した．10 年を要したこの仕事は計算機のない時代の最も印象的な計算上の偉業の一つであった．彼はまた太陽，月，および惑星の運動を研究した．1933 年に 10 代目のアストロノマー・ロイヤルに任命された．この立場に就いた彼はグリニッジにおける保時システムに改良を施し，(そして地球の自転速度は一定でないことを論証し) また王立天文台をサセックス州ハーストモンソーへ移転することを勧めた．

**ジョンソン宇宙センター** Johnson Space Center, JSC
　テキサス州ヒューストン近くの NASA の施設．有人宇宙船を設計し開発するため，宇宙飛行士を選抜し訓練するため，そしてそれらのミッションを遂行するために 1961 年に創設された．JSC にはシャトル飛行のためのミッション管理部と*国際宇宙ステーションのための別の指令センターがある．アポロミッションで採集された月の試料は JSC に貯蔵されている．

**ジョンソン測光** Johnson photometry
　アメリカの天文学者 Harold Lester Johnson (1921～80) の研究に基づく測光．三つの部分，UBV 測光，RI 測光，および*赤外測光に分けられる．UBV 測光は 300～600 nm 波長領域に敏感な光電子増倍管に基づいていた．U および B 等級は古い*写真等級を青 (B) および紫

外線（U）部分に分けて作られた．V等級は古い実視等級に似ているが，定義がより精確である．後にジョンソン（H. L.）は，0.3〜1.1 $\mu$m の波長に敏感な光電子増倍管を用いて，RおよびIという名のさらに二つのフィルターにより赤と近赤外線にまでこの測光系を拡張した．第三の革新は 1.25〜10.4 $\mu$m の波長領域をカバーする J, H, K, L, M, および N フィルターによる *赤外線測光への拡張であった．

**シラー** Sirrah
　*アルフェラッツの別名．

**シラス** cirrus　→赤外線シラス

**シラス星雲** Cirrus Nebula
　*網状星雲の別名．

**シリウス** Sirius
　おおぐま座アルファ星．−1.46 等で，全天で最も明るい恒星．おおいぬ座に位置するので一般には犬星と呼ばれている．A1型矮星で，8.6 光年の距離にあり，太陽から 5 番目に近い星である．パップと呼ばれることもある白色矮星シリウス B はシリウスの伴星で，50 年の周期でシリウス A を公転する．シリウス B は見かけの等級が 8.4 等で，シリウスからの角距離が最大のときに大型望遠鏡でのみ見える．

**ジルコニウム星** zirconium star　→ S型星

**シーロスタット** coelostat
　固定した望遠鏡などの装置の中へ視界を回転させずに選択した空の一部からの光を反射させる光学系．48 時間に 1 回転するよう駆動される 1 個の反射鏡を使うと，一つの *赤緯だけに対してこれが実現される．広い赤緯範囲にある天体を観測するためには，駆動される反射鏡からの光を望遠鏡の中に導くもう一つの反射鏡が必要である．この第二反射鏡の位置と傾角を変えることにより，異なる赤緯を指すことができる．固定した位置に設置することが望ましい大型もしくは精巧な装置の場合，このような設備が有用である．⇒シデロスタット，ヘリオスタット

**新一般カタログ** New General Catalogue, NGC
　*ドライヤー（J. I. E）が編纂し，1888 年に刊行した New General Catalogue of Nebulae and Clusters of Stars（星雲と星団の新一般カタログ）の名称．7840 個の銀河，星雲，および星団が含まれ，その多くは *ハーシェル（F. W. および J. F. W.）が発見した．ドライヤーのこのカタログは，ハーシェル（J. F. W.）の General Catalogue of Nebulae and Clusters of Stars（1864 年）の改訂増補版であった．あとで天体が二つの *インデックスカタログとして追加された．天体は *赤経の順に掲載され，それらの見かけの様子が簡単に記述されている．ドライヤーのカタログにおける天体は現在でもその NGC 番号あるいは IC 番号で呼ばれている．

**進化した星** evoved star
　中心核の水素燃料を消費しつくし，*主系列から離れて進化した星．進化した星はその質量に依存して外側の薄い殻で水素を燃やし続け中心核で他の核燃料を燃やす巨星のこともあるし，あるいは核燃料の燃えかすからなる中性子星や白色矮星の場合もある．［特定の星を指す言葉としては使われない］．

**新技術望遠鏡** New Technology Telescope, NTT
　チリにある *ヨーロッパ南天天文台の 3.5 m 反射望遠鏡．1989 年に開設された．特別に鮮明な画像を生成するために *能動光学を用いている．この技術を用いた最初の望遠鏡なので，こう呼ばれている．

**新奇地形** weird terrain
　水星と月で見出される起伏に富んだ線条のある地形に対する非公式名．水星では新奇地形は巨大な *カロリスベイスンの反対側に見いだされ，カロリス衝突からの地震波が収束したときに形成されたと考えられている．地震収束作用（seismic focusing）と呼ばれる過程である．月の新奇地形は，水星の場合ほど明確には定義されてはいないが，二つの場所にある．一つは *インブリアムベイスンの中心のちょうど反対側にあり，もう一つは *オリエンタルベイスンの反対側にある．

**真近点角** true anomaly（記号 $\nu$）
　公転中心の天体から見て，楕円軌道の近点と公転する天体の軌道位置がなす角度．角度は軌道運動の方向に測定する．（図参照）

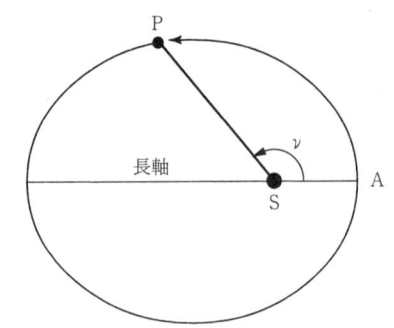

**真近点角**：惑星位置の真近点角は近日点 A，太陽 S，と惑星 P の間の角度．

**シンクロトロン放射** synchrotron radiation
　光速に近い速度で磁場中を運動する荷電粒子（通常は電子）が放出する電磁放射．*ジャイロシンクロトロン放射と似ているが，粒子の速度が極めて大きいために，放射が非常に広い波長領域にまたがる*連続スペクトルの形で現れる点が異なる．シンクロトロン放射源の例は*パルサー，*超新星残骸，*銀河系，および*電波銀河である．ときには*磁気制動放射とも呼ばれる．

**新月** new Moon
　太陽に照明された側が地球からまったく見えないときの月の位相．新月のとき月は太陽と同じ黄経をもつ．

**人工衛星** artificial satellite
　地球を回る軌道に送られる宇宙船．最初の人工衛星は，1957 年 10 月 4 日に旧ソ連が打ち上げたスプートニク 1 号である．宇宙船は月あるいは惑星を回る軌道に入れば，それらの人工衛星になることもできる．

**信号対雑音比** signal-to-noise ratio →感度

**ジーンズ，ジェイムス ホップウッド** Jeans, James Hopwood (1877～1946)
　イギリスの数学者，物理学者そして天文学者．自転する流体の安定性を考察し，*ポアンカレ (J. H.) らによるそれ以前の研究に基づいて，星，二重星系および*渦巻銀河の形成と進化に関する理論を発展させた．1917 年に彼は，太陽系の惑星は近くを通過する星によって太陽から引き出されたフィラメントから凝縮してできたという理論を提案した．この理論は後にイギリスの数学者 Harold Jeffreys (1891～1989) により拡張された．1928 年にジーンズは，物質は絶えず創生されているという，後の*定常宇宙論の基礎となる宇宙論的理論を提唱した．その後，彼は科学普及書の著作と放送に携わった．

**尽数関係** commensurability
　衛星あるいは惑星などの 2 天体の軌道周期の比が 2 分の 1 あるいは 3 分の 2 のような正確な分数である状況．太陽系では軌道周期に多くの近似尽数関係がある．例えば，木星と土星の軌道周期は 5 分の 2 に近い比をもち，また，土星の衛星ディオネとエンケラドゥス，そしてミマスとテティスはほとんど 2 分の 1 の比をもつ．このような状況は*共鳴を生じさせる．ある場合には尽数関係は安定性を与えるが，別の場合には小惑星帯における*カークウッド間隙の場合のように不安定さをもたらす．小惑星は，木星の周期と尽数関係にある軌道を回避する傾向があるためにこの間隙ができた．

**ジーンズ質量** Jeans mass
　*ジーンズ長を半径とする球に含まれる質量．したがって，それ自身の重力によって崩壊が起こりうる最小質量．星が形成されるほど高密度なガス雲の場合，ジーンズ質量はほぼ太陽質量程度である．

**ジーンズ長** Jeans length
　ある温度と密度をもつガス雲がそれ以上大きいと自分自身の重力による崩壊が起こる限界の大きさをいう．これより小さいガス雲はガス圧が重力を上回るので崩壊しない．ジーンズ長は温度の平方根に比例し，密度の平方根に反比例する．星が形成されるほど高密度のガス雲の場合，ジーンズ長は 1 光年の数十分の 1 である．*ジーンズ (J. H.) にちなんで名づけられた．

**新星** nova
　突然の予測できない爆発を示す*激変星の一つの型．11～12 等という大きな変光幅をもつ．略号 N．新星は相互作用する連星で，普通は*主系列あるいはわずかに進化した伴星と*白色矮星の主星からなる．伴星から*降着円盤へ，さらにそこから白色矮星へ向かって*質量移動が起こる．白色矮星表面に水素に富んだガスが蓄積し，ついには熱核暴走（突然の核反応

の開始）をもたらす．そのときに爆発が発生し，連星系を包む外層部分の多くが系から噴出する．

新星は，明るさが極大から減少していく速さに基づいて三つの型に分けられる．100日以内に3等暗くなる*急新星（NA），150日以上で3等暗くなる遅い新星（NB），数年間極大等級を持続する非常に遅い新星（NC）の三つである．非常に遅い新星はおそらく巨大あるいは超巨大な伴星をもち，共生新星（symbiotic novae）あるいは*ぼうえんきょう座RR型星と呼ばれることがある．

*爆発前新星は，詳細には研究されていないが，爆発前には等級がある程度上昇し，おそらく*矮新星と似たようなゆらぎと活動を伴うのかもしれない．最初の光度上昇は急速である（大部分の場合は1日足らずで，遅い新星では2〜3日）．ところがこの急上昇は，極大等級より2等暗いところでいったん止まる（極大前停滞）そして数時間から数日後に1〜2日あるいは（遅い新星では）数週間で最後の上昇がこれに続いて起こる．極大等級より約3〜4等低い移行期間が2〜3ヵ月継続することがある．7〜10等級という大幅な光度低下を経て，その後に再び増光する新星もあり，準周期的な振動を示す新星もある．*爆発後新星へ続く最終的な光度低下は一般に安定している．

極大等級での新星のスペクトルは連続スペクトルを示し，その上に膨張する外層部で生じる吸収線系列が重なる．この膨張は秒速数百から数千kmの速度を示している．最終段階では連続スペクトルは減退し，*禁制線をもつ星雲スペクトルが残る．少なくとも$10^{-4}$太陽質量が噴出される長期の質量放出期間がある．降着円盤を介する質量移動は1年に$10^{-8}$太陽質量と推定されるので，系は約10000年後にもう一度爆発を起こすはずである．

推定によると，わが銀河系では毎年25から50個の新星が生じるが，その大部分は*星間吸収や他の要因のために検出されない．新星は銀河系全体（最外部のハローを含めて）で，また古い種族IIから極めて若い種族Iの星までのあらゆる年齢の系で発生する．

**新星状変光星** nova-like variable

よく研究されていないさまざまな型の激変連星．略号NL．変光幅の小さい爆発かまたはわずかな明るさの変動があること，またスペクトルの特徴を見るとそれらは最も暗い時期の*爆発後新星に類似している．詳しく調べると，新星状変光星を爆発後新星，*矮新星，*おおぐま座UX型星などに分類できる特徴がある．

**新総合カタログ** New General Catalogue, NGC →新一般カタログ

**シンダイン** syndyne →シンディナーメ

**シンチレーション** scintillation

**1.**光源と観測者の間にある媒質の不規則性によって電磁波が散乱されて生じる天体の明るさの急速なゆらぎ（"またたき"）をいう．小さな角度サイズの天体で最も顕著である．したがって可視光波長では惑星よりも恒星に影響を与え，電波波長ではパルサーのような点源に影響を及ぼす．可視光波長での星のまたたきは大気圏における対流によって引き起こされる．その原因は*シーイングを悪くする原因と同じである．電波波長ではシンチレーションは，地球の*電離層（電離層シンチレーション），*太陽風（惑星間シンチレーション），および*星間物質によって起こる．**2.**高エネルギー粒子がある種の物質（シンチレーター）中の原子と衝突するときに可視の閃光（シンチレーション）を放出する現象．ガンマ線天文学で用いる*シンチレーション計数管の原理である．

**シンチレーション計数管** scintillation counter

高エネルギーX線およびγ線を検出するための装置．*シンチレーション（2）の効果を利用している．この装置では入射放射が，ヨウ化セシウムあるいはヨウ化ナトリウム（CsIあるいはNaI）のような感度の高い物質との相互作用によって閃光に変換される．閃光の強度は放射のエネルギーに比例し，放射を*光電子増倍管，あるいは撮像望遠鏡の場合は*マイクロチャンネルプレートあるいは*CCD（電荷結合素子）によって電子信号に変換することができる．

**シンディナーメ** syndyname

彗星の塵の尾において同じ大きさの粒子を含

む領域を結ぶ曲線．シンダインとも呼ばれている．1 $\mu$m 程度の直径をもつ粒子は *放射圧の影響が粒子の大きさによって異なる．小さな粒子ほど一定時間内に放射圧によって中心核から遠くに運ばれるので，大きな粒子よりも太陽から遠いシンディナーメをもつ．

**振動宇宙** oscillating universe

ビッグバン理論の変形．この説では膨張宇宙はついには逆転して *ビッグクランチに崩壊した後，再び膨張し始め，終わりのないシリーズの 1 サイクルを形成する．このようなモデルでは各サイクルは有限の継続時間をもつが，宇宙自体は無限の時間にわたって継続しうる．われわれの宇宙がこの型に属すのか，あるいは永久に膨張するのかはわかっていない．

**真の色指数** intrinsic colour index

*星間吸収が存在しない場合に星がもつはずの *色指数．同一のスペクトル型および光度階級をもつすべての星はほぼ同一の真の色指数をもつと想定されている．

**真の極** true pole

ある時刻に地軸が指向する方向．黄道の極の周りの *歳差運動に *章動が重なって，真の極は *平均極の周りを小さく振動しながら天球上を移動する．

**真の赤道** true equator

*真の極から 90°離れた大円．

**真の分点** true equinox

真の赤道と黄道の交点．*歳差による漸進的な運動に *章動が重なって，*平均分点の周りを小さく振動しながら天球上を移動する．

**振　幅** amplitude

1. 変光星の明るさが変動する全範囲．極大等級と極小等級の間の差．2. 物理学では，周期的変化量の平均値からの最大差．すなわちピーク間の半分の値．

**新ミレニアム計画** New Millennium Program, NMP

NASA の小型で低費用の宇宙探査機シリーズ．太陽電気推進（"イオン駆動"）や人工知能など未来ミッションのための新技術を試験するよう設計されている．シリーズの最初であるディープスペース 1 号（DS 1）は 1998 年に打ち上げられ，小惑星（3352）マコーリフ，彗星 76 P/ウェスト-コホーテク-池村，および火星の近傍を飛行する予定である．[DS 1 は 2001 年に全計画を成功裡に完了した]．

**新暦日** New Style date, NS

*グレゴリオ暦による歴史的あるいは天文学的なできごとの日付．旧暦日（OS）といわれる *ユリウス暦による日付とは異なっている．グレゴリオ暦は国ごとに異なる時代に導入されたので，使用する暦の形式を特定しないと混乱が生じうる．

# ス

**水銀-マンガン星** mercury-manganese star

波長 398.4 nm に電離水銀と同定されるスペクトル線をもつ*マンガン星の一形態。マンガン-水銀星とも呼ばれる。

**水酸基** hydroxyl（記号 OH）

酸素原子と水素原子から構成される分子。水酸ラジカルとも呼ばれる。水酸基は最も普通の星間分子の一つである。1963年に電波天文学者が発見した最初の星間分子である。→ OH 線，OH メーザー

**すいせい** Suisei

1985年8月にハレー彗星に向けて打ち上げられた日本の宇宙探査機。この名前は"comet"の日本語である。1986年3月に彗星中心核の太陽側から15万 km の地点を通過し，彗星の水素ハローを観測した。→ さきがけ

**彗　星** comet

太陽の周りの公転軌道をもつ氷と塵からなる小天体。この名前は"長髪"を意味するギリシャ語 kometes に由来する。彗星は惑星の背後に広がる*オールト雲および*カイパーベルトに膨大な数で存在すると考えられる。彗星は通過する天体の重力の影響による*摂動を受けてそれらの場所から太陽系内部に向かう新しい軌道に入ることができ，地球から見えるようになる。彗星が太陽から遠いときはその中心核は凍結した固体で，太陽光の反射だけで輝く。中心核が太陽に接近するにつれて加熱され，ガスと*塵を放出して，初めはコマ，そして場合によっては尾を形成する（→ 尾（彗星の），コマ（彗星の），中心核（彗星の））。ガスは電離して光を放射する。中心核の直径は 1 km 程度と思われるが，コマは中心核から $10^5$ km 以上，尾は $10^8$ km にわたって広がることがある。眼に見えるコマの周囲にはさらに大きな水素の雲があり，紫外線波長で検出できる。その大きさにもかかわらず，彗星のコマと尾は背景にある星が透けて見えるくらい低密度である。典型的な彗星の質量は $10^{14}$ kg 程度である。

毎年地球からは望遠鏡を通して約 25 個の彗星が見える。肉眼で見えるほど明るいのは数個でしかない。大多数の彗星は*周期彗星である。新発見のものもあるが予測した軌道上を戻ってきた既知の彗星であることもある。このような彗星のうち最も有名でかつ最も明るいのは*ハレー彗星である。残りは200年以上の周期をもつ*長周期彗星が初めて出現したものである。現在，約900個の彗星が知られており，そのうちの75%あまりは長周期彗星である。内部太陽系を通過する間に彗星は惑星，特に木星の重力的影響によって軌道を変えられることがある。顕著な一例は，1994年に木星に衝突した彗星*シューメーカー-レヴィ9である。

彗星は綿密な探索を行うアマチュア天文家によって発見されることが多いが，専門の天文学者が撮影した写真上で発見されるものもある。それらは発見者の名前（3人以上が独立に発見した場合でも普通は二人の名前に制限されている）といつ発見されたかの記号を組合せて命名される。1995年に導入された協定によると，彗星は発見年と彗星が発見された半月を示す文字，およびこの半月中の発見の順序によって識別される（例えば，C/1999 D3 は1999年2月の後半の半月中に発見された3番目の彗星ということになる）。*周期彗星の名前には P/ とその周期性が確立された順序を示す番号が先頭につけられる（例えば，1 P/Halley，2 P/Encke）。消滅した彗星―崩壊したことが観測されるか，単に消滅した―には接頭辞 D/ が与えられる（例えば，3 D/Biela，D/1993 F2 Shoemaker-Levy 9）。軌道が計算できるだけ十分な観測値がない彗星には接頭辞 X/ が付与される。

彗星は，外惑星の形成から取り残された氷状の微惑星であると信じられている。オールト雲およびカイパーベルトの総メンバーは $10^{12}$ 天体で，合計した質量は地球の質量よりも大きいと推定されている。彗星の氷の主要成分は凍結した水であり，それに少量のメタン（$CH_4$），一酸化炭素（CO）および二酸化炭素（$CO_2$）が加わる。炭素を含むホルムアルデヒド（$H_2CO$），シアン化水素（HCN），およびシアン化

メチル（$CH_3CN$）など他の数種類の分子も検出されている．*原始太陽系星雲と同様な星間雲でもこれらの分子が見出される．*近日点付近で彗星から放出される微小な（1 mm 以下の）塵粒子が内部太陽系の*黄道塵のもとである．周期彗星がばらまいた mm および cm 程度のやや大きな塵粒子は*流星群を生じさせる．

**水　星**　Mercury（記号☿）

太陽に最も近い惑星．冥王星を除いて全惑星のうち最も楕円的な軌道（離心率 0.206）をもつので，近日点では太陽から 4600 万 km の距離しかないが，遠日点では 6982 万 km 離れている．平均／幾何学的アルベドは 0.11 で，月に似ており，色は灰色である．最大離角のときの水星の平均等級は 0.0 であるが，空の上では太陽に近接しているので，肉眼ではほとんど見えない．自転周期は正確に軌道周期の 3 分の 2 である．

**水　星**

物理的データ

| 直径<br>（赤道） | 偏平率 | 軌道に対する<br>赤道の傾斜角 | 自転周期<br>（対恒星） |
|---|---|---|---|
| 4879 km | 0.0 | 0.0° | 58.646 日 |

| 平均<br>密度 | 質量<br>（地球=1） | 体積<br>（地球=1） | 平均アルベド<br>（幾何学的） | 脱出<br>速度 |
|---|---|---|---|---|
| 5.43<br>g/cm³ | 0.06 | 0.06 | 0.11 | 4.25<br>km |

軌道データ

| 太陽からの平均距離 | | 軌道の<br>離心率 | 黄道に対<br>する軌道<br>の傾斜角 | 軌道周期<br>（対恒星） |
|---|---|---|---|---|
| $10^6$ km | AU | | | |
| 57.909 | 0.387 | 0.206 | 7.0° | 87.969 日 |

*太陽風からの水素とヘリウムの一部が一時的に捕獲されるほかは，水星には永続的な大気は存在しない．表面温度は平均して約 170°C であるが，水星は太陽系惑星のうち最も極端な温度範囲をもち，近日点にあるときの太陽直下点では日中はほぼ 430°C と極めて熱くなるが，長く続く夜の間に急速に温度が下がって $-183$°C になる．表面の暗い斑点と明るい斑点を望遠鏡で見ることはできるが，火星や月における斑点よりもコントラストははるかに低い．マリナー 10 号探査機は水星の半分を詳細に撮影し，多くは明るい光条をもつ*衝突クレーターが散在する月面のような光景を明らかにした．クレーターのでき方には月とはわずかな違いが見られる．水星では，重力がより強いために二次クレーターが月の場合よりも主クレーターの近くに生じており，内部環は月面よりも小さなクレーターの中に見える．水星における最大の衝突構造である*カロリスベイスンは 1300 km にわたり，大きさは月の*インブリアムベイスンに似ている．

水星には明白な火山も，溶岩爆発を示す曲がりくねった溝もないし，暗い海もない．しかしながら，広く広がった滑らかな平たい物質が，例えばカロリスベイスン周縁の一部を覆い隠し，多くの衝突クレーターを満たして平らな面にしている．これは，大きなベイスンからの噴出物か衝突で融けた物質の可能性があるが，おそらくは溶岩である．水星の多くの地域に長さが 500 km に達する突出した急斜面が見出され，横向きの圧縮から生じる突上げ断層のように見える．これらの急斜面の存在と月面に見られる地溝のような引張り地形の欠如は，水星がおそらく冷却の結果として収縮したことの証拠であろう．

水星の高い密度は，水星が多分中心核に集中した約 70％ の鉄と 30％ の岩石から構成されていることを示唆する．鉄に富んだ中心核の直径はおそらく水星の直径の 75％ で，比率からいうと知られている惑星のうちで最大である．表面で $3.5 \times 10^{-7}$ テスラというわずかであるが重要な磁場をもち，地球を別にすれば磁場をもつ唯一の地球型惑星である．衛星はない．

**彗星状グロビュール**　cometary globule

明るい縁をもつ頭部と長いぼんやりした尾をもつ小さな*グロビュール．外見が彗星に似ている．明るい縁は電離の結果である．尾は 10 光年の長さで，このグロデュールと結びついている明るく若い星の方向あるいは逆方向を向いていることが多い．

**彗星の族**　comet family

惑星からの*摂動を受けて同じような軌道特性をもつにいたった彗星のグループ．彗星の族

のメンバーは必ずしも共通の起源をもたず，広い範囲にわたる原軌道から捕獲されたものであろう．現在，*木星族だけが認められている．かつては土星，天王星および海王星からの重力の影響も彗星の族を生み出したと信じられていたが，今では彗星とこれらの惑星との見かけの関連は木星の軌道周期との*共鳴から生じたと考えられている．

**水成変性** aqueous alteration

鉱物が低温で水と反応して変化する過程．水成変性の効果はある種の隕石（特に炭素質コンドライト）およびいくつかの*小惑星，特に*ケレスの表面層で明白である．

**彗星望遠鏡** comet seeker

小さな口径比をもち高いコントラストと広い視野を有する低倍率の光学装置．大口径の双眼鏡あるいはこれらの特性をもつ望遠鏡が彗星の掃天探索に理想的である．彗星の探索および観測に適した光学系をもつ反射望遠鏡は*最広角視野望遠鏡と呼ばれることがある．

**水素** hydrogen（記号 H）

宇宙で最も豊富な元素．宇宙の質量の73%程度を構成する．水素はいくつかの形態で見いだされる．地球上で最もなじみのある水素分子$H_2$は濃い星間ガス雲に存在し，個々の水素原子からなる原子水素はもっと拡散した星間雲（*H I 領域）に存在する．各原子が陽子と電子に分解されている電離水素は星および高温の星雲（*H II 領域）に存在する．

**水素イオン** hydrogen ion

電子を獲得したかまたは失ったかのために電荷をもつ水素原子．正の水素イオン $H^+$ は一つしかない電子を失ったために1個の陽子だけからなる．$H^+$ イオンを含む星雲は *H II 領域と呼ばれる．電子2個をもつ $H^-$ イオンは太陽のような星の外層で見いだされる．太陽の放つ光の大部分は実際には $H^-$ イオンの形成によって生じる．

**水素輝線放射領域** hydrogen emission region

656.3 nm で特徴的な赤いスペクトル線を放出する高温の水素ガスを含む星間空間の領域．可視光で見える *H II 領域である．656.3 nm の赤い線は水素の光学スペクトルにおいて最も明るい線で，$H\alpha$（水素アルファ）線と呼ばれる（→バルマー系列）．写真を撮るとこの $H\alpha$ 線によって星雲は特徴的な赤色を帯びる．［この用語はほとんど用いられない］．

**水素スペクトル** hydrogen spectrum

最も単純な元素である水素によって生成される特徴的なパターンのスペクトル線（輝線または吸収線）．スペクトルにおける線の系列は，スペクトル線を生じさせる遷移に関与する最低の*エネルギー準位によって名称がつけられる．電子が基底状態（$n=1$）に落ちるか，そこから上の準位に遷移すると*ライマン系列の線が生成される．$n=2$ は*バルマー系列，$n=3$ は*パッシェン系列，$n=4$ は*ブラケット系列，そして $n=5$ は*フント系列に対応する．バルマー系列は，すべての線がスペクトルの可視光域にあるので，実験室で研究された最初の系列となった．パッシェン，ブラケット，およびフント系列は赤外域にあり，ライマン系列は完全に紫外域にある．

**水素燃焼** hydrogen burning

水素の原子核（陽子）が融合してヘリウム原子核を形成し，それに伴って核エネルギーを放出する一連の核反応．中心核の温度が約1800万Kより低い星では水素燃焼は主として*陽子-陽子反応を介して起こる．それより高温の星では*炭素-窒素サイクルが主として関与する．

**水素分子** molecular hydrogen（記号 $H_2$）

地球で見出される普通の水素の存在形態．2個の水素原子が2個の共有電子により結合されている．水素分子は，星からの紫外光によって容易に解離（分離）されるので，宇宙の大部分の領域では存在できないが，塵粒子によって隠蔽される低温で高密度な*分子雲の中では存在可能である．水素分子は分子雲の主要な成分である．しかし，水素分子は，強い電波あるいはミリ波のスペクトル線をもたない対称的分子なので，直接観測するのは難しい．［最近では赤外線領域にあるスペクトル線が観測されている］．

**垂直環** vertical circle

観測が180°回転した二つの姿勢で行われるように垂直軸の周りに回転できる形式の*子午環．二つの姿勢で読み取った星の垂直環目盛値

**スイフト-タットル, 彗星109P/** Swift-Tuttle, Comet 109 P/

*ペルセウス座流星群の母天体である周期彗星. 1862年7月にアメリカの天文学者 Lewis Swift (1820～1913) と Horace P. Tuttle (1837～1923) が独立に発見した. 1862年8月に+2等に達し, 25～30°の長さの尾を示した. この彗星の中心核は特に活動的で, 多くのジェットや噴流を伴った. このような活動は彗星の公転周期に影響を及ぼす*非重力的力の原因である. 1992年9月に再発見され, 12月12日に近日点 (0.96 AU) に到達し, 5等の最大光度を示した. 約130年の平均公転周期をもつ. 現在ではこの彗星は1737年の彗星ケグラーと同一であることがわかっており, 69 BCにさかのぼって出現が同定されている. スイフト-タットル彗星は2126年に再び回帰するときには地球を近接通過する. その軌道は離心率0.964, そして軌道傾斜角113.4°をもつ.

**水平分枝** horizontal branch

*球状星団の*ヘルツシュプルング-ラッセル図に見られる星の水平な帯. *巨星分枝上の星よりもやや青くそして暗い星を含んでいる. これらの星は中心核でヘリウムをそしてその周りの殻で水素を燃焼していると考えられる. 0.6～0.8太陽質量で, その半分以上はヘリウムが燃焼する中心核にある. 巨星分枝上にあった時代に*恒星風によっておそらく相当な質量を失ったと考えられる. 典型的に星は水平分枝上で5000万年から1億年を過ごす.

**水和水** water of hydration

岩石あるいは他の物質の鉱物構造内に埋め込まれた水. あるいは物質と化学的に結合して水和物を形成する水. *ケレスを含めた主帯Cクラスの小惑星の約3分の2から水和水のあることがわかる.

**スカイラブ** Skylab

1973年5月14日に打ち上げられたNASAの宇宙ステーション. サターンVロケットの最上段を改造したもので, 住居部分, 作業部分, そしてアポロ望遠鏡架台 (ATM) から構成される. ATMはX線, 紫外線および可視光波長で太陽の彩層およびコロナを観測するための6基の望遠鏡を取り付けていた. それぞれ3人の乗組員からなる三つのチームが宇宙ステーションにそれぞれ, 28日間, 59日間, および84日間滞在した. 次いでスカイラブは放棄され, 1979年7月に地球大気圏に再突入した. その断片は西オーストラリアに落下した.

**すき** Plough →北斗七星

**スキャパレリ, ジョヴァンニ ヴィルジニオ** Schiaparelli, Giovanni Virginio (1835～1910)

イタリアの天文学者. 1860年代にいくつかの*流星物質流の軌道と特定の彗星の軌道の間に類似性があることを発見した. 例えば, 1866年にはペルセウス座流星群が彗星*スイフト-タットルに関連することを示し, 流星は彗星からの残骸物であると考えた. 1877年から火星に関する一連の注意深い観測を始め, この観測から火星の*アルベド地形に対する非常に詳細な地図と命名体系が生まれた. 直線状模様である溝 (イタリア語のcanali) に関する彼の報告には多くの推測と論争が続いた. 最初は*セッキ (P. A.) が用いたこの用語は溝や水路を意味するが, 英語には"運河"と翻訳された. スキャパレリは金星と水星の地図も作成し, *連星の軌道を研究した.

**スケール長** scale length →尺度高

**スケールハイト** scale height →尺度高

**スケールファクター** scale factor →宇宙尺度因子

**スコットランド式架台** Scotch mount

星を追尾するよう設計された単純な手動のカメラ架台. 開き戸式架台, あるいは1972年にこの架台を発明したスコットランドの物理学者でアマチュア天文家 George Youngson Haig (1929～) にちなんでヘイグ式架台とも呼ばれる. 架台は一端を蝶番で結合した2枚の板から構成され, 下の板は固定し, 上の板は地軸に平行にセットした蝶番軸の周りに開く方式になっている. そしてカメラは上側の板に搭載する. ボルトを回転して地球の自転を打ち消すように上側の板を蝶番軸の周りに回転させる. この装置は比較的広角なレンズによる短い露光に適している. その主な利点は安価なことである.

**スコプルス** scopulus

惑星表面上のでこぼこした不規則な断崖．"突出した岩"あるいは"絶壁"を意味するこの名称は地質学的用語ではなく，例えば火星上のタルタルス・スコプルスのように，個々の地形の命名に用いる．

**すじ模様** fibrille, fibril

太陽の低い彩層にある模様．*Hα光で見える黒点付近にらせんに近いパターンで並んだ細くて暗い線．大きい成熟した黒点の周囲で特に顕著であり，黒点から外側の方向に約10000 kmにわたって広がって超半暗部と呼ばれる部分を形成する．全体の模様は黒点を含む活動領域と同じ期間継続するが，個々の縞模様は20分ぐらいしか持続しない．すじ模様は黒点付近の彩層における磁場の輪郭を描いていると考えられる．

**スタイル** style

水平板または垂直板式日時計で，影を作る*ノーモンの上端につけた刃の部分をいう．これらの日時計では，スタイルはその地の緯度と同じ角度に（すなわち地軸と平行な方向に）向けられる．時としてダイアル面上に1日の長さなどの副次的情報がある場合は，スタイルに小さな刻みあるいは結び目（nodus）をつけることがある．この刻み目の影が正しい読みを示す．

**スターカウント** star count →星計数

**スタースポット** star spot →恒星黒点

**スターダスト** Stardust

彗星81P/Wild 2からの*塵を収集し，地球に持ち帰るよう設計されたNASAの宇宙探査機．彗星の中心核も撮影することになっている．1999年2月に打ち上げられ，2004年1月に中心核の約100 km以内に接近する．塵試料を運ぶ帰還カプセルを2006年1月に地球に落下傘投下する予定である．［打上げは予定通り実行された］．

**スターバースト銀河** starburst galaxy

爆発的星生成（スターバースト）を起こしている銀河．スターバーストによって生成された星が銀河の全生涯を通じて生き残ることはありえないので，スターバーストは一過性のものであるにちがいない．スターバーストによる放射は高温の若い大質量の星から主として紫外線領域で放出されるが，この放射は*塵によって吸収され，そして遠赤外線波長で再放出されて非常に明るく輝く．*赤外線天文衛星 IRAS はこの種の多数の銀河を発見した．そのうちのいくつかは知られている最も明るい銀河であり，遠赤外線で$10^{14}$太陽光度もの放射を出している．

**スタンドスティル** standstill →休止

**スチュワード天文台** Steward Observatory

アリゾナ大学の天文台．1922年ツーソンに創設され，後援者である Lavinia Steward にちなんで命名された．現在はアリゾナ州の主な5カ所で望遠鏡を稼動させている．*キットピーク国立天文台にある標高2070 mの観測所は1963年に創設された．3台の望遠鏡を所有している．1969年に開設され，前天文台長*ボーク（B. J.）にちなんで命名された2.3 mボーク反射望遠鏡，1922年に開設され，1963年にキットピークに移された0.9 m反射望遠鏡，および1977年ツーソンに開設された1.8 m反射望遠鏡である．後の2台の望遠鏡は*宇宙監視計画で使用されている．サンタカタリナ山脈の標高2780 mにあるレモン山観測所はツーソンの北東38 kmにある．ここには1.5 mおよび1 m反射望遠鏡がある．両方とも1970年に開設された．ここにはミネソタ大学とカリフォルニア大学サンディエゴ校が共同で運用する1.5 m反射望遠鏡もある．サンタカタリナ山脈の標高2510 mにあるビゲロウ山観測所には1.5 m反射望遠鏡と0.4 mシュミット望遠鏡がある．両方とも1965年に開設された．さらにスチュワード天文台はホプキンス山で*マルチミラー望遠鏡を共同で所有し，運営している．また*グレアム山国際天文台を所有し，運営している．

**スティショバイト** stishovite

特に高圧な隕石衝撃の衝撃波が石英を含む岩石中を通過するときに生成される珍しい鉱物．13万バールの圧力で生成されるシリカの高密度の形態である．巨大クレーター付近のスティショバイトを含む断片は，クレーターが隕石起源であることの証拠とされる．

**ステファンの五つ子** Stephan's Quintet

相互作用しているように見える5個の銀河の

群．その一つは他の4個とは非常に異なる*赤方偏移を示す．4個の銀河（NGC 7317, 7318 A および 7318 B, そして 7319）はおそらく重力的に結びついており，赤方偏移は 5700 から 6700 km/s の後退速度に対応しているが，NGC 7320 の赤方偏移は 800 km/s で，おそらく偶然に重なり合った前景にある銀河であろう．したがって，この群は多分ステファンの四つ子と改名するのが適切であろう．ペガスス座にあって距離が約2億5000万光年のこの群は，1876年にこれを発見したフランスの天文学者 Édouard Jean Marie Stephan（1837～1973）にちなんで名づけられた．

**ステラジアン** steradian（記号 sr）
立体角の単位．立体角とは例えば，円錐の底面が張るような三次元空間内の角度．1ステラジアンは，球の半径の2乗に等しい球面上の面積が中心で張る立体角であり，球の中心で球の全表面が張る立体角は $4\pi$ ステラジアンである．

**ストークスパラメーター** Stokes parameter
電磁波の偏光特性を記述するのに使用する4個の量．全強度 $I$，円偏光 $V$，および直線偏光の2成分 $Q$ および $U$ である．電波天文学では，ストークスパラメーターは通常はジャンスキーで測定する．イギリスの数学者で物理学者 George Gabriel Stokes（1819～1903）にちなんで名づけられた．

**ストラスブール天文データセンター** Strasbourg Astonomical Data Center, CDS
世界の先導的な天文データセンター．フランスのストラスブール天文台に本拠を置く．CDS はストラスブール天文台のフランス名の頭文字．1972 年に星データセンター（Centre for Stellar Data）として創設され，星だけでなく太陽系外のすべての天体をカバーするよう拡張されて 1983 年に改名した．CDS は地上の天文台および宇宙天文衛星からデータを収集し，電子的形式でそれらの利用を可能にする．CDS は *SIMBAD データベースを運営し，アメリカの*天文データセンター（ADC）と協力している．

**ストルーヴェ** Struve
4代の天文学者を輩出したロシア-ドイツの一族．最も重要な人物は，フリードリッヒ・*ストルーヴェ（F. G. W. von），彼の息子オットー W. *ストルーヴェ（Otto W.）（オットー I 世），およびその孫のオットー・*ストルーヴェ（Otto）（オットー II 世）である．Karl Hermann Struve（1854～1920）はオットー I 世の兄である．彼は数個の衛星の軌道を精密化し，土星の環を研究した．Gustav Wilhelm Ludwig Struve（1858～1920）はオットー I 世の次男で，オットー II 世の父である．彼は太陽系の運動に関する父の研究を継承し，月の*掩蔽を研究した．ヘルマンの息子である Georg Struve（1886～1933）も太陽系，特に土星と天王星の衛星を研究した．

**ストルーヴェ，オットー** Struve, Otto（1897～1963）
ロシア生まれのドイツ-アメリカの天文学者．*ストルーヴェ（O. W.）の孫．彼の初期の分光学的研究は急速自転をする星に関するものであった．1930 年代末にアメリカの天文学者 Christian Thomas Elvey（1899～1970）と共同して星雲を研究するための分光器を製作した．彼らは銀河面の近くに集中している星間水素を発見し，電離水素（→ H II 領域）を検出した．彼はまた（彼の先祖と同様に）連星，星の進化，そして惑星系の起源も研究した．

**ストルーヴェ，オットー ウィルヘルム** Struve, Otto Wilhelm（1819～1905）
ロシア生まれのドイツの天文学者．*ストルーヴェ（F. G. W）の息子．プルコヴォ天文台で研究した．そこで彼は父と協同で*二重星の探査を行い，彼自身のカタログを刊行した．*歳差の変化率を精確に決定し，近傍星の*固有運動から銀河系における太陽の速度を推定した．

**ストルーヴェ，フリードリッヒ ゲオルグ ウィルヘルム フォン** Struve, Friedrich Georg Wilhelm von（1793～1864）
ドイツの天文学者．*ストルーヴェ（O. W.）の父．1819 年に*ハーシェル（F. W.）がやり残したところから続けるつもりで，*二重星の観測を始めた．翌年に彼は多くの二重星カタログの第1巻を刊行した．その最後のカタログ（1852 年）は二重星の角距離と位置角を歴

史的データと比較している．ストルーヴェは，二重星や多重星はそれまで考えられていたよりもありふれていることを示した．彼のカタログ番号は現在も使われている．1833年にサンクトペテルスブルグ近くにプルコヴォ天文台を設立するためにロシアに移住した．1840年に*ヴェガの*三角視差を測定した．これは恒星の三角視差の信頼できる測定としては3番目のものであった．また，光行差定数を含む天文定数の値を精密化した（→年周光行差）．

**ストレームグレン，ベント ゲオルグ ダニエル** Strömgren, Bengt Georg Daniel (1908～87)

スウェーデンの天文学者．父親のSvante Elis Strömgren (1870～1947) と研究した後，星の大気および星間ガス雲，特にH II 領域を研究した．この研究から*ストレームグレン球—高温星を囲む電離ガスの領域—の概念が発展した．彼の晩期の研究は*星の進化の過程で起こる化学組成の変化に関するものだった．彼は*ストレームグレン測光系を開発した．

**ストレームグレン球** Strömgren sphere

高温星を囲む電離ガスの領域．その大きさはストレームグレン半径と呼ばれる．*ストレームグレン (B. G. D) が星間ガスの密度，星の温度および電離領域の半径の間の関係を初めて導いた．電離ガスは普通*H II 領域と呼ばれる．

**ストレームグレン測光系** Strömgren photometry

*中間帯域測光の体系．この体系でのフィルターの名称，波長と帯域幅は，$u$：350 nmと34 nm，$v$：410 nmと20 nm，$b$：470 nmと16 nm，$y$：550 nmと24 nmである．この測光系はH$\beta$線を測定するために二つの干渉フィルターを補助的に使用することが多い（→水素スペクトル）．これらのフィルターは486 nmという同じ中心波長を共有するが，帯域幅が15および3 nmと違っている．この二つの等級の差がH$\beta$指標であり，記号が$\beta$である．異なる色を組み合わせてスペクトル型OとBの星の温度，光度，および*星間赤化を決定することができる．スペクトル型AとFの星に対して金属組成を決定することもできる．この名は創始者*ストレームグレン (B. G. D) にち

なんでつけられた．

**ストロムロ山／サイディングスプリング天文台** Mount Stromlo and Siding Spring Observatories, MSSSO

キャンベラのオーストラリア国立大学が所有し，運営している二つの天文台．太陽天文台として1924年に設立されたストロムロ山天文台はキャンベラの西方11 kmの標高770 mに位置する．主要望遠鏡は1955年に開設された1.88 m反射望遠鏡である．もう一つの望遠鏡は1954年に開設された1.27 m反射望遠鏡と1927年に開設された0.76 m反射望遠鏡である．*サイディングスプリング天文台は1962年にストロムロ山天文台の地方観測所として設立された．[2003年1月にストロムロ山天文台は山火事に襲われ，すべての望遠鏡と工場などが消失した]．

**ストロンチウム星** strontium star

スペクトル中に強いストロンチウム線をもつ*Ap 型星．

**砂時計星雲** Hourglass Nebula

いて座にある*干潟星雲の最も明るい中心部分．8の字形で，6等星のいて座9番星の付近にある．[このほかに，ハッブル宇宙望遠鏡が撮影したHe 2-104（MyCn 18 ともいう）やすばる望遠鏡が撮影したS 106 IRS 4 もその形から砂時計星雲と呼ばれている]．

**スニアエフ−ゼルドヴィッチ効果** Sunyaev-Zel'dovich effect

*宇宙背景放射が，銀河団の中の高温電離ガス中を通過するときにそのスペクトルが変化し，見かけ上温度が変って見える現象．この効果は電離ガス中の電子による*逆コンプトン散乱で背景放射の光子の平均エネルギーが増加することによって引き起こされる．スニアエフ−ゼルドヴィッチ効果はセンチ波およびミリ波の波長域では温度の低下として，サブミリ波では温度の増加として観測される．温度の変化量は0.001 Kより小さい微小なものである．この効果の測定は困難であるが，10個以上の銀河団で観測されてきた．これによって*ハッブル定数を独立に決定することができる．この効果は，最初にそれに注目したロシアの天体物理学者 Rasheed Alievich Sunyaev (1943～) と

Yakov Borisovich Zel'dovich (1914~87) にちなんで名づけられた.

**SNU** solar neutrino unit →太陽ニュートリノ単位

**スパイダー** spider
ニュートン式およびカセグレン式などの反射望遠鏡の鏡筒先端にある*副鏡の支柱. 一般にスパイダーは副鏡を鏡筒に取り付ける3本あるいは4本の腕をもつ.

**スハイル** Suhail
ほ座ラムダ星. 距離330光年のK4型*超巨星あるいは輝巨星. 平均等級が2.2で変光範囲が0.1等以下の不規則変光星である.

**スパークチェンバー** spark chamber
荷電粒子の経路を示す装置. ネオンなどの気体中に設置した一連の平行な板から構成される. 粒子がチェンバーの上部に設置した検出器を通過すると, 粒子はスパークチェンバーに対して高電圧パルスを発射する. この粒子の通過により発生したイオンによってスパークは粒子が通った経路に沿って板の間を伝わっていく. その経路は光電子増倍管を用いて記録できる. この装置は宇宙線とガンマ線を検出するために使用できる.

**スーパーシュミット望遠鏡** super-Schmidt telescope
非常に広い視野とf/1という明るい*口径比をもつ*シュミットカメラの発展型. これは*補正板の両側に*メニスカスレンズを配置することで達成される. 流星を撮影するために設計された.

**スパッタリング** sputtering
高エネルギー原子やイオンの衝突によって星間塵の微粒子のような固体の表面から原子あるいは分子がはぎとられる過程. あるいは, 真空中で望遠鏡の鏡などの表面に金属薄膜を付着させる過程. スパッタリングは塵粒子の衝突によって小惑星の表面でも起こるかもしれない.

**スーパーハンプ** superhump →おおぐま座SU型星

**スーパーヘテロダイン受信機** superheterodyne receiver
電波天文学で広範に使用される受信機. この受信機は, 入射する電波周波数 (RF) を局部発振器が発生するそれより低い周波数の信号と混合し, 入射信号の周波数をより容易に増幅かつ周波数選択 (フィルター) できる中間周波数 (IF) にまで下げる. 高いRF用の受信機には数段にわたるこのような仕組みをつけることができる. 受信機は, IFが一定に保たれるように局部発振器の周波数を変化させて調整する.

**すばる望遠鏡** Subaru Telescope
日本の国立大型望遠鏡 (JNLT). 可視光および赤外線観測のための8.3m反射望遠鏡で, ハワイの*マウナケア天文台に日本国立天文台が建設し, 1999年に完成した. すばるはプレアデス星団に対する日本名である. [主鏡の口径は8.3mだが, 有効口径は8.2mである].

**スーパーローテーション** super-rotation
惑星の大気が表面とは独立に回転する現象. これは金星で顕著である. 金星では大気の最上部は4日で回転するが, 下の表面は243日で回転する. スーパーローテーションの原因はよく理解されていないが, 太陽熱の大部分が大気の最上部で吸収されることと関係しているかもしれない.

**スピカ** Spica
おとめ座アルファ星. 1.0等. 二つのB型矮星からなる*分光連星. 重力によって形がひき伸ばされているので, この*連星が互いを周回するとき明るさが4日ごとに変化する. ただし変光幅は0.1等より小さい. さらに, 主星は0.17日の周期をもつ*ケフェウス座ベータ星型の変光星である. スピカの距離は220光年.

**スピキュール** spicule
太陽の上部彩層におけるスパイク状のジェット. 特に*Hα光でよく見える. スピキュールは約30km/sの速度でコロナの中に上昇し, 加速して約90秒で高度9000kmに達する. 15分ほど持続し, 降下というよりは次第に弱くなってその生涯を終える. スピキュールは群がる傾向があり, 太陽の*リムでヤマアラシの針のように見える. Hα光で太陽円盤を背景に見ると, 微細な*斑点として同定でき, それらの高さによって明るくまたは暗く見える. Hα線の赤色側の*スペクトル線翼部で観測すると常に暗く見える. 微細斑点は, *彩層網状構造の輪郭をなす粗い斑点中に根をもつ群を形成する.

太陽円盤の中心ではスピキュール群はロゼット（ばら花飾り）と呼ばれる放射状の模様を形成する．

**スピッツァー，ライマン ジュニア** Spitzer, Lyman Jr. (1914～97)

アメリカの天体物理学者．星の形成とエネルギー発生には磁場が重要な役割を果たしているという確信に基づいて，制御された核融合を実現するための装置を建設し，プラズマ物理学へ終生変わらぬ関心を示した．1951年に *バーデ (W.) とともに，*レンズ状（S0型）銀河が渦巻銀河どうしの衝突の結果であることを示唆した．1956年にアメリカの天体物理学者 (Martin Schwarzchild (1912～97) と共同で，銀河の *ディスクにおける星の無秩序運動は現在 *巨大分子雲と呼ばれているものから生じたという説を唱えた．

**スピナー** spinar

かつてクェーサーのエネルギーとして提案された仮想的な超大質量星．約1億太陽質量をもち，高速で回転し，大規模なパルサーのように輝くと考えられた．しかしながら，仮にそのような天体が形成されたとしても，それは不安定で，急速に崩壊して超大質量の *ブラックホールになるであろう．

**スピン** spin（記号 $s$）

多くの素粒子がもつ性質の一つ．これらの粒子は，軌道運動の角運動量以上の角運動量をもつので，あたかも回転しているように振る舞う．しかしながら，粒子に印をつけてそれが回転していることを確かめる方法がないので，この性質を文字どおりにとるべきではない．スピンの単位は $h/2\pi$ である．$h$ は *プランク定数．[この単位で表して 1/2 がスピンの最小単位であり，その偶数倍（整数値）のスピンをもつ粒子を *ボソン，奇数倍（半整数値）のスピンをもつ粒子を *フェルミオンと呼ぶ]．

**スピン温度** spin temperature

中性水素（HI）原子の *スピンを記述する仮想的温度．HIは二つのエネルギー状態をもつ．電子と陽子のスピンが平行である上位状態，およびこれらのスピンが反対（反平行）である下位状態．HI領域のスピン温度は，もしHIガスが熱平衡状態にあれば反平行スピンと

対平行スピン比が特別の値になるような温度である．HI原子の二つのスピン状態間の遷移によって波長 21 cm の重要な電波スペクトル線が生じる．

**スピン-軌道結合** spin-orbit coupling

1. 他の天体を回るある天体の公転周期とその自転周期の間の関係．この関係は潮汐力が原因で生じたものである．例えば，水星の自転周期は公転周期の 3 分の 2 である．同じ効果の他の例は *共回転と *同期自転である．[2. 原子内の電子や原子核内の核子に見られるその軌道角運動量とスピン角運動量の相互作用].

**スピンキャスティング** spin casting

反射鏡材にするガラス片を溶融してあらかじめ形づくられた凹面を生じさせ，正しい曲面を作るのに要する作業をかなり軽減させる技術．ガラス片を含む回転炉を1分間に数回転させながら 1200℃ の温度まで加熱するか，またはすでに溶融したガラスを回転炉に注ぎ込む．遠心力によって溶融ガラスの表面が放物面曲線をとるようなる．この手法は小さな口径比の大型反射鏡を製作するのに特に有用である．

**スピンダウン** spin-down

パルサーが年齢とともにエネルギーを喪失するにつれてその自転周期 $P$ が徐々に長くなる現象．観察されるスピンダウン率 $\dot{P}$ は若いパルサーの $10^{-12}$ s/秒から *リサイクルパルサーの $10^{-19}$ s/秒までの範囲にある [$\dot{P}$ は $P$ の時間微分]．量 $P/\dot{P}$ はパルサーの特性年齢あるいはスピンダウン年齢と呼ばれており，パルサーの真の年齢の上限を表すと思われている．

**スピンドル銀河** Spindle Galaxy

ろくぶんぎ座にある長く伸びた9等の銀河．NGC 3115 の通称．非常に偏平な *楕円銀河，あるいは *レンズ（S0）銀河．距離は約 3000 万光年．→銀河

**(アル-)スーフィ，アブド アル-ラーマン** al-Ṣūfī, 'Abd al-Raḥmān (903～986)

アラブの天文学者（ラテン名 Azophi）．現代のイランに生まれた．彼の著書 Book of the fixed Stars（恒星の書，964 年）にはプトレマイオスの *アルマゲストに基づいた星のカタログと地図が掲載されていた．この本はアルマゲストをアラブ人の天文学の考えで不適切な形に修正

したものである．そこにある星の名前は今でも使われている．またこの本にはアル-スーフィ自身の観測も取り入れており，アンドロメダ銀河についての最初の記述が見られる．

**スプートニク** Sputnik

旧ソ連が打ち上げた人工衛星シリーズ．1957年10月4日に打ち上げられたスプートニク1号は世界で最初の人工衛星であった．1957年11月3日に打ち上げられたスプートニク2号は初めて生物（ライカ犬）を地球周回軌道に運んだ．ライカ犬は地球に連れ帰る方法がなかったので宇宙空間で死んだ．5台のスプートニクは，*ヴォストーク宇宙船の無人試験飛行であった．スプートニク10号の後でこのシリーズはコスモスと改名された．

**スプリングフィールド式架台** Springfield mounting

観測者が極軸上に固定した，下向きの位置から観測することができる*赤道儀式架台．この形式では，ニュートン式望遠鏡の*斜鏡が鏡筒の先端ではなく，*赤緯軸の位置に置かれている．この斜鏡で反射された光を第三の平面鏡が極軸に沿って光を上方に反射する．観測位置は特に快適で便利である．しかしながら，赤緯軸が鏡筒の重心にくることを保証するために大きな平衡錘が必要であり，3回の反射の結果としてできた像は暗くなり，しかも横方向に反転する．この架台の名はアメリカの望遠鏡製造業者 Russell Williams Porter（1871～1949）が，この架台を発明したヴァーモント州スプリングフィールドの町にちなんで命名された．

**スプレイ状紅炎** spray

フレアに付随した爆発的な太陽の紅炎．2000 km/sまでの非常な高速で，太陽からの脱出速度より速い．スプレイ状紅炎の物質は断片化されているように見え，時にはループ構造を示す．

**スペクトラム X-ガンマ衛星** Spectrum X-gamma

1998年以降に打上げが予定されているロシア-ヨーロッパの共同天文衛星．以下のような多数の観測装置が搭載される予定である．共同ヨーロッパ望遠鏡（Jet-X, イギリスとイタリアが製作した）は*CCD検出器をもつ*斜入射望遠鏡である．SODART（デンマーク-アメリカ-ロシアの）は斜入射光学系を用いた望遠鏡で，比例計数管，固体検出器，ブラッグ結晶分光計，およびX線偏光計を備えている．スイス-ロシアの協同作業であるFUVITA実験は，遠紫外線領域で稼動する4基の望遠鏡を用いる．MART（イタリア-ロシアの）は高エネルギーX線望遠鏡である．［打上げ予定は2003年以降と変更された］．

**スペクトル** spectrum

1．波長あるいは周波数の順に配列された電磁波のエネルギー（→電磁スペクトル）．*輝線スペクトルは，物体が加熱されるか，電子あるいはイオンによって衝撃を受けるか，または光子を吸収するときに放出するスペクトルである．*吸収スペクトルは*連続スペクトル中に暗い線あるいは帯をもつ．それぞれの線や帯は，吸収する媒質により連続スペクトルからその光が除かれる波長あるいは波長群である．これらの線および帯の波長は，その物質の輝線スペクトルが現れる線および帯と同じである．輝線スペクトルおよび吸収スペクトルは連続スペクトル，線スペクトル，あるいは帯スペクトルのどの形をとることもある．連続スペクトルは広い波長範囲にわたって分断されない．連続スペクトルは白熱した固体，液体，および圧縮されたガスによって生成される．輝線は励起された原子やイオンが低いエネルギー準位に遷移するときに放出する不連続の線である．帯スペクトル（密集した線の帯）は分子ガスあるいは化合物に特有である．2．可視光を可視分光器やプリズムを通して見るときに生じる色のついた帯．⇒分光学

**スペクトル型** spectral type

星をそのスペクトルの詳細にしたがって分類する手段．星のスペクトル型は表面温度に大きく依存するので，星の色に対する指標でもある．最も高温の星は最も青く，最も低温の星は最も赤い．現在使用されているスペクトル型の体系は*モーガン-キーナン分類である．⇒スペクトル分類

**スペクトル指数** spectral index（記号 $S$ あるいは $a$）

電波源からの連続放射の強度が振動数ととも

に変化する様子を示す指数．普通，強度は指数関数的に変化し，その指数をスペクトル指数と呼ぶ．[強度を $f$，振動数を $\nu$ とするとき $f \propto \nu^{\alpha}$ と書いて，$\alpha$ のことをスペクトル指数と呼ぶ]．スペクトル指数は熱放射の場合は0から2の正の値をとるのが普通であるが，シンクロトロン放射のような非熱的放射の場合はスペクトル指数は約 $-0.5$ から $-1.5$ の範囲にある負の値をとる．

### スペクトル線 spectral line

原子の中の電子が二つの準位の間を遷移するときに生じるスペクトルの輝線あるいは吸収線．高い準位へ遷移するときはエネルギーの吸収が必要で，暗い吸収線を生成する．低い準位へ遷移するときはエネルギーを放出し，明るい輝線を生成する．可視光波長では鉄などの元素からのスペクトル線は主として外側電子殻間での遷移に由来するが，X線は内側の電子殻間の遷移から生成される．スペクトル線の精確な波長（またはエネルギー）は各原子ごとに決まっていて，スペクトル線の波長がその原子の存在の証明となる．

### スペクトル線強度比 line ratio

二つの特定の吸収線あるいは輝線の強度（*等価幅）の比．これらの線は同じ元素の異なるエネルギー準位に対応していたり，まったく異なる元素から生じたりするので，それらはガスの密度および（あるいは）温度に敏感なはずである．例えば，高温ガスでは H$\beta$ 線強度に対する H$\alpha$ 線強度の比はそのガスの密度に敏感である．

### スペクトル線受信器 line receiver

星間分子からのスペクトル線や*21 cm 水素線のような，既知のスペクトル線の周囲の狭い波長範囲における電波を検出するよう設計された電波受信器．

### スペクトル線幅拡大 line broadening

次の四つの機構の一つによりスペクトル中の吸収線あるいは輝線の幅が増大すること．四つの機構とは，放射ガスの運動による*ドップラー線幅拡大，星の大気圏における他の原子および分子との衝突による*圧力線幅拡大あるいは*シュタルク線幅拡大，あるいは強い磁場の存在による*ゼーマン分裂である．

### スペクトル線毛布効果 line blanketing

分解できないほど暗くかつ数百あるいは数千本の弱い吸収線が混み合って存在するために星のスペクトル強度が弱くなること．低温の星ではスペクトルの可視および紫外線部分に吸収線をもつ非常に多くの原子あるいは分子が存在するので，スペクトルはそれらで "毛布をかけたように覆われる" ように見える．吸収されるエネルギーは再放射されなくてはならないが，放射は普通は低エネルギー（すなわち，より長い波長）で行われる．したがって，スペクトル線毛布効果がない星に比べて，スペクトルの赤色あるいは赤外線部分が強くなる．

### スペクトル線翼部 line wing

スペクトル線のピークから遠く離れた吸収線あるいは輝線の領域．翼部が広がっていることは（主領域に対して）高速で運動するガスの存在，あるいはその線が高密度ガスで形成されたことを示している．

### スペクトル線輪郭 line profile

スペクトル線（吸収線あるいは輝線）の形状．それを研究するためには高いスペクトル分解能を必要とする．異なる*スペクトル線幅拡大の機構に対して線輪郭は異なってくるので，スペクトル線輪郭は，その線が形成される領域の物理的性質を推定するために利用できる．

### スペクトル分類 spectral classification

星をそのスペクトルの性質にしたがって分類すること．これを行った最初の試みは1860年代の*セッキ分類であったが，現在のスペクトル分類体系のもとになったのは*ハーヴァード分類であった．星の表面温度が減少する順に型 O, B, A, F, G, K, あるいは M の各型に分類され，それぞれの型は0（最も高温）から9（最も低温）までにさらに細分された．*矮星，*巨星および*超巨星を意味するために接頭辞 d, g および c が使われた．これらに R および N 型（現在では炭素星と呼ばれている）そして S 型（重金属星）が付加された．ハーヴァード分類における星のスペクトル型は*ヘンリー・ドレーパーカタログに発表された（1918〜24年に刊行）．当初，星は "早期型の" O および B 型から "晩期型の" K および M 型までの進化系列をたどると考えられたが，現在

## スペクトル分類

| 色 | スペクトル型 | $T_{\text{eff}}(K)$ | $M_V$ | 分類基準(吸収線を示す原子や分子) |
|---|---|---|---|---|
| 非常に青い | O 5 | 40000 | −5.8 | 高度に電離した原子 |
|  |  |  |  | He II, Si IV, N III |
|  |  |  |  | H がかなり弱い |
|  |  |  |  | 数本の輝線 |
| 青い | B 0 | 28000 | −4.1 | O 型より電離度が低い |
|  |  |  |  | He II はない；He I は強い |
|  |  |  |  | Si III, O II |
|  |  |  |  | H が強い |
| 青-白色 | A 0 | 9900 | +0.7 | He I はない；H が最も強い（幅が広い） |
|  |  |  |  | Mg II, Si II が強い |
|  |  |  |  | Fe II, Ti II, Ca II が強くなる |
| 白い | F 0 | 7400 | +2.6 | H がやや弱い；Ca II が強い |
|  |  |  |  | 電離金属が弱くなる |
|  |  |  |  | 中性金属が強くなる |
| 黄色 | G 0 (G 2=太陽) | 6030 | +4.4 | Ca II が非常に強い |
|  |  |  |  | 中性金属が強い |
|  |  |  |  | H はさらに弱くなる |
| オレンジ色 | K 0 | 4900 | +5.9 | 中性金属が強い |
|  |  |  |  | H は非常に弱い |
|  |  |  |  | 分子帯が強くなる |
| 赤い | M 0 | 3480 | +9.0 | TiO 帯が強い |
|  |  |  |  | 中性金属（例えば Ca I）が強い |
|  | R, N | 3000 |  | CN, CH, $C_2$ が強い |
|  |  |  |  | TiO はない；中性金属はない |
|  | S | 3000 |  | ZrO, YO, LaO が強い |
|  |  |  |  | 中性金属がある |

ではそうではないことがわかっている。

現在, 天文学者は 1940 年代に導入された *モーガン-キーナン分類を用いている。これはハーヴァード分類の改訂であり, 重要な点は I (超巨星) から V (矮星, あるいは *主系列星) までのローマ数字によって示される *光度階級が追加されたことである。後に光度クラス VI (準矮星) と VII (*白色矮星) が付加されたが, 現在はほとんど使われない。各スペクトル型の支配的な特徴と他の性質は表にまとめてある。

与えられている有効温度は主系列上の星に対してである。同一スペクトル型でも巨星と超巨星ではわずかに温度が異なっている。

すべての型は 0 から 9 まで細分されるが, O 型星は O 3 型から始まり, 補助的な O 9.5 型がある。そして M 型星は M 10 型まで拡張される。スペクトル型の後に補助的につける文字は, 次のように, スペクトルの種々な異常な特性を示している。

| | |
|---|---|
| n | 太くてぼんやりした線 |
| s | 細くて鋭い線 |
| v | スペクトル型が変化するもの |
| e | 吸収線のほかに輝線をもつもの（例えば Be 型） |
| ev | 変化する輝線 |
| f | ある種の O 型輝線星 |
| p | 特殊なもの（例えば異常な線強度） |
| eq | *はくちょう座 P 星型線輪郭をもつもの |
| k | 星間線が存在するもの |
| m | 金属線星 |

**スペクトル変光星** spectrum variable →りょうけん座アルファ²型星

**スペクトル連星** spectrum binary →複合スペクトル連星

**スペクトロヘリオグラフ** spectroheliograph →分光太陽写真儀

**スペクトロヘリオスコープ** spectrohelioscope

特定のスペクトル線の波長で，太陽を実視観測する装置．原理は*分光太陽写真儀の原理と非常に似ているが，一次および二次スリットを太陽像の上で眼がその動きに気がつかないほど迅速に前後移動させる点が異なる．

**スペースシャトル** Space Shuttle

再使用が可能な有翼の宇宙船．人工衛星などを運搬できる．ロケットのように打ち上げられるが，滑空して地上へ戻り航空機のように滑走路に着陸する．スペースシャトルはそれ自身のエンジンをもち，軌道に到達する直前に切り離される大型の外部タンクから打上げ時に燃料が供給される．上昇中に切り離される船体外部に取り付けた二つのブースターが打上げ用に補助的な推進力を供給する．スペースシャトルは乗員室に8人までの飛行士を収容でき，最大18日間軌道に滞在することができる．その種々な用途には，衛星および宇宙探査機の打上げ，*スペースラブの運搬，および*国際宇宙ステーションへの連絡船の役目がある．人工衛星を軌道から回収し，地球に戻すためにも使用できる．スペースシャトルは4機ある．コロンビア(Columbia)は1981年4月12日に初めて打ち上げられた．ディスカヴァリー(Discovery)は1984年8月30日に最初に打ち上げられた．アトランティス(Atlantis)は1985年10月3日に打ち上げられた．そしてエンデヴァー(Endeavour)は1992年5月7日に初めて打ち上げられた．1983年4月4日に最初の飛行をしたチャレンジャー(Challenger)は1986年1月28日に空中での爆発で破壊された．エンデヴァーはその後継機である．[コロンビアは2003年2月1日，地球への帰還中に空中分解し，乗組員7名全員が死亡した]．

**スペースラブ** Spacelab

ヨーロッパ宇宙機関が建設した宇宙ステーションでスペースシャトルの貨物室で運搬される．スペースラブは，与圧モジュールと，測定装置を設置できる宇宙の真空空間に開かれたパレットと呼ばれる構造物から構成される．与圧モジュールとパレットは共同でも別個でも飛行できる．1983年11月にスペースシャトルの飛行ミッションSTS 9で処女飛行を行った．[多数回の飛行を行った後，1997年に計画は終了した]．

**スペックル干渉法** speckle interferometry

通常は小さすぎて大気の*シーイング効果のために分解できない天体の詳細を検出するための手法．狭い波長範囲において高倍率で多数の短い露光(0.1～0.001秒)を行うと，1回の露光で得られた天体の像にはスペックルと呼ばれる微細な点が多数見られる．各スペックルは*シーイングのセル(温度の一定な一塊の空気)によって生じる．例えば，近接二重星からのスペックル像は，全体としてはスペックルが円形に分布しているが，その分布に二重星の構造の情報が含まれている．その構造を決定するためには，レーザービームをスペックル画像に通過させ，フィルム上に焦点を結ばせる．多数のスペックル画像に通した信号を足し合わせて得られる像は，元の像の構造を明らかにする縞模様(*干渉縞)を含んでいる．これをフーリエ変換すれば分解能の高い画像が得られる．この手法は近接二重星や*赤色巨星の直径を測定するときに使用する．

**ズベンエルゲヌビ** Zubenelgenubi

2.8等のてんびん座アルファ星．距離65光年のA3型巨星あるいは準巨星．5.2等の離れた伴星をもつ．伴星はF4型準巨星で，明るい方の星と同じ*固有運動を示す．→共通固有運動

**スペンサー・ジョーンズ，ハロルド** Spencer Jones, Harold →ジョーンズ

**スポーク** spokes

土星の環に見られるほぼ放射状の暗い模様．1896年に大型望遠鏡で初めて観測され，1980～81年に2機の*ヴォイジャーによってその実在が確認された．その起源は明らかではないが，おそらく環の粒子間の衝突によって発生する静電気力によって環の面から浮揚した極め

て微小な粒子からなる雲であると考えられている．

**スポーレーション** spallation
物質が宇宙線の衝撃を受けたときに生じる核反応をいう．宇宙線は星間物質の原子と衝突するので，高エネルギーの銀河宇宙線の全体的な組成はスポーレーションによって変化する．スポーレーションによってリチウム，ホウ素，およびベリリウムなどの軽元素原子が生成される．その結果，これらの元素は星の中よりも宇宙線の中で100万倍も豊富である．隕石，小惑星，および月も宇宙線，主に非常に高エネルギーの陽子によってスポーレーションを受ける．これらの宇宙線は岩石表面の元素と相互作用して，ヘリウム3，ネオン21，そしてアルゴン38などの原子を生成する．

**スミソニアン天文台** Smithsonian Astrophysical Observatory, SAO
スミソニアン協会の研究センター．1890年にワシントンDCに創立されたが，1955年にマサチューセッツ州ケンブリッジに移った．SAOは，国際天文学連合の*天文電報中央局と*小惑星センターを運営している．1973年にSAOと近くの*ハーヴァード大学天文台（HCO）はハーヴァード-スミソニアン天体物理学センターを設立した．1982年以降SAOは，1933年にHCOが創立し現在も所有しているマサチューセッツ州ハーヴァードにあるオークリッジ天文台を運営している．ここの装置には1933年に開設された1.5m反射望遠鏡，そして1965年に開設された25.6m電波望遠鏡がある．SAOはアリゾナ州のホプキンス山にある*ホイップル天文台を運営し，同じくホプキンス山にある*マルチミラー望遠鏡を所有し，運営している．SAOは，台湾科学アカデミーと協同して，ハワイ州マウナケアに8基の6mパラボラアンテナからなるスミソニアンサブミリ波アレイ（SMA）を建設中である．

**スミソニアン天文台星表** Smithsonian Astrophysical Observatory Star Catalog, SAO Catalog
元期1950.0に対する25万8997個の星の位置と固有運動の星表．約10等までの全天の星をカバーし，*スミソニアン天文台が1966年に刊行した．初期の目的は，広角カメラで観測される人工衛星の位置を決定するための基準として利用できる星の密なネットワークを提供することであった．AGK 3（→ AGK）および後に出た*PPM星表の方が精度が優れているため，北半球における位置基準星の星表としてSAO星表に取って代わったが，南半球における位置に関してはSAO星表がいぜんとして利用されている．星表に含まれる星を示す星図は1969年に刊行された．

**スライファー，アール カール** Slipher, Earl Carl（1883～1964）
アメリカの天文学者．*スライファー（V. M.）の弟．惑星写真の開拓者で，生存中はほとんど誰もが凌駕できなかった品質を達成した．火星，木星，および土星について独創的な写真シリーズを残した．このシリーズでは眼に見える表面模様の変化を，撮影に向いた*衝の時期を含む50年以上にわたって追跡することができる．彼は，数枚の陰画を重ね合わせて非常に詳細な陽画を合成するという天体写真術の利点を認識した最初の一人であった．

**スライファー，ヴェスト メルヴィン** Slipher, Vesto Melvin（1875～1969）
アメリカの分光学者．*スライファー（E. C.）の兄．*ローウェル天文台で分光法を利用して惑星の自転周期と大気組成を測定した．1912年にいわゆる"渦巻星雲"（アンドロメダ銀河）のスペクトルから最初の視線速度の測定値を得た．1925年までに他の同様の45個の星雲の視線速度を得たが，ほとんどすべての星雲は銀河系に属する天体とは考えられないほど速い速度で後退していた．これは膨張宇宙の理論を支持する観測上の基礎であった．1912年にはプレヤデス星団の周囲の星雲物質に関する研究から*反射星雲の存在を発見し，宇宙にはガスだけでなく*塵も存在することを証明した．彼は，1930年に*トンボー（C. W.）による冥王星の発見につながった写真探査を監督した．

**スルクス** sulcus
惑星表面の平行な直線状凹地と尾根からなる複雑な網目．"あぜ溝"を意味するこの名称は地質学用語ではなく，例えば火星上のゴルジー・スルクスやエンケラドゥス上のハラン・ス

ルクスのように，個々の地形の命名に使用する．

**スローンディジタルスカイサーヴェイ** Sloan Digital Sky Survey, SDSS
　銀河北極周辺の全天の4分の1の天域にわたる銀河とクェーサーの三次元分布の地図を作成して宇宙の*大規模構造を研究する計画．5年間の探査にはニューメキシコ州*アパッチポイント天文台の2.5m望遠鏡を用い，1998年にそのファーストライトが成功した．[2000年より本格観測が始まった]．

**SWAS** Submillimeter Wave Astronomy Satellite →サブミリ波天文衛星

**スワンバンド** Swan bands
　炭素分子$C_2$によるスペクトルの吸収帯．スコットランドの科学者William Swan (1818〜94)が最初に研究した．これらの吸収帯は*炭素星および彗星スペクトルで顕著である．

# セ

**星　雲** nebula
　宇宙にあるガスと*塵の雲．最初この用語は望遠鏡で見てぼんやりした特徴をもつ天体すべてに適用されたが，望遠鏡の性能が進歩するとともに多くの"星雲"は暗い星々からなることが発見された．1864年に*ハギンス(W.)は，そのスペクトルに基づいて真の星雲と星から構成される星雲を区別できることを発見した．今日では"星雲"という用語はガスと塵からなる雲を意味する．今日いう*銀河は，昔は銀河系外星雲と呼ばれたが，この語は今は使われない．星雲には三つの主な型がある．自分自身の光で輝いている*輝線星雲，星など近くの明るい光源からの光を反射する*反射星雲，明るい部分を背景として暗く見える*暗黒星雲（時に吸収星雲ともいう）．この分類は他の波長にも適用され，赤外線反射星雲のような用語を生んだ．輝線星雲には，若い星の周囲の*散光星雲（*H II 領域と同じもの），古い星の周囲の*惑星状星雲，および*超新星残骸などがある．

**星雲型変光星** nebular variable
　星雲と密接に関係する種々の型の*爆発型変光星．*オリオン変光星ともいう．大部分は*オリオン座FU型あるいは*おうし座T型星などの若い星であり，おそらく*くじら座UV型フレア星のサブタイプUVN型も含まれる．

**星雲線** nebular line
　*散光星雲のスペクトル中に見出される輝線．特に波長495.9nmおよび500.7nmにおける二価イオン酸素[O III]が出す緑色の輝線が有名である．星雲線は，地球の条件下では生じないので，*禁制線でもある．

**星雲フィルター** nebula filter
　*輝線星雲の光のうち選択した可視光スペクトルだけを透過させるフィルター．典型的なフィルターは，O III輝線（波長495.9nmおよび500.7nm）およびH$\beta$輝線（波長485.6nm）を含む25nm幅の帯域を透過させる．10

nm 幅の帯域だけを透過させて O III あるいは H$\beta$ を分離する狭帯域フィルターもある．

**静穏紅炎** quiescent prominence

数ヵ月ほど持続して外見がほとんど変化しない長寿命の太陽の*紅炎．静穏紅炎はアーチ形で，長さ数十万 km，厚さ数千 km，そして高さが 50000 km に達する．太陽円盤を背景にして見ると，紅炎は*フィラメントと呼ばれる周りより暗い模様として見える．静穏紅炎は*活動領域の極方向の側に見いだされる．11 年の黒点周期の間にそれらは次第に高い緯度に移動し，最後には黒点最小活動期のとき極冠を形成する．静穏虹炎は黒点周期の上昇期に最も頻繁に現れる．

**星間吸収** interstellar absorption

恒星間の空間にある*塵による星の光の吸収．*星間減光とも呼ばれる．塵とガスはわが銀河系の銀河面に強く集中している．星間吸収はスペクトルの短波長（青色）側に向かうほど増大し，星を本来より赤く見せるので，星間吸収と*星間赤化という用語はほとんど同義的に使われる．連続的な吸収だけでなく，443 nm での吸収のような*星間吸収バンドが存在するが，その起源は不明のままである．393 および 397 nm でのカルシウムの*H 線および K 線，589.0 および 589.6 nm でのナトリウム D 線，およびさらに弱い原子吸収線もある．⇒赤化

**星間吸収バンド** diffuse interstellar bands

*星間物質により引き起こされる遠い星のスペクトル中の幅広い吸収パターン（バンド）．これらのバンドの原因として種々の複雑な分子が示唆されているが，確実に同定された分子はない．100 を超えるそのような吸収バンドが知られており，最も強いものは 443.0 nm と 617.7 nm のところにある．

**星間減光** interstellar extinction ➡星間吸収

**星間シンチレーション** interstellar scintillation

星間物質の不規則さによって生じる電波の散乱が原因で起こる電波源の強度のゆらぎ（*またたき）．ゆらぎの多くは星間物質の運動ではなく地球と電波源の相対運動により引き起こされ，数分から数時間の時間規模で生じる．シンチレーションの測定を用いて視線を横切るパルサーの速度を決定することができる．パルサー信号の星間シンチレーションは*パルス幅拡大と密接に関連している．

**星間赤化** interstellar reddening ➡星間吸収，赤化

**星間媒質** interstellar medium ➡星間物質

**星間風** interstellar wind

太陽が銀河系中心の周りを回っているために太陽系に吹き込むように見える星間ガスおよび*塵の流れ．星間風は，太陽風が星間風にとって代わられる*太陽圏界面に発生する．太陽系から抜け出しつつあるパイオニアおよびヴォイジャー探査機は 21 世紀の初期に星間風と遭遇することが期待されている．

**星間物質** interstellar matter, ISM

星間空間に存在する物質．星間媒質ともいう．銀河系の星間物質は質量でいって 99% のガスと 1% の塵粒子からなる．数少ないが非常に高いエネルギーの*宇宙線の粒子もある．非常に薄く広がっており，平均密度は 1 粒子/cm$^3$ にすぎない．しかしながら，この平均値からのずれは莫大である．$10^{10}$ 水素分子/cm$^3$ の*メーザーの領域など最も高密度な部分はまた，温度が絶対零度に近い最も冷たい領域でもある．また最も高温な部分は $10^8$ K の温度と 1 粒子/m$^3$ 以下の密度をもつ．星間物質はそこから新しい星が形成される物質の貯蔵庫である．

**星間分子** interstellar molecule

宇宙空間のガスおよび*塵の雲の中で自然に生じる分子．すでに百個以上のそのような分子が，主に特定波長での電波の放射と吸収によって同定されている．既知の分子には，アンモニア（$NH_3$）や水（$H_2O$）のような単純なもの，エチルアルコール（$CH_3COH_2OH$），ホルムアルデヒド（$H_2CO$）および酢酸（$CH_3COOH$）のような単純な有機分子，水酸基（OH），一酸化硫黄（SO），やホルミルイオン（$HCO^+$）のような地球上では不安定な多様な基やイオンなどがある．多くの同位体変種，例えば，1 個の水素原子が水素の同位体である重水素原子で置換された水の一形態である HDO なども見出されている．今までに同定された最大の分子はシアノオクタテトラ-イン（$HC_9N$）である．

検出されているが同定されていないスペクトル線にはもっと複雑な分子が関与していることも考えられる．星間分子は電波としてエネルギーを放射することでガス雲の温度を調整している．このエネルギー損失によってガス雲の極めて高密度の領域（コア）が崩壊して星を形成することができる．分子は古い星の周りにあるガスと塵の外層においても形成される．古い星からの物質により形成されたこれらの分子は星周分子（circumstellar molecules）と呼ばれて，一般的な星間物質から形成された星間分子と区別することがある．

**星間メーザー** interstellar maser

星形成領域中で若い星あるいは原始星を取り巻くガスや*塵の高密度な雲の中に見られる*メーザー．それらは銀河系で最も明るいメーザー源である．若い星からの物質の激しい噴出に付随するいくつかの星間メーザーがある一方，惑星系が形成されつつあるような若い星を取り巻く物質円盤中にあるものもある．

**制限三体問題** restricted three-body problem

一つの物体の質量を0と仮定する*三体問題．この場合，質量0の物体は他の二つの質量をもつ物体の*相対軌道には影響を与えない．こうして問題は，他の二つの物体の総合された重力場での任意の時刻における無質量物体の振舞い（位置と速度）を求めることに単純化される．円制限三体問題では二つの質量をもつ物体はそれらの共通質量中心を回る円形軌道をたどる．楕円制限三体問題ではそれらは質量中心を回る楕円軌道をたどる．他に同一平面内制限三体問題や三次元制限三体問題もある．前者では無質量の物体は完全に二つの質量をもつ物体の軌道面を運動し，後者では無質量物体はすべての三次元を自由に運動する．実際的な応用例としては太陽，惑星と惑星の小衛星；太陽，木星と小惑星；太陽，惑星と彗星；地球，月と人工衛星；および惑星をもつ連星などの系がある．

**星　座** constellation

天体を同定するために天球を分割した88領域のおのおのをいう．1928年に国際天文学連合（IAU）が採用した（付録の表3参照）．1875年*元期に対する*赤経および*赤緯の線によって規定される星座の具体的な境界線はやはりIAUによって1930年に採用された．この元期が選ばれたのは，すでに*グールド（B. A.）が南の星座に対して境界線を引くために用いていたからである．ベルギーの天文学者 Eugene Joseph Delporte（1882～1955）が規定したIAU境界線は，Délimitation scientifique des constellations（1930）とそれに関連するAtlas Celeste（1930）に発表された．

ある星座で最も明るい星々はギリシャ文字（*バイエル名の体系）あるいは数字（その*フラムスティード番号）で示される．この方法で星名をいうときは，オリオン座アルファ星（Alpha Orionis），はくちょう座61番星（61 Cygni），あるいはおおぐま座ゼータ星（Zeta Ursae Majoris）のように，常に星座名の所有格を用いる．IAUが決定した星座名の3文字略号もしばしば使われる（例えば，Ori, Cyg, UMa）．

今日公式に認められている星座は，AD2世紀に*プトレマイオスが記載した48個のギリシャの図に基づいており，後にさまざまな他の図が付け加えられたものである．16世紀末に2人のオランダ人航海者 Pieter Dirkszoon Keyser（c.1540～96）と Frederick de Houtman（1552～1622）が，ギリシャの天文学者にとっては地平線より下方にある空のはるか南の部分に12個の新しい星座を創った．オランダの天図製作者 Petrus Plancius（1552～1622）は，ギリシャ人に知られていた星座の間の空間にさらに三つの星座を付け加え，ケンタウルス座からみなみじゅうじ座を分離した．

今日知られている北の星座は1687年に*ヘヴェリウス（J.）が完成した．彼は新しい数個の図を導入したが，そのうちの7個は今日も認められている．1750年代に*ラカイユ（N. L. de）が南天に14個の新しい星座を加え，完成した．彼はまたギリシャの図によるアルゴ座を四つの部分に分けた．

**星座早見盤** planisphere

円形の空の地図．地図の上に重ねたマスクを回転することによりある緯度の地から選択した任意の日付と時刻に見える星を示すことができる．

**静止宇宙** static universe
　膨張も収縮もしない宇宙．*アインシュタイン (A.) は自分の一般相対性理論の方程式に*宇宙定数を導入することによってそのモデルを構成した．そのような宇宙は観測される*ハッブルの法則と矛盾する．⇨膨張宇宙

**静止軌道** stationary orbit　→地球静止軌道

**静止限界** stationary limit　→静的限界

**静止質量** rest mass
　観測者に対して静止している物体の質量．観測者に対して運動する物体の質量は，特にその速度が光速に接近するとき静止質量より大きくなる（この場合その質量は相対論的質量と呼ばれる）．

**星周物質** circumstellar matter
　星を取り囲む物質（普通はガスと*塵）の一般的な用語．星の誕生後，周囲の雲は可視光を吸収し，それを赤外線として再放出する．大部分の若い星は激変期を経て，秒速数百 km の速度で物質を噴射する．この噴射された物質が周囲のガスに衝突すると，分子の双極流（→双極流）と*ハービッグ-ハロ天体が生成されることがある．星が高温であるとその紫外線がガスを電離し，*輝線星雲を生成する．これらの総合効果が雲を破壊するので，星が見えるようになる．星の生涯の大部分にわたって希薄な*恒星風が吹く．そして生涯の終わりに星は質量を噴出する．星の質量と進化の段階に応じて，低温の星周外層か，*惑星状星雲か，あるいは*超新星残骸さえも生じることがある．

**星周メーザー** circumstellar maser
　質量放出が行われている*赤色巨星の低温の*塵を含む外層に見いだされる*メーザー．外層中の半径の異なる帯域には異なる分子のメーザーが存在する．酸素が豊富な外層をもつ星では OH, $H_2O$, および SiO メーザーであるが，炭素が豊富な外層をもつ星では HCN メーザーが見られる．*OH-IR 星は酸素に富んだ外層をもち，その外層は 1612 MHz に特徴的な二つのピークをもつ OH メーザーと塵を含む層からの強い赤外線放射を出す．

**青色巨星** blue giant
　中心核の水素燃料を消耗しつくし，*主系列を離れた大質量星．青色巨星の表面温度はおよそ 30000 K で，光度は太陽の 10000 倍ほどである．年をとるにつれて，膨張・冷却し，ついには*赤色巨星になる．

**青色コンパクト矮小銀河** blue compact dwarf galaxy
　スペクトルの青色領域に，若い星による強い輝線，あるいは強い連続輝線をもつ*矮小銀河．通常この輝線は最近起こった局所的な星形成バーストの証拠と解釈される．⇨コンパクト銀河

**青色多星星団** blue populous cluster　→大マゼラン雲

**青色惑星状星雲** Blue Planetary
　ケンタウルス座の 8 等の惑星状星雲 NGC 3918．*ハーシェル (J. F. W.) が命名した．彼はそれを天王星に似ているがそれより大きいと記述した．距離は約 2600 光年．

**星震** starquake
　パルサーからの規則的なパルス列で観測される突然の擾乱（*グリッチ）の原因と考えられる*中性子星の地震．星震理論によると，急速自転する中性子星はわずかに偏平であり，自転の速度が遅くなるにつれて球形に近づく．そうなるときに，固体殻が突然破壊し，続いて地震に似た星震と呼ばれる現象が起こる．[*太陽振動と同じ現象が他の星で起こる場合も星震と呼ぶ]．

**星震学** stellar seismology
　[*日震学と同じ手法で恒星の内部構造を調べる分野]．光のドップラーシフトの精確な測定により星の広域的振動を研究する．いくつかの Ap スペクトル型星に対して 6~12 分の周期をもつ広域的振動を観測したという報告がある．

**静水圧平衡** hydrostatic equilibrium
　星の中で内部に向かう重力と外部に向かう放射圧およびガス圧がつり合った状態をいう．これらの力はつり合っているので，星は内向きに崩壊もしないし，外向きに飛散もしない．[この言葉は，その場所での圧力がその上に積もっている物質に働く重力とつり合っている状態を指し，星以外でも広く使われる]．

**成層圏** stratosphere
　*対流圏のすぐ上（高度 10~15 km と 50 km の間）にある地球大気圏の層．*中間圏にまで

広がっている．対流圏と対照的に，成層圏の温度は高度が増すと上昇する．成層圏における水蒸気の濃度は低く，雲はまれである．冬期には，15～30 kmの高度付近に真珠層雲（nacreous clouds）あるいは極成層圏雲（polar stratospheric clouds）ができることがある．オゾン層を含む*オゾン圏は成層圏内に位置し，*化学圏の下部とある程度重なっている．

**成層圏界面** stratopause
*成層圏の上部境界．地球表面から高度50 kmにある*中間圏のすぐ下に位置する．成層圏の温度は成層圏界面で約0℃という最高温度に達する．

**成層圏赤外線天文台** Stratospheric Observatory for Infrared Astronomy, SOFIA
ドイツ宇宙機関DLRが建造する2.5 m反射望遠鏡を搭載するよう改造されたNASAのボーイング747SP航空機．約13 kmの高度を飛行し，0.3から1600 μmの波長で赤外線観測を行う．SOFIAは2001年に観測を始める予定である．[この予定は2005年と修正された]．

**星団** star cluster
同じガス雲から一緒に形成された星々が，相互の重力によって束縛されている集団．主な二つの型の星団がある．*球状星団は数万から数百万個の古い星々が球形に近い形に詰め込まれており，銀河*ハロー中に分布している．球状星団の星の年齢は古い．*散開星団はもっとまばらで数百個程度以下の星からなり，散開星団は不規則な形状をもち，銀河の渦巻腕の中にある．比較的若い星々の群である．散開星団よりもゆるい群として星の*アソシエーションがある．

**星団型変光星** cluster variable →こと座RR型星

**成長曲線** curve of growth
星の大気の温度と化学組成を決定する方法．特定の元素の弱い吸収線と強い吸収線の輪郭から，*等価幅が弱から強にどのように増大する（あるいは"成長する"）かを示すグラフを描くことができる．このグラフ（これを成長曲線ということが多い）の形状はその元素の全存在量に関係している．この技法は現在では星の大気の計算機シミュレーションによって大部分が置き換えられた．

**静的限界** static limit
回転するブラックホール（*カーブラックホール）の事象の地平線を囲む領域．その領域の内部ではいかなる物体も静止していることが不可能である．静止限界ともいう．静的限界内では，あたかも渦巻の中のように物体はブラックホールとともに回転を余儀なくされる．静的限界は，ブラックホールの（回転していない）極において事象の地平線に接するが，ブラックホールの赤道に向かって事象の地平線より大きくなる．静的限界は*エルゴ球の外側の境界である．非回転ブラックホールでは静的限界は事象の地平線に一致する．

**制動放射** bremsstrahlung
荷電粒子（普通は電子）が減速され，電磁波を放射してエネルギーを損失する放射機構の一種．減速は電場（*熱制動放射→自由-自由遷移）と，磁場（*磁気制動放射）のどちらかによる．bremsstrahlungは"braking radiation"のドイツ語である．

**星表分点** catalogue equinox
個々の星表に記載された星の位置が準拠する*赤経と*赤緯の*元期．例えば2000年分点の星表とは，その星表に記載された星の赤経と赤緯が，2000年年初の春分点および赤道に準拠した値であることを示す．

**セイファート，カール キーナン** Seyfert, Carl Keenan (1911～60)
アメリカの天体物理学者．1943年に，非常に暗い渦巻腕と異常に明るい中心核をもつ数個の渦巻銀河を発見した．それらのスペクトルは高速で運動する高温の電離ガスからの輝線を示した．これらのいわゆる*セイファート銀河は*活動銀河核をもつ銀河の一種である．1951年に彼は現在*セイファートの六つ子と呼ばれている銀河群を発見した．

**セイファート銀河** Seyfert galaxy
スペクトル中に幅の広い強い輝線を示す小さい明るい中心核をもつ銀河．この型の最初の銀河を1943年に*セイファート（C. K.）が発表した．ほとんどすべての既知のセイファート銀河は渦巻銀河か棒渦巻銀河であり，セイファート型の活動はおそらくすべての渦巻銀河にいく

らかの割合で起こるものであろう．セイファート銀河はそのスペクトルにおける輝線の相対幅にしたがって分類される．クラス1セイファート銀河（NGC 5548 など）は，幅の広い水素の輝線をもつが，重元素の*禁制線の幅は狭い．クラス2セイファート銀河（NGC 1068 など）では水素線と禁制線の両方が同じ幅をもつ．この幅はクラス1セイファート銀河における禁制線よりも広いが，クラス1の水素線ほどは広くない．セイファート銀河は，おそらく大質量ブラックホールの周囲の*降着円盤から強い放射を出す*活動銀河核をもつ．この放射は中心領域周辺のガスを励起して，観測される輝線を生じさせる．セイファート銀河は比較的低い光度のクェーサー活動の例かもしれない．

**セイファートの六つ子** Seyfert's Sextet

へび座にある6個の*銀河の群．NGC 6027 としても知られる．この群の中の一つは，他の銀河よりも大きい 15000 km/s 程度の後退速度に相当する赤方偏移をもつ小さい*渦巻銀河である．この高い赤方偏移を示す銀河はおそらく遠い背景銀河であるが，宇宙膨張以外による赤方偏移が見られる例として引用されることもある．

**星風** stellar wind →恒星風

**青方偏移** blue shift

光がスペクトルの青色方向へ*ドップラー偏移すること．放射源が観測者へ接近するときに生じる．⇒赤方偏移

**星流** star streaming

星の運動の統計的性質に関する特徴．太陽近傍にある星の*特有運動はランダムに分布するのではなく，おおざっぱに見て銀河系中心に向かう方向と遠ざかる方向の二つの反対方向をとる傾向を示す．これが二星流説である．星流が生じるのは，われわれの銀河系を回る星の軌道が完全な円形ではないからである．星流という現象は1904年に*カプタイン（J. C.）が初めて注目し，当時は認識されていなかったが，銀河系が回転していることを示す初期の証拠となった．

**世界時** Universal Time, UT

全世界的な標準的な時刻系．グリニッジ平均時の別名．世界時はグリニッジの子午線上の*平均太陽時である．*平均太陽の*グリニッジ時角プラス12時間として定義されるので，1日は正午でなく真夜中に始まる．平均恒星日と平均太陽日の比は精確にわかっているので，世界時は*グリニッジ平均恒星時（GMST）と密接な関係がある．実際には UT は GMST からある公式によって決定され，GMST 自身は星の*子午線通過の観測から導かれる．そのような観測から直接導かれる UT は UT0 と命名され，観測場所にわずかに依存している．UT0 を*チャンドラー揺動に由来する経度の変動に対して補正すると，真に世界的に適用できる世界時 UT1 が導かれる．UT1 を*国際原子時（TAI）と比べると，TAI に対して1年に約1秒遅れることがわかっている．放送される時報は*協定世界時（UTC）と呼ばれる時刻系を用いる．これは整数秒をずらすことで調整した TAI である．この調整が必要となれば UTC に*閏秒を導入することで実行され，UTC と UT1 の差は常に 0.9 秒以内に保たれる．

**世界線** world line

*時空において物体がたどる軌跡．時空は四次元であるために世界線を視覚化することは難しいが，もし宇宙が一次元の時間と一次元の空間しかもたなければ，時間を垂直に距離を水平にプロットしたグラフ上に世界線を描くことができる．座標系に対して静止した粒子は垂直軸に沿って走る世界線をもつが，運動する粒子は上方に向かう曲線あるいは直線の世界線をもつであろう．現実の宇宙では運動する粒子の世界線は四次元時空の中での線である．

**世界太陽振動ネットワークグループ** Global Oscillation Network Group, GONG

太陽の振動（→日震学）を監視する六つの世界規模の天文台のネットワーク．振動は太陽面の狭い領域におけるドップラー偏移の精密な測定から検出される．ネットワークは1995年にカナリー諸島（*テイデ天文台），西オーストラリア（リアマンス太陽天文台），カリフォルニア（*ビッグベア太陽天文台），ハワイ（*マウナケア天文台），インド（ウダイプル太陽天文台），およびチリ（*セロ・トロロ・インターアメリカン天文台）において稼動し始めた．ネッ

トワークは*アメリカ国立太陽天文台が運営し，本部はアリゾナ州ツーソンに置かれている．

**セーガン，カール エドワード** Sagan, Carl Edward (1934～96)

アメリカの天文学者．1960年代初期に金星では温室効果が作用していることを示し，その表面温度が500～800Kであると計算した．地球の原始大気に似たガス混合物を日光に当てた*ユーレイ（H. C.）とミラー（S. I. Miller）の実験を繰り返し，生成物の中に生命にとって不可欠な多くの有機化学物質を見いだした．

**赤　緯** declination (dec. 記号 $\delta$)

地球上の緯度に対応する天球上の座標．赤緯は天の赤道が0°で，その北あるいは南に赤道から天の北極＋90°，また天の南極の－90°までで測る．*赤道座標の一つの要素である．

**赤緯軸** declination axis

その周りに望遠鏡を赤緯方向に移動できる*赤道儀式架台の軸．赤緯軸はもう一つの軸である*極軸に対して直角である．

**赤外線宇宙天文台** Infrared Space Observatory, ISO

赤外線天文学用のESAの衛星．1995年11月に公転周期が24時間の楕円軌道に打ち上げられた．ISOは，ヘリウムで冷却した0.6mの*リッチー-クレティアン式望遠鏡を搭載し，観測衛星としてはカメラ（2.5～17 $\mu$m），撮像用写真偏光計（2.5～240 $\mu$m），そして2台の分光計（2.5～45 $\mu$mおよび43～198 $\mu$m）が装備されていた．[1998年5月まで観測を終了した]．

**赤外線源** infrared source

赤外線を放射する天体．すべての星は赤外線を放出し，それらの温度が低いほど赤外線域で放出するエネルギーの割合が高くなる．高温の*塵も主要な赤外線源である．顕著な赤外線源には，塵の殻をもつ*赤色巨星および*超巨星，*H II領域，*銀河系中心，星形成領域，および*活動銀河が含まれる．多くの活動銀河（特に*スターバースト銀河）はそのエネルギーの大部分を赤外線域で放出する．

**赤外線シラス** infrared cirrus

60 $\mu$mおよび100 $\mu$mで顕著な赤外線を放出するシラス（巻雲）状の星間雲．*赤外線天文衛星が最初に発見した．大部分の赤外線シラスは紫外線によって20～30Kまで加熱された水素雲中の塵微粒子から放出されると考えられている．密度がわりと高い赤外線シラスの一部には温度が低いコアがある．そのようなシラスは12 $\mu$mおよび25 $\mu$mでは予想されたよりも明るいが，これはおそらく非常に小さな塵微粒子成分があるかあるいは複雑な分子から赤外線が出ていることによると思われる．

**赤外線天文衛星** Infrared Astronomical Satellite, IRAS

アメリカ-オランダ-イギリスの共同衛星．1983年1月に打ち上げられ，12，25，60および100 $\mu$mの波長で空の赤外線探査を行った．0.6m望遠鏡と液体ヘリウムで冷却した検出器のアレイを搭載した．10カ月の寿命の間に空の95％を探査し，25万個の赤外線源を検出した．その発見のなかには，太陽系における彗星塵の帯，数個の新しい*彗星および*小惑星，*赤外線シラス，ある種の星の付近で形成されつつあると思われる惑星系，および大部分のエネルギーを赤外線として放出している多数の*スターバースト銀河などがある．

**赤外線天文学** infrared astronomy

スペクトルの波長1～300 $\mu$mの赤外線領域で宇宙を研究する分野．赤外線観測にとって地球の大気は邪魔になる．大気は主として水蒸気と二酸化炭素のために多くの赤外線域にわたって不透明でかつ明るいからである．もう一つ邪魔になるのは，望遠鏡自体や望遠鏡の周囲の物体から出る10 $\mu$m付近にピークをもつ熱である．地上からの赤外線観測は，地球大気の数少ない*赤外線の窓，特に近赤外線の1～5 $\mu$m領域，および10 $\mu$m付近に限られる．それでもなお，赤外線望遠鏡は高い乾燥した山頂に設置されている．高高度気球や航空機も使用されてきた．*カイパー空中天文台（KAO）が有名である．しかし，理想的な状態で赤外線で空を観測するには，*赤外線天文衛星（IRAS）や*赤外線宇宙天文台（ISO）のような宇宙望遠鏡が必要となる．

顕著な赤外線源には，*塵を多く含む外殻をもつ*赤色巨星および*超巨星，*H II領域，

*銀河系中心，星形成領域，そして活動銀河が含まれる．多くの活動銀河は多くのエネルギーを赤外線波長で放出する．また*渦巻銀河の赤外線光度は銀河系外の距離を測定する*タリー-フィッシャー関係の鍵となる要素である．赤外線は星間塵を容易に透過できるので，赤外線天文学は*銀河円盤や*暗黒星雲のような星間塵に隠された領域の研究で重要な役割を果たしてきた．赤外線波長域での分光は*星間分子に関する重要な情報源である．

使用する検出器は検出すべき波長によって違う．近赤外線波長では光起電力検出器（アンチモン化インジウムのような）が一般的であるが，遠赤外線波長では*ボロメーターを使用する．撮像には検出器のアレイを使う．赤外線検出器は熱雑音を低減させるために液体ヘリウム（4Kまで）か液体窒素（77Kまで）で冷却される．

## 赤外線の窓　infrared window
赤外線波長域で，地球の大気が比較的透明なため地上から観測ができる領域．赤外線の窓は1.25, 1.65, 2.2, 3.6, 5.0, 10, 20および30 $\mu m$ 付近，また300 $\mu m$ を超えたところにある．

## 赤外線望遠鏡　infrared telescope
スペクトルの赤外線波長域で観測するために特に設計された望遠鏡．光学カセグレン反射望遠鏡に似ているが，検出器に到達する望遠鏡自体からの赤外線放射量を最少にするように考案されている．赤外線は可視光よりも波長が長いので，赤外線望遠鏡の光学的結像性能はそれほど気にかけなくてよい．光学望遠鏡の場合よりも主反射鏡は薄く，そして支持構造は軽く作ることができる．しかしながら，現代の大型光学望遠鏡はスペクトルの可視光および赤外線波長域の両方で優れた性能をもつよう設計されている．最も重要な2台の赤外線専用望遠鏡は，*NASA赤外線望遠鏡施設（IRTF）と*英国赤外線望遠鏡（UKIRT）である．両方ともハワイ州のマウナケア天文台に設置されている．

## 赤外線放射　infrared radiation
可視光よりは長いが電波よりは短い波長での電磁波放射．赤外線領域は可視スペクトルの赤端を超えたほぼ700 nmから1 mmまで広がっている．⇒遠赤外線，近赤外線

## 赤外測光　infrared photometry
波長領域1.22〜21 $\mu m$，すなわちスペクトルの近赤外線および中間赤外線領域での測光．検出器は雑音を低減させるために液体窒素か液体ヘリウムで冷却する．望遠鏡，その周囲の物体および空自身からの強い背景雑音を除くために，天体とその隣りの空との間を反復して切り替え両者の差をとって天体の信号を検出するのが普通である（→チョッパー）．さらに，スペクトルのこの波長域は地球大気中の水蒸気と他の分子の多くの強い吸収帯を含んでいるので，それらの間の窓を選択するためにフィルターを使用しなくてはならない．地球大気に影響されない観測は*赤外線天文衛星（IRAS）や*赤外線宇宙天文台（ISO）のような衛星から行われている．

## 赤外超過　infrared excess
星からの赤外線放射が，その星のスペクトル型に相当する温度の黒体から期待される放射を超えることをいう．赤外超過は，その星によって加熱されている*塵の殻あるいは円盤があることを示している．例えば，赤色超巨星の外殻あるいは若い星の周囲で形成されつつある惑星系などがある．

## 石質隕石　stony meteorite
主としてケイ酸塩鉱物からなる隕石．普通は少量のニッケル-鉄を含む．アエロライト（aerolite）とも呼ばれる．落下が観測されるすべての隕石のほぼ95%は石質隕石である．しかしながら，それらは地球の岩石と区別することは困難で，多くは気づかれないままである．それらの溶融殻は鉄隕石の殻より厚く，しばしば黒色であり，鈍いものも光沢をもつものもある．石質隕石の内部は普通は灰色か暗灰色であり，組織は顆粒状である．石質隕石には*コンドライトと*エイコンドライトの二つの種類がある．前者は観測される*落下隕石の86%を構成する．

## 赤色巨星　red giant
低温で大きく非常に明るい星．赤色巨星は，中心核で水素燃料を燃やしつくして主系列を離れた星で，水素より重い元素間の核反応によってエネルギーを供給されている．その赤色は表

面温度が低い（4000 K より低く，スペクトル型 K あるいは M）ためである．太陽の 25 倍という大きな直径のために，赤色巨星は高い光度をもち，多くは太陽の光度の数百倍である．大質量の星は *青色巨星期を通過した後に赤色巨星に進化することがあるが，太陽のような，もっと質量の小さい星は直接赤色巨星に進化する．赤色巨星には *脈動変光星が多い．

**赤色変光星**　red variable

晩期型スペクトルをもつ *巨星あるいは *超巨星変光星．通常，この用語は *ミラ型星と *半規則型変光星にだけ適用されるが，LB および LC 型の変光が緩慢な *不規則変光星も含むことがある．フレア星は含まれない．

**赤色矮星**　red dwarf

*主系列の下端に位置する低温で暗い低質量の星．赤色矮星の質量と半径は太陽の半分以下である．表面温度が 4000 K 以下と低いために赤く，スペクトル型 K あるいは M に属する．最も普通の型の星であり，また長寿命で，宇宙の年齢よりも長い寿命をもっている．光度が低いために（せいぜい太陽の 10％），赤色矮星は目立たない．近距離にあるこの種の星にバーナード星と *ケンタウルス座プロクシマ星がある．赤色矮星には多くの *フレア星がある．

**石鉄隕石**　stony-iron meteorite

ニッケル-鉄とケイ酸塩鉱物をほぼ等しい割合で含む隕石．シデロライト（siderolite）とも呼ばれる．このような隕石は小惑星規模の親天体内部で形成されたように見える．石鉄隕石は観測される *落下隕石の約 1％ にすぎない．四つの石鉄隕石群がある．主な二つは *パラサイトと *メソシデライトである．他の二つの *ロドラナイトと *シデロフィレは極めてまれである．

**赤　道**　equator

天体の表面とその自転軸に直角な面との交線．赤道面は天体の中心を通り，それを北半球と南半球に分割する．赤道上のすべての点は天体の自転極から等距離にある．⇨銀河赤道，天の赤道

**赤道儀式架台**　equatorial mounting

地軸に平行な軸（*極軸）とそれに直角な軸（*赤緯軸）をもつ望遠鏡の架台．望遠鏡は赤緯軸に取り付ける．地球の自転に対しては単に極軸を回転することで対応する．19 世紀の中葉から最近まではほとんどすべての大型望遠鏡は赤道儀式架台に設置された．現在は非常に大規模な装置のいくつかは計算機制御の *経緯儀式架台（経緯台）をもつ．赤道儀式架台の型式には，*イギリス式，*フォーク式，*ドイツ式，*馬蹄形，*スプリングフィールド式などがある．

**赤道座標**　equatorial coordinates

天の赤道に準拠して天体の位置を指定する座標系．赤道座標系は天球上の位置を与えるに最も普通に使用する．通常使われる座標は，地球の経度と同等な *赤経と地球の緯度と同等な *赤緯である．しかし，代わりに *時角と *極距離を用いることもある．

**赤道地平視差**　equatorial horizontal parallax

赤道での観測者が赤緯 0 度の天体を地平線上に見る時の天体の位置と，その天体を地球中心から見たとした場合の位置との差．地球の赤道半径に等しい距離に対応する視差角である．⇨地平視差

**赤道部のふくらみ**　equatorial bulge

高速自転する惑星の赤道直径の遠心力による増大．24 時間で自転する地球はわずかな赤道のふくらみをもち，赤道直径は極直径よりも約 0.3％ 大きい．土星は，10 時間をわずかに超える自転周期と水より低い平均密度をもつので，全惑星のうちで最大の赤道のふくらみを示し，赤道直径は極直径よりも 11％ 以上大きい．➡偏平率

**赤　斑**　Red Spot　➡大赤斑

**積分時間**　integration time

［天体観測において天体からの信号を蓄積する時間．写真の場合は露出時間と呼ばれる］．データ解析に際して，背景雑音を低減させ，信号-雑音比を増大させるためにデータを平均化（平滑化）する時間範囲を指すこともまれにある．

**積分等級**　integrated magnitude

広がった天体のすべての光が点光源に集中したとした場合にその天体がもつ見かけの等級．見かけの大きな銀河，星雲，あるいは星団に対

しては，測定が難しい量である．積分等級は B あるいは V のような標準的フィルターかあるいは *放射等級で測る．

**赤方偏移** redshift（記号 $z$）

天体からの光の波長が *ドップラー偏移あるいは宇宙の膨張のために長くなる（すなわち，赤い方に移動する）量をいう．[普通，赤方偏移という語は，連星の軌道運動など近傍の天体の運動による波長の延びを指すのではなく，宇宙の膨張による遠方の銀河やクェーサーのスペクトルの波長の延びに対して用いられる]．赤方偏移は次の公式から計算する．

$$z = \Delta\lambda/\lambda$$

$\lambda$ は元の波長（実験室で測定したままの），$\Delta\lambda$ は観測される波長のずれ．例えば，0.1 の赤方偏移は光が波長で 10% 赤方偏移したことを意味する．一方，1 の赤方偏移は 100% の変化（すなわち，波長が 2 倍になる）を意味する．約 10% より小さい赤方偏移のとき $z$ は天体の速度 $v$ と単純な式 $z = v/c$ によって関係づけられる．$c$ は光速．$c$ の何分の 1 かになると相対性理論の効果が入ってきて，赤方偏移は次式から計算しなければならない．

$$z = \sqrt{(c+v)/(c-v)} - 1$$

宇宙の膨張は遠方の銀河からの光の赤方偏移から *ハッブル（E. P.）が最初に注目したものである．赤方偏移はいぜんとして銀河やクェーサーの距離を推定するための主要な指標となっている．現在わかっている最大の赤方偏移は 6 より大きく，光が 600% 以上の波長変化を受けたこと，したがってスペクトルの赤部分に紫外線の線が現れることを意味する．[2003 年時点で知られている最大の赤方偏移は 6.6 である]．
⇒ 重力赤方偏移

**赤方偏移-距離関係** redshift-distance relation

観測される銀河系外天体の赤方偏移と，膨張する宇宙の中でのその天体の距離の間の関係．

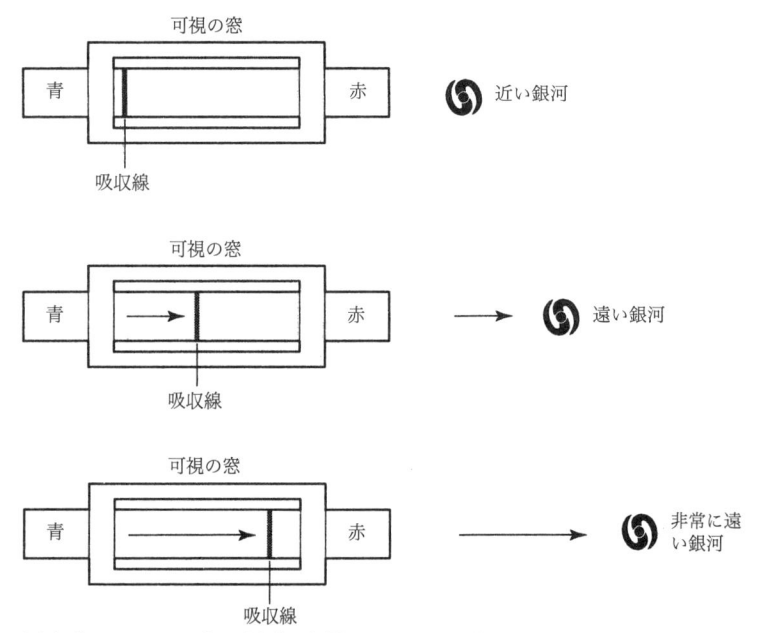

**赤方偏移**：スペクトル中の吸収線の位置が示すように，後退する銀河からの光は波長が長くなる（すなわち，赤色の方に偏移する）．ここでは赤方偏移を眼に敏感な可視の波長窓との関係で示す．銀河が遠くなるほど，われわれから遠ざかる速度は速くなるので，赤方偏移は大きくなる．

ビッグバン理論ではこの関係は直線的で，*ハッブル図において直線として示される．互いに非常に近いため相互の重力相互作用が運動に影響するような天体（例えば銀河団内の銀河）や非常に遠いためにこの関係が*時空の曲率によって影響を受けるような天体に対しては直線関係は成立しない．

**赤方偏移-等級関係** redshift-magnitude relation

観測される赤方偏移と，既知の（一定の）絶対等級をもつ天体の見かけの等級との間の関係．この関係は*ハッブル図では直線になる．

**赤　化** reddening

光が星間空間あるいは地球の大気圏を横切るときにその色が赤く変化すること．これが起こるのは吸収および散乱がほとんど常に短波長側で強いからである．

**接眼鏡** eyepiece

望遠鏡が作る像を拡大するために使うレンズ，あるいはレンズの組み合せ．オキュラー（ocular）とも呼ばれる．最も簡単な形式の接眼鏡は焦点距離が短い1個の収束レンズであるが，これは視界の中心以外でひどい収差を受ける．したがって実際には，接眼鏡は通常少なくとも二つの光学要素をもつ．一つは対物レンズ（反射鏡の場合もある）に対面する視野レンズでこれは単一レンズよりも広い視野の光を集め，もう一つは，観測者がそれを通して見る接眼レンズでこれが像を拡大する．この組み合せにより収差が抑制されて良好な視野が得られる．視野絞り（接眼レンズを通して見たときにピントが合う位置に置いたダイアフラム）は視野の端を決める．性能を改善するために光学要素を増やすことができる．普及している型式としては，*エルフレ接眼鏡，*オルソ接眼鏡，*ケルナー接眼鏡，*ナグラー接眼鏡，*プレスル接眼鏡，*ホイヘンス接眼鏡，*モノセントリック接眼鏡，および*ラムスデン接眼鏡がある．

**接眼レンズ** eye lens

観測者の眼に最も近い接眼鏡中のレンズ．

**セッキ，（ピエトロ）アンジェロ** Secchi, (Pietro) Angelo（1818～78）

イタリアの天文学者で僧侶．天体写真術の開拓者であった．彼および彼と独立にイギリスの科学者 Warren De la Rue（1815～89）は，1860年に皆既日食を撮影して，紅炎が太陽に属するのか月に属するのかという論争に終止符をうった．セッキはまた太陽の紅炎を静穏型と爆発型に初めて分類した．彼と*ハギンス（W.）は最初に天体分光学に体系的に取り組んだ．セッキは初めて星の分光学的探査を行い，その成果は1863年に刊行された4000以上のスペクトルのカタログに結実した．彼は星に対するスペクトル分類を提案し（→セッキ分類），その分類から現代のスペクトル型の体系が発展した．

**セッキ分類** Secchi classification

1860年代に*セッキ（P. A.）が行った星のスペクトル分類の初期の試み．彼は，眼視による観測に基づいて，星のスペクトルを五つの型に分類した．I型は今日のスペクトル型BおよびAに相当し，II型はF，GおよびK型星を含んでいた．III型はM型星に，IV型はN型星に相当した．数少ないV型は，*ウォルフ-レイエ星や*惑星状星雲が示すような，異常に明るい輝線をもつスペクトルにあてた．セッキ体系は後に写真による*ハーヴァード分類体系に取って代わられた．

**赤　経** right ascension, RA（記号 $\alpha$）

地球の経度に相当する天球上の座標．赤経は，*春分点の0hから始めて天の赤道に沿って東回り（時計回り）に，普通は時間の時と分および秒で測る（時には度でも測る）．赤経0hの経線は，天における地球のグリニッジ子午線に相当する．赤経の1時間は角度の15度に等価なので，赤経の24時間は360°に等しい．赤経と*赤緯を用いる座標系は*赤道座標である．

**赤経の章動** nutation in right ascension

*分点差の別名．

**接　食** grazing occultation

月の周縁（ふち）が星にすれすれに接触するような月の*掩蔽．この場合，星が次々に短時間の消失と再出現を繰り返すことがあり，それらの時刻を精確に測定することによって月の周縁の輪郭を決定することができる．予報された地上の食帯に沿って広い地域で観測したデータ

が輪郭決定に最も役に立つ.

**接触軌道** osculating orbit

　他の天体からの*摂動がないとした場合に一つの天体がもう一つの天体の周りを回る軌道.実際の軌道と任意の時刻での接触軌道は,両方の軌道上の同一の位置と速度をもつような点で接触する.接触軌道は完全な楕円であるが,実際の軌道は他の天体からの摂動を受けるために楕円からずれる.したがって実際の軌道と接触軌道は時間とともに次第に離れていく.

**接触軌道要素** osculating elements

　惑星など他天体の重力の*摂動を受ける軌道にある天体の,ある時刻での*軌道要素.接触軌道要素は,これらの摂動がなくなったとした場合にその天体がたどる軌道を表す.しかしながら,現実の軌道は摂動のために徐々に変化するので,接触軌道要素も変化する.接触軌道要素に基づく予測は接触元期に近い時刻に対してのみ正確である.接触軌道要素が時間とともに変化する仕方で,天体の軌道に対する摂動効果がよくわかる.

**接触連星** contact binary

　二つの星が両者ともその*ロッシュローブを満たしている近接連星.両星の*等ポテンシャル面がちょうど接触したとき,それらは二重接触連星といわれることがある.両星が等ポテンシャル面を超えて,共通の対流外層を共有する例はもっと多く,この場合は*過剰接触連星と呼ばれることがある.さらに膨張すると外層は外*ラグランジュ点($L_2$)を含む等ポテンシャル面に運ばれ,物質はラグランジュ点を通って系から失われる.

**接線速度** tangential velocity

　視線に直角な(すなわち,天球面に沿う方向の)星の速度成分.横方向速度(transverse velocity)とも呼ばれる.星の接線速度は観測される星の*固有運動とその距離から計算できる.

**絶対温度** absolute temperature

　*熱力学温度に対する別名.

**絶対等級** absolute magnitude(記号 $M$)

　1. *星間吸収がない完全に透明な空間で10パーセクの距離に置いたときの星の明るさ.絶対等級はVフィルターを通して測定し

た*実視等級から導く場合は $M_V$ と書く.別の波長に対して定義される場合は異なる下つき文字(U, Bなど)を付す.全波長での放射を含む場合は,絶対*放射等級 $M_{bol}$ となる.太陽は $M_V = +4.8$ の絶対等級をもつ.他の大部分の星は$-9$(*超巨星)と $+19$(*赤色矮星)の範囲に入る. 2. 地球と太陽の両方から1AUの距離にあり,太陽に完全に照明される場合(すなわち*位相角が0°の場合)に小惑星あるいは彗星が示す明るさ.

**絶対零度** absolute zero

　*熱力学温度の目盛における零点.$-273.16$℃,あるいは$-459.69$°Fに等しい.絶対零度では原子および分子のすべての運動が停止するとしばしばいわれるが,実際には少量のエネルギー(零点エネルギー)がまだ残っている.絶対零度は理論的に可能な最低温度であるが,実際には決して到達できない.

**z**

　*赤方偏移の記号.

**摂　動** perturbation

　他天体の重力によって生じる天体の微小な軌道変化をいう.太陽を回る楕円軌道にある惑星は互いに摂動を与え,軌道要素に変化を生じさせる.衛星の軌道はそれらの相互間の引力および太陽による摂動を受ける.惑星が完全な球形ではないことによっても,惑星の近くに位置する衛星の軌道に摂動が生じる.人工衛星の軌道は大気抵抗によっても摂動を受ける.⇒周期摂動,永年摂動

**ZHR** zenithal hourly rate　→天頂出現数

**ZC** Zodiacal Catalogue　→黄道帯星表

**ZD** zenith distance　→天頂距離

**セティ** SETI

　"地球外生命探査(Search for Extraterrestrial Intelligence)"の略号.他の星に存在する異文明からやってくるかもしれない電波信号を検出しようという試み.最初の試みは1960年のオズマ計画であった.主として電波波長で宇宙からの人工信号に対して他にも種々な探索が行われたが,まだ検出されたことはない.

**セファイド** Cepheid　→ケフェイド

**ゼーマン効果** Zeeman effect　→ゼーマン分裂

**ゼーマン分裂** Zeeman splitting

磁場によるスペクトル線の分裂．オランダの物理学者 Pieter Zeeman（1865～1943）にちなんで名づけられた．ゼーマン効果は天体，特に太陽磁場を決定するために広く使われる．しかしながら，磁場の強さが実際の線の分裂を引き起こすには不十分であることも多い（約0.4テスラの黒点の磁場は例外）．その代わり線幅拡大が起こる．弱い磁場の強さはそれぞれの*線翼部の偏光を測定することで推定できる．これが太陽磁場観測装置の原理である．

**セルリエトラス** Serrurier truss

大型望遠鏡用の鏡筒の特別な枠組み．三角形に配列した8本の支柱から構成される．支柱は，鏡筒の最上端で副鏡を支える環（トップリング）と，鏡筒の重心にある頑丈な箱型部分（センターセクション）間，およびセンターセクションと，鏡筒最下端で主鏡を保持する部分（ミラーセル）の間をつないでいる．センターセクションは架台の*赤緯軸（あるいは*経緯儀式架台では高度軸）に取り付けられている．支柱が作る三角形の枠組みは，望遠鏡の方位に関係なく，センターセクションに対するトップリングとミラーセルのたわみが同じになって光軸がずれないことを保証するような構造になっている．この型式はアメリカの技師 Mark Serrurier（1904～88）が考案した．

**ゼレンチュクスカヤ** Zelenchukskaya

ロシア科学アカデミーの*特別天体物理天文台の所在地．ロシアのコーカサス山脈にある．

**ゼロ歳主系列** zero-age main sequence, ZAMS

中心核で水素をヘリウムに変換する核融合反応を始めたばかりの星が占めるヘルツシュプルング-ラッセル図上の斜めの帯．この反応が進行するにつれて，星はわずかに赤く，明るくなる．したがってHR図では星は右上方に移動する．結果として，［非常に若い星団に対しても明るい部分の］*主系列はこのゼロ歳主系列を含む少し幅のある帯になる．

**ゼロ歳水平分枝** zero-age horizontal branch

*ヘリウムフラッシュを経たばかりの低質量星が占めるヘルツシュプルング-ラッセル図の部分．ゼロ歳水平分枝上にある星の性質のばらつきは，*巨星分枝にいたときのその星の*質量放出の量が違うために星がさまざまな質量をもつために生じる．⇨水平分枝

**ゼロ測地線** null geodesic

時空において二つの事象を結ぶ経路つまり*測地線で，それに沿っての計量（測地的へだたり）が0であるようなもの．二つの事象が現実に空間の異なる点で起こっても計量が0である場合もある．この見かけの矛盾が生じうるのは，時空において計量を決定する公式では，それらの事象間の時間間隔が空間におけるそれらの距離に対する符号と反対の符号をもつからである．真空中の光はゼロ測地線に沿って伝わっていく．

**セロ・トロロ・インターアメリカン天文台** Cerro Tololo Inter-American Observatory, CTIO

チリのセロ・トロロ山の標高2215mにある天文台．本部が置かれているラ・セレナの南東55kmに位置する．*アメリカ国立光学天文台の一部で1963年創設された．セロ・トロロの主要装置は1976年に開設された4mブランコ望遠鏡で，この天文台の初代所長であるアメリカの天文学者 Vicor Manuel Blanco（1918～）にちなんで名づけられた．この望遠鏡は*キットピーク国立天文台にある4mメイヨール望遠鏡の南の双子である．他の装置には，1968年に開設された1.5m反射望遠鏡，1967年に開設された0.9m反射望遠鏡，もともとは1950年に開設されたが，1967年にここに移されたミシガン大学の0.6mカーチス・シュミット望遠鏡，1973年に設置されたエール大学の1m反射望遠鏡がある．セロ・トロロの南東10kmの山頂*セロ・パチョンで8mのジェミニ南望遠鏡が建設中である．［2002年完成］．

**セロ・パチョン** Cerro Pachón

双子*ジェミニ望遠鏡の一つ8mジェミニ南望遠鏡のチリでの設置場所．セロ・パチョン山はセロ・トロロの南東10kmのところにある．

**遷移確率** transition probability

原子の二つのエネルギー準位の間で電子が遷移を行う確率をいう．原子は，電子がより高い準位に遷移するときにエネルギーを吸収する

(その確率が吸収確率)か，または電子が低い準位に遷移するときにエネルギーを放射する(その確率が放射確率)．誘導放射が起こる確率も遷移確率の一種である．誘導放射は電子が高い準位にあるが，基底状態に遷移する確率が低いときに起こる．このようなときに，高い準位と基底状態間のエネルギー差とちょうど同じエネルギーをもつ適切な振動数の光子が原子に衝突すると，電子が刺激されて誘導放射が起きるのである．

**遷移軌道** transfer orbit

宇宙船が一つの軌道(出発軌道)から別の軌道(到着軌道)に移るときにしたがう経路．例えば，地球から火星への宇宙船の遷移軌道は地球軌道および火星軌道と交叉し，宇宙船エンジンの2回の噴射を必要とする．1回目は宇宙船を出発軌道から遷移軌道に入れるためであり，2回目は遷移軌道から到着軌道に入れるためである．このような手法は通信衛星を低い地球周回軌道から*地球静止軌道に遷移させるためにも使用する．ロケット燃料が最小消費ですむような遷移軌道は*ホーマン軌道と呼ばれる．

**遷移領域** transition region

太陽大気中の上部彩層とコロナの間にある領域．そこでは温度は約20000から200万Kまで急速に上昇する．その高度は局所的磁場の強度によって違うが，光球の底より約2500km高いところにある．

**遷移領域／コロナ探査衛星** Transition Region and Coronal Explorer, TRACE

太陽のコロナと，太陽大気の温度が急速に上昇する*遷移領域を研究するために0.3m紫外線望遠鏡を用いるNASAの衛星．TRACEは1997年に打上げの予定である．[1998年に打上げられた]．

**漸近巨星分枝星** asymptotic giant branch star, AGB star

ヘルツシュプルング-ラッセル図において*巨星分枝にほとんど平行で，そのすぐ上にある帯状領域を占める星．星は，中心核にあるヘリウムを燃焼しつくして，ヘリウムが中心核の外側の殻で燃え出すときに*水平分枝から漸近巨星分枝に進化する．

**扇形ビーム** fan beam

扇形の幅広い平らな主ローブを特徴とするアンテナパターン．扇形ビームはある種の型の電波干渉計によって作られる有名なものとしては*ミルスクロス電波干渉計がある．

**先行** preceding

*二重星や太陽の黒点群のように，空や自転する天体の面上を動いていく天体または天体群のメンバーで，先行する側をいう．二重星あるいは黒点群の先行成分，惑星地形の先行側，惑星の先行側*リム，あるいは望遠鏡視野の先行側などのいい方がある．後を追いかけていく側のことは*後行という．

**先進X線天体物理衛星** Advanced X-ray Astrophysics Facility, AXAF

計画中のNASAのX線天文学衛星．四つの*グレートオブザーヴァトリー群の一つである．0.1～10 keV (0.12～12 nm)のX線を観測するために，通常の0.4m光学望遠鏡と等価な集光面積をもつ*斜入射望遠鏡を用いる．AXAFは従来のX線ミッションよりも鮮鋭な像(0.5″)とより詳細なX線スペクトルの提供に成果を上げている．[1999年に打上げられ，チャンドラと命名された]．

**線スペクトル** line spectrum

連続スペクトルに重ね合わせられた明るい輝線あるいは暗い吸収線からなるスペクトル．このような線スペクトルはガスの物理的性質に関する情報をもっている．

**占星術** astrology

惑星の相対的位置が人間の性格や人生の成り行きに影響を及ぼすと考える体系．現代では占星術は自然科学ではないが，古代では占星術と天文学は密接に結びついていた．空の観察記録を保存しようという動機はしばしば占星術目的であった．天体現象に関する古代中国の記録は，そこから王朝全体の将来を占ったのであるが，歴史上の食，新星，そして彗星の研究上，現在大きな価値をもっている．

**選択吸収** selective absorption →星間吸収，大気減光

**選択天域** selected areas →カプタインの選択天域

**前兆パルス**　precursor pulse
　パルサーからの主パルスの直前に現れる小さなパルス．

**全天カメラ**　all-sky camera
　全天あるいはほぼ全天を含む視野をもつカメラ．このようなカメラの像は円形で，中心に天頂そして周辺に水平線がくる．特に流星および火球の"見張り"に使用する．全天カメラは凸反射鏡から構成される単純な設計で，空の像を反射鏡の上部にあって下方を向いているカメラに向けて反射する．もっと進歩した設計では超広角レンズを用いる．

**全等級**　total magnitude　→積分等級

**潜　入**　immersion
　*掩蔽のときに星が消えること．あるいは，月食のときに地球の影が月を覆うこと．

**全波双極子アンテナ**　full-wave dipole
　受信する予定の波長にほぼ等しい長さをもつ双極子アンテナ．*半波双極子アンテナよりも広いビーム幅をもつ．

**線　幅**　linewidth
　スペクトル中の吸収線あるいは輝線の幅．普通は*半値全幅（FWHM）が使用され，放射あるいは吸収領域の温度あるいは速度の指標とされる．

**前方散乱**　forward scattering
　散乱媒質へ入射した光子がほとんど入射と同じ方向へ向かって散乱される現象．前方散乱と*後方散乱は常に同時に起こるが，前方散乱の割合は粒子サイズとともに増大する．湿った天候のときの太陽や月のハローは地球大気圏の水滴による前方散乱によって引き起こされる．

**全放射補正**　bolometric correction
　天体の*放射等級から*実視等級を差し引いた値．輻射補正ともいう．二つの零点を使用する．一つの零点は太陽の放射補正が0であるように定義する．もう一つの零点はすべてのタイプの星に対する放射補正が負になるように設定する．他の星は非可視波長で（高温星では紫外線波長で，低温星では赤外線波長で），それぞれ太陽よりも多くのエネルギーを放出するから，二つの零点は0.07等だけ異なる．[実際には太陽の全放射補正＝－0.07となる後者の定義が広く用いられる]．

**線翼部**　line wing　→スペクトル線翼部
**線輪郭**　line profile, profile　→スペクトル線輪郭

# ソ

**相関関数** correlation function

銀河の集団性を統計的に記述するのに使われる数学関数．宇宙空間に銀河がランダムに分布するとして期待される場合と比較して，特定の銀河から一定の距離にある銀河を発見する確率の過不足の程度をその距離の関数として示したもの．関数の正値は，ランダムに分布している場合よりもその距離をもつ銀河対が多く存在することを，一方，負の値は銀河がその距離にあることを互いに避ける傾向があることを示している．観測によると，銀河は数千万光年までの規模での集団化が著しい．

**相関器** correlator

あるアレイでの各アンテナ対が受信する信号を掛け合わせるために電波干渉測定で使われる装置．相関器は電波信号を処理して電波源の地図を作成するための第一段階で使われる．

**双眼鏡** binoculars

両方の眼が同時に使えるように並んで取り付けられた1対の低倍率望遠鏡．通常のプリズム双眼鏡は，それぞれの光路を折りたたむために1対の*ポロプリズムを用い，それにより対物レンズと接眼鏡の間の距離を短縮している．これらのプリズムも像を正立させる．ポロプリズムの代替物は*屋根型プリズムで，光が入射すると同一軸に沿って射出するので構造が単純になる．双眼鏡は，7×50のような1対の数で指定される．最初の数は倍率を，2番目の数はmmで表した口径を示している．天文学で普通に使われるものは7×50，10×50，および11×80である．口径を倍率で割ると，mmで表した*射出瞳の寸法が得られる．アマチュア天文家は，*彗星や星団，*星雲および*銀河のような大きな遠距離天体を観測するために双眼鏡を使用する．双眼鏡は，肉眼では見えない微光星の位置を見定めるため，そしてわりと明るい*変光星を観測するためにも有用である．

**相関検出** correlation detection

雑音的なバックグラウンドから既知の形態の信号を抽出する方法．スペクトル中の線あるいは星の像のように信号の形態が既知の場合は有用であり，その信号の位置および強度の最良の推定がなされる．

**相関受信機** correlation receiver

二つのアンテナからの信号が掛け合わされる単純な電波干渉計に使われる電波受信機．電波源が空を横切って通過するとき，二つのアンテナからの信号が交互に同期，非同期を繰り返すので受信機からの出力は上昇したり，降下したりして，特徴的な縞模様を生成する．

**早期型銀河** early-type galaxy

楕円銀河あるいはレンズ状銀河のこと．渦巻腕のない銀河である．早期というのは銀河分類の*音叉図におけるこれらの銀河の位置に由来する．同様の理由でSa型渦巻銀河は早期型渦巻銀河，一方Sc型銀河あるいはSd型銀河は晩期型渦巻銀河といういい方もある．⇒ハッブル分類

**早期型星** early-type star

スペクトル型O，B，あるいはAの大質量の高温星．"早期型"という命名は，星は熱い若い状態から冷たい年老いた状態に進化するという古い間違った考えに由来する．この用語はまたあるスペクトル型のうち熱い側をいうのに使う．例えば，K1型星はK5型星よりも早期である．⇒晩期型星

**双極グループ** bipolar group

太陽の自転に対して先行する黒点と後続する黒点が反対の磁極性をもつような黒点の対あるいはグループ．極性はヘールの法則（*ヘール (G. E.) にちなんで名づけられた）にしたがう．この法則は，先行する黒点と後続する黒点は赤道の両側で反対の極性をもつことを述べている．これらの極性は次の黒点周期に入るごとに逆転する．

**双極子** dipole

1. 等しくて符号が反対の二つの近接した電荷（電気双極子）あるいは磁荷（磁気双極子）からなる系．2. *双極子アンテナ．3. 対称軸の周りに二極構造をもつ系（例えば，双極子場，双極子異方性）．

**双極子アンテナ** dipole antenna
　二つの端子を作るために中央で折れている真直ぐな金属棒あるいは金属線から構成されるアンテナ．端子は信号を受信機に運ぶ供給装置に接続されている．最大感度は棒に直角の方向にある．→折り曲げ双極子アンテナ，全波双極子アンテナ，半波双極子アンテナ

**双極星雲** bipolar nebula
　中心星の両側に対称的に存在する二つの主ローブをもつガス雲．この双極形状は，星が反対方向に物質を放出することから生じる．ある場合には，流出物質は，その星を取り巻き，可視波長では星を完全に遮蔽する高密度の物質円盤の回転軸に沿って脱出する．双極星雲は，非常に若い星か古い星に見られる．

**双曲線** hyperbola
　二つの"腕"が発散し，決して再会することがないタイプの曲線．数学的には1より大きい離心率をもつ*円錐曲線として定義する．捕獲されることなく他の天体の傍を通過する天体の軌道は双曲線である．

**双曲線軌道** hyperbolic orbit
　*双曲線形状の軌道．ある天体の周りの双曲線軌道にある天体はその天体に1回だけ接近する．理論的にいえば無限遠から接近し，次いで無限遠に遠ざかる．惑星への接近通過飛行を行う宇宙船は双曲線軌道にしたがう．

**双曲線彗星** hyperbolic comet
　太陽の周りの軌道が1.0より大きい離心率をもつ（双曲線である）彗星．[非周期彗星である]．1779年の彗星*レクセルの場合のように，周期彗星が木星の近くを通過した後に双曲線軌道に乗せられることがある．このような軌道に入った彗星は太陽系から失われる．*オールト雲から内部太陽系に初めて訪れる彗星のいくつかは双曲線軌道にしたがい，決して回帰しない．双曲線彗星が太陽系外からやってくる可能性は排除できない．

**双曲線速度** hyperbolic velocity
　天体の*脱出速度より速い速度．ある天体の近くを双曲線速度で通過する天体はその天体から無限遠の距離にまで到達することができる．

**双曲面** hyperboloid
　双曲線をその対称軸の周りに回転して得られる面．カセグレン式望遠鏡の副鏡は双曲面である．

**双極流** bipolar outflow
　中心源（通常は星）から二つの反対方向へ流出する物質の流れ．大部分の若い星は物質を噴射する激しい進化の段階を経る．ある星では秒速数百kmの速度で星からジェットが離れ去るのが見られる．噴射された物質は周囲の分子ガスを二つの移動するガスのローブに掃き寄せて，双極分子流を形成する．進化して*主系列から離れた古い星も双極流を噴射する．これが双極惑星状星雲を形成することもある．

**相互作用銀河** interacting galaxy
　1個またはそれ以上の銀河との重力あるいはその他の相互作用によってその構造が変えられている銀河．例えば，*子持ち銀河．

**相互作用連星** interacting binary
　伴星から主星への*質量移動がある近接連星．*分離型連星では主星が伴星の*恒星風で噴き出された物質を降着させ(→共生星，ミラ型星)，非常に近接した*半分離型連星系ではガス流が主星に衝突すると考えられている(→アルゴル型変光星)．連星どうしがもっと離れている場合では*降着円盤が形成されるかもしれない(→激変連星，新星，矮新星)．主星が強い磁場をもっていると，降着円盤ではなく降着柱を介して物質を獲得するかもしれない(→ヘルクレス座AM型星)

**層序学** stratigraphy
　惑星表面に堆積される岩石層の形成，年代，そして相関関係を扱う地質学の分野．層序学によって惑星の地質史がわかる．

**相　図** phase diagram
　物質が固体，液体あるいは気体として存在できる温度および圧力の範囲を示すグラフ．これらの異なる物理状態は相と呼ばれ，各相が存在する温度と圧力は図上の領域として表される．二つの領域間の線は二つの相が平衡状態で存在しうる条件を規定する．三重点は，固体，液体および気体が平衡状態で存在できる条件を示す点である．

**像増幅装置** image intensifier　→イメージ管

**相対軌道** relative orbit
　公転される側の天体に対する公転する天体の

相対的な軌道をいう．月と地球はそれらの質量中心（地球表面から約1600 km内部にある点）の周囲を楕円軌道で回っている．地球の周りの月の相対軌道はこの楕円軌道と同じ形状をもつが，楕円の焦点は上記質量中心ではなく地球の中心にある．同様に，惑星は太陽の周りに相対軌道をもち，連星の各成分は他の成分に対して相対軌道をもつ．

**相対黒点数** relative sunspot number（記号 $R$）

太陽上の黒点数の尺度．1848年に *ウォルフ（J. R.）が導入し，以前はウォルフ黒点数あるいはチューリッヒ相対黒点数と呼ばれていた．相対黒点数は個々の黒点の総数 $f$ と黒点群の個数 $g$，および観測者と望遠鏡の効率に対応して決まる因子 $k$ を考慮して計算する．すなわち，$R=k(10g+f)$ である．因子 $k$ はチューリッヒにあるウォルフ自身の天文台の場合は1に等しい．今日使用される相対黒点数は25ヵ所の観測ステーション網からの観測に基づいている．スイスのロカルノにある天文台がウォルフ黒点数との連続性を維持するために基準ステーションとなっている．その値はブリュッセルにある黒点指数データセンターが出版している．

**相対論** relativity

*アインシュタイン（A.）が展開した特殊相対性理論と一般相対性理論の二つの理論に対する総称．1905年に発表された *特殊相対性理論は，一定速度で（すなわち加速度を受けることなく）互いに運動する2人の観測者が見たときの物理学の法則にかかわっている．観測者の運動がこれらの観測者が行う測定にどのように影響するかを記述する．低速度では特殊相対性は *ニュートンの運動法則に表現されている古典物理学で記述される状況に帰着する．ニュートンとアインシュタインの物理学の違いは光速に近い速度のときにのみ現れるようになる．*一般相対性理論（1915年）は，空間と時間の関係が物質の重力効果によってどのように影響されるかを記述する（→重力）．この理論は，物質の存在によって創り出される重力場は時空を湾曲させると結論する．この湾曲が空間における物体の運動を支配している．

**相対論的速度** relativistic velocity

光速に近い速度．例えば，高エネルギーの宇宙線粒子は相対論的速度で運動する．このような速度では物体の質量はその *静止質量よりかなり大きくなる．

**相対論的ビーミング** relativistic beaming

光速に近い速度で運動する荷電粒子が運動方向に狭いビームで電磁放射を放出する現象．粒子の速度が速いほど，ビームは狭くなる．

**相転移** phase transition →インフレーション宇宙

**相反則不軌** reciprocity failure

低照度の弱い光に対して写真乳剤の感度が低下すること．強い光では露光時間と像の明るさの間には相反性がある．つまり，像の明るさが半分になれば露光時間を2倍にすれば同じ写真が撮れる．しかしながら，像の明るさが低いときはこの相反性が成り立たず，非常に長い露光が必要である．これは，乳剤の微粒子に対する個々の光子の効果より熱運動の効果が大きいためと考えられる．*冷却カメラで乳剤を冷却するとこの効果を防ぐのに役立つ．あるいは，フィルムを *超増感してもよい．

**像面湾曲** curvature of field, field curvature

*収差の一形態．光学系が平面ではなく，光軸に直角な湾曲した *焦点面（普通は凹球面）に像を形成すること．接眼鏡が像面湾曲を作り出すと，視界の全域で像を収束することができない．湾曲した焦点面をもつシュミットカメラでは焦点面に合わせるために写真フィルムあるいは乾板を湾曲させる必要がある．

**遡及時間** lookback time →ルックバックタイム

**測心座標** topocentric coordinates

地球表面の1点を原点とする座標系．太陽系の天体の場合，測心座標と *地心座標の間には精密測定のときに考慮しなくてはならないわずかな違いがあるが，星や銀河のようなずっと遠い天体の場合は検出できるような違いはない．*地平座標は測心座標である．

**測地学** geodesy

地球，あるいは他の固体惑星の形状や大きさを研究する分野．

**測地線** geodesic
　空間における2点間の最短距離．平面上では測地線は直線であり，球面上では大円の一部である．普通はこの用語は一般相対性理論の中で使用され，湾曲した時空における2点間の最短距離を表す．

**足　点** footpoint →コロナループ

**速度曲線** velocity curve
　天体の視線速度を時間に対してプロットした曲線．スペクトル線の*ドップラー偏移から導ける．*分光連星の場合，各成分に対して曲線を導き，それから相対軌道と*質量比を求めることができる．脈動星の場合，視線速度曲線からは星の膨張と収縮の速度，したがって半径の変化が求められ，それが明るさ，表面温度およびスペクトルの変化とどのような関係にあるかが詳しくわかる．

**速度-距離関係** velocity-distance relation
　銀河系外天体の後退速度と観測者からの距離の間の関係．*宇宙原理にしたがう宇宙では，この関係はまさに*ハッブルの法則である．

**速度分散** velocity dispersion
　星団の中の星の速度のばらつき．これらの星は平均値とは異なるそれぞれの速度をもっている．選択したメンバーの視線速度を測定することで，星団の速度分散を推定し，*ヴィリアル定理から星団あるいは銀河団の質量を求めることができる．速度分散は星ばかりでなく，銀河団中の銀河についてもまったく同様に適用できる概念である．[それぞれのメンバーの速度と平均速度の差の平均の2乗根が速度分散である]．

**束縛-自由遷移** bound-free transition
　電子が離脱するのに十分なエネルギーを得るような原子内あるいは分子内の電子のエネルギーの変化．電子は束縛された状態から自由な状態に移行し，後にイオンを残す．したがってこれは*電離の別名である．変化のためのエネルギーが光子から与えられた場合，星のスペクトルにおいて電離端（ionization edges）として知られる吸収帯を生じさせる．また他の原子あるいは粒子との衝突からエネルギーが与えられること（collisional ionization）もある．さらにエネルギーが原子内の他の励起電子からくる場合，その過程は自己イオン化（auto-ionization）と呼ばれている．

**束縛-束縛遷移** bound-bound transition
　原子内，まれには分子内における電子のエネルギーへの変化．この変化の前も後も電子は原子あるいは分子に結びついた（束縛された）ままである．エネルギーが増大するときは光子が吸収され，エネルギーが減少するときは光子が放出される．束縛-束縛遷移は星のスペクトルに見出される輝線と吸収線の成因となる．

**測微濃度計** microdensitometer
　写真乳剤あるいは印画紙上の各点での写真濃度（黒味）を測定する装置．乳剤を透過する光の場合は透過濃度を測定する．印画の場合は反射濃度を測定する．APMやスーパーCOS-MOSのような現代的な計算機制御の測定機器は測微濃度計の高性能版であり，星の像の中心を精密に測定したり，銀河と星を区別したりできるよう設計されている．

**ソースカウント** source count
　宇宙の進化史を研究するために用いる統計的方法．空のある領域において強度がしきい値 $S$ を超える電波源の単位面積当たりの個数 $N$ を計数する．宇宙が平坦で，電波源の光度と空間密度が時間とともに進化していなければ，対数軸で $S$ に対して $N$ をプロットすると勾配が $-1.5$ の直線となるはずである．最も暗い（したがって最も遠い）電波源がこの直線からずれるならば，電波源が初期宇宙ではもっと強くもっと多数であったことを示しており，宇宙が時間とともに進化したことの強い証拠となる．

**測　光** photometry
　光を測定する科学．星の明るさの最も初期の推定は肉眼で行われ，それが天文学で使用される*等級の基礎を作った．今日では，専門の天文学者は測光器を用いて研究対象の天体を*標準星と比較する．最も暗い天体に対しては十分な信号を得るために広帯域フィルターを使用するが，明るい星は中間帯域あるいは狭帯域フィルターで測定することができる．星および銀河の吸収線，そして星雲の輝線および輝線帯などのスペクトル特性を明らかにするためにはフィルターを注意深く選択する．異なるフィルター

による等級を比較して，その差を*色指数という．人工衛星は天文学の測光を紫外線および赤外線にまで拡張した．

**測光器** photometer
星や他の天体の明るさを測定するための装置．最も広い意味ではこの語には人間の眼あるいは写真乾板を含めることができる．しかし慣習的には，この語は，その出力が入射する光に正比例する*光電測光器，あるいはCCDや赤外線アレイに基づいた*二次元測光器などの装置に限定して使われる．

**測光視差** photometric parallax
*主系列の下の方にある星に対して，主系列上の位置から推定する星の距離．主系列の下部では色と絶対等級が*色-等級関係によって密接に相関づけられているので色がわかれば，絶対等級が推定できる．見かけの等級 $m$ はわかっているので絶対等級 $M$ とともに
$$\log \pi = 0.2(M-m-5)$$
として視差 $\pi$（角秒）が求められる．

**測光標準** photometric standard →標準星

**測光偏光計** photopolarimeter →偏光計

**測光連星** photometric binary
ある種の独特な特性を示す光度曲線をもつことから*連星であることがわかる．→食連星，楕円体状変光星，反射変光星

**SOFIA** Stratospheric Observatory for Infrared Astronomy →成層圏赤外線天文台

**SOHO** Solar and Heliospheric Observatory →太陽および太陽圏天文台

**ソユーズ** Soyuz
3人まで搭乗できるロシアの有人宇宙船のシリーズ．1967年4月23日の処女飛行のときソユーズは着陸のときに激突して，飛行士 Vladimir Mikhailovich Komarov（1927〜67）は死亡した．彼は宇宙飛行中に死亡した最初の人間になった．ソユーズは*国際宇宙ステーションと地球の間を往復して乗組員を運搬するために使われるが，個別の飛行も行い，*アポロ-ソユーズ試験計画のソ連側の宇宙船として使用された．国際宇宙ステーションへの補給のためにプログレスと呼ばれるソユーズの無人版も使用されている．［さまざまな改良を加えてソユーズは2002年現在も続いている］．

**そらし目** averted vision
暗い天体を眼で見るために用いる方法．天体を直接見るのではなく，光が視覚中心点よりも感度のよい網膜の周辺部に入射するように，天体をすこしずらして見る方法である．天体が眼の盲点に入る危険を避けるため，天体を視野の鼻に近い側に置かなくてはならない．

**素粒子** elementary particle
物質の基本的構成要素．原子より小さい粒子（subatomic particle）とも呼ばれる．素粒子は*ハドロンと*レプトンの二つの主要なクラスに分けられる．ハドロンは*クォークと呼ばれる単位から構成され，レプトンはクォークから構成されず，内部構造をもたないように見える．3個のクォークからなるハドロンは*バリオンと呼ばれ，陽子や中性子がその例である．2個のクォークからなるハドロンはメソン（→中間子）と呼ばれる．レプトンには電子，ミューオン，そしてニュートリノが含まれる．素粒子は*電荷，*スピンおよび*静止質量という諸性質をもつ．素粒子はそれらが関与する相互作用で分類することができる．ハドロンは強い相互作用，弱い相互作用，および電荷をもつ場合は，電磁相互作用にも関与する．レプトンは強い相互作用には関与しない．約200個の異なる素粒子が存在すると考えられている．

**ゾンド** Zond 宇宙船の装置および飛行技術を試験するために旧ソ連が打ち上げた宇宙探査機のシリーズ．1964年のゾンド1号および2号は長距離通信を試験するために金星と火星に向けて打ち上げられたが，両方とも交信がとだえた．1965年7月のゾンド3号はルナ3号が撮っていなかった月の裏側の部分の写真を撮影した．1968〜1970年のゾンド4〜8号は，月を回って戻ってくる計画であった，有人のソユーズ飛行のための練習機であったが，アポロの成功後に取り止められた．

**ソンブレロ銀河** Sombrero Galaxy
おとめ座の銀河M104（NGC 4594）．大きなバルジ（中心部のふくらみ）をもつSaないしSb型の8等の渦巻銀河．真横向きで，ソンブレロ帽子のような形に見える．暗い*塵の溝が中心を横切っている．*おとめ座銀河団よりは近く，約3000万光年の距離にある．

# タ

**ダイアゴナル** diagonal →斜鏡

**ダイアナカズマ** Diana Chasma
金星のアフロディーテ大陸の中央，緯度－15°，経度155°にある深いトラフ．この地域にある数個の深いトラフの一つであり，金星上の最も低い高地（場所によっては1kmを超える）のいくつかを含んでいる．幅は100km，長さは900km以上である．*アレシボ天文台からのレーダーによって発見された．

**帯域星表** zone catalogue
限られた赤緯帯域内であるが，広い赤経範囲に広がっている星の位置を示した星表．歴史的には，帯域星表は子午線観測から編纂された．現在では普通，特定の赤緯を中心とした一連の広角写真の測定から編纂される．[*黄道帯星表が典型例であるがそれ以外のものは最近はあまり使われない]．

**帯域通過フィルター** bandpass filter
ある二つの周波数間の範囲（帯域幅）を透過させ，その範囲外の周波数を遮断するように設計されたフィルター．

**帯域幅** bandwidth
1．ある信号がもつ周波数の範囲．2．フィルター，増幅器あるいは他の装置が伝達できる周波数の範囲．

**第一接触** first contact
日食のとき月の先行する（東側の）*リムが太陽の西側のリムに触れ，食が始まる瞬間．あるいは月食のとき月の東側のリムが最初に地球の陰に入る瞬間．

**太陰月** lunation
月が完全な位相の1サイクルを経過するのに要する期間．*朔望月と同じ．

**太陰視差** lunar parallax
月から地球の赤道半径を見込む角度．月が地球からの平均距離にあるときの太陰視差は57′02″.608である．

**大隕石孔** Meteor Crater
アリゾナ州フラグスタッフの東方55kmにある最もよく保存され，最も有名な地球上の隕石衝突クレーターの一つ．*バリンジャー隕石孔とも呼ばれる．直径1.2km，深さ175m，そしてその周縁は周囲の平原より平均45m隆起している．約50000年前に直径約50m，数十万tのニッケル-鉄隕石が約16km/sでこの砂漠に衝突して形成された．衝突エネルギーは，約20メガトン(Mt)のTNT火薬に相当し，1億7500万トン以上の石灰岩と砂岩を掘り出してクレーターを作った．隕石は衝突時にほとんど完全に蒸発あるいは融解し，残存した物質はクレーターの周辺に散乱した．クレーターから7kmまでの範囲で10000個以上のニッケル-鉄*オクタヘドライト隕石の断片が回収された．クレーター衝突の歴史は1930年代に主としてアメリカの採鉱技師 Daniel Moreau Barringer (1860～1929) の努力によって認識された．

**大円** great circle
球をその中心を通る面で切ったときの球面上の切口の線．天球では天の赤道，黄道，そして赤経はすべて大円である．天の赤道以外の赤緯の線は小円である．

**ダイオジェナイト** diogenite
カルシウムの乏しい*エイコンドライト隕石のクラス．紫蘇輝石エイコンドライトとしても知られる．ギリシャの哲学者アポロニアのディオゲネス (fl. c. 440 BC) にちなんで名づけられた．彼は隕石が宇宙起源であることを認識していた．ダイオジェナイトはほとんど完全に鉱物の古銅輝石（オルソピロキセン）からなり，通常のコンドライトに存在する他の鉱物を少量含んでいる．コンドライト組成をもつ母天体が部分的に融解し，その母天体の地殻内部でゆっくりと冷却されて形成されたと思われる．⇒玄武岩エイコンドライト

**大気** atmosphere
天体を取り巻いている気体の外層．地球を含むいくつかの惑星はその強い重力のためかなりの大気を保持している．加熱によって起こる惑星大気中のガスの運動と自転による力が組み合わさって気象系を作り出す．惑星の衛星である

*ティタンと*トリトンも大気をもっている。冥王星は"季節的な"大気をもっている。これは惑星が近日点に接近したときに形成され、遠日点で凝縮してなくなる。⇨太陽大気，星の大気

**大気減光** atmospheric extinction

地球の大気を通過するときに星の光が減少すること。損失の大部分は窒素および酸素分子による*レイリー散乱から生じる。ある波長では酸素分子，オゾンおよび水蒸気による吸収がある。産業汚染物質なども含む塵の粒子も*ミー散乱による減光に寄与する。大気減光は*空気関数および大気圧に比例する。海面（標高0 m）において完全に晴れた空の下では，天頂から80°の星は天頂にあったときよりも1等級暗く見える。この数字は眼による観測の場合である。青色光では減光はより大きいが，赤色光ではより小さい。これが地平線に近いときに太陽や月が赤く見える理由である。

**大気減光**

| 天頂距離 (°) | 減光量（天頂に対して）(等級) |
|---|---|
| 85 | 1.75 |
| 80 | 1.00 |
| 75 | 0.65 |
| 70 | 0.45 |
| 60 | 0.25 |
| 50 | 0.10 |
| 40 | 0.05 |

**大気光** airglow

全天にわたって見られる弱い背景光。主として約100 kmの高度で起こる太陽光による大気酸素の励起によって生じる。夜間の大気光は夜光あるいは夜天光とも呼ばれる。大気光の明るさは1日の時間とともに変化する。夜間は波長557.7 nmでの緑色の酸素輝線が優勢であり，薄明時の大気光ではナトリウム輝線と赤色の酸素輝線が優勢である。大気光は日中でも生じ，夜間よりも1000倍も強い。

**大気差** atmospheric refraction

地球の大気を通過するときに光の屈折により引き起こされる天体の見かけの方向のずれ。屈折は観測される天体の高度を大きくする。地平線にある天体にとってその量は約34'（すなわち2分の1°より大きい）である。単純な大気モデルによると，約45°までの*天頂距離での屈折は天頂距離の正接（タンジェント）に比例するが，正確な数字は大気圧，温度および湿度に依存する。⇨地平大気差

**大気散乱** atmospheric scattering ➔ 大気減光

**大気の窓** atmospheric window

地球大気が比較的透明で地上から天文観測ができる波長範囲。大きな窓はスペクトルの可視光，赤外線および電波領域である。可視光の窓は約 $0.3\,\mu m$ から $0.9\,\mu m$ まで広がっている。約 $1.25\,\mu m$ と $30\,\mu m$ の間，および $300\,\mu m$ を超えたいくつかの波長のところに*赤外線の窓がある。*電波の窓は約1 cmから30 mまで広がっている。

**大規模構造** large-scale structure

約3000万光年より大きい規模での銀河の分布。銀河は宇宙に無秩序に分布しているのではなく，種々の大きさの銀河団あるいは超銀河団の形で群をなしている。時には銀河はまたフィラメントと呼ばれる長く伸びた鎖の状態で，あるいは*グレートウォールのような平坦な構造で広がっている。これらの領域と対照をなしているのが，銀河のほとんどない広大な領域である。*ヴォイドと呼ばれており，ヴォイドはおおざっぱにいって球形である。知られている最大規模構造は直径が3億光年程度である。もし*宇宙原理が正しいならば，天文学者は，宇宙がほぼ一様になる規模については到達するはずである。［最近の観測によると，約3億光年以上の構造は見つからず，これ以上の規模で平均すれば宇宙はほぼ一様と考えられている］。

**大9月彗星** Great September Comet (C/1882 R 1)

*クロイツサングレーザー彗星群のメンバーである長周期の彗星。1882年9月に南半球で多くの観測者が独立に発見し，昔は1882 IIと呼ばれていた。近日点は9月17日の0.008 AU（120万 km）で，このとき中心核が少なくとも4個の断片に分裂した。最盛期では彗星は日中でも見え（等級は少なくとも−10），尾の長さは20°を超えた。軌道は*池谷-関彗星

(C/1956 S1) の軌道に非常に似ていて，周期は約800年，離心率は0.9999，軌道傾斜角142.0°をもつ．

**対恒星周期** sidereal period

惑星あるいは衛星が恒星に対して完全な1公転を完了するのに要する時間．例えば，地球の対恒星周期は*恒星年であり，月の対恒星周期は*恒星月である．公転だけでなく，天体の自転も恒星に対して測定することができ，その場合は自転の対恒星周期と呼ぶ．地球の自転の対恒星周期については*恒星日の項を参照のこと．

**大黒斑** Great Dark Spot

海王星の雲の中で約 $10000 \times 5000$ km の広がりを示す大きな暗い卵形の斑紋．1989年にヴォイジャー2号が撮影した．ほぼ南緯20°に位置し，木星の大赤斑に似た巨大な回転する渦であるように見える．しかし，大黒斑は1994年のハッブル宇宙望遠鏡の観測では消散してしまったようで見えなかった．

**台座クレーター** pedestal crater

弱い表面物質で形成されたため，周囲の噴出物被覆で保護されている部分以外は後に侵食されてしまった衝突クレーター．この用語は火星上のある種のクレーターを指すために造られた．これらのクレーターは惑星のいくつかの地域で周囲の地形より高い顕著な円形の平原を形成している．

**第三接触** third contact

皆既日食で月の*後行する（西側の）*リムが太陽の西側のリムと一致して，皆既日食が終わる瞬間．あるいは皆既月食で月の*先行するリムが地球の本影の東端に達して，皆既月食が終わる地点．日食における第三接触直後に，*ダイヤモンドリングあるいは*ベイリーの数珠が見えることがある．*金環食での第三接触は月の先行する（東側の）リムが太陽の東側のリムを離れて，金環位相が終わる瞬間をいう．

**大シルティス** Syrtis Major

火星上の最も顕著な暗い模様（*アルベド地形）．ほぼ三角形で，約 1000 km の幅と 1200 km の長さをもち，緯度+10°，経度290°に中心がある．これは，大シルティスと形状が似ている北アフリカ沿岸のシルテ湾に対するギリシャ名であり，"大きな砂丘"を意味する．風に飛ばされた塵が広い面積にわたって分布しているように見える．1659年に*ホイヘンス（C.）が最初に観測した．この表面領域の公式名は現在では大シルティス平原である．

**大赤斑** Great Red Spot, GRS

木星の雲の中のほぼ南緯22°にある大きな卵形の斑紋．大きさは東西が約 26000 km，南北が 14000 km である．1831年に*シュワーベ（S. H.）が発見したが，それが顕著な暗赤色になった 1878〜82 年まではほとんど注目されなかった．それ以来，大赤斑は大きさ，色，そして明るさが大幅に変化している．時には非常に暗くなり斑点が南温暖帯域において作るくぼみ（赤斑くぼみ）によってしか存在がわからない．大赤斑に近い緯度でわずかに小さい顕著な暗黒斑が1664年にイギリスの科学者 Robert Hooke (1635〜1703) によって観測され，1713年まで持続した．これはおそらく大赤斑と同じ現象の初期を見たのであろう．宇宙探査機は大赤斑が嵐あるいは台風に相当する巨大な回転する大気中の渦であることを示した．その頂上は周囲の雲層の数 km 上部に位置し，赤色はホスフィン（$PH_3$）のような化合物に由来するのかもしれない．

**ダイソン，フランク ワトソン** Dyson, Frank Watson (1868〜1939)

イギリスの天文学者．1910年に9代目のアストロノマー・ロイヤルになった．彼の主な関心は星の位置と*固有運動の精確な測定であり，それによって銀河系内の太陽近傍での星の分布を明らかにした．数回の日食の観測に基づいて太陽スペクトル中の線から*彩層内の元素を同定した．この成功が1919年のグリニッジ日食遠征のきっかけとなり，重力場は星の光を曲げるというアインシュタインの予測を確認したのである．彼は1920年代にグリニッジからラジオ時間信号の放送を始めた．

**大統一理論** grand unified theory, GUT

弱い相互作用（核力），強い相互作用（核力）および電磁気力を単一の数学的理論で記述しようという試み．弱い核力と電磁気力との統一は電弱理論（electroweak theory）で実現された．ビッグバン後の約 $10^{-12}$ 秒以内（このとき

までに宇宙は約 $10^{15}$ K まで冷却していた）では電磁気力および弱い相互作用は単一の物理的力として作用した．それ以降のより低い温度でそれらは別個のものになった．統一された電弱力を強い相互作用と統一する試みは部分的にしか成功していない．それらが統一されるための温度は $10^{27}$ K の程度であると考えられ，この温度になるのはビッグバン後 $10^{-36}$ 秒後である．この時刻から現在まで生存している粒子が非バリオン *暗黒物質の候補である．GUT と重力との統一はさらに高い温度で起こる可能性があるが，四つの力を統一する満足すべき理論はない．そのような理論は万物の理論（theory of everything, TOE）と呼ばれるであろう．

**ダイナモ** dynamo
電気伝導流体の中で電流と磁場を発生させる作用．太陽外層のプラズマでの，また地球および外惑星の中心核あるいはマントルでのダイナモ作用がこれらの天体の磁場を作り出していると考えられている．

**第二接触** second contact
皆既日食のとき，月の先行する（東の）*リムが太陽の東側のリムに接触し，皆既食が始まる瞬間．あるいは，皆既月食のとき，月の後行するリムが地球の暗部に完全に埋没する瞬間．皆既日食における第二接触の直前に *ベイリーの数珠あるいは *ダイヤモンドリングが出現することがある．*金環食のときは，第二接触は，月の後行する（西の）リムが太陽の西側のリムを離れる瞬間を指すので，太陽を背景にして月全体の影絵が見える．

**対日照** gegenschein
真夜中の空に太陽の正反対の位置に現れる 10°程度の広がりをもつ淡い卵形の輝き．対日照は微少な *黄道塵からの太陽光の反射によって生じ，表面輝度は非常に低い．最も澄みわたりかつ最も暗い夜空のもとでしか見えない．

**大ヌベクラ，小ヌベクラ** Nubecula Major, Nubecula Minor
*大マゼラン雲，*小マゼラン雲の別名．

**対物回折格子** objective grating
星の像の隣りにスペクトルを作るために望遠鏡の前面レンズ（対物レンズ）の前に配置する粗い格子あるいは平行な針金の列．格子の間隔を非常に粗く（約 10 mm）すると，スペクトルが十分に短くなり，実質上星像と同じに見える．この場合にはもともとの星像のそばの決まった位置に副星像ができる．格子は回転できるので，副星像の位置角と間隔を測定することができる．*対物プリズムと同じようにスペクトルを作るためには微細な格子を用いる．[星の片側に1次の回折像（スペクトル），反対側に−1次の回折像（スペクトル）ができるが，後者は前者より暗くて見えないことが多い]．

**対物プリズム** objective prism
望遠鏡の筒先に配置する *プリズム．視野にある各星からの光を短いスペクトルに分散する．したがって，1回の露光で視野にあるすべての星の低分解能スペクトルが得られる．多くの場合，小口径の対物プリズムには *グリズムが使われることが多い．

**対物レンズ** objective glass, objective lens
光を焦点に導く屈折望遠鏡の主レンズ．⇒レンズ

**太平洋天文学会** Astronomical Society of the Pacific, ASP
アメリカのサンフランシスコに本部を置く国際的な科学および教育機関．1889 年に設立された．月刊の Publications は技術関係論文も掲載し，隔月刊の普及雑誌 Mercury も発行している．

**太平洋天文学会誌** Publications of the Astronomical Society of the Pacific
1889 年に *太平洋天文学会が創刊した研究論文と論評記事の月刊雑誌．

**大マゼラン雲** Large Magellanic Cloud, LMC
わが銀河系に伴う二つの不規則銀河のうち大きい方の銀河．大ヌベクラ（片雲）とも呼ばれる．LMC は，かじき座およびテーブルさん座の空約 8°に広がるぼんやりとした伸びた形の光斑として肉眼でも見える．直径は約 2 万光年で，地球から 16 万光年離れている．質量はわが銀河系の質量の約 10 分の 1 で，相対的に銀河系よりガスの含有量が高い．いささか弱い渦巻構造があり，星が棒状に分布しているのが目立つ．古い星団と若い星団が含まれており，銀

河系では知られていない種類の若い*青色多星星団を含む．これらの青色多星星団は*球状星団のように丸いが，年齢が若い変種である．中間年齢の星団はあまりないように見え，LMCが初期および晩期に星形成のバースト期を経験していることを示唆している．よく目立つ存在は，ガスと若い星からなる大きな複合体である*タランチュラ星雲である．この付近にあった青い*超巨星が*超新星1987Aとして爆発した．⇒マゼラン雲

**ダイヤモンドリング** diamond ring
皆既日食の直前あるいは直後に見える現象．ダイヤモンドリングは月の周縁にある谷間を照らす太陽光によって作られる．一つ一つの谷間がまばゆい明るい光点を作る．

**大洋** oceanus
太陽系天体の表面にある非常に大きな低地平原．唯一の命名例は月面の嵐の大洋である．

**太陽** Sun（記号☉）
太陽系の中心天体で，距離が地球に最も近い恒星．非常に細かく研究できる唯一の恒星である．スペクトル型はG2Vである．5780Kという*有効温度をもつ黄色がかった，*主系列星（*矮星）．見かけの実視等級は-26.7等であるが，絶対等級は+4.83等でしかない．太陽は大部分が水素（質量で71%）で，ヘリウム（27%）とより重い元素（全部で2%）を含む．その年齢は約46億年と推定される．中心核での核融合反応によって生成されるエネルギーは，中心から半径の3分の2までは放射によって，次いで外部の3分の1は対流によって表面層，すなわち*光球まで輸送される．中心核から表面までのエネルギー輸送には1000万年かかる．中心での温度は1560万K，そして密度は14万8000 kg/m³と計算されている．そのエネルギーの大部分は光球から宇宙空間に脱出する．光球には*粒状斑模様および*超粒状斑模様が見られる．両方とも比較的小規模の対流で，強い磁場の領域に付随する*黒点や*白斑と同様に*太陽活動に関係する特徴である．太陽の対恒星自転周期は，赤道で約25日，また緯度40°で27～28日，極付近では33.5日である．採用されている平均値は緯度17°に対応する25.38日である．

光球は数百kmの厚さしかなく，温度は高度とともに次第に低下し，*温度極小域で約4400Kになる．温度極小域より上方は*彩層である．彩層の温度は4400Kと約20000Kの間にある．*遷移領域では高度とともに*コロナ方向に急速な温度上昇が見られ，コロナでの温度は200万K以上である．

太陽：物理的データ

| 直径 | 黄道に対する赤道の傾斜角 | 平均自転周期（対恒星） | 平均密度 |
|---|---|---|---|
| 1392530 km | 7.25° | 25.38日 | 1.41 g/cm³ |

| 質量 | 光度 | 体積（地球=1） | 脱出速度 |
|---|---|---|---|
| 1.989×10³⁰ kg | 3.85×10²⁶ W | 1.3×10⁶ | 617.3 km/s |

太陽面上の活動領域の数は11年周期にしたがって変わる．黒点対の磁気極性は，*先行部分と*後行部分では反対であるが，周期ごとに逆転するので，22年の磁気周期がある．粒子流，すなわち*太陽風が，300～750 km/sで常に惑星間空間に流出している．*コロナホールからはさらに高速の流れが噴き出している．

**太陽運動** solar motion
*局所静止基準に対する太陽系の運動速度．普通は銀河座標系か赤道座標系に準拠した三つの速度成分の形式で与えられる．あるいは，*太陽向点の位置とその方向への速度として表すこともできる．速度は約19.5 km/s，あるいは約4 AU/年である．［星の観測から求められる太陽系の運動は，観測した星々を基準にした運動である．このため星の種類によって異なった値が得られる．通常はこれを太陽運動と呼んでいる（→太陽向点）．局所静止基準に対する太陽系の運動はある種の仮定の下に観測データから外挿されるものである．*ヒッパルコス衛星のデータによる，局所静止基準に対する太陽系の速度の値は約13.4 km/sである］．

**太陽／太陽圏天文台** Solar and Heliospheric Observatory, SOHO
紫外線および可視光で太陽を観測し，太陽風を研究し，そして太陽表面における微小振動を

測定するために1995年12月に打ち上げられたESAとNASAの共同人工衛星．SOHOは太陽活動極小中，そして少なくとも次の太陽周期の上昇部分にわたって観測を続ける．地球から太陽方向に150万kmあまり離れた太陽と地球の間の内部*ラグランジュ点（$L_1$）を回る*ハロー軌道上にあるので，地球による食に妨げられないで太陽を観測できる．[2003年現在も観測を続けている]．

### 太陽活動　solar activity

太陽に関するすべての活動的現象をいう．*黒点，*白斑，*活動領域，*羊斑，*活動紅炎，および*フレアなどがある．太陽活動は磁場に強く関連しており，磁場は太陽内部の*ダイナモ作用から生じると考えられる．太陽活動は近似的に11年の周期で増減する．

### 太陽活動極小期　solar minimum

黒点や他の活動が最も少なくなる期間．ただし，活動現象がまったくなくなることは通常ない．

### 太陽活動極大期　solar maximum

*黒点の周期曲線がピークの付近にある期間．この時期黒点および他の活動現象の出現が最も頻繁である．

### 太陽活動極大期観測衛星　Solar Maximum Mission, SMM

ガンマ線から白色光までの波長で太陽活動を観測したNASAの衛星．Solar Maxとも呼ばれるSMMは1980年2月に打ち上げられた．9ヵ月後にその指向システムが破損したため，1984年4月にスペースシャトルの飛行士による修理飛行が行われた．SMMは1989年12月に地球大気圏に再突入するまで観測を継続した．この衛星は太陽フレアのエネルギー解放機構および他の関連現象の解明に貢献した．

### 太陽系　Solar System

太陽と太陽の周りに軌道運動をするすべての天体に対する集合名．9個の*惑星およびそれらの100個に近い既知の*衛星，それに無数の*小惑星，彗星，および*流星物質が含まれる．太陽から73億km以上の距離にある冥王星の軌道の遠日点が太陽系の外側限界の目印とされてきた．しかし多くの*カイパーベルト天体がその先に位置し，いくつかの長周期彗星は太陽に最も近い星までの距離のおそらく中間点にまで足をのばしているであろう．

### 太陽系儀　orrery

惑星の運動を機械的に表現する太陽系の実用模型．この名前は4代目のコークおよびオレリーの伯爵 Charles Boyle（1676～1731）に由来する．彼のために最初の一つが製作された．18世紀に普及し，惑星と衛星の回転および軌道運動を再現する直径が1mの"大太陽系儀"から地球，月と太陽だけを強調した小型の携帯用太陽系儀まであった．

### 太陽系力学時　Barycentric Dynamical Time, TDB

惑星や他の天体の位置を計算する太陽系の力学理論で用いる時間尺度．標準時間が要求され，時計を設置する適当な場所は系の重心である．TDBは，採用する重力理論に依存する．普通は一般相対性理論が採用されるが，他の可能な相対論的重力理論に対しても定義することができる．どのような理論を用いるにしても，TDBと*地球時（TT）との差は周期的な変動だけを示すはずである．⇒力学時

### 太陽圏　heliosphere

*太陽風が吹いている太陽周囲の空間領域．太陽圏は半径が約100 AUと考えられ，*太陽圏界面がその端である．そこでは外側からの星間ガスの圧力と内側の太陽風の圧力がつり合っている．太陽圏の形状はわかっていないが，特定の方向から星間物質が流れてきているならば（星間風），太陽圏は地球の磁気圏に似ているかもしれない．つまり，一方の側は球形であるが，他の側では長い尾のように引き延ばされている．

### 太陽圏界面　heliopause

太陽風の圧力と星間ガスの圧力がつりあっている*太陽圏の境界．太陽から約100 AUに位置すると考えられる．

### 太陽圏境界域　heliosheath

*太陽圏界面とそれの背後に存在する衝撃波面の間の狭い空間にあると想定される星間ガス．太陽圏が地球の磁気圏に類似しているならば，衝撃波面は太陽圏の前方の星間ガス流に向かう方向に位置すると思われる．

**太陽向点** solar apex

＊局所静止基準に対して太陽系が運動する方向，すなわち＊太陽運動の方向である．その位置は近似的に赤経18h，赤緯＋30°である．太陽向点の方向は星自身のランダム運動のために精確に規定することはできず，いろいろな種族が混合しているために星のスペクトル型によって異なる．太陽運動の結果，星の運動は反対方向の一点，＊太陽背点に向かって収束するように見える．

**太陽時** solar time

太陽を基準にして測る時間．専門的には，太陽の＊時角に12時間を加えた時間．この12時間は1日が正午ではなく真夜中に始まるようにするために加えられる値である．＊視太陽時の基礎である真の太陽（日時計で示される）は，地球の軌道が円形ではなく，太陽の経路（黄道）が天の赤道に対して傾斜しているために動きが不規則である．精確な時間保守のためには，仮想的な＊平均太陽の時角に基づいた，＊平均太陽時を用いる．一般社会で使われるすべての時刻の基礎である太陽時は＊恒星時に対して1日に約4分遅れ，したがって星は毎晩約4分ずつ早く昇る．

**太陽視差** solar parallax

1AUの距離（太陽中心）から地球の赤道半径を見たときの角度．その値は8.794148″である．歴史的には，太陽視差は太陽系のスケールを与える重要な量であり，遠く離れた天文台から見た太陽系天体の観測，例えば水星あるいは金星の太陽面通過の観測から導かれた．太陽視差は現在，惑星探査機とのレーダー波の交信により，惑星までの距離を直接測定して決められる．

**太陽日** solar day

太陽が観測者の＊子午線を通過してから次に通過するまでの時間間隔．すなわち太陽に対する地球の自転周期．厳密には，これは視太陽日で，＊均時差のため1年間にわずかに変化する．その平均長さである＊平均太陽日は24時間，すなわち86400秒である．地球が太陽を回る軌道運動をするために，太陽日は＊恒星日より約4分長く，これは1年間でちょうどまる1日になる違いである．

**太陽質量** solar mass（記号 $M_\odot$）

恒星や銀河などの質量を測るのに用いる単位．太陽の質量は $1.989 \times 10^{30}$ kg に等しい．

**太陽写真儀** photoheliograph

写真乾板に白色光での太陽像を記録する望遠鏡．最初の太陽写真儀は1857年にイギリスの科学者 Warren De la Rue（1815〜89）が設計した．世界中の天文台で最新の太陽写真儀で毎日太陽撮影を行っている．

**太陽周期** solar cycle →黒点周期

**太陽振動** solar oscillations →日震学

**太陽大気** solar atmosphere

＊光球，＊彩層，＊遷移領域，および＊コロナなどの太陽外層部の領域．太陽大気の温度は高さとともに変化する．最初は＊温度極小域まで減少し，次いで増加し，遷移領域では非常に強く増加する．温度上昇は，音響波（低い彩層での）および磁気流体力学波（高い彩層およびコロナでの）がエネルギーをそこで散逸するためと考えられる．

**太陽ダイナモ** solar dynamo

高温で高度に電離した太陽内部のガスの運動エネルギーが太陽活動のもとになる磁場に変換される機構．＊バブコック（H. W.）による描像では，極から極へ走る光球の下の磁力線（極方向磁場）が，太陽の緯度によって速度が違う＊差動自転によって赤道に平行にねじ曲げられる（赤道方向磁場）．黒点を含む＊活動領域は，ゆがんだ磁力線が光球を通って上昇するときに生成されると考えられている．対流が次第に赤道方向磁場を方向が逆転した極方向磁場に変えて，次の活動周期が始まる．

**太陽-地球関係** solar-terrestrial relations

地球およびその磁場に対する太陽活動の影響．最大の影響は磁気的擾乱から生じる．この擾乱は太陽から伝わり，地球の磁気圏と相互作用するときに＊磁気嵐を発生させる．磁気嵐が始まるとき地磁気場の強さは急激に増大するが，これは地球の太陽に向いた側における磁場の圧縮によって生じる．擾乱は世界中で起こり，1日ほど続くことがある．磁気＊小嵐はもっと局在しており，地磁気の極付近で起こり，オーロラの出現に関連している．＊マウンダー極小期に，太陽活動と地球の気象の間の結びつ

きが提案されたことは注目すべきである．

**太陽直下点** subsolar point

特定の時刻に太陽が真上にくる地球あるいは他の天体上の地点．

**太陽定数** solar constant

地球大気圏最上部の単位面積に入射するすべての波長での太陽エネルギー量．太陽"定数"は11年太陽周期の間に0.3%変化し，それより長い期間ではもっと大きく変化すると思われる．したがって太陽放射度という方がよりふさわしい．現代の人工衛星の測定によると太陽定数は1368 W/m$^2$ という値が得られている．

**太陽電波写真儀** radioheliograph

太陽を観測してその電波地図を作成するよう作られた電波望遠鏡．

**太陽塔** solar tower

地上付近の空気の擾乱を避けるために光学部分を高い塔の上に設置した大型の太陽望遠鏡．太陽光は*ヘリオスタットと呼ばれる可動の平面反射鏡によって垂直下方に向けられ，普通は地下に設けられる観測室に入る．カリフォルニア州*ウィルソン山天文台の2基の塔がその例である．塔望遠鏡は空気の対流を低減するために冷却される．*サクラメントピーク天文台の真空塔望遠鏡の場合のように，空気の擾乱を防ぐために塔を真空とした真空太陽塔もある．

**太陽内部** solar interior

眼に見える光球の最深層の下にある太陽の部分．太陽内部は直接観測することはできないが，その構造は*標準太陽モデルから推測できる．このようなモデルをチェックするには，太陽の大域的振動の観測（一致はかなり満足できる），および太陽ニュートリノ数のカウント（相当な不一致が見られる）などの方法がある．モデルは実際に観測されるよりも多くのニュートリノ数を予測している．→太陽ニュートリノ単位

**太陽ニュートリノ単位** solar neutrino unit, SNU

太陽から地球に到達するニュートリノ流量の尺度．ニュートリノは太陽中心での核反応によって生成される．サウスダコタ州ホームステイク金鉱の地下深くに置かれた塩素を含む液体タンクによって高エネルギーの太陽ニュートリノが検出されている．わずかな割合の塩素原子が太陽ニュートリノと反応してアルゴン原子を生成する．このニュートリノ相互作用の回数で太陽ニュートリノ流量が測定され，1 SNU は $10^{36}$ 個の塩素原子当たり1秒につき1回の相互作用を起こす流量である．現在の太陽モデルから予測されるニュートリノの流量は約8 SNU であるが，ホームステイク実験から得られる測定値は約2 SNU でしかない．ホームステイク，およびその他の，陽子-陽子融合反応からニュートリノを検出するガリウム検出器 SAGE（ロシア）および Gallex（イタリアのローマ近傍）から得られたもっと最近の測定値は，予測される量の約半分であり，食い違いは小さくなってきている．[最近では両者の食い違いはニュートリノがわずかな*静止質量をもつためと理解されている]．

**太陽熱量計** pyrheliometer

太陽エネルギーの加熱効果によって*太陽定数を測定する装置．太陽によって生じる熱量を電流で生成した熱量と比較する形式の熱量計である．

**太陽年** solar year

少なくとも近似的に季節の周期と関係するように作られた暦での1年．あるいは，*回帰年の別名．すべての暦が太陽年を使用しているわけではない．例えば，イスラム暦は月の満ち欠けと密接に関係しており，その暦年は季節の周期より短い．

**太陽背点** solar antapex

天球上で*太陽向点と正反対の方向．近似的位置は赤経6 h, 赤緯-30°である．⇒太陽向点

**太陽風** solar wind

太陽*コロナからの原子粒子の流れ．太陽風は電子，陽子，および（数は少ないが）ヘリウムなどの原子の原子核から構成される．ガスが惑星間空間に広がっていくとき，ガスは磁場を運び，磁場は太陽が自転するにつれてらせん形状になる．太陽風の速度は太陽から数太陽半径の距離での約50 km/s から地球の位置での数百 km/s まで増大する．地球の位置での粒子密度は極めて低い（1 m$^3$ 当たり約500万粒子）．流れの速さは大幅に変化する．低速太陽風は約300 km/s の速さをもつ．太陽活動が極大のとき

きは750 km/sという高速の流れが観測される．これらの流れは*コロナホールから流出し，太陽の自転に伴い27日ごとに地球を通過する．高速流は太陽の両極から絶えず放出されている．風速，粒子密度，および磁場の強さ（通常は約$5×10^{-9}$テスラ）は*コロナ質量噴出によって起こる惑星間擾乱によって猛烈に増大する．太陽風は地球や磁場をもつ他の惑星と相互作用して*磁気圏を生成する．太陽風は太陽から約100 AUまで広がっており，その境界が*太陽圏界面である．

**太陽フレア** solar flare →フレア（太陽の）

**太陽望遠鏡** solar telescope

　太陽を研究するために特別に作られた望遠鏡．太陽面上の特徴が詳細に見えるようにレンズあるいは反射鏡は非常に長い焦点距離をもつ．マクマス-ピアス太陽望遠鏡など多くの大型太陽望遠鏡は，大気の擾乱や雲による遮蔽の少ない高山に設置されている．カリフォルニアのビッグベア太陽天文台のように水に囲まれた天文台ではさらによい条件が得られる．⇒太陽塔

**第四接触** fourth contact

　日食のとき，月の後方の（西側）*リムが太陽の東側のリムから完全に離れる瞬間．あるいは月食のとき，月の西側の終縁が地球の陰を離れる瞬間．食の終りを示す．最終接触ともいう．

**対流（星の）** convection (stellar)

　高温ガスの流れによる星内部のエネルギー輸送．この現象は，対流セルの大きさを表すいわゆる*混合比が現在の理論で不確定なことが主な理由でまだ十分理解されていない．

**対流域** convective zone

　主にガスの対流によってエネルギーが輸送される星内部の領域．このような領域は大質量星の中心核および低質量星の表面層（*対流層）で生じる．0.4太陽質量より小さい星は星全体が対流域となっている．

**対流貫入** convective overshoot

　通常では対流が起こらない星の領域に，下方あるいは上方にある領域からの対流が"飛び越し"て貫入する現象．このような飛び越しは，星の内部で合成される*重元素を表面近くにまで輸送するうえで重要かもしれない．太陽における対流飛び越しの証拠はその表面の*粒状斑模様に見られる．

**対流圏** troposphere

　海面から高度10～15 kmの*圏界面まで広がっている地球大気圏内の最も低い明瞭な層．気象現象は主として対流圏で起こり，対流圏は地球の大気質量の約75％を占める．対流圏では温度は高度とともに低下し，圏界面で最小値約-40℃に達する．→圏界面

**対流層** convective envelope

　主として対流によって熱が輸送される星の外側領域．太陽質量程度以下の質量をもつ星だけが対流層をもつ．対流層ではガスは十分に冷たく部分的に電離されるだけである．このような領域では，上昇するガスが冷却するにつれて，電子とイオンは再結合して熱を放出し，その熱がガスを上方に運び続ける．この対流層には太陽質量の1％が存在するにすぎないが，太陽質量の半分の星ではこの値が40％を超える．

**対流平衡** convective equilibrium

　エネルギー生成（星における核反応などの）の割合が，対流によってエネルギーが外部に輸送される割合と正確に釣り合っているガスが示す状態．したがってガスは一定の温度に保たれる．⇒放射平衡

**ダヴィーダ** Davida

　小惑星511番．1903年にアメリカの天文学者 Raymond Smith Dugan (1878～1940) が発見した．6番目に大きい主帯小惑星．平均直径は324 kmである．Cクラスに属し，5.167時間の自転周期をもつ．軌道は，長半径3.176 AU，周期5.66年，近日点2.61 AU，遠日点3.74 AU，軌道傾斜角15.9°をもつ．

**楕円** ellipse

　円を偏平にした閉曲線．大部分の天体の軌道は楕円である．周回される天体は楕円の*焦点の一つに位置する．楕円の最長の直径を長軸，最短の直径を短軸と名づける．長軸の半分が長半径であり，普通は記号$a$で表記する．短半径は通常は$b$で表記する．楕円の二つの焦点間の距離を長軸の長さで割った値が楕円の*離心率$e$である．離心率は楕円の形を規定し，$e=0$のとき楕円は円である．$e$がほとんど1

のとき楕円は長く狭い．例えば，ハレー彗星は $e = 0.967$ の軌道を回っている．

**楕円銀河** elliptical galaxy

　滑らかでのっぺりした円形あるいは楕円形の外観をもち，渦巻腕がなく，ガスや*塵をほとんどあるいはまったく含まない銀河の型．記号 E．楕円銀河は，矮小楕円銀河の場合の約 $10^7$ 太陽質量および数千光年の直径から，巨大楕円銀河の場合の $10^{12}$ 太陽質量および 10 万光年以上の直径のものまでがある．見かけの形により E0 から E7 までに分類される．E0 は円形に見え，E7 は最も偏平な楕円形である．E のあとの数字は楕円率の程度を表し，長軸 $a$ と短軸 $b$ から公式 $10(a-b)/a$ を用いて計算する．矮小楕円銀河は dE の記号で表される．一方，巨大および超巨大楕円銀河はそれぞれ *D 銀河および *cD 銀河と命名される．このような大質量の例は銀河団の中心に見出される．

　楕円銀河の星は大部分が老齢（種族 II）であるが，いくつかの楕円銀河はもっと最近に形成された中間年齢の星も含んでいる．何らかの擾乱を受けているもの以外は，楕円銀河の面輝度は，中心から外側に向かって特徴的な形で減少する［半径の 1/4 乗に比例して減小］．擾乱の例には，近くを通過する銀河の潮汐力による乱れや，D 銀河および cD 銀河に見られる *銀河カニバリズムによる広がった淡い外部などがある．楕円銀河にはどの型の銀河に比べても単位光度当たり最も多くの球状星団が含まれている．巨大楕円銀河は数千個の球状星団をもつことがある．メンバー数の多い銀河団では明るい銀河中に楕円銀河が占める割合は高い（40%）が，銀河団外での楕円銀河の割合ははるかに低く，10% 程度である．

　楕円銀河の本来の形は，回転楕円体（円盤形あるいは葉巻形）か 3 軸の長さが異なる楕円体（3 軸不等楕円体）である．いくつかの楕円銀河はその偏平な形状を説明するのに十分な速さで回転しているように見えるが，多くの楕円銀河（特に巨大楕円銀河）はほとんど回転を示さない．楕円銀河の起源の詳細についてはまだ議論の余地がある．それらは急速に形成され，激しい星生成活動で急速にその星間ガスを費消しつくしたかまたは失った年老いた系であるかもしれないし，あるいは渦巻銀河の合体によって生じたのかもしれない．

**楕円収差** elliptic aberration　➔ E 項

**楕円体** ellipsoid

　中心を通るすべての断面が円か楕円であるような物体．月の形は等しくない三つの軸をもつ楕円体でほぼ表され，最短軸が自転軸で，最長軸は地球の方向に向いている．地球も赤道がその長軸と短軸の差は 1 km より小さいながら，わずかに楕円形なので，厳密にいうとその形は楕円体である．

**楕円体状変光星** ellipsoidal variable

　近接しているが相互作用はない連星系からなる変光幅の小さい（0.2 等より小さい幅）変光星の型．略号 ELL．二つの星は潮汐力のために楕円体状に変形している．視線に対する軌道面の傾斜角は食が起こらない値であるが，軌道運動によって星の見える面積が違ってくるので，系の見かけの等級にゆらぎが生じる．

**楕円率** ellipticity

　*偏平率の別名．

**タキオン** tachyon

　光速より速く伝播することができる仮想的粒子．特殊相対性理論によると，粒子を光速まで加速するのはその質量が無限大になるために不可能である．しかしながら，この理論は光より速く伝わる粒子を排除してはいない．しかしそのような粒子が見つかったという証拠はまだない．

**ダークエネルギー** dark energy　➔ 暗黒エネルギー

**ダクティル** Dactyl

　小惑星 *イダの衛星．1993 年にガリレオ探査機が発見した．初めて確認された小惑星の衛星．$1.6 \times 1.4 \times 1.2$ km の大きさで，密度は $2.2 \sim 3.0 \text{ g/cm}^3$ と推定される．写真を撮影したときイダの中心から約 100 km であった．

**ダークマター** dark matter　➔ 暗黒物質

**多重環ベイスン** multi-ringed basin　➔ ベイスン（衝突）

**多重星** multiple star

　相互の重力で結合された 3 個以上の星からなる系．知られているすべての連星の約 3 分の 1 は実際は三重連星であろうと推定されている．

その割合は多重度が増すにつれて減少する．6個のメンバーからなる系が知られているが，それらはまれである（すべての多重星の1％以下）．三重連星では比較的近接した二つの星があり，3番目の星はかなり離れた軌道にあるものが多い．しかしながら，四重連星は2：2（二つのペア）構成および1：1：2構成のものがほとんど同数ある．

**多重線** multiplet

同一の元素あるいはイオンによって形成される密集したスペクトル線の集団．異なる方向のスピンをもつ電子が共通のエネルギー準位から遷移したときに生じる．⇒微細構造

**ダスト** dust →塵

**ダストトレール** dust trail

[彗星の軌道に沿って広がった微小粒子が可視光や赤外線で線状に見えるもの]．→流星物質流

**多体問題** many-body problem

*$n$ 体問題の別名．

**たたみ込み** convolution

信号処理に使われる数学的手法．この手法では1組のデータに他の1組のデータを乗ずることによってそのデータを平滑化する（平均化する）．望遠鏡の性能限界あるいは大気の*シーイングに由来する天体像のぼやけを表すのにしばしば使われる．⇒デコンボリューション

**立上り時間** rise time

変光星が光度の極小から極大まで立ち上がるのに要する時間．*食連星では食甚，あるいは（皆既食の場合は）第三接触からそれぞれ極大輝度までの時間．*新星あるいは*超新星では普通は極大そのものではなく極大前の一時停止までの時間とされる．

**脱ガス** outgassing

火山活動などの過程によって惑星内部からガスが失われること．脱ガスは地球や他の地球型惑星の大気の形成に主として関与したと考えられている．

**脱結合** decoupling

ビッグバン理論において，宇宙の初期段階で放射が物質粒子との相互作用を止めたことをいう．この脱結合は，異なる粒子に対して異なる時期に，したがって異なる温度で起こった．例えば，ニュートリノは約$10^{10}$Kの温度（ビッグバン後約1秒）で放射から脱結合したが，通常物質は数千K（約40万年後）の温度で放射との結合を脱した．これを宇宙の晴れ上がりともいう．晴れ上がり後は放射は膨張する宇宙を自由に伝播した．[これが現在*宇宙背景放射として観測されている]．⇒再結合期

**脱出円錐** exit cone

物体表面の垂直線を中心として物体の重力場から光が脱出できる範囲を示す円錐．この概念は崩壊して*ブラックホールになろうとしている物体にとってのみ重要である．この円錐の外側に送り出される光線は強い重力場によって曲げられその物体の表面の方に戻される．物体が崩壊するにつれて，円錐の角度は減少し，物体がその*事象の地平線に到達するとき円錐は完全に閉じて，どの方向に出た光も脱出できなくなる．

**脱出速度** escape velocity

天体の重力場から脱出するのに必要な最小速度．脱出する物体はガス分子から宇宙船まで何でもよい．脱出速度は$\sqrt{(2GM/R)}$で与えられる．$G$は*重力定数，$M$は天体の質量，$R$は天体の中心から脱出する物体までの距離．脱出速度より小さい速度で運動する物体は楕円軌道に入る．ちょうど脱出速度のとき物体は*放物線軌道をとる．物体が脱出速度を超えると*双曲線軌道を描いて遠ざかる．

**タットル-ジャコビニ-クレシャク，彗星41P/** Tuttle-Giacobini-Kresák, Comet 41 P/

1858年にアメリカの天文学者Horace P. Tuttle（1837～1923）が最初に発見し，1907年にフランスの天文学者Michel Giacobini（1873～1938）が再発見した周期彗星．1951年にスロヴァキアの天文学者Lubor Kresák（1927～94）がもう一度再発見するまで信頼できる軌道は計算できなかった．観測によって最終的に5.5年の周期をもつ軌道が求められた．1973年の回帰のとき，この彗星は明るさが約9等に達する2回の増光を示したが，この原因は不明であり，再び起こってはいない．軌道は，近日点1.1 AU，離心率0.65，そして軌道傾斜角9.2°（最初に発見されたときのほぼ19°から減少した）をもつ．

**脱分散** dedispersion

星間の*分散(2)の不鮮明化効果を補償するために電波天文学で用いる手法．観測される電波帯域を数本の狭いチャンネルに分割し，それぞれを別個に測定する．電波源の分散度が既知であれば，チャンネル間に適切な時間の遅れを導入して帯域全体にわたって分散遅延を除去できる．その結果各チャンネルからの信号を再結合して分散のない信号を形成することができる．脱分散は，狭いパルスが星間分散によってすぐに広げられるパルサーの観測用に広く使われている．

**たて座** Scutum（略号 Sct，所有格 Scuti）

空の赤道領域に位置する5番目に小さい星座で，盾をかたどっている．最も明るい星のアルファ星は3.9等である．デルタ星は変光幅が小さい*脈動変光星のクラスである*たて座デルタ型星の原型となる星である．この星座にあるM11は*のがも星団と呼ばれている．

**たて座デルタ型星** Delta Scuti star

短い周期（0.01〜0.2日）と小さい変光幅（0.003〜0.9等）をもつ*脈動変光星の型．略号DSCT．脈動は主として水素対流域の不安定さによって駆動され，多重*脈動モードが同時に生じる．これらの種族Ⅰの星はA0からF5までのスペクトル型をもち，*主系列上あるいは準巨星および巨星の間の*ケフェイド不安定帯の下方の終端に位置する．古い文献ではそれらはしばしば矮ケフェイド，RRs変光星，あるいは超短周期変光星などの誤解を招く用語で記述された．⇒ほうおう座SX型星，ほ座AI型星

**盾状火山** shield volcano

普通は数kmの直径で，滑らかな傾斜をもつ幅広い火山．主として層状に重なる非常に流動的な溶岩からなる．地球での代表例はハワイのキラウエア火山とマウナロア火山で，4〜10°の傾斜をもつ．月のドームは盾状火山に似ているように見えるし，金星には多くの盾状火山がある．

**WR型星** WR star

*ウォルフ-レイエ星の略号．

**WHT** William Herschel Telescope →ウィリアム・ハーシェル望遠鏡

**WN型星** WN star →ウォルフ-レイエ星

**W. M. ケック天文台** W. M. Keck Observatory, WMKO

ハワイ州マウナケアの標高4160mにある天文台．36個の六角形分割鏡からなる主反射鏡をもつ双子の10mケック望遠鏡を運用する．ケックⅠは1992年に，ケックⅡは1996年に完成した．二つの望遠鏡は85m離れて位置し，光学干渉計として利用することができる．天文台と望遠鏡はカリフォルニア天文学研究連合（CARA）が所有し，運営している．CARAはカリフォルニア大学とカリフォルニア工科大学の共同体である．天文台と望遠鏡の建設は慈善団体であるW. M. ケック財団の資金でまかなわれ，天文台はその財団の名をとって命名された．[天文台の本部はハワイ島のワイメアにある]．

**WC星** WC star →ウォルフ-レイエ星

**WMAP** Wilkinson Microwave Anisotropy Probe →マイクロ波非等方性探査衛星

**卵星雲** Egg Nebula

はくちょう座にある*原始惑星状星雲(1)．CRS 2688とも呼ばれる．1974年にアメリカ空軍ケンブリッジ研究所が赤外線波長で発見した．1995年にハッブル宇宙望遠鏡が撮影した写真は，*赤色巨星が生涯の最後にどのように物質を噴出するかを詳しく示している．距離は約3000光年．

**ダモクレス** Damocles

小惑星5335番．火星の軌道付近から天王星の軌道の先までかけぬける異常な軌道をもつ天体．1991年にイギリスの天文学者Robert Houston McNaught（1956〜）が発見した．41年の周期と大きな軌道傾斜角をもつ軌道に基づいて考えると，コマの痕跡あるいは尾の兆候を示したならば，おそらく彗星として分類されたであろう．しかしながら，ダモクレスは，消滅したハレー族の彗星の可能性はあるものの，裸の岩石からなる天体のように見える．直径は15〜20kmと推定される．ダモクレスの現在の軌道は地球の軌道と交叉していないが，数万年後には惑星の*摂動によって地球軌道と交叉しても不思議ではない．現在，長半径は11.88 AU，近日点1.58 AU，遠日点22.18

AU，軌道傾斜角 61.9° をもつ．

**タラゼド**　Tarazed

わし座ガンマ星．2.7 等で距離 270 光年の K 3 型の輝巨星．

**タラッサ**　Thalassa

海王星の2番目に近い衛星．50070 km の距離でガレ環とル・ヴェリエ環の間を 0.311 日で公転している．海王星IVとも呼ばれる．直径が約 80 km で，1989 年に *ヴォイジャー2号が発見した．

**タランチュラ星雲**　Tarantula Nebula

大マゼラン雲における最大で最も明るい星雲（H II 領域）．かじき座 30 あるいは NGC 2070 と呼ばれる．800 光年以上の直径をもつが，暗い部分まで入れると 6000 光年まで広がっており，50 万太陽質量の電離ガスを含んでいる．電離を起こすのは，O 型および B 型の数個の星団であり，それらの中心付近には非常に明るくてコンパクトな星団 R 136 がある．この星雲の名前はクモのようなその形状に由来する．

**タリー-フィッシャー関係**　Tully-Fisher relation

*渦巻銀河の回転によって生じる *21 センチメートル水素線の速度幅と，銀河の絶対等級との間に観測される相関関係．この相関関係を利用して渦巻銀河の相対的な距離を測ることができる．この関係は 1977 年にカナダの天文学者 Richard Brent Tully (1943〜) とアメリカの天文学者 James Richard Fisher (1943〜) が初めて発表した．

**樽型ゆがみ**　barrel distortion

レンズの倍率が周縁部分よりも光軸に近いところでわずかに大きいような光学的欠陥．この場合，正方形物体の像は両側面が凸状にふくらむ．そのためこの名称がある．

**タルシス山**　Tharsis Montes

約 2100 km の直径をもつ火星上の大きな高原地帯．緯度＋3°，経度 113° に中心がある．タルシスリッジとも呼ばれる．アスクレイス山，パヴォニス山，およびアルシア山という三つの巨大な火山が含まれ，それぞれは 27 km の高さをもつ．タルシスはこれらの火山の底辺で，*マリナー峡谷の西端にある複雑な割れ目のネットワークである．その高さは 9 km を超えノクティスラビリントゥスでは 11 km 以上にも達する．

**ターレス（ミレトスの）**　Thales of Miletus (c. 625〜c. 547 BC)

ギリシャの哲学者．現代のトルコで生まれた．科学的方法を用いた最初のギリシャ人の一人であり，さまざまな自然現象に対して神による原因よりもむしろ，自然による原因を探求した．しかしながら，彼の有名な天文学上の業績は他人の著述を通してのみ知られている．彼は，バビロニアの *サロス周期を用いて 585 BC の 5 月 28 日に起きた日食を予報したといわれたが，その予報，もしくはバビロニアのサロス周期さえ，その証拠はほとんどない．アリストテレスによれば，ターレスは万物は原始の水から創られたと信じていた．

**単位距離**　unit distance

便宜上の長さの単位として採用する距離．太陽系内では単位距離は天文単位（AU）すなわち太陽から地球までの平均距離である．星の距離の場合は光年（l.y.）あるいはパーセク（pc）を用いる．キロパーセク（1000 pc）あるいはメガパーセク（100 万 pc）のようなもっと大きな単位は銀河系内あるいは他の銀河までの距離に対して使用する．

**段階法**　step method　→アルゲランダーの段階法，ポグソンの段階法

**炭化水素**　hydrocarbon

炭素原子と水素原子だけから構成される化合物．炭化水素の例にはメタン，エタン，およびプロパンなどがある．隕石，彗星，および星雲で見いだされる．

**段丘構造**　terracing

大きな衝突クレーターの内部斜面の周りに見いだされる階段状の地帯．普通，段丘はほぼ 20 km より大きな衝突クレーターで見いだされる．段丘構造は火口，特に崩壊火口およびカルデラ内部でも見られることがある．段丘構造は，急傾斜の内部クレーター斜面に沿って大きな土塊が滑り落ちるために生じる．

**探査衛星**　Explorer

現在も進行中のアメリカの探査衛星シリーズ．1958 年 1 月 31 日に打ち上げられたエクスプローラー1号は初めて成功したアメリカの衛

星であった．それは地球の*ヴァン・アレン帯を発見した．もっと最近の探査衛星には*国際紫外線探査衛星および*宇宙背景放射探査衛星などがある．なるべく簡単でなるべく安価な衛星からなる同時進行の小探査衛星計画 (Small Explorer Program, SMEX) は*粒子探査衛星 (SAMPEX) とともに 1992 年に開始された．

**短　軸**　minor axis
　*長軸と直角に交わる楕円の最短直径．

**短周期彗星**　short-period comet　→ 周期彗星

**短周期変光星**　short-period variable
　非常に似た特徴をもつ星のなかで短い周期をもつ変光星に対するあまり明確ではない用語．急速な変光を示す特定の型の変光星を指すには添字 s をつける．

**単色光**　monochromatic light
　単一波長をもつ 1 色だけの光．よくある単色光源は，不要な輝線を除去するようなフィルターを用いた水銀あるいは低圧ナトリウム街灯のような輝線ランプである．[*モノクロメーターを使うと任意の波長の単色光に近い光を得ることができる]．

**単色等級**　monochromatic magnitude
　単一波長での星の明るさ．このような等級は，ある星を違うフィルターを通して観測するときに予期される等級の違いを評価するときに重要である．単色等級は実際には測定できない数学的理想値であるが，測定する帯域に強いスペクトル線がない場合は*狭帯域測光で近似できる．

**ダンジョン，アンドレ**　Danjon, André (1890～1967)
　フランスの天文学者．1921 年から月食（月食の*ダンジョン尺度は彼が確立した）および*変光星を研究するためにさまざまな特別の測光計を製作し，月，金星，および水星の極めて精確なアルベドを初めて計算した．また星の位置を測定するためのプリズムアストロラーベの設計を改良した（→ ダンジョンアストロラーベ）．

**ダンジョンアストロラーベ**　Danjon astrolabe
　マイクロメーターを備えた*プリズムアストロラーベ．1938 年にフランスの天文学者*ダンジョン (A.) が設計した．このアストロラーベを使うと，星の直接像と反射像が一致する瞬間を測ればよいので*個人差がなくなる．したがって非個人的アストロラーベともいわれる．主プリズムは，30°という一定の天頂距離で観測が行われるよう等辺プリズムである．1950 年代からダンジョンアストロラーベは時刻と緯度を測定するために，そして星表を編纂するための観測に使用されてきた．

**ダンジョン尺度**　Danjon scale
　皆既月食の暗さをおおざっぱに推定するための尺度．*ダンジョン (A.) が作った．0（非常に暗く，月は見えない）から 4（非常に明るく，食が月の見え方にほとんど影響を与えない）までの 5 段階尺度．月食の暗さは，主として雲と火山灰により影響される地球大気の不透明度によって決定される．

**単線連星**　single-lined binary
　スペクトル線が 1 組（一つの星からのもの）だけしか見えない分光連星．この系が連星であるということは，スペクトル線が軌道運動によって生じる周期的なドップラー偏移を示すことからわかる．

**断　層**　fault
　その両側が割れ目の側面に平行な相対運動を起こした跡を見せる惑星表面の割れ目．正断層では相対運動は垂直方向である．走向移動断層（あるいは走行断層）では相対運動は水平方向である．衝上げ断層では断層面が水平線に対してある角度をもち，上部側面が下部側面の上を滑る．

**炭素サイクル**　carbon cycle　→ 炭素-窒素サイクル

**炭素質コンドライト**　carbonaceous chondrite
　三つの主要なクラスの*コンドライト隕石のうち最も原始的なもの．揮発性の最も高い元素を除いて太陽の組成に非常によく似た組成をもつ．おそらくその年代は太陽系形成の初期までさかのぼる．炭素質コンドライトは組成に基づいて CI, CM, CO および CV の小群に分けられる．CI 小群が最も原始的で，最低の密度をもち，*揮発性物質および炭素の含有量が最高であり，組成は太陽のそれに最も近い．コンドリュールはまったく含まない．CM 型は平均直

径が約0.3 mmのコンドリュールを15%弱含んでいる。CO型は35〜40%のコンドリュールを含み、典型的な直径は0.2〜0.3 mmである。CV型も35〜45%のコンドリュールを含むが、平均直径は約1 mmである。各小群は、その集合組織や鉱物学に基づいてさらに種々のサブタイプに分けることができる（例えば、CI 1，CM 2，CO 3そしてCV 3）。すべての群が複雑な有機分子を含んでいる。

**炭素星** carbon star

進化が進んだ段階にある低温の*赤色巨星。スペクトル中にCN，CHおよび$C_2$帯の形で強い炭素の特徴を示す。スペクトル型Cとしても知られる。炭素星では炭素の存在量が酸素のそれより大きい。リチウムが副次的に存在することは、これらの元素が星の中心核での核反応により生成され、対流によって表面に輸送されていることを示している。炭素は非常な高温での*三重アルファ過程でのみ生成されうるから、炭素星は高度に進化しているにちがいない。これらの希少であるが明るい天体には、以前のR型（4000〜5000 Kの温度をもつK型巨星）および*ハーヴァード分類に導入されたN型（R型より低温で、約3000 KのM型巨星）が含まれる。N型炭素星はR型よりも10倍ほども明るくなることがある。

**炭素-窒素サイクル** carbon-nitrogen cycle, CN cycle

星の中で水素がヘリウムに変換し、それに付随して核エネルギーが放出される核反応の連鎖。炭素、窒素および酸素が6段階の反応を加速する触媒として作用する。炭素サイクル、炭素-窒素-酸素サイクル、ベーテ-ワイツゼッカーサイクルなど種々の呼び名がある。このサイクルは温度の上昇とともに重要さを増し、1800万Kより高い温度では、2太陽質量より大きい星の中心核におけるように、*陽子-陽子反応を支配する。

**炭素-窒素-酸素サイクル** carbon-nitrogen-oxgyen cycle　→炭素-窒素サイクル

**炭素燃焼** carbon burning

炭素がネオンとナトリウムに変換される星内部の一連の核反応。炭素燃焼はほぼ10太陽質量以上の星でしか起こらず、中心核で起こるヘリウム燃焼後に続く一連の反応である。中心核で炭素が燃えつきると、炭素は周囲の殻の中で燃焼を続ける。

**炭素フラッシュ** carbon flash

縮退中心核（→縮退）で炭素が燃焼し始めた星における爆発的なエネルギーの放出。*ヘリウムフラッシュによる放出に似ている。炭素フラッシュは1〜6太陽質量の星だけで起こる。それより小さい質量の星は決して炭素燃焼段階に達することはなく、一方それより大きい質量の星ではこの段階が非縮退中心核でゆっくりと起こるからである。

**断熱過程** adiabatic process

系において熱の出入りがない変化過程。例えば、膨張あるいは収縮するガス雲中で起こるような過程。通常、断熱変化には系の温度の上昇あるいは降下が伴う。原子の電離あるいは分子の解離も起こることがある。⇒等温過程

# チ

**チェレンコフ計数管** Cerenkov counter
　高エネルギー荷電粒子をそれが放出する*チェレンコフ放射によって検出するための装置．青色が卓越して見えるこの放射は，光を電気パルスに変換する光電子増倍管を用いて検出できる．

**チェレンコフ光** Cerenkov radiation　→チェレンコフ放射

**チェレンコフ放射** Cerenkov radiation
　陽子や電子のような荷電粒子が透明な媒質中（例えば，地球大気，ガラス，あるいはある種のプラスチック）をその媒質における光速よりも大きい速度で通過するときに放射する光．この効果は電磁気の衝撃波に相当する．チェレンコフ光とも呼ばれるこの放射は任意の波長で起こるが，周波数が高いほど強度が増し，青色および紫外領域で最も強い．関与する高エネルギー粒子はガンマ線あるいは宇宙線の二次生成物の場合もある．例えば，$10^{12}$ eVのエネルギーをもつガンマ線が地球大気を通過すると，二次電子を発生させ，地上に設置した光学望遠鏡はこれらの二次電子が放出する青い光を検出できる．チェレンコフ放射はロシアの物理学者Pavel Alexeyevich Cerenkov（1904〜）にちなんで名づけられた．

**遅延（月の）** retardation
　月の軌道運動によって生じる一晩ごとの月の出の遅れ．その平均値は50.4分であるが，実際の値は月の*赤緯によって大幅に変化する．ほぼ9月23日の秋分の日が満月になると，次の晩の月はわずか18分だけ遅れて昇る．これは*収穫月と呼ばれる．10月に同様のことが起こると，こちらは*狩人月と呼ばれる．

**遅延線** delay line
　信号に精密な時間遅延を導入するためにアンテナと受信器の間に挿入されるケーブル．遅延線は電波天文学でいろいろに応用されるが，特に干渉計の異なる素子からの信号が異なる距離を伝わっても，位相を同一にする必要があるときに使われる．

**遅延板** retardation plate
　*波長板の別名．

**地殻** crust
　下方の*マントルとは組成が異なる惑星の最外層．岩圏の上部を形成する地球の地殻は厚さが大洋下の約10 kmから大陸下の40 kmまで変化する．

**地球** Earth（記号 ⊕）
　太陽から3番目の惑星．1月の近日点で太陽から1億4709万9590 km離れている．これに対して7月の遠日点では1億5209万6150 kmである．宇宙から見ると，地球は大気が原因で強い青色をしている．形状はわずかに楕円体である（赤道直径12756 km，極直径12714 km）．
　地球大気は体積比で78％の窒素，21％の酸素，そして0.9％のアルゴン，それにはるかに少量であるが二酸化炭素，水素，その他のガスから構成される．水蒸気も存在するがその量は変化する．凝縮した水蒸気の白雲が地球表面の4分の1を覆うことがあり，赤道付近や温帯および極地域では雲帯が見られる．海面での大気圧は1000 mbar付近を変動する．表面の平均大気温度は15℃であるが，シベリアにおける冬期の−50℃から夏期のサハラでの+40℃までの範囲をとる．

地 球
物理的データ

| 直径（赤道） | 偏平率 | 軌道に対する赤道の傾斜角 | 自転周期（対恒星） |
|---|---|---|---|
| 12756 km | 0.0034 | 23.44° | 23.934 時間 |

| 平均密度 | 質量 | 平均アルベド（幾何学的） | 脱出速度 |
|---|---|---|---|
| 5.52 g/cm$^3$ | 5.947×10$^{24}$ kg | 0.37 | 11.18 km/s |

軌道データ

| 太陽からの平均距離 | | 軌道の離心率 | 黄道に対する軌道の傾斜角 | 公転周期（対恒星） |
|---|---|---|---|---|
| 10$^6$ km | AU | | | |
| 149.598 | 1.0 | 0.017 | 0.0° | 365.256 日 |

液体の水が地表の71％を覆っている。火山活動と衝突によるクレーター形成が起こっており，有史以来500以上の火山が地上で活動したことが現在知られている。衝突によるクレーター形成は地球史の初期には重要な過程であったが，現在は大気が最大規模の隕石以外のすべての隕石から表面を保護している。地上で100個以上の衝突クレーターが発見されているが，大部分は古く，ひどく風化している。地表における支配的な地質学的過程は水あるいは氷による侵食と堆積である。液体の水はまた生命の発生に関与し，生命の発達自身が地表の光景を変形するにあたり重要な役割を演じてきた．

地球の外層は地殻に覆われた岩石圏で，地殻と岩石圏の厚さは海洋部分の70 kmから大陸の最も厚い部分の150 kmまで変化する．岩石圏の下には岩流圏（アセノスフェア）があって，約2900 kmの深さにまで達しており，この部分から先で鉄-ニッケル中心核が始まる．この中心核が磁場発生の場所となり，磁場は赤道付近で約$3 \times 10^{-5}$テスラの強さに達する．岩流圏内部の対流は，薄い地殻とあいまって，プレートテクトニクスおよび大陸移動を生じさせ，巨大な海底山脈と海淵を創り出した．地球は1個の天然の衛星である月をもつ．

**地球横断小惑星** Earth-crossing asteroid
  *アポロ群あるいは*アテン群の小惑星の別名．⇒地球近傍小惑星
**地球外生物学** exobiology →天文生物学
**地球外生命探査** Search for Extraterrestrial Intelligence →セティ（SETI）
**地球型惑星** terrestrial planet
  固い岩石の表面をもつ小さくて高密度の惑星．地球型惑星は水星，金星，地球および火星である．
**地球近傍小惑星** near-Earth asteroid, NEA
  *アポロ群，*アモール群，および*アテン群に属する小惑星．これらの小惑星は近日点距離1.3 AU以下である．それらの一部は消滅した短周期彗星かもしれないという事実を勘案して，地球近傍天体（near-Earth objects, NEOs）という用語も使用する．アモール群のメンバーは火星の軌道を横切るが，地球軌道には到達しない．惑星による*摂動でアモール群小惑星がアポロ群小惑星になったりその逆もありうるので，三つのグループは完全には分離していない．アテン群はNEAの中では最も少ないが，アポロ群とアモール群はほぼ同数だけ発見されている．(1036) *ガニメデ，(433) *エロスおよび(4954) エリックの三つのNEAだけが直径10 kmより大きい．これらはすべてアモール群のメンバーである．NEAは有限の寿命（典型的には1000万年）をもつ．大部分は内惑星の一つと衝突して壊れるだろうし，残りは太陽系からはじき出される．少なくとも，直径が100 mより大きいものが10万個存在すると推定されている．1997年までに知られているものは400個であるが，毎年約50個が発見されている．

**地球近傍小惑星ランデヴー衛星** near-Earth Asteroid Rendezvous, NEAR
  1996年2月に小惑星*エロスに向けて打ち上げられたNASAの宇宙探査機．その途中，1997年6月に*Cクラス（炭素質）小惑星の(253)マチルダを通過し，写真撮影を行った．小惑星の組成を研究する予定の低費用宇宙ミッションのNASAディスカヴァリークラスの最初の探査機である．[1998年1月には地球の重力アシストを受け，2000年2月にエロスを回る軌道に入り，2001年2月，エロスへの軟着陸に成功した]．

**地球コロナ** geocorona
  地表から地球半径の1～2倍のところまで地球を取り巻いている極めて希薄な中性水素の雲．これは，太陽光の作用により水分子が水素原子と酸素原子に解離される上部大気圏において生じる．地球コロナによる太陽光の散乱によってライマンアルファ線波長で太陽を観測することはできない．地球コロナは*外気圏の延長と見なすことができる．

**地球擦過小惑星** Earth-grazing asteroid
  *アモール群の小惑星の別名．地球近傍小惑星とも呼ばれる．⇒地球近傍小惑星
**地球時** Terrestrial Time, TT
  太陽系天体の精密な地球中心位置を計算するために用いる時刻系．以前使われていた*暦表時に代わるものである．地球時は1984年に地球力学時（TDT）という名前で導入されたが，

1991年に改名された．地球時の基本単位は*SIの*秒であり，1日は86400秒である．TTは，1977年1月1.0 TAIが1977年1月1.0003725 TTに一致するという定義を通して*国際原子時（TAI）と結びつけられている．このことは，TTがTAIよりも32.184秒進んでいることを意味する．

**地球照** earthshine, earthlight
細い三日月のときに見える月の暗黒部分のかすかな輝き．地球から反射された太陽光によって生じる．

**地球静止軌道** geostationary orbit
地球の赤道上35900 km高度で地球を回る円軌道．ほとんどの通信衛星が使用する．静止軌道にある衛星は地球の自転と同じ速度で周回し，24時間で1周するので，常に地球の赤道上の同一点にとどまっている．⇨地球同期軌道

**地球大気線** telluric line
星のスペクトル中に見られる吸収線と輝線のうちもっぱら地球大気中のガス，普通は酸素，水および二酸化炭素によって生じる線をいう．最も顕著なのは*Aバンドと*Bバンドである．

**地球同期軌道** geosynchronous orbit
地球の周囲の*同期軌道，すなわち人工衛星が地球の自転と同じ周期すなわち24時間で1公転する軌道．⇨同期軌道

**地球年齢** terrestrial age
隕石が地球に落下してから経過した時間．地球年齢は，アルゴン39，炭素14，塩素36，そしてベリリウム10のようなかなり短寿命の放射性同位体の崩壊から推定できる．これらの同位体は隕石が宇宙空間にあるときに宇宙線の照射によって形成されたものである．[地球の年齢ではないことに注意]．

**地球の尾** geotail
地球の*磁気圏尾．

**地球力学時** Terrestrial Dynamical Time, TDT
1984年に導入された*地球時に対する最初の名前．1991年に"Dynamical"という語が落とされた．地球時と同じものである．

**地溝** graben
平行な断層に狭まれ，断層の間に陥没した細長い土地．複数形もgraben．月面の多くの直線状の細長い谷間は地溝であり，幅が約3.5 kmで，長さが425 kmのリマシルサリスもその一つである．

**地磁気** geomagnetism
地球磁場の現象を記述するのに使う幅広い用語．地球磁場は地球の金属中心核の外側の流動的な部分における対流が引き起こす*ダイナモ効果から発生する．地球磁場は比較的強い（$3\sim 6\times 10^5$ テスラ）双極子場である．まだよく理解されていない理由によって磁極の位置が時間とともに変動し，また地質学的歴史を通してかなり頻繁に極性を逆転させてきた．これは異なる時代の岩石中に残っている残留磁化（remanent magnetization）によって証明される．北の磁極は現在はエリスミア島とグリーンランドの間に位置する．地球磁場と*太陽風の相互作用が*磁気圏を発生させる．

**地心座標** geocentric coordinates
原点を地球中心に置く座標系．太陽系の天体に対しては，地心座標は地表の観測者が実際に測定するときの座標（*測心座標）とはわずかに異なる．種々の形式の地心座標が定義されており，最も普通な地心*赤道座標は天の赤道を基準面とするが，地心*黄道座標は黄道に基準とする．

**地心視差** geocentric parallax
地球表面上の点から見たときの天体の方向と地球の中心からその天体を見たときの方向との間の差．日周視差とも呼ばれる．

**地平座標** horizontal coordinates
ある時刻に観測者の地平線に準拠して天体の位置を特定する座標系．使用する座標は*高度（地平線より上方に測った天体の角距離）と*方位角（地平線に平行に北から時計回りに測定した天体の方位角）である．高度の代わりに*天頂距離を用いることもある．この座標系で測った天体の座標は観測者の位置とともに，また地球が自転するにつれて変化する．

**地平視差** horizontal parallax
天体が*地平線上にあるとき，その天体を地表から見た方向と地球中心から見た方向との差．その大きさは，地球が正確には球ではないために観測者の緯度とともに変化し，地球の赤道で最大になる（*赤道地平視差）．

**地平線** horizon

観測者の天頂方向に垂直な面と天球面が交わってできる大円．天文学的地平線とも呼ばれる．

**地平大気差** horizontal refraction

天体がちょうど地平線上に位置しているように見えるときの*大気差，すなわちその天体の地平線下の角距離．天体暦で与えられる日の出および日没時間を計算するときは34′を使用する．[大気による屈折のために地平線近くの天体は相当浮き上がって見えている．したがってちょうど地平線の高さに見えている天体は，実際は地平線の下に沈んでいる]．

**地方恒星時** local sidereal time, LST

観測者自身の地方子午線に準拠して決定する恒星時．春分点の*地方時角である．これは*グリニッジ恒星時とは観測者の経度だけ異なり，グリニッジから東への1°ごとにGSTより4分大きく，西への1°ごとに4分小さくなる．

**地方時** local time

観測者自身の地方子午線に準拠して決定される時間．地方時は，*地方平均時，*地方恒星時，地方*視太陽時のどれを指す場合もある．すべてが観測者の子午線に準拠して測定される*時角から決まるからである．

**地方時角** local hour angle, LHA

観測者の地方子午線に準拠して測定した天体の*時角．

**地方平均時** local mean time

観測場所の子午線上の*平均太陽時．*平均太陽の*地方時角プラス12時間である．

**CHARA アレイ** CHARA array

5基の1m望遠鏡を最大350mの基線長をもつY形に並べた可視光および赤外線の干渉計．*ウィルソン山天文台に設置されている．ジョージア大学の高角度分解能天文センター（CHARAはその異称）が運営し，1999年完成の予定．[2000年に完成式典が行われた]．

**チャンドラ** Chandra →先進X線天体物理衛星

**チャンドラー周期** Chandler period

地球の地理学上の極が地表面を動きまわる近似的な周期．この運動は不規則であるが，428日という基本的周期を認めることができる．→チャンドラー揺動

**チャンドラセカール，スブラーマニヤン**
Chandrasekhar, Subrahmanyan（1910～95）

インド-アメリカの天体物理学者．現在のパキスタンに生まれた．彼は，自分自身の重力を支える*放射圧がなくなったときに，物質が*縮退して星がどのように崩壊するかを示し，*白色矮星が星の進化の最終生成物であることを初めてつきとめた．星がもっと劇的な最終局面に入る質量の上限（*チャンドラセカール限界）を計算し，*中性子星の存在を予言した．星がその大気中で放射によってどのようにエネルギーを輸送するかを研究し，その研究成果をRadiative Transfer（1950）に発表した．*ファウラー（W. A.）とともに1983年度ノーベル物理学賞を受賞した．

**チャンドラセカール限界** Chandrasekhar limit

*白色矮星が自身の重力を支えきれなくなるような最大質量．ヘリウムからなる白色矮星の場合この限界は1.44太陽質量である．この限界より大きな質量の白色矮星は重力のもとで崩壊し*中性子星か*ブラックホールになる．*チャンドラセカール（S.）にちなんで名づけられた．

**チャンドラセカール-シェーンベルク限界**
Chandrasekhar-Schönberg limit

中心の水素が燃えつきたときに，重力崩壊に対して星の外側部分を支えることができるその星のヘリウム中心核の最大質量．限界は星の全質量の約10～15%である．中心核のヘリウム質量がこの限界を超えると，中心部分は崩壊し，外側部分は急速に膨張して*赤色巨星になる．計算によると，これは大質量の星でだけ起こる．この限界は*チャンドラセカール（S.）とブラジルの天体物理学者Mario Schönberg（1916～）にちなんで名づけられた．

**チャンドラー揺動** Chandler wobble

地球の地理学上の極が地表面上を不規則に移動すること．北極の場合は反時計方向，南極の場合は時計方向に移動する．効果は非常に小さく，極の移動は10m以下であるが，緯度と経度に0.3″程度の検出可能な変化を生じさせる．

この極運動は、星の背景に対してではなく、地球に対する極の移動なので、空間で地球軸の方向が変化する*歳差とは明白に異なる。アメリカの天文学者 Seth Carlo Chandler (1846～1913) にちなんで名づけられた。

**中央丘** central peak
クレーター底の中心あるいは近傍の丘。通常は中央丘は直径15～120 km の衝突クレーター内部に生じる。しかしその直径は異なる惑星や衛星、そして異なる地形型によって変化する。それは形成直後のクレーター底部のはねかえりによって生じたと考えられる。中央丘は火山クレーター内部でも生じうるが、比較的まれである。

**中央子午線** central meridian
地球から見た惑星円盤の北極と南極を結ぶ仮想上の直線。惑星上の地形の経度測定を行う観測者のための基準として使われる。惑星は自転するので、ある地形が中央子午線を横切る、あるいは通過する時刻が、記録される。その経度は刊行されている表から導出できる。このような観測は中央子午線通過計時といわれる。

**中間型星** intermediate-type star
スペクトル型Fあるいは Gの星をいうときに使用することがある用語。

**中間圏** mesosphere
地球大気圏の中間層。*成層圏の上部で*熱圏の下部、高度50～85 km に位置する。中間圏の温度は高度が増すとともに低下し、*中間圏界面で極小値に達する。調査ロケットによる測定は中間圏が非常に乾燥していることを示しているが、夏期には*夜光雲が形成されるに十分な水蒸気量が存在する。

**中間圏界面** mesopause
*中間圏の上部境界。地表から85 km の高さにある。中間圏界面近くの温度は低く、典型的には約-110℃ である。*夜光雲の中に飛ばされたロケットに積まれた装置によって、中間圏界面付近で-162℃ という低い温度が記録されている。夏期にこの大気高度で夜光雲が凝固するにはこのような条件が必要である。

**中間子** meson
素粒子の一つ。中間子は*ハドロンと区分される粒子の一つであり、2個の*クォークから

なる。中間子は原子核を結合する過程に関与し、また二次宇宙線シャワーの主要成分である。中間子は不安定で、$10^{-8}$ から $10^{-15}$ 秒の半減期をもち、崩壊して安定な粒子となる。正に荷電することも、負に荷電することもあり、また電気的に中性の場合もある。電子と陽子の質量の中間的な質量をもち、K中間子、π中間子、そしてφ中間子が含まれる。μ中間子は*ミューオンの古い名称であり、それは中間子ではなくて*レプトンである。

**中間種族星** intermediate-population star
銀河ハローの古い種族II星と銀河円盤の若い種族I星の中間の性質をもつ星。これらの星の重元素存在量は二つの種族の中間であり、これらの星は種族Iの星が分布している薄い円盤の上方と下方に広がっている厚い円盤に分布している。

**中間帯域測光** intermediate-band photometry
10～30 nm の帯域幅をもつフィルターによる測光をいう一般用語。*ストレームグレン測光、*ジュネーヴ測光、および*DDO測光系がその例である。

**中継レンズ** relay lens →伝送レンズ

**中心核(銀河の)** nucleus (galactic) →銀河中心核

**中心核(彗星の)** nucleus (cometary)
彗星頭部の中心にあり、凍った水およびガスとその中に埋め込まれた塵物質からなる小さな固体。彗星の活動源であり、実質的にその彗星のすべての質量を含んでいる。今までに直接観測された (1986年に宇宙船*ジオットによって) 唯一の例である*ハレー彗星の中心核は、$16×8$ km の不規則形状で、黒い殻をもっている。大部分の他の彗星の中心核はおそらくもっと小さいと思われる。太陽から非常に遠いとき、彗星の中心核は不活性である。しかしながら、3～4 AU 以内にくると、太陽の熱がガスを昇華させ、最初はコマが、次いで尾が生成される (→尾 (彗星の)、コマ (彗星の))。近日点近くでは、表面温度は25℃ に達すると思われる。彗星の中心核は密度が低く (典型的には $0.2 g/cm^3$)、分裂しやすい。数回の*近日点通過をした彗星の中心核は、ハレー彗星のよう

に，黒い殻によって覆われると考えられる．ガスは殻にある割れ目を通って外へジェットのように噴き出し，彗星自身の軌道上に*塵をばらまいていき，これが*流星物質流となる．多分1回の回帰においては，中心核のわずか10%程度の領域でそのような活動が起こる．出現するジェットが彗星の軌道に影響を及ぼす*非重力的力の原因となる．*オールト雲からの原始彗星中心核は黒い殻をもたず，彗星*コホーテクの場合に起こったように，太陽に近づいても十分に進化した彗星ほど加熱されないかもしれない．*アポロ小惑星の一部は古くてガスをなくした彗星の中心核である可能性がある．

**中心核（星の）** core (stellar)

星の中心部．星が*主系列上にある間は水素の燃焼が起きている．星が主系列を離れた後は，中心核はヘリウムや酸素のような他の燃料がさらに核燃焼する場所である．10太陽質量の星の質量の約30%は中心核にある．このような大質量の星では中心核は完全に対流的であり，この領域がよく混合され，一様な組成であることを保証している．0.4太陽質量より小さい星は中心核でも外層でも対流的である．0.4〜1.2太陽質量の星の中心核では，対流ではなく放射でエネルギーが運ばれる．

**中心核（惑星の）** core (planetary)

惑星の最も高密度な中心部．その外側の層とは組成が著しく異なる．地球の中心核は地表下約2900kmより内部の部分である．主として鉄-ニッケル合金からなり，液体の外部中心核と固体の内部中心核に分けられる．

**中心核崩壊** core collapse

1. 中性子星形成の場合に起こる星の中心核の崩壊．星が進化して*中心核が完全に鉄から構成される段階に達するとその星は崩壊する．鉄は核反応で燃焼できず，重力に対して自分を支えるだけのエネルギーを生成しないからである．そうすると中心核は収縮して重力ポテンシャルエネルギーを解放し，鉄原子の原子核を構成要素である陽子と中性子に分解する．密度が高くなると，陽子は電子と結合して中性子を形成する．中性子ガスの*縮退による圧力が内部へ向かう重力と均衡するとき，崩壊は停止する．この全過程は1秒以内に起こる．2. 星団を構成する星どうしの遭遇によって星団の外部にエネルギーが持ち出された後に起こる星団の中心部の崩壊．しかしながら，これが理論的に起こるはずの年齢は多くの球状星団の真の年齢よりも小さい．このため連星が関与する遭遇の効果がエネルギーの持ち出しを抑制し，実際の球状星団の中心核の崩壊を防いでいると考えられている．

**中心差** equation of the centre

楕円軌道を運動する天体の*真近点角から*平均近点角を引いた値．言い換えると，天体の実際の位置とその天体が一定の角速度で運動した場合に天体が存在するはずの位置との間の角度差．

**中心充満超新星残骸** filled-centre supernova remnant

*プレリオンの別名．

**中性子** neutron

最も軽い水素以外のすべての原子の核に存在する素粒子．陽子よりわずかに大きい質量をもち，電荷は0である．中性子は原子核中では安定であるが，原子核外ではベータ崩壊して陽子，電子，そして反ニュートリノを生成する．中性子は*ハドロンである．

**中性子縮退** neutron degeneracy

物質の密度が非常に高くなり中性子がそれ以上の密度に詰まらないときに実現する*縮退の状態．現象は*電子縮退と似ているが，中性子縮退が起こるために必要な密度（約$10^{17}$ kg/m$^3$）ははるかに高く，*中性子星でのみこの縮退が起こる．

**中性子星** neutron star

大質量の星がII型の*超新星爆発を起こすときに形成されると考えられている極めて小さい超高密度の天体．爆発中に大質量星の中心核は自分自身の重力で崩壊して，ついには約$10^{17}$ kg/cm$^3$の密度で電子と陽子が非常に密接に詰め込まれるので結合して中性子を形成する．その結果として生じる天体は中性子だけから構成される．その質量が約2太陽質量（*オッペンハイマー-ヴォルコフ限界）より大きくなければ，崩壊は中性子の*縮退による圧力によって支えられ中性子星ができる．天体がそれ以上の質量をもてば，さらに崩壊して*ブラックホー

ルになるであろう．太陽質量より少し大きい質量をもつ典型的な中性子星は 30 km ほどの直径でしかなく，全人類の質量が角砂糖の体積を占める場合と同じ密度をもつ．中性子星の質量が大きいほど，直径は小さくなる．中性子星の内部では超流動状態の中性子（すなわち，粘性のない流体のように振る舞う中性子）が，鉄などの元素からなる厚さ約 1 km の固体殻で囲まれていると考えられる．*パルサーは磁場をもった自転する中性子星である．大質量の X 線連星は中性子星を含んでいると考えられている．

**中性水素** neutral hydrogen
電気的に中性な（電離していない）水素原子のこと．中性水素からなるガスを指すこともある．→ H I 領域

**中性水素線** neutral hydrogen line → 21 センチメートル線

**中性線** neutral line → 磁気逆転線

**中性点** neutral point
二つの静止した天体の間に存在する粒子が，正味の重力を受けない点．その位置は天体の距離間隔と質量に依存し，質量が大きい方の天体の近くにある．現実には天体が互いに回り合っているので，問題はもっと複雑になり，重力および遠心力による全加速度が 0 になる点が中性点である．この場合五つの中性点（*ラグランジュ点）が存在する．

**柱密度** column density
観測者と天体の間の仮想的な円筒（普通は断面積 1 cm²）に含まれる物質の量．銀河系内天体の柱密度は通常 $10^{19} \sim 10^{22}$ 原子/cm² の範囲である．

**チューリッヒ黒点相対数** Zürich relative sunspot number
*相対黒点数の古い名称．

**チューリッヒ相対黒点数** Zürich relative sunspot number → 相対黒点数

**チューレ** Thule
小惑星 279 番．1888 年にオーストリアの天文学者 Johann Palisa (1848～1925) が発見した．直径 130 km の D クラス小惑星である．長半径 4.271 をもち，木星との周期の *尺数関係が 3：4 に近いので，*小惑星帯の外端の境界にあると見なされる．公転周期は 8.83 年，近日点 4.22 AU，遠日点 4.32 AU，軌道傾斜角 2.3°をもつ．

**超大型電波干渉計** Very Large Array, VLA
ニューメキシコ州ソコロの西にあるサンオーガスティン平原に設置された開口合成電波望遠鏡．アメリカ国立電波天文台が運営している．口径 25 m の 27 基の可動パラボラアンテナから構成され，長さが 19 km，21 km，および 21 km の分枝をもつ Y 字形の線路に沿って設置されている．望遠鏡は，1 km，3 km，11 km，および 36 km の最大基線をもつ四つの異なる配列に配置することができる．VLA は 1980 年に完成し，本部はニューメキシコ州のソコロにある．

**超大型望遠鏡** Very Large Telescope, VLT
16 m 反射鏡と等価な集光面積をもつ 4 基の 8.2 m 反射望遠鏡の集合体．チリのアントファガスタの南方 120 km にあるセロパラナル山の標高 2630 m の地点に *ヨーロッパ南天天文台が建設した．最初の 8.2 m 望遠鏡は 1998 年に，最後の望遠鏡は 2000 年に完成の予定である．さらに，2 基の可動な 1.8 m 口径の補助望遠鏡も 2001 年の完成をめざして建設中である．[4 基目は予定通り 2000 年に完成．補助望遠鏡は 3 基に増えた．8.2 m 望遠鏡と組み合わせて干渉計として動き出すのは 2004 年の予定である]．

**蝶形図** butterfly diagram
太陽黒点の緯度を時間に対してプロットしたグラフ．*シュペーラーの法則にしたがって各黒点周期中に黒点が高い緯度（北緯あるいは南緯 30～40°）から赤道方向（緯度 5°程度）に移動するパターンを示す．北半球および南半球に対してプロットすると，分布の形状は蝶の羽に似ている．（図参照）

**蝶形星雲** Butterfly Nebula
りゅうこつ座の散光星雲 IC 2220，このほか *小あれいおよび *バグ星雲など種々の星雲にも別名として適用されることがある．

**蝶形星団** Butterfly Cluster
さそり座にある 4 等の散開星団 M 6 (NGC 6405)．蝶の形に配列した数十個の星からなる．幅約 1/4°で，距離は 2000 光年．

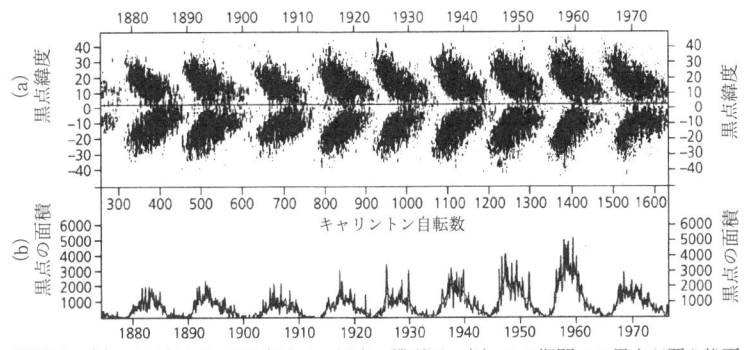

**蝶形図**：(a) 1874年から1976年までの黒点の蝶形図，(b) その期間での黒点が覆う総面積のプロット．見える半球面の100万分の1の単位で表してある．

**超緩新星**　very slow nova　➡ぼうえんきょう座 RR 型星

**長基線干渉法**　long-baseline interferometry, LBI

数百 km 離れたアンテナを電子的に結合して干渉計を形成する技術．この干渉計の種々のアンテナが受信する信号はマイクロ波リンクで制御センターに伝送される．LBI の性能を最終的に制限するのは電離層内およびマイクロ波ビームが通過する空間の伝播条件の変化である．有名な例は*マーリン（MERLIN）である．⇒超長基線干渉法

**超極大**　supermaximum　➡おおぐま座 SU 型星

**超巨星**　supergiant

最も大きいそして最も明るい型の星．太陽の約1万〜10万倍の光度と20倍から数百倍の直径をもつ．10太陽質量より重い星がその生涯の終わりごろに膨張して，*主系列から離れるときに超巨星になる．それらは*ヘルツシュプルング-ラッセル図の最上部を占め，*光度階級 I に属する．*リゲルや*ベテルギウスは有名な超巨星である．

**超巨大楕円銀河**　supergiant elliptical galaxy

銀河団にある非常に明るい*楕円銀河．*cD 銀河とも呼ばれる．超巨大楕円銀河は2番目に明るい銀河団のメンバーより10倍以上も明るく，電波源であることが多い．

**超銀河団**　supercluster

銀河の集合体．約10個から50個以上の銀河団を含む多くの超銀河団が知られている．既知の最も顕著な超銀河団はケンタウルス座の領域にある距離が約4億5000万光年のシャプレイ超銀河団であるが，最も近いのは*局部超銀河団である．超銀河団は3億光年，おそらくそれ以上の大きさをもつことが知られている．⇒大規模構造

**超銀河面**　supergalactic plane

*局部超銀河団の赤道を示す天球の大円．超銀河面は銀河系の円盤にほとんど直角であり，その北極はわし座にある．

**超合成**　supersynthesis

電波天文学における*開口合成法の一種．地球の自転によって，空に対してアンテナの配列が変化することを利用する．地球自転合成とも呼ばれる．

**超高層大気物理学**　aeronomy

地球の上部大気圏，実際上は約300 km の高度にあると考えられる大気圏の上限付近での物理過程および現象の研究．研究対象は，*大気光，*化学圏における反応，および*夜光雲および*電離層の形成である．

**超光速運動**　superluminal motion

見かけ上光の速度を超える速度の運動．ある種の電波源あるいはクェーサーでは，源から噴射されたジェットの先端が光速より速く源から遠ざかっているように見える．特殊相対性理論によれば，物体が光速より速い速度にまで加速されることは許されないが，観測される超光速運動は，ほぼ観測者の視線方向にジェットが光

速に近い速度で運動することによって引き起こされる見かけ上の現象である．

**超光速度** superluminal velocity　→超光速運動

**超高速度衝突** hypervelocity impact
　粒子が岩石表面に1～2km/s以上の速度で衝突すること．固体の岩石が流体のように振る舞う速度である．超高速度衝突は一般に円形のクレーターを作り出す．不規則な衝突物体よりもはるかに大きいクレーターができる過程で不規則性は消えてしまうからである．

**ちょうこくぐ座** Caelum（略号 Cae．所有格 Caeli）
　彫刻家ののみをかたどった南天の小さい暗い星座．最も明るい星はアルファ星で，4.5等である．

**ちょうこくしつ座** Sculptor（略号 Scl．所有格 Sculptoris）
　彫刻家の作業場をかたどる南天の暗い星座．最も明るい星のアルファ星は4.3等である．星座はわれわれの局部銀河群のメンバーである\*ちょうこくしつ座矮小銀河を含んでいる．南銀極はこの星座に位置する．

**ちょうこくしつ座銀河群** Sculptor group
　局部銀河群に最も近い銀河群．距離は約1200万光年である．晩期型渦巻銀河のNGC 45, 55, 247, 253, 300, 7793, およびおそらくIC 5332を含むゆるやかなグループである．ちょうこくしつ座の南銀極付近に中心があるが，そのメンバーは隣接する\*くじら座に入り込んでいるものもある．

**長　軸** major axis
　二つの焦点を通る楕円の最長軸．近点軸とも呼ばれる．→焦点（軌道の）

**長周期彗星** long-period comet
　200年より長い公転周期をもつ彗星．例として，彗星\*ドナティ，\*テバット，そして\*ウエストがある．\*クロイツサングレーザーも長周期彗星である．長周期彗星に対して知られている最も短い周期は226年（C/1905 F1 ジャコビニ）である．⇒周期彗星

**長周期変光星** long-period variable, LPV
　100日を超すはっきりとした周期をもつ赤色巨星の\*脈動変光星．\*ミラ型星の名で知られる．以前この用語は，現在\*おうし座 RV 型星および\*半規則型変光星と呼ぶものを含むすべての長周期型晩期型変光星に適用されていたが，今日ではミラ型星に限定されている．

**超新星** supernova
　ある種の星がその生涯を終えるときの激しい爆発現象をいう．\*変光星としての型は SN である．超新星爆発では，星は太陽より10億倍以上も明るくなり，数週間にわたりその星が属する銀河全体よりも明るく輝くことがある．しかしながら，見かけの光度は爆発で放出される全エネルギーの0.01%でしかない．エネルギーの大部分はニュートリノの形で放出され，1%が吹き飛ばされるガスの運動エネルギーになる．大マゼラン雲に出現した\*超新星1987Aは肉眼で見える明るさに達したが，銀河系で見られた最後の超新星は1604年に起こった（\*ケプラーの星）．わが銀河系のような典型的な\*渦巻銀河においては，1世紀当たり二つ三つの超新星が生じると予想されている．銀河面内の\*塵による吸収のために，遠方で起こる多くの超新星が隠されて見えないと考えられる．
　超新星はI型とII型に分類され，II型はスペクトル中に水素の線を示すが，I型のスペクトルは水素線を示さない．それ以外のスペクトルの詳細な特徴にしたがってさらにIa型，Ib型，およびIc型への細分類がなされている．Ia型超新星は約−19の最大等級に達するが，Ib型およびIc型の最大等級はそれより約1.5等暗い．II型超新星の最大等級は広い範囲にわたる．しかし平均するとIb型およびIc型に似ている．II型，Ib型，およびIc型は種族Iの若い星で生じるので，\*渦巻銀河の\*ディスクに集中している．Ia型超新星は，\*楕円銀河および渦巻銀河のハローに見いだされ，種族IIの古い星で起こることがわかる．
　Ia型超新星は連星系をなす\*白色矮星の爆発に由来し，爆発は相手の星から白色矮星に物質が\*降着する結果として起こると信じられている．白色矮星の質量が最終的に\*チャンドラセカール限界を超えると，暴走的な炭素燃焼が起こって爆発し，約1太陽質量の物質を噴出する．
　Ib型およびIc型超新星は，\*恒星風による

かまたは連星系において伴星への*質量移動によって水素の外層を失った大質量星の中心核が崩壊して生じると考えられている。Ib型とIc型にはスペクトルに小さな違いがあり，親星の組成が異なることを示している。親星はおそらく異なる量の外層をはぎ取られた*ウォルフ・レイエ星である。分類名にもかかわらず，Ib型およびIc型超新星はIa型よりもII型に密接に関係している。

II型超新星は8太陽質量以上の星の爆発から生じる。星の中心核が鉄およびそれより重い元素ばかりになると，それらは燃焼してエネルギーを生成することができないので，核反応は停止する。そうすると星は自身の重力のもとで崩壊し，陽子および電子が結合して中性子を形成するほどの高密度に達して，*中性子星あるいは*ブラックホールになる。中性子星やブラックホールの形成による反動で上部から崩壊してきた物質層は激しく跳ね返る。この過程で元の星の数太陽質量に達する外層の大部分が，2000〜20000 km/sの速さで噴射される。

II型超新星はII-P，II-L，およびIIbに細区分できる。II-P型（Pはplateauを表す）は爆発後2〜3カ月はほぼ一定の明るさにとどまり，その後で暗くなる。数が少ないII-L型（Lはlinearを表す）は初期ピークからの暗くなり方が速い。IIb型はその明るさが2回極大になる。IIb型は爆発する前に水素外層のすべてではないが，大部分を失った大質量星から生じると考えられている。最初の爆発から数週間後の第二のピークは超新星残骸中のニッケルおよびコバルトの放射性崩壊によって引き起こされる。⇒超新星残骸

**超新星1987A** Supernova 1987 A

1987年2月24日に大マゼラン雲の中で爆発し，その年の5月中旬に見かけの等級2.8等の最大光度に達したII型超新星。1604年以来肉眼で見える明るさに達した最初の超新星であり，1987年末まで肉眼で見えていた。II型超新星は大質量の*赤色超巨星から生じるという予測に反して，この新星の親星は青色超巨星（サンドゥリーク-69°202）であった。この星の周囲に観測されたガス環はもっと前の赤色超巨星段階のときに噴出されたと信じられている。超新星から出たニュートリノが地球上で検出された。$^{56}$Coおよび$^{56}$Feの放射性崩壊によるガンマ線のスペクトル線が観測され，超新星において重元素が生成されることが確認された。[この超新星からのニュートリノが東京大学宇宙線研究所のカミオカンデという装置で検出された]。

**超新星残骸** supernova remnant, SNR

超新星爆発により宇宙空間に吹き飛ばされた星の外層とそれによって掃き集められた星間物質からなる*散光星雲。膨張速度が光速の数%に近いものもある。超新星残骸はX線と電波（*シンクロトロン放射）を出す。超新星残骸は，*カシオペヤ座Aのようなガス殻残骸とかに星雲のような珍しい中心充満超新星残骸（*プレリオン）に分類できる。プレリオンの中心部は中心にある*パルサーからのエネルギーで光っていると考えられている。

**潮　汐**　tides

月と太陽の*潮汐力によって引き起こされる地球の海洋の上昇と下降。地球の中心では，地球-月系の重心を回る地球の運動による遠心力が重力と釣り合っている。地球の月に最も近い側では月の重力による引張りが遠心力より大きいが，反対側では遠心力の方が大きい。そこでどちらの側でも海洋で潮汐隆起が発生する。太陽の潮汐力は，地球からの距離が大きいために，月のそれの約3分の1である。新月と満月のときは太陽と月が一緒に作用して，通常よりも大規模な潮汐を生じさせる。これらがいわゆる*大潮である。月が上弦と下弦のときは太陽と月は異なる方向に作用する。そのとき満潮は最も低く，干潮は最も高く干満の差が少ない。これらはいわゆる*小潮である。月と太陽はまた固体地球と大気に対しても測定できるほどの潮汐を引き起こす。一方地球は月に対しても潮汐を引き起こし，月が近地点にあるときその力は最大である。（図参照）

**潮汐加熱**　tidal heating

惑星あるいは衛星が*潮汐を受けることによって生じる熱。太陽系における潮汐加熱の最も強い例は衛星イオに対する木星の影響である。イオでは潮汐効果が非常に高い温度を生成するので衛星の内部が溶融し，火山活動が発生して

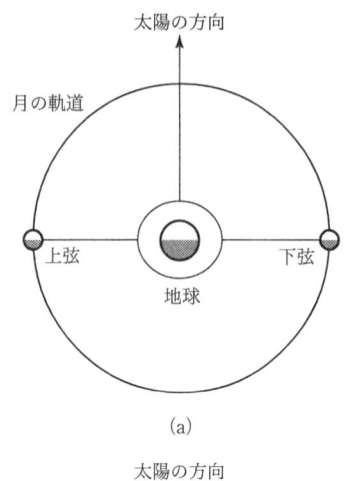

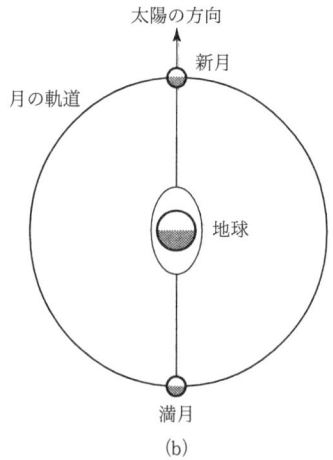

潮汐：(a) 小潮，(b) 大潮．

いる．

### 潮汐進化　tidal evolution

互いに周回し合う二つの天体の潮汐相互作用によって引き起こされる，それらの公転周期および自転周期の変化．天体は，一つあるいは両方の自転周期が公転周期に等しくなるまで，自分の自転周期を変えることがある．*同期自転と呼ばれる現象である．太陽系では巨大衛星の大部分が潮汐進化の結果として同期自転している．

### 潮汐摩擦　tidal friction

月の潮汐力によって引き起こされる地球の海洋と海洋底の間に働く一種の摩擦力．月の潮汐力により，海水は，*月直下点とその反対側で盛り上がろうとする．しかし，海水は瞬時には動けないので，実際に盛り上がったときには，地球の自転によって月の直下点ではなくなっている．このため盛り上がった両側に働く月の引力により地球の自転にブレーキがかかる（→潮汐）．長時間にわたって潮汐摩擦は地球の自転速度を低下させ，したがって1日が長くなる．一方，月は公転の角運動量が増大し，地球から次第に遠ざかっていく．最終的には，地球の自転と月の公転が等しい周期になるとき（その値は現在の1日の長さの約40倍），この過程は停止する．そうすると太陽の潮汐力が地球-月系から角運動量を奪うという新しい過程が始まる．そうなると月はらせんを描きながら地球に接近し，ついには地球の*ロッシュ限界に入ってばらばらに引き裂かれる．

### 潮汐隆起　tidal bulge

他の天体からの*潮汐力によって引き起こされる惑星，衛星，あるいは星の変形．例えば，月と地球は互いに潮汐隆起を生じさせ，地球の海洋と大気だけでなく，固体部分も変形する．近接連星の二つの星はおおざっぱにそれらの中心を結ぶ線に沿って互いをひずませる．

### 潮汐力　tidal force

天体が他の天体に作用して潮汐を生じさせる力．潮汐力は潮汐を生じさせる天体の質量と二つの天体間の距離に依存する．潮汐力は惑星を公転する衛星，あるいは太陽もしくは惑星に接近しすぎる彗星を破壊することがある．軌道運動をする天体が*ロッシュ限界の内部に入ると，その天体に作用する潮汐力は天体を保持している凝集力より強くなる．［潮汐力は，それを受ける天体が大きさをもつことによって発生する］．⇨潮汐加熱，潮汐摩擦

### 超増感　hypersensitization

*相反則不軌の効果を減らすように写真乳剤を処理する方法．ハイパリングとも呼ばれる．最も普通の現代的手法は，化学的に還元的な気体―理想的には純粋水素―中にフィルムあるいは乾板を保つことである．アマチュアの使用にはフォーミングガス（水素8％，窒素92％の混合ガス）が好ましい．他の方法としては，フィ

ルムあるいは乾板を水あるいはアンモニアに浸す方法，約60°Cの温度で長時間乳剤を熱する方法，感度を上げるために露光前に乳剤を光に短時間露出してバックグラウンドのかさ上げをするする方法（プレフラッシュ法）などがある．

**超大質量星** supermassive star

約120太陽質量を超える仮想的な星．非常に明るいのでそれ自身の外側へ向かう放射圧によってばらばらに吹き飛んでしまうことが予想される．超大質量星は，大マゼラン雲に見られる非常に明るい天体を説明するために提案されたが，現在ではこれらの天体は通常のO型星の集団であることがわかっている．

**超大質量ブラックホール** supermassive black hole

*活動銀河核やクェーサーにあると考えられている典型的な星よりもはるかに質量が大きい*ブラックホール．普通 $10^5$ 太陽質量より大きい質量のものを指す．そのような天体は周囲から物質を降着させて自分の質量を増やすことができ，この過程で放射されるエネルギーが活動銀河核やクェーサーのエネルギー源と考えられている．［超大質量ブラックホールは普通の銀河中心核にある場合も知られている．例えば銀河系の中心核にも存在すると考えられている］．

**超長基線干渉法** very long baseline interferometry, VLBI

0.001″より優れた角分解能を達成するために多くの場合数千kmも離れた電波望遠鏡を一つの干渉計として作動させる電波干渉測定の技法．各望遠鏡は独立に作動し，時刻情報とともに信号を磁気テープに記録する．後に，テープを持ち寄って再生し，信号を組み合わせる．VLBI研究の副産物は天文台の位置を数cmの精度で決められることであり，これは大陸移動の研究に有用である．VLBIネットワークの例は，*ヨーロッパVLBIネットワーク（FVN），*超長基線電波干渉計群（VLBA），および*オーストラリア電波望遠鏡国立施設（ATFN）などである．宇宙空間に打ち上げられる電波望遠鏡の登場によりVLBIの基線は数十万kmまで拡張されることになるであろ

う．→ VLBI宇宙天文台

**超長基線電波干渉計群** Very Long Baseline Array, VLBA

特定目的のために建設された超長基線電波干渉計群．8000kmという最大基線をもちアメリカ全土に広がる10基の電波望遠鏡からなる．波長7mmの最短観測波長で0.001″より優れた分解能が得られる．25m望遠鏡のうち8基は大陸アメリカに位置し，他の2基はハワイとヴァージン諸島にある．このVLBAは1993年に完成し，その本部はニューメキシコ州ソコロの*超大型電波干渉計の本部に併設されている．アメリカ国立電波天文台が運営している．

**超超巨星** hypergiant star

現在は通常約30太陽質量より質量が大きい星を指す用語．この用語は最初はマゼラン雲で観測される最も明るい天体に対して使われた．それらが銀河系のどの星よりも明るく，したがって質量も大きいように見えたからである．現在ではこれらの天体は個々の星ではなく，もっと質量が小さい星の集まりであることがわかっている．［この用語はほとんど用いられない］．

**長半径** semimajor axis（記号 $a$）

楕円の最長直径の半分．長半径は公転する天体の主星からの平均距離である．［例えば，地球軌道の長半径は1 *天文単位（AU）である］．

**超微細構造** hyperfine structure

スペクトル線が非常に細かく複数の線に分離すること．原子核の固有スピンによって生じる．*微細構造よりもはるかに細かな構造であり，したがって最高のスペクトル分解度のときだけに見ることができる．

**超ひも理論** superstring theory

ひも理論（string theory）と呼ばれる素粒子論の中の一例．ひも理論では物質の基本単位は点状の粒子ではなく，ひもと呼ばれる一次元の物体である．超ひもは，超対称性（すなわち，*ボソンにはどれも相手となる*フェルミオンが存在する）をもつひもである．超ひも理論はこのようなひもの性質からすべてのクラスの観測される素粒子を記述しようと試みる．この理論は完全に推論的であるが，ごく初期の宇宙の物理学にとっては何らかの意味をもつかもしれ

ない．

**超粒状斑** supergranulation

大きな（30000 km）対流セルからなる太陽光球の対流模様．超粒状斑内部には端に向かう主として水平な流れがあるほか，中心ではわずかに上向きの流れと端では下向きの流れがある．水平流の速度は 0.4 km/s にすぎない．超粒状斑の典型的な寿命は 1 日である．強い磁場の小領域が中心から端に向け外側に運ばれ，そこに磁場が最も集中する．これによって，*スピキュールの集合からなる *彩層網状構造が生じるように見える．

**直交座標** rectangular coordinates

ある特定した原点から互いに直交する二つあるいは三つの軸に対して物体の位置を決める座標系．軸は $x$, $y$, および（第三の軸を使うときは）$z$ と名づける．*デカルト座標ともいう．天文学では，太陽系天体に対して直交座標を用いることがあり，各軸の長さは天文単位で与えられる．普通それらは太陽中心あるいは地球中心に原点をもつが，他の原点を用いることもできる．

**チョッパー** chopper

空の背景放射を除くために赤外線望遠鏡のビームを天空の二つの位置の間で急速に切り替えるよう設計された機械的装置．ビームを観測中の天体と何もない空の間で切り替える．切り替えの頻度は 1 秒に数回が普通である．⇒チョッピング副鏡

**チョッピング副鏡** chopping secondary

赤外線望遠鏡の副鏡．*チョッパーと同様な仕方で空の二つの位置の間で望遠鏡のビームを急速に切り替えるように設計される．

**ちらつき** flickering

数分あるいは数時間にわたる星の輝度の急速で不規則なゆらぎ．場合によってこのゆらぎは 0.7 等程度に達することがある．このちらつきは，*ヘルクレス座 AM 型星を含む多くの *相互作用連星系，およびある種の *共生星で生じる．*ホットスポット（1）あるいは *降着円盤の内部領域，あるいはヘルクレス座 AM 型星においては，磁極上方の降着柱における不安定さから生じると考えられている．

**塵** dust

太陽系（惑星間塵および彗星塵），星の周囲（星周塵）および星の間（星間塵）などの空間に見いだされる固体物質の微小粒子．個々の粒子は塵微粒子と呼ばれ，10 nm 以上の大きさをもつ．塵は星間物質の約 10% の質量を含む．塵は星の光を吸収したり，赤く見せたり，赤外放射を吸収したり放出したり，また星の光を偏光させたりする．星間塵の精確な組成は不確かであるが，赤外吸収測定によると，その相当な割合は有機物質である，すなわち，炭素を含んでいる．星の光学スペクトルにおける *星間吸収バンドは塵で説明できるかもしれない．塵は *赤色巨星の冷たい外層，新星，および超新星において生成される．太陽系にも惑星間塵および彗星塵として存在する．塵の一部は太陽光の *放射圧によって太陽系から吹き飛ばされるが，小惑星の衝突や彗星の分裂によって新しい塵が作り出される．⇒微粒子（星間の），微粒子（惑星間の）

**塵の尾** dust tail ➜尾（彗星の）

# ツ

**対消滅** pair annihilation

粒子と反粒子が消滅してエネルギーに変わること．エネルギーは光子あるいは他の粒子-反粒子対として再現する．例えば，電子と陽電子は結合して2個の511 keVのガンマ線光子を生成する．陽子と反陽子の消滅はパイ中間子を形成する．

**対生成** pair production

粒子とその反粒子の生成．起こり方に数種がある．例えば，電子-陽電子対は，原子核を取り巻く電場で1.022 MeVより大きいエネルギーをもつガンマ線光子から生成することができる．あるいはその全エネルギーが1.022 MeVを超える2個の光子の衝突によっても生成することができるかもしれない．*ビッグバン初期における光子のエネルギーは十分に高く，多くの多様な粒子対を生成した．陽子と反陽子は，温度が$10^{13}$ K以上であったビッグバン後の最初の$2\times10^{-6}$秒間に，正および負のミューオンの対は約$2\times10^{-4}$秒までにでき，電子と陽電子は，約2秒後に温度が$10^{10}$ K以下に低下する前にできたと考えられている．対生成は二次宇宙線シャワーでも起こる．

**ツヴィッキー，フリッツ** Zwicky, Fritz (1898～1974)

スイスの天文学者．ブルガリアに生まれ，アメリカで研究した．1933年に銀河団の質量-光度比が孤立した銀河の場合の50倍であること―*ミッシングマスの初期の証拠―を見いだし，それを*銀河間物質および*矮小銀河によるものと考えた．1934年に彼と*バーデ（W.）は，非常に規模の大きい星の爆発をそれほど強力でない*新星と区別するために"*超新星"という用語を造り出し，超新星爆発はその後に*中性子星を残すことを提唱した．この理論は1968年に*かにパルサーが同定されたときに実証された．ツヴィッキーは他の銀河における超新星を観測し，銀河団についての長期にわたる研究を始めた（→ツヴィッキーカタログ）．彼はまた銀河間物質，特に隣接する銀河をつなぐ星の「かけ橋」に注目した．

**ツヴィッキーカタログ** Zwicky Catalogue

*ツヴィッキー（F.）と彼の協同研究者が1961～68年に刊行した6巻の銀河および銀河団カタログの俗称．*パロマー写真星図に記録された31350個の銀河と9700個の銀河団が含まれている．［このカタログは今日の銀河の研究や観測的宇宙論研究の基礎となったものであり，カタログに記載された銀河の等級は今日でも使われている］．

**通過（惑星の）** transit (planetary)

1. 水星あるいは金星のような天体が，太陽面を横切って通過すること．あるいは，衛星あるいはその影が惑星面を横切って通過すること（⇒影の通過）．水星と金星は内合のとき，その軌道の交点に近い場合にだけ太陽面を通過する．水星の場合，これが起きるのは11月初旬（昇交点）あるいは5月初旬（降交点）であり，金星の場合は12月初旬（昇交点）あるいは6月初旬（降交点）である．水星の通過は金星のそれより回数が多い．今後の水星の通過予定は1999年11月15日，2003年5月7日，および2006年11月8日である．金星の通過予定は2004年6月7日および2012年6月5日である．2. 惑星の*中央子午線をある地形が横切って通過すること．

**月** Moon（記号☽）

地球の唯一の天然衛星．満月の等級は-12.7であるが，その表面は実際には暗く，平均の幾何学的アルベドは0.12にすぎず，水星を除くすべての惑星より低い．太陽系で5番目に大きい衛星（直径3476 km）で，地球の直径の4分の1を超え，地球の質量の約1/18である．大きさがよく似ているので，地球と月はしばしば連星系をなす惑星と考えられる．月の対恒星自転周期は27.322日で，公転周期と同じなので月は地球に同一面を向けたままである．月の赤道は黄道面に対して1.53°傾斜している．表面温度は昼間の123℃から夜間の-233℃まで変化する．代表的な値は107℃（昼間）と-153℃（夜間）である．

月は，衝突クレーターの密度が非常に異なる

## 月

**物理的データ**

| 直径<br>(赤道) | 偏平率 | 軌道面に対する<br>赤道の傾斜角 | 自転周期<br>(対恒星) |
|---|---|---|---|
| 3476 km | 0.0 | 6.68° | 27.322 日 |

| 平均<br>密度 | 質量 | 体積<br>(地球=1) | 平均アルベド<br>(幾何学的) | 脱出<br>速度 |
|---|---|---|---|---|
| 3.34<br>g/cm³ | 7.348×<br>10²² kg | 0.02 | 0.12 | 2.37<br>km/s |

**軌道データ**

| 地球からの平均距離 | 離心率 | 黄道に対<br>する軌道<br>の傾斜角 | 公転周期<br>(対恒星) |
|---|---|---|---|
| 384400 km | 0.055 | 5.15° | 27.322 日 |

二つの明白に異なる型の地形を示す．すなわち，明るい高地と暗くて低い海の地域である．月の高地は 0.11～0.18 のアルベドをもち，直径が 50 km 以上の大きなクレーターで覆われている．海は 0.07～0.10 のアルベドをもち，玄武岩溶岩のより若い平原からなり，大きなクレーターはほとんどない．海の玄武岩は鉄とチタンに富み，多量の輝石を含んでいる．高地の岩石は海とは化学的に異なり，カルシウムとアルミニウムが豊富で，主として長石からなる．高地は今から 40 億年前より昔に作られたが，海はほとんどが今から 20 億年前と 39 億年前の間に噴出した．月の裏側には暗い海の地域はほとんどない．表側で海が優勢なのは，*インブリアムベイスンを形成した衝突が深い裂け目を月の内部に創り出し，そこから噴出する溶岩が後に噴き出したためかもしれない．

月には事実上大気も水もないので，主な侵食過程は衝突によるクレーター作用である．月のクレーターの大きさは 1 mm より小さい直径の微小孔から直径が 1000 km 以上の大衝突ベイスンまでにわたる．ティコのような若い衝突クレーターは非常に明るく，顕著な中央山頂，段丘のある壁，そして遠くまで四方に伸びる明るい光条が見られる．より古いクレーターは次第に摩滅し，小さな衝突によって滑らかになり，あるいはより大きな衝突あるいは溶岩の噴出によって覆い隠された．小さな衝突によって表面は絶え間なくかき混ぜられ，月全体にわたって深さが 5～15 m の土壌層，すなわち*レゴリスが作られた．

月には火山噴火口はまれにしかなく，あっても比較的小さく，せいぜい直径は数 km にすぎない．浅い傾斜と山頂孔をもつ月のドームは地球の盾状火山に当たるものである．小数の小さな噴石孔（シンダーコーン）とより大きい崩壊孔およびカルデラがある．カルデラの多くは*波状リル，つまり，海平原に広く流動的溶岩を供給した地溝の源である．*リンクルリッジとリルは月面において圧縮力と引張力が存在したことを証明している．それらは衝突ベイスン内あるいは付近のあちこちで同心円状に分布しているのが見いだされる．

月の内部は約 800 km の深さにまでわたる厚い岩石圏からなる．その下は*アセノスフェアで，月の体積の 2% を占めるおそらく小さな中心核がある．月震は地震に比べると小さな現象で，*潮汐力の結果として毎月同一場所で規則的に起こる．目立つほどの磁場はない．

月は，通過天体が地球とすれすれの衝突をして，そのときに砕け散った天体と地球の一部が集積してできたのかもしれない．これに代る考えは，月は太陽系のほかのところで形成され次いで地球に捕獲された，あるいは地球と月はほとんど同時期に集積によって形成されたというものなどがある．

**月　month**

地球を回る月の軌道運動に基づいた時間の周期．数種類の月が定義される．*朔望月は，月が満ち欠けの位相を一巡するのに要する時間で，太陰月ともいう．その平均の長さは 29.53059 日である．*近点月は月が軌道上の近地点を通過してから次に通過するまでの時間で，長さは 27.55464 日．*恒星月は，特定の星を背景にして月が同じ位置に戻るのに要する時間．長さは 27.32166 日．*分点月は月が春分点を通過してから次に通過するまでの時間．長さは 27.32158 日である．*交点月（または*竜月）は月が昇交点を通過してから次に通過するまでの時間．長さは 27.2122 日．なお暦（カレンダー）に用いられている 1 カ月は整数日からなる人工的な単位である．⇒暦

**月運動論**　lunar theory　→月差
**月潮汐間隔**　lunitidal interval
　月の地方子午線通過と次の満潮時刻の間の時間．
**月直下点**　sublunar point
　特定の時刻に月が真上にくる地球上の地点．
**ツバン**　Thuban
　りゅう座アルファ星．3.7等．距離は290光年のA0型巨星で，約4800年前には北極に最も近い星であった．
**冷たい暗黒物質**　cold dark matter, CDM
　特殊な型の*非バリオン物質．ある理論によると，ビッグバンの初期段階に創生され，今日まで十分な個数が生き残って現在の宇宙密度にかなり寄与している．"冷たい"という用語は，これらの粒子が，通常は重いために，光速よりはるかに小さい速度で運動していることを意味する．*アクシオン，*フォティーノ，そして原始（低質量の）*ブラックホールのような，冷たい暗黒物質となりうる多くの候補がある．最近まで，冷たい暗黒物質は宇宙における*銀河形成や*大規模構造の問題を解決するのに役立つらしいと思われてきた．しかしながら，もっと最近の観測はこの種の最も単純な描像は正しくないことを示唆している．⇒暗黒エネルギー，暗黒物質
**露よけ**　dew cap
　対物レンズに露が付着するのを防ぐために*屈折望遠鏡の鏡筒の先に加えられる部分．対物レンズを冷たい空気流からさえぎってレンズの冷却を低減させる働きをする．露よけは，望遠鏡の口径の2倍から3倍の長さをもち，低倍率のときに視野をけらない直径をもたなくてはならない．長すぎると，空気がその内部を循環するために*シーイングを損なうことがある．
**つる座**　Grus（略号 Gru．所有格 Gruis）
　鶴をかたどる南天の星座．最も明るい星は*アルナイル（つる座アルファ星）である．デルタ星は，4.0等と4.1等の間隔の広い*二重星である．ミュー星も4.8等と5.1等の星の二重星である．
**ツングースカ事件**　Tunguska event
　1908年6月30日の地方時間午前7:30ごろに中央シベリアのポドカメンナヤツングースカ（石の多いツングースカ）上空で起きた爆発．巨大な*石質隕石あるいは彗星の断片によって引き起こされた．太陽ほどに明るい火球が空中で爆発し，まき散らされた塵によってその後数日間ヨーロッパ全土で異常に明るい夜が続いた．現場への調査隊は巨大な（2200 km$^2$）被害地域を見つけた．40 kmにわたって樹木はなぎ倒され，焦土化していたが，クレーターは発見されなかった．飛来した天体は直径が50～100 mで，15～20メガトンのTNT火薬の爆発に相当するエネルギーで地上8～9 kmの所で爆発したと考えられている．

# テ

**出** rising

天体が観測者の地平線上に出現する瞬間．観測可能な円盤をもつ天体，特に太陽や月の場合は，その上部\*リムがちょうど観測者の地平線に切する瞬間と定めている．地球大気中で光が屈折するために，天体は実際に地平線に出現する以前に出るように見える．観測される出と入りの時間を計算するときはこの効果を考慮しなくてはならない．

**T アソシエーション** T association

\*おうし座 T 型星の非常に若い低質量の星のまばらな集合体．これらの星を形成した星雲にまだ付随しており，一部分はその星雲に隠されていることが多い．星々は数 km/s の相対速度をもち，重力によって相互に束縛されていないので，このアソシエーションはわずか約 1000 万年後に分解してしまうであろう．

**TAI** Temps Atomique International

\*国際原子時に対するフランス名．

**DS1** Deep Space 1 →ディープスペース 1

**dMe 型星** dMe star

スペクトルに水素（Hα）およびカルシウム（\*H および K 線）に由来する輝線が見られる M 型赤色矮星．この輝線は，星の深部における\*対流層に生じる強力な磁場の結果として生じる強いコロナ放射（dMe 星は通常は X 線源でもある）の存在を示している．

**ディオネ** Dione

土星の 4 番目に大きい衛星．直径 1120 km．土星 IV とも呼ばれる．土星から 37 万 7400 km のところを 2.737 日で公転し，ずっと小さい\*ヘレネと軌道を共有している．その自転周期は公転周期と同じである．1684 年に\*カッシーニ（G. D.）が発見した．表面の一部は衝突クレーターで密に覆われているが，クレーターの密度が低い滑らかな平原，そして幅が約 8 km，長さが 400 km 以下の大きなトラフもある．ディオネの密度は 1.4 g/cm³ であり，

岩石核をもつ氷からなることを示唆している．

**D 型星** D star

\*白色矮星のスペクトル分類型．最初の分類系列は，10 万 K から 4000 K まで有効温度が低下する順に DB, DA, DF, DG および DK であった（すなわち，2 番目の文字はスペクトル型の通常の順序 B から K まで）．連続的な（のっぺりとした）スペクトルをもつ白色矮星は DC 型として分類された．後に，DO 型（非常に高温で，電離ヘリウム線しか示さない）と DQ 型（主にヘリウムからなる大気のほかに原子あるいは分子炭素を含む）が付加され，以前の DF, DG および DK を一緒にして DZ 型が導入された．また，0（最も熱い）から 9（最も冷たい）までの温度指数が付加された．十分に発展した現分類方式では，例えば DC 9 白色矮星は非常に冷たく，検出可能な吸収線をもたない．大多数の白色矮星は DA 型（シリウス B のように）で，水素の幅広い吸収線しか示さない．その線幅は星の巨大な表面重力から生じる．残りの大部分の星は DB 型であり，中性のヘリウム線だけを示す．DZ 型における金属線は星間空間から白色矮星が \*降着させた物質によって生じると考えられている．

**D 銀河** D galaxy

銀河団の中心付近にある非常に明るい巨大な楕円銀河．銀河団において第 1 位の（すなわち，最も明るい）メンバーである．D 銀河は \*モーガン分類にしたがって文字 D が割り当てられる．これは塵のないことを意味する．メンバー数の多い銀河団の中心にあるより極端な明るい D 銀河は \*cD 銀河として分類される．D 銀河は電波源であることが多く，大きく広がった淡い外層をもつ．

**D クラス小惑星** D-class asteroid

\*小惑星帯（メインベルト）ではそのメンバーはまれであるが，太陽から 3.3 AU を超える軌道範囲では次第に多く見られるようになる小惑星のクラス．3.3 AU は小惑星が精確に木星の半分の公転周期（すなわち 2：1 共鳴）をもつ距離である．D クラス小惑星は非常に低い \*アルベド（0.02～0.05）と特徴のない反射スペクトルをもつ．おそらく炭素が豊富な物質のせいで非常に赤い．このクラスには，直径が

80 km の (1256) ノルマンニア (*ヒルダ群のメンバー), そして直径 154 km の (911) アガメムノンを含む*トロヤ群小惑星が含まれる.

**T クラス小惑星**　T-class astroid

低い*アルベド (0.04～0.11) が特徴的な小惑星のクラス. $0.85\mu m$ より短い波長で中程度の吸収パターンがあり, 近赤外線波長で全体的に平らな反射スペクトルをもつ. このクラスのメンバーには直径 174 km の (96) アェグルおよび直径 138 km の (308) ポリュクソが含まれる.

**低光度星**　subluminous star

同じ質量の主系列星よりも低光度の星. *準矮星, *白色矮星, および*褐色矮星が含まれる. [この語はあまり使われない].

**ティコ・サーヴェイ**　Tycho Survey　→ヒッパルコス

**ティコの体系**　Tychonic system

ティコ・*ブラーエが提案した太陽系の地球中心モデル. このモデルでは太陽と月が地球の周囲を回転するが, 惑星は太陽の周囲を回転する.

**ティコの星**　Tycho's Star

1572 年 11 月に出現し, ティコ・*ブラーエが徹底的に研究したカシオペヤ座の*超新星. 最大等級は $-4$ 等で, この星は 1574 年 4 月から 5 月まで見え続けた. 光度曲線によればそれが I 型の超新星であることがわかる. 電波源 3C 10, 可視光で見える微光領域, および弱い X 線源が約 8000 光年の距離にあるこの超新星残骸を構成している.

**ティコ・ブラーエ**　Tycho Brahe　→ブラーエ

**低質量星**　low-mass star

太陽の質量よりも少し大きい質量の星を指す場合と, 太陽質量の数十分の 1 より質量が小さいけれども, その中心核で水素を燃焼させるのに十分な質量 (すなわち, 少なくとも 0.08 太陽質量) をもつ星を指す場合がある. 前者は, 放射平衡中心核をもつ星を対流平衡中心核をもつより大きい質量の星から区別するときに使い, 後者はこの用語を赤色矮星に制限するために使う. [定義があいまいなので, 特定の種類の星を指すような使い方はしない].

**定常宇宙論**　steady-state theory

膨張はしているが, *連続的物質創生によって物質密度が薄まることはないという宇宙論モデル. この理論は, 宇宙があらゆる場所だけでなく, あらゆる時間において同一であることを要求する*完全宇宙原理に基づいている. この原理から生じる一般相対性理論の方程式の数学的解は, *ド・ジッター宇宙である. 長年にわたり定常宇宙論は*ビッグバン宇宙論の競争相手であったが, 1965 年に発見された*宇宙背景放射の特性に矛盾し, 時間とともに宇宙進化することを説明できないので, 支持を失った. ビッグバン宇宙論と違い, 定常宇宙論は初期の*特異点をもたないし, *原始火球状態の存在を必要としない. この理論は 1948 年に*ボンディ (H.), *ゴールド (T.), および*ホイル (F.) が提唱した.

**ディスカヴァリー計画**　Discovery Program

NASA の比較的単純な低費用の惑星ミッションシリーズ. 3 年以内で開発し, 構築することができる. 最初のシリーズは 1996 年に打ち上げられた*地球近傍小惑星ランデブーであった.

**ディスク**　disk　→円盤

**ディスパージョンメジャー**　dispersion measure　→分散量度

**D 線**　D lines

スペクトルの黄色部分の波長 589.0 および 589.6 nm に見られる非常に近接した二つの線. 中性ナトリウム原子によって生成される. *フラウンホーファー (J. von) により太陽スペクトルにおける D パターンと命名された. ナトリウムの D 線は太陽など比較的低温度の星において強い. 星間空間のナトリウム原子による吸収のため, また非常に遠方の星のスペクトルにも存在が認められる.

**D 層**　D layer

地球の*電離層の最も下の領域. 高度が 80～90 km の間にある. D 層は, 主に電波を反射せずに吸収し, 特に黒点活動の最盛期ごろその影響が大きい. *突発的電離層擾乱の現象は太陽フレアからの短波長放射による昼側の D 層が活発化されるために生じる.

**低速度星** low-velocity star
　太陽近傍の星に対して速度が小さい星。これは低速度星が銀河系中心を回る太陽と同じような軌道にある星であることを示す。[この語は*高速度星ほど一般に用いられる語ではない]．
⇨高速度星

**Tタウリ型星**　T Tauri star　→おうし座T型星

**ティタニア**　Titania
　直径が1580 kmの天王星の衛星。天王星IIIとも呼ばれる。43万5910 kmの軌道上を8.706日で公転する。自転周期は公転周期と同じである。1787年、天王星の発見直後に*ハーシェル（F. W.）が発見した．ティタニアには衝突クレーターに覆われた氷の表面、そして最近まで活動していた断層作用によって囲まれた多くの急斜面凹地がある。この衛星は内部が凍結したために全体が少し膨張したのかもしれない。

**ティタン**　Titan
　直径5150 kmの土星の最も大きい衛星。太陽系で2番目に大きい衛星でもある。土星VIとも呼ばれる。土星から122万1830 kmの距離の所を15.945日で公転する。自転周期は公転周期と同じである。*衝のとき8.3等である。1655年に*ホイヘンス（C.）が発見した．ティタンはおそらくほぼ等分の岩石と氷からなる。相当な量の大気をもつ太陽系で唯一の衛星である。大気は主として窒素で、2〜10%のメタン、0.2%の水素（分子百分率）、と微量のエタン、プロパン、アセチレン、シアン化水素、および一酸化炭素を含む。ティタン表面での気圧は1.5バール、温度は約-180℃である．表面にはメタンの霧雨、そして多分メタンの雪あるいはメタンの雨もあるかもしれない。200 kmの高度にある炭化水素からなるオレンジ色のスモッグ状の雲が表面を覆い、500 kmまで大気の雲霧が存在する．*ヴォイジャー探査機はティタンの雲の中に北極冠がありその周囲をうっすらと暗い色の輪が取り巻いていることを発見した．また、北半球は南半球より明白に暗かった．これらは二つともおそらく季節的な効果であろう．

**ディッケ，ロバート　ヘンリー**　Dicke, Robert Henry（1916〜97）
　アメリカの物理学者で天文学者。1961年、彼は、*重力定数が時間とともに変化することを示唆した（→ブランス-ディッケ理論）。1964年に、カナダ生まれのアメリカの物理学者Phillip James Edwin Peebles（1935〜）らとともに、*ガモフ（G.）とは独立に彼は*熱いビッグバン理論を発展させ始めた。この理論は、この直後に*ペンジアス（A. A.）および*ウィルソン（R. W.）が発見した*宇宙背景放射の存在を予言した。彼はまた*ディッケ放射計および*ディッケスイッチを発明し、1957年には弱い*人間原理という名で知られるようになった説を主張した．

**ディッケスイッチ**　Dicke switch
　ディッケ放射計への二つの入力の間を切り替えるよう設計された半導体素子。切替え速度は通常1秒に10〜1000回程度である。

**ディッケ放射計**　Dicke radiometer
　ノイズの存在下で弱い信号を測定するよう設計された電波受信機。ディッケ受信機とも呼ばれる。受信機への入力はアンテナと参照ノイズ源の間を（*ディッケスイッチによって）急速に切り替えられる。これは、絶対流束の精確な測定が要求されるとき有用であり、*宇宙背景放射からの非常に弱い信号を測定するために使用されてきた。*ディッケ（R. H.）にちなんで名づけられた．

**ティップ-ティルト反射鏡**　tip-tilt mirror
　*波面補償光学で使用する反射鏡。大気の擾乱によって生じる光の入射波面の乱れのうち全体的な傾きの成分を補償する。これは、高速作動モーターを用いて、基準星の位置の変化に応答して可動平面鏡の傾きを変え、基準星を一点に止めておくことによって実現する。

**TT**　Terrestrial Time　→地球時

**ティティウス-ボーデの法則**　Titius-Bode law　→ボーデの法則

**DDO測光**　DDO photometry
　諸種の化学組成をもつG型およびK型巨星と矮星を研究するために*デーヴィッドダンラップ天文台で開発された*中間帯域測光システム。波長350，380，410，420，450および480

nmで6個のフィルターを使用する．350 nmフィルターは*ストレームグレン測光系におけるuフィルターと同じである．

**DDO分類** DDO classification
　*渦巻銀河および*不規則銀河の分類体系．これらの銀河の光度は渦巻腕の外見に関係し，最も明るい銀河が最もよく発達した渦巻腕をもつという事実に基づいている．その名前はこの分類を考案した*デーヴィッドダンラップ天文台[ハンデンバーグ(S.)が所属]に由来する．DDO分類は*ハッブル分類のSa, Sb, Sc, Irrの表記を残しているが，IからII, III, そしてIVを経てVにわたる，星の光度階級に似た銀河の光度階級を付け加えている．階級I=−20.5 (すなわち，$2 \times 10^{10}$ 太陽光度) の絶対青色等級に，階級Vは青色等級−14 ($10^8$ 太陽光度)にほぼ相当する．Sa渦巻星雲とSb渦巻星雲には光度階級IIIより暗いものはない．

**TDT** Terrestrial Dynamical Time →地球力学時

**TDB** Temps Dynamique Barycentrique
*太陽系力学時のフランス名．

**テイデ天文台** Teide Observatory, OT
　カナリー諸島のテネリフェの標高2390 mにあるカナリー天体物理学研究所の天文台．1959年に創設された．最大の望遠鏡は，1972年に開設された1.55 mカルロス・サンチェス赤外線反射望遠鏡である．他の装置は主として太陽観測に使用されている．

**低表面輝度銀河** low surface brightness galaxy, LSB galaxy
　星の密度が低いので空を背景にして検出するのが困難な銀河．通常の銀河に対する低表面輝度銀河の割合は未知であり，宇宙の重要な成分を占めているのかもしれない．これらの暗い銀河の大部分は*矮小銀河であり，特に銀河団の中で見出されるが，なかには例えば*マリン1のように，通常の銀河と同じ質量の低表面輝度銀河もある．

**ディープスカイ天体** deep-sky object
　太陽系の彼方の天体．この用語は普通は個々の星にではなく，*メシエカタログや*新一般カタログにある種類の天体—星団，星雲および銀河—に適用される．[日本ではほとんど用いられない言葉]．

**ディープスペース1** Deep Space 1, DS 1
　小型のNASAの宇宙探査機．*新ミレニアム計画の最初のミッションであり，1998年に打ち上げられた．[1999年に小惑星(9969)ブレイユを通過し，2001年に彗星ボレリーの核まで2200 kmに接近した]．

**ディープスペースネットワーク** Deep Space Network, DSN
　宇宙探査機を追跡し，それと交信するための世界規模の電波望遠鏡ネットワーク．NASAが所有し，*ジェット推進研究所が運営している．このネットワークは，地球が自転しても連続的な追跡を可能にするために，3大陸に設置された三つのディープスペース通信施設からなる．施設は，バーストウの北方72 kmにあるカリフォルニアのモハーヴェ砂漠のゴールドストーン，スペインのマドリードの西方60 kmにあるロブレド・デ・カヴェラ，およびオーストラリアのキャンベラの南西40 kmにあるティドビンビラ自然保護区に設置されている．各施設は4基の主アンテナから構成される．70 mが1基，34 mが2基そして26 mが1基である．70 mのアンテナは，*ヴォイジャー2号が海王星に遭遇する前の1989年に64 mの口径から拡張された．さらに，ゴールドストーンは第二の26 mと9 mアンテナを所有している．小型のアンテナは地球を周回する科学衛星の追跡に使用できる．アンテナは電波およびレーダー天文観測にも使用される．

**ディフダ** Diphda
　くじら座ベータ星．2.0等．K0型巨星で，距離は53光年．デネブカイトスの別名がある．

**ティーポット** Teapot
　いて座にある星の絵姿．ガンマ星，デルタ星，およびイプシロン星がティーポットの注ぎ口を形成する．ゼータ星，シグマ星，タウ星，およびファイ星が取っ手であり，ラムダ星が蓋を形づくっている．

**デイモス** Deimos
　火星の外側の衛星．距離は23459 km，公転周期は1.262日である．デイモスは形状が不規則で，三つの軸の方向に$15 \times 12 \times 11$ kmであ

る．最短軸の周りに1公転周期と同じ時間で自転するので，火星に同一面を向けたままである．1877年に*ホール（A.）が発見した．表面は衝突クレーターで覆われているが，そのクレーターの多くは埋まっているらしいので，*フォボスよりは滑らかである．

**ディラック宇宙論** Dirac cosmology

いわゆる大数仮説を中心に構築された宇宙論．大数仮説は，原子より小さい粒子を対象とする物理学の基本定数を，宇宙の年齢や平均密度のような宇宙の大規模な性質に関連させる．イギリスの数理物理学者Paul Adrien Maurice Dirac（1902～84）の説．ディラック理論は広く容認されてはいないが，*人間原理に関係する考えを導入した．

**デーヴィッドダンラップ天文台** David Dunlap Observatory, DDO

カナダのオンタリオ州リッチモンド丘にあるトロント大学の天文台．1935年に設立された．主要装置は1935年に開設された1.88 m反射望遠鏡で，カナダで最大の光学望遠鏡である．1971年以来，チリのラスカンパナスにあるトロント大学の南天文台で0.6 mヘレン・ソーヤー・ホッグ反射望遠鏡を運営してきた．

**デカルト座標** Cartesian coordinates

フランスの数学者René Descartes（1596～1650）が導入した座標系．→直交座標

**テクタイト** tektite

普通は暗緑色，褐色あるいは黒色で大きさが1～30 mmの小さなガラス状の物体．テクタイトは地球表面のある地域，特に巨大な*テクタイト飛散地域に散乱している．75万年から6500万年を経ており，回転楕円体，亜鈴，液滴，レンズ，そして円盤などの多様な形状をもっている．"テクタイト"という語は，"溶融した"を意味するギリシャ語tektosからとられた．それらはおそらく過去の地球への隕石衝突によって宇宙に跳ね飛ばされた溶融物質から形成された．この物質は後に液滴状に凝縮して大気圏に再突入し，摩耗を受けた．テクタイトはそれらが見いだされる地域にしたがって命名される．例えば，*オーストラライト（オーストラリアおよびタスマニア），*ベディアサイト（アメリカのテキサス州），*ビリトナイト（イ ンドネシアのビリトン島），*ジョージアアイト（アメリカのジョージア州），*インドキナイト（以前のインドシナ），マレーシアナイト（マレーシア），*モルダヴァイト（チェコ共和国），そしてフィリッピナイト（フィリッピン諸島）など．

**テクタイト飛散地域** strewn field

テクタイトが発見される地球上の地域．最大のテクタイト飛散地域は南オーストラリアの全体とタスマニアを含んでいる（*オーストラライト）．他の大きな地域はチェコ共和国（*モルダヴァイト），アフリカ（リビア砂漠ガラスおよび象牙海岸テクタイト），アメリカ（*ベディアサイト，*ジョージアアイトおよびマーサ葡萄園テクタイト），南アジア全域（*ビリトナイト，*インドキナイト，ジャヴァナイト，マレーシアナイト，フィリピナイトおよびリザライト），および中央ロシア（イルギザイト）である．

**テクトニクス** tectonics

地殻の運動あるいは変形から生じる惑星の構造的特徴やそのような運動に付随する過程の研究．*断層，*地溝，および*リンクルリッジはすべてテクトニックな地形であり，惑星地殻の過去の運動を解く鍵を与える．

**テクネチウム星** technetium star

テクネチウムの同位体を含む*M型星あるいは*炭素星．星の*元素合成によって生成される最長命のテクネチウムの同位体でもその半減期はわずか21万年なので，テクネチウムは最近にこの星の内部で創生され，表面にもたらされたのにちがいない．

**デコンボリューション** deconvolution

装置あるいは大気が天体の像を広がらせたりぼやけさせたりする効果を部分的に補正するために信号処理で使用する計算方法．[*たたみ込みの逆の処理であり逆たたみ込みともいう]．この方法は望遠鏡のビームパターンのゆがみ効果を低減するために開口合成法で広範に使用される．

**デスデモナ** Desdemona

5番目に近い天王星の衛星．距離は62680 km，公転周期は0.474日．天王星Xとも呼ばれる．直径が54 kmで，宇宙船*ヴォイジャ

―2号が1986年に発見した.

**デスピナ** Despina

海王星の3番目に近い衛星.海王星のル・ヴェリエ環のすぐ内側52530 kmの距離の所を0.335日で公転している.海王星Vとも呼ばれる.直径148 kmであり,1989年に*ヴォイジャー2号が発見した.

**テスラ** tesla (記号 T)

磁束密度の単位.1 m$^2$ 当たり1ウェーバーの磁束と定義される.クロアチア-アメリカの物理学者 Nikola Tesla(1856～1943)にちなんで名づけられた.1テスラは10$^4$ガウスに等しい.

**鉄隕石** iron meteorite

主として鉄-ニッケルからなる隕石.菱鉄鉱とも呼ばれる.鉄隕石には,おそらく小惑星サイズの母天体の中心核物質起源のものと,表面近くのもっと浅い深度で生じたものがあると思われる.鉄隕石は同定するのが最も容易な隕石である.なぜなら,重く,金属の外見をもち,強い磁性を示し,大気圏を通過したことによって生じるあばた,へこみ,および溝で覆われていることが多いからである.落下直後は飛行中に溶融した微量の金属を含む青黒い融解被膜に覆われているが,地上で大気にさらされると隕石は錆びて,褐色に変わる.鉄隕石は今まで観測された*落下隕石のわずか4%でしかないが,*石質隕石よりも風化に耐えるので,容易に発見される.ニッケル-鉄合金はその構造に基づいて,*ヘクサヘドライト,*オクタヘドライト(六つの型),および*エイタクサイトの三つの群に細分される.これらの群に含めることができない鉄隕石は「異常」と命名する.既知の隕石中最大のものは鉄隕石である.*ケープヨーク隕石や*ホバウェスト隕石がその例である.アリゾナの*隕石孔は鉄隕石の衝突で形成された.

**テッサラ** tessera

惑星表面における複雑な多角形模様をしたトラフの配列.複数形 tesserae. "タイル"あるいは"モザイク"を意味するこの名前は地質学用語ではなく,例えば金星上のテルス・テッサラのような個々の地形の命名に用いる.

**鉄ピーク** iron peak

総計56個の陽子と中性子からなる原子核をもつ元素(すなわち,質量数56をもつ元素).例えば$^{56}$Fe,$^{56}$Ni,あるいは$^{56}$Co.星内部における核融合によってそれらが形成されると,星のエネルギー放出は終わる.これより高い質量数をもつ元素を合成しようとすると核融合はエネルギーを発生するよりも吸収することになるからである.$^{56}$Fe の原子核は極大の*結合エネルギーをもっている.[これらの元素の存在量がその前後の質量数をもつ元素の中で最も多く,ピークになっているので,この名前がつけられた].

**テティス** Tethys

土星の5番目に大きい衛星.直径1060 kmで,*カリプソおよび*テレストと同一軌道を共有する.土星IIIとも呼ばれる.その軌道距離は29万4660 kmで,公転周期は,自転周期と同じ1.888日である.テティスは1684年に*カッシーニ(G. D.)が発見した.その表面は衝突クレーターでびっしりと覆われている.クレーターの一つであるオデュッセウスは直径が440 kmで,衛星の直径のほぼ半分である.もう一つの顕著な地形はイサカ・カズマ,すなわち長さが1000 kmを超え,幅が80 kmの谷間である.テティスは水に近い密度をもち,大部分が氷からなることを示唆している.

**デニング,ウィリアム フレデリック** Denning, William Frederick (1848～1931)

イギリスのアマチュア天文家.彼の主要な業績は流星の研究であり,1200個以上の流星の高度と速度を計算し,流星群放射点のカタログを刊行した.彼は,約100 kmの大気の温度は従来信じられていた値より高いと推論した.星雲,彗星および1918年のわし座新星などの新星を発見した.

**デネブ** Deneb

はくちょう座アルファ星.1.25等.太陽の60000倍を超す光度をもつA2型巨星.その距離は約1500光年と推定されており,すべての1等星のうち最も遠い星である.いわゆる*夏の大三角形の一隅を形成する.

**デネブカイトス** Deneb Kaitos

星*ディフダの別名.

**デネボラ** Denebola
しし座ベータ星。2.1等。距離40光年のA3型矮星である。

**テバット, 彗星** Tebbutt, Comet (C/1861 J1)
1861年5月13日にオーストラリアのアマチュア天文家 John Tebbutt (1834~1916) が発見した長周期彗星。大彗星とも呼ばれる。以前は1861 II と命名された。6月12日に近日点 (0.82 AU) に到達し、地球がその尾を通り抜けた6月30日には地球から0.13 AUの地点にあった。彗星テバットは最大光度0等に達し、100°以上の尾を示した。彗星の軌道は、周期409年、離心率0.985および軌道傾斜角85.4°をもつ。

**テーブルさん座** Mensa (略号 Men. 所有格 Mensae)
天の南極付近にある小さな暗い星座で、南アフリカ希望峰のテーブル山をかたどる。最も明るい星であるアルファ星は5.1等である。大マゼラン雲の一部を含んでいる。

**テーベ** Thebe
木星の4番目に近い衛星。距離22万2000 km で、公転周期は0.675日である。木星 XIV とも呼ばれる。自転周期は公転周期と同じである。テーベの大きさは110×90 km。1980年に*ヴォイジャー1号が発見した。

**テミス族** Themis family
太陽からの平均距離が3.13 AUである*小惑星帯の外側部分にある小惑星の*平山族。メンバー数の多い族の一つで、大きな小惑星からなるコアの周りをずっと小さい小惑星が取り巻く構造をしている。コアには (24)テミス、(62)エラト、(90)アンティオペ、(4468)リナ、(526)イエナ、および (846)リッペルタが含まれる。族の大部分のメンバーは低い*アルベドをもち、炭素質Cクラスに属している。テミス自身は直径228 kmのCクラス小惑星で、1853年にイタリアの天文学者 Annibale de Gasparis (1819~92) が発見した。テミスの軌道は、長半径3.130 AU、周期5.54年、近日点2.71 AU、遠日点3.55 AU、そして軌道傾斜角0.8°をもつ。

**デュインゲロー銀河** Dwingeloo galaxy
オランダの*デュインゲロー電波天文台の25m電波望遠鏡を用いた電波での探索 (DOGS) で見つかった銀河。この探索は、銀河系の銀河面にあるガスと塵によって吸収を受け光では見えない諸銀河を、中性水素の出す*21センチメートル線で探す。1994年に最初に発見されたそのような銀河であるデュインゲロー1は、約1000万光年離れた棒渦巻銀河であり、おそらく*マフェイ銀河に関連したグループのメンバーである。

**デュインゲロー電波天文台** Dwingeloo Radio Observatory
オランダのグロニンゲンから南西約60 kmのデュインゲローにある電波天文台。天文学研究のためのオランダ財団が所有し、運営している。1956年に開設された単一の25 mパラボラアンテナをもっている。

**デューティーサイクル** duty cycle
パルサーの周期のうちパルス放出が占める割合 (典型的には5%)。[ある種の装置で、全稼動時間に対して、所期の目的を達成している時間の割合を指すこともある]。

**デュワー** dewar
*クライオスタットの別名。

**δ** delta
*赤緯の記号。

**テレスト** Telesto
*カリプソおよび*テティスと同じ軌道を共有する土星の衛星。土星 XIII とも呼ばれる。惑星からの距離は29万4660 km、公転周期は1.888日である。大きさは34×28×26 km。1980年に*ヴォイジャー1号が発見した。

**電荷** charge
素粒子が他の粒子を引き付けたり、反発したりする原因をなす素粒子の基本的性質。電荷は正か負である。同じ電荷は反発し (例えば、正電荷-正電荷)、異なる電荷は引き付け合う。陽子は正電荷をもち、電子は負電荷をもつ。陽子と電子の数が同数である原子は電気的に中性である。過剰な電子があると原子は負に荷電し、陽子が過剰であると正に荷電する。⇒イオン、電離

**電荷結合素子** charge-coupled device, CCD
→ CCD

**天 球** celestial sphere
　天体に位置座標を付与するための背景として使われる仮想的な球．その半径は定義されないか，数学的な単位としては半径＝1 と考える．天球の中心は，地球，観測者，あるいは選択した座標系の原点となる任意の点にとることができる．地球から見るとき，天球は*天の極を結ぶ軸の周りに 23 時間 56 分 04 秒（恒星日）ごとに 1 回転するように見えるが，実際は地球の自転の結果である．天球上の二つの重要な円は*天の赤道と*黄道である．それらの間の角度は 23.4°で，*黄道傾斜角と呼ばれる．天の赤道と黄道は春分点と秋分点の両*分点で交わる．天の極の位置，したがって天の赤道の位置は，*歳差と呼ばれる地球の緩慢なゆれのために天球上を次第に移動する．⇒天球座標

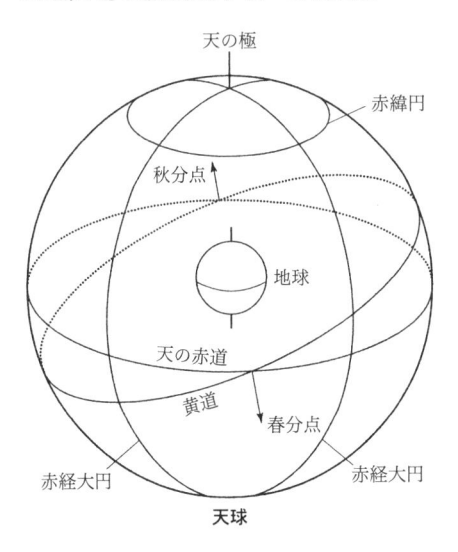

（図：天球）
天の極／赤緯円／秋分点／地球／天の赤道／黄道／春分点／赤経大円／赤経大円／天球

**天球座標** celestial coordinates
　天球上の天体の位置を示す座標系．選択する観測点（原点）と用いる準拠面にしたがって種々の系が定義される．*地心座標は，最も普通に使われる地球の中心を原点にとる．*測心座標は地球上の特定の観測点を原点にとる．太陽系の天体に対して用いることがある*日心座標は，太陽の中心から原点にとる．*重心座標は太陽系の質量中心を原点にとる．天球座標にはいくつかの異なる準拠面がある．最もよく使われる系である*赤道座標は，準拠面として天の赤道を用いる．その原点は地球中心でも地球上の特定の点でもよい．*黄道座標は準拠面として黄道をとる．原点は地球中心の場合と太陽中心の場合がある．*地平座標は観測者の地平線に対する位置を与え，観測点が中心である．*銀河座標は銀河面に準拠して与えられる．
⇒直交座標，球面座標

**点 源** point source
　使用する観測装置の分解能より角度サイズが小さいために一つの点として以上には分解されない源．人間の眼にとって星は点源として見える．ある波長で（例えば，長い電波波長）で点源として見える天体でも，より短い波長，あるいは別の装置では分解できることがある．

**転向点** turnoff point
　*ヘルツシュプルング－ラッセル図において星が進化の結果*主系列を離れる点．折れ曲り点ということもある．特定の星団のメンバー星はすべて事実上は同時に形成されるので，それらのうち最も大質量の星が最初に主系列を離れる．星団のヘルツシュプルング－ラッセル図に見られる転向点の位置から星団の年齢を計算することができる．

**電 子** electron
　負電荷をもつ素粒子．電子は原子核をとりまく複数のエネルギー準位をとることができる．中性原子では電子の個数は陽子の個数に等しい．原子核から分離されると電子は自由電子と呼ばれる．電子は $1.602 \times 10^{-19}$ クーロンの電荷と $9.109 \times 10^{-31}$ kg の質量をもつ．電子の反粒子は陽電子（positorn）である．

**電子温度** electron temperature
　プラズマ中の自由電子の温度．電子の平均運動エネルギーから決まる．運動温度とも呼ばれる．星の内部ではこの温度は他の定義による温度とほぼ一致する可能性があるが，星雲や星の外層大気のような希薄ガス中ではまったく異なることが多い．例えば，太陽コロナの*有効温度は 50〜100 K でしかないが，その電子温度は 50 万から 200 万 K の範囲にある．

**電子散乱不透明度** electron scattering opacity

非常に高温のガス，すなわち $10^6$ K より高い温度のガスにおける放射エネルギーの流れに対する主な抵抗源の抵抗の強さ．この不透明度は自由電子に由来する．自由電子は放射を吸収せずに散乱するので，放射がガス中を通過するのに要する時間を増大させる．それは太陽質量よりも大きい質量の星における不透明度の主な要因である．太陽よりも質量の小さい星では*クラマース不透明度の方が重要である．

**電子縮退** electron degeneracy

物質密度が高くて電子がそれ以上密に充填できないときに起こる*縮退の状態．*白色矮星がそれ以上崩壊しないように支えているのは電子縮退による圧力である．天体に見られるこのほかの唯一の縮退型は*中性子星において見出される*中性子縮退である．

**電磁スペクトル** electromagnetic spectrum

電磁波の全領域．最長の波長から最短の波長まで電磁スペクトルは，電波（$10^5 \sim 10^{-3}$ m），赤外線（$10^{-3} \sim 10^{-6}$ m），可視光（$4 \sim 7 \times 10^{-7}$ m），紫外線（$10^{-7} \sim 10^{-9}$ m），X線（$10^{-9} \sim 10^{-11}$ m）およびガンマ線（$10^{-11} \sim 10^{-14}$ m）からなる．電磁波の速度 $c$ は決まった媒質では一定である（→光速度）．$c$ は波長と振動数（適当な単位で表した）の積であるから，$c$ が一定であるためには波長が短くなるにつれて振動数は大きくならなくてはならない．例えば，電波は長い波長と低い振動数をもつが，ガンマ線は高い振動数と短い波長をもつ．したがって波長も振動数も広い範囲の値をもつことになる．人間の眼で検出できる電磁波の可視部分（すなわち可視光）は赤（長波長端），橙，黄，緑，青，藍および紫（短波長端）に分けられる．

**電磁波** electromagnetic wave

荷電粒子（例えば電子）の加速から生じるエネルギーの流れ．電磁波は波動あるいは粒子から構成されていると考えられる．両方の性質を示すからである．これを波動-粒子二重性（wave-particle duality）という．電磁波は，振動する電場と磁場からなり，それらは互いに直角でかつ進行方向に直角である．電磁波は真空中を光速 $c$ で伝播する．空気，水あるいはガラスのような媒質中を進行するとき速度は遅くなる．電磁波は波長 $\lambda$ と振動数 $f$（$\nu$ とも書く）をもち，それらは式 $c = f\lambda$ で関係づけられる．電磁波はまた光子と呼ばれる質量ゼロの粒子の流れからなると見なすこともできる．光子のエネルギー $E$ はプランクの式 $E = hf$ によって振動数に関係づけられる．$h$ は*プランク定数．したがって，振動数が高いほど光子のエネルギーは大きくなる．

**電磁放射** electromagnetic radiation →電磁波

**電子ボルト** electronvolt（記号 eV）

原子および原子核物理学で用いるエネルギー単位．1 ボルトの電位差を落下するときに電子が獲得するエネルギーとして定義される．1 電子ボルトは $1.602 \times 10^{-19}$ ジュールに等しい．電子ボルトは宇宙線および高エネルギー光子のエネルギーの尺度として使われる．X線および $\gamma$ 線は 10 万 eV より高いエネルギーをもつことがある．ちなみに，可視光子のエネルギーは 2〜3 eV である．質量とエネルギーは等価であるから，原子を作るような粒子の*静止質量もまた電子ボルトで表せる．電子の静止質量は約 500 keV，陽子および中性子のそれは約

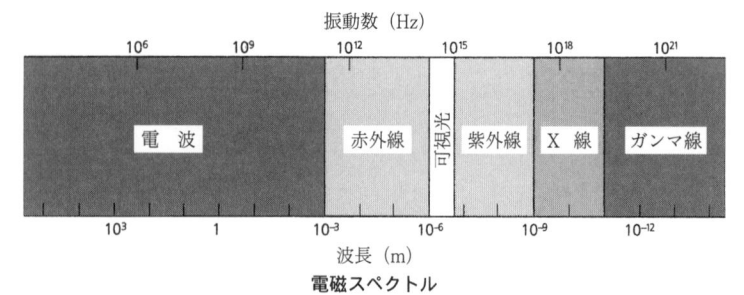

振動数 (Hz)

| $10^6$ | $10^9$ | $10^{12}$ | $10^{15}$ | $10^{18}$ | $10^{21}$ |

| 電波 | 赤外線 | 可視光 | 紫外線 | X線 | ガンマ線 |

| $10^3$ | 1 | $10^{-3}$ | $10^{-6}$ | $10^{-9}$ | $10^{-12}$ |

波長 (m)

**電磁スペクトル**

1000 MeV である．

**電子密度** electron density

空間の単位体積当たりの自由電子（→電子）の個数．典型的な値は，銀河間空間の$10^{-4}$電子$/cm^3$ より小さい値から銀河系の*円盤における 0.003 電子$/cm^3$，H II 領域の$10^4$電子$/cm^3$，そして*恒星風における$10^8$電子$/cm^3$にまでわたる．銀河系内の電子密度分布はパルサーの*分散量度から地図に描くことができる．逆に，電子密度がよくわかっている銀河系の特定の方向では，その分散量度から電波源の距離を求めることができる．電子密度は電離水素の量に直接関係しており，星間空間の状況を探る有用な探針である．

**電磁流体力学** magnetohydrodynamics, MHD

プラズマ（電離ガス）と磁場の相互作用の研究．プラズマは電離しているので電気の良導体である．プラズマが磁力線を横切ろうとするときプラズマ中に電流が誘導され，そのときこのプラズマは磁力線に沿って運動する傾向を示す．このような場合磁場はプラズマに"凍結される"，あるいはその逆にプラズマは磁場に凍結されるという．プラズマと磁場の相対エネルギーに依存して運動の様子が変わる．静穏太陽の*紅炎の場合のように磁場のエネルギーの方が大きい場合は，プラズマは磁力線に沿う方向だけに運動するよう強制される．一方地球の磁気圏および磁気圏尾の場合のように，プラズマのエネルギーの方が大きい場合には，磁力線がプラズマの運動に引きずられる．磁場中に凍結されたプラズマ中を伝播する波動は*アルヴェーン波と呼ばれる．

**伝送レンズ** transfer lens

光線束をある場所から別の場所に伝達するために用いるレンズ．中継レンズ（リレーレンズ）とも呼ばれる．その例は*ドール-カークハム望遠鏡あるいは*マクストフ望遠鏡でしばしば見出される．これらの望遠鏡ではもともと鏡筒内にあって覗けない焦点を伝送レンズによって鏡筒外に出して覗けるようにしてある．

**天体化学** astrochemistry →宇宙化学［*星雲学の別の呼び方．日本ではあまり使われない］．

**天体地震学** asteroseismology →星震学

**天体写真儀** astrograph

空の比較的広い領域を撮影する目的で特別に設計された望遠鏡．伝統的な天体写真儀は，初期の写真乳剤が敏感であった青色波長で最良の像が得られるよう補正したレンズを備えた屈折望遠鏡である．天体写真儀は，ガイド星を精確に追跡するための同じ焦点距離をもつ可視光屈折望遠鏡と同架される．今日では，それに代わって，典型的には6°の視野をもつ*シュミットカメラが用いられる．⇒標準天体写真儀

**天体写真術** astrophotography

写真の天文学への応用．天体の像を写真乳剤上に長時間露出によって形成することができ，眼に見えない星や他の天体を見ることができる．そして像は永久に記録されて，フィルム上でそれらの位置や輝度を精確に測定することを可能にする．

1883 年に*コモン（A. A.）が 36 インチ（0.91 m）反射望遠鏡でオリオン星雲を撮影し，同じ装置では眼で見ることができなかった星を記録したとき，天体写真術が本格的に始まった．天文学者は直ちにこの新しい媒体を利用し，その後数百年の間この方法は光学的観測を行う基本的手段となった．*分光学への応用も同様に重要であった．

天体写真術では，接眼鏡の代わりに写真乳剤を望遠鏡の焦点に置く．乳剤はガラス板かフィルム上に塗る．露光するためにシャッターが必要である．露光は数十分あるいは数時間にわたることがある．露光中は撮影される対象に対して望遠鏡を正確に追尾しなくてはならない（→ガイダー）．

特にアマチュア天文家は，天体写真術にしばしば通常の乳剤を使う．しかしながら，この乳剤は*相反則不軌のために，有効な露出時間は最大で30分である．相反則不軌を低下させて天体写真術用に特に設計された乳剤がある．ただし，通常の乳剤を*超増感して，長時間露出の性能を改善することもできる．

通常のカラーフィルムを用いたカラー写真も可能であるが，長時間露光の場合の最良の結果は三色合成写真（three-colour photography）から得られる．超増感を施した白黒乳剤

を用い、それぞれ赤色、緑色、あるいは青色だけを透過するフィルターを通して、別個に露光を行う。その後、完全カラー写真を得るために別個に露光した3枚の白黒写真を暗室でカラーフィルム上に組み合わせて露光する。

今日では、最も専門的な目的のためには写真乳剤は *CCD（電荷結合素子）によって置き換えられつつある。CCDは光に対してより大きなそしてより線形な感度特性をもっている。しかしながら、CCDは面積が小さく、比較的分解能が悪いので、広域探査には長い将来にわたって写真が最上の手段として残るであろう。[CCDを多数並べたモザイクCCDカメラによって、最近ではかなり広域の探査が可能になりつつある]。

**天体生物学** astrobiology →天文生物学
**天体動力学** astrodynamics
　人工衛星や宇宙探査機の運動を扱う *天体力学の一部門。天体動力学には *重力アシストのような方法による宇宙船の軌道の設計や制御が含まれる。

**天体物理学センター** Center for Astrophysics, CfA →ハーヴァード-スミソニアン天体物理学センター

**天体力学** celestial mechanics
　惑星、衛星および人工衛星、宇宙探査機、彗星、さらには連星や多重星のような軌道運動する天体の運動を取り扱う天文学の一部門。関与する力は重力のほか、人工衛星のあるものにとっては、大気抵抗および太陽光からの *放射圧も含まれる。大部分の場合、天体の軌道は近似的には楕円で、*ケプラーの法則にしたがうが、他の天体の引力や他の力の存在によって *摂動と呼ばれる楕円軌道からの小さなずれが生じる。[近似的に楕円軌道になるのは重力的に束縛された系の場合で、一般には、放物線、双曲線の軌道を描く天体も天体力学の対象である]。
⇒ $n$ 体問題、三体問題

**天体暦** ephemeris
　ある時刻に予測される天体の位置を記した表。複数形は ephemerides。種々の天体に対する天体暦の集成が、諸種の年刊暦として刊行されている。代表例には、英米共同出版のThe Astronomical Almanac（天文暦）、The Nautical Almanac（航海暦）がある。この二つはアメリカ海軍天文台と王立グリニッジ天文台 [1998年のグリニッジ天文台閉鎖後は英国航海暦局 Her Majesty's Nautical Almanac Office] が共同で編集、刊行をしている。その歴史をたどってみると、まず1766年 *マスケリン（N.）が創刊者となり、The Nautical Almanac and Astronomical Ephemeris（航海暦・天文暦）という書名の1767年用がイギリスで初めて出版されたが、1914年には航海暦と天文暦の二つの版に分冊された。一方アメリカでも、1914年（1916年用）以来、The American Nautical Almanac（アメリカ航海暦）が別個に刊行されてきたが、1960年にイギリスの航海暦と合併し、書名は現在のThe Nautical Almanacとなった。またアメリカでは1852年（1855年用）以来 The American Ephemeris and Nautical Almanac（アメリカ天文・航海暦）が刊行されてきたが、1980年イギリスの天文暦と合併して、現在のThe Astronomical Almanacとなった。なお、関連した英米の刊行物として、航空士用の航空暦（The Air Almanac）と陸地測量士用の恒星暦（The Star Almanac）がある。[日本の代表的な天体暦は、「天体位置表」であり、航海暦は「天測暦」と「天測略暦」である。いずれも海上保安庁水路部が発行している]。→暦

**伝達関数** transfer function
　物体自身のコントラストと、光学系で形成されたその像のコントラストの違いを表す量。光学系の全体的な性能を評価するために使用される。

**天頂** zenith
　天球上で観測者の真上にある点。天頂への直線は地平面に対して直角である。天頂は *天底と正反対の方向にある。厳密にいうと、この定義は天文天頂だけにあてはまる。他に二つのわずかに異なる天頂の定義がある。地心天頂は観測者を通る地球の中心からの直線が示す方向である。測地天頂は観測者の位置における *ジオイドに対して直角な方向を示す。三つの天頂はどれも地球が球形でないためにわずかに異なる。限定なしに使う場合の"天頂"は天文天頂を意味する。

**天頂距離** zenith distance, ZD（記号 $z$）
　天頂から測った天体の角距離．天頂距離は地平線上の天体の高度を 90°から引いた角度（すなわち高度の余角）であり，*余高度ともいう．

**天頂出現数** zenithal hourly rate, ZHR
　*流星群の活動度の指標．ZHR は，放射点が天頂にある完全に晴れた空（限界等級＋6.5）のもとで熟練した眼視観測者が観測すると仮定したときの 1 時間当たりの流星の出現数を示す．実際に観測される出現数はほとんどの場合 ZHR より低い．これは空の条件が完璧で，放射点が真上にあることがほとんどないためである．普通，約 5 より低い ZHR の流星群はいつでも見られる*散在流星から区別することが困難である．

**天頂への偏向** zenith attraction
　観測される流星の*放射点が真の位置よりも天頂に近づいて見える効果．これは，高層大気に衝突する*流星物質が地球の重力による引力を受けて地心速度を増大させるために起こる．見かけの軌道速度の変化は低速流星の場合に最も顕著である．流星群の放射点および日心軌道を決定するために位置観測を解析するときはこの効果を補正しなくてはならない．

**天頂望遠鏡** zenith telescope
　天頂に近い星の天頂距離および（あるいは）*子午線通過時刻を測定する装置．望遠鏡はそれ自身の重みでゆがまないように，鉛直方向を向けて設置する．さらに，天頂では大気差の効果は最も小さい．したがって，星の位置は天頂の方向で最も精度よく測定できる．→写真天頂筒

**天　底** nadir
　観測者の真下にある天球上の点．鉛直線が指す方向である．天底は*天頂から 180°の点である．

**天王星** Uranus（記号 ♅ あるいは ⛢）
　太陽から 7 番目の惑星．上層大気でメタンにより赤色光が吸収されるために青緑色をしている．*衝の平均等級は＋5.5 等であり，良好な条件下で肉眼でやっと見えるが，*ハーシェル（F. W.）が望遠鏡で発見した 1781 年までは知られていなかった．天王星は明白に楕円形である（赤道直径 51118 km，極直径 49945 km）．1.3 g/cm³ という密度は土星を除いて惑星中で最も小さい．自転軸は垂直方向に対して 90°以上傾斜しているので，自転は逆行であり，公転するとき極と赤道を交互に太陽に向ける．眼に見える表面の自転周期は，南緯 70°での約 16 時間から赤道付近での約 18 時間までの範囲にあるが，電波観測から，中心核は 17 h 14 m で回転することがわかっている．

　天王星は 83％の水素，15％のヘリウム，2％のメタン（分子百分率），そして微量のアセチレンから構成される厚い大気をもつ．大気最上部付近の温度は－201°程度である．内部については，天王星は高温の小さな岩石の中心核をもち，おそらく中心核は氷状物質で囲まれており，最上部には水素とヘリウムがあると考えられている．他の*巨大ガス惑星とは異なり，天王星は受け取るより多くの熱を放出しない．内部は，より高密度な物質が分離されたときに残された熱のためにおそらく海王星と同じくらい高温であるが，この熱は何らかの理由で海王星のように効果的に脱出することができない．磁場は赤道で約 $2.5 \times 10^{-5}$ テスラの強度をもつ．これは地球の磁場と同じである．天王星の磁軸は中心核に中心をもたず，表面の方へ 3 分の 1 ほどずれており，自転軸に対してほぼ 60°傾斜している．

　天王星の大気はかなり穏やかであるように見える．コンピューター処理した画像には，極め

**天王星**

物理的データ

| 直　径<br>（赤道） | 偏平率 | 軌道に対する<br>赤道の傾斜角 | 自転周期<br>（対恒星） |
|---|---|---|---|
| 51118 km | 0.023 | 97.86° | 17.24 時間 |

| 平　均<br>密　度 | 質　量<br>（地球＝1） | 体　積<br>（地球＝1） | 平均アルベド<br>（幾何学的） | 脱　出<br>速　度 |
|---|---|---|---|---|
| 1.3<br>g/cm³ | 14.5 | 64 | 0.51 | 21.1<br>km/s |

軌道データ

| 太陽からの平均距離 | | 軌道の<br>離心率 | 黄道に対<br>する軌道<br>の傾斜角 | 軌道周期<br>（対恒星） |
|---|---|---|---|---|
| 10⁶ km | AU | | | |
| 2869.549 | 19.182 | 0.047 | 0.8° | 84.01 年 |

て弱い暗い帯が何本かあり，その間が少し明るくなっている．暗い斑点と明るい斑点が生じるが，これらも非常に弱い．各緯度ごとに自転速度が異なり，最も短い自転周期は南緯70°付近である．これは天王星の軌道傾斜角が高いためであるかもしれない．天王星の各極は長期間にわたり太陽に面するので，極で発生する対流セルが，*コリオリ力によって，赤道付近で惑星の自転に逆らうように吹く風を発生させることがありうるであろう．

天王星は，*アルベドが0.04である11個の暗く幅の狭い環をもつ．1986 U 2 Rとして知られる最も内側の環は天王星の中心から38000 km，イプシロンと呼ぶ外側の最も明るい環は中心から51100 kmである．これらの環は，わずかに偏心しており，そしてはるかに大きな粒子（大きさ1 m以上）からなる点で木星や土星の環とはちがっている．イプシロン環は主として大きな氷の塊から構成されるが，色は暗い灰色である．天王星では15個の衛星が知られている．[2003年現在で知られている衛星数は21個である]．

**天の極** celestial pole

天球が毎日その周りを回転しているように見える二つの点．天の極は地球の地理上の極の真上の天球上に位置し，天の赤道から90°離れている．*歳差のために天の極は25800年ごとに*黄道の極の周りに円を描く．

**天の極軸** celestial axis

天の北極と南極を結ぶ軸．その周りを天球が回転する．

**天の子午線** celestial meridian → 子午線（天の）

**天の赤道** celestial equator

地球の赤道の真上に位置する天球上の大円．天の赤道上の任意の点は天の南極と北極から等距離である．天の赤道上で赤緯は0である．

**電　波** radio waves

約1 mm（30 GHz）より長い波長の電磁波．電波天文学者が観測できる最長の電波は約30 m（10 MHz）の波長をもつ（→電波の窓）．約1 mmから30 cmの最も短い電波波長はマイクロ波（microwaves）と呼ばれる．

**電波位置測定学** radio astrometry

天体の精確な位置を測定するために電波天文学の手法を利用する分野．*超長基線干渉法で測定される最も精確な位置は光学的方法で測定する位置よりも優れている．[超長基線干渉法は地球上の大陸移動に伴う微小な変移を測定するのにも用いられる]．

**電波干渉計** radio interferometer

高い角度分解能をもつ単一装置として作動する複数のアンテナ．電波干渉計には多くの異なる設計があり，互いに結合された二つの単純な双極子から*超大型電波干渉計，*マーリン，および*ミルスクロス電波干渉計のような精巧な多素子配列までにわたる．⇒開口合成法，長基線干渉法，超長基線干渉法

**電波銀河** radio galaxy

異常に強力な電波を放射する銀河．電波銀河の電波放射は，銀河系のような通常銀河の100万倍である$10^{38}$ Wに達する．電波銀河は可視光で見える親銀河の中心核に対応するコンパクトな電波中心核，その中心核から現れる1対の対向する*ジェット，そしてその銀河のはるか外側に1対の*ローブ（1）をもっている．電波銀河はほとんど常に巨大な楕円銀河で，二つ以上のより小さい銀河の衝突と合体の結果である場合もある．電波銀河のエネルギー源は，そこからジェットが出現してエネルギーをローブに供給する中心核にある*超大質量ブラックホールであると信じられている．著名な電波銀河には*おとめ座A，*ケンタウルス座A，および*はくちょう座Aなどがある．

**電波源** radio source

宇宙における電波の放射源．主な電波源には*太陽，*木星，*フレア星，*新星，*パルサー，*超新星残骸，*H II 領域，天の川，銀河中心，*電波銀河，*クェーサーや他の*活動銀河，そして*宇宙背景放射などがある．電波源は多くの方式で名づけられる．最初の電波源はそれが位置する星座名を付して命名された（例えば，いて座A，ふたご座A）が，後になってそれらを掲載する探査カタログ名（例えば，第三ケンブリッジ探査の場合の3 C）を頭につけた一連番号で呼ばれるようになった．電波源をそれらの座標，つまり赤経赤緯か銀経銀緯で表すの

も現代の慣行である．電波源の*ソースカウントは初期宇宙に関する重要な情報を与えるデータの一つである．

**電波源計数** source count →ソースカウント

**電波ジェット** radio jet →ジェット

**電波星** radio star

宇宙の電波源に対する古い用語．いわゆる"電波星"の大多数は銀河や他の非恒星天体であることが今日では知られており，それらに対しては*電波源という用語をその代わりに使用する．新星やフレア星といったいくつかの種類の星は電波を出しているが電波星とはいわない．

**電波天文学** radio astronomy

*電磁スペクトルの電波部分で宇宙を研究する分野．約1mmから30mまでの波長にわたる広い電波の窓があり，そのほとんどすべては地上に設置された天文台から昼も夜も利用できる．放射機構は熱的（*黒体放射，*自由-自由遷移）か，非熱的（主として*シンクロトロン放射）である．*メーザー源もある．分子からの輝線および吸収線の研究は，星間空間での物理状態に関する情報を与える．中性水素の*21センチメートル線は銀河系や他の銀河の構造を調べるための特に貴重な輝線である．

電波天文学は1930年代に*ジャンスキー（K. G.）と*レーバー（G.）の先駆的研究から始まったが，重要な研究グループが設立されたのは第二次大戦後であった．最初に同定された電波源は太陽，天の川，およびかに星雲など超新星残骸であった．電波望遠鏡の感度と分解能が改善されるにつれて，*電波銀河や*クェーサーが発見された．*パルサーの発見によって星の進化の後期段階に関する新しい理解がもたらされた．異なる明るさ（そしておそらくは異なる距離）の電波源を数えることは，宇宙がどのように進化してきたかを天文学者が理解するのに役立ってきたし，*宇宙背景放射の発見は宇宙論の*ビッグバン理論に直接的な支持を与えた．

空からやってくる非常に弱い電波を収集するために電波望遠鏡はいくつかの諸技術を採用している．最もなじみがあるのは電波を収集して焦点に収束させる円形パラボラアンテナであるが，最も単純な電波望遠鏡はほとんど金属棒（*双極子アンテナ）だけから構成される．*開口合成法や*超長基線干渉法のような精巧な手法では，高分解能を達成するために*干渉計として数個のパラボラアンテナを組み合わせて使用している．

**電波の窓** radio window

地球大気が電波に対して相対的に透明である*電磁スペクトルの領域．近似的に1mmから30mの波長範囲に広がっている．この窓の短波長端では電波は水蒸気の吸収によって，長波長端では地球の*電離層によって遮ぎられる．電波スペクトルの大部分は放送や遠距離通信サービスによって占められ，少数の狭い帯域だけが電波天文学用に確保されている．特に1420MHzでの中性水素の*21センチメートル線のような重要なスペクトル線の付近の帯域がその例である．

**電波望遠鏡** radio telescope

天体からの電波を集め，測定するための装置．単一パラボラアンテナの電波望遠鏡だけを使うこともできるし，それらを組み合わせて干渉計にすることもできる．単一パラボラアンテナ望遠鏡は普通は，光学望遠鏡の主鏡と似た働きをする放物面の反射面をもつ．電波は光よりはるかに波長が長いので，電波反射面は相対的に適度の表面精度があればよい．しかし，同様の理由で，最大規模の単一アンテナの望遠鏡でも光学望遠鏡の角度分解能には対抗できない．高い角度分解能を達成するためには一定の間隔をおいて結合した二つ以上のアンテナ（素子）から構成される*電波干渉計を用いる．このようにして0.001″より優れた分解能を達成することができる．この分解能はハッブル宇宙望遠鏡の性能さえ上回る．*開口合成法を用いる電波干渉計は，地球の自転および，場合によってはパラボラアンテナの移動によって，大きな仮想的な口径を作り上げる干渉計である．パラボラアンテナは通常は空の任意の位置に向けることができ，大口径のアンテナの場合は*経緯儀式架台に設置する．

**電波流星** radio meteor

前方散乱によって検出される流星．前方散乱では，流星が大気を電離した飛跡が，観測者の

受信機とは別の地平線の先にある送信機から発射されている電波信号を瞬間的に反射する．雲があっても，あるいは日中でも，反射のだいたいの数を数えて流星群活動の目安を得ることができる．*レーダー流星の場合と同様に，前方散乱によって検出される流星の大部分は，眼に見える流星を生じさせるものよりもはるかに小さい*流星物質によるものである．大きな流星物質は長時間持続する反射を与えるが，微小粒子は短い，鋭い信号を生成する．

**点広がり関数**　point-spread function

望遠鏡および関連する装置によって形成される点源の像を表す数学的な関数．光学望遠鏡の回折環や電波望遠鏡のビームパターンはその例である．

**てんびん座**　Libra（略号 Lib．所有格 Librae）

1対の天秤をかたどった黄道十二宮の星座．太陽は11月の初めの3週間てんびん座に位置する．アルファ星（*ズベンエルゲヌビ）は間隔の広い二重星である．ベータ星（ズベンエスカマリ）は，2.5等で星座の最も明るい星である．これらの二つの星の名は"南の爪"および"北の爪"を意味するアラビア語に由来する．かつてこれらが隣接するさそり座のさそりの爪を表していたのでその名がついた．デルタ星は*アルゴル型変光星，つまり，2日と8時間の周期で4.9等と5.9等の間を変光する食連星である．

**てんびん座第一点**　first point of Libra（記号 ♎）

*天球上おひつじ座第一点と正反対にある点．秋*分点のこと．赤経12h，赤緯0である．太陽が天の赤道を北から南に通過する点である．毎年9月23日かその付近で起こる．*歳差のために秋分点はもはやてんびん座にはなく，隣接するおとめ座に位置している．

**テンペル-タットル，彗星55P/**　Tempel-Tuttle, Comet 55 P/

1865年12月にドイツの天文学者（Ernst Wilhelm (Leberecht) Tempel (1821～89)，そして1866年1月にアメリカの天文学者 Horace P. Tuttle (1837～1923) が独立に発見した*周期彗星．彗星の公転周期は33年に近く，AD 1366年にまでさかのぼって過去の出現が同定されている．この彗星は*しし座流星群の親天体として有名である．彗星が太陽系内部に回帰するときに，しし座流星群からときどき多類の流星が見られる．彗星の軌道は，近日点0.982 AU，離心率0.904，軌道傾斜角162.7°をもつ．

**てんま**　Tenma

打上げ前はアストロBと呼ばれていた日本のX線天文衛星．てんまは大面積（800 cm$^2$）のガスシンチレーション比例計数管で比較的明るいX線源の変光とスペクトルを研究した．

**点滅惑星状星雲**　Blinking Planetary

はくちょう座にある惑星状星雲 NGC 6826．10等の中心星をもつ8等の星雲．中心星を見て次いで眼をそらすことを交互に行うと星と星雲が点滅するように見える．距離は約3200光年．

**天文位置測定学**　astrometry

天球上における位置，*視差，および*固有運動の測定．おおざっぱに大域測定と狭視野測定の二つの範疇に分けられる．大域測定（global astrometry）は，空の広い領域にわたる位置や運動の測定とカタログ化にかかわる．伝統的には*子午儀や*アストロラーベで行われた光学的観測に基づいていた．現代では，より高い精度を達成するために光学干渉計が開発途上にある．明るい星の基準系はそのような観測から構築され，より暗い星への内挿は写真による探査によって実現される．地上から行うすべての光学天文位置測定の精度は，望遠鏡の熱的および機械的不安定さにより制約されるが，大気差の量の不確実さにも大きく制約される．これらの制約を克服するために*ヒッパルコス衛星が打ち上げられた．電波波長での大域位置測定は，短い基線と非常に長い基線の両方をもつ干渉計で行われる．

狭視野測定（small-field astrometry）では，長焦点望遠鏡で観測できる視野内で写真乾板，あるいは最近ではCCDによって相対位置が測定される．主な目的は，星の相対的固有運動および星の三角視差の測定，*位置天文的連星の発見，そして他の波長で検出された天体の可視光における対応天体の同定である．

## 天文学　astronomy

　地球外空間およびそこに含まれる対象の研究．オーロラや隕石のような宇宙に起源をもつ地球の上層大気圏における現象も含まれる．17世紀初期に天文学に望遠鏡が利用される以前は，天文学はもっぱら天体の位置と運動の測定にかかわっていた．今日 *天文位置測定学として知られる部門である．17世紀に *重力が天体の運動を支配していることが認識されるに及び，軌道計算をするために数学的方法が用いられるようになった．この分野は現在では *天体力学と呼ばれている．19世紀には分光学が発達し，天体の光の解析によってその天体の組成が決定できるようになり，*宇宙物理学が誕生した．20世紀に入りわれわれの銀河の外部にも多数の銀河が存在することが認識され，宇宙膨張が発見されたことにより，宇宙の起源と進化を扱う現代 *宇宙論が登場した．

## 天文学研究大学連合　Association of Universities for Research in Astronomy, AURA

　天文学者に観測設備を提供するために1957年に設立されたアメリカの大学のコンソーシアム（共同組織）．AURAは，*アメリカ国立光学天文台，*宇宙望遠鏡科学研究所，および *ジェミニ望遠鏡を運営している．本部はワシントン特別区にある．25の会員大学がある．すなわち，アイオワ，アリゾナ，イリノイ，インディアナ，ウイスコンシン，エール，オハイオ州立，カリフォルニア，コロラド，シカゴ，ジョンズホプキンス，テキサス，ニューヨーク州立，ノースカロライナ，ハーヴァード，ハワイ，プリンストン，ペンシルヴァニア州立，ボストン，ミシガン，ミネソタ，メリーランド，およびワシントン大学，それにカリフォルニア工科大学およびマサチューセッツ工科大学である．カナダ，チリ，およびメキシコにも会員大学がある．

## 天文考古学　archaeoastronomy

　考古学的な遺物および人工遺物，特に大規模な石構造物（巨石）の天文学的意義の研究．イギリスのストーンヘンジやエジプトのピラミッドのような構造物には，1年の重要な時期に天体の位置と整列するように作られた部分がある．これは，それらが少なくとも部分的には天文学的目的のために構築されたことを示唆している．［過去の歴史上の天文現象の記述から日付を同定する研究なども含まれる］．

## 天文航法　astronavigation

　天体を基準にして自分の位置を見いだして航行する方法．太陽，月，惑星あるいは明るい星のような天体の高度を観測するために観測者は *六分儀を用いる．異なる時刻での同一天体の，あるいは同一時刻での異なる天体の数回の観測から観測者の位置が計算できる．地球上の伝統的な天文航法は，今や大部分が人工衛星あるいはラジオビーコンを用いる方法にとって代わられた．

## 天文三角形　astronomical triangle

　3辺が大円の弧で形成される天球上の三角形．このような三角形は球面三角法（球面に描かれた図形の幾何学）では球面三角形（spherical triangle）と呼ばれる．

## 天文生物学　astrobiology

　宇宙の地球以外の場所における生命の可能性に関する科学的研究．*地球外生物学ともいう．天文学以外に生物学の諸分野（例えば，微生物学，生化学，および生態学）を包含している．生命の起源および発達に必要と思われる条件の評価，そしてそのような生命を検出する手段も考察の対象である．1976年の *ヴァイキング着陸船による火星土壌の直接採集のような研究，隕石中の有機分子の研究，および電波天文学に基づいた種々のSETI計画は天文生物学の一部と考えられる．

## 天文台　observatory

　天文学の観測を行う場所．この名前は観測場所から完全に離れた管理や研究のための建物にも用いることがある．天文台には種々の波長での天体からの電磁波を検出する装置がある．望遠鏡が発明される以前は，*ウルグ・ベグやティコ・*ブラーエなどの天文台には星の位置を肉眼で見るための単純な装置しかなかった．17世紀に光学望遠鏡が発達したため，空を観測するために開閉できるドームをもつ永久的な建物が必要になった．19世紀後半になると天文学者は最良の観測条件を確保するために，大気の薄い高山に望遠鏡を設置し始めた．この傾向は続いており，望遠鏡を宇宙の軌道上に置くまで

になった．大気を透過しない X 線，紫外線，および赤外線のような波長も軌道上では観測できる．第二次大戦後に発達した電波望遠鏡は普通は観測用建物に収容しない．電波望遠鏡（アンテナ）は大きすぎるためでもあり，また光学望遠鏡ほどアンテナは雨露などから保護しなくてよいからである．

**天文単位** astronomical unit, AU

長さの単位．以前は太陽から地球までの平均距離であったが，現在では次のようにもっと専門的に定義されている．*ガウス（C. F.）による AU の最初の定義では，太陽からの地球の平均距離（すなわち，地球軌道の長半径）はニュートンが発見したケプラーの第三法則の精密形式

$$n^2 a^3 = k^2 (m + m_E)$$

で与えられた．$n$ は地球の平均運動（1 日当たりのラジアン数），$a$ は地球軌道の長半径（AU を単位とする），$m$ および $m_E$ はそれぞれ太陽と地球の質量（太陽質量を単位とする），そして $k$ は *ガウス重力定数である．現在では天文単位は，$2\pi/k$ 暦表日からなる1ガウス年（Gaussian year）の公転周期で太陽周囲の円軌道を運動する質点の太陽からの距離として定義されている．太陽からの地球の実際の平均距離は 1.000000031 AU である．1 AU＝1 億 4959 万 7870 km．

**天文データセンター** Astronomical Data Center, ADC

NASA の *ゴダード宇宙飛行センターの一部門．1975 年に設立され，ヨーロッパの *ストラスブール天文データセンター（CDS）と共同して天文学カタログおよび他のデータを維持している．ゴダードにある関連した *アメリカ国立宇宙科学データセンター（NSSDC）は，宇宙ミッションおよび地上で行われた大規模な天文サーヴェイから得られたデータを保管している．

**天文電報中央局** Central Bureau for Astronomical Telegrams

天体の発見や彗星，小惑星，新星，超新星など追跡観測を必要とする変化の速い現象の発見を発表する *国際天文学連合（IAU）の事務局．最初の電報局は 1884 年にドイツのキールにある天文学協会によって設立され，1914 年にコペンハーゲンに移された．IAU が 1919 年に創立されたときにその仕事を取り入れた．1965 年以来，電報局は *スミソニアン天文台に置かれている．今日では電報局はその発表文を電子メールで送り出している．

**天文薄明** astronomical twilight

太陽円盤の中心が地平線下 12° と 18° の間にある日の出前および日没後の期間．この期間は，晴れた空では天頂に 6 等星が見える時間と見なされる．夏は 48.5° より高い緯度では天文薄明が終夜続く．なぜなら太陽が地平線下 18° 以上には決してならないからである．→薄明

**電離** ionization

原子あるいは分子が電子を失うか獲得する過程．イオン化ともいう．1 個の電子を失うか獲得した原子は一回電離（singly ionized）という．2 個の電子を失うか獲得した原子は二回電離（doubly ionized）という，等々．電離は，星の場合のように高温で（熱電離）起こる場合，高エネルギーの原子的粒子（例えば，電子，光子，アルファ粒子）の衝突によって起こる場合および短波長放射（紫外線，X 線，ガンマ線）の吸収によって起こる場合がある．

**電離温度** ionization temperature

中性原子とイオンの相対数から得られるガスやプラズマの温度．イオン化温度ともいう．星で観測される電離状態をよく近似する *サハの電離式によって与えられる温度．

**電離圏界面** ionopause

*電離層の上部境界．*F 層の最上部で高度約 250 km に位置する．

**電離層** ionosphere

大気圏の高度 80～250 km にある電離粒子および電子を含む種々の層に対する集合名．主要な領域は *D 層，*E 層，および *F 層である．電離は主として日中の短波長太陽放射（X 線および紫外線）によって起こる．

**電離層シンチレーション** ionospheric scintillation

地球の電離層中の不規則さによって生じる電波の散乱に起因する電波源の強度のゆらぎ．

**電離波面** ionization front

電気的に中性なガスと電離ガスとの境界面．

光あるいは紫外線が中性ガスにぶつかってガスを電離する例は宇宙にいくつかある．例えば，大質量の若い星が最初に輝き始めるとき，星は最初は最も近いガスを電離し，次いで次第に遠くまでのガスを電離する．電離波面はこのように時間とともに動いていくこともある．

**電離平衡**　ionization equilibrium

特定イオンの電離回数がそのイオンへの再結合回数と等しいときに高温ガスで達成される平衡状態．電離平衡状態にあるガスの例には太陽コロナがある．コロナ中では赤い*コロナ輝線を出す $Fe^{9+}$ イオンが電子を放出して $Fe^{10+}$ イオンに電離する数は，$Fe^{10+}$ イオンが電子と再結合して $Fe^{9+}$ イオンになる数と等しい．

**電離ポテンシャル**　ionization potential（記号 $I$）

原子あるいはイオンから最も結合が弱い電子を取り去るのに要するエネルギー．イオン化ポテンシャルともいう．普通は電子ボルト（eV）で測る．必要なエネルギーは電離回数が増大するにつれて増加する．中性鉄の電離ポテンシャルは 7.9 eV，一価イオン鉄のそれは 16.2 eV，二価イオン鉄の場合は 30.7 eV，等々．

# ト

**ドイツ式架台**　German mounting

赤道儀式架台の一つの型．T字形を形成する2本の軸から構成される．Tの字の縦棒は*極軸であり，横棒は*赤緯軸である．望遠鏡は赤緯軸の一端に装着し，他端に平衡錘を取り付ける．小型望遠鏡を搭載するためによく用いられる．*フラウンホーファー（J. von）が発明した．⇨屈曲柱架台

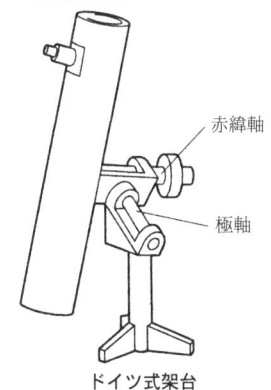

ドイツ式架台

**同位体**　isotope

原子核中の陽子数は同じであるが中性子数が異なる元素の一つまたはそれ以上の変種．大部分の元素は数種の安定した同位体をもつ．さらに，数少ないいくつかの元素は不安定な天然の放射性同位体をもっている．これらの放射性原子核（親同位体）は自然に崩壊して異なる原子や異なる元素（娘同位体）になる．親同位体と娘同位体の比は*放射線年代測定で使用される．

**導円**　deferent

惑星運動の*プトレマイオス体系における地球の周囲の仮想的な円．ただし地球は必ずしも精確な中心にあるわけではない．導円の円周に沿ってより小さい円である*周転円が運動する．導円は事実上は惑星の軌道であった．

ド・ヴォークレア, ジェラール アンリ de Vaucouleurs, Gerard Henri (1918~95)
フランス生まれのアメリカの天文学者. 1950年代に 12.5 等より明るいすべての銀河の探索を始めた. その分布から彼は *局部超銀河団の存在を推定し, 他の超銀河団も同定した. 彼の発見は, 宇宙に物質がどのように分布しているかの研究をさらに進めるための基礎をつくった. また 1950 年代にマゼラン雲の構造と回転を研究した. 1964 年に妻の Antoinette de Vaucouleurs, 旧姓 Pietra (1921~87) とともに, Reference Catalogue of Bright Galaxies (明るい銀河の参照カタログ) を刊行した. これはシャプレイ-エイムズカタログの改訂版である. 彼は惑星, 特に火星も研究した. [参照カタログはシャプレイ-エイムズカタログとともに作り始められたが結局はその 2 倍以上の銀河が記載されている].

等温過程　isothermal process
一定温度で起こる変化あるいは過程. 等温過程中にはエネルギーは一定温度を維持するように系に出入りする. *林トラック終端での *原始星の崩壊, および生涯の終わりにさしかかった星が *白色矮星になる崩壊は等温過程の例である. ⇨断熱過程

等温線　isotherm
等しい温度の点を結んだ図あるいはグラフ上の線.

等温領域　isothermal region
温度が一定である領域. 例えば, *ストレームグレン球 (*H II 領域) 内部の空間は, 原子が電離する割合が再結合する割合とつり合っているために, 等温領域に近い.

透過回折格子　transmission grating
ガラスあるいはプラスチックなどの透明材料に刻線を引いた *回折格子. 格子を通過した光線束は入射光線束の両側でスペクトルの次数に分離される. 各次数において青色光は最小の回折, 赤色光は最大の回折を示す. 直接光線束からの角度とともにスペクトルの次数が増し分散は大きくなるが暗くなる.

等価原理　equivalence principle
重力場の効果は一様な加速度の効果と区別できないという原理. 重力場内の小さな領域では物理学の法則は重力のない加速系の場合と同じと見なすことができる. この原理は一般相対性理論から導かれ, 重力質量が慣性質量と等しいことの別の表現である.

等価焦点距離　equivalent focal length
単一の光学要素から構成されるかのように表現される光学系の *焦点距離. 焦点距離を測定できるような場所をもたない, 接眼鏡のような, 閉じた光学系の焦点距離を記述するために使う.

透過帯域　passband
フィルターが透過する波長範囲. 透過率がピーク値の 50% を超える波長範囲で指定することが多い.

等価幅　equivalent width
スペクトル線の強さを表す尺度. 輝線はスペクトル強度の増大であり, 吸収線は減少である. 等価幅は, 連続スペクトルの上 (輝線) あるいは下 (吸収線) の部分にある *線輪郭の面積を連続スペクトル強度で割った値, すなわちスペクトル線と同じ面積をもつ連続スペクトルの幅である. 輝線の場合は値が負であり, 吸収線に対しては正である. [符号を付けずに使うことも多い].

同期アレイ　phased array
各アンテナと受信機間の時間遅れを調整することによってビームを形成し操作する電波アンテナの配列. アンテナは可動部分がない単純な *双極子アンテナなので, 大きな有効面積が比較的安価に得られる. 同期アレイは, ビームを高速に操作できるのでレーダーに広く使用される.

同期軌道　synchronous orbit
惑星の自転周期と同じ時間で衛星が惑星を公転するような軌道. 地球の場合, 同期軌道にある物体は周期が 1 恒星日で地球中心からの平均距離が 42162 km である. [地表からの高度は約 36000 km]. 軌道が円形で地球の赤道面にあれば, 衛星は常に赤道の特定点の上にとどまる. そのような軌道は *静止軌道と呼ばれ, 通信衛星のために使用される. 軌道は同期であるが赤道に対して傾斜した面内にある場合は, 地球から見たとき衛星は毎日 8 の字を描く. 8 の字の中心は赤道に位置し, 8 の字のループは赤

道に対する軌道の傾斜角に等しい（北緯と南緯の）緯度の間にある．⇨地球同期軌道

**同期自転** synchronous rotation
衛星が惑星を公転するのに要するのと同じ時間で自転するため，衛星が常に同一面を惑星に向けたままである状況．捕獲自転とも呼ばれる．われわれの月を含めて大部分の巨大衛星は，*潮汐作用の結果として同期自転している．

**等輝度線** isophote
銀河あるいは星雲のような広がりをもつ天体の画像上で同一の表面輝度をもつ点を結んだ線．普通表面輝度は平方角度秒当たりの等級で測定する．ある等輝度線内の光の総和は等輝度線等級（isophotal magnitude）という．

**等 級** magnitude
星の明るさの尺度．最も明るい星は日没後最初に出現するので，古代ギリシャの天文学者はその星を1等級であると定義した．等級の尺度は，完全な暗闇でしか見えない星に対する6等級まで，明るさの低下する順で段階的に続いていた．このようなおおざっぱな定義から始まったが，等級尺度は拡張され，現在では厳密に定義された基礎に立っている（→ポグソン尺度）．すなわち，1等級の違いは2.512倍の明るさの違いに相当し，5等級の違いは正確に100倍の明るさの違いに等しい．古代の等級評価はもっぱら人間の眼で行われ，おおざっぱには現代の*V等級に相当する．星の*見かけの等級は地球から見たときの明るさであるが，*絶対等級は実際の（すなわち，本来の）明るさの指標である．光の強度は距離とともに低下するため，そして*星間吸収があるために，この二つの等級は異なっている．可視光の波長だけでなく，すべての波長にわたって明るさを測定した値は，*放射等級と呼ばれる．

**統計視差** statistical parallax
星の*特有運動の統計解析によって求められる星群の星々の平均視差をいう．

**動径振動** radial oscillation
*動径脈動の別名．

**動径ベクトル** radius vector
例えば，惑星と太陽のように，お互いを回る軌道にある二つの天体の中心を結ぶ仮想的なベクトル（線）．

**動径脈動** radial pulsation
星が全体にわたって球対称的に伸縮するような脈動形式．[すなわち星の半径が大きくなったり小さくなったりする脈動]．半径の変化は光度，表面温度そしてスペクトルの変化を伴う．巨大および超巨大変光星（例えば，*おうし座RV型星，*ケフェイド，*こと座RR型星，*半規則型変光星，および*ミラ型星）はこの方式で脈動する．⇨非動径脈動

**道化師顔星雲** Clown Face Nebula
*エスキモー星雲 NGC 2392 の別名．*ふたご座の惑星状星雲．

**逃散星** runaway star
おそらく秒速数百 km という高速で運動し，それらが生まれた場所から何かの激変的現象によって飛び出したことが示唆される若い星．このような星は多分かつては連星のメンバーであったが，ペアの星が*超新星として爆発したときか，またはもう一つの連星との近接遭遇によってはじき出されたものであろう．

**冬 至** winter solstice ➜至点

**（アル-）トゥーシ** al-Ṭūsī (Naṣīr al-Dīn al-Ṭūsī, より古い文書では Nasir あるいは Nasser Eddin)（1201〜74）
アラブの学者．現在のイランに生まれた．1259年に彼はモンゴルの支配者フラグ（Hūlāgū）を説得してペルシャのマラガに天文台を建設させた．アル-トゥーシは天文学書を書き，自分の半径の2倍の半径をもつ円の内部を常に円周に内接しながらころがって行く円で*周転円を置き換えることにより*プトレマイオス体系を精密化した．小さい方の円周上の任意の点は，ころがるにつれて大きい円の一つの直径である直線を描く．このトゥーシ対円（Tusi couple）―この考えはこう呼ばれている―は後に*コペルニクスが利用した．

**動線マイクロメーター** filar micrometer
望遠鏡で見たときの二重星のメンバーなど二つの天体の間隔を測定する装置．接眼鏡の視野内で直角に交叉する2本の固定した極細の線（くも糸），およびその2本のうち1本に平行な3番目の可動くも糸から構成される．可動くも糸の位置は目盛から精確に測定できる．また多くの動線マイクロメーターは角度目盛付きで回

転することができるようになっており，このような装置は位置マイクロメーターと呼ばれる．その場合は間隔と*位置角の両方を測定することができる．

### 導波管　waveguide
通常は長方形断面をもつ空洞の金属管．ほとんど減衰なしに電波が伝達するように作られている．電波望遠鏡の焦点にあるホーンアンテナから電波を受信機まで輸送するために一般的に使用される．

### 頭部（彗星の）　head (cometary)
彗星の主要部分．固体の*中心核とそれを取り巻くガスと*塵からなるコマから構成される（→コマ（彗星の））．頭部はときどき恒星状の点（擬中心核）を含むように見えるが，地球上からの観測では真の中心核自体は見えない．

### 頭部衝撃波　bow shock
音速よりも大きな相対速度で走行する二つの流体（気体あるいは液体）領域の間に生じる不連続な境界．バウショックあるいはボウショックとも呼ばれる*太陽風が惑星，彗星，あるいは他の天体に遭遇するときなどに形成される．船のへさきで形成される波に似ている．音速より速く飛行する飛行機は頭部衝撃波を作りそれが通過するときに轟音が聞こえる．流出するガスが超音速で流体あるいは固体障壁に遭遇するときは宇宙空間でも同様な状況が発生する．濃密なガスに若い星からの高速風が遭遇するとその周囲に頭部衝撃波が形成される．

### ドゥベー　Dubhe
おおぐま座アルファ星．1.8等．距離100光年のK0型巨星である．45年の周期でドゥベーを公転する4.8等のA8型矮星を伴星とする近接二重星である．北極星ポラリスの方向を示す二つの指極星の一つ．

### 等方性　isotropy
物理的性質がすべての方向で同一であるような物質あるいは空間の特性．*宇宙背景放射や宇宙全体の大規模な物質分布がそうである．普通の恒星のように全方向に等しく放射を出す天体は等方性放射体と呼ばれる．全方向で等しい感度をもつアンテナは等方性アンテナという．⇨異方性

### 等ポテンシャル面　equipotential surface
天体あるいは天体のグループを囲む重力場の強さが一定の面．星や惑星のような球状天体の場合，等ポテンシャル面はその天体に中心がある球面である．偏平な天体あるいは連星のような二つ以上の天体の場合，等ポテンシャル面は複雑な形をもつ．連星の*ロッシュローブは等ポテンシャル面であり，二つの星の中心を結ぶ線上に位置する内部*ラグランジュ点で接触する．

### 透明度（大気の）　transparency (atmospheric)
地球の大気が天体からの光を透過させる程度．大気の透明度は，水蒸気，*塵，エアロゾル（浮遊する微細粒子），および汚染ガスなどの物質の量に依存して大幅に変化する．一般に，透明度は高度とともに，特に反転層を超えると改善される．反転層は，吸収物質の多くを捕捉する地面近くの冷気層である．温暖な緯度では透明な空気は寒冷前線に続いて現れることが多い．⇨大気減光

### とかげ座　Lacerta（略号 Lac．所有格 Lacertae）
とかげをかたどる北天の暗い星座．最も明るい星は3.8等のアルファ星である．この星座には特異銀河の一種の原型である*とかげ座BL型天体が含まれる．

### とかげ座BL型天体　BL Lacertae object (BL Lac object)
一見恒星状で，ほとんど特徴のないスペクトルをもつ天体の種類．かなへび（lacertid）という名もある．この種の天体は，高い（そして変動する）偏光を伴ってかなりの明るさの変動—しばしば数日あるいは数週間に数等級にもわたる—を示し，なかにはコンパクトな電波源であるものもある．最初その原型がとかげ座における14等の特異変光星として分類されたので，変光星としての命名がなされた．これらの天体のいくつかを取り囲む微光の星雲状物質のスペクトル中に楕円銀河スペクトルに特有な小質量の巨星からの吸収スペクトルが同定されて初めて，これらの天体が銀河系外天体であることが確認された．これらのスペクトル線から赤方偏移が求められ，その距離が導出された．約200

個が知られている．現在それらは *活動銀河核からのプラズマと放射の高速ジェットをほぼ真横から見たものと考えられている．

**時** time

時空の同一場所で起こる事象に区別の余地を残す次元．ガリレオおよびニュートンの古典物理学では，時間は絶対的な意味をもち，原則としてある事象が起こった時間についてすべての観測者が同意するように時刻系を採用することができる．離れた場所にいる観測者はこの事象が異なる時刻に起こると見るであろうが，この時間差は事象から観測者までの光の伝播時間によって説明された．さらに，古典物理学ではこの共通の時刻系は各観測者自身の局所的時刻系，*固有時に一致していた．すべての観測者は，どの事象の起こった時刻も単純に自分の時計で記録される時刻であることに同意するであろう．

*ニュートンの重力理論は太陽系内の天体の軌道運動の非常に精密な記述を与え，任意のある瞬間における各天体の位置の計算を可能にする．*暦表時（ET）はこの時間概念を表現するよう意図されており，長年にわたり惑星および他の天体の位置は，ET に対して *天体暦などに掲載された．ET は *世界時（UT）とは異なる．世界時は，*恒星時と同じように，地球の自転に基づいており，地球自転の不規則さに敏感だからである．ET は多くの天文観測を詳細に整約してはじめて点検できるが，UT は恒星時と厳密な関連があり，星の観測から直接求めることができる．UT の均一性からのずれは原子時計と比較して検出される．原子時計が示すのは *原子時である．原子時は原子物理学の定数に依存するが，重力定数には無関係である．暦表時と違って原子時は *力学時ではないが，すべての物理定数の相互間の比が一定不変ならば，二つの時刻系は厳密かつ一様に関連しているはずである．原子時は今日利用できる最も精確な時刻系である．

相対性理論の方程式には時間が空間次元とまったく同じように現れる．ニュートン物理学においても空間次元は相対的であり，異なる観測者には異なる意味をもっている．相対性理論では時間も相対的であり，異なる観測者はそれぞれの固有時間を測定するので，時間の絶対性は失われる．しかしながら，時空において事象を標識する手段として大域的な時間はやはり必要である．これは *座標時によって与えられる．座標時は一人の特別に選ばれた観測者の固有時である．

光の重力屈折のような相対論的効果を矛盾なく考慮に入れるために，1984 年に暦表時は二つの新しい力学時で置き換えられた．その一つは *地球時（TT，元は地球力学時と呼ばれていた）．地球時は天体暦に掲載される太陽系天体の地心位置を計算するために使用する．これは本質的には地球の平均海面における観測者の固有時である．二つ目は太陽系天体の軌道を計算するための *太陽系力学時（BDT）である．これは座標時の一形式であるが，TT と周期的な差だけをもつよう再調整されている．BDT および TT は *国際原子時（TAI）と同じ基本単位，すなわち SI 秒を用いる．

**特異銀河** peculiar galaxy

*ハッブル分類などの体系に適合しない例外的な特徴を示す銀河（接尾辞 p あるいは pec が与えられる），あるいはその構造が非常に特異なので分類ができない銀河．アンドロメダ銀河（M 31）の小さな楕円状の伴銀河である M 32 は特異銀河に分類される．なぜなら，この銀河は大質量の M 31 との重力的遭遇の際にその外周領域がはぎ取られているからである．おおぐま座にある M 82 は，大質量のガスと *塵の雲に遭遇して爆発的星形成（バースト）を起こしている横向きの渦巻銀河のように見える．

**特異星** peculiar star

特定の分類型に当てはまらない星，あるいはその特性が独特であるように見える星．いくつかの特異星は，おそらく二つの変光星型の中間型であろう．

**特異点** singularity

ある物理量が無限大となる数学的な点．例えば，一般相対性理論によると，*時空の曲率は *ブラックホールで無限大になる．*ビッグバン理論では，宇宙は物質の密度と温度が無限大である特異点から生まれた．⇒裸の特異点

**特殊相対性理論** special theory of relativity
　真空中の光速度は宇宙を通じて一定であり，観測者および光源の運動から独立であるという命題に基づいて，1905 年に*アインシュタイン（A.）が提唱した理論．この命題の帰結として，物体の速度が光速度に近づくときに三つのことが起こる．その質量が増大し，その長さが運動方向に短縮し，そして時間の進み方が遅くなる．したがって，特殊相対性理論によると，いかなる物体も光速度に達することはできない．なぜなら，その質量が無限大になり，その長さが 0 になり，そして時間が停止するからである．さらに，アインシュタインは，有名な方程式 $E = mc^2$ にしたがって物体の質量 $m$ はそのエネルギー $E$ と等価であると結論した．$c$ は光速度である．この方程式は星の内部における核反応で質量がエネルギーに変換されることを表している．→相対論

**特別天体物理天文台** Special Astrophysical Observatory
　南ロシアのコーカサス山脈にあるパストゥホフ山の標高 2100 m に設置されたロシア科学アカデミーの天文台．1975 年に開設された 6 m 大型経緯式望遠鏡（ロシア語では Bol'shoi Telescop Azimutal'nyi, BTA と略称）の設置場所である．反射鏡は 1979 年に取り換えられた．約 20 km 北西の標高 970 m の地点に*ラタン 600 電波望遠鏡がある．

**特有運動** peculiar motion
　*局所静止基準に対する速度に由来する星の*固有運動．特有運動は，観測される星の運動と*太陽運動のベクトル和で表される運動の視線に垂直な方向の成分である．

**時計駆動装置** clock drive →駆動装置

**とけい座** Horologium（略号 Hor. 所有格 horologii）
　振子時計をかたどる南天の目立たない星座．興味ある天体はほとんど含まれていない．最も明るい星であるアルファ星は 3.9 等である．

**時計星** clock star
　赤経が精確にわかっている空の赤道地域にある明るい星．子午線通過を計時するために使う時計の誤差を決定するための星．

**ド・シェソー，彗星** de Chéseaux, Comet (C/1743 X 1)
　スイスの天文学者（Jean）Philippe Loys de Chéseaux（1718～51）を含む数人の観測者が 1743 年に発見した長周期の彗星．ド・シェソーは軌道を計算し，またその彗星の尾が数本あることを記述した．彗星は 1744 年 2 月下旬に約 −7 等のピークに達し，日中でも見えた．1744 年 3 月に近日点 0.22 AU を通過した後に彗星は 6 あるいは 7 本の光条からなる扇形の尾を示した．この尾は彗星の頭部が昇る前の夜明けに見ることができ，空の上で 90° まで広がった．彗星の軌道は離心率 1.0 の放物線で，軌道傾斜角は 47.1° であった．

**閉じた宇宙** closed universe
　大きさが有限で，有限の寿命をもち，その空間が正の曲率をもつ宇宙．*臨界密度より大きい密度をもつ*フリードマン宇宙がその例である．→時空の曲率

**ド・ジッター，ウィレム** de Sitter, Willem (1872～1934)
　オランダの数学者で天文学者．相対性理論の初期からの支持者であり，天文学にとってのその意味を評価していた．相対性理論から彼は現在*ド・ジッター宇宙と呼ばれる膨張宇宙の最初の理論的模型を導いた．他の研究としては，木星の*ガリレオ衛星の軌道および質量を精密化し，地球の自転が次第に遅くなりつつあることを示した．

**ド・ジッター宇宙** de Sitter universe
　膨張宇宙の一つの模型．物質も放射もないが，*宇宙定数によって膨張が進行するとする．1917 年に*ド・ジッター（W.）が提案した．この模型は，物理的には非現実的であるが，現実の宇宙は膨張しているかもしれないという考えを導入したものである．現代の*インフレーション宇宙論においても，ド・ジッター模型における膨張と非常に似ている膨張がやはり重要な役割を果たしている．

**ドーズ，ウィリアム ラター** Dawes, William Rutter (1799～1868)
　イギリスの医師でアマチュア天文家．二重星のマイクロメーター測定に専念した．望遠鏡の分解能を特別に研究し，1867 年に一定の間隔

をもつ2個の星を分解するにはどれだけの望遠鏡の口径が必要であるかを示す表を作成した(*ドーズ限界). 1850年には*ボンド(W. C.)および*ボンド(G. P.)と独立に土星の"クレープ環(C環)"を観測したが,それは彼らの発見より10日後であった.

**ドーズ限界** Dawes limit

ある口径の望遠鏡から実際に得られる最大の*分解能. 種々の口径による二重星の見え方の試験に基づいて*ドーズ(W. R.)が確立した. 1対の2等星が4.56″離れていれば1インチ(25.4 mm)望遠鏡により二重星として見分けることができるとされている. 表はドーズ限界に基づいた種々の口径の望遠鏡の分解能である.

**ドーズ限界**

| 口径 (mm) | 分解能 (秒) |
|---|---|
| 25 | 4.63 |
| 50 | 2.32 |
| 75 | 1.54 |
| 100 | 1.16 |
| 125 | 0.93 |
| 150 | 0.77 |
| 175 | 0.66 |
| 200 | 0.58 |
| 250 | 0.46 |
| 300 | 0.39 |
| 400 | 0.29 |
| 500 | 0.23 |

**土星** Saturn (記号 ♄)

太陽から6番目の惑星. *衝での平均等級は+0.7で,古代から知られている5個の惑星のうち最も暗い. 土星はすべての惑星のうち最も偏平で,赤道直径が12万0540 km,極直径が10万8730 kmである. また,すべての惑星のうち最も密度が低く($0.7 g/cm^3$),水より密度が小さい唯一の惑星である. 眼に見える表面の自転周期は赤道付近の10時間14分から南60°での10時間40分の範囲にある. 電波観測から求めた固体内部の自転は10時間39分22秒である.

土星は,約96%の水素と4%のヘリウム(分子百分率),そして微量のメタン,アンモニ

**土星**

物理的データ

| 直径(赤道) | 偏平率 | 軌道に対する赤道の傾斜角 | 自転周期(対恒星) |
|---|---|---|---|
| 120540 km | 0.098 | 26.73° | 10.233時間 |

| 平均密度 | 質量(地球=1) | 体積(地球=1) | 平均アルベド(幾何学的) | 脱出速度 |
|---|---|---|---|---|
| $0.70 g/cm^3$ | 95.16 | 752 | 0.47 | 35.6 km/s |

軌道データ

| 太陽からの平均距離 | | 軌道離心率 | 黄道に対する軌道の傾斜角 | 公転周期(対恒星) |
|---|---|---|---|---|
| $10^6$ km | AU | | | |
| 1426.990 | 9.539 | 0.056 | 2.5° | 29.457年 |

ア,エタン,アセチレン,およびホスフィンから構成される厚い大気をもつ. 大気の最上部付近の温度は約−195°Cである. 土星は,直径が約20000 kmのおそらく鉄を含む岩石からなる高温の中心核をもつと考えられている. この中心核は多分厚さが5000 kmの氷状物質の層と厚さが10000 kmを超える金属状の水素とヘリウムで囲まれている. おそらくこの中での対流が,地球磁場の強度に匹敵する土星の磁場を作り出している. この層を液体の分子水素とヘリウムが取り巻いており,次第に表面付近のガス層に融合している.

木星と同様に,土星の表面には暗い雲の帯と明るい帯が交互に走っている. しかし大気は全般的に木星の大気よりも静かである. 暗い斑点と明るい斑点が生じるが,木星の場合よりも暗く,頻度ははるかに少ない. 探査機からの画像には大気の擾乱を示唆する細長い断片や花かざりのような模様が見える. 自転周期が他の部分より半時間ほど速い赤道帯域には"ジェット気流"がある. 長期にわたって持続する模様はないが,赤道帯域ではときどき巨大な白色斑点の華々しい爆発が見られる. よく観測された最初の爆発は1933年8月に起こり,間もなく大部分の赤道帯域に広がった. 同様な爆発が1960年3月と1990年10月に起こった.

土星の最も際立った特徴は明るい環である. 環は0.60という*アルベドをもち,他の惑星

の環よりもはるかに高い．望遠鏡を通して主要な三つの環が見える．外側のA環は，幅が14600 kmで，土星の中心からの距離13万6800 kmまで広がっている．中央のB環は最も明るく，幅が25500 kmである．はるかに暗い内部のC環は幅が17500 kmである．B環上に周りより暗い*スポークがかすかに見える．A環とB環の間に顕著な間隙，*カッシーニの間隙があり，A環自身は*エンケの間隙と*キーラーの間隙で分割されている．1980年にヴォイジャー1号はすべての環が数十個もの微細な小間隙をもつことを明らかにした．

この三つの環に加えてさらに4個の環がある．C環の内部に位置するD環，A環の外側にある狭いF環，もっと遠くにあるG環，そして最も外側の幅広い淡いE環である．D環の最も内側の端は土星の中心から67000 kmの地点に位置するが，E環の外側の端は土星の中心から48万kmである．大きく広がっているが，環は非常に薄く，せいぜい数百mの厚さで，地球方向に真横になるときは大型望遠鏡以外では見えない．この現象はほぼ15年ごとに起こる．土星では18個の衛星が確認されており，惑星の中で最も多い．[2003年現在，土星の衛星は30個まで数えられている]．

**土星状星雲** Saturn Nebula

みずがめ座の距離3000光年にある8等の*惑星状星雲．NGC 7009とも呼ばれる．見かけ上の形は，環をもつ土星に似ている．

**トータチス** Toutatis

小惑星4179番．*アポロ群のメンバーで，1989年にフランスの天文学者 Christian Pollas (1949～) が発見した．現在，トータチスは地球から0.006 AU (90万km) 以内に接近することができる軌道上にある．大きい*地球近傍小惑星のうち，トータチスは予見できる将来においておそらく地球に最も危険な可能性のある小惑星である．それは，頻繁な地球への接近と木星との3：1*共鳴によって軌道が変化するためである．レーダーの観測によれば，トータチスは近接した不規則なクレーターのある2個の天体からなっていることがわかっている．両天体の最大幅は約 4 kmと2.5 kmである．軌道は，長半径2.516 AU，周期4年，近日点0.92

AU，遠日点4.11 AU，軌道傾斜角0.5°をもつ．[最近はほぼ4年ごとに地球に接近する．前回は2002年10月31日に0.074 AU (月の距離の30倍) まで接近した]．

**突発的電離層擾乱** sudden ionospheric disturbance

太陽フレアに続いて電離層の昼側の*D層の電離が急激に高まり，その結果電波通信が断絶する現象．フレアからの強力なX線放射が電離を促進し，電波を吸収して信号の弱まりをもたらす．突発的電離層擾乱は1日に25回ほども太陽フレアが起こる黒点の極大期ごろに最も起こりやすい．

**ドップラー，クリスチャン ヨハン** Doppler, Christian Johann (1803～53)

オーストリアの物理学者．1842年に音波に対する*ドップラー偏移を記述し，速度による周波数の変化を表す数式を与えた．彼は，この効果が光を含むすべての波の運動に起こることを認識していた．しかしながら，星の色は地球へ向かうあるいは地球から遠ざかる星の運動を示していると誤って信じていた．

**ドップラー効果** Doppler effect →ドップラー偏移

**ドップラー線幅拡大** Doppler broadening

ガスの大規模運動によって引き起こされるスペクトル線の広がり．例えば，回転する星の接近する半球と後退する半球におけるドップラー偏移はこの星からの吸収線を広がらせる．

**ドップラー偏移** Doppler shift

放射源と観測者の間の相対運動の結果として起こる電磁波の波長変化．源が観測者の方向へ接近している場合は，波長は短く，スペクトル線はスペクトルの青色側に偏移する (*青方偏移)．源が後退している場合は，波長は長くなり，スペクトル線はスペクトルの赤色側に偏移する (*赤方偏移)．[ドップラー偏移は電磁波に限らず，すべての波動に適用される概念である]．

**ドナティ，彗星** Donati, Comet (C/1858 L1)

1858年6月2日にイタリアの天文学者 Giovanni Battista Donati (1826～73) が発見した長周期の彗星．以前は1858 Vと命名され

ていた．1858年9月に−1等に達した．近日点（0.58 AU）通過は1858年9月30日で，10月9日に地球に最も接近した（0.5 AU）．このころ，彗星はトルコの半月刀に似た顕著な湾曲した塵の尾を示し，それによって有名になった．この塵の尾は60°にわたって広がり，その尾の接線方向に二つの薄いまっすぐなイオンの尾が見られた．中心核は回転するたびに物質殻を放出した．軌道は，周期ほぼ2000年，離心率0.996，軌道傾斜角117.0°をもつ．

**とびうお座** Volans（略号Vol．所有格Volantis）

飛魚をかたどった南天の目立たない星座．最も明るい星は3.8等のベータ星である．ガンマ星とイプシロン星は重力で引き合う*連星である．

**トビージャッグ星雲** Toby Jug Nebula

りゅうこつ座の反射星雲IC 2220．トビージャッグとは小太りの老人をかたどったビールジョッキで，そのジョッキのような形状をもつ．距離約300光年の赤色巨星HD 65750を囲む*双極星雲である．りゅうこつ座V 341とも呼ばれるこの赤色巨星は，6等と7等の間を変化する*不規則変光星である．

**ド・ビュール高原** Plateau de Bure

フランスのグルノーブル南方にある*ミリ波電波天文学研究所（IRAM）のミリ波干渉計の設置場所．

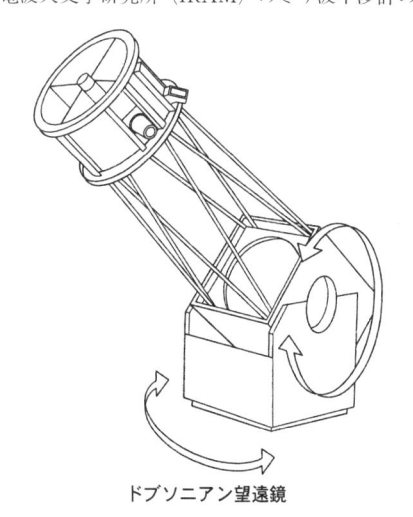

**ドブソニアン望遠鏡** Dobsonian telescope

特殊な型の経緯儀式架台に置いたニュートン式望遠鏡．基底は平らな板で，その上を上部が開いた箱が回転する．望遠鏡の高度軸は箱の側面にあるV字形の切込み部分に置かれる（図参照）．この設計の重要な特色は低摩擦のベアリング面を得るためにテフロンパッドを使用していることである．アメリカのアマチュア天文家John Loery Dobson（1915〜）にちなんで名づけられた．

**ドミニオン電波天文台** Dominion Radio Astrophysical Observatory, DRAO

カナダのブリティッシュコロンビア州ペンティクトンにある電波天文台．1960年に設立された．ヘルツバーグ天体物理学研究所が運営している．主要な装置は1960年に開設された26m電波パラボラアンテナ，および合成望遠鏡（干渉計）である．後者はもとは1972年に開設され，現在では長さ600mの基線上に並ぶ7基の9mパラボラアンテナから構成されている．

**ドミニオン天文台** Dominion Astrophysical Observatory, DAO

カナダのブリティッシュコロンビア州ヴィクトリアの標高230mにある光学天文台．1917年に設立され，ヘルツバーグ天体物理学研究所が運営している．主要な装置は72インチ（1.85m）プラスケット反射望遠鏡である．天文台の初代所長*プラスケット（J. S.）にちなんで名づけられた．1918年に開設され，1974年に新しい反射鏡が取り付けられた．他の装置には，1962年に開設された1.22mマッケラー反射望遠鏡がある．DAOはカナダ天文学データセンターも運営している．

**ドーム** dome

1. 噴火口上に球根状の塊を形成する粘性のある溶岩流からなる急傾斜の突出部．火山ドームとも呼ばれる．ワシントン州のセントヘレンズ山のクレーター内部で1980年の劇的な噴火の後に形成されたドームがその例であり，金星で起こっている例もある．2. 月の海から持ち上がっている低い円形の地域．しばしば中央に孔が見られる．月ドームとも呼ばれる．月ドー

ドブソニアン望遠鏡

ムの傾斜は通常は数度でしかない. それらは噴火口であり, 多くの場合は海を形成した流動的な溶岩が噴き出したと考えられ, 地球にある盾状火山に似ている. 月ドームの例はホルテンシウスクレーター付近に見出される.

**トムソン, ウィリアム** Thomson, William
→ケルヴィン卿

**トムソン散乱** Thomson scattering
自由電子による光の散乱. このような散乱は波長に無関係で, 同数の光子が前方と後方に散乱される. トムソン散乱は星の大気中で起こる. イギリスの物理学者 Joseph John Thomson (1856～1940) にちなんで名づけられた.

**ドメインウォール** domain wall
いくつかの初期宇宙模型に示された時空構造の仮想的な二次元欠陥. そこでエネルギーが捕獲される壁のような構造である. 多数のドメインウォールの存在を予測する素粒子物理学の理論は, 非常に一様でない宇宙を予測するので観測とは合わない. ⇒宇宙テクスチャー, 宇宙ひも, 磁気単極子

**とも座** Puppis (略号 Pup. 所有格 Puppis)
*アルゴ座が表す船の船尾をかたどった南天の重要な星座. 最も明るい星は*ナオス (ゼータ星) である. クシー星は 3.4 等および 5.3 等の見かけの二重星である. L 星も見かけの二重星である. 一つの星は 4.9 等で, 約 140 日の周期で 2.6 等と 6.2 等の範囲を変化する半規則的な*赤色巨星の変光星である. V 星は*食連星であり, 1.45 日の周期で 4.4 等と 4.9 等の範囲を変化する. この星座にある M 46, M 47, NGC 2451, および NGC 2477 はすべて大型の明るい*散開星団である.

**とも座-ほ座流星群** Puppid-Velid meteors
11月後半から1月の間にとも座, ほ座およびりゅうこつ座にある多くの*放射点から中程度の出現を示す複雑な南半球の流星群. ピーク*ZHR は12月9日と26日の二つの主要な極大期に15にまでなることがある. これらの日の主放射点はそれぞれ赤経 9 h 00 m, 赤緯 $-48°$ と赤経 9 h 20 m, 赤緯 $-65°$ に位置する.

**ドライヤー, ヨハン ルードウィッヒ エミール** Dreyer, Johan Ludvig Emil (1852～1926)
デンマークの天文学者. John Louis Emil Dreyer の名でも知られる. 1874 年に*ロス卿の天文台で働くためにアイルランドに移住し, 後に*新一般カタログ (NGC) およびその別冊である 2 冊の*インデックスカタログ (IC) を編纂した. また天文学の歴史家でもあり, *ハーシェル (W.) の科学論文を編集し, 幼年時代に彼が憧れた英雄*ティコ・ブラーエの伝記を著した.

**トーラス** torus
自動車タイヤの内部チューブあるいはドーナツに似た形状をもつ物体. 円形に曲げ, 中央に穴を残して両端を結合した円柱. 複数形は tori. 円柱の断面は円形であることが多いが, 楕円形など他の形状もとりうる. 地球を取り巻く*ヴァン・アレン帯の形はトーラスである. 他の例には*降着円盤や木星の火山衛星イオから噴出した電離物質があり, この物質はイオの軌道に沿って広がりイオプラズマトーラスを形成している.

**トラペジウム** Trapezium
*オリオン星雲の心臓部にある多重星. オリオン座シータ$^1$星とも呼ばれる. トラペジウムは 5.1 等, 6.7 等, 6.7 等, および 8.0 等の 4 個の星から構成される. さらに暗い星もあり, オリオン星雲のガスから生まれたゆるい星団である.

**トランプラー星** Trumpler star
かつて誤って太陽質量の数百倍もあると信じられたある種の非常に明るい星に与えられる名称. (→超大質量星)

**トランプラー分類** Trumpler classification
次の三つの基準にしたがう*散開星団の分類. 中心集中度 (最も集中した I から星団外の星とほとんど異ならない IV まで), 個々の星の明るさのばらつきの幅 (小さい幅の1から大きい幅の3まで), 星団中の星の総数 (p は 50 個以下の貧弱, m は 50～100 個の中程度, そして r は 100 個以上). 接尾辞 "n" は, I 3 r n に分類される*プレアデス星団のように, 星雲物質が星団に付随していることを示す. この体系はアメリカの天文学者 Robert Julius Trumpler (1886～1956) が導入した.

**トリケトラム** triquetrum
水平の円材と垂直な柱材の間で支持された

*アリダードからなる中世の角度測定装置．水平の円材には度の目盛が入っていた．

**トリトン** Triton

海王星最大の衛星．直径2706 km．海王星 I とも呼ばれる．海王星から35万4760 kmの所に位置し，逆行方向に5.877日で公転する．自転周期は公転周期と同じである．1846年に海王星の発見直後に*ラッセル（W.）が発見した．トリトンは少量のメタンを含む希薄な窒素大気をもつ．しかしながら，表面の気圧は，地球の大気圧の$10^{-5}$程度の約16 $\mu$barしかない．表面温度は$-235$℃で，太陽系で現在までに測定された最も冷たい表面である．トリトンには少数の*衝突クレーターをもつ若い氷の表面といろいろな型の地形がある．これらの地形には，滑らかな平原，ハンモック型の平原，*カンタロープ地形，長い直線状の地形，そして大きな，おそらくは季節的な凍った窒素の極冠などがある．*ヴォイジャー2号は，表面の暗い斑点から8 kmの高度まで上昇し，次いで下方に漂流する黒い羽毛状模様を撮影した．これらの羽毛状模様は表面下のくぼみから噴射される液体窒素あるいはメタンの間欠泉のような噴出かもしれない．

**ドリフティングサブパルス** drifting sub-pulse

パルサーから記録した連続するパルスプロファイルで異なる位置を占めるように見える*サブパルス．まるでサブパルスが漂流しているような印象を与える．その起源はわかっていない．

**ドリフトスキャン** drift scan

望遠鏡を固定し，地球の自転により天体がそのビーム中を通過することによって空を探査する方法．探査用に設計された多くの電波干渉計は物理的に操作することができず，空の広い領域をカバーするためにはドリフトスキャンに頼っている．ドリフトスキャンは一様で精密なスキャン速度，したがって位置が精確に決まるという長所をもつが，あまり柔軟性がない．［光学望遠鏡によるCCDを用いた探査でもドリフトスキャンが用いられる］．⇨ラスタースキャン

**トリプレット** triplet

三つの光学*要素からなるレンズ．

**ドール-カークハム望遠鏡** Dall-Kirkham telescope

*カセグレン式望遠鏡の一種．凹楕円体面主鏡と凸球面副鏡をもつ．この組み合せは*非点収差のない像を作るが，光軸外でのコマ（→コマ（光学的））が大きい．惑星観測のように，広い視野よりも良好な分解能が重要な場合の観測に特に適している．イギリスのアマチュア望遠鏡製作者 Horace Edward Stafford Dall（1901～86）とアメリカ人の Alan R. Kirkham が独立に発明した．

**トルクタム** torquetum

*赤道座標系，*黄道座標系，あるいは地球座標系で天体の位置を測定するための中世の装置．角度目盛をつけた*アリダードを備えた何枚かの円形板を適切な角度で互いに蝶番で取り付けたもの．

**トルス** tholus

惑星表面の小さなドーム状の丘．複数形 tholi．"ドーム"を意味するこの名前は地質学用語ではなく，例えば火星上のケラウニウス・トルスやイオ上のイナクス・トルスのように，個々の丘の命名に使用する．

**ドルスム** dorsum

惑星表面にある隆起．複数形 dorsa．この名前は地質学用語ではなく，個々の地形の命名に使われる．例えば，水星におけるスキャパレリ・ドルスム．

**TRACE** Transition Region and Coronal Explorer ➡遷移領域およびコロナ探査衛星

**ドレーパー，ジョン ウィリアム** Draper, John William（1811～82）

イギリスの科学者．*ドレーパー（H.）の父．1832年にアメリカに移住した．彼は先駆的な写真家であった．1839年から40年にかけての冬に最初の月の銀板写真［初期の写真形式で湿板を用いる］を得た．この写真で月の海がはっきりと見えた．1843年に太陽の赤外スペクトルの最初の写真と信じられているものを撮影し，3本のフラウンホーファー線を記録した．また同時期に太陽の紫外スペクトルを撮影した．

**ドレーパー, ヘンリー** Draper, Henry (1837〜82)

アメリカの分光学者. *ドレーパー (J. W.) の息子. 1863年から自作の望遠鏡と分光器を用いて1500枚の高品質の月の写真を撮影し, 同時代では最良の太陽スペクトルの写真を得た. 1872年に彼はさらに恒星ヴェガの最初のスペクトルを記録し, その中に顕著な水素線を同定した. 1879年には湿板から乾板に切り替え, 星, 月, 火星, 木星, 現在は C/1881 K1 と命名されている彗星, および*オリオン星雲の優れたスペクトルを得た. 彼の死後に未亡人の Mary Anna Draper (旧姓 Palmer, 1839〜1914) が基金を寄付し, それによって*ヘンリー・ドレーパーカタログの刊行が可能になった.

**ト ロ** Toro

小惑星1685番. *アポロ群のメンバーで, 1948年にアメリカの天文学者 Carl Alvar Wirtanen (1910〜90) が発見した. 1972年に地球から 0.14 AU (2090万 km) 以内を通過した. トロは直径が約5kmのSクラス小惑星である. 軌道は, 長半径 1.367 AU, 周期 1.60年, 近日点 0.77 AU, 遠日点 1.96 AU, 軌道傾斜角 9.4°をもつ. 地球と金星が関与する*共鳴で注目される.

**ドローチューブ** drawtube

望遠鏡の接眼鏡を動かす管.

**トロヤ群小惑星** Trojan asteroid

太陽から 5.2 AU の平均距離にあり, 木星と軌道を共有する二つの小惑星群の一方のメンバー. それらは, 木星の60°前方と60°後方にある先行 ($L_4$) および後行 ($L_5$) *ラグランジュ点の周囲に群をなして位置している. 他の惑星の*摂動によってトロヤ群小惑星は木星の軌道に沿って約45〜80°ほどの範囲を振動し, その振動は1周150〜200年を要する. 最初に発見されたトロヤ群小惑星は1906年の*アキレスである. 現在は200個以上のトロヤ群小惑星が知られており, 大部分は先行 ($L_4$) 群にある. トロヤ群小惑星の60%以上は*Dクラス (暗くて赤みがかっている) に属し, 残りの大多数は*Pクラスである. それに数個の*Cクラスが加わる. それらの質量分布は*主帯小惑星のそれに似ており, 太陽系の形成以来現在の位置に存在していたことを示している. 1990年に火星軌道の ($L_5$) 領域で最初の火星のトロヤ群小惑星, (5261) ユーレカが発見された.

**ドロンド, ジョン** Dollond, John (1706〜61)

イギリスの光学機器製造業者. 1753年に*ヘリオメーターを発明し, 4年後にクラウンガラスとフリントガラスという二つの異なるガラスを用いることにより*色消しレンズが作れることを発見した. この原理は以前に発見されていたが, 広くは知られておらず, ドロンドは独立に発明したという名誉を受けた. 1765年に彼の長男 Peter Dollond (1730〜1820) はフリントガラスの両凹レンズの両側にクラウンガラスの凸レンズを配置した色消し三重レンズを開発した.

**トンボー, クライド ウィリアム** Tombaugh, Clyde William (1906〜97)

アメリカの天文学者. 1929年に*ローウェル天文台で助手となり, *ローウェル (P.) が予測した海王星外にある惑星の探索を始めた. この探索を行うために1週間おいて1対の写真を撮影し, *ブリンクコンパレーターを用いてそれらを比較した. 冥王星は1930年2月18日にこの年の1月に撮影した1対の写真上で発見された. トンボーはさらに10年間その探索を継続し, 星団, *銀河団, および約800個の*小惑星を発見したが, さらなる惑星は発見できなかった. 彼は地球の周りに小さな月があるかもしれないと考え同様な探索を行ったが, それは見つからなかった.

# ナ

**ナイアッド** Naiad
　天王星の最も内部の衛星．48230 km の距離で 0.294 日ごとにガレ環の外側を公転している．天王星 III とも呼ばれる．直径は約 58 km．1989 年にヴォイジャー 2 号が発見した．

**内因性変光星** intrinsic variable
　明るさの変動が，*外因性変光星の場合のように自転や食などの外部過程ではなく，星自身の実際の光度変化によって引き起こされる *変光星．大多数の変光星はこの範疇に入る．

**内　合** inferior conjunction
　内惑星（すなわち，水星と金星）が地球と太陽の間にきて一直線に並ぶ瞬間．⇨合

**ナイフエッジテスト** knife-edge test
　*フーコーテストの別名．

**内惑星** inferior planet
　地球の軌道よりも太陽に近い（したがって半径が小さい）軌道をもつ惑星（すなわち，水星と金星）．

**ナオス** Naos
　とも座ゼータ星．O5 型超巨星で，知られている最も高温の星（表面 40000 K）．2.3 等．推定距離は 2000 光年で，太陽の 45000 倍の明るさをもつ．

**ナクライト** nakhlite
　*エイコンドライトの珍しい型．1911 年にエジプトのナクラに落下した隕石にちなんで命名された．この型の最初に知られた *落下隕石である．ナクライト（輝石-かんらん石エイコンドライトとも呼ばれる）は重量にしてほぼ 80 ％ の輝石鉱物と約 14％ の鉄に富んだかんらん石からなる．その組織はそれらが冷却中のマグマ中で形成されたことを示唆する．ナクライトは *SNC 隕石のクラスに属する．シャシニー隕石と共通してナクライトの形成年齢は 13 億年で，*照射年代は約 12 億年である．

**ナグラー接眼鏡** Nagler eyepiece
　1980 年にアメリカの光学機器製造業者 Albert Hirsch Nagler（1935～）が設計した超広角視野の接眼鏡．特徴は，複雑な 7 枚構造の設計（ナグラー 2 型は 8 枚）で，球面および色収差，コマ，非点収差そして視野の湾曲を補正しながら 82° の見かけの視野を生成する．その *瞳距離は非常にゆったりしており，視野周辺まで見え方が優れている．f/4 という口径比で使うとき最適であるように設計されている．

**NASA** National Aeronautics and Space Adminstration ➔ アメリカ航空宇宙局

**NASA 赤外線望遠鏡施設** NASA Infrared Telescope Facility, IRTF
　赤外線天文学用の 3 m 反射望遠鏡．特に太陽系天体用で，ハワイの *マウナケア天文台に 1979 年に開設された．NASA の委託でハワイ大学が運営している．

**ナシール（あるいはナセル）エディン** Nasir (or Nasser) Eddin ➔ トゥーシ

**ナスミス焦点** Nasmyth focus
　反射望遠鏡の焦点位置の一つ．主反射鏡で反射された光が副鏡で反射されて下向きに戻り，光軸上の高度軸の高さに置かれた平面斜鏡で 45° 折り曲げられて，望遠鏡架台の中空の高度軸を通ってこの焦点に達する．ナスミス焦点では，像の位置は常に静止しており，望遠鏡のつり合いに影響を与えずに重い装置を使用することができる．この配置はスコットランドの技師 James Nasmyth（1808～90）が考案した．

**夏時間** Summer Time
　昼間の時間をより有効に利用することができるように夏期に適用される *常用時の一つ．日光節約時間とも呼ばれる．大部分の国では春に標準時に対して時計を 1 時間進め，秋に再び標準時に戻す．

**夏の大三角** Summer Triangle
　1 等星 *ヴェガ，*アルタイル，および *デネブが作る北天の大きな三角形．北半球の夏および秋の夕方に最もよく見える．

**ナノメートル** nanometre（記号 nm）
　$10^{-9}$ m に等しい長さの単位．1 ナノメートルは 10 *オングストロームに等しい．

**ナフィールド電波天文学研究所** Nuffield Radio Astronomy Laboratories, NRAL
　イギリスのチェシャー州ジョドレルバンクに

あるマンチェスター大学の電波天文台．1945年に*ラヴェル（A. C. B.）が創設した．主要装置には，76 m *ラヴェル望遠鏡（以前はマークIA），1946年に建設された25×38 m 楕円マークII望遠鏡，および*マーリン長基線干渉計がある．

**軟 X 線**　soft X-rays

X線スペクトルでエネルギーが最も低いほぼ0.1〜2.5 keV（0.5〜12.4 nm）にわたる領域．

**難揮発性物質**　refractory

比較的高温で融解，もしくは沸騰（蒸発）する，あるいは同じ表現であるが，高温でガスから凝縮する元素あるいは化合物のことをいう．アルミニウム，カルシウム，およびウランがその例である．難揮発性物質は*揮発性物質の反対の概念である．

**南極光**　southern lights

南天オーロラの通称．→オーロラ

**ナンセイ電波天文台**　Nançay Radio Astronomy Observatory

パリの南方200 kmにあるパリ天文台の観測所．1953年に設立された．主要装置は1965年に開設された大型デシメートル波電波望遠鏡．球殻の一部の形をした，長さ300 m，高さ35 mの固定アンテナと，それに向かって電波を送り込む長さ200 m，高さ40 mの向きを変えられる平面アンテナからなる．[両者は数百m離れて向かい合っている]．木星と太陽からの電波バーストを検出するために1975〜8年に建設された．1982年に開設された電波ヘリオグラフは，腕の長さが3.2 kmおよび1.25 kmのT字形のアレイをもっている．

**南中**　→子午線通過

**南天位置基準星**　Southern Reference Stars, SRS

南半球における20488個の位置基準星の星表．北半球におけるAGK 3 R（→ AGK）を補足し，写真探査を較正するための全天の基準星を網羅することを目的としている．1961年から1973年までの間12の天文台で大部分が7.5等から9.6等までの等級範囲にある星の観測が行われ，*アメリカ海軍天文台とプルコヴォ天文台で統合された．結果は計算機で読める形式で1988年に発行された．

**南天写真星図**　Southern Sky Survey

赤緯−17°より南の空の写真星図．チリにあるヨーロッパ南天天文台の1 mシュミットカメラとオーストラリアのサイディングスプリング天文台の1.2 m *英国シュミット望遠鏡により共同製作された．二つの望遠鏡は，北半球の*パロマー写真星図を製作した1.2 mオシンシュミットと同じ焦点距離をもつので，両星図の*乾板スケールは同一である．南天写真星図は606対の赤色に敏感な乾板と青色に敏感な乾板からなり，赤色乾板はヨーロッパ南天天文台のシュミットで，青色乾板は英国シュミットで撮影された．

# ニ

**NEAR** near-Earth Asteroid Rendezvous
→地球近傍小惑星ランデヴー衛星

**二均差** variation
　月が地球を公転するときに太陽の引力の変化によって生じる月の経度の周期的擾乱．この擾乱は40′の振幅と*朔望月の半分の周期をもつ．なお，variationという語は歳差と固有運動の効果による星の座標の年変化をいう場合もある．

**肉眼** naked eye
　眼鏡あるいはコンタクトレンズ以外の光学的手段を用いない眼．肉眼限界等級は眼だけで見たときの最も暗い星の等級である．

**ニコルプリズム** Nicol prism
　直線偏光した光を作る装置．方解石結晶の菱形プリズムからなる．プリズムは，方解石を斜めに切断し，ガラスと同じ光学的性質をもつ樹脂のカナダバルサムで再接合して作製する．方解石は，光を互いに直角に偏光した二つの光束に分離する性質をもっている．そのうちの一方の光束はプリズムの中のカナダバルサムの層で全反射してカットされてしまう．ニコルプリズムが偏光装置としてポラロイド材料に優っている点は，光の全波長を等しく偏光し透過することである．スコットランドの地質学者で物理学者William Nicol (1768～1851) が考案した．

**ニサ族** Nysa family
　太陽から2.42 AUの平均距離にある二つの小惑星族の一つ．もう一つはヘルタ族である．それらはわずかだが明確に異なる*軌道傾斜角をもつ近隣の族である．両方とも単一の大きな小惑星 (すなわち (44) ニサ，直径68 km，軌道傾斜角3.7°，および (135) ヘルタ (直径80 km，軌道傾斜角2.3°) と直径が20 km以下の多くの小惑星からなる．ニサはEクラス，ヘルタはMクラスに属するが，ニサ族には珍しいFクラスに属する少数のメンバーがある．これらの族の一部の小惑星は2.50 AUの木星と3:1共鳴にある*カークウッド間隙に非常に近い．それらは力学作用によっていったん間隙に投げ込まれ，その後に地球横断軌道に放出される可能性がある．したがって，これらは重要な隕石源になりうる．ニサ自身は1857年にドイツの天文学者Hermann Mayer Salomon Goldschmidt (1802～66) が発見した．軌道は，長半径2.423 AU，周期3.77年，近日点2.06 AU，遠日点2.79 AU，軌道傾斜角3.7°をもつ．ニサは*アルベドが高いことで有名である．その値は0.4に近く，既知の小惑星中最高である．

**二次宇宙線** secondary cosmic ray
　一次*宇宙線が地球大気圏に突入したときに生成される原子的粒子のシャワー．この相互作用は最初に*パイオンを生成し，続いてパイオンは急速に*ミューオンに崩壊する．そしてミューオンの一部は電子に崩壊する．標高0の地球表面に到達する二次宇宙線の大部分はミューオンである．⇨宇宙線シャワー

**二次極小** secondary minimum
　**1.** *食連星の光度曲線における二つの極小のうち浅い方の極小．この極小は，伴星 (表面輝度が低い方の星) が明るい方の主星によって隠されるときに生じる．*アルゴル型変光星の二次極小は，両星の相対的輝度に依存して，ほとんど検出されないか，ほとんど*一次極小と同じくらい深いこともある．*こと座ベータ型星では二次極小は一次極小より浅いし，*おおぐま座W型星ではほとんど一次極小と同じくらい深いこともある．**2.** *おうし座RV型星の光度曲線の二つの極大の間のへこみ (光度が暗い部分)．

**二次クレーター** secondary crater
　より大きな衝突クレーターから投げ出された*噴出物が形成する小クレーター．二次クレーターは主クレーターの周囲に環状に集中する傾向がある．月面では，二次クレーターが最も多く見られるのはクレーターの外側にさらにクレーター直径程度離れたところであるが，水星上では表面重力がより高いためにもっと近接している．クレーターの外で1クレーター直径のほぼ半分より近くに落下する噴出物は非常にゆっくりと移動するのでクレーターを形成せずに，

噴出物ブランケット（→噴出物）として堆積する．二次クレーターを作る噴出物は，大気がなければ，惑星全体に広く分散するかもしれない．一次クレーターから遠くにある二次クレーターはかなり円形になる傾向があるが，近くの二次クレーターは形が非常に不規則である．これはより近い噴出物の速度が遅いためである．

**二至経線**　solstitial colure
　天の極と夏至点および冬至点を通る *時圏．

**二次元測光器**　area photometer
　銀河や星雲のように広がった天体の各点での光を同時に測定するための専用測光器．撮像測光器ともいう．今日の大部分の二次元測光器はCCDか赤外線アレイを用いたものである．

**21センチメートル線**　21-centimetre line
　自由空間に存在する中性水素原子による，振動数1420 MHz（波長は21.1 cm）の輝線あるいは吸収線．HI線あるいは中性水素線とも呼ばれる．1951年に発見された最初の電波スペクトル線であり，銀河系などにおける水素ガスの分布地図の作成およびその運動を研究するうえで貴重であることがわかった．21センチメートル線は基底状態にある電子のスピンの方向逆転（スピンフリップ遷移）によって生じる．

**二重クェーサー**　double quasar
　同一視線方向にある大質量銀河あるいは銀河団の重力レンズ効果によってその像が二つに分かれたクェーサー．発見された最初の例（0957+561 AとB）は，二つの像が6″離れている赤方偏移1.41のクェーサーである．この場合，レンズ作用は赤方偏移0.36の銀河団により引き起こされ，メンバー銀河の一つはクェーサー像からわずか1″離れたところにある．1979年のこの二重クェーサーの発見は重力レンズが存在することの最初の確認であった（日食のときに見られる太陽による光の小さい屈折の測定を除いて）．もっと複雑な重力レンズ効果で二つ以上の像を作り出している例もある．

**二重星**　double star
　互いに近接して見える2個の星．そのような対は二つのクラスに分けられる．すなわち，両者が重力によって結合されていない光学二重星と，星がその重心の周りを周回している物理的二重星である．用語"二重星"は前者のグループに制限されることが多く，後者に対しては*連星という用語が使われる．事実，光学二重星は比較的珍しく，大多数の二重星は実際には真の連星システムである．

**二重星団**　Double Cluster
　ペルセウス座にある4等の散開星団の対．NGC 869および884，あるいはペルセウス座hおよびχの名もある．それぞれ約1/2°の広がりをもつ．それらは銀河系のペルセウス渦巻腕に位置し距離は約7400光年，ペルセウスOB 1アソシエーションのメンバーである．NGC 869の方がメンバーが豊富で，NGC 884の150に対して約200個の星を含んでいる．両星団の年齢は数百万年にすぎない．[ペルセウス座h+χ星団とも呼ばれる]．

**二重線**　doublet
　スペクトル中の同一元素による二つの近接した線．例えば，589.0と589.6 nmのナトリウム二重線（ナトリウム*D 線）．二重線は電子が低い準位から二つの近接した上位の準位に遷移することから生じる．

**二重線連星**　double-lined binary
　二つの星が同様なスペクトル型をもつ分光連星．軌道回転のある位相では成分の視線速度が異なるためにスペクトル線が二重に見える．⇨単線連星，複合スペクトル連星

**二重二重星**　Double Double
　こと座の四重イプシロン星．この星は，双眼鏡あるいは目の良い人は肉眼でも，真の連星を形成する4.6等および4.7等の離れた二重星として見える．中規模の望遠鏡で見るとおのおのの星自身が二重星であることがわかる．イプシロン$^1$の名をもつ対は5.0等および5.1等のA 4型矮星とF 1型矮星からなり，1200年ほどの周期で互いを周回している．イプシロン$^2$の方は5.2等および5.5等のA 8型矮星とF 0型矮星からなり，公転周期は約1660年である．

**二重モード変光星**　double-mode variable
　*基本モードと副次的な倍振動とが重なり合った振動からなる複雑な変光を示す*脈動変光星．第一倍振動は*うなりケフェイドおよび他の型の変光星に見出される．ある種の*こと座RR型星における*ブラチコ効果は三倍振動の存在により説明されるように見える．

二色図　two-colour diagram
　*ジョンソン測光体系に基づいて星のU−BをB−Vに対してプロットした図．正常な化学組成をもつ星は，もし*星間吸収によって*星間赤化されなければ，この図上のきちんと整った系列上に並ぶ．この系列からのずれは二つの理由によって生じる．スペクトル型OあるいはBの高温星の場合は星間赤化によって生じ，この赤化は観測されるずれから測定できる．種族IIの星では，*金属量が低いために*紫外超過によってずれが起こる．このように，この図は多くの星の金属組成を測定する方法を提供し，わが銀河系中のいろいろな星の種族の分布を研究するのに有用である．[最近ではジョンソン系にこだわらずさまざまな測光系に基づいた多様な二色図が使われ，星ばかりでなく，銀河の研究にも広く応用されている]．

二色測光　two-colour photometry　→ BV測光

二色分割鏡　dichroic mirror
　特定の波長帯の光を反射させ，他の光を透過させる反射鏡．このような鏡は，特定の光を反射し他の光を干渉によって透過させる物質の薄膜（干渉膜）を何層か蒸着して作製する．例えば，典型的な二色分割鏡は青色光を透過し，黄色光を反射することができる．*星雲フィルター[や*狭帯域フィルター]も干渉膜を蒸着して作製する．

二スペクトル連星　two-spectrum binary
　*複合スペクトル連星の別名．

にせ十字　False Cross
　りゅうこつ座イオタ星とイプシロン星，およびほ座カッパ星とデルタ星の4個の星が形成する南天の十字形．*みなみじゅうじ座の本当の南十字と間違えられることがよくある．

二体問題　two-body problem
　二つの*質点の運動を調べる問題．数学的には，ある時刻における二つの質点の位置と速度が与えられたとき，過去あるいは未来の任意の時刻に対してそれらの位置と速度を求める問題ということになる．この問題は*ニュートン(I.)が最初に解いた．彼は一つの物体を回るもう一方の物体の軌道は楕円か，放物線か，それとも双曲線であること，そして系の質量中心が一定の速度で運動することを数学的に証明した．

日日数　day number
　1. 星表に与えられている星の平均位置からその星の視位置を計算するのに使う種々の数値で，*天体暦に毎日の値が与えられている．表に掲載される数値には章動，黄道傾斜角，および*ベッセルの恒星日日数がある．特に赤緯の大きな星に対しては，高精度計算に二次日日数が使われる．2. *ユリウス日の数値のうちの整数部．

日　没　sunset
　太陽の上部*リムが地平線の下に消える瞬間．⇨日の出

日没出入り　acronical
　日没時あるいは日没直後に天体が地平線から上昇あるいは地平線下に没すること．惑星は*衝のときは日没出入りである．

日面座標　heliographic coordinates
　太陽面上の諸特徴の位置を示すために用いられる緯度と経度．経度は任意の時刻における太陽の中心子午線から西側あるいは東側に測る．*キャリントン自転のシステムに対する経度で表すこともできる．*黒点などの特徴の日面座標は緯度および経度の格子から読み取るか，あるいは数学的な計算から導ける．どちらの場合にも観測時刻における太陽自転軸の位置角の値$P$，および太陽円盤中心の緯度$B_0$と経度$L_0$の値を知らなければならない．これらの値は天体暦に掲載されている．

ニックスオリンピカ　Nix Olympica
　1973年以前に*オリンポス山につけられていた名前．

ニッケル-鉄隕石　nickel-iron meteorite　→ 鉄隕石

日光節約時間　Daylight Saving Time
　*夏時間の別名．

日　射　insolation
　ある面に入射する太陽からのエネルギー量．地球大気圏の最上部における日射は*太陽定数と名づけられる．

日周運動　diurnal motion
　天球の日周回転のような地球の自転に伴う天体の1日の運動．

**日周光行差** diurnal aberration
　地球の自転による観測者の動きによって生じる*光行差による星の位置の変位．*年周光行差よりはるかに小さく，赤道上で 0.3″ にすぎない．

**日周差** diurnal inequality
　地球の自転によって観測者の位置が変化するために生じる，観測される天体運動の変化．恒星を背景とした惑星の位置は，観測者が自転する地球に載っているために，一夜を通じて見かけ上移動する．

**日周視差** diurnal parallax
　*地心視差の別名．

**日周秤動** diurnal libration
　地球上の観測者が，地球に面した月の半球の東と西の周縁付近を 1°近く裏側まで見ることができる効果．これは，月に対する観測者の位置が月の出と月の入りの間で変化するという事実から生じる（図参照）．日周秤動の量は地球上の観測者の位置に依存し，赤道の観測者に対する 57′03″ が最大である．

**日　食** solar eclipse
　月が太陽円盤を横切って通過することによって太陽が月に隠される現象．日食は，月が地球を回る軌道の交点の近くに位置する新月のときにだけ起こる．日食が毎月起こらないのは，月の軌道が傾斜しているために新月が普通交点の北か南に位置するためである．月の影は地表の限られた地域しか覆わないので，皆既日食が地球の特定の地点で見られることはまれである．理論的な皆既食の最長持続時間は 7 分 31 秒であるが，通常 3～4 分より長く続くことは少ない．皆既食の付近で，*シャドーバンドや*ベイリーの数珠を含む多くの興味ある現象が起こる．皆既食中に太陽*紅炎と*コロナが見られる．月の遠地点付近で起こる日食は*金環食となることがある．地上での皆既食帯あるいは金環食帯の両側では部分食が見られる．部分食は，その程度が約 0.9（90％）を超えなければ，ほとんど太陽が暗くなったようには見えない．

**日震学** helioseismology
　太陽表面の振動を観測してその内部を研究する学問分野．太陽の振動は大域的および局所的な規模の両方で起こる．局所的振動は太陽円盤の異なる場所における*フラウンホーファー線の小さなドップラー偏移を測定して求められる．振動の周期は平均 5 分間，極大速度は約 0.5km/s である．典型的には，振動のパターンは数千 km にわたって出現し，30 分間継続する．この振動は表面と内部の比較的浅い層の間を伝播する多くの p モードと呼ばれる定在音波振動の重ね合せによるものである．大域的振動は太陽全面からくる光のフラウンホーファー線のドップラー偏移により観測される．このような大規模振動は太陽表面から内部の最も深い部分まで伝播する p モードによる．振動周期は約 4～8 分の範囲にあり，平均 5 分である．

**日心黄緯** heliocentric latitude（記号 $b$）
　日心座標系（→日心座標）での緯度．黄道から北と南へ 0°から 90°まで測る．

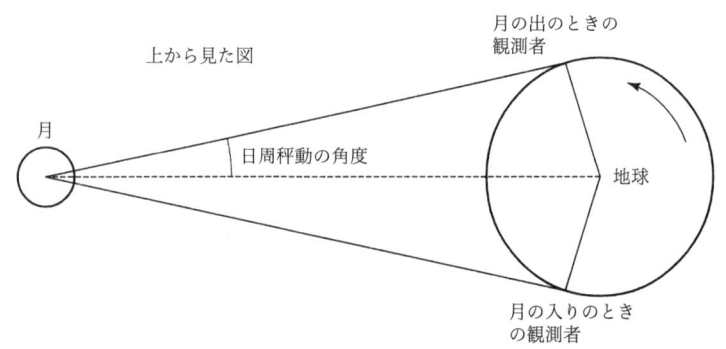

**日周秤動**：1 日のうちで月に対する観測者の位置がわずかに変化すること．

**日心黄経** heliocentric longitude

日心座標系(➡日心座標)での経度.春分点から黄道に沿って東回りに0°から360°まで度で測る.

**日心座標** heliocentric coordinates

太陽の中心を原点とする座標系.太陽系の天体の位置を記述する場合に用いられることが多い.*球面座標でもよいし,*直交座標でもよい.日心球面座標は*日心黄緯と*日心黄経で与えられる.この一つの変形である*重心座標は太陽系の質量中心(*重心)に準拠した位置を与える.太陽系の重心質量中心は太陽中心からわずかに離れている.

**日心視差** heliocentric parallax

*年周視差の別名.

**二電子再結合** dielectronic recombination

星雲や高温星間ガス中にあるイオンが10000Kより高い温度で電子と再結合する過程.イオンは電子をある特定のエネルギー準位に捕獲するが,その電子のエネルギーはそれより低い準位にある別の電子に輸送され,さらにその電子がより高い準位に励起される.この励起された電子が低い方の準位に戻るときエネルギーを放出し,イオンは再結合したといわれる.この過程に2個の電子が関与するので二電子再結合と命名された.

**二分経線** equinoctial colure

天の両極と春分点および秋分点を通る*時圏.

**二枚玉レンズ** doublet

*色消しレンズを作る二つの構成要素からなるレンズ.通常,一方は*クラウンガラスで,もう一方は*フリントガラスである.

**ニューカム,サイモン** Newcomb, Simon (1835～1909)

カナダ生まれのアメリカの数理天文学者.アメリカ海軍天文台航海暦局で(1877年に局長になった)月と惑星の軌道を精密化する広範な計画に着手した.(*ヒル(G. W.)は木星と土星の運動を割り当てられた).この計画では歴史的データが使用され,そのデータから,ニューカムは水星軌道の*近日点移動の非ニュートン的成分を発見した.これは後に*一般相対性理論によって説明された.太陽視差および他の天文定数の値を改良し,光速の測定法に関して*マイケルソン(A. A.)と共同研究を行った.

**ニュージェネラルカタログ** New General Catalogue, NGC ➡新一般カタログ

**ニュートリノ** neutrino

電荷をもたず非常に小さい(おそらく0の)*静止質量をもつ素粒子.ニュートリノは,静止質量が0ならば光速に等しい速度で走行する.ミューオンニュートリノ,電子ニュートリノ,およびタウニュートリノの三つの型が知られている.物質とは弱い相互作用しかしないので,星の中心核における核反応で生成されるニュートリノは外側にある物質と衝突せずに脱出できる.ニュートリノが0でない静止質量をつならば,宇宙の*ミッシングマスの一部は説明できるかもしれない.ニュートリノは*レプトンである.[東京大学宇宙線研究所の研究グループは1998年にニュートリノの静止質量が0でないことを発見した].

**ニュートリノ天文学** neutrino astronomy

天体から放出されるニュートリノの観測に基づく天文学をいう.ニュートリノはほとんど吸収されずに大量の物質中を通過する.例えば,太陽中心核での核融合過程で生成されるニュートリノは,太陽から脱出するときに$10^{10}$分の1の確率でしか吸収されない.しかしながら,観測では,理論が予測する太陽からのニュートリノ数の約3分の1しか検出されてない(➡太陽ニュートリノ単位).*超新星爆発の際にニュートリノバーストが起こると予測され,そのようなバーストが超新星1987Aから検出された.ニュートリノは数種の方法で検出できる.一つは,放射性同位体アルゴン$^{37}$Arを生成するニュートリノと塩素同位体$^{37}$Clの相互作用を利用する.ニュートリノによるガリウムからゲルマニウムへの変換($^{71}$Gaから$^{71}$Ge)を利用する検出器も製作された.巨大水槽を使うニュートリノ望遠鏡はニュートリノの存在だけではなく,それがやってくる方向も検出する.巨大水槽内部でニュートリノと電子が衝突すると,電子は*チェレンコフ放射を出す.この光を検出して解析するとニュートリノの存在と飛来方向がわかる.

**ニュートン** newton（記号 N）

力の単位．1 kg の質量を毎秒 1 m/s だけ加速するために必要な力として定義される．*ニュートン（I.）にちなんで名づけられた．

**ニュートン，アイザック** Newton, Isaac (1642〜1727)

イギリスの物理学者で数学者．1665 年と 1666 年に重力，光学および数学に関する彼の主要な理論を発展させた．1668 年に最初の実用的な反射望遠鏡を製作した．彼の業績の大部分は長い間発表されなかったが，その理由の一部は光の粒子理論に関する彼の初期の研究に対する*ホイヘンス（C.）とイギリスの科学者 Robert Hooke（1635〜1703）の批判のせいであった．しかしながら，1684 年に*ハレー（E.）が太陽系の天体力学に関する研究をまとめるよう彼を説得し，この研究は*プリンキピアとして刊行された．ニュートンの他の大きな仕事である光学は 1704 年まで発表されなかった．光学には光の粒子説および望遠鏡の理論が含まれている．彼の最大の数学的業績は，ドイツの数学者 Gottfried Wilhelm Leibnitz (1646〜1716) とは独立に微積分学を発明したことである．物理学と天文学への彼の深遠な影響は"ニュートン革命"という表現に反映されている．

**ニュートン-カセグレン式望遠鏡** Newtonian-Cassegrain telescope

副鏡で反射した収束光線を斜め 45°に置いた平面鏡（斜鏡）で鏡筒の側面に反射する形式の*カセグレン式望遠鏡．標準カセグレン式望遠鏡と異なり，主鏡は中央の孔をもつ必要がなく，焦点位置を架台の赤緯軸あるいは高度軸に一致させることができるので，観測位置（焦点の位置）が動かない．→ナスミス焦点

**ニュートン式望遠鏡** Newtonian telescope

光が放物面の主鏡で集光され，鏡筒内部の副鏡あるいはプリズムによって鏡筒の側面にある焦点に反射される反射望遠鏡．焦点は望遠鏡の視野方向に直角に位置する．像は反転されるが，横方向は逆転しない．口径比は f/3 より大きくなくてはならない．さもないとコマ(→コマ（光学的））が大きくなる．この型式は 1668 年に*ニュートン（I.）が発明した．

**ニュートン焦点** Newtonian focus

鏡筒の側面にある反射望遠鏡の焦点で，入射光と直角な位置にある．主鏡から反射された光は，鏡筒内のかなり高い位置にある斜め 45°に置かれた平面鏡（斜鏡）あるいはプリズムによってニュートン焦点の方に向けられる．標準的な*ニュートン式望遠鏡では，ニュートン焦点の口径比と焦点距離は主焦点と同じである．

**ニュートンの運動法則** Newton's laws of motion

物体の運動に関して 1687 年に*ニュートンが発表した三つの法則．
 1. 外力が作用しなければ物体は静止しつづけるかあるいは等速直線運動する．
 2. 力が作用するときに生じる加速度は力に正比例し，力が作用する方向に起きる．
 3. すべての作用に対して大きさが等しく，方向が反対の反作用がある．

[第 2 法則は数学的には $F = ma$ と書かれる．ここで，$F$ は力，$a$ は加速度，$m$ は力が作用する物体の質量である].

**ニュートンの重力法則** Newton's law of gravitation →万有引力の法則

**ニュートンの万有引力の法則** Newton's law of gravitation →万有引力の法則

**人間原理** anthropic principle

人間の存在が宇宙の性質に結びついていると

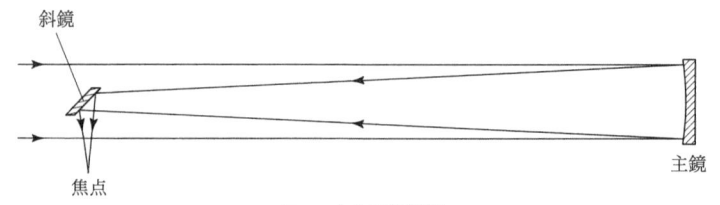

ニュートン式望遠鏡

いう命題．人間原理には種々の形態がある．最も論争が少ないのは，弱い人間原理（weak anthropic principle）である．それによると，人類が宇宙で特別な地位を占めているのは，人類が誕生し進化できたのは，そのような条件が整った時と場所があったからであり，宇宙の性質を解釈する場合はこの選択効果を考慮しなくてはならない，というもの．もっと思弁的な説（強い人間原理，strong anthropic principle）は，物理学の法則は人類の進化を可能にするような性質をもたなくてはならないと主張する．宇宙はどうやら人間の生命に合うように設計されているということを示唆しているために，強い人間原理は非常な論争の的になっている．

# ヌ

**ヌンキ** Nunki
　いて座シグマ星，2.0 等．距離 170 光年の B3 型準巨星．

# ネ

**猫の眼星雲** Cat's Eye Nebula

9等の*惑星状星雲 NGC 6543. 距離3000光年で, りゅう座に位置する. 1000年前ごろに中心星が噴き出したガスループの複合形状が猫の眼のように見える.

**熱圏** thermosphere

地球大気圏の外側の層. 熱圏は, 高度85 km (*中間圏界面より上) から500 km (*外気圏の下部) まで広がっている. 熱圏には電離層が含まれる. 熱圏では高度とともに温度が上昇し, 地球表面の500 km上部で1500°Cに達する. *流星および*オーロラは熱圏で起こる現象である.

**熱制動放射** thermal bremsstrahlung

*自由-自由遷移によって生成される放射の別名.

**熱電堆** thermopile

物体が放出する熱を測定するための装置. 感度を上げるために直列につないだ*熱電対から構成され, 発生する電流によって熱量を測定する.

**熱電対** thermocouple

熱を電流に変換する装置. 両端を結合した2本の異なる金属の線から構成される. 一方の接合部を冷たく保ちながら他方の接合部に熱を加えると, 電流が発生する. このようにして熱電対は, 放射熱に対する温度計として作動する. *熱電対は感度は低いが, マイクロ波領域から紫外線領域まで使用できる. 天文学では主としていろいろな波長域で作動するもっと敏感な検出器を較正するために使われる.

**熱平衡** thermal equilibrium

1. 二つの物体, あるいは物体とその周囲が同一温度をもっていてそれらの間に熱交換がない状態. 例えば, 望遠鏡の反射鏡は, 反射鏡のゆがみあるいは鏡筒内の空気流の発生を防ぐために, 理想的にはその支持器具および周りの大気と熱平衡状態にあるべきである. 2. 物体の利用可能なエネルギーが, 可能なあらゆる形態のエネルギーの間に均一に分布している状態. *熱力学的平衡ともいう. 例えば, 星の深部では放射の場, 運動エネルギー, 励起エネルギー, および電離準位はすべて等量のエネルギーをもっている. さらに, すべての過程が均衡しているので, 例えば, 1秒当たりのヘリウムの電離が自由電子とヘリウムイオンの再結合と同数だけ生じる. [熱力学的平衡にある物体からの放射は*黒体放射である]. 星の大気のモデル化をするときは近似として, 微小部分を取り出せばそこでは熱力学的平衡が実現している, とする*局所熱力学平衡の仮定をしばしば採用する.

**熱放射** thermal radiation

物体の熱エネルギーから生じる電磁放射. 熱放射は主として, *黒体放射と熱的な*自由-自由放射の二つの形態をとる. すべての物体は温度をもつために熱放射を放出する. 多くの天体の場合, そのような熱放射は黒体放射に非常に似たものとなるであろう. 自由-自由放射では, 電子がイオンの傍を通過して加速されるとき電子の熱エネルギーは放射に変換される. 高温のガス星雲からの電波放射の多くはこれで説明される. ⇒自由-自由遷移, 非熱放射

**熱力学的温度** thermodynamic temperature

物質がもつエネルギーに関係づけられる温度目盛. ケルヴィン (K) で測定する. 絶対温度とも呼ばれる. この目盛の零点 (0 K) が*絶対零度である. 熱力学的温度から273.16を引くと摂氏温度に変換できる.

**熱力学的平衡** thermodynamic equilibrium
→熱平衡 (2)

**ネーデルランド天文衛星** Astronomical Netherlands Satellite, ANS

紫外線およびX線天文学用のオランダの衛星. 1974年に打ち上げられた. 紫外線波長での広帯域光度測定用の0.22 m望遠鏡を搭載していた. さらに比例計数管検出器をもつ反射集光器からなる2台のX線装置が2～40 keV (0.03～0.62 nm) のエネルギー領域をカバーした. ANSは1976年まで稼動した.

**ネレイド** Nereid

海王星の最も外側の衛星. 距離は551万

3400 km で, 公転周期は 360.14 日. 海王星 II ともよばれる. 軌道は高度に扁平な楕円形で, 離心率は 0.75, 軌道傾斜角が 28° である. 直径は 340 km. 1949 年に *カイパー (G. P.) が発見した.

**年** year

太陽を公転する地球の公転周期. 拡張して惑星の軌道周期もいうことがある. 天文学的には地球の年はいくつかの仕方で定義できる. 恒星に準拠した実際の公転周期は *恒星年, 365.25636 日である. しかしながら, 星の位置は *歳差のために次第に変化する. そこで歳差を考慮に入れて, *平均分点を通過してから次に通過するまでの間隔を *太陽年または *回帰年と名づける. これは 365.24219 日である. 太陽年は, 季節変化に直接対応しているので, 最も普通に採用されている年の定義である. もう一つの年の形式は, 地球がその楕円軌道の近日点を通過してから次に通過するまでの平均間隔すなわち *近点年であり, 365.25964 日である. これは, 他の惑星の重力の影響による地球軌道のわずかな *摂動のために恒星年とはわずかに異なる. 天文学で使用するもう一つの年の定義に 346.62003 日の *食年がある. これは太陽が黄道と月の軌道との交点を通過してから次に通過するまでの平均間隔である. ⇒暦年

**年 差** annual equation, annual inequality

月の経度に見られる周期的な摂動. 地球の楕円軌道の各点で太陽重力が変化するために生じる. 年周差ともいう. それは 11′ の振幅と 1 *近点年の周期をもつ.

**年周光行差** annual aberration

太陽を回る地球の運動によって 1 年の間に生じる星像の位置の小さい変位. 年周光行差はりゅう座ガンマ星の天頂からの距離の変化の観測から 1728 年に *ブラッドレー (J.) が発見した. 光速に対する地球の平均速度の比は 20.5″ の光行差定数 (constant of aberration) を与える. これは, 星がその平均位置からずれて見える極大量である. 1 年の間に星は平均位置の周囲を運動するように見える. その動きは黄道の極にある星の場合は円形であり, 次第に平らになる楕円形を経て, 黄道上にある星の場合には直線となる. ➡ E 項

**年周視差** annual parallax

太陽を回る軌道上の地球の位置変化によって 1 年の間に生じる星の位置の見かけ上の差の極大値. 日心視差 (heliocentric parallax) ともいう. 変位の量はその星から地球と太陽の間隔 (1 AU) を見込む角度に等しい. ⇒三角視差

**年周変化** annual variation

年周歳差と固有運動によって生じる星の赤経および赤緯の年間の変化. これらの値は星表に示されている.

## ノ

**ノイマン線** Neumann lines
*ヘクサヘドライト鉄隕石の小片を切断し，研磨し，希薄硝酸で腐食するときに現れる長方形の微細な条線模様．ノイマン帯とも呼ばれる．この模様は立方体の面に沿って整列している．圧縮衝撃波によって生成される．ノイマン線は，ヘクサヘドライトで最も明白に見えるが，他の鉄隕石にも存在する．その発見者であるドイツの鉱物学者 Franz Ernst Neumann (1798~1895) にちなんで名づけられた．

**能動光学** active optics
望遠鏡の鏡に対する重力の変形効果を相殺して，反射鏡面の精密な面形状を維持する光学系．望遠鏡がガイド星を追跡するときにその星の像が分析され，反射鏡の背後にある多数のアクチュエーターが反射鏡を押し引きして精密な面形状を維持する．能動光学を採用した最初の大望遠鏡はヨーロッパ南天天文台の*新技術望遠鏡である．

**のがも星団** Wild Duck Cluster
たて座にある6等の*散開星団．NGC 6705 とも呼ばれる．眼で見ると，鴨が飛行するときのような扇形に見える．ほぼ1/4°の広がりをもち，距離は5600光年である．

**ノクターナル** nocturnal
北の周極星座の方位を用いて夜間に時間を知る目的で手にもつ昔の装置．時間を刻んだダイヤルと指標図からなる．指標図にはおおぐま座のいくつかの指極星が印されている．北極星を中心に回転して，指標図の印を指極星と一致させると，その日付に対して時刻が読み取れた．

**ノースポーラースパー** North Polar Spur
→北銀河スパー

**野辺山電波天文台** Nobeyama Radio Observatory
東京の西方120 kmの標高1350 mにある日本の国立天文台所属の電波天文台．1978年に設立された．主要装置は1982年に開設された45 mミリ波パラボラアンテナと野辺山ミリ波干渉計である．ミリ波干渉計は，二つの交叉する500 m基線に沿って移動できる6台の10 mアンテナからなる開口合成干渉計である．5台のパラボラアンテナで1989年に開設され，6台目のアンテナは1993年に追加された．野辺山電波ヘリオグラフも同じ場所に設置されており，T字形に配列された0.8 m口径の84台のパラボラアンテナから構成される．1992年に開設された．

**ノーモン** gnomon
*日時計で目盛に影を投げる部分．1本の棒，あるいは1つの平面を立て，その上縁が影を投げるようにする．上縁に飾りのあるノーモンもある．ノーモンが三角形の板である場合，影を投げる先端は*スタイルと呼ばれる．

**ノルディック光学望遠鏡** Nordic Optical Telescope, NOT
カナリア諸島のラ・パルマにある*ローク・デ・ロス・ムチャーチョス天文台で1989年に開設された2.5 m反射望遠鏡．この望遠鏡は高精度な表面をもつ薄い反射鏡を使用している．デンマーク，フィンランド，ノルウェーおよびスウェーデンの研究協議会の共同体が所有し，運営している．

# ハ

**バイエル, ヨハン** Bayer, Johann (1572～1625)

ドイツの法律家で天文学者．彼の星図*ウラノメトリア（1603）では，各星座中の主要な星に通常は明るさの順にギリシャアルファベットが付与されている．星につけたこの*バイエル名は現在も使われている．彼はまた，オランダの航海者が描いた12個の新しい南の星座を導入したので，ウラノメトリアは全天をカバーした最初の星図となった．

**バイエル名** Bayer letters

各星座ごとにおおよその明るさ順にギリシャ文字を配して星を名づけるシステム．1603年に*バイエルが自分の星図ウラノメトリアにおいて導入した．

**パイオニア** Pioneer

アメリカの宇宙探査機シリーズ．1958～59年に打ち上げられた最初のパイオニアは月探査機として意図されたが，どれも成功しなかった．1960～68年のパイオニア5～9号は太陽の軌道に入り，太陽活動と惑星間空間の状態を監視した．このシリーズの最後で最も有名なパイオニア10および11号は，木星に到達した最初の探査機で，木星を撮影し，その環境を調べた．1972年3月に打ち上げられたパイオニア10号は1973年12月に木星の近傍を通過した．1973年4月に打ち上げられたパイオニア11号は1974年12月に木星を通過し，1979年9月に土星に接近した最初の探査機となった．両方の探査機とも現在は太陽系外に出る途中にある．パイオニア10号は1983年6月に冥王星の軌道を横切った．

**パイオニアヴィーナス** Pioneer Venus

金星へ向けた2台のNASAの宇宙探査機．パイオニアヴィーナス1号（パイオニアヴィーナスオービターとも呼ばれる）は金星の周回軌道に入り，金星の雲を撮影し，レーダーによって表面の地図を作成した．パイオニアヴィーナ

### パイオニアヴィーナス

| 探査機 | 打上げ日 | 結　果 |
|---|---|---|
| パイオニアヴィーナス1号 | 1978年5月20日 | 1978年12月4日に金星の周回軌道に入った |
| パイオニアヴィーナス2号 | 1978年8月8日 | 1978年12月9日に金星大気圏に入った4台の小探査機を噴射した |

ス2号（マルチ探査機とも呼ばれる）は，降下中に金星の雲と大気を解析する4台の小探査機を噴射した．1台の小探査機は金星との衝突に耐えて，1時間にわたって金星表面から送信を続けた．

**パイオン** pion

中性，正荷電および負荷電という三つの形態で存在する不安定な素粒子．荷電パイオンは電子の電荷に等しい．荷電パイオンはミューオンとニュートリノに崩壊する．中性のパイオンは二つのガンマ線光子に崩壊する．パイオンは*中間子であり，パイ中間子（pi-meson）とも呼ばれる．

**背景雑音** background noise

電波源からの安定した信号に重なって観測されるランダムに変動するやっかいな電波信号．背景雑音にはいくつかの起源が考えられるが，最も重要なものは受信装置における電子のランダム運動（熱雑音）である．広い周波数帯域にわたって一様に広がっている雑音は白色雑音（white noise）と名づけられる．

**背景放射** background radiation

観測中の電波源以外から望遠鏡検出器あるいは受信装置に到達する電磁放射．電波天文学では背景放射は天の川から，そして*宇宙背景放射は宇宙全体からやってくる．赤外線天文学では大気圏および望遠鏡自体からの背景放射は相当な量になりうるが，望遠鏡および装置を注意深く設計することで低減できる．

**ハイゲン接眼鏡** Huygenian eyepiece →ホイヘンス接眼鏡

**パイ中間子** pi-meson →パイオン

**背　点** antapex →太陽向点

**パイプ星雲** Pipe Nebula

湾曲したパイプの形状をもつへびつかい座に

ある暗黒星雲．天の川における最大の暗黒星雲の一つで，数度の広がりをもっている．パイプの柄の部分はバーナード 59 およびバーナード 65～67 という名前をもち，煙草をつめる部分はバーナード 78 である．

**ハイペロン** hyperon
陽子あるいは中性子より重い *バリオン．この用語は廃語になりつつある．

**倍率** magnification
望遠鏡あるいは双眼鏡で見たとき対象を見込む角度が，同一対象を直接視したときに比べて見かけ上何倍増大したかを示す数値．望遠鏡の倍率は対物レンズあるいは反射鏡の *焦点距離を接眼鏡のそれで割った値である．同一の望遠鏡では倍率が大きくなるほど，像は暗くなる．望遠鏡の倍率には実際的な限界があり，mm で表した口径のほぼ 2 倍である．例えば，口径 100 mm の対物レンズは，*回折により決まる 200 という実際的な倍率限界をもつ．また *射出瞳の大きさにより決まる実際的な倍率の下限もある．射出瞳が眼の瞳より大きくなると，光が浪費され，倍率を低くしても像はもはやそれ以上は明るくならない．100 という倍率は 100 倍といういい方をすること，また×100 と書くことが多い．

**ハインドの深紅色星（クリムソン星）** Hind's Crimson Star
*赤色巨星のうさぎ座 R 星の俗称．その血のように赤い色に注目したイギリスの天文学者 John Russel Hind（1823～95）にちなんで名づけられた．この星は約 14 カ月の周期で 6 等から 12 等まで変化する *ミラ型星である．

**ハインドの変光星雲** Hind's Variable Nebula
おうし座にある *反射星雲．NGC 1555 とも呼ばれ，若い不規則な変光星である *おうし座 T 星に付随している．両方とも 1852 年にイギリスの天文学者 John Russel Hind（1823～95）が発見した．この星雲の明るさ，広がり，そして形態は数十年にわたって変化する．もっと短期間でも変化するが，その変化はおうし座 T 星自身の変光と星の近くの高密度な物質の雲による隠蔽によって引き起こされているのかもしれない．

**ハーヴァード修正測光星表** Harvard Revised Photometry, HR Photometry
実視等級 6.5 より明るい星の星表．1908 年に *ピッカリング（E. C.）がハーヴァード大学天文台で刊行した．9096 個の星のほかに，星表には 9 個の *新星または *超新星，4 個の *球状星団，および *アンドロメダ銀河が含まれている．この星表は *エール輝星カタログのさきがけとなった．

**ハーヴァード-スミソニアン天体物理学センター** Harvard-Smithsonian Center for Astrophysics, CfA
マサチューセッツ州ケンブリッジにある研究機関．1973 年に創設され，*ハーヴァード大学天文台と隣接する *スミソニアン天文台の研究活動を結びつけている．

**ハーヴァード大学天文台** Harvard College Observatory, HCO
マサチューセッツ州ケンブリッジにあるハーヴァード大学の天文台．1839 年に創設された．HCO はマサチューセッツ州オークリッジに望遠鏡を所有しており，現在は *スミソニアン天文台（SAO）が運営している．HCO は *マゼラン望遠鏡計画に参加している．HCO と SAO は共同で *ハーヴァード-スミソニアン天体物理学センターを運営している．

**ハーヴァード分類** Harvard classification
スペクトル特性にしたがって星を分類する分類法．1890 年に *ピッカリング（E. C.）がハーヴァード大学天文台で導入し，*ヘンリー・ドレーパーカタログの作製でその頂点が極まった．最初，星は A（最強）から P まで水素の吸収線（*バルマー系列）の強度にしたがって並べられた．結局は，いくつかの文字をつけ加えたり落としたりして，残ったスペクトル型は表面温度が高い順に O, B, A, F, G, K, M の系列に再配列された．20 世紀初頭に G, K, および M 型の炭素が豊富な変種（現在では *炭素星と呼ばれる）にスペクトル型 R および N が付与され，後に S 型（重金属線をもつ M 型星）が追加された（→ S 型星）．後にハーヴァード分類は *モーガン-キーナン分類にとって代わられた．⇒スペクトル分類

**バウショック** bow shock →頭部衝撃波

**バウツ-モーガンクラス** Bautz-Morgan class
銀河団の分類方式の一つ．銀河団における最も明るいメンバーと普通の明るさの銀河の対比が顕著であるかそうでないかに基づいている．クラスI銀河団では非常に大きい明るい超巨大銀河が他を圧して存在している．クラスIIIでは他を圧して目立つようなメンバーはない．クラスIIは中間的である．1970年にこの分類を発表したアメリカの天文学者Laura Patricia Bautz (1940〜) と*モーガン（W. W.) にちなんで名づけられた．

**バウワーズ望遠鏡** Bouwers telescope
オランダの光学機器製造業者Albert Bouwers (1893〜1972) が開発した，*マクストフ望遠鏡と同じ設計の望遠鏡．第二次大戦中の1940年になされた彼の設計の発表は，マクストフ望遠鏡の公表より前であったが，オランダがドイツに占領されていたためにほとんど注目されなかった．

**はえ座** Musca (略号 Mus，所有格 Muscae)
蝿をかたどる南天の小星座．最も明るい星は2.7等のアルファ星である．シータ星は5.7等および7.3等の二重星で，伴星は2番目に明るい*ウォルフ-レイエ星である．

**破壊的干渉** destructive interference →干渉

**ハギンス，ウィリアム** Huggins, William (1824〜1910)
イギリスのアマチュア天文家で分光学者．*キルヒホフ (G. R.) の業績に刺激されて，化学者William Allen Miller (1817〜70)，および後には妻のMargaret Lindsay Huggins，旧姓Murray (1817〜1915) に助けられて，一連の先駆的な分光学的観測を行った．1863年までにいくつかの星のスペクトルを得て，星は太陽のように白熱したガスからなり，地球にあるものと同じ元素を含んでいることを示した．1864年に*オリオン星雲のスペクトル中に星雲がガス状であることを確認させる緑色の線を検出したが，彼はこの明るい線を未知の物質によるものとし"ネビュリウム"と命名した．1868年に星のスペクトルに*ドップラー偏移の考えを適用して，*シリウスに対して*赤方偏移を

測定したが，これは後に誤りであることが判明した．これらの初期の観測はすべて眼視で行われたが，後年には写真乾板が改良されたので彼は写真撮影に転向した．ハギンスは，彗星，流星そして新星など多くの他の天体を分光学的に研究した．

**爆音火球** bolide
一度または数度の爆発音を伴う*火球．隕石の落下に関連することが多い．最初の爆音は落下本体が引き起こす爆音である．数個の大きな断片ができると，小さな爆音が続いて起こる．かなりの数の破片に分裂すると多くの衝撃波が発生し，最初の主要な爆音に続いてごろごろと鳴るにぶい雑音が生じる．

**白色光コロナ** white-light corona
皆既日食中あるいは*コロナグラフを使って可視光線で見た太陽コロナ．白色光の放射は自由電子 (*Kコロナ) と*塵 (*Fコロナ) によって散乱される太陽の光球からの光によって生じる．少量の可視光は輝線 (*Eコロナ) からきたものである．

**白色矮星** white dwarf
非常に質量の大きい星以外のすべての星の進化の最終結果である小さい高密度の星．白色矮星は核燃焼が停止したときに星の中心核が崩壊して形成されると考えられている．中心核は，その星の外層が*惑星状星雲の形で吹き飛ばされるときに露出して見える．そのような中心核は，自身の重力で収縮し，ついには地球に似た大きさに達すると，非常に密度が大きくなるので ($5\times10^8$ kg/m$^3$)，*電子縮退の圧力によってそれ以上崩壊しないように支えられる．白色矮星は，以前の核燃焼と重力収縮によって解放されて星内部に蓄積された熱のために，表面が高温な状態 (10000 K 以上) で形成される．しかし次第に冷却し，次第に暗くまた次第に赤みがかるようになる．白色矮星は太陽の近傍における星の30%を構成するが，光度が低いために（典型的には太陽光度の$10^{-3}$から$10^{-4}$) ほとんど目立たない．白色矮星に対して可能な最大質量は，*チャンドラセカール限界である1.44太陽質量である．それより大きな質量の天体はさらに収縮して，*中性子星あるいは*ブラックホールになる．⇒D型星

**パークス天文台**　Parkes Observatory
オーストラリアのニューサウスウェールズ州パークス町の近くにある電波天文台．連邦科学産業研究機構（CSIRO）が所有し，運営している．1961年に開設された64m電波パラボラアンテナをもっている．アンテナは電波天文学だけでなく，宇宙探査機を追尾するためにも使われている．1988年以来，*オーストラリア電波望遠鏡国立施設の一部である．

**バグ星雲**　Bug Nebula
さそり座の二重ローブ惑星状星雲NGC 6302．*双極星雲の例で，距離6500光年．⇒蝶型星雲

**はくちょう**　Hakucho
日本の最初のX線天文衛星．1979年2月に打ち上げられた．打上げ前はコルサBと呼ばれていた（コルサAは打上げに失敗した）．スピン衛星で，スピン軸方向に向いた比例計数管を搭載し，X線バーストの光度を研究した．

**はくちょう座**　Cygnus（略号Cyg．所有格Cygni）
白鳥をかたどった北天の顕著な星座．その主要な星が十字形をしているために時には北十字とも呼ばれる．その最も明るい星は*デネブ（はくちょう座アルファ星）である．*アルビレオ（はくちょう座ベータ星）は有名な*二重星である．もう一つの著名な二重星は*はくちょう座61番星である．はくちょう座P星は5等の変光する青色超巨星である．M 39は5等の*散開星団であり，NGC 6826は*点滅惑星状星雲として知られる星雲である．はくちょう座は天の川の中に位置し，魅力的な天体に満ちている．電波源*はくちょう座A，X線源*はくちょう座X-1，最も明るい矮新星，*はくちょう座SS星，*はくちょう座ループの一部である*網状星雲，*北アメリカ星雲，*グレートリフトなどがある．

**はくちょう座アルファ型星**　Alpha Cygni star
*非動径脈動を示す型の超巨星．略号ACYG．スペクトル型はBe-Ae Iaで，変光幅はほぼ0.1等である．多重脈動周波数が重ね合わさって，しばしば非常に不規則に見える光度曲線を示す．周期は数日から数週間にわたる．

**はくちょう座アルファ流星群**　Alpha Cygnid meteors
デネブ付近の赤経21h 00m，赤緯+48°にある見かけ上は定常な*放射点から7月と8月を通じて発生する流星群．活動の開始と終了の時期はあまり明確でない．観測される割合は毎時1〜3流星を超えることがなく，流星群が本当にあるかどうかわからない．

**はくちょう座A**　Cygnus A
はくちょう座にある距離約$10^9$光年の強い電波源．15等の巨大な*楕円銀河と同定された．最も強い銀河系外電波源である．中心源の両側に幅の狭いジェットがあり，その先に顕著な電波放出ローブをもつ古典的な*電波銀河である．1952年に初めて同定された可視光で見える銀河は異常な構造をもち，当初は衝突中の二つの渦巻銀河と解釈された．この解釈は後に否定されたが，はくちょう座Aのような巨大な楕円銀河がそれより小さな銀河の合体から生じたかもしれないという可能性はある．

**はくちょう座SS型星**　SS Cygni star
*ふたご座U型星の一つの型で，2〜6等の変光幅をもち独特で明白な爆発を示す．略号UGSS．1〜2日で増光した後，やや長時間かかって減光する．爆発の平均間隔は10日から数千日の範囲にある．変光幅，継続時間および個々の極大の形状には変動がある．大部分の星は明白な短い爆発と長い爆発を示すが，長い爆発は*おおぐま座SU型星の超極大とはまったく異なる．

**はくちょう座SS星**　SS Cygni
8等から12等まで変光する最も明るい*矮新星．約500光年の距離にある，主系列G型星と*白色矮星からなる連星系である．はくちょう座SS星は6.5時間の公転周期をもち，平均して50日ごとに爆発を起こすが，その間隔には大きなばらつきがある．アリエル5号とSAS-3号衛星によってX線源として同定され，1975年のアポロ-ソユーズ飛行中に検出された最初の4個の極紫外線源の一つである．

**はくちょう座X-1**　Cygnus X-1
はくちょう座の強いX線源．恒星程度の質量をもつ*ブラックホールの最初の有望な候補である．X線源は可視光では見えないが，距

離約8000光年の9等の青色超巨星HDE 226868と周期5.6日の*連星を形成している. 見えない伴星であるX線源は6〜15太陽質量をもつと計算されている. この質量は*中性子星の質量限界よりかなり大きく, それがブラックホールに違いないという証拠である. コンパクトな伴星の強い重力により主星の方からガスが引き込まれている. このガスは伴星に落下するときに非常に高い温度になるので, 科学衛星で観測されるX線を放出する.

**はくちょう座カッパ流星群** Kappa Cygnid meteors

弱い流星群. 8月17〜26日に活発である. 極大期(極大は*ZHR 5)は8月20日に起こり*放射点は赤経19h 20m, 赤緯+55°にある. この流星群は*火球が豊富なことで有名である.

**はくちょう座の割れ目** Cygnus Rift

*グレートリフトの別名.

**はくちょう座P型星** P Cygni star ➡かじき座S型星

**はくちょう座P星型線輪郭** P Cygni line profile

星からの強い物質流出を示すスペクトルの特徴. スペクトルに強い水素およびヘリウム輝線と, 輝線の青色側に隣接した吸収線を示すBe型星であるはくちょう座P星にちなんで名づけられた. 輝線と吸収線が組になったこの二重特性は, 放射圧か急速自転によって星から吹き飛ばされている物質流あるいは膨張する殻によって生じる. 膨張する殻のうちわれわれと星の間にある部分は, その星に対して青色側に偏移した速度で吸収線を生成する. 一方殻の他の部分は輝線を生成する. 物質がその星に落ち込んでいる場合は, 吸収成分は輝線に対して赤色側に偏移することがあり, *逆はくちょう座P星型線輪郭を生じる.

**はくちょう座ループ** Cygnus Loop

はくちょう座中の推定距離2000光年にある巨大な*超新星の残骸. ループは広がりが3°で100 km/s以上の速度で膨張している. 年齢は30000年と考えられている. 電波, 赤外線およびX線の強度分布は完全なループ構造を示している. しかしながら, 光学望遠鏡では, 有名な*網状星雲を含むループの断片しか見られない.

**はくちょう座61番星** 61 Cygni

はくちょう座にある距離11.4光年の*二重星. 5.2等および6.0等のK5型およびK7型矮星からなり, 650年あまりの周期で公転する. 1年に5.22″という肉眼で見える星のうちでは最大の*固有運動をもち(*ピアッジ(G.)が最初に測定したので, ピアッジの飛行星という古い名前がある), *ベッセル(F. W.)によって1838年にその*年周視差が最初に測定された星である.

**白鳥星雲** Swan Nebula

*オメガ星雲の別名.

**爆発型変光星** eruptive variable

爆発, 閃光したり急に暗くなったり突然の輝度変化を示す変光星. 変化は星の彩層あるいはコロナにおける活動により引き起こされ, 殻の噴出によって, あるいは強い*恒星風として質量の放出を伴うことがある. ⇨おうし座T型星, オリオン座FU型星, カシオペヤ座ガンマ星型星, かじき座S型星, かんむり座R型星, くじら座UV型星, 星雲型変光星, 不規則変光星, フラッシュ星, フレア星, りょうけん座RS型星

**爆発型連星** eruptive binary

連星系をなしている*激変星に対してしばしば使用される同義語. ただし実際は, *爆発型変光星の爆発機構は激変星のそれとは異なる.

**爆発紅炎** eruptive prominence

静かであったものが突然数百km/秒の速度で上昇し始め, ついには消えてしまう太陽の紅炎. *コロナ質量噴出に付随して太陽の周縁でしばしば見られる. 消滅*フィラメントは太陽円盤上でこの現象を見たものである.

**爆発後新星** post-nova

新星爆発の後でその星が静穏状態に戻った段階. 爆発の後数十年経ってもそのスペクトルはいぜんとして特徴的であり, HIおよびHeIの輝線をもち, HeII, CIII, およびNIIIのような高励起線を伴う場合がある. 爆発が観測されてない星でも, 時にはこのようなスペクトルが観測されることがある(静穏新星).

**爆発前新星** pre-nova
　実際に新星の爆発を起こす以前の状態にある星を指す用語. *激変連星であると予想されている. 今日まで, 詳細に研究された星が実際に新星爆発を起こしたことはないが, 数個の新星が以前の写真で同定されている. 爆発前の光度曲線も描くことができる少数の新星で, 爆発前1～5年の期間に (たぶん振動を伴った) 1～4等の増光を示すように思えるものがある.

**白斑** facula
　1. 太陽の光球上で他の部分より明るくて高温な斑点. 白色光で見え, *周辺減光を受けた太陽の*リム付近で最もよく見える. 白斑は黒点群が形成される直前に出現することが多く, 黒点が消滅した後も数日あるいは数週間見え続ける. 黒点からかなり遠く離れた高緯度の (極域) 白斑も発生する. 黒点付近の白斑と異なり, 極域白斑は太陽活動周期のうち活発化していく時期に最も多く現れる. 白斑は周囲の光球よりわずかに (300 K ほど) 熱い. 白斑には強い磁場 (0.1 テスラ) が存在し, この点は*彩層における明るい斑点 (*羊斑) や*彩層網状構造と同じである. 通常, 白斑は 150 km 程度の大きさをもち, 20 分ほど継続する小さい白斑輝点に分解できる. 白斑と巨大黒点内の構造, 特に黒点を横ぎる明るい物質の尾根である光の橋との間につながりの見られることが多い. 2. 惑星表面の明るい点. 複数 faculae. この名称は地質学的な用語ではなく, 例えばガニメデにおけるメンフィス白斑のように個々の地形の名称に使われる.

**薄膜化 CCD** thinned CCD
　紫外線および赤外線に対する*量子効率と感度を改善するために薄くした*CCD (電荷結合素子). これが必要になるのは, CCD の各*画素に結合する電極が光に敏感な表面の最上部に置かれ, 光の透過率を弱めるためである. これを克服するために, 高感度撮像用 CCD は, 典型的には $10\,\mu\mathrm{m}$ になるまで酸によるエッチングによってその背面から薄膜化される. そうして, 電極のある表面ではなく裏面から光を当てる (裏面照射). 専門用途の多くの CCD は裏面照射型の薄膜化 CCD である.

**薄明** twilight
　空が完全には暗くなっていない日の出前および日没後の期間. 太陽が地平線下にある位置によって, 三つの異なる薄明の期間が定義される. 日没から太陽の中心が地平線下 6°までの間は*常用薄明, 6°と 12°の間は*航海薄明, 12°と 18°の間は*天文薄明と呼ばれる.

**薄明線** crepuscular rays
　太陽光が*対流圏の塵粒子に散乱されて生じる大気現象. 散乱された太陽光が地平線にほんど接線方向になる日没後あるいは夜明け前の薄明時に見える. 遠くの雲の影が遠近法の効果で扇状になり光線が太陽から発散してくるように見える.

**バークレー-イリノイ-メリーランド連合アレイ** Berkeley - Illinois - Maryland Association Array, BIMA Array
　ミリ波観測用の電波干渉計. カリフォルニア州の*ハットクリーク天文台に設置されている. カリフォルニア大学バークレー校, イリノイ大学およびメリーランド大学が共同で所有し, 運営している. 10 基の 6 m アンテナから構成され, アンテナは南北に 1 km まで, 東西に 1 km まで基線に沿って移動できる. この装置は 1985 年に 3 基のアンテナで開設された. その後拡張され, 10 基目のアンテナは 1996 年に付加された.

**ハーシェル, カロライン ルクレチア** Herschel, Caroline Lucretia (1750～1848)
　ドイツの天文学者 (ドイツ語では Karoline). *ハーシェル (F. W.) の妹で, その業績によって広く認められた最初の女性天文学者. 1772 年にイギリスへ移住し, 兄の家政婦兼助手となり, 反射鏡を研磨するのを手伝い, 彼の観測を記録し, そして彼のカタログ作りの準備を行った. 1782 年に自分自身の観測を始め, さらに 8 個の彗星と数個の星雲を発見した. 1882 年の兄の死後ドイツへ戻った.

**ハーシェル, ジョン フレデリック ウィリアム** Herschel, John Frederick William (1792～1871)
　イギリスの科学者で天文学者. *ハーシェル (F. W.) のただ一人の息子. 父の*二重星と星雲の観測を継承し, 1834 年には喜望峰 (現代

の南アフリカ）から南天の探査を開始した．この探査により2100個以上の二重星，さらに1700個の星雲と星団を発見した．彼はそれらの発見を父の発見とともに星雲星団総合カタログ（General Catalogue of Nebulae and Clusters, *新一般カタログの基礎となった）に整理統合した．天文学に対する彼の他の業績には*太陽定数の最初の測定の一つと初期の測光器の開発が含まれる．彼は写真術の開拓者でもあった．彼の次男 Alexander Stewart Herschel（1836～1907）も天文学者であり，流星群に関する研究で知られている．

**ハーシェル，（フレデリック）ウィリアム** Herschel,（Frederick）William（1738～1822）

ドイツ生まれのイギリスの天文学者．音楽家でもあった．元の名は Friedrich Wilhelm．1757 年にイギリスに渡り，オルガン奏者になった．1773 年にウィリアムと前年にイギリスに移住した妹のハーシェル（C. L.）は天文学を始め，自分で製作した多くの望遠鏡のうち最初の望遠鏡で観測を行った．1781 年 3 月 13 日の天王星の発見により有名になり，ジョージ III 世王の直属の天文学者に任命された．王の後援を得て彼は当時は世界最大の口径 1.2 m の望遠鏡を製作することができた．1787 年に天王星の二つの最大の衛星を，1789 年に土星の衛星ミマスおよびエンケラドゥスを発見した．空の系統的な観測中に彼は多くの二重星および2000個以上の星雲と星団を観測し，それらのカタログを作成した．この仕事は息子の*ハーシェル（J. F. W.）が継続した．彼が行った二重星の観測は，多くの二重星が互いの周りを軌道運動していることを示した．空の異なる部分での星数を数えた結果から，太陽は，われわれが天の川として見ている偏平な星の体系に属していると推論した．7 個の明るい星の固有運動から太陽はヘルクレス座にある一点に向かって移動していると推論し，また 1800 年に温度計とプリズムを用いて赤外放射を発見した．

**ハーシェル式望遠鏡** Herschelian telescope

主反射鏡が傾斜していて，光を筒先の縁に収束するようにした反射望遠鏡．接眼鏡は筒先の縁に位置し，反射鏡を見おろしている．この設計では，反射は1回だけなので，反射による光の損失が最少である．これは反射鏡が*鏡金から製作されていた時代としては特に重要であった．しかし，*口径比が大きくないと*非点収差が生じる．この設計は*ハーシェル（F. W.）が発明し，自身の巨大 48 インチ（1.2 m）望遠鏡に使用したが，現在は歴史的な興味の対象でしかない．

**ハーシェル-リゴレ，彗星35P/** Herschel-Rigollet, Comet 35 P/

*ハーシェル（C. L.）が 1788 年に発見した周期彗星．1939 年にフランスの天文学者 Roger Rigollet（1909～81）が発見した彗星は同一天体の回帰であることがわかった．一度以上観測された周期彗星中現在の値で 155 年という最長の周期をもつ．近日点 0.748 AU，離心率 0.974，軌道傾斜角 64.2°をもつ．

**パシファエ** Pasiphae

木星の外側から 2 番目の衛星．距離は 2350 万 km．木星 VIII とも呼ばれる．逆行方向に 735 日で惑星を公転する．直径は 50 km で，1908 年にイギリスの天文学者 Philibert Jacques Melotte（1880～1961）が発見した．

**波状リル** sinuous rille

惑星表面にある急傾斜の壁をもつ長い曲がりくねった谷間．月面で初めて見られた．それらは地球上の溶岩溝や溶岩トンネルと似た特徴をもつが，川とは明白に異なる．例えば，通常はリルはクレーターに端を発し，下方に流れるにつれて大きくなるのではなく狭くなり，急に途切れ，そして時には分流（川の三角州の場合のように，主溝が二つに分裂する）をもつが，支流ではない．アポロ 15 号の飛行士が*ハドレーリルを訪れた後で，波状リルは 20～39 億年前に海の溶岩の噴出中に形成されたことが明らかになった．それ以降，波状リルは火星や金星でも同定された．

**波　数** wavenumber（記号 $\sigma$）

波長の逆数すなわち一定の距離の間に含まれる波の個数である．SI 単位は $m^{-1}$ である．例えば，波長 500 nm のスペクトル線は 1 m の中に 200 万個の波をもつので波数 200 万 $m^{-1}$ である．

**パスカル** pascal（記号 Pa）

圧力の単位．1 平方メートル当たり 1 ニュー

トンの力が働くときが1パスカルである。1パスカルは$10^{-5}$バールに等しい。したがって、海面での地球の大気圧は近似的に$10^5$パスカルに等しい。フランスの数学者で神学者 Blaise Pascal（1623～62）にちなんで名づけられた。[日常的に大気圧を表すにはヘクトパスカル（100パスカル）の単位がよく用いられる。1ヘクトパスカルは1ミリバールである]。

**バースト** burst
　X線あるいはガンマ線が突然強い放射を示す現象。観測されるバーストの継続時間は数百分の1秒ほどに短いこともある。放射源はバースターという名で呼ばれているが、光学的な対応天体は見つからないことが多い。

**パスバンド** passband →透過帯域

**パーセク** parsec（記号 pc）
　星の距離の基本単位。1秒角（1″）の*三角視差に相当する。いいかえると、頂角が1″の三角形の底辺の長さが1天文単位になる距離である。1パーセクは、3.2616光年、206265天文単位、あるいは$3.0857×10^{13}$ km に等しい。銀河および銀河間規模の距離に対してはキロパーセク（kpc＝$10^3$pc）やメガパーセク（Mpc＝$10^6$pc）を用いる。⇒光年

**パーソンズ，ウィリアム** Parsons, William
→ロス（第三代伯爵）

**裸の特異点** naked singularity
　*事象の地平線によって隠されていない特異点。*特異点とは、*ブラックホールの中心に存在するはずと理論で予測される密度が無限大な点である。ブラックホールが自転しているならば（*カーブラックホール）、事象の地平線を囲む領域をまったくなくすことができ、特異点が見える状態になる。一部の理論家は特異点は常に事象の地平線の背後に隠されていなければならないとする*宇宙検閲仮説を主張する。これが真実であるならば、非常に急速に自転しているブラックホールでは事象の地平線を保持するために何か未知の過程が作用していなくてはならない。

**ハダル** Hadar
　ケンタウルス座ベータ星。全天で11番目に明るい星。アゲナともいう。0.6等のB1型巨星であるが、約0.05等というわずかな変光幅

をもち、ケフェウス座ベータ型の変光星の一種である。3.9等の近接する星と*二重星を作る。距離は320光年。

**蜂の巣星団** Beehive Cluster
　散開星団*プレセペ星団の別名。

**はちぶんぎ座** Octans（略号 Oct．所有格 Octantis）
　八分儀（六分儀に似た観測装置）をかたどった星座。天の南極を含む。肉眼で見える極に最も近い星は*はちぶんぎ座シグマ星である。最も明るい星は3.8等のニュー星である。

**はちぶんぎ座シグマ星** Sigma Octantis
　南極の星。天の南極に最も近い肉眼で見える星。距離300光年、5.4等のF0型巨星。現在天の南極から約1°の地点にあるが、*歳差によってその距離はゆっくりと増大している。

**波長** wavelength（記号 $\lambda$）
　波の山と山あるいは谷と谷の間の距離。波長は波の速さを振動数で割った値に等しい。光速度 $c$ で伝播する振動数 $\nu$ の電磁波に対しては $\lambda=c/\nu$ である。電磁波の波長は電波の数百 m からガンマ線の$10^{-16}$ m までの範囲にある。

**波長板** wave plate
　一つの振動面内の光の位相をそれに垂直な振動面内の光の位相より遅らせるように作った透明な板。遅延板とも呼ばれる。遅延は普通、波長の4分の1（四分の一波長板）か半波長（半波長板）とする。四分の一波長板は楕円あるいは円偏光した光を直線偏光の光に変換する、あるいはその逆の変換に使われる。半波長板は直線偏光した光の偏光面の方向を回転させる。波長板は*偏光計で使用する。→偏光

**パック** Puck
　天王星の衛星。惑星から8万6010 km の距離にある10番目の衛星で、0.762日の公転周期をもつ。天王星XVとも呼ばれる。直径は154 km で、1985年に*ヴォイジャー2号が発見した。

**発見隕石** find
　落下は観測されなかったが、後に発見され同定された隕石。時には地球に到達してから数千年後になることがある。既知の隕石の約60%は発見隕石である。風化された*鉄隕石および石質-鉄隕石は風化された*石質隕石よりも容

易に同定されるので，収集された隕石のなかではこれらの隕石が過剰に多くなる．一方，*落下隕石は隕石型の真の割合を精確に反映する．

**発散レンズ** diverging lens
中央より周辺部が厚いレンズ．したがって入射する平行光線は1点から発散するように屈折される．負レンズともいう．発散レンズを通して見た光景は正立しているが，実際よりは小さく見える．スクリーンに写すことができる実像は作らないが，その代わりに虚像―レンズを通してのみ見ることができる像―を与える．⇒収束レンズ

**パッシェン系列** Paschen series
水素による近赤外スペクトル部分の吸収線あるいは輝線の系列．第三準位とそれより高い準位間の電子の遷移によって生じる．パッシェン$\alpha$線は1875 nmの波長をもち，系列の限界は820 nmである．ドイツの物理学者 Louis Carl Heinrich Paschen（1865~1947）にちなんで命名された．⇒水素スペクトル

**パッシェン-バック効果** Paschen-Back effect
強い磁場中にあるために，磁場によるスペクトル線の分裂が普通の多重分裂の程度を超える場合をいう．ドイツの物理学者（Louis Carl Heinrich）Friedrich Paschen（1865~1947）と Ernst Emil Alexander Back（1881~1959）にちなんで命名された．

**(アル-) バッターニ，ムハマド イブン ジャビル** al-Battānī, Muhammad ibn Jābir（858~929）
アラブの天文学者．現在のトルコに生まれた．ラテン語の名前はアルバテニウス（Albategnius）である．精確な観測の重要性を認識した最初のアラブ天文学者の一人である．プトレマイオスのアルマゲストよりも精確な星の位置を示すカタログを含む一連の表を作成した．これは中世のヨーロッパの天文学者に影響を与えることになる．アル-バッターニは，分点の歳差，黄道傾斜角，そして太陽年の長さなどの値を精密化し，1年を通じて地球-太陽の距離が変化することを見いだした．

**ハットクリーク天文台** Hat Creek Observatory
カリフォルニア大学バークレー校の電波天文台．カリフォルニア州カッセルの標高1040 mに設置されている．1960年に創設された．その主要装置は現在は*バークレー-イリノイ-メリーランド連合（BIMA）アレイと呼ばれるミリ波干渉計である．

**パップ** Pup（the）
*シリウス（犬星）の伴星で*白色矮星であるシリウスBの俗称．子犬の意味．

**ハッブル，エドウィン パウエル** Hubble, Edwin Powell（1889~1953）
アメリカの天文学者．最初は星雲を研究し，1917年に渦巻状の星雲（現在は銀河と呼ばれている）は*散光星雲とは性質が異なると結論した．散光星雲は星によって照明されたガス雲であることを見いだした．1923年からウィルソン山天文台の100インチ（2.5 m）望遠鏡を用いて渦巻星雲M 31およびM 33の外部領域を星に分解し，その中で30個以上の*ケフェイド変光星を同定した．これらの変光星から決められた距離は，そのような"星雲"が，わが銀河系や他の銀河と同じように本当は独立した星の系であることを証明した．1925年にいわゆる銀河の*音叉図を考案して，銀河を*楕円銀河，*渦巻銀河，および棒渦巻銀河に分類した．彼はそれらの銀河は進化の系列を示していると信じていた．1929年までに彼は*おとめ座銀河団のメンバーを含む20以上の銀河に対してみごとな距離の測定値を得た．スペクトルの*赤方偏移から明らかにされる銀河の速度と距離を比較して，銀河がその距離とともに増大する速度で後退していると結論した．これは*ハッブルの法則と呼ばれている関係であり，宇宙が膨張していることの強力な証拠となった．

**ハッブル宇宙望遠鏡** Hubble Space Telescope, HST
宇宙から観測するためにNASAとESAが建造した2.4 m反射望遠鏡．1990年4月に打ち上げられた．高度約600 kmの軌道を周回する．最初に搭載されていた装置は，広視野および惑星カメラ（WF/PC），微光天体カメラ（FOC），微光天体分光器（FOS），ゴダード高分解能分光器（GHRS），および高速測光器（HSP）であった．1993年12月のサービスミ

ッション中に宇宙飛行士が，主反射鏡製造時の誤りによって生じた望遠鏡の球面収差を補正するために，高速測光器の代わりに補正光学系（COSTAR）を据えつけた．彼らはまた，WF/PC を改良した WFPC 2 で置き換えた．1997 年 2 月の第二回サービスミッションのとき，宇宙飛行士は宇宙望遠鏡撮像分光器（STIS），また GHRS および FOS の代わりに近赤外線カメラ（NICMOS）を取り付けた．1999 年に計画されている第三回サービスミッションでは WFPC 2 に代ってハッブル探査用先進カメラ（HACE）が載せられる予定だろう．HST は NASA の*ゴダード宇宙飛行センターから制御されている．*宇宙望遠鏡科学研究所は望遠鏡の観測計画を立案し，データを収集している．HST のヨーロッパからの利用はドイツのガルヒンにある宇宙望遠鏡ヨーロッパ調整施設（ST-ECF）が管理しており，HST データのアーカイブを保持している．［1999 年に予定されていたサービスミッションは 1999 年と 2002 年の 2 回に分けて行われた．HACE は ACS（Advanced Camera for Surveys：探査用先進カメラ）と改名され，2002 年 3 月のミッションで取り付けられた］．

**ハッブル音叉図** Hubble's tuning-fork diagram ➡ 音叉図

**ハッブル-サンデージ変光星** Hubble-Sandage variable

1953 年に*ハッブル（E. P.）と*サンデージ（A. R.）が M 31 と M 33 の中で同定した極めて大質量で非常に明るい超巨大変光星．現在では*かじき座 S 型星として分類されているこの種類の星は，銀河に存在する最も質量の大きいそして最も明るい星の一つである．

**ハッブル時間** Hubble time

ビッグバン以降，宇宙の膨張率が一定であったと仮定したとき，宇宙が現在の大きさまで膨張するのに要する時間．ハッブル定数の逆数 $1/H_0$ で定義する．ハッブル定数の不定性に対応して，ハッブル時間は 90 億年と 180 億年の間でまだよく決まっていない．標準ビッグバン理論では，膨張は過去の方が速かったので，宇宙の実際の年齢は常にハッブル時間よりも短い．

**ハッブル図** Hubble diagram

銀河の*赤方偏移あるいは後退速度を，その見かけの等級，あるいはわれわれからの距離に対してプロットしたグラフ．*ハッブルの法則はこのようなプロットでは直線の形で示される．*ハッブルが 1929 年に提示した図は，宇宙が膨張していることを最初に示したものであった．現在，ハッブル図は主として宇宙の幾何学をテストするために使用する．極めて遠方ではハッブル図が直線からずれて曲線となるが，そのずれ方が宇宙のモデルによって変わるからである．［銀河の距離を測ることは難しいので，この図のように横軸に距離をとった図を作ることはめったにない．横軸には通常見かけの等級が使われ，そこにプロットされるのは，真の明るさが一定と考えられる特別な銀河（標準光源）である］．

**ハッブル定数** Hubble constant（記号 $H_0$）

*ハッブルの法則で，銀河の後退速度とその距離を関係づける数値．［後退速度を $v$，距離を $r$ とすると $v=H_0r$ と表される］．$H_0$ は宇宙

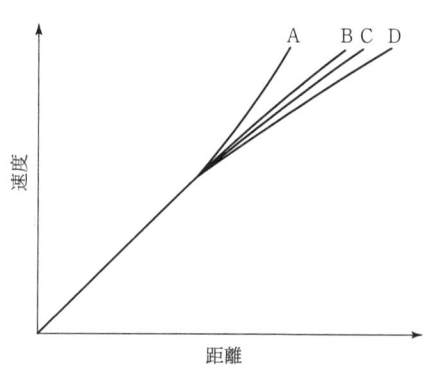

ハッブル図：銀河の距離をその後退速度に対してプロットする．距離が大きい場合，この関係の直線からのずれは宇宙論の理論をテストするのに利用できる．例えば，銀河が曲線 A にしたがうならば，宇宙はかつて現在よりもはるかに速く膨張してきており，いずれは崩壊することになる（すなわち，宇宙は閉じているという）．曲線 C は，宇宙の膨張が永遠に続くことを意味する（すなわち，宇宙は開いている）．曲線 B は，宇宙の膨張が無限の未来に停止する中間的な場合である（すなわち，宇宙は空間的に平坦である）．曲線 D は定常宇宙を表す．

の現在の膨張率を表す．この重要な宇宙論のパラメーターは普通，1メガパーセク当たり毎秒何kmという単位で与えられる．その値は精確にはわかっていないが，50～100 km/s/Mpcの間にあると考えられる．[最近の研究は70 km/s/Mpc程度の値であることを示唆している］．

**ハッブルの変光星雲** Hubble's Variable Nebula

いっかくじゅう座の反射星雲．NGC 2261 ともいう．不規則変光星いっかくじゅう座R星によって照らされている．星雲の変光は1916年に*ハッブル（E. P.）により検出された．おそらく星自身の光度変化と星雲内の高密度の雲による減光によって生じているのだろう．いっかくじゅう座R星は若い*おうし座T型星で，強い赤外線源である．それは活発な*双極流を示し，明らかに*原始惑星系円盤によって囲まれている．

**ハッブルの法則** Hubble law

宇宙の膨張を記述する法則．ハッブルの法則によれば，銀河の見かけの後退速度は，観測者からの距離に比例する．数式で表せば，
$$v = H_0 r$$
ここで，$v$ は速度，$r$ は距離，$H_0$ は*ハッブル定数である．この法則は1929年*ハッブル（E. P.）が提唱した．

**ハッブルパラメーター** Hubble parameter

[ビッグバン理論では，銀河の後退速度 $v$ と距離 $r$ は $v = Hr$ と表される．この比例定数 $H$ をハッブルパラメーターという．$H$ は時間とともに変化するが，その現在の値が*ハッブル定数である］．→ハッブル定数

**ハッブル半径** Hubble radius

光速 $c$ とハッブル定数 $H_0$ により $c/H_0$ として定義される距離．これは銀河の後退速度が光速に等しくなるような観測者からの距離を与える．おおざっぱにいって，ハッブル半径は観測可能な宇宙の半径である．*ハッブル定数の不定性に対応して，ハッブル半径は90億光年から180億光年の間でまだよく決まっていない．

**ハッブル分類** Hubble classification

銀河をその形態にしたがって分類するために広く使用されている体系で*音叉図にその分類系列が図示されている．系列は三つの基準に基づいている．すなわち，中心部のふくらんだ*バルジと偏平な*円盤の相対的大きさ，渦巻腕の有無とある場合にはその特徴，そして渦巻腕と円盤が星やH II領域へ分解される程度，である．この体系は*ハッブル（E. P.）が創始したものである．

この系列は円盤が存在しない丸い*楕円銀河（E 0）から始まる．$a$ と $b$ を測定した長軸および短軸の長さとするとき，銀河の偏平度は $10(a-b)/a$ で示される．Eの後の数字が偏平度を示し，E 0 に続いて E 1, E 2, E 3 のように偏平になる順に並べる．E 7 より偏平な楕円銀河は知られていない．この先には明確な円盤が見えるレンズ状銀河（S 0 銀河ともいう）がくる．次に分類は渦巻構造を示す*円盤銀河の二つの平行な系列，すなわち通常の渦巻銀河Sと棒渦巻銀河SBに枝分れする．渦巻型はSa, Sb, Sc, Sd（棒渦巻に対してはSBa, SBb, SBc, SBd）に細分される．この連続した細分型の順に腕の巻き込みがゆるくなり星とH II 領域への分解度が増し，バルジが次第に小さくなっていく．さらに二つの型の不規則銀河が定義される．Irr I 銀河はおそらく渦巻腕あるいは棒の兆候をもつ不定形で不規則な構造を示し，渦巻系列の末端に置くことができる．Irr II 銀河は非常に異常なので系列上のどこにも割り当てられない．もっともこの型は近くの宇宙では明るい銀河の約2％しか存在しない．この音叉図に示される系列が進化系列であろうという最初の誤った考えによって，楕円銀河とレンズ状銀河は早期型銀河，そして渦巻銀河およびIrr I 銀河は晩期型銀河と呼ばれるようになった．

銀河の色と銀河に含まれる星間物質の量は，ハッブル系列に沿って系統的に変化する．楕円銀河は赤色で，星間ガスあるいは*塵をほとんど含まないが，晩期型渦巻銀河および Irr I 銀河は青色で，かなりの量の星間物質を含む．暗い矮小な銀河（→矮小銀河）はハッブル分類には含まれていない．[ハッブル分類が作られた当時は，矮小銀河はまだ知られていなかった]．ハッブル分類のいくつかの変形版ではプラスとマイナスの記号を用いて，Sa$^+$ は Sa よりは晩

期であるが Sb⁻ よりは早期であるというように，クラスを細分している．

**ハッブル流　Hubble flow**
　宇宙の一様な膨張から生じる銀河どうしが互いに遠ざかる運動．観測者からの視線方向にすべての銀河が遠ざかるように見え，その速度は銀河の距離に比例する．実際に観測される銀河運動のパターンは，銀河間の重力相互作用のために，特にわれわれの近くでは，精確にはこの形ではない．例えばいくつかの近隣の銀河はわが銀河系の方向に運動している．しかしながら，遠方の銀河に対してはハッブル流が観測される．⇒ハッブルの法則

**バーデ，（ウィルヘルム　ハインリッヒ）ウォルター　Baade,（Wilhelm Heinrich）Walter（1893～1960）**
　ドイツ-アメリカの天文学者．1943年にアンドロメダ銀河で二つの異なる星の*種族があることを明らかにし，*ケフェイドにも両種族があって種族別に独自の周期-光度関係をもっていることを見いだした．彼は，種族Ⅰケフェイドの方がより明るいはずであることを示したが，アンドロメダ銀河にはそれに基づいて期待されるほど明るく見える星はなかった．バーデは，銀河はそれまで考えられていたよりも2倍以上遠くにあり，したがって宇宙はそれまで信じられていたより大きく，かつ年齢が古いと推論した．彼は，*ミンコフスキー（R. L. B.）と共同で電波源を，*ツヴィッキー（F.）と共同して*超新星を同定した．また，小惑星*ヒダルゴおよび*イカルスを発見した．

**馬蹄形架台　horseshoe mounting**
　*フォーク式架台の最上端が馬蹄に似た大きな円形軸受で支えられている*赤道儀式架台．この設計は大きな安定性をもち，パロマー天文台の200インチ（5m）ヘール望遠鏡のような大型望遠鏡に使われてきた．（図参照）

**馬蹄星雲　Horseshoe Nebula**
　いて座の*オメガ星雲の別称．

**バーデ-ヴェッセリンク法　Baade-Wesselink method**
　*ケフェイドほか，ある型の*脈動変光星の物理特性を決定する方法．視線速度の変化（星の膨張と収縮により生じる）と，等級およびスペクトルの変化を用いて全脈動周期にわたる相対半径，有効温度，および光度を求める．これらの量を用いて，見かけの光度，距離あるいは星間減光に関係なく，星の大きさおよび光度の絶対値を決定することができる．アメリカの天文学者*バーデ（W.）およびオランダの天文学者 Adriaan Jan Wesselink（1909～95）にちなんで名づけられた．

**バーデの窓　Baade's Window**
　いて座にある小さな空の領域．その方向では星の光を吸収する*塵が比較的少ないので，光学望遠鏡でわれわれの銀河系の中心領域とその背後まで見ることができる．この窓は，球状星団 NGC 6522 付近の銀経 0.9°，銀緯 −3.9° に位置する．*バーデ（W.）はこの窓を利用してわれわれの銀河系の*バルジにある*こと座RR型星を観測し，その距離を決定した．

**パテラ　patera**
　縦溝が刻まれたり扇形の縁どりがされている不規則な縁をもつ惑星表面のクレーター．複数形 paterae．"浅い皿"を意味するこの名称は地質学的用語ではなく，例えば火星上のウリセス・パテラあるいはイオ上のロキ・パテラのように，個々の地形の命名に使われる．

**馬頭星雲　Horsehead Nebula**
　馬の頭のような形をしたオリオン座の*暗黒星雲．バーナード33とも呼ばれる．約6′の長さをもち，オリオン座ゼータ星の南にある明るい星雲 IC 434 の中に突き出ているが，長時間

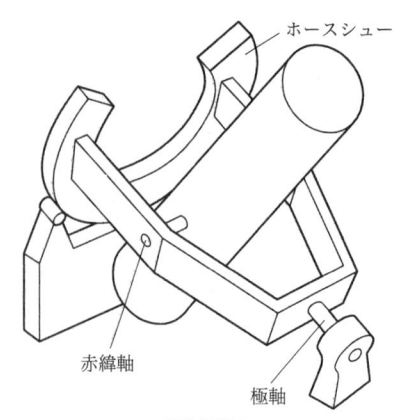

ホースシュー

赤緯軸

極軸

馬蹄形架台

露光の写真上でなければよく見えない.

**はと座** Columba (略号 Col. 所有格 Columbae)
鳩をかたどった南天の星座. 最も明るい星はアルファ星 (ファクト) で, 2.6等.

**バトラーマトリクス** Butler matrix
希望するビームの形状と方向を実現するために電波アンテナの*同期アレイの素子を結合するのに用いるケーブルの最適配列. アメリカの電子工学技師 Jesse Lorenzo Butler (1923〜) にちなんで名づけられた.

**ハトール** Hathor
小惑星2340番. *アテン群のメンバー. 1976年にアメリカの天文学者 Charles Thomas Kowal (1940〜) が発見した. 直径は約200 mである. ハトールは地球軌道の0.006 AU (*天文単位) (90万 km) 以内にまで接近する. その軌道は, 長半径0.844 AU, 周期0.78年, 近日点0.46 AU, 遠日点1.22 AU, 軌道傾斜角5.8°をもつ.

**ハドレー循環** Hadley circulation
惑星大気中で起こる赤道から極方向への空気の移動. 赤道付近の温かい空気が上昇して極方向へ移動する. そして移動しながら冷却され, 最終的には下部の空気より密度が高くなる. そのため表面に下降して赤道に回帰し, ハドレーセルと呼ばれる循環を完了する. 地球大気中の熱帯ハドレーセルは赤道の南北に約30°まで広がっているが, さらに二つのハドレーセルの組が存在する. 一つは緯度30°と60°の間, もう一つは緯度60°と極の間にある. それらは熱帯ハドレーセルほど顕著でもないし, 永続もしない. 金星では単一のハドレーセルが赤道から極方向に広がっている. イギリスの気象学者 George Hadley (1685〜1768) にちなんで名づけられた.

**ハドレー谷** Hadley Rille
月面の緯度+25°, 経度3°に位置する曲がりくねった谷. ハドレーリマとも呼ばれる. 月の歴史の初期に形成された長さ80 km, 幅1500 km, 深さ300 mの溶岩で削られた巨大な溝である. 1971年のアポロ15号の着陸場所であった.

**ハドロン** hadron
強い相互作用 (核力) に関係する重い基本粒子. ハドロンは, 陽子と中性子を含む*バリオンとパイ中間子を含む*中間子に分けられる.

**ハドロン期** hadron era
陽子, 中性子, π中間子, そしてK中間子のような原子核を構成する重い粒子が形成されたビッグバンの約 $10^{-6}$ から $10^{-5}$ 秒後の短い期間. ハドロン期が始まる前には*クォークは自由粒子のように振る舞っていた. ハドロンがクォークから形成された過程はクォーク-ハドロン相転移と呼ばれる. ハドロン期の終わりまでにすべてのハドロン種は崩壊あるいは消滅して, 陽子と中性子だけが残った. この直後に宇宙は*レプトン期に入った. ハドロン期とレプトン期を合わせて*放射優勢期という.

**バーナード, エドワード エマーソン** Barnard, Edward Emerson (1857〜1923)
アメリカの天文学者. 1892年に写真によって発見された最初の彗星を含めて, 16個の彗星を発見した. 1892年にはまた木星の5番目の衛星であるアマルテアを発見した. 天の川の星野写真の先駆的な研究から, 現在では*暗黒星雲と呼ばれている, 星が少ない領域のカタログを刊行した. 彼のカタログ番号 (Bの接頭辞をもつ) は今でも使われている. 1916年には*バーナード星を発見した.

**バーナード星** Barnard's Star
太陽に2番目に近い星. へびつかい座に位置し, 距離6.0光年. 見かけの等級が9.5のM5型矮星で, 太陽の2000分の1の光度をもつ. 1年に10.31″という既知のすべての星のうちで最大の*固有運動を示す. 1916年に*バーナード (E.E.) が発見し, その名をとって命名された.

**バーナードループ** Barnard's Loop
*バーナード (E.E.) が発見した, オリオン座にある距離約1500光年の大きな淡い*輝線星雲. それは14°にわたる半円弧で, オリオン星雲にほぼ中心がある. オリオンOBアソシエーションの若い星がループを電離する. ループは*超新星爆発によって300万年前に形成されたと考えられており, 10〜20 km/sで広がっている.

**場の方程式** field equations

電磁場(マクスウェル方程式)のような場の性質を記述する方程式.しかし,普通この用語は重力場によって生じる時空の湾曲を記述するアインシュタインの場の方程式を指すと考えられている.

**ハービッグ-ハロ天体** Herbig-Haro object, HH object

星が形成される領域に見いだされる*輝線スペクトルをもつ小さな星雲.この天体はその周囲に対して秒速数百kmという高速を示す.若い星からの高速ジェット流が星間物質にぶつかるときに形成される*頭部衝撃波であると信じられている.輝線は頭部衝撃波背後で冷えていくガス中のイオンや電子の再結合から生じる.アメリカ人George Howard Herbig (1920~)とメキシコ人Guillermo Haro (1913~88)にちなんで名づけられた.

**バービッジ,ジェオフリー ロナルドとバービッジ,(エレノア)マーガレット(旧姓ピーチェイ)** Burbidge, Geoffrey Ronald (1925~) and (Eleanor) Margaret (née Peachey) (1919~)

二人ともイギリスの宇宙物理学者.1948年に結婚しほとんどアメリカで研究した.彼らは*ファウラー(W. A.)および*ホイル(F.)と協同して星における*元素合成に関する詳細な理論($B^2$FH理論と称された)を発表した.バービッジ夫妻は*クェーサーや*活動銀河核も研究し,クェーサーが*セイファート銀河よりもっと活動的な変種であることを最初に示唆した.1970年にバービッジ(G. R.)は,ある楕円銀河では質量の25%しかその明るい成分で説明されないことを見出して,*ミッシングマスの問題を提起した.

**パーフォーカル** parfocal

同一の焦点位置をもつこと.例えば,1組のパーフォーカル接眼鏡は,望遠鏡の焦点を定め直すことなく互換できるよう製造される.

**バブコック,ハロルド デロス** Babcock, Harold Delos (1882~1968)

アメリカの太陽天文学者で物理学者.*バブコック(H. W.)の父.太陽スペクトルにおける*ゼーマン効果を研究し,1928年に2万本以上の太陽スペクトル線の波長を発表した.1952年に彼と息子は太陽マグネトグラフを開発し,それを用いて太陽表面の磁場を初めて測定した.

**バブコック,ホレス ウェルカム** Babcock, Horace Welcome (1912~)

アメリカの天文学者.*バブコック(H. D.)の息子.第二次大戦後,彼は父親と協力して太陽の研究を行った.1946年に彼は最初の*磁気星おとめ座78番星を発見した.また,アンドロメダ銀河の回転を研究した.

**バブル星雲** Bubble Nebula

カシオペア座の散光星雲NGC 7635.7等星を取り巻く暗い球状の星雲からなる.バブルは,水素雲内部の高温星からの*恒星風によってこの雲の中で発生したものである.

**ハマソン,ミルトン ラセル** Humason, Milton Lasell (1891~1972)

アメリカの天文学者.ウィルソン山天文台(初めは用務員として採用された)とパロマー天文台で仕事をした.1920年代に彼は,*アダムス(W. S.),Alfred Harrison Joy (1822~1973)らとともに数千個の星の絶対等級と視線速度を測定する長期計画に参加した.1930年から最初は100インチ(2.5 m)望遠鏡そして後に200インチ(5 m)望遠鏡を使って数百の暗い銀河の視線速度を測定し,次第に大きな赤方偏移の銀河を発見するにいたった.

**ハマル** Hamal

おひつじ座アルファ星.2.0等.K2型巨星で,距離78光年.

**波面** wavefront

波の同一位相にある点を連ねた仮想的な面.波面は波の進行方向に対して直角(接線方向)にある.

**波面補償光学** adaptive optics

天体の像に対する*シーイングの効果を実時間で抑制できる光学的設計.これは,星の像をできるだけ点状に保つように望遠鏡の光路に置かれた薄い反射鏡の反射面を高速に変形させて行われる.このシステムは,実際の星あるいは人工の星を基準として使う.人工星は,有害なシーイングを引き起こす空気層を通してレーザーを照射して作る.銀河のような広がった物体

も鮮鋭になる．この技法は地上に設置された望遠鏡の解像度を40倍に高めることができる．

**林トラック**　Hayashi track

完全な対流平衡にある星が進化するにつれてたどる*ヘルツシュプルング-ラッセル図上のほぼ垂直な経路．形成中の星（原始星）は林トラックを下降して*主系列まで到達する．時間とともに光度が低くなるが，ほぼ一定の表面温度を保持する．主系列を離れて*巨星分枝に向かう老齢の星ではこの過程が逆転する．日本の天文学者林忠四郎（1920～）にちなんで命名された．

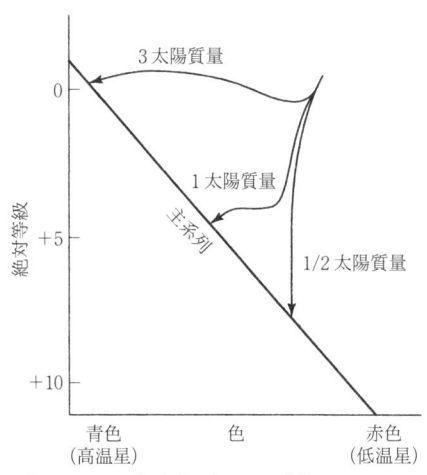

林トラック：主系列に向かって進化するいろいろな質量の星に対する林トラック（進化経路のほぼ垂直な部分）と*ヘニエイトラック（ほぼ水平な部分）．

**パラアキシャル**　paraxial

光学系の光軸に近くかつ平行な光線をいう．

**パラサイト**　pallasite

石鉄隕石のクラス．1772年にロシアのクラスノヤルスク付近で680 kgの試料を発見したドイツの博物学者Peter Simon Pallas（1741～1811）にちなんで命名された．パラサイトではニッケル-鉄金属中の空洞が硬いガラス状のケイ酸塩鉱物かんらん石で満たされている．金属とケイ酸塩の比率はほぼ同じである．

**パラス**　Pallas

小惑星2番．1802年に*オルバース（H.W. M.）が発見した2番目の小惑星．平均直径は538 kmで，2番目に大きい*主帯小惑星である．公転周期は7.81時間．形状は559×532×525 kmの三軸楕円体である．パラスはBクラスに属し，炭素質コンドライト隕石に似たスペクトルを示す．*衝のときの平均等級は8.0．*ヴェスタおよび*ケレスだけがこれより明るくなる．軌道は，長半径2.772 AU，周期4.62年，近日点2.12 AU，遠日点3.42 AU，軌道傾斜角は異常に高く34.8°をもつ．

**ばら星雲**　Rosette Nebula

5等の星団NGC 2244を囲み，1°の広がりをもついっかくじゅう座の*散光星雲．ばらの花飾りに似ているためにこのように名づけられた．この星雲の最も明るい部分は，NGC 2237, 2238, および2246というそれ自身のNGC番号をもっている．付随する星団は6等星はじめもっと暗い星からなり約1/2°の広がりをもつ．距離は5500光年である．

**パラボラアンテナ**　parabolic antenna

お椀状のアンテナ．入射する電波を椀の上部の焦点に向けて反射させる放物面の形をしている．皿アンテナ（dish antenna）とも呼ばれる．焦点には*フィードと呼ばれる集光器が設置される．高性能なパラボラアンテナはカセグレン設計であるものが多く，副反射アンテナがお椀中心の穴を通って下方の低い位置にある焦点に電波を向けるようになっている．パラボラアンテナは光学望遠鏡の主鏡と原理が同じである．

**パラメトリック増幅器**　parametric amplifier

電波天文学で用いる約1～100 GHzの周波数領域に対する増幅器．雑音を低減するために15～20 Kまで冷却する．パラメトリック増幅器は，ポンプと呼ばれる高度に安定な発信器からの信号にエネルギーを伝達することによって作動する．

**バリウム星**　barium star

スペクトル中にバリウムのような重い元素が異常に多いスペクトル型GあるいはKの*赤色巨星．Ba II型星あるいは重金属星（heavy-metal star）ともいう．中心核の周囲の殻の中でヘリウムが燃焼してより重い元素が生成される．バリウム星は*CH型星に似ているが，金

属がもっと豊富であり、*炭素星と見なすには炭素が不十分である。

**Ba II 型星** Ba II star
*バリウム星の別名。

**バリオン** baryon
原子より小さいクラスの粒子メンバーで陽子や中性子のほか、$\Sigma^+$（シグマプラス）や$\Omega^-$（オメガマイナス）のような他の多くの粒子も含まれる。*中間子（メソン）とともに、バリオンは、二つの主要な原子より小さい粒子のクラスの一つ*ハドロンを形成する。バリオンは複合粒子で、3個の*クォークから構成され、1/2の*スピンをもつ。陽子以外のすべてのバリオンは不安定で、陽子と他の粒子に崩壊する。⇒非バリオン物質

**バリオン星** baryon star
主として*バリオンから構成される星。陽子だけからなる星があったとしても、陽子の電気斥力によってその星はばらばらになるであろう。実際にはこの用語は*中性子星と同義語である。

**パリ天文台** Paris Observatory
フランス国立天文台。1667年に創設された世界で最初の天文台である。*カッシーニ（G. D.）が初代の所長であった。1876年に太陽研究のために創設されたパリの南方9 kmにあるムードン天文台を1926年に受継いだ。パリ天文台は*ナンセイ電波天文台も運営している。

**バリンジャー隕石孔** Barringer Crater →大隕石孔

**パリンプセスト** palimpsest
氷河のような流れによって滑らかにされた衝突クレーター。この用語はガニメデおよびカリストの凍った表面に見られる地形を指すために造られた。パリンプセストは時には同心円状の環の中心にある、明るい円形の地形からなる。

**バール** bar
大気圧を表すのによく使われる圧力の単位。1バールは$10^5$パスカルで、海面における地球の大気圧にほぼ等しい。ミリバール（100 Pa＝ヘクトパスカル）もよく使われる。

**はるか** HALCA
日本の電波天文衛星。*VLBI宇宙天文台の一部で、1997年の打上げ前はミューゼズBと呼ばれていた。HALCA（Highly Advanced Laboratory for Communications and Astronomy）は8 mの電波パラボラアンテナを搭載している。日本語で「はるか」は"遠く離れた"を意味する。

**パルサー** pulsar
極めて規則的なパルスを放射する電波源。1967年に最初のパルサーが発見されて以来600個以上のパルサーがリストされている。パルサーは直径20〜30 kmの高速で自転する*中性子星である。高度に磁化され（約$10^8$テスラ）、磁場の軸は回転軸に対して傾斜している。電波放射は磁極上部で荷電粒子が加速されるために生じると信じられている。星が回転するにつれて電波ビームが地球を掃くので、パルスは灯台からの光のように見える。典型的なパルスの周期は1秒であるが、1.56ミリ秒（*ミリ秒パルサー）から4.3秒までにわたる。中性子星が回転エネルギーを失うにつれて、パルスの周期は次第に長くなるが、少数の若いパルサーでは*グリッチと呼ばれる突然の擾乱が見られる。パルサーの精確なパルス間隔の測定は*連星パルサーが存在することを明らかにし、パルサーPSR 1257+12は惑星ほどの質量をもつ天体を伴うことが示された。少数のパルサー、特にかにパルサーとほ座パルサーからは可視光でもパルス（閃光）が検出された。

大部分の中性子星は超巨星中心核の崩壊による超新星爆発で創り出されたと考えられている。しかし、現在では、少なくともいくつかの中性子星は伴星からの質量の降着にしたがって白色矮星が中性子星に崩壊したというかなりの証拠がある（→リサイクルパルサー）。既知のパルサーの大多数はわが銀河系のメンバーで、銀河面に集中している。銀河系には約10万個のパルサーが存在すると推定されている。星間の*分散（2）とパルサーの*ファラデー効果の観測によって、銀河系での自由電子と磁場の分布に関する情報が得られる。

パルサーは、接頭語PSRとその後に続く普通は分点1950.0に対する赤経（4桁）と赤緯（2〜3桁）で表した近似的位置で命名される。座標が元期1950.0に対する場合はB、あるいは元期2000.0に対する場合はJを数字の前に

置く．[例：PSR B 0540−69]．

**バルジ** bulge
[円盤銀河（渦巻銀河とレンズ状銀河の総称）の中心部に見られる*回転楕円体状のふくらみ．種族IIの古い星からなる]．→渦巻銀河

**パルス** palus
惑星表面における斑紋のある地域．複数形paludes．"湿地"あるいは"沼地"を意味するこの名前は17世紀に月面の地形に対して初めて使用された．これは地質学的用語ではなく，例えば月面のプトレディネス・パルス，あるいは火星のオキシア・パルスのように，個々の地形の命名に用いる．

**パルス幅** pulse width
パルサーからのパルスの継続時間の尺度．ミリ秒あるいは[パルサーの1回転を360度として]度で測定する．パルス幅はパルサー間で大きく異なっているが，典型的にはパルス間隔の数％である．→パルスプロファイル

**パルス幅拡大** pulse broadening
星間物質の不規則性が電波を散乱することでパルサーからのパルス幅が広がる現象．パルス幅の拡大は電波周波数が低いほど顕著であり，パルスには特徴的な"尾"の形が現れる．*星間シンチレーションと密接に関係している．

**パルスプロファイル** pulse profile
パルサーからの信号強度の時間による変化．普通はパルス位相（パルス経度ともいい，パルサーの完全な1回転が360°の経度に相当する）に対してプロットする．パルスプロファイルはパルスごとに不規則に変化するが，非常に多数のパルスプロファイルの平均値である積分パルスプロファイルは個々のパルサーに固有である．プロファイルの形状はパルサーの放出領域の構造を反映すると考えられている．

**ハルトエベーステック電波天文台** Hartebeesthoek Radio Astronomy Observatory, HartRAO
南アフリカのヨハネスブルグ北西60 kmのガウテング県にある電波天文台．南アフリカ政府の研究開発財団が所有し，運営する．1961年から1974年まで月および惑星への無人探査機を追尾するために使用されたNASA地上基地の施設を引き継いで，1975年に設立された．

天文台はアフリカ大陸で唯一稼動している電波望遠鏡である26 mパラボラアンテナをもち，*超長基線干渉法（VLBI）を用いる種々のネットワークに参加している．

**ハルトマンテスト** Hartmann test
大型レンズあるいは反射鏡の焦点位置あるいは面形状精度を見つける方法．焦点位置を求める基本的なテストでは，中心の両側に等間隔で開けられた二つの孔をもつマスクを*対物レンズの前に置く．[反射鏡の場合は入射瞳の位置に置く]．星の像を焦点位置の前と後で撮影して，2対の像が生じる．次いでこれらの像を測定することで焦点が計算できる．レンズあるいは反射鏡の周辺の異なる帯域に対してこれを繰り返すとその面形状精度に関する情報が得られる．[実際には，レンズあるいは反射鏡と同じ大きさの板に多数の穴をあけたハルトマン板を用いることが多い]．ドイツの天文学者Johannes Franz Hartmann（1865～1936）にちなんで名づけられた．

**バルマー系列** Balmer series
スペクトルの可視域に見られる水素の吸収線あるいは輝線の系列．バルマー線とも呼ばれる．波長が減少する順序に，H$\alpha$（656.3 nm，赤），H$\beta$（486.1 nm，青緑），H$\gamma$（434.0 nm，青）と続き，364.6 nm（紫外線）のバルマー端に近づくにつれて互いにより近接するようになる．バルマー吸収線は，第二*エネルギー準位からより高い準位への電子の励起によって，輝線は電子が第二準位に再び落ちるときに生じる．スイスの数学者Johann Jacob Balmer（1825～98）にちなんで名づけられた．⇒水素スペクトル

**バルマージャンプ** Balmer jump →バルマー端

**バルマー線** Balmer lines →バルマー系列

**バルマー端** Balmer limit
星あるいは銀河のスペクトルの波長364.6 nmに見られる不連続端．バルマージャンプとも呼ばれる．水素の*バルマー系列の終端で生じ，この波長で原子が電離する．このジャンプの大きさ（すなわち，不連続端の両側における連続スペクトルの準位）は発光領域における物理的条件の重要な指標である．

**ハレー, エドモンド** Halley, Edmond (1656～1742)
　イギリスの科学者. 1676 年から 2 年間セントヘレナから南天を観測して過ごし, 1678 年に 341 個の星の星表を刊行した. これは望遠鏡による観測から編纂された南天の最初の星表であった. 彼は, 金星の太陽面通過の観測を用いて太陽の距離を測定できることを最初に示唆した. この測定は彼の死後長い間経ってから初めて実行された. 1683 年に長く続く一連の月の研究を始め, 1693 年に月の*永年加速を発見した. 1684 年に逆二乗則を導いた*ニュートン (I.) を訪ね, *プリンキピアを書くよう説得した. 1705 年に Synopsis of Cometary Astronomy (彗星天文学概要) を出版し, その中で 1682 年に彼が観測した彗星は 1531 年および 1607 年の彗星と同じものであると結論した. 1758 年に彗星が戻ってくることを予測し, 実際にそのとおりになった. 彗星はハレー彗星と名づけられた. 1718 年に彼は最も明るい星々はプトレマイオスの*アルマゲストの時代から位置を変えたと結論し, *固有運動を発見した. 2 代目の*アストロノマー・ロイヤル (1720 年から) として, その後完全な 1 *サロス周期に相当する 18 年間にわたる月と太陽の一連の観測を開始した. 1721 年に後になって*オルバースの逆説と呼ばれることになった問題を提起した.

**晴れ上がり (宇宙の)** decoupling → 脱結合

**ハレーション** halation
　写真乳剤を通して光が広がること. そのために, 記録された星の像は実際よりも大きく見えることになる. 乳剤に入る光が多いほど, 記録される像は大きくなる. 光が乳剤の微粒子を通って拡散し, 乳剤を塗ったガラスあるいはフィルムの裏面で反射するためにハレーションが起きる. ハレーションは, 像の大きさを測定することで星の明るさを求めることを可能にするので, 実用上有効である. [厳密には, ガラスやフィルムの裏面での反射に起因する現象をハレーション, 乳剤中の粒子の散乱に起因する現象を*イラジエーションと呼んで区別している].

**ハレー彗星** Halley's Comet (1 P/Halley)
　76 年の平均間隔で逆行軌道上を近日点に回帰する最もよく知られた周期彗星 (回帰間の時間は 74 年から 79 年の範囲にある). ハレー彗星は 240 BC 以来回帰ごとに観測されてきた. ハレー (E.) は 1705 年に, 1531 年, 1607 年および 1682 年に見られた彗星が同一であることを示し, 1758 年の回帰を首尾よく予言したので, この彗星には彼の名がつけられた. 1910 年にハレー彗星が地球から 0.15 AU (*天文単位) の地点を通過したときに, 0 等に達し, 尾は天球上で 100° に広がって, 地球は 5 月 20 日にその尾を通り抜けた. 1986 年の最も最近の回帰のとき (2 月 9 日に近日点, 4 月 11 日に 0.42 AU と地球に最接近), 3 等に達し, 尾の広がりは 10° であった. この機会に彗星を調べるため, *ジオット, *さきがけ, *すいせい, および*ヴェガ 1 号および 2 号の 5 台の探査機が送り込まれた. 彗星は*アルベドが 0.04 で, 大きさが 16×8 km の不規則な形の中心核をもつことが発見された. ハレー彗星は*みずがめ座エータ流星群および*オリオン座流星群の母体である. 近日点 0.587 AU, 遠日点 35.2 AU, 離心率 0.967, 軌道傾斜角 162.2° をもつ. 次は 2061 年に近日点に戻ってくる.

**ハロー (銀河の)** halo (galactic) → 銀河ハロー

**ハロー (大気の)** halo (atmospheric)
　薄晴れのときに太陽または月を取り巻くように見える光の環あるいは円弧. 薄雲中の氷結晶によって太陽光あるいは月光が屈折あるいは反射して生じる. 最も普通の太陽および月のハローは天球上で 46° という角直径をもつ. ハローの端はプリズム効果を示し, 青色光は外端の方に, 赤色光は内端の方に見える. ハローの端に向かって光が屈折されるために, ハロー内部にある空は外部よりも暗く見えることが多い. 月のハローは月が明るいときにだけ, 典型的には満月の 5 日以内にはっきりと見ることができる.

**ハロー軌道** halo orbit
　宇宙船が*ラグランジュ点の近傍にとどまるような軌道. 実際, ハロー軌道はラグランジュ点の周りに円形あるいは楕円形ループの形をとる. ハロー軌道を最初に用いた宇宙船は"*太陽/太陽圏天文台 (SOHO)"であった. 宇宙

船は地球と太陽間の $L_1$ ラグランジュ点の周りに約 65000 km の長半径をもつ楕円軌道に置かれた.

**ハロ銀河** Haro galaxy

スペクトルの青色および紫色領域の放射が異常に強いタイプの銀河. このタイプの銀河は 1956 年にメキシコの天文学者 Guillermo Haro (1914～88) が発見した. それらは強い輝線をもつ楕円あるいはレンズ状銀河であることが多い. 強い紫外放射は *活動銀河中心核, あるいは爆発的な星生成活動によると考えられている. ハロ銀河は *マルカリアン銀河に似ている.

**ハロー種族** halo population

*銀河系や他の銀河を取り巻く球状 *ハローに属する星. このような星は *重元素の含有量が少なく, 種族 II に属し, 太陽のような銀河円盤にある大部分の星よりも齢老いている. ハロー種族の星のいくつかは円盤内にも見出されるが, これらは銀河系中心の周りの細長い軌道上で現在たまたま円盤を通過しているにすぎず, 円盤の星に対して高速度なので容易に識別できる. →高速度星

**パロマー写真星図** Palomar Observatory Sky Survey, POSS →パロマースカイサーヴェイ

**パロマースカイサーヴェイ** Palomar Observatory Sky Survey, POSS

天の北極から赤緯 $-30°$ までの空の写真による掃天観測. カリフォルニア州 *パロマー天文台の 1.2 m オシンシュミット望遠鏡を用いて行われた. 1958 年に完了した最初の掃天観測は 936 の天域を写した 35.5×35.5 cm の大型写真乾板の対からなる. 各対は青色光に敏感な乾板と赤色光に敏感な乾板から構成されている. 各乾板の視野は 6.5° である. 国立地理協会が資金援助をした. この写真星図はパロマー写真星図あるいはパロマーチャートと呼ばれ, POSS の記号で示される. 第二次の掃天観測は, 最新の写真乾板を用い, 天の北極から赤道にかけて 1985 年に開始された. 青, 赤, および赤外光により 897 の天域を撮影した. 視野間の重複は最初の掃索よりも大きい. [第二次の観測も完了したため, 第一次の観測を POSS- I, 第二次を POSS-II として区別している].

**パロマーチャート** Palomar Observatory Sky Survey, POSS →パロマースカイサーヴェイ

**パロマー天文台** Palomar Observatory

カリフォルニア州サンディエゴの北東 80 km の標高 1706 m にある天文台. パサデナのカリフォルニア工科大学 (Caltech) が所有し, 運営している. 1934 年に創設されたが, 完成は第二次大戦のために遅れた. 主要装置は 200 インチ (5 m) ヘール望遠鏡である. 1948 年に開設され, 天文台の創設者 *ヘール (G. E.) を記念して命名された. 1948 年から 1.2 m オシンシュミット望遠鏡も稼動している. このシュミット望遠鏡は天文台の後援者 Samuel Oschin にちなんで命名され, *パロマースカイサーヴェイ (POSS) の作製に使われてきたが, 1985 年には新しい補正板が取り付けられた. パロマー山には 1970 年に開設された 1.5 m 反射望遠鏡, および 1936 年に開設された 0.46 m シュミット望遠鏡もある.

**バーローレンズ** Barlow lens

普通は二重レンズ系で, 接眼鏡の倍率を増すために望遠鏡の焦点の前に置く発散レンズ. 典型的なバーローレンズは望遠鏡の焦点距離を実際上 2 倍にする. したがって望遠鏡に使用する接眼鏡の倍率を倍増する. バーローレンズと接眼鏡の間の距離を変えることでその値をいくらか変化させることができる. 1834 年にイギリスの物理学者で数学者の Peter Barlow (1776～1862) が発明した.

**パワースペクトル** power spectrum

信号 (あるいは他の関数) の強度が周波数とともに変化する様子をプロットしたもの. 普通, パワースペクトルはその信号のフーリエ変換によって作成される.

**ハワーダイト** howardite

カルシウムに富んだ *エイコンドライト隕石. 斜長石-紫蘇輝石エイコンドライトとも呼ばれる. イギリスの化学者 Edward Charles Howard (1774～1816) にちなんで名づけられた. ハワーダイトは *角礫岩でありその集合組織が月の表土で見出された角礫岩のものに類似している. 明らかに衝突過程によって母天体の

表面で形成されたと思われる．ハワーダイト中に見られる断片の大部分はユークライト（斑糲岩）およびダイオジェナイト物質に似ている．ハワーダイトは明らかに石鉄＊メソシデライトに関係している．⇒玄武岩エイコンドライト

**パン** Pan

知られている土星の最内部の衛星．13万3583 km の距離で A 環内に位置する．土星 XVIII とも呼ばれる．公転周期は 0.575 日，直径は約 20 km．＊ヴォイジャー 2 号が 1981 年に撮影した写真上で 1990 年に発見された．

**半暗部** penumbra

太陽黒点のやや明るい外側の領域．約 5500 K の温度をもつ．小さい黒点には半暗部がないことも多いが，成熟した黒点では半暗部がよく発達し，全黒点面積の約 70% を占める．半暗部は中心の暗部から放射されるフィラメントから構成される．これらのフィラメントは暗部よりは明るいが，周囲の光球よりは明るくない．フィラメントは 1 時間ほど持続する光の微粒子からなり，半暗部の方向に漂流して，そこで暗部輝点になる．暗部輝点は小さい光球粒状斑（グラニュール）である．半暗部とそのすこし背後で＊エヴァーシェッド効果と呼ばれる水平な外側へのガス流が起こる．磁場の強度は約 0.1 テスラで暗部より小さく，暗部の場合よりももっと水平に近い並び方をしている．成熟した黒点の半暗部の外側には ＊Hα 光で見える放射状の＊すじ模様—超半暗部（superpenumbra）が見られる．→粒状斑模様

**半影** penumbra

惑星あるいは衛星が空間に投げかける影の外部領域．半影内の観測者は＊半影食を見ることになる．半影は暗くて狭い＊本影を囲んでおり，半影は本影のすぐ隣りの部分が最も暗い．月食のとき月は地球の影の本影の通過前後に半影を通過する．

**半影食** penumbral eclipse

月が本影の少し北側あるいは南側で，地球の影の暗さが弱い＊半影しか通過しない月食．普通はそれとわかるほどには暗くならない．地球の大気圏が（例えば，火山の噴火後などで）濃い塵で満たされるときは，半影食は通常よりも暗くなる．

**晩期型銀河** late-type galaxy

渦巻銀河あるいは不規則銀河．この名前は，＊ハッブル分類の＊音叉図上での，これらの銀河の位置に由来する慣習的な呼び名である．同じような理由で，早期型の Sa あるいは Sb 型渦巻銀河に対して，Sc 型あるいは Sd 型銀河を晩期型渦巻銀河ということがある．⇒ハッブル分類

**晩期型星** late-type star

表面温度が太陽より低いスペクトル型 K，M，C，あるいは S 型の星．G 型星を含めることも多い．晩期型星は，＊主系列上にある場合，太陽より低光度であるが，それらが＊巨星か＊超巨星であるときは太陽よりも光度が大きい．"晩期"という名称は K あるいは M スペクトルをもつ星は進化して老齢であると誤って考えられたときの名残である．⇒早期型星

**半規則型変光星** semiregular variable

中期型あるいは晩期型のスペクトルをもち，その変光の規則性が通常より大きいか小さいような＊巨星あるいは＊超巨星の変光星．略号 SR．変光幅（平均 1〜2 等）は＊ミラ型星よりは小さく，平均周期は 20 日から 2000 日以上にまでわたる．四つの型に細分される．SRA は，変光幅（2.5 等より小さい）と光度曲線の形は変化するが，変光周期はまず変わらない巨星，SRB はときどき周期的変光を示す巨星で，ゆるやかで不規則な変光（時には変光幅が結構大きい），または一定の明るさが続く期間さえもが入り混じって現れるのが特徴，SRC は中程度の周期性と狭い変光幅（約 1 等）をもつ超巨星である．これら三つの型は M，C，S，あるいは Me，Ce，Se のスペクトル型をもつ．SRD は F，G，あるいは K のスペクトル型を示す巨星あるいは超巨星で，時には輝線を示すこともあり，また 0.1〜4 等の変光幅をもつ．

**半球アルベド** hemispherical albedo

惑星のような光らない天体に入射する光のうち表面により散乱される割合を入射角の関数として表したもの．天体は入射する平行光線をすべての方向に反射する散光表面をもつ球と想定する．

**半禁制線** semi-forbidden line →禁制線

**半径-光度関係** radius-luminosity relation

\*脈動変光星の半径と光度の関係．半径は視線速度曲線から求められる．視線速度曲線は一般に光度曲線とは異なる位相をもち，位相のずれの量は変光星の特定の型によって違う．例えば，ケフェウス座ベータ型星では光度曲線は視線速度曲線よりもほとんど正確に4分の1周期だけ遅れているので，最大光度は最小半径に対応する．これに対して，\*ケフェイドおよび\*こと座RR型星では最大光度は膨張速度が最大になる中間半径のときに対応する．

**半　月** dichotomy

地球から見たとき，太陽によって月や惑星円盤の半分が照射されるように見える瞬間をいう．月の場合のこの位相は，新月と満月の間に起こるときは上弦 (first quarter)，満月と新月の間に起こるときは下弦 (last quarter) と呼ばれる．惑星の場合，この用語はもっぱら金星と水星に使われる．

**半減期** half-life

放射性物質において，当初存在した原子数の半分が放射性崩壊をするのに要する時間．不安定な素粒子の場合はそれらが自然に他の粒子に変換するに要する平均時間．後者の例は自由中性子が陽子と電子になる\*ベータ崩壊である．

**反彩層** reversing layer

星のスペクトルの暗い\*フラウンホーファー線を生じるとかつて想定された，星（特に太陽）の大気の最上層部にある想像上の領域．19世紀の末に太陽の\*彩層がこの反彩層（そのスペクトルはフラウンホーファー線が反転して輝線として見える）と考えられたが，現在ではフラウンホーファー線は連続スペクトルとともに\*光球で生成されることがわかっており，また反彩層と光球の区別も定かでない．したがって現在は反彩層は存在しないと考えられている．

**反射鏡** mirror

光を反射する光学要素．反射鏡には，反射のときに光線を単に横方向に曲げる平らな鏡（平面鏡）と，光線を集光あるいは発散させて像を形成する凹面鏡あるいは凸面鏡がある．光学装置に使われる反射鏡は，背面をコーティングする家庭用鏡と異なり，鏡の前面を\*アルミニウム蒸着によりメッキする．天体像は非常に鮮明であることを必要とするので，反射鏡の表面形状は精密でなくてはならない．一般に，天文学で用いる反射鏡の形状は，反射される光の波面の差を表面全体にわたって光の4分の1波長以下（\*レイリー基準）に抑えなくてはならない．⇒分割鏡

**反射鏡素材** mirror blank

反射鏡に仕上げられる予定のガラスあるいは他の適当な材料の円盤．円盤として鋳込まれるか，延べ板から切断される場合もある．反射鏡が変形しないために必要な，直径と厚さの比は普通少なくとも6:1である．仕上げられた反射鏡の精密な表面が温度変化によって変形するのを回避するためには，パイレックスのような低膨張ガラスが望ましい．［最近の大口径望遠鏡では，反射鏡を軽量化するために厚みを極端に薄くしたメニスカスの反射鏡素材を用い，\*能動光学によって精密な表面を保つ．例えば\*すばる望遠鏡では有効口径8.2mに対し，厚みはわずか20cmしかない］．

**反射効果** reflection effect

近接した伴星が一方の星からの光を反射（より厳密には，吸収，散乱，そして再放出）すること．この効果は，低温で暗い方の伴星が主星によって照射される多くの近接連星で見られる．

**反射格子** reflection grating

反射するコーティングで溝が刻まれている\*回折格子．格子の形状は平面でも凹面でもよく，後者は光を焦点に集めることができる．反射格子が\*透過回折格子より優れている点は，光が格子材料を通過しないので吸収されることがなく紫外線から赤外線まで広がるスペクトルを作ることである．

**反射スペクトル** reflectance spectrum

惑星，惑星の衛星，あるいは小惑星の表面から反射される太陽光のスペクトル．表面の種々の鉱物がそれぞれ特徴的な仕方で太陽光を反射するので，ある天体の反射スペクトルはその鉱物学的組成に関する情報を与える．

**反射星雲** reflection nebula

星の光を反射あるいは散乱するために明るく見える星間ガスおよび\*塵からなる雲．反射星雲からの光はそれが反射する星の光と同じスペ

クトル線をもつが、普通はその光はもっと青色であり、偏光していることもある。反射星雲は、星が最近形成された領域で*輝線星雲とともに存在することも多い。*プレアデス星団は反射星雲で囲まれている。

**反射変光星**　reflection variable

主として*反射効果が原因で起こる非一様な表面輝度によって変光が生じる近接連星の型。略号 R。多くの場合食を起こしてはいないが、変光幅は 0.5～1.0 等になる。

**反射望遠鏡**　reflecting telescope

光を収束するために凹面反射鏡を用いる望遠鏡。（レンズによる）屈折に対する（反射鏡による）反射の主な利点は、光のすべての色が等しく反射されるので、像が*色収差を受けないことである。さらに、反射鏡の大きさには実際には製作上の上限がなく、一方の面だけが光学作用をすればよいので、大型の反射鏡は大型レンズよりも安価に作れる。また、f/6 よりも小さい口径比をもつ反射望遠鏡が比較的容易に製作できる。約 1 m より大きな口径をもつすべての望遠鏡は反射望遠鏡である。

反射望遠鏡の主要な欠点は、光路の一部を遮蔽することが避けられず、光と像コントラストがある程度失われることである。さらに、時間が経つと反射鏡のメッキが反射率を失い、一定期間ごとに再蒸着によりメッキを更新しなくてはならない。通常、反射望遠鏡の円筒は最上部が開いているので、空気流（円筒流）が望遠鏡内部を循環し、像の質を劣化させることがある。最大の反射望遠鏡は現在では*分割鏡で作られるものが多い。反射望遠鏡の最初の設計は 1663 年に*グレゴリー (J.) が発表したが、反射望遠鏡を初めて製作したのは*ニュートン (I.) で、1668 年であった。反射望遠鏡の主な型式は、*カセグレン式、*ニュートン式、および*リッチー―クレティアン式である。

**反射防止レンズ**　bloomed lens

表面からの反射を減らす被覆を施したレンズ。光が空気とガラスの間を通過し、あるいは再び戻るとき、約 4～5% が反射される。フッ化マグネシウムなどの物質の薄膜でレンズを被覆、あるいは反射防止する (blooming) ことにより、反射は 1～2% まで低減される。1層の被覆は特定の波長の光に作用する。可視スペクトル領域全体での透過を改善するためには、レンズを異なる物質で多重被覆することが多い。この用語は反射防止レンズがスモモなどの果物の花に似ていることから生じた。

**伴星**　secondary, companion, comes（複数は comites）

*二重星や*連星の暗い方のメンバー。comes は"仲間"を意味するラテン語である。
→実視連星、連星

**半値全幅**　full width at half maximum, FWHM

輝線か吸収線かを問わず、スペクトルにおける線幅を表す尺度。線強度がピーク値の半分である位置での線幅である。普通、FWHM は波長で示されるが、線幅を決めるのはガスの運動であるから、ドップラー効果を適用して速度の値で与えることもできる。

**反中心**　anticentre　→銀河系反中心

**反転層**　inversion layer　→透明度（大気圏の）

**斑点模様**　mottles

太陽表面の*彩層網状構造を形成する模様。H$\alpha$ 分光写真およびカルシウム K 線分光写真で見える。斑点は太陽全体、静穏領域も活動領域も同じように覆っている。大きい斑点模様は明るく、直径は約 20000 km にも達し、延びた形のものも多い。それらは合体して*羊斑を形成する。微細な斑点模様は狭く（幅 700 km、長さ 7000 km 以下）、暗いものもあれば明るいものもある。おそらく光球円盤を背景として見える*スピキュールである。微小な斑点模様は、その根元が大きい斑点模様に根ざした集団を形成する。斑点模様はすべて光球上の強い磁場の領域に一致している。

**バンド**　band

1. 分子によって生じるスペクトル中の幅広い吸収の様相、あるいは間隔が非常に接近した単一元素の吸収線。例えば、太陽スペクトル中の b バンド。これは多くのマグネシウム線によって生じる。[2. 天体の測光を行う波長帯。例えば*ジョンソン測光系の U バンド、B バンド、V バンドなど]。

**バンドパスフィルター** bandpass filter ➡帯域通過フィルター

**パンドラ** Pandora
土星の4番目に近い衛星．距離は14万1700kmで，公転周期は0.629日である．土星XVIIとも呼ばれる．1980年に*ヴォイジャー1号が土星のF環とG環の間で発見した．パンドラは不規則な形状をもち，大きさは110×90×70 kmである．F環に対し*羊飼い衛星として作用する．

**半波双極子アンテナ** half-wave dipole
受信しようとする波長の約半分の長さをもつ双極子アンテナ．半波双極子アンテナは，特に長波長電波を受信する電波望遠鏡の基本要素として，広く使われている．全波双極子アンテナに比べてビーム幅が狭い．

**半 幅** half-width ➡半値全幅

**反復新星** recurrent nova ➡回帰新星

**バンプケフェイド** bump Cepheid
*ケフェイドのサブタイプ．略号CEF(B)．光度曲線の下降部分に"隆起"があり，二つ以上の*脈動モードをもつ多重周期性を示す．基本周期は2〜7日である．

**反物質** antimatter
反粒子（antiparticles）からなる物質．対応する通常物質の粒子と同じ*静止質量をもつが，反対の電荷をもち，他の基本的性質も反対であるような，原子より小さい粒子．例えば，電子の反粒子は陽電子であり，電子の負電荷と等しい正電荷をもつ．また反陽子は陽子の正電荷と等しい負電荷をもつ．物質と反物質が出合うと，お互いを消滅させ，エネルギーを放出する．宇宙は，反物質ではなくほとんど完全に物質からできているように見える．なぜそうでなくてはならないかは，おそらくビッグバン直後の出来事に関係している．

**半分離型連星** semidetached binary
一方の星がその*ロッシュローブを満たしている*近接連星．この星からもう一方の星へ*質量移動が起こる．系によっては伴星の表面にガス流が直接落下するが，大部分の場合はガス流は*降着円盤を形成する．活動的な*激変連星系はすべて半分離型である．

**ハンモック地形** hummocky terrain
不規則な丸い小丘が乱雑に集まっている惑星表面の地形．若い衝突クレーターの噴出物被覆の内部は普通はハンモック地形である．この地形はまた大規模な地滑りの最も遠い部分にも見出される．

**万有引力** universal gavitation ➡重力

**万有引力の法則** law of universal gravitation
1687年に*ニュートン（I.）が提唱した法則．任意の二つの物体はそれらの質量の積をそれらの間の距離の平方で割った値に比例する力で互いに引き合うという法則である．数学的にいえば，距離 $r$ だけ離れた二つの質量 $m_1$ および $m_2$ の間の重力による引力 $F$ は，$F = Gm_1m_2/r^2$ で与えられる．$G$ は*重力定数と呼ばれる定数．⇒重力

**ハンレ効果** Hanle effect
磁場によるスペクトル線の偏光面の回転．太陽紅炎の弱い磁場を測定するのに用いられてきた．*紅炎の磁場は $10^{-3}$ テスラ，活動的な紅炎の場合でも $10^{-2}$ テスラ程度であることが見いだされている．ドイツの物理学者Wilhelm Hanle（1901〜93）にちなんで名づけられた．

**反矮星新星** anti-dwarf nova ➡おおぐま座UX型星

# ヒ

**日** day
 ある外部の点に対する地球の自転周期。選択する準拠点にしたがって数種の日が定義される。大部分の目的には日は 86400 秒（すなわち，正確に 24 時間）として定義される。これは *平均太陽日に対応するが，平均太陽日は地球の自転に依存する。しかし地球の自転は完全に一様でもないし，完全に予測可能でもない。太陽の子午線通過（見かけの正午）から次の子午線通過までの時間間隔である視太陽日は，*均時差の値が変化するために約 30 秒とかなりの年周変動を示す。これを平均した値が平均太陽日である。他方，平均恒星日は星に対する地球の自転周期であり，歳差運動を考慮するために 0.0084 秒の微小な補正がなされる。それは平均 *分点が子午線を通過してから次に通過するまでの時間であり，平均太陽日よりほぼ 4 分短い。地球が太陽の周りを公転運動しているために，1 年の恒星日の日数は太陽日の日数よりも正確に 1 日だけ多い。

**ピアッジ，ジュゼッペ** Piazzi, Giuseppe (1746〜1826)
 イタリアの天文学者で僧侶。1789 年にイギリスの光学機器製造業者ラムスデン（Jesse Ramsden, 1735〜1800）が製作した高品質の子午儀を入手した。それを用いた精確な位置測定から，彼はパレルモ天文台で星表を編纂し，その過程で 1801 年 1 月 1 日に小惑星第 1 号の *ケレスを発見した。ピアッジは "planetoid" という用語を提案したが，*ハーシェル（F. W.）が提案した "asteroid" に取って替わられた。

**ビアンカ** Bianca
 天王星に 3 番目に近い衛星。距離 59170 km，公転周期 0.435 日である。天王星 VIII とも呼ばれる。ビアンカは直径 42 km で，1986 年に *ヴォイジャー 2 号が発見した。

**ビアンキ宇宙論** Bianchi cosmology
 一様であるが等方的ではない宇宙の理論。標準的な宇宙論モデルは，宇宙論的規模では宇宙は一様（あらゆる場所で同一に見える）かつ等方的（あらゆる方向で同一に見える）であると仮定する。つまり，それは *宇宙原理に一致する。前者の条件は成立するが，後者の条件は成立しないようにこの仮定を緩める場合に一般相対性理論方程式の許容される解を，イタリアの数学者 Luigi Bianchi (1856〜1928) の名をとって，ビアンキモデルと呼ぶ。

**Be 型星** Be star
 水素の輝線を示すスペクトル型 B の星。通常はいろいろ複雑なスペクトル線のプロファイルをもつ。このクラスは，B 型星全体の約 20 % を占めており，周囲に赤道円盤あるいは赤道環を形成した高速度で自転する B 型星であり，それが輝線を出す。普通の B 型星の場合よりかなり速い 250〜400 km/s という自転速度が測定されている。

**BV 測光** BV photometry
 青色および黄緑（実視）波長における星の明るさの測定。*ジョンソン測光の一部である。UBV 測光において，次のような状況では U（紫外線）帯は省略される。例えば，U のフラックスが不十分な赤色星の場合，短周期の変光星で観測を早める必要がある場合，あるいは対物レンズが U 光の大部分を吸収する屈折望遠鏡で観測する場合などである。B-V 色指数は星の温度のよい指標であり，スペクトル型と併用することで，星間吸収を測定することができる。

**PA** position angle →位置角

**BAA** British Astronomical Association →イギリス天文協会

**HEAO** High Energy Astrophysical Observatory →高エネルギー天体物理衛星

**BN 天体** BN Object
 *ベックリン-ノイゲバウアー天体の略号。

**ビエラ，彗星 3D/** Biela, Comet 3 D/
 現在では崩壊している周期的彗星。フランスのアマチュア天文家 Jacques Laibats-Montaigne (1716〜88) が 1772 年に発見し，1805 年に *ポン（J. L.）が再発見し，1826 年

にオーストリアのアマチュア天文家Wilhelm von Biela（1782～1856）がさらに再発見した．Biela（W. von）は軌道を計算し，この三つの天体はすべて同じであることを示した．1845/6年の回帰のとき，彗星の中心核が二つに分裂したことが観測された．この二重彗星は1852年に回帰したが，その後は何も見られなかった．それが崩壊したことは，1872年に，その残骸が*アンドロメダ座流星群を生成したときに確認された．彗星ビエラは，公転周期6.6年，近日点0.86 AU，離心率0.76，軌道傾斜角12.6°をもつ．

**ビエラ流星群** Bielid meteors →アンドロメダ座流星群

**PL関係** PL relation
 *周期-光度関係の略称．

**PLC関係** PLC relation
 *周期-光度-色関係の略号．

**ビオ，ジャン-バプティスト** Biot, Jean-Baptiste（1774～1862）
　フランスの物理学者．1803年にフランスのレーグルでの隕石落下を研究した（→レーグル隕石シャワー）．スイスの物理学者Marc Auguste Pictet-Turretin（1752～1825）は，隕石は空から落下したことを示唆し，*クラドニ（E. F. F.）は隕石が粉砕された惑星の残骸であると推論したが，この考えは一般には取り上げられなかった．落下の目撃者に質問し，隕石およびそれらが落ちている地面を解析して，ビオは隕石が宇宙起源であることを証明することができた．これは，隕石について初めて本格的に行われた科学研究であった．

**比較スペクトル** comparison spectrum
　精確にわかっている波長の線を含む参照スペクトル．天体スペクトルの波長目盛を較正するために使う．通常，比較スペクトルは，研究対象の天体のスペクトルを記録すると同時に，分光器に装着したアーク放電ランプで生成される．

**B型星** B star
　水素および中性ヘリウムの吸収線が圧倒的に顕著なスペクトル型Bの星．B型の星は高温で，紫外線を強く放出するので青色に見える．*主系列上にあるB型星の温度は10500～30000 Kであり，その光度は太陽の100～52000倍，質量は3～18太陽質量である．B型超巨星は主系列の最上部から進化した星である．これらの超巨星は25太陽質量までの質量と太陽の26万倍の光度をもっている．レグルスおよびスピカはB型矮星，リゲルはB型超巨星である．O型星とともに*OBアソシエーションの主要な成分であり，銀河の渦巻腕の輪郭を描いている．大質量なので，それらの寿命は数千万年にすぎない．⇒ Be型星，Bp型星，Bw型星

**干潟星雲** Lagoon Nebula
　いて座にある散光星雲M 8．NGC 6523とも呼ばれる．長さは約1.5°，幅は1/2°である．干潟星雲は星雲を二つに分割している暗黒帯からその名がつけられた．星雲の最も明るい部分は*砂時計星雲と呼ばれる．5等の星団NGC 6530を含んでいるが，星雲は，この星団の光ではなく，主として6等の青い超巨星いて座9番星からの光で輝いている．距離は5200光年．

**p過程** p-process
　スズのようなある種の元素の陽子に富むまれな同位体の形成を説明するために提案された核反応過程．この過程は*r過程と*s過程ですでに生成された原子核による陽子の捕獲を考えに入れる．温度が$10^9$ Kを超える*超新星の外層部だけに起こりうる過程である．

**光** light
　人の眼で見ることができる電磁波．[可視光（線）ともいう]．電磁スペクトルの紫外線と赤外線の間に位置する．光の波長が違えば違った色で見える．可視光は，赤色（長波長）端の約750 nmからほぼ紫色（短波長）端の380 nmまでにわたる．

**光起電力型検出器** photovoltaic detector
　入射する光に応答して電圧が変化する検出器．単純なpn半導体接合では，入射する光は接合全体に電流を生じさせ，装置は光伝導型検出器として作動する．しかしダイオードが直列で非常に高い抵抗をもつ場合は，その抵抗にかかる電圧は入射する放射の強度とともに変化するので，ダイオードは光起電力型検出器として作動する．検出器にはシリコン，アンチモン化インジウム，ヒ化ガリウム型など種々の半導体材料を用いることができる．これらの検出器は

可視光の波長から 10 μm あるいはそれより長い波長まで適用できる.

**光中心** photocentre
1. *エアリー円盤の中心にあるよく目立つ強度のピーク. 2. 分解しては見えない *連星の合計光量の強度が極大の点. 光中心の位置はどちらの成分の中心にも, また両成分の *重心にも対応しない. 光中心の運動が観測されれば, それは, その系が *位置天文的連星であることの証拠である.

**光電離** photoionization
原子, イオン, あるいは分子が1個の光子を吸収して1個の電子を失うこと. *基底状態にある電子の場合, 光子のエネルギーが原子あるいは分子の *電離ポテンシャルに等しいならば, 1個の光子は1個の電子を除去できる. 原子あるいは分子の電子が励起状態にあれば低エネルギーの光子もその原子あるいは分子を電離することができる. 光電離は, 光子数が多い星の内部や星の大気で非常に重要な効果である.

**光の曲がり** deflection of light
太陽の重力場による光の曲がり. 太陽の *リムでの曲がりは太陽から動径方向に 1.75″ に達する. 星の位置を平均位置から視位置に戻すときはこの効果を補正する.

**光バケツ** light bucket →集光器

**ヒギエア** Hygiea
小惑星 10 番. 1849 年にイタリアの天文学者 Annibale de Gasparis (1819~92) が発見した. 4 番目に大きな主帯小惑星で直径 430 km, C クラスに属する. 軌道は, 長半径 3.134 AU, 周期 5.55 年, 近日点 2.76 AU, 遠日点 3.51 AU, 軌道傾斜角 3.8° をもつ.

**非球面の** aspheric
球の一部ではない形状のレンズあるいは反射鏡の表面を指すことば. 最も一般的な非球面表面は望遠鏡の反射鏡に広く使われている *放物面である. もう一つの例は *シュミット-カセグレン望遠鏡の補正板の面. 一般の最低対物レンズにおいて大部分の表面は球面であり, [複数要素からなる] 一つの面が収差を補正するために非球面である.

**ピークスキル隕石** Peekskill meteorite
1992 年 10 月 9 日に落下し, ニューヨーク州ピークスキルで停車中の車に損傷を与えた隕石. 12.6 kg の H 6 *普通コンドライト. この隕石が落下する前にヴァージニア州およびニュージャージー州の上空で火球が観測された. ビデオによるその火球の軌跡や他の記録から隕石の軌道が決定できた. *小惑星帯に遠日点をもっていたことが見いだされた.

**ピク・デュ・ミディ天文台** Pic du Midi Observatory
南西フランスのピレネー山脈の標高 2860 m にある天文台. フランスの国立科学研究センター (CNRS) が所有し, トゥールーズのポール・サバチエ大学が運営している. 本部はバニエール・ド・ビゴールにある. 天文台は 1878 年に主として気象学のために創設され, 太陽観測は 1892 年に始まった. 主要装置は, 1979 年に開設された 2 m ベルナール・リオ反射望遠鏡, 1963 年に開設された 1 m 反射望遠鏡, および数台の太陽望遠鏡である.

**B クラス小惑星** B-class asteroid
*C クラス小惑星のサブクラス. そのメンバーは, *アルベドが中程度に低いが, 典型的な C クラス小惑星のそれよりは高い値 (0.04~0.08) である. 小惑星帯にある 2 番目に大きい小惑星 *パラスは現在このクラスに含まれている. 他のメンバーには直径 62 km の (379) フエナ, そして直径 78 km の (431) ネペレがある.

**P クラス小惑星** P-class asteroid
*小惑星帯内の外部領域にかなり一般的に見られる小惑星のクラス. 太陽からの平均距離 4.0 AU にピークがある分布をもつ. このクラスのメンバーの *反射スペクトルは, 0.3~1.1 μm の波長範囲にわたって均一なものからわずかに赤みがかったものまであるが目立った特徴はない. スペクトルは C クラスと D クラスの中間である. P クラス小惑星は, スペクトル的には同様な E クラスおよび M クラスとはアルベドが低い (0.02~0.06) ことで識別できる. このクラスのメンバーには, 直径 282 km の (87) シルヴィア, および直径 222 km の (153) ヒルダが含まれる.

**ピコ・ヴェレタ** Pico Veleta
スペインのグレナダに近いシエラネヴァダ山

脈にある*ミリ波電波天文学研究所（IRAM）の30 mミリ波望遠鏡の設置場所。

**微光領域** nebulosity
空の上でぼんやりと光って見える領域をいう一般語。ガスと塵の雲であることが多い。［見かけ上の様子に対してつけられた呼び方であるので，対象の物理的性質とは関係なく，さまざまな場合に用いられる］。

**非個人的アストロラーベ** impersonal astrolabe
*ダンジョンアストロラーベの別名。

**微細構造** fine structure
ある元素が示す，狭い間隔で並んだスペクトル線。微細構造は，原子中の電子が原子自身の磁場と相互作用する結果生じる。種々のエネルギー準位の細かい分裂が起こり，1本のスペクトルではなく数本が狭い間隔で並んだ線が生じるものである。水素の場合，微細構造は非常に細い（0.006 nm）ので，星では観測できない。しかしながら，ナトリウムのようなもっと複雑な原子は原子中に多くの他の電子が存在するために識別可能な微細構造をもちうる。ナトリウムの*D線は，0.6 nmの間隔をもち微細構造が容易に観測できる例である。*超微細構造はさらに微細な構造である。

**pc**
*パーセクの略号。

**微視的乱流** microturbulence
放射を出すガス中にある非常に小さくて分解できない渦からなる乱流。*ドップラー偏移によって星のスペクトル中のスペクトル線幅を拡大させる。もしスペクトル線が，放射を出す原子の熱運動および他の原因から予期されるよりも幅広い場合は，実際に存在するかどうかに関係なく，過剰の線幅拡大は見えない微視的乱流に帰着されることがある。

**非重力的力** non-gravitational force
彗星を加速あるいは減速してその軌道周期を変える重力以外の力。そのような力は彗星中心核表面の活動領域から噴出するジェットによって引き起こされ，ロケットのような効果を与える。非重力的力は，*近日点の近くで中心核が非常に活動的なときに最も著しく，いくつかの*周期彗星はそのために以後の回帰予報が不正確になる。この力は彗星*エンケの近日点通過時刻が回帰のたびに少しずつ変わること，および彗星*スイフト-タットルの1992年の回帰が明らかに遅れたことの理由と考えられている。

**微小輝点** filigree
太陽の光球上の非常に微細な構造。*粒状斑に沿って並んだ小さな明るい点からなる。時にはそのような点が集まってしわ（crinkles）を形成する。最小の点は直径が約150 kmで，30分弱継続する。微小輝点は，その周囲よりも高温（数百Kだけ）であり，強い磁場（0.1テスラ）がある。弱いフラウンホーファー線あるいはH$\alpha$線の*スペクトル線翼部の波長で撮影された分光太陽像で見ることができる。

**PZT** photographic zenith tube →写真天頂筒

**Bw型星** Bw star
スペクトル型Bであるが，分類を困難にする弱いヘリウム線をもつ異常な星。弱ヘリウム星あるいは貧ヘリウム星ともいう。Bw型星はB2〜7の範囲に見出され，シリコンあるいは水銀およびマンガンの線を示すこともある。多くは変光星である。*Ap型星および*Bp型星に類縁関係があるように見える。

**ヒダルゴ** Hidalgo
小惑星944番。1920年に*バーデ（W.）が発見した。Dクラスに属し，直径は29 kmである。14.15年周期の細長い楕円軌道をもち，軌道は*小惑星帯内の2.01 AUの近日点から土星の軌道を超えた9.69 AUの遠日点まで伸びている。長半径は5.850 AUである。1977年の*キロンの発見まで，既知小惑星のうちで最大の遠日点と最長の周期をもっていた。42.4°という異常に大きい軌道傾斜角をもつ軌道は*周期彗星の軌道に似ており，消滅した彗星の中心核である可能性がある。

**ピッカリング，ウィリアム ヘンリー** Pickering, William Henry（1858〜1938）
アメリカの天文学者。*ピッカリング（E. C.）の弟。*ローウェル（P.）を助けてフラグスタッフ天文台を設立したが，後に火星の生命に関してローウェルが主張した風変わりな説には同意しなかった。ペルーにあるハーヴァード大学天文台の南天観測所から1898年に土星の

衛星\*フェーベを発見した．彼の写真月面図は1903年に刊行された．海王星より遠くの惑星について多くの予測を行った．予測の一つに基づいて1919年に撮影された写真乾板には冥王星が写っていたが，惑星としては同定されなかった．

**ピッカリング，エドワード チャールズ** Pickering, Edward Charles (1846~1919)

アメリカの物理学者で天文学者．\*ピッカリング (W. H.) の兄．ハーヴァード大学天文台の台長として，1884年に4260個の星に対する明るさのカタログであるハーヴァード測光を作成し，1908年にその仕事を\*ハーヴァード修正測光星表で拡張した．彼は天体写真術の初期の支持者であり，ハーヴァードに写真乾板の膨大な収集庫を建設した．1903年に全天の最初の写真星図を出版した．1880年代に星のスペクトルを分類するための計画に着手し，その過程で最初の\*分光連星ミザールAを発見した．彼は望遠鏡の前面に大きな低分散プリズム (\*対物プリズム) を置くことで1枚の乾板に多数の星のスペクトルを記録する方法を発明した．日常的な作業の大部分は女性の助手チームが行った．このチームには\*キャノン (A. J.)，\*フレミング (W. P)，および Antonia Caetana de Paiva Pereira Maury (1866~1952) らがいた．この計画は\*ハーヴァード分類そして星のスペクトルの\*ヘンリー・ドレーパーカタログに結実した．

**ピッカリング系列** Pickering series

一価イオンのヘリウム原子 He II によって生じるスペクトルの可視部にある輝線と吸収線の系列．1個の電子しかもたない点でこのイオンは水素原子と非常によく似ている．しかしながら，ヘリウムの原子核は4倍重く，2倍の電荷をもっている．これらの理由で，ピッカリング系列の線は水素の\*バルマー系列の線とほとんど同じ並び方をしている．例えば，ピッカリング $\beta$ は 656 nm にあり，H$\alpha$ 線と近い．系列限界は 364.4 nm にある．ヘリウム原子を電離するには水素よりも4倍のエネルギーが必要なので，He II の線は非常に高温の星（スペクトル型O）および降着円盤でしか見られない．\*ピッカリング (E. C.) にちなんで命名された．

**ビッグクランチ** Big Crunch

閉じた\*フリードマン宇宙（すなわち，密度が\*臨界密度を超える宇宙）の推定終局状態．そのような宇宙は初期ビッグバンから膨張し，極大半径に達し，以後は収縮に転じて物質密度が無限大のビッグクランチに崩壊する．ビッグクランチ後，また新しく膨張と崩壊の段階が起こり，振動宇宙となることもありうる．

**ビッグバン宇宙論** Big Bang theory

宇宙の起源と進化に関する最も広く容認されている理論．ビッグバン宇宙論によると，宇宙は高温および高密度の初期状態から発生し，それ以来ずっと膨張してきた．一般相対性理論は，温度と密度が無限大であった宇宙の誕生時における\*特異点の存在を予測している．大部分の宇宙論者は，この特異点は，初期宇宙の極端な物理的条件下にある\*プランク期で一般相対性理論が破綻すること，そして誕生時には\*量子宇宙論を用いて対処しなければならないことを意味していると解釈している．高エネルギー粒子物理学の現在の知識を用いれば，時計を\*レプトン期と\*ハドロン期を経て，温度が $10^{13}$ K であったビッグバンの100万分の1秒後まで戻すことができる．もっと推論的な理論を用いて，宇宙論者たちは，温度が $10^{28}$ K であった $10^{-35}$ 秒以内にまでこの模型を適用しようとしている．

ビッグバン宇宙論は，宇宙の膨張，\*宇宙背景放射の存在，そしてヘリウム，ヘリウム3，重水素，リチウム7のような軽い核の存在量を説明する．これらの軽い核は温度が $10^{10}$ K であったビッグバンの約1秒後に形成されたと予測されている．宇宙背景放射は，宇宙が高温で高密度の段階を経たことの最も直接的な証拠となる．ビッグバン宇宙論では，背景放射は最初の40万年ぐらいの間（すなわち，物質と放射の\*脱結合の以前）宇宙は放射を通さないプラズマで満たされ，したがって放射と熱平衡状態にあった．この段階は普通\*原始火球と呼ばれる．宇宙が膨張し，3000 K まで冷却したとき，宇宙は放射に対して透明になった．現在われわれはそれを，はるかに冷却され希釈された状態で，熱マイクロ波放射として観測しているのである．1965年のマイクロ波背景放射の発見は，

### ビッグバン宇宙論

| 期 | ビッグバン後の時間 | 温度 |
|---|---|---|
| プランク期 | 0 から $10^{-43}$ 秒 | ? から $10^{34}$ K |
| 放射期[a] | $10^{-43}$ 秒から30000年 | $10^{34}$ から $10^4$ K |
| 物質期[b] | 30000年から現在まで | $10^4$ K から 3 K |

[a] 約 $10^{-6}$ あるいは $10^{-5}$ 秒から約1秒ぐらいまでの時間はハドロン期とレプトン期に分けられる.

[b] 再結合期を含む. 再結合期は約3000Kの温度でビッグバンの約40万年後に起こった.

ビッグバンと当時のライバルであった *定常宇宙論との間の長期にわたる戦いに決着をつけた. 定常宇宙論は *黒体放射の形をとるマイクロ波背景放射を説明することができない. 皮肉にも, Big Bang という用語は最初は軽蔑的な意味合いがあり, 定常宇宙論の最強の唱導者の一人である *ホイル (F.) が造語したものである.

**ビッグベア太陽天文台** Big Bear Solar Observatory

南西カリフォルニアのサンベルナルディノ山脈の標高2070mにある天文台. 1969年に開設された. カリフォルニア工科大学 (Caltech) が所有し, 1997年以降はニュージャージー工科大学が運営している. 天文台はビッグベア湖の人工島に置かれ, 特別に安定したシーイングの恩恵を受けている. 主要な装置は1973年に設置された 0.65 m 真空反射望遠鏡である.

**日付変更線** Date Line →国際日付変更線

**羊飼い衛星** shepherd moon

環をもつ惑星の衛星で, その衛星の重力場が付近の惑星環の形に顕著な影響を及ぼすものをいう. 羊飼い衛星は *ヴォイジャーによる土星の画像で最初に発見された. 土星のF環は, 環の両側を公転する二つの羊飼い衛星パンドラとプロメテウスによってその狭い幅を一定に維持している. 天王星の外環であるイプシロン環は, 羊飼い衛星オフェリアとコーデリアによってその位置が保たれている.

**ピッチ角** pitch angle

銀河の渦巻腕がどれくらい固く巻いているかを示す角度. 銀河中心を中心とする円の接線と渦巻腕の接線がなす角度で定義する.

**ヒッパルコス (ニケアの)** Hipparchus of Nicaea (c. 190～c. 120 BC)

ギリシャの天文学者, 地理学者, そして数学者. 現在のトルコに生まれた. ギリシャの天文学に従来よりも科学的な基礎を与え, 算術および初期の三角法を導入した. 彼の多くの精確な天文観測は850個の星の星表に結実し, それらの座標を与え, それらを等級に従って六つのクラスに分割した. プトレマイオスはこの星表とヒッパルコスによる他の発見を *アルマゲストに組み入れた. ヒッパルコスは分点の *歳差, 1年の長さ, および (食の観測から) 月の距離を驚くべき精確さで測定した. *アストロラーベの発明者かもしれないとされている.

**ヒッパルコス衛星** Hipparcos

1989年8月に *ヨーロッパ宇宙機関が打ち上げた天文衛星. 12等までの11万8218個の星の位置, 明るさ, *固有運動, そして *三角視差を 0.002″ より高い精度で測定した. 衛星は, ゆっくりと変化する自転軸の周りで空を連続的に走査しながら二つの星の角距離を測定することでこれを達成した. 同時に行われたティコサーヴェイで衛星は約10等までの100万個以上の星の等級と色, および位置を主探査の約10分の1の精度で測定した. 観測は1993年に完了し, 最終カタログは1997年に刊行された. [ティコサーヴェイは, 同じ衛星に搭載された主探査用の観測装置とは異なる装置を使って行われたものである].

**BD** Bonner Durchmusterung →ボン掃天星表

**飛天** Hiten

日本の月探査機. 1990年1月の打上げ以前は Muses-A と呼ばれていた. 地球の周りの細長い楕円形軌道に入り, そこから小宇宙船「羽衣 (はごろも)」を月の軌道に放ったが, 送信機の故障のために結果は得られなかった. 飛天自身は1992年2月に月の周りの軌道に乗った. アメリカと旧ソ連以外が打ち上げた最初の月探査機であった.

**非点収差** astigmatism

一つの直径方向の焦点距離が他の直径方向のそれとは異なることに起因するレンズあるいは光学系の欠陥. 典型的には, 焦点を合わせると

き，星の像が最初は短い直線として，次いで焦点が合ったときは小円（*最小錯乱円あるいは焦点円）となり，焦点からずれると，最初の直線に垂直な直線として現れる．非点収差は，機械的応力の結果としての光学要素のひずみにより起こることが多い．光学的設計に内在的な場合もあるが，この場合はその効果は系の光軸からの距離とともに増大する．非点収差は光学装置だけでなく，ヒトの眼でも起こりうる．

**B 等級**　B magnitude
*ジョンソン測光システムでの星の青色光による等級．B フィルターは波長 440 nm に中心があり，100 nm の帯域幅をもつ．これは，以前の*写真等級に相当する光電等級であるが，紫外光を含まないよう改良されている．*ジュネーヴ測光，*ワルラーヴェン測光，および*六色測光にも B フィルターがあるが，B フィルターを使用するときはどの測光系のものかを常に明確にすべきである．

**P 等級**　P magnitude
12.2 $\mu m$ の中心波長と 1.0 $\mu m$ の帯域幅をもつフィルターで測定した星の等級．この赤外線等級は現在ほとんど使用されない．

**非動径振動**　non-radial oscillation
*非動径脈動の別名．

**非動径脈動**　non-radial pulsation
球対称な膨張および収縮（*動径脈動）ではなくて，波動が星の表面をすべての方向に走る脈動の形態．通常は多重周期があり，表面全体にわたって複雑なパターンの節と腹をもつ波動が生じる．非動径脈動は白色矮星*くじら座 ZZ 型星で特に顕著である．

**非等方性**　anisotropy
方向によって物理的性質が異なるような物質あるいは物体の性質．天文学では，*宇宙背景放射の温度は，銀河系の運動の結果として大きな角度規模で（双極子成分），そして初期宇宙の密度のゆらぎの結果として小さな角度規模でも（ゆらぎ成分）非等方性をもつことが観測されている．⇒等方性

**日時計**　sundial
*ノーモンが投じる太陽の影の位置から*太陽時を知る装置．水平型，コマ型，円環型，垂直型などがある．ダイアルが水平型か垂直型の場合は，時間目盛は等角度間隔とはならない．*渾天儀は日時計の一つの型である．

**瞳**　pupil
眼の着色部である虹彩の開口径．虹彩は眼に入る光量を変化させるために開閉する膜である．瞳の大きさは光の条件と個人によって違うが，2.5 mm から 9 mm 近くまで変化する．暗順応時の最大の瞳の大きさは人の年齢とともに平均 7 mm から約 5 mm まで減少する．眼が受容できるよりも大きい*射出瞳を与えて，光を浪費するような接眼鏡の使用を観測者は避けるべきである．⇒射出瞳

**瞳距離**　eye relief
接眼鏡の後方レンズ（*接眼レンズ）と*射出瞳の間の距離．この距離が短すぎると眼が接眼レンズに不快なほど近づくことになる．長すぎると像を見る最良の位置に眼を保持するのがむずかしい．一般に，瞳距離は接眼鏡の焦点距離が減少するにつれて短くなるが，焦点距離が短くても良好な瞳距離をもつような接眼鏡を設計することは可能である．瞳距離の長い接眼鏡は眼鏡の使用者に便利である．［このような接眼鏡をハイアイ接眼鏡という］．

**非熱放射**　non-thermal radiation
放射物体の温度以外の原因による放射．*黒体放射とは異なるスペクトルをもつ．非熱放射の例は，*シンクロトロン放射，*メーザーの放射，および人工的に発生される電波および TV 信号などである．

**日の出**　sunrise
太陽の上部*リムが最初に地平線の上に現れる瞬間．この瞬間に太陽円盤中心の真の天頂距離は約 90°50′ である．太陽の中心は上部リムより 16′ 低く，地平線における*大気差は約 34′ だからである．

**ひのとり**　Hinotori
太陽の X 線を研究するための日本の衛星．1981 年 2 月に打ち上げられた．打上げ前はアストロ A と呼ばれていた．高分解能の軟 X 線分光器と硬 X 線分光器を搭載しており，約 25 keV（0.05 nm より短い波長）のエネルギーで最初の太陽フレア像を得た．

**非バリオン物質**　non-baryonic matter
*バリオンを含まない—陽子も中性子もない

一仮想的な物質．その例は，もし陽子が崩壊するならば非常に遠い未来に宇宙の大部分を構成するかもしれない陽電子-電子"原子"である．非バリオン物質は，宇宙の*ミッシングマスの成分という可能性があると示唆されてきた．この場合，0 ではない*静止質量をもつならばニュートリノ，あるいは*ウィンプ（WIMP：弱い相互作用をする大質量の粒子）と呼ばれる仮想的粒子がその候補と考えられている．

**p 斑点**　p-spot

黒点のペアのうちの*先行する方の黒点．

**B バンド**　B band

690 nm 近傍における太陽スペクトル中の幅広い*フラウンホーファー線．地球大気圏中の酸素分子による吸収によって生じる．

**PPM 星表**　PPM Star Catalogue

元期 2000.0 に対して赤緯 −2.5 度より北の 18 万 1731 個の星の位置と*固有運動を記載した星表．ハイデルベルクの天文学計算研究所が 1991 年に刊行した．*AGK 3 と同じ星が含まれており，AGK 3 と*スミソニアン天文台星表を更新するものである．FK 5 基準体系（AGK 3 と SAO 星表は FK 4 体系を用いた）に基づいた最初の位置と固有運動に関する大規模な星表である．19 万 7179 個の星を含む南半球への拡大版は 1993 年に刊行された．

**Bp 型星**　Bp star

通常の B 型星に比べてそのスペクトル中にヘリウムの欠損を示す星．強い磁場をもち，*Ap 型星がスペクトル型 B 8 あたりまで高温側に拡張した型である．

**ヒペリオン**　Hyperion

土星の衛星．土星から 148 万 1100 km の地点にある 16 番目の衛星である．公転周期は 21.277 日．土星 VII とも呼ばれる．形状は不規則で，410×260×220 km の大きさをもつ．1848 年に*ボンド（W. C.）および*ボンド（G. P.）が，その 2 日後に*ラッセル（W.）が独立に発見した．ヒペリオンは多くの衝突クレーターがある粗い不規則な表面をもっている．

**ヒマリア**　Himalia

木星の 10 番目に近い衛星．距離 1148 万 km，公転周期 250.6 日である．木星 VI とも呼ばれる．直径 185 km で，1904 年にアメリカの天文学者 Charles Dillon Perrine (1867～1951) が発見した．

**ひまわり銀河**　Sunflower Galaxy

りょうけん座にある銀河 M 63（NGC 5055）．Sb 型と Sc 型の中間の 9 等の*渦巻銀河である．推定距離は 2000 万光年．

**ビーミング**　beaming

放射あるいは粒子をビームに絞ること．*原始星の周囲や*活動銀河の中心では*降着円盤の回転軸に沿ってジェットがビーム状に放出されている．パルサーからの電波はその磁気軸に沿って放出されているように見える．他のビーミング例は*二次宇宙線シャワーである．これは，天頂角の大きなところでは大気の吸収が増大するためほとんど天頂の周囲で観測される．

**ビーム**　beam

1．狭い範囲に方向を絞り込んだ放射あるいは粒子の流れ．2．指向点の周辺で望遠鏡が感度をもつ領域（ビームパターン）．一般に，光学および赤外線望遠鏡は単純な円形のビームをもつが，電波望遠鏡（特に干渉計）は複雑な形状のビームをもつことがある．

**ビーム幅**　beamwidth

電波望遠鏡ビームの角度幅．半値全幅（full-width at half-maximum, FWHM）あるいは半電波強度ビーム幅（half-power beamwidth, HPBW）は，点源から受信される電波強度がそのピーク値の半分に当たる点におけるビーム幅である．一般に，ビーム幅が狭いほど，望遠鏡の分解能はよくなる．

**紐**　string　→宇宙ひも

**百武，彗星**　Hyakutake, Comet（C/1996 B 2）

1996 年 1 月 13 日に日本のアマチュア天文家百武裕司（1950～2002）が発見した長周期の彗星．3 月 25 日に地球から 0.10 AU の地点を通過し，70°まで広がった青緑色のガスの尾を示した．一方，頭部は −1 等に達した．レーダー測定により，彗星の中心核が直径 1～3 km であることがわかった．この彗星は 1996 年 5 月 1 日に近日点 0.23 AU に到達した．軌道は，周期約 20000 年，離心率 0.9997，軌道傾斜角 124.9°をもつ．

**ヒヤデス星団** Hyades

おうし座にある大きなV字形の散開星団．空の5°以上の領域に広がっている．約200個の星が含まれ，年齢は6億6000万年と推定されている．距離は150光年であり，真の直径は約15光年である．ヒヤデス星団の距離は天体の距離決定において重要な基準ものさしとなっており，その星々の明るさを他の星団の星々と比べることにより他の星団までの距離を計算することができる．

**ヒューイッシュ，アントニー** Hewish, Antony（1924～）

イギリスの電波天文学者．1950年にケンブリッジの*マラード電波天文台で*ライル（M.）と共同でケンブリッジ電波源カタログのシリーズのもととなった探査を行った．1960年に彼とライルは*開口合成法を開発した．ヒューイッシュはゆらぎを示す電波源の研究を始め，1967年に彼の学生*ベル（S. J.）は*パルサーからの最初の信号となった電波を同定した．ヒューイッシュとライルはパルサーと開口合成に関する業績に対して1974年ノーベル賞を受賞した．

**ビュラカン天文台** Byurakan Astrophysical Observatory

アルメニア科学アカデミーの天文台．1946年に*アンバルツミャン（V. A.）が創設した．アルメニアのエレヴァン付近にあるアラガッツ山の標高1400 mに位置している．主要な装置は1976年に開設された2.6 m反射望遠鏡，および1961年に開設された1 mのシュミットカメラである．

**秒** second（記号 s）

SI系における時間の基本単位．セシウム133の基底状態における二つの超微細準位間の遷移から生じる放射の91億9263万1770周期の継続時間として定義される．この定義は平均太陽日が86400秒であるよう設定されたものである．

**秒（閏）** second (leap) →閏秒

**秒　角** arc second, arcsec →角度の秒

**標準元期** standard epoch

星表で星の座標および他のデータを計算する基準となる期日．基本元期とも呼ばれる．星の標準的位置は，選択した*元期の平均赤道および*分点に準拠した*赤経と*赤緯である．星のすべての位置を標準期日に準拠させることによって，*歳差および*章動の効果が除去される．現在使用している標準元期は*ユリウス元期 J 2000.0 で，2000年1月1.5 *TDBに対応する．

**標準時** standard time

一つの国の中，あるいは地球上のある時間帯の中で使われる常用時．普通，標準時は国内のある子午線上の*平均太陽時に対応する．国によっては半時間差を用いるが，通常は標準時は世界時とは整数の時間数だけ異なる．［大きな国土をもつ国では，国内でも地域によって標準時が異なる］．

**標準時時間帯** time zone

地球を分割する24の経度帯の一つ．あるいは，同一の標準時を使う地球の地域．24の標準時間帯は経度の幅がそれぞれ15°で，各時間帯では隣接する時間帯から1時間異なる時間が使われる．東側にいくときは1時間進み，西側にいくときは1時間遅れる．これは1日が変わる*国際日付変更線に達するまで続く．地球の本初時間帯は中心がグリニッジの子午線上にあり，その標準時が*世界時である．アメリカ，ロシア，およびオーストラリアなどの大きな国は厳密な経度線にではなく，地方の地理的あるいは政治的配慮にしたがっていくつかの標準時時間帯に分割される．

**標準星** standard star

以前に研究されていない星の観測値を標準化するために利用する星．測光値の標準として採用された星を測光標準星という．絶対測光では，各波長における放射強度がわかるように，標準星と*黒体源を同じ望遠鏡で観測し比較する．通常の測光では，標準星の精確に知られた等級と色を研究中の星と比較する．各測光体系（例えば，*ジョンソン測光，*クロン-カズンRI測光，あるいは*ストレームグレン測光）では注意深く相互比較されたそれぞれの標準星セットが用意されている．標準星は小型望遠鏡でも容易に観測できるように十分に明るくなくてはならないが，大型望遠鏡の測光計が振り切れてしまうほど明るくてもいけない．

**標準大気** standard atmosphere

高度による温度および圧力条件の変化を，全地球規模の1年を通じての平均に近似させた地球大気の垂直構造モデル．このモデルは，*対流圏，*中間圏，および*熱圏，そしてそれらの間の境界など大気圏が明確な層に細分されていることを考慮している．

**標準太陽モデル** standard solar model

太陽の内部構造を，圧力，温度，および他の量の半径の関数として示すモデル．太陽の誕生時におけるガスの質量を模擬的に定め，それが現在の測定値に適合した半径と光度をもつ状態までどのように進化したかを考慮して求められる．最も最近のモデルによれば，中心核温度が1560万K，密度が14万8000 kg/m³である．

**標準天体写真儀** normal astrograph

口径0.33 m，長さ3.438 mの写真屈折望遠鏡．*乾板スケールは60″/mm，使用可能な視野は2°×2°である．この型の望遠鏡は1880年ごろにパリでヘンリー兄弟 (Paul Pierre Henry, 1848~1905とProsper Matthieu Henry, 1849~1903) が設計した．多くのこの型の望遠鏡が製作され，*写真星表や*国際写真天図のために使用された．

**秤 動** libration

天体の運動に見られる周期的なよろめき．最もよく知られた秤動は，地球から見たときの月のよろめきである．*経度の秤動では，月は左右に（東西に）7°45′ほどずつわずかにゆれるように見える．これが起こるのは，月の自転は一定のままである一方，楕円軌道に沿った月の速度が地球からの距離とともに変化するからである．*緯度の秤動では，月は南北に5°09′ほど傾くように見える．これは月の自転軸が軌道面に垂直ではないからである．これら二つの秤動の結果として月の表面を59%まで見ることができる．第三の秤動である*日周秤動は，月の出と月の入りのときにわれわれが月を地球の異なる側から見るために起こる．したがって，東と西の周縁の向こう側を少しだけ（1°より小さい）余分に見ることができる．秤動は，二つの運動が共鳴状態に固定されるとき（*同期軌道）に起こる．この理由で水星やいくつかの惑星の衛星も同じような秤動を示す．

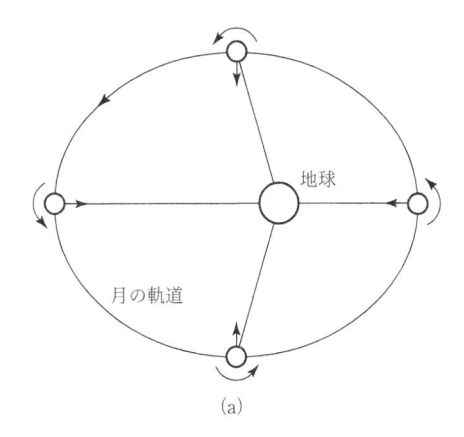

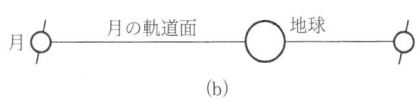

秤動：(a) 経度の秤動は月の軌道が楕円形であることによって生じる．月は一定速度でその軸の周りを自転するが，地球の周りの月の軌道速度は変化するので，軌道運動中にその東と西の周縁を少し余分に見ることができる．(b) 緯度の秤動は月の赤道がその軌道面に対して傾斜しているために生じる．したがって北極と南極の少し先まで見ることができる．

**秤動点** libration point

*ラグランジュ点の別名．

**表面温度** surface temperature

天体の表面の温度．表面温度と天体内部の温度は異なる（例えば，星の中心温度は表面温度よりはるかに高い）．星と同じ大きさと同じエネルギー出力をもつ黒体の表面温度は*有効温度と呼ばれる．星の*色温度は異なる波長でのエネルギー分布を黒体のそれと比較して求められる．この温度は，星が完全な黒体ではないので，普通は有効温度とは異なる．実際には，星の表面温度はその光球の異なる高度における温度の平均値である．惑星の表面温度は，惑星が吸収する太陽放射と表面から放出される放射との相対量によって決まる．

**表面輝度** surface brightness

惑星，星雲，銀河，あるいは夜空のような，広がりをもつ天体の輝度．単位面積当たり（普通は1平方秒当たり）の等級で表す．表面輝度

は天体の明るさをその面積で割って算出する．例えば，惑星状星雲M57の平均表面輝度は17.6等/平方秒である．これに比べて木星は5.2等/平方秒，最も暗い夜空は23.0等/平方秒である．表面輝度分布の等しいところをつないだ線は*等輝度線（アイソフォト）と名づけられる．

**表面重力** surface gravity（記号 $g$）
　天体の表面で自由落下する物体が受ける加速度の値．天体が回転している場合は，遠心力の効果を考慮しなくてはならない．

**開いた宇宙** open universe
　永遠に膨張を続け，無限の寿命をもつ宇宙．*臨界密度より低い密度をもつ*フリードマン宇宙がその例である．われわれの宇宙がこの型かどうかはまだわかっていない．⇒時空の曲率

**開き戸式架台** barn-door mount
　*スコットランド式架台の別名．

**平山族** Hirayama family
　そのメンバーが非常によく似た軌道特性（長半径，*離心率および*軌道傾斜角）をもち，共通起源をもつと信じられている小惑星群の一つ．平山族の小惑星は，大きさが数百kmの大きな小惑星どうしが破局的な衝突をしてこなごなに分裂した結果生じたと考えられる．1928年にその存在を証明した日本の天文学者平山清次（1874～1943）にちなんで名づけられた．

**ビリトナイト** billitonite
　インドネシアのビリトン島で発見された*テクタイトの型．ビリトン島は東南アジアでテクタイトが回収される多くの場所の一つである．ビリトナイトは第四紀の砂礫層および凝灰岩の中に見出され，100万年以下の古さである．これは，ほぼ60万年という東南アジアテクタイトの平均*アブレーション年齢と一致する．

**微粒子（星間の）** grains (interstellar)
　星と星の空間にある固体物質の微細な粒子［塵微粒子（dust grains）とも呼ばれる］．最小の粒子は直径が10nmしかない．塵微粒子は星の光を減光させ，赤く見えさせる．微粒子は薄い氷で被覆されていると考えられる．微粒子と衝突する原子は表面に付着し，そこで他の原子に遭遇し，反応して分子を生成することがある．

**微粒子（惑星間の）** grains (interplanetary)
　太陽系の惑星間にある固体物質の微細な粒子．塵微粒子（dust grains）とも呼ばれる．主として小惑星間の衝突や彗星の破砕によって生成されるが，星間空間から太陽系に入り込んだものもある．彗星や小惑星の軌道に沿って塵微粒子が漂っており［*ダストトレールと呼ぶ］，それらが地球の経路を横切る場合は*流星群として観測される．惑星間塵は，それらが太陽光を散乱してできる*黄道光によって，またそれらが出す少量の赤外線放射によってその存在を知ることができる．

**ヒル，ジョージ　ウィリアム** Hill, George William（1838～1914）
　アメリカの数学者で天文学者．*オイラー（L.）の業績に刺激されて，天体力学の問題に取り組むための高等な数学的方法を開発した．彼の最初の大きな研究は*三体問題の応用で，木星および土星の軌道とこれらの惑星が月に及ぼす*摂動を求めることであった．月の運動の研究では，現在はヒルの方程式と呼ばれている微分方程式を導入した．

**ヒルダ群** Hilda group
　*小惑星帯の外側，木星と3：2共鳴に近い太陽からの平均距離が4.0 AUのところに集中している小惑星群．*トロヤ群小惑星と共通して，ヒルダ群は同じ大きさの主帯小惑星よりも細長い形状をしているようである．このグループは(153)ヒルダにちなんで名づけられた．ヒルダは直径222 kmのPクラス小惑星で，1875年にオーストリアの天文学者Johann Palisa（1848～1925）が発見した．ヒルダの軌道は，長半径3.973 AU，周期7.92年，近日点3.41 AU，遠日点4.54 AU，軌道傾斜角7.8°をもつ．

**比例計数管** proportional counter
　アルゴンあるいはキセノンのような*希ガス（すなわち非反応性ガス）を満たした容器からなる，X線および低エネルギーガンマ線用検出器．電場内のX線あるいはガンマ線光子によってガスが電離されるときに電子なだれが起こる．この電気パルスの大きさは光子のエネルギーに比例するので，スペクトル情報も得られる．この装置は，細線格子を組み込めば，撮像

装置としても使用できる．

**広がった放射源** extended source

1. 使用する観測装置の分解能よりも大きい角度広がりをもつ源．したがって，広がった放射源は分解されるという．人間の眼にとって，太陽と月は広がった放射源であるが，星と惑星はそうではない．⇒点源．2. 電波天文学では，ジェットやローブのような広がった構造を示し，長波長で最も明るくなる傾向のある大きな角度広がりをもつ天体．

**微惑星** planetesimal

太陽系史の初期において形成されたと想定される岩石および（あるいは）氷からなる0.1～100 kmの天体．惑星は微惑星の集積によって成長したと考えられる．惑星への*降着から取り残された大部分の微惑星は，惑星の*摂動によって海王星の先にある*カイパーベルトや*オールト雲の中に追いやられた．

**貧血症渦巻銀河** anaemic (anemic) spiral galaxy

ガスが豊富な通常の*渦巻銀河とガスがほとんどない*レンズ状銀河の間の中間的特性をもつ渦巻銀河の型．メンバー数の多い銀河団で最も頻繁に見られる．おとめ座銀河団におけるNGC 4941および4866や，かみのけ座銀河団におけるNGC 4921がその例である．

# フ

**ファインダー** finder

目標の天体に向ける助けをするために大きな望遠鏡に固定する小さい望遠鏡．比較的広い視界をもち，中心を示すための十字線をつけたものが多い．夜空に対して照明されたマーカーを示し，望遠鏡をおおざっぱに天体方向に向けるだけのファインダー装置もある．

**ファウラー，ウィリアム アルフレッド** Fowler, William Alfred (1911～95)

アメリカの物理学者で天体物理学者．1938年に*ベーテ（H. A.）は星のエネルギー源として*陽子-陽子反応を提案した．ファウラーはこの過程が実際に可能であることを理論的に証明した．1950年代に彼は*バービッジ（G. R.）および（E. M.）と*ホイル（F.）と協力して星におけるエネルギー生成と元素合成について研究した（B²FH理論と呼ばれる）．さらに，1960年代後半のホイルとの研究は，*熱いビッグバンによって宇宙で観測されるヘリウム量が創生されることを示した．ファウラーは太陽ニュートリノの問題も研究した．*チャンドラセカール（S.）とともに1983年度ノーベル物理学賞を受賞した．⇒太陽ニュートリノ単位

**ファエトン** Phaethon

小惑星3200番．*アポロ群のメンバーで，1983年に*赤外線天文衛星が発見した．軌道は*ふたご座流星群の軌道に非常に似ており，ファエトンはこの流星群の母天体かもしれない．ファエトンの発見以前は，流星群は彗星にだけ関連すると一般に信じられていた．赤外線観測によって，ファエトンが活動を終えた彗星中心核に見られる*塵の多い地殻ではなく，岩石状の表面をもつことが示唆された．約7 kmの直径をもつFクラス小惑星である．軌道は，長半径1.271 AU，周期1.43年，近日点0.14 AU，遠日点2.40 AU，軌道傾斜角22.1°をもつ．地球軌道の0.026 AU（390万km）以内への接近が起こりうる．

**FIRST** Far Infrared and Submillimetre Space Telescope →遠赤外サブミリ波宇宙望遠鏡

**ファナロフ−ライリークラス** Fanaroff-Riley class

銀河系外電波源，特に*電波銀河あるいは*クェーサーの分類クラス．この分類はそれらの電波ローブ [通常中心核をはさんで両側に二つある] の中の最も明るい領域間がどれだけ離れているかに基づいている．クラス I (FRI) では明るい領域の間隔は二つの電波ローブの全体的広がりの半分より小さく，クラス II (FR II) では大きい．したがって，クラス I のローブはクラス II のローブよりも中心核に近い．クラス II 電波源は一般にクラス I 電波源よりもかなり強力である．このクラス分けは南アフリカの天文学者 Bernard Lewis Fanaroff (1947〜) とイギリスの天文学者 Julia Margaret Riley (1947〜) にちなんで名づけられた．

**ファブリチウス，ダヴィッド** Fabricius, David (1564〜1617)

ドイツの天文学者で僧侶．本来の名前は Goldschmidt．*ファブリチウス (J.) の父．望遠鏡を用いて最初に天体を観測した天文学者．*ケプラー (J.) はファブリチウスと*ティコ・ブラーエの観測を用いて，火星の楕円軌道を計算した．ファブリチウスは*ミラの光度の減衰に注目した．

**ファブリチウス，ヨハン** Fabricius, Johann (es) (1587〜1615)

ドイツの天文学者で医者．*ファブリチウス (D.) の息子．父とともに彼は投影法を用いて太陽を望遠鏡で観測した．彼は黒点を研究し，*シャイナー (C.)，*ガリレオ・ガリレイ，およびイギリス人 Thomas Harriot (1560〜1621) と並ぶ多くの独立した黒点発見者の一人である．黒点位置の変化を観測して太陽が自転していることを発見した．

**ファブリ-ペロー干渉計** Fabry-Perot interferometer

銀河や星雲のように広がった天体の高分解能分光に使用する光学装置．天体からの光は狭い範囲の波長だけを透過する*エタロンに導入され，エタロン板間の距離 (あるいは空隙) によって決まる狭い波長範囲の画像が得られる．この距離は段階的に調整することができるので，測りたいスペクトル領域，例えば特定のスペクトル線グループを走査することが可能になる．CCDのような敏感な検出器と組み合わせてファブリ-ペロー干渉計は 0.03 nm という分解能を実現できる．19世紀の末にフランスの物理学者 (Marie Paul Auguste) Charles Fabry (1867〜1945) と (Jean - Baptiste Gaspard Gustav) Alfred Perot (1863〜1925) が最初にこの設計を考えた．

**ファブリレンズ** Fabry lens

*光電陰極上に望遠鏡の対物レンズ [または主反射鏡] の像を与えるために*測光器内に置く小さいレンズ．天体だけを測光するために対物レンズの*焦点面に置いたマスクの背後に設置される．天体そのものでなく対物レンズの像を作ることで，空気のゆらぎから生じる像の微小運動によって像が光電陰極上を移動しないようにする．光電陰極はその表面の場所によって感度がちがうことがあるからである．このようなレンズの使い方を最初に示唆したのはフランスの物理学者，(Marie Paul Auguste) Charles Fabry (1867〜1945) であった．

**ファラデー回転** Faraday rotation →ファラデー効果

**ファラデー効果** Faraday effect

電磁波が自由電子と磁場を含む領域を通過するときにその偏光面が回転すること．ファラデー回転ともいう．ラジアンでの回転量は $RM\lambda^2$ で与えられる．$RM$ は電波源の*回転尺度，$\lambda$ は波長．*パルサーにおけるファラデー効果の観測は銀河系の磁場を決定する最も重要な手段である．イギリスの物理学者 Michael Faraday (1791〜1867) にちなんで名づけれれた．

**ファルム** farrum

惑星，特に金星の表面上のパンケーキ形の地形．複数形 farra．この名称は地質学的な用語ではなく，例えば金星上のカルメンタ・ファラのような個々の地形の名称に使われる．

**不安定帯** instability strip →ケフェイド不安定帯

**ファン・デ・フルスト，ハインリッヒ** van de Hulst, Heinrich →フルスト，ハインリッヒ　ファン　デ

**ファン・マーネンの星** van Maanen's Star
うお座にある距離14光年の*白色矮星．*シリウスおよび*プロキオンの伴星に次いで最も近い白色矮星．12等に見え，1年当たり2.99″の比較的大きな*固有運動をもつ．1917年にこの星を発見したオランダ-アメリカの天文学者 Adrian van Maanen (1884〜1946) にちなんで名づけられた．

**フィッショントラック** fission track
荷電した原子核粒子が岩石あるいは鉱石の中に残す損傷の飛跡．このような飛跡を生成する粒子（原子核）は岩石や鉱石中の放射性原子核の自発的な核分裂でできたものである．隕石のような岩石試料の年代はフィッショントラックの数を計数することで計算できる．これはフィッショントラック年代決定として知られる．

**フィッツジェラルド収縮** Fitzgerald contraction →ローレンツ-フィッツジェラルド収縮

**フィード** feed
1. ケーブルあるいは導波管がアンテナに結合されている点．2. 入射する電波を収集するために電波望遠鏡の焦点に置く小アンテナ．一般に双極子アンテナかホーンアンテナ（フィードホーン）である．

**フィラメント** filament
1. 非常に高温な太陽コロナ（200万K）に浮遊している比較的低温の物質（10000 K）の長い"舌"．*Hα光で太陽円盤を背景として見るとフィラメントは暗く見えるが，*リムでは*紅炎として見える．静穏フィラメント（周縁の*静穏紅炎に対応する）もゆるやかな変化を示すことがあり，数km/秒の速度で動く部分さえあるかもしれない．ループ状フィラメント（リムの*ループ状紅炎に対応する）が時には非常に大きなフレアの近くに見える．*爆発紅炎に対応するのは消滅していくフィラメントで，"突然の消滅"を意味するフランス語に由来する disparition brusque と呼ばれることもある．消滅フィラメントあるいはまばたき（winking）フィラメントは*モートン波の結果として起こると考えられている．2. 鎖状に

つながった*銀河団あるいは*超銀河団．宇宙における銀河分布の*大規模構造を見ると，数千万光年の長さをもつことがあるフィラメント状の外観を示すものが圧倒的に多い．

**フィラメント状星雲** filamentary nebula
細い糸のような形に長く伸びたガスと*塵からなる雲の集まり．実際には多くのフィラメント状構造は横向きに見ると糸というよりはシートあるいは殻の一部である．*網状星雲など最も有名なフィラメント状星雲は*超新星の残骸である．これらのフィラメントは10000 Kの温度をもつが，実際には残骸の最も冷たい部分であり，他の部分は100万K以上の温度を保っている．

**フィリグリー** filigree →微小輝点

**フィリップスバンド** Phillips bands
赤色および近赤外線領域に生じる炭素分子$C_2$のスペクトルパターン．顕著なバンドは1207 nmにある．フィリップスバンドは*炭素星の大気で顕著である．アメリカの天体物理学者 John Gardner Phillips (1917〜) にちなんで名づけられた．

**フィルター** filter
1. ある限られた波長だけの光を通し，他の波長は通さない光学部品．色ガラスフィルターと*干渉フィルターの二つの型が一般に使われる．色ガラスフィルターは色ガラスから作られる．干渉フィルターは光の干渉によって，限られた範囲の波長だけを通過させるようにガラス上に複数の膜層またはコーティングを重ねて作られる．色ガラスフィルターはほとんど*広帯域測光に使用するが，干渉フィルターは*中間帯域測光および*狭帯域測光に使用する．フィルターの帯域幅（すなわちフィルターが透過させる波長範囲）は，広帯域測光の場合は30〜100 nm，中間帯域測光の場合は10〜30 nm，そして狭帯域測光の場合は3〜10 nmである．2. ある範囲の周波数を透過させ，他はカットするように設計した電子装置．低域フィルター（low-pass filter）はあるカットオフ周波数より低い周波数を透過させ，高域フィルター（high-pass filter）はカットオフ周波数より高い周波数を透過させる．帯域（通過）フィルター（bandpass filter）は二つのカットオフ

周波数の間の周波数を透過させる．ノッチフィルター (notch filter) は狭い帯域の周波数をカットするよう設計されている．

**フィルター画像** filtergram
特定の波長領域（帯域）をもつフィルターを通して撮影した太陽の写真．通常，この帯域は狭く，*Hαのような顕著なフラウンホーファー線を中心とする．複屈折（リオ）型（→リオフィルター）あるいはエタロン型（→エタロン）のフィルターは一般に調整可能で，スペクトル線の中心波長以外も選択できる．

**ふうちょう座** Apus（略号 Aps．所有格 Apodis)
極楽鳥をかたどっている天の南極付近にある微々たる星座．最も明るい星はアルファ星で，3.8 等である．

**フェクダ** Phecda
おおぐま座ガンマ星．2.4 等で，距離 80 光年の A0 型矮星である．

**フェーバー–ジャクソン関係** Faber-Jackson relation
*楕円銀河の光度とその中心付近の星の*速度分散の間に観測される関係．銀河の相対距離を推定するときに役に立つ．スペクトルから導かれる銀河内部の星の運動から銀河の絶対等級がこの関係を使って決定できるからである．1976 年にこの関係を発表したアメリカの天文学者 Sandra Moore Faber (1944～) と Robert Earl Jackson (1949～) にちなんで名づけられた．

**フェーベ** Phoebe
土星の最外部の衛星．距離 1295 万 2000 km．土星 IX とも呼ばれる．土星の周りを逆行方向に 550.5 日で公転する．1898 年に*ピッカリング (W. H.) が発見した．

**フェルカド** Pherkad
こぐま座ガンマ星．3.0 等で，距離 110 光年の A3 型巨星である．*ガーディアンズといわれる二つの星の一つで，もう一つは*コカブである．

**フェルミ粒子** fermion
電子，中性子または陽子のように $+1/2$ あるいは $-1/2$ の*スピン値をもつ素粒子の型．したがって，反対のスピンをもつならば最大 2 個の電子が基底状態を占めることができる．そのため水素およびヘリウム以外の 2 個以上の電子をもつ元素は基底状態よりも高い準位に電子をもたなければならない．フェルミ粒子はパウリの排他律にしたがう．イタリア–アメリカの物理学者 Enrico Fermi (1901～54) にちなんで名づけられた．⇒ボソン

**フォカエア群** Phocaea group
23～25°の軌道傾斜角をもち，太陽から約 2.36 AU の平均距離にある小惑星群．この群は大惑星，特に木星の重力の影響によっ*小惑星帯から分離されており，多くの小惑星クラスを含んでいる．最大のメンバーは直径が 126 km の C クラスの (105) アルテミスである．(323) ブルシア，(852) ウラディレナ，(1568) アイスリーン，および (1575) ウイニフレッドなどいくつかのメンバーは，フォカエア群の中で一つの族を形成しているかもしれない．この群は，1853 年にフランスの天文学者 Jean Chacornac (1823～73) が発見した直径 72 km の S クラス小惑星 (25) フォカエアにちなんで名づけられた．フォカエアの軌道は，長半径 2.402 AU，周期 3.72 年，近日点 1.79 AU，遠日点 3.01 AU，軌道傾斜角 21.6°をもつ．

**フォーカルレデューサー** focal reducer, telecompressor
*有効焦点距離を短縮させるために望遠鏡の対物レンズと*焦点の間に配置する収束レンズ．フォーカルレデューサーは*口径比を小さくし，また理想的なものは視野を広くする．特に*シュミット–カセグレン望遠鏡による写真撮影のために設計されたものは，通常の f/10 程度を f/5 程度に変える．一般の屈折望遠鏡や反射望遠鏡にも同様なものをつけることができる．[フォーカルレデューサーは大型望遠鏡でもしばしば用いられる]．

**フォーク式架台** fork mounting
一端が開いた二叉フォークをもつ*赤道儀式架台の型．フォークが極軸を形成し，望遠鏡は赤緯軸に取り付けられてフォークの二叉の間で回転する．この設計により空のすべての部分に向けることができ，平衡錘を必要としない．しかしフォークを非常に長くする必要があるので屈折望遠鏡あるいは長焦点反射望遠鏡には適さ

赤緯軸

極軸

フォーク式架台

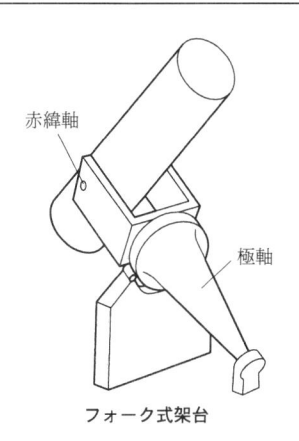

ない．フォーク式架台を変形した型式が＊シュミット-カセグレン望遠鏡で使われることが多い．

**フォークトの線輪廓** Voigt profile

星の大気のスペクトルに見られる強い吸収線の輪廓．線幅の拡大が，大気中の原子の熱運動（ドップラー運動）による効果と，＊スペクトル線翼部の形を支配する原子の衝突による効果（＊圧力線幅拡大）の両方よって生じているような線輪郭をいう．ドイツの物理学者 Woldemar Voigt（1850～1919）にちなんで名づけられた．

**フォークトプロファイル** Voigt profile → フォークトの線輪郭

**フォークト-ラッセルの定理** Vogt-Russell theorem

決まった質量と化学組成をもつ星には一つの内部構造だけが可能であるという定理．まれな状況の場合を除いて成立することがわかっている．星の構造をどれくらい正確に計算できるかは，圧力，エネルギー生成率，そして＊不透明度などの量と，温度や化学組成など局所的なガスの性質との関係がどのくらいわかっているかに依存する．主系列星における＊質量-半径関係および＊質量-光度関係はこの定理の帰結の一つである．ドイツの天文学者 Heinrich Vogt（1890～1968）と＊ラッセル（H. N.）にちなんで名づけられた．

**フォーゲル，ヘルマン　カルル** Vogel, Hermann Carl（1841～1907）

ドイツの天文学者．1870年代に星のスペクトルを蓄積するための野心的な探査を始め，そのスペクトルデータから星の進化に関する事柄を明らかにする＊スペクトル分類を確立しようとした．この目的には失敗したが，1888年に星のスペクトル中に＊ドップラー偏移を検出し，ドップラー偏移から信頼できる視線速度を測定することを初めて可能にした．翌年に彼は＊アルゴルと＊スピカが＊分光連星であることを発見し，その質量と軌道を導いた．

**フォッカー-プランク方程式** Fokker-Planck equation

星団あるいは銀河にある星の軌道の進化を計算するのに使用される方程式．方程式は，星団あるいは銀河の中の星が全体としてどのような軌道をとるのか，そして他の星との遭遇によってその軌道がどのように影響されるかを記述する．インドネシア生まれのオランダの物理学者 Adriaan Daniel Fokker（1887～1972）とドイツの物理学者 Max Karl Ernst Ludwig Planck（1858～1947）にちなんで名づけられた．

**フォッサ** fossa

惑星表面における長くて狭い直線的な凹地．複数形 fossae．"溝" あるいは "峡谷" を意味するこの名称は地質学的用語ではなく，例えば火星上のエリトレア・フォッサあるいはガニメデ上のラクム・フォッサのような個々の地形の命名において使用する．

**フォティーノ** photino

ある種の理論で考えられている光子に関係する仮想的な基本粒子．いわゆる超対称性理論ではすべての＊ボソンはフェルミオンの相手をもっている．光子（ボソンの一つ）の相手がフォティーノ（フェルミオンの一つ）である．フォティーノは，宇宙の＊ミッシングマスの候補となるのに十分な数だけビッグバンで生成されたかもしれないと考えられている．

**フォトダイオード** photodiode → 光伝導セル

**フォーブッシュ効果** Forbush effect

地球に到達する銀河宇宙線の数が一時的に減少すること．フォーブッシュ減少とも呼ばれている．太陽から（おそらく＊コロナ質量噴出で）噴出され，衝撃波面を伴う惑星間擾乱が太

陽から外側に向かって走行するときに起こる．結果として，惑星間磁場の強度と*太陽風の密度が増大し入射する銀河宇宙線を地球外に散乱する．この効果はアメリカの地球物理学者 Scott Ellswaorth Forbush (1904～) にちなんで名づけられた．

### フォボス　Phobos

火星の内側の衛星．火星中心から 9378 km で，火星表面のわずか 6000 km 上空にある．フォボスは 0.319 日で公転する．火星の自転よりも速く，火星に対して同一面を向けたままである．形状は不規則で，大きさは 27×22×19 km．衝突クレーターで覆われており，最大のスティックニーは直径が 11.5 km である．数グループの平行な溝あるいはクレーター鎖も存在し，おそらく火星上の大きな衝突から生じた二次クレーターである．フォボスは 1877 年に*ホール (A.) が発見した．捕獲された小惑星の可能性がある．

### フォボス探査機　Phobos probes

1988 年 7 月に旧ソ連が打ち上げた火星へ向けた 2 台の宇宙探査機．フォボス 1 号とは途中で接触が途絶えたが，フォボス 2 号は 1989 年 1 月に火星を回る軌道に入り，火星とその大きい方の衛星フォボスを調べたが，フォボス表面に観測装置を搭載した着陸船を降下させる前に故障した．

### フォーマルハウト　Fomalhaut

みなみのうお座アルファ星．1.16 等．距離 22 光年の A 3 型星．

### フォルス　Pholus

小惑星 5145 番．外部太陽系の異常な天体であり，1992 年にアメリカの天文学者 David Lincoln Rabinowitz (1960～) が発見した．*小惑星帯のかなり外側に位置し，土星の軌道付近から遠く海王星の背後まで移動する．*ケンタウルス群の 2 番目に発見された小惑星である．直径は 100～200 km と推定される．その極端に赤いスペクトルはこの天体が彗星であることを示唆するが，*キロンとは違ってフォルスは近日点の近くでも不活発であるように見える．軌道は，長半径 20.30 AU，周期 93.0 年，近日点 8.68 AU，遠日点 31.91 AU，軌道傾斜角 24.7°をもつ．

### フォン・ザイペルの定理　von Zeipel theorem

星の自転とそれによって誘起される星の内部での循環との間の関係を表す数学式．この定理は 1924 年にスウェーデンの天体物理学者 Edvard Hugo von Zeipel (1873～1961) が最初に提唱し，現在も星の内部における物質の循環に関するすべての研究の基礎となっている．

### フーカー望遠鏡　Hooker Telescope

*ウィルソン山天文台の 100 インチ (2.5 m) 反射望遠鏡．1917 年に開設された．反射鏡を購入する資金を提供したアメリカの事業家 John D. Hooker (1837～1910) にちなんで名づけられた．望遠鏡は 1985～93 年は稼動しなかったが，ウィルソン山研究所が天文台の運営を引き継いだときに再開された．

### 不完全開口　unfilled aperture

それぞれのアンテナが固定され，長距離離れているために，個々のアンテナが合成された開口全体を掃引しない開口合成アレイ．その例としては，*マーリン，*超大型電波干渉計，およびすべての*超長基線電波干渉計群などがある．⇒開口合成法

### 不規則銀河　irregular galaxy

明確な構造をもたない銀河．ハッブル型 Irr あるいは Ir．*ハッブル分類における不規則銀河には二つの主要な型がある．Irr I 銀河は*楕円銀河や*渦巻銀河ほどには大質量でなく，ガスの含有量の高いものが多く，活発な星の形成が見られる銀河である．銀河の構造を星団，H II 領域や他の特徴に分解できる程度を示すために記号 Irr$^+$ および Irr$^-$ を使用することがあり，Irr$^+$ は Irr$^-$ よりも分解の程度が高いことを示す．Irr I 銀河でガス含有量が高いのは，銀河が形成されて以降あまり進化を経ていないことを示唆する．Irr I の細分割であるいわゆるマゼラン雲型不規則銀河 (記号 Im) は局部銀河群に属する*マゼラン雲に似ている．ハッブル型 Irr II は不規則銀河として分類される異常な外見をもつ銀河の名称であるが，それはこれらの銀河が他のいかなるクラスにも適合せず，多くの場合相互作用するか合体しつつある系を表しているのでそう呼ばれる．

### 不規則変光星　irregular variable

不規則な光度曲線を示す星．非常に特性が異

なる二つの型がある．*主系列付近の*爆発型変光星（I型）と進化が進んだ*脈動変光星（L型）である．

不規則な爆発型変光星は三つの型に大分けされる．研究があまり進んでいないⅠ型は以下のように細分される．早期スペクトル型（O〜A）のものはIA，中間から晩期スペクトル型（F〜M）のものはIBと呼ばれる．星雲に付随する星（IN）は急速な変化率（1〜10日に1等）で数等級ほど変動するもので，スペクトルによってINA型とINB型に分けられる．最後に，あまりよく定義されていないが急速な変動（数時間あるいは数日に0.5〜1等）をもつIS星があり，ISA型とISB型に細分される．

特徴的な輝線をもつ星は*おうし座T型星（INT）として，あるいは星雲に付随しないまれな場合は，ITとして分類される．物質の流入を示す吸収が見られるものは*オリオン座YY型星で，IN（YY）型と分類される．

緩慢で不規則な光度変化を示す脈動型巨星あるいは*超巨星はL型と命名する．多くの星はまだ十分研究されていないし，後になって*半規則型変光星あるいは他の型であることがわかるものもあるかもしれない．これらはすべて晩期スペクトル型（K〜M, C, そしてS）をもつ．一般に巨星はLBに分類する．1等程度の変光範囲をもつ超巨星はLCである．

**副 鏡** secondary mirror

主鏡で反射した後の光路上に配置される2番目の反射鏡．*ニュートン式望遠鏡の傾斜反射鏡や*カセグレン式望遠鏡の凸面反射鏡などがある．

**複屈折フィルター** birefringent filter

太陽コロナを研究するために使用する*干渉フィルターの一種．その発明家*リオ（B.）にちなんで*リオフィルターとも呼ばれる．二重屈折（複屈折）を起こす水晶の結晶板と偏光を生じる偏光板を交互に並べた重ね合せを用いる．この結晶板を通過する光は互いに直角方向に偏向した二つのビームに分離される．結晶板はまたビームの偏光方向を回転させるが，その回転角は光の波長に依存する．偏光板を用いて逐次的に狭い波長領域を遮へいすることにより40 mmほどの厚さのフィルターを用いて0.4 nmという狭い帯域を通過させるフィルターを実現することができる．このフィルターは高価なので，実物を見ることはめったにない．

**複合スペクトル連星** composite-spectrum binary

スペクトル型の異なる二つの星からなる*分光連星．⇒共生星，単線連星，二重線連星

**輻射等級** bolometric magnitude　→放射等級

**輻射補正** bolometric correction　→全放射補正

**ふくろう星雲** Owl Nebula

おおぐま座にある11等の*惑星状星雲M 97．NGC 3587とも呼ばれる．大口径で見ると星雲がフクロウの眼のような二つの大きな暗い斑点を示すのでこの名前がついた．距離1300光年である．

**フーコーテスト** Foucault test

凹面鏡の形状を測定する方法．ナイフエッジテストとも呼ばれる．ピンホール光源を鏡の曲率中心に，直線の刃（例えば，ナイフの刃）をピンホールの隣りに置き，鏡をピンホールからの光で照明する．鏡が完全な球面であると鏡はナイフの刃のところに鮮明なピンホール像を作り，ナイフの刃を像を横切って移動させると，明るく照らされていた鏡が一瞬で暗くなるのが見られる．このとき鏡面に小さな球面からのずれがあれば，ふくらみあるいはくぼみとしてはっきりと示される．放物面の場合は周縁よりも中心が深いドーナッツのように見える．このテストはフランスの物理学者Jean Bernard Leon Foucault（1819〜68）が考案した．

**負接眼鏡** negative eyepiece

焦点が接眼鏡内部にあるために，拡大鏡として使えない接眼鏡．*ホイヘンス接眼鏡がその例である．

**ふたご座** Gemini（略号Gem．所有格Geminorum）

ギリシャ神話の双児カストルとポルックスをかたどった黄道十二宮の星座．6月の最後の週と7月の最初の3週間太陽はふたご座に位置する．この星座の最も明るい星は*カストル（ふたご座アルファ星）と*ポルックス（ふたご座ベータ星）である．ゼータ星は10.2日の周期

で3.7等と4.2等の間を変光する*ケフェイドである．エータ星は3.3等と3.9等の範囲で変光する*赤色巨星の半規則型変光星．M 35 は 5 等の*散開星団．NGC 2392 は*エスキモー星雲である．毎年12月に現れる*ふたご座流星群はこの星座に*放射点をもつ．

**ふたご座 U 型星**　U Geminorum star
　2～6等という典型的な変光幅で突然の爆発を示す*激変連星の型．この爆発は予測できない間隔で起こる．略号UG．*矮新星とも呼ばれる．ふたご座U型星は*相互作用連星であり，*主系列あるいはわずかに進化している伴星から主星である*白色矮星の周囲にある*降着円盤に向かって*質量移動が行われる．なかには，ガス流が円盤に衝突する場所か円盤の内縁に位置する*ホットスポット（1）によって生じる*光度曲線のこぶとともに，食が観測されるものがある．公転周期は3～15時間で，両星とも太陽質量に似た質量をもつ．*はくちょう座SS型星，*おおぐま座SU型星，および*きりん座Z型星という三つの型に細分される．

**ふたご座流星群**　Geminid meteors
　最も活動的な年周流星群．カストル付近の赤経7h 28m，赤緯＋32°に*放射点をもち12月13日に極大*ZHR約100に達する．活動は12月7日から15日にかけて見られ，*小惑星*ファエトンと共通の軌道にある破片から生じる．ふたご座流星群は速度が遅く（地心速度35 km/s），明るいものが多い．ふたご座流星群は明らかに小惑星起源であり，大部分の流星が彗星起源であるのと異なっている．流星の発光継続時間が長いことや流星痕を示すものが少ないことはそのためかもしれない．

**普通コンドライト**　ordinary chondrite
　*コンドライト隕石の三つの主要なクラスのうち最も普通で，観測された*落下隕石のうち最も多いコンドライト．普通コンドライトは10～15%（体積で）の微粒子マトリックス，65～75%の*コンドリュール（マトリックスに埋め込まれている），および1%以下の含有物からなる．普通コンドライト中に直径0.3～0.9 mmのコンドリュールが存在することは，それらが形成されて以来融解しなかっ

たことを示している．普通コンドライトは，鉄およびニッケルの含有量に基づいて三つの族に分けられる．H族（高-鉄族）は25～30%の鉄，L族（低-鉄族）は20～25%の鉄，およびLL族（低-鉄，低-金属族）は18～20%の鉄を含む．三つのすべての族のかなりの部分は衝突によってできた*角礫岩であり，月の角礫岩に似ている．三つの族の異なる化学組成は，それらが別個の母天体に起源をもつことを示している．三つの族のそれぞれは，集合組織と鉱物学に基づいてさらに多くの型に分けることができる（例えば，H 3, L 6, および LL 5）．

**物質移動**　mass transfer　→質量移動

**物質優勢期**　matter era
　*ビッグバン理論において，物質のエネルギー密度が放射のエネルギー密度を上回り始めたとき以後の期間をいう．放射は質量をもたないが，放射強度とともに増大するエネルギー密度をもっている．さらに，高エネルギーのときは，光速に近い速度で運動するので物質自身も電磁波放射のように振る舞う．ごく初期の宇宙では膨張速度は放射のエネルギー密度に支配されるが，宇宙が冷却するにつれて，これは急速に減少し物質のエネルギー密度よりも重要ではなくなる．ビッグバンのほぼ30000年後，$10^4$ K付近の温度のときに物質のエネルギー密度が優勢になると考えられている．これが物質優勢期の始まりである．⇒放射優勢期

**ブッチャー-エムラー効果**　Butcher-Oemler effect
　約0.4の赤方偏移をもつ大部分の銀河団に見られる性質．これらの銀河団では，もっと近い銀河団に比べて晩期型の渦巻および不規則銀河の割合がはるかに高い．この効果は近い過去において，銀河にさかんな星生成活動があったことを示唆している．近くの銀河団では，円盤銀河の多くが，おそらく合体の結果として，あるいはそのガスを失うことによって早期型銀河になったにちがいない．この効果は1978年にアメリカの天文学者Harvey Raymond Butcher (1949～) と Augustus Oemler, Jr. (1954～) が報告した．

**物理的アルベド**　physical albedo
　*幾何学的アルベドの別名．

**物理的二重星** physical double →連星

**物理秤動** physical libration
　天体の自転速度の真の周期的変化．*光学的秤動とは明白に異なる．よく知られた見かけの秤動に加えて，月も2′以下の非常に小さい物理秤動を示す．この小さな秤動から月の*慣性モーメントを求めることができる．

**不透視帯** zone of avoidance
　銀河面に集中する*星間塵の吸収によって銀河がほとんど見えない空の帯域．この帯域は，銀河赤道に対して実際には2°傾斜している．帯域の詳細な構造は不規則であり，幅は38°（銀河中心方向での値）と12°の間で，その帯域中でも*銀河の窓として知られるかなり透明な領域がある．

**不透明度** opacity
　電磁波をどれだけ吸収するか散乱するかを決める媒体（ガス）の性質．不透明度は，媒体の組成，温度，密度，および電磁波の波長に依存する（*ロスランドの平均不透明度は，さまざまな波長にわたる平均値で表す）．天体においては，数千度より低い温度のガスでは分子，塵粒子，そしてガス中に浮遊している氷などがすべてが不透明度の重要な原因になりうる．約8000 K より高い温度では，ガスが*電離されるにつれて温度とともに不透明度は非常に急激に上昇し，$10^4 \sim 10^5$ K を超えるとゆっくりと低下する（→クラマース不透明度）．そして，*電子散乱不透明度が優勢になるにつれて $10^6$ K で一定値に達する．星の構造を決定するには不透明度の計算が重要である．

**プトレマイオス，クラウディオス**（英語では**トレミー**） Ptolemaeus, Claudius; Ptolemy (AD 2 世紀)
　エジプトの天文学者で地理学者．アレキサンドリアの大図書館にその著作が保存されていたプラトンおよび*ヒッパルコスなどの著者に依拠して，当時の天文学知識の要約である*アルマゲストを著した．彼の*プトレマイオス体系は地球中心の宇宙モデルであった．現在では非常に作為的に見えるが，このモデルは観測される惑星の見かけの運動を説明することに成功し，*コペルニクス（N.）がプトレマイオス体系に挑戦した16世紀まではほとんど疑問視されずに生き残った．プトレマイオスの著書 Geography（地理学）も同じ期間にわたって支配的な影響力をもった（それは西方に航海すればインドに達しうることをコロンブスに確信させた）．彼のもう一つの著書 Tetrabiblos（四書）は占星術の論文であった．

**プトレマイオス体系** Ptolemaic system
　*プトレマイオスが構築した古代ギリシャの地球中心の太陽系モデル．このモデルは，例えば，*ヒッパルコス，*アポロニウス，*カリポス，および*エウドクソスの著作などの影響を受けている．地球が宇宙の中心に位置し，その周りを月，水星，金星，太陽，火星，木星，および土星が回転している．土星の背後には星が固定された球が存在する．基本的モデルでは，各天体は小円，つまり*周転円の円周に沿って移動し，周転円の中心は地球を中心とするもっと大きな円，つまり*導円の円周をたどる．後の改良版でプトレマイオスは地球の片側に等間隔で並ぶ二つの点，すなわち離心中心および*エカントを導入した．周転円の中心は，地球ではなく，離心中心の周りを回転し，周回する天体はエカントに対して一定の角速度で回転する．計算手段としてのプトレマイオス体系は，逆行運動を含む惑星運動をかなりよく予測し，16世紀に*コペルニクス体系によって置き換えられるまで，微修正されただけで生き残った．

**ブドロザ族** Budrosa family
　太陽から 2.9 AU の平均距離にある*平山族の小惑星．族のメンバーの軌道は太陽系の面に対して 6〜8° 傾斜している．この族は小さく，そのメンバーは種々の組成をもっている．直径 164 km の最大のメンバー (349) デンボウスカは珍しい R クラスに属し，組成は*エイコンドライトのように見える．M クラス (338) ブドロザ自体は，直径が 80 km で，1892年にフランスの天文学者 Auguste Charlois (1864〜1910) が発見した．ブドロザの軌道は，長半径 2.914 AU，周期 4.98 年，近日点 2.85 AU，遠日点 2.98 AU，軌道傾斜角 6.0° をもつ．

**部分食** partial eclipse
　月が太陽円盤を完全には蔽いきらない日食（このとき太陽は三日月形に見える），あるいは

月が地球の暗部に完全には埋没しない月食（月の一部は太陽に照らされたままである）のこと．

**不変面** invariable plane
太陽系の質量中心を通り，太陽系の角運動量ベクトルに垂直な面．不変面は木星と土星の軌道面の間にあって黄道に対し1.58°傾斜しているが，その精確な位置は知られていない．なぜなら，太陽系における全天体の質量とある時刻におけるそれらの位置と速度がまだ精確にわかっていないからである．黄道は惑星の*摂動のために時間とともに変化するが，不変面は変化せず，永遠に基準面として使われる．⇒ラプラス面

**FUSE** Far Ultraviolet Spectroscopic Explorer ➡遠紫外線分光探査衛星

**ブラウン，アーネスト ウイリアム** Brown, Ernest William（1866～1938）
イギリスの数学者で天体力学者．ほとんどアメリカで研究した．彼の主な仕事は月の理論であり，*ヒル（G. W.）の仕事をもとに研究した．その成果として1919年に完成した月運動の表（使った定数は，*王立グリニッジ天文台で行われた150年間の観測を*コーウェル（P. H.）が解析して求めたもの）は1″まで精確であった．ブラウンはまた，他の太陽系天体の重力摂動についても研究した．

**フラウンホーファー，ヨセフ フォン** Fraunhofer, Joseph von（1786～1826）
ドイツの物理学者で光学技術者．1814年に光源として黄色炎を用いた最初の分光計を製造し，レンズの分散能を測定した．炎のスペクトルをプリズムによって生成される太陽のスペクトルと比較し，太陽の*フラウンホーファー線の位置に注目し記録した．後に彼は他の星のスペクトル中に同様なスペクトル線を認めた．また，*色消しレンズと最初の*回折格子を製作し，赤道儀式架台を開発した．*ベッセル（F. W.）がはくちょう座61番星の視差を測定するために用いた16cmヘリオメーターを製造した．

**フラウンホーファー線** Fraunhofer lines
1814年に*フラウンホーファー（J. von）が初めて名称をつけた太陽スペクトルの吸収おより吸収帯．赤色から波長が減少する順に吸収線は A, a, B, C, D, E, b, F, G, H, およびKである．*Aバンドおよび*Bバンドは地球大気の酸素分子による吸収に，aバンドは地球の水蒸気による吸収に由来するが，残りは太陽の光球内での吸収から生じる．最も顕著なのはナトリウムの*D線，カルシウムの*H線および*K線，そして中性の鉄およびCH分子が引き起こす*Gバンドである．これらはすべてスペクトル型F, G, およびKの星の共通の特徴である．

**ブラーエ，ティコ（あるいはティヘ）** Brahe, Tycho（or Tyge）（1546～1601）
デンマークの天文学者．前望遠鏡時代の最も堪能な観測家であり，肉眼による精確な位置測定を行う装置を構築する専門家であった．彼が最初に名声を得たのは1572年のカシオペヤ座*超新星に関する報告（De nova stella, 1573年）によってであった．1576年に彼はバルチック海のフヴェン島に天文台ウラニボルクを建設した（2番目の天文台スチエルネボルクは1584年ごろ建設された）．1577年に見られた彗星は非常に細長い軌道をもち，それぞれの惑星が載っていると想像されていたいくつかの"天球"を通り抜けるだろうと計算した．これによって彼は*アリストテレスの惑星モデルの現実性を疑うにいたった．しかし彼は*コペルニクスが提唱した太陽中心系を認めなかった．*ティコの体系では，惑星は太陽を周回するが，太陽自身（および月）が静止した地球の周りを回るというものであった．ティコは月の軌道の研究に大きな貢献をした．1597年に彼はプラハに移り，*ケプラー（J.）を助手に雇った．ケプラーは後にティコの観測を利用して彼の惑星運動の法則を導いた．

**フラクショナル法** fractional method
二つの比較星を用いて変光星の明るさを推定する目分量的方法．比較星間の明るさの違いの幅を頭の中で数段階に分割する．例えば5段階の場合，A(2)V(3)BあるいはC(4)V(1)Dといった見当をつけるのである．括弧内の数字は，変光星Vと比較星の対A, BまたはC, Dとの間の明るさ段階の数を表している．実際の等級は比較星の既知の等級から計算できる．

**フラクトゥス** fluctus
　惑星表面の流動地域．複数形も fluctus．流れることを意味するこの名称は地質学的用語ではなく，金星上のミリッタ・フラクトゥスやイオ上のタンヨー・フラクトゥスのように，個々の地形の命名に使用する．

**ブラケット系列** Brackett series
　スペクトルの赤外線部分に見られる水素の吸収線あるいは輝線の列．ブラケット系列は 4 番目のエネルギー準位からより高い準位への電子の遷移によって生じる．$1.46\,\mu m$（系列の端）から $4.05\,\mu m$（ブラケット $\alpha$）の波長をもつ．アメリカの物理学者 Frederick Sumner Bracket（1896~1980）にちなんで名づけられた．⇨水素スペクトル

**プラスケット，ジョン スタンレー** Plaskett, John Stanley（1865~1941）
　カナダの技術者で天文学者．星の*視線速度を測定するための新しい分光器を設計した．この分光器は 1918 年から*ドミニオン天文台の 72 インチ（1.85 m）反射望遠鏡に使用された．望遠鏡は大部分が彼の設計で，1993 年には彼にちなんでプラスケット望遠鏡と名づけられた．多数の視線速度の測定の結果，銀河系の回転とその中心位置が明らかになっただけでなく，*プラスケット星を含む多くの*分光連星が見つかった．また，星のスペクトル中のカルシウムの吸収線は*星間物質によることも示した．彼の息子の Harry Hemley Plaskett（1893~1980）は熟練した太陽分光学者であった．

**プラスケット星** Plaskett's Star
　*プラスケット（J. S.）にちなんで命名されたいっかくじゅう座にある 6 等の*分光連星．プラスケットは 1922 年にこの星が既知の最も大質量の連星であることを発見した．いっかくじゅう座 V 640 星とも呼ばれる．現在の観測によると，個々の星は両方とも 51 および 43 太陽質量の青色超巨大星である．距離は約 5000 光年である．

**プラズマ** plasma
　自由に運動する*イオンと電子からなる物質の状態．星はプラズマからなる．またプラズマは星間空間にも存在する．*太陽風はプラズマである．プラズマは高度に電離されているので，その振舞いは通常のガスの振舞いとは異なる．外部磁場および電場はプラズマに影響を与えることがあり，プラズマ中の荷電粒子自体も磁気的および電気的に相互作用することがある．

**プラズマ圏** plasmasphere
　相対的に低温（2000 K）で低エネルギーのプラズマを含む地球の*磁気圏内部の領域．ほぼ 4 地球半径（25000 km）の距離まで広がっており，内側は*ヴァン・アレン帯の内帯に境界がある．プラズマ圏の粒子は電離層に起源をもつと信じられている．

**プラズマ圏界面** plasmapause
　*プラズマ圏の外側の境界．そこでプラズマ密度が急激に低下する．

**プラズマの尾** plasma tail　→尾（彗星の）

**ブラチコ効果** Blazhko effect
　ある種の*こと座 RR 型星や他の関連する*脈動変光星の変光幅および周期の周期的変調．ブラチコ周期は約 10 日から 530 日以上までにわたり，20~40 日に顕著なピークをもつ．二重モード脈動によるものとの説明がよくなされているが，いくつかは*斜回転星であるように見える．ブラチコ周期はそれ自身こと座 RR 型星の場合のように変動がありそうで，この星ではさらに 4 年のサイクルも起こるように思える．この効果はロシアの天文学者 Sergei Nicolaevitch Blazhko にちなんで名づけられた．

**ブラックアイ銀河** Black Eye Galaxy
　かみのけ座にある銀河 M 64（NGC 4826）．9 等の Sb 型渦巻銀河であり，その中心核を背景に暗い塵吸収帯がある．この吸収帯が黒い眼のように見える．距離は約 1500 万光年．

**ブラッグ結晶分光計** Bragg crystal spectrometer
　プリズムが可視光をスペクトルの色に分離するように，X 線をエネルギーにしたがって分離するために結晶を用いる装置．イギリスの物理学者 William Henry Bragg（1862~1942）にちなんで名づけられた．この装置は X 線分光計のうち最高の分解能をもっているが，低効率という欠点があり，非常に狭い帯域でしか使

えない．太陽の研究で最も効果的に使用されてきたが，*アインシュタイン衛星のような衛星にも搭載されている．*スペクトラム X-ガンマ衛星には大規模なブラッグ結晶分光計が搭載される．

## ブラックドロップ　black drop

金星が太陽面の手前を横切って通過するときに見られる現象．ブラックドロップは，第二接触直後の短時間に金星の後側の周縁部に，また第三接触直前の短時間には金星の前側の周縁部に，それぞれ太陽の*リムが連結するように見える暗黒領域である．金星の非常に稠密な大気圏を通した屈折によって引き起こされる．それはまた視覚的効果にもよるとされ，水星の太陽面通過中に報告されたこともある．この現象により金星通過の正確な計時は不可能である．

## ブラックホール　black hole

脱出速度が光速を凌駕するほど強い重力をもつ天体．ブラックホールが形成されると信じられている一つの過程は，大質量の星がその生涯の終わりに崩壊するときである．崩壊する天体は，その半径が*シュワルツシルト半径と呼ばれる臨界値にまで収縮するときブラックホールになり，光はもはやそこから逃れられない．この臨界半径をもつ表面を*事象の地平線といい，その内部にすべての情報が閉じ込められる境界をなしている．したがってブラックホール内の事象は外部から観測できない．理論によれば，事象の地平線内部では時空がひずみ，天体はブラックホールの中心にある単一点の*特異点にまで崩壊する．ブラックホールはどんな質量ももちうる．活動銀河の中心には*超大質量ブラックホール（$10^8$ 太陽質量）が存在する可能性がある．もう一方の極端では，ビッグバン直後の極端な条件のもとでは半径 $10^{-10}$ m で*小惑星ぐらいの質量をもつミニブラックホールが形成されたかもしれない．

ブラックホールが直接観測されたことはない．しかしながら，近くの伴星あるいは他の源からブラックホールの方向に物質が落下するときはブラックホールの周囲に*降着円盤が形成されうる．そして降着円盤中の物質が運動量を失い，らせん状に降下するときにエネルギーがほとんど X 線として放射される．これらの X 線は天文衛星によって検出できる．われわれの銀河系に数個のブラックホール候補の位置が特定されており，最も有名なのが*はくちょう座 X-1 である．

理論的に可能ないくつかのブラックホールのモデルがある．電荷をもたず自転しないブラックホールはシュワルツシルトブラックホール（Schwarzschild black hole）と呼ばれている（→シュワルツシルト（K.））．電荷をもつ自転しないブラックホールはライスナー-ノルドシュトレームブラックホール（Reissner-Nordström black hole）と名づけられる．実際には，ブラックホールは自転していて電荷をもたない*カーブラックホールである可能性が高い．ブラックホールは完全には黒くなく，それらが*ホーキング放射の形態でエネルギーを放出できることが理論で示唆されている．

## フラッシュスペクトル　flash spectrum

太陽の彩層の輝線スペクトル．日食時の皆既の前に数秒間ひらめく．スリットなしの分光器によると，フラッシュスペクトルは薄い三日月形の輝線の列で，それぞれの三日月が彩層から放出された水素の*バルマー線や電離カルシウムの*H 線および K 線などの顕著な輝線である．

## フラッシュ星　flash star

*フレア星の古い用語．T アソシエーションおよび若い星団に見いだされる．このような星は一般には*くじら座 UV 型星（UVN と表記される）のサブタイプであると見なされており，多分フレアを示す*不規則変光星（INB）の一形態である．

## ブラッドレー，ジェイムス　Bradley, James（1693～1762）

イギリスの天文学者．Samuel Molyneux（1689～1728）と協力して星の視差を検出しようとして，代わりに星の年周*光行差を発見した．1728 年に発表されたこの発見は，地球が太陽を公転していることを初めて観測によって直接的に検証したものである．光行差の値から，彼は光速を真の値の 2% 以内の精度で計算した．1742 年に 3 代目のアストロノマー・ロイヤルに就任した．後に彼は地球の*章動を発見し，1742 年に発表した．

**プラトン年** Platonic year

地球の両極が*歳差運動の結果天球上を完全に1周するのに要する時間．25800年である．

**プラニティア** planitia

惑星表面の大きな低い平原．複数形 planitiae．この名前は地質学的用語ではなく，例えば金星上のギネヴェーレ・プラニティアやエンケラドゥス上のサランディブ・プラニティアのように個々の地形の命名に使用する．

**プラヌム** planum

惑星表面の大きな台地あるいは高原．複数形 plana．この名前は地質学的用語ではなく，例えば金星上のラスシュミ・プラヌムや火星上のプラヌム・オーストラレのように個々の地形の命名に使用する．

**プラネタリウム** planetarium

ドームの内部に模型の夜空の光景を投影する装置．

**プラネトイド** planetoid

*小惑星に対し初期に提案された名称．今は使われていない．→ピアッジ（G.）

**フラムスティード，ジョン** Flamsteed, John (1646〜1719)

イギリスの天文学者．初代アストロノマー・ロイヤル．航海のため海上で経度を知るための信頼できる手段を発見するため，1675年にイギリス王チャールスII世が任命した．フラムスティードは月の運動と星の位置に関する今までより精確な測定値を得ることを勧告した．グリニッジの王立天文台は彼のために創設された．2935個の星に関する彼の星表 Historia Coelestis Britannica は彼の死後1725年に刊行され，望遠鏡を使って編纂された最初の大きな星表であった．4年後にこの星表に基づいた1組の星図 Atlas Coelestis が出版された．

**フラムスティード番号** Flamsteed numbers

ある星座の星に赤経が増大する順につけられた同定番号．こうして番号づけられた星は*フラムスティード（J.）の1725年版星表に含まれる星である．多くの星は今でもそのフラムスティード番号で知られている（例えば，はくちょう座61番星）．

**プランク期** Planck era

*ビッグバン理論において，ビッグバン自身とプランク時間との間の期間．プランク時間は宇宙の年齢が $10^{-43}$ s のときで，そのとき宇宙の温度は $10^{34}$ K であった．この期間では量子重力効果が支配的であったと考えられている．この期間の理論的解釈は事実上ないに等しい．Max Planck（1858〜1947）にちなんで名づけられた．

**プランク定数** Planck constant（記号 $h$）

*光子のエネルギー $E$ とその振動数 $\nu$ を関係づける式．$E = h\nu$ に現れる定数．その値は $6.626076 \times 10^{-34}$ Js である．ドイツの物理学者 Max Ernst Ludwig Planck（1857〜1947）にちなんで名づけられた．

**プランクの法則** Planck's law

［入射する電磁波をすべて吸収するような仮想的な物体（*黒体）から出る放射強度と波長または振動数の関係］．1900年に Max Planck（1858〜1947）が定式化した．彼はエネルギーは不連続な粒（量子と呼んだ）として放射されるという説を唱え，これが*量子力学の基礎を形成した．光の量子は光子であり，そのエネルギーは波長に依存する．→黒体放射，プランク定数

**フランクリン-アダムス星図** Franklin-Adams charts

イギリスのアマチュア天文家 John Franklin-Adams（1843〜1912）が作成した先駆的な写真による空の地図．彼の死後1913〜14年に刊行された．この星図は，南アフリカのヨハネスブルクおよびイギリスのゴダルミングから撮影した，全天を覆う $15°$ 平方の206区分から構成される．$1°$ 当たり15 mm の縮尺で17等という暗い星まで示している．

**ブランス-ディッケ理論** Brans-Dicke theory

*マッハの原理を組み入れようとする，アインシュタインの一般相対性理論に代わる理論．何よりもこの理論は，ニュートンの*重力定数 $G$ が時間とともに変化するはずであると予測する．アメリカの物理学者 Carl Henry Brans（1935〜）と*ディッケ（R. H.）が案出した．

**フーリエ解析** Fourier analysis

複雑な信号中に存在する周波数を見いだすために使う技法．周波数解析ともいわれる．信号の時間変化を測定しそれを数学的に種々の周波

数をもつ単純振動の和に分解する．存在する最も低い周波数を基本周波数，それより高い周波数を基本周波数の高調波（harmonics，整数倍）と呼ぶ．例えば，いくつかの変光星の輝度のゆらぎはフーリエ解析を用いて二つあるいは三つの単純な正弦変動に分解される．この技法はフランスの数学者（Jean-Baptiste）Joseph Fourier（1768～1830）が創案した．

**フーリエ変換** Fourier transform

非反復現象を数学的にその成分の周波数に分解すること．無限周期をもつ関数に適用した*フーリエ解析と見なせる．この技法は画像処理で周期的およびランダム誤差の効果を低減させるために広く使われる．開口合成望遠鏡および*フーリエ変換分光器からの出力をそれぞれ画像とスペクトルに変換するためにもこの技法が必要である．

**フーリエ変換分光器** Fourier transform spectrometer, FTS

明るい星の高分解能赤外線分光に使用する*マイケルソン干渉計に基づいた分光計．マイケルソン干渉計は星から入射する光を分割し，一つは静止した反射鏡に，もう一つは可動な反射鏡に送り出す．両者が再び結合するとき干渉像が形成される．入射光はある範囲の波長（星のスペクトル）から構成されるから，反射鏡を動かすにつれて干渉像は非常に複雑になる．入力スペクトルは出力信号［鏡の動きに伴って記録された干渉像］の*フーリエ変換を行うことで復元される．フーリエ変換は出力信号を異なる振幅の正弦波の和に分解することと考えてよい．この技法は，通常の（分散による）分光が困難な赤外線領域で特に有用である．

**プリズム** prism

屈折角と呼ばれる角度で互いに傾斜した少なくとも二つの平面をもつガラスあるいは透明物質の固体ブロック．これら二つの面の交線をプリズムの刃（edge）と呼び，刃に直角な断面はプリズムの主断面と呼ばれる．天文学におけるプリズムの主な用途は，分光学のために光をスペクトルに分散することである．双眼鏡でも光路を折りたたむために用いる．⇒ポロプリズム，屋根型プリズム

**プリズムアストロラーベ** prismatic astrolabe

星が天球上の特定の高度に達する瞬間を測定するための水平望遠鏡．望遠鏡の対物レンズの直前にその一つの面が垂直になるようプリズムを設置する．プリズムの下には水銀皿で作った水銀反射鏡がある．星からの直接光と水銀反射鏡で反射された光はプリズム内部で反射される対物レンズにより二つの像を作る．星の天頂距離がプリズムの先端における角度の半分（60°プリズムの場合は30°）になるとき，二つの像

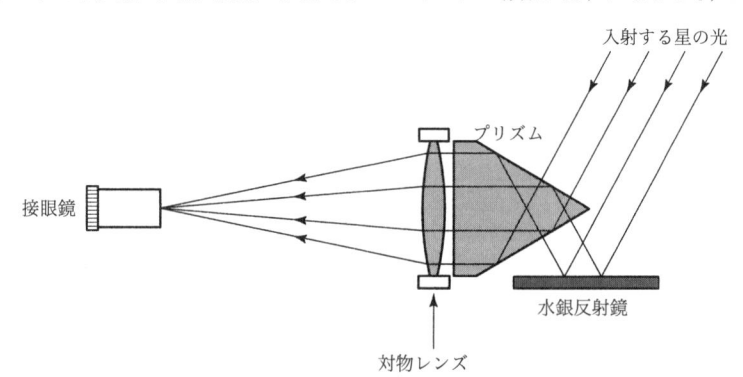

プリズムアストロラーベ：星からの光はプリズムにより望遠鏡に向けられる．星の光の一部は直接プリズムに入射し，一部は水銀反射鏡を介してプリズムの中に反射される．星がプリズムの角度によって決まる精確な高度（普通は天頂から30°）に達するとこれら二つの像は一致する．実際には，装置をコンパクトにするために，光路はアストロラーベ内部で折りたたまれている．

**ブリッジ** bridge

一つの銀河と別の銀河をつなぐように見える，星あるいはガスの構造．*アンテナ銀河の例のように，二つの銀河間の物理的（潮汐）相互作用の結果として形成されたと思われる場合もあれば，一方では，観測データ中の偽の信号や欠陥，あるいは銀河内の明るい物質が偶然視線上に重なってできたもの，と思われる場合もある．クェーサーのマルカリアン 205 と渦巻銀河 NGC 4319 の間の見かけのブリッジは，観測データの欠陥と視線効果の組み合せで多分説明できる．これらの両天体は非常に異なる視線速度（それぞれ 21000 および 1700 km/s）をもっている．二つの*銀河団あるいは*銀河群を結合している銀河の連鎖もときにはブリッジと呼ばれる．

**フリードマン宇宙** Friedmann universe

膨張宇宙を記述する模型の一つで，物質と放射を含むが，*宇宙定数は考えない．このような宇宙は一様で等方的である．実際はこの模型の中に，永久に膨張する宇宙（*開いた宇宙），結局は崩壊する宇宙（*閉じた宇宙），および特殊な例として物質が*臨界密度をもつ*アインシュタイン-ド・ジッターの宇宙が含まれる．これらの宇宙における*時空の幾何学は*ロバートソン-ウォーカー計量で記述され，上記の 3 例は，それぞれ負の曲率，正の曲率，および平坦の場合に対応する（→時空の曲率）．ロシアの数学者 Alexander Alexandrovich Friedmann (1888〜1925) が創始したこの模型は標準的ビッグバン理論の基礎となっている．

**プリブラム隕石** Příbram meteorite

複数のカメラによるカメラ網で撮影された最初の*落下隕石．カメラ網によってその軌跡と軌道を決定し，隕石を回収することができた．チェコ共和国のオンドレヨフ天文台で操作されたカメラ網は 1959 年 4 月 7 日に光輝く*火球を撮影した．後にプラハ付近のプリブラム町近くの衝突場所で H 6 *普通コンドライト隕石の総計 95 kg になる 19 個の断片が見いだされた．最大の断片は 4.3 kg であった．計算によるこの隕石の遠日点は外部小惑星帯にあった．

**プリュティーノ** plutino →海王星天体

**プリューム** plume

惑星内部から発生するガス，液体，アエロゾル，あるいは粒子の雲．最も普通には火山から噴出されて風下に漂流するガスおよびアエロゾルに対して使用する．爆発中のイオの火山上方にあるプリュームは最も大きくて最も目立つ例で，高度 280 km まで上昇し，噴火口から 500 km にわたって物質を堆積させている．ヴォイジャー 2 号がトリトン表面から上昇するのを観測したプリュームは間欠的な噴火からのものである．

**プリンキピア** Principia

アイザック・*ニュートンの論文の題名 Philosophiae naturalis principia mathematica（「自然哲学の数学的基礎」，初版 1687 年，第 2 版 1713 年）の短縮形．歴史上最も重要な科学的著書の一つであり，太陽系の天体力学を扱い，数学的解析と物理的観測を初めて関連づけて記述した．*ニュートンの万有引力（重力）の法則と*ニュートンの運動法則を詳述し，*ケプラーの法則を導き出し，さらに重力の*逆二乗則がどのように楕円運動を生み出すかを証明している．*潮汐や彗星軌道を含む他の多くの問題を数学的に扱っている．

**ブリンクコンパレーター** blink comparator

1 対の像の間の違いを検出するために，それらの像を高速で連続的に切り替えて見る装置．ブリンク顕微鏡（blink microscope）ともいう．異なる時刻に空の同一部分を撮影した画像対を用いる．移動した，あるいは輝度が変化した天体は，操作者が二つの像を切り替えるとき跳躍あるいは点滅するように見える．ブリンクコンパレーターは*小惑星，*変光星および*新星を探索するために使用する．CCD カメラを用いて撮影した像は，計算機モニター上に交互に像を表示するソフトウェアを使って比較する．→立体コンパレーター

**フリンジ** flinge →干渉縞

**フリントガラス** flint glass

基本的な種類の光学ガラス．その光学的性質は酸化鉛および少量の酸化カリウムの添加によって調整できる．約 1.6 という*屈折率をもち，もう一つの基本的な種類の光学ガラスであ

る*クラウンガラスよりも高い．ひっかき傷がつきやすいという理由もあって，フリントガラスは一般に複合レンズの内側に置いて使用する．

**プルキニエ効果** Purkinje effect
変光星の明るさを目測する場合に，異なる色の星を比較するとき生じる誤差．特に比較する星の一つが赤い星であるとき著しい．この効果は異なる波長に対する網膜の桿状体および錐体の感度が異なるために引き起こされる．観測者によって異なり，使用する装置の口径（すなわち，集められる光量）にも依存する．眼の錐体は，桿状体とは異なり，弱い光では機能しないからである．チェコの生理学者 Johannes Evangelista Purkinje (1787～1869) にちなんで名づけられた．

**ブルークリアリング** blue clearing
青色フィルターを着用した地球上の望遠鏡を通して火星の表面斑紋がはっきり見える場合のことをいう．通常火星の表面の地形はどんなによくても非常にかすかで，最悪の場合は青色フィルターを通しても表面地形は見えず，大気と白雲がはるかに明るく見える．ブルークリアリングが本当かどうかは疑問視されている．

**プルケリマ** Pulcherrima
*イザル（うしかい座イプシロン星）の別名．

**フルスト，ヘンドリック クリストッフェル ファン デ** Hulst, Hendrik Christoffel van de (1918～2000)
オランダの天文学者．彼の主な研究分野は*星間物質であった．*オールト（J. H.）の学生だった1944年に，*中性水素は21 cm の波長をもつ電波を放出するはずであることを示した．彼の予測は1951年にアメリカの物理学者 Edward Mills Purcell (1912～97) と Harold Irving Ewen (1922～97) が星間水素雲から波長21 cm の電波輝線を検出したときに確証された．同じ年にファン・デ・フルストとオールトは銀河系の構造を調べるためにこの水素輝線のドップラー偏移を利用し始めた．

**ブルーストラグラー** blue straggler
*球状星団における青色の*主系列星．星団の転向点のだいぶ左に存在することが異常である．本来ならその位置にある星はすでに進化が進んで主系列から離れているはずだからである．straggler とははぐれ者の意味で名づけられた．これらの星は多くの球状星団で見出され，小質量星間の衝突，あるいは近接連星における質量移送から形成されると考えられている．

**ブルックス 2，彗星 16P/** Brooks 2, Comet 16 P/  →木星彗星族

**ブルーミング** blooming
1. *反射防止レンズに使われる被覆．2. *CCD（電荷結合素子）を用いて撮影した像に生じる欠陥．明るい像の両側に長い棒が見られる．これはピクセル（画素）が電荷で飽和したときに，コラム中の隣接ピクセル中に電荷が溢れ出すために生じる．

**ブルームーン** blue Moon
1. 地球大気中の高高度の塵によって引き起こされる現象．塵は選択的に赤色光を散乱させ，月を青く見せる（→ミー散乱）．ブルームーンは，1883年にクラカトア火山の爆発後に，また1950年にカナダの森林火災のときに見えた．この現象はまれで，そのために"ブルームーンに一度"という表現がある．2. 現代のアメリカの用法では，1暦月における2度目の満月をいう．これは平均して2～3年ごとに起きる．

**フレア（太陽の）** flare (solar)
太陽コロナにおける突発的なエネルギー放出．数時間も，あるいは例外的に1日以上続くことがある．フレアはガンマ線から電波までの全スペクトルにわたって放射を出す．また，光速の約70%までの速度で高速度粒子（電子，陽子，および原子核）を放出する．これらの粒子は放出軌道にもよるが15分ほどで地球に到達する．最もエネルギーの高いフレアだけが白色光で見える．フレアは複雑な磁場をもつ*活動領域で起き，最大のフレアは磁場構造の最も複雑な領域で起こる．エネルギーの大部分は最初の数分間に放出され，インパルシブステージ (impulsive stage) と呼ばれる段階は数秒しか継続しない．放出される総エネルギーは $10^{27}$ ジュールに達することがありうる．明確なエネルギーの下限はない．

フレアは，*H$\alpha$ 光における見え方とその軟

X線強度との二つの方法で分類する．$H\alpha$では最小の現象にはサブフレアという用語を与え，面積の増大とともに1から4までに分ける．これに明るさを示す符号として，弱い$f$から正常$n$を経て明るい$b$までが付加される．軟X線（0.1〜0.8 nm）では強度の弱いものから強いものへC，M，Xと分類し，それぞれを1から9まで再分類する．

$H\alpha$光で見ると，フレアは*フィラメント（すなわち，上方から見た*紅炎）の消滅から始まり，明るい領域が*磁気逆転線の両側でリボン状に発達する．一般には，フラッシュ位相と呼ばれる急速な膨張段階がある．初期のインパルシブステージを形成する硬X線およびマイクロ波の爆発があることも多く，軟X線はもっとゆっくり数分後に極大に達し，減衰する（崩壊あるいは冷却位相）．正確な機構はわかっていないが，フレアは磁場に蓄えられたエネルギーが解放される現象である．ある説によると，反対方向の磁力線が再結合するときに発生する．粒子はインパルシブステージで加速され硬X線を放出するが，軟X線はコロナルループ内に閉じ込められた非常に高温（2000万K）のプラズマによって放射される．

### フレア星　flare star

爆発型変光星の一形態．立上り時間数秒，減衰時間数分という突然で予測できないフレアを示す．フレア星はKe型あるいはMe型スペクトルと強い磁場をもつ．フレア星は一般には*くじら座UV型星と同義であると考えられているが，ある種の*りゅう座BY型星もフレア活動を示す．

### プレアデス星団　Pleiades

おうし座の顕著な*散開星団M 45．一般にはすばると呼ばれる．欧米では7人姉妹と呼ばれる．星団は空の1.5°以上に広がり，約100個の星を含んでいる．そのうち最も明るい星は3等のアルキオネである．他の数個のメンバーは肉眼でも見える．外側に散らばった星もあるかもしれないが，真の直径は約13光年である．星団は410光年の距離に位置し，年齢は約8000万年である．星団の星々は*反射星雲に包まれている．現在では，この星雲は星団を生んだガス雲の残りであるというよりは偶然の遭遇の結果であると考えられている．

### フレクサス　flexus

惑星表面における曲がりくねった線状の地形．複数形もflexus．湾曲しているあるいは屈曲していることを意味するこの名称は，地質学的用語ではなく，例えばエウロパ上のデルフィ・フレクサスのように個々の地形の命名に使用する．

### ブレーザー　blazar

*とかげ座BL型天体や他の光学的に激しく変光する*クェーサー（optically violently variable, OVV）など，星でいえば激変星のに相当する銀河．ブレーザーの名前はこれらの短縮形．それらは，ほぼ真横向きの*活動銀河核から放出されるプラズマや放射の高速度ジェットを見ていると考えられている．OVVクェーサーはそのスペクトル中に幅広い輝線をもっているが，それを除けばとかげ座BL型天体のすべての特徴を示す．

### プレスル接眼鏡　Plössl eyepiece

*ケルナー接眼鏡あるいは色消しラムスデン接眼鏡に似ているが，2組の*視野レンズをもつ接眼鏡の型式．*収差，特に非点収差はケルナー式の場合より小さく，*瞳距離を調節することもできる．f/4という短い*口径比をもつ望遠鏡でも優れた性能を示す．1860年にオーストリアの光学機器製造業者（Georg）Simon Plössl（1794〜1868）が発明した．

### プレセペ星団　Praesepe

かに座にある3等級の*散開星団．NGC 2632，蜂の巣（ビーハイブ）星団，あるいはかいばおけ（マンガー）とも呼ばれる．直径は1.5°で，6等とそれより暗い約50個の星を含んでいる．距離は520光年である．

### フレッド・ローレンス・ホイップル天文台　Fred Lawrence Whipple Observatory　→ホイップル天文台

### プレートテクトニクス　plate tectonics

地球，あるいは他の惑星の表面を地殻プレートが表面下の対流運動に応答して運動することによって起こる大陸移動の過程．地球上ではより軽い大陸地殻が，常に移動しているより高密度の海洋地殻の上に浮いている．対流によって*アセノスフェア内部のより高温の帯域は表面

に到達するまで上昇する．高温の岩石は冷却して，通常は海洋の中央にある拡大軸（spreading axis）において海洋地殻を形成する．次いで海洋地殻は 100 mm/年以下の速度で拡大軸からゆっくりと遠ざかり，ついには沈み込み帯（subduction zone）に達する．通常，沈み込み帯は大陸周縁にあり，そこで海洋地殻は再びアセノスフェア中に降下する．地球以外の惑星ではプレートテクトニクスは作用していないように見えるが，火星上の*タルシス山脈は"できそこないの"拡大軸かもしれない．ガニメデやエウロパのような大きな氷衛星のなかには氷の中で作用する類似の表面過程があることを示すものもある．

**フレミング，ウィリアミナ ペイトン** Fleming, Williamina Paton （1857～1911）
スコットランドの天文学者．アメリカで研究した．ハーヴァードで*ピッカリング（E. C.）と共同研究を行い，彼女は 1881 年から同時代の最も著名な女性天文学者の地位を確立した．彼女の主な業績は，*ヘンリー・ドレーパーカタログの先駆である Draper Catalogue of Stellar Spectra（恒星スペクトルのドレーパーカタログ）（1890）にある 10351 個の星のスペクトルの分類である．彼女の体系は 17 の種類分けをもち，*セッキ（P. A.）の先駆的体系（→セッキ分類）の大改良であった．彼女の体系も後に*キャノン（A. J）によって洗練された．

**プレリオン** plerion
膨張するガス殻からだけでなく中心領域からも放射が出ているまれな種類の*超新星残骸．中心充満超新星残骸とも呼ばれる．プレリオンは比較的若い残骸であることが多い．中心にある*パルサーのエネルギーが*シンクロトロン放射によって中心領域を輝かせている．最も有名な例は*かに星雲である．

**負レンズ** negative lens
*発散レンズの別名．

**プロキオン** Procyon
こいぬ座アルファ星．等級が 0.38 で，全天で 8 番目に明るい恒星．F5 型巨星か矮星．距離 11.4 光年，地球に最も近い星の一つである．プロキオンは 10.3 等の白色矮星の伴星をもち，伴星は 41 年の周期でプロキオンを公転する．

**プロキシマケンタウリ** Proxima Centauri
→ケンタウルス座プロキシマ星

**ブロッキ星団** Brocchi's Cluster
*コートハンガーという名で広く知られている星団の別名．アメリカのアマチュア天文家 Dalmiro Francis Brocchi（1871～1955）にちなんで名づけられた．

**プロテウス** Proteus
海王星の 2 番目に大きい衛星．大きさは 436×416×402 km．海王星VIIIとも呼ばれる．1989 年にヴォイジャー 2 号が発見した．プロテウスは 11 万 7650 km の距離で 1.122 日で惑星を公転する．衝突クレーターで覆われた起伏のある表面をもつ．直径がほぼ 200 km でファロスと命名されたクレーターがある．

**プロミネンス** prominence
*紅炎の別名．

**プロメテウス** Prometheus
土星の 3 番目に近い衛星．距離 13 万 9353 km で A 環のちょうど外側を公転する．土星XVIとも呼ばれる．土星を 0.613 日で公転し，その背後にある土星の F 環に対して*羊飼い衛星として作用する．1980 年にヴォイジャー 1 号が発見した．不規則な形状で，大きさは 140×100×80 km である．

**プロモントリウム** promontrium
月面の大型高地から伸びている岬．複数形 promontria．この名称は地質学的用語ではなく，例えばプロモントリウム・ヘラクリデスのような，個々の地形の命名に用いる．

**フローラ群** Flora group
*小惑星帯の内端付近にある小惑星の複雑な集まり．太陽からの平均距離が 2.2 AU で，約 5°の平均軌道傾斜角をもつ．この群は*カークウッド間隙の一つにより小惑星帯から切り離されており，この領域には数個の別個な群がある．これらの群のうちで，いわゆるフローラ群のメンバーは単一天体の分裂から生じたかもしれず，最大のものは直径 162 km の（8）フローラ自身である．フローラは S 型小惑星であり，1847 年にイギリスの天文学者 John Russell Hind（1823～95）が発見した．フローラの軌道は，長半径軸 2.201 AU，周期 3.17 年，近

日点1.86 AU，遠日点2.55 AU，軌道傾斜角5.9°をもつ．

**分　minute**（記号 min）

60秒に等しい時間単位．天文学では"m"と略されることが多い．国際単位系（SI）の単位ではない．

**分　化　differentiation**

惑星や小惑星のような天体の内部でマグマが異なる密度と組成の火成岩の層に分離する地質学的過程．典型的には分化は中心核，マントルおよび地殻を生成する．

**分解能　resolution**　→解像力

**分　角　arc minute, arcmin**　→角度の分

**分割鏡　segmented mirror**

一つの大口径反射鏡の代わりに，多数の小さな反射鏡を隣接複合させた反射鏡．典型的には構成要素となる小さな反射鏡は六角形で，タイルのように相互に組み合わされている．各反射鏡は全体としての光学系の調節用に位置センサーとアクチュエーターを装備した個別の架台に載っている．例えば，二つの*ケック望遠鏡のそれぞれは，直径1.8 mの反射鏡36個をもち，総合して9.82 mの六辺形口径を形成する．分割鏡はその口径の割に非常に軽くできるので，一枚鏡で作る反射鏡より大きくできる．

**フンガリア群　Hungaria group**

太陽から約1.95 AUの平均距離にある小惑星群．*小惑星帯の内縁付近にあるが，木星と4：1共鳴の地点で*カークウッド間隙によって小惑星帯から分離されている．フンガリア群のメンバーの軌道離心率は低いが，軌道傾斜角は22～24°と高い．この群はいろいろなクラスの小惑星を広く含んでいる．フンガリア小惑星はどれも小さい．1898年に*ウォルフ（Max）が発見した直径11.4 kmのEクラス小惑星である（434）フンガリアにちなんで命名された．フンガリアの軌道は，長半径1.944 AU，周期2.71年，近日点1.80 AU，遠日点2.09 AU，軌道傾斜角22.5°をもつ．

**分光学　spectroscopy**

天体のスペクトルを求め，研究する手法．そのスペクトルから天体の組成と運動が決定できる．使用する装置は，スペクトルを記録するために検出器（今日では*CCD）を用いる*分光器である．スペクトルには三つの主要な型がある．分離されない色の帯からなる*連続スペクトル，明るい線からなる*輝線スペクトル，および連続スペクトルを横切る暗い線からなる*吸収スペクトルである．スペクトルを研究することによって星の温度，光度，そして大きさが決定できる（→スペクトル分類）．スペクトル線の変位（*ドップラー偏移）からは視線方向の天体の運動（*視線速度）が明らかになる．

X線分光法はもっぱら高温で高度に活動的な天体を対象とする．*超新星残骸，高温星のコロナ，そして*降着円盤からX線の輝線が検出される．適切な検出器が最近になって初めて開発されたので，この分野はまだ生まれたばかりである．

紫外線分光法は，1978年に打ち上げられた*国際紫外線探査衛星（IUE）によって開拓された．多くの原子およびイオンの*共鳴線が紫外線領域に位置するためにこの波長領域は重要である．*ハッブル宇宙望遠鏡は紫外線領域ですぐれた感度と，IUEを超える分解能をもつ．

可視光分光法は最も広範な領域の天文学研究にとっての手がかりである．この波長で極めて多くの望遠鏡が稼働しているからである．普通は，他の波長領域でよりもはるかに高いスペクトル分解能が得られるので，*線輪郭（温度および密度に関する情報）および速度（例えば，*連星の場合，その速度から質量が計算できる）を研究することが可能である．

赤外線分光法は発展途上の分野である．赤外線分光の最初の試みは，透過波長が調整できる狭帯域フィルターを用い，検出器は単純な*ボロメーターであった．アンチモン化インジウムあるいはテルル化水銀カドミウムから作られる赤外線に敏感なCCDに似たアレイが登場して格子分光器の開発が可能になった．格子分光器は，熱雑音を低減させるために格子を冷却することを除けば，可視光用の分光器と似ている．赤外線分光法は，銀河中心や星形成の領域のような*塵で厚く遮蔽された領域の研究に大きな進歩を遂げつつある．

**分光器　spectrograph**

各波長での放射強度を検出器で記録できるように，光をスペクトルに分散するための装置．

分光器は種々のスペクトル領域で使用するよう設計されてきた．特に紫外線，可視光，および赤外線に力点が置かれている．通常の分光器の主な構成要素としては，望遠鏡の視野中にある特定の天体を選ぶためのスリット，その光を平行ビームに変換するためのコリメーター，平行ビームをスペクトルに分散する*回折格子あるいはプリズム，分散された平行光を結像させるカメラ，およびカメラの焦点面に置かれた検出器（今日では普通はCCD）などがある．記録されたスペクトルを分光写真という．分光器の解像力は主として回折格子上の刻線の間隔に依存し，この間隔は典型的には1mm当たり数百本である．

**分光計** spectrometer

出力スペクトルを*光電測光器が走査してスペクトルの強度が波長によって変化する様子を示すグラフを作成する*分光器．現代的な例は*視線速度分光計で，この分光計では星の視線速度を導き出すためにスペクトル線の位置を測定する．それ以外には，今日では分光計はほとんど使われない．CCD検出器がスペクトル全体を一度に記録できるので，今はそのような装置が分光器と呼ばれるようになった．

**分光視差** spectroscopic parallax

星の距離をその見かけの等級と絶対等級の比較から推定する方法．星の絶対等級は，そのスペクトルを調べて見いだされる*スペクトル型と*光度階級から推測される．分光視差は，遠すぎて信頼できる*三角視差が得られない星の距離を決定する最も普通の方法である．

**分光写真** spectrogram

写真などに記録されたスペクトル．

**分光測光** spectrophotometry

通常の光度計では測れないもっと狭い帯域幅で天体の輝度を測定すること．使用する装置は*分光測光計である．

**分光測光計** spectrophotometer

*分光器と*光度計を組み合わせた装置．通常の光度計では測定する波長をフィルターによって選択するが，分光測光計ではフィルターの代りに波長にしたがって光を分離するために分光器を用いる．測りたい波長範囲が3nm以下のときは，このような狭い帯域幅のフィルターの製作が困難なので分光測光計が必要である．*CCDあるいは同種の検出器を備えた現代的な分光器は機能的に分光測光計と区別することができない．

**分光太陽写真儀** spectroheliograph

強い*フラウンホーファー線の波長で太陽を撮影するための装置．望遠鏡が作る太陽像を一次スリット上に結像させ，このスリットを通過した光を回折格子あるいはプリズムに導く．次いで，分散された光を望みの波長（例えば，*Hα線の一部）の位置に置いた二次スリットで捕捉する．写真乾板（検出器）はこのスリットの背後に置く．太陽像を横切って一次スリットを次々移動させ，二次スリットを望みの波長の位置からずれないように移動させる．このようにして，写真乾板上に*分光太陽像が作られる．

**分光太陽像** spectroheliogram

強い*フラウンホーファー線（あるいはその線の一部）の光で撮影した太陽の写真．最も普通には，分光太陽像には*Hα線およびカルシウムの*K線を選ぶ．この分光太陽像は*彩層の特性を写し出す．分光太陽像は*分光太陽写真儀で撮影する．波長を選択してフィルターを使って撮影された画像は*フィルター画像と呼ばれる．

**分光連星** spectroscopic binary

肉眼あるいは写真では分解できないが，スペクトル線に現れる周期的なドップラー偏移により*連星であるとわかる連星．大部分の*食連星がそうであるように，すべての近接連星（*激変連星および*相互作用連星を含む）はこの範疇に入る．分光連星系に関して得られる情報は，一方あるいは両方の星に対して視線*速度曲線を得ることができるかどうかに依存する．*単線連星の場合は，系の質量のだいたいの目安でしかない*質量関数と呼ばれる関係式しか求められない．*複合スペクトル連星あるいは*二重線連星の場合は，*質量比から相対質量を導くことができる．もし軌道傾斜角がわかれば（通常は食連星の場合だけ），星の大きさ，質量，および軌道が計算できる．相互作用連星の場合は，構造が複雑なためこの方法には限界がある．（図参照）

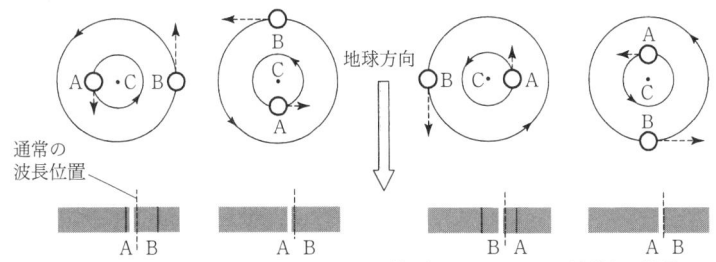

**分光連星**：図の上列は，二つの星AおよびBが質量中心Cを周回する軌道上の位置を示す．ドップラー偏移の結果，各星からの光は，星が地球に接近しているか，地球から後退しているかによって，スペクトルの青色端あるいは赤色端の方向に偏移する．各星のスペクトル中のスペクトル線は，図の下列に示すように，その通常の波長位置の左右に振動するように見える．

**分　散**　dispersion

1. *プリズムあるいは*回折格子により光をその構成する色に分けること．高分散は物体のスペクトルが低分散の場合よりも広がることを意味し，したがって細部まで見ることができる．このように分散度がスペクトルの分解能を支配する．高分散回折格子は1〜2 nm/mmの分散を生じさせる．2. 電離ガス（プラズマ）のようなある種の媒質中を伝播する電磁波の速度が周波数によって変わる現象．星間物質は大部分が電離水素であり分散を引き起こす．分散による波の時間の遅れは視線方向の電子密度に依存し，観測する周波数の2乗に反比例する．分散は光源の急速な変光を不鮮明にするので，パルサーの観測では非常に重要な問題である．
⇒脱分散

**分散量度**　dispersion measure

天体からの電波が受ける分散量の尺度．分散量度は電子密度を視線に沿って天体まで積分した値であり，通常はパーセク/cm³の単位で測定する．分散量度は異なる周波数におけるパルサーの正確な計時から容易に得られ，星間空間における電子密度を推定する主要な方法である．〔電子密度の単位は電子の個数/cm³なので，分散量度の単位は（個数/cm³)・パーセクであるが，通常「個数」は表示されない〕．

**分　子**　molecule

化合物の最小部分．1個またはそれ以上の元素の原子が化学結合をして形成する物質．例えば，水は2個の水素原子と1個の酸素原子から構成される分子であり，化学式 $H_2O$ をもつ．

**分子雲**　molecular cloud

主として分子からなる星間ガスおよび*塵の雲．既知の最小の分子雲には1太陽質量よりも少ないガスしか含まれていないが，一方*巨大分子雲は $10^7$ 太陽質量にも達する質量をもっている．分子ガスの大部分は極めて低温で，典型的な温度は約 20 K である．分子雲は可視光では*暗黒星雲として検出できる．赤外線望遠鏡では塵が放出する少量の熱が検知され，電波望遠鏡ではそのような雲における*星間分子からの多数のスペクトル線が検出される．

**分至経線**　colure

天の極を通り，分点（二分経線）あるいは至点（二至経線）で黄道を切る大円．分至経線は*時圏の例である．

**分子水素**　hydrogen molecule　→水素分子

**分子線**　molecular line

*星間分子が生成する幅が狭い放射あるいは吸収のスペクトル線．天体物理学で興味のある大部分の分子はスペクトルの赤外，ミリ波および電波部分で放射し，吸収する．⇒ OH 線，21センチメートル線，メーザー源

**噴出紅炎**　surge prominence

物質がほとんど垂直に上昇し，次いで降下する太陽の*活動紅炎の一種．最大速度は約 200 km/s で，噴出紅炎は高度 10 万 km に達する．噴出紅炎はしばしば同一場所で反復され，より活動的な紅炎は*フレアの開始時に起こる．最も明るい噴出（サージ）は半時間以上持続する．

**噴出物** ejecta
　クレーターを形成する衝突や火山噴火のような爆発現象によって放出される物質。噴出物ブランケット（ejecta blanket）は衝突クレーター周縁のすぐ外側にある噴出物が下部の地面を完全に覆ってしまった領域である。[天体から噴出したものを指すこともある]。

**分　点** equinox
　1. 天球上の太陽の見かけの年周経路（黄道）が天の赤道と交叉する二つの点。あるいはこれが起こる期日—3月21日かその付近（春分点）と9月23日かその付近（秋分点）をいう。これらの点は*おひつじ座第一点および*てんびん座第一点という名でも呼ばれる。用語"分点"を限定なしで使うときは、春分点を意味する。分点のころは世界中で昼と夜の長さが等しい。分点は固定点ではなく、*歳差と*章動のために移動する。歳差だけを考慮する場合、得られる点は期日の平均春分点と呼ばれる。しかし、章動も含めた場合は、その点は真の分点と呼ばれる。[2. 星図・星表などで例えば1950年分点とある場合の分点は、それらの星図・星表の*元期、すなわち記載されている*赤経、赤緯が1950年における春分点と赤道から計算されたことを示す]。

**分点月** tropical month
　*春分点に準拠した月の平均公転周期。長さは27.32158日である。この定義は、*歳差による分点移動を含む分だけが*恒星月の定義と異なる。この違いは7秒にすぎないが、この非常に小さな違いが25800年の歳差周期にわたり蓄積すると丸1ヵ月になる。

**分点差** equation of the equinoxes
　視恒星時と平均恒星時の差。赤経の章動とも呼ばれる。

**分点歳差** precession of the equinoxes
　赤道の動き（*日月歳差）と黄道の動き（*惑星歳差）によって生じる、黄道に沿った*分点の運動。一般歳差ともいう。紀元前約130年にギリシャの天文学者*ヒッパルコスが、星の黄経の見かけの増大から初めてこの歳差を検出した。1年に約50.3″に達する。したがって、分点は約72年に天球上で1°だけ西方に移動し、1周を完了するには25800年かかる。

**分点周期** tropical period
　*分点を通過してから次に通過するまでの時間間隔によって定義される惑星あるいは月の公転周期。例えば、*太陽年（回帰年）や*分点月。

**フント系列** Pfund series
　水素によって生じる、遠赤外線スペクトル部分における吸収線あるいは輝線の系列。第五エネルギー準位とそれより高い準位間の電子の遷移によって生じる。フント$\alpha$線は$7.46\,\mu m$の波長にあり、系列の限界は$2.28\,\mu m$にある。アメリカの物理学者（August）Herman Pfund（1879~1949）にちなんで名づけられた。⇒水素スペクトル

**分離型連星** detached binary
　二星のうちのどちらもその*ロッシュローブを満たしていない近接連星。それは、*アルゴル型*食連星、*反射変光星、あるいは*楕円体状変光星である可能性がある。一般に質量移動も質量放出も起こりえない。

**分離現象** disconnection event
　ガスからなる彗星の尾が分離すること。*太陽風が運ぶ局所的な惑星間磁場の強さと方向の変化から生じる。ガスの尾があるとき、コマから分離して太陽風の風下へ吹き流され、それまでとはわずかに違う優勢な惑星間磁場によって決まる方向に発達する新しい尾ができる。その新しいガスの尾が再び分離現象を起こすこともある。[彗星の尾が途中でちぎれたように見える]。1910年に戻ってきたときにハレー彗星の尾で数回のそのような現象が記録された。この回帰は太陽活動の活発な時期に一致していた。

## へ

**平凹レンズ** planoconcave lens
　平面と凹面をもつレンズ．*発散レンズである．

**平均位置** mean place, mean position
　平均赤道とある標準的元期（普通は1年の初めをとる）での*春分点に準拠した天体の座標．星の平均位置を計算するには，大気差，視差，光行差および光の重力偏向の効果を除去しなくてはならない．

**平均運動** mean motion（記号 $n$）
　楕円軌道にある天体の平均*角速度．1日当たりの量で測る場合は*平均日日運動と呼ばれることもある．軌道が*摂動を受けると，公転周期の変化を勘案しなくてはならない．摂動を受けない軌道の場合，平均運動は，軌道が円形で楕円の長半径と等しい半径をもつ場合にその天体の半径ベクトルがもつ角速度と同一である．太陽を回る惑星の平均運動は理論から正確に計算できるが，直接観測によっても求めることができる．月の場合，2000年以上さかのぼる古代の月食の記録は，月の平均運動の非常に正確な値を与える．

**平均極** mean pole
　*章動による振動を除いた場合に特定の*元期において地軸が指し示す空の方向．平均極は*日月歳差だけの影響を受けて天球上を滑らかに移動する．

**平均近点角** mean anomaly（記号 $M$）
　真の天体と同じ周期ではあるが一定の角速度で公転する仮想天体を考え，その位置と軌道上の近点との間の角度をいう．仮想天体に与える角速度は，実際の公転天体の平均角速度（*平均運動）である．平均近点角は軌道運動の方向に測定する．⇒ケプラー方程式

**平均恒星時** mean sidereal time
　*平均分点が子午線を通過してからの時間．すなわち平均分点の時角をいう．*春分点は星に対して固定されているものではなく，*歳差と*章動によりその位置が変わる．章動の効果を除いた*平均分点を想定すると便利であり，この平均分点により定義される平均恒星時は，*視恒星時とは異なり，均一に進行する．

**平均時** mean time
　視太陽時や視恒星時の短期的な不規則さを平均化して取り去り，滑らかに進行するようにした時間形式．*平均恒星時では，*章動の効果を除去する．*平均太陽時では地球の楕円軌道および天の赤道に対する黄道の傾斜に由来する太陽の不規則運動に対して補正を行う．グリニッジでの平均太陽時であるグリニッジ平均時は*世界時と同じものである．

**平均視差** mean parallax ➡統計視差

**平均赤道** mean equator
　*平均極の方向に垂直な大円．

**平均太陽** mean sun
　その天球上の位置が*平均太陽時を定義する仮想的天体．平均太陽は，一定の速度で1年で天の赤道を1周する天体として定義される．平均太陽の時角に12時間を加えると平均太陽時が得られる．平均太陽は一様な計時のために必要である．黄道に沿う真の太陽の運動速度は，太陽を回る地球軌道の離心率のために変化する．さらに，黄道は天の赤道に対して傾斜しているので，黄道における一様な運動でも一様な時間尺度を与えない．これらの二つの理由のために真の太陽を計時のためには用いることはできない．

**平均太陽時** mean solar time
　時計で示される正常の時間．専門的には，1日が正午ではなく真夜中に始まるように，*平均太陽が子午線を通過してからの時間すなわち平均太陽の時角に12時間を加えた時間．*均時差に由来する*視太陽時の変動は平均すると消えるので，平均太陽時は，地球自転が徐々に遅くなるための小さな不規則さを除けば滑らかに進行する．平均太陽時は*平均恒星時と密接に関係しており，一方がわかれば他方は計算できる．*グリニッジ子午線での平均太陽時が*世界時である．

**平均太陽日** mean solar day
　視太陽日の平均の長さ．*平均太陽の子午線通過から次の子午線通過までの間隔である．

*均時差の値は変化するので視太陽日の長さは一定ではない．1年の平均太陽日の日数は恒星日の日数より正確に1日少ない．

**平均日日運動** mean daily motion （記号 $n$）
→平均運動

**平均物質密度** mean density of matter
銀河などの諸天体に含まれる全物質を宇宙全体に一様に満たした場合に得られる物質密度．星や惑星は水の密度（約$1\,g/cm^3$）より大きな密度をもつが，宇宙の大部分は事実上何もない銀河間空間からなるので，宇宙の平均密度は極めて低い（$10^{-29}\,g/cm^3$，もしくは$10^{-5}$原子/$cm^3$）．平均物質密度は，宇宙が膨張を続けるかどうかを決定する．⇒密度パラメーター，臨界密度

**平均分点** mean equinox
*章動の効果を除いた，特定元期のときの分点（春分点，秋分点）の方向．したがって平均分点は，章動に由来する短期的振動なしに，*歳差だけによって天球上を滑らかに移動することになる．

**ヘイグ式架台** Haig mount
*スコットランド式架台の別名．

**平衡点** stationary point
ある天体が，他の天体から一定の距離を保ちながら，それらの天体と平衡状態にとどまることができる宇宙空間の点．例えば，*ラグランジュ点．

**ヘイスタック天文台** Haystack Observatory
マサチューセッツ州ウェストフォードにある電波天文台．1960年に創設された．主要装置はレドーム（保護ドーム）に格納された36.6mのパラボラアンテナである．1964年に開設され，元は惑星のレーダー観測に使われたが，現在はほとんど電波天文学のために使用されている．施設の所有者はマサチューセッツ工科大学であるが，12の教育機関の連合である北西電波天文台協会（NEROC）が運営している．

**ベイスン（衝突）** basin (impact)
巨大な衝突隕石孔でその内部に一つ以上の同心円状の山脈の内環が存在する．三つの形態の型がある．単一の内環がある山頂−環ベイスン（peak-ring），内環と*中央丘が存在する中央丘ベイスン（central peak basins），一つ以上の内環がある多重環状ベイスン（multi-ringed basin）．環は，隕石孔の床面が上方に跳ね返り，再び崩壊して最初の内環を生成したときに形成されたと考えられている．より大きな隕石孔では中央の領域が上下に振動を続けてさらに環を形成することもある．六つもの同心円環が認められるベイスンもある．月面の*オリエンタルベイスンは美しく保存された直径930 kmの多重環状ベイスンである．月面で最大のベイスンはほぼ1300 kmの*インブリアムベイスンであるが，その多くの部分は若い溶岩で覆われている．太陽系における最大のベイスンはカリスト上の直径2700 kmの*ヴァルハラである．火星のヘラスベイスン（→ヘラス平原）は直径が2500 kmであるが，ひどく侵食され，その床面は堆積物で覆われている．内環が形成され始める大きさは惑星によって，また同じ惑星の異なる地域でも変化する．月の最小のベイスンは直径が約140 kmであるが，水星では100 kmほどのベイスンがある．

**平凸レンズ** planoconvex lens
平面と凸面をもつレンズ．*収束レンズである．

**平面鏡** flat
ニュートン式反射望遠鏡の副鏡のように平らな表面をもつ鏡．

**ベイリー，フランシス** Baily, Francis (1774～1844)
イギリスの株式仲買人で天文学者．1826年に彼は2881個の星に対して非常に精確な位置を記載したカタログを作った．1836年に彼がスコットランドで観測した金環食について発表した説明は，"輝くビーズのネックレスのような明るい点の列が…美しい光のきらめきを見せて月の円盤に沿って走る"と記述しており，以前に同じものを見たことのある人々を列挙した．それ以来この現象は*ベイリーの数珠として知られるようになった．彼は，プトレマイオス，ティコ・ブラーエ，ヘヴェリウス，そしてフラムスティードなどの歴史的な諸星表を編纂したことでも有名である．

**ベイリー型** Bailey type
*こと座RR型星の準型である変光星．アメリカの天文学者 Solon Irving Bailey

(1854～1931) が発表した．その光度曲線の形と変光幅で他の型と識別される．初め，変光幅が減少する順でa，b，c型（平均周期がそれぞれ 0.48, 0.58, 0.32 日）に分けられたが，ともに非対称な光度曲線をもつa型とb型の間は連続的につながっており，現在では一つの型RRABに合併されている．RRC型の光度曲線ははっきりちがい，まるで正弦関数のように見えることが多い．

**ベイリーの数珠** Baily's beads

日食で皆既食の直前と直後に，太陽光が月の周縁部に沿った谷間を通して輝くときに見える現象．湾曲した真珠の数珠のように見える．1836年の金環食で金環に続いて起こった効果を記述した*ベイリー（F.）にちなんで名づけられた．

**ペイン-ガポシュキン, セシリア ヘレナ** Payne-Gaposchkin, Cesilia Helena (1900～79)

アメリカで研究したイギリスの天文学者．スペクトル線の強さに基づいて種々のスペクトル型の星に対する温度目盛を開発した．1925年に異なる年齢の星における元素の相対組成の研究で，水素が星の主要な構成元素であることを確立した．彼女は 1934 年に結婚したロシア-アメリカの天文学者 Sergei Illarionovich Gaposhkin（1898～1984）と共同で，写真乾板から*変光星の等級を測定する大計画に着手した．これは 1938 年に刊行された変光星のカタログに結実した．マゼラン雲にある変光星の同様な共同研究は 1971 年に出版された．

**ヘヴィサイド層** Heaviside layer

*E層の別名．

**ヘヴェリウス, ヨハネス** Hevelius, Johannes (1611～87)

ドイツの天文学者．現在のポーランドに生まれた（ドイツ語では Johann Hevelcke，ポーランド語では Jan Heweliusz）．1640 年代の初期に太陽の自転周期についてかなり精確な値を求め，*白斑について記述し命名した．彼の Selenographia（月面図誌，1647 年）には命名された地形が書き込まれたかなり詳細な最初の月の地図が載っている．しかし彼のつけた名前は現在ではほとんど残っていない．彼はまた月

の経度における*秤動を発見した．1650 年代には後に星図 firmamentum Sobiescianum sive Uranographia として結実することになる観測計画を開始した．この中で彼は若干の新しい星座を導入した．この星図と関連する 1564 個の星の星表は両方とも彼の死後に 2 番目の妻であり助手でもあった（Catherina）Elisabetha Hevelius, 旧姓 Koopman（1646～93）の手で 1690 年に出版された．ヘヴェリウスは肉眼で観測する装置を用いて位置測定を行った最後の大天文学者であった．

**ベーカー-シュミット望遠鏡** Baker-Schmidt telescope

*シュミットカメラの修正型の一つ．アメリカの光学機器製造業者 James Gilbert Baker（1914～）が設計した．このカメラは，望遠鏡内の比較的短い鏡筒の内部に*非点収差やコマ（→コマ（光学的））のない平坦な視野を作るための副凸面鏡を用いている．写真乾板も装置内に設置され，従来のシュミットカメラのように主反射鏡の方向ではなく外方に向いている．

**ペガスス座** Pegasus（略号 Peg. 所有格 Pegasi）

北天にありギリシャ神話の翼をもつ馬（ペガスス）をかたどる 7 番目に大きい星座．*マルカブ（アルファ星），*シェアト（ベータ星），および*アルゲニブ（ガンマ星）がペガスス正方形の三つの隅を形成している．隣接するアンドロメダ座の*アルフェラッツ（アンドロメダ座アルファ星）を加えてこの正方形は完結する．*エニフ（イプシロン星）は*二重星であり，M 15 は 6 等の球状星団である．

**ペガススの四辺形** Square of Pegasus

ペガスス座アルファ星，ベータ星，ガンマ星，およびアンドロメダ座アルファ星が四つの頂点をなす大きな四辺形の*星群．

**壁面環** mural circle

天体が子午線を通過するときの高度角を測定するために望遠鏡の発明以前に用いられた装置．角度目盛が刻まれた大きな円環を南北方向に建物の壁に垂直に固定して天体の角度を読み取る．円環が90°（四分円）をカバーする場合は壁面四分儀（mural quadrant）と呼んだ．星を覗く装置によって星の地平線上の高度を測

定した.

**ヘクサヘドライト**　hexahedrite

4～6% を超えないニッケルを含む*鉄隕石のクラス.直径が 50 mm 以上のカマサイト（鉄-ニッケル合金）の大きな立方結晶からなり,六面体の面に沿って三つの垂直方向に裂くこと（劈開：へきかい）ができる.*ノイマン線と呼ばれる微細な線からなるパターンを示す.ヘクサ-オクタヘドライト隕石はヘクサヘドライトと*オクタヘドライトの間の中間型である.これらの隕石ではカマサイト板の厚さ（帯域幅）は 3 mm から 50 mm まで変化する.大部分のカマサイト結晶粒は丸みを帯びており,テーナイトはほとんど,あるいはまったく残留していない.

**ヘクトル**　Hektor

小惑星 624 番.*トロヤ群小惑星のなかで最大のもの.1907 年にドイツの天文学者 August Kopff（1882～1960）が発見した.木星から 60°前方の $L_4$*ラグランジュ点にあるトロヤ群のメンバー.ヘクトルは 6.92 時間の周期で自転するとともに明るさが 3 倍ほど変化する.光度曲線はヘクトルが 150×300 km で非常に細長い形をしていることを示している.あれい型かもしれないし,2 個の小惑星がくっついているかもしれないし,2 個の小惑星からなる連星系かもしれない.ヘクトルは D クラス小惑星で,軌道は,長半径 5.172 AU,周期 11.76 年,近日点 5.05 AU,遠日点 5.29 AU,軌道傾斜角 18.2°をもつ.

**ベクルックス**　Becrux　➡みなみじゅうじ座ベータ星

**ヘス, ヴィクター フランシス**　Hess, Victor Francis（1883～1964）

オーストリア-アメリカの物理学者.元の名は Viktor Franz.1912 年に当時発見された大気の電離現象を研究し始めた.一連の気球上昇実験で検電器を用いて 150 m より上部には常に放射が存在し,高度とともに着実に増大することを示した.その強度は昼あるいは夜の時間に依存せず,したがって太陽からくるものではありえない.すなわちそれは宇宙起源でなくてはならなかった.ヘスによるこれら*宇宙線の発見は第一次大戦後まで認められなかった.この業績で彼は 1936 年ノーベル物理学賞を共同受賞した.

**ベータ地域**　Beta Regio

金星の緯度+25°および経度 383°の地点にある高地.直径は約 2800 km で,長さ 1600 km の南北に走る幅広いトラフのデヴァナカズマで切断されている.北方のレア山（標高 6700 m）および南方のテイア山（標高 5200 m）という二つの巨大な火山がこのトラフに密接に関連している.テイアは溶岩流が四方に広がる大きなカルデラをもっている.ベータ地域は,地球から観測された金星の初めてのレーダー地図ではっきり見えた.

**ベータ崩壊**　beta decay

原子核が娘核に自然崩壊し,原子より小さい 2 個の粒子を放出する放射性崩壊.中性子が電子と反ニュートリノを放出して陽子に変化する場合と,陽子が陽電子とニュートリノを放出して中性子に変化する場合がある.結果として生じる原子核は元の原子核と同じ質量数をもつ（すなわち,陽子と中性子の総数は同じ）が,原子番号は 1 だけ異なる.放出される電子あるいは陽電子はベータ粒子と呼ばれる.

**ベータ粒子**　beta particle（$\beta$-particle）

*ベータ崩壊で放出される粒子.電子または反粒子の陽電子である.

**ペツヴァル面**　Petzval surface　➡焦点面

**ベックリン-ノイゲバウアー天体**　Becklin-Neugebauer Object, BN Object

1966 年にアメリカの天文学者 Eric Edward Becklin（1940～）と Gerry Neugebauer（1932～）が*オリオン星雲の背後で発見した強力な赤外線の放射源.太陽よりも 1000 倍も明るい大質量の若い星であると考えられている.星は濃密なガスと*塵の雲に埋まっており,可視光で見ることはまったくできない.

**ベッセル, フリードリッヒ ウィルヘルム**　Bessel, Friedrich Wilhelm（1784～1846）

ドイツの数学者で天文学者.3000 個の星の*基本カタログを編纂した後,星の位置および*固有運動を測定する広範な計画を開始した.1833 年までに彼は 50000 個の星に対する非常に精確な位置を得,それを以前の観測を精密化したデータと結合して,63000 個の星の星表に

まとめた．この星表は近代の*天文位置測定学の始まりを示すものである．1838年に彼は星(*はくちょう座61番星)の視差の信頼できる値を初めて決定したことを発表した．この値は今日の値より6％大きいにすぎない．1844年には，*シリウスと*プロキオンの*固有運動の振動は見えない伴星が存在することを示していると推論した．この伴星は後に光学的に検出された．

**ベッセル元期** Besselian epoch

　天文現象の日付を特定するための方法．1984年以前は標準的方法であったが，それ以降はより簡明な*ユリウス元期に置き換えられた．現在ではユリウス元期との混同を避けるためにベッセル元期の日付には接頭辞"B"を付加する．ベッセル元期は年プラス小数部分(例えば，1975.2406)として表現された．使用される時間尺度は*暦表時で，時間の単位は*ベッセル年であった．前世紀初期に使われた1900.0と1950.0の標準元期はベッセル元期であった．

　　B 1950.0＝1950年1月0.923日 暦表時
　　　　　　＝1949年12月31日 22h 09m
　　　　　　　暦表時

　⇨ユリウス元期

**ベッセル年** Besselian year

　仮想の*平均太陽の赤経が24hだけ増すために必要な時間間隔．これは，平均太陽の経度が正確に280°(あるいは赤経18h 40m)のときに始まるとして定義される．この値は，ほぼ1月1日に対応するので選ばれた．ベッセル年は実質的には*太陽年に等しく，365.2422日の長さである．それは現在は使われなくなった*ベッセル元期の基本単位であった．

**ベッセルの恒星日日数** Besselian day numbers

　天体暦に，1日ごとに表記されている五つの値のセット．星の定数と組み合わせると，これらの値から星の視位置(視赤経と視赤緯)を，その星の平均位置から計算できる．星の平均位置は，その星の定数とともに，星表から求められる．この方法は一般的な*歳差，*章動，*年周光行差の影響をより詳細な数式で計算しなくても効率的に補正するものである．最初にこれ

らの値を導入したドイツの天文学者*ベッセル(F. W.)にちなんで名づけられた．➡日日数

**ベッセル要素** Besselian elements

　1．月による星あるいは惑星の掩蔽を計算するときに用いる数値．月と星(あるいは惑星)の赤経が一致するときの世界時(UT)，その時刻における星(惑星)の*グリニッジ時角，および月，星(惑星)および観測場所の特殊な幾何学的特性を記述するの数値が含まれる．2．日食の状況を計算するときに用いる8個の値．月影の軸の位置と方向，そして地球に対するその影の大きさを示す．ベッセル要素はこの計算法を考案した*ベッセル(F. W.)にちなんで名づけられた．

**ヘッド－テール銀河** head-tail galaxy

　電波強度分布図上で，強い電波放射を示す中心核(ヘッド)から，弱い電波放射をもつ不規則な形の尾(テール)が数十万光年も伸びているように見える*楕円銀河．ヘッドおよび(あるいは)テールは二重になっているものもある．電波放射は，二重ロープをもつ*電波銀河の場合のように，高エネルギー電子からの*シンクロトロン放射であるが，希薄な銀河間物質を通る銀河の運動が原因で，プラズマジェットが銀河の通った後に吹き流され航跡のように見えるらしい．

**ベッポ－サックス衛星** BeppoSAX

　オランダとESA(ヨーロッパ宇宙機関)が参加したイタリアのX線天文学ミッション．イタリアの天文学者Giuseppe "Beppo" Occhialini(1907～93)にちなんで名づけられた．SAXは "Satellite per Astronomia a raggi X" (X線天文衛星)の頭字語．この衛星はそれぞれ異なるエネルギー領域を担当する4台の狭視野カメラと2台の広視野カメラを搭載している．1996年4月に打ち上げられた．

**ベーテ，ハンス アルブレヒト** Bethe, Hans Albrecht (1906～)

　ドイツ－アメリカの物理学者．1938年に，アメリカの物理学者Charles Louis Critchfield(1910～)が提案した*陽子-陽子反応の詳細を解決し，この反応が太陽より質量の小さい星におけるエネルギー発生を説明すると主張した．同じ年に*ワイツゼッカー(C. F. von)とは独

立に, 水素がヘリウムに変換される*炭素-窒素サイクルが太陽やそれ以上の質量をもつ星がそのエネルギーを生成する手段であることを示唆した. この業績に対して彼は1967年度ノーベル物理学賞を受賞した. ドイツ生まれの理論物理学者 Walter Heinrich Heitler (1904~81) と共同で*宇宙線のカスケード理論を発展させた.

**ベディアサイト** bediasite

アメリカのテキサス州で発見された*テクタイトの型. 名前は, このテクタイトが発見された地域に居住していたベディアス族に由来する. ベディアサイトは3300~3500万年の*アブレーション年齢をもつ. これは*ジョージアアイトおよびマーサぶどう園テクタイトの推定年代と似ており, それらとともに最も古いテクタイト群を構成している.

**ベテルギウス** Betelgeuse

オリオン座アルファ星. 全天で10番目に明るい星. M2型超巨星. 半規則型変光星で, 数年の周期で0.0等と1.3等の間を変動する. 平均等級は0.5である. その距離と光度はきちんと決定されていない. いくつかの推定によると, 距離約400光年で, オリオンアソシエーション中の星よりもはるかに近く, 太陽の5000倍の光度をもつ. しかし, もし1400光年というオリオン星雲と同じ距離にあるならば, その真の光度は太陽の50000倍以上であろう. ベテルギウスは極めて大きな星で, 太陽の直径の数百倍である. その直径が膨張したり収縮したりするときに明るさの変動が起きる.

**ベーテ-ワイツゼッカーサイクル** Bethe-Weizsäcker cycle

*炭素-窒素サイクルの別名.

**ヘニエイトラック** Henyey track

約0.4太陽質量より大きい質量をもつ前主系列星がたどる*ヘルツシュプルング-ラッセル図上でほぼ水平に走る進化の道筋. *林トラックを下降した後にこのトラックを経て*主系列につながる. ヘニエイトラック上の星は収縮するにつれてだんだん高温になり, したがって青くなる. 中心核が水素燃焼が始まるほど十分に高温になり, 星が主系列に載ると収縮は停止する. 林トラック上の星は完全な対流平衡にあるが, ヘニエイトラック上の星は放射平衡にある. アメリカの天体物理学者 Louis George Henyey (1910~70) にちなんで名づけられた. ⇒林トラック

**ベネット, 彗星** Bennet, Comet (C/1969 Y 1)

南アフリカのアマチュア天文家 John ("Jack") Caister Bennet (1914~90) が1969年12月28日に発見した長周期の彗星. 当時は1970 II と命名された. 彗星ベネットは1970年3月20日に近日点 (0.54 AU) に到達し, 1970年4月中は壮観を呈した. 最大0等となり, その尾は20°に達した. 中心核部分から渦巻ジェットが生じるのが見えた. ガスの尾の急速な変化は, 黒点の極大活動期に近い太陽風の激しい動きによって生じた. その軌道は, 離心率0.996, 軌道傾斜角90.0°, 周期約1700年をもつ.

**ベネトナシュ** Benetnasch

*アルカイド (おおぐま座エータ星) の別名.

**へび座** Serpens (略号 Ser. 所有格 Serpentis)

大蛇をかたどった空の赤道領域の星座. へびつかい座の西と東に位置する二つの半分, すなわち大きい方の半分であるへび座頭部と小さい方のへび座尾部に分かれている点で独特である. この二つは単一の星座とみなされる. 最も明るい星は2.7等のアルファ星 (ウヌクアルハイ) である. この星座にあるM5は6等の*球状星団, M16は*わし星雲に囲まれた6等の星団である.

**へび座W型星** W Serpentis star →アルゴル型変光星

**へびつかい座** Ophiuchus (略号 Oph. 所有格 Ophiuchi)

蛇 (*へび座) を抱える人をかたどった天の赤道上にある大きな星座. 太陽に2番目に近い星*バーナード星がある. へびつかい座は正式には黄道十二宮の星座ではないが, それにもかかわらず太陽は12月の前半にへびつかい座を通過する. 最も明るい星は*ラスアルハゲェ (へびつかい座アルファ星) である. ロー星は, 5.0等, 5.9等, 6.7等, および7.3等の四重星であり, 暗い*へびつかい座ロー星雲に囲ま

れている．へびつかい座70番星は連星で，軌道周期88年，4.2等および6.0等をもち，色は黄色とオレンジ色で，距離は16光年である．RS型星は1898年，1933年，1958年，1967年，および1985年の5回も肉眼で見えるまで輝いた*回帰新星である．この星座にあるNGC 6633およびIC 4665は大型の*散開星団である．へびつかい座にはM 9，M 10，M 12，M 14，M 19，M 62，およびM 107など多数の*球状星団が含まれている．

**へびつかい座流星群** Ophiuchid meteors

5月から6月にかけて出現する明確な活動期間をもたない弱い流星群．極大*ZHRは5程度にすぎず，赤経17h 56m，赤緯−23°にある*放射点から6月9日ごろに，次いで赤経17h 20m，赤緯−20°にある放射点から6月19日に出現のピークがある．

**へびつかい座ロー星雲** Rho Ophiuchi Nebula

最近の星形成に伴って輝く星雲の集まりで，へびつかい座にあり距離が540光年．星雲内部の若い星の一つへびつかい座ロー星からその名がつけられている．*輝線星雲，*反射星雲，および*暗黒星雲のすべてが近くに集まって見える．星雲内では今でも星が形成されつつある．

**ヘファイストス** Hephaistos

小惑星2212番．*アポロ群のメンバー．1978年にロシアの天文学者Ludmilla Ivanona Chernykh（1935〜）が発見した．直径5.4km．軌道は，長半径2.163 AU，周期3.18年，近日点0.35 AU，遠日点3.98 AU，軌道傾斜角11.9°をもつ．これらの軌道要素は*エンケ彗星のものに類似しており，ヘファイストスおよびエンケ彗星は，同じような軌道上にある他の小惑星とともに，過去20000年以内に分裂した巨大彗星の残骸かもしれないと推測されている．

**ヘーベ** Hebe

小惑星6番．1847年にドイツのアマチュア天文家Karl Ludwig Hencke（1793〜1866）が発見した．直径204 kmのSクラス小惑星．軌道は，長半径2.425 AU，周期3.78年，近日点1.94 AU，遠日点2.91 AU，軌道傾斜角14.8°をもつ．

**ヘラクレイデス（ポントスの）** Heraclides of Pontus（388〜315 BC）

ギリシャの哲学者で天文学者．現代のトルコで生まれた．空の見かけの回転は地球の自転によって起こることを最初に示唆したとして知られる．金星（そして暗に水星も）は太陽の周りを回転しているという考えは彼のものという説も多い．しかし古代ギリシャにこの考えが現れたという確かな証拠は，彼の死後1世紀が経ってから初めて出てくる．

**ヘラス平原** Hellas Planitia

火星上にある幅2500 km，深さ5 kmの円形の低い盆地．古代に衝突があった場所で，緯度−44°，経度294°に中心がある．地上の望遠鏡で見ると霧と雲のために明るく見えることが多い．近日点通過後にときどき火星表面を覆い隠す大規模な塵嵐はしばしばヘラスから始まる．

**ベラトリックス** Bellatrix

オリオン座ガンマ星．1.6等．B 2型巨星．その推定距離は，360光年からオリオンアソシエーション中の星と同じ距離の1400光年まで広い範囲にわたる．

**peri-**

*近日点や*近地点のように，他の天体を回る天体の軌道における最近接点をいうときにつける接頭辞．

**ヘリアカルライジングとセッティング** heliacal rising and setting

天体の姿が太陽との*合の後の朝空に初めて見えるようになること，あるいは合の前の夕空で最後に姿が見えなくなること．エジプト人はシリウスのヘリアカルライジングを彼らの暦の毎年の区切りとした．

**ヘリウム殻フラッシュ** helium shell flash

*漸近巨星分枝にある星で発生する不安定な核燃焼のサイクル．ヘリウムが星の中心核の周りの薄い殻で燃焼するときに起こり，エネルギー生成率が温度に強く依存するために生じる．エネルギーが発生し温度が上がると星は膨張し，その後急速に収縮する．これを繰り返すことで大規模な脈動が始まる．

**ヘリウム星** helium star

大質量星（12太陽質量より大きな）が進化

して，水素の豊富な外層を失い，中心核だけになった星．外層の喪失は，*ウォルフ-レイエ星の場合のように，強い*恒星風によって，あるいは，*近接連星の場合のように，伴星への*質量移動によって起こる．ヘリウム星は大質量星の中心核とまったく同様な進化をすると予想される．すなわち，鉄の中心核を生成してそれが崩壊し，星の質量に依存してIb型あるいはIc型の*超新星爆発を引き起こす．"ヘリウム星"は正常なB型星の古い名称でもある．

**ヘリウム燃焼** helium burning
星の中心部でヘリウムが融合して炭素が形成される核融合過程あるいはそれによるエネルギー生成．*三重アルファ過程によって起こる．

**ヘリウムフラッシュ** helium flash
低質量星の中心核においてヘリウム燃焼が始まるときに起こる爆発現象．中心核は*縮退が起きるほど十分な高密度になっている．縮退ガスは加熱されても膨張せず，非縮退ガスのように膨張によって冷えることができない．そこで，ヘリウムが燃焼し始めると温度は急速に上昇し，最後にガスがもはや縮退できないほど高温になる．この時点で中心核は非常に急速に膨張し，2分間以内に蓄積されたエネルギーを解放する．

**ヘリオシース** heliosheath →太陽圏境界域

**ヘリオスタット** heliostat
空を動く太陽を追尾し，その光を静止した望遠鏡に反射させるため*赤道儀式架台に取り付けられた平面反射鏡．望遠鏡が地軸に平行に設置されていれば，1枚の反射鏡だけが必要である．しかしながら，望遠鏡を通して見たときの太陽像は常に回転する．

**ヘリオス探査機** Helios probes
ドイツの2機の宇宙探査機．太陽と惑星間空間の研究を目的とする．NASAが打ち上げた．1974年12月に打ち上げられたヘリオス1号は，*近日点で太陽から4500万kmまで接近する軌道に入った．これは以前のどの探査機よりも太陽に近かった．1976年1月に打ち上げられたヘリオス2号は最接近のとき太陽から約4300万kmであった．

**ヘリオポーズ** heliopause →太陽圏界面

**ヘリオメーター** heliometer
太陽の直径あるいは近接した星の間の角距離を測定するために使用した昔の装置．ヘリオメーターは屈折望遠鏡で，その対物レンズが半分に分割され，両半分が分割線に沿って移動できるようになっている．レンズを移動させて二つの星の像あるいは太陽の反対側の縁を重ね合わせる．そのときのレンズの間隔およびレンズの位置角は角度の値に変換できる．19世紀には星の視差や惑星の角直径を測定するために頻繁に使用されたが，現在は別の装置が使われている．

**ペリカン星雲** Pelican Nebula
はくちょう座の*散光星雲．長時間露光の写真でペリカンに似ているためにこう命名された．IC 5067および5070とも呼ばれる．ペリカン星雲は幅が約1°である．もっと大きくて明るい*北アメリカ星雲の隣りに位置し，両星雲ともに同じ雲の一部である．

**ベリンダ** Belinda
天王星の内側から9番目の衛星．距離75260km，公転周期0.624日である．天王星XIVとも呼ばれる．直径が66kmで，1986年に*ヴォイジャー2号が発見した．

**ベル，（スーザン）ジョスリン** Bell, (Susan) Jocelyn (1943~)
イギリスの天文学者．結婚後の名前はBurnell．彼女は電波銀河探査中の1967年8月に記録され，後に*パルサーであると判明した天体（後にCP 1919と命名された）からの信号に最初に注目した．ベル（Bell, A），*ヒューイッシュ（A.）および同僚は詳細な観測を開始し，ベルは12月に2番目のパルサーを発見した．

**ヘール，ジョージ エラリー** Hale, George Ellery (1868~1938)
アメリカの太陽天文学者．1889年に*分光太陽写真儀を発明し，それを用いて太陽の*紅炎と表面の特徴を研究した．1905年に太陽黒点が周囲の光球よりも温度が低いことを見いだし，1908年には*黒点のスペクトルにおけるゼーマン効果から黒点が強い磁場をもつことを示した．1925年に太陽の磁場が連続する黒点周期ごとに極性を逆転させることを発見した．ヘ

ールは3台の望遠鏡のために資金計画を立て，建設を実現した．これらの望遠鏡はどれもできた当時は世界最大のものであった．*ヤーキス天文台の40インチ（1m）屈折望遠鏡（今でも世界最大である）は1897年に，*ウィルソン山天文台の100インチ（2.5m）フーカー望遠鏡は1917年に，そして*パロマー天文台の200インチ（5m）反射望遠鏡（後にヘール望遠鏡と命名された）は1948年に完成した．

**ヘルクリーナ**　Herculina
　小惑星532番．1904年に*ウォルフ（Max）が発見した．1978年に起こったヘルクリーナによる星の掩蔽観測は，1000km離れたところに直径が約50kmの伴星が存在することを示している．ヘルクリーナは平均直径が220kmの楕円形で，Sクラスに属する．軌道は，長半径2.773AU，周期4.62年，近日点2.28AU，遠日点3.26AU，軌道傾斜角16.2°をもつ．

**ヘルクレス座**　Hercules（略号Her．所有格Herculis）
　北天に位置する5番目に大きい星座．ギリシャ神話の怪力男をかたどっている．最も明るい星はベータ星およびゼータ星で，ともに2.8等である．ゼータ星は5.5等の伴星をもつ近接連星で，公転周期は34年である．アルファ星（*ラスアルゲティ）は変光星で，二重星でもある．この星座にあるM13は距離23500光年で6等の*球状星団であり，北天における最も美しい球状星団と評価されている．M92は6.5等の球状星団である．

**ヘルクレス座AM型星**　AM Herculis star
　その光が直線*偏光および，さらに重要であるが，極めて強い円偏光を示すタイプの*激変連星．そのためポーラー（polar）の別名がある．略号AM．公転周期にわたって偏光は滑らかに変化する．このような系はK-M型矮星と強い磁場をもつコンパクト星からなり，後者の磁極の上で*降着が起こっている．コンパクト星の自転は公転周期に同期している．可視光の変光は*ちらつきを示し，4～5等の変光幅をもつ．典型例であるヘルクレス座AM型星はX線の変光も示す．

**ヘルクレス座X-1**　Hercules X-1
　ヘルクレス座にある．距離約15000光年の低質量X線パルサー．*中性子星と約13等の星からなる*食連星．この星からの物質が中性子星に降着し，重力エネルギーをX線として解放している．ヘルクレス座HZと呼ばれるこの星はX線によって加熱されるため公転中にスペクトル型がAからBに変化する．中性子星が急速自転するために1.24秒ごとにX線パルスが生成され，二つの星は1.7日ごとに食によって互いに相手を隠し合う．ヘルクレス座X-1は宇宙線源でもある．

**ヘルクレス座HZ型星**　HZ Herculis star
　低質量のX線パルサーであるとともに，*質量移動が起こっている光学的な変光連星でもある．このような連星はスペクトル型B～Fの矮星である主星と*中性子星からなる．中性子星はX線パルサーであるとともに，おそらく光でもパルスを出す光学的パルサーでもある．主星へ入射するX線が反射して起こす顕著な*反射効果がある．X線放射は強い状態と弱い状態の間を周期的に切り替わり，可視光の光度はX線源が高い状態にあるとき最大である．この型の原型である*ヘルクレス座X-1では，変光幅は2～3等である．

**ヘルクレス座銀河団**　Hercules Cluster
　ヘルクレス座にある距離5億光年のまばらで不規則な形の銀河団．エイベル2151とも呼ばれる．銀河団は天球上で1.7°の広がりをもち，真の直径は600万光年である．形状は少し偏平で，その明るいメンバーの間で*渦巻銀河が高い割合を占めることで知られている．約75個の明るい銀河，そして多くのもっと暗いメンバーがある．

**ヘルクレス座DQ型星**　DQ Herculis star
　*激変連星のなかでそれを構成する*白色矮星が極めて強い磁場をもつもの．中間ポーラーとも呼ばれる．*降着円盤が存在するかもしれないが，*質量移動は圧倒的に白色矮星の極冠に対して起こる．白色矮星の自転は公転周期よりはるかに速い．この型の代表星は有名な*緩新星であるヘルクレス座新星1934である．

**ヘルクレス座BL型星**　BL Herculis star
　短周期の*おとめ座W型星のサブタイプ．

略号は CWB. 光度曲線の下降部分に特徴的なこぶを示す.

**ヘルクレス座 UU 型星** UU Herculis star
黄色の*巨星あるいは*超巨星の変光星 (SRD 型). 二つの異なる周期が不規則な間隔で交替する. ときどきそれとは別の周期が現れることもある. ⇨こぎつね座 S 型星

**ペルセウス腕** Perseus Arm
太陽を含む*オリオン腕より銀河系中心から約 5000 光年遠くにあり, ほぼオリオン腕に平行な銀河系の渦巻腕の一つ. この腕は, われわれのオリオン腕にある星の背後にカシオペヤ座からペルセウス座を経てぎょしゃ座, ふたご座およびいっかくじゅう座まで延びているのが追跡できる. *二重星団, *かに星雲, および*ばら星雲が含まれている.

**ペルセウス座** Perseus (略号 Per. 所有格 Persei)
アンドロメダを救出したギリシャ神話の英雄をかたどった北天の顕著な星座. 最も明るい星である*ミルファク (アルファ星) はまばらな*散開星団メロット 20 に囲まれている. ベータ星は, 代表的な食連星*アルゴルである. ロー星は, 約 7 週間の周期で 3.3 等から 4.0 等の範囲で変光する半規則型変光赤色巨星である. この星座にある NGC 869 および 884 は有名な*二重星団で, ペルセウス座 h + χ 星団 (エッチカイ星団と読む) とも呼ばれる. M 34 は 5 等の散開星団. M 76 は*小あれいとして知られる惑星状星雲. NGC 1499 は*カリフォルニア星雲, NGC 1275 は, *ペルセウス座銀河団に属する電波源*ペルセウス座 A としても知られる特異銀河である. 最も明るい流星群である*ペルセウス座流星群は毎年 8 月にこの星座から放射される.

**ペルセウス座 A** Perseus A
ペルセウス座にある電波源. 12 等の超巨大楕円銀河 NGC 1275 と同定されている. ペルセウス座銀河団の最も明るいメンバーで, 距離は約 2 億 5000 万光年である.

**ペルセウス座 h + χ 星団** h + χ Persei ➡ 二重星団

**ペルセウス座銀河団** Perseus Cluster
ペルセウス座の天空の 4°に広がる距離約 2 億 5000 万光年の*銀河団. エイベル 425 とも呼ばれる. 中心には電波源*ペルセウス座 A とも呼ばれる超巨大楕円銀河 NGC 1275 が位置している. この銀河団では*楕円銀河の割合が多い.

**ペルセウス座 53 番星** 53 Persei star
*非動径脈動が重要な特徴である*ケフェウス座ベータ型星のサブグループ. このグループには多重周期 (0.15~2 日) を示すものが多いが, どの周期も非常に不安定な傾向をもつ. 代表星のペルセウス座 53 番星 (ペルセウス座 V 469 とも呼ばれる) は 4.81~4.86 等, 0.304 日の周期をもつ.

**ペルセウス座ベータ型星** Beta Persei star
アルゴル型食連星の古い用語. ➡ アルゴル型変光星

**ペルセウス座 UV 型星** UV Persei star
平均周期が 1 年程度の*矮新星の一種. 代表のペルセウス座 UV 星は, 急激な立上がりと大きな変光幅 (約 5 等) をもつ短期的 (約 3 日) および長期的 (約 20 日) の爆発を示す. これらの天体は今日では*はくちょう座 SS 型星の長周期のタイプと見なされている.

**ペルセウス座流星群** Perseid meteors
最も活動的な三つの流星群の一つで, 7 月 25 日と 8 月 20 日の間に見られる流星群. 活動のピークは普通は 8 月 12 日である. このとき*放射点は赤経 3 h 04 m, 赤緯 +58°, *二重星団の近くに位置する. 極大期の活動は高いが, 変動がある. 1980 年代には極大*ZHR は 80 から 140 の範囲にあった. ペルセウス座流星群は速く (地心速度 60 km/s), 多くの流星が明るく, 持続的な尾を残すものが高い割合を占める. この流星群は*スイフト-タットル彗星がばらまいた残骸から生じる. 1992 年に彗星が近日点へ回帰したときは, 8 月 12 日の通常の極大期の数時間前に流星群の現れ方に新しい鮮鋭なピークがあった. これは彗星からその直前に噴出した*流星物質によって生じたものである.

**ペルセウスの右手** Sword Hand of Perseus
*二重星団があるペルセウス座の部分. 肉眼には天の川が少し明るくなっている部分として見える.

**ヘルタ族** Hertha family　→ニサ族

**ヘルツ** hertz（記号 Hz）
周波数の単位．1ヘルツは1秒の周期をもつ周期的現象の周波数．ドイツの物理学者 Heinrich Rudolf Hertz（1857〜94）にちなんで名づけられた．

**Hz** hertz
*ヘルツの記号．

**ヘルツシュプルング，アイナー** Hertzsprung, Ejnar（1873〜1967）
デンマークの天文学者．1905年に星の光度がそのスペクトルの吸収線幅にどのように関係しているかを示し，距離決定の手段として*分光視差を確立した．彼は，*巨星と*矮星は同一のスペクトル型に属していてもそれらのスペクトルが異なる線幅をもつという事実から両者の違いを推測した．彼はまた絶対等級の現代的定義を提案した．さらに1906年には*プレヤデス星団の星に対して最初の*ヘルツシュプルング-ラッセル図を作成した．

しかし彼の研究の大部分は知られないままに終り，1910年に*ラッセル（H. N.）が独立にわずかに異なる形でこの図を発展させた．1911年にヘルツシュプルングは北極星が*ケフェイドであることを発見し，1913年には*小マゼラン雲までの距離をケフェイドの明るさから推定した．

**ヘルツシュプルングの間隙** Hertzsprung gap
ヘルツシュプルング-ラッセル図上で，*主系列の最上端（ここの星は太陽のよりもはるかに大きい質量をもつ）と*巨星分枝の間で，星がほとんどない領域．[星の一生のうち，この領域に滞在する時間が短いために，この領域には星がほとんど見られない]．星がいったん主系列を離れるとその外層が急速に膨張しているために星はこの領域を非常に速く横切る．その星の光度はほぼ一定であるが，表面温度が低下するので星はHR図上を左から右に向かって近似的に水平な経路をたどる．

**ヘルツシュプルング-ラッセル図** Hertzsprung-Russell diagram, HR diagram
星の明るさの指標（普通は絶対等級）をそれらの温度指標（スペクトル型か色指数）に対してプロットしたグラフ．HR図と略記されるこ

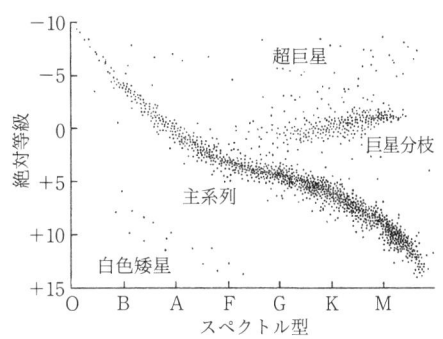

ヘルツシュプルング-ラッセル図：太陽近傍の星に対するヘルツシュプルング-ラッセル図．

の図は，星の光度と表面温度がどのように関連しているかを示す．天文学者は図における星の位置からその質量と進化段階を推定することができる．

大部分の星は*主系列，すなわち，図の左上から右下に走る細長い帯（系列）の上に位置している．主系列上の星は中心核で水素を燃焼させており，系列上どこにくるかは質量で決まっている．HR図の他の領域は，中心核では水素を燃焼させていないが，その外側の薄い球殻部分で水素を燃焼させている星で占められる．これらの領域のうち最も顕著なのは，中心核で水素燃料を消耗してしまった星からなる*巨星分枝である．他の領域は，太陽の300倍から10万倍の光度をもつ*超巨星や，太陽よりも10000倍も低い光度をもつ瀕死の星である*白色矮星が占めている．星の進化に関する理論はHR図の種々な特徴を説明しなくてはならない．それぞれ独立にこの図を考案した*ラッセル（H. N.）と*ヘルツシュプルング（E.）にちなんで名づけられた．⇒色-光度関係，色-等級関係

**ヘール天文台** Hale Observatories
*ウィルソン山天文台と*パロマー天文台，*ビッグベア太陽天文台，および*ラスカンパナス天文台の連合に対して1970年から1980年まで使われていた名称．この期間はカーネギー研究所およびカリフォルニア工科大学が共同で所有し，運営した．

**ヘールの法則** Hale's law　→双極グループ

### ヘール望遠鏡　Hale Telescope

*パロマー天文台の200インチ（5m）反射望遠鏡。1948年に完成し、この建設の責任者であった*ヘール（G. E.）にちなんで名づけられた。

### ヘール-ボップ，彗星　Hale-Bopp, Comet (C/1995 O 1)

長周期の彗星、1995年7月23日にアメリカのアマチュア天文家 Alan Hale（1958～）と Thomas Joel Bopp（1949～）により独立に発見された。その段階では太陽からまだ7AU（*天文単位）以上離れていた。この彗星は、約11.5時間の周期で自転しながら中心核から一連のジェットと*塵を放出した。彗星は1997年3月22日に近地点1.32AUに、そして1997年4月1日に近日点0.91AUに達した。最大等級は約-0.5であった。ガスの尾は天球上で20°まで、塵の尾は25°まで広がり、実際の長さは1AUより大きかった。約2400年の周期、離心率0.995、軌道傾斜角89.4°の軌道をもつ。

### ヘルムホルツ-ケルヴィン収縮　Helmholtz-Kelvin contraction

重力のポテンシャルエネルギーを熱に変換して放射する星の収縮。ヘルムホルツ-ケルヴィン収縮時間尺度は、核燃焼が止まっても星が同一の光度で放射を続けるとした場合に、その星が崩壊するまでに要する時間と定義される。太陽の場合、この時間は約3000万年である。ドイツの科学者 Hermann Ludwig Ferdinand von Helmholtz（1821～94）と*ケルヴィン卿にちなんで名づけられた。

### ヘルメス　Hermes

小惑星1937 UB。*アポロ群のメンバー。1937年にドイツの天文学者 Karl Reinmuth（1892～1979）が発見した。この年にヘルメスは地球の0.006 AU（90万km）以内に接近した。それ以来見失われ、現在もそのままである。そのため小惑星番号が付けられていない。ヘルメスは地球軌道の0.003 AU（45万km）以内にまで接近しうる。軌道は、長半径1.639 AU、周期2.1年、近日点0.62 AU、遠日点2.66 AU、軌道傾斜角6.2°をもつ。

### ペレ　Pele

木星の衛星イオの緯度-19°、経度258°にある活火山。溶岩流と卓状地を含む直径が約500 kmの火山複合体の中に位置する。1979年5月にヴォイジャー1号が遭遇したときは活動しており、高さ280 kmで幅1000 kmの最大の火山プリュームを発生させた。これだけの規模の噴出には蒸発した硫黄が関与し、熱は融解したケイ酸塩マグマの侵入によって供給されていると思われる。4カ月後に*ヴォイジャー2号が通過するまでにはペレの噴火は停止した。

### ヘレネ　Helene

土星の衛星で37万7400 kmに位置する。土星XIIとも呼ばれる。公転周期は2.737日。ヘレネは60°先行するずっと大きい衛星ディオネと同一軌道を共有する。大きさは36×32×30 kmで、1980年に*ヴォイジャー1号が発見した。

### 偏　光　polarization

電磁波が特定の一つまたは複数の面内だけで振動する現象。振動をある面に制限する過程も偏光と呼ぶことがある。偏光していない光では振動は波動の進行方向に直角なすべての方向に等しく分布する。すべての振動が一つの面に制限される場合は直線偏光という。振動が二つの面に限られ、一つの面の光がこの面に直角な面の光と位相が合っていない場合（すなわち、波動の頂上と谷が一致しない場合）は光は円偏光という。この二つの現象が同時に起こる場合は楕円偏光という。直線偏光は普通は散乱によって、円偏光は強い磁場によって引き起こされる。*波長板を使って円偏光および楕円偏光を生成することもできる。⇒ストークスパラメーター

### 偏光計　polarimeter

*偏光を測定するための装置。代表的な偏光計では、光は回転可能な偏光子を通過する。透過した光の強度は、光源の偏光の方向に対する偏光子の回転角に依存する。透過光の強度はフィルターを備えた*光電測光器で測定する。星などの点源の場合、結果は偏光している光の百分率で表される。広がりのある光源の場合は場所ごとに偏光の強さと方向を示す必要がある。この場合擬似カラー像を用いるか、偏光の方向

と強さを画像に重ね合わせた矢印によって示すことができる。偏光計と組み合わせた測光計は偏光測光計と呼ぶ。⇒偏光分光測定

**変光星** variable star

明るさが変化する星。二つの種類に大別される。機械的あるいは幾何学的な理由（例えば、自転や*連星の食）で変光する*外因性変光星と、個々の星あるいは連星系のあるメンバーが実際に明るさを変化させる*内因性変光星である。両方の変光形態が結びついている星もある。変光星の型の分類と命名のための標準的な基準は*変光星総合カタログ（GCVS）である。命名されている変光星の総数は30000個以上ある。

変光星の分類は、もとはそれらの*光度曲線、*振幅(1)、そして周期性（あるいはその欠如）に基づいていた。しかしながら最近は、六つのはっきりとした特徴をもつ変光星群を定義するために、変光の原因になる物理的機構、あるいは星（および連星）の物理的構造が次第に分類に使用されるようになっている。これらの群はさらに変光型に細分類され、特定の星にちなんで命名されるのが通例で、普通は大文字の略号によって表される。一つ以上の変光形態を示す星もある。

*爆発型変光星は増光あるいは減光のしかたに予測しがたい変化を示し、その大部分は彩層あるいはコロナ活動に起源をもつ。この群には*フレア星、*かんむり座R型星、および*おうし座T型星が含まれる。

*脈動変光星は、内部からのエネルギー流のゆらぎのために星が膨張したり収縮したりして明るさが変化する。表面に波動状の運動が生じるものもある。顕著な例は、*ケフェイド、*ミラ型星、および*くじら座ZZ型星である。

*回転変光星は、その変光が表面輝度の非一様さあるいは楕円体形状から生じる。あまり数は多くない。

*激変星は一般に突然のエネルギー解放に伴う強力な爆発を示す。この群には*新星、*矮新星、および*超新星が含まれる。爆発型変光星と混同してはいけない。

食変光星（→食連星）は、一方の星あるいは両星が部分食または皆既食を示す連星である。光度曲線の形に基づいて*アルゴル型変光星、*こと座ベータ型星、およびおおぐま座W型星に細分類される。食は起こさないが、変形した星の形状が光度曲線のゆらぎを生じるいくつかの連星系もこの群に含まれる。

光学的に変光するX線源は激変星（特に*激変連星）と多くの類似性をもつ。光学的変光がX線の変光によって誘起されることも多い。その二つの例は、*ヘルクレス座AM型星（*ポーラー）と*ヘルクレス座HZ型星（*X線パルサー）である。

**変光星総合カタログ** General Catalogue of Variable Stars, GCVS

既知のすべての変光星およびそれらの型を列挙したカタログ。モスクワのロシア科学アカデミーが刊行している。最初のカタログは1948年に出た。第4版は1985～87年に刊行され、三つの巻に28435の変光星が掲載されている。変光星の疑いのある星を載せた姉妹カタログも出版され、その最も最近の版は1982年の14810天体を含むNew Catalogue of Suspected Variable Stars（NSV）である。

**偏光測定** polarimetry

*偏光を測定すること。

**偏光分光測定** spectropolarimetry

通常の*偏光計で測れないもっと狭い帯域幅で天体の光の偏光を測定すること。原理は通常の偏光計の場合と同じであるが、測定する波長はフィルターではなく分光器で分離する。偏光分光は、*ゼーマン効果から星の磁場を測定し、スペクトル線の起源を研究するためなどに使用する。

**ペンジアス，アーノ　アラン** Penzias, Arno Allan (1933～)

ドイツ-アメリカの物理学者。1960年代初頭に*ウィルソン（R. W.）と共同で人工衛星との交信のために低雑音のホーンアンテナを使用していたが、不可解な信号を検出した。彼らは*ディッケ（R. H.）や同僚に相談し、自分たちが*宇宙背景放射を検出したと結論した。ビッグバンに対するこのたった一つの最も重要な観測的証拠によってペンジアスとウィルソンは1978年度ノーベル物理学賞を受賞した。

**ペンシルビーム** pencil beam
　円形断面の非常に狭い主ビームをもち，側面ローブは無視できるほど小さいアンテナのビームパターン．ペンシルビームをもつ電波望遠鏡は高い角度分解能をもつ．

**偏長回転楕円体** prolate spheroid →回転楕円体

**偏平回転楕円体** oblate spheroid →回転楕円体

**偏平率** oblateness
　惑星あるいは星が自転によって両極方向で平らになる程度をいう．楕円率あるいは極偏平度ともいう．偏平率は，赤道直径から極直径を引いた差を，赤道直径で割った値で示す．

**ヘンリー・ドレーパーカタログ** Henry Draper Catalogue, HD
　8等までの22万5300個の星のスペクトル型を列挙した星表．1918～24年に刊行された．ハーヴァード大学天文台で*キャノン（A. J.）が編纂した．彼女は*ハーヴァード分類に基づいてスペクトル型を与えた．8等より暗い星4700個のスペクトルを含むヘンリー・ドレーパーカタログ増補版が1925～36年に，さらに86000個の星を含む再増補版が1949年に刊行された．このカタログは*ドレーパー（H.）にちなんで命名された．ハーヴァード分類は使われなくなったが，ヘンリー・ドレーパーカタログと増補版に掲載の星は現在でもHDおよびHDEという記号の後にカタログ番号をつけた名前で呼ばれている．

**ペンローズ過程** Penrose process
　回転するブラックホール（すなわち，*カーブラックホール）からエネルギーを取り出す過程．ブラックホールの回転方向に逆らってブラックホール周辺の*エルゴ球中に質量を送り込む．エルゴ球内部では質量は二つの部分に分割され，一つの部分はブラックホールに入り，他の部分は脱出する．送り込む際の軌道を適切に選ぶと，脱出する部分は，入り込む質量の全エネルギーよりも大きい全エネルギー（すなわち，*静止質量プラス*運動エネルギー）をもつことができる．その差額分のエネルギーはブラックホールの回転エネルギーから取り出されたものであり，そのためにブラックホールの回転は少し減速する．この過程は，1969年にそれを発見したイギリスの数学者Roger Penrose（1931～）にちなんで名づけられた．

# ホ

**ポア** pore

太陽の光球上にある小さな暗い領域．そこから*黒点が発達するのかもしれないと考えられている．ポアは1時間足らずしか持続せず，直径は2000 km以下である．別ないい方をすれば，ポアは半暗部のない黒点である．

**ポアンカレ，（ジュール）アンリ** Poincaré, (Jules) Henri（1854〜1912）

フランスの数学者．1889年から一般的な場合および制限つきの場合の*三体問題を研究し，*n体問題には厳密解はないことを示した．天体力学の分野を拡張し，例えば，*カオス的軌道の可能性を証明した．特殊相対性理論に関するポアンカレの数学的研究は重要な最初の研究であった．

**ボイジャー** Voyager →ヴォイジャー

**ホイッスラー** whistler

ピッチの下がっていく汽笛のような音が電波望遠鏡でときたま受信される現象．この汽笛音は遠方の稲妻閃光からの電波が電離圏で*分散され，反射されて地上に戻ってきて聞こえるものである．

**ホイップル，フレッド ローレンス** Whipple, Fred Lawrence（1906〜）

アメリカの天文学者．1930年代と1940年代に写真による隕石の探査を行い，おうし座流星群が彗星*エンケと同じ軌道をもつことを発見した．1949年に彗星の"汚れた雪だるま"説を提案した．この理論によると彗星の中心核は*塵の混ざった凍結ガスからなる．この説は1986年に宇宙探査機*ジオットがハレー彗星の中心核付近を通過したときに確証された．ホイップルは6個の彗星を発見し，*惑星状星雲と星の進化を研究した．

**ホイップル天文台**（Fred Lawrence）Whipple Observatory

アリゾナ州ツーソンの南方56 kmのホプキンス山の標高2340 mにある天文台．*スミソニアン天文台が所有し，運営している．1968年にホプキンス山天文台として開設され，前SAO所長の*ホイップル（F. L.）にちなんで1982年に改名した．主要な装置は1970年に開設された1.5 mティリングハスト反射望遠鏡，1990年に開設された1.2 m反射望遠鏡，および1968年と1991年に開設された口径が10 mと11 mのガンマ線研究用の2基の光学反射望遠鏡である．ホプキンス山の頂上には*マルチミラー望遠鏡が設置されている．1993年に，SAOと他の研究所が開発した，二素子干渉計である赤外-可視光望遠鏡アレイ（IOTA）が頂上のすぐ下に設置された．

**ボイド** void →ヴォイド

**ホイヘンス，クリスチアーン** Huygens, Christiaan（1629〜95）

オランダの数学者，物理学者そして天文学者．1655年に土星の最大の衛星ティタンを発見した．その直後に彼は土星を"薄い平らな環"が取り巻いていると発表した．他の天文学者も環を観測してはいたが，自分たちが見たものを誤って解釈していた．1659年に火星上の暗い模様，特にくさび形の*大シルティス平原を発見した．兄のConstantijn Huygens（1628〜97）と共同して*収差を克服するために非常に長い焦点距離の空気望遠鏡（レンズがケーブルで支持されている筒なし望遠鏡）を作った．また*ホイヘンス接眼鏡を発明した．彼は運動量保存の法則（1656年），遠心力理論（1659年）および光の波動理論で物理学にも貢献した．振子時計を初めて作ったのも彼である（1657年）．

**ホイヘンス接眼鏡** Huygenian eyepiece

*ホイヘンス（C.）が設計し，1703年に作製された接眼鏡．凸表面が対物レンズに面している2個の平凸レンズからなる．構成が安価で単純なために，小型の屈折望遠鏡でよく使用されるが，よい性能を示すのは大きな*口径比の場合に限られる．ホイヘンス接眼鏡は，口径比が約f/10より小さい望遠鏡で用いると*収差にわずらわされる．*ミッテンスウェイ接眼鏡の名で知られる変形型は凸面のメニスカスレンズを使用し，f/8まで使用可能である．

**ホイヘンス探査機** Huygens probe

ヨーロッパで造られた探査機．*カッシーニ探査機の周回機から切り離されて，土星最大の衛星ティタンの表面に降下し，その雲，大気そして表面を研究することになっている．ホイヘンスは，2004年の後半にカッシーニ周回機が土星に到達してから4あるいは5カ月後にティタンに降ろされる予定である．

**ホイヘンスの間隙** Huygens Gap

土星のB環の外縁付近の間隙．1981年に*ヴォイジャー2号からの画像上で発見され，*ホイヘンス（C.）にちなんで名づけられた．

**ホイル，フレッド** Hoyle, Fred (1915～2001)

イギリスの天体物理学者で宇宙論学者．1948年に*ボンディ（H.）および*ゴールド（T.）とともに，物質が絶えず創出されている*定常宇宙論を提案した．後にビッグバン（ホイルの軽蔑的な批評からこのように命名された）を支持する大部分の天文学者に放棄されたが，定常宇宙論は多くの重要な天体物理上の研究を刺激した．特に重要なのは，星における元素合成に関するホイル，*ファウラー（W. A.），および*バービッジ（G. R.およびE. M.）による研究である．星の進化に関する著名な研究に加えて，ホイルは多くの突飛な考えを提起した．例えば，ウイルスおよび他の生命体は彗星によって地球にもたらされたと示唆した．彼は天文学の普及家でもあった．

**ポインティング-ロバートソン効果** Poynting-Robertson effect

太陽系空間の塵粒子がその軌道で減速され，らせん状に太陽へ落下する効果．この効果は，*塵が太陽放射を吸収した後でそれをあらゆる方向に再放出し，それによって減速するために生じる．小さな（$\mu$m程度の）粒子に対して特に顕著である．しかしながら，最も小さい粒子（ほぼ1$\mu$mより小さい）に対しては*放射圧の方がこの効果より大きい影響を与える．イギリスの物理学者John Henry Poynting（1852～1914）とアメリカの数学者で宇宙論学者Howard Percy Robertson（1903～61）にちなんで名づけられた．

**方位角** azimuth（記号 $A$）

観測者の地平線の周りに北から時計方向に角度で測る天体の方向．真北の天体に対しては方位角が0°，真東90°，真南180°，そして真西の天体で270°である．

**棒渦巻銀河** barred spiral galaxy

中心領域を貫くほとんど長方形あるいは葉巻形をした棒状の星の集団から渦巻状の腕が伸びている*渦巻銀河の型．その棒状領域の光量は銀河の全体の3分の1にも達するものがある．ハッブル型ではSBである．中心の棒の長さが幅に比べて2.5から5倍ほど長いのが典型的である．棒渦巻銀河の質量は約$10^9$から$5\times10^{11}$太陽質量の範囲にあり，直径は約1万から30万光年を超えるものがある．すべての*円盤銀河の半分近くが目立つ棒をもっている．もしかして大部分の円盤銀河が棒状構造をもっているのに，それらがあまり目立たないために検出されていないだけなのかもしれない．これらの棒の回転方向側の縁に沿って鋭い直線状の暗条（*塵の吸収帯）が現れることが多い．棒の両端には明るい星雲（*H II 領域）の集団が存在することも多く，通常は渦巻状の腕はここから始まる．多くの棒渦巻銀河は棒の両端に接する狭い星の環を示す．おそらく棒は長さだけでなく，幅および厚さも異なり，それに沿って星間ガスの相当な流出運動あるいは流れがあるらしい．棒が銀河における永久的な構造であるのか，それとも過渡的でおそらく繰り返して生じる構造かどうかはまだ明白ではない．

**ボウエン，アイラ スプラグ** Bowen, Ira Sprague (1898～1973)

アメリカの天体物理学者．1927年に*惑星状星雲のスペクトル中の強い緑色の線の起源を説明した．それは二重に電離した酸素（O III）における原子状態間の遷移から生じる*禁制線であり，*ハギンス（W.）が以前に推測したように，"ネブリウム"と命名された未知の元素によるものではなかった．この説明により同様に仮想的な"コロニウム"という元素によると思われていた太陽スペクトル中の線が正しく同定されることになり，太陽，星，および星雲の組成，温度および密度の分光学的研究に進歩をもたらした．

**望遠鏡** telescope

遠くて暗い天体からの光を収集し，その像を拡大する光学装置．望遠鏡は，光を集める対物レンズか反射鏡をもち，光を*焦点面に収束させる．得られる像は接眼鏡で観測するか，写真乳剤，*CCD，あるいは他の検出器で記録する．対物鏡は*屈折望遠鏡ではレンズであり，*反射望遠鏡では反射鏡である．レンズと反射鏡の両方を用いる望遠鏡は*カタディオプトリック系と呼ばれる．望遠鏡の口径が大きいほどより多くの光を集めるので，より暗い星を観測し，より微細な細部を見ることができる．ある口径の望遠鏡で使用できる最高の倍率は*回折効果によって制約される．小口径のものでは，望遠鏡で見える最も微細な細部（分解能）は*ドーズ限界によって決まる．望遠鏡の口径は，最小の屈折望遠鏡での 25 mm から最大の反射望遠鏡での数 m までの範囲がある．→レイリー基準

**望遠鏡架台** telescope mounting →架台

**望遠鏡駆動装置** telescope drive →駆動装置

**ぼうえんきょう座** Telescopium（略号 Tel．所有格 Telescopii）

望遠鏡をかたどった南天の目立たない星座．興味ある天体をほとんど含まない．最も明るい星は 3.5 等のアルファ星である．

**ぼうえんきょう座 RR 型星** RR Telescopii star

*新星の爆発に似た爆発を示すが，極めてゆっくりと減衰する*共生星．爆発前にミラ型星に似た 1〜2 等の長周期の変光が見られることがある．伴星は進化した*巨星か*ミラ型星である（本来の新星は主系列星あるいはそれからわずかに進化した伴星をもつ）．連続的なあるいは非常に緩慢な*質量放出があるように見える．ぼうえんきょう座 RR 型星やこれに関連した星は，以前は超緩新星（very slow nova）と呼ばれたが，現在では共生新星（symbiotic novae）と呼ばれている．

**ぼうえんきょう座 PV 型星** PV Telescopii star

Bp スペクトルをもつヘリウム超巨星からなる*脈動変光星．略号 PVTEL．現在，約 10 個のこの型の星がわかっている．それらの変光幅は狭い（0.05〜0.3 等）．大部分は 0.1〜1.0 日の周期をもつが，約 1 年の周期をもつ星もある．

**ボウエン蛍光** Bowen fluorescence

*散光星雲中の電離した酸素，炭素および窒素原子からある種の強い輝線を生じさせる機構．極端に熱い星および*降着円盤（温度 30000 K 以上）は，一価イオンのヘリウムから 30.4 nm で多量の極紫外線を生成する．周囲のガス中にある C III および N III のイオンはこの波長に非常に近い遷移を示すので，極紫外線の光子はこれらのイオンを励起する．次いでこれらの励起されたイオンは 464〜465 nm（青色）領域のスペクトル線グループを含む一連の光子をボウエン蛍光として放出して基底状態に戻る．ボウエン蛍光はいくつかの*惑星状星雲のスペクトルに見られる異常に強い O III 線も説明する．アメリカの天文学者*ボウエン（I. S.）にちなんで名づけられた．

**ほうおう座** Phoenix（略号 Phe．所有格 Phoenicis）

鳳凰をかたどった南天の星座．最も明るい星は 2.4 等のアルファ星である．ベータ星は 4.0 等と 4.2 等の近接二重星である．ゼータ星は 1.67 日の周期で 3.9 等と 4.4 等の間を変化する*食連星であり，6.9 等の伴星をもつ．

**ほうおう座 SX 型星** SX Phoenicis star

*たて座デルタ型星に非常によく似た*脈動変光星の一種．略号 SXPHE．これらの星は*準矮星で，*球状星団に存在するだけでなく，銀河系の*ハロー（種族 II）にもあるように見える．スペクトルは A 2〜F 5 型で，0.7 等までの変光幅をもつ多重周期が存在する（0.04〜0.08 日の範囲）．

**ほうおう座流星群** Phoenicid meteors

11 月 29 日と 12 月 9 日の間にまばらな出現（極大*ZHR 5）を示す南半球の弱い流星群．12 月 5 日の極大期のとき*放射点は赤経 1 h 00 m，赤緯 −52°（アケルナルの北西）に位置する．1956 年，極大期ごろの限られた期間に異常に高い活動（ZHR 100）が起こった．

**崩壊星** collapsar

重力崩壊してブラックホールあるいは中性子星を形成する非常に大質量の星を意味した語．

最近は使われない．

**放 射** emission, radiation

1. 電磁波あるいは光子の形でのエネルギー伝播（→電磁波）．天体からの放射は，その内部にエネルギー源があるにちがいないことを示している．原子中の電子が上のエネルギー準位から下の準位へ遷移するときに原子から光子が輝線として放出される．高温ガスでは原子運動が衝突を引き起こし，それによって原子中の電子を高い方の準位へ励起するので，放射を行う．電子が低い方の準位に戻るとき原子は特定波長の光子という形でこのエネルギー差を放出し，*輝線を生じさせる．電子が自由で，原子と再結合する場合は，連続した波長領域で放射が起こり，*連続スペクトルを生成する．2. 陽子や電子などの粒子の流れを指すこともある．

**放射圧** radiation pressure

電磁波の光子が照射する表面に及ぼす微小な力．放射圧は大きな物体に対しては無視できるが，例えば，太陽を回る軌道にある*微粒子には重要な効果を与える．黄道光を発する塵粒子のうち直径が $1\,\mu m$ 以下のものは放射圧によって太陽から外側に押し出され，もっと大きい粒子に対しては太陽に向かって引き込む*ポインティング-ロバートソン効果に抵抗する．放射圧は彗星の尾の中の微小な塵粒子にも影響を及ぼす．

**放射域** radiative zone

エネルギーを外部に輸送する主な過程が対流ではなくて放射であるような星の領域．低質量星では中心核，高質量星では外層がこのような領域である．

**放射温度** radiation temperature

天体が*黒体のように振る舞うと仮定して計算したその天体の表面温度．放射温度は*有効温度と同じであるが，普通は可視領域のような狭い電磁スペクトル部分に対して測定する．この場合は光学温度（optical temperature）と呼ばれることがある．

**放射計** radiometer

電磁放射の強度を測定するための装置．放射計は全スペクトルにわたって機能するが，可視領域では普通*測光器と呼ばれる．多くの地球資源探査衛星はスペクトルの赤外線および可視光部分で機能する放射計を搭載して，例えば穀物，地質学的形状，および気候を示す地表の擬似カラー地図を作製する．宇宙探査機は同様な方式で太陽系以外の惑星系天体を探索するために放射計を搭載している．電波領域の放射計は，天体からの信号を人工源からの信号と反復して比較し，放射計の安定性を改善するものが多い．→ディッケ放射計

**放射照度** irradiance（記号 $E_e$）

ある時間内にある表面積に入射するすべての波長のエネルギー．$1\,m^2$ 当たりの W 数の単位で表す．可視光波長だけのエネルギー入力は*照度と名づける．

**放射性核種** radionuclide

放射性をもつ原子核．テクネチウムのような短い半減期の放射性核種が星の中に存在することは，星で*元素合成が行われている証拠である．

**放射性再結合** radiative recombination → 自由-束縛遷移

**放射性同位体** radio isotope →同位体

**放射線帯** radiation belt

惑星の*磁気圏内のドーナツ状領域．ここでは荷電粒子が長期間にわたって捕獲され，磁力線の両端において"鏡面点"の間を前向きと後向きのらせん運動を反復している．地球を取り囲んでいる*ヴァン・アレン帯がその例である．また広がった放射線帯が木星を囲んでいる．惑星の放射線帯の中の高エネルギー粒子が電子機器に損傷を引き起こして宇宙船への災害を及ぼすことがある．

**放射線年代測定** radioactive age dating

岩石や鉱物の年代をそれらの中の放射性元素の崩壊から測定する方法．radiometric dating と呼ぶこともある．この手法では，試料中の長寿命放射性親同位体の量をこの同位体が崩壊して生じる*娘同位体の量と比較する．放射線年代測定で使用される同位体には，$8.0\times10^5$ 年の半減期でトリウム230に，そして $3.43\times10^5$ 年の半減期でプロトアクチニウム231に崩壊するウラン238，$1.25\times10^9$ 年の半減期でアルゴン40に崩壊するカリウム40，そして $4.88\times10^{10}$ 年の半減期でストロンチウム87に崩壊するルビジウム87などがある．

**放射点** radiant

平行に大気に突入する*流星群が遠近法のために、そこから放射されるように見える天球上の領域。現実には流星群中の流星物質は太陽を回る軌道をたどり、平行な流跡に沿って大気圏に突入する。観測上の便宜のために放射点は直径8°の円で定義し、流星群はその放射点が位置する星座の名をつけて呼ばれる（例えば、ペルセウス座流星群はペルセウス座から放射される）。地球が軌道運動するために、放射点は1日に約1°ほど東方に移動する。写真および望遠鏡による観測から真の放射点の直径とその構造を知ることができる。例えば、惑星の*摂動による流星群の分裂は多数の副放射点をもつ流星群を生じさせる。

**放射等級** bolometric magnitude（記号 $m_{bol}$）

地球大気がなくて、全波長域で星のエネルギー出力を測定できるとした場合にその星がもつと想定される視等級。*ボロメーターはすべての波長での放射に感じるのでこの名前がある。輻射等級ということもある。実際には、ボロメーターは $6\mu m$ より長い波長の場合だけ最適の検出器であり、より短い波長の場合は別の検出器を使用する。$0.3\mu m$ と $23\mu m$ の間では地球大気が比較的透明な波長の窓だけを用いて星を地上の参照源と比較する。これらの窓の範囲でも*大気減光を補正することが重要である。モデル大気を援用してこれらの窓を通しての星の流束を推定する。$0.3\sim 23\mu m$ 以外では流束は衛星から測定する。これらを合わせて放射等級を求める。

**放射年代** radiation age →照射年代

**放射能による** radiogenic

放射性崩壊によって生成されるものをいう用語。例えば、放射能による加熱とは、普通は惑星の内部にあるカリウム、トリウムそしてウランなどの物質の放射能から放出されるエネルギーによって生じる加熱を指す。放射能による物質とは、より重い物質の放射性崩壊によって生成される物質を指す。

**放射平衡** radiative equilibrium

ガスの中でのエネルギーの生成（例えば、星内部での核反応による）速度とエネルギーが放射によって外部に輸送される速度がちょうど釣り合っている状態。これが実現するには、対流は無視できる程度でなくてはならない。放射平衡は大質量星の外部領域および低質量星の中心核で実現している。

**放射法則** radiation laws →ウィーンの変位則、シュテファン-ボルツマンの法則、プランクの法則

**放射補正** bolometric correction →全放射補正

**放射優勢期** radiation era

ビッグバン後の約 $10^{-43}$ 秒（*プランク期）から30000年までの期間。この期間には宇宙の膨張は、放射あるいは高速粒子（高エネルギーではすべての粒子が放射のように振る舞う）のエネルギーに支配された。*レプトン期と*ハドロン期は放射優勢期の副区分である。放射優勢期に続く*物質優勢期ではゆっくりと運動する物質粒子のエネルギーが宇宙の膨張を支配した。

**放射輸送** radiative transfer

ガスの中での電磁波によるエネルギー伝達。放射輸送はガスの温度、存在する元素の組成、およびそれらの電離度などの要因に依存する。

**放射率** emissivity（記号 $\varepsilon$）

ある物体が電磁波を放射する能力を、同一温度の*黒体のそれと比較して示す値。完全な放射体である黒体の放射率は1であり、完全な反射体の放射率は0である。

**ボウショック** bow shock →頭部衝撃波

**宝石箱星団** Jewel Box

*コールサック暗黒星雲付近のみなみじゅうじ座にある4等の*散開星団。NGC 4755あるいはみなみじゅうじ座カッパ星団とも呼ばれている。星団中の大部分の明るい星は、5.9等の超巨星であるカッパ星も含めて青白色であるが、8等の赤色超巨星が中心部の近くに位置する。この星団の距離は7600光年である。美しい星々が散りばめられた宝石の収集箱にたとえて*ハーシェル（J. F. W.）が命名した。宝石箱という名前はさそり座のM6にも使われることがあるが、M6は*蝶形星団という名の方が有名である。

**包接化合物** clathrate

ある物質（ゲスト）の分子が他の物質（ホス

ト）の結晶格子内の空洞に物理的に捕獲されている構造．それらの間には特定の化学結合はない．*希ガスおよびある種の炭化水素は水と包接化合物を形成し，開いた氷構造中の空洞を占有する．それらを包接水和物（clathrate hydrates）と呼ぶ．彗星の中心核は包接水和物の形態で氷を含んでいるかもしれない．

**膨張宇宙** expanding universe

遠く離れている天体間の空間は膨張しているという模型宇宙．現実の宇宙では近接した銀河対のような隣り合った天体は，それらの重力の相互引力が宇宙膨張の効果を上回るから離れ去ることはない．しかしながら，二つの遠く離れた銀河あるいは銀河団の間の距離は宇宙が膨張するにつれて増大する．

**放物線** parabola

その"腕"が無限遠に向かって平行になる曲線の型．したがってこの曲線は決してそれ自身に閉じ込められることはなく，数学的には離心率が1の*円錐曲線として定義される．楕円の二つの焦点が無限に遠く離れた場合と見なすことができ，楕円と双曲線の間の境界に相当する．あまりにも広がっているので放物線と区別できない楕円軌道をもつ彗星もある．

**放物線軌道** parabolic orbit

放物線の形状をもつ軌道．ある天体の周りの放物線軌道をたどる天体は，その天体には1回しか接近せず，理論的には無限遠からやってきて無限遠に遠ざかる．

**放物線彗星** parabolic comet

正確に1.0の離心率をもつ軌道で太陽を回る彗星．多くの彗星軌道は最初はそれらが放物線であるという前提で計算する．近日点の近くで観測される円弧は真の楕円のほんの一部分で，放物線が最良の第一近似を与えるからである．

**放物線速度** parabolic velocity

ある天体からの*脱出速度で動く物体の速度．その軌道は放物線軌道である．軌道上の任意の点での放物線速度と円速度の関係は，放物線速度$=\sqrt{2}\times$円速度である．

**放物面** paraboloid

軸の周りを360°回転する放物線が作る表面．大型望遠鏡の主鏡は普通は放物面である．放物面をもつ反射鏡には*球面収差がないであ

る．

**卯酉線**（ぼうゆうせん） prime vertical

観測者の天頂を通り*子午線に垂直な大円が天球と交わる線．西と東の点で地平線と交叉する．天頂から東および西へ向かう大円の半分ずつは，それぞれ東卯酉線および西卯酉線という．

**捕獲回転** captured rotation →同期自転

**ホーキング，スティーブン ウィリアム**
Hawking, Stephen William (1942〜)

イギリスの理論物理学者．生涯の大部分を筋委縮性側索硬化症に冒されているにもかかわらず，大きな名声を確立した．*一般相対性理論と量子力学を使って*ビッグバンおよび*ブラックホールにおける*特異点を研究し，小質量のブラックホールが*ホーキング放射を放出することを示した．彼は著書 A Brief History of Time（1988年）（日本語訳：ホーキング宇宙を語る）で科学知識の普及に眼を向けた．この本は他のどんな科学書よりも多くの部数が売れた．ホーキングの研究の多くは重力と量子力学を統合する単一理論を指向している．

**ホーキング放射** Hawking radiation

ブラックホールによる粒子の放出．ブラックホールの周囲の強い重力場では*仮想粒子の対は，*対消滅してしまう前に，一方の粒子がブラックホールに引き込まれもう一方は遠方に飛ばされてしまう．これはブラックホールがあたかもその質量に反比例する温度をもつ*黒体のように放射を出しているように見える．ホーキング放射がブラックホールに入り込む物質およびエネルギー量を超えると，ブラックホールは蒸発し始める．太陽質量をもつブラックホールの場合，その温度は約$10^{-7}$ Kにすぎない．この温度は*宇宙背景放射の温度より低いので蒸発は起きない．しかしながら，ほぼ$10^{12}$ kgの質量と$10^{-15}$ mの半径をもつミニブラックホールはおよそ$10^{11}$ Kの温度をもつので，強い放射を出すであろう．この放射が起こることを*ホーキング（S. W.）が予測した．

**ボーク，バルトロメウス（バート）ヤン**
Bok, Bartholomeus ("Bart") Jan (1906〜83)

オランダ-アメリカの天文学者．彼の長年の業績は天の川の研究で，その多くは妻 Priscilla Bok，旧姓 Fairfield (1896～1975) との協同で行われた．特に，彼は天の川の構造，星の分布，星間物質，および星が形成される領域を研究した．1930年代に現在ボークの*グロビュールと呼ばれている天体を発見し，星の*アソシエーションが若い星から作られることを証明した．1950年代の初期には，*オールト (J. H.) らとともに，電波で銀河系の地図を作成する先駆者となった．

**ポグソン，ノーマン ロバート** Pogson, Norman Robert (1829～91)

イギリスの天文学者．8個の*小惑星を発見した．最初の発見は1856年の (42) イシスであった．小惑星以外に関心をもっていた変光星の光度曲線に関連して，彼は対数目盛に基づいた数学的に厳密な星の等級の定義を導入した (→ポグソン尺度，ポグソン比)．他の研究者，特にドイツの科学者 Carl August von Steinheil (1801～80) も同様な尺度を提案したが，ポグソンの主張によって彼の等級の定義が世界基準として採用されることになった．

**ポグソン尺度** Pogson scale

1856年に*ポグソン (N. R.) が数学的に定式化した等級の標準目盛．5等級の差が星の明るさのちょうど100倍の違いに対応するように定義することを提案した．したがって，1等級の差は100の5乗根，すなわち2.512倍の比に相当する．[$m$ 等の星の明るさを $I_m$，$n$ 等の星の明るさを $I_n$ とすると，その間には

$$m - n = -2.5 \log I_m/I_n$$

というポグソンの式が成り立つ]．

**ポグソンの式** Pogson equation →ポグソン尺度

**ポグソンの段階法** Pogson step method

眼で見て変光星の等級を推定する方法．変光星と比較星の間の差を0.1等級の段階で認識するよう眼を訓練することが基礎になる．一般的には相当な経験を経て初めてこの方法による矛盾のない推定が可能になる．⇒アルゲランダーの段階法，フラクショナル法

**ポグソン比** Pogson ratio

1等級だけ異なる二つの天体の間の明るさの比．*ポグソン尺度の定義によって，この比は2.512である．[より正確には $10^{0.4}$ である]．

**北斗七星** Big Dipper

おおぐま座の7個の主要星（アルファ，ベータ，ガンマ，デルタ，イプシロン，ゼータ，およびエータ星）が形成する星群の俗名．シチュー鍋あるいはひしゃくに似ている．「大びしゃく」といい，「すき」の別名もある．⇒おおぐま座

**ボークのグロビュール** Bok globule →グロビュール

**ほ 座** Vela（略号 Vel．所有格 Velorum）

*アルゴ座が表す船の帆を形づくる南天の星座．ガンマ星は1.8等および4.3等の間隔の広い*二重星で，明るい方の星は既知の最も明るい*ウォルフ-レイエ星である．この星座には*ガム星雲と*ほ座パルサーが含まれる．

**ほ座 AI 型星** AI Velorum star

短周期（0.04～0.2日）の*脈動変光星．この星は，より大きな変光幅（0.3～1.2 mag 以上）と，より高い輝度をもつ*たて座デルタ型星と非常によく似ている．ほ座 AI 型星はこの二つの族の古い方かもしれない．それらは時には矮ケフェイドと呼ばれる．

**ほ座超新星残骸** Vela Supernova Remnant

ほ座にある5°以上の広がりをもつ広範な微光領域．約11000年前に爆発した*超新星の残骸．この天体は，さらに広がって年齢もずっと古い*ガム星雲の内部に位置し，爆発した星の中心核である*ほ座パルサーを含んでいる．距離は約1600光年である

**ほ座パルサー** Vela pulsar

*ほ座超新星残骸の中にある*パルサー．PSR 0833-45 としても知られる．89.3 ms の周期をもち，1日に10.7 ns の割合で遅くなっている．このパルサーは知られている最も若いパルサーの一つであり，最大年齢（*スピンダウン年齢）は約11000年，そして*超新星残骸であるとして明確に同定された数少ないパルサーの一つである．1977年に可視光で閃光していることが発見され，2番目の*光学パルサーとなった．

**ポーシア** Portia

天王星の7番目に近い衛星．距離66090 km，公転周期0.513日．天王星 XII とも呼ばれる．直径は108 km で，1986年にヴォイジ

ャー2号が発見した。

**星計数** star count

空の単位面積当たりにある星の数を見かけの等級の関数として表したもの。スターカウントともいう。銀河系における星の分布の統計的研究で広く利用される。

**星の構造** stellar structure

理論計算で得られた星の内部の性質。直接的には星の表面の性質しか観測できないが、そのデータを用いて星の表面から内部まで温度、圧力、密度などがどのように変化するかを計算することができる。使用する方程式は、星が平衡状態にあることを仮定する。すなわち、星の内部の各点で、[ガスと]放射の外向き圧力は重力による内側への引力とつり合っている。さらにエネルギーが生成される率と外側へ輸送される率が同じである。

**星の種族** stellar population →種族（星の）

**星の進化** stellar evolution

星の生涯にわたって生じる一連の変化。その時間スケールは星の質量に強く依存し、また初期の化学組成にもわずかに依存する。進化中の星の経路は*ヘルツシュプルング-ラッセル（HR）図と呼ばれるグラフでたどることができる。

星は、*分子雲中の高密度な領域（コア）が自身の重力のもとで収縮して誕生する。*原始星が最初に輝くのは、この収縮で解放される重力ポテンシャルエネルギーが熱および光として放射されるためである。収縮が進むと原始星の中心で温度が十分に高くなり重水素（水素の同位体）が関与する核反応を引き起こし、しばらくは核反応から生じる十分なエネルギーでそれ以上の収縮に対抗する。重水素がつきると、収縮が進行し、その星は前主系列天体という分類に入り、HR図上で特有の経路をたどる（→林トラック、ヘニエイトラック）。太陽質量の星の場合、この段階は数百万年持続する。

最終的に星の中心核は水素をヘリウムに変換する核融合反応が始まるのに十分な高温に達し、星はHR図上の*主系列に乗る。この水素燃焼の段階は、大質量星に対しては数百万年、低質量星の場合は現在の宇宙年齢よりも（潜在的には）長い年月にわたって持続することになる。中心核の水素がつきると核は自身の重力で収縮する。この収縮は、0.4太陽質量より大きい星の場合、中心核がヘリウムを炭素に変換する反応を引き起こすのに十分な高温になるまで続く。

それ以降の進化は星の質量に依存する。太陽質量と同等かそれより大きい星では、ヘリウム燃焼が中心核で進行する一方で核のすぐ外側の殻において水素燃焼が継続することがある。この主系列後の段階では主系列にあるときよりも温度が下がり、大きく、そして明るくなり、*巨星、あるいは最も大質量の星の場合は*超巨星になる。中心核におけるヘリウムが燃えつきると、中心核が収縮して新しい一連の核反応が始まるという過程が数回反復される。このようにして、質量のより大きい巨星や超巨星は、中心で最も重い燃料が燃焼し、その上の層では前の燃焼サイクルから生じたより軽い燃料を含むという、層構造を発達させることになる。これらの過程を通して星はより大きく、そしてより明るくなる。しかしながら、最後には中心核が燃料には使えない鉄ばかりになる段階に達する。この時点では星の中心ではもはやエネルギーが生成されないので、中心核は崩壊する。崩壊する中心核は*中性子星、あるいはおそらく*ブラックホールになり、外側の層はⅡ型の*超新星として激しく爆発する。

質量がもっと小さい星では進化は非常に異なる形で進行する。それらの中心核が*縮退を起こすほど高密度であるからである。縮退中心核でヘリウムに点火すれば、*ヘリウムフラッシュの形で爆発的に発火し、中心核を膨張させる。その後星は、HR図の*水平分枝に乗り、ヘリウムは中心核で燃焼を継続するが、周囲の殻では水素が燃える。中心核でヘリウムが燃えつきると、星は*漸近巨星分枝に移り、ヘリウムは核のすぐ外側の殻で燃え続ける。それより後にどのような進化をするかははっきりしないが、*赤色巨星の外層は噴き出されて*惑星状星雲を形成し、星の中心核は露出して*白色矮星になると考えられている。したがって、高密度星および低密度星のどちらも、星の進化の終点は、星の大部分が星間空間の中に分散し、燃えつきた核燃料からなる崩壊した残骸が残る

ということになる.

**星の大気** stellar atmosphere

星の低密度な外部領域. 星の大気での吸収はスペクトル中に暗い*フラウンホーファー線を生成し, 星の大気の化学組成, 圧力, 温度, 自転および磁場の強さに関する情報を提供する.

**補償光学** adaptive optics →波面補償光学

**POSS** Palomar Observatory Sky Survey →パロマースカイサーヴェイ, パロマー写真星図

**ボスの総合カタログ** Boss General Catalogue, GC

1936～37年にアメリカの天文学者 Benjamin Boss (1880～1870) が編纂した5巻からなる33342個の星の総合カタログの俗称. このカタログは, 全天にわたる7等より明るいすべての星, さらに正確な*固有運動を決定できた数千個のもっと暗い星の位置と固有運動を記載している. これは, 彼同様に大規模なカタログ作りを始めた彼の父 Lewis Boss (1846～1912) が1910年に刊行した6188個の星の予備的総合カタログ (Preliminary General Catalogue) の後継書である.

**補正板** corrector plate

光学系の種々な収差を補正する薄いガラス板. 球面収差を補正する*シュミットカメラ, *シュミット-カセグレン望遠鏡あるいは*マクストフ望遠鏡の前面ガラス板は望遠鏡の全口径を覆う補正板の例である.

**ボソン** boson

*光子, *中間子, 偶数の質量数をもつ原子核 (例えば, 最も一般的なヘリウム核), あるいはゼロか整数の*スピン値をもつ仮想粒子*グラヴィトンなど. これらはパウリ (Pauli) の排他律にはしたがわない. ボソンはインドの物理学者ボーズ (Satyendra Nath Bose, 1894～1974) にちなんで名づけられた. ⇒フェルミ粒子

**蛍石** fluorite

フッ化カルシウムの結晶. 光学材料として使用する. 蛍石の*分散はクラウンガラスの約半分しかないので, 蛍石から作製した対物レンズには*色収差がない. その欠点は, 非常に高価で水におかされることである. したがって蛍石

の部品は他の部品の間にはさんで密閉しなくてはならない.

**北極距離** north polar distance, NPD

天の北極から測った天体までの角距離. その天体を通る*時圏に沿って測定する.

**北極系列星** North Polar Sequence

標準等級と等級目盛のゼロ点を与えるために使われる天の北極から2°以内にある一連の星. 最初の系列 (1914～22年に発表された) は写真等級が20.1までの96個の星を含んでいたが, 続いて他の56個の星からなる補遺リストで拡張された. 17等までの"写真実現等級北極系列"が後に導入された. 現在は UBV 測定によって精確に等級を決められた別の標準星が多数あるので, 北極系列は使われていない.

**北極光** northern lights

北のオーロラの別名. →オーロラ

**北極星** Polaris

北極の星, こぐま座アルファ星で, 2.0等. 距離820光年のF型超巨星である. 現在北極星は天の北極から1°以内の間隔にあり, その間隔は*歳差のために次第に減少しつつある. 2100年ごろに極に最も接近し, 1/2°以下になる. 北極星は4日の周期と小さい変光幅 (もとは約0.1等) をもつ*ケフェイドである. しかし, 20世紀の間に変光は次第に弱まり, 1990年までには変光幅が数百分の1等になった. 北極星は3.2等の離れた伴星をもつ.

**北極スパー** North Polar Spur →北銀河スパー

**ポッケルスセル** Pockels cell

*偏光した光の性質を変えて解析に用いるための装置. カリウム結晶, 水素およびリンからなり, セル表面に金電極の微細な格子をもつ. 電極にかける電圧を調節して, 一方向に偏光した光と, それに直角に偏光して位相が90°あるいは180°ずれた光 (円偏光) を取り出すようにできる. またポッケルスセルはそれぞれ4分の1波長板あるいは2分の1波長板としても使える (→波長板). ドイツの物理学者 Friedrich Karl Alwin Pockels (1865～1913) にちなんで名づけられた. ある種の*偏光計や分光偏光計で用いられる. →偏光

**ホットスポット** hot spot
1. \*激変連星におけるコンパクトで光度の高い領域（輝点と呼ぶこともある）．物質流が\*降着円盤の縁にぶつかる場所か降着円盤の内縁に位置している．\*質量移動の量のゆらぎの程度により小規模の\*ちらつきあるいはそれより大規模な光度の変化が起こる場合がある．ホットスポットの存在はしばしば光度曲線のこぶによって示される．2. 電波銀河のローブにある小さな輝点．ジェット中の高速物質がローブと周囲の銀河間物質の間の境界と衝突する場所であると信じられている．

**ボーデ，ヨハン エラート** Bode, Johann Elert (1747～1826)
ドイツの数学者で天文学者．1772年に，現在\*ボーデの法則として知られている式を公表した．この公式は既知の6個の惑星の近似的距離を与えたもので，それから彼は火星と木星の間に未発見の惑星が存在すると予言した．彼の主要な刊行物は Uranographia (1801) である．これは17000個以上の星および星雲を示す全天の総合星図である．50年にわたり彼はベルリンアカデミー年鑑における天文学データの刊行を監修した．

**ボーデの法則** Bode's law
1772年に\*ボーデ（J.E.）が発表した数列．この数列は当時知られていた6個の惑星の太陽からの距離にうまく当てはまる．これは1766年にドイツの数学者 Johann Daniel Titius (1729～96) が最初に指摘したので，ティティウス-ボーデの法則としても知られている．それは 0, 3, 6, 12, 24, 48, 96, 192 という数列のおのおのの数に4を加えて作られていて，惑星はこの数列に極めてよく適合しているように見える―1781年に発見された天王星に対してもそうであった．しかしながら，海王星と冥王星はこの"法則"に一致しない．ボーデの法則は火星と木星の間を公転している惑星の探索を促進し，最初の\*小惑星の発見に導いた．この法則は理論的基礎をもたないといわれることが多いが，それは\*尽数関係が原因で軌道の\*共鳴が起こることを示している．［ボーデの法則の距離 $a$ は数列を使って $a+3\times 2^n+4$ と表される．水星に対する $n$ は $-\infty$ で，金星は

**ボーデの法則**

| 惑 星 | 水星 | 金星 | 地球 | 火星 |
|---|---|---|---|---|
| ボーデの法則の距離 $(a)$ | 4 | 7 | 10 | 16 |
| 実際の距離 $(10^{-1}$ AU$)$ | 3.9 | 7.2 | 10 | 15.2 |

| 惑 星 | ケレス | 木星 | 土星 | 天王星 |
|---|---|---|---|---|
| ボーデの法則の距離 $(a)$ | 28 | 52 | 100 | 196 |
| 実際の距離 $(10^{-1}$ AU$)$ | 28 | 52 | 95 | 192 |

$n=0$, 地球は $n=1$ で，以後 $n=2, 3, \cdots$ と続く］．

**ホバウェスト隕石** Hoba West meteorite
知られている世界最大の隕石．この隕石はナミビアのグルートフォンテイン付近のホバ農場で1920年に発見されたがそのままそこにある．推定質量 59 t で最大幅 2.8 m の鉄-ニッケル\*エイタクサイトである．クレーターは作らなかったが，一部分は地面に埋まったままである．

**ホビー-エバリー望遠鏡** Hobby-Eberly Telescope, HET
テキサス州フォウルクス山の標高1980 m にある口径11 m の反射望遠鏡．1997年に開設された．これは\*マクドナルド天文台の一部であり，テキサス大学，ペンシルヴァニア州立大学，スタンフォード大学，ミュンヘンのルードウィヒ・マキシミリアン大学，およびゲッチンゲンのゲオルグ-アウグスト大学が共同で所有している．反射鏡はそれぞれが 1 m の大きさの91個の六角鏡を組み合わせて構成されている．望遠鏡は撮像ではなく主として分光用に設計された．空の任意の位置に向けることはできず，高度は 55° に固定されているが，方位角方向には自由に回転する．それぞれテキサスとペンシルヴァニアにおける公共教育の支援者である William P. Hobby と Robert E. Eberly にちなんで名づけられた．

**ホーマン軌道** Hohmann orbit
最小のエネルギー消費で宇宙船が一つの軌道から別の軌道に移動するときの軌道．1925年にドイツの技師 Walter Hohmann

(1880～1945) が初めて計算した．このような軌道は地球を回る衛星の軌道を変更するため，あるいは地球から探査機を他の惑星に送るために使用する．ホーマン軌道は楕円形で，元の軌道と最終軌道に接触している．この軌道移動には宇宙船のロケットモーターを2回点火しなければならない．1回は元の軌道から離れるため，もう1回は最終軌道に入るためである．ホーマン軌道の主な短所は長い飛行時間を要することである．地球から火星まで飛行時間は260日，地球から土星までは約6年かかる．このため，宇宙船の速度を増大させて旅行時間を短縮するためには*重力アシストを使用することが多い．

**ホモロジー**　homology

放物面電波望遠鏡の設計において，自分自身の重さでひずむという避けられない現象を相殺するために使用する原理．相似望遠鏡とは，自重変形しても反射面が常に放物面形状を保つように設計された望遠鏡である．変形すると焦点長だけが変化するが，これを相殺するよう焦点位置を調節することができる．

**ポーラー**　polar　→ヘルクレス座AM型星，ヘルクレス座DQ型星

**ポラリス**　Polaris　→北極星

**ポーラーリング銀河**　polar ring galaxy

銀河の円盤を［それと垂直な方向に］星とガスと*塵からなる明るい環が取り巻くまれな銀河．ほとんど常に*レンズ状銀河である．このような系は，ガスに富む銀河とレンズ状銀河との衝突，潮汐捕獲，あるいは合体の結果であると考えられる．

**ポーラーワンダリング**　polar wandering

*チャンドラー揺動によって起こる地球の極の不規則な移動．→極運動

**ポリマ**　Porrima

おとめ座ガンマ星．それぞれ3.5等のF型矮星のペアからなる*連星であり，そのペアは169年の周期で互いを周回している．肉眼にはそれらが一緒になって2.8等の星に見える．距離は31光年である．

**ホール，アザフ**　Hall, Asaph (1829～1907)

アメリカの天文学者．アメリカ海軍天文台の26インチ (0.66 m) 屈折望遠鏡を用いて，火星が非常に地球に近づいた1877年8月に火星の小さな二つの衛星を発見した．彼はそれらをそれぞれデイモスおよびフォボスと命名し，それらの軌道から火星の質量を計算した．それ以後の彼の研究は外惑星の衛星に関するものであった．また*二重星を研究し，*はくちょう座61番星の二つの星が真の連星系をなしていることを証明した．

**ホルスト**　horst

平行な断層に狭まれ，それらの間で*地溝と反対に隆起した帯状の土地．ホルストの例は火星上のケラウニウス・フォッサである．

**ポルックス**　Pollux

1.14等のふたご座ベータ星．距離35光年のK0型巨星である．

**ボルツマン定数**　Boltzmann constant（記号 $k$ あるいは $k_B$）

気体中の粒子の運動エネルギーとその気体の温度の関係を与える定数．$1.380658 \times 10^{-23}$ J/K の値をもつ．粒子は分子，原子，イオンあるいは電子のいずれでもよい．ボルツマン定数 $k$，圧力 $p$，温度 $T$ は，方程式 $p = nkT$ の関係で結ばれる．$n$ は単位体積当たりの粒子数．天体物理学で，この方程式は，星の内部と表面大気，また惑星の大気を理解するうえで重要である．この定数はオーストリアの物理学者 Ludwig Boltzmann（1844～1906）にちなんで名づけられた．

**ボールドウィン効果**　Baldwin effect

*クェーサーの絶対光度と，ライマン $\alpha$ 線などクェーサーの種々のスペクトル線の等価幅との間の反比例関係．この効果の起源はよくわかっていない．クェーサーの構造の幾何学的配置から生じるかもしれないが，違った光度をもつクェーサーでの電離度の違いにより引き起こされるかもしれない．アメリカの天文学者 Jack Allen Baldwin（1945～）にちなんで名づけられた．

**ホルムベルク半径**　Holmberg radius

観測される表面輝度をもとに決められる銀河の大きさ．青色光での表面輝度が1平方秒当たり26.5等になる半径で，この値は夜空の明るさの約1～2%を表している．スウェーデンの天文学者 Erik Homberg（1908～2000）にちな

んで名づけられた．

**ポールワイルド天文台** Paul Wild Observatory

オーストラリアのニューサウスウェールズ州ナラブライ町付近のカルグーラにある電波天文台．*オーストラリア電波望遠鏡国立施設のコンパクトアレイがある．このアレイは*開口合成法によって一つの装置として作動させることができる直線状の 6 基の 22 m アンテナから構成される．これらのアンテナのうち 5 基は東西に走る 3 km の長さのレールに沿って移動させることができる．6 基目のアンテナは主アンテナ群から西方に 3 km 離れた短いレール上に位置する．アレイは 1988 年に稼動し始めた．天文台はイギリス生まれのオーストラリアの天文学者（John）Paul Wild（1923～）にちなんで名づけられた．

**ホロックス，ジェレミア** Horrocks, Jeremiah（1617 あるいは 1619～41）

イギリスの天文学者．惑星位置に関する*ケプラー（J.）のルドルフ表を精密化し，惑星の視直径を測定し，そして，*太陽視差の値を求め，地球-太陽の距離を約 1 億 km と推定した．1639 年に精密化したケプラーの表から自分が予言していた金星の日面通過を観測して，太陽面に投影された像から金星の直径を測定した．ホロックスの月理論に基づいて後に*フラムスティード（J.）は月の運動に関する表を作成したが，この表は 18 世紀の中期まで利用できる最良のものであった．

**ポロプリズム** Porro prism

頂角のうち一つが 90°，残る二つが 45°のプリズム．双眼鏡で使用する．90°の頂角に向かい合う長い面から入射する光は内部で全反射され，同一面を通って外へ出る．プリズム双眼鏡では像を反転し，光路を折りたたむために 1 対のこのプリズムを使い，双眼鏡をよりコンパクトにしている．このプリズムは 1851 年にイタリアの測地家で光学機器製造業者 Ignazio Porro（1801～75）が考案した．

**ボロメーター** bolometer

すべての波長の放射に感じる検出器．入射する放射がその温度を高めるように黒化した表面をもち，電気抵抗の変化から温度を測定する．任意の波長で使われるが，6 $\mu$m より長い赤外波長の測定に最適である．

**ホワイトホール** white hole

天体の*ブラックホールへの崩壊を時間的に逆転したもの．そのような崩壊を記述する一般相対性理論の方程式は時間に関して対称的なので，その現象が逆転してはならないという理論的理由はない．したがって，ホワイトホールは物質が自然的にわれわれの宇宙に現れる場所である．しかしながら，そのような天体が観測されたことはない．

**ポン，ジャン ルイ** Pons, Jean Louis（1761～1831）

フランスの天文学者．夜空についての深い知識と鋭い視覚および偉大な忍耐によって，彼は彗星探索で非常な成功を収めた．1801 年に彼が発見した彗星（現在は C/1801 N 1 と命名されている）は彼が発見した 37 個の彗星（共同発見も含めて）の最初のものであった―この数は今でも記録的である．これらの発見の大部分は非周期彗星であったが，彼は周期彗星 12 P/Pons-Brooks（1812 年）と 7 P/Pons-Winnecke（1819 年）を共同発見した．1805 年に彼が発見した 2 個の彗星は，後に彗星*ビエラおよび*エンケと同定された．

**ホーンアンテナ** horn antenna

朝顔のように広がったホーンの形をしたアンテナ．*導波管によって受信電波を導く．小型のホーンはパラボラアンテナの焦点において電波を導くために使用されることが多い．*宇宙背景放射は大型のホーンアンテナによって初めて検出された．

**本 影** umbra

惑星あるいは衛星から見て太陽とちょうど反対側にあり，その内部に太陽円盤が完全に隠される円錐状の暗い影の帯域．例えば月が地球の本影を横切るときのように，天体がこの影を通過すると*食が生じる．暗い本影は，もっと広い*半影に囲まれている．

**本初子午線** prime meridian

天体表面における固定した経線．その天体の経度はそこを基準にして西側と東側に測定する．地球の本初子午線はグリニッジに*エアリー（G. B.）が設置した*子午環を通り，地球

経度の原点(経度0度)を定義する.他の天体での本初子午線は小クレーターのような既知の表面地形に対して定義される.

**ボン掃天星表** Bonner Durchmusterung, BD
　天の北極から赤緯-2°にいたる9等までの32万4198個の星の星表.ドイツのボンで*アルゲランダー(W. A.)が編纂した.大部分の観測はEduard Schönfeld(1828~91)とAdalbert Krüger(1832~96)が行った.1859~62年に3巻で刊行され,1863年に関連する星図が出版された.1886年にSchönfeldは星表を赤緯-23°まで拡張し,13万3659個の星を付け加えた.1887年に星図が刊行された.多くの星が今でもこれらの星表で与えられるBD番号で呼ばれている.⇒コルドバ掃天星表

**ボンディ,ハーマン** Bondi, Hermann (1919~ )
　イギリスの宇宙論者で数学者.オーストリアに生まれた.1948年に*ゴールド(T.)および*ホイル(F.)とともに,物質が絶えず創生されている*定常宇宙論を提案した.ビッグバン理論の支持が高まって放棄されたが,この理論は多くの重要な宇宙物理学上の研究,特に*元素合成に関するホイルの研究を促進した.ボンディは相対性理論も研究し,1962年に一般相対性理論から重力波の存在が導かれることを示した.

**ボンド,ウィリアム クランチ** Bond, William Cranch(1789~1859)
　アメリカの天文学者.*ボンド(G. P.)の父.彼はハーヴァード大学天文台を創設した.初めは自宅に設置されていたが,1838年にハーヴァードに移転した.父の後を引き継いで息子が台長となった.ボンド親子はしばしば共同で研究し,1848年に土星の衛星ヒペリオンを,1850年に土星の"クレープ環(C環)"を発見した.彼らは天体写真術の開発でも協力した.

**ボンド,ジョージ フィリップス** Bond, George Phillips(1825~65)
　アメリカの天文学者.*ボンド(W. C.)の息子.彼は父と密接に協力して太陽系を研究し,天体写真術を開発した.1850年に月の最初の優れた写真を撮影し,次いで星(ヴェガ)の初めての写真を撮った.彼自身は太陽,月および木星の輝度比較を研究し(*ボンドアルベドは彼にちなんで命名された),1848年のドナティ彗星に関する有名な報告書を作成した.

**ボンド,ジョン** Pond, John(1767~1836)
　イギリスの天文学者.1811年に6代目の*アストロノマー・ロイヤルに任命された.ポンドは,以前から天文台の老朽化した装置のゆがみによって生じる星の位置の誤差を明らかにしていたが,*王立グリニッジ天文台に新しい装置を設置し,1833年には前例のない精度の星表を作成した.同じ年に毎日午後1時に標時球を落とすことによる初めての公共時報制度を導入した.

**ボンドアルベド** Bond albedo
　光らない球面物体に入射する光あるいは放射全体のうち,その物体からすべての方向に反射される割合.球面アルベド(spherical albedo)ともいう.それは全波長にわたって計算され,したがってその値は入射する放射のスペクトルに依存する.ボンドアルベドは惑星のような天体のエネルギー収支を決定する.ボンド(G. P.)にちなんで名づけられた.

**ポンプ座** Antlia(略号Ant.所有格Antliae)
　空気ポンプをかたどった南天の目立たない星座.最も明るい星であるアルファ星は4.3等である.

# マ

**マイクロクレーター** microcrater →衝突クレーター

**マイクロチャンネルプレート** microchannel plate detector
　高エネルギー光子の像を生成するための装置．微小な中空のガラス管を多数並べて構成する．ガラス管は典型的には直径が 12.5～25 $\mu$m，長さが 1～2 mm で，それぞれが個別の光電子増倍管として作動する．約 1000 万本の管を重ねて薄い板構造を作る．マイクロチャンネル板は 1 枚，または 2 枚あるいは 3 枚重ねて使用し，紫外線，極紫外線を，また適当な物質で被覆すれば X 線をも直接検出できる．また，光電陰極スクリーンと組み合わせて可視光の画像増強器としても使用できる．

**マイクロデンシトメーター** microdensitometer →測微濃度計

**マイクロ波** microwaves
　電磁波の電波領域短波長端の約 1 mm から 30 cm の波長をもつ電波．

**マイクロ波背景放射** microwave background radiation →宇宙背景放射

**マイクロ波非等方性探査衛星** Microwave Anisotropy Probe, MAP
　ビッグバンから残った *宇宙マイクロ波背景放射の微小なゆらぎを研究するための NASA の人工衛星．*宇宙背景放射探査衛星（COBE）の後継機である．2000 年に打ち上げられ，最終的には地球軌道の $L_2$*ラグランジュ点に配置される．そこでは探査機は太陽，地球，あるいは月にじゃまされずに宇宙を観察できる．[2001 年 7 月 30 日に打ち上げられ，3 カ月後 $L_2$ 点に到達し観測を開始した．その後この分野の著名な天文学者の名前 Wilkinson (D.) を先頭につけて WMAP と改名され，2003 年に最初の観測結果を公表した]．

**マイクロ変光星** microvariable
　ゆらぎの振幅が数千分の 1 等にしかならない変光星．変動は多くの原因（例えば，非一様な表面輝度に関連した回転）から生じうる．太陽はマイクロ変光星と見なすことができる．

**マイクロメーター** micrometer
　天球上の角距離および相対位置を測定するために天文学で用いる装置．特に *二重星の軌道運動を測定するために使われるが，惑星上の地形の位置を測定するためにも利用できる．多くの型のマイクロメーターがあるが，接眼鏡の視界中に組み込む点はすべての型に共通である．位置測定の基準は照明された *レチクルすなわち線でよい．昔の装置では線はクモの巣の糸で作られ，クモ糸と呼ばれた．クモ糸は視野絞りと同一面に位置するので，常に焦点が合っている．レチクルは，*十字線マイクロメーターの場合のように固定してもよいが，この場合の基準には天体の日周運動を用いる．*動線マイクロメーターの場合には，天体の日周運動に対して較正すべき目盛をもつ可動部分がある．他の型のマイクロメーターには，視野内に可動な人工星あるいは星の二重像を作るものもある．

**マイクロメートル** micrometre（記号 $\mu$m）
　$10^{-6}$ m に等しい長さ．

**マイクロレンズ現象** microlensing
　小規模な *重力レンズ効果．マイクロレンズ現象では，レンズ作用を示す天体の重力場は背景にある光源の明確な *アークを作るほど強くない．その代わりレンズ作用は光源を見かけ上明るくする．[暗すぎて見えない] 低質量星あるいは惑星が背景の星々の前方を通過すると，ある特徴的なパターンで星の明るさが変化する．大マゼラン雲やわれわれの銀河系の中心のバルジ（ふくらみ）にある星に対してこの効果が検出されている．→マッチョ

**マイケルソン，アルバート エイブラハム** Michelson, Albert Abraham（1852～1931）
　ドイツ-アメリカの物理学者．現代のポーランドで生まれた．1878 年に光速を測定するために彼は *ニューカム (S.) と協力して回転する鏡をもつ装置を製作した．1880 年代の *マイケルソン-モーレイの実験のために彼が作った干渉計が基になり，彼は天文学用の非常に高精度な分光器および *回折格子，さらに *マイケルソン干渉計を製作した．1920 年代に彼は，

自分が製作してウィルソン山天文台の100インチ(2.5m)望遠鏡に設置した*恒星干渉計によって*ベテルギウスの角直径を測定した.

**マイケルソン干渉計** Michelson interferometer

光の波長など高精度を必要とする長さを測定したり,スペクトル線の詳細を解析したりするために用いる装置.光線束を二つに分割する半透鏡から構成される.半透鏡によって二つに分けられた線束は補助鏡で反射されて同じ経路を逆戻りし,再び結合させられて干渉する.光の干渉は,二つの光の光路長によって位置が決まる暗い帯と明るい帯(*干渉縞)を作り出す.発明者の*マイケルソン(A. A.)にちなんで名づけられた.

**マイケルソン恒星干渉計** Michelson stellar interferometer →恒星干渉計

**マイケルソン-モーレイの実験** Michelson-Morley experiment

光が伝播する媒体と想像されたエーテルが存在するかしないかを明らかにするために,アメリカの物理学者*マイケルソン(A. A.)とEdward Williams Morley(1838～1923)が行った実験.互いに直角な二つの方向で光の速度を測定することによってエーテルに対する地球の運動を検出しようとしたが,そのような運動は見いだされなかった.この結果は*ローレンツ-フィッツジェラルド収縮によって説明が与えられ,後に*特殊相対性理論によってエーテルの概念が不必要であることが証明された.

**マウス銀河** Mice (the)

かみのけ座における14等の相互作用渦巻銀河の対.NGC 4677 Aおよび4677 B,あるいはIC 819および820でもある.重力相互作用によって両銀河から引き出された星とガスの長い尾がマウスの形をしているので,その名がある.

**マウナケア天文台** Mauna Kea Observatories

ハワイ州マウナケア山頂の標高約4200 mにある天文台および望遠鏡の複合体.1964年に創設されたこの場所はハワイ大学天文学研究所が所有し,管理している.世界で最も標高の高い天文台であり,地上においては,可視光,赤外線,およびミリ波/サブミリ波の観測にとって最良の場所と見なされている.マウナケアには他のいかなる場所よりも多数の重要な望遠鏡が設置されている.ハワイ大学は,マウナケアに1968年と1970年にそれぞれ開設された0.6 mおよび2.2 m反射望遠鏡をもっている.他の機関からの光学および赤外線望遠鏡は,*NASA赤外線望遠鏡施設,*カナダ-フランス-ハワイ望遠鏡,*英国赤外線望遠鏡,ジェミニ北望遠鏡(→ジェミニ望遠鏡),日本の*すばる望遠鏡,そして2台の*ケック望遠鏡である.マウナケアの電波およびミリ波装置には,*カルテク・サブミリメートル天文台,*ジェイムズ・クラーク・マクスウェル望遠鏡,*スミソニアン天文台のサブミリ波アレイ,および*超長基線電波干渉計群の25 mアンテナがある.[マウナケアよりもわずかに標高の高いヒマラヤ山中の4500 mのところにインドが2001年に口径2 mの光学望遠鏡を設置した].

**マウンダー,(エドワード)ウォルター** Maunder, (Edward) Walter (1851～1928)

イギリスの太陽天文学者.*王立グリニッジ天文台で40年間にわたって観測可能な日は毎日太陽を観測し,*黒点を記録した.彼の2番目の妻Annie Scott Dill Maunder,旧姓Russel(1858～1947)が彼の助手を務めた.彼は,異なる緯度における黒点の運動から太陽の*差動回転を明らかにし,太陽活動と地球磁場の乱れとの関係を同定した.マウンダー夫妻はまた天文学の歴史を研究した.ウォルターは,1894年および1922年に発表された論文で現在*マウンダー極小期と呼ばれる期間の存在を明らかにした.

**マウンダー極小期** Maunder minimum

ほとんど*黒点もオーロラも見られなかった1645年から1715年までの期間.*マウンダー(E. W.)(および彼より以前に*シュペーラー(G. F. W.))は,その期間には太陽活動が本当に弱かったと結論した.マウンダー極小期のさらなる証拠として,この期間には木の年輪における炭素14の含有量が増大している事実が明らかにされた.炭素14を生成する宇宙線は太陽活動が低いときほど多量に地球に到達するからである.また,1550年から1700年まで地球

には小氷河期と呼ばれる長期の寒冷な期間があった。この期間は，マウンダー極小期とその前の*シュペーラー極小期を含む期間にほぼ対応している。この寒冷期は太陽活動が約1%低下したことで説明できるとされている。

**マーキュリー計画** Mercury project
地球周回軌道に人を打ち上げるためのアメリカの最初の宇宙計画。宇宙飛行士は一座席形式のマーキュリーカプセルで飛行した。1961年の5月と7月の最初の2人乗り飛行は軌道に乗らなかった，すなわち宇宙船は打ち上げられたが，軌道に入れずに再び戻ってきた。John Herschel Glenn（1921〜）によるマーキュリーの初めての軌道飛行は1962年2月20日であった。このシリーズは1963年5月の4回目の飛行で完了した。

**マクスウェル, ジェイムズ クラーク** Maxwell, James Clerk（1831〜79）
スコットランドの物理学者。1850年代後半に，土星の環はそれぞれが独立した同心円状の軌道を周回する多くの小さな物体から成り立っているにちがいなく，全体が一つの固体あるいは流体である環は不安定であると説明した。彼の理論物理学に対する多くの寄与のうち，最も重要なのはおそらく*電磁波の概念である。1865年に彼は現在ではマクスウェル方程式と呼ばれる式を発表した。これは電気および磁気の現象を単一の理論に統合したものである。

**マクスウェル山** Maxwell Montes
緯度+65°，経度3°付近にある金星の山脈。マクスウェル山は幅がほぼ800kmで，*イシュタール大陸の中心付近に位置する。平均表面より11km高い金星で最も高い山頂を有する。マクスウェル山の東側の傾斜面には直径が100kmの火山性カルデラであるクレオパトラが横たわっている。マクスウェル山は地球から観測した最初の金星のレーダー地図に見えており，*マクスウェル（J. C.）にちなんで名づけられた。

**マクスウェルの間隙** Maxwell Gap
C環（クレープ環）の外側部分にある土星環の間隙。土星の中心から約87500kmの場所にあり，270kmの幅をもつ。この間隙は1980年にヴォイジャー1号が発見し，*マクスウェル（J. C.）にちなんで名づけられた。

**マクスウェル望遠鏡** Maxwell Telescope
→ジェイムズ・クラーク・マクスウェル望遠鏡

**マクストフカセグレン望遠鏡** Maksutov Cassegrain telescope →マクストフ望遠鏡

**マクストフ望遠鏡** Maksutov telescope
焦点距離の短い球面の主反射鏡と，補正板として球面の*メニスカスレンズをもつカタディオプトリック望遠鏡。副鏡も球面であり，補正板の中央部を単にアルミメッキして副鏡の役割をさせることが多い。この設計はコンパクトでかつ最高の性能を与えるが，メニスカス補正板を大きな曲率をもつ深い球面に研磨するのが口径が大きい場合困難であり，ほとんどはアマチュア用の小型装置に使用する。コマ（→コマ（光学的））のない視野は比較的小さい。この設計は1944年にロシアの光学機器製造業者Dmitrii Dmitrievich Maksutov（1896〜1964）が発表した。[マクストフカセグレン望遠鏡とも呼ばれる。同様の原理を用いているが，写真撮影専用で広い視野の得られるものにマクストフカメラがある]。

**マクドナルド天文台** McDonald Observatory
テキサス大学の天文台。西テキサスのフォートデーヴィス付近のロック山（標高2070m）とフォウルクス山（標高1980m）の隣接した山頂に設置されている。1932年に創設され，その建設に資金を投じた銀行家William Johnson McDonald（1844〜1926）にちなんで名づけられた。最大の装置は，フォウルクス山にある*ホビー–エバリー望遠鏡である。ほかに1969年に開設されたロック山の2.7m反射望遠鏡，および1939年に開設されたロック山の2.1mオットー・ストルーヴェ反射望遠鏡がある。

**マグネトグラム** magnetogram
太陽の光球全体にわたる磁場の分布図。*フラウンホーファー線の*ゼーマン分裂によって測定する。多くの天文台が毎日のマグネトグラムを作成している。アリゾナ州キットピークのアメリカ国立太陽天文台のマグネトグラムは，5″（3600 km）平方という細かい分解能で$5 \times 10^{-5}$テスラという弱い磁場までをプロットしている。

**マグマ** magma
　惑星内部の溶融した岩石．マグマが表面に噴出すると，溶岩とガスに分離する．

**マクマス-ピアス太陽望遠鏡** McMath-Pierce Solar Telesope
　世界最大の太陽望遠鏡．アリゾナ州キットピークに1962年に開設された*アメリカ国立太陽天文台にある．主望遠鏡は，長さが152 mで，地球の自転軸に平行に向けられた斜めのシャフトに格納されている．高さが33.5 mの塔に設置された*ヘリオスタットが太陽光をこのシャフトに沿って地面から50 mほど下にある1.5 m反射鏡に向けて反射する．光線はこの反射鏡からこのシャフトの途中にある平坦な反射鏡まで跳ねかえる．この反射鏡は光を垂直下方にそらし，地下の観測室に直径85 cmの太陽像を形成する．アメリカの太陽物理学者Robert Raynolds McMath (1891～1962) および (Austin) Keith Pierce (1918～) にちなんで名づけられた．

**マクロスピキュール** macrospicules
　太陽の極領域の*リムから噴き出す大型の*スピキュールのように見える模様．マクロスピキュールは通常のスピキュールよりはるかに高いところ (40000 km) にまで広がっている．30.4 nmにおける電離ヘリウムの紫外線だけで撮影した分光太陽像で見ることができる．

**マーシャル宇宙飛行センター** Marshall Space Flight Center, MSFC
　アラバマ州ハンツヴィルにあるNASAの施設．アメリカ陸軍のレッドストーン兵器廠のミサイル製作所の一部をNASAに移譲して創立された．Wernher Magnus Maximilian von Braun (1912～77) の指導のもとで，MSFCはサターンシリーズの打上げロケットおよび*スカイラブ宇宙ステーションを開発し，後にスペースシャトルおよびそのロケットエンジンの開発で指導的役割を果たした．MSFCにはシャトルに搭載される*スペースラブ飛行のための操作制御センターもあり，*国際宇宙ステーションの開発にも関与している．

**マースグローバルサーヴェイヤー** Mars Global Surveyor →火星全域サーヴェイヤー

**マスケリン，ネヴィル** Maskelyne, Nevil (1732～1811)
　イギリスの天文学者．1761年のセントヘレナへの航海のとき，海上で経度を求めるためにドイツの天文学者Johan Tobias Mayer (1723～62) が編纂した月の位置の表を試験的に使用して成功した．1765年に5代目の*アストロノマー・ロイヤルに就任したとき，マスケリンは，1766年に自分が創設した航海暦・天文暦 (→天体暦) に航海用の月の位置の表を含めることにした．1769年の金星の太陽面通過を観測し，その結果として太陽の距離を1％の精度まで計算した．1774年にスコットランドのシーハリオン山の付近で鉛直線偏差を測定し，それから地球の平均密度を$4.7 g/cm^3$と計算した．これは初めて求められた真の値 ($5.52 g/cm^3$) のよい近似値であった．

**マスコン** mascon
　月においてより密度の高い物質からなる地域か，より密度の高い物質が地下に存在する地域のこと．重力が増大することで証明される．この用語は質量集中 (mass concentration) の短縮形．マスコンは多くの大きな海ベイスン下に横たわっている．

**マース探査機** Mars probes
　旧ソ連が打ち上げた火星への探査機シリーズ．マース5号は火星の周回軌道から写真を送ってきたが，ほかの大部分の探査機は技術的問題のために完全なあるいは部分的な失敗に終わった．(表参照)

**マースパスファインダー** Mars Pathfinder →火星パスファインダー

**マゼラン** Magellan
　NASAの金星への宇宙探査機．1989年5月にスペースシャトルアトランティスから打ち上げられた．1990年8月に金星を回る偏平な楕円形の極軌道に近い軌道に入り，レーダーによって300 m以上の平均分解能で全惑星表面の地図を作成した．1993年に軌道は大気抵抗を利用する，*空中制動と名づけられる過程によってゆっくりと下げられ，円軌道に変えられた．この操作は地球以外の惑星では初めて遂行されたものである．この新しい軌道でマゼランは金星の重力場の地図を完成させた．探査機は

## マース探査機

| 探査機 | 打上げ日 | 結　　果 |
|---|---|---|
| マース1号 | 1962年11月1日 | 途中で無線連絡が途絶えた |
| マース2号 | 1971年5月19日 | 11月27日に火星周回軌道に入り，着陸船を発射したが，着陸船は衝突し破壊した |
| マース3号 | 1971年5月28日 | 12月2日に火星周回軌道に入り，着陸船を発射したが，無線連絡に失敗した |
| マース4号 | 1973年7月21日 | 火星周回軌道に入る予定だったが，逆噴射ロケットの故障後1974年2月10日に火星を通過した |
| マース5号 | 1973年7月25日 | 1974年2月12日に火星周回軌道に入った |
| マース6号 | 1973年8月5日 | 1974年3月12日に火星を通り過ぎ，着陸船を発射したが，衝突し破壊した |
| マース7号 | 1973年8月9日 | 1974年3月9日に火星を通り過ぎ，着陸船を発射したが，惑星を逸れた |

1994年10月に惑星大気の中で燃えつきた．

**マゼラン雲**　Magellanic Clouds

われわれの銀河系の伴銀河である二つの不規則銀河．南半球でまるで天の川が分裂してできた小さな部分のように肉眼で容易に見られる．ポルトガルの探検家 Ferdinand Magellan (1480~1521) にちなんで名づけられた．彼は世界一周の航海中にそれらのことを書いている．大小二つのマゼラン雲は，銀河系の周りを銀河系円盤にほぼ垂直な軌道を描いて周回しており，最終的には銀河系へらせん状に落下する可能性がある．→小マゼラン雲，大マゼラン雲，マゼラン雲流

**マゼラン雲流**　Magellanic Stream

天球上の大円に沿って*マゼラン雲から少なくとも100°にわたって広がり，南銀極付近を通過する中性水素の薄い流れ．約2億年前にマゼラン雲とわれわれの銀河が近接遭遇したときにマゼラン雲から引っ張り出された物質の残骸と考えられている．

**マゼラン望遠鏡**　Magellan Telescopes

チリのラスカンパナス天文台に新設および建設中の1対の6.5m反射望遠鏡．ワシントンのカーネギー研究所，アリゾナ大学，ハーヴァード大学，ミシガン大学，およびマサチューセッツ工科大学が共同で所有し，運営する．この二つのマゼラン望遠鏡は1998年と2002年に完成する予定である．[1号機は2000年に，また2号機は2002年に竣工した]．

**またたき**　twinkling

星の明るさの急速なゆらぎ．*シンチレーションとも呼ぶ．またたきは星から入射する波面をゆがませる大気擾乱によって引き起こされる．広がった面積をもつ惑星ではまたたきは目立たない．またたきが激しいときは*シーイングが悪い．

**マッキントッシュ体系**　McIntosh scheme
→太陽黒点

**マッチョ**　MACHO

大質量でコンパクトなハロー天体 (massive compact halo object) の略号．この天体は銀河系を含めた銀河のハローに存在すると想定される仮想的な天体である．マッチョは見えないが，銀河の全体的な質量に重要な寄与をする．したがって*暗黒物質の一形態である．木星のような惑星あるいは*ブラックホールなどの可能性がある．観測される大マゼラン雲における星の*マイクロレンズ現象はわれわれの銀河系のハローにあるマッチョによるのかもしれない．[マイクロレンズ現象を引き起こす原因は銀河系ハローにあるマッチョであることは確実であるが，その正体や分布状態および全質量はまだはっきりしていない]．→ウィンプ

**マッハの原理**　Mach's principle

粒子の慣性質量は，宇宙における他のすべての物質の重力によって決定されるという考え．したがって物質のない空っぽの宇宙では質量の概念は無意味になる．オーストリアの物理学者 Ernst Mach (1838~1916) にちなんで名づけられた．*アインシュタインはマッハの原理の影響を受けたが，彼は*一般相対性理論に原理を組み込むことができなかった．多くの理論家

がこの失敗を是正しようとしてきたが、限られた成功しか得られていない。

**MAP** Microwave Anisotropy Probe → マイクロ波非等方性探査衛星

**マフェイ銀河** Maffei Galaxies
*局部銀河群のすぐ先にある二つの銀河。1968年にイタリアの天文学者 Paolo Maffei (1926〜) が発見した。両方ともペルセウス座との境界近くのカシオペヤ座に位置し、銀河面にある*塵により大きな吸収を受けている。マフェイ1は距離約1000万光年の*楕円銀河であり、マフェイ2は約1500万光年の*棒渦巻銀河である。両方とも少なくとも12個のメンバーからなる群に属しており、この群には渦巻銀河 IC 342 デュインゲロー1 (→デュインゲロー銀河) と、おそらくはマフェイ1の伴銀河である晩期型渦巻銀河の MB 1 および不規則矮小銀河 MB 2 が含まれる。

**繭　星** cocoon star
ガスと*塵の濃い雲で囲まれているタイプの星で、雲は星の放射エネルギーの一部を吸収し、赤外波長でそれを再放出する。極端な場合には、繭星は、赤外線だけでしか観測されず、光学的にはまったく見えないことがある。*OH-IR 源は繭星の例である。

**マラード電波天文台** Mullard Radio Astronomy Observatory, MRAO
イギリスのケンブリッジ付近のローズブリッジにあるケンブリッジ大学の電波天文台。*開口合成法の手法は MRAO で開発された。多くの電波源は、第三次、第四次、第五次などのケンブリッジ天空探査の次数を冠した番号 (3C, 4C, 5C など) で呼ばれる。天文台の主要装置は開口合成を行う*ライル望遠鏡である。1964年に開設された1マイル望遠鏡は初期の開口合成装置で、東西方向の基線状にある3台の 18 m パラボラアンテナから構成されている。しかし今では使われていない。他の装置には、ライル望遠鏡の基線に沿って配列された 60 基の*八木アンテナからなる。ケンブリッジ低周波合成望遠鏡 (Cambridge Low Frequency Synthesis Telescope, CLFST) および*宇宙マイクロ波背景放射研究用の宇宙非等方性望遠鏡 (Cosmic Anisotropy Telescope, CAT) がある。3.6ヘクタールを覆う 4096 個の双極子アンテナのアレイが電波源のシンチレーションを研究している。この半分の大きさの初期の装置は1967年に最初の*パルサーを検出した。MRAO にはまた*マーリンの一角をなす 32 m パラボラアンテナ、そして*ケンブリッジ光学開口合成望遠鏡がある。

**マリア族** Maria family
太陽から 2.55 AU の平均距離にある小惑星の*平山族。軌道傾斜角が約 15° という高い値であることが他の主帯小惑星と異なる。そのメンバーは主として S クラスである。族の最大のメンバーは、直径が 40〜55 km の (170) マリア、(472) ローマ、(660) クレセンティア、(695) ベラ、および (714) ウルラである。直径 40 km の S クラス小惑星であるマリア自身はフランス人 (Henri) Joseph (Anastase) Perrotin (1845〜1904) が発見した。その軌道は、長半径 2.552 AU、周期 4.08 年、近日点 2.39 AU、遠日点 2.72 AU、軌道傾斜角 14.4° をもつ。

**マリナー** Mariner
アメリカの惑星探査機シリーズ。金星を通過したマリナー2号は地球以外の惑星に到達した最初の宇宙探査機であった。マリナー4号は火星の初めてのクローズアップ写真を提供し、マリナー9号は地球以外の惑星の軌道に入った最初の探査機であった。シリーズ最後のマリナー10号は金星および水星という二つの惑星を訪れた最初の探査機であった。(表参照)

**マリナー峡谷** Valles Marineris
火星上の大きな峡谷系。緯度 $-12°$、経度 $71°$ に中心がある。太陽系で最大の峡谷。長さは 4100 km、幅は 500 km 以下、そして場所によっては 4 km 以上の深さをもつ。本当は数条の平行な凹地からなる複合体である。中心の凹地はルスカズマ、メラスカズマ、コプラテスカズマ、そしてエオスカズマで、北側にチトニウムカズマ、オフィールカズマ、カンドルカズマ、およびガンギスカズマがある。ヘベスカズマとジュヴェンテカズマは主複合体から離れて、さらに北に位置する。これらすべての峡谷は火星内の引張断層形成によって生じたと考えられており、それらの壁面の溝を流れ落ちる古代の水

成功したマリナー探査機[a]

| 探査機 | 打上げ日 | 結果 |
|---|---|---|
| マリナー2号 | 1962年8月27日 | 1962年12月14日に金星を通過 |
| マリナー4号 | 1964年11月28日 | 1965年7月15日に火星を通過 |
| マリナー5号 | 1967年6月14日 | 1967年10月19日に金星を通過 |
| マリナー6号 | 1969年2月25日 | 1969年7月31日に火星を通過 |
| マリナー7号 | 1969年3月27日 | 1969年8月5日に火星を通過 |
| マリナー9号 | 1971年5月30日 | 1971年11月14日に火星の周回軌道に突入 |
| マリナー10号 | 1973年11月3日 | 1974年2月5日に金星を通過. 1975年3月29日に水星を通過. 1974年9月21日と1975年3月16日に水星と再遭遇 |

[a] マリナー1, 3, および8号は打上げに失敗. すべての日付はUT.

の作用で変形し, 拡大した. 1971年にこの峡谷を発見した*マリナー9号にちなんで命名されたマリナー峡谷は, 地球から暗い条の*コプラテスとして見える. その暗さは峡谷の底の一部を覆っている塵のせいかもしれない.

**マリナー谷** Mariner Valley →マリナー峡谷

**マーリン** MERLIN

多素子電波結合干渉計ネットワーク (Multi-Element Radio-Linked Interferometer Network) の略号. イギリス全土に配備された7基の電波望遠鏡からなる長基線干渉計で, *ナフィールド電波天文学研究所が運営している. 1980年に稼動を始めた. 望遠鏡は, チェシャー州のジョドレルバンク (76mラヴェル望遠鏡あるいは25×38mマークII), ウォードル (25×38mマークIII望遠鏡), タブレイ (25mパラボラアンテナ), ダーンホール (25mパラボラアンテナ); シュロップシャー州のノッキン (25mパラボラアンテナ), ウースタシャー州のデフォード (25mパラボラアンテ
ナ), およびケンブリッジ (32mパラボラアンテナ) に設置されている. ケンブリッジの望遠鏡は1990年に参加した. 最も長い基線は217kmである.

データはマイクロ波でジョドレルバンクに伝送され, そこで組み合わせて電波源の詳細な地図を作成する. 5GHzという典型的な観測周波数でマーリンは*ハッブル宇宙望遠鏡に匹敵する0.05″の分解能をもつ.

**マリン1** Malin-1

巨大な*低表面輝度銀河. かみのけ座にあり距離は10億光年. ほぼ60万光年の直径, および$2×10^{12}$太陽質量の総質量をもつ. しかし, ガスを多く含む*円盤は非常に暗く, 特殊処理した写真乾板上で1986年にイギリスの天文学者 David Frederick Malin (1941~) が発見した.

**マルカブ** Markab

ペガスス座アルファ星. 2.5等. A0型巨星あるいは準巨星. 距離は74光年.

**マルカリアン銀河** Markarian galaxy

近紫外線波長で異常に強い放射を出す銀河. 大部分は可視領域に強い輝線を示す. マルカリアン銀河の多くは中心核に紫外線源があり, それらは, *セイファート銀河, *N銀河, および*クェーサーに細分類できる. なかには, 爆発的な星形成が行われている*矮小銀河の場合のように, 紫外線源がもっと広がった領域から発生しているらしい銀河もある. この銀河は, 1960年代にそれらを初めて検出したアルメニアの天文学者 Benjamin Eghishevich Markarian (1914~85) にちなんで名づけられた.

**マルチミラー望遠鏡** Multiple Mirror Telescope, MMT

共通の架台に搭載した6個の反射鏡からなる望遠鏡. 1個の4.5m反射鏡と等価な集光面積が得られる. *スチュワード天文台と*スミソニアン天文台が共同で所有し, 運営している. MMTは1979年にアリゾナ州ホプキンズ山の標高2600mにある*ホイップル天文台の敷地に開設された. [6個の反射鏡は2000年に単一の6.5m反射鏡で置き換えられた].

**マルムキストバイアス** Malmquist bias

ある特定の見かけの限界等級より明るい天体

をすべて拾い出すという方法に伴う統計的な選択効果．観測者から遠い距離では，本来的に極めて明るい天体だけしか見えない．観測者に近くなると平均的あるいは平均以下の光度をもつ天体も見ることができる．したがって，この方法で作られたサンプルに含まれる天体の統計的性質は複雑な仕方で観測者からの距離に依存する．スウェーデンの天文学者 Karl Gunner Malmquist（1893～1982）にちなんで命名された．

**マンガン-水銀星** manganese-mercury star
→水銀-マンガン星

**マンガン星** manganese star
鉄に対するマンガンの比が異常に高く，晩期B型に対応する温度をもつ化学的に特異な星．*Ap型星に類似した*主系列星であるが，マンガン星には強い磁場が存在するという証拠はない．

**満月** full Moon
月が地球から見て太陽の反対側に位置するときの月の位相．このとき月面が完全に照明される．

**マントル** mantle
表面殻と中心核の間に横たわる惑星内部の厚い層．表面殻や中心核とは組成が異なっている．地球のマントルは約2900 kmの厚さをもち，その最上部は海洋の下では約7 km，大陸の下では約30 kmに位置する．

# ミ

**ミアプラキドゥス** Miaplacidus
りゅうこつ座ベータ星．1.7等．距離64光年のA1型巨星．

**見かけの逆行** apparent retrogression
天球上での外惑星の運動方向が，地球に追い越されたときに一時的に逆転すること．*逆行ともいう．

**見かけの等級** apparent magnitude（記号 $m$）
観測者から見た天体の輝度．最も明るい星であるシリウスは見かけの等級が$-1.46$であり，最好条件下で肉眼に見える最も暗い星は約$+6.5$等級である．望遠鏡を使うと$+23$等の星が観測され，ハッブル宇宙望遠鏡では$+30$等という暗い星まで観測される．$m$に添え字がない場合は*実視等級ということになっている．$m_{bol}$という表記は，見かけの*放射等級を表している．

**見かけの二重星** optical double
たまたま同一視線上に近接して位置しているために，並んで見える二つの星．見かけの二重星のメンバーは異なる距離にあり，物理的には関連していない．したがって，そのメンバーが重力によって束縛されている*連星（物理的二重星）とは明白に異なる．見かけの二重星は連星より数が少ない．

**三日月** crescent
観測者から見て半面以下しか照射されてないときの月あるいは内惑星の位相．

**ミクロン** micron
*マイクロメートルの別名．次第に使われなくなってきている．

**ミザール** Mizar
おおぐま座ゼータ星．2.3等のA1型矮星．74光年の距離にある．*アルコルと肉眼で見える二重星を形成するが，この二つの星は連星系をなしてはいない．しかしながらミザールには，4.0等のもっと近接した伴星が結びついて

いる．さらに1889年に*ピッカリング (E. C.) は，ミザール自身も*分光連星であることを見いだした．したがって，ミザールは最初に発見された望遠鏡連星であり，分光連星である．実は4等の伴星もまた分光連星である．

ミー散乱　Mie scattering

光の波長と同程度の大きさをもつ粒子による光の散乱．星間空間および地球の大気圏で起こる．粒子サイズよりずっと短い波長に対してはミー散乱の度合いは波長の複雑な関数である．一方長波長に対しては，粒子サイズの半分の波長で極小値まで下がり，粒子サイズと同じとき極大値に上昇し，次いで長波長方向に向かって0にまで下がっていく．このようにしてミー散乱は散乱粒子の大きさにしたがって天体を実際より赤く，あるいは実際より青く見えるようにする．地球の大気圏では粒子サイズは広い範囲にあるので，これらの色効果はぼやけて特徴のない灰色になる．非常にまれであるが，さまざまな大気の効果によって大部分の塵の大きさが900 nmで，散乱の極小値が450 nmにあるような状況になることがある．これは，*ブルームーン (1) の現象を引き起こす青色光の波長である．ミー散乱はドイツの物理学者Gustav Mie (1868～1957) にちなんで名づけられた．

水瓶　Water Jar

みずがめ座ガンマ星，ゼータ星，エータ星，およびパイ星から構成されるY字形の星の集まり．⇨アステリズム

みずがめ座　Aquarius (略号 Aqr. 所有格 Aquarii)

俗に水運搬人とも呼ばれる黄道十二宮の星座．2月の第3週から3月の第2週にかけて太陽がそこを通過する．最も明るい星はアルファ星（サダルメリク）およびベータ星（サダルスンド）で，両者とも2.9等である．みずがめ座には7等の*球状星団M 2，*らせん星雲，そして*土星状星雲がある．毎年三つの流星群がみずがめ座から放射される．*みずがめ座デルタ流星群，*みずがめ座エータ流星群，および*みずがめ座イオタ流星群である．

みずがめ座イオタ流星群　Iota Aquarid meteors

7月と8月にはっきり特定できない活動期間をもつ比較的弱い流星群．最も顕著な極大期は8月6日に当たり，そのとき*ZHRは10に達することがある．この流星群は暗くてかなり速く流れる傾向がある．この流星群は，黄道の近くに位置する他の流星群のように，少なくとも二つの成分をもつ．極大期では南みずがめ座イオタ流星群は赤経22 h 10 m，赤緯−15°に*放射点をもち，一方，北みずがめ座流星群は赤経22 h 04 m，赤緯−06°から流出する．

みずがめ座エータ流星群　Eta Aquarid meteors

南半球の観測者にとって特に顕著な流星群．*ハレー彗星の残した残骸がもとになっている．活動は4月24日と5月20日の間に見られ，5月5日を中心に幅広い活動極大期を見せ，そのときの*放射点は赤経22 h 20 m，赤緯−01°である．*ZHRのピーク値は50近くなることがある．この流星群は非常に動きが速く（対地球中心速度67 km/s），寿命の長い痕を残す流星の割合が高い．明るい流星が多く，それらは黄色に見えることが多い．

みずがめ座デルタ流星群　Delta Aquarid meteors

7月15日と8月20日の間に中程度の活動を見せる流星群．流星流の軌道は黄道の近くに位置し，二つの主要な成分からなる．8月6日の極大期には北のみずがめ座デルタ流星群は赤経23 h 04 m，赤緯+02°の*放射点から出現する．南のみずがめ座デルタ流星群は赤経22 h 36 m，赤緯−17°の放射点から出現し，7月29日に最盛期に達する．南の成分は，北の成分より活発であり，ピーク*ZHRは北の10に比べて25前後の値をとる．

みずがめ座流星群　Aquarid meteors

7月と8月の期間にみずがめ座から活動的に現れるいくつかの流星群．主なものは*みずがめ座デルタ流星群と*みずがめ座イオタ流星群である．特定の*放射点を同定できない空のこの部分から流出する流星は，散発的な流星と区別するため"みずがめ座流星群"と命名される．

水差し銀河　Carafe Galaxy

ちょうこくぐ座にある異常な形状の銀河．楕円銀河NGC 1595および特異銀河NGC 1598

とともに群を形成する．この銀河は近くにあるNGC 1595との重力相互作用によりひずんでいるように見え，環をもつセイファート銀河として分類される．それ自身のNGC番号はない．

**みずへび座**　Hydrus（略号 Hyi．所有格 Hydri）

小さな水蛇をかたどった天の南極付近の目立たない星座．ベータ星が最も明るい星で，2.9等である．

**水メーザー**　water maser　→ $H_2O$ メーザー

**溝地形**　grooved terrain

ほぼ平行な溝の帯からなる惑星表面の地形．この用語はフォボス上の溝を記述するため初めて使われた．それ以来，ガニメデおよび他の衛星や小惑星上で溝の帯のある地域に対して使用されてきた．これらの地形は同一天体においてさえ異なる性格と起源をもっている．二次的衝突クレーターの平行線のように見えるものもあるし，もともと惑星の岩盤の移動によってできたものもある．

**ミッシングマス**　missing mass

観測されてはいないが，銀河の回転速度を説明したり，銀河団を結合させておくのに必要な重力効果を及ぼす物質をいう．そのような物質は銀河の周囲の大質量の暗黒ハローに存在すると考えられている．さらに，重力が宇宙の無限の膨張を妨げるためには，観測される星や銀河に含まれる物質よりもはるかに多くの物質が銀河間空間になくてはならない．

**ミッチェル，マリア**　Mitchell, Maria（1818～89）

アメリカの天文学者．アメリカ最初の著名な女性天文学者で，1847年の彗星（C/1847 T 1）の発見で名声を博した．1848年にアメリカ科学アカデミーの初めての女性会員に選出された．1849年から1868年までアメリカ政府暦編成局に勤めて金星の暦を計算した．1865年から死にいたるまでニューヨーク州ポキープシーのヴァサー女子大学で天文学教授および大学天文台の台長を務めた．

**ミッテンズウェイ接眼鏡**　Mittenzwey eyepiece

凸*メニスカスレンズからなる*ホイヘンス接眼鏡の修正型．発明者のドイツの光学機器製造業者 Moritz Mittenzwey（1864～86）にちなんでつけた．

**密度波**　density wave

*渦巻銀河の*円盤を通して伝播し，渦巻構造を生じさせる星間物質や星の密度の疎密のパターン．星間物質が渦巻腕に流れ込んで圧縮されると星が形成され，新しく生まれた明るい星が腕の輪郭を作る．渦巻波動の発生は銀河中心のバーの存在，あるいは伴銀河との潮汐相互作用によって促進されるとも考えられている．

**密度パラメーター**　density parameter（記号 $\Omega$）

宇宙における物質の実際の平均密度と*臨界密度との比．$\Omega$ 値が1より大きいことは宇宙が崩壊すると予期されることを，1より小さいことは宇宙が永久に膨張することを意味する．密度パラメーターの実際の値は観測からは精確にわかっていないが，おそらく0.1より小さくはなく，1程度である可能性もある．→暗黒エネルギー，暗黒物質

**南アフリカ天文台**　South African Astronomical Observatory, SAAO

南アフリカのサザランド近くの標高1760 mにある天文台．南アフリカ政府の研究開発財団が所有し，運営している．喜望峰の王立天文台（1820年創立）とヨハネスブルグの共和国天文台（1905年創立）の施設を統合して1972年に設立された．1 m反射望遠鏡が前者から，0.5 m反射望遠鏡が後者からサザランドに移され，新しい0.75 m反射望遠鏡に加わった．さらに，最初は1948年にプレトリアのラドクリフ天文台で開設された1.88 mラドクリフ望遠鏡が1976年にSAAOに移された．SAAOの本部はケープタウンの元の王立天文台に設置されている．[2001年に名古屋大学が1.4 m望遠鏡を設置した]．

**南回帰線**　Tropic of Capricorn

冬至の正午に太陽が頭上にさしかかる地球上の緯度．このとき太陽は最も南の赤緯に達する．南回帰線は南緯約23.5°に位置する．

**南十字**　Southern Cross

*みなみじゅうじ座の通称．その4個の最も明るい星，すなわち，アルファ星，ベータ星，ガンマ星，およびデルタ星が特有の十字形を形

成する.

**みなみじゅうじ座** Crux（略号 Cru, 所有格 Crucis）

全天で最も小さい星座. その明確な十字架形を4個の星が作っている. すなわち, アルファ星（アクルックス）, ベータ星（ベクルックスあるいはミモザ）, ガンマ星（ガクルックス）, そして4個のうちで最も暗い2.8等のデルタ星である. ミュー星は4.0等と5.2等の間隔が広い二重星である. NGC 4755は*宝石箱星団または*みなみじゅうじ座カッパ星団として知られるきらめきの美しい*散開星団である. みなみじゅうじ座は天の川が顕著な部分に位置し, その一部は暗黒のコールサック星雲によって覆い隠されている.

**みなみじゅうじ座アルファ星** Alpha Crucis

みなみじゅうじ座で最も明るい星. アクルックスとも呼ばれる. 1.3等のB0.5型準巨星と1.7等のB1型矮星からなる*二重星. 肉眼には0.8等の単一の星のように見える. 距離が510光年.

**みなみじゅうじ座カッパ星団** Kappa Crucis Cluster

*宝石箱星団の別名.

**みなみじゅうじ座ガンマ星** Gamma Crucis

1.6等のM3.5型巨星. ガクルックスとも呼ばれる. 距離は120光年.

**みなみじゅうじ座ベータ星** Beta Crucis

みなみじゅうじ座で2番目に明るい星. ベクルックスあるいはミモザという名もある. 距離460光年のB0.5型巨星. ケフェウス座ベータ星型の変光星で, 5.7時間の周期をもち, 変光幅は1.2等から1.3等.

**南大西洋異常域** South Atlantic Anomaly, SAA

ブラジル沖の大西洋上にあり, 内部*ヴァン・アレン帯の高度が極小（250 km）になる領域. これは地球の磁気軸と地理学的な軸の間のかたよりのために起こる. 低い軌道傾斜角をもつ低高度軌道の人工衛星は頻繁に南大西洋異常域を通過するので, そこに捕獲された高エネルギー粒子による電子機器の損傷（太陽電池の劣化を含む）の危険にさらされる.

**みなみのうお座** Piscis Austrinus（略号 PsA, 所有格 Piscis Austrini）

南天の星座. 明るい星*フォーマルハウト（アルファ星）以外に注目すべき星はほとんどない.

**みなみのうお座流星群** Piscis Australid meteors

7月および8月中に出現する流星群. 極大期（*ZHR 5）は7月31日で*放射点はフォーマルハウト南方の赤経22 h 40 m, 赤緯−30°に位置する. 流星群がよく観測できるのはずっと南の緯度からなのでほとんど関心を引かなかった. この流星群とやぎ座-みずがめ座流星群はほぼ同じ領域からほぼ同時に出現するので両者を識別することはほとんどできない.

**みなみのかんむり座** Corona Australis（略号 CrA, 所有格 Coronae Australis）

小さい南の星座. 暗い星の円弧で見分けられ, 最も明るい星のアルファ星とベータ星は4.1等である.

**みなみのさんかく座** Triangulum Australe（略号 TrA, 所有格 Trianguli Australis）

南天に位置する6番目に小さい星座. 一般には南三角として知られる. 最も明るい星であるアルファ星は*アトリアである. 三角形はこのアトリアに二つとも2.9等のベータ星とガンマ星が加わって完成される.

**ミマス** Mimas

土星の7番目に近い衛星. 距離は18万5520 km, 公転周期は0.942日である. 自転周期は公転周期と同じである. 直径が392 kmで, 1789年に*ハーシェル（F. W.）が発見した. 表面の大部分は衝突クレーターで密に覆われている. ハーシェルと呼ばれるクレーターは, 衛星の直径のほぼ3分の1にあたる130 kmの直径と大きな高い中央山頂をもつ. このクレーターの原因となった衝突は衛星をあやうく分裂させるほどであったにちがいない.

**ミモザ** Mimosa

*みなみじゅうじ座ベータ星に対してときどき使われる名称.

**脈動変光星** pulsating variable

内因性の変光星. 内部からのエネルギー流が程度の差はあるが規則的に変化し, 外層部に大

規模な運動を引き起こし，明るさの変化を生じさせる．脈動は，球対称的である（*動径脈動）か，星の表面上を横切って伝播する波動の形態をとる（*非動径脈動）か，両方の形態が共存するかである．星が進化するにつれて，どの星も一つまたはそれ以上の脈動段階を通過する．

**脈動モード** pulsation mode
星の脈動の様子．脈動の周波数または，星の表面の物理的運動によって記述できる．最低の（強制的）周波数での脈動を*基本モードという．2倍の周波数のときは第一オーバートーンなどと呼ぶ．脈動は，近似的に球対称（*動径脈動）か，あるいは表面上を伝播する一連の波動（*非動径脈動）の形で起こる．脈動は星の型によって単一モードあるいは多重モードで脈動する．

**ミューオン** muon
電子と同じ電荷とスピンをもつが，質量が207倍大きい素粒子．2マイクロ秒の半減期で電子とニュートリノに崩壊する*レプトンである．ミューオンは地上で検出される宇宙線シャワー中に存在する．ミューオンは*パイ中間子の崩壊によって生成される．かつてミュー中間子と呼ばれてきたが，ミューオンは中間子ではない．

**ミューラー，ヨハン** Muller, Johann →レギオモンタヌス

**ミラ** Mira
くじら座オミクロン星．*ミラ型星あるいは*長周期変光星の原型．1596年に*ファブリチウス（D.）が初めて観測し，最初は新星と信じられた．1638年にオランダの天文学者 Jan Fokkens（ラテン名は Johannes Phocylides, Holwarda, 1618～51）は変光が周期的であることを発見し，*ヘヴェリウス（J.）がミラ（ラテン語で"不思議な"を意味する）と命名した．ミラは331.96日の周期と2.0～10.1の等級幅をもち，スペクトル型M5e～M9eの*赤色巨星．直径は太陽の約300倍である．ミラは*白色矮星と連星系をなしている．赤色巨星の恒星風で噴き出された物質が，伴星である白色矮星のくじら座VZ星に降着している．ミラの距離は約250光年である．

**未来の光円錐** future light cone →光円錐

**ミラ型星** Mira star
巨大ないしは超巨大の赤色脈動変光星の型．略号M．分子帯をもつ非常に特徴的な晩期型スペクトル（Me, Ce, あるいは Se）をもち，大量の*質量放出が見られる．ミラ型星の光度曲線は近似的には正弦的であるが，大部分のミラ型星は急激に極大値へ増大した後ゆるやかな低下を示す．変光幅は2.5～11等にまでわたり，80～1000日という長い周期をもつ．比較的高い光度，大きな変光幅，および限定的な特徴のため，ミラ型星は容易に検出される．ミラ型星に関しては他の型の変光星よりも多くのことが知られている．

**ミラ型変光星** Mira variable →ミラ型星

**ミラク** Mirach
アンドロメダ座ベータ星．2.1等．距離170光年のM0型巨星．

**ミラーブランク** mirror blank →反射鏡素材

**ミランダ** Miranda
天王星の5番目に大きい衛星．直径480km．天王星Vとも呼ばれる．その距離は12万9390km．公転周期は1.413日で，自転周期と同じである．1948年に*カイパー（G.P.）が発見した．*ヴォイジャー2号が明らかにしたように，その表面には太陽系の他のいかなる地形にも似ていない平行な屋根と溝からなる非常に若い長方形の地域が三つある．ところどころでその縁が深い断層になっており，10kmまでの高さの断崖がある．表面に見えている残りの部分ははるかに古く，クレーターが存在する．このようにまるで違った地形間のコントラストがあることは，ミランダが巨大な衝突によっていったん破壊され，次いで再形成されたことを示しているのかもしれない．

**ミリ波** millimetre waves
ほぼ1～10 mmの範囲の波長をもつ電磁波．1 mmより短い波長はサブミリ波と呼ばれる．

**ミリ波電波天文学研究所** Institut de Radio Astronomie Millimétrique, IRAM
ミリ波電波天文学の研究を行うフランス-ドイツ-スペインの機関．本部はフランスのグルノーブルにある．フランスとスペインで望遠鏡を運用している．IRAMの30 m望遠鏡は南スペインのグレナダ近くのシエラネヴァダ山にあ

る標高 2850 m のピコヴェレタに 1985 年に開設された。IRAM 干渉計はグルノーブルの南 90 km のフランスアルプスにおける標高 2550 m のビュール高地に設置されている。この干渉計は T 字形に配置したトラック上を移動できる 5 基の 15 m アンテナから構成されている。干渉計は最初の 3 基のパラボラアンテナとともに 1990 年に開設され、1996 年に拡張された。IRAM はフランス国立科学研究センター、ドイツのマックス・プランク電波天文学研究所、およびスペイン国立地質学研究所が所有し、運営している。

### ミリ波天文学　millimetre-wave astronomy

宇宙からの電磁波のうち約 1～10 mm の波長範囲での観測に基づく天文学をいう。この波長帯は *星間分子によって放射される線が豊富なスペクトル部分である。ミリ波天文学は天文学で最も新しい分野の一つで、星間物質の化学、そして星形成領域および暗黒雲における複雑な過程を研究するのに利用される。このスペクトル部分では *宇宙背景放射が最も明るい。巨大なミリ波施設には *ミリ波電波天文学研究所（IRAM）および *野辺山電波天文台の施設などがある。⇨サブミリ波天文学

### ミリ秒パルサー　millisecond pulsar

数千分の 1 秒ごとにパルス（電波の閃光）を出す *パルサー。最初に発見された PSR 1937+21 は 1.56 ms の周期をもち、今まで知られている最も短い周期であり、自転する *中性子星に対する理論的最小値に近い。20 ms より短い周期をもつ 50 個以上のパルサーが発見されており、その多くは *球状星団にある。ミリ秒パルサーは極めて安定な自転天体であり、原子時計よりも正確に時間を刻む。⇨リサイクルパルサー

### ミール　Mir

1986 年 2 月に旧ソ連が打ち上げ、後に追加部分をドッキングして拡張された宇宙ステーション。最初の追加部分は 1987 年で、X 線望遠鏡とグラザール紫外線望遠鏡を含むクヴァント天体物理モジュールであった。乗組員は *ソユーズ宇宙船によってミールとの間を往復した。1995 年からはアメリカの宇宙シャトルも往復に使われた。[2001 年 3 月、南太平洋上に降下し、15 年の寿命を終えた]。

### ミルザム　Mirzam

おおいぬ座ベータ星。2.0 等の B1 型巨星。ケフェウス座ベータ星型の変光星で、6 時間周期で 0.1 等ほど変化する。距離は 750 光年である。

### ミルスクロス　Mills cross

東西および南北方向の十字架の形に直交する二つの腕に配列された多くのアンテナから構成されるタイプの電波干渉計をいう。*ペンシルビームあるいは *扇形ビームを生成するように配列することができる。シドニーにある最初のミルスクロス干渉計は、長さ 457 m の直交する腕に沿って配列した 500 個の *半波双極子アンテナからなっていた。その設計者であるオーストラリアの電波天文学者 Bernard Yarnton Mills（1920～）にちなんで名づけられた。

### ミルファク　Mirfak

ペルセウス座アルファ星。アルゲニブの名もあり、1.8 等である。距離 630 光年の F5 型超巨星で、ペルセウス座アルファ星団あるいはメロット 20 という名で呼ばれる散開星団で囲まれている。

### ミルン, エドワード アーサー　Milne, Edward Arthur（1896～1950）

イギリスの数理天文学者で宇宙論学者。放射平衡と星の大気に関する 1920 年代の研究は、スペクトル型系列に対応する温度目盛を与えた。イギリスの数学者 Ralph Howard Fowler（1889～1944）と共同して彼が作った方程式によって、*ペイン-ガポシュキンは星がほとんど水素からなることを証明することができた。星の構造に関するその後の研究で、彼は新星爆発に星の崩壊およびガス殻の放出が関係することを示した最初の一人になった。1932 年に相対性理論と宇宙論に関心を向け、膨張宇宙と時空のモデルを構成するため有効な、非アインシュタイン的方法があることを示した。

### ミルン-エディントン近似　Milne-Eddington approximation

星のスペクトルでの吸収線の形成を研究するのに用いる星の外層の単純なモデル。このモデルは、吸収は低温の最外層ではなくて星の外部領域全体を通じて起こり、連続吸収に対する線

吸収の比は一定であることを仮定する．太陽型および太陽に似た星におけるカルシウムや鉄のような電離金属の線の強さを予測することに成功した．このモデルは*ミルン（E. A.）と*エディントン（A. S.）にちなんで名づけられた．

**ミンコフスキー，ヘルマン** Minkowski, Hermann (1864〜1909)

ドイツの数学者．現代のリトアニアに生まれた．オランダの物理学者Hendrik Antoon Lorentz (1853〜1928) と*アインシュタイン（A.）が創始した相対性理論の原理は，空間と時間が別個なものではなく，四次元*時空の成分であることを示唆していると最初に理解した．彼の時空モデルは相対性理論の以後の発展のすべてに対する基礎を与え，アインシュタインが特殊相対性理論から一般相対性理論に移ることを可能にした．

**ミンコフスキー，ルドルフ レオ ベルンハルト** Minkowski, Rudolph Leo Bernhard (1895〜1976)

ドイツ-アメリカの天体物理学者．シュトラスブルク（現在はフランス）に生まれた．1941年に*超新星をスペクトル型にしたがって型ⅠとⅡに分類した．1954年に彼と*バーデ (W.) は銀河系外電波源の光学的対応天体第1号として*はくちょう座Aを報告した．彼はさらに高い赤方偏移をもつ電波源の光学的同定を専門とした．また，*惑星状星雲の探索を行い，知られている数を倍に増やした．

**ミンタカ** Mintaka

オリオン座デルタ星．オリオンのベルトにある星の一つ．5.7日の周期で1.9等から2.1等まで変化する*食連星である．主星はO9.5型の明るい星である．距離は1400光年と推定される．ミンタカは6.9等の背景星と間隔の広い二重星を形成する．

# ム

**娘同位体** daughter isotope

同位体（*親同位体）の原子核の放射性崩壊により生成される同位体．例えば，鉛206はウラン238の娘同位体で，45億年の半減期をもつ．試料中の娘同位体の量は時間とともに増大するが，その親同位体の量は減少する．したがって試料の年代を求めるためにこの二つの相対的比率を使用することができる(→放射線年代測定)．

**ムードン天文台** Meudon Observatory

パリ天文台の支部．パリの4 km南方にあり，1876年に*ジャンセン（P. J. C.）が設立した．1895年に開設された0.83 mグランド・リュネット屈折望遠鏡がある．

メ

**明暗境界線** terminator
惑星あるいは衛星の太陽に照らされた部分と夜の部分の間の分割線．日の出と日の入りの線でもある．

**冥王星** Pluto（記号 ♇）
太陽から9番目の惑星．太陽系で最小の惑星である．その軌道は，黄道に対して17.1°という惑星中で最大の傾斜角をもち，すべての惑星のうち最も楕円形（離心率0.25）である．遠日点のとき冥王星は太陽から73億7500万kmに位置するが，近日点では44億2500万kmにすぎず，海王星の軌道内にある．近日点に最後に到達したのは1989年である．*衝の平均等級は+15．冥王星は1930年に*トンボー（C. W.）が発見した．自転軸は直立状態に対して123°傾斜しているので，自転は*逆行であり，軌道を周回するとき交互にその両極と赤道を太陽と地球に見せる．自転周期は6.387日でその衛星*カロンの公転周期と同じである．したがって冥王星は常に同一面をカロンに向けている．冥王星とカロンは1985〜90年に一連の相互掩蔽するのが地球から見られた．

### 冥王星

物理的データ

| 直径(赤道) | 偏平率 | 軌道に対する赤道の傾斜角 | 自転周期(対恒星) |
|---|---|---|---|
| 2302 km | 0 | 122.5° | 6.387 日 |

| 平均密度 | 質量(地球=1) | 体積(地球=1) | 平均アルベド(幾何学的) | 脱出速度 |
|---|---|---|---|---|
| 1.1 g/cm³ | 0.0025 | 0.01 | 0.3 | 1.2 km/s |

軌道データ

| 太陽からの平均距離 | | 軌道の離心率 | 黄道に対する軌道の傾斜角 | 公転周期(対恒星) |
|---|---|---|---|---|
| 10⁶ km | AU | | | |
| 5900.0 | 39.44 | 0.25 | 17.1° | 248 年 |

冥王星は極めて薄い大気をもつ．表面気圧は約10 μbar で，メタンからなり，おそらくある程度の窒素および一酸化炭素を含んでいる．この大気は，近日点付近で惑星が加熱されて表面が蒸発するときに形成される季節的なものかもしれない．メタンは近日点付近で大気圏から脱出できるので，冥王星はかすかな尾をもつ彗星のような様相を見せる．平均表面温度は-165と-205℃の間にあると推定される．大きな岩石中心をもち，おそらく岩石は凍結した水と他の氷状物質に囲まれており，表面にメタン層があると考えられる．冥王星はかつて海王星を脱出した衛星であると考えられたが，*カイパーベルトにある氷状小惑星のうち最大のメンバーである可能性の方が大きい．

**メイヨール望遠鏡** Mayall Telescope
アリゾナ州の*キットピーク国立天文台最大の口径4mの望遠鏡．1973年に開設された．キットピークの前所長 Nicholas Ulrich Mayall（1906〜93）にちなんで名づけられた．

**メインベルト** main belt →小惑星帯

**メインベルト小惑星** main-belt asteroid →主帯小惑星

**メガメーザー** megamaser
活動銀河の中心核にある極めて強力なメーザー源．銀河系内のメーザー源より100万倍も強力である．最も強力なのは OH および $H_2O$ メガメーザーであり，$10^{30}$ W 以上の電波（10000個の太陽の出力に十分相当）を出す．

**メガレゴリス** megaregolith
惑星の衛星あるいは*小惑星のような岩石質天体の表面レゴリス下に横たわる，破砕されたかあるいは小断片からなる物質の層．広範な破砕を引き起こす大きな衝突により形成されう る．月面のメガレゴリスは，表面レゴリスの下に存在するベイスンを形成した衝突からの噴出物からなる厚い層である．その厚さは月のベイスンからの距離とともに変化し，数百mから1km以上のものもある．

**メグレズ** Megrez
おおぐま座デルタ星．3.3等．距離53光年のA2型矮星．

**メーザー** maser
microwave amplification by stimulated

emission of radiation の頭文字からなる語. マイクロ波の*レーザーに相当する. メーザーでは, ある周波数での放射が, 励起されたガスの原子, イオンあるいは分子を同一方向にそして同一波長でさらに放射を放出するよう誘導し, 増幅が生じる. ある種の感度のよい電波天文学受信器では増幅器として人工メーザーが使われる. 電波天文学者は自然に発生する宇宙メーザー源も研究している.

**メーザー源** maser source

メーザー作用によって原子, イオンあるいは分子のスペクトル線が大幅に増幅されて強力な電波を放射する電波源. 1965年に宇宙で最初に同定されたメーザー源は 1665 MHz の*OH メーザーである. 現在は多くの他の分子や水素イオンからのメーザー放射が知られており, これらの分子には水 ($H_2O$), 一酸化ケイ素 (SiO), メタノール ($CH_3OH$), アンモニア ($NH_3$), ホルムアルデヒド ($H_2CO$), シアン化水素 (HCN), および硫化ケイ素 (SiS) などがある. 時には同一分子からの多くのスペクトル線をメーザーとして観測できる. 例えば, SiO からの 30 以上の異なるメーザー線がおおいぬ座 VY 星の星周外層において観測されている. メーザーは, 星形成領域 (*星間メーザー), *赤色巨星の星のまわりの外層 (*星周メーザー), 彗星, いくつかの惑星の大気圏, およびいくつかの*活動銀河中心核で生じる. これらの銀河中心核ではメーザーは非常に明るいので*メガメーザーと呼ばれる. ⇒ SiO メーザー, $H_2O$ メーザー, サイクロトロンメーザー, メタノールメーザー

**メーザー増幅器** maser amplifier

*メーザー増幅の原理を採用する電波天文学で用いられる増幅器. メーザー増幅器は極めて雑音が低く, 高感度である.

**メシエ, シャルル ジョゼフ** Messier Charles Joseph (1730〜1817)

フランスの天文学者. Joseph Nicolas Delisle (1688〜1768) の助手として観測を始めたパリにおいて, 1758/59 年に回帰したハレー彗星の位置を突き止めた. その後も観測を続けて, 15 個ほどの彗星を発見し, さらに 6 個の彗星を共同発見した. 彗星捜索中に彼は, 1758 年の*かに星雲をはじめとして, 彗星と間違えるおそれのある種々な天体 (星雲および星団) に注目した. 1758 年に最初に登録したかに星雲などを含むこれらの天体のリストが*メシエカタログとなった.

**メシエカタログ** Messier Catalogue

フランスの彗星探索者*メシエ (C. J.) が編纂した, 彗星と間違えられる可能性のある天体のリスト. 彼のリストは 1771 年に初めて出版され, 45 個の天体を含んでいた. 1780 年の改訂リストにはさらに 23 個の天体が付け加えられた. 103 個の天体を含む最後のリストは 1781 年に出版された. これら天体の多くは実際にはほかの人, 特に彼の同国人 Pierre François André Méchain (1744〜1804) によって発見されたものである. メシエがカタログに載せた天体には星団, 星雲, および銀河が含まれていた. 今でも天文学者はこれらのいわゆるメシエ天体をメシエ番号あるいは M 番号で呼ぶ. 後世の観測者はメシエが掲載した 103 個の天体を増やしてカタログを拡張した. (付録の表 6 参照)

**メソシデライト** mesosiderite

石鉄隕石のクラス. 明らかに*ハワーダイトに関連がある. 月表面の*角礫岩に似ており, 明らかに衝突過程によってそれらの母天体の表面で形成されたものである. *ユークライトおよび*ダイオジェナイト物質の断片にかなりの割合の金属ニッケル-鉄合金 (典型的には質量で 40〜60％) が混合している. それらの組織は, 衝撃溶融および 1000℃までの温度で変性作用を受けたことを示している. ⇒ 玄武岩エイコンドライト

**メタ銀河** metagalaxy

全宇宙に対する古い用語. 渦巻星雲が実際は銀河系のかなたにある銀河であることが認識される以前の時代に使われた.

**メタノールメーザー** methanol maser

メタノール分子 ($CH_3OH$) が励起されてメーザー作用を示すメーザー源. メタノールは多くのメーザー線をもち, そのうち最も重要な線の周波数は 6.7 GHz, 12.2 GHz, および 44.1 GHz である. 今までメタノールメーザーは星が形成される領域だけで見出されている. この

領域でメタノールメーザーは $H_2O$（水）メーザーに次いで2番目に明るい．

**メティス** Metis

木星の最も内側の衛星．12万8000 kmの距離にあり，軌道周期は0.295日である．木星XVIとも呼ばれる．直径は40 km．メティスは1979年に2機のヴォイジャーが発見した．

**メトン周期** Metonic cycle

月の位相がほぼ同じ暦の日に繰り返される19年の周期．この周期は紀元前5世紀に古代ギリシャの天文学者Metonによって発見され，太陰太陽暦を構成するのに使用されている．この周期が生じるのは，19太陽年の間に235の*朔望月（太陰月）があるからである．

**メニスカスシュミット望遠鏡** meniscus Schmidt telescope

一つの球面の主鏡と表面が主鏡と同心球面である1枚の*メニスカスレンズ，そしてメニスカスレンズの前にもう1枚色消しの*補正板をもつ反射望遠鏡．この組み合せで広い視野と小さい口径比が得られる．［マクストフカメラの変形である］．

**メニスカスレンズ** meniscus lens

片面が凸面でもう一方が凹面であるレンズ．したがってガラスが薄い球殻のようになっている．凹凸レンズともいう．正のメニスカスレンズは周縁よりも中央が厚く，*収束レンズである．負のメニスカスレンズは周縁より中央が薄く，*発散レンズである．軽量の望遠鏡ではメニスカス反射鏡が使われる．

**目盛環** setting circle

望遠鏡が向けられている方向を示す，*赤道儀式架台の各軸上の目盛を刻んだスケール．*赤緯軸上のスケールは固定されているが，*極軸上のスケールは眼で見ながら特定の*赤経あるいは*時角に合わせるように回転できる．多くの現代の望遠鏡では軸のシャフトに電子エンコーダーが取り付けられているので，望遠鏡の向きを電子表示と計算機によって制御することができる．このため目盛環はついていない．

**メラク** Merak

おおぐま座ベータ星．2.4等．A0型準巨星か矮星で，距離は62光年．*ドウベーとともに*北極星（ポラリス）の方向を示す*指極星を形成する．

**メンカリナン** Menkalinan

ぎょしゃ座ベータ星．*食連星で，3.96日の周期をもち1.9等と2.0等の間を変光する1対のA2型準巨星からなる．距離55光年．

**メンカル** Menkar

くじら座アルファ星．2.5等．距離200光年のM1.5型巨星．

**面輝度** surface brightness →表面輝度

**メンケント** Menkent

ケンタウルス座シータ星．2.1等．距離50光年のK0型巨星．

**メンサ** mensa

惑星表面の小さな台地あるいは卓状地．複数 mensae．"テーブル"を意味するこの名称は地質学的用語ではなく，火星のデウテロニルス・メンサのように，個々の地形の命名に使用される．

**メンゼル，ドナルド ハワード** Menzel, Donald Howard（1901~76）

アメリカの物理学者で天文学者．1920年代に*ラッセル（H. N.）とともに理論天体物理学を発展させた．1927年に水星と火星の表面温度の精確な測定値を得た．太陽の組成を研究し，1929年に*フラッシュスペクトルの研究から水素が多量にあることを明らかにした．*ホイップル（F. L.）と共同で1954年に金星の表面が水で覆われていると提案した．

# モ

**モーガン，ウィリアム ウィルソン** Morgan, William Wilson (1906~94)

アメリカの天文学者．Philip Childs Keenan (1908~) と共同で星のスペクトルの*モーガン-キーナン分類を発展させ，Atlas of Stellar Spectra (1943年) で詳述した．その中でモーガンとキーナンは，標準的なスペクトル系列を示し，星のスペクトルを目で見てそれらと比較同定し，その星の質量と光度（したがって距離）を知ることができるようにした．1951年には*銀河面付近におけるO型星およびB型星の分布から銀河系の渦巻構造を推定した．1953年には星の*色指数が決定できるUBV測光系の創設を手伝った（→ジョンソン測光）．彼はまた*銀河と*銀河団に対する分類法を開発した（→モーガン-キーナン分類，バウツ-モーガンクラス）．

**モーガン-キーナン分類** Morgan-Keenan classification

1943年にヤーキス天文台で*モーガン (W. W.)，Philip Childs Keenan (1908~) および Edith Marie Kellman (1911~) が開発した星のスペクトルを分類する体系．MK (または MKK) 分類あるいはヤーキス分類 (1) ともいう．この分類は，*ハーヴァード分類に導入された星のスペクトル型の系列 O, B, A, F, G, K, M を残しているが，各型をより精密な観測により定義している．これらのスペクトル型に，星が*超巨星か，*巨星か，*矮星か，あるいはそれらの中間的な階級であるかを示す一連の*光度階級を付加した．*炭素星（ハーヴァード体系におけるR型およびN型），*S型星，白色矮星（→D型星），および*ウォルフ-レイエ星のような，この分類に適合しない異常な星はそれぞれに固有の分類をもつ．⇒スペクトル分類，ヘルツシュプルング-ラッセル図，星の進化

**モーガン分類** Morgan's classification

銀河の分類体系の一つ．ヤーキス分類 (12) とも呼ばれる．主に銀河の中心領域のスペクトルに基づいている．このスペクトルの見え方は銀河の像における中心への光の集中度と相関関係をもつ．このようなスペクトルの見え方と銀河の単純な構造形態を組み合わせて分類する．小文字 af, f, fg, g, gk, および k は，銀河の中心核領域のスペクトルに最もよく似ている星のスペクトル型を小文字に変えたものである．[af など二つが示されているのはA型とF型の中間という意味である]．構造形態はE (楕円)，S (渦巻)，B (棒渦巻)，I (不規則)，D (周辺部まで星が広がり渦巻構造のない楕円)，L (低表面輝度)，およびN (暗い周辺部を背景とした小さな明るい中心核) である．1 (正面向き) から 7 (真横向き) までの指数は銀河面の視線に対する傾斜角を示している．例えば，M 33 は fS 3 と分類される．この体系は*モーガン (W. W.) が考案した．[a, f, g, k などの文字は，実際にはスペクトル型ではなく光の中心集中度に従ってつけられた]．

**木星** Jupiter (記号 ♃)

太陽から5番目の惑星．太陽系で最大の惑星である．質量は他のすべての惑星を合わせた量の2.5倍である．*衝のときの極大等級は-2.9等で，通常は金星に次いで2番目に明るい惑星である．木星は明らかに楕円形に見える（赤道直径14万2984 km，極直径13万3708 km）．目に見える表面の模様の自転周期は赤道領域で約9時間50分，それ以外の部分は9時間56分である（→システム I および II）．電波観測から求めた固い表面の自転は9時間55分29秒と考えられ，システム III と呼ばれている．

木星は約90%の水素および10%のヘリウム（分子百分率），そして微量のメタン，アンモニア，水，エタン，アセチレン，ホスフィン，一酸化炭素，および四水素化ゲルマニウムから構成される．大気圏の最上部付近で温度はおよそ-143℃である．木星の内部には鉄に富んだ岩石とおそらくは氷からなる地球質量の約10倍の中心核がある．中心の圧力は約 $10^8$ バールである．この中心核を高密度な水素と液体ヘリ

## 木星

物理的データ

| 直 径 (赤道) | 偏平率 | 軌道に対する 赤道の傾斜角 | 自転周期 (対恒星) |
|---|---|---|---|
| 142984km | 0.065 | 3.13° | 9.842 時間 |

| 平均密度 | 質量 (地球=1) | 体積 (地球=1) | 平均アルベド (幾何学的) | 脱出速度 |
|---|---|---|---|---|
| 1.33 g/cm³ | 317.8 | 1323 | 0.52 | 59.6 km/s |

軌道データ

| 太陽からの平均距離 | | 軌道の離心率 | 黄道に対する軌道の傾斜角 | 公転周期 (対恒星) |
|---|---|---|---|---|
| 10⁶ km | AU | | | |
| 778.328 | 5.203 | 0.048 | 1.3° | 11.862 年 |

ウムが取り囲んでいる．表面のほぼ20000km下方では圧力は300万バールに達する．このような圧力下では水素は液体金属のような性質を示し，おそらく木星の強い磁場を作り出していると思われる対流が存在する．約50000kmの厚さをもつ金属性水素は通常の分子状の液体水素の層に囲まれ，その液体水素は表面付近で気体状の水素と徐々に融合する．その渦まく大気中では巨大なオーロラと電気嵐が起こる．木星の中心は非常に高温で，約20000Kであると推定される．この内部熱は木星の形成途上で起きた衝突によって得た衝突天体の運動エネルギー，および中心核が形成されたときに重力ポテンシャルが解放した重力エネルギーから変換された熱の残りである．

木星の表面には，大気ガスが降下しつつある部分である暗い帯とガスが上昇しつつある部分である明るい帯が交互に見える．大気圏の渦を示唆する細長い断片や花綱模様とともに暗い斑点と明るい斑点がしばしば帯付近に見える．大部分の斑点は数日で出現しては消滅する．しかし数カ月あるいはそれ以上長期間継続するものもある．最も有名なものは1831年に初めて記録された*大赤斑である．もう一つの長寿命の斑点は明るい南の帯を横切る暗い架橋に見える南熱帯騒乱である．これは1901年に初めて観測され，39年後に最終的に消滅した．南の温暖帯の南にある三つの白色の卵形は1940～42年に形成され，50年以上も続いている．北の赤道帯の南にある多くの白色斑点の一つは1963年から1975年まで継続した．

木星の南半球でSEB復活と呼ばれる異常な現象がときどき起こる．南赤道帯（SEB）の南成分が数カ月間にわたって徐々に姿を消し，最後には事実上見えなくなり，大赤斑だけが見えるようになる．次いでSEBの北成分上の一点から暗い斑点が突然出現し，高速で惑星表面に広がり，この帯域にほとんど爆発的な大混乱を創り出す．ときどきこの騒乱は1975年のときのように木星の大部分に影響を与える．騒乱の末期にSEBの南成分は以前の状態に戻る．

木星は16個の既知の衛星をもち，そのうちの最も明るい4個の*ガリレオ衛星は双眼鏡で見える．1979年にヴォイジャー探査機は木星の周りに約0.05の*アルベドをもつ非常に暗い粒子環を発見した．この環の内部および外部直径はそれぞれ約20万および43万kmである．[2003年時点で，詳細なデータのないものも含めると，木星の衛星は39個まで数えられている]．

**木星型惑星** Jovian planet
太陽系の四つの巨大惑星—木星，土星，天王星および海王星．*巨大ガス惑星とも呼ばれる．木星型惑星は厚い大気，低密度，大きな直径をもち，主として水素とヘリウムから構成されている．

**木星彗星族** Jupiter comet family
木星への近接通過によって軌道が変えられた*周期彗星の群．木星彗星族のメンバーは5AUに近い遠日点（木星の軌道距離）と6～12年の公転周期をもつ．その一例は彗星ブルックス2（16P/Brooks 2）であり，その軌道周期は発見当時には29年であったのが，1886年に木星の0.001AU内を通過した後には7年にまで短縮された．この彗星の近日点距離は5.48から1.95AUまで減少した．木星の重力による潮汐破壊により彗星ブルックス2の中心核は数個の断片に分裂した．

**木星のゴースト** Ghost of Jupiter
うみへび座にある9等の*惑星状星雲NGC3242．見かけの大きさが木星と同じである．距離は2500光年．

**モザイク CCD カメラ** mosaic CCD camera
［*CCD を多数並べて，広い感光面積（視野）をもつようにしたカメラ］．⇨ CCD，天体写真術

**モック太陽** mock Sun
*幻日の俗称．［モックは"偽の"の意］．

**モック月** mock Moon
*幻月の俗称．

**モートン波** Moreton wave
大規模な太陽*フレアから約 1000 km/s の速度で外側に伝播する太陽彩層中の衝撃波．モートン波は，*Hα 光で時には数十万 km にわたって移動する円弧として見ることができ，その経路にある暗いフィラメントの点滅を引き起こす．メートル波の電波バーストでは必ずモートン波が発生する．アメリカの太陽天文学者 Gail Ernest Moreton にちなんで名づけられた．

**モノクロメーター** monochromator
非常に狭い波長領域の光を得る装置．それは，*連続スペクトルをもつ入射光を*回折格子で分散して得られるスペクトルの小部分を狭い射出スリットを通して選択通過させる*分光器である．モノクロメーターは狭い帯域の波長だけを通過させる*干渉フィルターと同じ効果をもつ．［干渉フィルターに比べてモノクロメーターははるかに狭い波長範囲の光を得ることができる］．

**モノジェム環** Monogem Ring
いっかくじゅう座からふたご座にかけての約 25°幅の軟 X 線を放出する領域．ふたご座-いっかくじゅう座 X 線放射領域とも呼ばれる．距離約 1000 光年にあり，真の直径がおおよそ 150 光年の超新星の残骸と考えられている．

**モノセントリック接眼鏡** monocentric eyepiece
空気間隙がないように接着した 3 枚の厚いガラスからなる接眼鏡の型式．外側の 2 枚は*フリントガラスの凹レンズで，内部の 1 枚は*クラウンガラスの凸レンズである．この接眼鏡は，トルス式などの他の固体接眼鏡のような，明るい天体の視野内でのゴースト反射がなく，ほどよいコントラストのある明るい像を与える．しかしながら，視野は約 30°と狭いので，この接眼鏡は惑星および二重星の観測のみに適している．この接眼鏡を少し変えたものにヘースティングス（Hastings）のトリプレットがある．

**モノポール** monopole ➡ 磁気単極子

**モプラ天文台** Mopra Observatory
*オーストラリア電波望遠鏡国立施設の 22 m パラボラアンテナの所在地．ニューサウスウェールズ州クーナバラブラン付近にある．モプラのパラボラアンテナは主としてミリ波観測および超長基線干渉測定のために使用される．

**モルダヴァイト** moldavite
チェコ共和国で発見された*テクタイトの型．ボヘミア地方のモルダウ（ヴルタヴァ）川に由来する．この付近でこの型のテクタイトが最初に発見された．モルダヴァイトは，約 1500 万年前にドイツのノルドリンゲン付近の 500 km 離れた地点に直径が 24 km のリースクレーターを生成した衝突に起源をもつと考えられている．

**モロングロ電波天文台** Molonglo Radio Observatory
オーストラリアのキャンベラ東方 30 km のニューサウスウェールズ州ホスキンズタウンにある電波天文台．1962 年に創立され，シドニー大学が所有し運営している．1981 年に開設されたモロングロ天文台合成望遠鏡（MOST）がある．これは二つの円筒形アンテナからなる*開口合成の望遠鏡である．それぞれ長さが 778 m，幅が 11.6 m で，東西方向に 15 m 離れて配列されている．元は 1965～78 年に稼動した*ミルスクロス電波干渉計の十字腕の一方であった．

**モンス** mons
惑星表面の山．複数形 montes．17 世紀に月の地形に対して最初に使用したこの名称は地質学用語ではなく，その起源に関係なく個々の山の命名に使用する．例えば，月のアペニン山脈（Montes Apenninus）は大規模な衝突ベイスンの壁の一部であるが，火星の*オリンポス山（Olympus Mons）は巨大な火山である．

ヤ

**八木アンテナ**　Yagi antenna
　双極子に垂直に配列した多数の平行な棒エレメントから構成される指向性アンテナ．双極子の前の棒エレメントを導波器，背後にある棒エレメントを反射器と呼ぶ．この製品は普通テレビのアンテナに使用されるが，電波天文学では八木アンテナは干渉計の素子として用いる．このアンテナは日本の電気技師八木秀次（1886～1976）にちなんで名づけられた．

**やぎ座**　Capricornus（略号 Cap．所有格 Capricorni）
　黄道十二宮のうち最小の星座．1月末から2月中旬にかけて太陽がこの星座を通過する．やぎ座は魚の尻尾をもつ山羊をかたどっている．最も明るい星は2.9等のデルタ星（デネブアルゲディ）である．アルファ星（アルゲディあるいはギエディ）は3.6等および4.2等の間隔が広い関係のない二重星である．

**やぎ座アルファ流星群**　Alpha Capricornid meteors
　7月15日と8月20日の間に見られる全般的に低活動（極大 *ZHR は 10）の流星群．数回の活動極大期があるように見え，主要な極大期は8月2日ごろに現れる．この流星群は，しばしば長い尾を引き，低速でかつ明るい．極大期のとき *放射点は赤経 20h 36m，赤緯 $-10°$ に位置する．

**やぎ座流星群**　Capricornid meteors
　7月5日から8月20日まで活動する流星群．この流星群は一般には非常に弱く（極大値 *ZHR 5），7月8日，7月15日，そして7月26日に極大値らしい様子を示す．7月15日の *放射点は赤経 21h 00m，赤緯 $-15°$ にある．やぎ座流星群は緩速で，黄色がかっており，時には明るいものが見られる．

**ヤーキス天文台**　Yerkes Observatory
　ウイスコンシン州ウィリアムズベイにあるジュネーブ湖の沿岸，標高330mにあるシカゴ大学の天文台．この天文台はアメリカの実業家 Charles Tyson Yerkes（1837～1905）の寄付を得て *ヘール（G. E.）が1897年に設立した．その主要な装置は1897年に開設された口径40インチ（1.02m）の世界最大の屈折望遠鏡である．また1967年に開設された 1m 反射望遠鏡もある．この望遠鏡には1994年に波面補償光学系が付加された．

**ヤーキス分類**　Yerkes system
1．星のスペクトルについての *モーガン-キーナン分類の別名．[2．銀河をその中心集中度に従って分類する体系]．

**焼なまし**　annealing
　光学機器の製造において，材料内部の歪みパターンを避けるために制御した速度でガラスあるはセラミックスをゆっくりと冷却させる過程．例えば，大きな反射鏡のブランクは溶融材料から鋳造されるが，もし冷却が急速すぎると，温度むらが生じて，ある領域が他の領域より急速に固化し，内部歪みを創り出す．この内部歪みは反射鏡を研磨するときにブランクを破壊する原因となる．大きな望遠鏡の反射鏡の焼なましには数カ月かかることがある．

**夜光**　nightglow
　*大気光の別名．

**夜光雲**　noctilucent clouds, NLC
　文字どおり"夜光る"青－銀色の雲．夏期に温帯-熱帯地方で夕方の薄明の終りあるいは朝の薄明の始まりに見える．夜光雲は，*中間圏界面近くの約82～85kmの高度でおそらく *流星物質あるいは火山の噴煙の各残りと思われる核に凝縮する水蒸気から生じる．雲は極めて希薄で，太陽が地平線下6°と16°の間にあるときにだけ出現し，薄明の空とのコントラストで明るく見える．夜光雲は *対流圏における最も高い通常の雲の5倍の高さに位置し，見かけ上は似ている巻雲とは明確に異なる．特に，夜光雲はその繊細で羽毛のような織り合わされた杉綾模様（ヘリンボン縫いの模様）で同定できる．

**や座**　Sagitta（略号 Sge．所有格 Sagittae）
　矢をかたどった3番目に小さい北天の星座．最も明るい星は3.5等のガンマ星である．や座

WZ星は1913年, 1946年, そして1978年に爆発が見られた*回帰新星である. この星座にあるM71は8等の*球状星団である.

**夜天光**　night sky light　→大気光

**ヤヌス**　Janus

土星の衛星. F環とG環 (A環の外側にある希薄な環) の間平均距離15万1472kmの位置にある*エピメテウスと事実上は同じ軌道にある. 土星Xとも呼ばれる. その平均公転周期0.695日は, これらの環との重力相互作用の結果として変化しつつあるように見える. ヤヌスは1966年にフランスの天文学者 Audouin Charles Dollfus (1924〜) が発見した. 220×200×160 kmの不規則な形をした天体である.

**屋根型プリズム**　roof prism

屋根のような形に90°の角度で二つの全反射面を配置したプリズム. 一方の面で反射される像は再び他方の面で反射され, 通常のプリズムの場合のように横方向ではなく直進して入射方向に現れる. 屋根型プリズムはコンパクトな双眼鏡で利用される.

**やまねこ座**　Lynx (略号 Lyn. 所有格 Lyncis)

山猫をかたどる北天の星座. 最も明るい星のα星は3.2等である. 他の星は暗いが, 数個の興味ある二重星と三重星が含まれている.

**ヤルコフスキー効果**　Yarkovsky effect

太陽放射を吸収および再放出する結果として自転する小粒子が受ける軌道運動量の変化. *ポインティング-ロバートソン効果に似ている. ポインティング-ロバートソン効果はあらゆる方向で等しいが, ヤルコフスキー効果を引き起こす再放出は非等方である. 物体は, 放射された光子が運び去る運動量とその自転方向の関係で加速または減速される. この効果はロシアの科学者 Ivan Osipovich Yarkovsky (1844〜1902) にちなんで名づけられた.

# ユ

**UV**　ultraviolet

紫外の略号.

**uvby体系**　uvby system　→ストレームグレン測光系

**有機分子**　organic molecule

炭素原子を含む分子. 有機分子は生体を構成する物質中に存在するか, 生体を構成する物質の基本的な構築ブロックとなる可能性をもつ. このような多くの分子が星間物質, 巨大惑星の大気圏, 隕石, 彗星, およびいくつかの小惑星および衛星の表面で検出されている.

**有効温度**　effective temperature (記号 $T_{eff}$ あるいは $T_e$)

星などの天体と同じ単位面積当たりの総エネルギーを照射する*黒体の温度. 星の表面温度の最も有用な尺度である. 例えば, 太陽の有効温度は5800 Kである. しかしながら, 星以外の天体では有効温度はまぎらわしいことがある. 例えば, 1000 Kの*運動温度 (粒子の平均エネルギーから求められる) をもっている*惑星状星雲は, 粒子密度が低いために有効温度は50 Kになることがある. ⇒色温度

**有効口径**　effective aperture

1. 電波天文学では, アンテナによって受信機に伝達される電力と到達する放射の流束密度の比. 有効面積ともいう. パラボラアンテナの有効口径はその幾何学的口径よりも一般に小さい. 反射面が不完全であることと, アンテナのすべての部分から反射される電波を収集搬送する装置が効率的でないからである. 例えば干渉計の場合のように, 幾何学的口径が存在しなくても有効口径を定義することができる. 2. 小さな数個の反射鏡を合成して作った望遠鏡の反射鏡と同じ集光力をもつ単一の反射鏡の直径. [3. 反射望遠鏡の主鏡で実際に光を集めるのに寄与する面の直径].

**有効焦点距離**　effective focal length

光学系が見かけ上もつ焦点距離. 例えば, 望

遠鏡の接眼鏡を用いて像をフィルム上に投影すると，その像はあたかもこの望遠鏡の実際の焦点距離に比べて数倍の焦点距離をもつ望遠鏡によって生成されたかのように拡大される．そのようないわば見かけの焦点距離を有効焦点距離という．この場合拡大率は $(d/F)-1$ で与えられる．$d$ はフィルム面から接眼鏡中の*視野絞りまでの距離，$F$ は接眼鏡の焦点距離．焦点距離はこの因子だけ増大する．

**有効波長** effective wavelength
広帯域フィルターで測定した星の等級と等しい*単色等級を与える波長．星の色とともにそして大気減光の量とともに変化する．

**融合表面** fusion crust
ガラス状であることが多い焼けた隕石の表面層．隕石が大気圏を通過するときの強い加熱によって生じる．普通は黒色か青-黒色である．*石質隕石は通常は*鉄隕石よりも厚い融合表面をもつ．

**有効面積** effective area
1. 電波天文学では，*有効口径 (1) の別名．
2. 光学あるいは赤外線望遠鏡の光学経路上の障害物を考慮した後の実質の集光面積．

**誘導円** deferent →導円

**UKIRT** United Kingdom Infrared Telescope →英国赤外線望遠鏡

**UKシュミット望遠鏡** UK Schmidt telescope →英国シュミット望遠鏡

**ゆがみ** distortion
レンズの視野内での拡大度の不一様さ．*糸巻型ゆがみか*樽形ゆがみのどちらかである．

**ユークライト** eucrite
カルシウムが豊富な*エイコンドライト隕石のクラス．ピジオン輝石-斜長石エイコンドライト (pigeonite-plagioclase achondrites) とも呼ばれる．非堆積ユークライトとまれな堆積ユークライトの二つのクラスが認められている．鉱物的性質，集合組織そして組成で見るとそれらは地上と月の玄武岩に似ている．非堆積ユークライトは本質的に表面溶岩流として発生した玄武岩であるが，堆積ユークライト（そして密接に関係した*ダイオジェナイト）は浅い深度で形成された深成岩である．それらの母体は小惑星ヴェスタであったかもしれない．この

名前はギリシャ語の eukritos に由来し，"容易に識別される"を意味する．⇒玄武岩エイコンドライト

**Uクラス小惑星** U-class asteroid
古い分類体系に含まれる*小惑星のクラスで，五つの分類型 C, S, M, E, および R のどれにもあてはまらない小惑星に対する型．ここで "U" は分類不能を意味する．しかしながら，最近の体系は，解析に使用する手法によって，小惑星を 9, 11, あるいは 14 個の異なるクラスに分類する．14 クラスの体系では昔のUクラスは，C, G, B, F, D, およびSクラスのほかに，R, A, M, P, Q, E, V, およびTクラスに細分される．この新体系では，各クラスの中で何らかの異常なスペクトルをもつ小惑星に文字 U を付加する（例えば，CU, MU など）．

**UT** Universal Time →世界時

**UTC** Universel Temps Coordonné
*協定世界時に対するフランス名．

**U等級** U magnitude
*ジョンソン測光に基づく星の紫外光等級．Uフィルターは 367 nm の中心波長と 66 nm の帯域幅をもつ．これは紫外光を含む古い*写真等級の波長帯の一部である．*ジュネーヴ測光，*RGU測光，*ヴィルニウス測光，*ワラーヴェン測光，および*六色測光体系にもUフィルターはあるが，これらの諸測光が使われるときはその種類を常に明白にすべきである．

**ユートピア平原** Utopia Planitia
直径が 3200 km を超える火星の巨大な傾斜平原．緯度+48°，経度 227°に中心がある．東ユートピアは 1976 年の*ヴァイキング 2 号の着陸場所であり，ミークレーターのほぼ 200 km 西にある．

**ユノ** Juno
小惑星 3 番．ドイツの天文学者 Karl Ludowig Harding (1765〜1834) が発見した 3 番目の小惑星．直径は 248 km．Sクラスに属し，自転周期は 7.21 時間．軌道は，長半径 2.668 AU，周期 4.36 年，近日点 1.98 AU，遠日点 3.36 AU，軌道傾斜角 13.0°をもつ．

**UBV測光** UBV photometry →ジョンソン測光

**ユリウス元期** Julian epoch

　天文学で現在用いられている日付を特定する方法．例えば1995.5のように，年を表す整数部分と小数部分で日付を表す．単位は365.25日のユリウス年であり，使用する時間尺度は*太陽系力学時（TDB）である．例えば星表では標準元期 J 2000.0 を使用するのが便利なことが多い．接頭辞"J"は1984年以前に使われたもっと複雑な*ベッセル元期からこの元期を区別するために付与される．標準元期は次のように定義される．

　　J 2000.0＝2000年1月1.5日
　　　　　　＝2000年1月1日12h TDB

　この定義から他の元期に対する日付を計算できる．例えば，J 1999.0 は正確に365.25日だけ前，すなわち1999年1月1.25日である．
⇒ベッセル元期

**ユリウス日** Julian Date, JD

　常用暦の変更に影響されないで，天体現象にあいまいさのない日付と時間を与えることができるように導入された暦および保時の体系．この体系は1582年にフランスの学者 Joseph Justus Scaliger（1540～1609）が導入した．彼は父であるイタリア生まれのフランスの学者 Julius Caesar Scaliger（1484～1558）の名を記念してこう名づけた．初日の日付として紀元前4713年の1月1日を選んだが，これは十分に過去にさかのぼるので記録されている既知のどの天文観測より以前の日付である．時間はその日の平均正午（12 UT）からの日数と経過した1日の端数によって示す．例えば，1962年6月24日の*世界時（UT）18時に行われた観測は JD 2437840.25 になされたということになる．ユリウス日の整数部分は*ユリウス日数と呼ばれ，小数部分は1日の端数として表現された世界時である．⇒修正ユリウス日

**ユリウス日数** Julian day number, JD

　*ユリウス日の整数部分．したがって紀元前4713年1月1日以来経過した日数である．

**ユリウス暦** Julian calendar

　46 BC にローマ皇帝ジュリアス・シーザーが初めて導入した暦．彼にちなんで名づけられた．ギリシャの天文学者ソシゲネス（紀元前1世紀）の意見を聞いて準備された．各月には現在と同じ日数が割り当てられ，通常年は365日である．日付が季節と一致する太陽暦となるように作られた．日付と季節の結びつきを保持するため4年ごとに閏年を設け，2月に1日を追加する．1年の平均の長さは365.25日であり，*太陽年に近いが正確には等しくない．ユリウス暦は1582年にもっと正確な*グレゴリオ暦に置き換えられた．

**ユリシーズ** Ulysses

　太陽風のうち，特に，太陽の極周辺の探査されていない領域から吹き出すものを研究するために1990年に打ち上げられた ESA-NASA 共同の宇宙船．宇宙船は1992年2月に木星を通過し，木星は宇宙船の向きを変えて，太陽の極の上空に導く軌道に載せた．ユリシーズは1994年6月から11月まで南極の*コロナホールから吹き出た太陽風の中を通過して，700 km/s の速度を測定した．また1995年6月から9月まで太陽の北極の上の対応する領域で測定を行った．

**ユーレイ，ハロルド クレイトン** Urey, Harold Clayton（1893～1981）

　アメリカの化学者．化学的な観点から地球の起源を研究し，最終的な地球の固化が約0℃で起こったと想定して地球の構成成分を推量した．この固化の際，地球は主として水蒸気，メタン，アンモニアおよび水素からなる原始大気に蔽われていたであろう．1953年に彼の学生の Stanley Lloid Miller（1930～）は，ミラー―ユーレイ実験と呼ばれることになった実験において，これらのガスの混合物の中で稲光を模擬する電気放電を起こさせた．数日後に生命にとって重要な有機分子，特にアミノ酸が形成された．同様の実験が後に*セーガン（C. E.）を含む他の研究者によって行われた．ユーレイは宇宙規模での元素組成についても研究した．

**ユーレイライト** ureilite

　カルシウムに乏しい*エイコンドライト隕石のクラス．かんらん石-ピジオン輝石エイコンドライト（olivine-pigeonite achondrites）とも呼ばれる．主として炭素質脈の母材に閉じ込められたかんらん石およびピジオン輝石鉱物からなり，ある程度の金属も存在する．1886年9月10日にロシアのノヴォユーレイに落下した

隕石にとなんで名づけられた．ユーレイライトはそれが含む炭素（ノヴォユーレイでは1%）のために注目される．その炭素の多くは，おそらく宇宙空間にあるときの衝突による衝撃によって生成されたダイヤモンドである．多分ユーレイライトは原始太陽系星雲内部で発生した最も原始的なエイコンドライトである．

# ヨ

**余緯度** colatitude
　天体の緯度を90°から引いた値（すなわち，緯度の余角）．

**宵の明星** evening star
　日没後，夕方の薄明の空に出現する金星の俗称．

**ヨウ化ナトリウム検出器** sodium iodide detector → NaI検出器

**ようこう** Yohkoh
　X線およびガンマ線波長で*フレアおよび他の太陽活動を研究するために1991年8月に打ち上げられた日本の衛星．そのX線望遠鏡では以前の人工衛星よりもはるかに優れた分解能をもつ像を得ることができる．この名前は日本語で太陽光線を意味する．［ようこうは2001年12月に10年以上にわたったその寿命を終えた］．

**陽　子** proton
　正の電荷をもつ素粒子．その電荷は電子の電荷と等しく符号が反対である．*ハドロンであり，$1.673\times10^{-27}$ kgの*静止質量をもつ．この質量は電子の質量の1831.12倍である．すべての原子の核に存在する．水素の原子核は陽子1個である．

**陽子-陽子反応** proton-proton reaction
　水素をヘリウムに変換し，エネルギーを放出する星内部における核融合反応．この反応では4個の水素原子核（陽子）が融合して1個のヘリウム原子核を形成し，重水素およびリチウムの同位体，ベリリウム，ホウ素など多くの中間的原子核を生成する．1800万Kより低い温度では陽子-陽子反応は*炭素-窒素サイクルよりも重要であり，主として2太陽質量以下の星ではこちらの反応が主役を果たす．

**要素（光学的）** element (optical)
　光学系における個々の光学要素．例えば，標準的な*色消しレンズは二つの光学要素をもつ．

**羊斑** plage, flocculi

**1.** 太陽の彩層における明るく高温な斑点.*Hα光とカルシウムK線で見える.羊斑は,光球上の*白斑が*彩層にある場合に相当し,活動領域が*リム付近にあるときに見ることができる.白斑も羊斑も磁場が特に強い領域である.昔は flocculi が使われた.**2.** 粗い*斑点模様のことを flocculi ということがある.

**ヨーク式架台** yoke mounting

極軸と赤緯軸が交叉した形ではなく,枠の形になった極軸中に望遠鏡が支持される*イギリス式架台の形式.

**余高度** coaltitude

*天頂距離の別名.

**横方向速度** transverse velocity

*接線速度の別名.

**汚れた雪だるま** dirty snowball

彗星の中心核の模型.1949 年に*ホイップル (F. L.) が提案し,1986 年にハレー彗星に向けた宇宙探査機*ジオットが確認した.この模型によると,彗星の中心核は,別の模型が示唆したようなゆるい"空飛ぶ砂丘"ではなく,氷および塵が凍結した比較的固い集成体である.

**夜空の輝き** night sky brightness

人工光あるいは他の*光害がなくても存在する,非常に低いレベルの空の明るさ.地球大気の放射である*大気光,および程度は低いが,星明かりや*黄道光によって生じる.

**ヨードセル** iodine cell ➡視線速度分光計

**ヨブの棺** Job's Coffin

いるか座の星からなる四辺形.いるか座のアルファ星,ベータ星,ガンマ星,およびデルタ星からなる.

**ヨーロッパ VLBI ネットワーク** European VLBI Network, EVN

*VLBI アンテナ群として常時稼動をしているエフェルスベルク,ジョドレルバンク,およびウェスターボルクの大電波望遠鏡を中心としたヨーロッパでの天文台連合.本部はボンのマックス-プランク電波天文学研究所に置かれている.

**ヨーロッパ宇宙機関** European Space Agency, ESA

宇宙の研究および技術で協力するためのヨーロッパ諸国の機関.本部はパリにある.ESAの施設には,オランダのノールドワイクにあるヨーロッパ宇宙研究・技術センター (ESTEC),ドイツのダルムシュタットにあるヨーロッパの宇宙ミッションを管理するヨーロッパ宇宙運用センター (ESOC),イタリアのフラスカッチにある遠隔操作衛星からのデータセンターである ESRIN (以前のヨーロッパ宇宙研究所),およびドイツのケルンにあるヨーロッパ宇宙飛行士センターがある.ESA の打上げ基地は南アメリカの大西洋岸にあるフランス領ギアナのクールーに置かれている.ESA は,ヨーロッパ宇宙研究機関 (ESRO) およびヨーロッパ打上げロケット開発機構 (ELDO) の後継機関として 1975 年に設立された.その参加国は,アイルランド,イギリス,イタリア,オーストリア,オランダ,スイス,スウェーデン,スペイン,デンマーク,ドイツ,ノルウェー,フィンランド,フランス,およびベルギーである.カナダは協力国となっている.

**ヨーロッパ南天天文台** European Southern Observatory, ESO

南半球に観測施設を建設するためにヨーロッパ諸国連合が 1962 年に設立した機関.ベルギー,デンマーク,フランス,ドイツ,イタリア,オランダ,スウェーデン,およびスイスの 8 カ国にポルトガルが参加して運営されている.ドイツのミュンヘン近くのガルヒンにある本部にはハッブル宇宙望遠鏡のヨーロッパ協調施設も置かれている.ESO は,チリのラ・セレナの北方約 90 km のアタカマ砂漠にあるラ・シヤ山の標高 2460 m で天文台を運営している.この天文台は 1964 年に創設された.ラ・シヤにある ESO の主要な光学装置は,1976 年に開設された 3.6 m 反射望遠鏡,1989 年に開設された 3.5 m 新技術望遠鏡 (NTT),1968 年に開設された 1.52 m 反射望遠鏡,1966 年に開設された 1 m 測光望遠鏡,そして 1972 年に開設された 1 m シュミット望遠鏡である.個々の国が所有しているラ・シヤの装置には,1984 年に開設されマックス-プランク電波天文学研究所が所有するドイツの 2.2 m 反射望遠鏡,1979 年に開設されコペンハーゲン大学が所有するデンマークの 1.54 m 反射

望遠鏡，1979年に開設されたオランダの0.9 m望遠鏡がある．ラ・シヤは1987年に開設されたスウェーデン-ESOの15 mサブミリメートル望遠鏡（SEST）の設置場所でもある．ESOは最近，チリのセロ・パラナルに*超大型望遠鏡を建設した．［イギリスも2002年にESOに加盟した］．

**四色測光** four-colour photometry →ストレームグレン測光系

# ラ

**ライトコーン** light cone →光円錐

**ライト式望遠鏡** Wright telescope

1935年にアメリカ人Franklin B. Wrightが提案した*シュミットカメラの一変型．ライトシュミットとも呼ばれる．この望遠鏡は，偏球面の反射鏡，そして通常のシュミットカメラの場合より大きい補正効果をもつ*補正板を用い，鏡筒の長さを半分に縮小する．*焦点面は平らであり，斜めの副鏡を挿入することによって焦点を（*ニュートン焦点のように）鏡筒の外に出し実視用に適合させることができる．

**ライトシュミット** Wright Schmidt →ライト式望遠鏡

**ライトバケット** light bucket

 *集光器の別名．

**ライナー** liner

特徴的な輝線スペクトルを示す銀河の中心核．これは low-ionization nuclear emission region（低電離中心核放射領域）の頭文字からなる語．ライナーのスペクトルは低電離状態（例えば，O II, N II, S II）からの輝線が支配的で，それより高い電離状態（例えば，O III, Ne III, He III）からの輝線は弱い．このスペクトルは，中心核における異常な活動の証拠であり，おそらく通常の星から出ているのではない．中心核からの放射あるいは*超新星爆発で発生する衝撃波によって星間物質が加熱されるために生じたものであろう．線幅は*セイファート銀河で見られるものと似ており，セイファート銀河と同様に，ライナー活動は，S0型，Sa型およびSb型銀河で他の型よりも頻繁に起こるように見える．

**ライマンαの森** Lyman-α forest

 *クェーサーのスペクトルにおいて強いライマンα輝線よりも短い波長の部分に見られる狭い吸収線の密集した系列．それらは，われわれとクェーサーの間にある低温の水素雲による吸収から生じると信じられている．これらすべての吸収線はライマンα線であるが，吸収する雲の距離に依存して異なる量の*赤方偏移を受けている．雲はわれわれとクェーサーの間に存在するので，それらの赤方偏移は，クェーサー自身からのライマンα輝線の偏移より小さい．このために吸収線はすべてライマンα輝線の短波長側にあるのである．⇒ライマン系列

**ライマン系列** Lyman series

水素スペクトルの紫外線部分に見られる吸収線および輝線の系列．121.6 nmのライマンα線からそれより短波長方向にわたって，線の間の間隔は次第に狭くなり，91.2 nmのライマン端に収束する．ライマン系列は水素原子の基底状態とそれより高い準位間の電子の遷移によって生じる．この用語はまた一価電離ヘリウムのスペクトルにおける同種の線をいうのにも使用される．He II のライマン系列は水素のライマン系列の波長のほとんど精確に4分の1である．例えば He II のライマンαは30.4 nmで，対応するライマン端は22.7 nmである．アメリカの物理学者 Theodore Lyman (1874～1954) にちなんで命名された．

**ライマン端** Lyman limit

91.2 nmにある水素の*ライマン系列の短波長端．これは，水素の基底状態にある電子が完全に原子から飛び出して，原子を電離させるのに要するエネルギーに相当する．

**ライル，マーティン** Ryle Martin (1918～84)

イギリスの電波天文学者．第二次大戦後，パラボラアンテナよりも電波干渉計を重視して，ケンブリッジを電波天文学の中心として確立した．彼は*開口合成法の手法を開発し，電波源の一連の探査を開始した．それは後にケンブリッジカタログとして刊行された．そのうち最も有名なのは3番目のカタログである（その中の天体には3C何番という呼称がつけられている）．発見された多数の暗い電波源によって*定常宇宙論は不利な立場に追い込まれた．ライルと*ヒューイッシュ (A.) は開口合成法とパルサーに関する研究に対して1974年度ノーベル物理学賞を受賞した．

**ライル望遠鏡** Ryle Telescope

イギリスのケンブリッジ近くにある*マラー

ド電波天文台の主要装置．この望遠鏡は，長さ4.6 km の東西に走る基線上に並ぶ 8 個の 13 m パラボラアンテナ（4 個は固定され，4 個は可動である）から構成される．1972 年に開設され，最初は 5 キロメートル望遠鏡と呼ばれていたが，後に*ライル（M.）にちなんで改名された．

**ラヴェル，（アルフレッド チャールス）バーナード** Lovell, (Alfred Charles) Bernard (1913～)
イギリスの電波天文学者．1946 年に彼が行った*ジャコビニ流星群の昼間のレーダー観測は，この技術が有効であることを証明した．1950 年から彼は宇宙からの電波放射を研究して，電波放射のゆらぎが星の光の*シンチレーションに似た大気効果であることを示した．ジョドレルバンクにおけるマークⅠ電波望遠鏡の建設を監督し（現在は*ラヴェル望遠鏡と呼ばれる），それを用いて最初のソ連の宇宙探査機を監視して世間の関心を集めた．ラヴェルは*フレア星からの電波放射も研究した．

**ラヴェル望遠鏡** Lovell Telescope
イギリスのチェシャー州にある*ナフィールド電波天文学研究所の可動型の 76 m 電波望遠鏡．望遠鏡は 1957 年に完成しマークⅠと呼ばれた．1971 年に望遠鏡は新しいアンテナと支持構造とともに実質的に再建設され，マークⅠAとなった．1987 年に*ラヴェルの業績（C. B.）を讃えてラヴェル望遠鏡と命名された．

**ラカイユ，ニコラ ルイ ド** Lacaille, Nicolas Louis de (1713～62)
フランスの天文学者．1751～3 年に喜望峰（現在の南アフリカ）から南天を探索した．24 個の新しい星雲と星団を発見し，ほぼ 10000 個の星の位置を図示した．そこに滞在中彼はベルリンにいた*ラランド（J. J. de）と月の位置の同時観測をし，その距離の精確な値を求めた．ラカイユは 14 個の新しい南の星座を導入した星図を発表した．彼の完全な南天星のカタログ（Coelum australe stelliferum）は彼の後 1763 年に刊行された．

**ラクス** lacus
惑星表面の小さい不規則な暗い斑点．複数形 lacus．この名称は地質学的用語ではなく，例えば，月面のラクス・ソムニオラムおよび火星面のソリス・ラクスのように個々の地形の命名に使用する．この語は"湖"を意味し，17 世紀に月の地形に初めて適用された．当時はこの暗い斑点は水の塊であろうと考えられた．

**ラグランジュ（－トゥルニエ），ジョゼフ ルイ ド** Lagrange (-Tournier), Joseph Louis de (1736～1813)
フランスの数学者．イタリアで生まれた．天体力学で太陽系における*摂動と安定性を研究した．地球，月および太陽の*三体問題（1764 年）および木星の衛星の運動（1766 年）を調べた．1772 年，現在は*ラグランジュ点と呼ばれている平衡位置が生じる問題に対する特殊解を見出した．ラグランジュは月の*秤動も研究した．

**ラグランジュ点** Lagrangian point
小天体が二つの大質量天体の軌道面にとどまることができる五つの点．秤動点ともいう．これらの点のうち 3 点は二つの大質量天体を結ぶ線上に位置する．$L_1$ はそれらの間に位置するが，$L_2$ および $L_3$ は二つの天体の外側にある．これらの 3 点は不安定で，天体がそれらの点からわずかでもずれると，天体はその点を急速に離れることになる．第四および第五の点（$L_4$ および $L_5$）は，どちらも二つの大質量天体と正三角形を形成する点にあり，質量の重い方の天体の周囲を回る質量の小さい方の天体の 60°前方および後方に位置する．$L_4$ および $L_5$ ラグランジュ点に位置する天体の有名な例は，木星

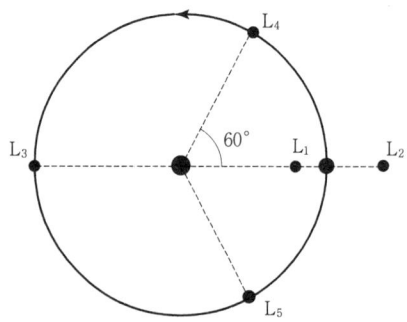

**ラグランジュ点**：ラグランジュ点は，太陽の周りの惑星のように，他の天体を回るある天体の軌道に見られる 5 個の平衡点である．

軌道にある*トロヤ群小惑星である．土星の衛星のなかでは，テレストとカリプソがはるかに重い衛星テティスの軌道にある$L_4$および$L_5$ラグランジュ点に位置する．同様にして小さなヘレネは土星の衛星ディオネの60°前方の$L_4$にある．ラグランジュ点はその存在を最初に計算したフランスの数学者*ラグランジュ（J. L. de）にちなんで命名された．

**ラジアン** radian（記号 rad）
幾何学で使用する角度の単位．円の半径に等しい長さの弧が円の中心で張る角度として定義する．半径の$2\pi$倍の長さをもつ円の全円周は$2\pi$ラジアンの角度を張る．したがって$360°=2\pi$ラジアンで，1ラジアン$=57.2958°$である．1ラジアンは約20万角度秒（実際の数値は206265）とおぼえておけば，天文学者にとって役に立つ．単位の定義の結果として，ラジアンで表した角度秒数はパーセク（pc）を天文単位で表した値に等しい．

**ラ・シーヤ天文台** La Silla Observatory
チリにある*ヨーロッパ南天天文台の観測基地．

**ラ-シャロム** Ra-Shalom
小惑星2100番．*アテン群の2番目に大きい小惑星．直径2.4km．1978年にアメリカの天文学者 Eleanor Kay Helin（旧姓 Francis）が発見した．この名称はエジプトの太陽神 Ra と"平和"を意味するヘブライ語の挨拶 Shalom からとった．Cクラスに属する．ラ-シャロムの軌道は，長半径0.832AU，周期0.76年，近日点0.47AU，遠日点1.20AU，軌道傾斜角15.8°をもつ．

**らしんばん座** Pyxis（略号 Pyx．所有格 Pyxidis）
航海者の羅針盤をかたどった南天の目立たない星座．最も明るい星は7等のアルファ星である．1890年，1902年，1920年，1944年，および1966年に爆発して明るくなった*回帰新星らしんばん座T星を含んでいる．

**ラスアルゲティ** Rasalgethi
ヘルクレス座アルファ星．M5型の*超巨星または輝巨星で，推定直径が太陽直径の500倍ほどもあり，知られている最大の星の一つである．約6年持続する長期の変動もあるが，100日程度の周期で2.7等から4.0等までの範囲を変化する半規則型変光星である．ラスアルゲティは*連星で，オレンジ色の主星に対して緑色がかって見える5.4等の伴星をもつ．この星自体はまた*分光連星でもある．眼に見える二つの星の公転周期は約3600年と推定される．距離は630光年．

**ラスアルハグェ** Rasalhague
へびつかい座アルファ星．2.1等，距離49光年のA5型矮星である．

**ラスカンパナス天文台** Las Campanas Observatory
チリのラ・セレナ北東110kmの標高2280mのラスカンパナス丘にある天文台．1971年に創設され，ワシントンのカーネギー研究所が所有し，運営している．1976年に開設された2.5mイレネ・デュポン望遠鏡，1971年に開設された1mスウォープ望遠鏡に加えてワルシャワ大学天文台，プリンストン，およびカーネギーが共同で運用している1.3mワルシャワ大学天文台望遠鏡が1996年に開設された．双子の6.5m*マゼラン望遠鏡の設置場所でもある．ラスカンパナスでは，日本の名古屋大学が1996年に開設したミリ波およびサブミリ波天文学用4mパラボラアンテナを運用している．

**ラスター** raster
画像を走査あるいは作製するために使用する反復された線からなるパターンをいう．例えば，テレビのスクリーンはラスターパターンの線である．

**ラスタースキャン** raster scan
望遠鏡を前後に走査して隣接する帯状領域を観測してゆく探査方式．銀河面を探査するために銀緯の線に沿って走査するといったふうに，走査方向はどのようにも選ぶことができる．[天体観測ばかりでなく，例えば写真乾板を乾板測定機でディジタル化する場合にもこの用語を用いる]．⇒ドリフトスキャン

**RASのねじ山** RAS thread
接眼鏡の標準であった円筒部のねじ山に対する名前．標準的なガス管取付け部品からとられたピッチ1/16インチ，直径1/4インチのねじ山である．王立天文学会（RAS）によって導

入されたが，1970年代にねじ山のない押し込み型の接眼鏡が好まれてすたれた．

**ラ・スパーバ** La Superba
りょうけん座Y型星．SRB型の*半規則型変光を示す*赤色超巨星．5カ月を超える周期で5等と7等の範囲を変光する．その際立ったスペクトルを見て*セッキ（P. A.）が命名した．

**ラセルチド** Lacertid
*とかげ座BL型天体の別名．

**らせん星雲** Helix Nebula
みずがめ座にある*惑星状星雲．NGC 7295あるいはひまわり星雲とも呼ばれる．距離450光年の最も近い惑星状星雲であり，見かけの大きさがほぼ1/4°で最大である．温度が50000Kの非常に高温の13等の中心星によって電離されている．

**ラタン600電波望遠鏡** RATAN-600
南ロシアのゼレンチュクスカヤ付近にある*特別天体物理天文台の電波望遠鏡．1975年に稼動を開始した．この名称は Radio Astronomy Telesope of Academy Nauk（Nauk は科学のロシア語）の短縮形である．望遠鏡は傾斜を変えることができる895個のパネルから構成され，それらを直径が576mの円環状に配列したものである．このパネルは全体を一つの単位としても，四つの部分に分けて別々の単位としても使用できる．

**落下隕石** fall
実際に落下が観測され，地上に衝突した場所で回収された隕石．多くの場合，隕石は落下直後に回収されるので，地球による汚染や風化を比較的受けていない．しかしながら，落下が観測されてから数カ月あるいは数年後まで回収されない隕石もある．既知の隕石の約40%は落下が観測されている．⇨発見隕石．

**落下速度** infall velocity
重力によって銀河あるいは他の天体が，自身より質量の大きい天体の方に運動する速度．例えば，*局部銀河群は200 km/sほどの速度で*おとめ座銀河団の中心に向かって落下している．［日本語にしたときの"落下速度"は，地表で物体が落下する通常の落下速度も指す（むしろそれが普通である）］．

**ラッセル，ウィリアム** Lassel, William（1799〜1880）
イギリスの醸造業者でアマチュア天文家．1845年に赤道儀式の最初の大型反射望遠鏡である24インチ（0.6 m）望遠鏡を完成し，それを用いて数個の惑星の衛星を発見した．1846年海王星発見の17日後に海王星最大の衛星トリトンを発見した．1848年*ボンド（W. C. および G. P.）とは独立に（しかし2日遅れて）土星の衛星ヒペリオンを発見し，1851年には天王星を公転するアリエルおよびウンブリエルを発見した．1852年から1864年までマルタから，最初は0.6 m反射望遠鏡で，次いで新しい48インチ（1.2 m）反射望遠鏡で観測を行い，600個の新しい星雲を発見した．

**ラッセル，ヘンリー ノリス** Russell, Henry Norris（1877〜1957）
アメリカの天文学者．星のスペクトル型に対する絶対等級の図を描くのに十分な数のデータを1910年までに蓄積し，赤色星が巨星と矮星の二つの群に分類されることを見いだした．彼は，*ヘルツシュプルングが1906年に同じことを発表したのを知らなかった．1913年にさらに彼が発展させたこの図は，現在では*ヘルツシュプルング-ラッセル図（H-R図）と呼ばれている．ラッセルはまた*連星の質量を計算する方法を進歩させた．1928年にそのスペクトルから太陽大気の組成を明らかにし，すべての星は高い比率で水素を含んでいることを示唆した．これは*ペイン-ガポシュキン（C. H.）が最初に到達した結論である．

**ラッセル-フォークトの定理** Russell-Vogt theorem ➡フォークト-ラッセルの定理

**ラ・パルマ天文台** La Palma Observatory
➡ロク・デ・ロス・ムチャーチョス天文台

**ラビリンサス** labyrinthus
惑星表面において直線状陥没が複雑に交錯した網目．複数形 labyrinthi．この名称は地質学的用語ではなく，例えば，火星面のノクチス・ラビリンサスのように個々の地形の命名に使用する．

**ラプラス，ピエール シモン ド** Laplace, Pierre Simon de（1749〜1827）
フランスの数学者で天文学者．*ニュートン

の重力理論を太陽系における軌道, *摂動および安定性の研究に適用して, 天体力学を数学の一分野として確立した. 木星, 土星 (1786年) および月 (1787年) の軌道速度に見られるわずかな長期的変動を解明した. 惑星は星雲の中のいろいろな半径の輪帯から凝縮したという, 太陽系の起源に関する彼の星雲仮説 (1796年) は, *カントの理論と似ているが, 彼は明らかにそれを知らなかった. 彼の「天体力学概論」(Traite de mecanique celeste, 1799～1825年に刊行された) は18世紀の天体力学の要約である.

**ラプラス面** Laplacian plane
惑星系の全角運動量ベクトルに垂直な面. 全角運動量ベクトルは保存されるのでこの面は空間に固定されている. *不変面とも呼ばれる. フランスの数学者*ラプラス (P. S. de) を記念して名づけられた.

**ラベス** labes
惑星表面における地滑り. 複数形 labes. この名称は地質学的用語ではなく, 例えば, 火星面のオフィル・ラベスのように個々の地形の命名に使用する.

**ラマン効果** Raman effect
励起 (あるいは下方遷移) を伴う原子あるいは分子による光子の散乱. したがって散乱される光子の波長が変化する. 1928年にこの効果を発見したインドの物理学者 Chandrasekhara Venkata Raman (1888～1970) にちなんで名づけられた. ラマン効果は分子のスペクトルにおいて重要である.

**ラマン散乱** Raman scattering →ラマン効果

**ラムスデン円盤** Ramsden disk
明るい空に向けた望遠鏡の接眼鏡を少し離れた (20 cm以上) ところから覗いたときに見える光の円盤. 実際はサイズが縮小された対物レンズの像 (*射出瞳) である. 接眼鏡で得られる倍率は, 望遠鏡の焦点を無限遠に合わせたときのラムスデン円盤の直径で対物レンズの直径を割った値で与えられる.

**ラムスデン接眼鏡** Ramsden eyepiece
平面側を外側に向けた同じ*焦点距離をもつ二つの*平凸レンズから構成される型の接眼鏡. その主な利点は単純さと低費用である. *瞳距離は短く, コマ (→コマ (光学的)) はないが, *色収差と*球面収差が除けないという欠点がある. 1782年にイギリスの機器製造業者 Jesse Ramsden (1735～1800) が発明した. ⇒ケルナー接眼鏡

**ラランド, ジョセフ ジェローム (ル フランセ)** | Lalande, Joseph Jérôme (Le Français) de (1732～1807)
フランスの天文学者. 1751年に*ラカイユ (N. L.) と協力して, 月の距離を測定した. また, 1761年と1769年に金星の太陽面通過を観測するプロジェクトに加わり, その結果を太陽視差の計算に利用した. 1801年に47000以上の星を収録した星表 Bibliographie astronomique を出版した. 観測は甥の Michel Jean Jérôme Lefrançais de Laland が行ったといわれている. 収録された"星"のなかには, 彼が1795年に記録した海王星があった. これは, *ガレ (J. G.) が発見する51年前のことである.

**ラランド 21185** Lalande 21185
太陽に4番目に近い星. おおぐま座にあり, 距離は8.3光年. 見かけの等級7.5のM2矮星である.

**ラリッサ** Larissa
海王星の5番目に近い衛星. 73550 kmの距離にあり, 公転周期は0.555日. 海王星VIIとも呼ばれる. 大きさは208×178 kmである. 1989年にヴォイジャー2号が発見した.

**ランパートクレーター** rampart crater
環状の低い丘で囲まれたクレーター. この種のクレーターは, 大気をもつ惑星あるいは湿っているか泥状の表面をもつ惑星に隕石が衝突して形成されると考えられている. このような衝突は水が飛び散ったように見える跳ね返しパターンを作り, 噴出物堆積中に表面流が発生してその周縁に壁状堆積物を形成する. 18 kmの火星クレーターのユティがこの例である.

# リ

**リーヴィット, ヘンリエッタ スウォン** Leavitt, Henrietta Swan (1868~1921)
　アメリカの天文学者。ハーヴァード大学天文台で*ピカリング (E. C.) と共同研究を行い、写真乾板上で星の明るさを測定した。小マゼラン雲中の*ケフェイドの研究から1912年に*周期-光度関係を確立した。また合計して2400個の*変光星を発見したが、これは当時知られていた総計の約半分に当たる。初期の*北極系列星に関する研究を行った。

**リオ, ベルナール フェルディナンド** Lyot, Bernard Ferdinand (1897~1952)
　フランスの太陽天文学者で科学機器の設計者。1920年代に*偏光した光で月と惑星を研究するために高感度の偏光器を設計し製作した。金星が分厚い大気層をもっていること、火星が薄い大気圏と埃っぽい表面をもつこと、などは彼の発見である。1930年に太陽コロナを観測するための*コロナグラフ、そして太陽観測用のさまざまなフィルターを発明した。1935年にコロナの最初の映画フィルムを作成した。

**リオフィルター** Lyot filter
　*複屈折フィルターの別名。

**離　角** elongation
　1. 地球から見たときの太陽とある太陽系天体との間の角度。離角は太陽、地球および天体を通る面内で太陽の東方あるいは西方に0°から180°まで測定する。天体が太陽と*合の状態にあるとき離角は0°、*衝のとき離角は180°、*矩のとき離角は90°である。*最大離角は、水星あるいは金星の、太陽から西方または東方への最大角距離である。2. 地球から見たときの惑星と衛星の間の角度。惑星、地球および衛星を通る面で惑星の東方あるいは西方に0°から測定する。

**力学時** dynamical time
　太陽系内の公転運動を計算するときに使う時間尺度。このような運動を支配する基本的な物理法則は重力の法則である。ニュートン力学では時間が基本的役割を演じる。それは絶対で普遍的であり、問題は各時刻での天体の位置を算出することである。1984年まで使われた時間尺度は*暦表時と呼ばれた。しかしながらそれ以後は、相対論的効果を含めるようになった。相対性理論によると、時間は各観測者にとって異なる。したがって、二つの明確な力学的時間尺度、すなわち*地球時(元は地球力学時)および*太陽系力学時を導入することが必要となった。この二つの力学時の間には1000分の1秒程度の非常にわずかな周期的差異があるだけである。

**力学視差** dynamical parallax
　周期と見かけの長半径がわかっている*実視連星の視差の推定値。星のスペクトル型に基づいてその系の全質量に対する値を推定し、ケプラーの第三法則を用いて天文単位での連星軌道の長半径を求め見かけの長半径と比較すると連星の視差がわかり、その距離を決めることができる。

**力学分点** dynamical equinox
　太陽あるいは太陽系の他のメンバーの観測から決定される天の赤道と黄道の交点。星表分点と力学分点の差は、星表位置に対する太陽系天体の位置を測定して導出される。

**力学摩擦** dynamical friction
　星が広がって分布している中を通り抜ける星団あるいは矮小銀河などの天体が受ける力。この力が生じるのは、天体が運動するときの重力効果がその天体の背後にある星の密度をわずかに増加させ、その結果として増大する重力の影響が天体に抵抗として作用するからである。この力学摩擦は銀河が合体するとき、および銀河を周回する*球状星団の軌道が崩壊するときに重要であると信じられている。

**リギルケンタウルス** Rigil Kentaurus
　*ケンタウルス座アルファ星の別名。

**陸　地** terra
　惑星表面上の広範な高原地域。複数形はterrae。"地面"あるいは"陸地"を意味するこの名前は地質学用語ではなく、例えば金星上のラダ陸地 (Lada Terra) あるいは*イアペトゥス上のロンスヴォー陸地 (Roncevaux

Terra）のような個々の地形の命名に使用される．

**リゲル** Rigel

オリオン座ベータ星．0.12等，全天で7番目に明るい恒星．1400光年の推定距離にあるB8型超巨星であり，太陽の15万倍の光度をもつ．6.8等の伴星をもち，その伴星自体は*分光連星である．

**リサイクルパルサー** recycled pulsar

異常に磁場が弱く（1〜100テスラ）スピンダウン速度が遅いパルサー．非常に短いパルス周期をもち，連星系で見いだされることが多い．リサイクルパルサーは，普通のパルサーがエネルギーを失って弱くなったが，連星系の伴星からガスが降着することによって再び回転し始めたものと信じられている．球状星団の中心核で高い比率のリサイクルパルサーが見出されている．ここでは星の密度が高いために古い中性子星が連星系に捕獲される可能性が高い．最初に発見されたリサイクルパルサーは非常に短いパルス周期をもち，*ミリ秒パルサーと呼ばれているが，後に発見された例ははるかに長い周期をもっていた．

**リシテア** Lysithea

木星の衛星．惑星から11番目．木星Xとも呼ばれる．その距離は1172万kmで，*エララに近い．公転周期は259.2日．リシテアは1938年にアメリカの天文学者Seth Barnes Nicholson（1891〜1963）が発見した．

**離心近点角** eccentric anomaly（記号 $E$）

軌道の中心から見て，軌道の近点と軌道長半径を半径とする円周上にある一点とがなす角度．その一点とは，公転天体の実際の位置を通って長軸と直交する線が円周と交わる点（図参照）．この円の直径は軌道の長径に等しく，その中心は軌道の中心でもある．離心近点角の角度は軌道運動の向きに測定する．（図参照）⇒ケプラー方程式

**離心率** eccentricity（記号 $e$）

軌道形状を示す尺度の一つで，軌道が円からどのくらいずれているかを示す．$e=0$ ならば，軌道は完全な円である．$e$ が1より小さければ，軌道は*楕円であり，$e$ が1に近づくにつれて，楕円は次第に偏平になる．ちょうど $e=$

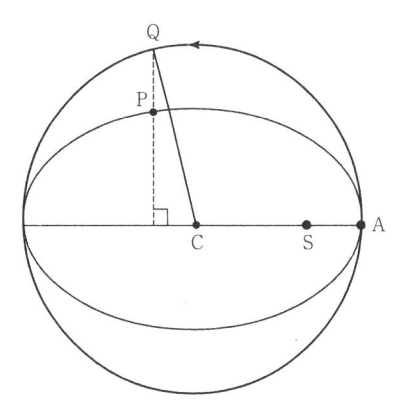

**離心近点角**：惑星の位置の離心近点角は角度ACQである．Aは近日点，Cは惑星の楕円軌道の周りに描いた円周の中心，Qは惑星の実際の位置Pを通って起動の長半径に直角な線を引いて求められる円周上の点，太陽はSにある．

1ならば，軌道は*放物線であり，$e$ が1より大きければ，軌道は*双曲線である．惑星および主要な衛星は離心率の小さい楕円である．離心率は軌道要素の一つである（→軌道要素）．

**リチウム星** lithium star

スペクトル中にリチウムを示す，スペクトル型G，KあるいはMの異常な巨星．進化しつつある星の中心核あるいはその付近での核反応はベリリウムを生成する．ベリリウムは対流によって星の外層に輸送され，そこで電子を捕獲してリチウムになる．またこの用語は*おうし座T型星（非常に若く，いまだ形成中である）をいうのに使うこともある．これらの星ではリチウムはその星を形成したガス中にもともと存在していた可能性があり，その星が*主系列に到達するとすぐに破壊されてしまうであろう．

**リック天文台** Lick Observatory

カリフォルニア大学の天文台．カリフォルニア州サンノゼの東方21kmにあるハミルトン山の標高1290mに1888年に開設された．本部はサンタクルーズに置かれている．最も有名な望遠鏡は36インチ（0.91m）リック屈折望遠鏡である．1888年に開設され，天文台と同じように，その建設に資金を寄付した地主のJames Lick（1796〜1876）を記念して命名された．天文台のもう一つの歴史的装置は，1896

年に開設された36インチのクロスリー反射望遠鏡である．1959年に3mシェーン反射望遠鏡が開設された．天文台の以前の所長 Charles Donald Shane（1895～1983）にちなんで命名されたものである．

**立体コンパレーター** stereo comparator

比較すべき二つの写真乾板のそれぞれを双眼鏡のように並べた別個の接眼鏡で見る装置．2枚の乾板上で位置をわずかに変えた物体は立体的に見える．この装置は小惑星など移動天体の位置を決めるのに特に適している．→ブリンクコンパレーター

**リッチー，ジョージ ウィリス** Ritchey, George Willis（1864～1945）

アメリカの天文学者．ウィルソン山天文台で60インチ（1.5m）望遠鏡用の反射鏡を製作し，100インチ（2.5m）望遠鏡用の反射鏡の作業を監督した．これらの装置を用いて*アンドロメダ銀河における暗黒帯を発見し，1917年にはアンドロメダ銀河において*新星と*超新星の最初の写真を撮影して，その距離を推定する初めての手段を提供した．また銀河系以外の銀河の周囲にある*球状星団を示す最初の写真を撮影した．後に*リッチー-クレティアン式望遠鏡の設計に協力し，その第1号は1930年に完成した．［主鏡口径102cm，F6.8のこの1号機は1934年に*アメリカ海軍天文台に設置された］．

**リッチー-クレティアン式望遠鏡** Ritchey-Chrétien telescope

主鏡と副鏡がともに双曲面をもつ*カセグレン式望遠鏡．標準的なカセグレン系よりもずっと広い視野にわたってコマや球面収差のない像が得られるという長所をもつ．典型的には主鏡は約2.5の口径比をもち，約8という合成口径比が得られる．リッチー-クレティアン式は，鏡筒の長さが短く，光学的性能がよいため現代の大型望遠鏡として非常に人気がある．*ケック望遠鏡および*超大型望遠鏡はこの型である．共同発明者*リッチー（G. W.）とフランスの光学機器製造業者 Henri Chrétien（1879～1956）にちなんで名づけられた．

**リディア族** Lydia family

太陽から約2.75 AUの平均距離にある小惑星からなる小さな*族．この族はそのメンバーにさまざまな型のものが混在する点で異常である．最大のメンバーはT型の（308）ポリクソで，直径138 km．この族は，1870年にフランスの天文学者 Louis Alphonse Nicolas Borrelly（1842～1926）が発見した直径76 kmのM型小惑星の（110）リディアにちなんで名づけられた．リディアの軌道は，長半径2.732 AU，周期4.52年，近日点2.52 AU，遠日点2.95 AU，軌道傾斜角6.0°をもつ．

**利得** gain

信号が増幅される比率．デシベル（記号dB）で表すことが多い．［信号処理や制御のための電子回路の特性を表すのによく用いられる］．アンテナの利得はそれがどのくらい指向的であるかの尺度であり，*指向性と関係している．最大感度方向の信号強度を，全方向に等しい感度をもつアンテナで受信される信号強度，あるいは（別の定義では）半波双極子アンテナによって受信される信号強度で割った値．

**リネア** linea

惑星表面の直線状の地形あるいは細長く伸びた痕跡．複数形 lineae．この名前は"糸"あるいは"鉛直線"を意味し，地質学的用語ではなく，例えばエウロパ上のミノス・リネアやディオネ上のパラチネ・リネアのように，個々の地形の命名に使用する．

**リマ** rima

惑星表面にある長くくっきりした狭い溝．複数形 rimae．割れ目あるいは亀裂を意味するこの名前は，17世紀に月面の地形に対して初めて使用された．種々な起源の地形に適用される．例えば月面のリマ・ハドレー（ハドレー・リル）は巨大な溶岩流における溶岩溝として形成されたが，リマ・ヒッパルスは大きな衝突ベイスンを取り巻く*地溝である．

**リム** limb

地球から見たときの天体の可視円盤の周辺．空を横切って移動するときの天体の先行する縁が先行リムであり，後続する縁が後行リムである．

**リモートセンシング** remote sensing

直接接触することなく対象についての情報を得る技術．広い意味では地上からの天文学と宇

宙から天文学で使用されるすべての技法が含まれる。開口合成レーダーのような精巧なリモートセンシング法が，例えば金星表面に関するわれわれの知識を大幅に改善する役割を果たしてきた。小惑星の表面組成を研究するために赤外線放射測定や熱量測定が利用されてきた。リモートセンシングはまた人工衛星から地球の表面を調べるためにも広く使われている．

**留** stationary

天球上での惑星の動きが一時的に停止する点。地球軌道の外側にある外惑星は，*順行から*逆行に変わるとき，およびその後，再び順行に戻るときに留を通過する．

**りゅうこつ座** Carina（略号 Car．所有格 Carinae）

アルゴ船の竜骨をかたどる南の星座。天空で2番目に明るい星*カノープス（りゅうこつ座アルファ星）を含んでいる。もう一つの明るい星はベータ星（*ミアプラキドゥス）である．*りゅうこつ座エータ星は星雲 NGC 3372 に埋もれた特異な変光星である。大きな星団には NGC 2516 および NGC 3532，また IC 2602 があり，南のプレヤデス星団と呼ばれることもある．

**りゅうこつ座-いて座腕** Carina-Sagittarius Arm

りゅうこつ座腕といて座腕が結合して作っているかも知れない銀河系における大規模な渦巻腕．

**りゅうこつ座腕** Carina Arm

ほ座，りゅうこつ座，みなみじゅうじ座，およびケンタウルス座で見られるわが銀河系の渦巻腕．それは，完全に一つの単独の腕というよりは*いて座腕の連続かもしれない．

**りゅうこつ座エータ星** Eta Carinae

超々巨大不規則変光星．1843年に空で2番目に明るい星（−0.8等）になった。現在は6.5等程度であるが，数十年の周期で変光を示す。絶対等級−10の*高光度青色変光星で，公式には*かじき座S型星に分類される。この星は大質量の星団内部に位置している。推定100太陽質量でおそらくは銀河系で最も質量の大きい星である。星自身のスペクトルは見えず，唯一見ることができるスペクトルは星を覆いかく

す*こびと星雲のスペクトルである。りゅうこつ座エータ星は強い赤外線源で，その極端な*質量放出（1年に約0.1太陽質量）には*超新星のエネルギーに匹敵するエネルギーが関与する。距離は約8000光年と推定されている．

**りゅうこつ座エータ星雲** Eta Carinae Nebula

りゅうこつ座の明るい散光星雲（NGC 3373）．約2°の広がりをもち，多くの星と星団を含んでいる。暗いV字形の吸収帯域により二つの部分に分割されている。その中心には変光星*りゅうこつ座エータ星があるが，小さな*こびと星雲に隠されている。このエータ星雲の中は，りゅうこつ座エータ星付近の明るい部分を背景にしてシルエットの形で見える小さな*暗黒星雲の*鍵穴星雲がある。その推定距離は約8000光年である．

**りゅうこつ座矮小銀河** Carina Dwarf Galaxy

局部銀河群における矮小な*矮小楕円体銀河（dSph型）．りゅうこつ座の一部を写した写真乾板上で1977年に発見された。距離約28万光年で，太陽の$10^5$倍の光度をもつ．

**りゅう座** Draco（略号 Dra．所有格 Draconis）

8番目に大きい星座。天の北極の周りに巻き付いた竜をかたどる。最も明るい星はガンマ星（*エルタニン）である。アルファ星は*ツバンの名で知られる。りゅう座はいくつかの興味ある二重星を含んでいる。その中には480年の周期で公転し合うおのおのが5.7等の近接した*連星であるミュー星，そして両方とも4.9等の双眼鏡で見分けられる連星であるニュー星がある。NGC 6543 は9等の惑星状星雲である．

**りゅう座 BY 型星** BY Draconis star

*回転変光星の型．略号 BY．変動は表面輝度が一様でないことによって引き起こされ，自転周期に関係した準周期性を示す。自転周期は数時間からほぼ120日までにわたり，変光幅は数千分の1から0.5等の範囲にある。りゅう座BY型星は G-M 矮星である。非一様な明るさは*恒星黒点および太陽と同じような彩層活動によって生じる。これは同時に*フレア星であるかもしれない．

**りゅう座流星群** Draconid meteors
　\*ジャコビニ流星群の別名.

**粒子（星間の）** particle (interstellar)　→微粒子（星間の）

**粒子（惑星間の）** particle (interplanetary)
→微粒子（惑星間の）

**粒子探査衛星** Solar, Anomalous, and Magnetospheric Particle Explorer, SAMPEX
　宇宙線，太陽フレアそして地球磁気圏からの高エネルギー粒子を研究するために1992年7月に打ち上げられたアメリカの衛星．1994年に内部\*ヴァン・アレン帯の中で地球磁場によって捕えられた宇宙線の帯を検出した．

**粒子放射** corpuscular radiation
　1. 星あるいは他の天体から高速で放出される粒子（陽子，電子，中性子，原子核，イオン，原子など）．\*太陽風がその一例である．若い星および\*活動銀河核からはジェットの形でも放出される．2. \*宇宙線の別名．

**粒状斑** granule
　[太陽光球面に見られるまだら模様．グラニュールともいう]．→粒状斑模様

**粒状斑模様** granulation
　\*粒状斑と呼ばれる多数の明るい小領域によって生じる太陽光球のまだら模様．個々の粒状斑は直径が1000 kmほどもあり，多角形をしているようにも見える．粒状斑は自身より約400 K低いより暗い粒状斑間隙で分離されている．粒状斑の寿命は20分ほどであり，以前の粒状斑の断片から発生し，分裂，消滅，時には小断片への爆裂によって消失する．粒状斑は黒点付近では引き伸ばされ，黒点暗部内にも生じる．分光観測によると，粒状斑は上昇する高温ガスの対流セルであり（→対流貫入），粒状斑間隙は下降する低温のガスであることを示している．

**流　星** meteor
　高度85～115 kmの間にある地球の上部大気圏に見られる短時間出現する光のすじ．惑星間残骸（\*流星物質）の小断片が高速で大気に突入することによって生成される．24時間の間に地球全体では肉眼で見える流星が平均1億個もあると推定されている．流星物質は11～72 km/sの速度で大気圏に突入する．直径約8 mmの流星物質によって+2等級の肉眼で見える典型的な流星が生成される．0.1～0.2秒で流星の運動エネルギーは主として熱と大気の電離エネルギーに変換され，わずかな部分しか可視光に変換されない．流星物質の表面は\*アブレーション過程によって急速に蒸発する．流星物質の表面からこうして失われる物質はさらに大気粒子と衝突して，おそらく長さが20～30 kmの柱に沿って大気粒子を励起したり電離したりする．大気粒子に与えられる過剰エネルギーは1秒足らずの間可視光として再放出される．
　流星は，太陽を回る軌道を共有する粒子（\*流星物質流）あるいは孤立したランダムな粒子（\*散在流星）により生成される．\*流星群の出現期間はさらに多くの流星が見える．大部分の流星は暗い．肉眼はほぼ+5等までの流星を検出できるが，双眼鏡では+8等までの暗い流星が見える．より小さな物質は\*電波流星あるいは\*レーダー流星を生じさせる．これは多分+12等程度の実視等級に相当する．ときおり，非常に大きな残骸片が大気に突入すると極めて明るい\*火球が発生する．

**流星嵐** meteor storm
　\*流星雨の別名．

**流星雨** meteor shower
　定期的な流星群に付随して起こる，極めてまれで短期間の現象．最盛時には1000流星/hを超える．\*流星高密度物質流中か，母天体に比較的近く位置する\*流星物質流内の比較的高密度な部分の中を地球が通過するときにこのような現象が起こる．例えば，1966年のしし座流星雨は，母彗星\*テンペル-タットルが物質流の軌道の降交点を通過した直後に起こり，広い範囲にまだ拡散していない新しく噴出された物質流から生じた．[2001年11月にしし座流星群による大流星雨が見られた]．

**流星群** meteor stream
　太陽を回る軌道にある\*微粒子（惑星間の）の流れ（\*流星物質流）を地球が通過するときに生じるさかんな流星活動をいう．極端な場合は\*流星雨や流星嵐とも呼ばれる．流星群からの流星は，空のある一点（\*放射点）から流出するように見える．流星群は毎年繰り返され，

### 主な流星群

| 流星群 | 極大期の日付 | 放射点 赤経 | 放射点 赤緯 | ZHR (近似値) |
|---|---|---|---|---|
| しぶんぎ座流星群[a] | 1月3/4日 | 15.5h | +50° | 100 |
| こと座流星群 | 4月21日 | 18.1h | +32° | 10 |
| みずがめ座エータ流星群 | 5月5日 | 22.3h | −01° | 35 |
| みずがめ座デルタ流星群（南） | 7月29日 | 22.6h | −17° | 25 |
| （北） | 8月6日 | 23.1h | +02° |  |
| ペルセウス座流星群 | 8月12日 | 03.1h | +58° | 80 |
| オリオン座流星群 | 10月20〜22日 | 06.4h | +15° | 25 |
| おうし座流星群 | 11月5日 | 03.8h | [b] | 10 |
| しし座流星群[c] | 11月17日 | 10.1h | +22° | 10 |
| ふたご座流星群 | 12月13日 | 07.5h | +32° | 100 |
| こぐま座流星群 | 12月23日 | 14.5h | +78° | 10 |

[a] 異常に鋭い極大期.
[b] 二重放射点：赤緯+14°および+22°.
[c] 33年ごとに大流星群.

空の背景からやっと区別できる\*散在流星程度の弱い出現から\*ペルセウス座流星群あるいは\*ふたご座流星群の出現のようなさかんな活動までにわたる。そのような強い流星群のときは、1分間当たり1個程度の流星を1日前後続けて見ることができる。流星群の活動は、若い流星群の場合は数日間しか見えないことがあり、一方古くて広がった流星群の場合は何週間も持続することがある。主な流星群を表に示した。

**流星高密度物質流**　meteor swarm

\*流星物質流の中で特に高密度の部分．普通，これを構成する粒子は比較的最近に母天体から放出されたばかりであり、まだ重力などの\*摂動によって広く拡散されてはいない．流星高密度物質流が見出される例は、\*ジャコビニ流星群と\*しし座流星群である．これらの領域を地球が通過すると、周期的な\*流星雨が起こる．

**流星痕**　meteor train

流星あるいは火球の頭部が通過した後にそれらの飛跡に沿って残るもの．流星痕は光，塵，水蒸気あるいは電離ガスから構成されているらしい．明るい流星の経路に沿って残されたかすかに輝く電離痕は、1秒程度しか輝かなければ飛跡，継続時間がもっと長ければ持続痕跡と命名される．流星痕は上部大気層で風によって曲げられ，分裂することもある．隕石となって落ちる火球は微細な塵からなる流星痕を残すことが多い．

**流星塵**　micrometeorite

\*流星として燃えつきずに地球の大気圏を通過して生き残った宇宙塵粒子．$10^{-6}$ g以下の質量で直径が 0.1 mm より小さい粒子は溶融することなく上部大気圏によって減速され，地球表面に漂着する．直径 0.1 mm の流星塵が地球表面の 1 m² ごとに落下する割合は1年に1個であるが、0.01 mm の直径の場合はその割合は1日当たり約1個に達する．流星塵は成層圏で収集でき，彗星および小惑星起源の物質の分析のための試料となる．月や小惑星には大気圏がないので、流星塵は高速でこれらの天体表面に衝突することになる．

**流星物質**　meteoroid

太陽を回る軌道にある彗星あるいは小惑星起源の小粒子．流星物質の大きいものと小惑星の小さいものとの区別はやや曖昧であるが、流星物質という用語は、最も普通には地球の大気圏に突入したときに\*流星を生じさせる粒子を指す．\*ペルセウス座流星群のもとになっているような\*流星物質流における典型的な流星物質は直径が数 mm で、密度は低い（0.2〜0.3 g/cm³）．一方小惑星\*ファエトンを母体とする\*ふたご座流星群での流星物質は 2 g/cm³ ともっと高い密度をもつ．

**流星物質流**　meteoroid stream

大きな母天体が放出した塵の微小粒子（\*流星物質）が、太陽の周りの共通軌道をたどる流れをいう．大部分の流星物質流は\*周期彗星から生じる．彗星の中心核は近日点の付近に達すると塵を放出し、時間とともに流星物質は彗星の軌道に沿って広がる．［これが彗星の\*ダストトレールとして可視光や赤外線で観測されることがある］．流星物質流の軌道が地球の約 0.1 AU 以内に接近するとき、\*流星群が起こ

る可能性が生じる．数回の連続回帰にわたって母天体から放出される流星物質流は，特に，*ペルセウス座流星群のような若い流星流では，活動状況が年ごとに変化する．*おうし座のように古い流星群では，流れが滑らかで幅が広く，活動状況の年ごとの変化は少ない．

**流　束　flux（記号 $\phi$）**
単位時間（普通は秒）当たり，ある表面積を通過するエネルギーあるいは粒子数をいう．光束（luminous flux）は光子形態でのエネルギー流の割合で，ルーメンで測定する．磁束（magnetic flux）は表面に垂直な磁場の強度と広がりで決まり，ウェーバーで測定する．粒子束（particle flux）は1秒に単位面積を通過する，例えば星風中の粒子の個数である．

**流束単位　flux unit**
*ジャンスキーに対する古い用語．

**流束密度　flux density**
1．（記号 $S$）スペクトル流束密度．天体の観測される放射強度を示す量．単位周波数当たりあるいは単位波長当たりにおいて単位面積を通過する放射強度．SI単位では $W/(m^2 \cdot Hz)$ または $W/(m^2 \cdot Å)$ であるが，電波および赤外天文学では特別な単位*ジャンスキーが広く用いられている．赤外線天文学では $W/(m^2 \cdot \mu m)$ が使われることもある．この用語は時として（そしてより正確に）単位面積当たりの放射出力（$W/m^2$）を意味するためにも使用する．2．（記号 $B$）磁束密度．磁場の強度と方向を示す量．SI単位はテスラである．

**竜　月　draconic month**
*交点月の別名．

**両凹レンズ　biconcave lens**
二つの凹面をもつレンズ．中央部が周縁部よりも薄くなっている．これらのレンズは常に*発散レンズであり，それを通して見る物体は実際より小さく見える．

**両極性拡散　ambipolar diffusion**
重力崩壊して星を形成しつつあるガス雲が，星間磁場から自分自身を分離させ，崩壊を止めるはずの磁気圧力を回避する過程．ゆっくりとした崩壊中に中性の原子および分子はガス中の磁力線をすべり抜けることができる．このようにしてガス雲の大部分は崩壊するが，最後まで

その中に磁場を取り込むことはない．

**りょうけん座　Canes Venatici（略号 CVn，所有格 Canum Venaticorum）**
二匹の猟犬をかたどった北天の星座．*二重星りょうけん座アルファ（*コルカロリ）とりょうけん座 Y 型変光星（*ラ・スパーバ）がある．またこの星座には6等級の*球状星団 M 3 および*子持ち銀河 M 51 が存在する．

**りょうけん座 RS 型星　RS Canum Venaticorum star**
強い CaII の輝線をもつ*連星．以前は*食変光星と分類されたが，現在では正しく*爆発型変光星と分類されている．略号 RS．低振幅の光度曲線は正弦波に似ているが，振幅と位相はゆっくりと変化する．この変化は，彩層活動および*恒星黒点と星表面の*差動回転が結びついて生じる．この系は*分離型連星であり，食連星であるものも多い．数年の周期をもつ 0.2 等以下のゆらぎが重なって見えることは，この型の星に太陽に似た活動周期があることの兆候である．

**りょうけん座アルファ$^2$ 型星　Alpha$^2$ Canum Venaticorum star**
主系列の外因性変光星の型．略号 ACV．星の回転により 0.01～0.1 等の輝度変化が生じ，スペクトル線と磁場の強さの変化を伴う．回転周期は 0.5 日から 160 日以上までにわたる．スペクトル（B8p-A7p）には，シリコン，ストロンチウム，クロムおよび希土類元素の異常に強い線がある．この型のうち特に ACVO 型の星は，*非動径脈動（周期 0.004～0.01 日）をしており，回転により生じるゆらぎに重ね合わされた小さい（0.01 等）変光を示す．

**りょうけん座 AM 型星　AM Canum Venaticorum star**
*白色矮星どうしからなるように見える珍しい形態の*激変連星．極端に水素が欠乏しており，ほぼ純粋なヘリウムスペクトルを示す．バーストはない．変光は，*おおぐま座 W 型星あるいは*楕円体状変光星の変光に似ており，急速な*ちらつきを伴う．主矮星の周囲にある*降着円盤へ向かって*質量移動が起こっているかもしれず，この連星系は爆発を起こしていない新星である可能性がある．典型例であり

ょうけん座 AM 星は既知の*食連星のうち最も短い周期（18分）をもつ．

**量子** quantum

一つの系のエネルギーあるいは角運動量などの量が放射の放出あるいは吸収を通して変化するときの最小の単位量．量子のエネルギーはその放射の1個の粒子のエネルギーを表す．したがって，特定の量の変化は連続的ではなく，その量子の整数倍でしか起こらない．電磁波放射の量子は*光子であり，重力の量子は仮想的な*グラヴィトンである．

**量子宇宙論** quantum cosmology

ビッグバン後の宇宙の最初期段階に関する研究で，初期*特異点や一般に*プランク期の性質を扱う．この分野は，*量子重力効果の理解を必要とし，いまだに満足すべき量子重力の理論はないので，高度に推論に頼っている．

**量子効率** quantum efficiency

放射を記録するときの検出器の効率．検出器に衝突する（ある周波数の）光子数に対する有効に検出される光子数の比．理想的な検出器は1の量子効率をもつ．写真乳剤は入射光子のほんの一部分しか記録しないので，量子効率は0.001〜0.01と非常に低い．CCDや光電子増倍管のような電子的検出器は0.6〜0.8の量子効率をもち，短時間の露光で暗い天体を記録できる．人の眼の量子効率は約0.01〜0.05である．量子効率は百分率で表すことが多い．

**量子重力** quantum gravitation

物体間の重力相互作用を*グラヴィトンと呼ばれる仮想的素粒子の交換によって記述する理論．グラヴィトンは重力場の量子である．グラヴィトンはまだ観測されていないが，光の光子との類推で存在すると仮定されている．

**量子論** quantum theory

エネルギーが量子と呼ばれる不連続量でのみ存在するという物理理論．1900年にドイツの物理学者 Max Karl Ernst Ludwig Planck (1858〜1947) が創案した．彼は，*電磁波は量子化されていること，すなわち，連続的にではなく微小な粒でのみ放出あるいは吸収されうることを示唆した．光子と呼ばれる放射の量子は $h\nu$ に等しいエネルギーをもつ．$h$ は*プランク定数，$\nu$ は放射の周波数．これによってプランクは，*黒体放射として知られる高温物体からの放射の波長分布を説明することができた．量子論は，量子力学と呼ばれている物質と放射の間の相互作用に関する現代理論を導いた．

**両凸レンズ** biconvex lens

二つの凸面をもつレンズ．中央部がふくれている．単純な拡大鏡が典型的な例である．両凸レンズは常に*収束レンズである．

**リ ル** rille

月面上において急勾配の壁とほぼ平行な側面をもつ明瞭な長く狭い谷間．主な三つの型がある．表面が二つの平行な断層の間に落ち込んだ*地溝のように見える直線状リル，同様であるが平面図的に見ると湾曲し，円形の海盆と同心円的な場合が多いアーチ形リル，および起源が異なる*波状リル．⇒リマ

**リレーレンズ** relay lens　➡伝送レンズ

**臨界密度** critical density

重力が宇宙の膨張を止めて静止させるのに必要な物質の平均密度．非常に低い密度の宇宙は永遠に膨張するが，非常に高密度の宇宙は最終的には崩壊する．上記の二つの極端な場合の境界線上にある約 $10^{-29}$ g/cm$^3$ のちょうど臨界密度をもつ宇宙が*アインシュタイン-ド・ジッターの宇宙モデルで記述される．われわれの宇宙で直接観測できる物質の平均密度は臨界値の約20％にすぎない．しかしながら，大量の見えない*暗黒物質が存在して実際の密度は臨界値である可能性がある．インフレーション宇宙論は，現在の密度は臨界密度に非常に近いはずであることを予測しており，この理論は暗黒物質の存在を要求している．⇒暗黒エネルギー，暗黒物質

**リング銀河** ring galaxy

明るい中心核の周囲にくっきりとした形の明るい環をもつ珍しい銀河．環は滑らかで規則的であるようにも見えるし，もつれている，あるいはねじれているようにも見え，星に加えてガスと塵を含んでいるかもしれない．このような形状は，円盤銀河がその円盤の中心を通過する他の小さい銀河と衝突して生じたと考えられている．*車輪銀河がその一例である．

**リンクルリッジ** wrinkle ridge

惑星表面上の皮膚あるいは布のしわに似た曲

折した尾根．リンクルリッジは最初は月面で命名されたが，すべての地球型惑星および大部分の大型衛星上で見いだされている．リンクルリッジは圧縮によって生じた表面の褶曲と考えられている．

**リンドブラッド，バーティル** Lindblad, Bertil（1895～1965）

スウェーデンの天文学者．光度基準に関する彼の初期の研究により，銀河系の太陽近傍における星の分布を明らかにする測光探査が可能になった．彼は恒星統計学と恒星系力学の研究対象を次第に大きな規模に広げ，*カプタイン（J. C.）が発見した二つの星流は，銀河系全体が*差動回転している証拠を与えるものであることを示した．このことは*オールト（J. H.）によってすぐに確認された．リンドブラッドはまた，銀河系が渦巻状であることを示し，他の銀河の力学の研究を続け1940年代に渦巻構造を説明するために*密度波理論を提案した．その銀河研究で彼は息子 Per Olof Lindblad（1927～）の協力を受けた．

**リンドブラッド共鳴** Lindblad resonance

銀河中心から特定の距離にある銀河円盤中の星に影響を及ぼす共鳴．星の運動の動径方向（すなわち，中心の方向に出入りする）成分の振動周期が，渦巻模様に付随する重力ポテンシャルの極大点を星が通過する周期と同じときにこの共鳴が起こる．この共鳴は半径の異なる2カ所で起こる．星が中心の周りを渦巻模様より速く回転し，それを追いこす領域内で内部リンドブラッド共鳴が起こる．逆に渦巻模様が中心の周りを星よりも速く移動する領域内で，外部リンドブラッド共鳴が起こる．内部共鳴のときエネルギーは渦巻模様から星の軌道に供給され，外部共鳴ではこの逆になる．この効果は*リンドブラッド（B.）にちなんで名づけられた．

# ル

**ル ヴェリエ，ウルバン ジャン ジョゼフ** Le Verrier（or Leverrier），Urbain Jean Joseph（1811～77）

フランスの天体力学者．1838年から彼は太陽系の長期的な安定性，特に惑星の質量の見直しにつながる*摂動の原因，太陽系の大きさ，および光の速度を研究した．1845年に水星軌道内部の未知惑星（→ヴァルカン）が水星の観測位置の不規則性の原因であろうと示唆した．同じ年*アラーゴ（D. F. J.）が天王星に見られる同様な不規則性のことを彼に告げて注意を喚起し，1846年ル・ヴェリエは未知惑星の位置を計算し（*アダムス（J. C.）も独立に同様な計算をした），*ガレ（J. G.）は彼の計算値から海王星の位置をつきとめた．

**ル・ヴェリエ環** Le Verrier Ring

海王星の環の一つ．惑星から2番目に位置する．中心から53200 km で，110 km の幅をもつ．*ル・ヴェリエ（U. J. J）にちなんで名づけられた．

**ルーシーアルゴリズム** Lucy algorithm

[天文画像処理において分解能を向上させるために使われる手法]．電波観測における回折効果や地上観測で得られた光学画像におけるシーイング効果を除去したり改善するために使用する．新しいカメラが搭載される以前のハッブル宇宙望遠鏡で得られたぼやけた画像を鮮鋭にするために使用された．この技法は発明者であるイギリスの天文学者 Leon Brian Lucy（1938～）にちなんで名づけられた．

**ルックバックタイム** lookback time

遠方の天体からの光が地球に到達するのに要する時間．近くの銀河からの光がわれわれに到達するのに要する時間は数百万年でしかないが，非常に遠くの銀河およびクェーサーまでのルックバックタイムは*ハッブル時間（宇宙年齢）と同じ程度である．非常に離れていてルックバックタイムが宇宙の年齢よりも大きいよう

な銀河は決して観測できない．

**ルード-サストリー分類**　Rood-Sastry type

銀河団の分類方式．10個の最も明るいメンバーの型と分布に基づいて決める．cD銀河団は *cD銀河を含む．B銀河団は二つの巨大銀河が銀河直径の10倍以内の距離にある．L銀河団では最も明るいメンバーが近似的に一直線上にある．F銀河団は非常に偏平に分布している．C銀河団は中心核とハローからなる構造をもち，最も明るい4個以上のメンバーが中心核の近くにあり，それより暗いメンバーは外側のハローの中にある．I銀河団は明確な中心をもたず不規則である．この分類は1971年にアメリカの天文学者 Herbert Jesse Rood（1937〜）とインドの天文学者 Gummuluru Narasimha Sastry（1937〜）が導入した．

**ルナ**　Luna

旧ソ連が打ち上げた月探査機のシリーズ．最初の数台は初めはルーニクと呼ばれた．ルナ1号は，目標に達しなかったが，最初の宇宙探査機であった．ルナ2号は宇宙の他の天体に衝突した最初の人工物体であった．ルナ3号は月の裏面の最初の写真を撮影した．ルナ9号は月面に初めて軟着陸し，月面からの最初の写真を送り返してきた．ルナ10号は月を回る軌道に入った最初の探査機であった．ルナ16号，20号および24号は月の試料を地球へ持ち帰った．ルナ17号と21号は *ルノホートと呼ばれる探査車を月面に運搬した．（表参照）

**ルナー A**　lunar-A

月の周回軌道に入り，月面下へ観測装置を内蔵した槍の型をした3個のペネトレーターを打ち込む予定の日本の宇宙探査機．月震と月の内部温度を測定するために2個のペネトレーターを左側に，1個を右側に打ち込むことになっている．2003年に打上げが予定されている．［打ち上げは2004年以降となった］．

**ルナーオービター**　Lunar Orbiter

軌道から月を撮影した NASA の5機の宇宙探査機のシリーズ．それらの主要な目的はアポロミッションのために可能な着陸場所を探すことであった．シリーズの最初の3機は月の赤道の周りを回った．最後の2機は月の全表面を撮影することができる極軌道に置かれた．ルナー

**成功したルナ探査機**[a]

| 探査機 | 打上げ日 | 結果 |
|---|---|---|
| ルナ1号 | 1959年1月2日 | 600 kmほど月からそれた |
| ルナ2号 | 1959年9月12日 | 9月13日に月に衝突 |
| ルナ3号 | 1959年10月4日 | 月の裏面を撮影 |
| ルナ9号 | 1966年1月31日 | 2月3日に嵐の大洋に着陸 |
| ルナ10号 | 1966年3月31日 | 4月3日に月周回軌道に入る |
| ルナ11号 | 1966年8月24日 | 8月27日に月周回軌道に入る |
| ルナ12号 | 1966年10月22日 | 10月25日に月周回軌道に入る |
| ルナ13号 | 1966年12月21日 | 12月24日に嵐の大洋に着陸 |
| ルナ14号 | 1968年4月7日 | 4月10日に月周回軌道に入る |
| ルナ16号 | 1970年9月12日 | 9月20日に豊かの海に着陸．100 gの月の土壌をもって9月24日に地球に帰還 |
| ルナ17号 | 1970年11月10日 | 11月17日に雨の海に着陸．ルノホート1号探査車を運搬 |
| ルナ19号 | 1971年9月28日 | 10月3日に月周回軌道に入る |
| ルナ20号 | 1972年2月14日 | 2月21日に豊かの海に着陸．30 gの月の土壌をもって2月25日に地球に帰還 |
| ルナ21号 | 1973年1月8日 | 1月15日に静穏の海に着陸．ルノホート2号探査車を運搬 |
| ルナ22号 | 1974年5月29日 | 6月2日に月周回軌道に入る |
| ルナ23号 | 1974年10月28日 | 11月6日にクリシウム海に着陸．ドリルの破損により試料が持ち帰れなかった |
| ルナ24号 | 1976年8月9日 | 8月18日にクリシウム海に着陸．8月23日に170 gの月の土壌を地球に持ち帰った． |

[a] ルナ4号〜8号，15号および18号は着陸に失敗した．すべての日付は UT．

ルナーオービター探査機

| 探査機 | 打上げ日 | 結果 |
|---|---|---|
| ルナーオービター1号 | 1966年8月10日 | 8月14日に月周回軌道に入る |
| ルナーオービター2号 | 1966年11月6日 | 11月10日に月周回軌道に入る |
| ルナーオービター3号 | 1967年2月5日 | 2月8日に月周回軌道に入る |
| ルナーオービター4号 | 1967年5月4日 | 5月8日に月周回軌道に入る |
| ルナーオービター5号 | 1967年8月1日 | 8月5日に月周回軌道に入る |

オービターの軌道の解析からは，高密度の岩石がある*マスコンが月内部にあることがわかった．

**ルナープロスペクター** Lunar Prospector
月を回る極軌道に入る予定のNASAの宇宙探査機．極における凍結した水および他の資源を探索して月の地殻の構造を探査する．火山噴出も監視して，月の重力場の地図を作成する．1997年9月に打ち上げる予定である．[1998年6月に打ち上げられた]．

**ルナーモジュール** Lunar Module
アポロ宇宙飛行士が月面着陸するときに乗った宇宙船．二つの部分から構成されていた．4本の脚と月面への着陸を制御するためのエンジンをもつ降下ステージ，および2人の飛行士が操縦する上昇ステージである．月の表面を探査した後，飛行士は上昇ステージで離陸し，上空を周回している指令船のもう一人の飛行士と再会した．→アポロ計画

**ルノホート** Lunokhod
旧ソ連が打ち上げた2台の無人月面探査車．8輪を有するこの車両はTVカメラと月の土壌を分析するための装置を搭載し，地球からの遠隔制御で月面走行が行われた．ルノホート1号は1970年9月にルナ17号に載せて雨の海に運ばれた．11カ月後のミッションの終了までに総計10.5 kmを走破した．2倍の最高速度をもつ改良型のルノホート2号は，1973年1月にルナ21号に載せられて静かの海の端にある部分的に破壊されたクレーターのル・モニエに着陸し，5カ月の寿命の間に総計37 kmを走

破した．

**ルービン-フォード効果** Rubin-Ford effect
約1億光年規模にわたる宇宙膨張の見かけの異方性．アメリカの天文学者Vera Cooper Rubin (1928〜) と William Kent Ford, Jr (1931〜) が*渦巻銀河のサンプルについて，それらの運動を研究して明らかにした．[銀河系を含む近傍の銀河全体（*局部銀河群）が空のある方向に数百km毎秒の速度で動いているという．この結果はその後の観測では確認されていないが，局部銀河群がこれとは別の方向に同程度の速度で動いていることが*宇宙背景放射の観測から明らかになった]．

**ループ紅炎** loop prominence
非常に大きなフレアの上部にあるループ状の非常に明るい*活動紅炎．*Hα線で太陽の周縁から立ち上がって見える．まず一連のループ紅炎が発生し，次々と上部に大きさを増すループが形成される．小さい最初のループはやがて衰えて1時間ほど後に消滅する．極大の高さは10万kmに達し，完全なループ紅炎システムは1日以上続くことがある．時には同時に観測されるX線ループがHαループの外部に位置し，ループ紅炎は高温のコロナ物質から凝縮するような印象を与える．

**ルペス** rupes
惑星表面の急斜面．複数形rupes．"断崖"を意味するこの名前は地質学的用語ではなく，例えば，火星のルペス・レクタ，あるいは水星のヴィクトリア・ルペスのように，個々の地形の命名に使用する．

**ルメートル，ジョルジュ エドゥアール** Lemaître, Georges Edouard (1894〜1966)
ベルギーの僧侶で宇宙論学者．彼の膨張宇宙モデル（1927年）は，質量，引力および空間の曲率を考慮している点で*ド・ジッター (W.) のモデルよりも優れていた．1920年代にロシアの数学者 Alexander Alxandrovich Friedmann (1888〜1925) が同様なモデルを提案した．ルメートルはさらに（1931年），元はその中に宇宙のすべての質量とエネルギーが詰め込まれていた"原始の原子"あるいは"宇宙卵"の爆発が膨張宇宙の起源であることを量子力学が支持していると主張した．[*エディン

トン(A. S.)が修正したルメートルのモデルは*ガモフ(G.)のビッグバン理論に大きなきっかけを与えた].

**ルメートル宇宙** Lemaître universe

*宇宙定数の項を含む宇宙のモデル．*ルメートル(G. E.)が唱えたので名づけられた．このモデルでは空間は正の曲率をもつが，永久に膨張する．ルメートル宇宙は一様でありまた等方的である．このような宇宙の最も興味ある側面は*宇宙尺度因子が時間とともにほぼ一定ないわゆる停滞期を経験することである．

**ルントマルク，クヌート エミール** Lundmark, Knut Emil (1889～1958)

スウェーデンの天文学者．1920年代に彼は，いくつかの"渦巻星雲"(銀河)で測定できるほどの回転運動が見られないことは，それらが極端に遠い距離にあることを示していると主張した．40個以上の銀河に対する*赤方偏移のデータを用いて，速度-距離関係の初期のもの(現在では*ハッブルの法則として知られている)を導いた．明るい銀河の多くが天球上の大円に沿って分布していると最初に指摘した一人であった．後に*ド・ヴォークレアがこれはこれらの銀河が*超銀河団を作っているためであることを示した．1925年にルントマルクは，系外銀河で観測される最も明るい新星に対して新星の"上級クラス"(後に*超新星と命名された)を導入した．

# レ

**レ ア** Rhea

土星の2番目に大きい衛星．直径1530km．土星Vとも呼ばれる．レアは52万7040kmの距離の所を4.518日で土星を公転する．自転周期は公転周期と同じである．1672年に*カッシーニ(G. D.)が発見した．表面を氷と衝突クレーターが覆っている．

**励　起** excitation

原子に束縛された電子が低いエネルギー準位から高いエネルギー準位に移るのに十分なエネルギーを獲得する過程．このとき原子は励起されるという．励起は二つの仕方で起こりうる．衝突励起では電子などの粒子が原子と衝突し，エネルギーの一部を原子に伝送する．このエネルギーが二つのエネルギー準位間の差に正確に一致すれば，原子は励起される．放射励起では放射の光子が原子に吸収される．光子のエネルギーは二つのエネルギー準位間の差に精確に等しくなくてはならない．両方の場合とも，電子が低いエネルギー準位に戻るとき原子は光子を放出する．

**励起温度** excitation temperature

基底状態と励起状態にある原子あるいはイオンの相対数から得られるガスあるいはプラズマの温度．

**冷却カメラ** cold camera, cooled camera

*相反則不軌を低減するために露光中にフィルムあるいは乾板を冷却するよう特別に製作したカメラ．$-78°C$ までの降温はドライアイス(固体の二酸化炭素)をフィルムに押しつけられているカメラの背板に接触させて実現する．フィルムを大気から絶縁するために厚い窓が必要である．これとは別に，真空に排気するか乾燥した窒素ガスを満たした光学窓をもつ容器で絶縁することもある．

**冷却流** cooling flow

*銀河団で起こると考えられる一つの機構．*超新星爆発や*恒星風によって銀河から放出

されて銀河間空間を満たしている高温ガスが，最も密度の高い中心部でX線を放出して冷却し，冷却流れとなって中心近傍にある大質量の*楕円銀河に落下する．冷却するにつれてガスは低質量の星になり，巨大楕円銀河の質量を増加させているかもしれないと考えられている．

**レイリー基準** Rayleigh criterion
　*レイリー限界の別名．

**レイリー限界** Rayleigh limit
　回折によって決まる望遠鏡の限界分解能．レイリー限界とも呼ばれる．望遠鏡における星の像は回折環に囲まれた*エアリー円盤から構成される．イギリスの物理学者レイリー卿(1842～1919)は，分解能の限界を一方の星の像の中心が他方の星のエアリー円盤とその第一回折環の間の暗い間隔に位置するときの二つの星の角距離として定義した．可視光の場合これはほぼ$13.8/a$角秒に相当する．（$a$はcmで表した望遠鏡の口径）．そこで例えば30 cm望遠鏡は，良好な光学系，安定な空気，そして適切な倍率が与えられれば，角距離が$0.45''$以上の角距離をもつ*二重星を分解するはずである（比較のため，二つの6等の星がこの口径で分解されるはずの*ドーズ限界は$0.39''$である）．レイリーはエアリー円盤の大きさの深刻な劣化を避けるために対物レンズをどのくらい精確な曲線にすべきかも研究した．彼はこの限界が光の波長の4分の1であることを見いだした．[レイリー限界は波長に比例して変わる．大口径の望遠鏡の可視光-近赤外領域ではレイリー限界よりも*シーイングの方が大きいので分解能はシーイングで決まる]．

**レイリー散乱** Rayleigh scattering
　光の波長よりはるかに小さい粒子による光の散乱．散乱量は波長が短くなるにつれて増大するので，青色光は赤色光よりも多く散乱される．入射光は前方と後方に等しく散乱される．空気中の分子による太陽光のレイリー散乱が日中の空の青い色の原因である．イギリスの物理学者レイリー卿(1842～1919)にちなんで名づけられた．

**レイリー-ジーンズ公式** Rayleigh-Jeans formula
　*黒体放射スペクトルを記述する*プランクの法則に対して，放射ピークの振動数よりずっと低振動数の領域で使える近似式．レイリー-ジーンズ式は電波天文学では広く使われている．大部分の天文学上の黒体源は電波スペクトルで見出される振動数よりもはるかに高い振動数にピークをもつからである．

**レイリー数** Rayleigh number（記号 $Ra$）
　ガスあるいは液体においてどのような状態のときに対流が生じるかを決定するパラメーター．対流は，運動する物質が摩擦で失われるよりも多くのエネルギーを獲得するときに起こる．レイリー数は無次元数で，局所的な重力と媒質の性質によって変わる．対流はレイリー数がある臨界値を超えるときに起こる．レイリー数は星や惑星の内部および惑星大気のモデルを作るときに用いられる．レイリー卿にちなんで名づけられた．

**レギオモンタヌス** Regiomontanus
　ドイツの天文学者で数学者 Johann Müller (1436～76)のラテン名．彼の家庭教師でオーストリアの数学者で天文学者 Georg von Peurbach (1423～61)はプトレマイオスのアルマゲストのラテン語訳を始めたが，それをレギオモンタヌスが1463年に完成した．彼は，その訳書にいくつかの最近の観測，および後にコペルニクスに影響を及ぼし*プトレマイオス体系を拒否させることになる批判を付け加えた．彼は，自分自身の天体暦や三角関数表などを含めた科学的著作を編纂し，印刷し，そして出版した．

**暦年** calendar year
　生活上，あるいは宗教的目的のために1年として扱われる整数日数．地球や月の公転周期には1日未満の日が含まれるので，それらに歩調を合わせるためにはどのような暦でもこの数は年によって変えなくてはならない．年はある*元期から数える．*グレゴリオ暦ではこの元期はキリストの生誕日であり，紀元1年に起こったと推定されている（おそらくは不正確）．これより以前の年はBCで示される．しかし暦年0の年はない．天文学的計算の目的には，暦年の紀元前1年は0，紀元前2年は$-1$などと指定する．

**暦表時** Ephemeris Time, ET

1960年から1984年まで太陽系内の軌道を計算するときに使用した時間．その基本的単位は暦表秒（ephemeris second）であり，この暦表秒は，「元期1900.0における*太陽年は精確に3155万6925.9747秒である」という表現で定義された．暦表時は多くの点で不便だったので，1984年にSI秒を基本単位とする地球力学時（現在は*地球時と呼ばれる）によって置き換えられた．

**レクセル，彗星** Lexell, Comet (D/1770 L 1)

見失われた*周期彗星．1770年6月14日に*メシエ（C. J.）が発見した．7月1日に地球から0.015 AU（220万km）以内の点を通過し，2°以上に広がったコマをもち2等に見えた．スウェーデンの天文学者 Anders Johan Lexell（1740～84）による1779年の計算によれば，この彗星が周期5.6年の楕円軌道にあることが示された．彗星は彼の名をとって命名された．彗星の軌道は木星への短距離接近によってかなり変えられた．1779年に木星からわずか0.0015 AUの地点を通過したため近日点距離が5.2 AUまで増大した．この通過により，彗星は双曲線軌道に移り，その結果太陽系から離れてしまったのかもしれない．彗星はそれ以来見られないままである．

**レグマグリプト** regmaglypt

約100 mmより大きい隕石の表面にある半規則的模様中に見られる，柔かい粘土中の親指の跡に似た楕円形あるいは多角形の凹み．おそらく，隕石が大気圏を通過する間の摩耗により溶融断片がはがれ，空気流にさらされた結果できたものであろう．

**レーグル隕石シャワー** l'Aigle meteorite shower

1803年4月26日にフランス北部レーグル村の近くに落ちた3000個以上の隕石シャワー．ビオ（J. B.）を会長とするフランス科学アカデミーの調査委員会は，これらの隕石は宇宙空間から地球大気圏に突入した単一天体の破片であると結論した．この事件は，地球外起源の石が空から落下することがありうる，という事実の最初の証拠となった．この隕石はL型の*普通コンドライトであった．

**レグルス** Regulus

しし座アルファ星．1.35等で，1等星の中では最も暗い．距離69光年のB7型矮星であり，7.7等の離れた*伴星をもっている．

**レゴリス** regolith

惑星表面における破砕された粗い岩石と塵の層．土壌に類似しているが，生物的な物質は含まれていない．深さが5～15 mの月のレゴリスは隕石や微小隕石の衝突によって形成される．水星は同じ過程で形成されたレゴリスをもつと考えられているが，火星ではレゴリスは風と氷の浸食作用による堆積物と火山灰を含んでいるかもしれない．→メガレゴリス

**レーザー** laser

スペクトルの赤外線，可視光あるいは紫外線部分で単色（すべてが一つの波長）かつコヒーレント（すべての波の位相がそろっている）である放射ビームを発生するための装置．この名称は light amplification by stimulated emission of radiation の頭文字からなる語である．原子あるいは分子中の励起電子が光子の近接通過によって放射を出すよう誘導されると誘導放射が生じる．誘導放射により放出される光子は，通過する光子と同期して（コヒーレントに）同一波長かつ同一方向に放出される．多くのこのような光子が生成されると，それらの光子は非常に強い平行な放射ビームを発生する．誘導放射は*吸収の逆である．マイクロ波で発生するレーザーが*メーザーである．⇒コヒーレンス

**レジオ** regio

惑星表面の地域を指す語．時には明白な色あるいは地形をもつ．複数形 regiones．この名称は地質学的用語ではなく，金星上のエイストラ・レジオやガニメデ上のガリレオ・レジオのような大きな地域の命名に使用する．

**レゾー** réseau

天体の位置を測定するための基準を与えるために，現像処理をする前に写真フィルムもしくは乾板に露光させたり，あるいは電子検出器の光電陰極に重ねたりする小さな十字あるいは点の配列．

**レ ダ** Leda

木星の9番目に近い衛星．1109万4000 km

の距離にあり，公転周期は238.7日である．木星XIIIとも呼ばれる．直径は16 km．1974年にアメリカの天文学者Charles Thomas Kowal（1940～）が発見した．

**レーダー天文学**　radar astronomy

太陽系の天体に電波を発射しその天体から反射されて戻ってくる電波を受信して天体を研究する分野．レーダー研究は*アレシボ天文台の305 m電波パラボラアンテナのような非常に大型の（そして感度の高い）望遠鏡を必要とする．レーダー天文学では，（反射信号の時間遅延を測定して）惑星の正確な距離，（信号幅のドップラー拡大によって）回転速度を決定し，そして（エコーの詳細な解析によって）表面地形の地図を作成することができる．レーダー天文学の注目すべき成果には，*天文単位の精密測定，水星と金星の自転周期の決定，そして雲に覆われた金星表面の地図作成が含まれる．地球に設置したレーダーを用いて，火星の表面，木星および土星の大きな衛星，土星環，小惑星，彗星，そして流星の飛跡なども研究されてきた．金星に送られた宇宙船，特に*パイオニアヴィーナス，*ヴェネラ15号および16号，*マゼランはレーダー地図作成装置を搭載していた．

**レーダー流星**　radar meteor

大気が電離された飛跡によって，送信機と同一場所にある受信機に反射（後方散乱）されるパルス電波信号を受けて検出される流星．レーダー観測によって流星の速度を正確に決定することができる．レーダー流星が最も効率的に検出されるのは，反射面が広くなる放射点から90°の付近である．レーダーは眼で見えるものよりはるかに小さな*流星物質を検出できる．
⇒電波流星

**レティクラム**　reticulum

惑星表面の網状の（網目の）模様．複数形reticula．これは地質学的用語ではなく，金星上の地形の命名に導入されたが，まだいかなる地形にも使われていない．

**レティクル**　reticle

接眼鏡の焦点面に張って，ガイドするときに天体の中心を定めたり，あるいは角度測定を行うために使用する細い線あるいはクモ糸をいう．グラティキュールとも呼ばれる．この語は網あるいは格子を意味するが，実際にはレチクルは単純な十字線でも同心円系列でもよい．その線や視野は照明されることが多い．

**レティクル座**　Reticulum（略号Ret. 所有格Reticuli）

南天に位置する7番目に小さい星座．星の位置を測定するために接眼鏡で使用するレティクルをかたどっている．最も明るい星は3.4等のアルファ星である．ゼータ星は，5.2等および5.5等の太陽に似た星からなる間隔の広い二重星である．

**レト族**　Leto family

太陽から約2.8 AUの*小惑星帯にある小さいが明確な小惑星族．族の最大の三つのメンバー，(68)レト，(236)ホノリア，および(858)エルジェザイルはSクラスに属している．直径128 kmのレト自身は1861年にドイツの天文学者（Karl Theodor）Robert Luther（1822～1900）が発見した．レトの軌道は，長半径2.783 AU，周期4.64年，近日点2.27 AU，遠日点3.30 AU，軌道傾斜角8.0°をもつ．

**レーバー，グロート**　Reber, Grote（1911～）

アメリカの電波天文学者．*ジャンスキーが太陽系の彼方からの電波放射を検出したことを1932年に知り，1938年までに*子午儀のように赤緯方向だけで動かせる直径9.4 mの放物面アンテナを建造した．そのときから第二次大戦後まで彼は世界で唯一人の電波天文学者であった．電波で空の地図を作成し，*カシオペヤ座A や眼に見える星には対応しない*はくちょう座Aを含む多くの*電波源（"電波星"）を検出した．太陽と*アンドロメダ銀河が電波を出していることも発見した．

**レプトン**　lepton

電子，中間子およびニュートリノなどが属する素粒子のクラスの一つ．強い原子核の相互作用には関与しない．

**レプトン期**　lepton era

ビッグバンの約$10^{-5}$秒後に始まり，種々の*レプトンが宇宙の密度の主成分であった期間．初期宇宙にはレプトンと反レプトン対が大量に創生されたが，宇宙が冷却するにつれて，大部

分のレプトン種は消滅した．レプトン期の直後に*ハドロン期が続いた．レプトン期とハドロン期は*放射優勢期を細分したものである．普通は，ビッグバンの約1秒後に$5×10^9$Kの温度で大部分の電子-陽電子対が消滅したときに，レプトン期が終ったとされている．

**レーマー，オレ**（あるいは**オラウス**）**クリステンセン** Rømer, Ole (or Olaus) Christensen (1644～1710)

デンマークの天文学者．木星の衛星の食を基礎にして国際的時間標準を定める目的で，パリ天文台からそれらの衛星を観測していた．そのとき彼は食の時間が*カッシーニ（G. D.）の予報と一致せず，6ヵ月の期間中に22分だけ変化することに気がついた．レーマーは，木星が軌道上のより遠くにあるときは光が地球に到達するのにより長い時間がかかると推論した．1676年に当時の*天文単位の値を用いて自分の計時記録から光の速度を計算し，約20万km/sであることを見いだした．これは，真の値の3分の2であるが，光が有限の速度をもつことの最初の証明であった．彼はまた最初の*子午儀を作製した．

**連銀河** binary galaxy

互いの周囲を公転し合う二つの銀河．視線上で二つの銀河が偶然に重なり合う場合と真の連銀河を識別することは困難である．非常に公転周期が長いので個々の銀河の質量を正確に決定することはむずかしいが，ある特別な型の銀河の全質量を推定しようとする場合は，連銀河の軌道の統計的研究が役に立つ．

**レンジャー** Ranger

NASAの月探査機のシリーズ．本来は，月に接近しながら月を撮影し，月面に測定装置のパッケージを打ち出すことを意図していた．失敗が続いた後にレンジャーは写真撮影だけの飛行に変更された．三つの探査機が成功し，月に衝突するまで，次第に詳細になる写真を送り続けた．レンジャーの月面写真は後の*サーヴェイヤー軟着陸船の設計に役立った．

成功したレンジャー探査機

| 探査機 | 打上げ日 | 結果 |
| --- | --- | --- |
| レンジャー7号 | 1964年7月28日 | 7月31日に月に衝突 |
| レンジャー8号 | 1965年2月17日 | 2月20日に月に衝突 |
| レンジャー9号 | 1965年3月21日 | 3月24日に月に衝突 |

**レンズ** lens

光を屈折して像を形成するガラス，結晶あるいはプラスチックの透明な光学素子．レンズは凸面か凹面をもつので，レンズに入射する平行な光は，*収束レンズの場合は焦点方向に屈折され，*発散レンズの場合は焦点から離れるように屈折される．直径に比べて薄いレンズは，厚いレンズよりも遠い焦点（すなわち，長い*焦点距離）をもつ．そして製造が容易であり，*色収差や*球面収差を受けることが少ない．実際には多くの場合，これらの*収差やその他の歪曲を減らすために，複合レンズ（compound lenses）と呼ばれるレンズの組合せを用いる．⇒色消しレンズ

**レンズ（重力の）** lens (gravitational) →重力レンズ

**レンズ状銀河** lenticular galaxy

はっきりした星の*円盤と*バルジ（中心のふくらみ）をもつが，渦巻腕の徴候がなく，星間物質をほとんどあるいはまったく含まない銀河の型．レンズ状銀河は*ハッブル分類のS0型である．この名称は真横から見たときのレンズ様の外見に由来する．これらの銀河では現在星が形成されている証拠はほとんどない．

**連 星** binary star

互いの重力によって束縛され，共通重心の周りを公転し合っている二つの星．このような系は重力によって束縛されていない*見かけの二重星とは異なる．

*実視連星は肉眼か写真によって分解されるが，*位置天文的連星は見える方の一つの星の*固有運動の不規則さから検出できる．*伴星が存在する直接的証拠は*食連星における食，および*分光連星におけるスペクトル線のドップラー偏移によって与えられる．

連星の公転周期は数分から数百年までにわたる．*近接連星（close binary）ではその間隔がこれらの星の直径程度しか離れていない．このような系は，二つの星がその*ロッシュロー

ブを満たす割合に応じて，*分離型連星，*半分離型連星，および*接触連星に区分される．後者の二つの中には*質量移動が起こる*相互作用連星が含まれる．多くの連星はまた*変光星であり，最も著名なのは種々の形態の*激変星，I 型超新星，およびある種の変動 X 線源である．

**連星パルサー** binary pulsar

もう一つの星の周りを軌道運動する*パルサー．*伴星の存在は，二つの星がお互いを公転し合うときのパルス周期の周期的変化からわかる．約 50 個の連星パルサーが知られており，公転周期は 1 時間以下から数年にわたり，パルス周期は 1.6 ms（*ミリ秒パルサー）から 1 s 以上の範囲にある．最初に知られた連星パルサー PRS 1913+16 は 1974 年に発見された．それは 1 秒に 17 回パルスを出すパルサーであり，パルスの観測されない別の*中性子星の周囲を周期 7.75 時間で非常に偏心した軌道運動をしている．各星とも*チャンドラセカール限界に近い 1.4 太陽質量をもち，*重力放射によってエネルギーを失うため軌道周期は次第に短くなっていく．他の著名な連星パルサーには PSR 1957+20 があり，この天体ではパルサーからの強い放射がその小さな伴星を蒸発させていて，*クロゴケグモパルサーとも呼ばれている．多くの連星パルサーは，伴星からのガスの降着によって高い自転速度にまでスピンアップされる*リサイクルパルサーであることが知られている．

**連続スペクトル** continuous spectrum

白熱固体あるいは高温ガスが放出する模様や切れめのない発光スペクトル．高温ガスでは自由電子が再結合して連続波長領域の光子を放出する（→自由-束縛遷移）．天文学では連続スペクトルの最もよい例は*とかげ座 BL 型天体に見られる．その光学スペクトルはまったくののっぺらぼうである．

**連続的物質創生** continuous creation

*定常宇宙論にとって不可欠な仮想的過程．宇宙が膨張しつつあるならば，増大する体積を満たすために何らかの方法で物質が創造されない限り宇宙の密度は時間とともに低下する．そのような創造過程は観測されたことはないが，要求される創造の割合は非常に小さいので（宇宙年齢の間に 1 m$^3$ 当たり約 1 個の水素原子程度），直接観測によってその可能性を排除することはむずかしい．

# ロ

**ロイテン，ウィレム（ウィリアム）ヤコブ**
Luyten, Willem ("William") Jacob (1899~1994)

オランダ-アメリカの天文学者．現在のインドネシアのジャワで生まれた．20年代の初期に大きな*固有運動をもつ星の探索を始めた．1920年には3個しか知られていなかった太陽近傍の*白色矮星を検出するつもりであった．この探索の結果，結局12万個の星の固有運動がわかり，白色矮星の個数が激増した．その数は1960年までに400個に増えており，大部分はロイテンが発見したものである．1947年にくじら座において大きな固有運動をもつ星（くじら座UV星）を発見した．この星は同定された最初の*フレア星となった．ロイテンがその視差を測定するために撮影した何枚かの写真で，この星が突然に輝きそして暗くなっていくのが見つかったからである．

**ローウェル，パーシヴァル** Lowell, Percival (1855~1916)

アメリカの天文学者．1894年に*ローウェル天文台を設立して火星の知的生命の徴候を研究し，*スキャパレリ（G. V.）が最初に報告したような火星の*運河を描いた地図を作成した．天王星と海王星の軌道が示す不規則さの原因であると彼が信じた未知の"惑星X"の位置を計算し，その探索を始めたが不成功に終わった．冥王星は1930年にローウェル天文台で*トンボー（C. W.）が発見したが，ローウェルが予測していた大惑星ではないことが判明した．

**ローウェル天文台** Lowell Observatory

アリゾナ州フラグスタッフのマース丘の標高2210mにある天文台．1894年に*ローウェル（P.）が創設した．天文台には1896年にローウェルが設置した24インチ（0.61m）反射望遠鏡と冥王星を発見した0.33m天体写真儀がある．1961年にフラグスタッフの南東19kmにある標高2200mのアンダーソン・メサに光害フリーの支所が開設された．ここにはオハイオ州立大学およびオハイオウェズレイヤン大学の1.83mパーキンス反射望遠鏡（1967年ここに移動した），1968年に開設された1.1mジョンS.ホール反射望遠鏡，および0.8m反射望遠鏡が設置されている．海軍研究所，アメリカ海軍天文台，およびローウェル天文台の共同計画である海軍原型光学干渉計（NPOI）が1995年にアンダーソン・メサで稼動し始めた．

**狼星周期** Sothic cycle

古代エジプトの暦における1460年の周期．エジプト暦の1年は長さが365日と固定され，閏年がなかった．したがって，1狼星周期を経ると暦は季節に関して1年だけ逆行する．暦年が*回帰年よりも近似的に4分の1日短いからである．この周期は，シリウスに対する古代エジプトの名称である狼からその名前をとった．エジプト暦ではシリウスのヘリアカルライジングを年初と定めたのである．→ヘリアカルライジングとセッティング

**六色測光** six-colour system

次のような中心波長と帯域幅をもつ6個のフィルターを用いる光電測光体系．U: 353 nmと50 nm，V: 422 nmと80 nm，B: 488 nmと80 nm，G: 570 nmと80 nm，R: 719 nmと180 nm，I: 1030 nmと180 nm．この体系は主として*星間吸収の研究のために導入されたが，現在では使われない．

**ローク・デ・ロス・ムチャーチョス天文台**
Roque de los Muchachos Observatory, ORM

カナリア諸島ラパルマの標高2400mにあるカナリア天文学研究所（IAC）が所有し，運営している天文台．1979年に設立された．いろいろな国に所属する望遠鏡が設置されている．最大の望遠鏡は*ウィリアム・ハーシェル望遠鏡である．この望遠鏡は，*アイザック・ニュートン望遠鏡およびヤコブス・カプタイン望遠鏡も含む*アイザック・ニュートングループの一部である．ORMにある他の主要な望遠鏡は，*ガリレオ国立望遠鏡，*ノルディック光学望遠鏡，および1982年に開設された高さが16mのスウェーデン真空太陽塔（SVST）である．1984年に開設されたカールスバーグ自動

子午環はデンマークとイギリスが共同所有している．ORM にはドイツ-イタリア-スペインコンソーシアムが所有するガンマ線検出器からなる高エネルギーガンマ線天文学（HEGRA）アレイもある．

**六分儀**　sextant

水平線からの天体の高度を測定するための航海用装置．六分儀は小型望遠鏡を内蔵する可動腕と，目盛を刻んだ60°の円弧（円の6分の1）からなる．可動腕に取り付けた指標鏡が天体からの光を望遠鏡の前方に固定した水平鏡の方に反射させる．［水平鏡は半透明鏡で光の一部を反射し一部を透過する］．望遠鏡を水平線に向けると，水平線の直接像と天体の反射像を見ることができる．両者が一致するよう可動腕を動かす．天体の高度はそのときの目盛から読み取れる．太陽の観測をするときには減光フィルターを用いる．観測される天体は反射されるので，測定できる角度範囲は120°で，目盛スケールのそれの2倍である．

**ろくぶんぎ座**　Sextans（略号 Sex．所有格 Sextantis）

六分儀をかたどった天の赤道上の目立たない星座．最も明るい星は4.5等のアルファ星である．この星座で注目に値する唯一の天体は＊スピンドル銀河 NGC 3115 である．

**ろ　座**　Fornax（略号 For．所有格 fornacis）

化学者が使う炉をかたどった南天の暗い星座．最も明るい星のアルファ星は4.0等および6.5等の二重星である．この星座には電波源＊ろ座 A と＊ろ座矮小銀河が含まれる．

**ろ座 A**　Fornax A

ろ座にある距離約7500光年の＊電波銀河．可視光の銀河 NGC 1316 と同定される．この銀河は，S0型として分類されているが9等の特異な渦巻銀河に見える．NGC 1316 はろ座銀河団の最も明るいメンバーである．

**ローサット**　Rosat

ドイツ-イギリス-アメリカ共同の軟 X 線および極紫外線（EUV）天文衛星．この名称は Röntgen Satellit（ドイツ語）の短縮形である．X 線を発見したドイツの物理学者 Wilhelm Konrad von Röntgen（1845～1923）からとられた．1990年に打ち上げられてから最初の6カ月間にドイツが製作した0.8m望遠鏡を用いて X 線による最初の全天撮像探査を，またイギリスが製作した広視野カメラ（WFC）によって EUV で初めての全天探査を行った．ひきつづき，このミッションは個々の天体の詳細な観測を行った．X 線の＊斜入射望遠鏡では，0.1～2.4 keV（0.52～10 nm）のエネルギー範囲をカバーする位置分解能のある＊比例計数管か＊マイクロチャンネルプレートのどちらかの検出器を選択できる．口径0.525 m の WFC 用の斜入射望遠鏡は，一連の薄い金属箔フィルターを備えた＊マイクロチャンネルプレートをもっている．フィルターは，6 nm から73 nm までの EUV 波長を選択するために回転盤（フィルターホイール）上に設置されている．［ローサットは1999年2月にその寿命を終えた］．

**ロザリンド**　Rosalind

天王星の8番目に近い衛星．距離69940 km，公転周期0.558日．天王星 XIII とも呼ばれる．直径は54 km で，1986年にヴォイジャー2号が発見した．

**ろ座矮小銀河**　Fornax Dwarf Galaxy

局部銀河群にある＊矮小楕円体銀河（dSph型）．約54万光年の距離にあり，直径ほぼ6000光年．太陽光度の約 $2.5 \times 10^7$ 倍の光度をもち，含んでいる星の大部分は老齢である．しかし年齢が約300万年の若い星も少し存在する証拠もある．1938年に＊シャプレイ（H.）が発見した．

**ロシター効果**　Rossiter effect

食の直前直後における分光食連星の視線速度曲線の不規則さ．回転効果とも呼ばれる．大部分の連星では星は軸の周りを自転するのと同じ方向に公転する．最大食の直前に，隠蔽されずに残っている星の小部分は観測者から遠ざかる視線速度をもつ．その星が食から現れるときは逆が成り立つ．この効果は視線速度曲線上に短時間に現れるでこぼことして見える．アメリカの天文学者 Richard Alfred Rossiter（1886～1977）にちなんで名づけられた．

**ロス，第3代伯爵（ウィリアム パーソンズ）**　Rosse, Third Earl of William Parsons（1800～1867）

アイルランドの天文学者．1845年にアイルランドのパーソンズタウンのビア城における彼の家族の領地に72インチ（1.8 m）反射望遠鏡を完成させた．これは世界で最大の望遠鏡であり，その成功が大型反射望遠鏡への時代風潮を決めるのに役立った．この望遠鏡で1845年にM51（*子持ち銀河）の渦巻構造を検出し，他の"星雲"の形状を研究する計画にとりかかった．いくつかは*星団の星々に分解して見えたが，現在銀河として知られている他の星雲は星雲状にしか見えなかった．はさみ状の形から*かに星雲にその名前をつけた．彼の助手には彼の息子である第4代伯爵のパーソンズ（Laurence Parsons, 1840～1908）や*ドライヤー（J. L. E.）がいた．

**ロス，フランク エルモア** Ross, Frank Elmore（1874～1960）

アメリカの天文学者．*ニューカム（S.）のもとで研究し，1898年に発見されたフェーベの軌道を計算した．1911年に完成した最初の*写真天頂筒を設計し，製作した．1915～24年を大型反射望遠鏡用のコマ補正レンズ（ロスレンズ）を含む天文写真用の乳剤やレンズの開発に費やした．写真による探索（1924～39）は大きな*固有運動をもつ869個の星を掲載したロス星表に結実した．ウィルソン山から火星と金星を撮影し，紫外線で金星の雲にある模様を発見した．

**ロストシティ隕石** Lost City meteorite

カメラネットワークによって撮影された2番目の隕石落下．撮影された写真からその軌跡と軌道を決定し，隕石を回収することができる．1970年1月4日にオクラホマ上空でスミソニアンプレイリーネットワークによって-15等の火球が撮影された．オクラホマ州ロストシティの東方約4.5 kmの推定された衝突場所の近くで，総計17 kgになるH5*普通コンドライト隕石の4個の断片が後に発見された．軌道は*小惑星帯に*遠日点をもっていた．

**ロスランド平均不透明度** Rosseland mean opacity

ある組成，温度および密度をもつガスの，吸収および散乱に対する*不透明度を種々の波長の放射に関して平均した値．放射はガスと熱平衡状態にあり，したがって黒体スペクトルをもつと仮定する．ロスランドの平均不透明度は，星の構造の計算で必要な，すべての波長にわたって吸収される総エネルギー量を計算するのに有用である．ノルウェーの天体物理学者Svein Rosseland（1894～1985）にちなんで名づけられた．

**ロゼッタ** Rosetta

2003年1月に打上げを予定されている計画中のESAの彗星探査機．2011年に彗星46P/Wirtanenに到達する前に途中で小惑星の（3840）ミミストロベルおよび（2703）ロダリを調べる予定である．彗星が近日点に接近するときに2年間彗星と並んで飛行し，中心核から試料を採取するために着陸船を放出する．[打上げは2004年以降に延期された]．

**ロッキヤー，（ジョセフ）ノーマン** Lockyer, (Joseph) Norman（1836～1920）

イギリスの科学者で太陽物理学者．最初に黒点を分光学的に研究し，太陽のガス中の対流によって生じるドップラー偏移を見いだした．1868年に*ジャンセン（P. C. J.）とは独立に，太陽*紅炎のスペクトルを観測し，*スペクトロヘリオスコープを開発した．ジャンセンは太陽スペクトル中に新しい線を発見し，それをロッキヤーは従来知られていなかった元素に帰着させ，それをヘリウム（ヘリオスは"太陽"を意味するギリシャ語）と名づけた．ヘリウムは1895年に地球の大気中で発見された．ロッキヤーはストーンヘンジのような*天文考古学的遺跡も研究し，また科学雑誌Natureを創刊し，編集した．

**ロッシX線計時衛星** Rossi X-ray Timing Explorer, RXTE

1995年12月に打ち上げられたNASAの衛星．2～200 keV（0.006～0.6 nm）のX線を研究するために1 m²に近い今までで最大の比例計数管アレイ（PCA）を搭載した．RXTEはその比例計数管アレイ（RCA）と高エネルギーX線計時実験（HEXTE）を用いて10 μsまでの時間分解能で1000個あまりの最も明るいX線源の変光を調べた．もう一つの装置である全天モニター（ASM）は100分ごとに天空を走査する．イタリア生まれのアメリカの天

文学者 Bruno Benedetto Rossi（1905～93）にちなんで命名された．

**ロッシュ限界**　Roche limit
その距離以内では大きな衛星は*潮汐力によって引きちぎられるような惑星中心からの限界距離．惑星と衛星が同じような密度をもつ場合は，ロッシュ限界は近似的に惑星半径の2.46倍のところに位置する．ロッシュ限界内部では大きな衛星は形成されることはないが，この距離以内でも人工衛星のような小さな頑丈な物体は十分に生き残ることができる．木星から海王星までの4個の巨大惑星はいずれもロッシュ限界内に環をもっている．フランスの数学者Edouard Albert Roche（1820～83）を記念して名づけられた．

**ロッシュロープ**　Roche lobe
連星系において，その内部ではいかなる物質も重力によってその星に束縛されるような領域．ロッシュロープは*等ポテンシャル面である．二つの星のロッシュロープは内部*ラグランジュ点 $L_1$ で互いに接触しており，もし一方の星が膨張してそのロープを満たす場合にはこの点を通って*質量移動が起こりうる．フランスの数学者Édouard Albert Roche（1820～83）にちなんで名づけられた．

**ローテーションメジャー**　rotation measure
➡回転量度

**ロドラナイト**　lodranite
非常に珍しい石質-鉄隕石のクラス．この型が最初に同定されたパキスタンのロドラン町にちなんで名づけられた．ロドラナイト隕石は主としてかんらん石や金属のニッケル-鉄と混合した古銅輝石からなる．ロドラナイトは*ユーレイライトとの類似性を示す．

**ロバートソン-ウォーカー計量**　Robertson-Walker metric
*宇宙原理を組み込んだモデルで*時空の幾何学を記述する数学的関数．一般に，計量は空間的および（あるいは）時間的に離れた事象間の物理的距離をそれらの事象の位置を記述する座標に関係づける．一般相対性理論は，空間座標と時間座標間の距離が自明でない四次元時空を取り扱う．しかしながら，均質で等方的な宇宙論では宇宙時間（cosmic time）と呼ぶ一意的な時間座標と三つの空間座標を定義することができる．ロバートソン-ウォーカー計量は，均質性および等方性と両立する最も一般的な四次元の計量関数である．一般にこの計量は宇宙時間とともに膨張するか収縮する湾曲した空間を記述する．アメリカの数学者で宇宙論学者Howard Percy Robertson（1903～61）とイギリスの数学者Arthur Geoffrey Walker（1909～）にちなんで命名された．

**ロープ**　lobe
1. *電波銀河あるいは他の活動銀河の中心核の片側あるいは両側に見られ，可視光で見たその銀河のはるか外側に位置する明るい広がった電波放射領域．放射は主に*シンクロトロン放射である．ロープは銀河の中心核から噴出し，*ジェットに沿って銀河間空間に輸送された物質からなると信じられている．2. 電波望遠鏡のアンテナパターンでふくらみとして見える高感度の主ビーム領域．[3. 惑星表面の尾根や断崖からつき出している耳たぶ状の構造．⇨ロー

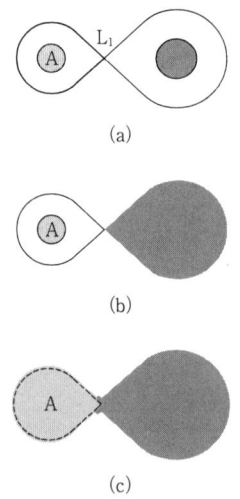

ロッシュロープ：連星系では成分AおよびBのロッシュロープはラグランジュ点 $L_1$ で交わる．(a) 分離型連星系ではどちらの星もそのロッシュロープを満たしていない．(b) 半分離型連星系では大質量の方の星Bはロッシュロープを満たしている．(c) 接触連星系では両方の成分がそのロッシュロープから溢れ出すほどにいっぱいになり，共通外層に包まれる．

ブ形尾根，ローブ形断崖].

**ローブ形尾根** lobate ridge
　片側あるいは両側に*ローブが突き出ている惑星表面の尾根．多くの*リンクルリッジはローブ形である．これは尾根から溶岩が噴出している証拠として解釈されてきたが，現在では，ローブは，地殻運動中に曲がりと表面の褶曲によって生じたという可能性が高いように思える．

**ローブ形断崖** lobate scarp
　ローブの系列からなる惑星表面の断崖．これは水星における顕著な地形で，低角度の突上げ断層と解釈され，大域的収縮の証拠かもしれない．

**ローレンツ-フィッツジェラルド収縮** Lorentz-Fitzgerald contraction
　運動する物体の長さが運動方向に収縮すること．この効果は，*マイケルソン-モーレイの実験が仮想媒質エーテルの中の地球の運動を検出できなかったことを説明するために，1895年にオランダの物理学者 Hendrik Antoon Lorentz（1853〜1928）が，また1893年にアイルランドの物理学者 George Francis Fitzgerald（1851〜1901）が独立に提案した．これは後に特殊相対性理論に組み込まれた．この収縮は光速に近い速度のときにのみ認められるようになる．光速では物体の長さは理論上は0になる．

**ローレンツ変換** Lorentz transformation
　ある観測者が見た事象の時刻と位置をその観測者に対して一定速度で運動している別の観測者が見た同一事象の時刻と場所に関係づける1組の方程式．方程式は，最初にそれらを導いたオランダの理論物理学者 Hendrik Antoon Loerntz（1853〜1928）にちなんで名づけられたが，これらの方程式は後に*特殊相対性理論に統合された．

**ロンキテスト** Ronchi test
　望遠鏡の反射鏡の形状を検査する方法．*フーコーテストと同様な原理に基づいているが，ナイフの刃の代わりに1cm当たり約40本の刻線をもつ精細な格子を用いる．この格子を用いると，これらの線が反射鏡と重なっているように見える．それらの線がすこしでも湾曲して見えれば，球面からずれていることを示す．イタリアの物理学者 Vasco Ronchi（1897〜1988）にちなんで名づけられた．

# ワ

**WIRE** Wide-Field Infrared Explorer →広視野赤外線探査衛星

**ワイオミング赤外線天文台** Wyoming Infrared Observatory

ワイオミング州ララミー付近のジェルム山の標高 2940 m にある天文台．ワイオミング大学が運営している．主要装置は 1977 年に開設された 2.3 m ワイオミング赤外線望遠鏡である．

**矮ケフェイド** dwarf Cepheid →たて座デルタ型星, は座 AI 型星

**矮小銀河** dwarf galaxy

小さな低光度の銀河．矮小楕円銀河 (dE 型) および矮小不規則銀河 (dIrr) が代表的なものである．これらとは違う矮小楕円体銀河 (dSph) は，星間物質をほとんどあるいはまったく含んでいない点で楕円銀河に似ているが，光の中心集中度が低い．また密度と表面輝度が低く，半径とともに明るさが指数関数的に減少する．この事実は dSph が小さな *円盤銀河であることを示唆している．*局部銀河群における銀河の大部分は矮小楕円体銀河である．矮小銀河がおそらく宇宙における最も大量に存在する銀河であると思われる．矮小渦巻銀河は存在しない．絶対青色等級が $-17$ 等 (約 $10^9$ 太陽光度) 以下の渦巻銀河は知られていないからである．

**矮小楕円体銀河** dwarf spheroidal galaxy
→矮小銀河

**矮新星** dwarf nova

反復する爆発を起こす *激変連星の一形態．もっと明確には *ふたご座 U 型星の名の方がよく知られている．熱的不安定さが引き金となって主星である *白色矮星の周囲の *降着円盤が突然増光するときに爆発が起きる．個々の爆発の極大は全体として新星の光度幅に類似しているが，新星と比べると変光幅 (2〜6 等) は少し小さく，継続時間 (数日) は少し短い．爆発の間隔は *回帰新星の場合よりもはるかに短く，不規則で予測できないが，個々の星に対してはそれぞれに特有の平均的な周期がある．主星への降着はおそらく最終的には新星爆発を引き起こすであろう．

**矮星** dwarf star

*ヘルツシュプルング-ラッセル図の主系列上の星．*主系列星ともいう．矮星は *光度階級 V に属する．太陽は矮星であり，大部分の星はこの型である．矮星の質量は約 0.1 から 100 太陽質量の範囲にある．主系列上の星は *巨星に進化した同一質量の星よりも小さいので，この用語が使われる．白色矮星および褐色矮星は，この主系列星であるという意味の矮星ではない．

**ワイツゼッカー，カルル フリードリッヒ フォン** Weizsäcker, Carl Friedrich von (1912〜)

ドイツの理論物理学者で天体物理学者．1938 年に，*ベーテ (H. A.) とは独立に，星は *炭素-窒素サイクルを介してエネルギーを生成し，核融合によって水素をヘリウムに変換することを提案した．1944 年に太陽系の起源を説明するための星雲仮説の現代版を詳説した．これは 18 世紀に最初は *カント (I.)，後に *ラプラス (P. S. de) が提案した．

**矮変光星** dwarf variable

低光度変光星に対する古い用語．種々の形態の *不規則変光星 (特に *おうし座 T 型星)，*フレア星，*フラッシュ星あるいは *矮新星に対して一般的に使われた．

**ワイルドのトリプレット** Wild's Triplet

おとめ座にある形が乱された三つの棒渦巻銀河で，それらは明るい架橋で結ばれている．約 2 億光年の距離にある．架橋はおそらく銀河間の重力による潮汐相互作用の結果である．この三つ組は，1950 年代初期にそれを研究したイギリス生まれのオーストラリアの天文学者 (John) Paul Wild (1923〜) にちなんで名づけられた．

**ワクシング** waxing

月が新月から満月に次第に太る様子．盈月 (えいげつ) ともいう．

**惑星** planet

自らは光を放出しないで，太陽あるいは他の星を公転する星．太陽系の惑星は，内惑星のよ

うに岩石と金属から構成されるか，巨大な外惑星のように主として液体とガスから構成される．この用語は*彗星や*流星物質のような他の小天体は含まない．しかしながら，英語で普通アステロイドという*小惑星は小さな惑星（minor planet）とも呼ばれる．惑星は木星の質量の約10倍までの質量をもつことができ，それを超えると惑星は*褐色矮星になる．

**惑星アスペクト** planetary aspect →アスペクト

**惑星学** planetology
惑星の表面，内部そして大気圏を含めた研究．惑星科学と呼ばれることもある．

**惑星間シンチレーション** interplanetary scintillation
*太陽風の電離ガスの不規則さにより起こる電波の散乱が原因で発生する電波源強度のゆらぎ（*またたき）．

**惑星間物質** interplanetary matter
太陽系の惑星間空間に存在する物質．*太陽風の荷電粒子，惑星間塵の固体粒子，彗星からの物質，そして星間空間からの入り込んだガスおよび塵が含まれる．

**惑星光行差** planetary aberration
観測した瞬間の惑星の真の方向と，移動する地球上の観測者から見たときのその惑星の見かけの方向との差．角度で測る．これは，観測者の運動による*光行差と，光が観測者に到達するまでに要する時間の間に惑星が行う運動との総合効果である．

**惑星歳差** planetary precession
地球の質量中心に対する惑星の引力による地球軌道面の*摂動．この摂動は，1年に約$0''.12$の割合で天の赤道に沿って東方に（すなわち，*日月歳差とは反対方向に）分点を移動させる．この効果は日月歳差に比べてはるかに小さい．

**惑星状星雲** planetary nebula
進化の最終段階にある星を取り巻く輝くガスと*塵からなる明るい星雲．惑星状星雲は，*赤色巨星が約10 km/sの速度でその外層を噴出して形成される．噴出したガスは星の高温中心核からの紫外線で電離される．質量が失われるにつれてこの中心核は次第に裸になり，最後には*白色矮星になる．惑星状星雲の典型的な直径は0.5光年，噴出する物質量は0.1太陽質量以上である．中心核は非常に高温なので星雲中のガスは高度に電離されている．惑星状星雲は10万年程度までの期間存在し，その間星の質量の相当な割合が星間空間に戻される．初期の観測者にはこの星雲が惑星に似ているように見えたために，このように命名された．現代の望遠鏡が明らかにした惑星状星雲の詳細な形状は多様多彩であり，環状（環状星雲など），亜鈴状，あるいは不規則形状などがある．いくつかの惑星状星雲は中心星の両側への小さな把手状の広がりを示す．これは*双極流の形で物質が高速噴出されてできると考えられる．

**わし座** Aquila（略号 Aql，所有格 Aquilae）
鷲をかたどる天の赤道にある星座．ベータ星（*アルシャイン）とガンマ星（*タラゼド）に挟まれた明るい星*アルタイル（わし座アルファ星）によって見分けられる．エータ星は周期7.2日をもつ最も明るい*ケフェイドの一つであり，3.5等から4.4等の範囲で変光する．

**わし星雲** Eagle Nebula
へび座の星団M 16（NGC 6611）を取り囲む散光星雲．IC 4703でもある．約1/2°の幅をもつ．象の鼻と名づけられたガスおよび*塵の暗黒柱が星雲の明るい部分の中に突き出ている．象の鼻内部の，周りより密度の高い部分から新しい星が誕生しつつある．このことは1995年にハッブル宇宙望遠鏡が撮影した写真から明らかになった．わし星雲の距離は7000光年．

**ワニング** waning
月が満月から新月に次第に細る様子．虧月（きげつ）ともいう．

**ワームホール** wormhole
量子宇宙論における*時空の構造の中の仮想的な虫食い穴あるいはトンネル．標準的な宇宙論は，時空は滑らかで，単連結であるという仮定に基づいている．三次元で類推するために，時空は*トーラスではなく球に似ていると仮定する．球は単連結であるといえるが，トーラスはそうではない．*量子宇宙論では$10^{-35}$ m程度の規模では時空は非常に複雑で多重連結の構造をもち，そこでは"トンネル"や"ハンド

ル"が見かけは遠い点の間に近道を与えると考えられる．原則として，十分に大きいワームホール（虫食い穴）があれば宇宙の遠方まで光よりもはるかに速く旅すること，そして状況によっては時間の中を旅することができるであろう．しかしながら，ワームホールはまだ想像上のものである．

**ワルラーヴェン測光** Walraven photometry
　独特な形式の分光測光計による測光．オランダの天文学者 Theodore Walraven (1916～) と彼の妻 Johanna Helena Walraven, 旧姓 Terlinden, 1920～89) が考案した．フィルターはなく，その代わりに波長領域を水晶のレンズとプリズムで定義する．それぞれの中心波長と帯域幅をもつ波長帯の名前は，V：547 nm と 72 nm，B：432 nm と 45 nm，L：384 nm と 23 nm，U：363 nm と 24 nm，W：325 nm と 14 nm である．五つのすべての波長帯が同時に観測される．

**椀型アンテナ** dish antenna
　*パラボラアンテナの別名．

**湾曲放射** curvature radiation
　*シンクロトロン放射の別名．

# 付　録

表 1　アポロ月着陸ミッション

| 乗　組　員 | 飛　行　期　間 | 結　　果 |
|---|---|---|
| **アポロ 11 号**<br>Neil A. Armstrong<br>Michael Collins<br>Edwin E. Aldrin | 1969 年 7 月 16～24 日 | Armstrong と Aldrin は 7 月 20 日に静かの海に最初の有人月着陸を行った |
| **アポロ 12 号**<br>Charles Conrad<br>Richard F. Gordon<br>Alan L. Bean | 1969 年 11 月 14～24 日 | Conrad と Bean が 11 月 19 日に無人ロボット探査機サーヴェイヤー 3 の近くの嵐の海に着陸した |
| **アポロ 13 号**<br>James A. Lovell<br>John L. Swigert<br>Fred W. Haise | 1970 年 4 月 11～17 日 | サービスモジュールにおける爆発後に着陸計画を取り止めた |
| **アポロ 14 号**<br>Alan B. Shepard<br>Stuart A. Roosa<br>Edgar D. Mitchell | 1971 年 1 月 31 日～2 月 9 日 | Shepard と Mitchell が 2 月 5 日にフラマウロクレーター付近に着陸した |
| **アポロ 15 号**<br>David R. Scott<br>Alfred M. Worden<br>James B. Irwin | 1971 年 7 月 26 日～8 月 7 日 | Scott と Irwin が 7 月 30 日にアペニン山脈の麓のハドレー谷付近に着陸した．月ローヴァーを初めて使用した |
| **アポロ 16 号**<br>John W. Young<br>Thomas K. Mattingly<br>Charles M. Duke | 1972 年 4 月 16～27 日 | Young と Duke が 4 月 21 日に月高原のデカルトクレーター付近に着陸した |
| **アポロ 17 号**<br>Eugene A. Cernan<br>Ronald E. Evans<br>Harrison H. Schmitt | 1972 年 12 月 7～19 日 | Cernan と Schmitt が 12 月 11 日に静かの海の端にあるリトロウクレーター付近に着陸した |

表 2 惑星の主な衛星

| 衛　　　星 | 直　　径 | 中心からの距離 (10³ km) | 公転周期(日) | 平均衝等級 |
|---|---|---|---|---|
| **地　球** | | | | |
| 月(Moon) | 3476 | 384 | 27.32 | −12.7 (full) |
| **火　星** | | | | |
| フォボス(Phobos) | 27×22×19 | 9.4 | 0.32 | 11.3 |
| デイモス(Deimos) | 15×12×11 | 23.5 | 1.26 | 12.4 |
| **木　星** | | | | |
| メティス(Metis) | 40 | 128 | 0.29 | 17.5 |
| アドラステア(Adrastea) | 25×20×15 | 129 | 0.30 | 19.1 |
| アマルテア(Amalthea) | 270×166×150 | 181 | 0.50 | 14.1 |
| テーベ(Thebe) | 110×90 | 222 | 0.67 | 15.7 |
| イオ(Io) | 3630 | 422 | 1.77 | 5.0 |
| エウロパ(Europa) | 3138 | 671 | 3.55 | 5.3 |
| ガニメデ(Ganymede) | 5262 | 1070 | 7.15 | 4.6 |
| カリスト(Callisto) | 4800 | 1883 | 16.69 | 5.7 |
| レダ(Leda) | 16 | 11094 | 238.7 | 20.2 |
| ヒマリア(Himalia) | 186 | 11480 | 250.6 | 14.8 |
| リシテア(Lysithea) | 36 | 11720 | 259.2 | 18.4 |
| エララ(Elara) | 76 | 11737 | 259.7 | 16.8 |
| アナンケ(Ananke) | 30 | 21200 | 631 (R) | 18.9 |
| カルメ(Carme) | 40 | 22600 | 692 (R) | 18.0 |
| パシファエ(Pasiphae) | 50 | 23500 | 735 (R) | 17.0 |
| シノペ(Sinope) | 36 | 23700 | 758 (R) | 18.3 |
| **土　星** | | | | |
| パン(Pan) | 20 | 134 | 0.58 | — |
| アトラス(Atlas) | 40×20 | 138 | 0.60 | 18 |
| プロメテウス(Prometheus) | 140×100×80 | 139 | 0.61 | 16 |
| パンドラ(Pandora) | 110×90×70 | 142 | 0.63 | 16 |
| エピメテウス(Epimetheus) | 140×120×100 | 151 | 0.69 | 15 |
| ヤヌス(Janus) | 220×200×160 | 151 | 0.69 | 14 |
| ミマス(Mimas) | 392 | 186 | 0.94 | 12.9 |
| エンケラドゥス(Enceladus) | 500 | 238 | 1.37 | 11.7 |
| テティス(Tethys) | 1060 | 295 | 1.89 | 10.2 |
| テレスト(Telesto) | 34×28×26 | 295 | 1.89 | 18.5 |
| カリプソ(Calypso) | 34×22×22 | 295 | 1.89 | 18.7 |
| ディオネ(Dione) | 1120 | 377 | 2.74 | 10.4 |
| ヘレネ(Helene) | 36×32×30 | 377 | 2.74 | 18 |
| レア(Rhea) | 1530 | 527 | 4.52 | 9.7 |
| ティタン(Titan) | 5150 | 1222 | 15.95 | 8.3 |
| ヒペリオン(Hyperion) | 410×260×220 | 1481 | 21.28 | 14.2 |
| イアペトゥス(Iapetus) | 1460 | 3561 | 79.33 | 10.2〜11.9 |
| フェーベ(Phoebe) | 220 | 12952 | 550.5 (R) | 16.5 |
| **天王星** | | | | |
| コーデリア(Cordelia) | 26 | 50 | 0.34 | 24.1 |

| 衛　　　　星 | 直　　径 | 中心からの距離<br>($10^3$ km) | 公転周期(日) | 平均衝等級 |
|---|---|---|---|---|
| オフェーリア (Ophelia) | 30 | 54 | 0.38 | 23.8 |
| ビアンカ (Bianca) | 42 | 59 | 0.43 | 23.0 |
| クレシダ (Cressida) | 62 | 62 | 0.46 | 22.2 |
| デスデモナ (Desdemona) | 54 | 63 | 0.47 | 22.5 |
| ジュリエット (Juliet) | 84 | 64 | 0.49 | 21.5 |
| ポーシァ (Portia) | 108 | 66 | 0.51 | 21.0 |
| ロザリンド (Rosalind) | 54 | 70 | 0.56 | 22.5 |
| ベリンダ (Belinda) | 66 | 75 | 0.62 | 22.1 |
| パック (Puck) | 154 | 86 | 0.76 | 20.2 |
| ミランダ (Miranda) | 480 | 129 | 1.41 | 16.3 |
| アリエル (Ariel) | 1158 | 191 | 2.52 | 14.2 |
| ウンブリエル (Umbriel) | 1172 | 266 | 4.14 | 14.8 |
| ティタニア (Titania) | 1580 | 436 | 8.71 | 13.7 |
| オベロン (Oberon) | 1524 | 584 | 13.46 | 13.9 |
| 海王星 | | | | |
| ナイアッド (Naiad) | 58 | 48 | 0.29 | 24.7 |
| タラッサ (Thalassa) | 80 | 50 | 0.31 | 23.8 |
| デスピナ (Despina) | 148 | 53 | 0.33 | 22.6 |
| ガラテア (Galatea) | 158 | 62 | 0.43 | 22.3 |
| ラリッサ (Larissa) | 208×178 | 74 | 0.55 | 22.0 |
| プロテウス (Proteus) | 436×416×402 | 118 | 1.12 | 20.3 |
| トリトン (Triton) | 2706 | 355 | 5.88 (R) | 13.5 |
| ネレイド (Nereid) | 340 | 5513 | 360.1 | 18.7 |
| 冥王星 | | | | |
| カロン (Charon) | 1186 | 19.6 | 6.39 | 16.8 |

(R) は逆行軌道を示す．
The Astronomical Almanac (天体暦) より採用したデータ．

表3 星座

| 名前 | 所有格 | 略号 | 面積<br>(平方度) | 大きさの順 | 出所<br>(注を参照) |
|---|---|---|---|---|---|
| アンドロメダ座<br>(Andromeda) | Andromedae | And | 722 | 19 | 1 |
| ポンプ座<br>(Antlia) | Antliae | Ant | 239 | 62 | 6 |
| ふうちょう座<br>(Apus) | Apodis | Aps | 206 | 67 | 3 |
| みずがめ座<br>(Aquarius) | Aquarii | Aqr | 980 | 10 | 1 |
| わし座<br>(Aquila) | Aquilae | Aql | 652 | 22 | 1 |
| さいだん座<br>(Ara) | Arae | Ara | 237 | 63 | 1 |
| おひつじ座<br>(Aries) | Arietis | Ari | 441 | 39 | 1 |
| ぎょしゃ座<br>(Auriga) | Aurigae | Aur | 657 | 21 | 1 |
| うしかい座<br>(Boötes) | Boötis | Boo | 907 | 13 | 1 |
| ちょうこくぐ座<br>(Caelum) | Caeli | Cae | 125 | 81 | 6 |
| きりん座<br>(Camelopardalis) | Camelopardalis | Cam | 757 | 18 | 4 |
| かに座<br>(Cancer) | Cancri | Cnc | 506 | 31 | 1 |
| りょうけん座<br>(Canes Venatici) | Canum Venaticorum | CVn | 465 | 38 | 5 |
| おおいぬ座<br>(Canis Major) | Canis Majoris | CMa | 380 | 43 | 1 |
| こいぬ座<br>(Canis Minor) | Canis Minoris | CMi | 183 | 71 | 1 |
| やぎ座<br>(Capricornus) | Capricorni | Cap | 414 | 40 | 1 |
| りゅうこつ座<br>(Carina) | Carinae | Car | 494 | 34 | 6 |
| カシオペヤ座<br>(Cassiopeia) | Cassiopeiae | Cas | 598 | 25 | 1 |
| ケンタウルス座<br>(Centaurus) | Centauri | Cen | 1060 | 9 | 1 |
| ケフェウス座<br>(Cepheus) | Cephei | Cep | 588 | 27 | 1 |
| くじら座<br>(Cetus) | Ceti | Cet | 1231 | 4 | 1 |
| カメレオン座<br>(Chamaeleon) | Chamaeleontis | Cha | 132 | 79 | 3 |
| コンパス座<br>(Circinus) | Circini | Cir | 93 | 85 | 6 |

| 名　　前 | 所　有　格 | 略　号 | 面　積<br>(平方度) | 大きさの順 | 出　所<br>(注を参照) |
|---|---|---|---|---|---|
| はと座<br>(Columba) | Columbae | Col | 270 | 54 | 4 |
| かみのけ座<br>(Coma Berenices) | Comae Berenicis | Com | 386 | 42 | 2 |
| みなみのかんむり座<br>(Corona Australis) | Coronae Australis | CrA | 128 | 80 | 1 |
| かんむり座<br>(Corona Borealis) | Coronae Borealis | CrB | 179 | 73 | 1 |
| からす座<br>(Corvus) | Corvi | Crv | 184 | 70 | 1 |
| コップ座<br>(Crater) | Crateris | Crt | 282 | 53 | 1 |
| みなみじゅうじ座<br>(Crux) | Crucis | Cru | 68 | 88 | 4 |
| はくちょう座<br>(Cygnus) | Cygni | Cyg | 804 | 16 | 1 |
| いるか座<br>(Delphinus) | Delphini | Del | 189 | 69 | 1 |
| かじき座<br>(Dorado) | Doradus | Dor | 179 | 72 | 3 |
| りゅう座<br>(Draco) | Draconis | Dra | 1083 | 8 | 1 |
| こうま座<br>(Equuleus) | Equulei | Equ | 72 | 87 | 1 |
| エリダヌス座<br>(Eridanus) | Eridani | Eri | 1138 | 6 | 1 |
| ろ　座<br>(Fornax) | Fornacis | For | 398 | 41 | 6 |
| ふたご座<br>(Gemini) | Geminorum | Gem | 514 | 30 | 1 |
| つる座<br>(Grus) | Gruis | Gru | 366 | 45 | 3 |
| ヘルクレス座<br>(Hercules) | Herculis | Her | 1225 | 5 | 1 |
| とけい座<br>(Horologium) | Horologii | Hor | 249 | 58 | 6 |
| うみへび座<br>(Hydra) | Hydrae | Hya | 1303 | 1 | 1 |
| みずへび座<br>(Hydrus) | Hydri | Hyi | 243 | 61 | 3 |
| インディアン座<br>(Indus) | Indi | Ind | 294 | 49 | 3 |
| とかげ座<br>(Lacerta) | Lacertae | Lac | 201 | 68 | 5 |
| しし座<br>(Leo) | Leonis | Leo | 947 | 12 | 1 |
| こじし座<br>(Leo Minor) | Leonis Minoris | LMi | 232 | 64 | 5 |

| 名　前 | 所有格 | 略号 | 面積<br>（平方度） | 大きさの順 | 出所<br>（注を参照） |
|---|---|---|---|---|---|
| うさぎ座<br>(Lepus) | Leporis | Lep | 290 | 51 | 1 |
| てんびん座<br>(Libra) | Librae | Lib | 538 | 29 | 1 |
| おおかみ座<br>(Lupus) | Lupi | Lup | 334 | 46 | 1 |
| やまねこ座<br>(Lynx) | Lyncis | Lyn | 545 | 28 | 5 |
| こと座<br>(Lyra) | Lyrae | Lyr | 286 | 52 | 1 |
| テーブルさん座<br>(Mensa) | Mensae | Men | 153 | 75 | 6 |
| けんびきょう座<br>(Microscopium) | Microscopii | Mic | 210 | 66 | 6 |
| いっかくじゅう座<br>(Monoceros) | Monocerotis | Mon | 482 | 35 | 4 |
| はえ座<br>(Musca) | Muscae | Mus | 138 | 77 | 3 |
| じょうぎ座<br>(Norma) | Normae | Nor | 165 | 74 | 6 |
| はちぶんぎ座<br>(Octans) | Octantis | Oct | 291 | 50 | 6 |
| へびつかい座<br>(Ophiuchus) | Ophiuchi | Oph | 948 | 11 | 1 |
| オリオン座<br>(Orion) | Orionis | Ori | 594 | 26 | 1 |
| くじゃく座<br>(Pavo) | Pavonis | Pav | 378 | 44 | 3 |
| ペガスス座<br>(Pegasus) | Pegasi | Peg | 1121 | 7 | 1 |
| ペルセウス座<br>(Perseus) | Persei | Per | 615 | 24 | 1 |
| ほうおう座<br>(Phoenix) | Phoenicis | Phe | 469 | 37 | 3 |
| がか座<br>(Pictor) | Pictoris | Pic | 247 | 59 | 6 |
| うお座<br>(Pisces) | Piscium | Psc | 889 | 14 | 1 |
| みなみのうお座<br>(Piscis Austrinus) | Piscis Austrini | PsA | 245 | 60 | 1 |
| とも座<br>(Puppis) | Puppis | Pup | 673 | 20 | 6 |
| らしんばん座<br>(Pyxis) | Pyxidis | Pyx | 221 | 65 | 6 |
| レチクル座<br>(Reticulum) | Reticuli | Ret | 114 | 82 | 6 |
| や　座<br>(Sagitta) | Sagittae | Sge | 80 | 86 | 1 |

| 名　　前 | 所　有　格 | 略　号 | 面　積<br>(平方度) | 大きさの順 | 出　所<br>(注を参照) |
|---|---|---|---|---|---|
| いて座<br>(Sagittarius) | Sagittarii | Sgr | 867 | 15 | 1 |
| さそり座<br>(Scorpius) | Scorpii | Sco | 497 | 33 | 1 |
| ちょうこくしつ座<br>(Sculptor) | Sculptoris | Scl | 475 | 36 | 6 |
| たて座<br>(Scutum) | Scuti | Sct | 109 | 84 | 5 |
| へび座<br>(Serpens) | Serpentis | Ser | 637 | 23 | 1 |
| ろくぶんぎ座<br>(Sextans) | Sextantis | Sex | 314 | 47 | 5 |
| おうし座<br>(Taurus) | Tauri | Tau | 797 | 17 | 1 |
| ぼうえんきょう座<br>(Telescopium) | Telescopii | Tel | 252 | 57 | 6 |
| さんかく座<br>(Triangulum) | Trianguli | Tri | 132 | 78 | 1 |
| みなみのさんかく座<br>(Triangulum Australe) | Trianguli Australis | TrA | 110 | 83 | 3 |
| きょしちょう座<br>(Tucana) | Tucanae | Tuc | 295 | 48 | 3 |
| おおぐま座<br>(Ursa Major) | Ursae Majoris | UMa | 1280 | 3 | 1 |
| こぐま座<br>(Ursa Minor) | Ursae Minoris | UMi | 256 | 56 | 1 |
| ほ　座<br>(Vela) | Velorum | Vel | 500 | 32 | 6 |
| おとめ座<br>(Virgo) | Virginis | Vir | 1294 | 2 | 1 |
| とびうお座<br>(Volans) | Volantis | Vol | 141 | 76 | 3 |
| こぎつね座<br>(Vulpecula) | Vulpeculae | Vul | 268 | 55 | 5 |

出所
1. Ptolemaeus（プトレマイオス）が列挙した最初のギリシャ星座．
2. ギリシャ人がしし座の一部と見なした星座．1551年に Gerardus Mercator が分離した．
3. Keyser と de Houtman の12個の南の星座．
4. Plancius が付加した星座．
5. Hevelius の7個の星座．
6. Lacaille の南の星座．

表 4　最も明るい星

| 一般名 | 星 | 赤経 (2000.0) h　m | 赤緯 °　′ | 見かけの等級 | スペクトル型 | 距離 (光年) | 絶対等級 |
|---|---|---|---|---|---|---|---|
| シリウス | おおいぬ座 α 星 | 06　45.2 | −16　43 | −1.46 | A 1 V | 8.6 | 1.4 |
| カノープス | りゅうこつ座 α 星 | 06　24.0 | −52　42 | −0.72 | A 9 II | 74 | −2.5 |
| リギル・ケンタウルス | ケンタウルス座 α 星 | 14　39.6 | −60　50 | −0.27[a] | G 2 V + K 1 V | 4.3 | [4.4+5.7] |
| アークトゥルス | うしかい座 α 星 | 14　15.7 | +19　11 | −0.04 | K 1.5 III | 34 | 0.2 |
| ヴェガ | こと座 α 星 | 18　36.9 | +38　47 | +0.03 | A 0 V | 25 | 0.6 |
| カペラ | ぎょしゃ座 α 星 | 05　16.7 | +46　00 | 0.08 | G 6 III + G 2 III | 41 | −0.4 |
| リゲル | オリオン座 β 星 | 05　14.5 | −08　12 | 0.12 | B 8 Ia | 1400 ? | −8.1 |
| プロキオン | こいぬ座 α 星 | 07　39.3 | +05　14 | 0.38 | F 5 IV-V | 11.4 | 2.7 |
| アケルナル | エリダヌス座 α 星 | 01　37.7 | −57　14 | 0.46 | B 3 Vnp | 69 | −1.3 |
| ベテルゲウス | オリオン座 α 星 | 05　55.2 | +07　24 | 0.5[b] | M 2 Iab | 1400 ? | −7.2 |
| ハダル | ケンタウルス座 β 星 | 14　0.38 | −60　22 | 0.61[b] | B 1 III | 320 | −4.4 |
| アルタイル | わし座 α 星 | 19　50.8 | +08　52 | 0.77 | A 7 Vnn | 16 | 2.3 |
| アクルックス | みなみじゅうじ座 α 星 | 12　26.6 | −63　06 | 0.79[a] | B 0.5 IV + B 1 Vn | 510 | [−4.2+−3.2] |
| アルデバラン | おうし座 α 星 | 04　35.9 | +16　31 | 0.85[b] | K 5 III | 60 | −0.3 |
| アンタレス | さそり座 α 星 | 16　29.4 | −26　26 | 0.96[b] | M 1.5 Iab | 522 ? | −5.2 |
| スピカ | おとめ座 α 星 | 13　25.2 | −11　10 | 0.98[b] | B 1 V | 220 | −3.2 |
| ポルックス | ふたご座 β 星 | 07　45.3 | +28　02 | 1.14 | K 0 IIIb | 35 | 0.7 |
| フォーマルハウト | みなみのうお座 α 星 | 22　57.7 | −29　37 | 1.16 | A 3 V | 22 | 2.0 |
| デネブ | はくちょう座 α 星 | 20　41.4 | +45　17 | 1.25 | A 2 Ia | 1500 | −7.2 |
| ベクルックス | みなみじゅうじ座 β 星 | 12　47.7 | −59　41 | 1.25[b] | B 0.5 III | 460 | −4.7 |
| レグルス | しし座 α 星 | 10　08.4 | +11　58 | 1.35 | B 7 Vn | 69 | −0.3 |
| アダーラ | おおいぬ座 ε 星 | 06　58.6 | −28　58 | 1.50 | B 2 II | 570 | −4.8 |

[a] 二重星の合成等級．[b] 変光星．
カナダ王立天文学会の Observers's Handbook における Robert F. Garrison と Brian Beattie の表から採用した．許可を得て再録した．

付　録　459

表 5　最も近い星

| 星 | 赤経 (2000.0) h m | 赤緯 (2000.0) ° ′ | 見かけの等級 | スペクトル型 | 視差(秒) | 距離(光年) | 絶対等級 |
|---|---|---|---|---|---|---|---|
| 太陽 | — | — | −26.72 | G 2 V | — | — | 4.85 |
| プロキシマ (ケンタウルス座 V 645) | 14　30 | −62　40 | 11.22[a] | M 5.5 Ve | 0.770 | 4.2 | 15.65 |
| ケンタウルス座 α 星 A | 14　40 | −60　48 | − 0.01 | G 2 V | 0.750 | 4.3 | 4.37 |
| ケンタウルス座 α 星 B | | | 1.33 | K 1 V | 0.750 | 4.3 | 5.71 |
| バーナード星 | 17　58 | +04　41 | 9.54 | M 5 V | 0.546 | 6.0 | 13.22 |
| ウォルフ 359 (しし座 CN 星) | 10　56 | +07　01 | 13.46[a] | M 6.5 Ve | 0.419 | 7.8 | 16.57 |
| ラランド 21185 | 11　03 | +35　59 | 7.48 | M 2 V | 0.394 | 8.3 | 10.46 |
| シリウス A | 06　45 | −16　43 | − 1.46 | A 1 Vm | 0.381 | 8.6 | 1.44 |
| シリウス B | | | 8.44 | DA 2 | 0.381 | 8.6 | 11.34 |
| くじら座 UV 星 A | 01　39 | −17　56 | 12.56[a] | M 5.5 Ve | 0.373 | 8.7 | 15.42 |
| くじら座 UV 星 B | | | 12.96[a] | M 5.5 Ve | 0.373 | 8.7 | 15.81 |
| ロス 154 | 18　50 | −23　51 | 10.45 | M 3.6 Ve | 0.346 | 9.4 | 13.15 |
| ロス 248 | 23　42 | +44　09 | 12.27 | M 5.5 Ve | 0.316 | 10.3 | 14.77 |
| エリダヌス座 ε 星 | 03　33 | −09　27 | 3.73 | K 2 V | 0.305 | 10.7 | 6.15 |
| ロス 128 | 11　48 | +00　48 | 11.11 | M 4 V | 0.298 | 10.9 | 13.48 |
| L 789-6 A | 22　39 | −15　17 | 12.32 | M 5 Ve | 0.290 | 11.2 | 14.63 |
| L 789-6 B | | | | | | | 15.2 |
| インディアン座 ε 星 | 22　03 | −56　47 | 4.69 | K 4 Ve | 0.289 | 11.3 | 6.99 |
| はくちょう座 61 番星 A (はくちょう座 V 1803) | 21　07 | +38　45 | 5.21[a] | K 5 V | 0.287 | 11.4 | 7.50 |
| はくちょう座 61 番星 B | | | 6.03 | K 7 V | 0.287 | 11.4 | 8.32 |
| プロキオン A | 07　39 | +05　14 | 0.38 | F 5 IV–V | 0.286 | 11.4 | 2.66 |
| プロキオン B | | | 10.7 | DF | | | 13.0 |
| BD +59° 1915 A | 18　43 | +59　38 | 8.91 | M 3.5 V | 0.285 | 11.4 | 11.18 |
| BD +59° 1915 B | | | 9.69 | M 4 V | 0.285 | 11.4 | 11.96 |
| くじら座 τ 星 | 01　44 | −15　56 | 3.50 | G 8 V | 0.283 | 11.5 | 5.75 |

[a]　変光星.
カナダ王立天文学会の Observers's Handbook における Alan H. Batten の表から採用した．許可を得て再録した．

表 6  メシエ天体

| 番号 M | NGC | 星座 | 大きさ (′) | 等級 | 天体種別 |
|---|---|---|---|---|---|
| 1 | 1952 | Tau | 6×4 | 8.4[a] | 超新星残骸 |
| 2 | 7089 | Aqr | 13 | 6.5 | 球状星団 |
| 3 | 5272 | CVn | 16 | 6.4 | 球状星団 |
| 4 | 6121 | Sco | 26 | 5.9 | 球状星団 |
| 5 | 5904 | Ser | 17 | 5.8 | 球状星団 |
| 6 | 6405 | Sco | 15 | 4.2 | 散開星団 |
| 7 | 6475 | Sco | 80 | 3.3 | 散開星団 |
| 8 | 6523 | Sgr | 90×40 | 5.8[a] | 散光星雲 |
| 9 | 6333 | Oph | 9 | 7.9[a] | 球状星団 |
| 10 | 6254 | Oph | 15 | 6.6 | 球状星団 |
| 11 | 6705 | Sct | 14 | 5.8 | 散開星団 |
| 12 | 6218 | Oph | 14 | 6.6 | 球状星団 |
| 13 | 6205 | Her | 17 | 5.9 | 球状星団 |
| 14 | 6402 | Oph | 12 | 7.6 | 球状星団 |
| 15 | 7078 | Peg | 12 | 6.4 | 球状星団 |
| 16 | 6611 | Ser | 7 | 6.0 | 散開星団 |
| 17 | 6618 | Sgr | 46×37 | 7[a] | 散光星雲 |
| 18 | 6613 | Sgr | 9 | 6.9 | 散開星団 |
| 19 | 6273 | Oph | 14 | 7.2 | 球状星団 |
| 20 | 6514 | Sgr | 29×27 | 8.5[a] | 散光星雲 |
| 21 | 6531 | Sgr | 13 | 5.9 | 散開星団 |
| 22 | 6656 | Sgr | 24 | 5.1 | 球状星団 |
| 23 | 6494 | Sgr | 27 | 5.5 | 散開星団 |
| 24 | | Sgr | 90 | 4.5[a] | いて座の星野 |
| 25 | IC 4725 | Sgr | 32 | 4.6 | 散開星団 |
| 26 | 6694 | Sct | 15 | 8.0 | 散開星団 |
| 27 | 6853 | Vul | 8×4 | 8.1[a] | 惑星状星雲 |
| 28 | 6626 | Sgr | 11 | 6.9[a] | 球状星団 |
| 29 | 6913 | Cyg | 7 | 6.6 | 散開星団 |
| 30 | 7099 | Cap | 11 | 7.5 | 球状星団 |
| 31 | 224 | And | 178×63 | 3.4 | 渦巻銀河 |
| 32 | 221 | And | 8×6 | 8.2 | 楕円銀河 |
| 33 | 598 | Tri | 62×39 | 5.7 | 渦巻銀河 |
| 34 | 1039 | Per | 35 | 5.2 | 散開星団 |
| 35 | 2168 | Gem | 28 | 5.1 | 散開星団 |
| 36 | 1960 | Aur | 12 | 6.0 | 散開星団 |
| 37 | 2099 | Aur | 24 | 5.6 | 散開星団 |
| 38 | 1912 | Aur | 21 | 6.4 | 散開星団 |
| 39 | 7092 | Cyg | 32 | 4.6 | 散開星団 |
| 40 | | Uma | − | 8[a] | 暗い二重星 |
| 41 | 2287 | Cma | 38 | 4.5 | 散開星団 |
| 42 | 1976 | Ori | 66×60 | 4[a] | 散光星雲 |

付録　461

| 番号 | | 星座 | 大きさ (′) | 等級 | 天体種別 |
|---|---|---|---|---|---|
| M | NGC | | | | |
| 43 | 1982 | Ori | 20×15 | 9[a] | 散光星雲 |
| 44 | 2632 | Cnc | 95 | 3.1 | 散開星団 |
| 45 | | Tau | 10 | 1.2 | 散開星団 |
| 46 | 2437 | Pup | 27 | 6.1 | 散開星団 |
| 47 | 2422 | Pup | 30 | 4.4 | 散開星団 |
| 48 | 2548 | Hya | 54 | 5.8 | 散開星団 |
| 49 | 4472 | Vir | 9×7 | 8.4 | 楕円銀河 |
| 50 | 2323 | Mon | 16 | 5.9 | 散開星団 |
| 51 | 5194-5 | CVn | 11×8 | 8.1 | 渦巻銀河 |
| 52 | 7654 | Cas | 13 | 6.9 | 散開星団 |
| 53 | 5024 | Com | 13 | 7.7 | 球状星団 |
| 54 | 6715 | Sgr | 9 | 7.7 | 球状星団 |
| 55 | 6809 | Sgr | 19 | 7.0 | 球状星団 |
| 56 | 6779 | Lyr | 7 | 8.2 | 球状星団 |
| 57 | 6720 | Lyr | 1 | 9.0[a] | 惑星状星雲 |
| 58 | 4579 | Vir | 5×4 | 9.8 | 渦巻星雲 |
| 59 | 4621 | Vir | 5×3 | 9.8 | 楕円銀河 |
| 60 | 4649 | Vir | 7×6 | 8.8 | 楕円銀河 |
| 61 | 4303 | Vir | 6×5 | 9.7 | 渦巻銀河 |
| 62 | 6266 | Oph | 14 | 6.6 | 球状星団 |
| 63 | 5055 | CVn | 12×8 | 8.6 | 渦巻銀河 |
| 64 | 4826 | Com | 9×5 | 8.5 | 渦巻銀河 |
| 65 | 3623 | Leo | 10×3 | 9.3 | 渦巻銀河 |
| 66 | 3627 | Leo | 9×4 | 9.0 | 渦巻銀河 |
| 67 | 2682 | Cnc | 30 | 6.9 | 散開星団 |
| 68 | 4590 | Hya | 12 | 8.2 | 球状星団 |
| 69 | 6637 | Sgr | 7 | 7.7 | 球状星団 |
| 70 | 6681 | Sgr | 8 | 8.1 | 球状星団 |
| 71 | 6838 | Sge | 7 | 8.3 | 球状星団 |
| 72 | 6981 | Aqr | 6 | 9.4 | 球状星団 |
| 73 | 6994 | Aqr | — | | 4個の星の群 |
| 74 | 628 | Psc | 10×9 | 9.2 | 渦巻銀河 |
| 75 | 6864 | Sgr | 6 | 8.6 | 球状星団 |
| 76 | 650-1 | Per | 2×1 | 11.5[a] | 惑星状星雲 |
| 77 | 1068 | Cet | 7×6 | 8.8 | 渦巻銀河 |
| 78 | 2068 | Ori | 8×6 | 8[a] | 散光星雲 |
| 79 | 1904 | Lep | 9 | 8.0 | 球状星団 |
| 80 | 6093 | Sco | 9 | 7.2 | 球状星団 |
| 81 | 3031 | UMa | 26×14 | 6.8 | 渦巻銀河 |
| 82 | 3034 | UMa | 11×5 | 8.4 | 不規則銀河 |
| 83 | 5236 | Hya | 11×10 | 7.6[a] | 渦巻銀河 |
| 84 | 4374 | Vir | 5×4 | 9.3 | 楕円銀河 |
| 85 | 4382 | Com | 7×5 | 9.2 | 楕円銀河 |

| 番号 | | 星座 | 大きさ (′) | 等級 | 天体種別 |
|---|---|---|---|---|---|
| M | NGC | | | | |
| 86 | 4406 | Vir | 7×6 | 9.2 | 楕円銀河 |
| 87 | 4486 | Vir | 7 | 8.6 | 楕円銀河 |
| 88 | 4501 | Com | 7×4 | 9.5 | 渦巻銀河 |
| 89 | 4552 | Vir | 4 | 9.8 | 楕円銀河 |
| 90 | 4569 | Vir | 10×5 | 9.5 | 渦巻銀河 |
| 91 | 4548 | Com | 5×4 | 10.2 | 渦巻銀河 |
| 92 | 6341 | Her | 11 | 6.5 | 球状星団 |
| 93 | 2447 | Pup | 22 | 6.2[a] | 散開星団 |
| 94 | 4736 | CVn | 11×9 | 8.1 | 渦巻銀河 |
| 95 | 3351 | Leo | 7×5 | 9.7 | 渦巻銀河 |
| 96 | 3368 | Leo | 7×5 | 9.2 | 渦巻銀河 |
| 97 | 3587 | UMa | 3 | 11.2[a] | 惑星状星雲 |
| 98 | 4192 | Com | 10×3 | 10.1 | 渦巻銀河 |
| 99 | 4254 | Com | 5 | 9.8 | 渦巻銀河 |
| 100 | 4321 | Com | 7×6 | 9.4 | 渦巻銀河 |
| 101 | 5457 | UMa | 27×26 | 7.7 | 渦巻銀河 |
| 102 | | | | | M 101 と重複 |
| 103 | 581 | Cas | 6 | 7.4[a] | 散開星団 |
| 104 | 4594 | Vir | 9×4 | 8.3 | 渦巻銀河 |
| 105 | 3379 | Leo | 4×4 | 9.3 | 楕円銀河 |
| 106 | 4258 | CVn | 18×8 | 8.3 | 渦巻銀河 |
| 107 | 6171 | Oph | 10 | 8.1 | 球状星団 |
| 108 | 3556 | UMa | 8×2 | 10.0 | 渦巻銀河 |
| 109 | 3992 | UMa | 8×5 | 9.8 | 渦巻銀河 |
| 110 | 205 | And | 17×10 | 8.0 | 楕円銀河 |

[a] 近似値.
A. Hirshfeld および R. Sinnott (編集) の Sky Catalogue 2000.0, 第2巻 (Sky Publishing Corp.) から採用した.

注
M 1 かに星雲
M 8 干潟星雲
M 11 のがも星団
M 17 オメガ星雲
M 20 三裂星雲
M 24 散開星団 NGC 6603 を含む
M 27 あれい星雲
M 31 アンドロメダ銀河
M 42 オリオン星雲
M 44 プレセペ星団 (蜂の巣星団)
M 45 プレアデス星団
M 51 子持ち銀河
M 57 環状星雲
M 64 ブラックアイ銀河
M 97 ふくろう星雲
M 104 ソンブレロ銀河

付録　463

表 7　局部銀河群の銀河

| 銀　　　河 | 赤経 (2000.0) h m | 赤緯 (2000.0) ° ′ | 型[a] | 絶対等級 | 見かけの等級 | 距離 (光年) |
|---|---|---|---|---|---|---|
| アンドロメダ銀河(M 31) | 00　42.7 | +41　16 | Sb I-II | −21.1 | 3.4 | 725 |
| 銀河系 | — | — | Sb/Sc | −20.6 | — | — |
| さんかく座銀河(M 33) | 01　33.9 | +30　39 | Sc II-III | −18.9 | 5.7 | 795 |
| 大マゼラン雲 | 05　24 | −69　45 | Ir III-IV | −18.1 | 0.1 | 49 |
| IC 10 | 00　20.4 | +59　18 | dIr | −17.6 | 10.3 | 1250 |
| M 32(NGC 221) | 00　40.4 | +41　41 | E 2 | −16.4 | 8.2 | 725 |
| NGC 6822(バーナード銀河) | 19　44.9 | −14　48 | Ir IV-V | −16.4 | 9 | 540 |
| M 110(NGC 205) | 00　40.4 | +41　41 | S 0/E 5 p | −16.3 | 8.0 | 725 |
| 小マゼラン雲 | 00　53 | −72　50 | Ir IV/Ir IV-V | −16.2 | 2.3 | 58 |
| NGC 185 | 00　39.0 | +48　20 | dSph/dE 3 p | −15.3 | 9.2 | 620 |
| NGC 147 | 00　33.2 | +48　30 | dSph/dE 5 | −15.1 | 9.3 | 660 |
| IC 1613 | 01　04.8 | +02　07 | Ir V | −14.9 | 9.3 | 765 |
| WLM[b]系 | 00　02.0 | −15　28 | Ir IV-V | −14.1 | 10.9 | 940 |
| ろ座矮小銀河 | 02　39.9 | −34　32 | dSph | −13.7 | 8 | 131 |
| いて座矮小銀河 | 19　00.0 | −29　00 | dSph | −13 | | 25 |
| アンドロメダ座 I | 00　45.7 | +38　00 | dSph | −11.8 | 13.2 | 725 |
| アンドロメダ座 II | 01　16.4 | +33　27 | dSph | −11.8 | 13 | 725 |
| しし座 I | 10　08.4 | +12　18 | dSph | −11.7 | 9.8 | 273 |
| みずがめ座矮小銀河(DDO 210) | 20　46.9 | −12　51 | dIr | −11.5 | | 800 |
| いて座矮小銀河(Sag DIG)[c] | 19　30.0 | −17　41 | dIr | −11.0 | 15 | 1100 |
| ちょうこくしつ座矮小銀河 | 00　59.9 | −33　42 | dSph | −10.7 | 10 | 78 |
| ポンプ座矮小銀河 | 10　04.1 | −27　20 | dSph | −10.7 | 14.8 | 1150 |
| アンドロメダ座 III | 00　35.4 | +36　31 | dSph | −10.3 | 13 | 725 |
| LGS 3[d] | 01　03.8 | +21　53 | dIr | −10.2 | 15 | 760 |
| ろくぶんぎ座矮小銀河 | 10　13.0 | −01　37 | dSph | −10.0 | | 79 |
| ほうおう座矮小銀河 | 01　51.1 | −44　27 | dIr/dSph | −9.9 | | 390 |
| きょしちょう座矮小銀河 | 22　41.9 | −64　25 | dSph | −9.5 | | 870 |
| しし座 II | 11　13.5 | +22　10 | dSph | −9.4 | 11.5 | 215 |
| こぐま座矮小銀河 | 15　08.8 | +67　12 | dSph | −8.9 | 12 | 63 |
| りゅうこつ座矮小銀河 | 06　41.6 | −50　58 | dSph | −8.9 | | 87 |
| りゅう座矮小銀河 | 17　20.2 | +57　55 | dSph | −8.6 | 11 | 76 |

[a]　dIr は不規則矮小銀河，dSph は矮小回転楕円体銀河．
[b]　WLM：ウォルフ-ルントマルク-メロット．
[c]　DIG：Dwarf Irregular Galaxy．
[d]　LGS：Local Group Suspected．
*Astronomical Journal* (107巻，1328頁，1994年) の Sidney van den Bergh による表から採用した．

# 欧文索引

## 数字・記号

21-centimetre line 302
30 Doradus 84
47 Tucanae 109
53 Persei star 376
61 Cygni 315

⊙ 243
☾ 267
☿ 206
♀ 116
⊕ 254
♁ 254
♂ 85
♃ 411
♄ 293
♅ 281
♆ 281
♆ 76
♆ 76
♇ 408
♈ 70, 195
♎ 284
° 82
′ 82
″ 82
Å 74

$\alpha$ 15, 229
$\beta$ 139
$\delta$ 225, 276
$\varepsilon$ 147, 385
$\Lambda$ 40
$\lambda$ 142, 318
$\mu$ 156
$\mu$m 394
$\pi$ 175
$\sigma$ 317
$\tau$ 115, 141
$\varphi$ 23
$\Omega$ 196, 403
$\omega$ 82, 115
$\tilde{\omega}$ 115

## A

$a$ 147, 214
A & A 4
A band 55
A-class asteroid 48
A star 47
AAO 17
AAS 11
AAT 17
AAVSO 11
Abell Catalogue 46
Abell cluster 46
Abell radius 46
aberration 142
aberration (constant of) 141
aberration (optical) 186
ablation 8
ablation age 8
absolute magnitude 230
absolute temperature 230
absolute zero 230
absorption 104
absorption coefficient 104
absorption edge 104
absorption line 104
absorption nebula 104
absorption spectrum 104
abundance of elements 137
Acamar 2
acceleration of free fall 188
accretion 145
accretion disk 145
Achernar 3
Achilles 3
achondrite 45
achromatic lens 27
achromatism 3
acronical 303
Acrux 3
active galactic nucleus, AGN 48, 88
active optics 310
active prominence 88
active region 88
Adams, John Couch 5
Adams, Walter Sydney 5
Adams Ring 5
adaptive optics 324, 389
ADC 286
Adhara 6
adiabatic process 253
Adonis 6
Adrastea 6
ADS 46, 54
advance of perihelion 115
Advanced X-ray Astrophysics Facility, AXAF 3, 232
advection 27
Ae star 44
aeon 47
aerobraking 119
aeronomy 261
aerosol 44
afocal 7
AGB star 49, 232
Agena 3
agglutinate 3
AGK 49
AGN 88
Ahnighito meteorite 7
AI Velorum star 387
airglow 240
airmass 119
airshower 119
Airy, George Biddell 44
Airy disk 44
Aitken, Robert Grant 45
Aitken Double Star Catalogue, ADS 46, 53
AJ 4
al-Battānī, Muhammad ibn Jābir 319
Al Na'ir 14
al-Ṣūfī, 'Abd al-Raḥmān 213
al-Ṭūsī (Nasīr al-Dīn al-Tūsī, Nasir or Nasser Eddin) 289

Albategnius 15
albedo 15
albedo feature 15
Albireo 15
Alcor 13
Alcyone 13
Aldebaran 14
Alderamin 14
Alexandra family 16
ALEXIS 16
Alfvén, Hannes Olof Gösta 12
Alfvén surface 12
Alfvén wave 12
Algenib 13
Algieba 13
Algol 13
Algol star 14
Algonquin Space Complex 14
Alhena 15
aliasing 46
alidade 12
Alioth 12
Alkaid 13
all-sky camera 233
Allegheny Observatory 16
Allende meteorite 17
Almach 15
Almagest 15
almucantar 16
Alnilam 14
Alnitak 14
alpha 15
Alpha² Canum Venaticorum star 432
Alpha Capricornid meteors 414
Alpha Centauri 15
Alpha Crucis 404
Alpha Cygni star 314
Alpha Cygnid meteors 314
alpha particle 15
Alpha Scorpiid meteors 165
Alphard 15
Alphecca 15
Alpheratz 15
Alrescha 16
Alshain 14
Altair 14
altazimuth mounting 129
altitude 147
aluminizing 16
AM Canum Venaticorum star 432
AM Herculis star 375
Am star 47
Amalthea 9
Ambartumian, Viktor Amazaspovich 20
ambipolar diffusion 432
American Association of Variable Star Observers, AAVSO 11, 47
American Astronomical Society, AAS 11, 47
Ames Research Center 46
Amor group 11
amplitude 204
anaemic (anemic) spiral galaxy 345
analemma 7
Ananke 7
anastigmatic 7
Anaxagoras 6
Anaximander 7
And 19
Andromeda 19
Andromeda Galaxy 19
Andromedid meteors 19
Anglo-Australian Observatory, AAO 17, 47
Anglo-Australian Telescope, AAT 17, 47
angstrom 74
Ångström, Anders Jonas 74
angular acceleration 82
angular diameter 82
angular distance 82
angular momentum 82
angular resolution 82
angular separation 82
angular velocity 82
anisotropy 26, 340
Ankaa 17
annealing 414
annual aberration 309
annual equation 309
annual inequality 309
annual parallax 309
annual variation 309
annular eclipse 115
anomalistic month 118
anomalistic year 118
anomalous iron 22
anomaly 118
anorthosite 183
ANS 308
ansae 17
Ant 393
antapex 311
Antares 18
antenna 18
antenna pattern 19
antenna temperature 18
Antennae 18
anthropic principle 306
anti-dwarf nova 333
anticentre 332
antimatter 333
antitail 18
Antlia 393
Antoniadi, Eugène Michael 19
Antoniadi scale 19
ap- 7
Ap star 55
Apache Point Observatory 7
apastron 61
aperture 142
aperture efficiency 142
aperture ratio 7
aperture synthesis 77
apex 145
aphelion 60
Aphrodite Terra 8
ApJ 5
aplanatic 7
apo- 7
apoapsis 101
apocentre 60
apochromatic 8
apodization 8
apogee 61
Apollo group 8
Apollo project 8
Apollo-Soyuz Test Project 9
Apollonius of Perge 9
apparent diameter 178
apparent magnitude 401
apparent noon 177
apparent place 169
apparent retrogression 401
apparent sidereal time 174
apparent solar time 178
apparition 191
appulse 117
Aps 348
apse 7
apsidal motion 118
apsides 101
apsis 7

欧文索引　*467*

Apus　348
Aql　449
Aqr　401
Aquarid meteors　402
Aquarius　402
aqueous alteration　207
Aquila　449
Ara　163
arachnoid　11
Arago, (Dominique) François (Jean)　11
arc　3, 139
arc minute　363
arc second　342
archaeoastronomy　285
arcmin　82
arcsec　82
Arcturus　3
area photometer　302
Arecibo Observatory　16
Arend-Roland, Comet　11
areo-　16
Argelander, Friedrich Wilhelm August　13
Argelander step method　13
Argo Navis　13
argon-potassium method　14
argument of perihelion　115
Argyre Planitia　13
Ari　69
Ariel　11
Ariel satellites　11
Aries　69
Aristarchus of Samos　12
Aristotle　12
Arizona meteor crater　12
arm population　37
armillary sphere　160
Arneb　15
array　16
artificial satellite　202
ASCA　3
ascending node　196
Asclepius　3
ashen light　3
ASP　241
aspect　5
aspheric　336
association (stellar)　5
Association of Universities for Research in Astronomy, AURA　70, 285
asterism　4
asteroid belt　198

asteroid　197
asteroseismology　279
asthenosphere　5
astigmatism　339
Astraea　4
astration　4
Astro-E　4
astrobiology　280, 285
astrobleme　29
astrochemistry　279
astrodynamics　280
astrograph　279
Astrographic Catalogue　183
astrolabe　5
astrology　232
astrometric binary　24
astrometry　5, 284
astronavigation　285
Astronomer Royal　4
Astronomer Royal for Scotland　4
Astronomical Data Center, ADC　53, 286
Astronomical Journal, AJ　4, 48
Astronomical Netherlands Satellite, ANS　47, 308
Astronomical Society of the Pacific, ASP　47, 242
astronomical triangle　285
astronomical twilight　286
astronomical unit, AU　57, 286
Astronomischen Gesellschaft Katalog　49
astronomy　285
Astronomy and Astrophysics, A & A　4
astrophotography　279
Astrophysical Journal, ApJ　4, 55
astrophysics　41
Astrophysics Data System, ADS　53
Asuka　3
asymptotic giant branch star, AGB star　49, 232
ataxite　45
Aten group　6
atlas　6
Atlas　6
atmosphere　239
atmospheric extinction　136, 240

atmospheric halo　328
atmospheric refraction　240
atmospheric scattering　240
atmospheric transparency　290
atmospheric turbulence　197
atmospheric window　240
ATNF　67
atom　136
atomic clock　137
atomic nucleus　136
atomic time　136
Atria　6
attenuation　137
AU　286
aubrite　70
Auger shower　67
augmentation　67
Aur　109
AURA　285
Auriga　109
aurora　73
auroral oval　74
auroral substorm　74
Australia Telescope National Facility, ATNF　53, 67
australite　67
autocorrelation　175
autocorrelator　175
autoguider　180
autumnal equinox　188
averted vision　238
Avior　7
AXAF　232
axion　3
axis (optical)　173
axis (rotation)　173
azimuth　381
Azophi　5

B

$b$　111, 304
B band　341
B-class asteroid　336
B magnitude　340
B star　335
Ba II star　326
BAA　334
Baade, (Wilhelm Heinrich) Walter　322
Baade-Wesselink method　322
Baade's Window　322

Babcock, Harold Delos   324
Babcock, Horace Welcome   324
background noise   311
background radiation   311
backscattering   149
Bailey type   368
Baily, Francis   368
Baily's beads   369
Baker-Schmidt telescope   369
Baldwin effect   391
Balmer jump   327
Balmer limit   327
Balmer lines   327
Balmer series   327
band   332
bandpass filter   239, 333
bandwidth   239
bar   326
barium star   325
Barlow lens   329
barn-door mount   344
Barnard, Edward Emerson   323
Barnard's Loop   323
Barnard's Star   323
barred spiral galaxy   382
barrel distortion   251
Barringer Crater   326
barycentre   187
barycentric coordinates   187
Barycentric Dynamical Time, TDB   244
baryon   326
baryon star   326
basalt   139
basaltic achondrite   139
baseline   99
basin (impact)   368
Bauts-Morgan class   313
Bayer, Johann   311
Bayer letters   311
BD   339
Be star   334
beam   341
beaming   341
beamwidth   341
beat Cepheid   42
Becklin-Neugebauer Object, BN Object   334, 370
Becrux   370
bediasite   372
Beehive Cluster   318
Belinda   374

Bell, (Susan) Jocelyn   374
Bellatrix   373
Belt of Orion   72
Benetnasch   372
Bennet, Comet   372
bent-pillar mounting   121
BeppoSAX   371
Berkeley-Illinois-Maryland Association Array, BIMA Array   316
Bessel, Friedrich Wilhelm   370
Besselian day numbers   371
Besselian elements   371
Besselian epoch   371
Besselian year   371
Beta Canis Majoris star   65
Beta Cephei star   133
Beta Crucis   404
beta decay   370
Beta Lyrae star   154
beta particle   370
Beta Persei star   376
Beta Pictoris   81
Beta Regio   370
Beta Taurid meteors   64
Betelgeuse   372
Bethe, Hans Albrecht   371
Bethe-Weizsäcker cycle   372
Bianca   334
Bianchi cosmology   334
biconcave lens   432
biconvex lens   433
Biela, Comet 3 D/   334
Bielid meteors   335
Big Bang theory   338
Big Bear Solar Observatory   339
Big Crunch   338
Big Dipper   66, 387
billitonite   344
BIMA Array   316
binary galaxy   441
binary pulsar   442
binary star   441
binding energy   131
binoculars   234
Biot, Jean-Baptiste   335
bipolar group   234
bipolar nebula   235
bipolar outflow   235
birefringent filter   351
BL Herculis star   375
BL Lacertae object   290

black body   150
black-body radiation   151
black drop   356
black dwarf   151
Black Eye Galaxy   355
black hole   356
Black Widow Pulsar   128
blazar   361
Blaze star   80
Blazhko effect   355
blink comparator   359
Blinking Planetary   284
bloomed lens   332
blooming   360
blue clearing   360
blue compact dwarf galaxy   2, 222
blue giant   222
blue Moon   360
Blue Planetary   222
blue populous cluster   222
blue shift   224
blue straggler   360
BN Object   334, 370
Bode, Johann Elert   390
Bode's law   390
Bok, Bartholomeus ("Bart") Jan   386
Bok globule   387
bolide   313
bolometer   392
bolometric correction   233, 351, 385
bolometric magnitude   351, 385
Boltzmann constant   391
Bond, George Phillips   393
Bond, William Cranch   393
Bond albedo   393
Bondi, Hermann   393
Bonner Durchmusterung, BD   339, 393
Boo   37
Boötes   37
boson   389
Boss General Catalogue, GC   389
bound-bound transition   237
bound-free transition   237
boundary layer   105
Bouwers telescope   313
bow shock   290, 313, 385
Bowen, Ira Sprague   382
Bowen fluorescence   383

欧文索引    *469*

Bp star   341
Brackett series   355
Bradley, James   356
Bragg crystal spectrometer   355
Brahe, Tycho (or Tyge)   354
Brans-Dicke theory   357
breccia   83
bremsstrahlung   223
bridge   359
Bright Star Catalogue   98
brightness temperature   102
British Astronomical Association, BAA   21, 334
broad-band photometry   145
Brocchi's Cluster   362
Brooks 2, Comet 16 P/   360
Brown, Ernest William   354
brown dwarf   88
Bubble Nebula   324
Budrosa family   353
Bug Nebula   314
bulge   327
bump Cepheid   333
Burbidge, Geoffrey Ronald and (Eleanor) Margaret, (née Peachey)   324
burst   318
Butcher-Oemler effect   352
Butler matrix   323
Butterfly Cluster   260
butterfly diagram   260
Butterfly Nebula   260
BV photometry   334
Bw star   337
BY Draconis star   429
Byurakan Astrophysical Observatory   342

## C

*c*   145
C-class asteroid   174
C line   177
C star   172
Cae   262
Caelum   262
Calar Alto Observatory   92
caldera   93
calendar   156
calendar year   438
California Nebula   92
Callippus   92
Callisto   92
Caloris Basin   94
Caltech Submillimeter Observatory, CSO   93
Calypso   92
Cam   111
Cambridge Optical Aperture Synthesis Telescope, COAST   139, 152
Camelopardalis   111
Campbell, William Wallace   103
Canada-France-Hawaii Telescope   89
canals (Martian)   43
Cancer   89
Canes Venatici   432
Canis Major   65
Canis Minor   139
Cannon, Annie Jump   103
Canopus   90
Cantaloupe terrain   96
Cap   414
Cape Canaveral   133
Cape Photographic Durchmusterung   133
Cape photometry   133
Cape RI photometry   132
Cape York meteorite   133
Capella   91
Caph   90
Capricornid meteors   414
Capricornus   414
captured rotation   386
Car   429
Carafe Galaxy   402
carbon burning   253
carbon cycle   252
carbon flash   253
carbon-nitrogen cycle, CN cycle   170, 253
carbon-nitrogen-oxygen cycle   253
carbon star   253
carbonaceous chondrite   252
Carina   429
Carina Arm   429
Carina Dwarf Galaxy   429
Carina-Sagittarius Arm   429
Carme   93
Carnegie Observatories   89
Carrington, Richard Christopher   103
Carrington rotation   103
Carte du Ciel   93, 150
Cartesian coordinates   274
Cartwheel Galaxy   184
Cas   83
Cassegrain telescope   86
Cassini   87
Cassini, Giovanni Domenico   87
Cassini, Jacques   87
Cassini Division   88
Cassini probe   88
Cassiopeia   83
Cassiopeia A   83
Castalia   84
Castor   84
cataclysmic binary   130
cataclysmic variable   130
catadioptric system   87
catalogue equinox   223
catena   89
catoptric system   89
Cat's Eye Nebula   308
cavus   90
CBR   40
CCD   277
CCD spectrometer   176
cD galaxy   180
CDM   269
CDS   210
celestial axis   282
celestial coordinates   277
celestial equator   282
celestial latitude   139
celestial longitude   142
celestial mechanics   280
celestial meridian   175, 282
celestial pole   281
celestial sphere   277
Cen   138
Centaur group   138
Centaurus   138
Centaurus A   138
Center for Astrophysics, CfA   280
Central Bureau for Astronomical Telegrams   286
central meridian   258
central peak   258
Centre de Données astronomiques de Strasbourg, CDS   180, 209
centre of gravity   187
centre of inertia   96
centre of mass   179

欧文索引

centrifugal force 60
centripetal force 143
Cep 132
Cepheid 230
Cepheid instability strip 132
Cepheid variable 132
Cepheus 132
Cerenkov counter 254
Cerenkov radiation 254
Ceres 135
Cerro Pachón 231
Cerro Tololo Inter-American Observatory, CTIO 180, 231
Cet 120
Cetus 120
CfA 280, 312
CH star 170
Cha 91
Chamaeleon 91
Chandler period 257
Chandler wobble 257
Chandra 257
Chandrasekhar, Subrahmanyan 257
Chandrasekhar limit 257
Chandrasekhar-Schönberg limit 257
chaos 80
chaotic orbit 81
chaotic terrain 81
CHARA array 257
charge 276
charge-coupled device, CCD 176, 277
Charon 94
chasma 85
chassignite 182
chemical element 81, 137
chemosphere 81
Chiron 111
Chladoni, Ernst Florens Friedrich 122
chondrite 160
chondrule 160
chopper 266
chopping secondary 266
Christie, William Henry Mahoney 123
chromatic aberation 27
chromosphere 163
chromospheric network 163
Chryse Planitia 124
Cir 161

Circinus 161
Circlet 83
circular velocity 60
circumpolar object 186
circumstellar maser 222
circumstellar matter 222
cirrus 201
Cirrus Nebula 201
cislunar 177
civil time 197
civil twilight 181, 197
civil year 197
Clairaut, Alexis Claude 128
Clark, Alvan 123
classical Cepheid 153
clast 163
clathrate 385
CLEAN 125
Clementine 128
Clerk Maxwell, James 122
clock drive 292
clock star 292
closed universe 292
Clown Face Nebula 289
cluster of galaxies 114
cluster variable 223
CM relation 171
CMa 65
CMB 42
CME 159
CMi 139
CN 252
CN band 170
CN cycle 170
CN star 170
Cnc 89
CNO cycle 170
co-orbital 106
co-rotation 106
Coalsack 157
coaltitude 419
COAST 139
Coathanger 154
COBE 40
Cocoon Nebula 152
cocoon star 399
CoD 158, 171
coded mask 153
coelostat 201
coesite 152
coherence 154
coherence bandwidth 154
Col 323
colatitude 418

cold camera 437
cold dark matter, CDM 180, 269
collapsar 383
colles 157
collimation 157
collimation error 177
collimator 157
Colombo Gap 160
colour 27
colour excess 28
colour index 27
colour-luminosity relation 27
colour-magnitude relation 28
colour temperature 27
Columba 323
column density 260
colure 365
Com 91
Coma 156
coma (cometary) 156
coma (optical) 155
Coma Berenices 91
Coma Cluster 91
Coma Star Cluster 91
Coma-Virgo Cluster 91
combined magnitude 144
comes 332
comet 205
comet family 206
comet seeker 207
cometary head 290
cometary nucleus 258
cometary tail 62
cometary globule 206
cometary coma 156
commensurability 202
Committee on Space Research, COSPAR 152
Common, Andrew Ainslie 156
common envelope binary 106
common proper motion, c. p. m. 106, 180
compact galaxy 161
compact object 161
compact source 161
companion 332
comparator 161
comparison spectrum 335
composite-spectrum binary 351

欧文索引　*471*

Compton effect　161
Compton Gamma Ray Observatory, GRO　161, 169
Compton scattering　161
Concordia family　160
Cone Nebula　160
confusion　161
conic section　60
conjunction　139
constant of aberration　141, 142
constellation　221
constructive interference　144
contact binary　230
continuous creation　442
continuous spectrum　442
continuum　160
convection (stellar)　247
convective envelope　247
convective equilibrium　247
convective overshoot　247
convective zone　247
convergent point　187
converging lens　187
convolution　161, 249
Cooke, Thomas　121
cooling flow　437
cooled camera　437
coordinate systems　165
coordinate time　165
Coordinated Universal Time, UTC　106
Copernican system　155
Copernicus, Nicolaus　155
Copernicus satellite　155
Coprates　155
Cor Caroli　157
Cordelia　153
Córdoba Durchmusterung, CoD　158, 171
core (planetary)　259
core (stellar)　259
core collapse　259
Coriolis force　157
corona　158
Corona Australis　404
Corona Borealis　97
coronagraph　159
coronal condensation　158
coronal hole　159
coronal lines　158
coronal loop　159
coronal mass ejection, CME　159, 170

coronal plume　159
coronal rain　158
corpuscular radiation　430
corrector plate　389
correlation detection　234
correlation function　234
correlation receiver　234
correlator　234
Corvus　92
COS-B　152
cosmic abundance　40
Cosmic Background Explorer, COBE　40, 154
cosmic background radiation, CBR　40
cosmic censorship　39
cosmic dust　39
cosmic microwave background, CMB　41
cosmic-ray exposure age　40
cosmic-ray shower　39
cosmic rays　39
cosmic scale factor　39
cosmic string　40
cosmic texture　40
cosmic year　40, 114
cosmochemistry　38
cosmogony　39
cosmological constant　40
cosmological distance scale　38
cosmological principle　39
cosmological redshift　42
cosmology　41
cosmos　153
Cosmos satellites　153
COSPAR　152
coudé focus　122
Couder telescope　122
counterglow　80
Cowell, Philip Herbert　140
c. p. m　106
Crab Nebula　89
Crab Pulsar　89
CrA　404
CrAO　125
crater　127
Crater　153
crater chain　126
crater counting　126
crater rays　143
CrB　97
crêpe ring　128
crepuscular rays　316

crescent　401
Cressida　127
Crimean Astrophysical Observatory, CrAO　125
critical density　433
Crommelin, Andrew Claude de la Cherois　128
cross-axis mounting　143
cross-wire micrometer　186
crossing time　64
crown glass　123
Crt　153
Cru　404
crust　254
Crux　404
Crv　92
cryostat　122
CSO　93
CTIO　231
culmination　175
curvature of field　236
curvature of space　119
curvature of space-time　174
curvature radiation　450
curve of growth　223
cusp　84
cusp cap　85
CVn　432
Cybele group　102
cyclotron maser　162
cyclotron radiation　162
Cyg　314
Cygnus　314
Cygnus A　314
Cygnus Loop　315
Cygnus Rift　315
Cygnus X-1　314
Cynthian　105
Cytherean　105

# D

D-class asteroid　270
D galaxy　270
D layer　271
D lines　271
D star　270
Dactyl　248
Dall-Kirkham telescope　297
Damocles　250
Danjon, André　252
Danjon astrolabe　252
Danjon scale　252
DAO　295

dark adaptation  18
dark energy  17, 248
dark matter  17, 248
dark nebula  17
Date Line  339
daughter isotope  407
David Dunlap Observatory, DDO  274
Davida  247
Dawes, William Rutter  292
Dawes limit  293
day  334
day number  303
Daylight Saving Time  303
dB  428
DDO  274
DDO classification  273
DDO photometry  272
de Chéseaux, Comet  292
de Sitter, Willem  292
de Sitter universe  292
de Vaucouleurs, Gerard Henri  288
dec  225
deceleration parameter  138
declination  225
declination axis  225
deconvolution  102, 274
decoupling  249, 328
dedispersion  250
deep-sky object  273
Deep Space Network, DSN  273
Deep Space 1, DS 1  270, 273
deferent  287, 416
deflection of light  336
degeneracy  190
degenerate star  190
degree of arc  82
degree of freedom  187
Deimos  273
Del  27
delay line  254
Delphinus  27
delta  276
Delta Aquarid meteors  402
Delta Cephei star  133
Delta Delphini star  27
Delta Scuti star  250
Demon Star  3
Deneb  275
Deneb Kaitos  275
Denebola  276
Denning, William Frederick  275

density parameter  403
density wave  403
descending node  142
Desdemona  274
Despina  275
destructive interference  313
detached binary  366
deuterium  187
dew cap  269
dewar  276
diagonal  182, 239
diamond ring  243
Diana Chasma  239
dichotomy  331
dichroic mirror  303
Dicke, Robert Henry  272
Dicke radiometer  272
Dicke switch  272
dielectronic recombination  305
differential rotation  165
differentiation  363
diffraction  78
diffraction grating  78
diffraction-limited  78
diffraction pattern  78
diffraction ring  78
diffuse interstellar bands  220
diffuse nebula  167
diogenite  239
Dione  270
dioptric system  121
Diphda  273
dipole  234
dipole antenna  235
Dirac cosmology  274
direct motion  195
directivity  174
dirty snowball  419
disconnection event  366
Discovery Program  271
dish antenna  450
disk  61, 271
disk galaxy  61
disk population  61
dispersion  364
dispersion measure  271, 365
distance modulus  110
distortion  416
diurnal aberration  304
diurnal inequality  304
diurnal libration  304
diurnal motion  303

diurnal parallax  304
diverging lens  319
dMe star  270
Dobsonian telescope  295
Dog Star  26
Dollond, John  298
domain wall  296
dome  295
Dominion Astrophysical Observatory, DAO  295
Dominion Radio Astrophysical Observatory, DRAO  295
Donati, Comet  294
Doppler, Christian Johann  294
Doppler broadening  294
Doppler effect  294
Doppler shift  294
Dor  84
Dorado  84
dorsum  297
Double Cluster  302
Double Double  302
double-lined binary  302
double-mode variable  302
double quasar  302
double star  302
doublet  302, 305
DQ Herculis star  375
Dra  429
Draco  429
draconic month  432
Draconid meteors  430
DRAO  295
Draper, Henry  298
Draper, John William  297
drawtube  298
Dreyer, Johan Ludvig Emil  296
drift scan  297
drifting sub-pulse  297
drive  122
DS 1  273
DSN  273
Dubhe  290
Dumbbell Nebula  16
dust  249, 266
dust tail  266
dust trail  249
duty cycle  276
dwarf Cepheid  448
dwarf galaxy  448
dwarf nova  448

## 欧文索引

dwarf spheroidal galaxy  448
dwarf star  448
dwarf variable  448
Dwingeloo galaxy  276
Dwingeloo Radio Observatory  276
dynamical equinox  426
dynamical friction  426
dynamical parallax  426
dynamical time  426
dynamo  242
Dyson, Frank Watson  241

## E

$E$  28, 427
$E_e$  384
$E_v$  196
E-class asteroid  21
E corona  22
E layer  22
E line  22
e-process  21
E-terms  22
Eagle Nebula  449
early-type galaxy  234
early-type star  234
Earth  254
Earth-crossing asteroid  255
Earth-grazing asteroid  255
earthlight  256
earthshine  256
eccentric anomaly  427
eccentricity  427
echelle grating  48
echelle spectrograph  48
eclipse  198
eclipse season  200
eclipse year  200
eclipsing binary  200
ecliptic  147
ecliptic coordinates  147
ecliptic latitude  139
ecliptic limits  199
ecliptic longitude  142
ecliptic pole  148
Eddington, Arthur Stanley  53
Eddington limit  54
Edgeworth-Kuiper Belt  52
Edinburgh Observatry  54
effective aperture  415
effective area  416
effective focal length  415

effective temperature  415
effective wavelength  416
Effelsberg Radio Observatory  55
Egg Nebula  250
Einstein, Albert  2
Einstein coefficient  2
Einstein Cross  2
Einstein-de Sitter universe  2
Einstein Observatory  2
Einstein ring  2
Einstein shift  2
ejecta  366
Elara  58
electromagnetic radiation  278
electromagnetic spectrum  278
electromagnetic wave  278
electron  277
electron degeneracy  278
electron density  279
electron scattering opacity  278
electron temperature  277
electronvolt  59, 278
element (chemical)  137
element (optical)  418
elementary particle  238
elements (abundance of)  137
Ellerman bomb  57
ellipse  247
ellipsoid  248
ellipsoidal variable  248
elliptic aberration  248
elliptical galaxy  248
ellipticity  248
Elnath  58
elongation  426
Eltanin  58
Elysium Planitia  58
emersion  191
emission  384
emission line  99
emission nebula  99
emission spectrum  99
emissivity  385
emulsion (photographic)  56
Enceladus  59
Encke, Comet 2 P/  59
Encke, Johann Franz  59
Encke Division  59
energy level  55
English mounting  21

Enif  54
Ensisheim meteorite  60
enstatite chondrite  61
entrainment  61
entropy  61
envelope  79
eon  48
Eos family  47
Ep galaxy  26
epact  55
ephemeris  280
Ephemeris Time, ET  25, 439
epicycle  187
Epimetheus  55
epoch  135
Epsilon Aurigae  109
Equ  149
equant  48
equation of light  143
equation of the centre  259
equation of the equinoxes  366
equation of time  115
equator  227
equatorial bulge  227
equatorial coordinates  227
equatorial horizontal parallax  227
equatorial mounting  227
equinoctial colure  305
equinox  366
equipotential surface  290
equivalence principle  288
equivalent focal length  288
equivalent width  288
Equuleus  149
Eratosthenes  57
Erfle eyepiece  58
ergosphere  58
Eri  58
Eridanus  58
Eros  59
eruptive binary  315
eruptive prominence  315
eruptive variable  315
ESA  419
escape velocity  249
Eskimo Nebula  50
ESO  419
ET  439
Eta Aquarid meteors  402
Eta Carinae  429
Eta Carinae Nebula  428
etalon  50

474 欧文索引

ether 54
eucrite 416
Eudoxus of Cnidus 47
Euler, Leonhard 63
Eunomia family 47
Europa 47
European Southern Observ-
　atory, ESO 22, 419
European Space Agency, ESA
　22, 419
European VLBI Network,
　EVN 20, 419
EUV 108
EUVE 108
eV 278
evection 191
evening star 418
event horizon 177
Evershed effect 46
EVN 419
evolved star 201
excitation 437
excitation temperature 437
exit cone 249
exit pupil 183
exobiology 255
Exosat 48
exosphere 77
expanding universe 386
Explorer 48, 251
exposure age 196
extended source 345
extinction (atmospheric) 136
extinction (interstellar) 136
extragalactic nebula 113
extreme Population I star
　108
extreme ultraviolet, EUV
　26, 52, 108
Extreme Ultraviolet Explorer,
　EUVE 26, 108
extrinsic variable 76
eye lens 229
eye relief 340
eyepiece 229

F

F band 56
F-class asteroid 56
F corona 56
F layer 56
f/number 56
f-spot 56

F star 56
Faber-Jackson relation 348
Fabricius, David 346
Fabricius, Johann(es) 346
Fabry lens 346
Fabry-Perot interferometer
　346
facula 316
fall 424
False Cross 303
fan beam 232
Fanaroff-Riley class 346
far infrared 61
Far Infrared and Submilli-
　metre Space Telescope,
　FIRST 61, 346
far ultraviolet 59
Far Ultraviolet Spectroscopic
　Explorer, FUSE 60, 354
Faraday effect 346
Faraday rotation 346
farrum 346
FAST 145
Fast Auroral Snapshot Ex-
　plorer, FAST 145
fast nova 104
fault 252
feed 347
fermion 348
fibril 209
fibrille 209
field corrector 184
field curvature 236
field equations 324
field flattener 184
field lens 185
field of view 181
field star 167
field stop 183
filament 347
filamentary nebula 347
filar micrometer 289
filigree 337, 347
filled-centre supernova rem-
　nant 259
filter 347
filtergram 348
find 318
finder 345
fine structure 337
fireball 81
FIRST 61
first contact 239
first point of Aries 70

first point of Libra 284
first quarter 196
Fish Mouth 36
fission 82
fission track 347
Fitzgerald contraction 347
fixed stars 153
FK 56
FK Comae Berenices star 91
Flamsteed, John 357
Flamsteed numbers 357
flare (solar) 360
flare star 361
flash spectrum 356
flash star 355
flat 368
Fleming, Williamina Paton
　362
flexus 361
flickering 266
flint glass 359
flocculi 419
Flora group 362
fluctus 355
fluorescence 129
fluorite 389
flux 432
flux collector 186
flux density 432
flux tube 178
flux unit 432
focal distance 196
focal length 196
focal plane 196
focal point 196
focal ratio 142
focal reducer 348
focus 196
focus (optical) 196
focus (orbital) 196
Fokker-Planck equation 349
folded dipole 72
following 142
Fomalhaut 350
footpoint 237
For 444
forbidden line 117
Forbush effect 349
fork mounting 348
Fornax 444
Fornax A 444
Fornax Dwarf Galaxy 444
forward scattering 233
fossa 349

Foucault test  351
four-colour photometry  420
Fourier analysis  357
Fourier transform  358
Fourier transform spectrometer, FTS  56, 358
fourth contact  247
Fowler, William Alfred  345
Fp star  56
fractional method  354
frame of reference  98
Franklin-Adams charts  357
Fraunhofer, Joseph von  354
Fraunhofer lines  354
Fred Lawrence Whipple Observatory  361, 381
free-bound radiation  187
free-bound transition  187
free-free-radiation  187
free-free transition  187
frequency  188
frequency analysis  188
Friedmann universe  359
fringe  359
FTS  358
FU Orionis star  71
full Moon  401
full-wave dipole  233
full width at half maximum, FWHM  56, 332
fundamental catalogue  102
fundamental epoch  102
fundamental mode  102
fundamental star  102
Fundamentalkatalog, FK  56
FUSE  60
fusion crust  416
future light cone  405
FWHM  332

## G

$G$  169
$g$  169, 188, 344
G band  180
G-class asteroid  174
G star  172
Gacrux  83
gain  428
galactic anticentre  114
galactic bulge  115
galactic centre  113
galactic cluster  114
galactic coordinates  114
galactic disk  112
galactic equator  114
galactic halo  115, 328
galactic latitude  111
galactic longitude  115
galactic magnetic field  114
galactic nucleus  114, 258
galactic plane  115
galactic pole  115
galactic rotation  112
galactic window  115
galactic year  114
Galatea  92
galaxy  112
Galaxy  113
galaxy cannibalism  112
galaxy encounter  114
galaxy evolution  114
galaxy formation  113
galaxy merger  112
Galilean satellites  92
Galilean telescope  93
Galileo Galilei  92
Galileo National Telescope, TNG  93
Galileo probe  93
Galileo Regio  93
Galle, Johann Gottfried  93
Galle Ring  94
Gamma Cassiopeiae star  83
Gamma Crucis  404
gamma-ray astronomy  97
gamma-ray background  97
gamma-ray burst  97
gamma-ray telescope  97
gamma rays  96
Gamow, George  91
Ganymede  89
Gaposchkin, Sergei Illarionovich  91
Garnet Star  89
gas giant  110
gas scintillation proportional counter  84
gas tail  84
Gaspra  85
Gauss, Carl Friedrich  80
Gaussian gravitational constant  80
GBT  125
GC  389
GCAS  83
GCVS  379
gegenschein  242
Gem  351
Geminga  134
Gemini  351
Gemini project  170
Gemini Telescope  170
Geminid meteors  352
Gemma  139
General Catalogue of Variable Stars, GCVS  176, 379
general precession  25
general theory of relativity  25
Geneva photometry  192
geocentric coordinates  256
geocentric parallax  256
geocorona  255
geodesic  237
geodesy  236
Geographos  129
geoid  170
geomagnetic storm  172
geomagnetism  256
geometrical albedo  98
geometrical libration  98
georgiaite  200
geostationary orbit  256
geosynchronous orbit  256
geotail  256
German mounting  287
germanium detector  135
GHA  124
ghost crater  152
Ghost of Jupiter  412
Giacobini-Zinner, Comet 21P/  182
Giacobinid meteors  182
giant branch  110
Giant Metrewave Radio Telescope, GMRT  110
giant molecular cloud, GMC  110, 170
giant planet  110
giant star  110
gibbous  102
Gienah  98
Gill, David  111
Ginga  111
Giotto  170
Glauke  123
glitch  123
Global Oscillation Network Group, GONG  160, 224
globular cluster  104
globule  128

GMAT 125
GMC 110
GMRT 110
GMST 124
GMT 124
gnomon 310
Goddard Space Flight Center, GSFC 153
Gödel universe 131
Gold, Thomas 157
Goldstone 158
GONG 224
Goodricke, John 121
Gould, Benjamin Apthorp 126
Gould's Belt 126
graben 256
grains (interplanetary) 344
grains (interstellar) 344
Granat 122
grand unified theory, GUT 88, 241
granulation 430
granule 123, 429
graticule 122
grating 127
grating spectrometer 78
gravitation 188
gravitational acceleration 189
gravitational collapse 190
gravitational constant 189
gravitational deflection 189
gravitational energy 188
gravitational field 189
gravitational force 188
gravitational instability 189
gravitational lens 190, 441
gravitational mass 189
gravitational radiation 190
gravitational redshift 189
gravitational wave 188
graviton 122
gravity 188
gravity assist 188
gravity gradient 189
grazing-incidence telescope 184
grazing occultation 229
Great Attractor 127
great circle 239
Great Dark Spot 241
Great Observatories 127
Great Red Spot, GRS 169, 241
Great Rift 128
Great September Comet 240
Great Wall 127
greatest brilliancy 163
greatest elongation 163
Green Bank 125
Green Bank Telescope, GBT 125
green flash 125
greenhouse effect 75
Greenwich hour angle, GHA 124, 169
Greenwich Mean Astronomical Time, GMAT 125, 170
Greenwich Mean Sidereal Time, GMST 124, 170
Greenwich Mean Time, GMT 124, 170
Greenwich meridian 124
Greenwich Observatory 124
Greenwich sidereal date 124
Greenwich Sidereal Time, GST 124, 169
Gregorian calendar 126
Gregorian telescope 127
Gregory, David 126
Gregory, James 126
Grigg-Skjellerup, Comet 26 P/ 124
grism 123
GRO 161
grooved terrain 403
Grotrian diagram 128
ground state 100
GRS 241
Gru 269
Grubb, Howard 123
Grus 269
GST 124
Guardians 89
guest star 102
guide star 79
guide telescope 20
guider 79
Gum Nebula 91
GUT 241
GW Virginis star 69
gyrofrequency 181
gyrosynchrotron radiation 181

# H

H 207
h 147, 357
$H_0$ 320
$H_2$ 207
H and K lines 53
H I line 46
H I region 53
H II region 53
H magnitude 53
h+$\chi$ Persei 376
HA 172
H$\alpha$ line 52
Hadar 318
Hadley circulation 323
Hadley Rille 323
hadron 323
hadron era 323
Haig mount 368
Hakucho 314
halation 328
HALCA 326
Hale, George Ellery 374
Hale-Bopp, Comet 378
Hale Observatories 377
Hale Telescope 378
Hale's law 377
half-life 331
half-power beamwidth 53
half-wave dipole 333
half-width 333
Hall, Asaph 391
Halley, Edmond 328
Halley's Comet 328
halo (atmospheric) 328
halo (galactic) 328
halo orbit 328
halo population 329
Hamal 324
Hanle effect 333
hard X-rays 139
Haro galaxy 329
Hartebeesthoek Radio Astronomy Observatory, HartRAO 327
Hartmann test 327
HartRAO 327
Harvard classification 312
Harvard College Observatory, HCO 312
Harvard Revised Photometry, HR Photometry 312

欧文索引　　*477*

Harvard–Smithsonian Center for Astrophysics, CfA　312
harvest Moon　185
Hat Creek Observatory　319
Hathor　323
Haute–Provence Observatory, OHP　65, 68
Hawking, Stephen William　386
Hawking radiation　386
Hayashi track　325
Haystack Observatory　368
HCO　312
HD　380
HD Catalogue　53
head (cometary)　290
head–tail galaxy　371
HEAO　139
heat death of the universe　40
Heaviside layer　369
heavy element　186
heavy–metal star　186
Hebe　373
Hektor　370
Helene　378
heliacal rising and setting　373
heliocentric coordinates　305
heliocentric latitude　304
heliocentric longitude　305
heliocentric parallax　305
heliographic coordinates　303
heliometer　374
heliopause　244, 374
Helios probes　374
helioseismology　304
heliosheath　244, 374
heliosphere　244
heliostat　374
helium burning　374
helium flash　374
helium shell flash　373
helium star　373
Helix Nebula　424
Hellas Planitia　373
Helmholtz–Kelvin contraction　378
hemispherical albedo　330
Henry Draper Catalogue, HD　380
Henyey track　372
Hephaistos　373
Her　375
Heraclides of Pontus　373

Herbig–Haro object, HH object　324
Hercules　375
Hercules Cluster　375
Hercules X–1　375
Herculina　375
Hermes　378
Herschel, Caroline Lucretia　316
Herschel, (Frederick) William　317
Herschel, John Frederick William　316
Herschel–Rigollet, Comet 35P/　317
Herschelian telescope　317
Hertha family　377
hertz　377
Hertzsprung, Ejnar　377
Hertzsprung gap　377
Hertzsprung–Russell diagram, HR diagram　377
Hess, Victor Francis　370
HET　390
Hevelius, Johannes　369
Hewish, Antony　342
hexahedrite　370
HH object　53, 324
HI line　52
Hidalgo　337
hierarchical cosmology　79
High Energy Astrophysical Observatory, HEAO　139, 334
high–energy astrophysics　140
high–velocity cloud, HVC　145
high–velocity star　145
highlands (lunar)　145
Hilda group　344
Hill, George William　344
Himalia　341
Hind's Crimson Star　312
Hind's Variable Nebula　312
Hinotori　340
Hipparchus of Nicaea　339
Hipparcos　339
Hirayama family　344
Hiten　339
$H_2O$ maser　53
Hoba West meteorite　390
Hobby–Eberly Telescope, HET　390
Hohmann orbit　390

Holmberg radius　391
homogeneity　24
homology　391
Homunculus Nebula　154
Hooker Telescope　350
Hor　292
horizon　257
horizontal branch　208
horizontal coordinates　256
horizontal parallax　256
horizontal refraction　256
horn antenna　392
Horologium　292
Horrocks, Jeremiah　392
Horsehead Nebula　322
horseshoe mounting　322
Horseshoe Nebula　322
horst　391
hot Big Bang　6
hot dark matter　6
hot spot　390
hour angle, HA　53, 172
hour circle　174
Hourglass Nebula　211
howardite　329
Hoyle, Fred　382
HR diagram　52, 377
HR number　52
HR photometry　312
HST　319
Hubble, Edwin Powell　319
Hubble classification　321
Hubble constant　320
Hubble diagram　320
Hubble flow　322
Hubble law　321
Hubble parameter　321
Hubble radius　321
Hubble–Sandage variable　320
Hubble Space Telescope, HST　53, 319
Hubble time　320
Hubble's tuning–fork diagram　320
Hubble's Variable Nebula　321
Huggins, William　313
Hulst, Hendrik Christoffel van de　360
Humason, Milton Lasell　324
hummocky terrain　333
Hungaria group　363
hunter's Moon　92

Huygenian eyepiece 311, 381
Huygens, Christiaan 381
Huygens Gap 382
Huygens probe 382
HVC 145
Hya 42
Hyades 342
Hyakutake, Comet 341
Hydra 42
hydrocarbon 251
hydrogen 207
hydrogen burning 207
hydrogen emission region 207
hydrogen ion 207
hydrogen molecule 365
hydrogen spectrum 207
hydrostatic equilibrium 222
hydroxyl 205
Hydrus 403
Hygiea 336
Hyi 403
hyperbola 235
hyperbolic comet 235
hyperbolic orbit 235
hyperbolic velocity 235
hyperboloid 235
hyperfine structure 265
hypergiant star 265
Hyperion 341
hypernova 108
hyperon 312
hypersensitization 264
hypersthene achondrite 178
hypervelocity impact 262
HZ 43 53
Hz 377
HZ Herculis star 375

## I

$I$ 96, 287
$I_\lambda$ 107
$I_\nu$ 107
I magnitude 1
Iapetus 20
IAU 150
IC 29
Icarus 21
ICE 150
Ida 23
igneous 86
IGY 150
Ikeya-Seki, Comet 22

illuminance 196
image intensifier 235
Image Photon Counting System, IPCS 1, 87
image scale 26
image tube 26
imaging photometer 165
Imbrium Basin 30
IMF 198
immersion 233
impact basin 368
impact crater 196
impactite 30
impersonal astrolabe 337
inclination 101, 129
Ind 29
Index Catalogue, IC 1, 29
indochinite 29
Indus 29
inequality 162
inertial coordinate system 95
inertial mass 95
inertial reference frame 95
infall velocity 424
inferior conjunction 299
inferior planet 299
inflationary universe 30
infrared 1
Infrared Astronomical Satellite, IRAS 1, 225
infrared astronomy 225
infrared cirrus 225
infrared excess 226
infrared photometry 226
infrared radiation 226
infrared source 225
Infrared Space Observatory, ISO 1, 225
infrared telescope 226
infrared window 226
ING 1
initial mass function, IMF 198
Innes, Robert Thorburn Ayton 26
Innisfree meteorite 26
insolation 303
instability strip 346
Institut de Radio Astronomie Millimétrique, IRAM 26, 405
INT 1
Integral 29
integrated magnitude 227

integration time 227
intensity 107
intensity interferometer 107
interacting binary 235
interacting galaxy 235
Interamnia 29
interference 94
interference filter 95
interference pattern 95
interferometer 94
intergalactic absorption 113
intergalactic magnetic field 113
intergalactic matter 113
intermediate-band photometry 258
intermediate-population star 258
intermediate-type star 258
International Astronomical Union, IAU 1, 150
International Atomic Time, TAI 150
International Cometary Explorer, ICE 1, 150
International Date Line 151
International Geophysical Year, IGY 1, 150
International Space Station, ISS 149
International Sun-Earth Explorer, ISEE 1, 150
International Ultraviolet Explorer, IUE 1, 150
International Years of the Quiet Sun, IQSY 1, 150
interplanetary grains 344
interplanetary matter 449
interplanetary particle 430
interplanetary scintillation 449
interpulse 29
interstellar absorption 220
interstellar extinction 136, 220
interstellar grains 344
interstellar maser 221
interstellar matter, ISM 1, 220
interstellar medium 1, 220
interstellar molecule 220
interstellar particle 430
interstellar reddening 220
interstellar scintillation 220

interstellar wind 220
intrinsic colour index 204
intrinsic variable 299
invariable plane 354
inverse Compton effect 102
inverse Compton scattering 102
inverse P Cygni profile 103
inverse-square law 102
inversion layer 332
Io 20
iodine cell 419
ion 21
ion tail 21
ionization 21, 286
ionization equilibrium 21, 287
ionization front 286
ionization potential 21, 287
ionization temperature 21, 286
ionopause 286
ionosphere 286
ionospheric scintillation 286
Iota Aquarid meteors 402
IPCS 87
IQSY 150
IRAM 405
IRAS 1, 225
IRAS-Araki-Alcock Comet 1
Iris 27
iron meteorite 275
iron peak 275
irradiance 384
irradiation 26, 143, 196
irregular galaxy 350
irregular variable 350
IRTF 299
Isaac Newton Group, ING 1
Isaac Newton Telescope, INT 1
ISEE 150
Ishtar Terra 22
ISM 220
ISO 225
isochron 1
isophote 1, 289
isotherm 288
isothermal process 288
isothermal region 288
isotope 287
isotropy 290
ISS 149

IUE 150
Izar 22

## J

J 193
J magnitude 170
JAC 107
James Clerk Maxwell Telescope, JCMT 170
jansky 185
Jansky, Karl Guthe 185
Janssen, (Pierre) Jules César 185
Janus 415
JCMT 170
JD 417
Jeans, James Hopwood 202
Jeans length 202
Jeans mass 202
jet 169
Jet Propulsion Laboratory, JPL 169, 170
Jewel Box 385
Jilin meteorite 100
Job's Coffin 419
Jodrell Bank 200
Johnson photometry 200
Johnson Space Center, JSC 200
Joint Astronomy Centre, JAC 107
Jones, Harold Spencer 200
joule 193
Jovian planet 412
JPL 169
JSC 200
Julian calendar 417
Julian Date, JD 170, 417
Julian day number, JD 417
Julian epoch 417
Juliet 193
Juno 416
Jupiter 411
Jupiter comet family 412
Jy 185

## K

$k$ 80, 391
$k_B$ 391
k corona 130
K-correction 134
K line 131

K magnitude 132
K star 130
K term 130
Kant, Immanuel 96
KAO 80
Kappa Crucis Cluster 404
Kappa Cygnid meteors 315
kappa mechanism 88
Kapteyn, Jacobus Cornelius 90
Kapteyn Selected Areas 90
Kapteyn's Star 90
Kaus Australis 80
Keck Observatory 131
Keck Telescopes 131
Keeler Gap 110
Kellner eyepiece 134
Kelvin, Lord (William Thomson) 134
Kelvin-Helmholtz contraction 134
kelvin scale 134
Kennedy Space Center, KSC 132
Kepler, Johannes (or Johann) 133
Keplerian telescope 133
Kepler's equation 134
Kepler's laws 134
Kepler's Star 134
Kerr black hole 90
Keyhole Nebula 81
Keystone 98
Kids (the) 156
kinematic parallax 43
kinetic energy 43
kinetic temperature 43
Kirchhoff, Gustav Robert 111
Kirchhoff's laws 111
Kirin meteorite 111
Kirkwood, Daniel 81
Kirkwood gaps 81
Kitt Peak National Observatory, KPNO 100, 132
KL Nebula 122
Kleinmann-Low Nebula, KL Nebula 122
knife-edge test 299
Kochab 149
Kohoutek, Comet 155
König eyepiece 132
Koronis family 159
KPNO 100

Kramers opacity 123
KREEP 125
Kreutz sungrazer 127
Kron-Cousins RI photometry 129
Kruskal diagram 125
KSC 131
Kuiper, Gerard Peter 80
Kuiper Airborne Observatory, KAO 80
Kuiper Belt 80

## L

$L$ 135, 147
$l$ 115
L magnitude 58
La Palma Observatory 424
La Silla Observatory 423
La Superba 424
labes 425
labyrinthus 424
Lac 290
Lacaille, Nicolas Louis de 422
Lacerta 290
Lacertid 424
lacus 422
Lagoon Nebula 335
Lagrange (-Tournier), Joseph Louis de 422
Lagrangian point 422
l'Aigle meteorite shower 439
Lalande, Joseph Jérôme (Le Français) de 425
Lalande 21185 425
Lambda Boötis star 37
Lambda Eridani star 58
Laplace, Pierre Simon de 424
Laplacian plane 425
Large Binocular Telescope, LBT 65
Large Magellanic Cloud, LMC 58, 242
large-scale structure 240
Larissa 425
Las Campanas Observatory 423
laser 439
Lassel, William 424
last contact 163
last quarter 83
late heavy bombardment 141

late-type galaxy 330
late-type star 330
latitude 26
latitude variation 26
law of universal gravitation 333
LBI 261
LBT 65
LBV 142
Le Verrier (or Leverrier), Urbain Jean Joseph 434
Le Verrier Ring 434
leap second 43, 342
leap year 42
least circle of confusion 163
Leavitt, Henrietta Swan 426
Leda 439
Lemaître, Georges Edouard 436
Lemaître universe 437
lens 441
lens (gravitational) 441
lenticular galaxy 441
Leo 176
Leo Minor 152
Leonid meteors 176
Lep 37
lepton 440
lepton era 440
Lepus 37
Leto family 440
Lexell, Comet 439
LHA 257
Lib 284
Libra 284
libration 343
libration point 343
Lick Observatory 427
light 335
light bucket 336, 421
light cone 140, 421
light-curve 149
light pollution 140
light pressure 139
light velocity 145
light year 59, 149
limb 428
limb brightening 188
limb darkening 188
limiting magnitude 135
Lindblad, Bertil 434
Lindblad resonance 434
line blanketing 215
line broadening 215

line of apsides 118
line of inversion 102
line profile 215, 233
line ratio 215
line receiver 215
line spectrum 232
line wing 215, 233
linea 428
liner 421
linewidth 233
lithium star 427
lithosphere 96
Little Dipper 154
Little Dumbbell 195
LMC 242
LMi 152
lobate ridge 447
lobate scarp 447
lobe 446
local arm 108
local bubble 109
Local Group 108
local hour angle, LHA 58, 257
local mean time 257
local sidereal time, LST 58, 257
local standard of rest, LSR 58, 108
local supercluster 109
local thermodynamic equilibrium, LTE 108
local time 257
Lockyer, (Joseph) Norman 445
lodranite 446
long-baseline interferometry, LBI 261
long-period comet 262
long-period variable, LPV 262
longitude 129
longitude at the epoch 135
longitude of perigee 117
longitude of perihelion 115
longitude of the ascending node 196
lookback time 236, 434
loop prominence 436
Lorentz-Fitzgerald contraction 447
Lorentz transformation 447
Lost City meteorite 445
Lovell, (Alfred Charles)

Bernard 422
Lovell Telescope 422
low-luminosity star 122
low-mass star 271
low surface brightness galaxy, LSB galaxy 273
low-velocity star 272
Lowell, Percival 443
Lowell Observatory 443
lower culmination 91
LPV 262
LSB galaxy 273
LSR 108
LST 257
LTE 108
LTP 24, 131
Lucy algorithm 434
luminosity 147
luminosity class 148
luminosity evolution 149
luminosity function 148
luminosity-volume test 32, 149
luminous arc 3
luminous blue variable, LBV 58, 142
Luna 435
lunar-A 435
lunar eclipse 131
lunar geology 131
lunar highlands 145
lunar inequality 130
Lunar Module 436
Lunar Orbiter 435
lunar parallax 239
Lunar Prospector 436
lunar theory 269
lunar transient phenomenon, LTP 24, 58, 131
lunation 239
Lundmark, Knut Emil 437
lunisolar precession 178
lunitidal interval 269
Lunokhod 436
Lup 66
Lupus 66
Luyten, Willem ("William") Jacob 443
Lydia family 428
Lyman limit 421
Lyman series 421
Lyman-$\alpha$ forest 421
Lyn 415
Lynx 415

Lyot, Bernard Ferdinand 426
Lyot filter 426
Lyr 153
Lyra 153
Lyrid meteors 154
Lysithea 427

## M

M 56
$M$ 56, 230
$m$ 56, 401
$M_\odot$ 245
$m_{bol}$ 385
$m_{pg}$ 183
$m_{pv}$ 183
$m_v$ 178
M-class asteroid 57
M magnitude 57
M region 57
M star 57
MACHO 398
Mach's principle 398
macrospicules 397
macroturbulence 110
macula 152
Maffei Galaxies 399
Magellan 397
Magellan Telescopes 398
Magellanic Clouds 398
Magellanic Stream 398
magma 397
magnetic inversion line 173
magnetic monopole 173
magnetic star 173
magnetic storm 172
magnetic variable 181
magnetobremsstrahlung 173
magnetogram 396
magnetohydrodynamics, MHD 56, 279
magnetopause 172
magnetosheath 173
magnetosphere 173
magnetotail 173
magnification 312
magnitude 289
magnitude of an eclipse 200
main beam 192
main belt 190, 408
main-belt asteroid 191, 408
main lobe 193
main sequence 190
main sequence star 190

major axis 262
Maksutov Cassegrain telescope 396
Maksutov telescope 396
Malin-1 400
Malmquist bias 400
manganese-mercury star 401
manganese star 401
mantle 401
many-body problem 249
MAP 394
mare 42
Maria family 399
Mariner 399
Mariner Valley 400
Markab 400
Markarian galaxy 400
Mars 85
Mars Global Surveyor, MGS 86, 396
Mars Pathfinder, MPF 86, 397
Mars probes 397
Mars Surveyor 86
Marshall Space Flight Center, MSFC 397
Martian canals 43
mascon 397
maser 408
maser amplifier 409
maser source 409
Maskelyne, Nevil 397
mass 178
mass defect 179
mass discrepancy 179
mass function 179
mass loss 179
mass-luminosity relation 179
mass-radius relation 179
mass ratio 179
mass-to-light ratio 179
mass transfer 178, 352
matter era 352
Mauna Kea Observatories 395
Maunder, (Edward) Walter 395
Maunder minimum 395
maximum-entropy method 163
Maxwell, James Clerk 396
Maxwell Gap 396
Maxwell Montes 396
Maxwell Telescope 396

欧文索引

Mayall Telescope 408
McDonald Observatory 396
McIntosh scheme 398
McMath-Pierce Solar Telesope 397
Me star 56
mean anomaly 367
mean daily motion 368
mean density of matter 368
mean equator 367
mean equinox 368
mean motion 367
mean parallax 367
mean place 367
mean pole 367
mean position 367
mean sidereal time 367
mean solar day 367
mean solar time 367
mean sun 367
mean time 367
megamaser 408
megaregolith 408
Megrez 408
Men 276
meniscus lens 410
meniscus Schmidt telescope 410
Menkalinan 410
Menkar 410
Menkent 410
mensa 410
Mensa 276
Menzel, Donald Howard 410
Merak 410
Mercury 206
mercury-manganese star 205
Mercury project 396
meridian (celestial) 175
meridian (terrestrial) 175
meridian angle 175
meridian astronomy 175
meridian circle 174
meridian passage 175
meridian telescope 175
meridian transit 175
MERLIN 400
meson 258
mesopause 258
mesosiderite 409
mesosphere 258
Messier, Charles Joseph 409
Messier Catalogue 409
metagalaxy 409

metal 117
metal abundance 117
metal-poor star 117
metal-rich star 142
metallic hydrogen 117
metallicity 117
metastable state 194
meteor 430
meteor crater 29
Meteor Crater 239
meteor shower 430
meteor storm 430
meteor stream 430
meteor swarm 431
meteor train 431
meteorite 28
meteoroid 431
meteoroid stream 431
methanol maser 409
Metis 410
Metonic cycle 410
Meudon Observatory 407
MGIO 125
MGS 86
MHD 279
Miaplacidus 401
Mic 139
Mice (the) 395
Michelson Albert Abraham 394
Michelson interferometer 395
Michelson-Morley experiment 395
Michelson stellar interferometer 395
microchannel plate detector 394
microcrater 394
microdensitometer 237, 393
microlensing 394
micrometeorite 431
micrometer 394
micrometre 394
micron 401
Microscopium 139
microturbulence 337
microvariable 394
Microwave Anisotropy Probe, MAP 394, 398
microwave background radiation 394
microwaves 394
Mie scattering 402

Milky Way 9
millimetre-wave astronomy 406
millimetre waves 405
millisecond pulsar 406
Mills cross 406
Milne, Edward Arthur 406
Milne-Eddington approximation 406
Mimas 404
Mimosa 404
min 363
Minkowski, Hermann 407
Minkowski, Rudolph Leo Bernhard 407
minor axis 252
minor planet 197
Minor Planet Center 198
Mintaka 407
minute 363
minute of arc 82
Mir 406
Mira 405
Mira star 405
Mira variable 405
Mirach 405
Miranda 405
Mirfak 406
mirror 331
mirror blank 331, 405
Mirzam 406
missing mass 403
Mitchell, Maria 403
Mittenzwey eyepiece 403
mixing ratio 160
Mizar 401
MJD 187
MK classification 57
MKK classification 57
MMT 400
mock Moon 413
mock Sun 413
Modified Julian Date, MJD 57, 187
moldavite 413
molecular cloud 365
molecular hydrogen 207
molecular line 365
molecule 365
Molonglo Radio Observatory 413
moment of inertia 96
Mon 24
monocentric eyepiece 413

Monoceros  24
monochromatic light  252
monochromatic magnitude  252
monochromator  413
Monogem Ring  413
monopole  413
mons  413
month  268
Monthly Notices of the Royal Astronomical Society  65
Moon  267
Mopra Observatory  413
Moreton wave  413
Morgan, William Wilson  411
Morgan-Keenan classification  411
Morgan's classification  411
morning star  3
mosaic CCD camera  413
mottles  332
Mount Graham International Observatory, MGIO  125
Mount Stromlo and Siding Spring Observatories, MSSSO  211
Mount Wilson Observatory  32
mounting  87
moving cluster  43
MPF  86
MRAO  399
MSFC  397
MSSSO  211
Mu Cephei star  133
Mullard Radio Astronomy Observatory, MRAO  56, 399
Muller, Johann  405
multi-ringed basin  248
Multiple Mirror Telescope, MMT  57, 400
multiple star  248
multiplet  249
muon  405
mural circle  369
Mus  313
Musca  313

# N

$n$  121
$n$-body problem  54
N galaxy  54
N magnitude  55
N star  54
nadir  281
Nagler eyepiece  299
NaI detector  54
Naiad  299
NAIC  11
naked eye  301
naked singularity  318
nakhlite  299
Nançay Radio Astronomy Observatory  300
nanometre  54, 299
Naos  299
narrow-band photometry  106
NASA  10
NASA Infrared Telescope Facility, IRTF  1, 299
Nasir (or Nasser) Eddin  299
Nasmyth focus  299
National Aeronautics and Space Administration, NASA  10, 299
National Astronomy and Ionosphere Center, NAIC  10
National Optical Astronomy Observatories, NOAO  10, 54
National Radio Astronomy Observatory, NRAO  10, 54
National Solar Observatory, NSO  10, 54
National Space Science Data Center, NSSDC  10, 54
Nautical Almanac  141
nautical twilight  140
NEA  255
neap tide  152
NEAR  255
near-Earth asteroid, NEA  54, 255
near-Earth Asteroid Rendezvous, NEAR  255, 301
near infrared  117
near ultraviolet  115
nebula  219
nebula filter  219
nebular line  219
nebular variable  219
nebulosity  337
negative eyepiece  351
negative lens  362

Neptune  76
Nereid  308
Neumann lines  310
neutral hydrogen  260
neutral hydrogen line  260
neutral line  260
neutral point  260
neutrino  305
neutrino astronomy  305
neutron  259
neutron degeneracy  259
neutron star  259
New General Catalogue, NGC  54, 201, 203, 305
New Millennium Program, NMP  204
new Moon  202
New Style date, NS  54, 204
New Technology Telescope, NTT  55, 201
Newcomb, Simon  305
newton  306
Newton, Isaac  306
Newtonian-Cassegrain telescope  306
Newtonian focus  306
Newtonian telescope  306
Newton's law of gravitation  306
Newton's laws of motion  306
NGC  201, 203, 305
nickel-iron meteorite  303
Nicol prism  301
night sky brightness  419
night sky light  415
night vision  18
nightglow  414
Nix Olympica  303
NLC  414
NMP  204
NOAO  10
Nobeyama Radio Observatory  310
noble gas  98
noctilucent clouds, NLC  54, 414
nocturnal  310
node  145
nodical month  146
non-baryonic matter  340
non-gravitational force  189, 337
non-radial oscillation  340
non-radial pulsation  340

non-thermal radiation 340
Nor 195
Nordic Optical Telescope, NOT 310
Norma 195
normal astrograph 343
North America Nebula 99
North Galactic Spur 100
north polar distance, NPD 55, 389
North Polar Sequence 389
North Polar Spur 310, 389
North Star 100
Northern Coalsack 100
Northern Cross 100
northern lights 389
NOT 310
nova 202
nova-like variable 203
NPD 389
NRAL 299
NRAO 10
NS 204
NSO 10
NSSDC 10
NTT 201
Nubecula Major 242
Nubecula Minor 242
nuclear fusion 82
nuclear reaction 82
nuclear time-scale 82
nucleon 82
nucleosynthesis 138
nucleus (cometary) 258
nucleus (galactic) 258
Nuffield Radio Astronomy Laboratories, NRAL 54, 299
null geodesic 231
Nunki 307
nutation 196
nutation in right ascension 229
Nysa family 301

## O

O magnitude 68
O star 67
OAO 101
OB association 69
Oberon 70
objective glass 242
objective grating 242
objective lens 242
objective prism 242
oblate spheroid 380
oblateness 380
oblique rotator 182
obliquity of the ecliptic 147
observatory 285
occultation 62
occulting bar 62
occulting disk 62
oceanus 243
Oct 318
octahedrite 67
Octans 318
ocular 67
Oe star 62
Oef star 62
Of star 65
off-axis guider 184
OH 205
OH-IR source 65
OH line 65
OH maser 65
OHP 68
Olbers, Heinrich Wilhelm Matthäus 73
Olbers' paradox 73
Old Style date, OS 65, 105
Oljato 70
Olympus Mons 72
Omega Centauri 70
Omega Nebula 70
Onsala Space Observatory 74
Oort, Jan Hendrik 72
Oort Cloud 73
Oort's constants 73
Oosterhoff group 67
Ootacamund Radio Astronomy Centre 68
opacity 353
open cluster 166
open universe 344
Oph 372
Ophelia 70
Ophiuchid meteors 373
Ophiuchus 372
Öpik, Ernst Julius 55
Oppenheimer-Volkoff limit 68
opposition 195
optical aberration 186
optical axis 143, 173
optical coma 155
optical depth 141
optical double 401
optical element 417
optical flat 141
optical focus 196
optical glass 141
optical interferometer 141
optical libration 141
optical pathlength 149
optical pulsar 141
optical thickness 141
optical wedge 141
orbit 100
orbital elements 101
orbital focus 196
orbital period 185
orbital velocity 101
Orbiting Astronomical Observatory, OAO 65, 101
Orbiting Solar Observatory, OSO 68, 101
ordinary chondrite 352
organic molecule 415
Orgueil meteorite 72
Ori 71
Orientale Basin 71
Orion 71
Orion Arm 71
Orion Association 71
Orion Molecular Clouds 72
Orion Nebula 72
Orion Spur 72
Orion variable 72
Orionid meteors 71
ORM 443
orrery 244
orthoscopic eyepiece 72
OS 105
oscillating universe 204
osculating elements 230
osculating orbit 230
OSO 101
OT 273
outgassing 249
overcontact binary 84
oversampling 69
OVRO 63
OVV quasar 63
Owens Valley Radio Observatory, OVRO 63
Owl Nebula 351
oxygen burning 168
ozonosphere 68

# P

*P* 185
P-class asteroid 336
P Cygni line profile 315
P Cygni star 315
P magnitude 340
p-process 335
p-spot 341
PA 23
Pa 317
pair annihilation 267
pair production 267
palimpsest 326
Pallas 325
pallasite 325
Palomar Observatory 329
Palomar Observatory Sky Survey, POSS 329, 389
palus 327
Pan 330
Pandora 333
parabola 386
parabolic antenna 325
parabolic comet 386
parabolic orbit 386
parabolic velocity 386
paraboloid 386
parallactic angle 108
parallactic ellipse 176
parallactic inequality 131
parallactic motion 176
parallax 175
parametric amplifier 325
paraxial 325
parent isotope 70
parfocal 324
parhelion 137
Paris Observatory 326
Parkes Observatory 314
parsec 318
parselene 135
Parsons, William 318
partial eclipse 353
particle (interplanetary) 430
particle (interstellar) 430
pascal 317
Paschen-Back effect 319
Paschen series 319
Pasiphae 317
passband 288, 318
patera 322
Paul Wild Observatory 392

Pav 120
Pavo 120
Payne-Gaposchkin, Cesilia Helena 369
pc 318, 337
Peacock 120
peculiar A star 48
peculiar galaxy 291
peculiar motion 292
peculiar star 291
pedestal crater 241
Peekskill meteorite 336
Peg 369
Pegasus 369
Pele 378
Pelican Nebula 374
pencil beam 380
Penrose process 380
penumbra 330
penumbral eclipse 330
Penzias, Arno Allan 379
Per 376
perfect cosmological principle 96
peri- 373
periapsis 118
periastron 117
periastron effect 117
pericentre 116
perigee 117
perihelion 115
perihelion passage (time of) 115
period (orbital) 185
period-age relation 186
period-colour relation 185
period-density relation 186
period-luminosity-colour relation, PLC relation 185
period-luminosity relation, PL relation 185
period-mass relation 185
period-radius relation 186
period-spectrum relation 186
periodic comet 186
periodic orbit 185
periodic perturbation 186
Perseid meteors 376
Perseus 376
Perseus A 376
Perseus Arm 376
Perseus Cluster 376
personal equation 152
perturbation 230

Petzval surface 370
Pfund series 366
Phaethon 345
phase 22
phase angle 23
phase defect 23
phase diagram 235
phase difference 23
phase rotator 23
phase-switching interferometer 23
phase transition 236
phased array 288
Phe 383
Phecda 348
Pherkad 348
Phillips bands 347
Phobos 350
Phobos probes 350
Phocaea group 348
Phoebe 348
Phoenicid meteors 383
Phoenix 383
Pholus 350
photino 349
photocathode 146
photocell 146
photocentre 336
photoconductive cell 146
photodiode 349
photodissociation 141
photodissociation region 141
photoelectric cell 146
photoelectric magnitude 146
photoelectric photometer 146
photographic amplification 183
photographic emulsion 56, 183
photographic magnitude 183
photographic zenith tube, PZT 183, 337
photoheliograph 245
photoionization 336
photometer 238
photometric binary 238
photometric parallax 238
photometric standard 238
photometry 237
photomultiplier 146
photon 143
photon sphere 143
photopolarimeter 238
photosphere 141

photovisual magnitude　183
photovoltaic detector　335
physical albedo　352
physical double　353
physical libration　353
pi-meson　311
Piazzi, Giuseppe　334
Pic　81
Pic du Midi Observatory　336
Pickering, Edward Charles　338
Pickering, William Henry　337
Pickering series　338
Pico Veleta　336
Pictor　81
pincushion distortion　26
Pinwheel Galaxy　83
pion　311
Pioneer　311
Pioneer Venus　311
Pipe Nebula　311
Pisces　35
Piscid meteors　36
Piscis Australid meteors　404
Piscis Austrinus　404
pitch angle　339
pixel　86
PL relation　185, 335
plage　419
Planck constant　357
Planck era　357
Planck's law　357
planet　448
planetarium　357
planetary aberration　449
planetary aspect　449
planetary core　259
planetary nebula　449
planetary precession　449
planetary ring　94
planetary transit　267
planetesimal　345
planetoid　357
planetology　449
planisphere　221
planitia　357
planoconcave lens　367
planoconvex lens　368
planum　357
Plaskett, John Stanley　355
Plaskett's Star　355
plasma　355
plasma tail　355

plasmapause　355
plasmasphere　355
plate constants　96
plate-measuring machine　96
plate scale　96
plate tectonics　361
Plateau de Bure　295
Platonic year　357
PLC relation　185, 335
Pleiades　361
plerion　362
Plössl eyepiece　361
Plough　208
plume　359
plutino　359
Pluto　408
Pockels cell　389
Pogson, Norman Robert　387
Pogson equation　387
Pogson ratio　387
Pogson scale　387
Pogson step method　387
Poincaré, (Jules) Henri　381
point mass　178
point source　277
point-spread function　284
Pointers　173
polar　391
polar axis　108
polar cap　107
polar diagram　108
polar distance　108
polar flattening　109
polar motion　107
polar orbit　107
polar ring galaxy　391
polar sequence　108
polar wandering　391
polarimeter　378
polarimetry　379
Polaris　389, 391
polarization　378
pole　107
pole star　108
Pollux　391
Pond, John　393
Pons, Jean Louis　392
Population I　191
Population II　191
Population III　191
population (stellar)　191
pore　381
Porrima　391
Porro prism　392

Portia　387
position angle　334
position-angle effect　23
position angle, PA　23
position circle　24
position lens　24
position micrometer　24
positional astronomy　24
POSS　329
post-nova　315
potassium-argon method　92
power spectrum　329
Poynting-Robertson effect　382
PPM Star Catalogue　341
Praesepe　361
pre-nova　316
preceding　232
precession　162
precession constant　163
precession of the equinoxes　366
precursor pulse　233
pressure broadening　6
Příbram meteorite　359
primary　191
primary cosmic ray　23
primary minimum　24
primary mirror　190
prime focus　190
prime meridian　392
prime vertical　386
primordial fireball　136
primordial galaxy　136
Principia　359
prism　358
prismatic astrolabe　358
probable error　83
Procyon　362
profile　233
prograde motion　195
prolate spheroid　380
Prometheus　362
prominence　140, 362
prominence spectroscope　140
promontrium　362
proper motion　156
proper time　156
proportional counter　344
Proteus　362
protogalaxy　135
proton　418
proton-proton reaction　418
protoplanet　137

protoplanetary disk 137
protoplanetary nebula 137
protostar 136
protosun 136
Proxima Centauri 138, 362
PsA 404
Psc 35
Ptolemaeus, Claudius 353
Ptolemaic system 353
Ptolemy 353
Publications of the Astronomical Society of the Pacific 242
Puck 318
Pulcherrima 360
pulsar 326
pulsating variable 404
pulsation mode 405
pulse broadening 327
pulse profile 327
pulse width 327
Pup 296
Pup (the) 319
pupil 340
Puppid-Velid meteors 296
Puppis 296
Purkinje effect 360
PV Telescopii star 383
pyrheliometer 246
Pyx 423
Pyxis 423
PZT 183

## Q

$q$ 138
Q-class asteroid 105
$Q$ index 105
$Q$ magnitude 105
QSO 195
QSS 195
quadrant 180
Quadrantid meteors 180
quadrature 119
quadrupole 177
quantum 433
quantum cosmology 433
quantum efficiency 433
quantum gravitation 433
quantum theory 433
quark 120
quark star 120
quasar 119

quasi-stellar object, QSO 105, 195
quasi-stellar radio source, QSS 105, 195
quiescent prominence 220
quiet sun 177

## R

$R$ 236
R association 12
R Canis Majoris star 65
R-class asteroid 13
R Coronae Borealis star 98
R magnitude 14
r-process 13
R star 13
RA 229
$Ra$ 438
Ra-Shalom 423
radar astronomy 440
radar meteor 440
radial oscillation 289
radial pulsation 289
radial velocity 177
radial velocity spectrometer 177
radian 423
radiant 385
radiation 384
radiation age 385
radiation belt 384
radiation era 385
radiation laws 385
radiation pressure 384
radiation temperature 384
radiative equilibrium 385
radiative recombination 384
radiative transfer 385
radiative zone 384
radio astrometry 282
radio astronomy 283
radio galaxy 282
radio interferometer 282
radio isotope 384
radio jet 283
radio meteor 283
radio source 282
radio star 283
radio telescope 283
radio waves 282
radio window 283
radioactive age dating 384
radiogenic 385

radioheliograph 246
radiometer 384
radionuclide 384
radius-luminosity relation 331
radius of curvature 109
radius vector 289
Raman effect 425
Raman scattering 425
rampart crater 425
Ramsden disk 425
Ramsden eyepiece 425
Ranger 441
rare gas 98
RAS 65
RAS thread 423
Rasalgethi 423
Rasalhague 423
raster 423
raster scan 423
RATAN-600 424
Rayleigh criterion 438
Rayleigh-Jeans formula 438
Rayleigh limit 438
Rayleigh number 438
Rayleigh scattering 438
rays (crater) 143
Reber, Grote 440
receiver 190
reciprocity failure 236
recombination 162
recombination epoch 162
recombination line 162
rectangular coordinates 266
recurrent nova 77, 333
recycled pulsar 427
red dwarf 227
red giant 226
Red Spot 227
red variable 227
reddening 229
redshift 228
redshift-distance relation 228
redshift-magnitude relation 229
reduced proper motion 94
reference frame 98
reference star 24
reflectance spectrum 331
reflecting telescope 332
reflection effect 331
reflection grating 331
reflection nebula 331

reflection variable 332
refracting telescope 121
refractive index 121
refractory 300
regio 439
Regiomontanus 438
regmaglypt 439
regolith 439
regression of nodes 147
Regulus 439
relative orbit 235
relative sunspot number 236
relativistic beaming 236
relativistic velocity 236
relativity 236
relaxation time 98
relay lens 258, 433
remote sensing 428
réseau 439
residuals 167
resolution 363
resolving power 79
resonance 107
resonance line 107
rest mass 222
restricted three-body problem 221
Ret 440
retardation 254
retardation plate 254
reticle 440
reticulum 440
Reticulum 440
retrograde motion 103
reversing layer 331
revolution 146
RFT 162
RGO 64
RGU photometry 14
Rhea 437
Rho Cassiopeiae star 83
Rho Ophiuchi Nebula 373
richest-field telescope, RFT 12, 162
Rigel 427
right ascension, RA 12, 229
Rigil Kentaurus 426
rille 433
rima 428
ring (planetary) 94
ring arcs 94
ring galaxy 433
Ring Nebula 95
rise time 249

rising 270
Ritchey, George Willis 428
Ritchey-Chrétien telescope 428
Robertson-Walker metric 446
Roche limit 446
Roche lobe 446
ROE 64
Rømer, Ole (or Olaus) Christensen 441
Ronchi test 447
Rood-Sastry type 435
roof prism 415
Roque de los Muchachos Observatory, ORM 62, 443
Rosalind 444
Rosat 444
Rosetta 445
Rosette Nebula 325
Ross, Frank Elmore 445
Rosse, Third Earl of William Parsons 444
Rosseland mean opacity 445
Rossi X-ray Timing Explorer, RXTE 52, 445
Rossiter effect 444
rotating variable 79
rotation 180
rotation axis 173
rotation curve 79
rotation effect 79
rotation measure 79, 446
Royal Astronomical Society, RAS 12, 65
Royal Greenwich Observatory, RGO 14, 64
Royal Observatory, Edinburgh, ROE 12, 64
RR Lyrae star 154
RR Telescopii star 383
RRs variable 12
RS Canum Venaticorum star 432
Rubin-Ford effect 436
runaway star 289
rupes 436
Russell, Henry Norris 424
Russell-Vogt theorem 424
RV Tauri star 63
RW Aurigae star 109
RXTE 445
Ryle Martin 421
Ryle Telescope 421

S

$S$ 61, 214
s 342
$s$ 213
S-class asteroid 50
S Doradus star 84
s-process 50
S star 50
S Vulpeculae star 149
S 0 galaxy 50
SAA 404
SAAO 403
Sabik 165
Sachs-Wolfe effect 165
Sacramento Peak Observatory 164
Sag 25
Sagan, Carl Edward 225
Sagitta 414
Sagittarius 25
Sagittarius A 25
Sagittarius Arm 25
Sagittarius Dwarf Galaxy 26
Saha ionization equation 165
Sakigake 164
Salpeter function 166
Salpeter process 166
Salyut 166
SAMPEX 430
Sandage, Allan Rex 168
SAO 218
SAO Catalog 49, 218
Saros 166
satellite 45
Saturn 293
Saturn Nebula 294
SC star 50
scale factor 208
scale height 182, 208
scale length 208
scatter ellipse 168
scattering 168
Scheat 169
Schedar 170
Scheiner, Christoph 181
Schiaparelli, Giovanni Virginio 208
schiefspiegler telescope 130
Schmidt, Maarten 192
Schmidt camera 193
Schmidt-Cassegrain telescope, SCT 50, 192

Schmidt telescope 193
Schönberg-Chandrasekhar limit 171
Schröter effect 193
Schwabe, (Samuel) Heinrich 194
Schwarzschild, Karl 194
Schwarzschild black hole 194
Schwarzschild radius 194
Schwarzschild telescope 194
Schwassmann-Wachmann 1, Comet 29 P/ 193
scintillation 203
scintillation counter 203
Scl 262
Sco 165
Sco-Cen Association 164
scopulus 209
Scorpius 165
Scorpius X-1 165
Scotch mount 208
SCT 192
Sct 250
Sculptor 262
Sculptor group 262
Scutum 250
SDSS 219
Search for Extraterrestrial Intelligence 255
Seashell Galaxy 77
season 99
Secchi, (Pietro) Angelo 229
Secchi classification 229
second 342
second (leap) 342
second contact 242
second of arc 82
secondary 332
secondary cosmic ray 301
secondary crater 301
secondary minimum 301
secondary mirror 351
secular 46
secular acceleration 46
secular change 46
secular parallax 46
secular perturbation 46
secular variable 46
seeing 169
segmented mirror 363
selected areas 232
selective absorption 232
self-absorption 175

semi-forbidden line 330
semidetached binary 333
semidiameter 82
semimajor axis 265
semiregular variable 330
sensitivity 96
separation 82
Ser 372
Serpens 372
Serrurier truss 231
Set of Identification, Measurements, and Bibliography for Astronomical Data 181
SETI 230
setting 26
setting circle 410
Seven Sisters 178
Sex 444
Sextans 444
sextant 444
Seyfert, Carl Keenan 223
Seyfert galaxy 223
Seyfert's Sextet 224
Sge 414
shadow bands 184
shadow transit 83
Shapley, Harlow 184
Shapley Concentration 184
shatter cone 184
Shaula 181
shell burning 82, 171
shell galaxy 171
shell star 84
shepherd moon 339
shergottite 182
shield volcano 250
shock metamorphism 195
Shoemaker-Levy 9, Comet 193
short-period comet 252
short-period variable 252
SI units 49
Sickle 176
side lobe 164
sidereal day 144
sidereal month 144
sidereal period 241
sidereal time 144
sidereal year 144
siderite 180
siderophyre 180
siderostat 180
Siding Spring Observatory

163
Sigma Octantis 318
signal-to-noise ratio 202
Sikhote-Alin meteorite 181
silicon burning 130
silicon star 130
silvering 118
SIMBAD 181
single-lined binary 252
singularity 291
Sinope 180
sinuous rille 317
sinus 164
SiO maser 49
Sirius 201
Sirrah 201
SIRTF 39
six-colour system 443
Skylab 208
Slipher, Earl Carl 218
Slipher, Vesto Melvin 218
Sloan Digital Sky Survey, SDSS 219
slow nova 95
slow pulsator 97
Small Astronomy Satellite 149, 164
small circle 195
Small Explorer Program, SMEX 149
Small Magellanic Cloud, SMC 49, 197
SMC 196
SMEX 149
Smithsonian Astrophysical Observatory, SAO 49, 218
Smithsonian Astrophysical Observatory Star Catalog, SAO Catalog 218
SMM 244
SMTO 160
SNC meteorites 49
SNR 263
SNU 246
sodium iodide detector 418
SOFIA 223
soft X-rays 300
SOHO 243
solar activity 244
Solar, Anomalous, and Magnetospheric Particle Explorer, SAMPEX 166, 430
Solar and Heliospheric Observatory, SOHO 238, 243

solar antapex  246
solar apex  245
solar atmosphere  245
solar constant  246
solar cycle  245
solar day  245
solar dynamo  245
solar eclipse  304
solar flare  247, 360
solar interior  246
solar mass  245
solar maximum  244
Solar Maximum Mission, SMM  49, 244
solar minimum  244
solar motion  243
solar nebula  137
solar neutrino unit, SNU  212, 246
solar oscillations  245
solar parallax  245
Solar System  244
solar telescope  247
solar-terrestrial relations  245
solar time  245
solar tower  246
solar wind  246
solar year  246
solid Schmidt telescope  153
solstice  180
solstitial colure  302
Sombrero Galaxy  238
Sothic cycle  443
source count  237, 283
South African Astronomical Observatory, SAAO  49, 403
South Atlantic Anomaly  49, 404
Southern Cross  403
southern lights  300
Southern Reference Stars, SRS  300
Southern Sky Survey  300
Soyuz  238
Space Infrared Telescope Facility, SIRTF  39, 165
space motion  119
space probe  40
Space Shuttle  217
Space Telescope Science Institute, STScI  41, 50
space-time  173
space velocity  119

Spacelab  217
Spacewatch Program  38
spallation  218
spark chamber  212
Special Astrophysical Observatory  292
special theory of relativity  292
speckle interferometry  217
spectral classification  215
spectral index  214
spectral line  215
spectral type  214
spectrogram  364
spectrograph  363
spectroheliogram  364
spectroheliograph  217, 364
spectrohelioscope  217
spectrometer  364
spectrophotometer  364
spectrophotometry  364
spectropolarimetry  379
spectroscope  84
spectroscopic binary  364
spectroscopic parallax  364
spectroscopy  363
spectrum  214
spectrum binary  217
spectrum variable  217
Spectrum X-gamma  214
speculum metal  106
Spencer Jones, Harold  217
spherical aberration  104
spherical albedo  104
spherical astronomy  105
spherical coordinates  104
spherical triangle  104
spheroid  79
Spica  212
spicule  212
spider  212
spin  213
spin casting  213
spin-down  213
spin-orbit coupling  213
spin temperature  213
spinar  213
Spindle Galaxy  213
spiral arm  37
spiral galaxy  38
Spitzer, Lyman Jr.  213
spokes  217
sporadic meteor  167
Spörer, Gustav Friedrich

Wilhelm  192
Spörer minimum  192
Spörer's law  192
spray  214
spring tide  66
Springfield mounting  214
Sputnik  214
sputtering  212
Square of Pegasus  369
sr  210
SRS  300
SS Cygni  314
SS Cygni star  314
SS 433  49
standard atmosphere  343
standard epoch  342
standard solar model  343
standard star  342
standard time  50, 342
standstill  104, 209
star  143
star cluster  223
star count  209, 388
star spot  209
star streaming  224
starburst galaxy  209
Stardust  209
Stark broadening  191
starquake  222
starspot  144
static limit  223
static universe  222
stationary  429
stationary limit  222
stationary orbit  222
stationary point  368
statistical parallax  289
steady-state theory  271
Stefan-Boltzmann constant  191
Stefan-Boltzmann law  191
Stefan's law  191
stellar association  5
stellar atmosphere  389
stellar convection  247
stellar core  259
stellar evolution  388
stellar interferometer  144
stellar population  190, 388
stellar seismology  222
stellar structure  388
stellar wind  145, 224
step method  251
Stephan's Quintet  209

欧文索引　*491*

steradian　210
stereo comparator　428
Steward Observatory　209
stishovite　209
Stokes parameter　210
stony-iron meteorite　227
stony meteorite　226
Strasbourg Astronomical Date Center, CDS　210
stratigraphy　235
stratopause　223
stratosphere　222
Stratospheric Observatory for Infrared Astronomy, SOFIA　223, 238
strewn field　274
string　341
Strömgren, Bengt Georg Daniel　211
Strömgren photometry　211
Strömgren sphere　211
strontium star　211
Struve　210
Struve, Friedrich Georg Wilhelm von　210
Struve, Otto　210
Struve, Otto Wilhelm,　210
STScI　41
style　209
SU Ursae Majoris star　66
sub-pulse　166
Subaru Telescope　212
subatomic particle　194
subdwarf　195
subgiant　194
subluminous star　271
sublunar point　269
Submillimeter Telescope Observatory, SMTO　166
Submillimeter Wave Astronomy Satellite, SWAS　166, 219
submillimetre astronomy　166
subsolar point　246
substellar object　3
substellar point　144
substorm　195
sudden ionospheric disturbance　294
Suhail　212
Suisei　205
sulcus　218
summer solstice　131
Summer Time　299

Summer Triangle　299
Sun　243
sundial　340
sundog　168
Sunflower Galaxy　341
sungrazer　167
sunrise　340
sunset　303
sunspot　151
sunspot cycle　151
sunspot number　152
Sunyaev-Zel'dovich effect　211
super-rotation　212
super-Schmidt telescope　212
supercluster　261
supergalactic plane　261
supergiant　261
supergiant elliptical galaxy　261
supergranulation　266
superheterodyne receiver　212
superhump　212
superior conjunction　77
superior planet　80
superluminal motion　261
superluminal velocity　262
supermassive black hole　265
supermassive star　265
supermaximum　261
supernova　262
supernova remnant, SNR　49, 263
Supernova 1987 A　263
superstring theory　265
supersynthesis　261
surface brightness　343, 410
surface gravity　344
surface temperature　343
surge prominence　365
Surveyor　164
Swan bands　219
Swan Nebula　315
SWAS　166
Swift-Tuttle, Comet 109 P/　208
Sword Hand of Perseus　376
Sword of Orion　72
SX Arietis star　70
SX Phoenicis star　383
symbiotic star　106
synchronous orbit　288
synchronous rotation　289
synchrotron radiation　202

syndyname　203
syndyne　203
synodic month　164
synodic period　78
Syrtis Major　241
Systems I and II　177
syzygy　177

**T**

$T$　115
$T_B$　102
$T_b$　102
$T_{eff}$　415
T association　270
T-class astroid　271
T Coronae Bolealis　98
T Tauri star　63, 272
T Tauri wind　64
tachyon　248
TAI　150
tail (cometary)　62
tangential velocity　230
Tarantula Nebula　251
Tarazed　251
Tau　63
Taurid meteors　64
Taurus　63
Taurus A　63
Taurus Molecular Clouds　64
Taurus Moving Cluster　63
Taurus X-1　63
TDB　244
TDT　256
Teapot　273
Tebbutt, Comet　276
technetium star　274
tectonics　274
Teide Observatory, OT　68, 273
tektite　274
Tel　383
tele-extender　48
telecompressor　348
telescope　383
telescope drive　383
telescope mounting　383
Telescopium　383
Telesto　276
telluric line　256
Tempel-Tuttle, Comet 55 P/　284
temperature　75
temperature minimum　75

欧文索引

Temps Atomique International 270
Temps Dynamique Barycentrique 273
Tenma 284
terminator 408
terra 426
terracing 251
terrestrial age 256
Terrestrial Dynamical Time, TDT 256, 273
terrestrial meridian 175
terrestrial planet 255
Terrestrial Time, TT 255, 272
tesla 275
tessera 275
Tethys 275
Thalassa 251
Thales of Miletus 251
Tharsis Montes 251
the Kids 156
the Mice 395
the Pup 319
Thebe 276
Themis family 276
thermal bremsstrahlung 308
thermal equilibrium 308
thermal radiation 308
thermocouple 308
thermodynamic equilibrium 308
thermodynamic temperature 308
thermopile 308
thermosphere 308
thinned CCD 316
third contact 241
third quarter 83
tholus 297
Thomson, William 134, 296
Thomson scattering 296
three-body problem 168
three-colour photography 168
three-colour photometry 168
three-kiloparsec arm 167
Thuban 269
Thule 260
tidal bulge 264
tidal evolution 264
tidal force 264
tidal friction 264
tidal heating 263

tides 263
time 291
time dilation 172
time of perihelion passage 115
time zone 172, 342
TiO bands 167
tip-tilt mirror 272
Titan 272
Titania 272
Titius-Bode law 272
TNG 93
TNO 76
Toby Jug Nebula 295
Tombaugh, Clyde William 298
topocentric coordinates 236
Toro 298
torquetum 297
torus 296
total eclipse 77
total magnitude 233
totality 77
Toutatis 294
TrA 404
TRACE 232
trans-Neptunian object, TNO 76
transfer function 280
transfer lens 279
transfer orbit 232
transit (planetary) 267
transit instrument 175
transition probability 231
transition region 232
Transition Region and Coronal Explorer, TRACE 232, 297
transmission grating 288
transparency (atmospheric) 290
transverse velocity 419
Trapezium 296
Tri 167
Triangulum 167
Triangulum Australe 404
Triangulum Galaxy 167
Trifid Nebula 168
trigonometric parallax 167
triple-alpha process 168
triplet 297
triquetrum 296
trischiefspiegler 167
Triton 297

Trojan asteroid 298
tropic 77
Tropic of Cancer 100
Tropic of Capricorn 403
tropical month 366
tropical period 366
tropical year 77
tropopause 135
troposphere 247
true anomaly 201
true equator 204
true equinox 204
true pole 204
Trumpler classification 296
Trumpler star 296
TT 255
Tuc 109
Tucana 109
Tully-Fisher relation 251
Tunguska event 269
tuning-fork diagram 74
turbulence (atmospheric) 197
turnoff point 73, 277
Tuttle-Giacobini-Kresák, Comet 41 P/ 249
twilight 316
twinkling 398
two-body problem 303
two-colour diagram 303
two-colour photometry 303
two-spectrum binary 303
Tycho Brahe 271
Tycho Survey 271
Tychonic system 271
Tycho's Star 271

U

U-class asteroid 416
U Geminorum star 352
U magnitude 416
UBV photometry 416
Uhuru 42
UK Schmidt telescope 415
UKIRT 45
UKST 45
ultraviolet, UV 415
ultraviolet astronomy 171
ultraviolet excess 172
ultraviolet excess galaxies 172
ultraviolet excess star 172
ultraviolet photometry 172

欧文索引　*493*

ultraviolet radiation　171
Ulugh Beg　43
Ulysses　417
UMa　66
umbra　20, 392
Umbriel　44
UMi　152
undae　43
undersampling　18
Undina family　43
unfilled aperture　350
unit distance　251
United Kingdom Infrared Telescope, UKIRT　45, 416
United Kingdom Schmidt Telescope, UKST　3, 45
universal gravitation　333
Universal Time, UT　224, 416
Universe　38
Universel Temps Coordonné　416
unsharp masking　18
upper culmination　197
Upsilon Sagittarii star　25
Uranometria　42
Uranus　281
Urca process　43
ureilite　417
Urey, Harold Clayton　417
Ursa Major　66
Ursa Major Moving Cluster　66
Ursa Minor　152
Ursid meteors　152
US Naval Observatory, USNO　9
USNO　9
UT　224
UTC　106
Utopia Planitia　416
UU Herculis star　376
UV　415
UV Ceti star　121
UV Persei star　376
uvby system　415
UX Ursae Majoris star　66

V

V-class asteroid　31
V magnitude　31
Valhalla　31
Valles Marineris　399
vallis　31, 106

Van Allen, James Alfred　31
Van Allen Belts　31
Van Biesbroeck's Star　31
van de Hulst, Heinrich　347
van Maanen's Star　347
variable star　379
variation　301
vastitas　30
Vatican Advanced Technology Telescope, VATT　30
VATT　30
VBLUW photometry　32
Vega　33
Vega probes　34
Veil Nebula　9, 34
Vel　387
Vela　387
Vela pulsar　387
Vela Supernova Remnant　387
velocity curve　237
velocity dispersion　237
velocity-distance relation　237
Venera　34
Venus　116
vernal equinox　195
vertical circle　207
Very Large Array, VLA　31, 260
Very Large Telescope, VLT　31, 260
Very Long Baseline Array, VLBA　31, 265
very long baseline interferometry, VLBI　31, 265
very slow nova　261
Vesta　34
Viking　30
Vilnius photometry　33
violent relaxation　30, 130
Vir　68
Virginid meteors　69
Virgo　68
Virgo A　68
Virgo Cluster　68
Virgo Supercluster　69
virial theorem　32
virtual particle　87
visual binary　178
visual magnitude　178
VLA　260
VLBA　264
VLBI　265

VLBI Space Observatory Programme, VSOP　31
VLT　260
Vogel, Hermann Carl　349
Vogt-Russell theorem　349
void　35, 381
Voigt profile　349
Vol　295
Volans　295
volatile　102
von Zeipel theorem　350
Voskhod　36
Vostok　36
Voyager　35, 381
VSOP　31
Vul　149
Vulcan　31
Vulpecula　149
VV Cephei star　133

W

W. M. Keck Observatory, WMKO　250
W Serpentis star　372
W Ursae Majoris star　66
W Virginis star　69
walled plain　90
Walraven photometry　450
waning　98, 449
Water Jar　402
water maser　403
water of hydration　208
wave plate　318
wavefront　324
waveguide　290
wavelength　318
wavenumber　317
waxing　45, 448
Wb　34
WC star　250
weber　34
weird terrain　201
Weizsäcker, Carl Friedrich von　448
Werner lines　34
West Comet　34
Westerbork Radio Observatory　34
Wezen　34
Whipple, Fred Lawrence　381
Whipple Observatory　381
Whirlpool Galaxy　156
whistler　381

white dwarf 313
white hole 392
white-light corona 313
WHT 32
wide-field corrector 143
Wide-Field Infrared Explorer, WIRE 143, 448
Widmanstätten pattern 32
Wien's displacement law 33
Wild Duck Cluster 310
Wild's Triplet 448
Wildt, Rupert 33
Wilkinson Microwave Anisotropy Probe, WMAP 250, 393
William Herschel Telescope, WHT 32, 250
Wilson-Bappu effect 32
Wilson effect 32
Wilson-Harrington, Comet 108 P/ 33
Wilson, Robert Woodrow 32
WIMP 33
winter solstice 289
WIRE 143
WIYN Telescope 33
WLM system 37
WMAP 393
WMKO 250
WN star 250
Wolf, (Johann) Rudolf 36
Wolf, Maximilian ("Max") Franz Joseph Cornelius 36
Wolf 360 37
Wolf diagram 37
Wolf-Lundmark-Melotte system, WLM system 37
Wolf-Rayet star, WR star 37
Wolf sunspot number 37
Wollaston prism 36
Wolter telescope 36
Woolley, Richard van der Riet 42
world line 224
wormhole 449
WR star 37, 250
Wright Schmidt 421
Wright telescope 421
wrinkle ridge 433
Wyoming Infrared Observatory 448
WZ Sagittae star 25

X

X-ray astronomy 51
X-ray background 52
X-ray binary 52
X-ray bright point 50
X-ray burst 52
X-ray calorimeter 52
X-ray Multi-Mirror Mission, XMM 50, 52
X-ray nova 51
X-ray pulsar 52
X-ray source 51
X-ray telescope 52
X-ray Timing Explorer, XTE 50
X-ray transient 50, 52
X-rays 50
XMM 52
XTE 50

Y

Yagi antenna 414
Yale Bright Star Catalogue 58
Yarkovsky effect 415
year 309
Yerkes Observatory 414
Yerkes system 414
Yohkoh 418
yoke mounting 419

YY Orionis star 71

Z

$z$ 230, 281
Z Andromedae star 19
Z Camelopardalis star 111
ZAMS 231
Zanstra's theory 168
ZC 148
ZD 281
Zeeman effect 230
Zeeman splitting 231
Zelenchukskaya 231
zenith 280
zenith attraction 281
zenith distance, ZD 230, 281
zenith telescope 281
zenithal hourly rate, ZHR 230, 281
zero-age horizontal branch 231
zero-age main sequence, ZAMS 166, 231
Zeta Aurigae star 109
ZHR 281
zirconium star 201
zodiac 147
Zodiacal Catalogue, ZC 148, 230
zodiacal dust 147
zodiacal light 147
Zond 238
zone catalogue 239
zone of avoidance 353
zone time 130
Zubenelgenubi 217
Zürich relative sunspot number 260
Zwicky, Fritz 267
Zwicky Catalogue 267
ZZ Ceti star 120

監訳者略歴

岡村定矩（おかむら・さだのり）

1948 年　山口県に生まれる
1976 年　東京大学大学院理学系研究科
　　　　博士課程単位取得退学
現　在　東京大学大学院理学系研究科
　　　　教授
　　　　理学博士

オックスフォード
天 文 学 辞 典　　　　　　　　　定価は外函に表示

2003 年 11 月 20 日　初版第 1 刷
2004 年 3 月 1 日　　第 2 刷

　　　　　　　　監訳者　岡　村　定　矩
　　　　　　　　発行者　朝　倉　邦　造
　　　　　　　　発行所　株式会社　朝　倉　書　店
　　　　　　　　　　　　東京都新宿区新小川町6-29
　　　　　　　　　　　　郵 便 番 号　162-8707
　　　　　　　　　　　　電　話　03（3260）0141
　　　　　　　　　　　　FAX　03（3260）0180
〈検印省略〉　　　　　　　　　http://www.asakura.co.jp

© 2003〈無断複写・転載を禁ず〉　　　　中央印刷・渡辺製本

ISBN 4-254-15017-2　C 3544　　　　　　Printed in Japan

東大 岡村定矩編

# 天文学への招待

15016-4　C3044　　A5判　224頁　本体2900円

太陽系から系外銀河までを，様々な観測と研究の成果を踏まえて気鋭の研究者がトータルに解説した最新の教科書。〔内容〕天文学とは何か／太陽系／太陽／恒星／星の形成／銀河系／銀河団／宇宙論／新しい観測法(重力波など)／暦と時間

国立天文台 磯部琇三著

# 天文学を変えた新技術

15013-X　C3044　　A5判　176頁　本体3600円

天文学上の輝かしい成果を得るためにどんなに技術的な努力が払われたかを，平易に解説。〔内容〕天体を測るとは／望遠鏡の発明の影響／写真術によって記録する／光電子増倍管の精度／ガラス材の開発／電波・X線などでの観測

国立天文台 磯部琇三・東大 佐藤勝彦・東大 岡村定矩・
前東大 辻　　隆・国立天文台 吉澤正則・
国立天文台 渡邊鉄哉編

# 天文の事典

15015-6　C3544　　B5判　696頁　本体28500円

天文学の最新の知見をまとめ，地球から宇宙全般にわたる宇宙像が得られるよう，包括的・体系的に理解できるように解説したもの。〔内容〕宇宙の誕生(ビッグバン宇宙論，宇宙初期の物質進化他)，宇宙と銀河(星とガスの運動，クェーサー他)，銀河をつくるもの(星の誕生と惑星系の起源他)，太陽と太陽系(恒星としての太陽，太陽惑星間環境他)，天文学の観測手段(光学観測，電波観測他)，天文学の発展(恒星世界の広がり，天体物理学の誕生他)，人類と宇宙，など。

H.J.グレイ／A.アイザックス編
山口東理大 清水忠雄・上智大 清水文子監訳

# ロングマン 物理学辞典 (原書3版)

13072-4　C3542　　A5判　824頁　本体27000円

定評あるLongman社の"Dictionary of Physics"の完訳版。原著の第1版は1958年であり，版を重ね本書は第3版である。物理学の源流はイギリスにあり，その歴史を感じさせる用語・解説がベースとなり，物理工学・電子工学の領域で重要語となっている最近の用語も増補されている。解説も定義だけのものから，1ページを費やし詳解したものも含む。また人名用語も数多く含み，資料的価値も認められる。物理学だけにとどまらず工学系の研究者・技術者の座右の書として最適の辞典

前学習院大 髙本　進・前東大 稲本直樹・
前立教大 中原勝儼・前電通大 山崎　昶編

# 化合物の辞典

14043-6　C3543　　B5判　1008頁　本体55000円

工業製品のみならず身のまわりの製品も含めて私達は無機，有機の化合物の世界の中で生活しているといってもよい。そのような状況下で化学を専門としていない人が化合物の知識を必要とするケースも増大している。また研究者でも研究領域が異なると化合物名は知っていてもその物性，用途，毒性等までは知らないという例も多い。本書はそれらの要望に応えるために，無機化合物，有機化合物，さらに有機試薬を含めて約8000化合物を最新データをもとに詳細に解説した総合辞典

堆積学研究会編

# 堆積学辞典

16034-8　C3544　　B5判　480頁　本体20000円

地質学の基礎分野として発展著しい堆積学に関する基本的事項からシーケンス層序学などの先端的分野にいたるまで重要な用語4000項目について第一線の研究者が解説し，五十音順に配列した最新の実用辞典。収録項目には堆積分野のほか，各種層序学，物性，環境地質，資源地質，水理，海洋水系，海洋地質，生態，プレートテクトニクス，火山噴出物，主要な人名・地層名・学史を含み，重要な術語にはできるだけ参考文献を挙げた。さらに巻末には詳しい索引を付した

上記価格(税別)は2004年2月現在